KB115631

종의 기원
톺아보기

수정
증보판

저자

찰스 다윈 Charles Robert Darwin (1809.2.12~1882.4.19)

영국의 자연사학자로, 의학과 신학 공부를 했지만 생물들이 보여주는 다름에 푹 빠져 생물들을 다르게 만든 원인을 궁리했다. 그리고 그는 이 원인을 전지전능한 창조자 탓으로 돌리지 않고 인간이 지닌 이성의 힘으로 찾으려 했고, 찾은 결과를 생존을 위한 몸부림과 자연선택이라는 용어로 정리하여, 1859년 『종의 기원』을 출간했다. 오늘날 『종의 기원』에 담긴 다윈의 생각을 진화라는 이름으로 부르고 있다. 다윈은 이후에도 『인간의 친연관계』(1871), 『식충식물』(1875)을 비롯하여 수많은 책을 출간했다.

역주

신현철 申鉉哲, Shin, Hyunchur

서울대학교 식물학과를 졸업하고 같은 학교 대학원에서 이학박사를 취득했다. 1994년부터 대학교에서 이 땅에서 자라는 식물들에 대한 연구를 하다 2023년 8월 은퇴했다. 『다윈의 식물들』, 『진화론은 어떻게 진화했는가』, 『진화론 논쟁』, 『울릉도, 독도의 식물』(영문, 공저) 등의 책을 쓰고 번역했다. 최근에는 고려시대에 발간한 『향약구급방』에 나오는 식물들을 정리한 『『향약구급방』에 나오는 고려시대 식물들』도 썼다.

종의 기원 톺아보기 _수정·증보판

초판 1쇄 발행 2019년 8월 30일
초판 2쇄 발행 2019년 12월 10일
2판 1쇄 발행 2024년 1월 1일
저자 찰스 다윈 **역주자** 신현철 **발행자** 박성모 **발행처** 소명출판 **출판등록** 제1998-000017호
주소 서울시 서초구 사임당로14길 15 서광빌딩 2층
전화 02-585-7840 **팩스** 02-585-7848
전자우편 somyungbooks@daum.net **홈페이지** www.somyong.co.kr

값 29,000원
ISBN 979-11-5905-862-2 03470
ⓒ 신현철, 2019, 2024

잘못된 책은 구입처에서 바꾸어드립니다.
이 책은 저작권법의 보호를 받는 저작물이므로 무단전재와 복제를 금하며,
이 책의 전부 또는 일부를 이용하려면 반드시 사전에 소명출판의 동의를 받아야 합니다.

종의 기원

톺아보기

수정
증보판

찰스 다윈 저
신현철 역주

THE INTERPRETATION OF

ON THE ORIGIN OF SPECIES

옮긴이의 말

I

생물학을 공부해 보겠다고 대학원에 입학해서 후배들과 소주잔을 기울이며, 나를 비롯하여 많은 생물학과 학생들이 생물학의 필독서인 『종의 기원』을 읽어 보지 않았음에 큰 충격을 받았다. 그래서 동지들을 규합하기 시작했다. 우리가 생물학을 공부하겠다고 대학에 들어왔는데, 『종의 기원』도 읽어 보지 않고 어디 가서 생물학을 공부했다고 말할 수가 있겠냐고 협박 아닌 협박을 후배들에게 했다. 그리고 같이 한번 읽어 보자고 했다. 대여섯 명을 모아 읽어 내려가기 시작했다. 당연히 뒤풀이가 이어졌다. 서론은 그래도 쉽게 나갔고, 뒤풀이는 아주 진했다. 소문이 나서 몇 명이 더 들어왔다. 그리고 한숨만 내쉬었다.

이 책이 진정 읽을 수 있는 책이란 말인가? 아니 어떻게 이 책이 생물학의 필독서란 말인가? 아니 어떻게 대학생의 필독서란 말인가? 이렇게 선정한 사람들은 이 책을 읽어 보기나 했을까? 한 장 한 장 읽어 내려가면서 토론은 진행되었지만, 매주 내린 결론은 "난 잘 모르겠다"였으며, 이러저러한 주장을 한 것 같은데 명확하게 이해가 되지 않는다는 점이었다. 한두 명이 들어왔다 나가기를 반복했다. 그래도 끝까지 읽어 보면 무언가를 알지 않을까라는 마음에 서너 명은 오기로 끈질기게 읽어갔다. 책을 덮으면서, 『종의 기원』에는 글씨밖에 없는 줄 알았는데, 그래도 그림이 한 장 있다는 사실만을 확실하게 알았다. 그리고 스스로 결심을 했다. 60이 넘으면 할 일도 없을 것 같으니, 그때 다시 번역을 해보자고.

II

60이 되었다. 같이 읽었던 후배들은 다 바쁘지만, 뒷방에 있는 나는 한가했다. 그래서 시작했다. 원래는 60부터 시작하려고 했는데, 60에 마무리하고 싶었다. 이 역시 뜻대로 되지 않았다. 하지만 60에 마무리해야 잘못된 부분을 수정할 수 있는 시간을 확보할 수 있을 것만 같았다. 『종의 기원』과 관련된 후배의 글이다. "눈은 문장을 줄줄 읽어 나가고 있었지만, 뇌는 딴짓을 하다가 이따금 이제 끝났겠지 하면서 드문드문 단어를 보는 시간이 잠시 이어졌다. 이윽고 인내의 한계를 넘어선 뇌는 명령을 내렸다. 그만 자라. 읽을 때마다 그런 일이 되풀이되는 바람에, 결국 끝까지 읽지 못했다. 사실 어디까지 읽었는지, 무슨 내용들이었는지도 제대로 기억나지 않는다."(데이비드 쾀멘, 이한음 역, 『신중한 다윈씨』, 승산, 2008, 325~326쪽) 번역하면서도 마찬가지였다. 분명 눈은 한 글자 한 글자 읽어가면서 글자 하나하나는 이해가 되지만, 문장이 되면 조금은 갸우뚱해지고, 문장이 모여 문단이 되면 '내가 뭘 읽었지'라고 혼잣말만 되풀이했다.

책 제목을 『'종의 기원' 톺아보기』로 정했는데, 『종의 기원』이 어렵다고 하더라도, 샅샅이 톺아 나가면서 살펴보면, 『종의 기원』을 이해할 수가 있을 것만 같았다. 그럼에도 쉽게 이해되지 않는 부분이 있는 것 같다. 독자들도 마찬가지일 것으로 생각된다. 이 부분은 위대한 혁명가의 잘못이 아니라, 전적으로 번역의 잘못이다. 번역의 잘못이 위대한 혁명가의 잘못으로 읽혀지면 안 될 것이다. 기회가 된다면 더 많은 공부를 해서 더 쉽게 번역하고 싶다. 단지 최선을 다했다고 변명하고자 한다.

III

다윈은 대학 다닐 때부터 온갖 종류의 생물들을 채집했고, 특히 비글호를 타고 항해하면서 전 세계 곳곳에 있는 생물들을 채집하고 관찰했다. 그리고 질문을 던졌다. 왜 생물들이 다를까? 그리고 또 다른 질문을 던졌다. 어떻게 생물들이 다르게 되었을까? 『종의 기원』은 이런 질문들에 대한 다윈의 답을 설명하고 있다. 이 질문들에 대한 답을 인간이 지닌 이성의 힘을 벗어나는 전지전능한 창조자에게서 찾으면 너무나 쉽다. 그가 다르게 만들었다고 대답하면 된다. 그러나 다윈은 이를 부정하고, 인간의 이성으로 답을 찾으려고 노력했다. 생물과 생물 사이의 상호작용, 그리고 생물과 무생물적 요인 사이의 작용과 반작용으로 생물들이 달라지기 시작했고, 달라진 생물들이 생존을 위해 몸부림치는 과정에서 점점 더 많이 달라졌다고. 따라서 이런 과정이 무한히 반복되면서 옛날에는 없던 새로운 생물이 탄생했다고 다윈은 『종의 기원』에서 설명하고 있다.

다름을 인정하지 않았던 사람들에게 다름을 알려주고 달라지는 과정을 다윈은 설명한 것이다. 이런 점에서 볼 때 다윈은 혁명가이다. 그래서 『종의 기원』이라는 책은 어렵다. 혁명 전후 상황을 알지 못하면 혁명 그 자체를 이해할 수가 없을 것이다. 이뿐만이 아니다. 『종의 기원』에는 엄청나게 다양한 생물들이 나오는데 상당수를 알지 못한다. 그리고 다윈 시대에 사용했던 생물학 관련 용어들이 지닌 의미를 잘 모른다. 왜 다윈이 그런 용어를 사용했는지를 알 수 있다면 조금은 더 쉽게 읽을 수가 있을 것이나, 안타깝게도 잘 모른다. 또한 엄청나게 많은 사람들의 조사 결과가 인용되어 있는데, 사람 하나하나에 대해 거의 알지 못한다. 마지막으로 문단 문단은 읽어갈 수 있지만, 문단과 문단과의 연결이 매끄럽지가 않다. 다윈은 장마다 목차를 만들었지만, 본문에서는 이런 목차들이 없다. 이런 점들이 『종의 기원』을 읽어 내려가는 것을 어렵게 만들었던 것 같다. 따라서 단순히 번역만 해서는 이를 극복하기가 어려울 것 같아서, 번역과 동시에 이런 점들에 대한 설명이 필요함을 절감했기에 내가 생각하는 주석을 달았다.

이 책에 있는 주석들이 전적으로 옳다고는 할 수 없겠지만, 오히려 때로는 위대한 혁명가의 생각을 오해하게 만들어 독자들을 잘못으로 이끌 수도 있겠지만, 그래도 읽어 내려가는데 도움이 될 것이라고 생각했다. 그렇게 한 줄 한 줄 번역하면서 내 생각을 번역문 옆에 풀어나갔다. 다윈이 인용한 사람들도 찾아서 아주 간단하게 정리했다. 그리고 다윈이 어떤 생각으로 특정 용어를 사용했는가를 독자들이 이해하도록 '용어 설명'을 만들었다. 마지막으로 장마다 목차에 있는 소제목들을 본문 중에 하나하나 일치시키려고 노력했다. 다윈의 생각을 내 생각으로 풀어보려고 한 것이다. 정확하다고 자신있게 말할 수는 없을 것 같으나, 그래도 시도해 보았다. 이런 시도들은 독자들이 『종의 기원』을 조금은 더 꼼꼼하게 읽어가는 데 도움이 될 것으로 기대한다. 누구는 『종의 기원』을 읽을 필요가 없다고 말하기도 한다. 그렇지만 읽어 보는 것이 더 좋을 것 같다.

IV

『종의 기원』은 영국에서 역사상 가장 영향력 있는 학술서로 선정된 책이다. 그 다음으로 선정된 책들로는 마르크스의 『공산당 선언』, 셰익스피어 전집, 플라톤의 『국가』, 칸트의 『순수 이성 비판』 등이 있다. 2015년 11월 10일의 『가디언』 기사 내용이다. 만약 내가 생물학을 공부하지 않았다면, 이런 순위가 잘못되었다고 거세게 반발했을 것만 같다. 그러나 번역을 하고 주석을 달면서 이러한 선정 결과가 정확할 것이라는 믿음이 생겼다. 그럼에도 불구하고 『종의 기원』에 대한 학문적 평가는 도저히 할 수가 없었다. 『종의 기원』을 제대로 이해하기 위해서는 앞으로도 더 많은 시간이 필요함을 알게 되었기 때문이다. 보통의 번역서에는 번역한 책의 내용이나 평가가 덧붙여지지만, 이를 할 수가 없을 것 같다. 출판사에서 번역 이야기를 할 때, 책에 대한 평가도 필요하다고 했지만 이 부분은 뒤로 미루었다. 아직은 공부가 부족하다.

단지 『종의 기원』에서 엿볼 수 있는 다윈의 생각 두 가지만 이야기하고자 한다. 다윈이 신의 존재를 부정했다는 점은 다른 사람들이 많이 이야기했다. 하지만, 다윈이 신의 존재를 진짜로 부정했는가라고 질문을 던지면 아니라고 말하고 싶다. 『종의 기원』 167쪽에 "이렇게 하는 것은 신이 한 일을 조롱하고 기만하는 것에 불과하다"라고 했기에, 이는 모든 생물이 창조되었으므로 변하지 않는다고 강변하는 사람들에게 해 주었던 이야기 같다. 다윈은 신이 한 일을 제대로 평가하고 싶은 마음이 있지 않았을까? 제대로 평가할 수 있다면, 신이 한 일을 또 다르게 받아들일 수가 있지 않을까라는 마음을 다윈이 지니고 있었을 것만 같다.

이를 통해 한 가지 생각만을 강요하지 말고 다양한 생각을 할 수 있도록 해야 한다는 의미로도 받아들이고 싶다.

다른 하나는 소위 생존경쟁이다. 다윈의 진화 하면 우리는 경쟁을 제일 먼저 떠올리는 것 같다. 하지만 다윈은 『종의 기원』에서 생존경쟁을 주장한 것이 아니라 생존을 위한 몸부림을 강조했다. 그리고 『종의 기원』 102쪽에 "한정된 면적 안에서, 자연의 체계 내의 몇몇 장소는 완벽하게 채워지지 않았기에, 자연선택은 다양하게 변하는 개체들을 올바른 방향으로 항상 보존하기 위해, 비록 정도는 다르지만, 이들이 채워지지 않는 장소에 더 잘 차도록 한다"라고 했다. 이는 우리에게 서로서로 경쟁하지 말고 개개인이 살아가려고 몸부림치라고 하고 있는데, 우리가 이를 곡해하고 있는 것이다. 주어진 환경에서 적합한 자신의 삶을 살아가라는 설명으로 보인다. 오늘날 용어로 생태적 지위를 달리하면 경쟁을 피할 수 있을 것이라는 이야기이다. 그럼에도 오늘날 우리는 남의 것을 빼앗기 위한 경쟁에 시달리면서 다윈이 생존경쟁을 이야기했다고 이야기한다.

V

매번 빨갛게 물든 교정지를 깨끗하게 만들어 주었고, 엉성했던 원고를 이처럼 예쁜 책으로 만들어 준 소명출판 박성모 사장님과 장혜정 님을 비롯하여 편집자들에게 고맙다는 말을 꼭 해야만 할 것 같다. 그리고 가족이라는 이름으로 원고를 처음부터 끝까지 읽어 주고 수정하고 교정하고 의견을 준 아내와 아들에게는 고맙다는 말보다 사랑한다는 말을 해야만 할 것 같다. 가족이었기에 힘든 길 같이 갈 수 있었습니다. 고맙고, 사랑합니다!

2019년 8월

더워지기 시작하는 신창에서

책 읽기 전에

1. 『종의 기원』 초판이 인류 지성사에 커다란 전환점을 제공했다는 평가를 받기에, 이 책은 1859년 11월 23일에 발간된 『종의 기원』 초판을 번역하고, 주석을 단 것이다.
2. 본문에서 각 문단의 맨 마지막에 있는 괄호 안의 쪽수는 『종의 기원』 원문의 쪽수이다. 그리고 주석에서 『종의 기원』이라는 글자 없이 나오는 쪽수는 번역본의 쪽수이다.
3. 문단 구분은 『종의 기원』 원문에 따랐다. 문단별로 이해를 돕기 위해 문단 시작부분이나 끝부분에 설명을 최대한 첨가했다.
4. 다윈 시대에 사용했던 용어와 현재 생명과학에서 사용하는 용어가 다른 경우도 있으나, 이 책에서는 다윈 시대에 사용한 용어로 번역하고 이를 '용어설명'에서 설명했다.
5. 『종의 기원』 1장에는 일반인들이 이해하기 낯선 내용이 너무 많지만, 다윈이 특히 이 1장을 매우 중요하게 생각했기에, 이 장에 나오는 생물들을 하나하나 찾아보면 『종의 기원』을 읽어가는 재미도 더욱 커질 것이다.
6. 생물의 잡종을 다룬 8장에 나오는 용어들은 오늘날 사용하는 용어들과 상당히 다른 측면이 있고, 내용도 오늘날 유전학 지식으로 파악하면 다소 차이가 나는 부분들도 많으므로 '용어설명'과 주석을 참조하기 바란다.
7. 다윈은 많은 사람들의 연구 결과나 도움 받은 내용을 인용했는데 '인명사전'에서 가능한 간단하게 설명했다.
8. 『종의 기원』 본문에는 "없는 것은 아니다"와 같은 이중부정 표현이 많이 나오는데, 이런 표현을 긍정 형태로 번역하지 않았다. 모든 생물들을 관찰할 수가 없는 생물학의 한계이자 다윈의 의도가 중요하다고 생각해서이다.
9. '찾아보기'는 다윈이 만든 것을 번역한 것으로 오늘날 단어 위주로 된 색인과는 다르게 내용 중심으로 구성되어 있다. 예를 들어 "개미, 노예를 만드는 개미의 본능"처럼 '키워드, 본문 내용'으로 구성되어 있다.

차례

서론

자연사학자[1]로서 영국 군함 '비글호'를 타고 조사하던 중, 나는 남아메리카 대륙에서 살아가는 정착생물[2]들의 분포와 이 대륙에서 살아가는 정착생물들의 과거와 현재 사이에서 나타나는 지질학적 연관성으로부터 발견한 어떤 사실들로 커다란 충격을 받았다.[3] 이 사실들은 종의 기원을 규명할 실마리처럼 보였는데, 우리나라 위대한 철학자 중 한 사람[4]은 종의 기원을 수수께끼 중의 수수께끼라고 말했다. 집으로 돌아온 다음 해인 1837년,[5] 이 문제와 관계가 있을 것으로 보이는 모든 종류의 사실들을 인내심을 가지고 모으면서 곰곰이 생각한다면, 무언가를 만들어 낼 수 있을 것이라는 생각이 문득 들었다. 이후 5년간 나는 이 주제를 골똘히 생각하는 데 푹 빠졌고, 몇 가지 짧은 초안을 작성했다. 그리고 1844년 당시에는 그럴듯하다고 생각했던 결론을 설명하는 소논문으로 확장시켰다.[6] 그때부터 지금까지 나는 똑같은 주제를 꾸준하게 탐구했다. 이 책에서 내린 결론에 내가 성급하게 도달하지 않았음을 보여 주기 위하여, 개인적인 이

1 자연사는 자연에 있는 사물, 즉 동식물과 광물을 채집해서 그 형태를 비교하는 연구 분야로, 다윈은 동식물과 광물을 채집하면서 공부했기에, 자신을 자연사학자라고 불렀다.

2 외부에서 유입된 생물이 아니라 옛날부터 살아왔던 생물이다.

3 종이 독립적으로 창조되었다면 생물들 사이의 연관성은 없을 것인데, 한 조상으로부터 많은 생물들이 갈라져 나왔다면, 과거와 현재의 생물들은 조상-후손 관계라는 연관성을 가지게 될 것이다.

4 영국의 수학자이자 천문학자인 존 허셜로, 그는 절멸한 종이 다른 종으로 대체되는 과정을 수수께끼 중의 수수께끼라고 불렀다.

5 다윈은 1831년 12월 27일 영국을 출발하여 1836년 10월 2일 귀국했다.

6 다윈은 1842년에는 종의 기원에 관하여 35쪽짜리 개요를 정리했고, 1844년에는 189쪽짜리 소논문을 썼다.

야기를 이처럼 자세히 설명하면서 책을 시작하는데, 독자들의 양해를 구한다.[7] (1쪽)

내 연구는 이제 거의 끝나가나, 완전히 끝내려면 앞으로 2~3년은 더 필요할 것이다.[8] 그런데 내 건강 상태가 좋은 편이 아니어서,[9] 나는 이 **요약본**[10]을 서둘러 출판해야만 했다. 내가 이 책을 출판하게 된 특별한 계기도 있는데, 말레이 제도의 자연사를 연구하는 월리스 씨도 종의 기원에 대해 내가 내린 결론과 거의 딱 들어맞는 상동적 일반 결론[11]에 도달했기 때문이다. 그는 작년에 나에게 이 주제와 관련된 원고를 보내면서, 자신이 쓴 원고를 찰스 라이엘 경에게 전달해 주기를 부탁했고, 라이엘 경은 원고를 린네학회로 보냈다. 이 원고는 린네학회지 3권에 실렸다.[12] 라이엘 경과 후커 박사 둘 다 내 연구를 잘 알고 있었고, 특히 후커 박사는 내가 1844년에 쓴 소논문도 읽었다. 이들은 내 명예를 위해서 월리스 씨가 쓴 훌륭한 원고와 함께 내가 지금까지 쓴 원고에서 일부를 아주 간략하게 요약해서 출판하라고 권고했다.[13] (1~2쪽)

지금 내가 출판한 이 **요약본**은 필연적으로 불완전할 것이다. 이 요약본에 있는 몇 가지 주장을 입증할 참고문헌과 전문가들을 나는 열거할 수가 없었다.[14] 따라서 나는 독자들이 내가 정확하게 썼다고 믿어 주기만을 바랄 뿐이다. 믿을 만한 전문가에게만 의지하려고 항상 조심했으나, 의심할 여지 없이 오류들이 숨어 있을 것이다.[15] 나는 이 책에서 내가 내린 일반적인 결론과 함께 예시로 약간의 사실들을 보여 줄 것인데, 대부분 사례에서

7 다윈은 1837년부터 종의 기원 문제를 심사숙고해서, 1859년에야 『종의 기원』을 출판했다. 거의 20년을 종의 기원에 대해 고민한 것이기에, 생물은 진화한다는 자신의 결론이 결코 성급한 것이 아니라고 쓴 것이다.

8 다윈이 말하는 '내 연구'는 종의 기원을 규명하는 책, 소위 『위대한 책』으로, Stauffer가 1975년 '찰스 다윈의 자연선택, 1856년부터 1858년까지 쓴 위대한 종에 관한 책의 두 번째 부분'이란 제목으로 편집해서 출판했다. 이 책에서는 줄여서 '위대한 책'으로 썼다.

9 다윈은 유전병으로 주기성구토증후군 또는 장에 염증을 유발시키는 크론병에 걸렸던 것으로 추정되고 있다.

10 다윈은 참고문헌이 첨부된 '완성본', 즉 '위대한 책'은 추후 출판할 생각이어서 490쪽에 달하는 이 책을 참고문헌이 없는 요약본으로 불렀다.

11 연락을 하지 않은 상태의 서로 다른 연구자들이 서로 다른 연구 자료를 이용해서 같은 결론에 도달한 경우이다.

12 논문 제목은 '원래 종과는 지속적으로 달라지려는 변종의 경향성에 대해'이다.

13 종의 기원을 그 누구보다도 다윈이 먼저 규명했다는 주장이다.

14 학술 논문에서는 일반적으로 요약에 참고문헌을 나열하지 않는다. 출판된 『종의 기원』 역시 참고문헌이 수록되어 있지 않다.

15 오류들을 수정하기 위해 다윈은 2판부터 6판이 출판될 때까지 노력했다. 『종의 기원』 초판에 있던 문장 3,878개 중 75%가 한 번 이상 수정되었다(Peckham, 1959).

이 정도면 충분할 것으로 기대한다.[16] 내가 내린 결론의 근거가 되는 모든 사실들을, 참고문헌과 함께, 앞으로 상세하게 출판해야 한다는 필요성을 나보다 더 강하게 느끼는 사람은 없을 것이다. 그러나 나는 이 일을 미래에 할 과제로 남겨둘 것이다. 사실들을 증거로 제시할 수 없는 이 요약본에서는 논의의 핵심마다 겨우 한 가지만 논의할 수밖에 없었는데, 이 논의의 핵심이 때로 내가 도달했던 결론과는 완전히 반대되는 결론을 유도한 것처럼 보일 경우도 분명히 있다는 점을 나는 잘 알고 있기 때문이다. 모든 질문에 대해 양쪽에서 주장하는 사실과 논증을 충분히 말하고 비교 검토가 이루어질 경우에만 공정한 결과가 얻어질 것이다. 하지만 이 책에서는 그렇게 하지 않았다.[17] (2쪽)

나는 개인적으로 수많은 자연사학자들로부터, 일부는 알지도 못하지만, 후한 도움을 받았음에도 불구하고 이들을 만족시킬 수 있는 고마움을 이 책의 공간이 부족하다는 이유로 표현할 수 없음을 매우 유감으로 생각한다. 그러나 나는 후커 박사에게만은 깊은 감사를 표현하고자 한다. 그렇지 않고서는 다음으로 넘어갈 수가 없을 것 같다. 그는 지난 15년 동안 풍부한 지식과 뛰어난 판단력으로 가능한 모든 수단을 동원해서 나를 도와주었다. (2~3쪽)

『종의 기원』을 주의해서 읽어 보면, 생명체들 사이에서 나타나는 상호 친밀성,[18] 발생학적 연관성, 지리적 분포, 지질학적 연속성[19] 그리고 또 다른 사실들을 곰곰이 따져보며 생각했던 자연사학자라면, 모든 종이 독립적으로 창조된 것이 아니라 변종

16 다윈은 『종의 기원』에서 자신의 이론을 뒷받침할 수 있는 엄청나게 많은 사례를 들었다. 하지만 세세한 주장을 뒷받침하는 사례는 많지 않았다. 즉, 물에서만 살아가는 민물생물의 분포를 다윈은 어류와 조개류 두 가지 사례만을 들어 설명했다. 그러면서 385쪽을 보면 "현재는 설명할 수 없는 많은 사례들이 있음은 의심할 여지가 없다"라고 썼다.

17 다윈과 같은 진화론자들과 다윈 시대에 많았던 성경에 근거한 창조론자들을 의미하는 것 같다. 다윈은 『종의 기원』에서 창조론을 부정하는 문장들을 많이 썼지만, 창조론자들의 반증은 설명하지 않았다. 예를 들어 『종의 기원』 55쪽에서 "종 하나하나를 창조라는 특별한 작용으로 간주한다면, 왜 적은 종을 포함하는 무리보다 많은 종을 포함하는 무리에서 더 많은 변이가 나타나는가를 설명할 수 있는 명확한 이유가 없다"라고만 썼을 뿐, 이에 대한 창조론자들의 논증은 소개하지 않았다.

18 공통부모로부터 물려받은 형질, 특히 구조와 체질에 나타나는 형질의 유사성을 의미한다.

19 생물 화석들이 지층을 따라 수직 방향으로 연속해서 나타나는 특성이다.

들처럼 다른 종에서 유래했다는 결론에 도달하는 것이 매우 그럴듯하다고 생각할 것이다. 그럼에도 불구하고, 이 결론은, 잘 정립되었다 하더라도, 지구상에 살고 있는 셀 수도 없이 수많은 종들이 어떻게 변형[20]되어, 우리를 감탄하게 만들 뿐만 아니라 흥분시키는, 구조와 상호적응의 완벽함으로 이어졌는지를 설명할 때까지는 불충분할 것이다. 자연사학자들은 기후, 먹이 등과 같은 외부 조건[21]들이 변이를 유발할 가능성이 있는 유일한 원인이라고 줄곧 언급했다. 우리가 앞으로 살펴보겠지만, 이 주장은 극히 좁은 의미로는 타당할 수도 있으나, 단순한 외부 조건 탓으로만 돌리는 것은 불합리하다. 예를 들어 딱따구리가 지닌 다리, 꼬리, 부리, 혀 등과 같은 구조는 교목의 나무껍질 속에서 살아가는 곤충들을 잡는 데 너무나도 훌륭하게 적응되어 있다. 겨우살이는 특정한 나무에서 양분을 빨아먹고 사는데, 종자는 특정한 새가 널리 운반해 준다. 꽃의 경우, 암꽃과 수꽃이 따로 피기 때문에 수꽃에 있는 꽃가루를 암꽃으로 옮겨 주는 특정한 곤충들이 반드시 필요하다. 따라서 이처럼 뚜렷하게 서로 다른 여러 생명체들과 연관성을 맺고 살아가는 이 기생식물이 지닌 구조를 외부 조건이나 습성 또는 식물의 의지로 설명하는 것도 역시 타당하지 않다.[22] (3쪽)

『창조의 자연사적 흔적』을 쓴 저자[23]는, 아마도 내가 추정하기로는, 미지의 수많은 세대가 지나면 일부 새들이 딱따구리를, 그리고 일부 식물들이 겨우살이를 탄생시켰을 것이며, 이렇게 태어난 생명체들은 우리가 현재 보는 것처럼 완벽할 것이라

20 다윈은 '변형'이라는 용어를 『종의 기원』에서 100회 이상 사용했는데, 서론 마지막 문장을 "나는 자연선택이 변형을 유발하는 유일한 방법은 아니지만 핵심적인 방법이라고 확신한다"라고 썼다. 따라서 변형은 진화를 의미한다.

21 기후나 먹이 등과 같은 조건들을 다윈은 생물들이 살아가는 데 필요한 조건, 즉 살아가는 조건으로 간주했다. 그리고 다윈은 기후 조건을 따로 물리적인 살아가는 조건으로 불렀다.

22 외부 조건에 의해 생물들이 변형되었다면 같은 조건에서는 모두 같이 변형되어야만 할 것이다. 그러나 그렇지 않은 경우가 있는데, 이 경우를 이 책에서 설명하고 있다. 즉, 다윈은 라마르크가 진화의 원인으로 언급했던 외부 조건이나 습성 또는 생물의 의지 등으로는 변형이 일어나지 않는다고 주장하고 있다. 그 대신 다윈은 개체마다 서로 다른 변이를 지니고, 이렇게 변이된 개체들이 다른 생물들과의 연관성으로 자연 선택되면서 변형이 일어나 새로운 종이 만들어짐을 보여 주려고 한 것이다.

23 이 책이 처음 출판된 1844년에는 저자명이 없었고, 1884년 12판이 출판되면서 로버트 체임버스가 저자임이 밝혀졌기에, 다윈이 『종의 기원』을 집필하던 때에는 저자가 누구인지 몰랐다. 별들의 변화 과정을 생물의 진화 과정으로 연결해서 설명했는데, 생물의 진화는 신이 창조한 자연법칙에 따라 이루어진다고 주장하면서도, 이 자연법칙에 대해서는 설명하지 않았다. 따라서 다윈은 이 책이 생물들의 진화를 사람들이 오해하게 만들 것이라고 생각했고, 자신은 상호적응과 관련된 자연법칙을 찾으려고 했다.

고 주장하고 있다. 그러나 나는 이러한 주장이 아무것도 설명하지 못할 것으로 보이는데, 생명체와 생명체 사이에서, 그리고 생명체와 물리적인 살아가는 조건 사이에서 나타나는 상호적응과 같은 사례는 손도 대지 못했을 뿐만 아니라 설명할 수도 없는 상태로 방치했기 때문이다. (3~4쪽)

따라서 변형과 상호적응의 방법을 명확하게 간파하는 것이 그 무엇보다 중요하다. 나는 관찰을 시작하면서, 가축화된 동물과 재배하는 식물을 꼼꼼하게 조사하면 이 모호한 문제를 그럭저럭 해결할 최고의 기회가 있을 것으로 생각했다. 그리고 나는 실망하지 않았다. 이 문제를 비롯해서 나를 당황하게 만든 또 다른 문제들에 직면하면서 나는 생육할 때 나타나는 변이에 관한 우리들의 지식이, 비록 완벽하지는 않겠지만, 최상의 그리고 가장 안전한 단서가 된다는 것을 예외 없이 발견했다. 비록 많은 자연사학자들이 이러한 연구를 흔히 무시해 왔지만,[24] 이 연구는 큰 가치가 있다고 스스로 확신하면서 위험을 무릅쓰고 말하고자 한다.[25] (4쪽)

이런 고민을 가지고, 나는 이 요약본의 첫 번째 장에서는 **생육할 때 나타나는 변이**에만 몰두할 것이다. 우리는 상당히 많은 유전적 변형이 어찌되었든 나타날 수 있음을 알게 될 것이다. 그리고 이와 비슷하거나 또는 더 중요할지도 모르는데, 지속적으로 나타나는 사소한 변이들을 사람이 **선택**하는 과정에 작용하는 사람의 힘이 어느 정도인지를 살펴볼 것이다. 그리고 자연에서 발견되는 종들의 변이성[26]으로 넘어갈 것이다. 그러나 불행

24 다윈 시대 자연사학자들은 남아메리카나 동남아시아 등지에 있던 새로운 생물을 발견하는 데 관심이 많았을 뿐, 생물들 사이에 나타나는 상호작용과 같은 원리를 규명하는 분야에는 관심이 없었던 것으로 알려져 있다.

25 다윈 시대에는 신이 모든 것을 창조했다고 믿고 있었으므로, 다윈은 자신이 생물을 신이 창조하지 않고 진화해서 만들어졌다고 주장하게 되면, 이는 종교재판에 회부될 수 있는 사건이 될 것으로 생각했었다. 실제로 1842년 『이성의 계시』라는 신문사 편집자 홀리오크가 신의 존재를 부정해 신성모독죄에 걸려 재판에 회부되었기에, 다윈 자신도 종교재판에 회부될 수 있을 것이라고 생각해서 위험을 무릅쓰고 말한다고 쓴 것이다.

26 변이성은 변이와 다르다. 변이성은 변화하는 상태나 특성 또는 변화하는 정도를 의미하며, 변이는 변화하는 사물의 한 가지 형태를 의미한다. 예를 들어 사람의 혈액형은 A형, B형, O형, AB형으로 구분하는데, A형, B형과 같이 하나하나의 사례는 변이라고 하며, 이들 전체를 아우르는 혈액형 모두는 변이성이라고 한다. 다윈은 변이성과 변이를 『종의 기원』에서 구분했다.

히도 이 주제는 아주 간단히 언급할 수밖에 없었는데, 사실들을 분류해서 긴 목록으로 설명하는 것이 더 타당하기 때문이다.[27] 하지만 어떤 조건들이 변이에 도움이 되는지에 대해서는 논의할 것이다. 그 다음 장에서는 전 세계에 있는 생명체들이 보여주는 **생존을 위한 몸부림**을 다룰 것인데, 이런 몸부림은 모든 생명체들이 기하급수적으로 증가하기 때문에 필연적으로 나타난다. 바로 맬서스 이론[28]을 모든 동식물에 적용한 것이다. 종 하나하나에서 생존할 수 있는 개체들보다 더 많은 개체들이 태어날 수 있다. 그리고 이 이후에도 생존을 위한 몸부림을 되풀이함에 따라, 어떠한 방법이든 자신에게 조금이라도 도움이 되도록 다양하게 변한 생명체들은 복잡하면서도 때로는 다양하게 변하는 살아가는 조건에서도 생존할 수 있는 더 좋은 기회를 갖게 되며, 결국 *자연스럽게 선택될 것이다.* 엄격한 유전 법칙에 따라, 그 어떤 변종이라도 선택되면 이들은 자신만의 새롭고도 변형된 유형의 자손을 낳게 될 것이다. (4~5쪽)

자연선택에 관한 기초적인 내용은 4장에서 꽤 자세히 다룰 것이다.[29] 그리고 이 장에서 **자연선택**이 개량되지 못한 생명 유형[30]들을 거의 필연적으로 **절멸**시키는 과정과 내가 이름 붙인 **형질분기**[31]를 유도하는 과정을 살펴볼 것이다. 다음 장에서 나는 복잡하지만 거의 규명되지 않은 변이의 법칙과 성장의 상관관계[32]를 논의할 것이다. 다음에 이어지는 4개의 장에서는 내 이론에서 가장 명백하면서도 심각한 어려움들을 논의할 것이다. 첫 번째는 전환의 어려움,[33] 즉 어떻게 단순한 생명체 또는

27 다윈 시대는 이미 알고 있는 사실에서 하나의 결론을 도출하는 추론을 과학의 잘못된 방법으로 여겼다. 다윈이 연구한 자연사는 하나하나 사례를 연구하고 추론해서 이론적 결론을 내리는 학문 분야이다. 따라서 다윈은 "생물은 진화한다"라는 자신의 추론을 입증하기 위해서 많은 자료를 수집했고, 이를 『종의 기원』에 나열했다. 많은 자료를 유형화하고, 유형화된 자료가 모두 생물이 창조되어 변화하지 않은 것이 아니라 변화했음을 입증할 수 있다면, 변화가 곧 진화로 이어진다는 추론을 다윈은 원했다.

28 인구는 기하급수적으로 증가하나 필요한 식량은 산술급수적으로 증가하기 때문에, 인간은 식량 확보를 위해 필연적으로 몸부림칠 수밖에 없다는 이론이다.

29 4장은 『종의 기원』에서 가장 많은 51쪽 분량이다.

30 같은 종 또는 변종에 속하되 어떤 특징으로든 다른 개체들과는 구분되는 것이다.

31 예를 들어 같은 사람이라도 적응한 환경에 따라 피부색이 달라진 현상을 형질분기라고 한다.

32 다윈은 『종의 기원』 143쪽에서 "생물의 전반적인 체제가 성장과 발달 과정에서 하나로 연결되기 때문에 한 부위에서 사소한 변이가 나타나고, 자연선택을 거치면서 축적되면, 다른 부위도 변형된다는 의미"로 설명했다.

33 전환에 대해서 다윈은 『종의 기원』 6장에서 상세하게 설명했다. 생물이 진화한다는 말은 한 형태에서 다른 형태로 변했다는 의미인데, 어떻게 왜 변할 수 있는가를 설명하는 것은 매우 어려운 일이다.

단순한 기관이 변해서 고도로 발달한 생명체 또는 정교하게 구성된 기관으로 완벽하게 발달하는가를 이해하는 것이다. 두 번째는 동물의 **본능**, 즉 동물의 정신 능력과 관련된 주제이다. 세 번째는 종끼리 이형교배하면 생식불가능이 되나 변종끼리 이형교배[34]하면 생식가능이 되는 **잡종성**[35]이다. 그리고 네 번째는 **지질학적 기록**의 불완전성이다. 그 다음 장에서는 여러 시대에 걸친 생명체들의 지질학적 연속성을, 11장과 12장에서는 지구 도처에 있는 생명체들의 분포를, 그리고 13장에서는 생명체들의 분류 또는 생명체들의 상호 친밀성을 미발달한 상태와 성숙한 상태 모두를 고려해서 살펴볼 것이다. 마지막 장에서는 이 책의 전체 내용을 간단하게 요약하고 몇 가지 결론적인 견해를 밝힐 것이다. (5~6쪽)

만일 우리를 둘러싸고 있는 모든 생명체들 사이에서 나타나는 상호연관성[36]을 우리가 해박하게 알지 못하고 있었다는 점을 마땅히 고려한다면, 종과 변종의 기원에 대해 설명할 수 없는 부분이 아직까지도 많이 남아 있음에 놀랄 사람은 없을 것이다. 어떤 한 종은 널리 퍼져 분포하며 개체수도 많은 반면, 이와 동류[37]인 또 다른 종은 좁은 곳에서만 살아가고 개체수도 매우 적은 점을 누가 설명할 수 있을까? 그럼에도 종들 사이의 상호연관성이 가장 중요하다. 내가 믿기로는, 이 연관성이 지구상에 있는 정착생물들 하나하나의 현재의 번성과 미래의 성공과 변형을 결정하기 때문이다. 역사적으로 여러 지질 시대에 걸쳐 지구상에 살아왔던 셀 수 없이 많은 정착생물들 사이에서 나타났던 상호연

34 서로 다른 형태를 지닌 유형들 사이의 교배를 의미한다.

35 이형교배할 때 자손의 생식가능성 또는 생식불가능성을 의미한다.

36 생물과 생물 사이의 상호작용을 의미하는데, 한 생태계 내에 있는 한 생물이 다른 생물에게 작용하면 이 생물이 반작용을 하게 된다. 이 관계를 상호작용이라고 한다. 생물들 사이의 경쟁, 먹고 먹히는 관계, 공생 등의 상호작용이 있다.

37 같은 종류나 부류를 지칭한다. 예를 들어 고래와 박쥐가 동류라고 한다면, 이 둘은 포유류에 속한다는 의미이다. 개나리와 산개나리가 동류라고 한다면, 이 둘은 개나리속(*Forsythia*)에 속한다는 의미이다.

관성을 우리는 알려고도 하지 않았다.[38] 비록 많은 것이 모호한 상태로 남아 있고, 미래에도 오랫동안 모호한 상태로 남아 있겠지만, 내가 신중하게 많은 연구를 하고 냉정하게 판단한 결과, 자연사학자들 대다수가 마음속에 품고 있는, 그리고 나도 한때 품었던 견해, 즉 모든 종이 독립적으로 창조되었다는 생각이 잘못이었음을 나는 결코 의심하지 않게 되었다. 나는 종이 불변의 것이 아니라고 확신한다.[39] 이른바 같은 속에 속하는 종들은 또 다른 일반적으로 절멸한 종들의 직계 후손[40]이며 마찬가지로 어떤 종이더라도 이 종에 속하는 것으로 인정된 변종들은 이 종의 후손이다. 더욱이, 나는 **자연선택**이 변형을 유발하는 유일한 방법은 아니지만 핵심적인 방법이라고 확신한다.[41] (6쪽)

38 알 필요가 없었을 것이다. 신이 만든 것에 의문을 가지고 탐구하는 것은 중대한 범죄로 간주되었던 시대였다.

39 다윈이 살던 당시에는 신이 생물을 완벽하게 창조했기에 생물 종 하나하나는 변하지 않은 것으로 믿고 있었다.

40 직계는 같은 진화적 경향을 지닌 조당-후손간의 관계이다.

41 『종의 기원』 5판에서는 "핵심적인" 방법이 "가장 중요한" 방법으로 수정되었다. 그럼에도 불구하고, 다윈 이후 다윈의 진화론을 신봉한 많은 사람들은 다윈이 설명한 '자연선택'을 거부했다(신현철, 1998). 심지어 '다윈의 불도그'로 지칭될 정도로 다윈의 진화론을 열렬히 주창했던 헉슬리조차도 자연선택을 거부했는데, 그는 자연선택은 오로지 개체 수준에서만 작용한다고 믿었다(최재천 외, 2016).

1장 생육할 때 나타나는 변이

변이성의 원인—습성의 결과—성장의 상관관계—유전—생육[1] 하는 변종들의 형질—변종과 종 구분의 어려움—한 종 또는 여러 종으로부터 만들어져 생육하는 변종의 기원—사육하는 집비둘기의 기원과 차이점—옛날부터 전해 내려온 선택의 원리와 결과—체계적 선택과 무의식적 선택—생육하는 재배종의 알려지지 않은 기원—인간의 선택에 도움이 되는 조건들

[2]**오래**전부터 사람들이 길러 온 동물과 식물의 같은 변종 또는 아변종에 속하는 개체들을 관찰해 보면, 제일 먼저 눈에 띄는 논의의 핵심이 있다. 즉, 자연 상태에서 살아가는 같은 종 또는 변종에 속하는 개체들 사이에서 발견되는 차이점과 비교할 때 사람들이 길러 온 개체들 사이에서 나타나는 차이점이 일반적으로 더 크다는 점이다.[3] 완전히 다른 기후 조건과 관리 체계에서 전 생애에 걸쳐 사람들에 의해 길러지면서 달라졌던 엄청나게 다양한 동물과 식물을 심사숙고해 보면, 이처럼 주목할 만한 변

1 영어 'domestication'은 '인간이 특정한 목적으로 행하는 동물과 식물의 상호작용'으로 정의되는데, 이는 '사람이 생물을 기르거나 키움'이라는 의미로 '생육(生育)'이라는 단어로 번역될 수가 있다. **→용어설명**

2 장 목차에 나오는 첫 번째 주제, '변이성의 원인'을 설명하는 부분이다.

3 일반적으로 종, 변종 또는 아변종을 구분할 때 형태적 차이를 근간으로 한다. 차이가 적을 때에는 아변종, 이보다 클 때에는 변종, 변종보다 클 때에는 종으로 구분한다. 따라서 자연 상태에서는 아변종끼리나 변종끼리는 큰 차이가 나타나지 않는다. 그러나 생육하는 개체들을 보면 같은 아변종들 또는 변종들끼리 큰 차이가 나타나고 있음에도 불구하고 이를 종 수준에서 구분하지 않고 있음을 지적하고 있다. 그리고 이런 사례들을 이 장에서 설명하고 있다.
→용어설명 '종(species)'

이성[4]은 우리가 생육하는 재배종이 자신의 부모종이 자연 상태에서 노출되었던 살아가는 조건과 어느 정도는 다르고, 균일하지 않았던 살아가는 조건에서 키워진 탓이라고 결론짓지 않을 수 없다.[5] 또한 이 변이성이 부분적으로 양분의 초과 공급과 연관되어 있다는 앤드류 나이트의 견해[6]에도 어느 정도 일리가 있다고 나는 생각한다. 생명체에서 사람이 인지할 수 있을 정도로 어떤 변이가 나타나려면 몇 세대를 거치면서 새로운 살아가는 조건에 반드시 노출되어야만 한다는 점과 일반적으로 체제가 한번 다양하게 변하기 시작하면 수많은 세대를 거치면서 지속적으로 다양하게 변한다는 점은 의심할 여지가 없어 보인다. 변하기 쉬운 생명체가 길들여지는 과정에서 변하는 것을 중단했다는 기록을 보여 주는 사례는 전혀 없다. 우리는 밀[7]처럼 아주 오래전부터 재배해 온 식물들에서 지금도 때로 새로운 변종을 만들 수 있으며, 오래전부터 사육해 온 동물들도 여전히 아주 빨리 개량할 수 있거나 변형시킬 수 있다.[8] (7~8쪽)

변이성을 유발하는 원인이 무엇이든 간에 일생 중 배[9]발생 초기든 후기든 수정 순간이든 어떤 시기에는 일반적으로 작용한다는 점이 논란거리였다. 배를 인위적으로 처리하면 기형이 만들어진다는 조프루아 생틸레르의 실험 보고는 있으나, 기형을 단순한 변이와 명확하게 구분할 수는 없다.[10] 변이성을 일으키는 가장 흔한 원인이 수정이 일어나기 전에 영향을 받은 암, 수 생식 요소[11]라는 점을 나는 단호하게 믿고 싶은 생각이다.[12] 내가 이를 믿는 데에는 몇 가지 이유가 있다. 가장 주된 이유는 생

4 15쪽 26번 주석을 참조하시오.

5 다윈 이전에는 살아가는 조건에 따라 변이가 나타난다고 생각했다.

6 나이트는 "형태, 색깔, 크기나 상태 등의 변화는 개체 하나하나에서 나타날 수 있고, 개체 하나하나에서 나타나는 이러한 변화는 비슷한 원인에 의해 만들어진다. 즉, 자연 상태에 있을 때보다 좋은 기후 조건이라든가 좋지 않은 조건들의 나쁜 영향을 제거한 상태에서 양분을 좀 더 풍부하게 규칙적으로 공급하면 나타난다"고 주장했다.

7 밀은 인류가 농경을 시작한 지 1만 년 전부터 재배한 식물로 알려져 있다.

8 고정된 것이 아닌 지속적인 변이성을 보여 주는 사례로 밀을 들었다.

9 다세포생물의 발생 초기에 나타나는 형태로서, 정자와 난자의 수정으로 만들어진 접합자가 세포분열로 만든다.

10 다윈은 기형을 『종의 기원』 44쪽에서 설명하고 있다.

11 다윈 시대에 정자와 난자의 실체는 규명되었지만, 유전의 원리와 유전자에 대해서는 정확하게 파악되지 못했다. 다윈이 말한 생식 요소는 『동식물의 생육할 때 나타나는 변이』에서 '제뮬'이라는 용어로 변했는데, 제뮬이 온몸에 퍼져 있다가 생식 시기가 되면 생식기에 모여 후손에게 전달되는 것으로 간주되었다.

12 진화는 다음 세대에 영향을 줄 수 있는 요인, 즉 오늘날의 유전자의 변화가 필요하다. 다윈은 이 요인으로 유전자 대신 생식 요소를 생각한 것이다.

식체계의 기능에 영향을 주는 권양[13]과 재배의 놀라운 결과이다. 이 생식체계는 체제를 이루는 어떤 다른 부위보다도 살아가는 조건들이 변하면서 나타나는 영향을 받기 쉽다.[14] 동물을 길들이는 것보다 더 쉬운 일은 아무것도 없다. 권양하면서, 암컷과 수컷을 교접시킨 많은 사례에서, 이들이 자유롭게 번식하도록 하는 것보다 더 어려운 것은 거의 없다. 비록 권양 상태는 거의 아니지만 자신들이 원래 살고 있던 곳에서 오랫동안 살았으면서도 번식하지 않는 동물들이 얼마나 많은가! 이것은 본능이 손상되었기 때문이다. 그리고 엄청나게 무성하게 자라면서도 씨를 거의 맺지 않거나 전혀 맺지 않는 재배 식물 종류도 또한 얼마나 많은가! 식물이 자라는 특정 시기에 물이 다소라도 부족한 사례처럼 매우 사소한 변화로 인해 식물에서 씨가 만들어질지 말지가 결정되는 현상도 몇 가지 발견할 수가 있다. 나는 여기서 이 이상한 주제와 관련해서 수집한 여러 사례들을 상세하게 다루지는 않을 것이나, 권양 중인 동물들의 번식을 결정하는 법칙이 얼마나 독특한지는 보여 주려고 한다. 원래는 열대 지방에서 살았지만 우리나라에서 권양 중인 육식동물은 아주 자유롭게 번식하였으나, 곰 또는 곰과[15]에 속하는 척행동물[16]은 예외였다. 육식성 조류도 극소수 예외를 제외하고는 수정란[17]을 거의 낳지 않는다. 외래식물[18] 대부분은, 생식불가능한 잡종[19]들처럼, 거의 꼭 맞는 조건에 두어도 전혀 쓸모없는 꽃가루를 만든다. 한편, 비록 때로는 약하거나 건강이 좋지 않아도 권양 중에 아주 자유롭게 번식하면서 길러진 동식물을 볼 수 있다. 그리고 이와

13 야생동물들을 포획한 다음에는 반드시 이들을 '우리 안에서 가두어 사육'해야 하는데, 이를 권양(圈養)이라고 한다.

14 어떤 영향을 어떻게 받는지에 대해서는 설명이 없다. 단지 후일 다윈은 제뮬이 온몸으로 퍼져 나갔다가 생식 시기에 생식기로 모여든다고 설명했는데, 온몸으로 퍼져나가 있는 동안 살아가는 조건에 의해 영향을 받았을 것으로 생각한 것 같다.

15 곰과(Ursidae). 곰은 곰과에 속하는 동물들을 총칭하는 이름이다. 분류학적으로 육식을 하는 식육목(Carnivora)에 속하지만, 북극곰을 제외하고는 대부분 식물성 물질을 먹는 초식성 위주의 잡식성이다.

16 사람이나 곰처럼 발바닥 전체를 땅에 대고 걷는 동물이다. 발바닥 전체가 땅에 닿기 때문에 자신의 몸을 잘 지탱할 수는 있지만, 빨리 달리지는 못한다. 고기를 먹는 동물에게는 부적합한 구조이다.

17 다음 세대를 낳을 수 있는 알이다.

18 다른 나라 또는 다른 지역에서 들어온 식물이다. **→ 용어설명**

19 일반적으로 잡종이 만들어지면 이들은 자손을 낳을 수가 없는 상태가 된다. 이를 생식불가능한 잡종이라고 한다. 예를 들면 말과 당나귀를 교배시키면 노새라는 잡종이 만들어지는데, 노새는 자손을 낳을 수가 없다. 따라서 노새를 다시 만들기 위해서는 말과 당나귀를 다시 교배시켜야 한다.

는 반대로 자연에서 아주 어렸을 때 포획해 온 개체들을 완전히 길들여 오랫동안 건강하게 살게 했어도 (이러한 많은 사례를 나는 나열할 수 있다) 눈에 띄지 않은 요인들로 인해 생식체계가 심각한 영향을 받아 번식에 실패한 개체들도 볼 수 있다. 권양하는 동안 생식체계가 작동을 하더라도 아주 불규칙하게 작동해서 부모와 거의 비슷하지 않거나 다양하게 변한 자손들을 낳을 수도 있는데, 이런 현상에 대해 놀랄 필요는 없다.[20] (8~9쪽)

생식불가능성은 원예 분야에서 재앙으로 알려져 왔다.[21] 그러나 이런 견해에서 바라보면, 우리는 변이성을 생식불가능성을 일으키는 원인과 같은 것으로 간주하게 되는데, 변이성이야말로 정원에서 볼 수 있는 최고로 선택된 재배종을 만들게 한 근본적인 원인이다. 가장 비자연적인 조건에서도 자유롭게 번식하는 일부 생물들의 사례를 (우리 안에서 살아가는 굴토끼[22]와 페럿[23]이 있다) 들여다보면 이들의 생식체계가 영향을 받지 않았음을 알 수 있다. 실제로 일부 동식물은 사육 또는 재배 과정을 거치면서도 아주 조금 변했는데, 아마도 자연 상태에서도 거의 이 정도는 변할 것이다.[24] (9쪽)

"아조변이[25]식물"에 대한 긴 목록을 쉽게 제시할 수 있다. 정원사들이 식물의 다른 부위와 전혀 다른 또는 상당히 다른 형태가 식물의 눈이나 가지 한 곳에서 난데없이 만들어질 때 이 용어를 사용한다. 이러한 눈은 접붙이기[26] 등과 같은 기술이나 때로는 씨를 이용하여 번식시킬 수 있다. "아조변이"는 자연계에서는 거의 나타나지 않으나, 재배할 때에는 드물지 않게 나타난다. 이

20 살아가는 조건이 생식체계를 교란시키면 변이성이 만들어질 수 있다고 설명하고 있다.

21 씨를 만들어 다음 해에 심어 새로운 개체를 만들어야 하는데, 생식불가능, 즉 씨를 만들지 않는다면 다음에 재배할 재료가 없기 때문일 것이다.

22 굴토끼(rabbit)는 굴을 파고 집단생활을 하나, 산토끼(hare)는 굴을 파지 않고 독립생활을 한다. 토끼라고 하면 이 둘을 포함하는데, 흔히 rabbit을 토끼로 번역한다. 굴토끼는 사육이 가능하나, 산토끼는 사육이 되지 않는 것으로 알려져 있다.

23 족제비과(Mustelidae)에 속하는 동물 중 유일하게 사육된 종이다.

24 생식체계가 교란되면서 만들어진 변이성이 생식불가능으로 항상 이어지지는 않는다고 설명하고 있다.

25 아조변이는 '식물 한 개체에서 특정한 부위의 한 가지만 다른 가지와는 전혀 다른 형태로 발달하는 것'을 의미한다. 원예작물에서 흔히 나타난다.

26 뿌리 구실을 하는 묘목에 원하는 나무의 가지나 눈을 붙여 새로운 나무를 만드는 방법이다. 이때 뿌리 구실을 하는 나무를 대목이라 하며, 붙이고자 하는 가지는 접수, 눈은 접눈이라고 부른다.

런 사례로부터 우리는 밑씨나 꽃가루에 영향을 주지 않고서도 눈이나 가지에만 영향이 나타나도록 처리하면 이런 식물들이 만들어짐을 알 수 있다. 그러나 생리학자들 대부분은 눈이나 밑씨가 처음 만들어질 때에는 이들 사이에 근본적인 차이가 없다고 생각한다.[27] 따라서 사실상 "아조변이"는 변이성의 대부분이 수정이 일어나기 전에 영향을 받은 부모 개체의 밑씨나 꽃가루 또는 둘 모두로부터 나타난다는 내 견해를 지지해 준다. 어찌되었든 이런 사례들은 일부 학자들이 생각한 것처럼 변이가 생식활동과 반드시 관련될 필요가 없음을 보여 준다.[28] (9~10쪽)

뮐러가 지적한 바와 같이 비록 어린 개체와 부모 개체 모두가 완전히 같은 살아가는 조건에 노출되어 있다고 하더라도, 같은 열매에서 나온 어린 나무들이나 한 배에서 만들어진 새끼들이 때로 서로서로 눈에 띄게 다르게 나타난다. 그리고 이러한 현상은 번식의 법칙, 성장의 법칙 그리고 유전의 법칙에 따른 영향과 비교할 때 살아가는 조건이 미치는 직접적인 영향이 중요하지 않음을 보여 준다.[29] 살아가는 조건들이 직접적인 영향을 주게 되어 만일 어린 개체 중 하나라도 변한다면, 같은 방식으로 모든 개체들이 변해야만 할 것이다. 어떤 변이가 나타났을 때, 온도, 습도, 빛, 먹이 등이 직접적으로 작용하여 이 변이에 얼마나 많은 영향을 주었는지를 판단하는 것은 매우 어렵다. 직접적인 영향이 식물에서는 좀 더 명백하게 나타나지만 동물에서는 거의 없다는 것이 내 생각이다. 이러한 관점에서 보면, 최근에 벅먼이 식물을 대상으로 한 실험은[30] 매우 가치 있는 일이었다. 특정한

27 눈은 체세포분열로 만들어지며, 밑씨는 생식세포분열로 만들어지는 큰 차이가 있으나, 새로운 개체나 형대를 민든다는 점에서 비슷하다고 생리학자들이 생각한 것 같다.

28 아조변이 식물은 식물의 정단분열조직에서 나타난 돌연변이 결과로, 생식활동과는 무관하다. 단지 다윈 시대에는 돌연변이에 대해 알지 못했는데, 그에 따라 다윈은 이런 현상을 생식과는 무관한 변이로 간주했던 것으로 보인다. 이 문단의 내용은 오늘날 생물학적 지식으로 보면 조금은 이상한데, 6판에서는 이 문단과 앞 문단, 그리고 뒤 문단까지 모두 삭제되었다.

29 라마르크는 살아가는 조건이 생물의 용불용에 직접적인 영향을 준다고 설명했는데, 다윈은 살아가는 조건이 직접적인 영향을 주지 않는다고 설명하고 있다.

30 정원에 구획을 나누어 비슷한 종들의 씨를 파종한 후, 이들이 성장하는 과정을 관찰한 결과, 다른 종으로 간주되었던 일부 종은 같은 종으로 확인되었고, 일부 종은 한 종에 속함에도 불구하고 생육지 조건에 따라 서로 다른 형태를 나타냈다. 환경에 따라 식물들이 변화함을 입증했다.

조건에 노출되었던 거의 모든 또는 모든 개체들을 똑같은 방법으로 노출시켰을 때 처음 나타난 변화는 이러한 조건과 직접적인 연관이 있는 것처럼 보였다. 그러나 어떤 사례에서는 전혀 반대되는 조건에서도 구조가 비슷하게 변하기도 했다. 그럼에도 불구하고 나는 살아가는 조건이 직접 작용해서 일부 사소한 변화가 나타날 수도 있다고 생각한다.[31] 일부 사례에서는 먹이양에 따라 체격이 커졌고, 특별한 종류의 먹이와 빛에 의해 몸색이 진해졌고, 기후 조건에 따라 모피의 두께가 증가했기 때문이다. (10~11쪽)

[32]식물을 한 기후대에서 다른 기후대로 옮겨 심으면 개화 시기가 달라지듯이 습성[33] 역시 결정적인 영향력을 지닌다. 동물의 경우 좀 더 뚜렷한 결과를 만든다. 예를 들어, 집오리는 야생오리보다 전체적인 골격에서 보면 날개뼈는 더 가벼우나 다리뼈는 더 무겁다는 사실을 나는 발견했다. 그리고 이러한 변화가 집오리가 안전하게 사육되면서 부모종인 야생오리에 비해 날아다니는 것은 줄어들고 더 많이 걷게 되면서 나타난 것으로 나는 추정한다.[34] 항상 우유를 짰던 나라에서 자라는 소와 염소의 젖무덤은 다른 나라에서 자라는 소와 염소의 젖무덤에 비해 선천적으로 크게 자라는데, 사용의 효과를 보여 주는 또 다른 사례이다.[35] 어떤 나라에서든 처진 귀를 가지지 않은 사육 동물은 단 한 마리도 없다고 말한다. 그리고 일부 사람들의 견해에 따르면 귀가 처지는 것은 이들이 위험에 거의 처하지 않아 귀의 근육을 사용하지 않았기 때문인데, 그럴듯하다.[36] (11쪽)

31 다윈이 생식체계가 교란되면서 변이성이 만들어진다면, 생식체계를 교란시킨 원인이 살아가는 조건이라는 과거의 주장을 일부 수용하는 것처럼 보인다. 단지 일부 생물의 경우 같은 살아가는 조건에 있더라도 같은 자손들이 만들어지지 않은 사례도 제시했는데, "생식불가능성은 원예 분야에서 재앙으로 알려져 왔다"로 시작하는 문단부터 이 문단까지 『종의 기원』 6판에서는 삭제되었다. 식물의 사례가 다소 부적절했으며, 같은 조건에서도 나타나는 변이를 설명하기가 다소 곤란했기 때문으로 추정된다.

32 장 목차에 나오는 2번째 주제, '습성의 결과'를 설명하는 부분이다.

33 생물의 동일 종 내에서 공통되는 선천적 행동 양식이나 존재 양식이다. 그러나 다윈은 『종의 기원』에서 특별한 방식으로 발달하려는 경향성이라는 의미로 습성을 사용한 것으로 보인다.

34 새들은 위험이 없을 경우 날개가 퇴화되어 날지 못하는 경우도 있다. 집오리는 야생에서 자라는 청둥오리를 사육시킨 것으로 청둥오리에 비해 뚱뚱하다.

35 다윈은 라마르크의 용불용설을 그대로 수용한 것이 아니라 자연선택과 결부해서 설명했다. 5장의 '자연선택과 결합된 용불용'을 참조하시오.

36 변이가 용불용에 따른 습성에 의해서 나타난다고 설명하고 있다.

[37]변이를 조절하는 법칙은 많은데, 비록 극히 일부는 이해하기 힘들지만, 이제부터는 이 법칙들을 간단히 언급할 것이다. 나는 여기서 소위 성장의 상관관계[38]에 대해서만 언급할 것이다. 어떤 변화든지 배나 유충에서 나타나면 이 변화는 성숙한 개체에서도 거의 확실히 나타나게 된다. 기형에서 나타나는 전혀 다른 부위들 사이의 상관관계는 매우 흥미로운데, 이 주제와 관련된 많은 사례는 이시도르 생틸레르의 위대한 책에서 볼 수 있다. 사육가들은 사지가 길면 머리도 거의 항상 길게 발달한다고 믿는다. 일부 사례들은 상당히 기묘하다. 파란 눈을 지닌 고양이들은 언제나 청각장애를 지닌다.[39] 색깔과 체질[40]의 특이성이 함께 나타나는데, 이를 보여 주는 놀랄 만한 많은 사례들을 동물과 식물에서 찾을 수 있다. 호이징거가 수집한 사실[41]들에 따르면, 하얀색을 띤 양이나 돼지들은 일부 식물 독에 대해 색깔을 띤 개체들과는 다른 영향을 받는 것처럼 보인다.[42] 털이 없는 개들은 불완전한 이빨을 지니며, 털이 길고 거친 동물들의 뿔은 길거나 수가 많은 경향이 있는 것으로 알려져 있다. 발에 털[43]이 있는 집비둘기[44]는 바깥쪽 발가락 사이에서만 피부를 볼 수 있고, 부리가 짧은 집비둘기는 발이 작고, 부리가 긴 집비둘기는 발도 크다. 따라서 만일 사람이 어떤 특이성이라도 선택하고 증강시키면, 성장의 상관관계라는 신비한 법칙에 따라 그 사람은 자신이 의도하지 않았다고 하더라도 구조를 이루는 다른 부위들도 확실하게 변형시킬 수 있다.[45] (11~12쪽)

변이의 법칙은 여러 가지가 있어도 전혀 알려져 있지 않거나

37 장 목차에 나오는 3번째 주제, '성장의 상관관계'를 설명하는 부분으로 5장에서 4번째 주제로 상세하게 다시 설명한다.

38 생물, 특히 동물들이 성장하면서 한 가지 형질을 지니고 있으면 또 다른 특징이 반드시 나타나는 경우이다. → 용어설명

39 흰색 털을 가진 수컷 고양이일 경우 유전적으로 청각장애를 지니는데, 두 눈이 모두 파란색일 경우 60~80% 정도는 청각장애이다. 한 눈만 파란색일 경우에는 30~40%만 청각장애를 지닐 뿐, 나머지는 정상으로 알려져 있다.

40 날 때부터 지니고 있는 생물의 생리적 성질이나 특징을 의미한다.

41 1846년에 쓴 「일부 외부 영향에 의해 서로 다른 색깔을 지닌 동물에서 나타나는 다양한 효과」라는 논문이다.

42 양이나 돼지 털색은 유전적으로 결정되며, 식물 독에 대한 반응도 다르다.

43 흔히 털이라고 부르나 동물들에서 나타나는 진정한 털은 아니고 비늘조각처럼 생겼다. 이 조각은 *slipper*와 *grouse*라고 부르는 유전자에 의해 유전적으로 조절된다. 비늘조각들이 다리를 전부 덮고 있어 다리 피부를 볼 수가 없는데, 발가락 사이에는 조각들이 없다.

44 pigeon을 비둘기로 번역하나, pigeon은 야생의 바위비둘기를 순화시켜 집에서 기르는 집비둘기(*Columba livia domestica*)를 지칭한다.

45 한 부위나 구조에서 변이가 나타나면, 이 부위나 구조와 상관관계가 있는 다른 부위나 구조에서도 변이가 나타난다.

어렴풋하게만 알려져 있는데, 이 법칙에 따른 결과는 한없이 복잡하고 다양하게 변했다. 히아신스와 감자, 심지어 달리아처럼 오래전부터 재배한 식물들을 연구한 몇몇 논문들은 자세하게 읽어볼 가치가 있다. 그리고 변종들과 아변종들의 구조와 체질이 서로서로 조금씩 다르다는 끝도 없는 논의의 핵심에 주목하면 진짜로 놀라게 된다. 이들의 전반적인 체제는 가소성[46]을 지니고 있는 것처럼 보이며, 그에 따라 부모형[47]과는 아주 조금씩 멀어져 가는 경향을 보인다.[48] (12쪽)

[49]유전되지 않는 변이는 그 어떤 것이라도 우리에게 중요하지 않다. 그러나 구조에서 나타나며 유전될 수 있는 편이[50]의 수와 다양성은 생리적으로 중요하든 사소하든 둘 다 끊임없이 나타난다. 두 권으로 된 프로스퍼 루카스 박사가 쓴 책[51]에는 이 주제와 관련된 가장 좋은 내용들이 많이 들어 있다. 사육가라면 유전적 경향성이 지니는 견고성에 대해 그 누구도 의심하지 않는다. 즉, 비슷한 것이 비슷한 것을 만든다는 점은 이들에게 원칙과 같은 신념이다. 이 원칙에 대해 의문을 제기하는 사람은 이론가적인 학자들뿐이다. 편이가 드물지 않게 나타나고, 우리가 부모와 자손에서 이 편이를 보게 된다면, 이 편이가 부모와 자손 모두에 작용하는 같은 원인에 의해서 만들어진 결과인지 아닌지에 대해 우리는 말할 수가 없을 것이다. 그러나 같은 조건에 노출된 개체들 중에서 아주 이례적인 상황들의 조합으로 인하여 매우 희귀하게, 말하자면 수백만 개체 가운데 한 개체 정도로 편이가 부모들 사이에서 나타나고, 자손에서 편이가 다시 나타난

46 어떤 구조가 외부 힘을 받아 변형된 뒤, 힘을 제거해도 원래 형태로 되돌아가지 않는 성질이다. ➜ **용어설명**

47 부모형이란 부모가 지닌 특성을 의미한다.

48 생물들이 가소성을 지니고 있어 변이가 나타나면 그 변이를 유지하게 되며, 그에 따라 부모와는 다르게 된다는 점을 설명하고 있다.

49 장 목차에 나오는 4번째 주제, '유전'에 대해 설명하는 부분이다.

50 기준이나 표준에서 벗어난 특징이라는 의미이다. ➜ **용어설명**

51 1847년과 1850년, 두 번에 걸쳐 출판된 『자연적인 유전에 대한 철학적 생리학적 연구』이다.

52 우연의 원리는 유사한 일들이 반복적으로 나타날 가능성이 매우 낮다고 설명한다. 수백만 개체 가운데 한 개체에서만 편이가 나타났다면, 이 편이가 나타날 확률은 수백만 분의 일, 즉 거의 나타나지 않을 것이다. 그럼에도 이 편이가 자손에서 나타났다면 이는 우연한 결과가 아니라 부모로부터 유전받은 특징일 것이라는 설명이다.

다면, 단순한 우연의 원리에 따라 이들이 다시 나타난 현상을 우리는 유전의 결과로 간주해야만 한다.[52] 백색증,[53] 모공성 각화증,[54] 다모증[55] 등이 한 가족 내에서 일부 사람들에게서만 나타나는 사례들임을 누구나 알고 있을 것이다. 이상하거나 매우 드문 구조의 편이가 진짜로 유전된다면, 덜 이상하고 더 흔하게 나타나는 편이들도 유전될 수 있다고 기꺼이 받아들일 수 있을 것이다. 어떤 형질이든 형질 하나하나의 유전은 규칙에 따르며, 유전되지 않는 형질은 변칙으로 간주하는 것이[56] 이러한 주제 전반에 대한 올바른 견해일 것이다.[57] (12~13쪽)

유전을 조절하는 법칙은 전혀 알려져 있지 않다.[58] 한 종에 속하는 서로 다른 개체들과 서로 다른 종에 속하는 개체들 사이에서 나타나는 똑같은 특이성이 때로는 유전되고, 때로는 유전되지 않는지를 그 누구도 설명할 수가 없다. 또한 어린이가 때로 할아버지나 할머니 또는 이보다 훨씬 앞선 조상이 지녔던 일부 형질로 회귀한 이유와[59] 특이성이 한 종류 성에서 양성 모두에게 또는 한 성으로만,[60] 반드시 그렇지는 않으나, 더 자주 전달되는 이유 역시 그 누구도 말할 수가 없다. 사육 중인 품종[61]들의 수컷에서 나타나는 특이성이 때로 수컷에서만 나타나거나 수컷에서 더 많이 나타난다는 점은 거의 중요하지 않다. 내가 신뢰할 수 있는 이보다 더 중요한 규칙은, 이 특이성이 일생을 통해 어떤 시기이든 처음 나타나면 자손에서도 상응연령대[62]에 또는 이보다 일찍 나타나는 경향이 있다는 점이다.[63] 많은 사례에서 이와 다르게 나타나지는 않았다. 따라서 소의 뿔에서 나타나는 유

53 동물이나 사람의 눈, 피부, 머리카락 등에 멜라닌 색소가 합성되지 않아 백색으로 보이는 증상이다. 사람의 백색증은 선천성 백색증 또는 선천성 색소 결핍증이라 하며, 열성유전이나 돌연변이로 나타난다.

54 오래된 피부세포가 정상적으로 탈락하지 못해 표피 내로 들어가 모공의 출구를 막아 모공이 커져 오톨도톨한 모양으로 보이는 증상으로 닭살 또는 닭살피부라 한다.

55 연령, 종족, 성별을 고려해 정상적인 기준보다 털의 밀도가 높거나 길이가 긴 상태로, 털과다증이라 하며 유전자 이상이다.

56 변칙으로 간주되는 형질은 진화의 연구 대상이 아니며, 유전되지 않은 변이에 대해서는 언급하지 않겠다는 의미이다.

57 유전되지 않은 기형과 변이는 무의미하며, 유전되는 변이가 진화와 관련해서 의미가 있다. 다음 장에서 다윈은 유전과 관련된 자신의 생각을 정리했다.

58 다윈은 멘델의 유전 원리를 알지 못했다. 『종의 기원』은 1859년 출판되고, 유전 원리는 1865년 규명되어 다윈은 유전 현상을 정확하게 설명할 수 없었고 멘델이 보낸 논문 「식물 잡종에 대한 실험」도 읽지 않았다.

59 조상의 형질이 먼 후대에 다시 나타나는 현상을 다윈 시대의 유전 이론인 혼합유전으로는 설명 불가하다.

60 다윈은 이런 현상을 4장에서 성선택으로 설명하고 있다.

61 형태적 또는 생리적 특징들이 자손에게 유전되어 동일 단위로 취급되는 무리이다.

62 → 용어설명

63 최근에도 완벽한 설명은 불가능하나, 단백질 또는 DNA가 시간을 두고 만들어지거나 발현되어 나타나는 현상으로 간주하고 있다.

전적인 특이성은 거의 다 자란 개체에서만 나타나며, 누에의 경우 애벌레 단계나 번데기 단계에서 각각 상응하는 특이성이 나타나는 것으로 알려졌다.[64] 그러나 유전 질병과 일부 다른 사실들은 규칙을 보다 넓게 확장할 수 있다는 점과 명백한 원인이 없음에도 불구하고 어떤 특별한 시기에만 한 가지 특이성이 나타나지만 부모에게서 처음으로 나타난 시기와 같은 시기에 자손에서도 특이성이 나타나는 경향이 있다는 점을 내가 믿도록 만들었다. 나는 이 규칙이 발생학 법칙을 설명하는 데 매우 중요하다고 믿는다. 이러한 언급들은 물론 특이성이 최초로 출현한 시기로 국한되는데, 난세포나 수컷 요소에 작용했을 수도 있는 주요 원인에 대한 것은 아니다. 뿔이 짧은 암소와 뿔이 긴 수소를 교배시켜 태어난 송아지의 경우도 마찬가지로, 비록 성장 후기에 뿔이 훨씬 더 커지지만 이는 명백하게 수컷 요소의 탓이다.[65]
(13~14쪽)

회귀[66]라는 주제에 대해 여기에서는 자연사학자들이 때로 주장하는 내용을 인용하려고 한다. 즉, 우리가 생육하는 변종들을 야생으로 돌려보내면 이들은 단계적으로 그러나 확실하게 토종[67] 무리가 지녔던 형질을 다시 지니게 된다는 것이다. 그래서 생육 재래종[68]들로부터 자연 상태에 있는 종에 대한 정보는 아무것도 추론할 수 없다는 주장은 논쟁 중이다.[69] 나는 이런 주장이 어떤 결정적 사실에 근거해서 얼마나 자주 그리고 얼마나 대담하게 제기되었는지를 찾으려 했으나 헛수고로 끝났다. 이런 주장이 진실임을 증명하는 것은 매우 어려운 문제였다. 매우 뚜렷한

64 애벌레일 때에는 애벌레의 특성만이, 번데기일 때에는 번데기의 특성만이 나타날 뿐, 애벌레일 때 번데기의 특성이 나타나거나, 번데기일 때 애벌레의 특성은 나타나지 않는다.

65 당시의 유전 원리인 혼합유전으로 설명할 수 없는 회귀, 성선택, 상응연령대 발현과 같은 현상들로 인해 변이가 나타나는 것처럼 보인다는 설명이다.

66 다윈은 생육 품종을 야생에서 살게 하면, 야생에서 살면서 지녔던 원래 특성을 생육 품종이 다시 드러낼 것으로 생각하면서, 이를 회귀라고 했다.

67 본래부터 특정한 장소에서 살던 생물이다.

68 예전부터 전해 내려오는 농작물이나 가축들로, 다른 지역의 개체들과 교배되지 않고, 특정 지역에서만 오랫동안 생육되어 그곳의 풍토에 적응된 생물이다.

69 월리스는 다윈에게 보낸 논문에서 "사육 동물들은 자연 상태에서는 절대 만들어지지 않고, 절대 만들어질 수 없는 변이를 지니게 된다. 그들의 존재 자체는 인간에게 전적으로 의존한다"라고 하면서 사육 동물로부터 자연 상태에 있는 종들의 정보를 추론할 수 없을 것이라고 다윈과는 다르게 생각했다. 이런 월리스의 주장에 반대하기 위해 다윈이 논쟁 중이라고 한 것으로 보인다.

특징을 지닌 엄청나게 많은 생육 변종들이 야생 상태에서는 살 수가 없을 것이라는 결론을 내려도 지장이 없을 것이다.[70] 많은 사례에서, 우리는 토종 무리가 무엇이었는지를 알지 못하며, 또한 거의 완벽한 회귀가 일어날 수 있는지 없는지에 대해서도 말을 할 수가 없다. 이형교배의 영향[71]을 방지하기 위해서는 단 하나의 변종만을 새로운 터전에서 자유롭게 살아가도록 하는 것이 반드시 필요하다. 그럼에도 불구하고 우리가 생육하는 변종들은 확실하게 때때로 조상형으로 회귀한다. 만일 양배추와 같은 몇몇 재래종들이 아주 척박한 토양에서 여러 세대에 걸쳐 야생에서 살아가는 데 성공하거나 또는 적응할 수 있다면(그러나 이 경우 일부 영향이 척박한 토양이 직접 작용해서 나타날 수도 있다), 이들이 대부분 또는 거의 전체가 야생의 토종 무리로 회귀할 수 있다는 점이 나에게는 불가능한 것은 아닌 것으로 보인다. 실험의 성공 여부는 우리가 하려는 논의의 진행 방향에 크게 중요하지 않은데, 실험 그 자체가 살아가는 조건을 변화시키기 때문이다. 만일 우리가 생육하는 변종들이 회귀하려는 강한 경향성을 나타내는 것을 보여줄 수 있다면, 즉 변하지 않는 조건에서 상당히 큰 무리로 유지되는 동안 생육하는 변종들을 함께 섞어 자유로운 이형교배가 일어나게 해서 구조에서 나타나는 사소한 편이들이 억제되는, 말하자면 습득한 형질을 잃어버리게 한다면,[72] 이런 사례에서는 생육하는 변종들로부터 종이라는 문제에 대해 그 어떠한 점도 이끌어낼 수 없다고 나는 당연히 여길 것이다.[73] 그러나 이러한 견해를 뒷받침할 증거의 그림자조차도 없다. 무한

70 사육된 동물들을 야생으로 돌려보내기 위해서는 먹이를 찾는 방법 등 생존에 필요한 훈련이 선행되어야만 한다. 사육 환경에서 동물들은 먹이를 찾을 필요가 없이 시간에 맞추어 기다리기만 하면 되었으나, 야생에서는 혼자서 먹이를 찾아야만 한다. 이런 훈련이 되지 않은 상태로 사육 동물을 야생으로 돌려보내면 이들이 야생에서 살아남기가 매우 힘들 것이다.

71 이형교배는 서로 다른 종 또는 품종에 속하는 개체들을 교배하는 것이며, 순수교배는 같은 품종에 속하는 개체들끼리 교배하는 것이다. 이형교배가 일어나면 잡종이 만들어지며, 순계 또는 순종이 유지되지 못하며, 따라서 변종의 특징이 유지되지 못하게 될 것이다.

72 습득한 형질은 생육되면서 재배종들에게 나타난 형질이다. 이 형질을 잃어버린다는 것은 야생종 또는 부모종이 지녔던 형질로 되돌아간다는 의미이다.

73 생육하는 변종이 야생종으로 변화하기 위해서는 생육하는 변종들에서 야생종에서 나타나는 변이가 나타나야만 한다. 그런데 변이가 나타나기 위해서는 ①살아가는 조건이 변하고, ②변종의 특징을 유지하기 위해 이형교배가 억제되어야만 한다. 따라서 조건이 변하지 않고 이형교배만 일어난다면 변이가 나타나지 않을 것이며, 변이가 없다면 변종으로부터 종에 대해 아무것도 추론할 수 없을 것이다.

히 많은 세대가 흐르는 동안, 마차를 끄는 말과 경주용 말, 긴 뿔을 가진 소와 짧은 뿔을 지닌 소, 수많은 가금류 품종들과 식용 야채들을 번식시킬 수 없었다고 주장하는 것은 모든 경험들과 어긋난다.[74] 자연 상태에서 살아가는 조건이 변하면 형질의 변이와 회귀는 아마도 일어날 것이나, 다음에 설명할 자연선택이 이런 조건에서 새롭게 만들어진 형질들을 언제까지 보존할까를 결정한다고 덧붙이고 싶다.[75] (14~15쪽)

[76]우리가 생육하는 동식물들의 대대로 내려온 재래종들이나 변종들을 살펴보고, 이들을 가까운 동류 종들과 비교해 보면, 이미 말했듯이, 생육 재래종 하나하나는 순종에 비해 형질의 균일성을 낮게 지니고 있음을 인식하게 된다.[77] 같은 종에 속하는 생육 재래종들은 때로 약간은 기형적인 형질을 지닌다. 이는 비록 재래종들이 몇 가지 사소한 측면에서 서로 다르고, 같은 속에 속하는 다른 종과도 다르지만, 재래종들을 서로서로 비교하거나 재래종들과 자연계에 있는 가장 가까운 동류 종들 모두와 비교해 보면 이들의 어떤 한 부위가 때로 극단적으로 다름을 의미한다.[78] 이러한 예외들도 있지만(교배했을 때 변종들이 보여 주는 완벽하게 생식가능한 사례들과 함께 — 이 문제는 다음에 설명할 것이다), 같은 종에 속하는 생육 재래종들은 자연 상태에서 같은 속에 속하는 가까운 동류 종들이, 대부분 사례에서 차이는 작지만, 서로 다른 것과 비슷하게 서로서로가 다르다. 동물이든 식물이든 간에, 생육 재래종들을 어떤 유능한 감정가는 단순히 변종으로 판단하고, 또 다른 감정가는 뚜렷하게 구분되는 토종의 후손으로 판단

74 사람들은 지금까지도 이런 생물들의 특성을 유지하면서 지속적으로 생육해 왔다.

75 어떤 형질이 회귀로 후손들에서 다시 나타날 수가 있는데, 이 역시 변이로 간주되며, 회귀된 형질의 운명은 다음에 설명할 자연선택에 의해 결정될 것이라는 설명이다.

76 장 목차에 나오는 5번째 주제, '생육하는 변종들의 형질'과 6번째 주제인, '변종과 종 구분의 어려움'을 묶어서 간단하게 설명하고 있다.

77 생육 재래종들은 일반적으로 형질의 균일성이 고정되어 있지 않아 똑같은 조건에서 생육을 하더라도 자손들의 정성적, 정량적 특성이 일정하지 않다. 이런 재래종들로부터 정성적, 정량적 특성이 일정한 품종을 개량한다. 『종의 기원』 7쪽에서 "사람들이 길러온 개체들 사이에서 나타나는 차이점이 일반적으로 더 크다"고 설명했다.

78 극단적으로 다르게 선택했기 때문일 것이다. 37쪽부터 설명되는 공작비둘기, 파우터비둘기 등과 같은 집비둘기 품종들 사례를 참조하시오.

하는 것을 보면, 이러한 점을 받아들여야만 한다고 나는 생각한다. 생육 재래종과 종 사이에 어떠한 뚜렷한 특징이라도 존재한다면, 이런 의구심이 끊임없이 제기되지 않았을 것이다. 생육 재래종들은 속이 지닌 형질로 보면 서로서로 다르지 않다는 주장도 때로 제기된다.[79] 이 주장이 거의 옳지 않음을 보여 줄 수 있다고 나는 생각한다. 그러나 자연사학자들이 어떤 형질이 속을 구분하는가를 결정할 때 서로 너무 다른데, 모든 평가가 현재로서는 경험적일 뿐이다. 더욱이 내가 앞으로 설명할 속의 기원에 대한 견해에[80] 따르면, 우리가 길들인 재배종들에서 속간 차이를 볼 수 있을 것으로 기대해서는 안 된다.[81] (15~16쪽)

[82]같은 종에 속하는 생육 재래종들 사이의 구조적 차이 정도를 측정하려고 할 때, 우리는 이들이 하나 또는 여러 부모종으로부터 만들어졌는지를 알지 못하기 때문에 곧바로 불명확함에 빠지게 된다. 만일 이 논의의 핵심을 명확하게 밝힐 수 있다면, 흥미로울 것이다. 예를 들어 그레이하운드, 블러드하운드, 테리어, 스패니얼 그리고 불도그 등이[83] 모두 확실하게 증식되어 왔음을 우리는 알고 있는데, 이들이 단 한 종의 자손이라는 점을 알 수 있다면, 이러한 사실은 지구의 서로 다른 장소에서 자연 상태로 살아가는 수많은 매우 가까운 동류인, 예를 들어 많은 종류의 여우[84]와 같은, 종들의 불변성을 엄청 의심하게 만드는 데 큰 도움이 될 것이다.[85] 앞으로 살펴보겠지만, 우리가 사육하는 모든 개 종류가 어떤 단 하나의 야생종에서 기원했다는 점을 나는 믿기 어렵다.[86] 그러나 다른 생육 재래종들의 경우에는 이러

79 속은 종들의 모임이다. 비슷한 종들을 묶어서 속을 만들기 때문에, 한 속에 속하는 생물들은 어느 정도 비슷한 속성을 지니게 된다. 따라서 생육 품종들을 속이라는 기준으로 보면, 비슷한 특징들이 품종들에서 많이 나타날 수밖에 없다는 주장이다.

80 4장 자연선택에서 모식도로 설명한다.

81 길들인 재배종들이 상당히 큰 차이를 보일 수는 있지만, 이 차이로 재배종들을 속 수준으로 구분할 수 없을 것이다.

82 장 목차에 나오는 7번째 주제, '한 종 또는 여러 종으로부터 만들어져 생육하는 변종의 기원'을 설명하는 부분이다.

83 그레이하운드는 시력이 좋고 빨리 달려 사냥용, 블러드하운드는 후각이 발달되어 사냥용, 테리어는 족제비처럼 땅속에 사는 동물의 사냥용, 스패니얼은 작은 새 사냥용, 큰 머리와 뭉뚝한 코를 지닌 불도그는 호신용으로 증식되었다.

84 여우속(*Vulpes*)에는 12종류의 여우가 있다. 붉은여우(*V. vulpes*)는 거의 전 세계에 걸쳐 분포한다. 벵골여우(*V. bengalensis*)는 인도, 아프간여우(*V. cana*)는 중동, 케이프여우(*V. chama*)는 남아프리카, 북극여우(*V. lagopus*)는 북극에서만 산다.

85 다양한 개들이 회색늑대 한 종에서 유래했다면, 이 종이 변하지 않고서는 이렇게 다양한 품종을 만들 수 없다는 설명이다.

86 개(*Canis familiaris*)는 38개의 아종으로 이루어진 회색늑대(*C. lupus*)를 가축으로 순화시킨 것이다. 다윈이 개 종류가 여러 야생종에서 기원한 것으로 간주한 이유는 일부 개 종류들끼리 교배하지 않았기 때문으로 판단된다. 357쪽 설명을 참조하시오(Wayne · Ostrander, 1999). 다윈의 실수로 보인다(Roth · Kutschera, 2008).

한 견해를 지지하는 그럴듯하면서도 오히려 강력한 증거가 있다. (16~17쪽)

다양하게 변하기 쉽고, 마찬가지로 가지각색의 기후 조건에서 버티면서 자라고 이례적으로 유전되는 경향성이 있는 동식물을 사람들이 생육할 동식물로 선택했다는 점을 때로 당연한 것으로 여겼다. 우리가 길들인 재배종 대부분이 지닌 가치들에 이러한 능력들이 더해졌다는 점에 대해서 나는 논쟁하지 않을 것이다. 그러나 야만인이 처음 동물들을 길들였을 때, 동물들을 계속해서 다양하게 변화시킬 수 있는지 여부와 동물들이 다른 기후에서도 참고 견딜 수 있는지 여부를 그들은 어떻게 알았을까? 당나귀나 뿔닭[87]은 변이성이 거의 없고, 순록은 따뜻한 기후에 약하고, 낙타는 추위에 약한데, 이런 점들이 그들의 사육을 방해했는가? 만일 우리가 길들인 재배종 종류 수만큼 다양한 강[88]에 속하고, 다양한 나라에서 자라는 다른 동식물을 자연 상태에서 선택하여 같은 세대 동안 생육 상태로 번식시킬 수 있다면, 우리가 옛날부터 길들여 온 재배종들의 부모종들이 다양하게 변했듯이, 이들도 평균적으로 부모종들과 비슷하게 다양하게 변할 것이라는 점을 나는 의심할 수가 없다.[89] (17쪽)

아주 오래전부터 우리가 길들여 온 동식물 사례를 보면서, 이들이 한 종 또는 여러 종에서 유래했는지에 대해 어떤 명확한 결론에 도달할 것이라는 생각을 나는 하지 않는다. 현재 사육하는 동물들이 다기원[90]일 것으로 믿는 사람들이 주로 제기한 논거는 가장 오래된 기록들에서, 특히 이집트 유적에서 품종들의 엄

87 아프리카에서 기원한 닭목(Galliformes)에 속하는 조류의 일종이다. 사육 품종들은 다양한 색을 지닌다.

88 강(class)은 분류계급의 하나이다. 종-속-과-목-강-문-계-역으로 이어지는 계급 중 목과 문 사이에 존재한다.

89 지금까지 알려진 생육종들의 기원에 대해 앞 문단에 이어 문제 제기를 하고 있다. 그 답은 다음 문단에서부터 설명했다.

90 사육하는 동물 품종들이 한 종이 아니라 여러 종에서 기원했다는 뜻이다. 또는 품종마다 조상종들이 다르다는 의미이다.

청난 다양성을 발견할 수 있었다는 점과 품종 중 일부는 오늘날에도 존재하는 품종들과 아주 비슷하게 보이거나 거의 동일하다는 점이다. 후자의 사실이 내가 설득력 있다고 생각했던 것보다 더 엄밀하고 일반적이라 할지라도, 우리가 가진 품종 일부가 4천 년 전 또는 5천 년 전에 그곳에서 기원했다는 점 말고 무엇을 보여 주는가? 그러나 호너 박사의 연구는 약 13,000~14,000년 전에 나일강 계곡에서 살았던 인류가 문명을 충분히 발달시켜 도자기를 생산할 수 있었다는 주장이 어느 정도 가능성이 있는 것으로 만들었다. 티에라델푸에고[91] 섬이나 호주에서 반쯤 길들여진 개를 데리고 살아가던 야만인도 있었는데, 이보다 오래 전에 이집트에는 이런 야만인이 없었다고 감히 말할 수 있단 말인가?[92] (17~18쪽)

내가 생각하기에 이 주제에 대한 전반적인 내용은 모호한 상태로 남아 있다. 그럼에도 불구하고 나는 여기에서는 자세한 설명은 하지 않고 다음과 같이 말하고자 한다. 즉, 지리적 측면과 기타 요인들을 고려할 때, 우리가 사육하는 개는 여러 야생종에서 유래했다고 말하는 것이 매우 그럴듯하다. 양과 염소에 대해서는 나는 아무런 의견이 없다. 인도혹소[93]의 습성, 음성 그리고 체질 등에 대해 블라이드 씨가 내게 보내준 사실들로부터 인도혹소는 소[94]와는 다른 토종 무리에서 유래했다고 나는 생각했다.[95] 몇몇 유능한 감정가들은 소가 야생 부모를 하나 이상 가지는 것으로 믿고 있다. 말에 대해서는, 여기에서 이유를 설명할 수는 없지만, 몇몇 사람들의 주장과는 상반되는데, 모든 재래종

91 남아메리카 대륙의 남쪽 끝에 있는 섬이다. 다윈은 비글호를 타고 1832년 12월에 이 섬을 방문해서 원주민들의 생활상을 목격했다.

92 지금까지 생육종들이 여러 야생종에서 만들어졌다는, 즉 다기원설을 믿고 있으나, 다윈은 이를 부정하려 하고 있다.

93 *Bos indicus*. 인도가 원산지이나 여러 나라로 도입되어 육종에 필요한 원종으로 사용되었다.

94 흔히 유럽소라고도 부르는데 학명은 *Bos taurus*이다.

95 소 종류에는 소를 비롯하여 인도혹소와 절멸한 오록스소(*Bos taurus primigenius*)가 있다. 오록스소는 소와 인도혹소의 조상형으로 알려져 있고, 소와 인도혹소를 교잡하여 800여 종류의 소 품종들이 만들어졌다.

들이 야생 무리 하나에서 유래했다는 점을 나는 의심스럽지만 믿어볼 생각이다. 방대하면서도 다양한 지식을 지녔던 블라이드 씨는 개인적인 의견이기는 하지만 모든 가금류 품종은 야생 자바적색야계Gallus bankiva[96]에서 시작한 것으로 생각하고 있었는데, 나는 그 누구보다도 블라이드 씨의 견해를 중시한다. 오리와 집토끼의 품종들은 구조가 서로서로 상당히 다른데, 나는 이들이 청둥오리[97]와 굴토끼[98]에서 유래했다는 점을 의심하지 않는다.[99] (18~19쪽)

몇 종류의 토종 무리로부터 우리의 몇몇 생육 재래종들이 기원했다는 학설이 여러 학자들에 의해 극도로 불합리하게 제기되었다.[100] 순종으로 번식된 재래종 하나하나는, 비록 자신만의 뚜렷하게 구분되는 형질이 매우 사소하더라도, 야생 원형들을 지니고 있다고 이들은 믿는다. 이러다가는 유럽에서만 적어도 20종류의 야생 소와 이 정도의 양, 여러 종류의 거위, 그리고 그레이트브리튼섬[101] 내에서도 서너 종류씩은 있어야만 한다. 그레이트브리튼섬만의 특이한 야생 양 11종이 과거에 존재했다고 믿는 학자도 있다! 지금은 그레이트브리튼만의 특이한 포유동물은 한 종도 없고, 프랑스에는 독일의 포유동물과는 뚜렷하게 구분되는 1~2종이 있으며, 역으로도 마찬가지이다. 헝가리나 스페인도 상황은 비슷하나, 이들 나라에 몇 종류의 특이한 소, 양 등의 품종이 있다는 점을 감안하면, 우리는 많은 생육 품종들이 유럽에서 기원했다는 점을 반드시 받아들여야만 한다.[102] 이들 여러 나라에도 전혀 다른 부모종이 없던 것처럼 특

96 오늘날에는 적색야계(*Gallus gallus*)를 6개의 아종으로 구분하는데, 『종의 기원』에서 언급된 *Gallus bankiva*는 자바와 수마트라에 분포하는 적색야계의 아종, 즉 *Gallus gallus bankiva*로 간주한다.

97 *Anas boschus*(≡*A. platyrhynchos*). 오리과(Anatidae)에 속하는 새로, 야생오리 중 가장 흔한 종으로 가축화된 집오리(*Anas platyrhynchos domesticus*)의 원종으로 알려져 있다.

98 *Oryctolagus cuniculus*. 유럽토끼라고도 부르는데, 유럽 원산으로 전 세계 곳곳으로 퍼져 나갔다. 일찍부터 가축화되어 집토끼로 사육되고 있다.

99 생육종들 대부분은 야생하는 한 종에서 유래했다는 것이 다윈의 주장이다.

100 다윈 시대의 많은 자연사학자들은 생육종의 다기원설을 믿고 있었다. 단지 뷔퐁이 처음으로 집비둘기 품종들은 야생의 공통조상을 지니고 있을 것으로 주장했다(Costa, 2009).

101 유럽 북서부, 대서양 북쪽에 위치한 섬으로, 세계에서 9번째로 큰 섬이다. 이 섬은 영국의 본토에 해당하는데, 잉글랜드, 웨일즈, 스코틀랜드가 있다.

102 영국에는 포유동물이 없기 때문에 영국에서 기원한 생육 품종들은 없다는 주장이다.

이한 종들이 많이 나타나고 있지 않는데, 그렇다면 도대체 이들은 어디에서 기원했단 말인가? 인도에서도 마찬가지이다. 전 세계에 있는 개 사례에서도, 나는 이들이 여러 야생종에서 유래했을 것으로 전적으로 생각하지만, 유전된 변이가 엄청나게 많다는 점은 의심할 수가 없다. 이탈리안 그레이하운드,[103] 블러드하운드, 불도그, 블레넘 스패니얼[104] 등과 같이 아주 비슷하게 보이는 동물들이 모든 야생 개과 동물들[105]과는 너무나도 닮지 않았는데, 이들이 자연 상태에서 자유롭게 존재했었다고 누가 믿을까? 우리가 사육하는 개의 모든 재래종들은 소수의 토종들을 교배해서 만들었다고 막연하게 때로 말하지만,[106] 교배를 통해 우리는 부모와는 어느 정도 중간형태 유형만을 얻을 수 있을 뿐이다.[107] 그리고 만일 우리가 이런 과정으로 몇몇 생육 재래종들을 설명할 수 있다면, 우리는 마치 이탈리안 그레이하운드, 블러드하운드, 불도그 등과 같이 가장 극단적인 유형들이 과거에도 존재했었다고 받아들여야만 한다. 게다가 교배를 통해 전혀 다른 재래종들을 만들 수 있다는 가능성은 너무나 과장되어 있다. 만일 원하는 형질을 지닌 혼종[108] 개체들을 뭐든지 조심스럽게 선택할 수 있다면,[109] 한 재래종이 우연한 교배로 변형될 수 있다는 점은 의심할 여지가 없다. 그러나 극단적으로 서로 다른 두 재래종 또는 종들 사이에서 중간형태에 해당하는 품종을 얻을 수 있다는 점을 나는 거의 믿을 수가 없다. 세브라이트 경은 이 주제와 관련된 실험을 하였으나 실패했다. 순수 품종[110]들을 1차 교배[111]해서 만들어진 자손은 눈에 띄지 않을 정도로 또는

103 원산지가 이탈리아인 그레이하운드 품종으로, 사람이나 다른 개에게 붙임성이 좋으며, 크기는 소형견 무리에 속한다.

104 영국에서 개량된 카발리에 킹 찰스 스패니얼 무리로, 이 무리는 털색으로 4무리로 구분된다. 블레넘 스패니얼의 경우 털색이 밤색과 흰색이 섞여 나타난다.

105 늑대, 여우, 코요테, 자칼, 승냥이 등이 개과에 속하는 야생동물들이다.

106 새로운 재래종들이 단순히 교배만으로 만들어지는 것은 불가능할 것이라고 다윈이 생각한 것이다. 그는 교배를 통해 새로운 변이를 얻을 수는 있지만, 그 다음 단계, 즉 선택이 더 중요하며 반드시 필요하다는 점을 암시하고 있다.

107 다윈도 그 당시에 널리 받아들여진 혼합유전을 믿고 있었다. 이 이론에 따르면 자손은 부모의 형질을 반반씩 받아들이기 때문에 부모의 중간형태를 띨 수밖에 없다.

108 기원을 알지 못하거나, 둘 또는 그 이상의 품종이나 잡종의 교배로 만들어진 개체들을 의미한다. **→ 용어설명**

109 혼종은 어떻게 만들어졌는지를 모르므로 혼종 개체를 조심스럽게 선택할 수도 없을 것이다.

110 다른 품종들과 이형교배되지 않고, 순수교배만 진행된 품종이다.

111 서로 다른 두 종을 교배하는 것이다. 이 부분에서는 서로 다른 두 순수 품종을 교배했다. **→ 용어설명과 8장 '잡종성'**

때로는 (나는 집비둘기에서 이런 경우를 발견했다) 극단적으로 균일하게 만들어졌으며, 모든 것이 엄청 단순하게 보였다. 그러나 혼종들을 혼종들끼리 여러 세대에 걸쳐 교배했을 때에는 자손들 중 그 어떤 두 개체도 거의 닮지 않았고, 게다가 이런 일[112]은 극단적으로 어렵거나 더 정확하게 말하면 완전히 가망이 없음이 분명하다. 확실히, *매우 뚜렷하게 구분되는* 두 품종 사이에서 만들어진 중간형태의 품종은 엄청나게 보살피고 오랫동안 선택하지 않고서는 얻을 수가 없다. 나는 이렇게 만들어져 항구적으로 지속된 재래종의 단 한 사례도 발견할 수 없었다.[113] (19~20쪽)

[114]*사육하는 집비둘기의 품종에 대하여.* 일부 특별한 무리를 연구하는 것이 항상 좋은 방법이라는 믿음을 가지고 심사숙고한 다음, 나는 사육하는 집비둘기를 선택했다. 나는 구매하거나 얻을 수 있는 모든 품종을 보관했고, 세계 곳곳에, 특히 인도에 있는 엘리엇 경과 페르시아[115]에 있는 머레이 경에게, 부탁해서 그들의 호의로 박제도 확보했다. 집비둘기에 대한 서로 다른 언어로 쓰인 많은 논문들이 발표되었는데, 이들 중 일부는 상당히 오래되었지만 매우 중요했다. 나는 몇몇 저명한 애호가들과 사귀었으며, 런던에 있는 집비둘기 동호회 두 곳으로부터 가입 허락도 받았다. 집비둘기 품종의 다양성은 엄청 놀랍다. 잉글랜드전서비둘기[116]와 단면공중제비비둘기[117]를 비교해 보고, 이들의 부리가 엄청나게 다른 것과 그에 상응하는 두개골의 차이를 보라. 특히 수컷 전서비둘기는 머리 주변에 커다란 육수[118]가 특이하

112 맨델 법칙에 따라 서로 다른 두 종을 교배하면, 즉 『종의 기원』에서 말하는 순수 품종을 1차 교배하면 잡종 1세대에서는 우열의 법칙이 작용하여 한 가지 형질만 나타난다. 즉, 극단적으로 균일한 자손이 만들어진다. 그러나 잡종 2세대, 즉 잡종과 잡종을 교배해서 혼종을 만들면, 혼종에서는 분리의 법칙이 작용해서 다양한 개체들이 만들어진다. 따라서 혼종들끼리 교배하면 더욱더 다양한 개체들이 만들어질 것이고, 순수한 혈통 또는 중간형태의 품종을 유지하는 일은 매우 어려울 것이다.

113 다윈은 집비둘기의 기원을 공통조상으로 풀어내기 전에, 생육종의 기원은 그때까지 알려진 것처럼 다기원설로 이해할 수 없음을 설명하고 있다.

114 장 목차에 나오는 8번째 주제, '사육하는 집비둘기의 기원과 차이점'을 설명하는 부분이다. 집비둘기 사례는 생육 품종들이 하나의 공통조상에서 유래한 것이지, 품종들이 각기 다른 종에서 유래했다는 당시의 믿음을 부정하기 위한 것이다.

115 지금의 이란 지역이다.

116 비둘기의 귀소본능을 이용하여 개발된 품종으로, 고대부터 사용되다가 전화 등이 개발되면서 활용도가 떨어졌다. 단순히 전서비둘기라고도 부른다.

117 단면공중제비비둘기는 얼굴이 짧아 '단면'이라 했고, 회전 비행을 할 수 있어 '공중제비'라고 했다.

118 칠면조나 닭과 같은 동물의 수컷에서 부리가 시작되는 부위에서 목의 배쪽으로 늘어진 부드러운 피부로 턱볏이라고도 한다.

게 발달한 점이 눈에 띄며, 이런 특징과 동시에 눈꺼풀은 길게 늘어져 있고, 바깥 콧구멍은 매우 크고, 입은 넓게 벌릴 수 있다. 단면공중제비비둘기의 부리는 외관상 핀치새[119]의 부리와 거의 닮았다. 일반 공중제비비둘기는 하늘 높은 곳에서 무리를 지어 날아다니면서 거꾸로 공중제비를 하는 특별한 습성을 지니는데 이 습성은 정확하게 유전된다. 런트비둘기는 몸집이 크고 기다랗고 거대한 부리와 큰 발을 지닌 조류로, 이들의 한 아품종[120]은 매우 긴 목을 지니나, 다른 아품종은 매우 긴 날개와 꼬리를 지니고, 또 다른 아품종은 특이하게도 꼬리가 짧다. 바브비둘기는 전서비둘기의 동류이나 매우 긴 부리 대신 길이가 짧고 폭이 넓은 부리를 지닌다. 파우터비둘기는 몸집, 날개 그리고 다리가 상당히 크며 터무니없이 큰 모이주머니가 발달했는데, 모이주머니를 부풀려 뽐낼 때에는 사람들이 놀라기도 하고, 심지어 웃기도 한다. 터빗비둘기는 매우 짧은 원뿔처럼 생긴 부리를 지니며, 깃털이 가슴 방향으로 거꾸로 줄지어 달리며, 식도 윗부분을 계속해서 확장시키는 습성을 가지고 있다. 쟈코뱅비둘기는 목 뒤를 따라 반대 방향으로 뒤집혀 있는 깃털이 있어 마치 덮개가 있는 것처럼 보이며, 몸집에 비해 날개와 꼬리 깃털이 길게 발달해 있다. 트럼피터비둘기와 래퍼비둘기는, 이름이 알려 주듯이, 다른 품종들과는 전혀 다른 구구하는 울음소리를 낸다.[121] 공작비둘기는 꼬리에 깃털이 30~40개까지 달리는데, 비둘기과에 속한 모든 종들은 정상적으로 보통 12~14개의 깃털을 지닌다. 그리고 공작비둘기의 깃털은 펼쳐져 있고, 보기 좋은 개체들에서 깃털은 곧추

119 다윈이 핀치새라고 부른 새들은 대부분 풍금조과(Thraupidae)에 속하나, 실제 핀치새 종류는 되새과(Fringillidae)에 속한다. 다윈의 핀치새를 흔히 되새류로 번역하나, 우리말로 번역하지 않고 단순히 핀치새로 썼다.

120 아품종은 한 품종 내에서 다시 미세한 변이를 지닌 품종을 의미한다. 이차품종이라고도 부른다.

121 트럼피터는 나팔수를, 래퍼는 웃는 사람을 의미한다. 트럼피터비둘기는 나팔수비둘기 또는 나팔비둘기로, 래퍼비둘기는 웃음비둘기로도 부른다.

서 있어 머리와 꼬리가 맞닿아 있으며, 기름샘은 완전히 발육부진 상태이다. 이들보다는 덜 뚜렷하게 구분되는 몇 종류 품종들도 명확하게 설명할 수 있다.[122] (20~22쪽)

몇몇 품종들의 골격을 보면 얼굴뼈가 발달하면서 길이와 폭, 그리고 굴곡 정도가 엄청나게 달라진다. 하악지[123]의 모양, 길이와 폭 등도 아주 놀랄 만큼 다양하게 변한다. 꼬리뼈[124]와 엉치뼈[125]의 수도 다양하게 변하고, 갈비뼈의 수도 갈비뼈의 상대적인 폭과 구상돌기[126]의 존재 유무처럼 다양하게 변한다. 가슴뼈에 있는 구멍의 크기와 생김새도 변하기 아주 쉬우며, 또한 유합쇄골[127]을 이루는 두 쇄골의 상대적인 크기나 갈라진 정도도 변하기 쉽다. 입을 벌렸을 때 비례해서 커지는 개구부[128] 크기, 눈꺼풀과 콧구멍 그리고 혀의 비례적 크기(부리의 길이와 엄밀하게 항상 상관관계가 있지는 않다), 모이주머니와 식도 윗부분의 크기, 기름샘[129]의 발달과 발육부진, 일차 날개깃과 꽁지깃의 수,[130] 날개 대비 꼬리의 상대적 길이와 몸 전체 대비 날개와 꼬리의 상대적 길이, 다리와 발의 상대적 길이, 발가락에 있는 각질인편[131]의 수와 발가락 사이에서 피부의 발달 등은 모두가 변하기 쉬운 구조에 대한 논의의 핵심들이다. 깃옷[132]이 완벽하게 갖추어지는 시기도 다양하게 변하는데, 이제 막 알에서 나온 새끼들을 덮고 있는 솜털깃의 상태도 다양하게 변한다. 알의 모양과 크기도 다양하게 변한다. 일부 품종에서 목소리와 성질이 다른 것처럼 나는 방식도 눈에 띄게 다르다. 마지막으로 특정 품종에서는 암컷과 수컷도 사소하지만 서로서로 다르다.[133] (22쪽)

122 집비둘기의 기원을 규명하기 위해 제일 먼저 다양한 집비둘기 품종을 설명하고 있다.

123 아래턱을 이루는 아치형의 뼈다. 앞으로 나온 부분을 하악체라 하고, 양쪽으로 뒤에서 연결된 부분을 하악지라 한다.

124 꼬리 부분에 있는 등골뼈이다.

125 허리뼈와 꼬리뼈 사이에 있는 뼈이다.

126 갈비뼈에 달리는데, 편평하고 뒤쪽으로 튀어나온 돌기처럼 보인다.

127 두 개의 쇄골이 V자 형태로 유합되어 있다.

128 입이 열리는 부위나 공간이다.

129 조류의 기름샘은 꼬리 끝에 달리는데, 깃털이 물에 젖지 않게 한다. 조류에 따라 있기도 하고 없기도 한다.

130 조류에 달리는 깃털은 일차 날개깃과 이차 날개깃, 그리고 꽁지깃으로 구분한다. 일차 날개깃은 흔히 10장이나 일부 조류에서는 9장이며, 이차 날개깃은 10~14장, 꽁지깃은 흔히 12장으로 되어 있다. 일차 날개깃은 바깥쪽에 있으며, 이차 날개깃은 안쪽에 있다.

131 조류의 발목 근처에 달리는 단단한 비늘 조각들이다.

132 조류에 달리는 깃털을 총칭한다.

133 집비둘기 품종들에서 나타나는 다양한 변이성을 설명하고 있다. 거의 모든 형질에서 다양한 변이가 나타나고 있다.

적어도 집비둘기 20종류를 선택한 다음, 이들이 모두 야생 조류라고 말하면서 조류학자들에게 보여 준다면, 조류학자들은 이들을 하나하나 잘 정의된 종으로 확실하게 간주할 것으로 나는 생각한다. 또한 그 어떤 조류학자라도 전서비둘기, 단면공중제비비둘기, 런트비둘기, 바브비둘기, 파우터비둘기 그리고 공작비둘기를 같은 속에 소속시킬 것이라고는 나는 믿지 않는다. 또한 특별히 각 품종들에 포함되는 몇 종류의 순계로 유전되는 아품종들을 조류학자들에게 보여 주더라도 이들은 종으로 부를 것이다.[134] (22~23쪽)

집비둘기 품종들 사이에 차이가 엄청 큼에도 불구하고, 모든 집비둘기가 바위비둘기*Columba livia*로부터 유래했다는 자연사학자들의 일반적인 의견이 옳다고 나는 거의 확신한다. 바위비둘기는 몇 종류의 지리적 군종 또는 아종으로 이루어져 있는데,[135] 이들은 서로 매우 사소한 점만 다르다. 내가 이렇게 믿도록 만든 여러 이유 중 일부는 어느 정도 다른 사례에도 적용될 수 있기 때문에, 나는 이들을 간략하게 설명하려고 한다. 만일 몇몇 품종들이 변종이 아니라면, 그리고 바위비둘기로부터 만들어지지 않았다면, 이들은 반드시 적어도 7~8종류의 토종 무리로부터 유래되어야만 한다. 이보다 작은 수를 교배해서 현재의 사육 품종들을 만든다는 것은 불가능하기 때문이다.[136] 실례를 들어, 부모 중 한쪽이 엄청나게 큰 모이주머니와 같은 형질상태를 갖지 않았다면, 두 품종만을 교배해서 파우터비둘기가 어떻게 만들어질 수 있었을까? 추정상의 토종 무리들은 모두 바위비둘기 무

134 다양한 집비둘기 품종들이 보여 주는 변이는 전문가들인 조류학자들조차도 혼란에 빠뜨린다는 주장이다. 집비둘기 품종들이 이처럼 다양한 변이를 가질 뿐만 아니라 품종마다 뚜렷하게 구분되는 커다란 변이를 지니고 있다는 설명이다. 그런데 『종의 기원』 16쪽에서 "우리가 생육하는 재배종들에서 속간 차이를 볼 수 있을 것으로 기대해서는 안 된다"라고 설명했었다. Costa(2009)는 1장의 주제인 인위선택의 힘을 보여 주는 글이라고 설명했다.

135 바위비둘기는 12개의 지리적 아종으로 구분된다.

136 A종과 B종을 상호교배해서 만들어진 자손들을 두 품종으로 만들 수 있다고 가정해 보자. 즉, A-B, B-A의 조합으로 AB, BA 두 품종이 만들어진다면, 두 종으로는 2개 품종을 만들 수 있을 것이다. 그리고 3종이 있다면 6품종이, 4종이 있다면 12품종이, 5종이 있다면 20품종이, 그리고 6종이 있다면 30품종이 가능할 것이다. 오늘날 집비둘기 품종은 200여 종류가 넘는데, 이들을 이런 식으로 만들기 위해서는 야생 원종이 훨씬 많아야만 할 것이다.

리여야만 하는데, 이들은 나무에서 번식하지 않고 자진해서 나무에 집을 짓지 않는다.[137] 그러나 지리적 아종들을 포함하는 바위비둘기C. livia를 제외하면 바위비둘기 무리에는 단지 2~3종만이 알려져 있는데, 이들은 사육 품종이 지닌 그 어떤 특징도 지니고 있지 않다. 따라서 추정상의 토종 무리들은, 비록 조류학자들이 알지 못한다 하더라도, 반드시 사육이 처음 시작된 나라에 아직도 존재해야만 한다. 그런데 이들의 크기, 습성 그리고 눈에 띄는 특징들을 고려하면 이들이 실제로 존재했을 가능성은 없거나, 야생 상태에서 절멸했어야만 한다. 그러나 벼랑에서 번식하고 잘 날아다니는 새들이 몰살당했을 것 같지는 않다. 그리고 사육 품종과 같은 습성을 지닌 바위비둘기가 브리튼 제도의 작은 여러 섬들 또는 지중해 연안에서도 몰살당하지는 않았다. 따라서 바위비둘기와 비슷한 습성을 지닌 많은 종들이 몰살당했다는 가정은 나에게는 경솔한 것으로 보인다. 더욱이, 앞에서 설명한 사육 품종들은 전 세계 곳곳으로 퍼져 나갔을 것이며 이들 중 일부는 원래 자신들이 살던 곳으로 되돌아 왔을 것이다. 그러나 바위비둘기와는 아주 조금 다르게 변형된 비둘기들이[138] 몇몇 곳에서 야생으로 되돌아간 경우는 있지만, 사육 품종은 단 한 개체도 야생으로 되돌아가거나 야생에서 생존하지 않았다. 다시 말하는데, 최근의 모든 경험은 그 어떤 야생동물도 사육 상태에서 자유롭게 번식시키는 것이 매우 어렵다는 것을 보여 준다. 그럼에도 우리가 사육하는 집비둘기의 다기원 가설에 따르면 적어도 7~8종을 아주 오래전에 반쯤 문명화된 사람들이 완전

137 비둘기 종류는 42속, 300여 종으로 이루어져 매우 큰 과로 알려진 비둘기과(Columbidae)에 속한다. 이들은 집을 절벽 등에 짓는 바위비둘기 무리와 나무나 풀밭에 짓는 나무비둘기 무리로 구분한다. 바위비둘기 무리에는 바위비둘기(*Columba livia*), 흰비둘기(*C. leuconota*), 얼룩비둘기(*C. guinea*), 소말리아비둘기(*C. oliviae*), 흰털깃비둘기(*C. albitorques*) 등이 있다.

138 영어로는 dovecot-pigeon이라고 쓰는데, 완전하게 가축화되지 않은 상태의 즉 사육하지 않은 비둘기를 의미한다.

하게 사육하며 권양 상태에서도 충분히 새끼를 낳을 수 있었다고 가정해야만 한다.[139] (23~24쪽)

내가 볼 때에는 아주 큰 부담이 되며 다른 몇 가지 사례에도 적용할 수 있을 것 같은 논증 거리 하나는 바로 앞에서 설명한 품종들이 체질, 습성, 음성, 색깔을 비롯하여 이들이 지닌 구조 대부분이 바위비둘기와 일반적으로 일치하더라도, 이들을 제외한 구조의 나머지 부위들은 확실하게 매우 비정상적이라는 점이다. 우리는 잉글랜드전서비둘기의 부리처럼 생긴 부리, 단면공중제비비둘기나 바브비둘기의 부리, 쟈코뱅비둘기의 깃털처럼 거꾸로 달린 깃털, 파우터비둘기의 모이주머니처럼 생긴 모이주머니, 공작비둘기의 꽁지깃처럼 생긴 꽁지깃 등을 매우 큰 비둘기과Columbidae에 속한 전체 종을 대상으로 조사할 수는 있지만 아무 쓸데없는 일이 될 것이다. 따라서 반쯤 문명화된 사람들은 몇몇 종들을 완벽하게 사육하는 데 성공했을 뿐만 아니라, 이들이 의도적으로 또는 우연히 아주 극단적으로 비정상적인 종들을 골라냈고, 더욱이 실제로 존재했던 종들은 이후부터 모두 절멸했거나 미궁에 빠졌다고 가정해야만 한다. 이처럼 수많은 이상한 그럴듯한 사건들이 내가 볼 때에는 아주 자주 일어날 것 같지 않다.[140] (24쪽)

집비둘기의 몸색과 관련된 일부 사실들은 논의할 가치가 있다. 바위비둘기는 청회색을 띠는 파란색이며, 등부분은 하얀색이다(인도에 분포하며 스트릭랜드가 명명한 아종, C. intermedia[141]는 파란색이다). 꼬리 끝부분에는 진한 줄무늬가 한 개 있고, 위꼬리덮깃

139 엄청나게 다양하게 변한 집비둘기 품종들은 바위비둘기 한 종에서 유래했을 것이다. 그렇다면 품종들이 어떻게 이처럼 다양하게 만들어질 수 있었는가라는 질문을 던질 수가 있을 것이다.

140 우연히 만들어진 극단적인 집비둘기 변이체들을 사람들이 선택해서 계속해서 유지한 결과가 오늘날 볼 수 있는 다양한 집비둘기 품종들이라고 다윈은 설명하고 있다. 다양한 종들에서 집비둘기 품종들이 만들어졌다면, 이들 비둘기 종들이 모두 절멸했다고 가정해야만 하기 때문이다.

141 인도바위비둘기. 현재에는 인도, 스리랑카 등지에 분포하는 바위비둘기의 아종으로 간주되어 *Columba livia intermedia*라는 학명으로 표기한다.

아래에는 하얀색 테두리가 있다. 날개에는 검은색 줄무늬가 2개 있다. 일부 반쯤 길들여진 품종들과 명백하게 순수한 야생 품종 개체들에는 검은색 줄무늬 2개 이외에도 검은색 바둑판무늬가 있다. 이들 몇 가지 무늬들은 비둘기과[142] 내의 그 어떤 다른 종들에서는 함께 나타나지 않는다. 오늘날 잘 번식한 조류들을 조사해 보면 사육 품종 하나하나마다 앞에서 설명한 무늬들이, 심지어 위꼬리덮깃에 나타나는 하얀색 테두리까지 거의 모두 완벽하게 동시에 발달한다. 더욱이 파란색이 아닐 뿐만 아니라 앞에서 설명한 무늬들 어느 하나도 없는 뚜렷하게 구분되는 두 품종에 속하는 두 개체를 교배하면, 혼종 자손들에게서 이러한 형질들이 갑자기 나타나는 경향이 있다. 실례를 들면, 나는 어느 정도 균일한 하얀색 공작비둘기를 어느 정도 균일한 검은색 바브비둘기와 교배시켜서 갈색과 검은색 무늬가 있는 개체들을 얻었다. 그리고 이들 자손들끼리 다시 교배시켜 얻은, 즉 하얀색의 순계 공작비둘기와 검은색의 순계 바브비둘기의 손자는 등부분이 하얀색이나 몸 전체는 파란색을 보이며, 검은색의 줄무늬가 2개 달린 날개, 그리고 줄무늬와 함께 하얀색 테두리가 있는 꽁지깃을 지녀 멋있게 보였는데, 이러한 특징들은 야생에서 자라는 모든 바위비둘기에서 나타났다! 만일 모든 사육 품종들이 바위비둘기에서 유래한 것으로 간주한다면, 우리는 이러한 사실들을 조상 형질로 회귀한다는 널리 알려진 원리에 근거해서 이해할 수 있다. 그러나 우리가 이러한 설명을 부정한다면, 우리는 다음에 설명하는 두 종류의 매우 불가능할 것 같은 가정

142 비둘기과(Columbidae)는 야생 비둘기와 집비둘기 등을 포함하여 300여 종으로 이루어져 있다.

중 하나를 반드시 선택해야만 한다. 첫 번째는 바위비둘기의 색과 무늬를 지닌 종은 현재 단 하나도 존재하지 않는다고 하더라도, 몇 종류의 상상으로 존재하는 토종 무리 모두가 바위비둘기와 같은 색을 띠고 있을 뿐만 아니라 같은 무늬도 지니고 있어, 하나하나 독립된 품종들이 바로 토종 무리의 색과 무늬로 회귀하려는 경향성을 지니고 있다는 가정이다.[143] 그리고 두 번째는 각 품종은, 최고의 순계라 하더라도, 12세대 또는 최대로 20세대에 걸쳐 바위비둘기와 교배되었다는 가정이다. 내가 12세대 또는 20세대 이내라고 말한 것은 어린 새끼가 수많은 세대를 거치게 되면 이미 사라져버린 그들의 조상 중 그 누구로 회귀할 수 있을 것이라는 믿음을 용인해 줄 만한 사실이 내가 아는 한 전혀 없기 때문이다. 어떤 전혀 다른 품종과 단 한 번만 교배했던 품종 내에서는, 이러한 교배를 통해 만들어진 어느 형질이든 회귀하려는 경향성이 계속된 세대에서는 전혀 다른 품종의 피가 감소함에 따라[144] 자연적으로 점점 감소할 것이다. 그러나 다른 품종과 전혀 교배하지 않았고, 과거에 세대가 거듭되면서 사라져버린 형질로 회귀하는 경향성을 부모 모두가 보인다면, 이 경향성은, 우리가 반대로 생각할 수 있다고는 하지만, 엄청난 세대가 지나가도 사라지지 않고 전달될 것이다. 이처럼 전혀 다른 두 사례가 유전과 관련된 논문들에서 때로 잘못하여 동일시되고 있다.[145] (25~26쪽)

마지막으로, 집비둘기의 모든 사육 품종 사이에서 태어난 잡종 또는 혼종 개체들은 완벽하게 생식가능하다.[146] 가장 뚜렷하

143 독립된 품종들이 각각의 조상들이 지녔던 색과 특징으로 되돌아간다는 의미이다.

144 다윈 시대에는 부모의 피가 하나로 합쳐지면서 부모의 형질이 서로 섞여 자손의 형질로 나타난다고 설명한 혼합유전을 믿고 있었다. 따라서 A라는 품종과 B라는 품종이 단 한 번만 교배했다고 가정하면, 이들의 자손에서는 A라는 품종의 피가 1/2로 감소한다. 그리고 계속해서 이들의 자손들을 교배하면, A라는 품종의 피는 1/4, 1/8…… 등으로 감소한다.

145 바위비둘기 몸색과 관련된 특징들이 집비둘기 품종들에서 나타나면, 집비둘기 품종들을 교배했을 때 때로 바위비둘기가 지닌 형질이 '회귀'되어 다시 나타난다. 이에 대한 합리적인 설명은 집비둘기 품종들이 바위비둘기라는 공통조상에서 유래했기 때문이라는 다윈의 주장이다.

146 다윈 시대에는 잡종이 생식불가능한 것으로 믿고 있었다(8장 잡종성 참조). 그럼에도 생식가능하다면, 잡종을 만든 개체들이 같은 종이라는 주장이다.

게 구분되는 품종들을 대상으로 의도적으로 내가 수행한 실험 결과를 근거로 이러한 점을 말할 수 있다. *명확하고 뚜렷하게 구분되는* 두 동물의 잡종 자손들이 완벽하게 생식가능한 한 가지 사례를 제시하는 것이 현 시점에서는 매우 어려운데, 아마도 불가능할 것이다.[147] 어떤 사람들은 장기간에 걸친 생육으로 생식불가능이 되는 뚜렷한 경향성이 사라졌다고 믿는다.[148] 단 한 번이라도 실험으로 입증되지 않았지만, 만일 가까운 근연관계[149]인 종들에 적용하면, 개 종류의 역사로부터 이러한 가설의 가능성을 일부 찾을 수 있을 것으로 나는 생각한다. 그러나 오늘날에 존재하는 전서비둘기, 공중제비비둘기, 파우터비둘기, 공작비둘기 등과 같은, 토종 무리처럼 뚜렷하게 구분되는 종들이 *그들끼리* 완벽하게 생식가능한 자손들을 어느 정도 만들었을 것이라고 이 가설을 확대해서 추정하는 것은 너무나 경솔한 것으로 보인다.[150] (26쪽)

이러한 몇 가지 이유로, 즉 사람들이 예전에 사육 상태에서 자유롭게 번식시키려고 집비둘기 7~8종류를 지녀야만 했다고 가정하는 것은 개연성이 없다는 점, 이처럼 가정할 수 있는 종들이 야생 상태에서는 전혀 알려져 있지 않을 뿐만 아니라 이들이 어디에서도 야생으로 되돌아가지 않았다는 점, 바위비둘기와는 많은 측면에서 이렇게 유사함에도 불구하고 비둘기과에 속하는 모든 종들과 비교하면 몇 가지 점에서 매우 비정상적인 형질들이 이들 종들에서 나타났다는 점, 모든 품종들을 순수 사육[151]하면서 교배해도 파란색과 다양한 무늬들이 드물게 나타났다는

147 종이란 생식적으로 격리되어 있어, 종끼리 교배하면 생식불가능이 된다고 하는 것이 오늘날의 상식이다. 따라서 뚜렷하게 구분되는 두 동물의 잡종 자손은, 아마도 두 종의 잡종 자손일 것인데, 생식가능하지가 않을 것이며, 생식가능한 사례는 찾을 수가 없을 것이다. 식물의 경우에는 나타나는데, 8장 잡종성을 참조하시오.

148 생식불가능하다면 더 이상 번식시킬 수가 없기에, 생식불가능성을 제거했을 것이라는 설명으로 보인다.

149 다윈은 『종의 기원』 55쪽에서 가까운 근연관계를 "같은 속에 속하는" 관계라고 표현했다.

150 집비둘기 품종 사이에서 태어난 자손들은 모두 생식가능하나, 종들 사이에서 태어난 자손들은 생식불가능하다고 설명했다. 그런데, 전서비둘기, 공작비둘기 등이 각기 독립된 종으로부터 만들어졌다면, 이러한 종들 사이에서 만들어진 잡종 자손들은 당연히 생식불가능해야 함에도 불구하고, 이들 잡종자손들이 교배해서 자손을 낳는다면, 이는 사람들이 생육하면서 생식불가능성을 제거했기 때문이라고 설명해야 한다는 의미이다. 이러한 설명이 타당할까라는 질문이다.

151 순수 사육은 한 품종이 다른 품종과 섞이지 않도록 독립된 공간에서 사육하는 것이다. 교차교배가 아니라 순수교배를 하면서 순수 사육이 이루어진다.

점, 그리고 혼종 자손들이 완벽하게 생식가능했다는 점을 모두 종합해 보면, 우리가 사육하는 모든 품종들은 여러 지리적 아종[152]들로 이루어진 바위비둘기Columba livia로부터 유래했다는 점을 나는 의심할 생각이 전혀 없다. (26~27쪽)

이러한 견해를 뒷받침하기 위해 나는 몇 가지를 덧붙이고자 한다. 첫 번째로, 바위비둘기C. livia는 유럽과 인도에서 길들여졌을 가능성이 있는데, 모든 사육 품종에서 나타나는 습성과 구조에서 논의의 핵심들이 일치한다. 두 번째로, 비록 잉글랜드전서비둘기나 단면공중제비비둘기는 바위비둘기와 몇 가지 형질에서 굉장한 차이점을 보이나, 특히 이들 품종들의 몇 가지 아품종들을 아주 멀리 떨어진 나라에서 가져온 아품종들과 비교하면, 양극단 사이에 있는 구조들을 거의 완벽하게 단계별로 배열할 수가 있다. 세 번째로, 품종 하나하나를 구분하는 주요 형질들은, 실례를 들어 전서비둘기의 육수와 부리 길이, 공중제비비둘기의 짧은 부리, 그리고 공작비둘기의 수많은 꽁지깃 등은 모두 품종 하나하나 내에서는 눈에 띄게 변하기 쉬운데, 이러한 사실들은 선택을 논의하게 되면 명확하게 설명될 것이다. 네 번째로, 많은 사람들이 집비둘기를 관찰하고 지극 정성으로 보살피고 사랑했다. 전 세계 도처에서 수천 년에 걸쳐 집비둘기가 사육되었는데, 집비둘기에 대한 최초의 기록은, 렙시우스 교수가 나에게 알려 준 바에 따르면, 기원전 약 3,000년인 이집트 5대 왕조 때이다. 그러나 버치 씨는 나에게 집비둘기는 이전 왕조부터 음식 식단표에 제시되어 있었다고 설명해 주었다. 로마 시대에

152 매우 넓은 지역에 분포하는 한 종의 생물이 지리적으로 약간은 격리되어 생존할 경우, 이들은 서로서로 조금씩 달라지는데, 이런 상태에 처한 무리들을 지리적 아종이라 한다. 예를 들어 바위비둘기는 거의 전세계에 걸쳐 분포하나, 몽고와 중국에는 *Columba livia nigricoms*, 인도와 스리랑카에는 *C. livia intermedia*, 카나리아 제도에는 *C. livia canariensis*라는 아종이 각각 분포한다. 2013년 집비둘기 DNA를 분석한 결과 집비둘기 품종들은 다윈이 주장한 것처럼 야생의 바위비둘기에서 유래되었음이 입증되었다(Humphries, 2013).

는, 플리니우스의 책에 따르면, 집비둘기가 아주 비싸게 거래된 것으로 보이는데, “아니, 이 지경까지 이르다니. 집비둘기의 혈통과 재래종의 값도 합해서 계산해야 하다니”라고 기록되어 있다. 인도에서도 1,600년경 악바르 대제는 집비둘기를 매우 귀중하게 평가했는데, 궁정 안에 집비둘기가 20,000마리 이하로는 절대로 떨어지지 않도록 했다. 궁정 역사가는 “투란[153]과 이란의 군주들이 그에게 매우 희귀한 새들을 보냈다”라고 기록했고, 계속해서 “황제는 품종들을 교배해서 깜짝 놀랄 만큼 개량했는데, 이전까지 품종끼리 교배한 적은 없었다”라고도 기록했다. 이와 비슷한 시기에 네덜란드에서도 고대 로마시대 만큼이나 집비둘기에 열광했다. 집비둘기가 보여 주었던 엄청난 변이를 설명함에 있어 이러한 점을 고려하는 것이 가장 중요한데, **선택** 장에서 명확하게 설명할 것이다. 이 장에서 우리는 품종마다 어느 정도의 기형적인 형질이 얼마나 자주 어떻게 만들어졌는가를 알게 될 것이다. 또한 암컷과 수컷들이 평생 짝을 바꾸지 않는다는 점은 뚜렷하게 구분되는 품종들을 만들어 내는 데 가장 좋은 조건이다.[154] 그렇기 때문에 서로 다른 품종을 같은 새장에서 함께 살도록 할 수가 있다. (27~28쪽)

나는 아직은 불충분하지만 사육 중인 집비둘기의 그럴듯한 기원에 대해 꽤 자세하게 논의했다. 어떻게 순계를 유지하며 번식시켜 왔는지를 잘 알고 있는 몇 종류의 집비둘기를 내가 처음으로 사육하고 관찰했을 때에는, 이들이 단 한 종류의 공통부모로부터 이전에 유래했다고 믿는 것은 자연사학자들이 자연계에

153 오늘날 중앙아시아 지역이다. 페르시아어로 중앙아시아를 투르(Tur)의 땅이라는 의미로 투란(Turan)으로 불렀다.

154 집비둘기는 사회적으로 일부일처주의 조류로, 오랫동안 짝을 이루며, 헤어지는 비율이 낮으며, 또한 다른 짝과 교미하는 비율도 낮은 것으로 알려져 있다(Marchesan, 2002).

존재하는 많은 종류의 핀치새나 다른 많은 조류 무리들을 대상으로 비슷한 결론에 도달하는 것만큼이나 나에게는 매우 어려운 일이었다. 나에게 커다란 충격을 준 사건이 있었는데, 이는 다양한 동물을 사육하고 식물을 재배해 왔던 사육가들 모두가, 이들과는 그동안 내가 의견을 교환했거나 이들이 쓴 논문을 읽었는데, 자신들이 다루었던 품종들을 같은 수의 뚜렷하게 구분되는 토종으로부터 유래했다고 확신하고 있다는 점이다. 헤리포드 소를 사육하는 유명한 사람에게 자신의 소들이 긴뿔소로부터 유래되지 않았냐고 아무 일도 아닌 것처럼 내가 물어보면, 그는 나를 비웃을 것이다. 주요 품종 하나하나가 제각각 뚜렷하게 구분되는 한 종에서 유래되었다는 점을 전적으로 확신하지 않는 집비둘기, 조류, 오리 또는 굴토끼 애호가들을 나는 결코 만난 적이 없다.[155] 반 몬스는 배와 사과에 관한 논문에서 립스톤피핀이나 코들린과 같은 몇몇 사과 종류들이 한 나무의 씨에서 만들어졌다고 생각하는 것을 전혀 믿지 않는다고 했다. 다른 수많은 본보기를 제시할 수 있다. 내가 볼 때 설명은 단순하다. 장기간에 걸친 연구 결과, 이들은 몇 종류의 재래종들 사이에서 나타나는 차이점들에 아주 강한 인상을 받았다. 그리고 이들은 재래종 하나하나가 약간은 다양하게 변할 수도 있음을 알고 있었음에도 불구하고 일반적인 모든 논쟁거리를 무시했으며, 이런 사소한 차이점을 선택해서 귀중한 것들을 얻으려고 오랜 세월에 걸쳐 축적된 사소한 차이점들을 파악할 생각을 하지 않았던 것이다. 사육가들보다 유전 법칙을 조금은 덜 알고 있고, 친연관계[156]의 아

155 모든 생육 품종들에는 각각의 조상이 있다는 주장을, 즉 다기원설을 모든 애호가들이 믿고 있다는 의미이다. 도대체 어떻게 이럴 수가 있냐는 한탄이기도 하다.

156 다윈은 'descent'를 '종을 하나의 유형으로 유지하려는 (그러나 변형은 하면서) 경향이 있는 진정한 연관성'이라고 자신의 노트북에 기록했다. 따라서 'descent'를 친척으로 맺어진 관계로 해석하여, 조상과 후손, 후손과 후손들 사이에서 나타나는 관계인 친연관계로 번역했다(신현철, 2016). **→ 용어설명**

주 기다란 직계에서 나타나는 중간형태를 띤 연결고리도 잘 알지 못하는 자연사학자들은 우리가 생육하는 많은 재래종들이 같은 부모에서 유래되었다는 점을 수용할 수가 없었을 것이다. 그리고 이들 자연사학자들이 자연 상태에서 살아가는 종들이 다른 종의 직계 후손이라는 견해를 비웃는다면, 그들은 신중해야 한다는 교훈을 배우지 않았다고나 해야 할까?[157] (28~29쪽)

[158]*선택*. 이제 생육하는 재래종들이 하나 또는 몇 종류의 동류종들로부터 만들어지는 과정을 단계별로 간단히 살펴보자.[159] 아마도 극히 일부 결과들은 외부의 살아가는 조건이 직접 작용해서 만들어지고, 또한 일부는 습성 덕분에 만들어졌을 것이다.[160] 그러나 누군가 짐마차용 말과 경주용 말, 그레이하운드개와 블러드하운드개, 전서비둘기와 공중제비비둘기 사이의 차이를 이러한 요인들로 설명하려고 한다면 무모한 사람일 것이다. 우리가 생육하는 재래종들에서 나타나는 가장 뚜렷한 특징 중 하나는 바로 이들에게서 적응을 볼 수 있다는 점인데, 이 적응은 동식물 자신들의 이익을 위해 나타난 것이 아니라 인간의 활용성이나 애완성을 위한 것이다.[161] 사람에게 유용한 일부 변이들은 아마도 갑자기 또는 단 한 번에 나타났을 것이다. 실례를 들어, 많은 식물학자들이 야생에서 자라는 산토끼꽃속Dipsacus에 속하는 유일한 변종으로 믿고 있는 풀러산토끼꽃은 그 어떤 기계적 장치와도 필적할 수 없는 갈고리를 지니고 있는데,[162] 풀러산토끼꽃에서 나타난 엄청난 변화는 어린싹에서 갑자기 나타났

157 다윈이 애완동물 또는 사육 동물 애호가들과 자연사학자들에게 실망과 분노를 표현한 것으로 보인다. 지금까지 확인된 자료들은 생육 품종들이 한 종에서 유래되었다는 사실을 보여 주는데도 이를 수용하지 않고 오히려 생육 품종마다 각기 다른 조상에서 만들어졌다는 다기원을 믿고 있는 것에 대한 안타까움을 다윈이 드러낸 것이다.

158 장 목차에 나오는 9번째 주제, '옛날부터 전해 내려온 선택의 원리와 결과'를 설명하는 부분이다.

159 다윈은 생육 품종들이 다기원이 아니라고 지금까지 논증했다. 이제부터는 변이를 고정시키는 선택, 특히 인위선택에 대해 다윈이 논증하겠다는 의미이다.

160 선택이 일어나지 않고 새로운 품종들이 만들어질 수도 있다는 주장이다.

161 살아가는 조건이나 습성 탓에 생물이 변했다면, 그 결과는 사람에게보다는 생물에게 도움이 되었을 것이다.

162 산토끼꽃속(*Dipsacus*) 식물들은 화서 아래쪽에 가시처럼 생긴 포가 갈고리처럼 달린다. 풀러산토끼꽃의 갈고리 길이는 화서보다 조금 길며, 열매가 익어도 떨어지지 않고 과서(화서가 그대로 성숙하여 탈락하지 않고 식물체에 남아 있는 상태)를 감싸고 있다. 직물의 보풀을 세우는 데 과서와 갈고리를 사용했지만 철제가 이를 대신했다. 산토끼꽃속(*Dipsacus*)에는 15여 종류가 있으며, 도깨비산토끼꽃(*D. sativus*), 산토끼꽃(*D. japonica*) 등이 야생에서 자란다. 풀러산토끼꽃(*D. sativus*)은 원예종으로 재배되며, 다윈은 이 원예종을 변종으로 간주했다.

다. 그리고 턴스피트개[163]에서도 이런 현상이 아마도 나타났을 것이고, 앵콘양[164]의 사례도 이와 같다는 것이 알려져 있다. 그러나 짐마차용 말과 경주용 말, 단봉낙타와 쌍봉낙타, 그리고 한 가지 목적에 바람직한 품종의 양모와 또 다른 목적에 적합한 또 다른 품종의 양모를 지니며 경작지나 산악 초지 중에 어느 한 곳에 더 적응한 다양한 양 품종들을 비교해 보자. 서로 다른 방법으로 인간에게 도움이 되는 수많은 개 품종들을 비교해 보자. 끈질기게 싸우는 싸움닭과 싸우기를 매우 싫어하는 품종, "끊임없이 알을 낳지만" 절대로 품으려 하지 않는 품종, 그리고 너무나 아담하고 우아한 당닭[165]을 비교해 보자. 서로 다른 계절에 서로 다른 목적으로 사람에게 유용하거나 사람의 눈에 아름다움을 전해 주는 농업용, 요리용, 과수원용 그리고 화원용 식물들의 수많은 재래종들을 비교해 보자. 그러려면 우리가 단순히 변이성에만 국한하기보다는 더 많은 것을 봐야한다고 나는 생각한다.[166] 오늘날 우리가 보는 것처럼 모든 품종이 갑자기 완벽할 뿐만 아니라 유용하게 만들어졌다고 가정할 수는 없다. 실제로 몇몇 사례를 통해 우리는 이들 재래종들의 역사가 그렇지 않다는 점을 알고 있다. 누적하면서 선택을 하는 사람의 힘이 그 핵심이며, 자연은 지속적으로 변이를 만들어 내며, 사람은 이러한 변이를 자신에게 유리하도록 특정한 방향으로 덧붙여 온 것이다. 이런 의미에서 인간은 자신에게 유용한 품종을 만들어 왔다고 말할 수 있을 것이다. (29~30쪽)

이러한 선택의 원리가 보여 주는 엄청난 힘은 가설이 아니다.

163 다리는 짧고 몸통이 긴 사육 품종의 하나로, 현재는 절멸 상태이다.

164 몸은 길고 다리는 짧은 양으로 사육 품종의 하나이다.

165 인도네시아 원산인 닭의 한 품종으로 몸집이 작고 힘이 세다.

166 지금까지 다윈은 종의 기원을 설명하면서 변이성의 원인과 변이의 유전에 대해 설명했다. 다윈은 변이는 진화가 일어나도록 하는 근원이지만, 변이만으로는 진화가 일어나도록 하는 데 부족하다고 설명하고 있다. 보다 중요한 점이 선택이라고 다윈이 주장하고 있는 것이다. 여기서 "더 많은 것"은 아마도 선택일 것이다.

탁월한 사육가들 중 몇몇이 자신들의 일생 동안에 소와 양의 현존하는 일부 품종을 크게 변형시켰음은 확실하다. 이들이 어떤 일을 했는가를 자세히 알기 위해서는 이 주제와 관련된 많은 논문들 일부를 읽고 동물들을 조사할 필요가 있다. 사육가들은 습관적으로 동물의 체제가 어느 정도는 가소성[167]이 있다고 말을 하는데, 이 가소성 때문에 자신들이 원하는 모델을 만들 수 있었다고 한다. 만일 여유가 있었다면, 나는 매우 뛰어난 권위자들이 보여 준 이러한 결과와 관련된 많은 사례들을 인용했을 것이다. 유아트는 그 누구보다도 뛰어난 농업전문가들의 업적을 잘 알고 있었을 뿐만 아니라 매우 뛰어난 동물 감정가였는데, 선택의 원리에 대해 "선택은 농업전문가들로 하여금 자신들의 가축 무리가 지닌 형질들을 변형시킬 뿐만 아니라 완전히 변화시킬 수도 있게 한다. 선택은 마술사의 지팡이로, 이 지팡이로 자신이 원하는 어떠한 형태나 유형의 생물이라도 불러낼 수 있다"[168]라고 말했다. 서머빌 경은 사육가들이 양을 번식시킨 결과를 보고 "이들은 마치 그 자체로 완벽한 형태인 것처럼 분필로 벽에 그리는데, 그 형태가 실제로 살아 있도록 만든 것처럼 보인다"[169]라고 말했다. 가장 뛰어난 사육가인 존 세브라이트 경은 집비둘기와 관련해서 "그는 3년 이내에 그 어떤 깃털이라도 만들 수 있으나, 머리와 부리를 만들기 위해서는 6년이 걸릴 것이다"[170]라고 말하곤 했다. 독일 작센 지방에서는 많은 사람들이 양털 무역업에 종사했는데, 메리노양과 관련된 선택 원리의 중요성을 너무나 잘 인식하고 있었다.[171] 이곳에서는 양들을 탁자 위에 올려놓

167 한 가지 구조가 외부 힘을 받아 변형된 뒤, 힘을 제거해도 원래 형태로 되돌아가지 않는 성질이다.

168 유아트가 1834년에 발간한 『소와 이들의 품종, 관리 그리고 질병』에 있는 내용이다.

169 서머빌이 1809년에 발간한 『양, 모, 쟁기 그리고 황소와 관련된 사실과 관찰들』에 있는 내용이다.

170 세브라이트 경이 1809년에 발간한 『사육 동물의 품종 개선에 관한 기술』에 있는 내용이다.

171 메리노양은 원래 스페인이 원산지이나, 1765년부터 독일 작센 지방에서 작센양과 교배시켜 더 좋은 품종을 만들었다. 1778년부터 작센 지방은 양의 교배 중심지가 되었고, 1802년에는 4백만 마리의 작센-메리노양들이 있었다.

아 두고 마치 고미술 감정가가 그림을 조사하듯이 조사했다. 이렇게 조사하는 행사가 몇 달 간격으로 세 차례 열렸는데, 행사 때마다 양들에게 등급별로 낙인을 찍어 마지막까지 가장 최고의 등급을 받은 양들이 번식용으로 선택되었다.[172] (30~31쪽)

잉글랜드의 사육가들이 실제로 만든 결과들은 엄청난 가격이 매겨짐으로써 좋은 족보를 지닌 동물들로 입증되었다.[173] 그리고 이들 동물들은 현재 거의 전 세계 곳곳으로 수출되고 있다. 개량은 일반적으로 서로 다른 품종을 교배한다고 해서 일어나지 않는다.[174] 가장 최고의 사육가들은 가까운 동류인 아품종 무리끼리 교배하는 드문 경우를 제외하고는 이러한 방법을 아주 강력하게 반대한다. 그리고 교배가 한번 이루어지려면, 일반적인 사례보다 더 주도면밀하게 선택하는 것이 반드시 필요하다. 만일 선택이 매우 뚜렷하게 구분되는 변종들 일부를 단순히 분리하고, 이들을 번식시키는 것에만 그친다면, 원리는 너무나 명백해서 주목할 가치가 거의 없을 것이다. 그러나 선택의 중요성은 세대를 거치면서 경험이 없는 사람의 눈으로는 거의 인식할 수 없는 차이점들이 한 방향으로 축적되면서 만들어진 엄청난 결과들인데, 이 차이점을 나 자신도 알아차리려고 노력했으나 실패했다. 유능한 사육가가 되기 위해 지녀야 할 정확한 눈매와 판단력을 지닌 사람은 천 명 가운데 한 명도 없을 것이다. 만일 누군가 이러한 능력을 부여받았다면, 그는 자신의 과제를 몇 년에 걸쳐 연구했을 것이며, 불굴의 의지로 자신의 생애를 바쳤을 것이다. 또한 그는 성공했을 것이고, 엄청나게 개량했을 것이

172 인위선택의 결과들을 다윈이 소개하면서, 선택으로 새로운 품종이 만들어질 수 있음을 주장하고 있다.

173 인위선택의 결과는 동물에게 도움이 되는 것이 아니라 사람에게 도움이 된다는 점을 주장하고 있다. 『종의 기원』 29쪽에서 "이 적응은 동식물 자신들의 이익을 위해 나타난 것이 아니라 인간의 활용성이나 애완성을 위한 것이다"라고 다윈은 썼다.

174 이형교배하면 이전에는 없던 변이가 만들어질 수는 있으나, 변이만으로 개량이 일어나지 않는다는 의미일 것이다.

다. 만일 이러한 능력이 결여되어 있다면, 그는 틀림없이 실패했을 것이다. 숙련된 집비둘기 애호가가 되려면 반드시 선천적 능력과 오랜 세월에 걸친 연습이 필요하다는 점을 선뜻 믿으려는 사람은 거의 없다.[175] (31~32쪽)

같은 원리를 원예학자들도 받아들였는데, 이들은 변이를 좀 더 갑작스럽게 가끔 나타나는 것으로 간주했다. 우리가 만든 최고의 재배종들이 토종 무리로부터 단 한 번의 변이로 만들어졌다고 생각하는 사람은 전혀 없을 것이다. 완전한 기록을 간직한 일부 사례들은 이런 일이 일어나지 않았음을 보여 주는 증거들인데, 우리는 이런 증거들을 가지고 있다. 매우 사소한 실례로 꾸준히 커진 구스베리[176] 열매를 들 수 있다. 오늘날 꽃과 불과 20~30년 전에 그려진 꽃들을 비교해 보면, 수많은 원예가들의 꽃들에서 놀랄 만한 개량이 일어났음을 우리는 알 수 있다. 식물의 한 재래종이 한번 잘 만들어지면, 종묘가들은 최고의 식물체를 골라내지 않고, 단순히 묘상[177]을 잘 살펴보다가 이들이 "열성변이체"라 부르는 정해진 표준에서 벗어난 식물체를 뽑아낸다. 동물을 대상으로도 이런 선택 방식이 실제로 적용되는데, 자신들이 가진 가장 나쁜 개체들이 번식되는 것을 허용할 만큼 부주의한 사람은 없기 때문이다.[178] (32~33쪽)

식물의 경우에는 선택에 따른 축적 결과를 관찰할 수 있는 또 다른 방법이 있다. 즉, 화단에 있는 한 종에 속하는 여러 변종들이 보여 주는 꽃의 다양성을 비교하거나, 채소밭에 있는 식물들의 잎, 콩꼬투리, 덩이줄기[179] 또는 가치가 있는 부위들의 다양

175 변이를 축적해 새로운 품종을 만들기 위해서는 선택해야 할 변이를 구별해 낼 수 있어야 하며, 또한 많은 시간이 필요하다는 다윈의 생각이다. 아마도 이런 생각은 자연선택에도 그대로 적용될 수 있을 것인데, 자연이 어떻게 변이를 구별하는지에 대해서는 4장 자연선택에서 설명한다.

176 까치밥나무과(Grossulariaceae)에 속하는 서양까치밥나무(*Ribes uva-crispa* ≡ *R. grossularia*) 또는 이 나무의 열매를 구스베리라고 부른다. 유럽 원산으로 열매를 먹는다. 야생종은 열매의 평균 무게가 7.1g 정도이나, 1852년 영국에서 53.9g까지 크게 만들었다. 부피로 보면 거의 800%나 커졌으며, 직경만도 5cm에 달한 것으로 알려져 있다(Costa, 2009).

177 꽃, 나무, 채소 따위의 모종을 키우는 자리이다.

178 다윈은 앞 문단에서는 동물에서 선택된 결과를 보여 주었는데, 이 문단에서는 식물의 사례를 소개했다.

179 괴경이라고도 부르는데, 땅속에서 줄기가 비대해진 것이다. 감자의 먹는 부위가 바로 덩이줄기이다.

성을 같은 변종에 속하는 꽃들과 비교하거나, 또는 과수원에 있는 한 종의 열매 다양성을 같은 변종들의 잎과 꽃들을 비교하면 된다. 양배추 잎들이 어떻게 다르고 꽃들은 얼마나 닮았는가, 삼색제비꽃[180]의 꽃들은 서로 어떻게 닮지 않고 잎들은 얼마나 닮았는가, 그리고 구스베리 종류별로 꽃은 거의 차이가 없음에도 불구하고 열매 크기, 색, 모양, 털의 분포 양상은 얼마나 다른가를 보라. 한 변종 내에서 한 가지 특징이 다르다고 다른 특징들도 다를 것이라는 말은 결코 아니다.[181] 이러한 사례는 거의 나타나지 않거나 전혀 나타나지 않는다. 성장의 상관관계라는 법칙의 중요성이 지금까지 간과된 적은 없지만, 이 법칙은 어떤 차이를 확실하게 해 준다. 그러나 일반적으로 잎, 꽃 또는 열매에 나타나는 사소한 변이를 지속적으로 선택하여 주로 이러한 형질에서 차이를 보이는 여러 재래종들을 만들 수 있다는 점을 나는 결코 의심하지 않는다. (33쪽)

선택 원리가 단지 사반세기가 3번 정도 지나는 동안에만 지속된 체계적인 수단에 불과하다는 견해를 반대할 수도 있다.[182] 최근에는 확실히 이 원리에 대한 관심이 높아졌고, 이 주제로 많은 논문들이 발표되었다. 그리고 한마디 덧붙이면, 성과는 상대적으로 빠르게 나타났고 중요해졌다. 그러나 이 원리가 최근에 발견되었다는 점은 사실과 멀리 떨어져 있다. 오래전에 발표된 연구 결과들에서 원리의 중요성을 완벽하게 인식한 몇 종류의 참고 자료를 나는 제시할 수 있다. 잉글랜드 역사에서 야만적이고 미개한 시기에는 최상품 동물들이 때로 수입되었고, 이들

180 *Viola tricolor*. 제비꽃과에 속하는 원예식물로 흔히 팬지라고 부른다. 꽃색이 다양하다.

181 사과를 예로 들면, 어떤 개체의 열매가 당도가 높고 크기도 크다고 해서 잎도 다를 것이라고 생각해서는 안 된다는 의미이다(Costa, 2009). 열매와 잎이 상관관계를 맺을 수도 있지만 그렇지 않은 경우도 있을 것이다. 성장의 상관관계는 25쪽의 각주 45를 참조하시오.

182 품종 개량과 관련된 선택이 최근에 발견된 방법이 아니라는 주장이다. 다윈은 선택의 역사를 소개하면서, 옛날에도 인위선택이 진행되었기에, 품종 개량에 있어 선택이 새로운 방법은 아니라는 의미이다. 단지 1761년 처음으로 쾰로이터가 서로 다른 종에 속하는 식물들을 교배해서 잡종을 만드는 실험 결과를 발표했고, 유용한 목재를 만드는 데 잡종 실험을 활용할 수 있는지를 심사숙고했다. 이후 많은 연구자들이 교배 실험을 했고, 멘델이 유전법칙을 발견한 이후, 사람들이 기존의 개량 방식을 버리고 교배를 하면서 품종을 개량하기 시작했다.

의 수출을 금지하는 법들이 만들어졌다. 특정 크기보다 작은 말들은 의도적으로 죽이라는 명령도 내려졌는데, 이는 식물 중에서 "열성변이체"를 묘목업자들이 뽑아내는 것과 비교될 수 있다. 나는 고대 중국 백과사전에서 선택의 원리를 분명하게 발견했다.[183] 로마 시대 고전 작가들 중 일부는 규칙의 기초를 단단하게 만들었다. 「창세기」에는 옛날에도 사육 동물의 색에 관심을 쏟았다는 구절이 있다.[184] 오늘날 미개인들도 품종을 개량하려고 자신들의 개와 야생하는 개과에 속하는 동물들을 때때로 교배시키는데, 옛날에도 이러한 일들이 일어났음은 플리니우스의 기록으로 입증된다. 남아프리카에 사는 미개인은 색깔로 역우[185]의 짝을 맞추는데, 에스키모인 일부도 자신들의 개 무리에 이런 방식을 쓴다. 리빙스턴은 유럽인을 만난 적이 없는 아프리카 내륙의 흑인이 사육 품종의 가치를 어떻게 부여하는지를 보여 주었다. 이러한 일부 사실들이 실제로 일어난 선택을 보여 주지는 않지만, 사육 동물을 번식시키는 것이 옛날부터 매우 높은 관심 속에서 이루어졌으며, 오늘날에도 가장 미개한 사람들에 의해 이루어지고 있음을 보여 준다. 나쁜 형질과 좋은 형질이 유전된다는 것이 아주 명백하기 때문에, 번식시킬 때 관심을 두지 않는다는 것은 아주 이상한 일이다. (33~34쪽)

[186]오늘날, 뛰어난 사육가들은 한 나라 안에 존재하는 그 어떤 것보다 뛰어난 새로운 품종계통[187] 또는 아품종을 만든다는 뚜렷한 목적을 가지고 체계적 선택[188]을 시도한다. 그러나 우리의 목적을 달성하기 위해서는 **무의식적**[189]이라고 부르는 또 다른

183 주승재는 이시진이 편찬한 『본초강목』이라고 주장했다(주승재, 1995).

184 창세기 30장 32절부터 35절까지에 양 중에는 아롱진 것과 점 있는 것과 검은 것이, 염소 중에 점 있는 것과 아롱진 것이, 숫염소 중에 얼룩무늬 있는 것과 점 있는 것이, 암염소 중에 흰 바탕에 아롱진 것과 점 있는 것이 있다고 설명되어 있다.

185 농사를 짓거나 수레에 짐을 실어 나르는 일을 하는 소이다.

186 장 목차에 나오는 10번째 주제, '체계적 선택과 무의식적 선택'을 설명하는 부분이다.

187 품종 또는 변종 중에서 육종학적 특징을 유지하는 무리이다.

188 미리 설정한 목표에 맞추도록 품종을 개량하는 선택이다.

189 가장 가치가 높은 개체들을 선택하고 그렇지 않은 개체들은 제거하는 과정을 반복하는 선택이다.

선택이 더 중요한데, 이 선택은 누구나 최고의 동물 개체들을 소유하고 이들을 번식시키고자 하는 노력의 결과이다. 따라서 포인터개[190]를 원래대로 유지하려는 사람은 그가 구할 수 있는 최고의 개를 얻으려고 노력할 뿐만 아니라 자신이 지닌 최고의 개를 앞으로도 번식시키려고 노력할 것이다. 그러나 그는 이 품종을 지속적으로 변형시키겠다고 소망하거나 기대를 하지 않는다. 베이크웰과 콜링[191] 등이 세대를 거듭하면서 지속적으로 반복해 온 방법으로 어떤 품종이라도 개량시켰고 변형시켜왔다는 점을 나는 의심할 수가 없다. 이들은 거의 이런 과정으로 진행되는 체계적 선택으로만 자신들이 살아 있는 동안에 자신들이 사육하던 소들의 유형과 자질을 크게 변형시켰다. 이들 종류들은 서서히 눈에 띄지 않게 변했는데, 옛날부터 의심스러운 품종들을 비교할 목적으로 실제로 측정하거나 조심스럽게 그림을 그리지 않았더라면 이들 종류들이 변했음을 결코 인식할 수가 없었을 것이다. 그러나 어떤 사례에서는 같은 품종에 속하지만 변하지 않거나 거의 변하지 않은 개체들이 덜 문명화된 지역에서 발견되는데, 이 지역에서는 품종들이 덜 개량되었다. 킹 찰스 스패니얼개[192]가 찰스 왕 이후 무의식적으로 엄청 크게 변형되었다고 믿는 데에는 이유가 있다. 아주 뛰어난 권위자 몇몇은 세터개[193]가 스패니얼개로부터 직접 만들어졌는데, 아주 천천히 변형되었을 것으로 확신하고 있다. 잉글리쉬포인터개는 지난 세기에 급격하게 변했다고 알려져 있으며, 이 사례에서 이런 변화는 주로 폭스하운드개[194]와 교배해서 나타난 결과로 사람들은

190 사냥개의 일종으로, 영국 원산의 품종이다. 새를 발견하면 머리를 새가 있는 방향을 향한다고 해서 포인터라는 이름이 붙었다. 잉글리쉬 포인터개라고도 부른다.

191 다윈은 『종의 기원』에서 "Collins"로 표기했으나 'Colling'이 맞다.

192 흔히 토이 스패니얼로 불리는데, 17세기 영국의 찰스 2세가 이 개를 너무 좋아해서 자신의 이름을 개 이름으로 사용했고, 이후 품종 이름이 되었다.

193 영국에서 개량된 사냥개로 크기와 모습은 포인터개를 닮았지만 털이 긴 점은 스패니얼개와 닮았다. 스패니얼개를 개량해서 만들었다.

194 대형 하운드개 무리의 한 품종으로 영국에서 여우 사냥용으로 개량되어 사냥개로 널리 쓰이고 있으며, 호주에서는 양을 모는 개로 쓰이고 있다. 하운드는 뛰어난 시각과 후각을 지닌 사냥개로 이용되는 품종이다.

믿고 있다. 그러나 우리의 관심을 끄는 것은 변화가 무의식적으로 단계적으로 만들어졌음에도 불구하고 매우 적절하게 만들어졌다는 점과 스페니쉬포인터개를 스페인에서 들여온 것은 확실하지만, 나도 바로우 씨로부터 전해 들었는데, 스페인에서는 우리가 기르는 포인터개와 유사한 개가 자생하는 것을 보지 못했다는 점이다. (34~35쪽)

선택과 비슷한 방법으로 그리고 세밀한 훈련으로 잉글랜드에서 사육된 경주마들의 전반적인 신체 조건은 이들의 부모격인 아랍 무리와 비교할 때 속도와 크기 면에서 압도하게 되었고, 그 결과 아랍말은 굿우드경마장[195] 규칙에 따라 부담중량[196]에서 유리해졌다. 스펜서 경을 비롯하여 여러 사람들은 잉글랜드의 소들이 어떻게 해서 이 나라에서 과거부터 유지해 온 무리들과 비교할 때 빨리 성장하며 체중도 많이 나가는지를 보여 주었다. 전서비둘기와 공중제비비둘기를 포함하여 오래된 집비둘기에 대해 연구한 논문들에 나열된 목록들과 영국, 인도, 페르시아 등지에 현재도 존재하는 이들 품종들을 비교하면, 우리가 단계를 추적할 수 있을 것으로 나는 생각하는데, 이 단계들은 우리가 알아차리기도 전에 지나갔지만 바위비둘기와는 엄청나게 달라졌음을 알 수 있을 것이다.[197] (35~36쪽)

유아트는 선택 과정에서 나타나는 결과들을 보여 주는 아주 훌륭한 예시를 제공해 주었는데, 사육가들이 뚜렷하게 구분되는 두 종류의 품종계통이 만들어질 것으로 절대로 기대하지 않았거나 심지어 바라지도 않았다는 점에서, 이 예시는 무의식적

195 잉글랜드 웨스트수스섹스 치체스터에 있는 경마장으로, 1802년부터 경마가 시작되었다.

196 경마에서 각 말이 짊어지고 달려야 하는 무게이다. 경마에 참여한 말의 연령, 성별, 과거 전적 등에 따른 경주마의 능력 차이를 인위적으로 조절하여 경마에 출전하는 말 모두에게 동등한 우승 기회를 부여하기 위하여 부담중량이 부여된다.

197 사육 동물의 선택 과정에는 사람들의 훈련이라는 과정도 포함되며, 이런 과정은 체계적 선택 과정일 것이다. 이런 과정을 거치는 동안 생물들이 서서히 변화하는데, 변화되는 과정을 사람들은 인식할 수가 없다.

선택에 따른 결과로 간주된다. 버클리 씨와 버제스 씨가[198] 보관하던 레스터양[199] 두 무리에 대해 유아트는 "이들은 베이크웰 씨의 원종 무리로부터 50년 이상을 순계로 증식된 것이다. 이 두 무리 중 어느 한쪽의 소유자가 베이크웰 씨의 순수혈통[200] 양 무리로부터 어떤 경우든 간에 벗어나게 했다는 점에 대해서 티끌만큼이라도 의심하는 사람은 없었는데, 이 두 사람이 소유하던 양들이 너무나도 달라져 아주 다른 변종의 모습을 띠고 있었기 때문이다"[201] 고 말했다.[202] (36쪽)

야만인[203]들이 너무나 미개하여 자신들이 사육하는 동물의 자손들이 지닌 유전 특징들을 결코 생각할 수 없다고 하더라도, 자신들에게 특히 유용한 어떤 한 동물을, 어떤 특별한 목적으로, 기근이나 기타 사고가 발생해도 야만인들은 책임감을 가지고 조심스럽게 보존했을 것이고, 이러한 최고의 동물은 일반적으로 열악한 동물보다 더 많은 자손을 생산했을 것이다. 따라서 이런 사례에서도 무의식적 선택이 계속 일어났던 것이다. 우리는 동물에게 보다 높은 가치를 부여한 경우를 볼 수 있는데, 티에라델푸에고섬에 살고 있는 야만인들은 식량이 부족해지면 자신들의 개보다 가치가 적다고 생각되는 늙은 노파를 죽이거나 잡아먹었다.[204] (36쪽)

식물도 비슷하게 단계적 과정으로 개량된다. 비록 최상의 개체를 기회가 있을 때 보존하지만, 이들 개체들이 처음부터 뚜렷하게 구분되는 변종으로 간주될 정도로 충분히 뚜렷하게 구분되는지 여부, 또는 둘 또는 그 이상의 종이나 재래종을 교배시켜

198 버클리와 버제스는 베이크웰이 개량한 양의 품종인 레스터를 널리 보급한 사람들이다.

199 양의 품종 중 하나로, 영국이 원산지로 몸집이 크고 털은 길다.

200 다른 품종들과 교배한 적이 없는 한 품종에 속하는 개체들이다.

201 유아트가 쓴 『양』 315쪽에 있는 내용이다(Costa, 2009).

202 선택 결과를 다음 문단과 함께 동물을 사례로 들어 설명하고 있다.

203 다윈은 티에라델푸에고섬이나 남아프리카 등지에서 살아가던 사람들을 야만인 또는 미개한 사람으로 불렀으나, 이러한 표현은 인종차별적이다. 문명과 비문명, 또는 개화와 미개화에 대해서는 논의가 필요할 것이나, 여기에서는 『종의 기원』에 있는 표현을 그대로 번역했다.

204 『비글호 항해기』 2판 214쪽에 있는 내용으로, 1832년 12월 25일 기록이다. 이 부분은 티에라델푸에고섬 사람들이 기근에 처했을 때 대처하는 방안을 설명하고 있다. "겨울에 굶주림이 찾아오면, 이들은 자신들의 개를 죽이기 전에 늙은 노파를 잡아먹었다. 소년에게 왜 이렇게 하냐고 물었다. 소년은 '개들은 수달을 잡지만 늙은 노파는 하지 못한다'라고 대답했다"고 되어 있다. 하지만 이 내용은 거짓으로 확인되었는데, 영어에 서툰 소년이 질문자가 원하는 대로 답을 했던 것으로 알려졌다(장순근, 2013; Costa, 2009).

서로 혼합시켰는지 여부와 상관없이, 크기와 아름다움이 증가된 것으로 명백하게 인식된 식물들로 개량된다. 즉 삼색제비꽃, 장미, 펠라고니움, 달리아 등과 같은 다양한 변종들이 오래된 변종들이나 이들의 부모 무리보다 더 크고 더 아름다워진 경우를 우리는 볼 수 있다. 그 누구도 야생에서 자라는 식물의 씨를 뿌려 일등급의 삼색제비꽃이나 달리아를 얻을 수 있을 것으로는 기대하지 않았을 것이다.[205] 만일 연화성 배[206]가 원예종 배에서 유래한 것이라면, 비록 야생에서 자라던 매우 빈약한 묘목으로부터 어떤 사람이 성공적으로 만들 수 있었다고 하더라도, 야생 배 종자를 이용해서 일등급의 연화성 배를 얻을 수 있을 것으로 그 누구도 예상하지 않았을 것이다. 배는 아주 오래전부터 재배되어 왔는데, 플리니우스의 기록에 따르면, 품질이 매우 떨어지는 과일로 간주되었다. 정원사들이 지닌 놀라운 기술로 이루어진 원예학 연구에서 나타난 엄청난 놀라움을 나는 본 적이 있는데, 이들은 빈약한 재료를 이용해서 뛰어난 결과를 만들어 냈다. 그러나 이 기술은 단순했으며, 마지막 결과에 대해서만 말하자면 거의 무의식적으로 만들어졌음을 나는 의심할 수가 없다. 이 기술은 항상 최고로 알려진 변종들의 씨를 뿌려서 재배하다가 이보다 조금이라도 좋은 변종이 우연히 나타나게 되면, 이들을 선택하는 과정을 계속해서 반복한 것이다. 그러나 자신들이 얻을 수 있는 최고의 배를 재배했던 아주 옛날 정원사들은 우리가 먹는 배가 얼마나 뛰어난지 결코 생각하지 못했을 것이다. 그럼에도 우리가 먹는 매우 양질의 과일은 이들이 어느 곳에서 발

205 식물이 보여 주는 변이만으로 삼색제비꽃, 장미, 달리아와 같은 품종을 만들 수 없을 것이라는 의미이다.

206 서양배(*Pyrus communis*)의 일종으로, 먹기 위해 딸 무렵에는 과육이 단단하나 7~10일 정도 시간을 두고 숙성시키면 부드러워지는 배를 말한다. 우리가 흔히 먹는 배(*P. pyrifolia* var. *culta*)는 과육이 딱딱한 상태로 먹으나, 연화성 배는 숙성시킨 다음 부드러워진 상태가 되면 먹는다.

견되었든지 최고의 변종들을 어느 정도는 자연적으로 선택하고 보존했던 덕분이다.[207] (36~37쪽)

따라서 우리가 재배하는 식물에서 아주 서서히 그리고 무의식적으로 누적된 많은 변화들은, 많은 사례들에서 우리가 인식하지 못하고 그에 따라 우리가 알지 못하는 점, 즉 이들의 야생 부모 무리가 오랫동안 우리의 꽃밭과 텃밭에서 재배되어 왔음을 설명하는 것으로 보이는데, 내가 생각하기로는 이러한 점은 널리 알려진 사실이다. 만일 오늘날 사람들이 활용할 수 있는 수준까지 대부분의 식물을 개량하거나 변형시키는 데 수 세기 또는 수천 년이 걸렸다면, 호주나 희망봉[208] 또는 아주 미개한 사람들이 살았던 또 다른 지역에서 어떻게 재배할 만한 가치가 있는 단 한 종류의 식물도 얻을 수 없었는지를 우리는 이해할 수가 있다.[209] 종 풍부도[210]가 매우 높은 지역에 어떤 유용한 식물들의 토종 무리들이 아주 이상하게 없었던 것이 아니라, 선택을 반복하면서 자생식물들이 아주 옛날부터 문명화된 지역에서 자라는 식물들의 유용성과 비교할 때 완벽함이라는 수준까지 지속적으로 개량되지 않았을 뿐이다.[211] (37~38쪽)

미개한 사람들이 유지하던 사육 동물의 경우, 적어도 특정 시기에는 이 동물들이 자신들의 먹이를 위해서 거의 항상 몸부림쳤다는 점을 간과해서는 안 된다. 그리고 매우 다른 환경에 처한 두 나라에서 같은 종에 속하나 아주 미묘하게 체질이나 구조가 서로 다른 개체들이 다른 나라에 비해 한 나라에서 때로 더 좋은 상태로 유지됨에 따라 "자연 선택"이라는 과정을 통해 두 아품

207 선택 결과를 앞 문단에서는 동물을 사례로 설명했고, 이 문단에서는 식물을 사례로 설명하고 있다.

208 남아프리카공화국에서 대서양 해변에 있는 암석으로 이루어진 곳이다. 아프리카 최남단으로 알려져 있으나, 아굴라스곶이 최남단이다.

209 미개한 사람들은 식물을 자연 상태로 이용만 했을 뿐, 개량하려고 노력하지 않았기에, 재배할 만한 가치가 있는 식물이 이들 지역에 없다는 의미로 보인다. 하지만, 이들 지역에도 재배할 만한 가치가 있는 식물들은 많을 것이다.

210 특정 지역에 분포하는 종의 수로, 풍부도가 높은 지역이라면 이 지역에 다양한 생물 종들이 살고 있다는 의미이다.

211 생육 품종들은 사람이 의도적으로 개량한 것들로, 이러한 의도가 없는 사람이나 지역에서는 품종을 개량할 필요가 없었고, 그에 따라 눈에 띄는 품종이 발견되지 않았다는 의미이다.

종이 만들어질 수가 있었을 것이다.[212] 자연선택에 대해서는 앞으로 좀 더 자세히 설명할 것이다.[213] 아마도 이러한 점은 일부 학자들의 주장, 즉 야만인들이 보유한 변종들이 문명화된 나라에서 유지된 변종들에 비해 종의 특징을 조금 더 많이 가지고 있다는 주장을 부분적으로 설명해 주는 것 같다.[214] (38쪽)

[215]지금까지 설명한 것처럼 사람이 행한 선택이 가장 중요한 역할을 한다는 여기에서의 견해에 따르면, 우리가 길들인 재래종들이 자신들의 구조나 습성을 인간의 욕구나 취향에 맞추어 어떻게 해서 적응했는지가 바로 명백해진다. 또한 길들인 재래종들에서 빈번하게 비정상적인 형질들이 나타나는 점과 마찬가지로 외부 형질에서는 큰 차이를 보이나 내부 부위나 기관에서는 상대적으로 차이가 작았던 점을 우리가 이해할 수 있을 것으로 나는 생각한다. 사람은 눈으로 볼 수 있는 외모와 같은 것들을 제외하면 구조에서 나타나는 어떠한 편이라도 거의 선택하지 못하거나 엄청나게 힘들게 선택할 수 있을 뿐이다. 실제로는 내부에서 일어나는 것들에 대해서는 관심을 거의 두지 않는다. 사람은 자신들 앞에 있는 자연이 처음으로 만든 아주 사소한 변이들이 없다면 결코 선택이라는 행동을 할 수가 없다. 아주 기이하게 어느 정도는 조금 다르게 발달한 꼬리를 지닌 비둘기를 보기 전까지는 그 누구도 공작비둘기를, 또는 조금은 기이하게 커진 모이주머니를 지닌 비둘기를 보기 전까지는 파우터비둘기를 만들려고 노력하지 않았을 것이다. 그리고 이보다 더 비정상적이고 더 기이하게 생긴 형질들이 처음으로 발견되면, 이들은 사

212 한 나라에서는 좋은 상태로, 다른 한 나라에서는 나쁜 상태로 유지되었기에, 두 나라에서 다른 유형으로 변형되었을 것이라는 의미이다.

213 4장 자연선택에서 설명한다.

214 야만인들이 보유한 변종들은 개량이 덜 되었기에, 이들 변종이 원래 종의 특징을 더 많이 가지고 있을 것이라는 의미이다.

215 장 목차에 나오는 11번째 주제, '생육하는 재배종의 알려지지 않은 기원'을 설명하는 부분이다. 자연이 만들어 낸 변이에 대한 관심이 생육 품종들의 선택에 중요하나, 선택 과정이, 무의식적 선택이든 체계적 선택이든, 이 변이가 어떻게 변할지 결코 꿈조차 꾸지 못했을 것이기에, 이들을 추적하는 것은 불가능했을 것이라는 설명이다.

람의 관심을 더 많이 끌었을 것이다. 그러나 공작비둘기를 만들려고 노력했다고 말하는 사례들 대부분은 완전히 잘못되었다고 의심해야 한다.[216] 조금은 더 큰 꼬리를 지닌 비둘기를 맨 처음 선택한 사람은 이들의 자손들이 오랜 기간에 걸쳐 부분적으로는 무의식적 선택을, 부분적으로는 체계적 선택을 거치면서 어떻게 변할지 결코 꿈조차 꾸지 못했을 것이다. 아마도 모든 공작비둘기의 부모들은 오늘날의 자바공작비둘기처럼 어느 정도 확장된 14장의 꽁지깃을 가졌거나, 또는 다른 뚜렷하게 구분되는 품종들이 지닌 꽁지깃 수만큼 지니고 있을 것인데, 이 품종들에서는 꽁지깃이 17장까지 달려 있다.[217] 아마도 맨 처음 파우터 닮은 비둘기는 오늘날 터빗비둘기[218]가 식도 윗부분을 부풀게 했던 것만큼 모이주머니를 부풀리지 못했을 것인데, 이 특징이 품종에 관한 논의의 핵심 가운데 하나가 아니었기 때문에 애호가들은 이 특징을 무시했을 것이다. (38~39쪽)

한 구조에서 나타난 어떤 커다란 편이가 애호가의 눈을 사로잡는 데 필요하다고 생각해서는 안 된다. 그는 극단적으로 사소한 차이를 인식하는데, 이는 사람들이 천성적으로 오직 자신들 소유물 내에서 사소하지만 새로운 것에 가치를 부여하려고 하기 때문이다. 같은 종에 속하는 개체들 사이에서 나타난 그 어떤 사소한 차이들에 부여된 과거의 가치들을 몇몇 품종들이 확실하게 만들어진 이후인 오늘날 이들에게 부여한 가치로 판단해서도 안 된다.[219] 집비둘기 사이에서 나타났던 많은 사소한 차이들이, 현재에도 마찬가지이지만, 품종이 지녀야 하는 완벽함이

216 꼬리가 다른 변이체가 있었기에 공작비둘기를 만들 수 있었지, 이런 변이체가 없는 상태에서는 꼬리가 발달한 공작비둘기를 만들 생각조차 못했을 것이라는 의미이다.

217 다윈은 『동식물의 생육할 때 나타나는 변이』에서 공작비둘기의 꽁지깃은 12~42장까지 변하며 자신은 33장을 지닌 개체를 보았는데, 자바공작비둘기의 꽁지깃은 14장이나 18장에서 24장까지 다양하다고 썼다.

218 집비둘기의 한 품종으로, 끝이 뾰족한 벼슬과 짧은 부리, 그리고 가슴에 주름장식이 달려 있다.

219 다윈은 『종의 기원』 37쪽에서 "자신들이 얻을 수 있는 최고의 배를 재배했던 아주 옛날 정원사들은 우리가 먹는 배가 얼마나 뛰어난지 결코 생각하지 못할 것이다"라고 썼다. 사람의 기호는 시대에 따라 변하기에 옛날 생육 품종을 오늘날 기준으로 판단해서는 안 될 것이라고 주장했다. 이런 주장에 따르면 사람이 생육하던 품종의 특성은 시대에 따라 변할 수밖에 없을 것이고, 그에 따라 오늘날 우리가 생육하는 품종들의 기원을 규명하는 것도 어렵게 될 것이다.

라는 기준에서 벗어난 편이[220]나 잘못된 것으로 간주되어 버렸다. 거위[221]는 그 어떤 뚜렷한 변종을 만들지 못했지만, 툴루즈 거위와 일반 품종들은 단지 순식간에 변하는 형질인 깃털 색만 다른데, 최근 가금류 전람회에서 뚜렷하게 구분되는 품종으로 전시되었다. (39~40쪽)

이러한 견해들은 이따금 주목을 받아왔던 사항, 즉 생육해 온 그 어떤 품종일지라도 그들의 역사나 기원에 대해 우리가 거의 알지 못한다는 점을 설명해 주는 것으로 나는 생각한다. 그러나 말에도 사투리가 있듯이, 실제로는 한 품종에 정확한 기원이 있다고 말하기는 어렵다. 사람들은 구조에 조금은 사소한 편이가 생긴 한 개체로부터 만들어진 품종을 번식시키거나 자신들이 가지고 있는 최고의 동물과 일치하는 개체들을 평소보다 더 잘 보살펴 이들을 개량했다. 그리고 개량된 개체들은 바로 이웃에 있는 사람들에게 서서히 퍼져 나갔다. 그러나 이런 개체들에는 이름이 거의 없었을 것이고, 아직은 가치가 매우 적었기 때문에 이들의 유래는 등한시되었을 것이다. 같은 방식으로 서서히 단계적 과정을 거쳐 개량되고 나면, 그제서야 이들은 널리 퍼져 나가며 다른 것과 차이가 있고 가치가 있는 무언가로 인식되어 처음으로 지방명[222]을 부여받았을 것이다. 자유로운 의사소통이 거의 없는 반문명화된 나라에서는 새로운 아품종이 전파되거나 알려지는 것이 서서히 진행되었을 것이다. 새로운 아품종이 가치라는 논의의 핵심에서 한 번 완전히 이해되고 나자마자 내가 불렀던 무의식적 선택의 원리에 따라 서서히 품종에 독특한 형

220 다윈이 생각한 편이의 정의이다.

221 거위(*Anser anser domesticus*와 *Anser cygnoides domesticus*)는 야생 기러기를 가축으로 길들인 것이다. 서양에서는 회색기러기(*Anser anser*)를 길들여 엠덴 품종과 툴루즈 품종을, 동양에서는 개리(*Anser cygnoides*)를 길들여 중국거위를 만들었다. 툴루즈 품종은 깃털이 회색기러기와 거의 비슷하나, 엠덴 품종은 하얀색이다.

222 지방명은 어떤 지역에서만 사용하는 이름이다. 예를 들어 개나리, 소나무, 딱정벌레 등은 우리나라에서만 사용하는 지방명이다.

질상태들이, 어떤 형질상태이든 상관없이, 아마도 유행에 따라 한 품종이 뜨거나 사라지므로 한 시기에는 다른 시기보다 더 많이, 또는 지역민들의 문명화 정도에 따라 한 지역에서는 다른 지역보다 더 많이, 항상 추가될 것이다. 그러나 이처럼 서서히 다양하게 변하며 감지할 수 없는 변화를 보존한 그 어떤 기록이 남을 기회는 대단히 적었을 것이다.[223] (40쪽)

[224]이제 나는 선택을 하는 사람의 능력에 미치는 긍정적 또는 부정적인 상황에 대해 몇 마디 언급해야만 한다. 변이성이 굉장히 높은 경우는 명백하게 긍정적인데, 선택이 작용할 수 있는 원재료가 자유롭게 공급되기 때문이다. 단순한 개체차이는 극도로 신경을 쓰면 거의 모든 원하는 방향으로 엄청난 변형이 축적되는 것을 허용하기에 충분하지 않은 것은 아니다. 그러나 사람에게 분명하게 유용하거나 만족스러운 변이는 가끔씩만 나타나기에, 이러한 변이가 나타날 기회는 많은 개체들을 유지하면 상당히 많아질 것이다. 따라서 이러한 점이 성공에 가장 중요한 핵심이 된다. 이 원리에 대해 요크셔 지방의 양들을 대상으로 마셜은 "이들은 일반적으로 가난한 사람이므로 이들이 가진 양은 대부분 *소규모 무리*이며, 따라서 이들은 결코 개량할 수가 없을 것이다"[225]라고 주장했다. 반면에 똑같은 식물들을 많이 생산하는 묘목업자는 새롭고 가치가 있는 변종들을 얻으려는 비전문가들에 비해 좀 더 성공적이다. 한 지역에서 한 종에 속하는 많은 개체들을 유지하려면 이들이 이 지역에서 자유롭게 번식할 수 있도록 이들에게 도움이 될 살아가는 조건에 놓아두는 것이 필요

223 생육 품종들의 기원은 규명할 수가 없다는 것이 다윈의 주장이다. 실제로 품종들이 아주 사소한 변이에서 출발했기에, 이 사소한 변이를 지닌 유형을 찾는 것도 힘이 들 것이고, 이 사소한 변이들의 변형 과정도, 변이가 어떻게 변할지도 모르고, 사람의 선호도가 바뀌기 때문에 정확하게 파악할 수가 없을 것이라는 주장이다.

224 장 목차에 나오는 12번째 주제, '인간의 선택에 도움이 되는 조건들'을 설명하는 부분이다. 여기에서 다윈은 도움이 되는 조건으로 ① 생물들이 지닌 변이성, ② 단순한 개체차이, ③ 많은 개체수, ④ 전문가적 식견, ⑤ 생식적 격리, ⑥ 유용성, ⑦ 세심한 주의를 들었다.

225 마셜이 쓴 『요크셔 지방의 경제』라는 책에 있는 내용으로, "이전에는 소를 개량하기 위해 서로 다른 품종들을 교배시켰지만, 최근에 더 완벽함을 추구하는 사육가들은 다른 방법을 사용한다. 이들은 자신들이 개량하고자 하는 품종 또는 변종들에서 가장 뛰어난 품종 또는 변종들을 선택하고, 이들 선택된 개체들의 개량을 추진했다"라고 언급했다. 이는 많은 개체를 보유한 사람들은 많은 변이 개체를 유지할 수 있어 개량에 유리한 반면, 그렇지 못할 경우 개량에 불리했을 것임을 의미하며, 다윈은 『종의 기원』에서 이 점을 언급했다.

하다. 특정한 종에 속하는 개체들이 줄어들면, 개체들의 정성적 상태가 어떠하든 상관없이 모든 개체들이 일반적으로 번식할 수 있도록 허락되어야 하며,[226] 이렇게 되면 효과적으로 선택할 수가 없게 된다. 그러나 무엇보다도 가장 중요한 논의의 핵심은 아마도 동식물이 사람들에게 매우 유용해서 또는 사람들로부터 어느 정도 가치를 부여받고 있어서 개체 하나하나가 지니고 있는 구조나 정성적 상태에서 나타나는 가장 사소한 편이라도 매우 세심한 주의를 기울여야만 한다는 점이다. 이러한 주의를 기울이지 않는다면, 아무것도 만들어지지 않을 것이다. 원예가들이 딸기에 많은 관심을 가지기 시작하면서부터 딸기가 다양하게 변하기 시작했다는 점이 가장 큰 행운이었다고 진지하게 언급한 것을 나는 본 적이 있다. 딸기를 재배하기 시작하면서부터 딸기는 항상 다양하게 변했지만 사소한 변종들이 무시되었다는 점은 의심할 여지가 없다. 그러나 원예가들이 조금은 크고, 빨리 자라며, 더 좋은 열매를 만드는 개체들을 골라내고, 이들로부터 어린싹을 만들고, 또 다시 최고의 어린싹을 골라내어 이들을 번식시키자마자, 그 결과 (다른 종들과 일부 교배하는 경우도 있었지만) 지난 30~40년 동안 놀랄 만큼 수많은 딸기 변종들이 만들어졌다. (40~42쪽)

암수가 분리된 동물 사례에서는 교배를 방지할 수 있는 시설이, 적어도 다른 재래종들로 이미 채워져 있는 나라에서는, 새로운 재래종을 성공적으로 만드는 데 매우 중요한 요소이다.[227] 이러한 측면에서 볼 때, 땅을 격리하는 것도 한 방법이다.[228] 이동

226 일반적이란 의미는 변이를 가진 개체들만 따로 교배할 수 없음을 의미한다. 변이를 가진 개체들은 교배할 수 없고 임의로 교배가 일어난다면 변이들은 점점 사라질 것이며, 품종 개량은 실패할 것이다.

227 교배하는 것을 쉽게 방지해야만 품종을 육종할 수 있을 것이다. 다른 생물과 교배하는 것을 방해하는 것이 어렵다면, 품종을 만들기 어려웠을 것이다. 다음에 나오는 고양이의 경우, 사람이 인위적으로 짝을 만들어 주기 힘들었고, 그에 따라 뚜렷하게 구분되는 품종으로 유지되는 사례가 없었다고 다윈은 지적하고 있다.

228 생식적으로 격리시키는 방법이다. 최근에는 이런 격리를 지리적 격리라고 부른다.

생활을 하는 야만인들 또는 개활지에서 살아가는 정착민들은 같은 종에 속하는 품종을 한 가지 이상으로는 거의 지니지 않는다.[229] 집비둘기는 평생 짝을 바꾸지 않는데, 이러한 특성 때문에 한 새장에 여러 재래종들이 섞여 있더라도 재래종들을 순계 상태로 유지할 수 있어서[230] 사육가들에게 많은 편리함을 준다. 또한 이러한 조건들이 새로운 품종을 만들거나 개량하는 데 일정 부분 도움이 되었다. 내가 덧붙여 말하자면, 집비둘기는 아주 많이, 아주 빨리 증식시킬 수가 있는데, 열등한 개체들은 자연스럽게 제거되었으며, 죽은 개체들은 먹이로 활용되었다. 이와는 다르게, 밤에 어슬렁거리는 습성을 지니고 있는 고양이들은 짝을 맺어 줄 수가 없다. 여성들과 어린이들이 고양이를 많이 좋아하기는 하지만, 뚜렷하게 구분되는 품종으로 유지된 경우를 거의 볼 수가 없다. 우리가 때때로 보는 품종들 거의 대부분은 항상 다른 나라에서 때로는 섬 지역에서 수입된 것들이다.[231] 일부 사육동물들이 다른 동물들에 비해 다양하게 변하지 않는다는 점을 나는 의심하지는 않지만, 고양이, 당나귀, 공작, 거위 등에서 뚜렷하게 구분되는 품종이 희귀하다거나 결핍되어 있다는 점은 선택이 상당 부분에서 작동하지 않은 탓일 것이다. 고양이는 짝짓기가 어려웠고, 동키당나귀[232]는 가난한 사람들만 키워 왔는데 이들은 당나귀의 번식에 대한 관심이 거의 없었다. 공작은 쉽게 사육되지 않았으며 큰 무리도 유지되지 않았다. 거위는 식량과 깃털이라는 두 가지 측면에서만 가치가 있을 뿐이고, 뚜렷하게 구분되는 품종들에서 아무런 즐거움도 느끼지 못했다.[233] (42쪽)

229 이동하면서 생육 생물들이 지속적으로 다른 생물들과 교배했을 것이고, 그에 따라 하나의 품종이 유지되지 못했을 것이라는 의미이다.

230 최근에 행동적 격리라고 부르는 격리와 비슷할 것이다.

231 섬은, 특히 해양섬은 다른 지역과 지리적으로 격리되어 있어 섬 특이적인 생물, 즉 고유종들이 많이 살고 있다. 12장의 '해양섬의 정착생물에 대하여' 부분을 참조하시오.

232 *Equus africanus asinus*. 흔히 당나귀로 부른다. 아프리카야생당나귀(*Equus africanus*)로부터 육종되었다.

233 품종을 유지하기 위해서는, 달리 말해, 선택을 위해서는 다른 생물과의 교배를 방지하는 격리가 필요하다. 그러나 격리할 수 없는 이동성 동물이나 사람들의 관심이 떨어지는 생물과 생물이 지니고 있는 고유한 속성들은 선택에 불리하게 작용할 것이다.

[234]동식물의 **생육 재래종**의 기원을 요약하고자 한다. 생식체계에 작용하는 살아가는 조건이 변이성을 유발하는 데 지금까지는 가장 중요한 요인으로 간주되었다고 나는 믿는다. 변이성이 일부 학자들이 생각해 온 것처럼, 모든 생명체들에게 어떠한 조건에서든 내재되어 있어 불가피하고 우연히 일어날 수밖에 없는 사건이라고 나는 믿지 않는다. 변이성의 결과는 유전과 회귀의 다양한 정도에 의해 변형된다. 변이성은 수많은 미지의 법칙, 특히 성장의 상관관계에 의해 제어된다. 어떤 변이성은 살아가는 조건이 직접적으로 작용한 결과로 나타날 수도 있다. 어떤 변이성은 용불용의 결과로 나타나는 것이 틀림없다. 따라서 최종 결과는 아주 복잡하게 나타난다. 어떤 사례에서는 오늘날 우리가 생육하는 재배종들을 만들어 내는 데 뚜렷하게 구분되는 토종들 사이의 이형교배가 중요한 역할을 했음을 나는 의심하지 않는다. 어떤 나라에서라도 몇몇 생육 품종들이 한 번 만들어졌다면, 이들 사이에서 나타나는 우연한 이형교배는, 선택이라는 도움을 거치면서, 새로운 아품종을 형성하는 데 의심할 여지없이 큰 기여를 했을 것이다. 그러나 씨로 번식하는 식물뿐만 아니라 동물의 경우에도 변종들 사이의 교배가 지니는 중요성은 내가 생각하기로는 엄청 과장되었다. 꺾꽂이나 눈접[235] 등으로 일시적으로 증식된 식물들의 경우 뚜렷하게 구별되는 종과의 교배와 변종과의 교배가 굉장히 중요한데, 경작자가 잡종과 혼종이 보여 주는 극단적인 변이성과 잡종에서 흔하게 나타나는 생식불가능성에 완전히 주의를 기울이지 않기 때문이다. 하지

234 이 장의 요약이다. 4장부터는 "요약(*Summary*)"이라고 표기하면서 요약 부분임을 뚜렷하게 밝혔으나, 1장부터 3장까지는 그렇게 하지 않았다. 단지 요약 부분은 본문과 요약 사이에 빈 줄이 하나 있을 뿐이다.

235 꺾꽂이는 식물의 가지나 줄기 또는 잎 등을 자르거나 꺾어서 흙 속에 꽂아 뿌리를 내리게 하는 증식 방법이며, 눈접은 나뭇가지의 중간 부위에 있는 눈을 떼어 다른 나무의 가지에 붙여서 개체를 증식시키는 방법이다.

만 종자로 번식하지 않는 식물들은 일시적으로만 존재하기 때문에 우리에게 그다지 중요하지 않다. **변화**를 유발하는 이들 모든 요인들에 대해 **선택**의 축적 작용은 체계적으로 아주 빠르게 적용되든 무의식적으로 좀 더 서서히 그러나 좀 더 효율적으로 적용되든 확실하게 지배적인 **힘**이라고 나는 확신한다.[236] (43쪽)

236 굵은 글씨로 표기된 변화는 종변형, 즉 진화를, 선택은 진화가 일어나는 과정, 그리고 힘은 변화를 유발하는 주요 원인으로 선택을 의미한다(Costa, 2009).

2장 자연에서 나타나는 변이

변이성—개체차이—애매한 종—넓은 지역에 분포하며 멀리까지 분산되고 흔하게 나타나는 종이 가장 다양하게 변한다—어떤 나라에서든 큰 속에 속한 종이 작은 속에 속한 종보다 더 다양하게 변한다—더 큰 속에 속한 많은 종들은 아주 가까운 근연관계에 있으나 서로서로가 같은 정도로 연관되어 있지는 않은 점과 제한된 분포범위를 가지는 점에서 변종들과 비슷하게 보인다.

자연에서 살아가는 생물들에게 1장에서 파악한 원리를 적용하기 전에, 우리는 자연계에 있는 생물들에게 어떤 변이가 나타나기 쉬운지를 간략하게나마 논의해야만 한다.[1] 이 주제를 조금이라도 적절하게 다루기 위해서는, 편견 없는 사실들을 길게 목록으로 제시해야 할 것이나, 이 작업은 다음으로 미루고자 한다.[2] 그리고 나는 여기에서 종이라는 용어에 관한 정의는 논의하지도 않을 것이다. 모든 자연사학자들을 만족시킨 종의 개념은 아직까지 단 하나도 없다. 그럼에도 자연사학자들 모두가 종에 대

1 장 목차에 나오는 첫 번째 주제, '변이성'을 설명하는 부분이다. 1장 첫 문단에서 사람들이 길러 온 동식물은 자연 상태에서 살아가는 생물들에 비해 개체들 사이에서 차이점이 크다고 썼다. 자연 상태에서 살아가는 생물들이 변이를 보여 주어야만 자연이 이들 변이를 선택할 수 있을 것이다.

2 『종의 기원』은 요약본이라 기다란 목록을 제시할 필요가 없었을 것이다.

해 언급을 하고 있지만,[3] 그들은 자신들이 말하는 종의 실체를 분명하게 알지 못한다. 이 용어에는 창조의 명확한 작용으로 만들어진 확인할 수 없는 요소가 대체로 포함되어 있다. "변종"이라는 용어도 거의 비슷하게 정의하기가 어렵다. 이 용어도 증명하기는 매우 힘들지만, 여기에서는 보편적으로 친연관계를 공유하고[4] 있는 무리를 암시한다. 우리가 흔히 기형이라고 부르는 것도 있는데, 이들은 차차 변종으로 변화한다. 내가 생각하는 기형은 구조의 한 부위가 상당히 달라진 편이로, 종에 유해한지 유리한지와는 상관없이 일반적으로 증식되지 않는다. 어떤 사람들은 "변이"라는 단어를 물리적인 살아가는 조건[5]이 직접 작용해서 만들어진 변형이라는 의미를 지닌 기술적 용어로 사용하는데, 이러한 의미에서는 "변이들"이 유전되지 않는 것으로 추정한다. 그러나 발트해[6]의 기수 지역[7]에서 자라는 조개들의 크기가 작은 점이나 알프스산맥[8]의 정상에서 자라는 식물들의 키가 작은 점, 또는 고위도 지역으로 갈수록 동물들의 모피가 두꺼워지는 점과 같은 특성들이 어떤 사례에서 적어도 몇 세대 동안 유전되지 않았다고 그 누가 말할 수 있단 말인가? 나는 이러한 사례들에서 볼 수 있는 유형들을 변종이라고 과감히 말할 것이다. (44~45쪽)

[9]한편 개체차이라고 부르는 수많은 사소한 차이들도 우리는 알고 있는데, 이 개체차이는 같은 부모의 자손들에서 자주 나타나거나 나타날 것으로 추정되며, 같은 고립된 지역에서 살아가는 같은 종에 속하는 개체들 사이에서 흔하게 관찰되는 것으로 알려져 있다. 그 누구도 같은 종에 속하는 개체들이 같은 틀에서

3 다윈 이전까지 종에 대한 개념이 정립되지 않았다. 단지 17세기에 레이가 교배 실험을 하면 같은 종인지 아닌지를 확인할 수 있다고 했고, 18세기에 모페르튀이는 교배를 지속적으로 반복하면 변종이 우연히 만들어질 수 있으나, 기후나 영양 조건에 영향을 받는다고 주장했다. 뷔퐁은 종을 서로 교배해서 자손을 낳을 수 있는 개체들의 무리로 규정한 반면, 린네는 모든 종은 신이 창조했으므로 새로운 종은 나타나지 않는다고 했으나 변종들과 아조변이체 처리에 어려움을 토로했다. 19세기에 조프루아 생틸레르는 모든 동물 종은 기준형에서 퇴화한 유형이라고 주장했다(Magner, 2002).

4 친연관계를 공통으로 지닌다는 의미로, 조상-후손 관계에 있음을 암시한다.

5 생물을 둘러싸고 있는 기후, 토양, 대기 등과 같은 조건들이다.

6 스웨덴을 비롯하여 덴마크, 독일, 폴란드, 리투아니아, 라트비아, 에스토니아, 핀란드 등의 나라로 둘러싸인 바다이다.

7 민물과 짠물이 만나 서로 섞이는 강 하구 지역이다.

8 유럽 중앙부에 위치한 산맥으로, 프랑스, 이탈리아, 스위스, 오스트리아, 독일 등지에 걸쳐 있다. 최고봉인 몽블랑산은 해발 4,810m이다.

9 장 목차에 나오는 2번째 주제, '개체차이'를 설명하는 부분이다. 『종의 기원』 40쪽에서 생육하는 종들의 개체차이는 새로운 품종을 만드는 사람의 선택에 도움이 되는 조건이라고 설명했다.

찍어내듯이 만들어졌다고는 생각하지 않는다. 생육하는 재배종들에서 나타나는 개체차이를 사람이 어떤 방향으로든 축적시키듯이, 이들 개체차이는 자연선택으로 축적시킬 원재료를 제공하기에 우리에게 아주 중요하며, 또한 자연사학자들이 덜 중요하다고 생각하는 부위에도 일반적으로 영향을 준다.[10] 그러나 생리학적 관점이든 분류학적 관점이든 상관없이 중요한 것으로 반드시 간주해야 하는 부위도 같은 종에 속하는 개체들에서 다양하게 변한다는 사실들을 나열한 긴 목록을 나는 제시할 수 있다. 지난 수년 동안 내가 수집했듯이, 최고의 경험을 지닌 자연사학자들도 믿을 만한 소식통으로부터 심지어 중요한 부위를 포함해서 수집했던 변이성을 보여 주는 수많은 사례들에 자연사학자들이 놀랄 것이라고 나는 확신한다. 계통학자들은 중요한 형질에서 발견되는 변이성에 즐거워하지는 않는다는 점을, 그리고 내부의 중요한 기관을 힘겹게 조사해서 같은 종에 속하는 많은 표본들을 비교한 사람들은 많지 않을 것이라는 점을 기억해야만 한다.[11] 곤충의 중추신경절 주변에 있는 주신경들의 분지 양상이 같은 종 내에서도 쉽게 변할 것으로는 결코 예상하지 못했다.[12] 나는 이러한 속성의 변화가 아주 서서히 진행될 것으로 예상했다. 그럼에도 최근에 러벅[13] 씨는 무화과깍지벌레 Coccus[14]의 신경들을 한 나무에서 불규칙하게 분지하는 가지 양상과의 비교하여 주신경에서 상당한 변이성이 있음을 보여 주었다. 여기에 덧붙여, 이 철학자와 같은[15] 자연사학자는 일부 곤충의 유충에 있는 근육이 균일한 것과는 꽤 거리가 멀다는 것을

10 다윈은 『종의 기원』 12쪽에서 유전되지 않는 변이는 중요하지 않으며, 생리적으로 중요하든 사소하든 상관없이 구조가 다르며 유전되는 변이체의 수와 다양성이 중요하다고 했다.

11 하지만 최근에는 한 종의 실체를 규명하기 위해 종에 속하는 수많은 개체들, 즉 개체군을 조사해야 한다.

12 곤충은 신경세포, 즉 뉴런들이 엉켜서 두툼한 마디처럼 생긴 신경절을 이루는데, 뉴런의 가지돌기, 즉 신경섬유들은 중심부에, 뉴런의 세포 부분, 즉 세포체들은 주변부에만 분포한다. 신경계는 뇌와 중추신경계로 구분된다. 『종의 기원』에서 중추신경절로 표현된 부위는 오늘날 중추신경계에 해당하며, 뇌, 식도하신경절, 흉부신경절, 복부신경절로 구분된다. 이들 신경절 수는 진화 과정에서 신경절들이 융합되기도 하여 곤충마다 조금씩 다르다. 물벼룩은 3개의 흉부신경절과 8개의 복부신경절로 된 반면, 파리는 1개의 흉부신경절로 되어 있고, 깔따구는 3개의 흉부신경절과 6개의 복부신경절로 되어 있다. 한편, 뉴런의 신경섬유의 분지 양상은 뉴런의 기능과 밀접하게 연관되어 있어, 세포 상태에 따라 다양한 것으로 알려져 있다.

13 러벅은 어려서 다윈의 집 근처에 살면서 다윈의 어린 친구가 되었으며, 1858년 6월 10일 무화과깍지벌레의 신경계에 대한 조사 결과를 다윈에게 편지로 보냈다.

14 *Coccus hesperidum*. 몸 전체가 타원형으로 등쪽이 약간 볼록하며, 길이는 1.5~4mm 정도로 매우 작다. 고무나무나 난초 등에 기생하면서 피해를 준다.

아주 최근에 보여 주었다. 중요한 기관은 절대로 다양하게 변하지 않는다고 사람들이 순환논법으로 때로 주장하기도 한다. 어떤 사람들은 (극히 일부 자연사학자들이 솔직하게 고백했듯이) 다양하게 변하지 않는 형질을 실질적으로 중요한 형질로 간주했기 때문에, 이런 견해에서 보면 다양하게 변하는 중요한 부위에 대한 사례는 결코 발견되지 않는다. 그러나 나는 이와는 다른 견해에서 바라본 많은 실례들을 자신 있게 제시할 수 있다. (45~46쪽)

[16]나에게는 극도로 혼란스럽지만, 개체차이와 연관된 한 가지 논의의 핵심이 있다. 나는 과도하게 많은 변이를 지닌 종들로 이루어진 속을 "다변적" 또는 "다형성" 속이라고 부르는데, 자연사학자 두 명만 있어도 어떤 유형을 종으로, 어떤 유형을 변종으로 간주할 것인지에 대해 서로 동의하는 경우는 거의 없다. 식물 중에는 산딸기속Rubus[17]과 장미속Rosa[18] 그리고 조밥나물속Hieracium[19]에서, 곤충의 여러 속에서, 그리고 완족동물[20]의 일부 속에서 이러한 실례들을 들 수 있다. 가장 심한 다형성을 보이는 속들에 소속된 일부 종들은 고정된 뚜렷한 형질을 지닌다. 한 나라에서 다형성을 보인 속들은 일부 예외는 있지만 다른 나라에서도 다형성을 보이며, 완족동물로 판단하건대, 이들은 과거에도 마찬가지였던 것으로 보인다. 이러한 사실들은 굉장히 혼란스럽다. 이러한 생물들의 변이성이 살아가는 조건과 무관한 것처럼 보이기 때문이다.[21] 우리는 다형성을 보인 속들에서 종에 전혀 기여하지 않거나 해가 되는 구조적 변이를 볼 수 있는데, 다음에 설명할 것이지만 이들은 이런 이유 때문에 자연선택으로

15 19세기에는 과학을 자연철학이라 불렀는데, '철학'은 오늘날의 철학이 아니라 자연에서 나타나는 여러 양상들을 조사하고 그 의미를 해석하는 분야였다. 다윈에 비해 나이가 훨씬 적은 러벅을 높게 평가한다는 의미도 포함되어 있다. 또한 다윈이 비글호 여행을 할 때 별명이 "Philos", 즉 철학자였다고 하는데(Costa, 2009), 선원들이 다윈을 과학자로 간주했다는 의미이다.

16 장 목차에 나오는 3번째 주제, '애매한 종'에 대해 설명하기 시작한 부분이다. 종이냐 변종이냐를 결정하기가 힘든 생물들을 '애매한 종'이라고 불렀는데, 다형성인 속성을 보이기 때문으로 설명하고 있다. 그리고 이런 종들에는 대부분 한 종과 다른 종을 연결해 주는 것처럼 보이는 중간단계가 발견되는데, 다윈은 이런 중간단계를 진화의 증거들로 간주했던 것으로 보인다.

17 장미과(Rosaceae)이고, 전 세계에 산딸기, 복분자딸기 등 700여 종류가 있다.

18 장미과(Rosaceae)이고, 전 세계에 장미 등 200여 종류가 있다.

19 국화과(Asteraceae)이고, 전 세계에 조밥나물 등 800여 종류가 있다.

20 바다에서 다른 동물에 고착해서 살며, 두 장의 외투가 있다. 전 세계에 300종 이상이 있고, 화석으로만 30,000여 종이 발견되었다.

21 생물 주변의 살아가는 조건이 같다면, 이 조건에 처한 모든 생물이 다형성을 지녀야 하는데, 왜 일부 생물만 다형성을 지니는가라는 질문이다.

선택되지 않고 명확하게 고정되지 않았을 것 같다고 나는 추측하려고 한다. (46쪽)

한 종이 지닌 형질을 상당히 많이 가지고 있지만, 다른 어떤 유형과 아주 비슷하게 생겼거나 또는 중간형태 단계들에 의해 서로 연결된 유형들은,[22] 자연사학자들이 이들을 뚜렷하게 구분되는 종으로 간주하지 않으려 하는데, 몇 가지 측면에서 우리에게 매우 중요하다.[23] 우리가 알고 있듯이, 좋은 진짜 종[24]이 오랫동안 지속된 만큼, 이처럼 애매하면서도 가까운 동류 유형들 상당수가 아주 오랫동안 그들이 살아왔던 곳에서 자신들의 형질들을 항구적으로 유지해 왔다는 점을 믿게 만드는 충분한 이유가 있다. 실제적으로, 자연사학자가 중간형태 형질을 지닌 유형들을 이용해서 두 유형을 병합[25]하려고 할 때에는, 한 유형을 가장 흔하게 나타나는 다른 유형의 변종으로 처리하나, 때로는 먼저 기재된 유형을 종으로, 다른 유형을 변종으로 처리하기도 한다. 그러나 내가 여기에서 나열하지는 않겠지만, 한 유형을 다른 유형의 변종으로 간주할 것인지 아닌지를 결정할 때, 이들이 중간형태 유형으로 아주 비슷하게 연결되어 있을 경우, 엄청 어려운 경우가 때로 발생한다. 중간형태 유형이 잡종의 속성을 지녔을 것으로 추정되는 경우에는 항상 이러한 어려움을 제거할 수가 없다.[26] 그러나, 아주 많은 사례에서 한 유형이 다른 유형의 변종으로 간주되는데, 이는 중간형태 유형이 실제로 발견되었기 때문이 아니라, 대응관계[27]가 관찰자로 하여금 이들이 현재에도 어느 곳에서는 존재하고 있거나 아마도 과거에는 존재했

22 이런 종들이 3번째 주제인 애매한 종들이다.

23 종과 변종의 경계가 모호하다는 의미는 변화하지 않는 것으로 믿어 왔던 종이 변할 수 있음, 즉 진화할 수 있음을 암시한다.

24 좋은 종이란 자신이 생각하는 종의 개념에 따라 명확하게 구분되는 종을 의미한다. 생물들을 외부 형태에 따라 구분할 때, 두 종 사이에 분명한 형태적 차이가 있다면, 이 두 종은 좋은 종이다.

25 두 종으로 간주되었던 종들을 하나의 종으로 묶는 분류학적 재검토를 의미한다.

26 두 종이 생식가능한 잡종을 만들면, 이 두 종은 하나의 종으로 간주해야 하기 때문이다.

27 어떤 두 대상이 주어진 어떤 관계에 의하여 서로 짝이 되는 것을 대응 또는 대응관계라 한다. 한 유형을 다른 유형의 변종으로 간주하려고 한다면, 이는 이 두 유형을 연결하는 중간형태가 있을 것이라는 믿음이 있기 때문인데, 중간형태가 실제로 이미 발견되었다면 한 유형은 다른 유형의 변종으로 이미 간주되었을 것이다. 변종으로 간주하려는 행동과 중간형태가 있을 것이라는 믿음 사이의 관계를 다윈은 대응관계로 풀이한 것으로 보인다.

을 것이라고 가정하기 때문이다. 그리고 의심과 추측으로 들어가는 커다란 문은 여기에 열려 있다. (47쪽)

앞으로 어떤 유형을 종으로 설정할 것인지 또는 변종으로 설정할 것인지를 결정함에 있어, 현명한 판단을 하며 많은 경험을 지닌 자연사학자들의 의견이 따를 만한 유일한 지침으로 보인다. 그러나 우리는 많은 사례에서 자연사학자들 대다수의 견해에 따라 어떤 유형을 결정해야만 하는데, 이름을 붙일 수 있는 뚜렷하면서도 널리 잘 알려진 소수의 변종들을 몇몇 유능한 감정가들이 종이라는 지위를 부여하지 않았기 때문이다.[28] (47쪽)

이처럼 애매한 속성을 지닌 변종들이 결코 드물지 않다는 점을 반박할 수가 없다. 서로 다른 식물학자들이 연구한 그레이트브리튼섬과 프랑스, 또는 미국의 몇몇 식물상[29]을 비교해 보고, 한 식물학자는 좋은 종으로 간주하나 다른 학자는 단순히 변종으로 간주했던 유형들이 얼마나 많은지를 살펴보라. 물심양면으로 도움을 주어 보답할 의무가 있는 와슨[30] 씨는 나를 위해 영국에서 자라며 일반적으로 변종으로 간주되는 182종의 식물을 표시해 주었는데, 식물학자들은 이 식물들을 모두 종으로 간주했다. 그리고 그가 식물 목록을 작성할 때 사소한 변종들은 제외했음에도 불구하고, 일부 식물학자들은 이렇게 제외한 변종들을 종으로 간주했다. 또한 그는 매우 높은 다형성을 보이는 속에 속하는 식물들을 모두 제외했었는데, 심한 다형성 유형들을 포함하는 속들에 바빙턴[31] 씨는 251종을 소속시킨 반면, 벤담[32] 씨는 단지 112종만을 소속시켰다. 이 차이가 바로 애매한 종으

28 다윈은 스스로 자연사학자라고 불렀지만, 생물의 동정에는 항상 어려움이 있음을 알고 있었다. 따라서 한 사람의 판단보다는 많은 사람들의 판단이 필요하다고 생각했지만, 여기에서는 애매한 종들 때문에 종과 변종은 구분하기가 매우 힘들다는 점을 강조하면서, 그 이유가 무엇일까라는 질문을 던지는 것으로 보인다.

29 식물상은 특정 지역에 자라는 식물들의 목록으로, 흔히 자생식물들을 대상으로 하나, 귀화식물도 포함된다.

30 영국의 식물학자로 『영국 식물 중 런던 목록』을 편집했다.

31 영국의 식물학자로 『영국 식물상 편람』을 출판했는데, 다윈이 이 책을 참고했다.

32 영국의 식물학자로 1858년 『영국 제도의 식물상 소책자』를 출판했다.

로 간주되는 139종이다. 새끼를 낳으려고 교접하며, 활발하게 움직이는 동물 중에도 어떤 동물학자들은 종으로 간주하나 다른 학자들은 변종[33]으로 간주하는 애매한 유형들이 있는데, 이들을 한 나라에서는 찾기가 거의 힘드나, 서로 떨어진 지역들에서는 흔하게 발견된다. 북아메리카와 유럽에 분포하는 조류와 곤충들은 서로서로 아주 조금씩 다른데, 이들 중 얼마나 많은 종류들이 어떤 저명한 학자에 의해서는 애매한 종으로, 다른 학자에 의해서는 변종으로, 또는 학자들이 말하는 이른바 지리적 아종[34]으로 간주되었단 말인가! 수년 전, 갈라파고스 제도[35]의 서로 떨어진 섬들에서 살아가는 새들을 섬마다 살아가는 종류끼리, 그리고 이 섬들과 남아메리카 대륙에서 살아가는 종류들을 비교하고, 나는 종과 변종을 구별하는 것이 얼마나 모호하고 제멋대로였는지에 큰 충격을 받았다.[36] 마데이라 제도[37]에 있는 조그만 섬들에는 수많은 곤충들이 살아가는데, 월라스톤 씨의 훌륭한 책에는 이들이 변종의 특징을 지닌 것으로 되어 있다. 그러나 많은 곤충학자들이 이들을 명백한 종으로 간주하고 있음은 의심할 여지가 없다. 아일랜드에는 아주 적은 수의 동물들이 있는데, 현재 이들은 변종으로 간주되고 있으나, 일부 동물학자들은 종으로 간주하기도 했다. 경험이 가장 풍부한 조류학자 몇몇은 영국에 있는 붉은뇌조[38]를 노르웨이에 있는 종과는 분명히 구분되는 아종으로 간주했었지만, 많은 사람들은 그레이트브리튼섬에만 특이하게 나타나는 의심할 여지없는 종으로 간주하고 있다. 애매한 두 유형의 터전이 멀리 떨어져 있으면 많은 자연사

33 오늘날 동물분류학에서는 변종이라는 계급을 사용하지 않고, 종 이하 계급으로 아종만을 쓰고 있나. 아마노 다윈이 말하는 변종은 오늘날의 아종일 것이다.

34 아종은 한 종에 속하나 종의 지리적 분포 구역의 한 부분에서 살고 있어 다른 부분에서 살고 있는 종류들과 분류학적으로 차이가 있는 개체군에 부여한다. 호랑이(*Panthera tigris*)는 한반도와 그 인근 지역의 한국산호랑이 또는 시베리아호랑이(*P. tigris altaica*), 인도의 벵골호랑이(*P. tigris tigris*), 수마트라의 수마트라호랑이(*P. tigris sumatrae*) 등과 같이 서로 다른 아종으로 구분된다.

35 남아메리카에서 서쪽으로 약 1,000km 떨어진, 19개의 화산섬과 주변 암초들로 이루어진 섬이다. 화산섬은 바다에서 용암이 솟구친 다음 식어서 만들어졌는데, 섬이 만들어졌을 당시에는 아무런 생물도 살지 못했으나 현재에는 많은 생물들이 살고 있어 진화론을 공부하는 사람들에게 호기심의 대상이 되고 있다. 다윈도 1835년 9월 15일부터 10월 20일까지 한 달 정도 머물렀다.

36 다윈이 갈라파고스 제도를 조사하면서 생물을 채집할 때 정확한 채집 정보를 기재하지 못해 후일 어려움을 겪었고, 섬마다 다른 핀치새가 살고 있다는 사실도 전혀 알지 못했다. 후일 조류학자인 굴드가 이 점을 알려 주어 알게 되었다.

37 아프리카 모로코에서 서쪽으로 약 500km 떨어진 포르투갈령의 화산섬들이다.

38 붉은뇌조(*Lagopus lagopus scotica*)는 그레이트브리튼섬과 아일랜드에만 분포하는 조류인데, 사할린뇌조(*L. lagopus*)의 아종으로 간주되거나 독립된 종으로 간주된다.

학자들이 이 둘을 모두 종으로 간주하고 있으나, 이런 질문이 좋을 듯한데, 얼마나 멀리 떨어져 있으면 충분할까?[39] 아메리카와 유럽만큼 떨어져 있으면[40] 충분할까, 아니면 대륙과 아소르스 제도,[41] 또는 마데이라 제도, 또는 카나리아 제도,[42] 또는 아일랜드[43]와의 거리면 충분할까? 매우 평판이 좋은 감정가들이 변종으로 간주했던 많은 유형들이 다른 유명한 감정가들에게는 좋은 종이자 진짜 종으로 간주해도 좋을 만큼 종의 특징을 완벽하게 지니고 있음을 인정해야만 한다. 그러나 종이나 변종이라는 용어에 대한 엄밀한 개념이 보편적으로 받아들여지기 전에 이들을 종으로 간주해야 하는지 또는 변종으로 간주해야 하는지를 논의하는 것은 하늘을 향해 소리치는 것처럼 부질없는 일이다. (48~49쪽)

아주 명확하게 변종으로 간주되거나 애매한 종으로 간주되는 많은 사례들을 고찰할 필요가 있는데, 지리적 분포, 상사 변이, 잡종성 등과 같은 몇 가지 흥미로운 논쟁거리들이 이들의 분류학적 계급[44]을 결정하려는 시도의 일환으로 도입되었기 때문이다. 나는 이 점에 관해 널리 잘 알려진 영국앵초Primula vulgaris와 카우슬립앵초P. veris의 단 한 실례로만 설명하고자 한다.[45] 이들은 외관상 상당한 차이를 보이는데, 서로 다른 맛을 지니며 내뿜는 향도 다르다. 꽃이 피는 시기도 조금 다르다. 자라는 지점도 어느 정도는 다른데, 산에서 자라는 고도도 다르며, 지리적 분포범위도 다르다. 그리고 매우 세심한 관찰자인 게르트너의 수많은 실험 결과에 따르면, 이 둘을 교배시키는 것도 많은 어려움은 있

39 서론에 나오는 월리스도 아마존강 주변의 생물들이 강 폭에 의해 격리되었다고 했으며, 말레이 제도는 월리스선을 따라 서로 다른 생물들이 격리되어 살고 있다고 설명했다. 아마존강 하류 폭은 80km, 월리스선의 바다 폭은 35km 정도이다.

40 북아메리카와 유럽은 지역에 따라 다르다. 뉴욕과 런던은 약 5,500km, 뉴욕과 리스본은 약 5,400km 떨어져 있다.

41 포르투갈에서 서쪽으로 약 1,300km 떨어진 화산섬들이다.

42 이 제도에서 아프리카와 가장 가까운 섬이 아프리카에서 서쪽으로 약 100km 떨어져 있으며, 7개의 큰 섬과 많은 작은 섬들로 이루어져 있다.

43 그레이트브리튼섬 서쪽에 있다. 섬과 섬 사이에서 제일 가까운 곳은 23km이다.

44 분류학적 계급은 종, 속, 과, 목, 강, 문, 계, 역으로 이어지는 하나하나를 말한다. 종 이하의 계급은 변종, 아종, 품종이다.

45 다윈은 primrose의 학명으로 *Primula veris*를, cowslip의 학명으로 *P. elatior*를 사용했다. 최근 *P. veris*의 영어 이름은 cowslip으로, *P. elatior*의 영어 이름은 oxslip으로 불린다. 대신 primrose는 영국앵초(*P. vulgaris*)의 이름이다. 다윈이 실수한 것으로, 『종의 기원』 2판에서는 영어 이름을 모두 삭제하고 "Primula vulgaris and veris"로 수정했다. 이들은 모두 앵초과(Primulaceae)에 속한다. 여기에서는 혼란을 피하기 위해 2판에서 수정된 내용에 근거해 식물의 영어 이름과 학명을 일치시켰다.

지만 가능하다.[46] 두 유형이 구체적으로 뚜렷하게 구분되는 이보다 더 좋은 증거를 우리는 기대하기가 거의 힘들 것이다. 그런 반면, 이들은 많은 중간형태로 연결되어 있어, 이처럼 연결되어 있는 것들을 잡종으로 간주할 수 있는지도 아주 애매하다. 하지만 내가 보기에는, 이들 모두가 공통부모로부터 유래되었음을 보여 주는 엄청난 실험 증거들이 있으므로, 이들은 모두 변종으로 간주해야만 한다.[47] (49~50쪽)

많은 사례를 보다 세밀하게 조사해 보면 자연사학자들이 애매한 유형들에게 부여한 분류학적 계급에 대해 동의할 것이다. 그럼에도 널리 알려진 나라에서 애매하게 평가되는 수많은 유형들이 발견된다는 점을 나는 고백해야만 한다. 자연 상태에 있는 어떤 동식물들이 사람들에게 매우 유용하다면 또는 어떤 이유로든 사람들의 관심을 많이 끈다면, 이 변종들이 보편적으로 대부분 기록으로 남아 있다는 사실에 나는 충격을 받았다. 더욱이 일부 학자들은 이 변종들을 때로는 종으로 간주했을 것이다. 흔하게 자라는 참나무[48]를 살펴보면, 그렇게 많이 연구되었지만, 한 독일 학자는 이들 유형들을 십여 종 이상으로 구분했는데, 이들은 일반적으로 변종으로 간주되었다. 그리고 우리 나라에서는 뛰어난 식물학자들과 실무자들이 세사일오크와 잉글리쉬오크[49]를 뚜렷하게 구분되는 좋은 종으로 또는 단순히 변종으로 간주하고 있는 것으로 알려져 있다.[50] (50쪽)

젊은 자연사학자가[51] 자신이 잘 모르는 생물 무리에 대한 연구를 막 시작하게 되면, 그는 어떤 차이를 종으로 간주해야 할

46 다윈이 인용한 *P. vulgaris*는 다른 종들과 쉽게 잡종을 만드는 것으로 알려져 있다. 실제로 *P. veris*와 교배해서 만들어진 잡종은 *P.* x *polyantha*라는 독립된 종으로 간주되고 있다.

47 앵초속(*Primula*)은 많은 실험에 사용되어 '실험실 쥐'라고 한다(Costa, 2009). 그에 따라 많은 유형들이 만들어져 분류학적으로 애매한 상황임을 다윈이 설명하고 있다.

48 특정한 식물 한 종이 아니라 참나무속(*Quercus*)에 속하는 식물들을 총칭하는 이름이다. 흔히 떡갈나무, 신갈나무, 갈참나무, 상수리나무, 졸참나무, 굴참나무 등과 같은 낙엽성 종류를 총칭해서 참나무라고 한다.

49 『위대한 책』에서 다윈은 영국의 사례를 들었다. 다윈이 페둔큘레이트오크라고 불렀던 잉글리쉬오크(*Quercus robur*)는 3~8mm의 아주 짧은 잎자루를 가지나 화경은 30~60mm이다. 세사일오크(*Q. petraea*≡*Q. sessiliflora*)는 잎자루가 12~24mm로 긴 편이나, 화경은 2~10mm로 짧다(Ietswaart · Feij, 1989). 이 두 종 사이에서도 잡종이 만들어지나 최근에는 모두 종으로 간주한다.

50 다윈은 『위대한 책』에서 바빙턴과 후커는 이 두 종을 모두 변종으로 간주했고, 린들리는 종으로 간주했다고 썼다.

51 다윈 자신도 『종의 기원』을 집필하기 전에 생물 분류를 공부하기 위해서 따개비를 대상으로 연구를 수행한 경험이 있다. 비글호에 탑승했을 무렵엔 다윈은 생물학보다 지질학에 관심이 더 많았으나, 비글호 항해가 끝나고 나서 '종의 기원'을 생각하면서 스스로 생물을 분류하기 위한 공부를 시작했던 것이다. 이 부분은 자신이 종을 동정하면서 느낀 소감을 표현한 것이라고 본다.

지 변종으로 간주해야 할지를 결정하면서 처음에는 매우 혼란스러워 할 것이다. 자신이 연구할 무리가 지니고 있는 변이의 종류와 크기를 전혀 알지 못하기 때문이다. 이런 점은 어찌되었든 어느 정도의 변이가 대단히 일반적으로 나타남을 보여 준다. 그러나 그가 자신의 관심을 어떤 나라에 있는 강[52] 하나로 한정한다면, 그는 애매한 유형들 대부분에 어떤 계급을 부여할 것인지를 곧 결정할 수 있을 것이다.[53] 그의 일반적인 성향은 많은 종을 만드는 쪽일 것인데, 앞에서 넌지시 설명한 집비둘기나 가금류 애호가들처럼, 그가 계속해서 연구하는 유형들이 보여 주는 엄청난 차이에 크게 놀라기 때문이다. 또한 그는 다른 무리들과 다른 나라 생물들에서 나타나는 상사 변이[54]도 거의 알지 못하기 때문인데, 이러한 변이는 그가 받은 첫인상을 수정하게 만들 것이다.[55] 그는 관찰 대상을 확장함에 따라 더 어려운 사례에 직면하게 될 것인데, 가까운 동류들이 엄청나게 많다는 점과 마주치게 되기 때문이다. 그러나 그가 더 많은 관찰을 하게 되면, 그는 마침내 어떤 유형을 종으로 또는 변종으로 해야 하는가를 스스로 어느 정도는 판단할 수 있을 것이다. 그는 이런 식으로 많은 변이를 인정하는 대가를 치르면서 성공하겠지만, 변이를 인정했다는 명확한 사실은 다른 자연사학자들에 의해 반박당할 것이다.[56] 더욱이 그가 현재는 연결되어 있지 않은 다른 나라에서 들여온 동류 유형들을 연구하게 될 것인데, 그는 이들에게서 자신이 애매하다고 생각한 유형들을 연결시켜 줄 중간 형태들을 찾을 가망이 좀처럼 없게 될 때면, 그는 거의 전적으

52 종-속-과-목-강-문-계-역으로 이어지는 분류계급의 하나이다. 178쪽 주석 242를 참조하시오.

53 한 나라로 한정하면 연속된 변이를 모두 관찰할 수 없기에 변이의 한 유형만을 볼 수 있어서 쉽게 결정할 수 있다는 의미이다.

54 전혀 다른 속에 속하는 종들에서 나타나는 비슷한 특성이다. 『종의 기원』에서 "상사적, 즉 적응적 유사성"으로 설명했다.

55 이들 생물들이 속하는 속 또는 과는 전혀 다름에도, 이들의 외부 생김새가 비슷하기 때문에 같은 또는 비슷한 무리라고 생각할 수도 있다는 설명이다.

56 다윈은 72쪽에서 "자연사학자 두 명만 있어도 어떤 유형을 종으로, 어떤 유형을 변종으로 간주할 것인지에 대해 서로 동의하는 경우는 거의 없다"라고 설명했다. 따라서 누군가는 변이를 지닌 개체를 변종으로 인정할 수 있어도, 또 다른 사람은 변종으로 인정하지 않을 수도 있다는 설명이다.

로 대응관계에 의존할 수밖에 없으며, 그가 처한 어려움은 최고조에 이를 것이다.[57] (50~51쪽)

종과 아종 사이에 그어진 명확한 경계선은 아직까지 확실하게 없다. 즉, 자연사학자 일부가 종이라는 견해에 거의 일치하는 유형들이 있으나, 다른 일부는 이런 견해에 동의하지 않는다. 이와 마찬가지로 아종과 뚜렷한 특징을 지닌 변종들 사이에, 또는 조금은 덜 뚜렷한 변종들과 개체차이 사이에 대해서도 일치하는 견해에 거의 도달하지 못한다. 이러한 차이들이 서로 혼합되어 정확하게 평가할 수 없는 계열로 되는데, 이 계열은 실제 경로에 대한 아이디어를 얻게 하는 영감을 준다.[58] (51쪽)

그래서 계통학자들이 관심을 거의 두지 않는 개체차이를 나는 조사하려고 한다. 이 개체차이는 자연사와 관련된 연구에서 기록할 가치가 거의 없는 것으로 간주되었으나, 그럼에도 사소한 변종들을 만들어 내는 첫 단계이므로 우리에게는 아주 중요하다.[59] 나는 어느 정도는 더 뚜렷하게 구분되고 항구적인 변종들을 좀 더 명확하게 규정되고 좀 더 항구적인 변종으로 가는 단계로써, 그리고 이 변종이 아종으로 또는 종으로 가는 단계로써 조사하려고 한다.[60] 한 단계에서 나타나는 차이가 더 높은 단계에서 나타나는 차이로 이어지는 경로는, 어떤 사례에서는, 서로 다른 두 지역의 서로 다른 물리적 조건의 지속적인 작용만으로도 나타날 수 있다.[61] 그러나 나는 이 견해를 많이 신뢰하지 않는다.[62] 한 변종이 부모와는 아주 작은 차이를 보이는 한 단계에서 이보다 더 큰 차이를 보이는 다른 단계로 가는 경로는 어떤

57 다른 사람들의 반박을 받으면서까지 변이를 인정했는데, 중간형태를 발견한다면 그나마 중간형태를 이용해서 변이가 연속적이라는 점을 주장할 수 있을 것이나, 만일 그럴 수 없다면 변이가 연속적이라고 주장할 수가 없을 것이라는 의미이다. 그리고 이런 상황이 된다면 변이가 연속적이라고 유추할 수밖에 없을 것인데, 유추를 통한 결론은 당시 학계에서 인정받기 어렵다는 의미이다.

58 종과 변종, 또는 변종과 개체들을 구분하기 힘들다고 하면서 다윈은 생물이 연속적으로 변할 수 있음을 간접적으로 암시하고 있다. 달리 말해 생물이 진화한다고 주장하면서, 이들 진화 결과를 하나의 순서, 즉 계열로 나열할 수 있음을 주장한 것이다. 하나의 계열로 나열할 수 있다면 진화 과정을 볼 수 있을 것으로 기대할 수 있다.

59 『종의 기원』 40쪽에서 생육하는 종들의 개체차이는 새로운 품종을 만드는 사람의 선택에 도움이 되는 조건이라고 설명했다.

60 진화는 이런 과정을 통해 진행된다. 한 종이 조금씩 변형되어 새로운 종으로 바뀌는 것, 즉 종분화를 통해 진화가 진행된다.

61 이런 사례를 오늘날 이소적 종분화라고 한다. 각기 다른 지역에서 지역에 따른 환경 요인에 적응하면서 새로운 종으로 만들어지는 과정이다.

62 이소적 종분화도 명백히 진화의 한 과정이다. 그럼에도 다윈이 이런 생각을 드러냈는데, 6판에서는 이 문장이 삭제되었다.

정해진 방향으로[63] 구조의 차이를 축적해가는 자연선택이 작용하기 때문에 (이 부분에 대해서는 앞으로 자세히 설명할 것이다) 나타나는 것으로 나는 생각한다. 따라서 뚜렷한 특징을 지닌 변종들을 소위 발단종[64]이라고 부르는 것을 나는 당연하게 받아들인다. 그러나 이러한 생각이 정당화될 수 있는지 여부는 이 책 전체에 걸쳐서 제공된 몇 가지 사실들과 견해들이 지닌 일반적인 무게감으로 평가해야만 할 것이다.[65] (51~52쪽)

모든 변종들 또는 발단종들이 필연적으로 종이라는 계급에 도달해야 한다고 생각할 필요는 없다. 이들은 발단종 상태에서 절멸할 수도 있고, 아주 오랫동안 변종 상태로만 지속될 수도 있는데, 월라스톤 씨는 마데이라 제도에 있는 화석으로만 남은 육상 조개들의 일부 변종에서 이런 사례를 보여 주었다. 만일 한 변종이 번성해서 부모종의 개체수보다 많아진다면, 변종을 종으로 또는 종을 변종으로 간주할 수도 있다.[66] 또한 변종이 부모종을 대체하면서 부모종을 몰살시킬 수도 있고, 둘 모두 공존해서 둘 모두를 독립된 종으로 간주할 수도 있다. 그러나 우리는 나중에 이 주제로 돌아와야 할 것이다. (52쪽)

지금까지 살펴본 바에 따라, 나는 종이라는 용어를 서로서로 매우 비슷하게 보이는 개체들의 집합이라고 편하게 임의로 간주했다는 점을, 그리고 종이 조금은 덜 뚜렷하게 구분되며 수시로 변하는 유형들에게 부여된 변종이라는 용어와 근본적으로 다르지 않다는 점을 알게 되었다. 또한 변종이라는 용어도 단순한 개체차이와 비교해 보면 편의적일 뿐 아니라 임의적으로 부

63 다윈은 사람이 자신에게 유리한 방향으로 선택해서 품종을 개량하듯이, 자연에서도 이처럼 방향성이 있는 선택이 일어나는 것처럼 생각했던 것으로 보인다. 그러나 오늘날 진화에는 방향성이 없는 것으로 간주하고 있다. 다윈은 6판에서 "어떤 정해진 방향으로"라는 구절을 삭제했다.

64 새로운 종으로 만들어지기 시작한 변종을 의미한다.

65 다윈이 『종의 기원』을 쓴 이유일 것이다. 편견을 버리고 사실들을 토대로 자신이 쓴 『종의 기원』을 평가해 주기를 바라는 부탁이기도 하다.

66 종과 변종을 명확하게 구분할 수 없음을 토로하고 있는데, 다윈이 『종의 기원』 47쪽에서는 "한 유형을 가장 흔하게 나타나는 다른 유형의 변종으로 처리하나, 때로는 먼저 기재된 유형을 종으로, 다른 유형을 변종으로 처리하기도 한다"라고 썼다.

여된 것이다.[67] (52쪽)

[68]이론적으로 고려해야 할 사항들에 근거해서, 가장 다양하게 변하는 종들 사이의 연관성과 속성에 대한 무언가 흥미로운 결과를 몇몇 잘 연구된 식물상에 나열된 모든 변종들을 표로 만들면 얻을 수 있을 것이라고 나는 생각했었다.[69] 처음에는 간단한 작업처럼 보였다. 그러나 나에게 이런 주제와 관련해서 귀중한 충고와 조언을 주어 큰 빚을 진 와슨 씨는 엄밀하게 말해 이런 일에 많은 어려움들이 있음을 내가 깨닫게 해주었는데, 후커 박사는 더 강한 어조로 어렵다고 말했다. 이 어려움들에 대한 논의와 다양하게 변하는 종들의 상대적인 수가 제시된 표에 대해서는 앞으로 발간할 책에서 다룰 예정이다.[70] 후커 박사는 내 원고를 주의깊게 읽고 표들을 조사한 뒤 표에 이어진 설명이 아주 잘 되었다고 자신이 생각했음을 내가 덧붙여도 된다고 허락했다.[71] 그러나 여기에서는 주제 전체를 어쩔 수 없이 아주 간단하게 정리했기 때문에 확실히 혼란스럽겠지만, 앞으로 설명할 "생존을 위한 몸부림"과 "형질분기"[72] 등을 비롯한 또 다른 질문들에 대한 암시를 피할 수는 없다. (53쪽)

알퐁스 드 캉돌을 비롯한 일부 학자들이 넓은 지역에서 자라는 식물들에서는 일반적으로 변종들이 나타남을 보여 주었다.[73] 식물들이 다양한 물리적 조건에 노출됨에 따라, 그리고 다른 종류의 생물들과 (앞으로 설명하겠지만 보다 중요한 요인인) 경쟁에 처하게 됨에 따라 이런 현상이 나타난 것으로 생각했었다. 그러나 내가 만든 표에 따르면 그 어떤 좁은 나라라도 개체수가 제

67 다윈은 생육하는 생물들이 최근에 변화하는 환경의 영향을 받아 높은 변이성을 보이지만, 자연에 있는 생물들은 그렇지 않을 것으로 생각했다(Reznick, 2010). 그럼에도 자연에서 살아가는 종들에서 변이가 나타나고, 개체차이가 나타나 종과 변종을 어렵게 하는 애매한 종들이 나타난다면 변하지 않는 종과 변할 수 있는 변종이라는 개념조차 포기해야만 한다고 다윈은 생각한 것 같다.

68 장 목차에 나오는 4번째 주제, '넓은 지역에 분포하며 멀리까지 분산되고 흔하게 나타나는 종이 가장 다양하게 변한다'를 설명하는 부분이다.

69 다윈은 1854년 11월부터 1858년까지 10건 이상의 식물상 자료를 분석했다. 대륙이나 섬별로 큰 속에 속하는 종 수, 작은 속에 속하는 종 수, 한 종으로만 이루어진 속의 수 등을 조사했다. 또한 큰 속과 작은 속으로 구분해서 각각에 속하는 종 수의 비율도 계산했다. 이 자료는『위대한 책』에 실려 있다.

70 다윈은 이 부분을 책으로 발간하지 못했다. 대신 다윈의 원고를 1975년 Stauffer가『찰스 다윈의 자연선택, 1856년부터 1858년까지 쓴 위대한 종에 관한 책의 두 번째 부분』, 소위 '위대한 책'으로 발간했다.

71 후커가 다윈에게 보낸 편지에 "나는 진심으로 당신의 견해에 동의하며, 당신의 모든 결과를 받아들입니다"라고 썼다(Stauffer, 1975).

72 "생존을 위한 몸부림"은 3장에서 설명하며, "형질분기"는 4장에서 설명한다.

73 넓은 지역에서 자라는 식물들은 넓은 지역의 무생물적, 생물적 환경 요인들이 다양했을 것이므로 다양하게 적응했을 것이다. 그에 따라 좁은 지역에서 자라는 식물들보다 더 많은 변종들을 만들어 낼 것이다.

일 많아 가장 흔한 종과 그 나라에서 가장 넓게 퍼져 있는 종들은 (넓게 퍼져 있다는 점과 흔하다는 점은 어느 정도는 서로 다른 고려 사항이다)[74] 때로 식물학 관련 책에 기록될 만큼 충분하게 뚜렷한 특징을 지닌 변종들을 만들어 낸다. 따라서 가장 번성한, 소위 우세종이라고도 불리는, 즉 전 세계에 걸쳐 두루두루 분포하는 종은 한 나라에서도 가장 널리 퍼져 있으며, 개체 수준에서 그 수도 가장 많다. 내가 생각할 때에는 이런 종이 때로 뚜렷한 특징을 지닌 변종, 즉 발단종을 만들어 낸다. 그리고 아마도 이런 일이 일어날 것으로 기대할 수도 있을 것이다. 변종들이 어느 정도 영속적으로 생존하기 위해서는 자신들의 나라에서 정착하던 생물들과 필연적으로 맞서 싸워야만 하기에, 이미 우세하던 종들은 약간은 변형된 자손들을 만들 것이고 이 자손들은 자신들의 적들보다 부모를 우세하게 만들었던 유리한 점들을 부모로부터 물려받았을 것이다.[75] (53~54쪽)

[76]한 나라에서 살고 있고 그 어떤 **식물지**에라도 기재된 식물들을 한쪽에는 큰 속에 속하는 종류들 모두와 다른 한쪽에는 작은 속에 속하는 종류들 모두로 크게 둘로 구분할 수 있다면, 아주 흔하고 넓게 퍼져 있는 소위 우세종으로 간주되는 많은 종들은 큰 속들이 있는 쪽에서 발견될 것이다. 아마 이런 점은 예상할 수 있었을 것인데, 어떤 나라라도 같은 속에 많은 종들이 있다는 단순한 사실은 그 나라에는 이 속에 유리한 생물적, 무생물적 조건이 무언가 있음을 보여 주기 때문이며, 결과적으로 우리는 보다 큰 속들에서, 즉 많은 종을 포함하는 속들에서 우세종들

74 적어도 개체마다의 활동 영역이나 분포범위가 넓으면 개체들도 넓게 퍼져 살아간다고 할 수 있다. 개체수가 많아도 이들이 특정 지역에만 무리를 지어 살면 분포범위나 활동 영역은 좁다고 할 수 있다.

75 넓은 지역에서 살아가는 어떤 종이 살아가는 조건에 적응한 뚜렷하게 구분되는 발단종을 만들 수가 있을 것인데, 이렇게 만들어진 발단종은 자신의 영속성을 위해 기존에 있던 부모종들과 싸워야만 했고, 부모종들은 이들로부터 자신의 자손을 보존하기 위해서 보다 유리한 점을 물려 주게 될 것이라는 주장이다. 결국 발단종이나 후손이나 모두 같은 부모에서 만들어졌지만, 이런 과정이 반복되면 두 개의 뚜렷하게 구분되는 종이 만들어질 수 있다.

76 장 목차에 나오는 마지막 주제, '더 큰 속에 속한 많은 종들은 아주 가까운 근연관계에 있으나 서로서로가 같은 정도로 연관되어 있지는 않은 점과 제한된 분포범위를 가지는 점에서 변종들과 비슷하게 보인다'를 설명하는 부분이다.

의 상대적인 비율이 높을 것이라고 예측할 수 있다. 그러나 많은 이유들로 인해 이러한 예측 결과가 불분명해지는데, 나는 내 표에서 큰 속 쪽이 비록 조금이라도 높다는 사실에 깜짝 놀랐다.[77] 여기에서는 불분명함을 발생시키는 원인 중 두 가지만 간단히 언급할 것이다. 민물식물과 염생식물은[78] 일반적으로 분포범위가 넓어 널리 퍼져 자라는데, 이는 이들이 자라고 있는 정착지의 속성과 연결되어 있기 때문이며, 이들 종들이 속한 속들의 크기와는 관계가 거의 없거나 전혀 없다. 또한 체계가 보다 하등한 식물들은 고등한 식물들보다 더 넓게 퍼져 자라는데, 이런 경우에도 속의 크기와는 아무런 관계가 없다. 넓게 퍼져 자라는 하등한 식물들의 체계에 대해서는 독립된 장, 즉 지리적 분포[79]에서 설명할 것이다. (54~55쪽)

종을 단지 매우 뚜렷하고 잘 정의된 변종으로 간주한다면,[80] 각 나라마다 더 큰 속에 속하는 종들이 작은 속에 속하는 종들보다 더 자주 변종들을 만들어 낼 것이라고 나는 기대했다. 가까운 근연관계인 (즉, 같은 속에 속하는) 수많은 종들이 만들어진 곳에서는 어디든 일반적 법칙에 따라 많은 변종, 즉 발단종들이 현재 만들어지고 있기 때문이다. 큰 나무들이 많이 자라는 곳에서는 어린 개체들을 발견할 수 있을 것으로 우리는 기대한다. 한 속에 속하는 많은 종들이 변이를 통해 만들어진 곳에서는 환경이 변이에 유리했다. 따라서 우리는 환경이 일반적으로 아직도 변이에 유리할 것이라고 기대할 수 있다. 이와는 반대로, 종 하나하나를 창조라는 특별한 작용으로 간주한다면, 왜 적은 종을 포함

77 다윈이 그레이트브리튼섬의 식물상에 포함된 변종들을 큰 속에 속한 종과 작은 속에 속한 종으로 비교했다. 5종 이상이 포함된 속은 큰 속, 4종 이하가 포함된 속은 작은 속으로 구분했다. 바빙턴의 자료를 분석한 결과, 큰 속에 속한 변종의 수는 101이었고, 작은 속에 속한 변종의 수는 89였다. 그리고 큰 속에 속한 종 수는 663인 반면, 작은 속에 속한는 종의 수는 745였다. 따라서 큰 속에 속한 변종의 비율은 101/663, 즉 1.40이다. 작은 속에 속한 변종의 비율은 89/745, 즉 1.30이었다. 헨슬로의 식물상 연구 결과에 따르면 변종들이 큰 속에 속한 비율은 1.55, 작은 속에 속한 비율은 1.40이었고, 또 다른 자료를 분석한 결과는 1.35와 1.27이었다. 일반적으로 이 둘 사이에 큰 차이가 있을 것으로 예측되나, 여러 가지 원인들로 인해 차이가 나타나지 않을 것으로 생각했던 다윈은 실제로 차이가 사소하게 나타나서 놀란 것이다.

78 민물 속에서 살아가는 식물들은 민물식물이고, 바닷가 염분이 많거나 바닷물 속에서 살아가는 식물들은 염생식물이다.

79 11장과 12장이다.

80 종과 변종을 구분하기 어렵다고 다윈은 반복해서 주장해 왔다. 따라서 종을 변종으로 간주하고 분석을 시도했을 것이다.

하는 무리보다 많은 종을 포함하는 무리에서 더 많은 변이가 나타나는지를 설명할 명확한 이유가 없다.[81] (55쪽)

이러한 예측이 사실인지를 검증하기 위하여, 나는 12개 나라의 식물들과 두 구역의 딱정벌레 종류를 거의 같은 크기의 두 무리, 즉 큰 속에 속하는 종들과 작은 속에 속하는 종들로 구분했다. 구분한 결과, 큰 속에 속하는 종들의 상당수가 작은 속에 속하는 종들에 비해 언제나 더 많은 변종을 포함하고 있음을 확인할 수 있었다. 게다가 어떤 변종이라도 지니고 있는 큰 속에 속하는 종들은 작은 속에 속하는 종들과 비교할 때 변종의 수도 평균적으로 언제나 많았다. 이 두 결과는 또 다른 구분을 하거나,[82] 1종에서 4종 이하로 이루어진 가장 작은 속들 모두를 표에서 완전히 제거해도 마찬가지였다.[83] 이러한 사실은 종들이 단지 뚜렷한 특징을 지니며 항구적으로 존재하는 변종이라는 관점을 분명하게 드러낸 것으로 보인다. 같은 속에 속하는 많은 종들이 어디에서나 만들어졌고, 우리가 이런 표현을 써도 된다면, 종을 만드는 공장이 활발하게 가동되었기 때문에 우리는 아직도 가동하고 있는 종을 만드는 공장을 일반적으로 틀림없이 찾을 수 있을 것인데, 좀 더 특별하게는 공장에서 새로운 종을 만들어 내는 과정이 서서히 진행되었다고 믿을 만한 모든 이유를 우리가 알고 있기 때문이다. 만일 변종들을 발단종으로 간주할 수 있다면, 이런 사례는 확실한데, 내가 만든 표에 따르면 일반적인 규칙으로 한 속에서 많은 종들이 만들어지는 지역이라면 어디에서나 이 속의 종들은 평균을 넘어선 많은 수의 변종들, 즉 발단종들을

81 다윈이 『종의 기원』을 쓰면서 처음으로 신이 모든 생물을 만들었다는 소위 특수창조를 부정했다. 종들이 특별하게 평등하게 만들어졌는데, 종마다 변종들의 수가 왜 다른가라는 질문에 대한 답을, 다윈은 종마다 처한 환경이 다르기에, 만들어 낸 변종의 수도 다를 것이라고 주장하고 있다.

82 다윈은 드 캉돌의 책에서, 11종 이상을 포함한 속을 큰 속, 10종 이하를 포함한 속을 작은 속으로 구분해 분석했다. 그 결과 큰 속에는 13,050종에서 1,616변종이, 작은 속에는 2,595종에서 271변종이 포함되었다. 비율은 큰 속이 1.51, 작은 속이 1.43으로, 바빙턴의 자료에서 큰 속과 작은 속을 5종으로 구분했을 때의 1.40과 1.30과는 큰 차이가 없었다.

83 다윈이 바빙턴의 자료에서 8종 이상을 포함한 속을 큰 속, 4종에서 7종을 포함한 속을 작은 속으로 간주해 이보다 작은 수의 종을 포함한 속들을 제외하고 분석했더니, 큰 속에는 455종에서 79변종이, 작은 속에는 360종에서 53변종이 포함되었다. 비율은 큰 속이 1.41, 작은 속이 1.24로, 제외하기 전의 1.40과 1.30과는 큰 차이가 없었다. 독일 자료를 분석할 때에는 1종에서 4종 이하로 된 속들을 분석에서 제외했다.

포함하고 있기 때문이다. 큰 속들이 모두 현재에도 상당히 다양하게 변하고 그에 따라 종들의 수가 증가해서 그러는 것은 아니고, 작은 속들이 현재 다양하게 변하지 않고 종들의 수가 증가하지 않아서도 아니다. 만일 이렇게 되었더라면, 내 이론은 치명상을 입게 될 것이다. 지질학은 작은 속들의 크기가 크게 증가하기 위해서는 많은 시간이 흘러야 한다고, 그리고 큰 속들이 때로 정점에 도달했다가 감소하여 사라져야 한다고 우리에게 분명히 이야기하고 있다. 우리가 입증하고 싶은 모든 것은 한 속에 속하는 많은 종들이 만들어진 곳에서는 평균적으로 많은 종들이 아직도 만들어지고 있다는 점이며, 이러한 설명은 유효하다. (55~56쪽)

큰 속에 속하는 종들과 이들이 만들어 기록으로 남겨진, 그리고 주목할 가치가 있어 기재된 변종들 사이에는 또 다른 연관성이 있다. 종과 뚜렷한 특징을 지닌 변종들을 결코 틀리지 않고 구분하는 기준은 없는 것으로 우리는 알고 있다. 애매한 유형들 사이를 연결하는 중간형태 연결고리가 발견되지 않는 사례들에서는, 자연사학자들은 이들 사이의 차이 정도를 하나 또는 두 유형에 종의 계급을 부여할 수 있을 만큼 충분한지 아닌지를 대응관계로 결정해야만 한다. 따라서 차이 정도가 두 유형을 종 또는 변종으로 간주할 것인지를 결정할 때 가장 중요한 기준이다. 최근 프리스는 식물에서, 웨스트우드는 곤충에서 큰 속에 속하는 종들 사이의 차이가 때로 대단히 작은 점에 주목했다. 나는 이들의 견해를 평균을 구해 수리적으로 검증하려고 노력했는데, 비록 내 결과는 불완전했지만, 항상 이 견해를 입증할 수 있었다.

또한 나는 지혜롭고 경험이 가장 많은 관찰자들에게 자문을 구했는데, 이들도 심사숙고한 다음 이 견해에 동의했다. 따라서 이런 점에서 본다면, 큰 속에 속하는 종들은 작은 속에 속하는 종들이 변종과 비슷하게 보이는 것보다 더 많이 비슷하게 보인다. 다른 방식으로 다음과 같이 말할 수도 있다. 즉, 평균보다 더 많은 변종이나 발단종이 지금도 대량으로 만들어지고 있는 큰 속의 경우, 이미 대량으로 만들어진 많은 종들이 어느 정도는 변종들과 비슷하게 보이는데,[84] 이 종들에서 나타나는 차이 정도가 보통보다 더 작기 때문이다. (56~57쪽)

더욱이, 큰 속에 속하는 종들은 서로서로 연관되어 있고, 같은 방식으로 한 종에 속하는 변종들도 서로서로 연관되어 있다. 자연사학자라면 그 누구도 한 속에 속하는 모든 종들이 서로서로 똑같은 정도로 뚜렷하게 구분된다고 거짓으로 말하지는 않는다. 속들은 일반적으로 아속이나 절 또는 이보다 작은 분류계급으로 세분된다.[85] 프리스가 명확하게 언급했듯이, 극소수로 이루어진 종 무리는 일반적으로 특정한 다른 종 주위에 위성들처럼 모여 있다.[86] 그렇다면 유형들의 무리가 아닌, 서로가 근연관계에 있지 않은, 그리고 특정한 유형 주위에 모여 있는, 즉 자신들의 부모종을 둘러싸고 있는 변종들은 무엇일까? 의심할 여지없이, 변종과 종 사이에는 가장 중요한 핵심적 차이가 있다. 즉, 변종들 사이의 차이 정도는, 두 변종끼리만 또는 변종과 부모종만을 비교했을 때, 같은 속에 속하는 종들 사이의 차이보다 훨씬 작다. 그러나 소위 **형질분기**[87]라는 원리로 논의하게 되면, 이러

84 새롭게 만들어져 뚜렷한 특징을 지닌 변종들을 발단종이라고 하며, 이 발단종은 중간에 절멸할 수도 있어 필연적으로 종으로 될 수는 없지만, 궁극적으로는 뚜렷하게 구분되는 종으로 변한다. 달리 말해 처음 종이 만들어질 때부터 뚜렷하게 구분되는 종으로 만들어지는 것이 아니라, 처음에는 발단종 형태로 만들어졌다가 서서히 종으로 변화할 것이라고, 소위 점진적 또는 단계적 진화를 다윈은 주장하고 있다.

85 분류계급은 종-속-과-목-강-문-계-역 8개만을 지칭하나, 속을 속(genus)-아속(subgenus)-절(section)-아절(subsection)-열(series)-아열(subseries)로 세분하기도 한다.

86 프리스의 언급은 『조밥나물속의 종속지』에 있다. "종 하나하나가 많은 종들을 포함한 속에서는 빈약한 속들과 비교할 때, 서로서로 더 가깝게 위치한다. 그에 따라 전자에서는 어떤 유형, 즉 주요한 종 주변에서 종들을 더 쉽게 채집할 수가 있는데, 다른 종들은 마치 위성처럼 원 중심의 둘레에 배열되어 있다."(Stauffer, 1975)

87 4장 자연선택에서 설명한다.

한 점이 어떻게 설명되고, 또한 변종들 사이에서 나타나는 보다 작은 차이가 종들 사이에서 어떻게 엄청 증가하는지도 설명될 것이다. (57~58쪽)

[88]내가 설명할 필요가 있는 또 다른 논의의 핵심이 하나 있다. 변종들이 일반적으로 상당히 제한된 분포범위를 지닌다는 주장이 있는데, 이 주장은 판에 박힌 진부한 문구에 지나지 않는다. 만일 한 변종이 이 변종의 상상의 부모종이 분포하던 범위보다 더 넓은 지역에서 발견된다면, 이들에게 부여된 분류계급을 뒤바꿔야만하기 때문이다.[89] 그러나 다른 종들과 매우 가까운 동류이며 변종들과 거의 비슷하게 보이는 종들이 때로 매우 제한된 분포범위에서만 살아간다는 점을 믿어야 할 또 다른 이유도 있다. 예를 들면, 와슨 씨가 정밀하게 조사한 『런던의 식물 목록』(4판)[90]에 있는 식물 중 63종류는 종으로 기록되어 있으나, 그는 이들이 다른 종과 매우 가까운 동류로 간주할 수 있을 만큼 애매한 평가를 받는 종이라고 나를 위해 표시해 주었다. 논쟁거리인 63종은 와슨 씨가 그레이트브리튼섬을 나눈 구획[91]들에서 평균적으로 6.9개 구획에서만 발견되었다. 같은 목록에는 일반적으로 인정된 53개의 변종이 기록되어 있는데, 이들은 평균 7.7개 구획 이상에서, 그리고 이들 변종을 포함하는 종들은 평균 14.3개 구획 이상에서 발견되었다. 일반적으로 인정된 변종들의 평균 분포 구획 수는 와슨 씨가 나에게 애매한 종이라고 알려 준 유형들의 평균 분포 구획 수와 거의 같았는데, 이 수는 아주 가까운 동류 유형들의 구획 수이다. 그러나 영국 식물학자들은 애

88 종과 변종의 분포범위를 설명하는 부분이다. 이 장의 목차에서 '더 큰 속에 속한 많은 종들은 아주 가까운 근연관계에 있으나 서로서로가 같은 정도로 연관되어 있지는 않은 점과 제한된 분포범위를 가지는 점에서 변종들과 비슷하게 보인다'고 했는데, 종과 변종을 제한된 분포범위로 설명하려고 한다.

89 73쪽에서 "두 두형을 병합하려고 할 때에는, 한 유형을 가장 흔하게 나타나는 다른 유형의 변종으로 처리"한다고 설명했다.

90 원제목은 『영국 식물 중 런던의 목록(*The London Catalogue of British Plants*)』이다.

91 일정한 면적을, 예로 들어 1km×1km를 지도 상에 표시하면 지도를 격자 모양으로 구분할 수 있다. 이렇게 구분된 격자 하나하나를 구획이라고 부른다.

매한 종들을 대부분 보편적으로 좋은 진짜 종으로 간주했다.[92]

(58쪽)

[93]이제 마지막으로, 변종들은 종들처럼 일반적인 특징들을 지니고 있는데, 두 가지 예외적 경우를 제외하고는 변종들을 종과 구분할 수가 없다. 첫 번째 예외는 중간형태의 연결고리와 같은 유형들이 발견되더라도, 이러한 연결고리들의 출현이 이들이 연결해 주는 유형들의 실제 형질들에 영향을 주지 않는 경우이다. 두 번째는, 차이 정도 문제로 두 유형이, 만일 극히 조금 다르다면, 중간형태의 연결고리와 같은 유형들이 발견되지 않는다 하더라도 이 두 유형은 일반적으로 변종으로 간주되는 경우이다. 그러나 이 두 유형에게 종이라는 계급을 부여하기 위해서 반드시 필요한 것으로 간주되는 차이 정도는 아주 모호하다. 어떤 나라에서든지 평균보다 많은 종을 포함하는 속들에 소속된 종들은 평균적으로 더 많은 변종들을 지닌다. 큰 속에 속하는 종들은 서로서로 매우 가까운 근연관계에 있는 경향이 있으나, 이 종들은 같지는 않으면서 동류로 묶여, 특정 종 주위를 둘러싸는 작은 무리를 만든다. 명백하게 다른 종과 매우 가까운 동류로 묶인 종들은 분포범위가 제한되어 있다. 이상의 몇 가지 측면에서, 큰 속에 속하는 종들은 변종들과 매우 뚜렷한 대응관계를 보인다. 그리고 만일 종이 한때 변종으로 존재했다면, 즉 변종에서 기원했다면, 우리는 명확하게 이러한 대응관계를 이해할 수 있다. 그런 반면, 만일 종 하나하나가 독립적으로 창조되었다면,

92 변종들은 새롭게 만들어졌기 때문에 분포범위가 제한적일 것이라는 것이 일반적인 생각이나, 다윈은 이런 기준으로 종과 변종을 구분할 수 없다고 생각한 듯하다.

93 이 장의 내용을 요약한 부분이다.

이러한 대응관계는 완벽하게 해석될 수 없을 것이다. (58~59쪽)

또한 우리는 큰 속에 속하며 가장 번성하고 우세한 종들이 평균적으로 가장 다양하게 변한다는 점을 살펴보았다. 그리고 변종들이 새롭고 뚜렷하게 구분되는 종으로 변환되는 경향이 있음을 우리는 앞으로 살펴볼 것이다. 따라서 큰 속들은 더욱 커지는 경향이 있다. 자연계 전반에 걸쳐 현재 우점하고 있는 생명 유형들이 많이 변형되고 우세한 자손들을 남기는 방식으로 점점 더 우세해지는 경향이 있다. 그러나 지금부터 하나하나 설명해 나가겠지만, 큰 속들이 작은 속들로 쪼개지는 경향도 있다. 그에 따라 전 세계에 있는 생명 유형들은 무리들에 종속되는[94] 몇 개의 무리로 세분될 것이다.[95] (59쪽)

94 한 개의 무리가 몇 개의 세부 무리로 세분될 때, 이 세부 무리는 한 무리에 종속된다고 한다.

95 종들이 진화함에 따라 기존에는 없던 새로운 형질들이 나타나게 될 것이고, 이러한 형질들을 공유하는 종들이 나타나게 된다면, 이 종들 무리는 기존에 없던 새로운 속이나 과로 불러야만 할 것이다. 즉, 기존에 있던 속이나 과를 나누어서 새로운 속이나 과를 만들어야 하는데, 이런 과정을 설명하고 있다. 이렇게 만들어진 새로운 무리들은 기존에 있던 상위 무리에 종속될 것이다. 164쪽에서 시작되는 모식도와 관련된 설명을 참조하시오.

3장 생존을 위한 몸부림

자연선택의 탄생—넓은 의미로 사용된 용어—기하급수적 증가의 힘—야생화[1] 된 동식물의 급격한 증가—증가를 억제하는 속성—보편적인 경쟁—기후의 결과—개체들을 보호—자연에 있는 동식물의 복잡한 연관성—같은 종에 속하는 개체들과 변종들 사이에서 벌어지는 가장 심각한 살려는 몸부림, 같은 속에 속하는 종들 사이에서 때때로 벌어지는 심각한 몸부림—모든 연관성 중에서 가장 중요한 생명체와 생명체 사이의 연관성

[2]**이 장**의 주제에 들어가기 전에, **자연선택**의 탄생에 생존을 위한 몸부림이 얼마나 기여하는지를 보여 주기 위해 나는 몇 가지 사항을 미리 언급해야만 한다. 2장에서는 자연 상태에 있는 생명체들이 개체 수준에서 변이성을 어느 정도 지니고 있다는 사실을 보여 주었다. 실제로 이러한 점이 과거에 논의조차 되지 않았다는 사실을 나는 알아차리지 못했다. 수많은 애매한 유형들을 종, 아종 또는 변종으로 어떻게 불러야 하는지는 우리에

1 생육하는 생물이 자연으로 되돌아가는 것을 의미한다.

2 장 목차에 나오는 첫 번째 주제, '자연선택의 탄생'을 설명하는 부분이다. 생존을 위한 몸부림을 설명하기 전에, 자연선택을 먼저 간단하게 설명하는데, 자연선택은 4장에서 설명한다.

게 중요하지 않았다. 실례를 들어, 만일 조금이라도 뚜렷한 특징을 지닌 변종의 존재를 인정한다면, 영국에서 자라는 식물 중 200~300종류에 달하는 애매한 유형들에게 어떤 분류학적 계급을 부여할 수 있을까? 하지만 개체 수준에서 나타나는 변이성과 뚜렷한 특징을 지닌 일부 변종들이 단순히 존재한다는 점은, 연구의 기초로써 반드시 필요함에도 불구하고, 종들이 자연계에서 어떻게 만들어지는지를 우리가 이해하는 데 거의 도움이 되지 않는다.[3] 생물 체제를 이루는 한 부위가 또 다른 부위에 적응하고 살아가는 조건에 적응하는 것, 그리고 뚜렷하게 구분되는 한 생명체가 또 다른 생명체에 적응하는 것과 같은 적응들이 어떻게 이처럼 절묘하게 완벽할 수 있었을까?[4] 우리는 딱따구리와 겨우살이에서 이런 훌륭한 상호적응을 가장 명확하게 볼 수 있다. 그리고 사지동물의 털과 새들의 깃털에 달라붙어 살아가는 작지만 다소 분명한 기생생물, 물로 뛰어드는 딱정벌레의 구조, 가벼운 산들바람에도 날아다니는 깃털이 달린 씨앗 등에서도 상호적응을 볼 수 있다. 간단히 말해, 우리는 이들이 어디에서 살든지 간에 생물계를 이루는 모든 구성원들에게서 훌륭한 적응을 볼 수 있다. (60~61쪽)

내가 발단종이라고 부르는 변종들이 궁극적으로 뚜렷하게 구분되는 좋은 종으로, 즉 사례 대부분에서 같은 종에 속하는 다른 변종들이 서로서로 다른 것 이상으로 변종들이 훨씬 더 뚜렷하게 구분되는 종으로 어떻게 변환되는지에 대해서도 우리는 질문을 던질 수가 있다. 소위 뚜렷하게 구분되는 속을 구성하며,

3 다윈은 『종의 기원』 484쪽에서 종과 변종은 단순히 계통학자들이 결정하는 것으로 설명했다. 따라서 종이냐 변종이냐의 계급의 문제는 다윈의 관심 대상이 아니었다. 단지 다윈은 이들이 어떻게 기원했는가에 관심을 두고 고민했던 것이다.

4 이전까지는 이런 적응을 모두 신이 설계했다고 설명했다. 다윈은 신이 설계하지 않았음에도 불구하고 생물들이 자연에 적응한 것이 완벽했다고 설명하고 싶었던 것으로 풀이된다.

한 속에 속하는 종들이 서로서로 다른 것보다 더 다른 종들의 무리가 어떻게 만들어질까? 다음 장에서 설명하겠지만, 이 모든 결과는 살려는 몸부림[5]에 따라 필연적으로 나타난다. 살려는 몸부림에 따르면, 어떤 변이가 사소하든 어떤 원인에 의해 발생하든 상관없지만, 만일 어떤 종이라도 이 종에 속하는 한 개체에 이 변이가 어느 정도 도움이 된다면, 이 변이는 다른 생명체와 외부 자연[6]과의 무한히 복잡한 연관성 속에서 그 개체를 보존하려고 할 것이며, 또한 일반적으로 그 자손들에게 전달될 것이다. 따라서 자손들 역시 생존할 수 있는 더 좋은 기회를 가지게 될 것인데, 어떤 한 종이 주기적으로 만들어 내는 수많은 개체들 중에서 단지 소수의 개체만이 생존할 수 있기 때문이다. 나는 이러한 원리를 선택을 하는 사람의 힘과 연관을 지어 **자연선택**이라는 용어로 부른다. 사람이 선택을 통해 확실하게 엄청난 결과를 만들어 내는 것을 우리는 보았다. 또한 **자연**이 작동해서 사람에게 만들어 준 사소하지만 유용한 변이들을 사람이 축적해가면서 생명체들을 자신의 용도에 적응시킬 수 있었음을 우리는 알고 있다. 그러나 앞으로 살펴보겠지만, **자연선택**은 끊임없이 작동할 준비가 되어 있다. 또한 **자연**이 만든 작품이 **예술** 작품보다 뛰어난 것처럼 자연선택은 사람이 하는 미약한 노력보다 헤아릴 수 없을 정도로 뛰어난 힘을 지녔다. (61쪽)

[7]이제부터 우리는 생존을 위한 몸부림에 대해 조금 자세하게 논의할 것이다. 앞으로 발간될 내 책에서는 이 주제에 대해 이야기할 것인데, 조금 더 길게 다룰 만한 가치가 충분히 있다. 최

5 다윈은 생존을 위한 몸부림(struggle for existence)과 살려는 몸부림(struggle for life)을 『종의 기원』에서 구분해서 썼다. 다윈은 『종의 기원』 62쪽에 "한 생명체가 다른 생명체에 의존하는 관계와 (이보다는 더 중요하게) 개체들의 일생뿐만 아니라 자손들을 성공적으로 남기는 것을 포함하는 넓은 의미로 은유적으로" 생존을 위한 몸부림이라는 용어를 썼다고 설명했다. 살려는 몸부림은 2장에서 설명한 '살아가는 조건'에 따른 몸부림으로 먹이를 구하는 경쟁, 좋은 토양을 확보하는 몸부림 등 좋은 일생을 유지하는 데 필요한 조건들을 확보하려는 몸부림을 의미한다.

6 살아가는 조건의 외부 조건과 물리적 조건이라고 다윈은 쓰고 있는데, 이들 조건들은 기후, 먹이 등을 지칭한다. 그리고 여기에서 말하는 외부 자연은 이들 조건들을 총칭하는 것으로 보인다. 오늘날 생태학이란 관점에서 보면 한 생물을 둘러싸는 생물 요인과 비생물 요인 중 먹이는 생물 요인으로 지칭하며, 기후는 비생물 요인으로 간주한다.

7 장 목차에 나오는 2번째 주제, '넓은 의미로 사용된 용어'를 설명하는 부분이다. 다윈은 『종의 기원』에서 생존을 위한 몸부림을 넓은 의미에서 사용한다고 주장했다.

고 연장자 드 캉돌[8]과 라이엘은 모든 생명체들이 심각한 경쟁에 노출되어 있다고 전반적으로 그리고 철학적으로 보여 주었다.[9] 식물 부분에서는 이 주제에 대해 맨체스터 대성당의 교무원장인 허버트보다 더 많은 열정과 능력을 지닌 사람은 없는데, 그는 분명히 엄청난 원예학적 지식을 도출했다. 적어도 내가 알기로는, 보편적인 살려는 몸부림이라는 진리를 말 그 자체로 받아들이는 것보다 더 쉬운 일도 없을 것이며, 이러한 결론을 항상 명심하고 있는 것보다 더 어려운 것도 없을 것이다. 그럼에도 이런 결론이 철저하게 사람의 마음에 뿌리를 내리지 못한다면, 분포, 희귀, 풍부, 절멸 그리고 변이 등과 관련된 모든 사실을 포함한 전반적인 자연의 경제[10]를 어슴푸레하게 본 것이거나 완전히 잘못 이해한 것이라고 나는 확신한다. 우리는 자연의 밝은 면만을 즐거운 마음으로 주시하는데, 때로는 먹이가 남아도는 것도 본다. 우리 주변에서 게으르게 노래를 부르는 새는 대부분 곤충이나 씨에 의존해 살아가면서 끊임없이 다른 생물들을 죽이고 있는데도 우리는 보지 못하거나 잊어버린다. 이처럼 노래를 부르는 새들이나 이들의 알 또는 보금자리가 맹금류나 맹수들에 의해 어떻게 죽어 가는지도 잊고 있다. 먹이가 지금은 비록 남아돈다고는 하지만 해마다 반복해서 모든 계절에 그렇지 않다는 점을 우리는 항상 명심하지 못하고 있다. (62쪽)

나는 **생존을 위한 몸부림**이라는 용어를 한 생명체가 다른 생명체에 의존하는 관계와 (이보다는 더 중요하게) 개체들의 일생뿐만 아니라 자손들을 성공적으로 남기는 것을 포함하는 넓은 의

8 캉돌 집안은 자연분류체계를 수립한 것으로 알려져 있다. 오귀스탱 피라무스 드 캉돌(1778~1841)은 5권으로 된 『프랑스 식물지』를 출판했고 1824년부터 『식물계의 자연분류체계 개요』를 아들인 알퐁스 피람 드 캉돌(1806~1893)과 같이 발간했다. 그의 손자인 안 카지밀 피람 드 캉돌(1836~1918)은 1874년 이 책의 마지막 부분과 색인을 발간했다. 최고 연장자 드 캉돌이라 함은 오귀스탱 피라무스 드 캉돌을 지칭한다.

9 최고 연장자 드 캉돌은 1820년에 발간한 『식물지리학의 기초적 시론』에서 "한 장소에 있는 모든 식물들은 서로서로 전쟁 중에 있다"라고 썼다. 이를 '자연의 전쟁'이라 하는데, 여러 식물들이 한 장소에서 자신들이 살아가는 데 필요한 공간과 영양분을 위해서 경쟁하는 것을 표현한 것으로 알려져 있다. 이후 라이엘은 『지질학 원리』에서 캉돌의 언급을 인용했다. 캉돌은 한 종에 속하는 개체들이 경쟁한다고 했지만, 이를 다윈은 한 종에 속하는 개체들이 아닌 종들 사이의 경쟁으로 확대 재해석한 것으로 보인다.

10 다윈 시대에는 생태학이라는 용어가 없었다. 생태학이라는 단어는 집 또는 환경을 의미하는 그리스어 oikos로부터 왔는데, 곧 자연의 경제를 의미한다. 『종의 기원』에 나오는 '자연의 경제'는 생태학 또는 생태계나 생태학적 견해를 의미한다.

미로 은유적으로 사용하고 있다고 말해야만 한다.[11] 먹을 것이 부족할 때 개과에 속하는 동물 두 마리는 먹이를 확보해서 살아남으려고 서로서로 사실상 몸부림쳐야만 한다고 말할 수 있다. 그러나 사막 가장자리에서 살아가는 한 식물은, 물에 의존해서 살아간다고 말하는 것이 더 적절하겠지만, 건조에 대항하여 살려고 몸부림치고 있다고 말할 수 있다. 해마다 수천 개의 씨를 만들어 내는 식물들은, 평균적으로 이들 씨 중 단 한 개만이 성숙한 개체로 다 자랄 수 있지만, 땅 표면을 이미 덮고 있는 같은 종이나 다른 종류의 식물들과 함께 몸부림치고 있다고 사실상 말할 수 있다. 겨우살이는 사과를 비롯하여 몇 종류의 나무에 의존해서 살아가는데, 겨우살이가 이 나무들과 함께 몸부림치고 있다고 말하는 것은 당치 않다. 한 나무에 너무 많은 겨우살이가 자라게 되면, 나무가 쇠약해져 결국 죽게 되기 때문이다. 그러나 겨우살이 몇몇 개체만이 싹을 내어 한 가지에 서로서로 붙어서 자라면, 이들은 사실상 서로서로 함께 몸부림치고 있다고 은유적으로 말할 수 있다. 겨우살이는 새들에 의해 전파되므로, 이들의 생존은 새들에 의해 결정된다. 그래서 이들은 새들이 다른 식물들보다 자신을 더 먹어 치워 씨를 멀리 퍼뜨리도록, 새들을 유혹하려고 열매를 만드는 다른 식물들과 몸부림치고 있다고 은유적으로 말할 수 있다. 이러한 방식으로 서로서로 전달되는 여러 감각들을 토대로 해서 나는 편의적으로 생존을 위한 몸부림을 일반적인 용어로 사용하려고 한다.[12] (62~63쪽)

[13]생존을 위한 몸부림은 모든 생물들이 빠른 속도로 증가하

11 다윈은 "생존을 위한 몸부림"이 ①다른 생물과의 관계 유지, ②개체로서의 일생 유지, ③자손 낳기 등으로 이루어져 있다고 주장했다. 우리나라에서는 이 용어를 흔히 생존경쟁으로 번역하고 있으나, 경쟁은 생존을 위한 몸부림의 첫 번째, 즉 다른 생물과의 관계 중의 하나일 뿐이다. 물론 개체로서의 일생과 자손 낳기 등도 경쟁의 일부가 될 수 있으나, 다윈은 개체로서의 일생을 설명하면서 사막 가장자리에서 살아가는 식물들이 물을 확보하려는 노력도 '생존을 위한 몸부림'이라고 설명했다. 그리고 'struggle'이라는 단어도 '열심히 노력하다'라는 의미이며, 『종의 기원』에 'competition', 즉 경쟁이라는 용어도 따로 나오므로, 'the struggle for existence'를 생존경쟁이 아닌 생존을 위한 몸부림으로 번역했다.

12 예를 들어 겨우살이 씨에서 싹이 나오기 위해서는 반드시 새의 내장을 거쳐야만 한다. 따라서 겨우살이 열매가 새에 먹혀 번식한다면, 어떻게 해서든지 새들에게 매력적으로 보이게 해서 다른 종의 열매보다 더 잘 먹혀야 한다. 이런 생존에 대한 현실 인식, 느낌 또는 판단력이 세대를 거쳐 전해질 것이고, 이를 일반적인 용어로 생존을 위한 몸부림이라고 다윈이 부른 것이다.

13 장 목차에 나오는 3번째 주제, '기하급수적 증가의 힘'을 설명하는 부분이다. 생존을 위한 몸부림은 기하급수적으로 증가하는 생물들의 개체들 때문으로 설명하고 있다.

려는 경향성을 보임에 따라 불가피하게 나타난다. 자신의 생애에 걸쳐 몇 개의 알이나 씨를 만들어 내는 생물 하나하나는 자신들이 살아가는 동안 특정한 계절이나 연도에 죽음이라는 고통을 반드시 겪게 되어 있다. 그렇지 않으면, 기하급수적 증가[14] 원리에 따라 이들의 개체수는 엄청나게 빨리 과도하게 많아져서 어떤 나라에서도 이렇게 많아진 생물들을 부양할 수 없게 될 것이다. 따라서 생존할 수 있는 개체보다 더 많은 개체들이 만들어짐에 따라, 한 개체가 같은 종에 속하는 다른 개체들과, 또는 다른 종에 속하는 개체들과, 또는 물리적인 살아가는 조건과 같은 모든 사례에서 생존을 위한 몸부림이 반드시 나타난다. 이러한 주장은 맬서스의 원칙[15]을 다른 차원에서[16] 모든 동식물에 적용한 것이다. 왜냐하면 자연에는 인위적인 식량 증가도 없고, 짝짓기를 신중하게 억제할 수도 없기 때문이다. 비록 일부 종의 개체들이 현재에도 다소 빠르게 증가하고 있지만, 세상이 이들을 모두 수용할 수 없기 때문에 모든 종이 이렇게 증가하지는 않는다. (63~64쪽)

만일 죽지 않는다면 모든 생물들이 자연적으로 아주 빨리 증가하고, 그에 따라 지구는 곧 한 쌍에서 만들어지기 시작한 자손들로 뒤덮일 것이라는 규칙에는 예외가 없다. 느리게 번식하는 인간조차도 25년마다 인구가 두 배로 증가하는데, 이런 속도라면 몇천 년 안에 자손들에게 남겨질 공간은 사실상 없을 것이다. 린네는, 만일 한해살이 식물이 종자 2개만을 만든다고 가정할 경우, 실제로 이처럼 비생산적인 식물은 전혀 없는데, 다음해에

14 등비급수라고도 한다. 일반적으로 증가하는 수나 양이 아주 많을 때를 말한다. 수학적으로는 숫자가 일정한 값으로 곱해지면서 증가하는 경우를 의미한다. 즉, 첫 번째가 1이고, 일정한 값을 2라고 하면, 기하급수적으로 증가할 경우에는 1에서 출발해서 1×2=2가 되며, 그 다음에는 2×2=4, 4×2=8, 8×2=16, 16×2=32, 32×2=64, 64×2=128, 128×2=256 등으로 증가한다.

15 맬서스는 『인구론』이라는 책을 출판했는데, 이 책에서 인구는 식량 공급이 충분하다면 기하급수적으로 늘어나나 식량은 산술급수적으로 증가하므로, 어느 시점이 되면 인구는 식량부족에 빠지게 될 것이라고 주장했다. 이를 맬서스의 원칙이라고 부른다.

16 맬서스는 식량증가가 인구증가를 따라가지 못할 것이라고 비관적으로 생각했으나, 다윈은 이러한 문제를 생물들이 진화하는 기회로 간주했고, 『종의 기원』에서 맬서스의 원칙을 맬서스의 생각과는 "다른 차원에서" 동식물에 적용했다고 쓴 것으로 보인다.

는 어린싹이 2개씩 만들어질 것이며, 이런 식으로 반복해서 20년이 지나면 백만 개체가 될 것으로 계산했다.[17] 코끼리는 지금까지 알려진 동물 중 가장 느리게 번식하는 것으로 간주되는데, 나는 그럴듯한 최소 자연 증가율을 추정할 때 많은 어려움을 겪었다. 코끼리는 30살에 번식을 시작하여 90살까지 가능한데, 이 기간에 3쌍의 새끼를 낳는다고 표준 이하로 가정하고,[18] 실제로 이런 일이 일어났다고 하면, 500년이 지나면 최초의 한 쌍으로부터 살아 있는 1,500만 마리가 만들어질 것이다.[19] (64쪽)

[20]그러나 우리는 이 주제와 관련해서 단순히 이론적인 계산 결과보다 더 좋은 증거를 가지고 있다. 즉, 자연에서 살아가는 다양한 동물들이, 환경 조건이 자신들에게 연속해서 2~3계절 동안 도움이 될 경우, 놀라울 정도로 빠르게 증가하는 것을 보여주는 수많은 증거들을 우리는 가지고 있다. 이보다 더 놀랄 만한 증거는 전 세계 곳곳에서 야생으로 돌아간 많은 종류의 사육동물들에서 찾을 수 있다. 만일 남아메리카에서, 그리고 최근에는 호주에서 살아가는 번식 속도가 느린 소나 말의 증가율에 대한 주장이 제대로 입증되지 않았다면, 이런 증거들을 정말로 믿을 수가 없었을 것이다.[21] 식물의 경우에도 마찬가지이다. 도입식물[22]에서 이런 사례를 볼 수 있는데, 이들은 10년이 채 지나지 않았음에도 불구하고 섬 전체로[23] 퍼져 나갔다. 지금도 유럽에서 도입된 몇몇 식물들이 라플라타[24] 근처 야생 평원에서 자라고 있던 다른 식물 거의 모두를 몰아내고 수 평방리그[25]를 덮고 있다. 팔코너 박사가 나에게 전해 준 바에 따르면, 처음 아메리

17 2^{20}=1,048,576개체가 된다.

18 코끼리는 4~5년에 한 번 임신해서 보통 1마리씩 출산하나, 드물게 2마리를 낳기도 한다. 다윈의 설명에 따라 30살에 첫 출산을 해서 90살까지 가능하다면, 코끼리는 전 생애에 걸쳐 12~15번 정도 새끼를, 즉 최소 12마리의 새끼가 출산되므로, 3쌍, 즉 6마리는 표준 이하가 된다.

19 다윈은 수학자에게 이 계산을 부탁해서 500년이 경과하면 1,500만 마리로, 740~750년이 경과하면 1,900만 마리가 된다는 회신을 받았다. 많은 생물학자들과 수학자들이 이 계산을 검토했는데, Podani et al.(2017)의 논문을 참조하시오.

20 장 목차에 나오는 4번째 주제, '야생화된 동식물의 급격한 증가'를 설명하는 부분이다. 야생생물뿐만 아니라 모든 생물들의 개체수가 급격한 증가가 가능함을 설명한다.

21 『위대학 책』에는 이러한 사례들이 나열되어 있다. 한 가지 사례로, 1418년 한 마리의 굴토끼 암컷이 마데이라 제도의 한 섬인 포르투산투섬에 도입되었는데, 몇 년이 지나지 않아 3,000마리가 포획되었다.

22 **→용어 설명**

23 호주를 말한다.

24 다윈은 1832년 여름 비글호를 타고 남아메리카 우루과이와 아르헨티나 사이에 있는 라플라타강 하류 일대를 조사했다.

25 리그(league)는 스페인에서 사용하던 길이 단위로, 1리그는 4.1795km이고 1평방리그는 약 17.5km²이다. 사람이 보통 바라보는 수평선이나 지평선까지의 거리를 약 4~5km로 추정하는데, 수 평방리그의 면적은 엄청 넓은 면적임을 의미한다.

카[26]에서 발견되어 인도로 수입된 식물 중에는 오늘날 코모린곶에서부터 히말라야에 이르는 인도 전역에 걸쳐 자라는 식물도 있다.[27] 이런 사례와 같은 수많은 실례를 나열할 수 있는데, 이런 동식물의 생식가능성이 갑자기 그리고 일시적으로 사람이 느낄 수 있을 정도로 증가했다고 생각하는 사람은 아무도 없다. 살아가는 조건이 큰 도움이 되어서 결과적으로 나이 든 개체들과 어린 개체들이 덜 죽었으며 어린 개체들 거의 모두가 번식할 수 있게 되었다고 설명하는 것이 타당하다. 이런 사례에서 기하급수적 증가는, 이러한 증가 결과가 결코 놀랄 일이 아닌데, 자연으로 돌아가서 살아가는 재배종들이 새로운 터전에서 이례적으로 빠르게 증가해서 널리 퍼져 나갈 수 있다는 점을 간단하게 설명해 준다. (64~65쪽)

[28]자연 상태에서는 거의 모든 식물들이 씨를 만들며, 동물 가운데 해마다 짝짓기를 하지 않는 것들이 거의 없다. 따라서 모든 동식물은 기하급수적으로 증가하려는 경향을 지니고 있으며, 어떻게 해서든지 생존할 수 있는 모든 정착지에서 이들 대부분은 아주 빠르게 무리를 만들 것이다. 그리고 기하급수적으로 증가하려는 경향성은 이들이 살아가는 동안 특정 시기에 나타나는 죽음으로 인해 반드시 억제되어 왔다고 우리는 자신 있게 주장할 수가 있다. 내가 생각하기로는, 큰 사육 동물을 우리가 잘 알고 있다는 점이 우리를 잘못으로 이끌고 있다. 우리는 이들이 당하는 엄청난 죽음을 보지 못하며, 식량으로 해마다 수천 마리가 도살되고 있다는 점을 망각하고 있는데, 자연 상태에서도 같

26 다윈은 남아메리카를 단순히 아메리카라고 부르기도 했다. 『종의 기원』 398쪽(이 책 518쪽)에서 갈라파고스제도의 새들을 설명하면서 "아메리카에서 창조된 생물들과의 친밀성이라는 직인"이 찍혀 있다고 설명했다.

27 코모린곶은 현재 카니아쿠마리로 불리며, 인도 최남단을 의미하고, 히말라야는 인도 최북단을 의미한다. 따라서 코모린곶에서부터 히말라야라 함은 인도 전역을 의미한다.

28 장 목차에 나오는 5번째 주제, '증가를 억제하는 속성'을 설명하는 부분이다. 생물들이 기하급수적으로 증가하려는 경향이 있음에도 불구하고 그렇지 못하는 경우가 대부분인데, 그 원인에 대해서 다음 문단에 이어서 설명하고 있다. 생존을 위한 몸부림의 세 번째, 즉 자손을 남기려는 몸부림을 설명하고 있다.

은 숫자가 어떻게든지 사라지고 있다. (65쪽)

해마다 수천 개 정도의 알이나 씨를 만드는 생물들과 극단적으로 적은 수를 만드는 생물들 사이에서 나타나는 유일한 차이점은 느리게 번식하는 생물들을 유리한 조건에서 이들이 점유했던 전 구역에서 몇 년을 더 점유하게 하여 좀 더 커지도록 놔두어야 한다는 것이다. 콘도르는 알을 2개, 타조는 20개를 낳음에도 한 나라에서 콘도르[29] 개체가 타조 개체보다 더 많을 수도 있다. 풀마습새[30]는 단지 한 개의 알만 낳음에도 불구하고 전 세계에서 개체수가 가장 많은 새들 가운데 하나로 믿고 있다. 파리 한 마리는 수백 개의 알을 낳고, 이파리류[31] 같은 종류는 단 한 개만 낳으나, 이러한 차이가 두 종에 속하는 수많은 개체들이 한 구역 내에서 어떻게 유지될 수 있는지를 결정하지는 않는다. 알이 많다는 점이 심하게 변동하는 먹이양에 의존하는 종류들에게는 어느 정도 중요한데, 먹이양이 개체수가 빠른 속도로 증가하는 것을 가능하도록 만들기 때문이다. 그러나 알이나 씨가 진짜로 중요한 점은 살아가면서 특정 시기에 엄청나게 많은 개체들이 죽는 것을 보충하는 데 있다. 그리고 이 시기는 거의 대부분 사례에서 어릴 때이다. 만일 한 동물이 어떠한 형태로든 자신의 알이나 어린 새끼들을 보호할 수 있다면, 적은 수만 만들 것이고, 그렇게 해도 평균적으로 무리의 수는 충분히 유지될 것이다. 그러나 만일 수많은 알이나 어린 새끼들이 죽어간다면, 많은 수를 만들어야만 하는데, 그렇지 않으면 종은 절멸하게 될 것이다. 만일 천 년에 씨가 한 개씩만 만들어지고, 이 씨가 절대로 죽지 않고 적합

29 북아메리카에 있는 캘리포니아콘도르와 남아메리카에 있는 안데스콘도르를 모두 콘도르라고 부른다. 그러나 다윈은 비글호 여행을 하면서 남아메리카의 콘도르를 조사하고 『비글호 항해기』에서 남아메리카의 콘도르가 "2개의 큰 하얀색 알을 낳는다"고 설명했다. 이런 점으로 미루어 이 부분에 나오는 콘도르는 안데스콘도르로 추정된다.

30 풀마습새는 슴새과(Procellariidae)에 속하는 여러 종류의 바다새를 지칭한다.

31 이파리과(Hippoboscidae)의 이파리속(*Hippobosca*)에 속하는 파리 종류로, 유럽이 주 분포지이나 아프리카와 아시아 일부 지역에서도 서식한다. 이파리 무리는 동물에 붙어 피를 빨아먹고 살아간다. 다윈은 알을 한 개만 낳는다고 『종의 기원』에 썼으나, 이들은 알을 낳지 않고 유충을 생산한다.

한 장소에서 발아가 가능하다면, 평균 천 년을 사는 수많은 교목의 전체 개체수는 충분히 유지될 것이다. 따라서 모든 사례에서, 그 어떤 동식물이라도 평균 개체수는 자신들이 만든 알이나 씨의 수에 의해서는 간접적으로만 결정된다. (65~66쪽)

[32]**자연**을 바라볼 때, 앞에서 말한 고려 사항들을 항상 마음에 두는 것이 무엇보다도 필요하다. 달리 말해, 우리를 둘러싸고 있는 생물 하나하나는 자신들의 개체수를 늘리기 위해 자신들이 가진 모든 힘을 다해 애쓰고 있다는 점을 결코 잊어서는 안 된다. 또한 이들 하나하나는 자신들의 일생 어느 시기에서는 몸부림치며 살아가며, 매 세대마다 반복되는 특정 기간에는 어린 개체들과 늙은 개체들이 대량으로 죽는 것도 피할 수 없다는 점을 결코 잊어서는 안 된다. 어떠한 억제 작용도 가볍게 하고, 죽음도 최소한으로 줄인다면, 수많은 종의 개체수는 어느 정도까지 거의 순식간에 증가할 것이다. **자연**은 외관상 항복곡면[33]과 비교된다. 이 표면에는 10,000개의 뾰족한 쐐기가 빽빽하게 달려 있는데, 끊임없는 충격으로 쐐기가 안쪽으로 파고들어 가며, 때로는 쐐기 한 개에만 충격을 주어도 다른 것들에게 엄청난 힘이 전달된다.[34] (66~67쪽)

[35]종 하나하나의 개체수가 증가하는 자연스런 경향성을 무엇이 억제하는지는 엄청 모호하다. 개체수가 무리로 존재할 만큼 있음에도 불구하고 계속해서 개체수를 훨씬 더 증가시키려는 경향성을 지닌 가장 활발한 종을 살펴보자. 우리는 단 한 사례조차도 무엇이 억제하는지를 정확하게 알지 못한다. 우리가 이 문

32 장 목차에 나오는 6번째 주제, '보편적인 경쟁'을 설명하는 부분이다. 개체수가 증가함에 따라, 생물들이 보편적으로 몸부림칠 수밖에 없음을 설명한다. 이 주제에서 "경쟁"을 설명하는 것처럼 보이나, 실제로는 포식과 피식, 즉 먹고 먹히는 관계를 설명하고 있다.

33 강철로 만들어진 강재가 외부로부터 힘을 받으면 영구적인 형태적 변형, 즉 소성변형이 일어나는데, 이처럼 소성변형이 생기려고 하거나 소성변형이 일어나는 상태를 항복이라고 하며, 그 때의 응력 크기를 항복응력이라고 한다. 그런데 물체의 항복은 3차원 공간에서 일어나므로, 항복이 시작되는 응력의 크기 상태는 구 또는 다각형 형상을 한 곡면으로 나타난다. 이 곡면 상태를 항복곡면이라고 한다.

34 쐐기는 한 종이나 한 유형을 의미한다. 쐐기를 망치로 때리면 안쪽으로 들어가면서 다른 쐐기를 밀어내게 된다. 안쪽으로 들어간 쐐기는 자연선택이 된 것이므로 자연에서 생존할 수 있으며 밀려나간 쐐기는, 즉 선택되지 않은 것은 자연에서 사라진다는 의미로 보인다. 그런데, 『종의 기원』 2판부터 이 부분은 삭제되었다.

35 생물들이 실제로 경쟁하고 있는 과정을 다윈이 직접 관찰했는데, 그는 이를 토대로 개체수의 증가와 억제 사이의 균형을 설명하고 있다.

제에 대해 얼마나 모르고 있었는지, 심지어 그 어떤 동물보다도 비교가 안 될 정도로 잘 알고 있다고 생각한 인류에 대해서도 얼마나 모르고 있었는지를 곰곰이 생각해 본 사람이 단 한 사람도 없었다는 점은 놀랄 일이 아니다. 이 주제를 여러 사람이 훌륭하게 다루었고, 나는 앞으로 쓸 책에서 여러 억제 요인 중 일부를, 특히 남아메리카에 서식하는 길들여지지 않은 동물들을 대상으로 심도 있게 논의할 예정이다. 이 책에서는, 독자들의 생각을 상기시키기 위해 주요 논의의 핵심 중 몇 가지만 언급할 것이다. 알이나 어린 새끼들이 일반적으로 가장 심한 피해를 입으나, 그렇다고 해서 반드시 그렇지는 않다. 식물의 경우, 씨 상태에서 가장 많이 죽으나, 내가 관찰한 결과에 따르면[36] 다른 식물들이 이미 튼튼하게 자라고 있는 땅에서는 발아해서 나오는 어린싹이 가장 심한 피해를 입는 것 같다. 어린싹 역시 다양한 공격자들 때문에 죽게 된다. 실례로 길이와 폭이 각각 90cm, 60cm 정도 되는 땅 한 모퉁이를 파서 깨끗하게 하고, 이곳에 다른 식물들이 자라지 않도록 만든 다음, 나는 이곳으로 날아온 잡초들의 어린싹 모두를 확인했더니 어린싹 357개체 중 295개체 정도가 주로 민달팽이와 곤충들 때문에 죽었다. 오래전에 베어 버린 잔디를 다시 자라게 하면 사지동물들이 땅위에 자란 잔디를 먹어 치운 실례처럼, 비록 이들이 다 자랐다고 하더라도 생명력이 좀 더 강한 식물들이 덜 강한 식물들을 심지어 다 자란 식물일지라도 조금씩 죽일 것이다. 실제로 90cm×120cm의 조그만 잔디밭에서 자라던 식물 20종 중 9종은 사라졌고, 나머지 종들은 자유롭게

36 다윈은 1857년 1월부터 다음 해 8월까지 거의 날마다 관찰하고 기록했다. 그리고 그는 후커 박사에게 보낸 편지에서 "나는 몇 가지 실험을 하면서 즐겁게 보내고 있습니다. 나는 잡초들이 살 수 있는 조그만 정원을 만들었고, 잡초들의 어린싹이 나올 때마다 표시하고, 이들이 일생 중 언제 가장 심한 고통을 받는지를 관찰하고 있습니다"라고 썼다(Costa, 2009).

살았다. (67~68쪽)

물론 종 하나하나에 필요한 먹이의 양이 동물들이 증가하는 것을 막는 극단적인 제한 요소이다. 먹이를 구할 수 없어서가 아니라 다른 동물들의 먹이로 이용되어 종의 평균 개체수가 결정되는 경우가 아주 흔하다 한다. 따라서 넓은 대지에서 살아가는 자고새와 뇌조,[37] 산토끼 등의 무리[38]는 무엇보다도 먼저 해로운 짐승[39]의 죽음에 의해 결정된다는 점이 의심할 여지가 없는 것 같다. 잉글랜드에서는 지금도 해마다 수십만 마리가 사냥감으로 죽는데 앞으로 향후 20년간 사냥감으로 단 한 무리도 죽지 않는다면, 그리고 이와 동시에 해로운 짐승도 죽지 않는다면, 모든 가능성을 고려할 때, 현재 존재하는 수보다 사냥감은 줄어들 것이다.[40] 반면에, 코끼리나 코뿔소의 사례처럼 육식동물에 의해 죽지 않는 사례도 있는데, 인도에서는 호랑이가 어미들이 보호하고 있는 새끼 코끼리를 공격할 엄두조차 내지 못한다고 한다. (68쪽)

[41]기후는 한 종의 평균 개체수를 결정하는 가장 중요한 요인인데, 내가 믿기로는 극단적인 추위나 가뭄이 주기적으로 반복되는 계절이 모든 억제에 가장 효과적이다. 1854년부터 1855년에 걸친 겨울[42]에 내 마당에서 살던 새들의 4/5가 죽었을 것으로 나는 추정했다. 이러한 수치는 사람이 전염병으로 죽는 사망률이 가장 심할 때가 10%인 점을 떠올리면 엄청난 죽음을 의미한다. 기후의 작용은 얼핏 보기에는 생존을 위한 몸부림과 아주 무관한 것처럼 보인다. 그러나 기후는 대체로 식량 자원을

37 자고새는 꿩과(Phasianidae), 자고새아과(Perdicinae)에 속하는 조류이고, 뇌조는 꿩과(Phasianidae), 뇌조아과(Tetraoninae)에 속하는 조류이다. 둘 다 특정 종을 지칭하는 이름은 아니다.

38 이들은 모두 초식성 동물들이나, 자고새와 뇌조는 작은 곤충을 잡아먹기도 한다.

39 해로운 짐승이란 코요테나 족제비처럼 새나 토끼를 잡아먹는 동물을 의미한다.

40 사람이 사냥을 하지 않더라도 자연적으로 개체수가 증가한 해로운 짐승들에 의해 초식성 동물들의 수는 줄어들 것이라는 의미이다.

41 장 목차에 나오는 7번째 주제, '기후의 결과'를 설명하는 부분이다. 살아가는 조건 중 물리적 조건인 기후가 생물들에게 미치는 영향을 설명하고 있다. 이는 생존을 위한 몸부림의 두 번째인 개체들의 살려는 몸부림을 설명하는 것이다.

42 그해 겨울은 유난히 추웠던 것으로 알려져 있는데, 영국의 기상 관측 자료에 따르면 1854년 12월 21일부터 1855년 2월 4일 사이의 평균 기온은 5.3도였으나, 1855년 2월 4일부터 3월 20일까지의 평균 기온은 영하 1.2도였다. 따라서 이 기간에 많은 동식물들이 동해를 입었는데, 조류의 동해는 1860년에 Kinahan(1860)이, 식물의 동해는 Wynne(1860)가 조사해서 발표했다. 기상 자료는 아래 주소에 있다. http://xmetman.com/wp/2017/01/30/split-personality-winters/

감소시키는 역할을 하므로, 같은 먹이에 의존하는 같은 종에 속하는 또는 다른 종에 속하는 개체들을 아주 거칠게 맞서 싸우도록 만든다. 심지어 아주 심하게 추울 때에도 기후는 바로 작용하는데, 생명력이 떨어지거나 겨울이 지나가는 동안 필요한 먹이를 가장 적게 확보한 개체들이 가장 심하게 고통을 받게 될 것이다. 우리가 남쪽에서 북쪽 지역으로, 또는 축축한 지역에서 메마른 지역으로 여행하게 되면, 어떤 종들은 점점 희귀해져서 마침내 관찰되지 않는 것을 우리는 한결같이 볼 수 있다. 그리고 기후의 변화가 두드러짐에 따라, 우리는 모든 것을 기후가 직접 작용해서 만들어 낸 결과로 돌리고 싶은 유혹에 빠진다. 그러나 이런 생각은 틀렸다. 종 하나하나는, 심지어 이들이 가장 많이 살고 있는 지역에서도, 자신들이 살아가면서 어떤 시기에는 같은 장소에서 살거나 같은 먹이를 먹는 경쟁자나 포식자들 때문에 대량으로 죽는 고통을 항상 겪고 있다는 점을 우리는 망각하고 있다.[43] 만일 조그만 기후 변화라도 어찌되었든 경쟁자나 포식자에게 유리하다면, 이들의 개체수는 증가할 것이고, 지역마다 이미 정착생물들이 가득 차게 됨에 따라 다른 종들은 감소할 것이다. 우리가 남쪽으로 여행하면서 개체수가 줄어드는 종을 보게 되면, 이 종에는 나쁜 영향을 주지만, 다른 종에는 그만큼 유리한 원인이 있음을 확실히 느낄 수 있을 것이다. 우리가 북쪽으로 가면, 그 정도는 조금 낮지만, 당연히 경쟁자를 포함해서 모든 무리에 속하는 종 수는 북쪽으로 갈수록 감소한다. 따라서 우리가 남쪽으로 가거나 산 아래쪽으로 내려갈 때보

43 한 생물 종의 생존이 다른 생물과의 관계, 여기에서는 먹고 먹히는 관계와 같은 생물적 조건과 기후와 같은 무생물적 조건에 의해 결정된다고 주장하고 있다.

다 북쪽으로 가거나 산 위쪽으로 올라가게 되면, 기후가 *직접적으로* 해롭게 작용하기 때문에 발육부진에 걸린 유형들을 더 흔히 만나게 된다. 우리가 북극 지역이나 눈이 덮여 있는 산 정상, 또는 완전한 사막에 가게 되면, 살려는 몸부림은 거의 전적으로 요인들과[44] 관련된다. (68~69쪽)

다른 종들에게 도움이 되도록 기후가 주된 역할을 간접적으로 수행한다면, 우리의 기후에 완벽하게 잘 견디면서 정원에서 자라는 엄청나게 많은 식물들을 우리는 분명하게 볼 수 있을 것이다. 그러나 이들은 자연에서 자라는 식물들과 경쟁할 수 없을 뿐만 아니라 야생동물들에 의한 죽음에도 저항할 수가 없기 때문에 결코 자연으로 돌아가서 살 수가 없다.[45] (69쪽)

[46]한 종이 매우 유리한 환경 조건 때문에 좁은 지역에서 과도하게 개체수를 늘리면, 이럴 경우 사냥용으로 사육하는 동물들에서는 일반적으로 유행병이 나타나는데, 이런 유행병이 때로 잇달아 나타나기도 한다.[47] 그리고 우리는 이런 상황에서 살려는 몸부림과는 무관하게 작용하는 극단적인 억제 양상을 보게 된다. 그러나 소위 유행병이라고 부르는 이런 현상들 일부조차도 기생충에 의해 나타나는데, 유행병처럼 몇 가지 유형들에게만 편향적으로 유리한 요인도 있겠지만 동물들이 빽빽하게 모여 살아서 쉽게 전파될 수 있었던 점도 일정 부분을 차지한다. 그리고 이 시점에서 기생자와 숙주 사이에서 일종의 싸움이 발발한다. (70쪽)

다른 한편, 많은 사례에서, 같은 종에 속하며 상대적으로 적

44 여기에서는 요인에 대한 설명을 따로 하지 않았으나, 『종의 기원』 77쪽에서는 "공기와 물이라는 요인"이라고 했다. 따라서 여기서 말하는 요인이란 공기, 물 등의 환경 요인으로 보인다.

45 기후 조건이 생물들에게 결정적으로 중요한 것이 아니라는 주장이다. 기후 조건과 같은 무생물적 조건도 중요하지만, 다른 생물들과의 경쟁과 같은 생물적 조건이 더 중요하다는 의미이다.

46 장 목차에 나오는 8번째 주제, '개체들을 보호'를 설명하는 부분이다. 생물들이 살아가는 조건 때문에 죽기만 해도 안 되는데, 생물의 생존을 위해서 최소한의 개체는 보호되어야 한다고 다음 문단까지 설명하고 있다.

47 해마다 반복되는 겨울철 조류독감 사태도 이런 사례가 될 것이다. 좁은 공간에서 많은 수의 닭을 사육하기 때문에 바이러스에 의한 피해가 커진다는 주장도 있다. 1990년대 이후 좁은 공간에서 이루어지는 공장식 사육 산업이 커지면서 조류 독감의 발병 확률이 높아지고 전염 속도가 빨라졌다는 것이다.

들보다 개체수가 많은 무리 하나는 보존을 위해 반드시 필요하다. 우리는 많은 양의 옥수수와 유채 등을 우리의 밭에서 쉽게 재배할 수 있는데, 이들의 씨를 먹고 사는 조류의 개체수에 비해 씨의 양이 엄청나게 많기 때문이다. 비록 한 계절에는 먹이 양이 남아돌 정도이지만, 조류들은 씨의 공급에 비례해서 개체수를 늘리지 않는데, 겨울에는 개체수가 억제되기 때문이다. 그러나 누구든 시도해 본 사람이라면 정원에서 밀 또는 밀과 같은 식물들로부터 씨를 얻는다는 것이 얼마나 힘든지를 알게 된다. 나는 이런 경우에 단 하나의 씨도 찾지 못했다. 보존을 위해서 같은 종에 속하는 커다란 무리가 필요하다는[48] 견해는, 내가 믿기로는, 자연계에 존재하는 몇 가지 유례없는 사실들을 설명해준다. 아주 희귀한 식물들일지라도 자신들이 살고 있는 극소수의 바로 그 자리에서는 극단적으로 풍부하다는 점, 그리고 일부 무리를 지어 살아가는 식물들이 분포범위의 극단적인 경계 내에서는 무리를 지어, 즉 빽빽하게 살고 있다는 점이다. 이런 사례로부터 살아가는 조건이 너무나 유리해서 많은 식물들이 같이 살아갈 수 있는 장소에서만 식물이 생존할 수 있으며, 그에 따라 극심한 파괴로부터 서로서로를 보호하고 있다고 우리는 믿을 수가 있다. 자주 일어나는 이형교배의 좋은 결과와 근친교배의 나쁜 결과가[49] 이러한 사례에서 아마도 나타났을 것이라는 점을 나는 추가해야만 한다. 그러나 이 미묘한 주제를 이곳에서는 더 이상 설명하지 않을 것이다. (70~71쪽)

[50]기록된 많은 사례들은 같은 나라에서 서로서로 싸우면서

48 오늘날 보전생물학에서는 최소생존개체군이라는 개념으로 설명하고 있다. 한 종의 개체수가 일정 수 이상이 되어야만 절멸을 피할 수 있다는 주장이다.

49 이형교배는 서로 다른 계통을 교배하는 것으로, 종간교배, 변종간교배, 품종간교배 등이 있다. 근친교배는 계통이 매우 가까운 것 사이의 교배이다. 일반적으로 근친교배가 일어나면 유전적으로 결함이 있는 자손들이 만들어지는 것으로 알려져 있다. 사람의 혈우병도 일종의 근친교배 결과 나타난 것으로 설명한다.

50 장 목차에 나오는 9번째 주제, '자연에 있는 동식물의 복잡한 연관성', 즉 생물이 살아가는 조건 중 생물적 요인을 설명하는 부분이다. 한 생물이 다른 생물과의 연관성을 맺으면서 살아간다는 의미이다. 이는 생존을 위한 몸부림의 첫 번째, 즉 다른 생물과의 연관성을 설명하는 것이다. 다윈은 이 부분을 상호 억제로 생각했는데, 『종의 기원』 난외 표제에 '증가의 상호 억제'라는 제목을 붙였다.

살아가는 생명체들 사이의 연관성과 억제가 얼마나 복잡하고 돌발적인가를 보여 준다. 비록 단순하지만 내 관심을 유발한 단 한 가지 실례를 나는 보여 줄 것이다. 스태퍼드셔주[51]에는 내가 다양한 방법으로 조사한 친척의 토지가 있다. 이곳에는 극단적으로 불모지인 넓은 히스[52]가 있는데, 사람의 손길이 전혀 닿지 않았다. 그러나 정확하게 같은 상태의 수백 에이커 땅에 25년 전 울타리를 에워싸고, 구주소나무[53]를 식재했다. 구주소나무가 식재된 곳에서 나타난 히스의 자연 식생 변화가 아주 놀랄 일이었다. 이보다 더 놀랄 일은 토양이 이전과는 완전히 다르게 변했음을 일반적으로 볼 수 있었다는 점이다. 또한 히스 식물들의 상대적인 수도 전반적으로 변했을 뿐만 아니라 (벼풀[54]이나 사초가 아닌) 식물 12종이 식재된 지역에서 번성했는데, 이들은 옛날에는 히스에서 발견되지 않았었다. 곤충과 관련된 결과도 상당히 놀랄 만했는데, 식재된 지역에서는 지금까지 이 지역에서 발견되지 않았던 6종의 식충성 조류들도 아주 흔하게 발견되었다. 그리고 식충성 조류 2~3종이 히스에 자주 찾아왔다. 이 사례에서 우리는 단 한 그루의 교목을 도입했을 뿐이며, 이 지역에 울타리를 쳐서 소들이 들어오지 못하게 한 것 말고 다른 일은 그 어떤 것도 하지 않았음에도 얼마나 강력한 영향이 미쳐졌는지를 알 수 있었다. 더구나 울타리를 쳤다는 점이 얼마나 중요한가를 나는 서리주의 파넘[55] 근처에서 명확하게 보았다.[56] 이 지역에는 굉장히 넓은 히스가 있는데, 멀리 보이는 언덕 위에는 오래된 구주소나무 몇 무리도 있었다. 지난 10년 동안에 많은 지역을 울타

51 영국 그레이트브리튼섬의 중앙부에 있는 한 주다.

52 20cm에서 2m까지 자라는 키가 아주 작은 관목으로만 이루어진 숲이다. 물이 잘 빠져 메마르며, 토양은 산성을 띤다. 일반적으로 춥고 건조한 지역에서 발달하는데, 진달래과(Ericaceae) 식물들이 많이 자란다. 이 중 에리카속(*Erica*) 식물들을 특히 히스라고, 칼루나(*Calluna vulgaris*)를 히더라고 부르기도 한다.

53 *Pinus sylvestris*. 영국 스코틀랜드 원산의 상록 교목이다. 해발 1,000m되는 곳에서 살아가는데, 키는 35m까지 자란다.

54 160쪽 주석 **175**를 참조하시오.

55 서리주는 영국 그레이트브리튼섬의 동남부에 있는 한 주이며, 파넘은 이 주의 서쪽 끝에 있는데, 런던에서 서남쪽 방향에 있다.

56 다윈은 원인을 알 수 없는 질병에 평생을 시달렸고, 이를 치료하기 위해 물을 이용한 치료를 자주 받곤 했다. 물 치료를 받기 위해 주기적으로 파넘에 있는 무어파크를 방문했는데, 이곳에서 멀지 않은 곳에 크룩스버리 힐이 있었고, 이곳에서 울타리를 친 영향을 조사했다.

리로 에워쌌더니, 지금은 울타리 안쪽에 자연스럽게 퍼뜨려진 씨에서 나온 구주소나무 새싹들이 굉장히 많았으며, 이들은 서로서로 너무 가까이 있어 모두가 살 수는 없었다. 이 어린 교목들이 씨를 뿌리거나 심어서 자란 것이 아님을 내가 확인했을 때, 나는 이들의 숫자에 너무 놀라 조망할 수 있는 곳 몇 군데로 가서 그곳에서부터 울타리가 없는 수백 에이커를 조사했는데, 과장하지 않고 오래전에 식재된 구주소나무 말고는 단 한 그루의 구주소나무도 찾지 못했다. 그러나 히스의 줄기 사이를 세밀하게 조사하면서, 나는 엄청나게 많은 새싹들과 매우 작은 교목들을 찾았는데,[57] 이들은 소들이 반복적으로 뜯어 먹은 것 같았다. 그리고 오래된 교목 무리로부터 수백 야드 떨어진 한 지점에서 1평방야드를 조사했을 때 나는 32그루의 매우 작은 교목들을 발견했는데, 이들 중 한 그루는 나이테로 판단하건대 26년간 히스 줄기보다 높이 자라려고 노력했으나 실패했던 것 같았다. 땅에 울타리를 치자마자 매우 왕성하게 자라는 구주소나무의 어린 나무들로 빽빽하게 뒤덮이게 되었다는 점은 결코 놀랄 일이 아니다. 그럼에도 히스 지역은 극단적으로 메마르고 너무 넓기 때문에 소들이 자신들의 먹이를 아주 세밀하고도 효과적으로 찾았을 것이라고는 그 누구도 짐작하지 않았다. (71~72쪽)

여기에서는 구주소나무의 생존을 소가 절대적으로 결정하나, 세계 몇몇 지역에서는 곤충이 소의 생존을 결정한다. 아마도 가장 신기한 실례는 파라과이에서 볼 수가 있다. 비록 이곳에서는 소, 말, 개 무리가 야생 상태에서 남북으로 떼를 지어 이동하지

57 키가 작은 개체들은 많으나, 크게 자란 개체들은 없었다는 의미이다.

만, 그 어떤 종류도 야생으로 되돌아가지 않았다. 아자라와 렝거는 파라과이에 있는 수많은 특정한 파리[58]에 의해 이런 일이 나타남을 보여 주었는데, 이 파리는 이들 동물이 태어나면 배꼽에 알을 낳는다. 파리의 수가 아무리 많다고 해도, 이들의 증가 역시 다른 수단인 새들에 의해 늘 억제되어 왔다. 따라서 만일 파라과이에서 식충성 조류들이 (아마도 이들의 수는 매와 같은 육식성 동물에 의해 조절되었을 것이다) 증가한다면, 파리는 감소할 것이고, 그에 따라 소와 말들이 야생으로 되돌아갈 수 있을 것이고, 그 결과 (내가 남아메리카 일부 지역에서 관찰한 것처럼) 식생은 크게 변화할 것이다. 그리고 식생은 다시 곤충에 상당한 영향을 주고, 우리가 방금 전에 스태퍼드셔주에서 살펴본 바와 같이, 식충성 조류가 점점 증가하는 복잡한 순환 고리로 이어질 것이다. 우리는 이 순환 고리를 식충성 조류에서 시작했는데 끝도 식충성 조류였다. 자연에서 나타나는 이러한 연관성은 이처럼 결코 단순하지 않다. 전쟁 중의 전쟁이 여태까지 되풀이되면서 다양한 성공으로 이어졌다.[59] 마침내 모든 힘들이 훌륭하게 균형을 잡게 되므로, 비록 틀림없이 아주 사소한 일로 한 생물이 다른 생물에 승리하지만, 자연의 얼굴은 오랜 시간 똑같은 표정을 지니고 있는 것처럼 보인다.[60] 그럼에도 우리가 너무나 잘 모르고 또한 너무나 뻔뻔스럽기 때문에, 한 생물이 절멸했다는 소리를 들으면서 이상하게 생각한다. 그리고 우리가 원인을 알지 못하기 때문에, 세계가 황폐화된 것을 대홍수가 일어난 탓으로 돌리거나, 생명 유형별 수명에 관한 법칙으로 날조하고 있다![61] (72~73쪽)

58 열대와 아열대에 분포하는 기생성 나사파리벌레(*Cochliomyia hominivorax*)로, 이 파리의 유충은 온혈동물의 살아 있는 조직을 먹고 사는데, 구더기증이라는 증상을 유발한다.

59 생태계에서 일어나는 먹고 먹히는 관계가 복잡하게 그물망처럼 연결된 먹이연쇄를 의미한다. 먹이연쇄 결과는 밖으로 드러나지는 않아 평화롭게 보이지만, 어떤 생물은 먹으려고 다른 생물은 먹히지 않으려고 전쟁을 벌이고 있다. 특히 다른 생물을 먹으려는 어떤 생물도 자신을 먹으려는 생물로부터 먹히지 않으려고 전쟁을, 즉 전쟁 중의 전쟁을 수행해야만 한다.

60 생태계는 동적인 평형 상태에 있다고 하는데, 겉으로는 똑같은 표정을 지니고 있으나, 속으로는 전쟁 중의 전쟁을 수행하고 있다.

61 종이 창조되었고, 이들의 수명은 이미 결정되어 있어 수명이 다하면 절멸한다는 포브스의 주장을 반박하고 있다. 포브스는 종을 창조한 신의 계획을 밝히기 위해 생물과 화석들을 연구했는데, 자신의 이론을 '극성의 원리'라고 불렀다. 생물들이 연이어 나타나는 것은 진화의 결과가 아니라 신의 창조 계획에 따른 결과라고 주장했다(Costa, 2009). 다윈은 『종의 기원』 곳곳에서 포브스의 주장을 반박했는데, 이곳에서는 이름을 명기하지 않았지만, 5장부터는 그의 이름을 명기했다.

나는 자연의 사다리[62]에서 멀리 떨어진 동식물들이 어떻게 복잡한 연관성을 지닌 그물망으로 단단하게 연결되어 있는가를 보여 주는 한 가지 실례를 더 보여 주고자 한다. 나는 지금부터 잉글랜드 일부 지역에서 자라는 외래종으로 곤충이 찾아가지 않아, 결과적으로 그리고 특이한 꽃 구조로 볼 때 씨를 결코 만들지 않은 붉은숫잔대Lobelia fulgens[63] 경우를 설명할 것이다.[64] 우리가 심는 난초과 식물들의 경우, 화분괴를 떨어뜨리고 수정하려면 나방[65]의 방문이 절대적으로 필요하다.[66] 또한 나는 뒤영벌[67]이 삼색제비꽃Viola tricolor의 수정에 꼭 필요하다고 믿어야 할 이유를 알고 있는데, 뒤영벌을 제외한 다른 벌들은 삼색제비꽃의 꽃에 날아들지 않기 때문이다. 나는 실험을 하며 토끼풀 종류에서 수정이 일어나기 위해서는, 반드시 필요한 것은 아니지만, 벌이 방문하는 것이 적어도 도움이 된다는 점을 발견했다. 다른 벌들은 꿀샘에 도달하지 못하기 때문에, 붉은토끼풀Trifolium pratense에는 뒤영벌 한 종만 방문했다. 따라서 잉글랜드에서 뒤영벌속에 속하는 벌들이 전부 절멸하거나 희귀해진다면, 삼색제비꽃이나 붉은토끼풀이 매우 희귀해지거나 완전히 사라질 수가 있다는 점을 나는 결코 의심하지 않는다. 특정 구역에 있는 뒤영벌의 수는 북숲쥐[68]의 수에 따라 크게 좌우되는데, 이들은 벌의 집과 둥지를 파괴한다. 뉴먼 씨는 뒤영벌의 습성을 오랜 시간 관찰하고, "따라서 뒤영벌의 2/3 이상이 잉글랜드 전체에 걸쳐 죽은 것"[69]이라고 믿었다. 현재, 북숲쥐의 수는 모든 사람들이 알고 있듯이 고양이 수에 따라 대체로 좌우된다. 그리고 뉴먼 씨는

62 아리스토텔레스가 설정한 생물의 위계 질서로, 불완전한 하등한 생물에서 완전한 고등한 생물로 향해 가는 단계이다. 마치 사다리의 계단처럼 설명하고 있어 자연의 단계라고도 부른다. 식물은 이 단계에서 무생물 바로 위쪽에 있으며, 동물은 모두 식물 위쪽에 위치한다. 아리스토텔레스는 각 단계 내에서의 변화는 가능하지만, 아래 단계에 있는 생물이 윗 단계로의 변화는 불가능하다고 주장했다.

63 『종의 기원』에는 *Lobelia fulgens*로 표기되어 있는데, 이 종은 오늘날 붉은숫잔대(*L. carndinalis*)와 같은 종으로 처리되고 있다.

64 붉은숫잔대의 꽃 구조는 『종의 기원』 98쪽에 설명되어 있다.

65 『종의 기원』 초판에서는 수분매개자가 나방으로 되어 있으나, 4판부터는 곤충으로 수정되어 있다.

66 난초과 식물들은 암술을 수술이 완전히 감싸고 있어, 꽃가루받이가 일어나고 수정이 일어나기 위해서는 제일 먼저 암술을 둘러싸고 있는 수술을 떨어뜨려야만 한다. 난초과 식물들의 수술은 꽃가루가 모여 뭉쳐 있는 구조로 되어 있는데, 이를 화분괴라고 한다.

67 길이는 2cm 정도이며, 털이 많다. 호박꽃을 자주 찾아 호박벌이라고도 부른다. 뒤영벌과 붉은토끼풀 사이의 관계는 136쪽 설명을 참조하시오.

68 *Apodemus sylvaticus*. 유럽과 아프리카 북서 지역에 흔히 서식한다.

69 뉴먼은 "뒤영벌에 가장 치명적인 적은 북숲쥐로, 이 쥐는 영국 전체에 걸쳐 뒤영벌의 2/3를 죽였다"라고 썼다.

"나는 마을이나 소도시 근처에서 다른 지역보다 훨씬 많은 뒤영벌 둥지를 발견했는데, 상당수의 고양이가 북숲쥐를 죽였기 때문으로 생각했다"라고 말했다. 따라서 특정 구역에 존재하는 많은 수의 고양이과 동물들이, 처음에는 북숲쥐에 그 다음에는 뒤영벌에 개입해서 그 구역에 있는 특정한 꽃의 빈도를 결정한다는 점을 확실히 믿을 수 있을 것이다! (73~74쪽)

모든 종의 사례에서, 일생 중 각기 다른 시기나 서로 다른 계절이나 여러 해에 걸쳐 영향을 주는 수많은 서로 다른 억제 요인들이 작동할 것이다. 이들 요인 중 하나 또는 극히 몇 개가 일반적으로 가장 강력할 것이나, 모든 요인들이 서로 결합하여 종의 평균 개체수나 생존을 결정한다. 어떤 사례를 보면 서로 다른 구역에 있는 같은 종에 사뭇 다른 억제 요인들이 작동함을 알 수 있다. 우리가 복잡하게 엉켜서 강둑[70]을 덮고 있는 식물과 덤불을 조사하면, 우리는 여기에 있는 종류 수[71]와 개체수의 비율을 소위 우연 탓이라고 말하고 싶어한다. 하지만 얼마나 잘못된 생각이란 말인가! 아메리카 대륙에서 숲을 벌채하고 나면, 전혀 다른 식생의 새싹이 돋아난다고 했다. 그러나 미국 남부의 옛날 인디언들이 만든 언덕에서 현재 살고 있는 교목들은, 이를 둘러싸고 있는 원시림[72]에서 나타나는 종류의 다양성과 비율을 훌륭하게 지니고 있음을 관찰할 수 있다. 해마다 자신들의 씨를 수천 개씩 흩어지게 하려고 지난 긴 세월에 걸쳐 몇몇 종류의 교목들이 얼마나 서로서로 맞서 싸웠단 말인가! 곤충과 곤충 사이의 전쟁을 비롯해서 곤충과 달팽이들, 육식성 조류들과 짐승들 사이의 전

70 강둑은 다음에 나오는 원시림과 대응관계로 보인다. 강둑은 사람의 손이 닿은 인위적인 생태계인 반면, 원시림은 사람의 손이 닿지 않은 자연적인 생태계일 것이다. 그리고 강둑은 인위선택, 원시림은 자연선택으로 조절됨을 의미하는 것으로 풀이된다.

71 종류 수는 종과 변종을 모두 고려한 수이다. 한 종과 다른 종에 속하는 한 변종이 있을 경우 종 수와 종류 수는 2개가 된다. 그러나 한 종과 이 종에 속하는 한 변종이 있을 경우에는 종 수는 1개이나 종류 수는 2개이다.

72 사람이 손을 대지 아니한 자연 그대로의 산림이다.

쟁은 동물들이 부단히 개체수를 증가하려는 과정에서 나타나는데, 이 전쟁은 동물들이 모두 서로서로를 또는 교목을 또는 교목의 씨와 어린싹을 또는 땅위를 맨 처음 덮어 교목의 성장을 억제하는 또 다른 식물들을 먹기 위함이다! 깃털 한 줌을 던지면, 이들 모두는 정해진 법칙에 따라 땅에 떨어진다.[73] 그러나 이 문제는 셀 수 없이 많은 동식물의 작용과 그에 따른 반작용을 비교할 때 너무나 단순한데, 동식물에서 일어나는 작용과 그에 따른 반작용으로 현재 인디언 폐허에서 자라는 교목들의 상대적인 수와 종류가 수 세기를 거치면서 결정되었다! (74~75쪽)

[74]한 생명체와 다른 생명체와의 종속 관계는, 마치 기생자가 자신의 숙주에 종속되듯이, 자연의 사다리에서 멀리 떨어진 생물들 사이에서 일반적으로 나타난다. 마치 메뚜기와 초식성 사지동물 사례에서 볼 수 있듯이, 이러한 관계는 때로 자신의 생존을 위해 서로서로 맞서 싸우고 있다고 단적으로 말할 수 있는 사례에서 볼 수 있다. 그러나 거의 불가피하게 맞서 싸우는 경우는 같은 종에 속하는 개체들 사이에서 가장 심하게 나타나는데, 흔히 이들은 같은 구역을 공유하고, 같은 먹이를 필요로 하고, 같은 위험에 노출되어 있기 때문이다.[75] 같은 종에 속하는 변종들이 맞서 싸우는 사례도 일반적으로 거의 비슷하게 심한데, 우리는 이들의 경기가 바로 종료되는 것을 때로 보곤 한다. 예를 들어, 밀의 몇 변종들을 함께 뿌리고 이렇게 해서 만들어진 씨들을 섞어 뿌리면, 기후나 토양에 가장 잘 적합하거나 자연적으로 생식가능성이 가장 뛰어난 일부 변종들은 다른 것들을 이겨서 더

73 다윈은 물리학에서 사용하는 법칙처럼 환경에 따라 변하지 않고 항상 적용되는 법칙을 생물들에게도 적용하려고 노력했다. 그래야 자신의 이론이 물리학에서 말하는 법칙처럼 모든 사람들이 인정할 것으로 생각했던 것으로 보인다. 실제로 『종의 기원』 마지막 문장에 "이 행성이 고정된 중력 법칙에 따라 자신만의 회전을 하고 있는 동안"이라고 썼다. 634쪽을 참조하시오.

74 장 목차에 나오는 10번째 주제, '같은 종에 속하는 개체들과 변종들 사이에서 벌어지는 가장 심각한 살려는 몸부림, 같은 속에 속하는 종들 사이에서 때때로 벌어지는 심각한 몸부림'을 설명하는 부분이다. 가장 극심한 생존을 위한 몸부림은 같은 종에 속하는 개체들과 변종들 사이에서 일어남을 설명하고 있다.

75 같은 종에 속하는 개체들 사이에서 맞서 싸우는 것이 가장 심함에도 불구하고, 지금까지 종들이 영속되는 이유가 무엇일까라는 질문을 던지는 것 같다. 아마도 개체 간의 싸움을 피하기 위해서 진화했다는 생각을 유도하려는 문장처럼 보인다. 다윈은 다음 장에서 싸움을 피하는 방법으로 형질분기를 설명하고 있는데, 형질이 분기되면, 달리 말해 생태적 지위를 달리하면, 맞서 싸우는 일을 피할 수도 있을 것이다.

많은 씨를 만들고, 결과적으로 몇 년 이내에 다른 변종들을 압도하게 된다. 다양한 색을 지닌 스위트피[76]처럼 엄청나게 비슷한 변종들조차도 혼합된 상태를 유지하려면 해마다 따로 분리해서 수확해야 하며, 씨들을 비율에 따라 혼합해서 뿌려야 할 것이다. 그렇지 않으면 약한 종류들의 수는 지속적으로 감소해서 결국 사라질 것이다. 양 변종들도 이와 마찬가지이다. 산지에서 살아가는 어떤 변종은 다른 변종들을 굶주려 죽게 만들어서 이들이 함께 살아갈 수 없다는 주장도 있다. 의료용 거머리[77]의 서로 다른 변종들을 같이 놔두어도 같은 결과를 초래한다. 길들인 동식물 종류의 어떤 변종들이 강점, 습성 그리고 체질에서 정확하게 동일한지 여부는 의심스럽다. 만일 마치 자연 상태처럼 함께 두고 맞서 싸우도록 하면, 그리고 씨나 어린 새끼들을 해마다 분리해 두지 않는다면, 혼합 무리의 원래 비율이 6세대 동안 유지될 수 있는지는 의문이다.[78] (75~76쪽)

같은 속에 속하는 종은, 반드시 그런 것은 아니지만, 보통 습성과 체질이 어느 정도 비슷하며 구조도 항상 비슷하기 때문에, 이들이 서로서로 맞서 싸우는 상황이 되면 다른 속에 속하는 종들이 맞서 싸우는 것보다 이들이 맞서 싸우는 것이 일반적으로 좀 더 심하다. 우리는 미국에서 동굴제비[79]의 한 종류가 자신의 영역을 넓혀가면서 다른 종류를 감소시킨 최근 사례를 볼 수 있다. 스코틀랜드 일부 지역에서는 겨우살이개똥지빠귀[80]가 최근 증가하면서 노래지빠귀[81]가 감소했다. 기후가 극도로 서로 다른 지역에서 한 종의 쥐가 다른 종의 쥐가 점유한 장소를 취했다는

76 *Lathyrus odoratus*. 콩과에 속하는 한해살이풀로, 완두와 비슷하다. 원예 식물로 많이 심는다.

77 영국을 비롯하여 유럽 북부에 분포하는 거머리(*Hirudo medicinalis*)이다. 손가락 접합 수술이나 두꺼운 살을 혈액순환이 유지되는 상태에서 옮기는 수술을 할 때처럼 피가 굳지 않고 계속 흐르게 할 때 사용한다.

78 혼합유전을 설명한 것으로 보인다. 1세대 자손은 부와 모의 형질을 50%씩 가지나, 2세대에서는 한쪽 형질이 25%만 나타난다. 3세대에서는 25%의 절반인 12.5%, 4세대에서는 6.25%, 5세대에서 3.125%, 그리고 6세대에서는 1.5625%만 지니게 된다.

79 *Petrochelidon fulva*(=*Hirundo fulva*). 멕시코, 미국 등지에 널리 퍼져서 살아가는 제비의 일종으로, 영어 이름 cave swallow를 동굴제비라고 번역해서 부른다. 다윈은 『위대한 책』에서 동굴제비가 제비(*Hirundo rustica*)의 개체수를 감소시킨 연구 결과를 소개했다.

80 *Turdus viscivorus*. 유럽, 아시아, 북아프리카 등지에서 흔히 관찰되는 새로, 겨울에는 남쪽 지역으로 이동해서 살아간다. 겨우살이 열매를 먹는다.

81 *Turdus philomelos*. 유라시아 대륙에서 서식하는 지빠귀 종류의 새이다.

소리를 우리는 얼마나 자주 들었던가! 러시아 전역에서 예전에 몸집이 큰 바퀴를 조그만 바퀴[82]가 몰아냈다. 들갓속 종류[83]의 한 종도 다른 종의 자리를 빼앗을 것이며, 다른 사례에서도 마찬가지일 것이다. 왜 동류 종들 사이에서 벌어지는 경쟁이 가장 심각한지를 어렴풋이 알 수 있는데, 자연의 경제에서 거의 같은 장소를 차지하고 있기 때문이다.[84] 그러나 아마도 일생 중에 벌어지는 위대한 전쟁에서 한 종이 다른 종에 승리하는 원인을 정확하게 말할 수 있는 사례는 단 하나도 없다. (76쪽)

[85]가장 중요한 필연적인 결과는 아마도 앞에서 언급한 내용으로 더듬어 볼 수 있다. 즉, 모든 생명체의 구조는, 가장 본질적으로 그러나 때로 알려지지 않은 방법으로 다른 모든 생명체의 구조와 어느 정도는 연관되어 있다는 점이다. 생명체들끼리는 먹이나 잠자리를 위한 경쟁을 벌이거나, 적으로부터 도망을 가거나 또는 다른 생물들을 잡아먹어야만 한다. 이런 점은 호랑이의 이빨과 발톱의 구조에서 그리고 호랑이 몸에 있는 털에 달라붙어 살아가는 기생충의 다리와 발톱 구조에서 명확하게 볼 수 있다.[86] 그러나 보기 좋은 갓털이 달린 민들레 씨[87]와 편평하면서도 가장자리에 술 장식이 있는 수서곤충[88] 다리에서 관찰되는 연관성은 얼핏 보면 공기와 물이라는 요인에 국한된 것으로 보인다. 그럼에도 갓털이 달린 씨가 지니는 유리한 점은 의심할 여지 없이 이미 다른 식물들로 두껍게 덮여 있는 땅과 밀접한 관계가 있다. 즉, 씨를 멀리 퍼뜨려 아무도 없는 땅에 떨어지도록 한 것이다. 수서곤충의 경우, 다리의 구조가 물속으로 들어가도록

82 다윈은 『위대한 책』에서 학명으로 *Blatta asiatica*를 사용했는데, 오늘날 이 종은 바퀴(*Blatta germanica*)와 동일한 종으로 간주되어 바퀴로 번역했다.

83 속명은 *Sinapis*이며, 들갓(*S. arvensis*)을 포함해서 5종이 알려져 있다.

84 자연의 경제는 생태계를, 같은 장소는 생태적 지위를 의미한다. 생태적 지위가 같은 생물들은 필연적으로 경쟁할 수밖에 없다.

85 장 목차에 나오는 마지막 주제, '모든 연관성 중에서 가장 중요한 생명체와 생명체 사이의 연관성'을 설명하는 부분이다. 생존을 위한 몸부림의 첫 번째, 즉 생물과 생물과의 연관성을 요약하고 있다.

86 호랑이의 이빨과 발톱은 먹이를 잡고 먹기 위한 효율적인 구조일 것인데, 이 호랑이의 털에 달라붙어 사는 기생충의 다리와 발톱 구조 역시 호랑이로부터 떨어지지 않으면서 양분을 빨아먹기 위한 효율적인 구조일 것이다.

87 갓털이 달린 부위는 씨가 아니라 식물학적으로 열매이다. 통상 홀씨라고 부르고 있어 씨로 알려져 있으나 잘못이다.

88 물속이나 물위에서 살아가는 곤충들로, 하루살이, 소금쟁이, 물방개 등이 있다.

너무나 잘 적응되어 다른 수서곤충들과 경쟁할 수 있도록 할 뿐만 아니라 자신만의 먹이도 잡을 수 있고, 또한 다른 동물의 먹이로 되는 것도 피할 수 있게 해 주었다. (77쪽)

많은 식물들이 씨에 양분을 저장하는 것을 얼핏 보면 다른 식물들과 어떠한 연관성도 없는 것처럼 보인다. 그러나 기다랗게 자란 잔디 틈바구니에 씨를 뿌려도 (완두콩이나 대두 등의) 어린 식물들이 튼튼하게 성장하는 것을 보면, 씨 안에 들어 있는 양분의 주요 용도가 어린 식물들이 주위에서 왕성하게 자라는 다른 식물들과 맞서 싸우면서 성장하도록 도와주는 것이라고 나는 추측한다. (77쪽)

[89]자신의 분포범위 중심에 있는 식물을 보면,[90] 자신의 개체수를 2배 또는 4배로 늘리지 못할 이유가 있겠는가? 이 식물이 약간은 덥거나 추운 곳, 또는 약간은 축축하거나 메마른 곳까지 퍼져 자라기 때문에, 이 식물이 아주 조금 덥거나 추운 곳, 또는 아주 조금 축축하거나 메마른 곳에서도 거의 완벽하게 잘 견디며 살 수 있을 것이라고 생각한다. 이 사례에서, 만일 우리가 식물에게 개체수를 증가시킬 수 있는 능력을 상상으로 부여할 수가 있다고 가정하면, 우리는 이 식물에게 경쟁자 또는 자신을 먹어 치우는 동물들보다 유리한 점을 반드시 주어야만 한다고 명확하게 말할 수 있을 것이다. 지리적 분포 영역의 범위 안에서는, 기후와 관련된 체질의 변화가 우리가 생각한 식물에게 유리했음이 분명하다.[91] 그러나 극히 소수의 동식물은 분포범위를 훨씬 벗어나서 혹독한 기후 조건 때문에 죽었을 것이라고 우리

89 생존을 위한 몸부림의 두 번째, 즉 살려는 몸부림을 요약하고 있다.

90 분포범위 중심은 특정 식물이 살아가는 최적의 조건을 지녔을 것이다.

91 체질의 변화로 추위에 견디는 생물은 더 추운 곳 또는 더 높은 산에서 살아갈 수 있으나, 그렇지 않은 생물은 살아갈 수가 없을 것이다.

가 믿어야 할 이유가 있다. 북극 지역이나 완전한 사막의 가장자리와 같은 지역에서 생물이 극단적으로 고립되기 전까지는 경쟁은 멈추지 않을 것이다. 이런 땅은 극단적으로 춥거나 메마를 것인데, 그럼에도 일부 극히 소수의 종들 사이에서 또는 같은 종에 속하는 개체들 사이에서 가장 따뜻하거나 가장 축축한 장소를 겨냥한 경쟁이 일어날 것이다.[92] (77~78쪽)

따라서 한 식물 또는 한 동물이 새로운 경쟁자들이 있는 새로운 영역에 놓이게 되면, 비록 기후가 이전에 살던 터전의 기후와 완전히 같다고 하더라도, 이들이 처한 살아가는 조건이 본질적으로 변하는 것이 일반적이라는 점도 우리는 또한 보게 될 것이다. 만일 새로운 터전에서 이들의 평균 개체수가 증가하기를 바란다면, 원래 영역에서 우리가 했던 방식과는 다른 방식으로 이들을 변형시켜야만 하는데, 서로 다른 무리의 경쟁자나 적들을 극복할 수 있는 유리한 점을 이들에게 제공해야 하기 때문이다. (78쪽)

우리가 상상으로 어떤 유형에게 이와는 다른 유형보다 유리한 점을 제공하려고 노력하는 것은 좋은 일이다. 아마도 성공을 위해서 어떤 일이 일어났는지를 우리가 알고 있는 실례는 단 하나도 없을 것이다. 모든 생명체들 사이의 상호연관성을 우리는 알지 못한다고 확신할 수 있는데, 우리가 모른다는 확신은 인정해야 하나, 모른다는 것 자체를 깨닫는 것은 매우 어려운 것 같다. 우리가 할 수 있는 모든 일은 모든 생명체들이 기하급수적으로 증가하려고 애쓰고 있다는 점, 일생의 어떤 시기 동안이나 일

92 살려는 몸부림에도 생물 간 경쟁, 즉 생물과 생물과의 연관성이 관여할 수도 있다는 의미이다.

년 중 일부 계절에, 매 세대 또는 일정한 간격마다 살려고 몸부림치고 있다는 점, 그리고 엄청난 죽음이라는 고통에도 빠질 수 있다는 점을 마음속에 간직하는 것이다. 우리가 이런 몸부림을 심사숙고할 때면, 자연에서 일어나는 전쟁이 끊임없이 일어나는 것이 아니라는 점, 아무런 두려움도 느끼지 못한다는 점, 죽음이 일반적으로 순간적이라는 점, 활기차고 건강하고 행복한 개체들이 살아남아 자손을 늘린다는 점 등을 충분히 믿음으로써 우리 스스로 위안을 받을 수 있을 것이다.[93] (78~79쪽)

93 생존을 위한 몸부림이 자연계에 만연하여 항상 일어나고 있으며, 특히 경쟁을 통해 승자와 패자가 엄연히 갈린다고 생각하고, 이를 인간 세계에 접목하면 어떤 결과를 초래할 것인가에 대한 다윈의 대답으로 풀이된다. 생존을 위한 몸부림이 항상 일어나는 것이 아니며, 또한 두려움도 없다고 사람들에게 위로를 전하고 있는데, 사실은 자신이 발견한 냉혹한 자연의 법칙에 다윈 스스로 위로를 받고 싶은 마음이 아니었을까?(Costa, 2009)

4장 자연선택

자연선택[1]—인위선택과 비교할 때 자연선택이 지닌 힘—사소한 형질에 미치는 자연선택의 힘—모든 연령대와 두 가지 성에 미치는 자연선택의 힘—성선택—같은 종에 속하는 개체들 사이에서 일어나는 이형교배의 보편성—이형교배, 격리, 개체수 등과 관련된 자연선택에 도움이 되거나 되지 않는 환경 상황들—서서히 진행되는 작용—자연선택이 유발한 절멸—좁은 지역에 서식하는 정착생물의 다양성과, 그리고 귀화와 관련된 형질분기—형질분기와 절멸로 공통부모에서 유래한 자손들에게 작용하는 자연선택—모든 생명체의 무리짓기에 대한 설명

1 『종의 기원』 5판부터는 4장의 제목이 "자연선택, 또는 최적자 생존(Natural Selection; or the Survival of the Fittest)"으로 수정되었다. 자연선택과 최적자 생존이 같은 의미로 사용된 것처럼 보인다. 그러나 최적자 생존은 스펜서가 사용한 용어로 엄밀히 말하면 자연선택과 의미가 다르다. 스펜서는 강한 자가 살아남고 약한 자는 죽으므로, 최적자가 강한 자라고 생각했다. 그러나 다윈은 환경에 적응해서 살아남은 자를 최적자로 생각했다. 즉 다윈은 자연선택으로 최적자가 만들어진다고 생각한 반면, 스펜서는 강하기 때문에 최적자라고 생각한 것이다.

[2]**앞 장**에서 간단하게 설명한 생존을 위한 몸부림이 변이에 어떻게 작용하는가? 사람의 손으로 엄청난 잠재력이 입증된 선택 원리를 자연에도 적용할 수 있을까? 선택 원리가 엄청나게 효과적으로 작동하는 것을 볼 수 있을 것으로 나는 생각한다. 우리가 생육하는 재배종들은 끝도 없이 이상한 특징들을 만들어 내

2 장 목차에 나오는 첫 번째 주제, '자연선택'을 설명하는 부분이다. 지금까지 3개 장에서 설명한 내용들과 연관하여 장 목차에 나오는 '자연선택'을 간략하게 정의하고 있다.

는 반면, 자연에 있는 생명체들은 이보다는 조금 덜 다양하게 변하나, 유전적 경향성은 더 강하다는 점에 유념하자. 생육 상태에서는 모든 체계가 어느 정도는 가소성을 지니고 있다[3]고 진심으로 말할 수 있다. 모든 생명체들 사이에서 그리고 생명체와 물리적인 살아가는 조건들 사이에서 발견되는 상호연관성이 얼마나 무한히 복잡하면서도 서로에게 잘 부합하는지도 유념하자. 사람에게 유용한 변이들이 의심할 여지 없이 나타나는 것을 본다면, 어떻게 해서든 개개의 생명체에게 대규모로 복잡하게 일어나는 일생에 걸친 전쟁 속에서 유용한 또 다른 변이가 수천 세대를 거치면서 나타나는 것이 불가능하다고 생각할 수 있을까? 만일 이런 일이 일어난다면, (생존 가능한 개체들보다 훨씬 많은 개체들이 태어난다는 점을 기억하면) 아주 사소하지만 다른 개체들보다 조금이라도 유리한 점을 지닌 개체들이 생존할 뿐만 아니라 자신들의 자손을 낳을 수 있는 최고의 기회를 갖게 될 것이라는 점을 우리가 의심할 수 있을까? 이와는 반대로, 아주 조금이라도 유해한 변이는 철저하게 제거되었다고 우리는 확신할 수 있을 것이다. 이처럼 도움이 되는 변이는 보존되고 유해한 변이는 제거되는 것을, 나는 **자연선택**이라고 부를 것이다. 유용하지도 유해하지도 않은 변이는 자연선택의 영향을 받지 않으며, 다형성[4]종이라고 부르는 종들에서 볼 수 있는 것처럼 변동하는 요인으로[5] 남을 것이다.[6] (80~81쪽)

[7]우리는 기후 변화와 같은 어떤 물리적 변화가 진행되고 있는 한 나라의 사례에서 자연선택의 그럴듯한 과정을 가장 잘 이

3 가소성을 지니고 있지 않다면 변화가 일어나지 않을 것이다.

4 다윈은 『종의 기원』 46쪽에서 다형성을 "과도하게 많은 변이를 지닌" 상태로 설명했다.

5 다형성종들이 지니고 있는 변이는 자연선택과 무관하기 때문에 쉽게 만들어지거나 또는 만들어지지 않을 수도 있을 것이라는 설명이다.

6 다윈이 주장한 소위 '자연선택'에 대해서 많은 사람들이 부정적으로 생각했다. '선택'이라는 단어를 듣는 사람은 누구나 '선택'이라는 단어가 지니는 '누가'를 찾게 되어 있기 때문이다. 이런 점은 다윈이 '종의 기원'을 설명하면서 제일 먼저 사람에 의한 선택을 설명했기 때문일 수도 있다. 그러나 다윈은 '선택'을 '누가' 하는 것이 아니라 다양한 변이를 지닌 생물들이 자신들이 살아가는 환경에서 살아남으면 '선택된' 것이고, 그렇지 않으면 '선택되지 못한' 것으로 생각했다. 다윈도 이런 점을 알고 나서, 3판을 출판할 때 이 문단 뒤쪽에 자연선택과 관련된 자신의 생각을 추가했다.

7 자연선택을 생존을 위한 몸부림과 결합하여, 제일 먼저 생물과 생물과의 연관성을 설명하고 있다. 기존에 있던 연관성이 파괴되면 새로운 연관성이 생기게 될 것이다.

해하게 될 것이다. 이 지역에 살고 있는 정착생물들의 상대적인 수[8]는 거의 즉시 변할 것이며, 아마도 일부 종들은 절멸할 것이다. 나라마다 살아가는 정착생물들이 은밀하면서도 복잡한 방식으로 서로서로 단단하게 연결되어 있다는 점에 근거하여, 우리는 이들 정착생물 중 일부에서 나타나는 수리적 비율[9]의 변화가 기후 변화 그 자체와는 무관하게 수많은 다른 종들에게도 가장 심각한 영향을 줄 수 있다고 결론지을 수 있다.[10] 만일 한 나라의 국경[11]이 열려 있다면, 새로운 유형들이 확실하게 유입될 것이고, 이런 일이 일어남에 따라 이전에 살던 일부 정착생물들 사이의 연관성은 심각하게 교란될 것이다. 한 개체의 교목 또는 포유동물의 유입이 얼마나 큰 영향을 주었는지는 이미 설명했다.[12] 새롭거나 보다 잘 적응할 수 있는 유형들이 자유로이 들어올 수 없는 섬이나 장벽으로 부분적으로 둘러싸인 나라에서,[13] 만일 원래부터 살아가던 정착생물 중 일부가 어떤 식으로든 변형된다면, 우리는 확실하게 더 잘 채워질 수 있는 자연의 경제 내 장소를 가지고 있어야 한다.[14] 만일 이들 지역이 이주한 생물들에게 열려 있다면, 이와 비슷한 장소들을 불청객들이 점령하기 때문이다.[15] 이런 경우, 시간이 경과함에 따라 사소한 변형들이 나타날 기회가 생기며, 이러한 변형은 어떻게 해서든지 어떤 종의 개체에 유리하게 될 것이며, 변하는 조건에서 이 개체들은 더 잘 적응해서 보존될 것이다. 따라서 자연선택은 개량 작업을 할 수 있는 충분한 여지가 있을 것이다. (81~82쪽)

[16]1장에서 언급한 바와 같이, 특히 생식체계에 작용하는 살아

8 종별 개체수의 비율을 의미한다. 예를 들어 한 지역에 10종류의 생물이 10개체씩 살고 있다면 상대적인 수는 모든 종이 0.1이 될 것이다. 그러나 환경이 변함에 따라 한 종만 개체수를 증가시켜 82개체가 되고, 나머지 9종은 2개체씩만 남는다면, 개체수가 증가한 종의 상대적인 수는 0.82로 변하며, 나머지 종들은 0.02로 변하게 될 것이다.

9 종별 개체수의 비율이다.

10 먹이사슬을 예로 들 수 있다. 한 생물을 먹고 사는 생물의 수가 많아지면, 기후 조건과는 무관하게, 이 생물에게 잡히는 생물의 수는 감소할 것이다. 『종의 기원』 72~73쪽에 히스의 구주소나무 사례가 있다.

11 생물이 이동하는 장벽을 의미한다. 국경이 열려 있다면 생물이 이동하는 데 지리적 장벽이 없다는 의미일 것이다.

12 『종의 기원』 71~72쪽에 설명되어 있다.

13 섬처럼 지리적 장벽을 지닌 장소는 진화를 연구하기 좋은 장소이다. 다윈은 갈라파고스 제도와 같은 해양섬에 주목했는데, 『종의 기원』 곳곳에서 해양섬의 사례를 소개했고, 12장에서 자세히 설명하고 있다.

14 자연의 경제는 오늘날 생태계를, 장소는 생태적 지위를 의미하며(Pearce, 2010), 변형된 생물들이 생태계 내의 빈 장소, 즉 생태적 지위를 채울 것이다.

15 생태계에 정착생물이 살지 않고 비어 있는 장소를 새롭게 변형된 생물들이 채울 것이나, 외부에서 생물들이 유입된다면 이 장소는 이들이 채울 것이라는 설명이다.

16 인위선택을 하게 된 원인과 자연선택이 일어나게 된 원인을 비교해서 설명하고 있다.

가는 조건의 변화가 변이를 유발하거나 증가시킨다는 점을 우리가 믿어야 할 이유가 있다. 앞에서 설명한 사례에서, 살아가는 조건은 변할 수밖에 없을 것이며, 이 점은 보다 도움이 되는 변이를 만들어 낼 더 좋은 기회를 제공하기에 명백하게 자연선택에 도움이 될 것이다. 하지만 적합한 변이가 나타나지 않는다면, 자연선택은 아무런 일도 하지 않을 것이다. 변이성이 극단적으로 많을 필요는 없다고 나는 믿고 있다. 사람이 단순한 개체차이를 일정한 어떤 방향으로 진행해서 엄청난 결과를 만들어 냈듯이,[17] **자연**도 그렇게 할 것이다.[18] 그러나 자연은 비교가 안 될 정도로 오랜 시간에 걸쳐 자신의 일을 처리하기 때문에 보다 쉽게 할 것이다. 기후 변화와 같은 어떤 물리적 변화 또는 생물들의 이주를 억제하는 어느 정도는 기이한 격리가 일어나, 변형되고 개량된 다양한 정착생물들이 점유할 수 있도록 비어 있는 새로운 장소를 만드는 것이 자연선택에 실질적으로 필요하다는 점을 나는 믿지 않는다.[19] 나라마다 모든 정착생물들이 균형이 잘 잡힌 상태에서 서로 맞서 싸우고 있기 때문에, 한 정착생물의 구조나 습성에서 나타난 극히 사소한 변형이라도 다른 개체들보다 유리한 점을 제공할 것이다. 그리고 같은 종류에서 이러한 변형이 더 많이 나타나게 되면 때로 유리한 점도 더 많이 증가할 것이다. 자생하는 모든 정착생물들이 현재 자기들끼리 서로서로가 완벽하게 적응했기 때문에, 또한 자신들이 살고 있는 물리적 조건에 완벽하게 적응했기 때문에 이들 중 그 어떤 것도 개량될 여지가 없는 나라는 없을 것이다. 왜냐하면 모든 나라에서 자

17 『종의 기원』 40쪽에서 생육하는 종들의 개체차이는 새로운 품종을 만드는 사람의 선택에 도움이 된다고 설명했다.

18 『종의 기원』 45쪽에서는 자연에서 나타나는 개체차이를 설명했다. 단지 "자연도 그렇게 할 것이다"라고 표현해서, 자연에서 나타나는 변이를 사람들이 선택하듯이, 자연도 수많은 변이들에서 적합한 변이를 선택하는 것으로 사람들이 받아들이게 만든 것 같다. 하지만 자연은 선택하는 것이 아니라, 적합한 변이를 가진 생물들이 살아가게만 할 뿐이다. 선택이라는 단어가 지니는 의미를 '여럿 가운데서 필요한 것을 골라 뽑음'이 아니라 '생물 가운데 환경이나 조건 따위에 맞는 것만이 살아남고 그렇지 않은 것이 죽어 없어지는 현상'으로 바라봐야만 할 것이다.

19 생물들에게 필요한 장소를 예측해서 만들 수는 없다. 생물들은 비어 있는 장소를 점유할 뿐이다.

생생물들은 귀화생물들에 의해 너무나 많이 정복되었고, 그에 따라 토지에 대한 확고한 소유권도 외래생물들에게 물려 주었기 때문이다. 그리고 외래생물들이 도처에서 자생생물들을 물리치고 있기 때문에, 우리는 자생생물들이 불청객들에 보다 잘 저항하려고 유리한 점을 지니도록 변형되었을 것이라고 결론을 내려도 지장이 없을 것이다.[20] (82~83쪽)

[21]사람이 체계적 또는 무의식적 선택 방법으로 엄청난 결과를 만들 수 있고 확실하게 만들어 냈던 것처럼, 자연도 이런 결과를 만들지 못할까? 사람은 눈에 보이는 겉모양의 형질에만 영향을 주지만, 자연은 어떤 생명체일지라도 유용한 경우만을 제외하고는 겉모양에는 아무런 관심이 없다. 자연은 모든 내부 기관, 체질의 차이에 따른 눈에 띄지 않는 모든 부분, 그리고 살아가는 모든 절차에 영향을 준다. 사람은 자신의 이익을 위해서만 선택하나, **자연**[22]은 자신이 돌보는 모든 생명체들의 이익을 위해 선택한다. 선택된 모든 형질은 자연에 의해 완벽하게 단련되고, 생명체는 가장 적합한 살아가는 조건에 놓이게 된다. 사람은 한 나라에서 나타나는 다양한 기후 조건에서 자생생물들을 유지하며, 어떤 특별하지만 적절한 방법으로 선택된 형질들을 단련시키는 일은 거의 하지 않으며, 같은 먹이로 부리가 길거나 짧은 집비둘기를 먹여 살리며, 그 어떤 방법으로도 기다란 등뼈와 짧은 다리를 지닌 사지동물을 단련시키지 않으며, 털이 길거나 짧은 양들을 같은 기후 조건에 노출시킨다. 사람은 가장 강한 수컷들이 암컷들을 얻으려고 싸우는 것을 허락하지 않는다. 사람

20 우리가 주변에서 볼 수 있는 생물들이 완벽한 상태, 달리 말해 진화가 완료된 상태가 아니라는 점을 다윈이 말하고 있는 것으로 보인다. 우리가 볼 수 있는 생물들이 완벽하다면 외래생물들이 들어와서도 변형될 수가 없을 것이다. 완벽하지 않기 때문에, 자생생물이 지금까지 유지해 왔던 다른 생물과의 연관성이 파괴되면, 또 다른 생물과의 연관성 속에서 살아남으려고 변형될 것으로 다윈은 생각한 것이다. 이런 생각은 모든 생물들이 과거에도 진화했고, 앞으로도 진화할 것이라는 주장으로 이어질 것이다. 즉, 『종의 기원』 마지막 문장이 "너무나 단순한 유형에서 시작한 가장 아름답고도 훌륭한 유형들이 끝도 없이 과거에도 물론이지만 현재에도 진화하고 있다"로 끝났는데, 이를 반영한 것으로 추정된다.

21 장 목차에 나오는 2번째 주제, '인위선택과 비교할 때 자연선택이 지닌 힘'을 설명하는 부분이다. 인위선택과 자연선택의 결과를 비교 설명하고 있다. 인위선택은 짧은 시간에 외부 형태에만 관심을 가지고 진행되었지만, 자연선택은 지질학적 시간이라는 엄청난 시간에 걸쳐 눈에 보이지 않는 체질이나 내부 기관의 변형을 초래했다는 차이가 있다. 그에 따라 인위선택 결과는 불충실하지만, 자연선택 결과는 아주 충실하다고 설명하고 있다.

22 앞 문단에 이어 자연은 "**자연**"으로 굵은 글씨로 표기하고 있는데, Costa(2009)는 자연을 사람처럼 간주한 것이라고 주장했다. 사람이 선택하듯이 자연이 선택했다는 의미이다.

은 열등한 동물들과 자신이 만든 모든 재배종들을 단호하게 죽이지 않고, 변화하는 매 계절마다 보호해서 이들이 스스로 살아가도록 한다. 사람은 때로 절반은 기형인 유형으로, 또는 자신의 눈에 충분할 정도로 두드러지거나 명백히 자신에게 유용하도록 변형된 일부 유형으로 선택을 시작한다. 자연에서는 체질이나 체제에서 나타난 가장 사소한 차이라도 살려는 몸부림 과정에서 균형이 아주 잘 잡힌 저울이 한쪽으로 기울어져도 보존될 수가 있다. 사람의 욕망과 노력이 얼마나 덧없이 지나가는가! 사람의 시간은 얼마나 짧은가! 결과적으로 사람이 만든 생산물들은 지구가 지나온 모든 시간에 걸쳐 자연이 축적한 결과와 비교할 때 얼마나 빈약한가! 자연이 만든 생산물들이 사람이 만든 생산물들[23]보다 형질 측면에서 훨씬 더 "충실"하다는 점, 자연의 생산물들이 가장 복잡한 살아가는 조건에 끊임없이 더 잘 적응해 왔다는 점, 그리고 훨씬 뛰어난 세공품이라는 인증서를 분명히 가지고 있다는 점을 우리가 의심할 수 있을까? (83~84쪽)

[24]자연선택은 매일 매시간 전 세계에 걸쳐 아주 사소한 변이라도 모든 변이들을 속속들이 조사하는데, 나쁜 변이는 버리고, 좋은 것들은 보존하고 더해간다고 말할 수 있다. 또한 자연선택은 기회가 언제 또는 어디에서 나타나든지 상관없이 아주 조용히 알아차리지 못하게 살아가는 생물적, 무생물적 조건[25]과 관련하여 생명체 하나하나를 개선하도록 작동한다.[26] 시계 바늘이 엄청나게 오랜 시간이 지나갔음을 표시할 때까지 우리는 서서히 진보해가는 변화들을 전혀 볼 수는 없다. 게다가 우리는 과거

23 인간이 만든 생산물은 재배종이고, 자연이 만든 생산물은 야생종이다. 다윈은 『종의 기원』에서 이들을 하나의 단어 'production'으로 표기했는데, 이를 상황에 따라 재배종, 야생종 또는 생물로 번역했다.

24 자연선택의 힘을 앞 문단에 이어 설명하고 있는데, 이 문단에서는 특히 자연선택 과정을 아주 단순히 설명하고 있다.

25 생물적 조건은 한 생물들을 둘러싸고 있는 다른 생물들을 의미하며, 무생물적 조건은 한 생물들을 둘러싸고 있는 생물을 제외한 환경 조건을 의미한다. 한 생물을 먹는 포식자는 피식자의 생물적 조건이다. 생물이 살아가는 데 필요한 공기, 기온, 물, 토양 등은 모두 무생물적 조건이다.

26 매일, 매시간, 모든 변이, 언제 또는 어디에서, 조용히 알아차리지 못하게 등이 자연선택이 작동하는 원리라고 다윈은 설명하고 있다(Costa, 2009).

에 지나가 버린 지질학적 시대를 바라볼 수 있는 시야가 너무나 불완전하기 때문에 생명 유형이 과거와 현재가 다르다는 점만 알 수 있다. (84쪽)

[27]비록 자연선택이 생명체 하나하나의 이익을 이유로, 그리고 이익을 위해서만 작동할지라도, 자연선택은 중요성이 매우 떨어지는 것으로 간주하는 경향이 있는 형질이나 구조에도 작동할 수 있을 것이다. 잎을 먹는 곤충은 초록이며, 나무껍질을 먹는 곤충은 회색 점박이다. 고산뇌조[28]는 겨울에 흰색이며, 붉은뇌조는 히더[29]색이며, 검은뇌조는 이탄 토양색[30]이다. 이러한 색조는 새나 곤충이 자신이 처한 위험으로부터 자신을 지키는 데 기여한다고[31] 우리는 반드시 믿어야 한다. 뇌조가 만일 자신의 일생 중 어느 시기에 죽지 않는다면, 그 수는 셀 수 없을 정도로 많아질 것이다. 이들은 맹금류의 먹이가 되는 고통을 받는다. 매는 눈으로 먹을거리를 찾는다. 대륙의 어떤 지역에서는 사람들에게 하얀색 집비둘기를 키우지 말라고 경고하는데, 이들이 가장 쉽게 잡아먹히기 때문이다. 따라서 자연선택이 뇌조 종류마다 적절한 색을 제공하며, 또한 이들이 한번 자신의 색을 지니게 되면 색이 변하지 않고 일정하게 유지하는 것이 가장 효과적임을 의심할 그 어떤 이유를 나는 볼 수 없다. 어떤 특정한 색을 지닌 동물이 우연히 죽었다고 해서 효과가 거의 없다고 생각해서는 안 되며, 하얀색 양 무리에서 아주 희미하게나마 검은색을 띤 새끼양 모두를 죽이는 일이 얼마나 중요한가를 기억해야만 한다.[32] 식물의 경우, 열매에 털이 있는 것과 과육의 색을 식물학

27 장 목차에 나오는 3번째 주제, '사소한 형질에 미치는 자연선택의 힘'을 설명하는 부분이다.

28 *Lagopus muta helvetica*. 여름에는 회색을 띤다.

29 *Calluna vulgaris*. 진달래과에 속하는 키가 작은 관목으로, 유럽의 히스 지역에서 흔히 자란다. 자주색 꽃이 피는데, 이들이 꽃을 피울 때면 히스 거의 전역이 붉은색으로 물든다.

30 부분적으로만 썩은 식물 사체들이 축적되면서 만들어진 토양으로, 진한 갈색에서 검은색을 띤다.

31 이러한 사례들을 흔히 보호색 또는 위장색이라고 부르는데, 동물들이 자연에서 살아남기 위해 자신의 몸색을 주변의 색과 비슷하게 만든다. 붉은뇌조(*Lagopus lagopus scotia*)의 깃털은 적갈색이며, 검은뇌조(*Tetrao tetrix*)의 깃털은 회갈색이다. 고산뇌조의 깃털은 겨울에는 하얀색이나 봄과 여름에는 회색으로 변한다. 붉은뇌조는 전역이 붉은색을 띠는 히스 지역에서, 검은뇌조는 진한 갈색을 띠는 이탄 지역에서, 그리고 고산뇌조는 주로 극지역의 눈이 있는 곳에서 살아간다.

32 이들을 죽이지 않으면 검은색을 띤 양 개체수가 증가할 것이다. 양털의 경우, 하얀색에 가까운 색이 어두운 색보다 품질이 좋다고 간주한다.

자들은 그다지 중요하지 않은 형질로 간주한다. 그럼에도 미국에서 껍질이 매끄러운 과일은 밤바구미[33]의 공격으로 털이 있는 과일보다 상처가 더 생기며, 자주색 자두는 노란색 자두보다 특정 질병으로 더 많은 피해를 입으며, 이와는 달리 어떤 질병원은 다른 색보다는 노란색 과육을 지닌 복숭아에 더 자주 감염한다는 점을 우리는 뛰어난 원예학자인 다우닝으로부터 들어 알고 있다.[34] 만일 원예 기술의 도움으로, 몇몇 변종을 재배하면서 이처럼 사소한 차이로부터 엄청난 차이를 만들 수 있다면, 교목들이 또 다른 교목들이나 다수의 적들과 맞서 싸우는 자연 상태에서 껍질에 털이 있든 매끄럽든 또는 노란색이든 자주색이든 상관없이 이런 차이가 어떤 변종이 계속될 것인지를 효과적으로 확실히 결정할 것이다.[35] (84~85쪽)

우리들이 잘 알지 못하기 때문에 판단하기는 힘들지만, 종들 사이에서 나타나는 그렇게 중요한 것으로는 보이지 않는 많은 조그만 차이들을 살펴볼 때, 기후나 먹이 등이 어느 정도는 사소하지만 직접적인 영향을 주었다는 점을 망각해서는 안 된다. 그러나 변이를 통해 체제의 한 부위가 변형되는 성장의 상관관계와 관련된 수많은 알려지지 않은 법칙들이 있으며, 생명체의 이익을 위해 자연선택에 의해 축적된 변형이 또 다른 변형, 즉 때로는 전혀 기대하지 않았던 속성을 지닌 변형을 유발한다는 점을 당연히 기억해야만 한다. (85~86쪽)

[36]생육 상태에서 살아가면서 어떤 특정한 시기에 나타나는 변이들이 같은 시기에 자손들에게 다시 나타나는 경향이 있다

33 밤바구미속(*Curculio*)에 속하는 곤충들이다. 밤바구미(*C. sikkimensis*)는 밤을 먹어치우는 해충으로 알려져 있다.

34 다우닝이 쓴 『아메리카의 과일과 과실수』에 있는 내용이다.

35 생물의 색은 다윈시대에 생물을 분류할 때 중요하지 않은 아주 사소한 형질로 간주되었다. 그럼에도 불구하고 생물의 색이 자연선택으로 고정될 수 있음을 다윈이 설명하고 있다.

36 장 목차에 나오는 4번째 주제, '모든 연령대와 두 가지 성에 미치는 자연선택의 힘'을 설명하는 부분이다. 모든 연령대에 관련된 내용은 이 문단과 다음 문단에서 설명하고, 두 가지 성에 미치는 자연선택의 힘은 '성선택'에서 설명한다.

는 점을 우리는 알고 있다. 실례를 들면, 우리가 이용하는 요리용이나 농업용 식물의 많은 변종들은 씨에서, 누에 변종들은 고치나 애벌레 단계에서, 가금류는 알과 병아리의 털색에서, 거의 다 자란 양이나 소는 뿔 등에서 나타난다. 이와 비슷하게 자연 상태에서도, 자연선택은 특정 시기에 적당한 변이들을 축적하거나 상응연령대에 유전 현상이 나타나게 하여 특정 연령대에 생명체들에게 작용하거나 이들을 변형시킬 수가 있다. 만일 씨들을 바람에 의해 더 넓게 퍼지게 하는 것이 식물에게 이익이 된다면, 면을 재배하는 사람들이 목화의 꼬투리에 있는 솜털을 인위적으로 선택하여 증가시키거나 개량하는 것보다 자연선택이 이 식물에게 영향을 주었다고 말하는 것에 나는 큰 어려움을 겪지 않는다.[37] 자연선택은 많은 의도하지 않은 사건들을 거치면서 곤충의 유충을 성숙한 곤충으로 생각하게 만들 정도로 완전히 다른 형태를 지닌 여러 가지로 변형시키거나 적응시킬 수도 있다. 이러한 변형은 상관관계 법칙에 따라 성체의 구조에도 의심할 여지 없이 영향을 줄 수가 있다. 아마도 몇 시간만 생존할 수 있으며 아무것도 먹지 못하는 곤충들과 같은 사례는 이들의 구조 상당 부분이 유충의 구조가 연속적으로 변화해서 나타난 결과일 뿐이다. 역으로, 성체에서 나타나는 변형은 아마도 유충의 구조에 때로 영향을 줄 것이다. 따라서 모든 사례에서 자연선택은 일생을 통해 각기 다른 시기에 변형이 일어나게 하고 이 변형이 또 다른 변형이 나타나도록 하며, 이렇게 만들어진 변형은 적어도 해로운 결과를 초래하지 않을 것이다. 만일

37 목화(*Gossypium indicum*)의 꼬투리에 있는 솜털은 그 속에 들어 있는 씨를 보호하면서 바람을 타고 먼 곳까지 이동시켜 주는 수단이다. 갈라파고스 제도에는 이곳의 고유종인 다윈목화(*G. darwinii*)가 분포하는데, 이 종은 남아메리카에 분포하던 바다섬목화(*G. barbadense*)가 이동해서 진화한 결과로 파악되고 있다.

해로운 결과로 이어진다면, 변형으로 인해 종이 절멸하기 때문이다. (86쪽)

자연선택은 부모와 연관된 자손의 구조도 변형시킬 것이며, 자손과 연관된 부모의 구조도 변형시킬 것이다. 사회적 동물의 경우, 만일 결과적으로 모든 개체들이 선택된 변화로 인해 이익을 얻게 된다면, 자연선택은 공동체 이익을 위해 개체 하나하나의 구조를 적응시킬 것이다.[38] 자연선택이 할 수 없는 일은 다른 종의 이익을 위해 한 종에는 그 어떤 이익도 주지 않으면서 변형시키는 것이다. 비록 자연사학 관련 책에서 이런 결과들을 언급은 하고 있지만,[39] 나는 조사할 만한 가치가 있는 사례를 단 하나도 찾지 못했다. 한 동물의 전 생애에 걸쳐 단 한 번만 사용하는 구조는, 만일 이 구조가 이 동물에게 아주 중요하다면, 자연선택에 의해 어느 정도는 변형될 수 있을 것이다. 일부 곤충들이 고치를 열고 나올 때만 사용하는 큰턱을 가지고 있는 것이나 새 새끼들이 알을 깨고 나오는 데 필요한 부리 끝이 단단해진 것과 같은 사례를 들 수 있다. 공중제비비둘기 가운데 부리가 짧은 개체들은 알 껍질을 깨고 나오는 개체들에 비해 알 속에서 더 많이 죽는 것으로 알려져 있다. 그래서 애호가들은 이들의 부화 과정을 도와준다. 오늘날 만일 자연이 다 자란 집비둘기의 부리를 이들에게만 유리하도록 아주 짧게 만들어야만 한다면, 변형 과정은 아주 천천히 진행되었을 것이다. 그리고 동시에 약한 부리를 지닌 개체들은 불가피하게 죽을 수밖에 없기 때문에 알 속에서 가장 강력하고 단단한 부리를 지닌 어린

38 7장 본능, 319쪽을 참조하시오. 사회적 동물인 벌과 개미의 본능이 한 개체에게는 불리하나 공동체, 즉 사회에는 유리한 사례를 설명하고 있다.

39 편리공생이 이런 사례가 될 수가 있을 것이다. 두 종 이상이 함께 살아가면서 한 종은 이익을 얻고 다른 한 종은 아무런 영향을 받지 않는 경우이다. 나무에 달라붙어 살아가는 착생란은 나무에 어떤 피해를 주지 않으면서 살아간다. 빨판상어류는 빨판상어과(Echeneidae)에 속하는 어류들로, 대왕고래나 향유고래 등에 달라붙어 이동한다. 물론 이들은 독립적으로 헤엄칠 수도 있는데, 빨판을 이용해 고래에 달라붙어 이동한다. 어떤 종류는 다른 어류의 입이나 아가미 속에서 살아가기도 한다.

개체들이 가장 엄격하게 선택되어야만 했을 것이다. 또한 좀 더 허약하고 좀 더 쉽게 깨질 수 있는 껍질이 선택되었을 것인데, 껍질의 두께도 다른 구조와 비슷하게 다양하게 변하는 것으로 알려져 있다. (86~87쪽)

[40]*성선택*. 특이성이 때로 생육 상태에서 한 성에게만 나타나고, 그 성에게만 유전되는데, 자연 상태에서도 아마 같은 현상이 실제로 나타날 수도 있을 것이다. 그리고 만일 이런 일이 일어난다면, 곤충의 사례에서 때로 나타나듯이, 자연선택은 다른 성과 비교해서 한 성의 기능과 관련해서 또는 두 성에서 서로 다르게 나타나는 전반적인 습성과 관련해서 한 성만 변형시킬 수 있을 것이다. 이러한 점들은 나로 하여금 **성선택**이라고 부르는 것에 대해 몇 가지를 설명하도록 했다. 성선택은 생존을 위한 몸부림으로 결정되지 않고 암컷을 소유하기 위해 벌어지는 수컷들 사이의 싸움으로 결정된다.[41] 결과는 이기지 못한 경쟁자들의 죽음이 아니라, 자손을 만들지 못하거나 거의 만들지 못하게 된다. 따라서 성선택은 자연선택에 비해 덜 혹독하다.[42] 일반적으로 가장 활기찬 수컷은 자연 상태에서 자신의 장소에 가장 잘 적합한 것들인데, 많은 자손을 낳는다. 그러나 많은 사례에서, 승리는 일반적인 생명력에 의해 결정되지 않았고, 수컷만이 지니고 있는 특별한 무기에 의해 결정되었다. 뿔이 없는 수사슴이나 며느리발톱[43]이 없는 수탉은 자손을 만들 기회가 매우 적다. 항상 승리자가 번식하도록 만드는 성선택은 확실하게 불굴의 용기를

40 장 목차에 나오는 5번째 주제, '성선택'을 설명하는 부분이다. 4번째 주제인 '모든 연령대와 두 가지 성에 미치는 자연선택의 힘'을 설명하면서는 연령대와 관련된 내용만을 설명했고, 이 부분은 성과 관련된 내용을 설명한다.

41 성선택은 크게 성내선택과 성간선택으로 구분된다. 성내선택은 수컷경쟁이라고 부르기도 하는데, 다른 경쟁자들을 제거하기 위해 수컷들끼리 싸우는 것이며, 성간선택은 수컷이 암컷에게 구애하기 위해 신체의 특징을 발달시키는 것을 의미한다. 이 문단에서는 성내선택을 설명하고, 다음 문단에서는 성간선택을 설명하고 있다.

42 다윈은 『종의 기원』 6판에서 이 문장 앞에 새로운 문장을 추가했다. 새로운 문장에서 자연선택으로 변형된 시간도 갖지 못하고 엄청나게 많은 씨나 알들이 죽는다고 설명했다. 자연선택의 혹독한 측면을 설명했는데, 아마도 이런 마음을 다윈이 지니고 있어, 성선택은 자연선택에 비해 덜 혹독하다고 설명한 것으로 보인다.

43 닭 다리 뒤쪽에 있는 발톱, 즉 뒷발톱이다. 일반적으로 쓸모가 별로 없으나, 수탉의 경우 자신이나 동족들을 보호하기 위해 적들을 공격하는 무기로 중요하다. 닭을 키울 때에는 제거해 주나 곧 새롭게 다시 자라기 때문에 자주 제거해 주어야 한다.

주며, 며느리발톱을 길게 자라게 하며, 발톱이 달린 다리로 공격하는 날개에 강함을 더해 준다. 이는 최고의 수탉을 조심스레 선택해서 자신의 품종들을 개량하는 방법을 알고 있는 비인간적인 투계꾼과 비슷하다. 자연의 사다리에서 이 전쟁 법칙이 어디까지 내려갔는지를 나는 알지 못한다.[44] 여성을 차지하기 위해 전쟁에 나서며 춤을 추는 북아메리카 원주민들처럼, 앨리게이터악어[45] 수컷은 전투적이며 큰소리로 울부짖으며 빙글빙글 맴돈다. 연어 수컷은 하루 종일 싸우는 것으로 알려져 있고, 사슴벌레 수컷은 때로 다른 수컷의 커다란 큰턱 때문에 생긴 상처를 몸에 지니고 있다. 아마도 이런 전쟁은 일부다처제를 유지하는 동물들의 수컷 사이에서 벌어지는 가장 모진 것이며, 흔히 특별한 무기가 있는 것 같다. 육식동물의 수컷은 이미 잘 무장되어 있는데, 수사자의 갈기, 수퇘지의 두터운 어깨, 연어 수컷의 갈고리처럼 생긴 턱 등은 자신이 포함된 무리 개체들이나 다른 동물들로부터 자신을 보호할 특별한 수단으로 성선택을 통해 물려받은 것이다. 승리를 위해서는 칼이나 창이 중요한 것처럼 방패도 중요하기 때문이다. (87~88쪽)

새들은 때로 좀 더 평화로운 방법으로[46] 경연을 한다. 이 주제에 관심이 있는 모든 사람들은 암컷을 유인하기 위해 모든 종의 수컷들이 노래를 하는 치열한 시합을 한다고 믿고 있다. 가이아나의 바다직박구리,[47] 극락조류[48] 그리고 일부 조류들은 함께 모여, 수컷들은 차례차례 암컷들 앞에서 자신의 화려한 깃털을 자랑하고, 괴상한 짓거리를 하는데, 암컷들은 마치 관중들처

44 자연의 사다리는 생물들을 일렬로 줄 세우듯이 배열한 것이다. 아래쪽에 있을수록 하등한 생물인데, 자연의 사다리에서 어디까지 내려갔는지를 모른다는 의미는 하등한 동물에서도 성선택이 일어나는지 알려져 있지 않다는 의미일 것이다(김관선, 2015).

45 흔히 악어로 번역되나 crocodile과 alligator는 서로 다른 과에 속하는 동물들이므로 앨리게이터악어로 표기했고, 10장에 나오는 crocodile은 크로커다일악어로 표기했다.

46 성선택 중 성내선택은 수컷끼리 치열하게 싸우는 반면, 성간선택은 이러한 싸움이 없기 때문에 평화로운 방법이라고 평한 것으로 보인다.

47 *Monticola solitarius*. 남아메리카 북동부 해안에 위치한 나라들의 바닷가 근처에서 살아가는 조류이다.

48 극락조과(Paradisaeidae)에 속하는 조류들을 총칭하는 이름이다. 인도, 파푸아뉴기니, 호주 동부 지역에 분포한다.

럼 서서 보다가 마지막에 가장 매력적인 배우자를 선택한다. 새장 속에 있는 새들을 세심하게 관찰한 사람들은 개체마다 좋아하고 싫어하는 특징을 가지고 있다는 점을 잘 알고 있다. 헤론경은 얼룩무늬를 지닌 인도공작[49] 한 마리가 어떻게 해서 자신을 둘러싸고 있는 모든 암컷들의 눈에 띄었는지를 설명했다. 이처럼 명백하게 미약한 수단만으로 어떤 결과가 만들어진다고 생각하는 것은 순진한 것처럼 보인다. 나는 이런 생각을 뒷받침하는 데 필요한 자세한 내용은 여기에서 설명하지 않을 것이다. 그러나 만일 사람이 짧은 시간 안에 밴텀닭[50]에게 사람의 관점에서 바라보는 아름다움이라는 기준으로 우아한 태도나 아름다움을 줄 수 있다면, 암컷들이 자신들만이 느끼는 아름다움이라는 기준으로 수천 세대에 걸쳐 듣기 좋은 소리를 내거나 아름다운 수컷을 선택함으로써 놀랄 만한 결과를 만들었다는 점을 의심할 그럴듯한 이유를 나는 찾을 수 없다. 어린 개체들의 깃털과 비교해 보면, 새들의 암컷과 수컷의 깃털과 관련되어 널리 알려진 일부 법칙들은 새들이 교배 연령이나 교배 시기가 다가오면서 작용하는 성선택으로 주로 변형된다는 견해를 설명할 수 있을 것이라고 나는 단호하게 추정한다. 따라서 만들어진 변이는 상응연령대나 계절에 따라 수컷에게만 또는 수컷과 암컷 모두에게 유전될 수 있다. 그러나 나는 이 주제를 이곳에서 설명할 여유가 없다. (88~89쪽)

따라서 어떤 동물이라도 암컷과 수컷의 살아가는 습성은 일반적으로 같으나, 구조, 색 또는 장식이 다르다면, 이러한 차이

49 *Pavo cristatus*. 아시아 남부 지역이 원산지이나 전 세계 곳곳에서 사육하고 있다. 최근에 인도공작이 날개를 펴는 것은 포식자에게 자신의 위치를 알려 주는 위험한 행동이라는 주장이 제기되었지만, 그러한 위험을 무릅쓰고 날개짓을 하여 암컷을 유인하는 담력을 암컷이 선호한다는 반론도 있다.

50 인도네시아 일대에서 재배하는 닭이다. 이 닭은 인위선택으로 개량된 재배종이다. 다윈은 이 밴텀닭을 인위선택의 사례로 소개하면서 자연의 사례를 설명하고 있다. 선택의 중요성을 강조하는 것으로 풀이된다.

는 주로 성선택에 의해 나타난 것이라고 나는 믿는다. 즉, 수컷 개체들은 세대가 반복되면서 다른 수컷보다 자신의 무기, 방어 수단 또는 매력 등에서 아주 사소하지만 유리한 점을 가지며, 이 유리한 점들을 자신들의 수컷 자손들에게 전달한다. 그럼에도 나는 이러한 성에 따른 모든 차이를 이 요인 탓으로 돌리지 않을 것이다.[51] 우리는 사육하는 동물들의 수컷에서만 나타나는 고정된 (전서비둘기 수컷의 육수, 닭 종류에서 수탉의 뿔같은 돌기 등과 같은) 특이성을 볼 수 있는데, 이런 특이성들이 전쟁 중인 수컷에게 유용하거나 암컷에게 매력적이라고 볼 수 없기 때문이다. 우리는 대응하는 사례를 자연 상태에서도 볼 수 있다. 이러한 실례로, 칠면조 수컷의 가슴에 달려 있는 털 뭉치를 들 수 있는데, 이는 아무런 쓸모가 없거나 장식도 되지 못한다. 실제로 사육 상태에서 털 뭉치가 나타나기는 하나 기형으로 간주되어 왔다. (89~90쪽)

자연선택의 작용 예시. 내가 믿는 바에 따라 자연선택이 어떻게 작용하는지를 명확하게 설명하기 위해서, 한두 종류의 가상의 예시[52]를 들 수밖에 없음을 독자들에게 용서를 구한다. 다양한 동물들을 잡아먹고 살아가는 늑대의 사례를 들고자 하는데, 이들 일부는 은밀하게, 다른 일부는 강한 힘으로, 또 다른 일부는 빠른 속도로 먹이를 확보한다. 그리고 늑대가 먹이 때문에 엄청나게 곤란을 겪었던 해에 먹이가 되는 재빠른 생물, 실례로 사슴의 개체수가 한 지역에서 그 어떤 이유로 증가했다고 또는 다

51 같은 종의 두 성, 즉 암컷과 수컷이 생식기 이외의 부분에서도 다른 특징을 보이는 현상을 성적이형성이라고 한다. 이러한 이형성은 성선택에 의해 결정되기도 하지만, 그렇지 않은 경우도 있다는 설명이다. 성한정유전의 발현으로 성적이형성을 규명하려는 연구가 진행되고 있다. 이 중 성결정 전사 요인의 조절로 성특이적 특징들이 나타나는 것으로 보고되었다(Williams · Carroll, 2009).

52 한 예시는 늑대 사례이며, 다른 한 예시는 식물의 꽃가루받이와 관련된 식물-동물의 상호작용이다. 늑대 사례는 한 쪽 반 분량이나, 식물-동물 상호작용 사례는 3쪽이 넘는 분량으로, 예시 대부분을 차지한다. 참고로 다윈은 1859년 『종의 기원』 초판을 출간한 이후, 1862년 『난초류의 수정』을 시작으로, 1875년 『덩굴식물의 이동과 습성』과 『식충식물』, 1876년 『식물계에서 타가수정과 자가수정의 결과』, 1877년 『같은 종에 속하는 식물의 꽃에서 나타나는 다른 유형들』, 1880년 『식물의 이동 능력』 등을 출판했을 정도로 식물에 대해서 많은 관심을 가지고 연구와 조사를 수행했다. 이 부분은 다윈이 가진 관심의 일부를 소개했다고 할 수 있을 것이다.

른 먹이 생물의 수가 감소했다고 가정하자. 이런 상황에서 가장 재빠르고 교활한 늑대들이 다른 동물들을 먹이로 먹어야만 할 때, 만일 이 시기에 또는 다른 시기에 자신의 먹이를 제압할 정도의 강함을 유지할 수 있다면, 이들은 생존할 최상의 기회를 가지게 되므로 보존되거나 선택될 것이라는 점을 의심할 그 어떤 이유도 나는 찾을 수가 없다. 또한 조심스러운 체계적 선택으로 개들의 혈통을 개선하겠다는 그 어떤 생각도 하지 않은 상태에서 최상의 개를 유지한 결과, 즉 무의식적 선택으로 사람이 자신이 기르는 그레이하운드개의 재빠름을 개량할 수 있다는 점을 의심할 그 어떤 이유도 나는 찾을 수가 없다. (90~91쪽)

늑대가 먹이로 하는 동물들의 상대적인 수에 그 어떤 변화가 없더라도 늑대 새끼들은 선천적으로 특정 종류의 먹이 생물을 쫓아다니는 경향성을 지니고 태어날 수도 있다. 이런 경향성이 나타날 것 같지 않다고 생각해서는 안 되는데, 우리가 사육하는 동물들이 보여 주는 자연적인 경향성이 엄청나게 다른 경우를 관찰할 수가 있기 때문이다. 실례를 들면, 어떤 고양이는 쥐를, 또 다른 고양이는 생쥐를 잡는다.[53] 그리고 세인트 존 씨에 따르면 고양이 한 종류는 날개 달린 새를, 어떤 고양이는 굴토끼나 산토끼를, 그리고 또 다른 고양이는 습지에서 거의 밤에만 멧도요나 도요새[54]를 잡는다. 생쥐 대신 쥐를 잡는 경향성은 유전에 의한 것으로 알려져 있다. 이제 만일 선천적으로 습성이나 구조에 어떤 사소한 변화라도 일어나 늑대 한 개체에 유리하게 작용한다면, 이 개체는 자신의 생존뿐만 아니라 자손을 남길 수 있

53 생쥐는 털이 있는 꼬리를 포함하여 길이가 12~20cm이나, 쥐는 40cm에 달하며 꼬리에는 털이 없다.

54 도요과(Scolopacidae)에 속하는 조류를 도요새라 부르며, 멧도요속(*Scolopax*)은 이 과에 속한다.

는 최고의 기회를 갖게 될 것이다. 이들의 어린 자손 중 일부는 아마도 똑같은 습성이나 구조를 물려받을 것이며, 이러한 과정이 반복되면서, 새로운 변종 하나가 만들어질 것이다. 이 변종은 이전에 있던 늑대 부모 유형을 대체하거나 이들과 공존할 것이다. 또한, 산악 지역에서 살아가는 늑대들과 저지대에서 살아가는 늑대들은 서로 다른 먹이를 사냥하도록 자연적인 압박을 받게 될 것이며, 이 두 장소에서 최고로 적응된 개체들을 지속적으로 보존하게 되면, 두 변종이 서서히 형성될 수가 있을 것이다. 이 변종들이 서로 만나는 곳에서는 두 변종이 서로 교배해서 혼합될 수도 있으나, 이와 같은 이형교배라는 주제에 대해서는 다음에 곧 살펴볼 것이다. 피어스 씨에 따르면 미국 캐츠킬산맥에 늑대 두 변종이 살고 있다고 한다. 한 변종은 흰빛을 띠고 그레이하운드개와 비슷하나 사슴을 잡으며, 다른 변종은 몸집이 더 크나 다리는 짧아 양치기의 무리를 자주 공격하는데, 나는 이 설명을 이곳에 덧붙이고자 한다. (91쪽)

[55]이제부터는 조금 더 복잡한 사례를 살펴보자. 어떤 식물들은 자신들의 식물체액[56]에서 해로운 무언가를 확실하게 제거하기 위해서 달콤한 액을 분비한다.[57] 일부 콩과 식물들은 턱잎 아래쪽에, 월계수귀룽[58]은 잎 뒤쪽에 분비샘을 만든다.[59] 이 분비샘에서 분비되는 액은 비록 양은 적지만, 곤충들은 걸신들린 듯이 찾는다. 이제 이처럼 작지만 달콤한 액, 즉 꽃꿀이 꽃을 이루는 꽃잎 안쪽의 아래쪽에서 분비된다고 가정해 보자. 이런 경우, 꽃꿀을 찾는 곤충들은 온몸이 꽃가루로 뒤범벅이 될 것이고, 때

55 식물의 꽃가루받이와 관련된 식물-동물 상호작용을 설명하는 부분이다.

56 식물의 관다발, 즉 물관과 체관을 흐르는 액체이다.

57 꽃 이외의 부위에서 만들어지는 화외밀선의 기능에 대해서는 잘 알려져 있지 않다. 단지 다윈은 화외밀선이 식물의 노폐물 제거에 필요한 것으로 간주한 듯하다(양병찬, 2017). 그러나 최근에는 화외밀선에서 분비하는 꿀을 개미들이 먹으려고, 이 식물에 다른 곤충들이 달라붙는 것을 막는 역할을 개미들이 하는 것으로 보고되었다. 식물체액에 실제로 곤충에게 해로운 물질이 있는지는 알 수 없으나, 곤충들로 하여금 단맛을 느끼게 해 주면 곤충들이 갖고 있는 미지의 물질에 대한 경계심을 해소할 수 있을 것이라는 의미로 추정된다.

58 *Prunus laurocerasus*. 벚나무와 같은 벚나무속(*Prunus*)에 속하는 상록성 식물로, 꽃들이 축에 길게 달린다. 흑해 유역에서 자란다. 전체적으로 월계수와 비슷하다고 해서 월계수귀룽이라는 이름이 붙었다.

59 식물이 만드는 꿀샘은 두 종류가 있다. 하나는 꽃 안에 만드는 화내꿀샘(화내밀선)이고, 다른 하나는 꽃 이외의 부위에 만드는 화외꿀샘(화외밀선)이다. 잎에 만드는 분비샘은 화외꿀샘을 의미한다.

때로 한 꽃에 있는 꽃가루를 다른 꽃의 암술머리로 옮겨줄 것이다. 그러면 같은 종에 속하는 서로 다른 두 개체 사이에서 교배가 일어날 것이다. 그리고 이러한 교배 행위는(앞으로 좀 더 자세히 언급하겠지만), 우리가 믿어야 할 충분한 이유가 있는데, 많은 튼튼한 어린 개체들을 만들어 낼 것이고, 어린 개체들이 계속해서 번성하고 생존할 수 있는 최상의 기회를 갖게 할 것이다. 이런 개체 중 일부는 아마도 꽃꿀을 분비하는 능력을 물려받았을 것이다. 가장 큰 분비샘이나 꿀샘을 지닌 꽃들은 많은 꽃꿀을 분비할 것이고, 곤충들이 더 자주 찾아와서 더 자주 교배시켜줄 것이다. 그리고 마침내 유리한 상황을 차지할 것이다. 또한 이들 꽃들은 자신을 찾아오는 특별한 곤충들의 크기와 습성에 연관되어 자신의 꽃가루를 한 꽃에서 다른 꽃으로 이동시키는 데 어느 정도 도움이 되도록 수술과 암술의 위치를 결정할 것이므로 이런 꽃들도 마찬가지로 선호되고 선택될 것이다. 우리는 꽃꿀을 모으는 대신 꽃가루를 모으기 위해 꽃을 찾는 곤충들 사례를 들 수가 있다. 꽃가루는 수정을 위한 목적으로만 만들어지기 때문에, 꽃가루가 파괴되는 것이 식물에게는 단순한 손실로만 보인다. 그럼에도 만일 처음에는 우연히, 다음에는 습관적으로 적은 양의 꽃가루가 꽃가루를 먹어 치우는 곤충들에 의해 한 꽃에서 다른 꽃으로 운반되고 교배가 일어난다면, 만들어진 꽃가루의 10분의 9가 파괴된다고 하더라도 식물에게는 아직도 큰 이익이 될 것이다. 그래서 꽃가루를 좀 더 많이 만들거나 꽃가루주머니를 좀 더 크게 만든 꽃들이 선택될 것이다. (91~92쪽)

[60]점점 더 매력적인 꽃들이 지속적으로 보존되거나 자연선택되는 과정을 거치면서 식물들은 자신의 꽃들을 곤충에게 매우 매력적으로 보이도록 만들었고, 곤충들은 자신의 의지와는 상관없이 자신의 몸 일부로 꽃가루를 규칙적으로 한 꽃에서 다른 꽃으로 옮겨 주었다. 그리고 곤충들이 이런 일을 가장 효과적으로 수행하고 있음을 보여 주는 수많은 놀랄 만한 실례들을 나는 기꺼이 보여 줄 수 있다. 아주 명확한 실례는 아니지만 식물에서 성이 구분되어 가는 한 가지 단계를 비슷하게 보여 주는 예시 하나를 나는 지금부터 언급하려고 한다. 서양호랑가시나무[61] 일부는 수꽃만 만드는데, 이 꽃은 많지 않은 꽃가루를 만드는 4개의 수술과 흔적만 있는 암술로 이루어져 있다. 다른 개체들은 완전히 자란 암술을 만드나, 4개의 수술에 달리는 꽃가루주머니는 줄어들어 주름져 있어 꽃가루를 발견하기가 힘들다. 수그루 한 개체에서 약 55m 떨어진 곳에서 암그루 한 개체를 발견해서, 서로 다른 가지에 달린 20송이의 암술머리를 현미경으로 관찰했더니, 모든 암술머리에 예외 없이 꽃가루가 있었으며, 일부 암술머리에는 꽃가루가 엄청나게 많이 있었다.[62] 바람이 암그루에서 수그루 쪽으로 며칠 불었기 때문에, 꽃가루가 바람에 의해 운반될 수는 없었을 것이다. 날씨가 춥고 바람이 심하게 불어 벌이 활동하기에는 좋지 않았지만, 내가 관찰한 모든 암꽃은 온몸에 꽃가루를 묻힌 채로 꽃꿀을 찾아 이 나무 저 나무 옮겨 다니던 벌에 의해 효과적으로 수정되었다.[63] 그러나 다시 한번 더 상상해 보자. 식물이 꽃가루를 이 꽃 저 꽃으로 옮겨 주는 곤충들

60 식물-동물 상호작용의 사례로 다윈이 직접 관찰한 서양호랑가시나무를 설명하는 부분이다.

61 *Ilex aquifolium*. 크리스마스를 장식하는 나무로 알려져 있으며, 붉은 열매와 잎 가장자리에 가시가 달리는 점이 매우 독특하다. 암그루와 수그루가 따로 만들어지는 암수딴몸인 식물이다.

62 다윈이 1857년 5월에 관찰한 결과이다(Costa, 2009).

63 수분이 좀 더 정확한 표현이나 열매를 맺었으면 수정으로 써도 될 것 같다.

에게 매력적인 일이 되자 곧이어 또 다른 과정이 시작되었을 것이다. 자연사학자라면 소위 "생리적 분업"이 지니는 유리한 점을 의심하지 않을 것이다.[64] 따라서 식물 한 개체가 어떤 꽃에는 수술만 또는 식물 전체에 수술만 만들고, 다른 식물 개체가 어떤 꽃에는 암술만 또는 식물 전체에 암술만 만드는 것이 식물에게 유리할 것이라고 우리는 믿는다.[65] 재배 중인 식물을 새로운 살아가는 조건에 옮겨 두면, 때로는 수기관이나 암기관[66]이 어느 정도 생식불능 상태로 된다. 이제 자연 상태에서 아주 사소한 정도이지만 이런 일이 일어났다고 가정해 보자. 그렇다면 이제는 꽃가루가 규칙적으로 한 꽃에서 다른 꽃으로 운반되어져야만 한다. 그리고 식물에서 보다 완벽한 성의 분화가 분업의 원리에 따라 유리해지기 때문에 성이 분화하려는 경향은 개체들 사이에서 점점 증가할 것이다. 완벽한 성의 분화가 일어날 때까지 이러한 경향을 가진 개체들은 지속적으로 도움을 받거나 선택될 것이다. (93~94쪽)

[67]이제 꽃꿀을 먹는 곤충을 우리가 상상해 보자. 우리가 지속적으로 선택해서 꽃꿀을 서서히 더 많이 만들어 내는 식물들이 흔하게 되었다고 가정하고, 특정 곤충이 먹이의 주요 부분을 꽃꿀에 의존한다고 가정하자. 나는 벌들이 시간을 절약하려고 노력하는 많은 사실들을 제시할 수 있다. 실례를 들면, 벌들은 특정한 꽃의 아래쪽에 구멍을 파서 꽃꿀을 빨아먹는 습성이 있는데,[68] 꽃의 입구를 통해 들어가면 이보다 고생을 덜 해도 된다. 이러한 사실을 염두에 두면, 몸의 크기와 형태, 또는 주둥이의

64 다윈은 형질분기를 유발하는 한 가지 요인인 생리적 분업을 『종의 기원』 115~116쪽에서 설명하고 있다.

65 다윈은 식물에서 성의 분화가 식물에게 유리한 것처럼 설명하고 있다. 그러나 항상 그렇지는 않은데, 멘델이 유전학의 원리를 규명할 때 사용했던 완두는 한 꽃에서 꽃가루받이가 일어나는 자가수분하는 식물이다.

66 수기관은 수술, 암기관은 암술을 의미한다.

67 자연선택의 예시로 벌과 뒤영벌, 붉은토끼풀과 진홍토끼풀 사이의 상호작용을 설명하는 부분이다.

68 꿀도둑질이라고 하는데, 꽃 안으로 들어가 꿀을 빨지 않고 꽃에 구멍을 뚫어 꿀을 빼가는 행동이다. 다양한 종류의 벌들이 이런 행동을 하는 것으로 알려져 있다.

휘어진 정도와 길이에서 나타난, 우리가 인식하기에는 너무나 사소한, 우연한 편이가 벌이나 다른 곤충에게는 이익이 되고, 이런 특징을 가진 개체들이 좀 더 빨리 먹이를 얻을 수 있으며, 그에 따라 생존하고 자손을 남길 더 좋은 기회를 가질 것이라는 점을 의심할 그 어떤 이유도 나는 발견할 수가 없다. 이들의 자손들은 아마도 구조에서 이러한 편이가 일어나는 경향성을 물려받게 될 것이다. 붉은토끼풀Trifolium pratense과 진홍토끼풀Trifolium incarnatum의 화관의 판통[69]은 얼핏 보면 길이가 서로 달라 보이지 않는다. 그럼에도 꿀벌은 진홍토끼풀의 꽃꿀은 쉽게 빨아먹을 수 있지만, 붉은토끼풀의 꽃꿀은 빨아먹지 못하는데, 이 꽃에는 뒤영벌만 찾아온다.[70] 따라서 붉은토끼풀만이 있는 들판은 엄청나게 많은 귀중한 꽃꿀을 제공하지만 꿀벌에게는 아무런 소용이 없다.[71] 그에 따라 꿀벌이 주둥이의 길이를 조금 더 길게 하거나 또는 다른 구조를 만들면 크게 유리할 것이다. 이와는 반대로 나는 토끼풀의 생식가능성이 꽃가루를 암술머리로 옮겨주려고 방문하는 벌과 화관에서 흔들리는 부위와 크게 관련이 있다는 점을 실험으로 찾았다.[72] 만일 뒤영벌이 어떤 나라에서 희귀해진다면, 화관의 길이가 짧아지거나 또는 판연[73]이 더 깊게 갈라지는 것이 붉은토끼풀에게는 엄청나게 유리할 것이며, 그렇게 된다면 꿀벌이 찾아올 것이다. 따라서 어떻게 꽃과 벌이, 둘이 동시에 또는 하나씩 순서에 따라, 조금씩 변형되면서, 둘 모두에게 조금씩 도움이 되는 구조의 편이를 보이는 개체들을 지속적으로 보존함으로써 서로에게 가장 완벽한 방식으로 적응해

69 통꽃에서 원통처럼 된 부분이며, 판통의 끝에 꽃잎처럼 갈라진 부분은 판연이다. 그런데 토끼풀 종류는 콩과에 속하는 식물로 갈래꽃이다. 다윈이 말한 판통은 두 장의 꽃잎(용골판)이 마치 달라붙어 있는 것처럼 보이는 부위를 지칭한 듯하다.

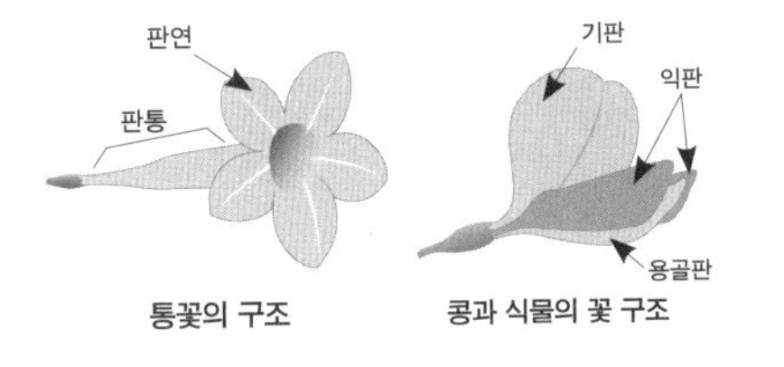

70 뒤영벌의 주둥이 길이는 8~10mm이나, 꿀벌은 5mm 정도이다. 붉은토끼풀의 화관 길이는 12~15mm, 진홍토끼풀은 10~13mm이다(Cariveau et al., 2016). 결국 주둥이가 짧은 꿀벌은 진홍토끼풀을, 주둥이가 긴 뒤영벌은 붉은토끼풀을 찾게 될 것이므로, 주둥이가 짧은 꿀벌이 붉은토끼풀을 찾아가도 꽃꿀을 빨기가 힘들다.

71 다윈은 『종의 기원』 3판에서 "내가 받은 정보에 따르면, 붉은토끼풀을 벤 다음 다시 나온 꽃은 조금 작아졌고, 이 꽃에는 꿀벌들이 많이 찾아왔다"라는 내용을 첨가했다. 그리고 4판에는 "나는 이러한 언급이 정확한지 여부는 모른다"라고 추가했는데, 다윈이 잘못된 정보를 토대로 수정한 것으로 보이며, 이를 다시 수정한 것으로 보인다.

72 『위대한 책』 222쪽에 "화관을 이루는 부위를 흔들어 꽃가루를 암술머리 표면으로 몰아낸다"라고 설명했다. 벌들이 꽃에 내려앉을 때 꽃들이 흔들리는 것을 의미한다.

73 위의 주석 67 그림의 용골판 또는 익판을 말한다.

가는 것을 나는 이해할 수가 있게 되었다. (94~95쪽)

이처럼 가상의 예로 간단히 설명되는 자연선택 학설이 『지질학의 예시로 본 지구의 최근 변화』에 나오는 찰스 라이엘 경의 위대한 견해[74]를 처음부터 반대하기 위해 제기되었던 것과 똑같은 반대에 직면할 것이라는 점을 나는 잘 알고 있다.[75] 그러나 하찮고 사소해 보이는 원인이라 불리는 해안 파도를 실례로 들면, 오늘날 이 활동이 거대한 계곡의 파임이나 가장 긴 내륙 절벽 경계의 형성에 작용했다는 설명을 우리는 거의 듣지 못한다.[76] 자연선택은 극미량으로 물려받은 변형을 생명체 하나하나에 유리하도록 보존하고 축적하게끔 작용한다. 그리고 현대 지질학은 단 한 번의 커다란 대홍수로 엄청난 계곡이 파였다는 생각을 거의 떨쳐버리게 했기 때문에, 만일 자연선택이 진실한 원리라면, 자연선택은 새로운 생명체들을 지속적으로 창조했거나 이들의 구조를 엄청나게 크게 느닷없이 변형시켰다는 믿음[77]을 추방할 것이다. (95~96쪽)

[78]*개체들의 이형교배.* 지금부터는 잠시 주제에서 벗어난 이야기를 소개하고자 한다. 개체마다 암수로 구분되는 동식물들은 자손을 만들 때마다 반드시 항상 교접해야 함이 명백하다. 그러나 암수한몸[79]인 생물들의 경우, 이런 일이 결코 일어나지 않는다. 그럼에도 종족 번식을 위해 암수한몸인 두 개체가 항상 우연히 또는 습관적으로 협력하고 있다고 나는 굳게 믿고 싶다.[80] 이러한 견해를 앤드류 나이트가 처음으로 제안했다는 점

74 현재 지구상에서 일어나는 현상이 과거에도 똑같이 일어났으며, 이런 과정을 거치면서 현재 지구로 변했다고 라이엘은 생각했다. 이에 따르면 지구의 역사가 당시 사람들이 생각했던 것보다 훨씬 오래된 것으로 간주할 수 있다.

75 실제로 다윈이 주장한 이론 가운데 많은 반대에 시달린 부분이 바로 자연선택이다(신현철, 1998).

76 라이엘 이전까지는 한 번의 커다란 대홍수로 거대한 계곡이나 기다란 내륙 절벽이 만들어졌다고 사람들이 믿고 있었지만, 라이엘 이후 연안 해일이 이들의 형성에 큰 영향을 준 것으로 믿고 있다. 이는 처음 라이엘이 이러한 주장을 했을 때도 많은 반대가 있었지만, 지금은 이러한 반대가 거의 없다는 의미이다.

77 이른바 창조론을 의미한다.

78 장 목차에 나오는 6번째 주제, '같은 종에 속하는 개체들 사이에서 일어나는 이형교배의 보편성'을 설명하는 부분이다. 이형교배를 통해서 다양한 변이가 나타남을 이어진 문단에서 계속해서 설명하고 있다.

79 일반적으로 한 개체는 암 또는 수 생식기만을 지니는데, 암수 생식기가 한 개체에서 모두 나타나는 생물들을 암수한몸 또는 자웅동체라 한다. 무척추동물에서 흔히 나타나나, 물고기에도 나타난다. 꽃피는 식물 대부분도 암수한몸인데, 한 꽃 안에 수술과 암술이 같이 있으며 이를 자웅동주라 한다.

80 지렁이의 경우, 자손을 만들기 위해 두 개체가 마치 암수로 구분된 동물들처럼 교미하는데, 한 개체만으로는 교미가 일어나지 않는다.

을 나는 덧붙이고 싶다.[81] 암수한몸인 생물이 지닌 중요성을 살펴볼 것인데, 나는 충분히 논의할 수 있는 자료들을 준비했지만, 이 주제를 이 책에서는 아주 간단히 다룰 것이다.[82] 모든 척추동물, 모든 곤충 그리고 일부 몸집이 큰 동물들은 새끼를 만들려고 짝짓기를 한다. 최근 연구 결과에 따르면 암수한몸으로 간주되거나 실제로 암수한몸인 생물들의 수는 둘 다 상당히 줄어든 것으로 나타났다.[83] 즉, 두 개체가 규칙적으로 번식을 위해 교접한다는 것인데, 이러한 교접이 바로 우리의 관심 대상이다.[84] 그러나 확실하게 습관적으로 짝짓기를 하지 않는 암수한몸 동물들이 아직 많으며, 식물들도 거의 대부분은 암수한몸이다. 그럼에도 이런 생물에 속하는 두 개체가 번식을 위해 협력한다고 가정하면, 이러한 사례에서 그 이유는 무엇인가라는 질문을 던질 수도 있을 것이다. 여기에서는 자세히 설명하는 것이 불가능하므로, 단지 일반적으로 고려해야 할 몇 가지 사항들만 전달하고자 한다. (96쪽)

[85]첫 번째로, 나는 사육가들이 가장 보편적으로 믿는 것과 일치하는 엄청나게 많은 사실들을 수집했다. 수집된 사실들은 동식물들을 서로 다른 변종들끼리 교배하거나 또는 같은 변종에 속하는 다른 품종계통에 속하는 개체들끼리 교배하면[86] 자손들에게 생명력과 생식가능성이 나타났으나, 이와는 반대로, *근친교배*를 하면 생명력과 생식가능성이 감소함을 보여 주었다. 이러한 사실들만으로도 나는 세대의 영속성을 위해 생명체가 자가수정만을 하지 않을 것이며, 다른 개체들과의 교배가 우연일

81 앤드류 나이트는 1799년에 「채소의 수정에 관한 일부 실험의 중요성」이라는 논문을 발표했는데, 여기에서 꽃의 일부를 제거하여 수분과 타가수정을 조절하여 채소의 품종을 개선할 수 있음을 증명했다.

82 다윈은 후일 암수한몸인 식물들의 수정에 관한 『난초류의 수정』(1862), 『동식물의 생육할 때 나타나는 변이』(1868), 『식물계에서 타가수정과 자가수정의 결과』(1876) 등을 출판했다.

83 이와 관련된 사례는 『위대한 책』 곳곳에 나열되어 있다.

84 교배가 일어나지 않으면 그에 따른 변이도 나타나지 않기 때문에, 교배는 진화에 있어 중요한 관심 대상일 것이다.

85 짝짓기와 관련해서 수집한 사실들을 설명하는데, 첫 번째로 이형교배가 필요한 이유를 간단히 설명하고 있다.

86 이러한 교배를 이형교배라 한다.

지라도, 아마도 아주 오랜 시간에 한 번 일어나더라도, 꼭 필요하다는 자연의 일반 법칙을 (법칙의 의미를 우리는 확실하게 잘 모르지만)[87] 믿고 싶어졌다. (96~97쪽)

[88]이런 것이 자연 법칙이라는 믿음에 따르면, 우리는 다른 견해들로는 설명할 수 없는, 다음에 설명하는, 몇 가지 다방면에 걸친 사실들을 이해할 수 있을 것으로 나는 생각한다. 모든 잡종 연구가[89]들은 축축한 상태로 꽃을 방치하면 꽃에서 일어나는 수정에 좋지 않음을 알고 있지만, 그럼에도 얼마나 많은 꽃들이 꽃밥과 암술머리를 악천후에 완전히 노출시키고 있단 말인가! 그러나 만일 한 번이라도 우연한 교배가 꼭 필요했다면, 특히 한 식물의 꽃밥과 암술이 일반적으로 매우 가깝게 있어 자가수정이 거의 불가피한 상태에서, 다른 개체의 꽃가루가 완벽하게 자유롭게 들어갈 수 있어야 한다는 점은 이러한 노출 상태를 설명할 수 있을 것이다. 이와는 반대로, 접형화관을 만드는 콩과에 속하는 꽃들처럼 많은 꽃들에서는 결실기관들이 빈틈없이 외부와 차단되어 있다.[90] 그러나 꽃의 구조와 벌들이 꽃꿀을 빨아먹는 방법들 사이에 나타난 아주 기발한 적응 현상을 콩과에 속하는 몇몇의, 아마도 거의 모든 꽃들에서 볼 수 있다. 벌이 꽃꿀을 빨아먹는 동안, 벌들은 자신이 찾아간 꽃이 만든 꽃가루를 암술머리로 밀고 가거나 또는 다른 꽃의 꽃가루를 옮겨 준다. 따라서 콩과 식물의 꽃에게 벌들의 방문은 반드시 필요한데, 만일 벌들의 방문을 방해하면 꽃의 생식가능성은 엄청나게 감소한다는 점을 나는 다른 곳에서 발표된 실험에서 발견했다.[91] 이제, 꽃가

87 그럼에도 다윈은 『종의 기원』 5장의 제목을 '변이의 법칙'이라고 붙였다. 다윈은 물리학의 법칙처럼 자신의 주장이 변하지 않는다는 점을 보여 주고 싶어한 것 같다.

88 짝짓기와 관련해서 두 번째로 생식기 구조가 이형교배를 하도록 만들어졌음을 설명하는데, 이 부분에서는 이형교배가 타가수분을 의미한다.

89 새로운 품종을 만들려고 잡종을 만들면서 연구하는 사람들이다. 유전 원리를 발견한 멘델이 쓴 논문 제목도 「식물의 잡종에 관한 실험」인데, 그도 잡종연구가로서 완두 종류의 잡종을 연구한 것이다.

90 콩과는 3개의 무리로 구분하는데, 이 중 나비처럼 생긴 접형화를 만드는 무리를 콩아과라고 부른다. 접형화는 5장의 꽃잎으로 이루어지는데, 맨 위쪽에는 한 장으로 된 기판이 있으며, 그 아래 양쪽에 2장의 익판, 그리고 꽃의 중앙에 2장의 용골판이 있다. 용골판 2장의 상부는 봉합되어 있으며, 수술과 암술, 즉 결실기관은 이 안에 들어 있다. 아마도 이 부분을 놓고 외부와 빈틈없이 차단되었다고 다윈이 설명한 것으로 추정된다. 멘델이 유전 원리를 발견할 때 사용한 완두(*Pisum sativum*)도 접형화관으로 되어 있어, 멘델이 원하는 방향으로 수분을 시킬 수 있었다. 136쪽 주석 **67**에 있는 오른쪽 그림을 참조하시오.

91 『위대한 책』 68~69쪽에서 콩과 식물과 곤충과의 연관성을 설명하면서 '슈프렝겔'의 이름을 참조했다.

루를 이 꽃에서 저 꽃으로 옮겨 주지 않으면서 벌들이 한 꽃에서 다른 꽃으로 이동하는 것은 거의 불가능하다는 것을 나는 믿는다. 꽃가루가 한 꽃에서 다른 꽃으로 옮겨지는 것은 식물에게 엄청난 이익이 된다. 벌들은 낙타털로 만든 붓[92]과 같은데, 수정이 일어나려면 한 꽃에 있는 꽃밥을 붓으로 건드린 다음, 같은 붓으로 다른 꽃의 암술머리를 건드리기만 해도 충분하다. 그렇다고 해서 벌들이 이렇게 분명히 다른 종들 사이에서 다양한 잡종을 만들 수 있을 것으로 생각해서는 안 된다. 만일 당신이 같은 붓에 한 식물의 꽃가루와 다른 종의 꽃가루를 묻힌다면, 한 식물의 꽃가루는 지배적 영향력을 가지고 있어, 게르트너가 이미 입증했듯이, 다른 종의 꽃가루가 미치는 그 어떠한 영향도 언제나 그리고 완벽하게 파괴한다.[93] (97~98쪽)

[94]꽃 안에서 수술이 갑자기 암술 쪽으로 튀거나, 차례차례 서서히 암술 쪽으로 향해 간다면, 이러한 방식은 오로지 자가수정이 가능하도록 적응한 것으로 보인다. 그리고 이 방식이 최종 목적을 달성하는 데 도움이 된다는 점은 의심할 여지가 없다. 그러나 매자나무 종류를 대상으로 쾰로이터가 보여 주었듯이, 곤충이라는 매개자가 수술이 튀어나오게 하는 데 때로 필요하다. 매자나무속 식물은 매우 신기한데, 자가수정에 필요한 아주 특별한 장치를 지닌 것처럼 보인다.[95] 그러나 아주 가까운 동류 유형 또는 변종들을 서로서로 가까이 심었을 때, 순종 묘목들을 기대하는 것은 거의 불가능하므로 이들은 대체로 자연적으로 교배하는 것으로 널리 알려져 있다. 자가수정에 필요한 어떠한 보조

92 주로 수채화를 그릴 때 사용되는 붓이다. 낙타털 또는 비슷한 소재로 만든다.

93 지배적 영향력은 알려져 있지 않다. 단지 한 식물의 꽃가루는 지속적으로 성장할 수 있으나, 다른 종의 꽃가루는 성장할 수 없다. 이런 원인에 대해 현재에도 연구가 진행 중인데, 꽃가루 안에 있는 유전자와 암술에 있는 유전자의 상호작용 결과로 파악하고 있다.

94 생식기 구조뿐만 아니라 식물의 생식구조인 수술의 움직임 또는 성숙 시기도 타가수정이 일어나도록 진화했다는 설명이다.

95 매자나무속(*Berberis*) 식물은 6개의 수술을 지닌 꽃을 만든다. 이 수술들은 모두 꽃잎에 거의 달라붙어 있는데, 수술대에 자극을 주면, 꽃밥이 꽃잎으로부터 튀어 올라 암술머리에 닿거나 꽃을 찾아온 곤충의 머리에 닿는다.

구조가 전혀 없는 많은 다른 사례들을 보면 한 꽃에서 만들어진 꽃가루를 같은 꽃의 암술머리가 받아들이는 것을 효과적으로 방지하는 특별한 장치가 있는데, 나는 이런 장치를 슈프렝겔의 글에서 보았을 뿐만 아니라 나 자신도 관찰했다. 실례를 들어, 붉은숫잔대Lobelia fulgens[96]의 경우, 정말로 아름답고 정교한 장치를 지니고 있는데, 꽃의 암술머리가 꽃가루를 받아들일 준비를 끝내기도 전에 이 장치는 서로 연결되어 있는 꽃밥에 있는 수많은 조그만 꽃가루를 완전히 털어 버린다. 내가 한 꽃에 있는 꽃가루를 다른 꽃의 암술머리에 옮겨 줌으로써 많은 어린싹이 자라났음에도 불구하고, 적어도 내 정원에서 핀 꽃들에는 곤충들이 방문하지도 않았고, 씨 또한 전혀 맺히지도 않았다. 한편, 근처에서 자라던 숫잔대속Lobelia의 또 다른 종의 식물들에는 벌들이 찾아왔으며, 씨가 구애받지 않고 맺혔다. 자신의 꽃가루를 자신의 암술머리가 받아들이는 것을 방해하는 특별한 기계적 장치가 없다고 하더라도, 그럼에도 수많은 사례를 슈프렝겔이 제시했고 나도 확인했는데, 암술머리가 수정을 준비하기도 전에 꽃밥이 터져 버린다거나[97] 또는 꽃가루가 성숙하기도 전에 암술머리가 꽃가루를 받아들일 준비를 끝내 버린다.[98] 이런 점은 사실상 이들 식물의 성이 구분되어 있어서 반드시 늘 교배해야만 함을 의미한다.[99] 얼마나 이상한 사실들인가! 같은 꽃에 있는 꽃가루와 암술머리 표면이, 비록 아주 가깝게 있어 마치 자가수정을 위한 것처럼 보이지만, 서로서로가 도움이 되지 않는 이 많은 사례들이 얼마나 이상한가! 이러한 사실들을 서로 다른 개체들과 우

96 북아메리카에서 자라는 다년생 초본식물이다. 강렬한 진홍색 꽃이 피며, 16세기에 유럽에 전파되었다. 최근에는 *Lobelia cardinalis*와 같은 종으로 취급되고 있다.

97 이런 현상을 웅예선숙이라고 한다. 쥐손이풀속(*Geranium*)과 질경이속(*Plantago*) 등에서 볼 수 있다.

98 이런 현상을 자예선숙이라고 한다. 목련속(*Magnolia*), 십자화과(*Brassicaceae*), 장미과(*Rosaceae*) 등에서 볼 수 있다.

99 한 꽃 내에 수술과 암술이 모두 있으나, 즉 암수한몸인 상태이나, 수술과 암술의 성숙 시기가 다른 경우가 있는데, 이를 자웅이숙이라고 한다. 자웅이숙인 식물들에서 씨가 만들어지기 위해서는 타가수정, 즉 다윈이 말하는 교배가 반드시 필요하다.

연히 교배하는 것이 유리하거나 꼭 필요하다는 견해로 설명하면 얼마나 단순하단 말인가! (98~99쪽)

[100]만일 양배추, 무, 양파 그리고 다른 식물들의 몇몇 변종들을 아주 가깝게 심어 씨를 얻는다면, 이들 씨에서 나온 어린싹 상당수는, 내가 관찰한 것처럼, 당연히 혼종으로 나타날 것이다.[101] 실례를 들면, 나는 서로 다른 변종에 속하는 식물들을 가까이 심은 후 씨를 얻었고, 이를 뿌려 233개의 어린싹을 키웠는데, 이들 중 78개체만 원래 종류의 순종이었으며 이들 일부도 완벽하게 일치하지 않았다. 그럼에도 양배추 한 꽃에 있는 암술은 원래부터 있던 6개의 수술로 둘러싸여 있었을 뿐만 아니라 같은 개체에서 핀 많은 꽃들의 수술로도 둘러싸여 있었다.[102] 그렇다면 어떻게 이렇게 많은 어린싹들이 혼종으로 만들어질 수 있을까? 이런 일은 뚜렷하게 구분되는 변종에서 만들어진 꽃가루가 자신의 꽃에서 만들어진 꽃가루에 지배적 영향력을 발휘하기 때문에 나타날 것으로 나는 추측한다.[103] 그리고 이는 같은 종에 속하는 서로 다른 개체들 사이에서 일어나는 이형교배로부터 추론할 수 있는 일반적인 간결성의 법칙[104]의 일부이다. 뚜렷하게 구분되는 종들을 교배한 경우에는 정확하게 반대가 되는데, 식물이 만든 자신의 꽃가루가 항상 외부에서 들어온 꽃가루에 대해 지배적 영향력을 발휘하기 때문이다. 그러나 이 주제에 대해서는 다른 장에서 살펴볼 것이다.[105] (99쪽)

[106]셀 수 없을 정도의 많은 꽃들로 덮여 있는 거대한 교목의 경우에는 꽃가루가 한 나무에서 다른 나무로 좀처럼 운반되지

100 한 개체에 엄청나게 많은 꽃들이 피어나고 이 꽃에 많은 수술이 있음에도 불구하고 타가수분이 일어난다고 설명하고 있다.

101 혼종은 품종들이나 변종들의 교배로 만들어진 개체들이다. 양배추 변종들끼리, 무 변종들끼리 교배가 일어났다는 의미이다.

102 양배추는 수상꽃차례에 많은 꽃들이 모여 핀다. 그리고 한 꽃에는 6개의 수술이 있다. 따라서 한 꽃에 있는 암술은 같은 꽃에 있는 6개의 수술 이외에도 수상꽃차례에 있는 많은 꽃들의 수술로 둘러싸여 있게 된다.

103 오늘날에는 이를 자가불화합성으로 설명한다. 유전적으로 같은 꽃가루는 수분은 되나 수정은 되지 않고, 다른 꽃가루만이 수정이 된다고 설명하고 있다. 이러한 설명은 같은 종에 속하는 개체들 사이에 적용되며, 다른 종에 속하는 개체들 사이에는 적용되지 않는다.

104 대상을 주어진 조건하에서 최대한 단순하게 인식하는 것을 뜻한다.

105 8장 잡종성에서 다루었다.

106 타가수분이 교목에도 일어남을 설명하면서, 식물에서의 타가수분, 즉 이형교배가 널리 나타남은 곧바로 진화적 유리함이 있기 때문으로 풀이하고 있다.

않는다는 이유로, 기껏해야 한 나무에 있는 한 꽃에서 다른 꽃으로 운반된다는 이유로, 그리고 한 나무에 있는 꽃들을 좁은 의미에서는 서로 다른 개체로 간주할 수 있다는 이유로 이의를 제기할 수도 있다. 나는 이러한 이의 제기가 타당하다고 믿으나, 자연은 이런 교목들에게 성이 분리된 꽃들을 만들게 하는 뚜렷한 경향성을 제공함으로써 이러한 이의 제기에 폭넓게 대비해 왔다. 성이 분리되면, 비록 수꽃과 암꽃이 같은 나무에서 만들어지더라도, 우리는 꽃가루가 한 꽃에서 다른 꽃으로 규칙적으로 옮겨지는 것을 볼 수 있을 것이다. 이렇게 됨으로써 꽃가루는 한 나무에서 다른 나무로 우연히 옮겨질 수 있는 더 많은 기회를 갖게 될 것이다. 모든 목[107]에서 교목들은 다른 식물들에 비해 성이 더 많이 분리되어 있었는데, 나는 이런 실례를 우리 나라 땅에서 찾았다.[108] 그리고 내 부탁을 받고, 후커 박사는 뉴질랜드에서 자라는 교목들을 표로 만들어 주었고,[109] 아사 그레이 박사는 미국에 있는 교목들을 표로 만들어 주었는데,[110] 그 결과는 내가 예상했던 것과 같았다. 반면, 후커 박사는 최근 호주에서는 일반적인 규칙을 따르지 않는다고 나에게 알려 주었다. 단지 나는 단순히 주의를 환기시키고자 교목의 성과 관련해서 몇 가지 언급을 기록했을 뿐이다. (99~100쪽)

[111]방향을 동물로 돌려 간단히 설명하고자 한다. 육지에는 육상 달팽이와 지렁이 등과 같은 암수한몸인 동물들이 일부 있으나, 이들은 모두 짝짓기를 한다. 나는 혼자서 수정하는 육상동물의 단 한 가지 사례도 찾지 못했다. 육상식물에서는 우연한 교배

107 목(目)은 종-속-과-목-강-문-계-역으로 이어지는 생물 분류계급의 한 단계이다. 계는 생물 전체를 지칭하며, 문은 식물 전체를 지칭하기에, 모든 목이라 함은 특정 지역에서 살아가는 거의 모든 식물을 의미한다.

108 영국에서 자라는 82종의 교목 중 49종 이상에서 성이 분화되어 있다고 『위대한 책』 61~62쪽에 쓰여 있다. 단지 이 책에는 "19"종으로 표기되어 있는데, 그 다음에 "절반 이상, 즉 5.93"으로 되어 있어, 19종이 아닌 49종으로 간주했다.

109 108종의 교목 중 52종에서 성이 분리되어 있으나, 149종의 관목 중에서는 61종만이 성이 분리되어 있었다고 『위대한 책』에 쓰여 있다.

110 아사 그레이 박사는 1856년 「미국 북부 지방 식물상의 통계 분석」이라는 논문을 발표했는데, 다윈이 이 논문을 본 것이다.

111 암수한몸인 동물일지라도 한 몸에서, 식물로 표현하면 자가수분하지 않고 다른 개체와 교배, 달리 말하면 이형교배한다고 설명하고 있다.

가 필수 불가결하다는 견해에서 볼 때, 이들과는 너무나 뚜렷하게 대비되는 이처럼 주목할 만한 사실을 육상동물이 살고 있는 환경 조건과 수정에 필요한 요소들의 속성을 고려하면 우리는 이해할 수가 있다. 두 개체가 동시에 존재하지 않아도 육상동물에서 우연한 교배가 이루어지게 되는, 식물 사례에 작용하는 곤충과 바람의 움직임에 대응하는, 수단을 우리가 알지 못하기 때문이다. 수생동물 중에는 자가수정하는 암수한몸인 종들이 많다. 그러나 물속에서는 물의 흐름이 우연한 교배를 유발하는 명백한 수단이다. 그리고 꽃처럼, 생식기관이 몸 안에 완벽하게 감추어져 있어 분명히 다른 개체가 미치는 우연한 영향이 없거나 있다 하더라도 접촉이 물리적으로 불가능한 암수한몸인 동물의 사례를, 헉슬리 교수와 같이 널리 알려진 권위자에게 질문하였지만, 단 한 사례도 아직 찾지 못했다. 이런 논의의 핵심에서 볼 때, 만각류[112]는 나에게 오랫동안 굉장한 어려움을 지닌 한 가지 사례인 것처럼 보였다. 그러나 나는 운이 좋게도 둘 다 자가수정하는 암수한몸임에도 두 개체가 때때로 교배한다는 사실을 다른 경우에 증명할 수 있었다.[113] (100~101쪽)

거의 모든 전반적인 구조가 서로서로 매우 비슷함에도 불구하고, 동물이든 식물이든 아주 이상한 변칙이 같은 과 또는 심지어 같은 속에 속하는 종에서 드물지 않게 나타나며, 이들 중 일부는 암수한몸이나, 일부는 단성생물[114]이라는 점이 많은 자연사학자들에게 충격으로 다가왔다. 그러나 만일, 실제로 모든 암수한몸 개체들이 다른 개체들과 우연히 이형교배한다면, 암수

112 만각류는 껍데기가 몸과 발 등을 완전히 덮어 주머니처럼 생긴 외투를 만들며, 여섯 쌍의 만각을 가지는데, 만각이 움직이면서 먹이를 먹는다. 바닷가 바위 등에 붙어서 사는 따개비, 거북손 등이 만각류에 속한다.

113 다윈은 따개비 연구를 하면서 이를 확인했다. 다윈이 북방따개비(*Balanus balanoides*)의 표본을 관찰할 때, 분명히 암수한몸인데 수생식기가 흔적만 있는 개체를 관찰했다. 따라서 이 개체는 혼자서는 생식이 불가능할 것으로 다윈은 생각했으나, 몸 안에서 유충이 자라고 있어, 암수한몸이지만 교배한 결과로 해석한 것이다.

114 한 가지 성만 지닌 개체이다. 사람이 대표적인 사례일 것이다. 암수딴몸이라고 부르기도 한다.

한몸인 종과 단성인 종 사이의 차이는, 기능에 관한 한, 매우 사소해질 것이다. (101쪽)

이러한 몇 가지 고려 사항과 내가 수집한 많은 특별한 사실들[115]에 근거하여, 비록 내가 이 책에서는 이들을 나열할 수가 없지만, 서로 다른 개체 사이의 우연한 이형교배가 동물계와 식물계 모두에 적용되는 자연의 법칙일 것이라고 확실하게 생각하고 싶다.[116] 이러한 견해에 대해 많은 어려운 사례가 있다는 점을 나는 잘 알고 있으며, 이 중 몇몇 사례를 조사하고 있다. 그리고 마지막으로, 많은 생명체들에게 두 개체 사이에서 일어나는 교배가 한 개체의 탄생에 확실하게 필요하다고 우리는 결론지을 수 있다. 많은 경우에 교배가 아마도 아주 오랜 시간 간격으로 일어날 것이나, 내가 추측하건대, 자가수정으로 영속되는 생물은 없을 것이다.[117] (101쪽)

[118]*자연선택에 유리한 상황들*. 이 주제는 매우 복잡하면서도 미묘하다. 유전될 수 있으며 다양하게 변해버린 변이성이 많은 상태가 유리하나, 나는 단순한 개체차이도 자연선택에 충분하다고 믿는다. 많은 개체수는 주어진 기간 내에 적합한 변이가 출현할 확률을 높여 주기에, 개체 하나하나에서 나타나는 낮은 변이성을 상쇄시켜 주며, 이는 내가 보기에 성공하는 데 지극히 중요한 요소이다.[119] 비록 자연선택이 일을 하는 데 필요한 엄청난 시간을 자연이 제공하지만, 자연은 무한대로 제공하지 않는다. 모든 생명체들이 자연의 경제 내에서 자신들만의 장소를 장악하려고 노력하고 있기 때문에, 만일 어떤 한 종이 자신의 경쟁자

115 이형교배를 선호한다는 고려 사항과 이를 뒷받침하는 사실들로, 식물의 경우는 수술의 구조와 성숙 시기 때문에 타가수분하고, 초본이나 목본 모두에서 엄청나게 많은 꽃들이 피는데도 타가수분하는 점을, 그리고 동물의 경우는 암수한몸이지만 다른 개체와 교배하는 점을 설명했다.

116 자가수정하는 생물들이 일부 있지만, 특히 식물에서 많이 발견되는데, 현대의 생물학자들은 타가수정이, 이 장에서 말하는 이형교배가, 생물들의 변이를 증가시키는 역할을 수행하며, 그에 따라 진화가 유발되는 것으로 평가되고 있다.

117 자가수정 또는 근친교배를 계속하면 근교약세 또는 내교배억압이라는 현상이 나타나 개체들에게 치명적이다.

118 장 목차에 나오는 7번째 주제, '이형교배, 격리, 개체수 등과 관련된 자연선택에 도움이 되거나 되지 않는 환경 상황들'을 설명하는 부분이다. 여기에서는 자연선택에 도움이 되는 상황으로 많은 변이성을 지니는 것과 생태적 지위를 확보하는 것이 중요하다고 설명하고 있다. 다음 문단에 이어서, 이형교배, 격리 그리고 개체수 순으로 설명한다.

119 다양하게 변하는 개체가 많으면 많을수록 유리한 변이가 나타날 기회가 많아지기 때문에, 개체군 크기가 진화에 있어 중요한 요소라고 설명하고 있다(Costa, 2009).

에 상응해서 변형되지 않고 개선되지 않는다면 이 종은 곧 몰살당할 것이라고[120] 말할 수 있을 것이다. (101~102쪽)

[121]사람이 하는 체계적 선택에서 사육가들은 일부 명확한 대상을 선택하는데, 자유로운 이형교배는 이러한 일을 완전히 중단시킨다.[122] 그러나 많은 사람들이 품종을 변화시킬 의도는 없지만, 완벽함에 대한 거의 보편적인 기준[123]을 가지고 있다. 그리고 이들 모두는 무의식적 선택 과정에서 확실하지만 천천히, 질이 떨어지는 동물과 빈번하게 교배를 시키더라도, 더 많이 개선되고 변형된 최고의 동물을 가지려 하고 또한 번식시키려고 노력한다. 따라서 이런 상황은 자연 상태에서도 일어날 것이다.[124] 자연의 체계 내의 몇몇 장소가 추정되는 것보다 덜 완벽하게 채워진 고립된 지역에서 자연선택은 다양하게 변하는 개체들을 올바른 방향으로 항상 보존하기 위해, 비록 정도는 다르지만, 채워지지 않는 장소에 더 잘 채우도록 한다.[125] 그러나 만일 그 지역이 넓다면, 이 지역에서 몇 개의 구역은 서로 다른 살아가는 조건을 확실히 보여 줄 것이다. 그리고 만일 자연선택이 몇 개 구역에서 한 종을 변형시키고 개량시킨다면, 경계에서 같은 종에 속하는 다른 개체들끼리 이형교배를 할 것이다. 이렇게 교배가 일어날 경우, 이형교배의 결과는 자연선택과 균형을 맞추지 못하게 될 것이다.[126] 자연선택은 구역 하나하나에 있는 모든 개체들을 구역마다의 조건에 맞추어 완전히 똑같은 방식으로 변형시키려는 경향성을 항상 지니고 있는데, 연속된 지역에서는 조건들이 일반적으로 알아차리지 못할 정도로 단계적으로

120 다음에 나오는 9번째 주제, '자연선택이 유발한 절멸'에서 설명한다.

121 장 목차에 나오는 7번째 주제 가운데 이형교배에 대해서 설명하는 부분이다.

122 이형교배는 서로 다른 종, 변종, 품종을 교배하는 것이므로, 이형교배를 하면 순계가 유지되지 않는다.

123 인위선택에서 나온 기준일 것이다. 자연선택을 설명하면서 이러한 기준을 논의하는 것은, 다윈이 자연선택과 인위선택을 비슷한 과정으로 간주했기 때문이다. 그러나 자연선택에서 보편적인 기준은 환경에 대한 적응으로 받아들여야 할 것이다.

124 『종의 기원』 82쪽에서 '자연선택'에 대해 설명을 하면서, **"자연"**이라고 굵은 글씨를 쓴 이유는 자연을 사람과 동일시한다는 의미라고 설명했다. 다윈은 인위선택과 자연선택을 비슷한 것으로 간주한 듯하다.

125 종이 다양하지 않다면 생태적 지위 일부는 비어 있을 수도 있으나, 종이 다양해지면 이런 지위를 다양한 종들이 점유하게 될 것이다. 생물들이 살아가는 장소는 적을지 모르지만, 이 장소 모두를 생물들이 점유하고 있지 않으므로, 즉 비어 있는 장소가 있으므로, 자연선택은 다양하게 변하는 생물들에게 비어 있는 장소가 있음을 알려 주고, 생물들이 비어 있는 장소를 차지하라고 유도한다는 의미이다.

126 이형교배를 하면 새로운 유형이 계속 만들어질 수 있으나, 자연선택은 새로운 유형을 만들기 보다는 기존의 유형을 한 방향으로 유도하기 때문에 균형을 맞출 것이다.

한 구역에서 다른 구역으로 가면서 변하기 때문이다. 이형교배는 새끼를 만들 때마다 교접한다든가 정처 없이 배회한다든가 재빠르게 번식하지 않는다든가 하는 동물들에게 가장 큰 영향을 준다. 이런 속성을 지닌 동물들은, 실례로 조류들은 변종들이 일반적으로 서로 떨어진 나라에 고립되어 있을 것인데, 나도 실제로 그럴 것으로 믿고 있다. 가끔씩만 교배하는 암수한몸인 동물들과, 이와 비슷하게 새끼를 만들려고 교배는 하지만 정처 없이 배회는 거의 하지 않으면서 아주 빠른 속도로 증가할 수 있는 동물들에서는 새롭게 개량된 변종들이 어떤 한 자리에서 재빨리 만들어지며 그곳에서 자신들의 무리를 하나로 유지할 수 있으므로, 이형교배가 어떻게 해서든 일어났다면 새롭게 만들어진 변종에 속하는 개체들 사이에서 주로 일어났을 것이다. 따라서 한번 만들어진 국소적 변종은 지속적으로 천천히 다른 구역으로 퍼져 나갈 수가 있을 것이다. 이상 설명한 원리에 따라, 묘목업자들은 항상 같은 변종에 속하나 커다란 무리를 지어 살아가는 식물에서 씨를 얻으려 하는데, 다른 변종들과 이형교배할 기회가 줄어들었기 때문이다. (102~103쪽)

심지어 새끼를 만들 때마다 교접하며, 매우 느리게 번식하는 동물들 사례에서도, 자연선택을 지연시키는 이형교배의 결과를 과대평가해서는 안 된다. 같은 지역 내에서 서로 다른 정착지를 자주 다니거나, 약간 다른 계절에 번식하거나, 또는 같은 종류의 변종들끼리 짝짓기하는 것을 선호함으로써 같은 동물에 속하는 변종들이 오랫동안 뚜렷하게 유지된 사실들을 보여 주는 의미

있는 목록을 내가 가지고 있기 때문이다.[127] (103쪽)

이형교배는 자연 상태에서 같은 종이나 같은 변종에 속하는 개체들이 지닌 형질이 순계로 균일하게 유지되는 데 아주 중요한 역할을 하고 있다.[128] 따라서 이형교배가 새끼를 만들 때마다 교접하는 동물들에게 조금 더 효율적으로 작용함이 명백하다. 그러나 우연한 이형교배가 모든 동식물에서 일어난다고 우리가 믿어야 할 이유들을 나는 이미 보여 주었다. 이형교배가 아주 오랜 간격을 두고 일어난다면, 태어난 어린 개체는 자가수정이 오랫동안 지속되었던 자손들보다 생명력과 생식가능성이 뛰어날 것이므로 이들은 생존함과 동시에 자신과 같은 종류들을 번식시킬 더 좋은 기회를 잡게 될 것이라고 나는 확신한다. 따라서 긴 안목으로 보면, 이형교배의 영향은, 비록 이 교배가 아주 드물게 일어나더라도, 엄청 클 것이다. 만일 결코 이형교배를 하지 않는 생명체들이 존재한다면, 살아가는 조건이 같은 상태로 유지되는 한, 유전의 원리에 따라 자연선택이 전형에서 벗어난 개체들을 그 어떤 것이라도 파괴하기에, 형질의 균일성도 이들 사이에 유지될 것이다.[129] 그러나 만약 살아가는 조건이 변화하고, 이들이 변형이라는 과정을 거친다면, 일부 도움이 되는 변이를 지닌 개체만이 자연선택에 의해 보존될 것이기에, 형질의 균일성은 변형된 자손에서만 나타날 것이다. (103~104쪽)

[130]격리 또한 자연선택 과정에 중요한 요소 중 하나이다.[131] 만일 고립 또는 격리된 지역이 그렇게 넓지 않다면, 살아가는 생물적, 무생물적 조건[132]은 일반적으로 상당히 균일할 것이다. 그

127 이형교배가 일어나면 새롭게 만들어진 변종이 기존의 변종들과 혼합될 수밖에 없으며, 순계로 유지되지 못한다. 이런 순계의 생명력과 생식가능성은 이형교배로 만들어진 개체들보다 떨어짐에도 환경이 변하지 않는다면 생존할 수가 있다. 이렇게 되면 새롭게 만들어진 변종은 유지될 수 없고, 결국 자연선택은 일어나지 못하거나 지연될 수밖에 없다. 그러나 새롭게 만들어진 변종이 다른 변종들과 서로 다른 장소에 살거나, 번식 시기를 달리하거나, 같은 변종들끼리만 교배해서 격리된다면, 새로운 변종은 유지될 수 있을 것이다. 다윈은 이러한 사례를 보여 줄 수 있다고 한 것이다.

128 위의 주석 125를 참조하시오.

129 살아가는 조건이 변하고 이형교배가 일어나야 변이가 나타나는데, 같은 조건이 유지되고 이형교배가 일어나지 않았다면, 변이는 생기지 않아 형질의 균일성이 유지될 것이다.

130 장 목차에 나오는 7번째 주제 가운데 격리에 대해서 설명하는 부분이다.

131 다른 종들과 격리된다면 이형교배는 일어날 수가 없고, 종 내에서 변종들끼리의 이형교배만이 가능할 것이다. 새로운 변이가 만들어지는 데 한계가 있을 것이다.

132 생물적 조건은 한 생물과 상호연관성을 맺는 생물들이며, 무생물적 조건은 기후나 물과 같은 물리적 조건들이다.

래서 자연선택은 같은 조건에서는 같은 방식으로 지역 전체에 걸쳐서 다양하게 변하는 종들의 모든 개체들을 변형시키려고 할 것이다. 만약 주변부에 살지 않았고 구역이 다른 상황에 놓여 있지 않았다면, 같은 종에 속하는 개체들과의 이형교배는 억제되었을 것이다. 그러나 기후나 대륙의 융기 등과 같은 어떤 물리적 변화가 일어난 다음에는, 아마도 격리는 보다 더 잘 적응된 생물들이 유입되는 것을 조금 더 효율적으로 억제할 것이다. 따라서 그 지역의 자연의 경제에 있는 새로운 장소는 자신들의 체질이나 조직을 변형시키고 맞서 싸워 오면서 적응해 온 오래된 정착생물들에게 열려 있을 것이다. 마지막으로, 생물들의 유입과 그에 따른 경쟁을 억제하는 격리는 새로운 변종에게 서서히 개량될 시간을 줄 것이다. 이렇게 되는 과정이 때로는 새로운 종의 탄생에 있어 중요할 수도 있다.[133] 그러나 만일 격리된 지역이 장벽으로 둘러싸여 있거나 또는 아주 독특한 물리적 조건들로 이루어진 아주 좁은 지역이라면, 이 지역에서 살아갈 수 있는 전체 개체수도 필연적으로 아주 적어질 것이다. 개체수가 적다는 점은, 유리한 변이가 나타날 기회가 줄어들기 때문에, 자연선택을 거치면서 새로운 종이 만들어지는 것을 엄청나게 지연시킬 것이다.[134] (104~105쪽)

만일 우리가 이러한 언급의 진실을 검증하기 위해 자연으로 눈을 돌려 해양섬[135]처럼 아주 작은 격리된 지역을 조사한다면, 지리적 분포와 관련된 장에서 살펴보겠지만, 해양섬에 살고 있는 종들의 전체 수가 아주 적음을 알게 될 것이다. 그런데 이들

133 격리로 인해 새로운 종이 만들어지는 과정을 설명하고 있다. 이렇게 시간이 더 흐르면, 이 지역에서만 살아가는 고유종으로 변할 것이다.

134 오늘날 독도는 면적이 187,554m²로 1km²도 안 될 정도로 너무 좁아, 독도만의 고유한 종은 없는 것으로 알려져 있다. 반면에 독도보다 넓은 울릉도(72.86km²)에는 많은 수의 고유종이 살고 있으며, 육상식물의 경우에도 30여 종이 분포하는 것으로 알려져 있다.

135 바다 밑바닥에서 용암이 분출하여 만들어진 섬들을 말한다. 이들 섬의 경우, 처음 화산이 분출해서 만들어졌을 때에는 생물들이 살아가지 못했을 것이나, 지금은 많은 생물들, 특히 그 섬에서만 사는 생물들이 많아 진화를 연구하는 학자들에게 좋은 야외 실험실이 되고 있다.

섬에서 사는 상당수의 종들은 고유종[136]으로, 이들은 이 섬에서 만들어졌으며 다른 곳에서는 살지 않는다. 따라서 해양섬을 얼핏 보면 새로운 종이 만들어지기에 매우 유리한 곳으로 간주할 수도 있다. 그러나 그렇기 때문에 우리가 엄청나게 오해할 수도 있는데,[137] 작은 격리된 지역과 대륙처럼 드넓고 탁 트인 지역 중, 어느 지역이 새로운 유형이 만들어지는 데 더 유리한 지역인지를 규명하려면, 우리는 같은 시간대를 비교해야만 하는데 이런 일을 할 수가 없다. (105쪽)

[138]나는 새로운 종의 형성에 격리가 상당히 중요하다는 점을 의심하지는 않지만, 특히 오랫동안 생존 가능하면서 널리 퍼져 나갈 수 있는 지역의 크기가 전반적으로 종의 형성에 더 중요하다고 믿고 싶다. 드넓고 탁 트인 지역은 이 지역에서 살아가는 같은 종에 속하는 수많은 개체들에게 도움이 되는 변이가 만들어질 기회가 더 많아질 뿐만 아니라, 살아가는 조건도 이 지역에서 이미 살아왔던 수많은 종들로 인해 헤아릴 수 없을 만큼 복잡할 것이다. 그리고 만일 이렇게 많은 종들 중 일부가 변형되고 개량된다면, 다른 종들도 그에 상응하여 개량되거나 몰살당하게 될 것이다. 새로운 유형은 만들어지자마자 곧바로 더 많이 개량될 것이며, 또한 탁 트이고 연속된 지역 내에서 퍼져 나가게 될 것이며, 결국 많은 다른 종들과 경쟁하게 될 것이다. 따라서 작고 격리된 지역보다 더 넓은 지역에서 더 많은 새로운 장소[139]들이 만들어질 것이며, 이 장소를 차지하려는 경쟁도 좀 더 심해질 것이다. 더욱이, 비록 현재는 연결되었지만, 넓은 지역이

136 특정 지역에서만 살아가는 생물들이다.

137 다윈은 해양섬처럼 좁은 지역보다는 대륙과 같은 넓은 지역에서 새로운 유형이 더 잘 만들어질 것으로 생각했다.

138 장 목차에 나오는 7번째 주제 가운데 개체수에 대해서 설명하는 부분이다. 그런데 장 목차에는 개체수로 되어 있으나, 실제 내용은 개체수라기보다는 넓은 면적과 좁은 면적을 비교하고 있다. 아무래도 넓은 면적에 개체수가 더 많이 있기 때문으로 풀이된다.

139 다양한 생태적 지위가 만들어질 수 있을 것이라는 설명이다. 생물들이 살아가는 장소가 좁은 지역보다 넓은 지역이 더 다양할 것이며, 생물들의 먹이 사슬도 더 복잡해질 것이라는 의미이다.

수위의 변동[140]에 따라 마치 얼마 전에 나누어진 것처럼 존재하게 될 것이며, 그에 따라 격리에 따른 좋은 결과도 일반적으로 어느 정도는 동시에 나타날 것이다.[141] 마지막으로, 비록 조그맣게 격리된 지역도 새로운 종의 형성에 아주 유리한 측면이 일부는 있을 수도 있지만, 그럼에도 변형의 과정은 일반적으로 넓은 지역에서 더 빨리 일어난다. 그리고 중요한 점은, 넓은 지역에서 형성되어 이미 수많은 경쟁자들에게 승리했을 새로운 유형들이 가장 널리 퍼져 나가 많은 새로운 변종들이나 종들로 될 것이다. 따라서 이 유형들이 생물계의 변화하는 역사에서 중요한 역할을 담당하게 될 것이라고 나는 결론 내리고자 한다. (105~106쪽)

아마도 우리는 이러한 견해들에 근거해서 지리적 분포와 관련된 장에서 다시 언급할 사실들을 이해할 수 있을 것이다. 실례를 들어, 호주처럼 작은 대륙의 야생생물들은 이보다 큰 유라시아 지역의 야생생물들에 직면하여 과거에 굴복했고, 지금도 굴복하고 있음이 명백하다. 또한, 대륙의 야생종들은 섬들 어디에서나 널리 귀화하여 살아갈 수 있을 것이다.[142] 작은 섬만 놓고 보면, 살아가는 경주가 덜 심해질 것이고, 그에 따라 변형도 덜 일어나고, 몰살도 덜 당했을 것이다. 오스왈드 헤어에 따르면, 아마도 앞으로 마데이라섬의 식물상은 절멸한 유럽의 제3기 식물상과 비슷하게 보일 것이다. 모든 민물 유역은 모두 합하더라도 바다나 육지 면적과 비교하면 작은 지역이기에, 결과적으로 민물 유역에서 만들어진 야생종들 사이의 경쟁은 다른 지역과 비교하면 덜 심각하다. 새로운 유형도 더 천천히 만들어지며, 오

140 해수면의 상승과 하강을 의미하는 것으로 보인다. 해수면이 상승하면 대륙이 나누어지고, 하강하면 나누어진 대륙이 서로 연결된다. 해수면 하강으로 우리나라와 중국, 일본 등이 서로 연결된 적이 있으나, 현재는 해수면 상승으로 우리나라, 중국, 일본은 바다로 구분되어 있다.

141 제주도는 바다에서 화산 폭발로 만들어진 화산섬이지만, 빙하기에 한반도는 물론 일본과도 연결되어 있었다. 이후 빙하가 물러나면서 제주도는 다시 격리된 지역으로 만들어졌는데, 전 세계적으로 이런 지역들이 많이 있을 것이다.

142 다윈은 넓은 대륙에서 만들어진 종들이 좁은 지역에서 만들어진 종들에 비해 경쟁에서 우위를 점할 것으로 생각했다. 따라서 대륙에서 만들어진 종들이 좁은 지역으로 유입되면, 이들이 원래 자라던 종들을 몰아낼 것으로 다윈은 생각한 것이다.

래된 유형도 더 천천히 몰살당한다. 이와 같은 민물 유역에서 우리는 한때 우세했던 목의 잔존생물인 경린어류[143]에 속하는 7개 속을 발견할 수 있다.[144] 게다가 민물 유역에서 우리는 지금까지 세계에서 알려진 유형 중 가장 변칙적인 유형들을 발견했는데, 화석처럼 생긴 오리너구리속Ornithorhynchus[145]과 남아메리카 폐어속Lepidosiren[146]은 자연의 사다리에서 지금은 멀리 떨어져 있는 목들을 어느 정도 연결해 준다. 이처럼 변칙적인 유형들 대부분은 살아 있는 화석[147]으로 부를 수 있다. 이들은 고립된 지역에서 살아왔기 때문에 덜 심각한 경쟁에 노출되었고, 그에 따라 오늘날까지 견뎌 왔다. (106~107쪽)

자연선택이란 주제가 지닌 극단적인 복잡성을 인정하면서, 자연선택에 도움이 되거나 또는 도움이 되지 않는 환경을 요약하려고 한다.[148] 미래를 바라보면서,[149] 드넓은 대륙 지역은 아마도 수많은 수위 변동을 겪게 될 것이며, 그에 따라 조각난 상태로 오랫동안 존재할 것인데,[150] 육상생물에게는 이런 지역이 오랫동안 견디면서 널리 퍼져 나가는 수많은 새로운 유형을 형성하는 데 가장 유리할 것이라고 나는 결론짓는다. 처음에는 이 지역이 하나의 대륙으로 존재했을 것이기에,[151] 그 당시에 살고 있던 수많은 개체들과 종류들로 이루어진 정착생물들은 아주 극심한 경쟁에 내몰리게 되었을 것이다. 대륙이 가라앉아 몇 개의 커다란 섬으로 분리되더라도, 아직은 섬마다 같은 종에 속하는 많은 개체들이 생존할 것이다. 따라서 종 하나하나가 분포범위 안에서 살아가게 됨에 따라 이형교배는 억제될 것이다.[152] 어

143 표면이 단단하며 광택이 있고, 네모난 판자 모양의 물고기 비늘, 즉 경린을 지니는 어류이다. 철갑상어 종류가 이에 해당한다. 경린은 굳비늘이라고도 부른다.

144 경린어류에 속한 대부분 종들은 절멸했다. 여기에 속하는 철갑상어는 철갑상어목(Acipenseriformes)으로 분류하고 있다.

145 호주와 태즈메이니아섬에서만 살아가는 포유류의 일종으로, 이들은 새끼를 낳지 않고 알을 낳아 번식한다. 따라서 조류와 포유류의 중간형태 생물로 간주되기도 한다.

146 폐어류는 부레를 폐처럼 이용해서 숨을 쉬면서도 아가미를 지니고 있어, 양서류와 어류의 중간형태로 간주되기도 한다. 폐어는 호주를 비롯하여 남아메리카와 아프리카 일대에서만 생존하고 있다.

147 오늘날에는 투구게나 은행처럼 자신들의 조상형으로부터 거의 변하지 않은 생물들을 의미하나, 오리너구리와 남아메리카폐어는 오늘날 포유류와 양서류의 기원이 되는 생물들이다. 진화과정을 거치면서 변하지 않은 은행이나 투구게와 달리 이들은 변했는데도 다윈은 살아 있는 화석이라고 불렀다.

148 『종의 기원』 102~107쪽의 내용을 요약한 것이다.

149 다윈은 미래를 바라본다고 말했지만, 지구 과거 역사를 바라보면서 자신의 주장을 설명하는 것으로 보인다.

150 오늘날 존재하는 6개 대륙을 의미하는 것으로 보인다.

151 지구의 6개 대륙이 과거에는 하나의 대륙으로 모여 있었다. 이 대륙을 1915년 독일인 알프레트 베게너가 판게아라고 불렀다.

떤 종류라도 물리적 변화[153]가 일어나면 유입은 차단될 것이므로, 섬 하나하나에 존재하는 자연의 체계에 있는 새로운 장소를 오래된 정착생물들이 변형되어 채울 것이다. 그리고 시간이 지나면서 각 섬에 있던 변종들은 훨씬 변형되고 완벽해질 것이다. 섬들이 다시 융기해서 대륙처럼 변하게 되면, 다시 심각한 경쟁이 나타날 것이다.[154] 가장 유리한 또는 가장 개량된 변종들은 널리 퍼져 나갈 것이다. 덜 개량된 유형들은 상당수가 절멸할 것이며, 새롭게 형성된 대륙에서 살아가는 다양한 정착생물들의 상대적인 수는 다시 변할 것이다. 그리고 이 대륙은 정착생물들을 더욱더 개량시키는 자연선택에 필요한 공정한 경기장이 될 것이므로 새로운 종이 만들어질 것이다. (107~108쪽)

[155]자연선택이 항상 극단적으로 서서히 작용하고 있다는 점을 나는 전적으로 인정한다. 이 작용은 자연의 체계에 있는 장소에 따라 결정되며, 이 장소는 어떤 종류의 변형을 겪은 정착생물들의 일부가 더 잘 점유할 것이다. 이러한 장소의 존속은 때로 일반적으로 아주 서서히 일어나는 물리적 변화에, 그리고 유입이 억제되었던 더 잘 적응된 개체들의 유입에 의해 좌지우지될 것이다. 그러나 자연선택의 작용은 서서히 변형되는 정착생물들 가운데 일부에 의해 아마도 더 자주 결정될 것이며, 그에 따라 수많은 다른 정착생물들 사이에서 유지되던 상호연관성은 교란될 것이다. 도움이 되는 변이가 나타나지 않는다면, 아무것도 만들어지지 않으며, 변이 그 자체는 항상 명백하게 아주 느린 과정이다. 이 과정은 때로 자유로운 이형교배로 인해 엄청나

152 하나의 대륙이 분리되면서, 생물들 사이에 격리가 확실해짐에 따라 이형교배가 나타나기 힘들었을 것이다.

153 수위 변동과 같은 변화 때문에 나타나는 대륙이 연결되거나 단절되는 변화일 것이다.

154 면적이 넓어짐에 따라 새로운 변이체가 더 많이 만들어진 것인데, 이 변이체가 한 종에 속하는 변이체라면 이들 사이의 경쟁은 좀 더 심각해진다는 의미이다.

155 장 목차에 나오는 8번째 주제, '서서히 진행되는 작용'을 설명하는 부분이다. 자연선택이 오랜 시간에 걸쳐 서서히 그리고 오랜 시간 간격을 두고 진행된다고 설명하고 있다.

게 지연된다. 이와 같은 몇 가지 원인이 자연선택의 작용을 완전히 중단시키는 데 충분하다고 많은 사람들이 큰 소리로 외칠 것이다. 나는 그렇게 믿지 않는다. 이와는 반대로, 자연선택은 항상 아주 서서히, 때로는 오랜 시간 간격으로, 그리고 일반적으로 같은 시대에 같은 지역에서 살아가는 정착생물들 중 극히 소수에게만 작용한다고 나는 확실하게 믿고 있다. 또한, 아주 서서히 그리고 간헐적으로 일어나는 자연선택 작용은 지질학이 이 세상에서 살아가는 정착생물들의 변화 비율과 방식에 대해 알려주는 것과 완벽하게 일치한다고 나는 믿는다. (108~109쪽)

비록 선택 과정이 서서히 진행되지만 만일 연약한 사람이라도 인위선택의 힘으로 많은 것을 할 수 있다면 변화되는 정도에 제한이 없을 뿐만 아니라, 모든 생명체들 사이에, 즉 한 생명체와 다른 생명체들 사이에, 그리고 생명체와 물리적인 살아가는 조건 사이에 나타나는 상호적응의 아름다움과 무한한 복잡성에도 어떠한 제한이 없음을 나는 볼 수 있을 것인데, 이러한 상호적응은 선택과 관련된 자연의 힘이 오랜 과정에 거쳐 만들어 낸 결과일 것이다.[156] (109쪽)

[157] *절멸*. 이 주제는 **지질학**을 다룬 장[158]에서 좀 더 자세하게 논의할 것이나, 여기에서는 자연선택과 깊숙이 연관되어 있음을 언급하려고 한다. 자연선택은 어떤 방식으로든지 유리한 변이를 보존하여 결과적으로 변이들이 지속되도록 작용한다. 그러나 모든 생명체는 기하급수적으로 빠르게 증가하기에, 지역

156 인위선택의 지향점, 달리 말해 끝에 제한이 없듯이, 자연선택이 지향하는 끝 또한 제한이 없다고 설명했는데, 끝이 있다면 변형은 더 이상 일어날 수가 없을 것이다. 하지만 진화는 지금도 일어나고 있다는 것이 다윈의 생각이다.

157 장 목차에 나오는 9번째 주제, '자연선택이 유발한 절멸'을 설명하는 부분이다. 자연선택으로 환경에 적응하지 못한 생물들은 개체 수준에서는 필연적으로 죽을 수밖에 없고, 종 수준에서는 절멸될 수 밖에 없다는 설명이다. 단지 신이 모든 종을 창조하였다면, 완벽하게 창조된 종이 왜 어떻게 절멸할 수 있는가라는 질문일 수도 있다.

158 10장 생명체의 지질학적 연속성에서 '절멸에 관하여' 부분으로, 416쪽이다.

마다 정착생물들로 완전히 채워지게 되며, 선택된 유리한 유형의 수가 증가함에 따라 덜 유리한 유형은 감소하여 점점 희귀해지게 된다. 지질학은 희귀성을 절멸의 조짐이라고 우리에게 말해 준다.[159] 몇 개체로 대표되는 어떤 유형은, 계절이나 적들의 개체수가 변동하는 동안, 완전하게 절멸할 가능성이 높다는 점을 우리는 알 수 있다. 또한 우리는 이보다 더 나아갈 수도 있다. 새로운 유형이 끊임없이 서서히 만들어지기 때문에, 특별한 유형의 수가 영구히 그리고 무한정 증가한다고 우리가 믿지 않는 한, 이 유형들도 필연적으로 반드시 절멸에 이르게 될 것이다. 특별한 유형의 수가 무한정 증가하지 않는다는 점은 지질학이 분명히 알려 주었다. 실제로 그렇게 증가하지 않는 이유를 우리는 알고 있는데, 자연의 체계 내에 있는 많은 장소가 무한정 많지 않기 때문이다.[160] 어떤 한 지역이 아직까지 최대로 많은 종을 수용하지 못하고 있음을 파악할 수 있는 그 어떤 수단을 우리가 가지고 있다고 말할 수는 없다. 아마도 그 어떤 지역도 완전히 채워져 있지는 않을 것이다. 희망봉에는 전 세계의 어떤 지역보다 더 많은 식물들이 엉켜서 자라고 있음에도, 일부 외래식물들이 끊임없이 귀화하여 자라고 있으며, 우리가 아는 한 어떠한 자생종도 절멸하지 않았다. (109~110쪽)

더욱이, 개체수가 많은 종들은 주어진 기간 내에 유리한 변이를 만들 최고의 기회를 만날 수 있다. 2장에서 나열한 사실들과 같은 증거를 우리는 가지고 있는데,[161] 이런 증거들은 흔한 종들이 기록된 변종들이나 발단종을 가장 많이 만들 여유가 있음

159 라이엘은 한 종이 가진 모든 생명력을 소진하면 사라진다고 생각했고, 다윈이 이를 수용한 것이다(Costa, 2009).

160 다윈은 자연의 장소를 『종의 기원』 67쪽에서 항복곡면과 비교해서 설명했었다(Costa, 2009). 한 쐐기가 안쪽으로 들어가면 다른 쐐기는 밀려나갈 수밖에 없을 것인데, 밀려나간 쐐기를 절멸한 종으로 간주해도 될 것이다.

161 2장의 '넓은 지역에 분포하며 멀리까지 분산되고 흔하게 나타나는 종이 가장 다양하게 변한다'는 주제이다.

을 보여 준다. 그러므로 희귀한 종은 주어진 기간 내에 더 빨리 변형되지 못하거나 개량되지 못하며, 결과적으로 이들은 보다 흔한 종들의 변형된 후손들과의 살아가는 경주에서 패배할 것이다. (110쪽)

이러한 몇 가지로 인해, 시간이 흐름에 따라 새로운 종이 자연선택으로 만들어지기 때문에, 다른 종들은 점점 희귀해지다가, 결국 절멸하는 것이 당연할 것으로 나는 생각했다. 변형되고 개량되는 과정을 거치는 유형들과 가장 치열하게 경쟁하는 유형들은 자연적으로 가장 심한 고통을 받을 것이다. 그리고 가장 가까운 동류에 속하는 유형들, 즉 같은 종에 속하는 변종들, 같은 속에 속하는 종들, 비슷한 속들에 속하는 종들은 거의 같은 구조, 체질 그리고 습성을 공유하기 때문에 서로서로 심각한 경쟁에 내몰리게 됨을 우리는 **생존을 위한 몸부림** 장에서 살펴보았다. 결과적으로 만들어지면서 진보하는 과정에 있는 새로운 변종이나 종은 일반적으로 이웃에 있는 동족에게 심한 압박을 가하여 이들을 몰살하는 경향을 보이게 된다. 우리는 사람이 행한 개량된 유형을 선택함에 따라 유발되는 이와 비슷한 몰살 과정을 우리가 길들인 재배종에서도 볼 수 있다. 소, 양을 비롯한 많은 동물들의 새로운 품종들과 꽃의 새로운 변종들이 오래전의 열등한 종류들이 차지했던 장소를 얼마나 빨리 대체하는가를 보여 주는 흥미로운 사례들을 보여 줄 수도 있다. 요크셔[162]에서는 역사적 사실로 알려져 있는데, 아주 오래전부터 길러 온 검은 소가 긴 뿔을 지닌 소로 대체되었고, 긴 뿔을 지닌 소는 "짧은 뿔

162 영국 잉글랜드 북부에 있었던 행정구역이다. 오늘날에는 여러 개의 주로 세분화되었다.

을 지닌 소가 마치 살인적인 전염병이 지나갈 때처럼 싹 쓸어버렸다"(농업저술가의 말을 인용한 것이다).[163] (110~111쪽)

[164] *형질분기*. 내가 형질분기라는 용어로 부른 이 원리는, 내가 믿고 있는 내 이론에서 상당히 중요하며,[165] 몇 가지 중요한 사실들을 설명해 준다. 첫 번째로, 변종은, 심지어 아주 뚜렷한 특징을 지녀 어느 정도는 종의 특징을 지니고 있는 많은 사례에서 변종의 계급을 어떻게 결정해야 하는지에 대한 희망이 없는 것 같은 의심이 들지만,[166] 확실히 서로서로 다르나, 뚜렷하게 구분되는 좋은 종들이 다른 것보다는 다르지 않다. 그럼에도 불구하고 내 견해에 따르면, 변종은 만들어지고 있는 과정에 있는 종, 즉 내가 이 책에서 부르는 발단종이다. 그렇다면 어떻게 변종들 사이의 덜 뚜렷한 차이가 종들 사이의 보다 뚜렷한 차이로 증강될까?[167] 만일 이런 일들이 늘 일어난다면 자연계에 있는 뚜렷한 차이를 보여 주는 셀 수 없이 많은 종들 대부분으로부터 뚜렷하게 보이는 차이점을 추정해야만 한다. 반면 가상의 원형이자 미래에는 뚜렷한 특징을 지닐 종들의 부모들인 변종들로부터는 사소하면서도 불명확한 차이점을 우리는 추정해야만 한다. 우연히, 우리는 이렇게 부를 수가 있는데, 한 변종이 이들의 부모와 일부 형질들에서 달라질 수 있고, 이 변종의 자손은 다시 자신의 부모와 같은 형질에서 어느 정도는 다시 달라질 수가 있다. 그러나 우연만으로는 같은 종에 속하는 변종들과 같은 속에 속하는 종들 사이에서 평소에도 크게 나타나는 차이를 결코 설명

163 영국의 수의사였던 유아트의 말이다. 긴뿔 소는 요크셔 북부 지방에서 육종되어 탄생했으며, 18세기 짧은뿔 소가 육종될 때까지 사육된 주요 품종이었다.

164 장 목차에 나오는 10번째 주제, '좁은 지역에 서식하는 정착생물의 다양성과, 그리고 귀화와 관련된 형질분기'를 설명하는 부분이다. 여기에서 분기는 '차이를 만들어 내는 과정'을 의미한다. 즉 분기하면 할수록 차이는 점점 더 커진다는 의미이다.

165 같은 종에 속하는 개체들 사이에서 변이가 나타나야만, 이들 사이에서 자연선택이 작용하게 되며, 자연선택이 작용해야만 새로운 종이 만들어질 수 있다고 다윈은 생각했다. 달리 말해 진화의 전제 조건이 바로 변이인데, 이 변이가 나타나서 개체들이 서로 달라지는 것을 형질분기라는 용어로 다윈은 설명하고 있다. 따라서 다윈은 형질분기가 '상당히 중요하다'고 표현한 것이다.

166 다윈 시대에는 종과 변종을 엄밀히 구분하지 못했다. 『종의 기원』에서 논의하는 것이 '종'이지만, 그 시대에는 '종'이 무엇인지를 정확하게 파악하지 못했다. 그러면서도 '종'은 창조되었지만, '변종'은 만들어질 수 있다고 생각했다.

167 어떻게 종이 기원할까라는 질문이다. 변종들 사이의 차이가 종들 사이의 차이로 변하는 과정이 바로 종이 만들어지는 과정이 될 것이다.

할 수가 없다.[168] (111쪽)

[169]내가 항상 해 왔던 방식대로, 이 주제도 우리가 생육하는 재배종들에서 그 실마리를 찾아보자. 우리는 여기에서 대응하는 무언가를 찾게 될 것이다. 어떤 애호가는 조금 짧은 부리를 지닌 집비둘기에 마음이 끌릴 것이고, 또 다른 애호가는 오히려 긴 부리를 지닌 집비둘기에 끌릴 것이다. 그리고 "애호가는 중간 수준에는 감탄하지 않고 앞으로도 하지 않을 것이나, 극단에는 감탄하고 앞으로도 할 것이다"라는 이미 알려진 원리에 따르면, 이들은 새들을 선택하고 번식시키면서 부리가 점점 길어지도록 또는 점점 짧아지도록 할 것이다(공중제비비둘기에는 두 가지 특징이 모두 나타난다). 또다시 어떤 한 사람이 처음에는 재빠른 말을, 다른 사람은 강하고 몸집이 더 좋은 말을 좋아했다고 가정해 보자. 처음에는 차이가 아주 사소했을 것이다. 시간이 흐르면서, 일부 사육가들은 더 빠른 말을, 또 다른 사육가들은 더 강한 말을 지속적으로 선택하는 과정을 거친다면, 차이는 커졌을 것이고, 두 개의 아품종이 만들어졌다고 기록했을 것이다. 결국, 몇백 년이 지나면, 아품종은 제대로 된 두 개의 분명한 품종으로 변환되었을 것이다. 차이가 서서히 커져감에 따라, 빠르지도 않고 강하지도 않은 중간형태 형질을 지닌 열등한 동물은 무시되었을 것이고, 사라지게 되었을 것이다. 이처럼 우리는 재배종들에서 소위 분기 원리라고 부르는 작용을 볼 수 있는데, 이 원리에 따라 처음에는 거의 인지할 수 없었던 차이가 꾸준히 증가되고, 품종들의 형질은 서로서로가 지녔던, 그리고 자신들의 공통부모가 지

168 우연히 종과 종, 변종과 변종들이 달라질 수는 있지만, 이보다는 변이를 유지시키는 자연선택이 더 중요할 것이라는 설명이다.

169 자연선택을 설명하기 전에 인위선택을 먼저 설명하고, 이를 토대로 자연선택을 설명한 것처럼, 다윈은 자연에서 관찰되는 형질분기보다는 생육하는 재배종들에서 나타나는 형질분기를 먼저 설명하고 있다.

녔던 형질과는 달라지게 된다. (111~112쪽)

그러나 이에 대응하는 원리를 어떻게 자연계에도 적용할 수 있는가라고 질문할 수도 있다. 나는 적용될 수 있으며, 실제로도 가장 효과적으로 적용되고 있다고 믿는다. 단순한 상황을 들 수 있는데, 어떤 한 종의 자손들의 구조, 체질 그리고 습성이 더 다양하게 변하면, 이들은 자연의 체계 내에서 더 많은 장소를 점유하고, 그에 따라 더 다양하게 변한 지역으로 퍼져 나갈 수 있으며, 결국 개체수도 증가할 수 있게 될 것이다.[170] (112쪽)

[171]우리는 이런 사례를 단순한 습성을 지닌 동물에서 명확하게 볼 수 있다. 어떤 나라에서 살아가든 개체수가 오래전에 이미 평균적으로 최대치에 도달한 육식성 사지동물을 사례로 들어 보자. 만일 이 동물이 자연적으로 증가하도록 허락한다면, (그 나라의 조건에는 어떠한 변화가 없다고 할 때) 현재는 다른 동물이 점유한 장소를 이들의 다양한 후손들이 점유할 때에만 증가할 수 있을 것이다.[172] 예를 들어, 이들 중 일부는 죽어 있든 살아 있든 간에 새로운 종류의 먹이를 먹을 수 있을 것이며,[173] 다른 일부는 새로운 정착지에서 살아가거나, 나무를 기어오르거나, 물을 자주 찾아다닐 것이며,[174] 아마도 또 다른 일부는 육식성 습성을 줄여 나갈 것이다. 육식동물 후손들의 습성이나 구조가 다양하게 변하면 변할수록, 이들은 더 많은 장소를 점유하게 될 것이다.[175] 한 동물에 적용되었던 것이 무엇이든 간에 시간이 흐름에 따라, 정확히 말해 한 동물이 변한다면, 변한 모든 동물들에게도 적용될 것인데, 그렇지 않다면 자연선택은 아무런 일도 하지 못

170 생육하는 재배종들을 사람이 원하는 형질만 선택해서 개량시키나, 자연에서는 변이가 만들어지고, 변이에 따라 생태계 내에서 자신만의 생태적 지위를 차지하고, 또 다른 변이가 나타나고 그에 따라 또 다른 생태적 지위를 차지하게 되면서 새로운 형질들이 만들어질 것이라는 설명이다.

171 형질분기로 동물과 식물에서 관찰되는 다양성을 설명하는 부분이다.

172 장소, 즉 생태적 지위를 먼저 점유한 동물과 맞서 싸워 이겼다는 점을 이렇게 표현한 것이다.

173 먹이와 관련된 생태적 지위를 영양 지위라고 부른다.

174 살아가는 지점과 관련된 생태적 지위를 서식지 지위라고 부른다.

175 더 다양한 생태적 지위를 확보했음을 의미한다.

한다. 식물의 경우도 마찬가지일 것이다. 실험적으로도 증명되었는데,[176] 만일 땅 한 구획에는 벼풀[177]에 속하는 한 종의 씨만 심고, 비슷한 구획에는 뚜렷하게 구분되는 여러 속에 속하는 씨를 같이 심으면, 엄청나게 많은 식물들이 재배되어 상당량의 마른 풀을 얻을 수 있다.[178] 처음에는 밀 한 변종의 씨만을, 그리고 다음에는 여러 변종의 씨를 섞어서 같은 크기의 땅에 뿌렸을 때에도 계속 같은 결과가 나타났다.[179] 이런 결과로 볼 때, 만일 벼풀 어느 한 종을 계속 변화하도록 하고,[180] 벼풀의 뚜렷하게 구분되는 종과 속들이 서로 다른 것처럼, 같은 방법으로 서로 다른 변종들을 지속적으로 선택한다면, 변형된 자손들을 포함해서 이 벼풀 종에 속하는 엄청나게 많은 개체들이 같은 땅에서 성공적으로 살아갈 것이다. 그리고 벼풀에 속하는 종 하나하나와 변종 하나하나가 해마다 셀 수 없을 정도의 씨를 뿌리고 있음을 우리는 잘 알고 있다. 따라서 이들은 자신의 개체수를 늘리려고 모든 힘을 쏟아붓고 있다고 말할 수 있다. 결과적으로 수천 세대가 경과하면, 벼풀 중 어떤 종에 속하든 가장 뚜렷하게 구분되는 변종들이 항상 개체수가 증가할 수 있는 가장 좋은 기회를 갖게 될 것이고, 실제로도 증가할 것이며, 그에 따라 덜 뚜렷하게 구분되는 변종들을 대체할 것이라는 점을 나는 의심하지 않는다. 그리고 변종들이 서로서로 매우 뚜렷하게 구분되어 나타난다면, 종의 계급을 부여받게 된다.[181] (113~114쪽)

[182]구조에서 나타나는 높은 다양성이 엄청나게 많은 생물들을 지탱한다는 원리의 진실성은 많은 자연 환경에서 관찰된다.

176 1816년 『워번 지역의 초본성 원예 식물』에 실린 자료이다(Costa, 2009).

177 벼과(Gramineae)에 속하는 초본성 식물을 영어로 grass라 부르며, 잔디로도 번역된다. 그러나 잔디는 벼과에 속하는 극히 일부 식물을 지칭하는 용어일 뿐이다. 또한 풀로 흔히 번역되나, 풀은 영어로 herb, 즉 나무가 아닌 모든 식물을 지칭한다.

178 5판에는 "후자의 과정", 6판에는 "전자의 경우보다 후자에서"라는 표현이 추가되어 있다.

179 오늘날 한 면적에 한 가지 재배 식물을 심는 단일재배보다 같은 면적에 여러 종류의 식물을 심는 혼합재배가 더 효율적임이 밝혀졌다.

180 한 종에서 여러 변종들이 만들어지게 했다는 의미이다.

181 종의 계급을 부여받는다는 의미는 새로운 종으로 만들어진다는 의미일 것이다.

182 다양성을 통해 나타난 형질분기는 야외 조사를 통해서 확인될 수 있음을 설명하고 있다.

극단적으로 좁은 지역이라도, 특히 유입에 장애가 없고 개체와 개체 사이의 다툼이 심각한 곳이라면, 우리는 정착생물들의 높은 다양성을 항상 볼 수 있다.[183] 실례를 들면, 수년간 완전히 같은 조건에 방치한 90cm×120cm 정도 되는 크기의 잔디밭 한 구역을 조사해 보면, 18속, 8목에 속하는 식물 20종을 발견할 수 있는데, 이는 이들 식물들이 서로서로 얼마나 크게 다른지를 보여 준다.[184] 좁고 균일한 작은 섬, 또는 민물로 된 조그만 연못에서 살아가는 식물이나 곤충도 비슷하다. 농부들은 엄청나게 다른 목에 속하는 식물들을 윤작하면 작물을 최대로 수확할 수 있음을 알고 있다. 자연은 소위 동시적 윤작[185]이라는 방법을 따르고 있다. 좁은 지역의 땅 어디서든지 매우 가깝게 살고 있는 동식물 대부분은 (그곳의 자연과 맞아떨어지는 그 어떤 특이점도 없을지라도) 그 땅에서 살아갈 수 있었고, 그곳에서 살아가려고 모든 힘을 쏟아붓고 있다고 말할 수도 있다. 그러나 이들이 서로서로 치열한 경쟁 상태에 처하게 된다면, 습성과 체질의 차이와 함께 구조의 다양성이 유리한 점을 제공하기 때문에 일반적으로 서로서로 매우 가까이 인접해서 존재하는 정착생물들이 우리가 서로 다른 속이나 목이라고 부르는 무리에 소속되는 이유를 명확하게 알 수 있다.[186] (114쪽)

[187]식물이 사람의 도움으로 외국 땅에 귀화하는 과정에서도 같은 원리가 관찰된다. 그 어떤 대륙에서든지 성공적으로 귀화한 식물들은 일반적으로 토착식물과 아주 가까운 동류일 것으로 예상했었는데, 토착식물들은 일반적으로 자신들만의 땅에

183 일반적으로 생물들은 다른 생물들과 생태적 지위를 달리함으로써 서로간의 경쟁을 피하려고 한다. 이를 경쟁배타의 원리라고 하는데, 좁은 지역에서 생태적 지위를 달리하여, 이를 분서라고 하는데, 경쟁을 피하려는 생물들의 생존 전략이다. 경쟁을 피한 결과 다양한 생물들이 만들어진다.

184 18속에 20종이 발견되었다는 것은 2종을 제외한 나머지 종들이 모두 다른 속에 속함을 의미한다. 그리고 일반적으로 종보다는 속이 더 많이 다르며, 속보다는 과, 과보다는 목이 더 많이 다르다. 따라서 8목, 18속에 20종이 발견되었다는 점은 "식물들이 서로서로 얼마나 크게 다른지를" 보여 주는 것이다.

185 일정한 크기의 땅을 여러 구역으로 구분하여 다양한 작물을 동시에 재배하는 방법이다. 다음해에는 같은 작물을 작년에 재배했던 구역이 아닌 다른 구역에서 재배한다.

186 다른 종과의 경쟁을 피하기 위함이다. 같은 속에 속하는 종들은 공통부모로부터 유래했고, 그에 따라 생태적 지위가 비슷해서 서로 경쟁을 하면서 살게 될 것이나, 서로 다른 속이나 목에 속하면 경쟁을 피할 수 있을 것이라는 설명이다.

187 장 목차에 나오는 10번째 주제 가운데 귀화와 관련해서 설명하는 부분이다.

서 특별히 창조되어져 적응해 온 것으로 간주되기 때문이다. 또한 귀화식물들은 자신들의 새로운 터전의 특정한 정착지에서 좀 더 특별히 적응한 일부 무리에 속할 것으로 예상했었다. 그러나 사례들을 보면 전혀 다르다. 알퐁스 드 캉돌이 위대하고 감탄할 만한 그의 저서에서 잘 서술했듯이,[188] 식물상의 수가 귀화로 인해 자생하는 속과 종의 수에 비례하여 증가하는데, 이때 새로운 종보다는 새로운 속에 의해 훨씬 더 많이 증가한다.[189] 한 가지 실례를 들어 보자. 아사 그레이 박사가 쓴 『미국 북부 지방 식물상 편람』의 마지막 판에는 260종의 귀화식물들이 나열되어 있는데, 이들은 162속에 속한다. 따라서 우리는 이러한 귀화식물들이 아주 다양한 속성을 지니고 있음을 알 수 있다. 더욱이, 이들은 토착식물들과는 상당히 달랐는데, 162속 중에서 100속 정도는 미국에서 자라던 토착식물의 속이 아니었으며, 미국에 있던 전체 속과 비교할 때 상당히 많은 속이 추가된 것이었다. (114~115쪽)

그 어떤 나라에서든지 토착생물들과 맞서 싸워서 성공적으로 귀화한 동식물들의 속성을 고찰해 보면, 자생생물 일부가 또 다른 자생생물보다 더 유리한 점을 얻으려고 어떻게 변형되었는지에 대하여 약간은 거친 생각들을 우리는 얻을 수가 있다. 그리고 내가 생각하기로는, 새로운 속으로 구분할 수 있을 정도의 구조의 다양성이 이들에게 유리했다고 우리가 추론해도 적어도 지장은 없을 것이다.[190] (115쪽)

[191]같은 지역에서 살아가는 정착생물들의 다양화가 주는 유

188 1855년에 발간된 식물의 지리적 분포를 다룬 두 권으로 된 책, 『식물지리학』이다.

189 기존의 식물과는 상당히 다른 식물들이라는 의미이다. 즉, 근연종 또는 동류 종이 귀화할 경우 이들의 생태적 지위가 기존에 살던 식물의 지위와 겹치기 때문에 경쟁이 유발될 수밖에 없으나, 그렇지 않았기에 귀화에 성공했을 것이다.

190 귀화생물이 토착생물과 구조적으로 큰 차이가 나야, 즉 다른 속에 속해야, 토착생물과 맞서 싸울 수가 있을 것인데, 결과적으로 귀화했다면, 이러한 구조적 차이가 이들에게 유리했기 때문이라고 말할 수가 있다는 설명이다.

191 장 목차에 나오는 11번째 주제, '형질분기와 절멸로 공통부모에서 유래한 자손들에게 작용하는 자연선택'을 설명하는 부분인데, 이 문단에서는 형질이 분기하는 이유를 설명하고 있다.

리한 점은, 실제로, 한 개체의 몸에 있는 기관의 생리적 분업이 주는 유리한 점과 같다. 이와 관련된 내용은 밀네드와르즈가 명확하게 규명했다. 생리학자라면 그 누구도 야채 성분 또는 고기만을 소화시키는 것에 적응된 위가 이들 물질로부터 많은 양분을 뽑아낸다는 점을 의심하지 않는다. 그 어떤 대륙이든지 일반적인 자연의 경제 내에서, 동식물들이 더 넓게 더 완벽하게 각기 다른 살아가는 습성으로 다양하게 변하면 변할수록, 그곳에서는 더 많은 개체들이 살아갈 수 있을 것이다.[192] 자신만의 체제를 지니나 거의 다양하게 변하지 않은 종류의 동물 무리는 구조가 좀 더 완벽하게 다양하게 변해버린 무리와는 경쟁이 거의 되지 않는다. 실례를 들어, 호주산 유대류[193]는 크게 몇 무리로 구분되나, 이들 무리는 명확하지 않는데,[194] 우리가 알고 있는 육식성 포유동물, 반추성 포유동물 그리고 설치류와 같은 포유동물 등과 같이, 워터하우스 씨를 비롯하여 몇 사람이 언급한 것처럼, 이들이 잘 알려진 목에 속하는 동물들과의 경쟁을 성공적으로 할 수 있는지는 의심스럽다. 호주산 포유동물에서는 발달 단계 초기에 불완전한 과정이 나타나 이들이 다양성을 지니게 된 것으로 우리는 알고 있다. (115~116쪽)

[195]앞에서 한 논의를 좀 더 부연 설명해야겠지만, 그 어떤 종이라도 변형된 후손들은 구조가 좀 더 다양하게 변함에 따라 보다 잘 성공할 것이며, 그에 따라 다른 생명체들이 있던 장소들을 잠식할 것으로 우리가 가정한다고 나는 생각한다. 형질이 분기되면서 엄청나게 유리한 생명체가 유도된다는 원리가 자연선택

192 생태적 지위를 달리하면 할수록, 더 많은 생물들이 한 생태계 내에서 존재할 수가 있을 것이다.

193 유대류는 새끼를 낳는 포유류이지만, 암컷 뱃속에 새끼를 감싸는 태반이 없거나 불완전하여, 새끼가 완전히 성숙하지 않은 채로 태어나, 암컷 배 부분에 있는 주머니, 즉 육아낭에서 자라는 동물이다. 캥거루, 코알라 등이 대표적이다.

194 생물 분류체계를 체계적으로 완성한 린네는 유대류를 돼지와 아르마딜로 등과 함께 주머니쥐과(Didelphiae)에 소속시켰다. 이후 1816년 퀴비에는 모든 유대류를 유대목(Marsupialia)에 소속시켰으나, 1838년 독일의 일리거가 캥거루를 제외한(캥거루는 Salientia목에 소속시킴) 유대류를 Pollicata라는 목에 소속시켰다. 오늘날 유대류는 유대하강(Marsupialia)에 소속시키고 있다.

195 장 목차에 나오는 11번째 주제 가운데 이 문단에서는 형질이 분기하는 과정, 즉 종이 만들어지는 과정을 모식도, 자연선택 그리고 절멸과 함께 일반적인 내용을 설명하고 있다.

과 절멸의 원리와 결합되어 어떻게 작용하는지를 이제부터 살펴보도록 하자. (116쪽)

다음에 나오는 모식도는 조금은 복잡한 주제를 이해하는 데 도움을 줄 것이다. A부터 L까지는 어떤 나라에서 살고 있는 하나의 큰 속에 속하는 종들이다. 자연계에서 일반적으로 나타나는 사례처럼, 이 종들은 정도의 차이는 있겠지만 서로서로 비슷하게 보인다고 가정한다. 그리고 이 차이는 그림에 있는 글자들 사이의 불균등한 거리로 표시되어 있다.[196] 내가 큰 속이라고 했는데, 2장에서 보았듯이, 평균적으로 작은 속에 속하는 종들이 다양하게 변하는 것보다 하나의 큰 속에 속하는 종들이 훨씬 더 많이 다양하게 변하며, 큰 속에 속하는 다양하게 변하는 종들은 더 많은 변종들을 만들어 내기 때문이다.[197] 또한 가장 흔하고 가장 널리 퍼져 있는 종들은 제한된 분포범위에서만 살아가는 희귀한 종들보다 더 다양하게 변하는 것도 우리는 알고 있다. (A)를 한 나라에 있는 큰 속에 속할 뿐만 아니라 흔하고 널리 퍼져 있고, 또한 다양하게 변하는 종으로 간주하자. 종 (A)에서부터 길이가 다른 점선으로 퍼져 나간 조그만 부채 모양은 이 종의 다양하게 변한 자손들을 나타내는데, 변이들이 아주 사소하나 엄청 다양하게 변하는 속성을 지니고 있음을 보여 준다.[198] 그리고 변이들이 동시에 한꺼번에 나타나지 않고 상당히 긴 시간 간격을 두고 나타나는 것으로 가정하지만, 이들이 모두 같은 기간을 지속하는 것으로 가정하는 것은 아니다.[199] 이들 변이 중 일부 적당한 것들은 보존되거나 자연스럽게 선택될 것이

196 모식도를 보면 A에서 D 사이에 있는 종들 간의 거리, 즉 A와 B, B와 C, C와 D 사이의 거리, E와 F 사이의 거리, G에서 L 사이에 있는 종들 간의 거리, 즉 G와 H, H와 I, I와 K, K와 L 사이의 거리는 모두 비슷하나, D와 E, F와 G의 거리는 이보다는 다소 멀다. 즉, A에서 D, E와 F, 그리고 G에서 L은 끼리끼리 조금 비슷한 종들이며, 3개의 무리로 다소 구분된다는 의미이다.

197 모식도를 예로 들면, A에서 D까지를 하나의 속, E와 F를 하나의 속으로 간주하고, 소문자로 표시된 유형들을 변종들로 간주한다면, A에서부터 D까지의 속이, E와 F로 이루어진 속보다 더 많은 변종을 만들어 냈다고 설명할 수 있을 것이다.

198 부채 모양으로 표시된 점선들을 의미한다. 어떤 점에서는 부채 모양을 3개의 점선들이 또는 4개의 점선들이 만든다. 그리고 A에서 시작된 점에서는 심지어 6개의 점선이 그려져 있는데, 이는 A에서 6종류의 변이가 만들어졌음을 의미한다.

199 한 점에서 나온 점선들의 길이가 서로 다른데, 서로 다른 생존 기간을 의미한다.

다.[200] 그리고 이쯤에서 형질이 분기됨에 따라 유리한 생명체가 만들어진다는 원리의 중요성이 유용하다. 이 원리에 따라 일반적으로 (바깥쪽에 점선으로 표시된 것처럼)[201] 가장 다른, 즉 가장 많이 분기된 변이들이 자연선택으로 보존되고 축적되기 때문이다.[202] 점선 하나가 가로선에 도달하면, 그리고 이 점에서 소문자로 표기되면, 충분한 양의 변이가 축적되어 계통학 연구에서 기록할 만한 가치가 있다고 간주되는 명확하게 뚜렷이 구분되는 변종이 형성되었다고 가정된다. (116~117쪽)

모식도에서 가로선과 가로선 사이의 간격은 1,000세대를 의미하나, 간격 하나가 10,000세대를 의미한다고 하는 것이 더 좋을 것이다. 천 세대가 지난 후, 종 (A)는 두 개의 매우 뚜렷하게 구분되는 변종, 즉 a^1과 m^1을 만들었을 것이라고 가정한다. 이 두 변종은 이들의 부모를 다양하게 변하게 만들었던 조건과 일반적으로 같은 조건에 지속적으로 노출될 것이고, 다양하게 변하려는 경향성이 그 자체로 유전될 것이기에, 결과적으로 이들도 다양하게 변하게 될 것인데, 일반적으로 이들의 부모가 다양하게 변했던 방식과 거의 같은 방식으로 변할 것이다.[203] 더욱이, 단지 사소하게 변형된 유형으로써 이 두 변종도 마찬가지로 같은 영역에서 살아가던 다른 정착생물 대부분보다 이들의 공통 부모, 즉 종 (A)를 좀 더 다양하게 만들었던 유리한 점을 물려받으려 할 것이다. 이들도 비슷하게 이들의 부모종이 속하던 속을 그 나라에서 더욱 큰 속으로 만들게 했던 좀 더 유리한 점들을 일반적으로 얼마간 지니게 될 것이다. 그리고 우리는 이러한 환

200 가로선에 도착한 점선들은 보존되어 자연선택되었을 것이다. 그러나 위쪽의 가로선까지 도착하지 못한 점선들은 절멸했을 것이다.

201 a^1에서 a^{10}까지 바깥쪽으로 계속해서 연결되어 있는 점선들이다.

202 변이가 만들어지고, 일부 변이는 자연선택되고, 일부는 절멸되는 과정을 거쳐 변이가 뚜렷한 형질로 되면서 새로운 종이 만들어진다는 의미인데, 다윈이 생각했던 진화의 기본 골격일 것이다.

203 a^1과 m^1점에 여러 개의 점선들이, 즉 a^1에는 5개, m^1에는 4개의 점선들이 그려져 있는데, A로부터는 6개의 점선이 그려져 있다. 부모가 다양하게 변한 방식으로 변했음을 의미한다.

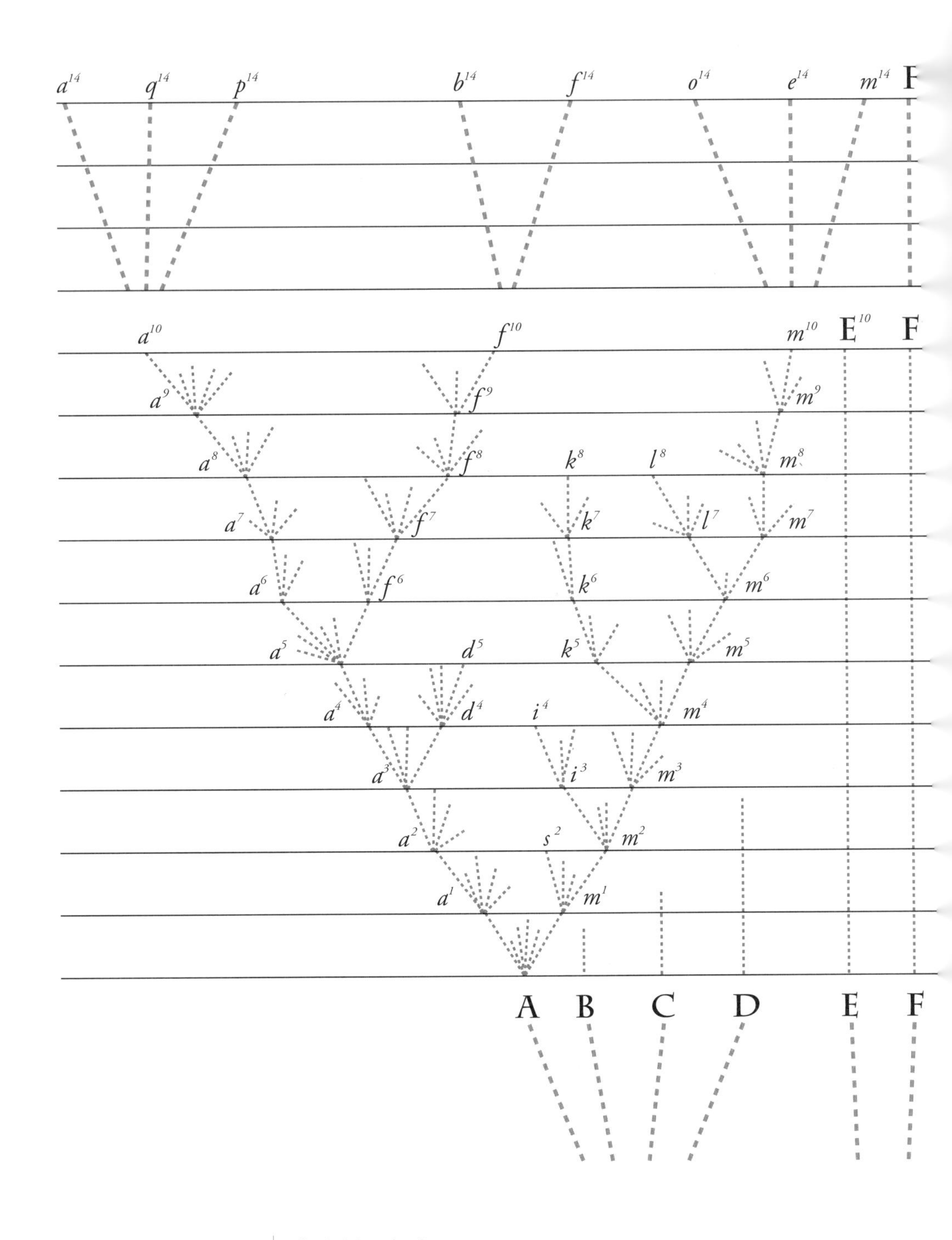
a14 q14 p14 b14 f14 o14 e14 m14 F
a10 f10 m10 E10 F
a9 f9 m9
a8 f8 k8 l8 m8
a7 f7 k7 l7 m7
a6 f6 k6 m6
a5 d5 k5 m5
a4 d4 i4 m4
a3 i3 m3
a2 s2 m2
a1 m1
A B C D E F

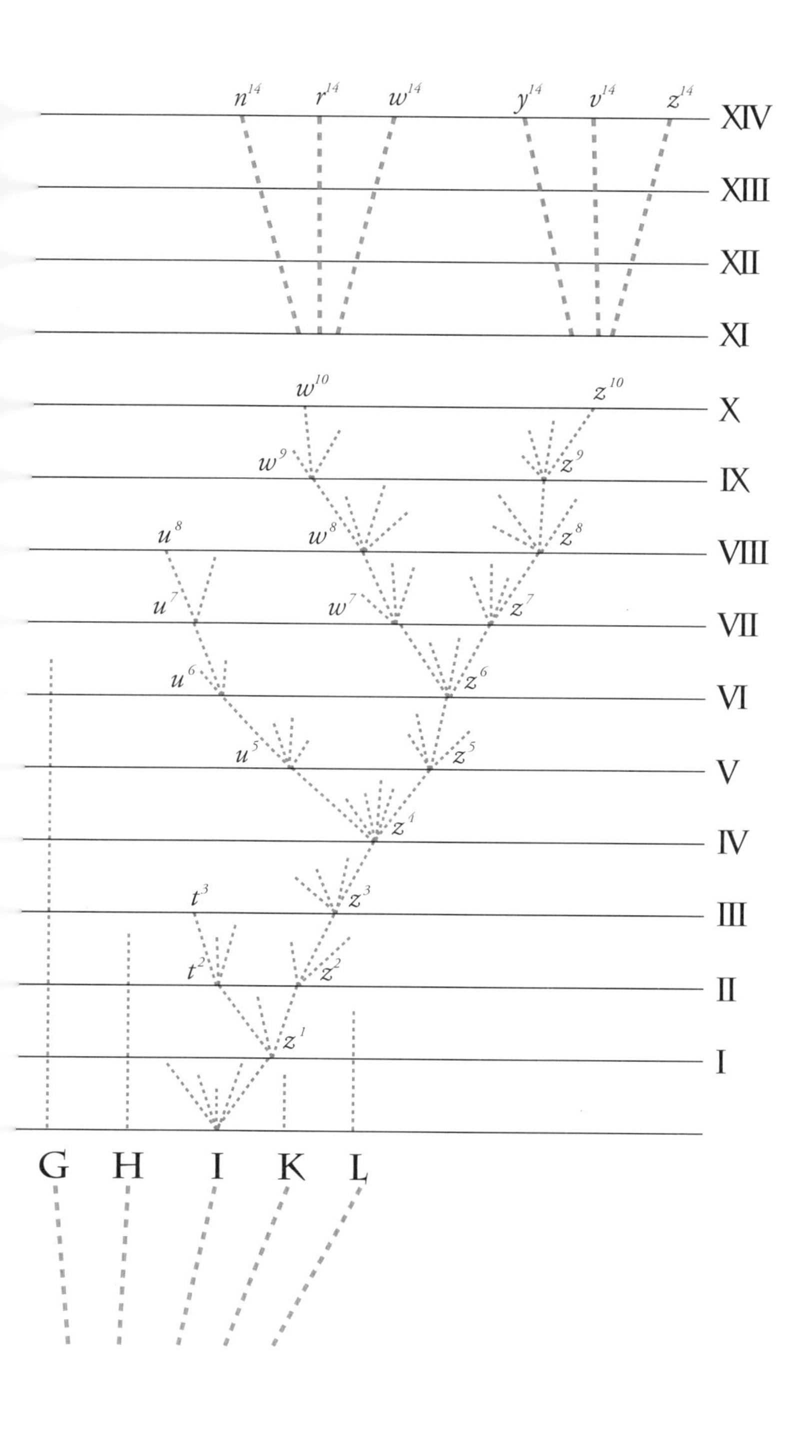

n14 r14 w14 y14 v14 z14
XIV
XIII
XII
XI
w10 z10
X
w9 z9
IX
u8 w8 z8
VIII
u7 w7 z7
VII
u6 z6
VI
u5 z5
V
z4
IV
t3 z3
III
t2 z2
II
z1
I
G H I K L

경이 새로운 변종들을 만들어 내는 데 도움이 되었음을 알고 있다.[204] (117~118쪽)

그런데 만일 이 두 변종이 변하기 쉽다면, 이들의 변이 중 가장 많이 분기한 것들이[205] 다음 천 세대 동안 일반적으로 보존될 것이다.[206] 그리고 이 기간이 지나면, 변종 a^1은 모식도에서 변종 a^2를 만들 것이고, a^2는 분기의 원리에 따라 변종 a^1과 다른 만큼보다 종 (A)와는 더 많이 다를 것이다. 변종 m^1도 서로서로 다른 두 변종, 즉 m^2와 s^2를 만들 것이며, 이들은 이들의 공통부모 (A)와는 상당히 다를 것이다. 우리는 이 과정을 원하는 시간만큼 비슷한 순서로 지속할 수 있을 것이다. 천 세대가 지날 때마다 변종 중 일부는 단지 한 변종만을 만들 것이나, 조금 더 변형된 조건에서는, 일부는 둘 또는 세 변종을 만들 수 있을 것이며, 일부는 그 어떤 변종도 만들 수 없을 것이다.[207] 따라서 공통조상 (A)로부터 멀어질수록 변종들 또는 변형된 후손들은 일반적으로 그 수가 지속적으로 증가하며, 형질도 계속해서 분기될 것이다.[208] 모식도에는 이 과정이 10,000세대까지 표시되어 있는데, 단순하게 간략하게 줄인 형태로는 14,000세대까지 표시되어 있다.[209] (118쪽)

그러나 나는 이 시점에서 이 과정이 모식도에서 제시된 것처럼 아주 규칙적으로, 비록 모식도도 어느 정도는 불규칙하게 되어 있지만, 진행될 것이라고 가정하지 않았다고 언급해야만 한다. 가장 많이 분기한 변종이 변함없이 널리 퍼지고 더 많이 증가할 것이라고 나는 결코 생각하지 않는다. 중간유형이 때로 오

204 형질이 다양하게 되는 점을 모식도와 함께 설명하고 있다.

205 가로선에 도달한 점선이 가장 많이 분기한, 즉 가장 많은 차이를 보이는 것들이다. 예를 들어, a^1에서 5개의 점선이 분기해 나왔으나, a^2에 도달한 점선을 제외한 나머지는 점선이 가다가 끊겼다. 따라서 a^1에서 a^2까지 연결된 점선이 가장 많이 분기한, 즉 a^1과 비교해서 가장 차이가 큰 것이 된다.

206 천 세대 이전과 이후 환경이 변했다면, 기존의 유형을 지닌 것보다는 새롭게 변한 것이 보존에 더 유리했을 것이다.

207 s^2, i^4 등이 이에 해당한다.

208 앞 문단에서 다양하게 만들어진 형질들이 분기 정도에 따라 보존 여부가 결정됨을 이 문단에서 설명하고 있다.

209 모식도의 오른쪽에 표시된 로마숫자가 세대 수를 나타낸다. 즉, X는 10,000세대, XIV는 14,000세대를 의미한다.

랫동안 유지될 수도, 또는 하나 이상의 변형된 후손을 만들거나 만들지 않을 수도 있다.[210] 다른 생명체가 점유하고 있지 않거나 불완전하게 점유하고 있는 장소의 속성에 따라 자연선택이 항상 작용하기 때문에, 이런 일은[211] 생명체들의 무한히 복잡한 연관성에 의해 결정될 것이다. 그러나 일반적 규칙에 따라, 그 어떤 종이더라도 후손들의 구조가 다양하게 변하면 변할수록 이들은 더 많은 장소를 점유할 수 있게 되며, 변형된 자손을 더 많이 만들 수 있게 될 것이다. 모식도에서 연속된 선[212]은 조그만 숫자가 있는 문자에 의해 주기적으로 단절되어 있는데, 이 문자는 변종으로 기록해도 될 만큼 충분히 분명한 연속적인 유형들이다. 그러나 이러한 단절은 상상의 것으로, 분기한 변이가 상당히 많이 축적될 수 있도록 오랜 시간이 지난 다음에는 어느 곳에서나 추가될 수도 있다.[213] (118~119쪽)

흔하며 널리 퍼져 있고 큰 속에 속하는 한 종에서 만들어진 변형된 모든 자손들은 부모의 일생을 성공적으로 만들어 주었던 유리한 점들을 얼마간 지니는 경향이 있기 때문에, 이들은 일반적으로 개체수가 계속해서 증가할 뿐만 아니라 형질도 분기할 수 있다. 이러한 상황은 모식도에 종 (A)로부터 뻗어 나온 여러 개의 분계[214]로 표시되어 있다. 직계[215]들에서 보다 늦게 만들어지고 보다 많이 개량된 분계에서 만들어진 변형된 자손들은 아마도 때로 보다 빨리 만들어지고 덜 개량된 분계들을 대체하거나 파멸시킬 것이다.[216] 이러한 상황은 모식도 아래쪽에 있는 일부 분계들이 위쪽에 있는 가로선에 도달하지 못하는 것으

210 종 (I)에서 유래한 u^5는 u^8까지는 지속되었으나, 더 이상 자손을 만들지 못하고 사라졌다.

211 어떤 누가 우세할 것인가라는 의미이다. 가장 많이 분기한 변종도 아니고 중간형태도 아니라 자연선택과 이들과의 관계 속에서 우세한 종이 탄생할 것이라는 의미이다.

212 모식도에 있는 가는 점선을 의미한다. 예를 들어 z^3에서 시작해서 u^5에서 u^8까지, 또는 (A)에서 시작해서 a^{10}까지가 조상-후손 사이의 관계를 의미한다.

213 형질분기 정도와 자연선택과의 관계를 설명하고 있다.

214 A에서 분기한 a^1과 m^1을 분계라 한다. 마찬가지로 a^3에서 분기한 a^4와 d^4도 분계가 된다. 따라서 하나의 분계는 하나의 직계와 하나의 방계로 구성된다. 모식도에서 방계는 d^4와 d^5, k^5에서 k^8까지이며, 직계는 a^1에서 a^{10}에 이르는 계통이다.

215 직계는 같은 진화적 경향을 지닌 조상-후손 간의 관계로, 모식도에서 a^1에서부터 a^{10}까지이다. → **용어설명**

216 아마도 a^5가 a^4의 모든 후손들을 절멸시켰을 것이다.

로 표시되어 있다. 어떤 사례에서는, 분기한 변형의 정도가 계속된 세대에서 증가했다고 하더라도, 변형이라는 과정이 친연관계에 있는 한 직계에만 고립되어 있어 후손들의 수가 증가하지 않을 수도 있다는 점을 나는 의심하지 않는다. 이런 경우는, 만일 종 (A)로부터 유래한 모든 선들을, a^{1}에서 a^{10}까지를 제외하고, 제거하는 방식으로 모식도에 나타낼 수 있을 것이다. 같은 방식으로, 예를 들어, 잉글리쉬 레이스말[217]과 잉글리쉬 포인터개[218]는 둘 다 원종에서 형질이 서서히 분기해서 만들어졌는데, 원종은 이들을 제외하고는 그 어떤 살아 있는 분계나 재래종들을 만들지 않았다.[219] (119~120쪽)

세대가 계속해서 이어 가는 동안 10,000세대가 지나면, 종 (A)의 형질이 분기되어 세 유형, 즉 a^{10}, f^{10}, m^{10}을 만들 것인데, 이들은 이들끼리도 그리고 자신의 공통부모와도 아마도 상당히 불균등하게 달라질 것으로 가정할 수 있다. 만일 모식도에서 가로선 사이의 변화 정도가 심하게 작다면, 이 세 유형은 아직은 뚜렷한 특징을 지닌 변종이거나, 또는 아종 수준의 애매한 계급에 도달했을 것이다. 그러나 변형 과정의 각 단계의 수가 좀 더 많아지면 또는 각 단계의 변화 정도가 좀 더 커지면, 우리는 세 유형이 뚜렷한 특징을 지닌 종으로 변환되었다고 가정할 수 있다. 이와 같이 모식도는 변종을 구분하는 사소한 차이들이 증가하여 종을 구분하는 큰 차이가 만들어지는 단계를 (모식도에서 간략하게 줄인 형태로 그려진 것처럼)[220] 그림으로 보여 준다. 엄청나게 많은 세대 동안 같은 과정이 지속된다면, 우리는 a^{14}부터 m^{14}까

217 영국에서 개량된 경주마이다.

218 영국에서 개량된 사냥개의 일종으로, 흔히 포인터라고 부른다. 하얀색 몸에 여러 가지 색의 반점이 있다.

219 모식도, 형질분기, 자연선택, 절멸을 통해 계통의 의미를 설명하고 있다. 다윈은 모식도를 이용해서 하나의 생물이 어떤 시점에서 형질이 분기되면서 두 무리로 나누어지는 것처럼 설명하고 있다. 그리고 이 중 한 무리는 원래 지녔던 형질을 계속해서 지니면서 변화하며, 갈라져 나온 무리는 자신만의 형질을 가지고 변화한 것으로 간주했다. 이때 이 두 무리를 분계로 간주했고, 이 중 원래의 형질을 지닌 무리가 지속적으로 변화한 점선을 직계로, 또 다른 무리를 방계로 간주했다.

220 모식도 상단에 긴 점선으로 표시된 부분이다.

지 문자로 표시된 8개의 종을 얻을 수가 있는데, 이들은 모두 종 (A)로부터 유래한 것이다.[221] 이처럼 종의 수가 증가하고, 속들도 만들어질 것으로 나는 믿는다.[222] (120쪽)

큰 속에서는 아마도 한 종 이상이 다양하게 변할 것이다. 모식도에서 두 번째 종 (I)도 대응하는 단계를 거쳐 만 세대가 지나면, 가로선 간격으로 표시된 변화 정도에 따라, 뚜렷한 특징을 지닌 두 변종(w^{10}과 z^{10}) 또는 두 종을 만들 것이다. 그리고 14,000 세대가 지나면, n^{14}부터 z^{14}까지 문자로 표기된 새로운 종 6개를 만들 것이다. 어느 속에서나 종들은 이미 형질들이 극단적으로 서로 다른데, 이들은 일반적으로 엄청나게 많은 수의 변형된 후손들을 만드는 경향이 있다. 이 후손들이 자연의 체계 내에서 새롭고도 광범위한 다른 장소를 채울 수 있는 가장 좋은 기회를 잡을 수 있기 때문이다. 그래서 나는 모식도에서 극단적인 종 (A)와 거의 극단적인 종 (I)를 선택했는데, 이들은 아주 다양하게 변해서 새로운 변종들과 종들을 만들었다.[223] 원래 속에서 (대문자로 표기된) 다른 9종은[224] 오랫동안 변하지 않은 후손들을 만들어 냈고,[225] 이런 상황은 모식도에서 공간이 부족하여 위쪽으로 점선들이 연결되지 않게 보여 주었다. (120~121쪽)

[226]그러나 모식도에서 표시한 것처럼 변형 과정 동안 우리의 또 다른 원리, 즉 절멸의 원리가 중요한 역할을 담당한다. 완전히 꽉 차 있는 나라에서는 자연선택이 살려는 몸부림 과정에서 다른 유형보다 일부 유리한 점을 지닌 유형들을 필연적으로 선택하기 때문에, 그 어떤 종에서라도 개량된 후손들은 친연관

221 이 문단은 종과 변종의 구분은 애매하지만, 변종이 오랫동안 변화한다면 종으로 만들어질 수 있음을 설명하고 있다.

222 모식도에서 종 (A)에서 유래한 8종, 즉 a^{14}, q^{14}, p^{14}, b^{14}, f^{14}, o^{14}, e^{14}, m^{14}를 3개의 속으로 구분할 수가 있을 것이다. 즉, a^{14}, q^{14}, p^{14}를 한 속으로, b^{14}와 f^{14}를 한 속으로, 그리고 o^{14}, e^{14}, m^{14}를 한 속으로 묶을 수 있다. 속의 기원은 다음에 자세히 설명된다.

223 오늘날 진화는 두 가지 방식으로 진행된다고 설명하는데, 하나는 분기진화이며 다른 하나는 향상진화이다. 분기진화는 모식도에 있는 종 (A)와 (I)처럼, 한 종에서 여러 종이 만들어지는 과정이며, 향상진화는 모식도에 있는 종 (F)처럼 한 종이 단계적으로 변해 또 다른 종으로 변하는 과정이다.

224 모식도 아래쪽에 대문자로 표기된 B, C, D, E, F, G, H, K, L이다.

225 향상진화했음을 의미한다.

226 장 목차에 나오는 11번째 주제 가운데 절멸과 관련된 내용을 설명하고 있다.

계를 유지하는 각 단계마다 자신의 조상들과 부모종을 대체하거나 몰살시키는 경향성을 끊임없이 보여 줄 것이다. 구조, 체질 그리고 습성 등이 너무나 밀접하게 연관되어 있는 이러한 유형들 사이에서는 경쟁이 일반적으로 가장 심각함을 기억해야만 한다. 그러므로 초기 상태와 후기 상태 사이, 달리 말해 한 종에서 덜 개량된 유형과 더 개량된 유형들 사이에 존재하는 모든 중간형태 유형들뿐만 아니라 원래 부모종도 절멸에 이르는 경향을 일반적으로 보일 것이다. 이런 일들이 많은 방계에서도 전반적으로 일어날 것인데, 이 방계들도 나중에 더 개량된 직계에 의해 정복될 것이다.[227] 그러나 만일 한 종의 변형된 자손들이 어떤 다른 나라에 들어간다면, 또는 어느 정도 완전히 새로운 정착지에 아주 빨리 적응한다면, 이 지역에서 자손과 부모는 경쟁하지 않게 될 것이며 둘 다 계속해서 생존할 것이다. (121~122쪽)

만일 우리의 모식도에서 상당히 많은 변형이 일어났다고 한다면, 종 (A)와 모든 초기 변종들은 절멸하게 될 것이고, 8개의 새로운 종(a^{14}에서 m^{14})으로 대체되었을 것이다. 그리고 종 (I)는 6개의 새로운 종(n^{14}에서 z^{14})으로 대체되었을 것이다. (122쪽)

그러나 우리는 지금보다 더 나아갈 수가 있다. 일반적으로 자연 상태에서 나타나는 사례처럼, 우리가 예로 든 속[228]에 속하는 원래 종들은 같은 정도는 아니지만 서로서로 비슷하게 보인다고 가정할 수 있다. 종 (A)는 다른 종들보다는 종 B, C, D와 더 밀접하게 연관되어 있고, 종 (I)는 다른 종들보다 종 G, H, K, L과 더 밀접하게 연관되어 있다. 또한 두 종 (A)와 (I)는 아주 흔

227 모식도에서 종 (A)를 기준으로 방계는 d^4와 d^5, k^5에서 k^8까지 등이며, 직계는 a^1에서 a^{10}에 이르는 계통이다. 방계를 나타내는 선들은 계속해서 이어지지 못하고 단절되는 경향이 있다.

228 종 (A)부터 종 (L)까지를 모두 포함하는 속이다.

하고 널리 퍼져 있어서 이들은 같은 속에 속하는 다른 종 대부분과 비교할 때 어떤 유리한 점들을 처음부터 지니고 있었을 것이라고 가정할 수 있다. 그리고 14,000세대가 지나서 만들어진 14개의 변형된 자손들도 같은 유리한 점들을 아마도 물려받았을 것이다. 이들은 친연관계를 이루는 단계 하나하나에서 다양한 방법으로 변형되고 개량되어, 자신들의 나라에 있는 자연의 경제 내의 많은 연관된 장소에서 적응했을 것이다. 따라서 이들은 자신들의 부모종인 (A)와 (I)뿐만 아니라 자신들의 부모종과 가장 밀접하게 연관되어 있던 원래 종들 중 일부를 마찬가지로 대체하거나 몰살시켰을 것이다. 그에 따라 원래 종 가운데 극히 일부만이 14,000세대까지 자손을 남겼을 것이다. 원래부터 있던 9종과는 가장 가깝게 연관되지 않은 두 종[229] 가운데 종 (F)만이 친연관계 마지막 단계까지 후손을 남겼을 것으로 우리는 가정할 수 있다. (122쪽)

[230]우리의 모식도에서, 원래 있던 11종에서 유래한 새로운 종들은 이제 그 숫자가 15이다.[231] 자연선택에 의해 분기하려는 경향성이 있기 때문에, 종 a^{14}에서 z^{14}가 지니는 형질들의 가장 큰 차이는 원래 11종 사이에서 나타났던 가장 큰 차이보다 훨씬 더 커질 것이다. 더욱이 새로운 종들은 아주 다른 방식으로 동류로 묶이게 될 것이다. 종 (A)에서 유래한 8개의 후손 가운데, a^{14}, q^{14}, p^{14}는 a^{10}에서 최근에 갈라져 나온 분계들로 밀접한 관계가 될 것이며, b^{14}와 f^{14}는 a^{5}에서 초기에 분기했는데 앞에서 언급한 3종과는 어느 정도는 뚜렷하게 구분될 것이며, 마지막으로 o^{14}, e^{14},

229 모식도에서 중앙에 있는 E와 F이다.

230 장 목차에 나오는 마지막 주제, '모든 생명체의 무리짓기에 대한 설명' 내용이다. 무리짓기의 기본적인 철학은 종과 종들의 친밀성, 즉 공통조상과 후손 간의 관계에 근거해야 한다고 다윈은 주장을 하고 있는 것으로 보인다. 이런 생각은 다윈 이전에 자연사학자들이 비슷한 것에 근거해서 했던 분류와는 차이를 보인다. 다윈은 생물들이 왜 비슷한가라는 질문을 던지고, 공통조상에서 유래했기에 비슷하다는 답을 찾았던 것이다.

231 모식도에서 가장 위에 있는 문자들의 개수이다.

m^{14} 역시 서로서로 밀접하게 연관되어 있을 것이나, 이들은 변형 과정이 처음 시작될 때 분기했고, 다른 5종과는 많이 달라져 아속 또는 분명히 구분되는 속을 구성할 수도 있을 것이다. (123쪽)

종 (I)에서 유래한 6개의 후손들은 두 개의 아속 또는 속을 형성할 것이다. 그러나 원래 속에서 거의 양쪽 끝에 위치하고 있는 종 (I)와 종 (A)는 많이 다르기 때문에, 종 (I)에서 유래한 6개의 후손들은 유전 현상으로 인해 종 (A)에서 유래한 8개의 후손들과는 상당히 다를 것이다. 더욱이 이 두 무리는 서로 다른 방향으로 지속적으로 분기할 것으로 가정할 수 있다. 또한 (이 부분이 아주 중요한 고려 사항인데) 원래 종 (A)와 (I)를 연결해 주던 중간 형태 종들은 종 (F)를 제외하고는 절멸했고, 어떤 후손도 남기지 않았다. 따라서 종 (I)에서 유래한 6개의 새로운 종과 종 (A)에서 유래한 8개의 새로운 종에는 각기 뚜렷하게 구분되는 속 또는 적어도 아과 수준의 계급을 부여하게 될 것이다.[232] (123쪽)

따라서 둘 또는 그 이상의 속이 한 속에 있던 둘 또는 그 이상의 종으로부터 변형을 수반한 친연관계[233]를 통해 만들어질 것으로 나는 믿는다. 그리고 둘 또는 그 이상의 부모종들은 초기에 만들어진 한 속에 속하는 어떤 한 종에서 유래했을 것으로 가정할 수 있다. 우리의 모식도에서, 이러한 상황은 대문자 아래에 단절된 선으로 표시되어 있는데, 이 선들은 한 점을 향해 아래쪽으로 그려진 아분계[234]들로 한 곳으로 수렴하고 있다. 그리고 이 한 점은 몇 개의 새로운 아속과 속이 유래한 단 하나의 부모로 가정되는 한 종을 나타낸다.[235] (123~124쪽)

232 10장의 7번째 주제 '절멸한 종들 사이의, 그리고 현존한 종들 사이의 친밀성에 대하여'를 참조하시오.

233 "변형을 수반한 친연관계"라는 표현은 오늘날 진화라고 부른다. 다윈은 『종의 기원』에서 '진화'라는 단어를 쓰지 않고, '변형을 수반한 친연관계'라는 표현으로 대신했다.

234 미지의 종이라는 의미로 추정된다.

235 모든 생물이 하나의 조상에서 출발했음을 암시하는 표현이다. 한 무리에는 한 조상이 있고, 이 조상을 포함하는 무리에도 또 조상이 있을 것이다. 이런 식으로 따져보면, 결국은 어떤 하나의 부모로부터 지구상에 있는 모든 생물들이 유래했다는 생각으로 이어질 것이다.

새로운 종 F^{14}가 지닌 형질의 중요성을 심사숙고하는 것도 나름 의미가 있는데, 이 종은 형질 차원에서는 크게 분화하지 않았다. 단지 변하지 않았거나 아주 사소하게 변해서 종 (F)의 유형을 유지하고 있는 것이다. 이 경우에서, 다른 14개의 새로운 종과의 밀접성은 아주 흥미로우나 직접적으로 설명할 수는 없다. 지금은 절멸하고 잘 알려지지 않은 것으로 가정되는 두 부모종 (A)와 (I) 사이에 있는 한 유형에서 유래되었다면, 이 유형은 이들 종으로부터 유래한 두 무리의 중간형태의 형질을 지닐 것이다. 그러나 이 두 무리가 자신들의 부모가 지녔던 기준형의 형질에서 벗어나려고 함에 따라, 새로운 종 (F^{14})는 직접적으로 부모 사이의 중간단계가 되는 것이 아니라 두 무리가 지닌 기준형의 중간형이 될 것이다. 그리고 자연사학자라면 모두 이러한 사례들을 마음속으로 제시할 수 있을 것이다.[236] (124쪽)

[237]모식도에서 가로선 하나하나는 지금까지 1,000세대를 의미한다고 가정했으나, 이들이 백만 세대 또는 일억 세대를 나타낼 수도 있으며, 마찬가지로 절멸한 유해를 간직하고 있는 지각의 연속적인 단층의 단면을 나타낸다고도 할 수 있다. 지질학 장에서도 다시 나오는데, 나는 그 장에서 이 주제에 대해 다시 언급할 것이다. 그리고 현재는 살아 있는 목, 과 또는 속에 일반적으로 소속되어 있으며, 형질이 어느 정도는 현재 존재하는 무리들의 중간형태를 지녔을 절멸한 생명체들의 친밀성을 설명할 수 있는 실마리를 모식도가 던져준다는 점을 우리는 알게 될 것이다. 그리고 우리는 이런 사실을 이해할 수가 있는데, 친연관계

236 한 종에서 다른 종이 유래했다면, 이들 사이에 반드시 중간형태 유형이 존재해야만 하며, 만일 이들이 존재했다면, 화석으로든 또는 살아 있는 생물로든 발견되어야 한다는 주장에 대한 다윈의 반론으로 보인다. 현존하는 종은 현존하는 생물들의 중간형태가 아니라는 주장이다. F^{14}와 같이 현존하는 생물은 F^{14}의 조상이 다른 생물들의 조상들의 중간형태일 수 있다는, 즉 모식도에서 종 (D)와 종 (G)의 중간형태일 수는 있지만, 현존하는 종 F^{14}가 m^{14}와 n^{14}의 중간형태가 될 수는 없다는 주장이다.

237 모식도의 가로선을 지층 단면으로 간주할 수도 있다는 설명이다. 오늘날 우리가 관찰하는 생물들은 모식도의 맨 위에 있는 글자로 표시된 것들이며, 그 아래에 있는 모든 것들은 이미 절멸한 것들로 간주할 수가 있다는 설명인데, 9장과 10장에서 다시 설명한다.

에 있는 분계들이 덜 분화되어 있었던, 지질학적으로 아주 오래된 시대에 절멸한 종들이 살았기 때문이다. (124~125쪽)

지금부터 설명하겠는데, 나는 변형 과정으로 단지 속만 만들어진다고 제한할 이유는 없다고 본다. 우리의 모식도에서, 만일 분기하는 점선으로 표기된 연속된 무리마다 나타난 변화 정도가 엄청 크다고 가정하면, a^{14}에서 p^{14}까지의 유형들, b^{14}와 f^{14}유형들 그리고 o^{14}에서 m^{14}까지의 유형들은 세 개의 매우 뚜렷하게 구분되는 속을 형성할 것이다. 또한 우리는 종 (I)로부터 유래한 두 개의 아주 뚜렷하게 구분되는 속을 볼 수 있다. 다른 부모로부터 형질이 지속적으로 분기되고 물려받아 만들어진 이 두 개의 속은 종 (A)로부터 유래된 세 개의 속과는 보다 많이 다를 것이다. 속들이 모여서 만들어진 이 두 작은 무리는[238] 모식도에 표시된 것처럼 분기된 변화 정도에 따라 두 개의 분명한 과 또는 심지어 목을 형성하게 될 것이다. 그리고 두 개의 새로운 과 또는 목은 원래 속에 속했던 두 개의 종으로부터 유래된 것이며, 이 두 종은 아직도 좀 더 오래되었고 잘 모르는 속에 속했던 단 한 종에서 유래된 것으로 가정할 수 있을 것이다.[239] (125쪽)

[240]나라마다 큰 속에 속하는 종들이 자주 변종 또는 발단종을 만들어 낸다는 점을 우리는 살펴보았다. 실제로, 이런 점은 예측할 수 있다. 자연선택은 생존을 위한 몸부림에서 다른 유형보다 유리한 점을 지닌 한 가지 유형에 작용하기 때문에, 자연선택은 이미 어떤 유리한 점을 지닌 유형들에게 주로 작용할 것이다. 그리고 어떤 무리라도 크다는 점은 이러한 종들이 공통부모로부터

238 종 (A)에서 유래한 세 개의 무리와 종 (I)에서 유래한 두 개의 무리를 의미한다.

239 다윈 이전에는 비슷한 종들을 하나의 속으로 묶고, 비슷한 속들을 하나의 과로, 비슷한 과들을 목으로 묶어나갔다. 그러나 다윈은 이런 식의 분류보다는 공통조상을 공유하는 무리로 묶어나가야 한다고 주장하고 있다. a^{10}이라는 공통조상에서 유래한 a^{14}, q^{14}, p^{14}를 하나의 속으로 묶을 수 있다면, f^{10}에서 유래한 b^{14}와 f^{14}도 하나의 속으로 묶을 수 있다는 주장이다. 그리고 a^{1}에서 유래한 모든 종들, 즉 a^{14}부터 f^{14}까지를 한 과로 묶을 수 있다면, m^{3}에서 유래한 o^{14}, e^{14}, m^{14}도 하나의 과로 묶어야만 하며, 이 경우의 3종은 하나의 속으로 묶일 뿐만 아니라 과로도 묶여야 한다는 것이 이 문단의 주장이다.

240 장 전체의 요약에 앞서 자연선택과 형질분기 그리고 분류와의 관계를 간략하게 설명하고 있다.

일부 유리한 점을 공통으로 물려받았음을 의미한다. 따라서 새롭고도 변형된 후손을 만들겠다는 몸부림은 자신들의 수를 증가하려고 노력하는 모든 큰 무리들 사이에서 주로 일어날 것이다. 하나의 큰 무리는 서서히 또 다른 무리를 정복해서 그 수를 감소시키며, 이런 과정에 이들에게서 또 다른 변이나 개량이 일어날 기회를 축소시킨다. 똑같이 큰 무리 안에서는 분기되어 나와 **자연**의 체계에 있는 많은 새로운 장소를 점유한 좀 더 완벽한 아무리[241]가 항상 초기에 덜 개량된 아무리를 나중에 대체하거나 몰살할 것이다. 작고 단절된 무리와 아무리는 결국 사라질 것이다. 미래로 시선을 돌려 보자. 지금은 크고 승리했으며 최소로 나누어진,[242] 즉 여전히 절멸이라는 고통을 가장 적게 받고 있는 생명체는 오랫동안 지속적으로 수가 증가할 것이다. 그러나 어떤 무리가 궁극적으로 우세할 것인지는 그 누구도 예측할 수가 없다. 과거에는 광범위하게 발달했으나, 현재에는 절멸에 처한 많은 유형들을 우리가 알고 있기 때문이다. 훨씬 더 먼 미래로 가보자. 큰 무리는 지속적으로 꾸준하게 수를 증가시키기 때문에, 작은 무리들 상당수는 철저히 절멸하고 변형된 후손들을 전혀 남기지 못한다고 우리는 예측할 수 있다. 결과적으로 어떤 시기라도 단 한 시기에만 살던 종들의 무리들에서 먼 미래까지 후손을 남기는 무리는 극단적으로 적을 것이다. 나는 이 주제를 **분류**와 관련된 장에서 다시 시작할 것이다. 그러나 자손을 만드는 좀 더 오래된 종들이 극단적으로 적다는 견해와 같은 종들의 후손들이 하나의 강을 만든다는 견해에 근거해서, 동식물계의 주요 문에

241 무리를 이루는 작은 단위를 지칭한다.

242 종이 만들어졌으나, 아직은 여러 개의 아무리로 나누어지지 않았다는 의미이다.

어떻게 이렇게 적은 수의 강[243]들이 존재하는지를[244] 우리는 이해할 수가 있다고 나는 덧붙이고자 한다. 비록 가장 오래된 종 가운데 극단적으로 적은 수만이 오늘날 살아 있고 변형된 자손을 만들지만, 그럼에도 아주 오래된 지질시대에 많은 속, 과, 목 그리고 강에 속하는 많은 종들이 함께 지구에서 오늘날처럼 살았을 것이다. (125~126쪽)

[245]*장의 요약*. 만일 오랜 세월 동안에 그리고 다양하게 변하는 살아가는 조건에서 생명체가 자신들의 조직 몇 부위를 조금이라도 다양하게 변화시킨다면, 나는 이런 점은 논쟁거리가 아니라고 생각한다. 또한 만일 종마다 어떤 시기나 계절 또는 연도에 기하급수적으로 증가하려는 강한 능력을 지니고 있어 살려고 심각하게 몸부림친다면, 이 점도 확실히 논쟁거리는 아니다. 모든 생명체 사이에, 그리고 생명체들과 생존의 조건 사이에 있는 무한히 복잡한 연관성을 고려할 때, 생존의 조건은 생명체에게 유리한 구조, 체질 그리고 습성의 무한한 다양성을 유발하는데, 사람에게 유용한 많은 변이들이 나타나는 것처럼 생명체마다의 고유한 번성에 필요한 어떤 변이조차도 나타나지 않는다면 나는 가장 이례적인 사실이 될 것이라고 생각한다. 그러나 만일 그 어떤 생명체라도 유용한 변이가 나타난다면, 그에 따라 새로운 형질을 지닌 개체들은 확실히 살려고 몸부림치는 과정에서 보존될 최고의 기회를 갖게 될 것이다. 그리고 유전이라는 강력한 원리에 따라 이들도 비슷한 방식으로 새로운 형질을 지닌 자손

243 종-속-과-목-강-문-계-역으로 이어지는 분류계급 중의 하나이다.

244 우리나라의 경우, 국립생물자원관에서 편찬한 국가생물종목록을 조사해 보면, 척삭동물문에는 2,098종이 있는데, 강 수준에서는 포유동물강, 조강, 파충강, 양서강, 조기강 등 9개 강에 불과하며, 관속식물에는 4,518종이 있는데, 백합강, 목련강, 소나무강, 고사리강 등 8개 강에 불과하다. 다른 나라에서도 생물 종 수는 많을지라도 강의 수는 많지 않을 것이다.

245 이 장의 요약은 4개 문단으로 되어 있다. 첫 번째 문단은 살아가는 조건과 변이, 유전, 자연선택을 설명하고 있다. 즉, 살아가는 조건(이 부분에서는 다윈이 생존의 조건이라고 표기했다)이 변이를 만들며, 이렇게 만들어진 변이는 유전을 통해 다음 세대로 전달되는 과정을 거치는데, 이런 과정에서 생물에게 도움이 되는 변이는 자연선택된다.

을 만들 것이다. 이러한 보존 원리를 간단하게 **자연선택**이라고 나는 불렀다. 정성적 특성은 상응연령대에 물려받는다는 원리에 따라 자연선택이 성체를 쉽게 변형시키듯이 알이나 씨, 또는 어린 개체들도 변형시킬 수가 있다. 많은 동물에서 성선택은 생활력이 가장 높고 가장 잘 적응한 수컷이 가장 많은 자손을 낳는 것을 보증하기 때문에 일반적인 선택에 도움을 준다. 또한 성선택은 다른 수컷과 맞서 싸울 때 유용한 형질을 수컷에게만 제공하기도 한다. (126~127쪽)

246 생물들의 다양한 유형을 변형시키고 여러 조건들과 정착지에서 살아가도록 적응시키는 자연선택이 자연계에서 실제로 작용하는지 여부는 다음 장에서 설명하는 증거들이 일반적으로 유지되고 균형이 잡히는가에 근거해서만 판단해야 한다. 그러나 자연선택이 어떻게 절멸을 수반했는지를 우리는 이미 알고 있다. 또한 대규모 절멸이 지구 역사에 어떻게 작용했는지는 지질학이 명백하게 설명하고 있다. 게다가 자연선택은 형질분기를 유도한다. 생명체들이 같은 지역에서 더 많이 살아가면 살아갈수록, 이들의 구조, 체질 그리고 습성은 더 많이 분화하며, 우리는 어떤 조그만 영역이라도 이곳에서 살아가는 정착생물이나 귀화생물을 조사하면 이러한 증거를 볼 수 있다. 따라서 그 어떤 종의 자손이라도 변형 과정을 거치면서, 그리고 수를 늘리고자 하는 모든 종들이 끊임없이 전쟁을 하면서 후손들이 다양하게 변하면 변할수록 살려는 전쟁에서 성공할 기회는 더욱더 좋아질 것이다. 그렇기 때문에, 같은 종에 속하는 변종들을 구분하는

246 두 번째 문단은, 자연선택은 절멸을 유도하나, 형질이 분기하도록 하여 다양한 후손을 남기도록 한다. 형질분기 과정을 통해 생물들 사이에 점점 큰 차이가 나타날 것이라고 설명하고 있다.

사소한 차이가 같은 속에 속하는 종들 사이에서, 또는 심지어 서로 다른 속에 속하는 종들 사이에서 나타나는 엄청난 차이와 거의 같아질 때까지 꾸준히 증가할 것이다. (127~128쪽)

[247]큰 속들에 속하며, 흔하면서도 널리 퍼져 있고 넓은 분포범위에서 살아가는 종이 가장 다양하게 변한다는 점을 우리는 살펴보았다. 그리고 이들은 변형된 자손에게 자신들이 살던 곳에서 자신들을 우월하게 만든 우수성을 전달하는 경향이 있다는 점도 살펴보았다. 이미 설명한 바와 같이, 자연선택은 형질분기를 유도하며, 생물 중에서 중간형태 유형과 덜 개량된 유형들이 더 많이 절멸에 빠지도록 유도한다. 이런 원리에 근거해서, 모든 생명체들이 보여 주는 친밀성이라는 속성을 설명할 수 있을 것이라고 나는 믿는다. 진짜로 멋진 사실은, 즉 우리가 너무 잘 알고 있다고 하면서 못 보고 넘어가는 경향이 있는 놀라움은, 시공간을 초월해서 존재하는 동식물의 한 무리가 다른 무리에 종속되어 서로서로 연관되어 있다는 점이다. 이런 연관성을 우리는 도처에서 볼 수 있는데, 즉 같은 종에 속하는 변종들은 서로 가까운 근연관계이며, 같은 속에 속하는 종들은 덜 가까울 뿐만 아니라 불균등하게 서로 연관되어 있는데, 이들이 절과 아속을 만든다. 또한 분명히 다른 속에 속한 종들은 이보다도 덜 가까운 근연관계이고, 어느 정도는 다르나 연관되어 있는 속들은 아과, 과, 목, 아강 그리고 강을 이룬다. 그 어떤 강이든 몇 개의 하위 무리를 한 줄이 아니라 원이 겹쳐 모여 있는 형태로 계급을 줄 수가 있을 것인데,[248] 이 원이 또 다른 원을 끊임없이 둘러싸

247 세 번째 문단은, 흔한 종들이 많은 변이를 만들어 내며 형질분기를 거치면서 새로운 종으로 변한다는 원리는 친밀성으로 생물들을 분류해야 한다는 사고로 이어진다. 그리고 생물을 분류할 때에는 생물들을 한 줄로 쭉 줄 세우는 것이 아니라 하위 무리를 상위 무리가 포함하는, 즉 부류포섭체계로 해야 한다는 점을 설명하고 있다.

248 이를 부류포섭체계라고 하는데, 하위 계급을 상위 계급이 둘러싸는 구조이다. 아래의 그림에서 종은 속으로 둘러싸이며, 속은 과로, 다시 과는 목으로 둘러싸여 있는데, 이처럼 무리짓기해서 나온 결과를 내포체계라고도 부른다.

면서 반복된다. 종이 하나하나 독립적으로 창조되었다는 견해에 따르면, 모든 생명체를 분류할 때 파악되는 이처럼 위대한 사실을 나는 도저히 설명할 수가 없다. 그러나 내가 아무리 궁리해 보아도, 우리가 모식도에서 예시한 것처럼, 유전을 비롯하여 절멸과 형질분기를 필요로 하는 자연선택의 복잡한 작용으로는 설명된다. (128~129쪽)

[249]같은 강에 속하는 모든 생명체들의 친밀성은 하나의 큰 나무처럼 나타낼 수 있다. 나는 이러한 직유적 표현[250]이 대체로 진실을 말한다고 믿는다. 새롭게 싹이 나온 초록색 가지는 기존에 존재하는 종을 의미하며, 지나간 해마다 만들어졌던 가지는 절멸한 종의 오랜 세월 연속된 계열을 의미한다. 성장 시기마다 성장하는 어린가지 모두가 새로운 가지를 모든 방향으로 만들어내며, 주위에 있는 어린가지와 가지를 덮어 죽이게 되는데, 종과 종들의 무리가 살려는 치열한 전쟁에서 다른 종들을 압도하는 것과 비슷하다. 큰 가지는 많은 가지로 나누어졌고, 이들 가지는 다시 더 작은 가지로 나누어졌는데, 나무가 어릴 때에는 이 가지에서 싹이 나왔었다. 과거와 현재의 싹들은 가지 모양으로 갈라지는 방식으로 연결되는데 이들 무리와 여기에 종속된 무리에 속하는 절멸했거나 살아 있는 모든 종들의 분류체계를 잘 보여 준다. 나무의 높이가 낮았을 때 번성했던 많은 어린가지 가운데 단지 둘 또는 셋 정도만 오늘날까지 큰 가지로 자라 살아남아, 다른 모든 가지들을 지탱하고 있다. 이와 비슷하게 아주 오랜 세월 지속된 지질학적 시간을 거치면서도 살아남은 종들 가

249 네 번째 문단은, 지구상의 모든 생물들이 마치 큰 나무가 자라듯이 변화해 왔는데, 이런 변화 과정을 '생명의 나무'라고 부를 수가 있다고 설명하고 있다.

250 직유는 두 가지 유사한 인상을 직접 대응시켜 비유하는 방법이다. 주로 '~처럼', '~같이' 등과 같은 표현이 많이 사용된다. 여기에서는 생물의 진화 과정을 나무의 가지치기와 비교하고 있다. 다윈은 이런 생각이 자신의 노트에 그림으로 그려보았는데, 548쪽 주석에 있는 그림을 참조하시오.

운데 아주 극히 일부만이 현재 살아 있고 변형된 후손을 만든다. 나무가 맨 처음 자라기 시작할 때부터, 많은 큰 가지와 가지들이 죽고 떨어졌다. 그리고 다양한 크기의 떨어진 가지들은 현재는 살아 있는 대표적인 종들이 없는 목, 과 그리고 속 전체를 나타내는데, 우리는 화석 상태로만 발견되는 대표적인 종들을 알고 있다. 나무 밑에서부터 여기저기 자라나고 있는 연약한 가지들이 어떤 기회에 더 유리해져 아직도 절정의 순간을 누리는 경우를 보는 것과 마찬가지로 우리는 때로 오리너구리나 남아메리카폐어와 같은 동물들을 볼 수 있다. 이들은 어느 정도는 생명의 두 큰 가지로 된 친밀성으로 연결되는데, 보호된 정착지에서 서식함으로써 치명적인 경쟁으로부터 보호받았음이 명백하다. 싹에서 새로운 싹이 나오고, 이 싹이 생명력을 지닌다면 가지를 만들어 내어 연약한 가지들을 모든 방향에서 덮기 때문에, 세대가 지나면서 이 싹은 거대한 **생명의 나무**가 될 것이라고 나는 믿는다. 그리고 이 나무의 죽어 부러진 가지들은 지구의 지각을 가득 채울 것이고, 그럼에도 이 나무에서 가지가 만들어지고, 만들어진 가지가 멋지게 다시 나누어져서 지표면을 가릴 것이다. (129~130쪽)

5장

변이의 법칙[1]

외부 조건에 따른 결과—자연선택과 결합된 용불용 : 비행기관과 시각기관—순화—성장의 상관관계—성장의 보상과 경제—거짓 상관관계—다중 구조, 흔적 구조 그리고 서서히 조직화된 구조는 변하기 쉽다—기이하게 발달한 부위는 아주 변하기 쉽다 : 종특이적 구조가 속특이적 구조보다 변하기 쉽다 : 이차 성적 구조는 변하기 쉽다—같은 속에 속하는 종들은 대응하는 방식에 따라 다양하게 변한다—오래전에 소실된 형질로 회귀—요약

[2]**마치** 생명체가 자연 상태에서는 다소 덜하지만 생육 상태에서는 변이가 흔할 뿐만 아니라 다형적으로 우연히 만들어진 것처럼 나는 지금까지 때로 말하곤 했었다. 물론 이 말은 완전히 부정확한 표현이지만, 특별한 변이 하나하나의 원인에 대해 우리가 명확하게 모르고 있었다는 점을 인정하는 것이다. 어떤 사람들은 부모를 닮은 어린 개체를 만드는 것만큼이나 개체차이, 즉 구조에서 아주 사소한 편이[3]를 만들어 내는 것도 생식체계의

1 다윈은 이 장의 제목을 '변이의 법칙'이라고 했지만, 다양한 변이 양상에 대해서는 이미 앞에서 설명했으므로, 이 장에서는 변이의 원인과 변이성이 발현되는 부분만을 설명한다. 변이의 원인으로 살아가는 조건과 성장의 상관관계를 살펴보고, 그 다음에는 변이성이 나타나는 양상을 설명한다.

2 장 목차에 나오는 첫 번째 주제, '외부 조건에 따른 결과'를 설명하는 부분으로 변이성의 원인 가운데 하나이다. 외부 조건은 생물들이 살아가는 조건이다.

3 기준이나 표준에서 벗어난 상태이다. 변이는 기준이나 표준이 다양하게 변한 상태이다.

기능이라고 믿고 있다. 그러나 자연 상태보다 사육 또는 재배하는 동안에 더 많은 변이성이 나타나고, 또한 기형의 출현 빈도도 훨씬 많이 나타난다.[4] 이러한 점은 구조에서 나타난 편이가 살아가는 조건이 지닌 속성에 어느 정도는 기인한 것이라고 나로 하여금 믿게 만들었는데, 이 조건에 부모세대와 부모들의 먼 조상들이 과거에 몇 세대에 걸쳐 노출되었던 것이다. 나는 1장에서 생식체계는 살아가는 조건의 변화에 현저하게 영향을 받기 쉽다고 언급했지만, 이러한 언급이 진실임을 보여 주는 데 필요한 기다란 목록을 이곳에서 제시할 수는 없다.[5] 그리고 이 체계가 부모 세대에서 기능적으로 방해받았기 때문에 자손들이 처하게 된 다양하게 변하는 또는 가소적인 조건들이 만들어졌다고 나는 생각한다. 새로운 생명체를 만들기 위해 교접하기 전에 암수 생식 요소가 영향을 받은 것으로 보인다. "아조변이" 식물의 경우, 눈의 가장 초기 상태가 밑씨와 본질적으로 거의 다르지 않은데, 눈만 영향을 받는다. 그러나 생식체계가 방해를 받는다고 해서 왜 이 부위 또는 저 부위가 좀 더 많이 또는 좀 더 적게 변하는지를 우리는 아무것도 모른다. 그럼에도 불구하고, 우리는 여기저기에서 희미한 실마리를 잡을 수가 있으며, 구조의 편이 하나하나를 만들어 내는 사소한 몇몇 원인들이 틀림없이 있다고 확실하게 느낄 수가 있다.[6] (131~132쪽)

기후, 먹이 등이 생명체에 얼마나 큰 직접적인 결과를 초래하는지에 대해서는 매우 불확실하다.[7] 동물의 사례에서는 극히 작을 것이나, 아마도 식물의 사례에서는 다소 클 것으로 나는 막연

4 자연 상태에서 기형이 나타나면 곧바로 죽을 것이나, 생육 상태에서는 사람의 도움으로 생명을 유지할 수 있을 것이고, 그에 따라 사람들의 눈에 더 잘 띄게 될 것이다. 따라서 자연 상태에 비해 생육 상태에서 기형이 더 많이 나타난다는 설명은 고민이 필요한 것 같다. 변이도 비슷할 것이다.

5 첫 번째로는 다윈이 유전 현상을 정확하게 몰랐기 때문이며, 두 번째는 이 책, 『종의 기원』은 요약본이며, 세 번째는 다윈이 추후 이들을 다시 연구하려고 했기 때문이다. 아마도 이런 연구 결과는 『동식물의 생육할 때 나타나는 변이』에서 다루기 위해 여기에서는 제시하지 않았을 것이다.

6 원인은 잘 모르지만, 생육하는 동식물이나 자연에서 살아가는 동식물의 생식체계가 살아가는 조건의 영향을 받아 모두 변이가 나타난다고 설명하고 있다.

7 다윈은 『종의 기원』에서 기후나 먹이와 같은 비생물적 요인보다는 다른 생물과의 상호작용이 더 중요하다고 반복해서 강조했다. 비생물적 요인은 특정 지역의 모든 생물에게 똑같은 영향을 주나, 특정 지역의 생물은 서로 다르게 적응하기 때문이다.

히 느낀다.[8] 어찌되었든, 이러한 영향들이 한 생물과 다른 생물들 사이에서 나타나는 수많은 뚜렷하면서도 복잡한 구조의 상호적응을 만들 수가 없다고 우리가 결론을 내려도 지장은 없을 것인데, 구조의 상호적응을 우리는 자연계 어디에서나 보고 있기 때문이나, 기후, 먹이 등에 의해 약간의 영향은 나타날 수도 있을 것이다. 사례를 들면, 포브스는 남쪽 한계선에 분포하며 얕은 물속에서 살아가는 조개들은 조금 더 북쪽에서 살거나 조금 더 깊은 물속에서 사는 조개들보다 더 밝은색을 띤다고 확신에 찬 어조로 말하고 있다. 굴드는 같은 속에 속하는 새들이 섬 또는 바닷가 근처에서 살아갈 때보다 대기가 맑을 때 더 밝은색을 띤다고 믿고 있다. 곤충의 경우도 비슷한데, 월라스톤은 바다 근처의 사는 곳이 곤충의 색에 영향을 준다고 확신하고 있다. 모캉-탕동은 비록 다른 곳에서는 육질성[9] 잎이 만들어지지 않더라도 바닷가 근처에서 살아가는 식물들은 어느 정도 육질성 잎을 지닌다고 하면서 이러한 식물들의 목록을 제공했다. 또 다른 여러 사례들을 제시할 수도 있다.[10] (132쪽)

한 종에 속하는 변종들이 다른 종이 살아가는 지역으로 분포범위를 넓혀갈 때, 이들이 다른 종이 지닌 형질 중 일부를 아주 사소하게라도 때로 습득한다는 사실은 모든 종류의 종들이 뚜렷하게 구분되고 영속하는 변종일 뿐이라는 우리의 견해와 일치한다.[11] 그러므로 열대의 얕은 바다에서만 고립되어 살아가는 조개 종들은 일반적으로 춥고 더 깊은 바다에서만 살아가는 종들보다 더 밝은색을 띤다. 굴드에 따르면 대륙에서만 살아가는

8 동물은 이동이 가능하기 때문에 기후나 먹이 등의 조건이 변하면 적절한 장소로 이동할 수가 있다. 그러나 식물은 이동할 수단이 없기 때문에 변한 기후 조건에 적응해서 살든지 죽든지 해야만 한다. 따라서 살아가는 조건이 동물보다는 식물에게 직접적으로 작용한다고 말할 수 있을 것이다.

9 통통마디, 해홍나물처럼 바닷가에서 살아가는 식물들은 잎에 많은 물이 저장되어 통통하게 보이는데, 이를 육질성이라 한다.

10 살아가는 조건이 생물들에게 영향을 주어 변이가 초래됨을 사례를 통해 설명하고 있다. 단지 오늘날 변이는 유전자에 기인한 유전자형 변이와 환경 요인에 기인한 환경 변이로 구분하며, 이들을 합하여 개체들에게 나타나는 표현형 변이라고 부른다. 다윈은 살아가는 조건 때문에 나타나는 변이라고만 하면서 이러한 구분을 하지 않은 것으로 보인다. 그리고 유전자와 환경이 상호작용해서 또 다른 변이를 만들어 내는데, 이를 유전자와 환경의 상호작용이라고 한다. 한 종에 속하는 식물을 고도별로 달리 심으면 다른 모습으로 자라는데, 모캉-탕동의 사례도 유전자와 환경의 상호작용의 사례로 추정된다.

11 다윈 시대에는 종은 변하지 않고 고정되어 있으나, 변종은 변할 수 있을 것으로 생각하고 있었다. 그리고 다윈은 변종이 변하는 과정을 여기에서 설명하고 있다.

새들은 섬에서만 살아가는 새들에 비해 더 밝은색을 띤다. 해안가에서만 살아가는 곤충들은 곤충수집가들 하나하나가 알고 있듯이 놋쇠 빛깔이거나 타는 듯한 붉은색을 때로 띤다. 바닷가에서만 살아가는 식물들은 육질성 잎을 만드는 경향이 강하다. 그런데 종 하나하나가 창조되었다고 믿는 사람은 사례를 들자면 서로 다른 조개들이 더 따뜻한 바닷물에서부터 더 얕은 바닷물에까지 넓게 퍼져 살면서 나타난 변이에 의해 밝은색을 띠게 된 것이 아니라, 이 조개가 따뜻한 바닷물에서 밝은색으로 창조되었다고 말해야만 할 것이다.[12] (132~133쪽)

하나의 변이가 생명체에 아주 대수롭지 않게 유용할 때에는 자연선택의 누적 작용과 살아가는 조건이 변이를 만들 때 얼마나 기여했는지를 우리는 말할 수가 없다. 이를테면 같은 종에 속하는 동물들의 모피는 이들이 살아가는 장소의 기후가 혹독할수록 더 두껍고 더 좋다는 점을 모피상들은 잘 알고 있다. 그러나 많은 세대 동안 선택되고 보존되었던 가장 따뜻한 모피를 지닌 개체들이 이런 차이의 어느 정도를 만들어 낸 것인지, 그리고 혹독한 날씨가 직접 작용하여 얼마나 큰 차이를 만들어 낸 것인지를 그 누가 말할 수 있을까? 사육 중인 사지동물의 털에 기후가 어느 정도 직접 작용한 것처럼 보이기 때문이다.[13] (133쪽)

뚜렷하게 인식될 정도로 서로 다른 살아가는 조건들에서 만들어진 같은 변종들과, 이와는 반대로 같은 살아가는 조건에 있는 같은 종에서 만들어진 서로 다른 변종들의 실례를 나는 들 수 있다. 이러한 실례들은 살아가는 조건이 어떻게 간접적으로 작

12 생물들이 한 장소에서 다른 장소로 이동하면, 즉 살아가는 조건이 바뀌면 그에 따라 새로운 변이가 나타나는데, 이런 변이가 지닌 의미를 설명하고 있다. 즉, 종이 변하지 않고 창조되었다고 믿고 있음에도 불구하고, 생물들이 한 곳에서 다른 곳으로 이동했더니 원래 모습에서 다른 모습으로 변했다면, 이는 이들이 특별한 목적에 걸맞게 창조되었다고 설명할 수가 없고, 생물들에게 변이가 나타났다고 생각해야만 한다는 다윈의 주장이다.

13 오늘날에는 모피의 두께와 같은 정량적 형질은 유전력이라는 개념으로 설명하고 있는데, 한 형질이 유전되어 발현되는 정도를 환경 변이와 유전자형 변이의 비율로 추정한다. 사람의 키는 유전력이 0.65에서 0.8 정도로 알려졌다. 즉, 사람의 키는 65%에서 80% 정도는 유전적인 영향이지만, 나머지 35%에서 20% 정도는 환경에 의한 영향이라는 것이다. 모피의 두께 역시 환경에 의한 영향이 상당할 것이다.

용하는지를 보여 준다.[14] 정반대의 기후에서 살아가지만, 종이 결코 다양하게 변하지 않고 순종으로 유지되는 셀 수 없이 많은 사례들을 자연사학자들이 알고 있다. 이러한 사례들은 나로 하여금 살아가는 조건이 직접적인 작용을 거의 하지 않는다고 생각하도록 만들었다. 이미 언급했다시피, 살아가는 조건은 간접적으로 생식체계에 영향을 주며, 그에 따라 변이성을 유발하는 중요한 요소로 보인다. 그리고 자연선택은 사소하더라도 모든 유리한 변이들이 뚜렷하게 발달해서 우리가 인지할 때까지 축적할 것이다.[15] (133~134쪽)

[16]*용불용의 결과*. 1장에서 암시한 사실들에 근거해서, 우리가 사육하는 동물들이 사용하는 어떤 부위는 강화되고 크게 만들어지나 사용하지 않는 부위는 감소한다는 점, 그리고 이러한 변형이 유전된다는 점은 의심할 여지가 없다고 나는 생각한다. 자유로운 자연 상태에서는 오래 지속된 용불용의 결과를 판단할 수 있는 비교 기준을 우리는 가지고 있지 않은데, 부모 유형을 우리가 모르기 때문이다. 그러나 많은 동물들이 불용의 결과를 설명해 주는 구조들을 지니고 있다. 오웬 교수가 언급했듯이, 자연에는 날지 못하는 새보다 훨씬 더 변칙적인 경우는 없으나, 그럼에도 날지 못하는 경우가 일부 있다. 남아메리카에서 살아가는 포클랜드스티머오리[17]는 물 표면에서 날개짓만 할 뿐인데, 날개는 사육 중인 에일즈버리오리[18]와 거의 같다. 땅에 있는 먹이를 먹는 새들은 위험에 처했을 때를 제외하고는 거의 날지 않

14 살아가는 조건이 직접적으로 작용했다면, 같은 조건에서는 같은 변종이, 다른 조건에서는 다른 변종이 만들어져야만 했을 것이다.

15 장 목차에 나오는 첫 번째 주제를 요약했다. 원인은 명확하지 않지만 생식체계가 영향을 받아 변이가 만들어지는데, 살아가는 조건은 이러한 변이가 만들어지는 데 간접적인 영향을 준다는 설명이다.

16 장 목차에 나오는 2번째 주제, '자연선택과 결합된 용불용 : 비행기관과 시각기관'을 설명하는 부분으로 변이성의 원인 가운데 하나이다. 이 문단에서는 비행기관에 대해 새들을 예로 들어 설명하고 있다.

17 *Tachyeres brachypterus*. 남아메리카 포클랜드섬에서만 서식하는 고유종으로 날지 못한다. 종소명 *brachypterus*는 '짧다'라는 *brachy*와 날개를 의미하는 *pteron*을 연결한 것이다.

18 영국 에일즈버리에서 주로 고기를 얻기 위해 널리 사육하는 오리 품종으로, 몸 전체가 거의 하얀색이다. 그 기원은 알려져 있지 않다.

기 때문에, 몇몇 새들이 보여 주는 날개가 거의 없는 상태는 불용에 의해 만들어졌다고 나는 믿는데, 이러한 새들은 자신을 먹이로 먹는 동물들이 없는 몇몇 해양섬에서 오늘날까지 살고 있거나 얼마 전까지 살았다.[19] 타조는 실제로 대륙에서 날지 못하는 위험에 노출되어 살고 있으나, 작은 사지동물들처럼 적으로부터 자신을 지키려고 발로 찬다. 타조의 초기 조상은 느시과[20]에 속하는 종류들과 같은 습성을 지녔을 것으로 우리는 짐작할 수 있는데, 세대를 거듭하면서 자연선택이 가중됨에 따라 날지 못하게 될 때까지 몸집의 크기와 무게가 증가해 다리를 더 많이 사용하고, 날개는 덜 사용했을 것이다. (134~135쪽)

커비는 많은 쇠똥구리 종류 수컷의 앞다리 발목마디가 자주 떨어져나간다고 했다(나도 같은 사실을 관찰했다). 그는 자신이 채집한 17점의 표본을 조사했는데, 그 어떤 표본에도 흔적조차 남아 있지 않다고 했다. 아펠레스쇠똥구리Onites apelles[21]는 다리를 습관적으로 잃어버려 다리가 없는 것으로 기재되기도 했다. 다른 속에 속하는 곤충들에서는 다리가 발견되기도 하나, 흔적만 남아 있고, 이집트에서 신성한 곤충으로 간주되는 아테우커스쇠똥구리속Ateuchus[22] 곤충들에서는 완벽하게 없다. 이러한 절단 현상이 유전에 의한 것인지를 믿도록 유도할 만한 충분한 증거는 없다. 아테우커스쇠똥구리속Ateuchus에서는 앞다리가 완전히 없고, 다른 속에서는 흔적만 남아 있는 현상을 이들 조상들이 오랫동안 사용하지 않았기 때문으로 설명하고 싶을 뿐이다. 많은 쇠똥구리에서 다리가 거의 대부분 사라졌는데, 삶의 초기 단계에

19 대표적인 새로 모리셔스섬에서 살다가 절멸한 도도새를 들 수 있다. 아프리카 동쪽에 있는 마다가스카르섬 동쪽에 있는 모리셔스섬은 유럽인들이 대항해를 시작하기 전까지는 사람들이 들어가지 않았고, 도도새는 이 섬에서 자신을 잡아먹는 천적이 없는 상태에서 날지 않고 살아갔다. 그러다 사람들이 이 섬에 상륙해 도도새를 잡기 시작하면서 개체수가 줄어들다가 결국 지구상에서 완전히 사라졌다.

20 느시과(Otididae)에 속하는 새들은 대부분 육상 조류들이며, 아프리카, 유라시아 대륙, 호주 등지에 분포한다. 반면에 타조는 타조과(Strathionidae)에 속한다.

21 *Onitis apelles*. 쇠똥구리의 일종으로, 다윈은 속명을 *Onites*로 표기했다.

22 풍뎅이과(Scarabaeidae)에 속한 속이다.

서 떨어져나왔음에 틀림없으며, 그에 따라 이들 곤충들은 다리를 많이 사용할 수가 없었을 것이다. (135쪽)

어떤 사례에서는, 자연선택으로 인해 전적으로 또는 주로 변형된 구조를 사용하지 않았기 때문이라고 우리는 쉽게 돌려 말할 수가 있다. 마데이라 제도에서 살아가는 550종의 딱정벌레 가운데 200종류는 날개가 결핍되어 있어 날지 못하며, 또한 29개 고유속 가운데 자그마치 23개 속에 속하는 모든 종들이 이러한 상태에 있다는 놀랄 만한 사실을 월라스톤 씨가 발견했다! 몇 가지 사실들은, 즉 전 세계 많은 곳에서 살아가는 딱정벌레들이 바람에 아주 자주 바다로 날려 가서 죽는다는 점, 마데이라 제도에 있는 딱정벌레들은 월라스톤 씨가 관찰한 것처럼 바람이 잠잠해지고 태양이 나올 때까지 대부분 보이지 않는다는 점, 날개가 없는 딱정벌레의 비율은 마데이라 제도의 마데이라섬보다는 노출된 데제르타스섬[23]에서 더 높다는 점, 그리고 월라스톤 씨가 딱정벌레에 속하는 특정 무리 모두가 아주 이례적으로 거의 없다고 아주 강하게 주장했는데, 이 무리가 다른 지역에서는 엄청나게 많으며, 대부분 자주 날아다니는 것을 필요로 하는 살아가는 습관을 지니고 있다는 점 등인데, 이러한 몇 가지 고려 사항들은 나로 하여금 마데이라섬에 서식하는 그렇게 많은 딱정벌레들이 주로 자연선택의 작용에 의해 날개가 없는 상태를 지니게 되었으나, 아마도 불용도 관여했을 것으로 믿게 만들었다. 계속된 수천 세대 동안, 완벽하게 거의 발달하지 않은 날개 또는 게으른 습성 때문에 최소한으로만 날아다녔던 딱정벌

23 데제르타스섬은 식물이 자라지 않은 불모지로, 16종의 조류만 서식하고 있다. 『위대한 책』에는 이 섬에 54종류의 딱정벌레가 서식하고 있으나, 이 가운데 28종에는 날개가 없는 것으로 설명되어 있다. 다윈이 이 문단에서 주장한 바에 따라 설명하면, 데제르타스섬에는 식물들이 없어, 즉 노출되어 이 딱정벌레들이 바람으로부터 피할 곳이 없었을 것이고, 그에 따라 다른 섬들에 비해 날개가 없는 종류들이 많았을 것이다.

레 개체 하나하나는 바람에 바다까지 날리지 않아 생존할 최고의 기회를 잡았을 것이다. 이와는 반대로, 자진하여 날아다니려고 했던 딱정벌레들은 대부분 바다까지 아주 자주 날려 가서 결국 죽었을 것이다. (135~136쪽)

마데이라 제도에서 살아가는 곤충 가운데 땅에서 먹이를 찾지 않는 종류들과, 꽃꿀을 먹는 딱정벌레목과 나비목에 속하는 곤충들처럼 자신의 생계를 위해 날개를 습관적으로 사용해야만 하는 종류들은 월라스톤 씨가 어렴풋이 알아챈 바와 같이, 날개가 결코 축소되지 않았으며 오히려 더 커졌다. 이런 점은 자연선택의 작용과 아주 잘 일치한다. 새로운 곤충이 섬에 도착하면, 이 곤충의 날개를 크게 만들거나 작게 만들려고 하는 자연선택의 경향성은 얼마나 많은 개체들이 바람과의 싸움에서 성공적으로 살아남는지, 또는 날려는 의지를 포기하고 거의 날지 않거나 결코 날지 않고서도 살아남는지에 따라 결정되기 때문이다. 해안가에서 난파한 배에 있는 뱃사람들의 경우, 만일 이들이 더 나아가도록 수영을 할 수 있었다면 수영을 잘하는 사람들에게는 더 좋은 반면에, 수영을 결코 하지 못해서 난파선 잔해라도 붙잡았다면 수영을 못하는 사람들에게도 더 좋을 수가 있다.[24] (136쪽)

[25]두더지와 땅굴을 파고 사는 일부 설치류의 눈은 크기로 볼 때 흔적만 있으며, 어떤 경우에는 피부와 털로 완전히 덮이기도 한다. 이러한 눈 상태는 아마도 사용하지 않게 됨으로써 단계적으로 축소되었으나, 자연선택의 도움도 아마 있었을 것이다. 남

24 어떤 부위를 사용할 때에는 이유가 있을 것이고, 그런 이유로 인해 그 부위는 발달해서 생물에게 도움이 될 것이고, 사용하지 않을 때에도 사용하지 않은 이유로 인해 그 부위는 사라졌지만 생물에게 도움이 되었을 것이라는 의미일 것이다.

25 장 목차에 나오는 2번째 주제 가운데 시각기관에 대해 두더지 종류를 예로 들어 설명하고 있다.

아메리카에서 땅굴을 파고 사는 설치류인 투코투코속Ctenomys[26] 동물들은 두더지보다 땅속에서 더 잘 살아간다. 스페인 사람들이 가끔 이들을 잡았는데, 잡힌 개체들이 빈번히 장님이었기 때문에, 나는 확신했다. 내가 산 채로 잡은 한 마리는 확실히 이런 상태에 있었는데, 해부를 해 보았더니 장님으로 만든 원인이 깜박막[27]에 생긴 염증이었다. 눈에 자주 생기는 이 염증은 어떤 동물에게나 해로운데, 땅속에서 살아가는 동물에게는 눈이 확실히 꼭 필요하지 않기 때문에,[28] 눈 위에서 눈꺼풀들이 달라붙고 털들이 성장하면서 눈의 크기가 이들처럼 축소되는 것도 이런 경우에는 유리했을 것이다. 그리고 만일 이렇게 유리하다면 자연선택은 계속해서 불용의 결과에 도움을 줄 것이다. (137쪽)

슈타이어마르크주[29]와 켄터키주[30]에 있는 동굴에서 살아가는 너무나도 다른 강에 속하는 몇몇 동물들이 장님인 점은 널리 알려져 있다. 일부 게 종류에서 눈은 사라졌으나, 눈자루[31]는 흔적으로 남아 있다. 게에 망원경은 달려 있지만, 망원경 렌즈는 사라진 꼴이다. 어둠 속에서 살아가는 동물들에게 눈은 쓸모가 없지만 어떤 식으로든 해가 된다고 상상하는 것은 어렵기 때문에, 나는 전적으로 사용하지 않아 눈이 없어졌다고 생각한다. 장님동물의 한 종류인 동굴쥐의 경우는 눈이 매우 크다. 실리만 교수는 빛 아래에서 며칠을 살게 하면 조금이나마 시각을 회복할 것이라고 생각했다.[32] 마데이라 제도에서처럼 용불용의 도움을 받은 자연선택으로 일부 곤충의 날개는 커졌으나, 다른 곤충의 날개가 축소되었던 것과 마찬가지로, 자연선택은 동굴쥐의 경

26 땅굴을 팔 때 툭툭하는 소리를 낸다고 해서 붙은 이름이다.

27 눈의 각막을 보호하는 얇고 투명한 막으로, 상하의 눈꺼풀 사이를 늘리고 줄여서 눈알을 덮는다. 일부 어류, 조류, 파충류, 양서류 등에 잘 발달되어 있으나, 포유류에는 흔적만 남아 있다.

28 이 사례는 엄밀히 말하면 불용이 아니라 불필요라고 표현해야 한다는 주장도 있다(Costa, 2009).

29 오스트리아의 한 주로, 영어로는 스티리아, 독일어로는 슈타이어마르크로 부른다. 3판부터는 지명이 크란스카로 변경되었는데, 슬로베니아어로 크란스카이며 이탈리아어로 카르니올라이다. 이 지역은 오늘날 오스트리아와 슬로베니아 접경 지대로, 석회암 지대이다.

30 미국 중동부에 위치한 주이다. 이 주에 있는 매머드 동굴은 세계 최대의 자연 동굴로 알려져 있는데, 석회암 지대의 특징을 보여준다.

31 게에서 눈을 달고 있는 긴 자루이다.

32 실리만 교수가 1851년 미국과학학회지에 게재한 「켄터키의 맘모스 동굴」이라는 논문에 있는 내용이다.

우에 빛이 소실되는 것과 맞서 싸우려고 눈의 크기를 크게 했던 것으로 보인 반면에 동굴에서 살아가는 다른 모든 정착생물들에게는 불용만이 작용한 것으로 보인다. (137~138쪽)

거의 비슷한 기후 조건에 있는 깊은 석회암 동굴들보다 더 비슷한 살아가는 조건을 상상하는 것은 어려운 일이다. 장님동물들이 아메리카와 유럽의 동굴에서 각각 개별적으로 창조되었다는 널리 퍼져 있는 견해에 따른다면, 이들의 체제와 친밀성은 아주 비슷할 것으로 기대할 수 있을 것이다. 그러나 쉬외테를 비롯하여 몇 사람이 언급했듯이, 실제로는 그렇지 않았다. 두 대륙에 있는 동굴에서 살아가는 곤충들은 북아메리카와 유럽의 다른 정착생물들이 일반적으로 비슷하게 보일 것이라고 기대했던 것만큼 서로 가까운 동류는 아니다. 내 견해에 따르면, 유럽에서 살던 동물들이 유럽의 동굴로 들어가듯이, 일반적인 시각 능력을 지닌 아메리카에서 살던 동물들이 바깥세상에서 켄터키주 동굴의 점점 깊숙한 후미진 곳으로 세대를 거듭하면서 아주 서서히 이동한 것으로 우리는 가정할 수 있다. 우리는 이처럼 습성이 단계적으로 이동했다는 몇 가지 증거를 가지고 있는데, 쉬외테는 "일반적인 유형과 거의 다르지 않은 동물들도 밝은 곳에서 어두운 곳으로 이동할 준비를 하고 있다. 이런 일이 일어나면 이들은 어슴푸레한 환경에 대비한 구조를 만들고, 결국 완벽한 어둠에 처할 운명에 이르게 된다"라고 말했다. 이런 견해에 따르면, 세대가 셀 수 없을 정도로 지나 동물들이 가장 깊숙한 후미진 곳에 도달할 때까지 시각을 사용하지 않음에 따라 다소 완벽하게 이들의 눈은 제거되었을 것이고, 자연선택은 시각을 상실한 것에 대한 보상으로 더듬이나 촉수가 길어지는 것과 같은 다른 변화를 만들어 냈을 것이다. 이러한 변형에도 불구하고, 아메리카의 동굴에서 살아가는 동물들과 아메리카 대륙의 다른 정착생물들과의 친밀성을, 그리고 유럽의 동굴에서 살아가는 동물들과 유럽 대륙의 다른 정착생물들과의 친밀성을 볼 수 있을 것으로 우리는 기대할 수도 있다. 대나 교수가 나에게 알려 준 바에 따르면, 미국 동굴에서 살아가는 동물 일부가 이러한 경우에 해당하며, 유럽 동굴에서 살아가는 곤충들 일부는 주변 나라에서 살아가는 종류와 아주 가까운 동류이다.[33] 동굴성 장님동물들과 두 대륙에서 살아가던 정착생물들과의 친밀성은 이들이 독립적으로 창조되었다는 통상적인 견해에 따르면 그 어떤 합리적인 해석을 내리기가 아주 어렵다. 신세계와 구세계에 있는 정착생물들 가운데 몇몇이 서로 가까운 근연관계에 있다는 점을 우리는 이들 두 대륙에서 살아가는 또 다른 야생종들 사이의 잘 알려진 유연관계로부터 예상할 수 있을 것이다. 장님 물고기인 암브리옵시스속Amblyopsis[34] 어류에 대한 아가시의 언급과 특히 유럽의 파충류인 프로테우스속Proteus 장님동물[35]의 경우처럼, 동굴에서 살아가는 동물 가운데 일부가 아주 변칙적이라는 점은 크게 놀랄 일은 아닌데, 이처럼 어두운 곳에서 살았던 정착생물들은 아마도 혹독한 경쟁에 덜 노출되었음에도 불구하고, 오래된 생물의 더 많은 흔적들이 보존되지 않았다는 점에 대해서 나는 놀랄 뿐이다.[36] (138~139쪽)

33 유럽에서 살던 종들의 후손들이라는 설명이다.

34 미국 중동부 지역에서만 자라는 고유속이다. 이 속에 속하는 어류들은 동굴에서 살아가며, 눈에 색소가 없어 장님들이다.

35 *Proteus anguinus*. 프로테우스속(*Proteus*)에 속하는 유일한 종으로, 유럽의 동굴에서만 살아간다. 파충류가 아닌 양서류로, 전 생애를 물속에서만 보내며, 눈은 발달하지 않았다.

36 어두운 곳에 적합하도록 생물들이 창조되었다면, 이들끼리 더 비슷해야만 할 것이다. 그러나 장님동물들끼리 비슷한 것이 아니라, 아메리카의 장님동물들은 아메리카에 살던 생물들과, 유럽의 장님동물들은 유럽에 살던 생물들과 더 비슷하다는 점은, 이들 장님동물들이 아메리카에서는 아메리카에서 살던 생물로부터, 유럽에서는 유럽에서 살던 생물로부터 유래되었음을 보여 준다고 다윈은 주장하고 있다.

[37]*순화*. 꽃이 피는 시기, 씨가 발아하는 데 필요한 비의 양, 휴면 시기 등과 같은 습성은 식물에서도 유전되는데, 이런 점은 나로 하여금 순화에 대하여 몇 마디 하도록 만들었다. 같은 속에 속하는 종들이 매우 덥거나 추운 지역에서도 살아가는 것이 아주 흔하다. 또한 같은 속에 속하는 모든 종들이 한 부모에서 유래했다면, 그리고 이 견해가 옳다면, 친연관계가 오래 지속되는 동안 틀림없이 쉽게 순화되었을 것이다.[38] 종 하나하나가 자신들이 살고 있는 지역의 기후에만 적응한다는 점은 널리 소문이 나 있는데, 북극에서 자라던 종들과 심지어 온대 지역에서 자라던 종들은 열대 기후에서, 또는 역으로도, 견딜 수가 없다고 한다. 또 다른 예로, 많은 다육식물들도 축축한 기후에서는 견딜 수가 없다. 그러나 자신들이 살고 있는 기후에 대한 종들의 적응 정도가 때로 과대평가되고 있다. 수입된 식물이 우리의 기후에서 견딜 수 있는지 없는지를 흔히 예상할 수 없지만 따뜻한 나라에서 들여와 이곳에서 건강하게 살고 있는 많은 동식물들로 미루어 보건대, 우리는 이러한 과대평가를 추측할 수가 있다. 자연 상태에 있는 종들은 다른 생물들과의 경쟁 못지않게, 또는 이보다 더, 특정 기후에 대한 적응 때문에 자신들만의 분포범위 안에 한정되어 있다고 믿을 만한 이유를 우리는 가지고 있다. 그러나 적응이 일반적으로 얼마나 빨리 일어나는지에 상관없이, 일부 극소수의 식물 사례에서 발견한 증거를 우리는 가지고 있는데, 이들은 다른 기후에 어느 정도는 자연스럽게 길들여지거나 순화되고 있다. 후커 박사는 히말라야의 서로 다른 고도에서 자란

37 장 목차에 나오는 3번째 주제, '순화'를 설명하는 부분으로 변이성의 원인 가운데 하나이다. 순화는 기후가 다른 지역으로 옮겨진 생물이 그 환경에 적응하는 기능적 변화 과정을 의미한다. 흔히 순화는 짧은 시간, 한 개체 수준에서 일어나며, 유전자 변화를 초래하지 않는 반면, 몇 세대에 걸쳐 나타난 환경에 대한 적합도의 변화를 유전자 변화와 함께 초래하는 변화일 때는 적응이라고 부른다. 그러나 어떻게 이런 변화가 일어나는지에 대해서는 정확하게 알려져 있지 않다.

38 순화만으로는 오랫동안 지속되어 온 친연관계에 영향을 줄 수는 없었을 것이다. 단지 순화와 다른 생물들과의 상호작용, 자연선택이 결합하여 영향을 주었을 것이다. 이런 점을 감안해서 다윈은 "자신들이 살고 있는 기후에 대한 종들의 적응 정도가 때로 과대평가되고 있다"라고 다음 문장에 썼다 (Reznick, 2010).

나무의 씨를 뿌려서 키운 소나무 종류와 진달래 종류들이 이 나라에서 추위에 견디는 능력이 체질적으로 서로 다름을 발견했다.[39] 스웨이츠 씨는 자신이 실론[40]에서 발견한 비슷한 사실들을 나에게 알려 주었고, 와슨 씨도 아소르스 제도[41]에서 잉글랜드로 옮겨 심은 몇몇 유럽 식물 종들에서 대응관계를 관찰했다. 동물의 경우는 기록된 역사 자료 내에서 따뜻한 곳에서부터 추운 고위도 지역까지, 또는 이와는 반대로도 넓은 지역에 걸쳐 살았던 종들의 몇몇 확실한 사례를 들 수 있다. 그러나 이 동물들이 자신들의 원래 기후에 엄밀하게 적응했는지는 우리가 단정적으로 알지 못할 뿐만 아니라, 단지 우리는 이런 경우들이 통상적일 것으로 추정하는데, 그 이후에 새로운 터전에서 순화되었는지도 알지 못한다. (139~140쪽)

우리가 사육하는 동물들은 이들을 먼 곳까지 그리고 그 이후에도 먼 곳으로 데리고 갈 수 있었기 때문이 아니라, 이들이 유용하고 권양 상태에서 쉽게 번식하기 때문에, 원래 비문명화된 사람들에 의해서 선택된 것으로 나는 믿고 있다. 그래서 우리가 사육하는 동물들은 심하게 다른 기후에 견딜 수 있을 뿐만 아니라 이런 환경에서도 생명체로서 완벽하게 생식가능할 수 있는 (이 부분이 엄격한 검증이다) 공통의 이례적인 능력을 지녔을 것이라는 생각에 나는 이르렀다. 그리고 오늘날 자연 상태에 있는 다른 많은 동물들이 너무나 다른 환경에서도 쉽게 버텨 낼 수 있게 되었다는 점을 논증하는 데 이런 능력은 이용될 수 있을 것이다. 그러나 몇몇 야생원종들에서 우리가 사육하는 동물 가운데 일부가 기원

39 히말라야 3,600m에서 채취한 소나무 종류의 어린싹은 영국에서도 잘 자랐다. 그러나 3,000m에서 채취한 개체는 서리에 약했다고 다윈은 『위대한 책』 286쪽에 썼다. 그리고 체질적으로 서로 달랐다는 의미는 순화에 의해 체질이 변화된 것이 아니라, 이미 변이를 지니고 있었다는 의미로 받아들여야 할 것으로 보인다.

40 오늘날에는 스리랑카라고 부른다.

41 북대서양에 위치한 포르투갈의 자치 지역으로, 일 년 내내 따뜻하다.

했다는 점을 고려하면, 앞에서 말한 논증을 더욱더 밀고 나가면 결코 안 될 것이다. 실례를 들어, 열대와 북극에 사는 여우 또는 들개의 혈통이 아마도 우리가 사육하는 품종들과 혼합되었기 때문이다. 쥐와 생쥐는 사육 동물로 간주할 수는 없으나, 이들은 사람과 함께 전 세계 많은 곳으로 이동했고, 현재 북쪽으로는 페로 제도의 추운 기후에서부터 남쪽으로는 포클랜드 제도[42] 그리고 극도로 건조한 지역의 많은 섬까지 그 어떤 설치류보다 더 넓은 지역에서 살고 있다. 따라서 나는 적응을 어떤 특별한 기후에 맞추어 많은 동물들에서 흔하게 나타나는 체질의 선천적 유연성에 쉽게 접목할 수 있는 하나의 자질로 간주하고 싶다. 이런 견해에 따라, 인간과 사육 동물이 너무나 다른 기후를 견딜 수 있는 능력과 코끼리와 코뿔소의 현생 종들이 현재에는 모두 열대와 아열대에서만 자라는 습성이 있지만, 이들이 빙하 기후에서도 견딜 수 있었던 사실들을 변칙으로 간주해서는 안 되고, 특이한 환경이 작용한 상황에서 만들어진 아주 흔한 체질의 유연성을 보여주는 사례로 단순히 간주해야만 할 것이다. (140~141쪽)

어떤 특별한 기후에서 단순히 습성에 의해서만 종이 어느 정도 순화되는지, 서로 다른 선천적 체질을 지닌 변종을 자연선택함으로써 종이 어느 정도 순화되는지, 그리고 이 두 가지 방법이 조합되어서 종이 어느 정도 순화되는지는 아주 애매한 질문이다. 동물을 한 구역에서 다른 구역으로 옮길 때에는 아주 조심해야 한다는 고대 농정서에, 심지어 중국 백과사전에, 설명된 엄청난 조언들과 대응관계에 근거해서 습성이나 습관이 일정 부분

42 페로 제도는 영국과 아이슬란드, 노르웨이 사이에 있는 여러 화산섬으로 이루어져 있다. 덴마크의 자치 지역으로, 북위 62도 부근에 있다. 그리고 포클랜드 제도는 대서양 남단 남위 51도 부근에 있다.

영향을 받는다는 점을 나는 믿어야만 한다. 사람이 자신만의 구역에 특별히 적합한 체질을 가진 그렇게 많은 품종과 아품종을 성공적으로 선택할 수 있을 것 같지는 않기 때문이다. 결과는 반드시 습성에 의한 것이라고 나는 생각한다. 이와는 반대로, 그들만의 자생지에 가장 잘 적응한 체질을 지닌 상태로 태어난 개체들을 자연선택이 지속적으로 보존해 왔다는 점을 의심할 그 어떤 이유도 나는 찾을 수 없다. 많은 종류의 재배 식물을 연구한 논문을 보면, 어떤 변종은 다른 변종들보다 어떤 기후에 더 잘 견딜 수 있다고 되어 있다. 미국에서 발표된 과실나무에 대한 연구가 보여 준 점도 눈에 아주 잘 띄는데, 어떤 변종들은 으레 미국 북부 지방에 추천되며, 또 다른 변종들은 남부 지방에 적합한 것으로 추천되어 있다. 그리고 이들 변종 대부분이 최근에 만들어졌기 때문에, 이들이 지닌 체질의 차이를 습성 탓으로 볼 수가 없다. 종자로 번식된 적이 한 번도 없어 결과적으로 새로운 변종들도 만들어지지 않은 뚱딴지[43]는, 최근에도 과거처럼 약하기 때문에, 순화가 영향을 발휘하지 못했음을 보여 주는 증거로 제시되기도 했다! 신장콩[44]의 경우도 때로 비슷한 목적으로 더욱더 강조되어 인용된다. 그러나 신장콩이 우발적으로 교배되지 않도록 조심하면서 아주 빨리 뿌려 서리 때문에 대부분은 죽게 하고 극히 일부 생존 개체로부터 씨를 수집해 이 씨를 발아시킨 개체로부터 다시 씨를 얻는 과정을 20여 세대에 걸쳐 반복하지 않는 한, 실험을 했다고는 말할 수가 없을 것이다.[45] 일부 어린싹이 다른 것들에 비해 추위에 얼마나 더 잘 견디는지에 대한 기사가

43 *Helianthus tuberosus*. 북아메리카가 원산지인 국화과에 속하는 여러해살이 풀이다. 돼지감자라고도 부르는데, 덩이줄기를 사람이 먹기도 한다.

44 강낭콩(*Phaseolus vulgaris*)의 재배품종으로, 『위대한 책』 70쪽에는 다른 품종들과 쉽게 교배하는 것으로 되어 있다.

45 순화만으로는 생물에게 영향이 나타나지 않으며, 생물에게 나타난 영향을 입증하기 위해서는 오랜 시간에 걸쳐 적응 실험을 해야만 한다는 의미이다.

발표되었기 때문에, 신장콩 어린싹에서 체질의 차이가 여태까지 나타나지 않았다고[46] 가정해서는 안 된다. (141~142쪽)

대체로, 습성[47]과 용불용이 어떤 사례에는 체질의 변형과 다양한 기관의 구조의 변형에 상당한 역할을 하는 것으로 우리가 결론지을 수 있다고 나는 생각한다. 그러나 용불용의 결과는 주로 선천적 차이를 자연선택한 결과와 결합해서 나타나지만, 때로는 자연선택의 결과에 압도당한다.[48] (142~143쪽)

[49]*성장의 상관관계*. 나는 이 표현을 생물의 전반적인 체제가 성장과 발달 과정에서 하나로 연결되어 있으므로 한 부위에서 사소한 변이가 나타나고, 자연선택을 거치면서 축적되면, 다른 부위도 변형된다는 의미로 사용한다. 이는 아주 중요한 주제이나, 가장 불완전하게 이해되고 있다. 가장 뚜렷한 사례가 어린 개체 또는 유충만의 이익을 위해서 축적된 변형이 성체의 구조에도 영향을 미치게 되는 경우라고 결론을 내려도 지장이 없을 것이다. 초기 배에 영향을 주는 불완전한 형태 형성은 성체의 전체 체제에 심각한 영향을 주는 것과 같다. 초기 배발생 과정[50]에서 상동[51]인, 즉 서로 닮은 몸의 몇몇 부위가 마치 하나인 것처럼 같이 변하기가 쉽다. 우리는 이런 경우를 몸의 좌우 양쪽이 같은 방식으로 변하는 것에서도 알 수 있다. 앞다리와 뒷다리, 심지어 턱과 사지도 하나처럼 변하는데, 아래턱이 사지와 상동으로 간주되기 때문이다. 이러한 경향성은 다소 완벽하게 자연선택의 지배를 받는데, 나는 이런 점을 의심하지 않는다. 한때

46 순화가 아니라 적응의 문제임을 강조하고 있다.

47 여기에서의 습성은 생물이 지닌 가소성을 의미한다(Costa, 2009; Reznick, 2010).

48 순화보다는 습성과 용불용이 생물에게 중요하며, 그보다는 자연선택이 더 중요함을 강조하고 있다.

49 장 목차에 나오는 4번째 주제, '성장의 상관관계'를 설명하는 부분으로 변이성의 원인 가운데 하나이다. 성장의 상관관계를 『종의 기원』 12쪽에서는 그 결과만을 간단히 설명했으나, 여기에서는 상관관계의 원인에 대해서 설명하고 있다.

50 13장의 발생학 부분을 참조하시오.

51 몸의 좌우 또는 앞다리와 뒷다리처럼 비슷한 구조나 기관이 서로 어울려 있는 상태이다. ➜ 용어 설명

사슴 한 무리가 한쪽으로만 솟아난 뿔을 가진 적이 있었는데, 만일 이 뿔이 이 무리에 엄청난 이익을 조금이라도 주었다면, 이 뿔은 자연선택에 의해 영구적으로 유지되었을 것이다. (143쪽)

일부 사람들이 언급했듯이, 상동 부위는 서로 달라붙으려는 경향이 있다. 이런 점을 기형적인 식물에서 때로 볼 수 있다. 꽃부리를 이루는 꽃잎들이 꽃통으로 유합된 것처럼,[52] 정상적인 구조에서 상동 부위가 유합된 것보다 더 흔한 것은 아무것도 없다. 단단한 부위가 이 부위에 인접한 부드러운 부위의 형태에 영향을 주는 것 같다. 조류에서는 골반 모양이 다양하게 되면서 콩팥 모양도 엄청나게 다양하게 만들어졌다고 일부 사람들은 믿고 있다. 또 다른 사람들은 사람의 경우에도 엄마의 골반은 아이의 머리를 압박하여 머리의 모양에 영향을 준다고[53] 믿고 있다. 슐레겔에 따르면, 뱀의 경우 몸의 모양과 꿀꺽 삼키는 방식이 가장 중요한 몇몇 내장의 위치를 결정한다. (143~144쪽)

상관관계로 연결되는 속성은 매우 명확하지 않다. 아주 흔하거나 매우 드문 불완전한 형태 형성이 공존하는데, 어떠한 원인이라도 적시할 수 없다고 이시도르 생틸레르가 단호하게 언급했다. 고양이의 파란 눈과 귀머거리, 거북의 암컷과 등딱지 색, 집비둘기의 깃털 달린 발과 바깥쪽 발가락들 사이의 피부, 처음 부화했을 때 어린 새에 다소 달리는 솜털의 존재와 깃털의 미래 색, 그리고 털이 없는 터키개[54]에서 털과 이빨 사이의 관계보다, 비록 여기에 상동성을 적용하더라도, 더 독특한 것이 있을까?[55] 상관관계의 마지막 사례와 관련해서, 우리가 포유동물에 속하

52 통꽃을 의미한다. 통꽃은 꽃잎이 몇 장으로 이루어진 갈래꽃과는 달리 꽃잎들이 모두 서로 달라붙어 있다. 꽃잎들은 상동 부위이다.

53 아기의 머리뼈는 성인과 달리 완전히 굳지 않아, 출산할 때 좁은 산도를 빠져나오면서 머리 모양이 조금씩 변하게 되나, 다시 정상으로 되돌아온다. 한때 두개골의 형상으로 인간의 성격과 심리적 특성을 추정하는 소위 골상학이라는 학문이 유행하기도 했으나, 지금은 폐기되었다. 다윈이 골상학 분야 연구 내용을 소개한 것으로 보인다.

54 털이 없는 터키개는 원래 이름이 naked or Turkish dog임에도 다윈은 'or'를 쓰지 않았다. 털이 매우 짧은 품종이며, 터키와는 아무런 상관이 없다.

55 오늘날에는 유전학의 발달로 상당수의 상관관계의 원인들이 밝혀졌다. 25쪽 주석 **43**을 참조하시오. 포유류에서 나타나는 귀머거리와 하얀색 털과 파란색 눈은 유전자 연관 결과이다. 거북 등딱지 색과 성과의 관계는 성염색체와 관련된 유전 결과이다. 고양이와 집비둘기의 경우에도 유전 결과인데, 25쪽 주석 **39**를 참조하시오.

는 두 개의 목, 즉 피부가 가장 비정상적인 고래목Cetacea(고래 종류)과 빈치목Edentata(아르마딜로나 개미핥기 등을 포함)[56]을 살펴보면 이들의 이빨도 마찬가지로 가장 비정상적인데, 이런 관계가 거의 우연일 수는 없다고 나는 생각한다. (144쪽)

[57]유용성과 별개로, 그에 따라 자연선택과도 별개로, 중요한 구조를 변형시키는 상관관계 법칙의 중요성을 보여 줌에 있어, 국화과와 산형과의 안쪽과 바깥쪽에 있는 꽃의 차이보다[58] 더 잘 적응된 사례를 나는 알지 못한다. 데이지와 같은 꽃에서 설상화와 중앙화의 차이는 그 누구나 알 것인데, 이런 차이가 때로는 꽃 부위들의 발육부진과 연결되어 있다. 그러나 국화과 일부 식물들의 씨[59]는 모양이나 표면무늬가 서로 다른 경우가 있는데, 심지어 씨방을 포함하여 부속 부위들도 카시니가 기재한 것처럼 다르다. 일부 사람들은 이런 차이가 압박 때문에[60] 나타나는 것으로 간주하는데, 일부 국화과의 설상화에서 맺히는 씨들의 모양이 이런 생각을 지지하게 한다. 그러나 후커 박사가 나에게 알려 준 바에 따르면, 산형과 식물들이 만드는 꽃부리 형태는 중앙쪽과 바깥쪽이 가장 심하게 다르나, 꽃들이 빽빽하게 모여 있는 두상화서를 만드는 종들의 꽃부리처럼 심하게 다르지는 않다. 국화과의 설상화가 꽃의 다른 부위에서 양분을 빨아들이면서 발달하기 때문에 꽃의 다른 부위는 발육부진에 빠지게 된다고 생각할 수도 있다. 그러나 국화과의 일부는 꽃부리에 그 어떤 차이가 없더라도 안쪽과 바깥쪽 꽃에서 만들어지는 씨에는 차이가 있다. 아마도, 중앙에 있는 꽃과 가장자리에 있는 꽃

56 고래목과 빈치목 모두 포유류에 속한다. 빈치목은 이가 없거나 불완전한 이를 지니고, 털이 있는 반면, 고래목은 몸에 털이 적으며, 이는 없는 종류도 있으나, 일생 동안 지니고 있는 종류도 있다.

57 장 목차에 나오는 5번째 주제, '성장의 보상과 경제'를 설명하는 부분으로 변이성의 원인 가운데 하나이다. 다른 부위의 성장에는 또 다른 부위의 희생이 뒤따른다는 설명이다.

58 국화과와 산형과 모두 꽃들이 한 송이씩 홀로 피는 것이 아니라 몇 송이가 꽃자루 끝에 무리지어 핀다. 국화과의 경우 꽃자루 끝이 화탁이라고 하는 부위로 발달해서 그곳에 꽃이 달리는 두상화서를 이루는 반면, 산형과는 꽃들이 산경이라는 자루 끝에 한 송이씩 피는데, 이 산경이 마치 우산처럼 배열되어 있는 산형화서를 만든다. 국화과의 경우, 두상화서의 가장자리에는 꽃잎처럼 보이는 설상화가 달리고, 중앙에는 대롱처럼 생긴 통상화가 달린다. 산형과의 경우, 산형화서의 가장자리에는 곤충들이 앉기 편하게 꽃잎이 발달하나, 중앙부에는 꽃잎의 발달이 미약하다. 일반적으로 화서 가장자리에 달리는 꽃에서는 씨를 맺지 않는다.

59 엄밀히 말하면 열매이다. 민들레 홀씨라고 부르는 부위는 씨가 아니라 열매이다.

60 국화과 식물들의 꽃은 두상화서에 너무나 많은 꽃들이 빽빽이 달려 있다. 따라서 꽃들이 서로서로 다른 꽃의 씨방을 압박하고 있다. 서양민들레의 경우 두상화서 하나에 꽃들이 200~250개 정도 달려 있다.

으로 영양분이 흘러가는 것이 다르다는 점이 이런 몇 가지 다른 꽃들로 연결되는 것 같다. 좌우대칭인 꽃[61]의 경우, 화축[62]에서 가장 가까운 꽃들은 때로 정상이형화[63]로 발달하는 경향이 있는데, 이들이 방사대칭인 꽃[64]으로 만들어진다는 점을 우리는 어찌되었든 알고 있다. 나는 이러한 실례를, 특히 상관관계를 두드러지게 보여 주는 예시로 덧붙이고자 한다. 나는 최근에 화단에 심은 펠라제라늄 몇 개체를 관찰했다. 꽃다발의 중앙에 있는 꽃에서 때로 위쪽에 있는 두 장의 꽃잎에는 진한 줄무늬가 없는데, 이런 일이 일어나면 붙어 있는 꿀샘의 기능은 완전히 발육이 부진했다. 그리고 이 꽃잎 가운데 한 장에만 줄무늬가 없을 경우에는 꿀샘도 상당히 짧아졌다. (144~145쪽)

두상화서나 산형화서에서 중앙부와 바깥쪽에 있는 꽃의 꽃부리 차이를 설명하는 슈프렝겔의 생각[65]이 억지라는 주장이 확실하다고 나는 결코 생각하지 않는다. 설상화가 먼저 피기 때문에, 그는 이 꽃들이 곤충들을 유인하는 역할을 수행하며, 곤충들이 이 두 목[66]에 속하는 식물들의 수정에 매우 유리하다고 생각했다. 만일 이러한 점이 유리하다면, 자연선택은 작용하기 시작했을 것이다. 그러나 씨의 내외부 구조 모두에서 나타난 차이가, 꽃에서 나타나는 그 어떤 차이와 항상 상관관계에 있는 것은 물론 아니지만, 이런 차이가 식물에게 어떤 방식으로든 유리하다고는 생각할 수 없을 것 같다. 그럼에도 불구하고 산형과 내에서는 이런 차이가 명백하게 중요한데, 타우슈에 따르면[67] 바깥쪽 꽃에 맺히는 씨는 직립형[68]이나, 중앙부 꽃에 맺히는 씨는 만곡

61 중앙을 지나는 선으로 꽃을 접었을 때 좌우로만 대칭이 되는 꽃이다. 난과 식물의 꽃이 대표적인 좌우대칭이다. 사람도 대표적인 좌우대칭형이다.

62 화서, 즉 꽃차례에 달리는 많은 꽃들을 지탱하는 축을 화축이라고 한다.

63 한 개체에서 정상적으로는 좌우대칭으로 피는 꽃들이 발달 과정에 때로 방사대칭으로 피기도 하는데, 이렇게 핀 꽃들을 정상이형화(peloria) 또는 점화라고 부른다.

64 중앙을 지나는 여러 선으로 접어도 모두 대칭이 되는 꽃으로, 원 또는 별 등이 대표적인 방사대칭이다.

65 1753년에 쓴 『발견된 꽃의 유형이 지닌 비밀스런 속성과 수정』에서, 슈프렝겔은 꽃의 향기, 모양, 색은 모두 꽃가루받이에 필요한 곤충을 유인하려고 서로서로 보상 작용을 한다고 주장했다(Costa, 2009). 두상화서나 산형화서를 이루는 꽃들 중에서 꽃잎이 없는 꽃에서 향기가 나지 않는다고 하더라도 꽃잎이 있는 꽃이 주변에 있다면 곤충이 앉을 수가 있을 것이다. 달리 말하면 기능적으로 분업이 일어났다는 주장이다.

66 국화목에 속하는 국화과와 산형목에 속하는 산형과를 의미한다. 최고 연장자 드캉돌은 산형과와 국화과를 산형목(Ordo Umbelliferae)과 국화목(Ordo Compositae)으로 구분했다.

67 타우슈가 1835년에 쓴 『산형과의 분류』를 지칭한다.

68 고수에서 볼 수 있는 열매 유형으로, 배젖이 직선형이다.

형[69]이다. 그리고 최고 연장자 드 캉돌[70]은 자신이 구분한 주요 무리들에서 이처럼 대응관계에 있는 차이를 발견했다.[71] 앞으로 우리는 계통학자들이 큰 가치를 부여하는 구조의 변형을 찾아볼 것이다. 우리가 판단하는 한, 종에 아주 사소하게 기여하는 구조의 변형이 없어도, 변형은 성장의 상관관계와 관련된 알려지지 않은 법칙 때문에 전반적으로 나타난다. (145~146쪽)

종에 속하는 모든 무리에서 공통으로 나타나는 구조들과 실제로는 단순히 유전에 의한 구조들을 우리는 때로 성장의 상관관계 탓으로 잘못 돌리기도 한다. 자연선택으로 구조에 어떤 한 가지 변형이 오래된 조상들에게 나타날 수도 있고, 수천 세대가 지나면서 이들에게 또 다른 어떤 변형이 독립적으로 나타날 수도 있기 때문이다. 그리고 이러한 두 가지 변형들이 어떤 방법으로든 자연스럽게 상관관계를 맺기도 한다. 따라서 목에 속하는 생물 전체에서 나타나는 어떤 명백한 상관관계가 전적으로 자연선택이 작용할 수 있는 방식으로 나타났다는 점을 나는 의심하지 않는다. 예를 들어, 알퐁스 드 캉돌은 날개가 있는 씨들이 벌어지지 않는 열매[72]에서는 결코 발견되지 않는다고 말했다. 벌어지는 열매를 제외하고는, 씨는 자연선택을 통해 단계적으로 날개를 만들 수 없다는 사실을 가지고 나는 법칙을 설명하려고 한다. 가볍게 떠돌아다니는 데 조금은 더 적합한 씨를 만드는 식물 개체들은 분산에 덜 적합한 씨를 만드는 개체들보다 유리한 점을 지니고 있다. 그리고 아마도 이런 과정이 벌어지지 않는 열매에서는 일어나지 않을 것이다.[73] (146~147쪽)

69 회향에서 볼 수 있는 열매 유형으로, 배젖이 굽어 있다.

70 스위스 식물학자인 오귀스탱 피라무스 드 캉돌을 지칭한다.

71 오늘날 산형과 식물들을 분류할 때 열매와 씨의 형질을 매우 중요하게 간주하고 있다. 드 캉돌이 말한 산형목과 국화목은 오늘날 산형과와 국화과로 간주된다. 산형과는 꽃들이 복산형화서에 달리며 열매는 좌우로 터지는 분열과를 만드는 특성을 공유하며, 국화과는 꽃들이 두상화서에 달리는 특성을 공유한다. 이런 특성들은 각각 이들 과에서 나타나는 독특한 형질로 알려져 있다. 오늘날 산형과와 국화과는 국화분계군(Asterids)에 속하는 초롱꽃분계군(Campanulids)에 속한다.

72 식물의 열매는 크게 두 가지로 구분할 수 있다. 하나는 사과나 포도처럼 열매가 벌어지지 않는 종류, 즉 폐과이며, 다른 하나는 봉선화, 목화처럼 열매가 성숙하면 스스로 벌어져 그 안에 있는 씨를 멀리 퍼뜨리는 종류, 즉 열개과이다.

73 벌어지지 않는 열매는 주로 동물에 의해 멀리 퍼진다. 동물이 열매를 먹으면서 씨를 먼 곳으로 이동시켜 주는 것이다.

대조프루아[74]와 괴테[75]는 거의 같은 시기에 성장의 보상 또는 성장의 균형이라는 자신들만의 법칙을 제안했다. 괴테는 "한쪽에 모든 힘을 쏟아 붓기 위하여 자연은 다른 한쪽을 절약해야만 한다"[76]고 말했다. 나는 이 말이 우리가 생육하는 재배종들을 대상으로 하면 어느 정도는 사실이라고 생각한다. 만일 영양분이 어느 한 부위나 기관으로 과도하게 흘러간다면, 다른 부위로는 적어도 과도하지 않게 흐르거나 거의 흘러가지 않는다. 따라서 소에서 많은 우유도 얻고 동시에 많은 고기도 얻는 것은 어렵다. 양배추의 동일한 변종들은 영양을 지닌 많은 잎과 풍부한 양의 기름을 지닌 씨를 동시에 만들지는 않는다. 우리가 먹는 열매에서 씨가 위축되면, 열매는 다시 커지고 품질도 좋아진다. 가금류의 경우, 머리에 달리는 깃털이 크게 자라면 일반적으로 볏은 작아지고, 수염이 커지면 턱볏[77]은 축소된다. 하지만 자연 상태에 있는 종들의 경우, 이 법칙이 보편적으로 거의 적용될 것 같지 않다. 그러나 많은 관찰자들, 특히 많은 식물학자들은 이 법칙이 진실이라고 믿고 있다. 그렇지만 나는 여기에서 어떤 실례도 들지 않을 것인데, 한 부위가 주로 자연선택에 의해 발달하고 또 다른 인접 부위가 같은 과정 또는 불용에 의해 축소된 결과와, 이와 다르게 다른 인접 부위가 과도하게 성장해 버려서 한 부위에서 영양소 흡수를 실제로 중단한 결과를 구분하는 그 어떤 방법도 알지 못하기 때문이다. (147쪽)

[78]또한 다른 사실들과 마찬가지로 먼저 보상이 일어난 사례 가운데 일부는 좀 더 일반적인 원리, 즉 자연선택은 지속적으로

74 생틸레르는 두 사람을 지칭하는데, 한 사람은 에티엔 조프루아 생틸레르이고, 다른 한 사람은 이시도르 조프루아 생틸레르이다. 에티엔은 이시도르의 아버지로 흔히 대조프루아로 부른다.

75 식물형태에 많은 관심을 두고 연구했는데, 『식물의 형태발생』이란 책도 발표하여 식물형태학의 아버지로 지칭되기도 한다.

76 19세기 유럽에 널리 퍼져 있던 시대사조인 소위 '보상법칙'을 설명한 것이다. 그러나 다윈은 이 법칙을 생물에게 적용하지 않으려고 노력했는데, 다음 문단에서 보상법칙보다는 "자연선택은 지속적으로 체제의 모든 부위를 효율적으로 이용하려고 노력한다는 원리"로 설명하려고 했다.

77 닭의 부리 위쪽에 있는 부속체를 볏이라 하며, 아래쪽에 있는 것을 턱볏 또는 아랫볏이라 한다.

78 장 목차에 나오는 6번째 주제, '거짓 상관관계'를 설명하는 부분으로 변이성의 원인 가운데 하나이다. 한 개체 내에서 나타나는 보상과 경제를 거짓 상관관계, 즉 어떤 구조가 축소되는 것은 보상 때문이 아니라 불필요하기 때문이라고 설명한다.

체제의 모든 부위를 효율적으로 이용하려고 노력한다는 원리에 흡수될 수 있을 것으로 나는 추측한다. 만일 살아가는 조건이 변하여 이전에는 유용했던 구조가 덜 유용하게 된다면, 발달 과정에서 나타나는 어떤 축소가 아무리 사소하더라도 자연선택에 포착될 것이다. 자신이 가진 영양분이 불필요한 구조에 헛되이 소비되지 않도록 하는 것이 개체에게 유리하기 때문이다. 앞서 말한 바와 같이 만각류[79]를 조사할 때 받았던 충격적인 사실과 이와 관련된 많은 사례들에서 관찰한 사실들을 나는 겨우 이해할 수 있었다. 즉, 만각류 한 종류가 또 다른 만각류에 기생하면서 보호를 받으면, 이 종류는 자신만의 껍데기인 등딱지를 다소 완벽하게 잃어버린다는 점이다. 털부처손속Ibla[80]의 수컷과 프로테올레파스속Proteolepas[81]에서 아주 이례적인 방식으로 발견되는 사례가 이에 해당한다. 다른 모든 만각류의 경우 등딱지는 매우 크게 발달한 머리 앞쪽에 달린 3개의 중요한 조각으로 이루어져 있으며, 많은 신경과 근육이 발달되어 있다. 그러나 기생생활을 하여 보호받는 프로테올레파스속Proteolepas의 경우, 머리 앞쪽에 달린 모든 더듬이가 흔적처럼 축소되어 포획용 더듬이 아래쪽에 붙어 있다. 프로테올레파스속Proteolepas 생물이 기생 습성을 지니면서 불필요한 것으로 간주한 크고 복잡한 구조의 생략이, 비록 서서히 단계별로 나타나지만, 이 종에서 성공적으로 살아남은 개체 하나하나에 결정적인 이익이 되었을 것이다. 동물 하나하나가 겪게 될 살려는 몸부림에 대비해서, 지금은 더이상 용도가 없는 구조를 만드는 데 영양분을 헛되이 소비하지 않게 됨에

79 갑각류의 한 무리로, 껍데기가 몸과 발 등을 완전히 덮어 주는 주머니 모양의 외투를 만든다. 바닷가에서 살아가는 따개비, 거북손 등이 만각류에 속한다.

80 만각류에 속하는 종류이다.

81 만각류에 속하는 종류이다.

따라 프로테올레파스속Proteolepas에 속하는 개체 하나하나는 자신을 부양할 더 좋은 기회를 갖게 될 것이다. (147~148쪽)

그러므로 내가 믿기로는, 자연선택은 항상 체제를 이루는 부위가 불필요하다고 간주되자마자 다른 부위를 이와 상응하여 결코 크게 발달시키지 않고, 이 부위를 오랜 시간에 걸쳐 축소하고 생략하는 데 성공할 것이다. 또한 역으로 자연선택이 인접한 부위의 축소를 필요한 보상으로 요구하지 않고 어떤 기관을 항상 완벽하게 성공적으로 크게 발달시킬 것이라는 점도 나는 믿는다. (148쪽)

[82]이시도르 생틸레르가 언급했듯이, 어떤 부위나 기관이 같은 개체에 있는 구조에서 여러 번 반복되면 (뱀의 척추, 다웅예화[83]의 수술) 변종과 종 모두에서 그 수는 변한다. 그 반면 같은 부위나 기관의 수가 적을 경우에는 그 수가 일정하다. 그를 비롯해서 일부 식물학자들은 더 나아가 많은 수로 이루어진 부위들이 구조에서 변이가 나타나기가 아주 쉽다고 주장한다. 오웬 박사가 사용한 이러한 "식물의 반복성"은 낮은 체제를 보여 주는 표징으로 보이는데,[84] 앞에서 말한 자연의 사다리의 아래쪽에 있는 생물들이 위쪽에 있는 생물들보다 더 변하기 쉽다는 언급은 자연사학자들이 아주 널리 일반적으로 받아들이는 견해로 이어지는 것 같다. 이 사례에서 낮다는 의미는 체제의 여러 부위들이 특정한 기능으로 덜 분화했다는 것이라고 나는 확신을 가지고 생각한다.[85] 그리고 같은 부위가 다양한 일들을 수행한다면, 왜 이 부위는 변하기 쉬운 상태로 남아 있는가, 달리 말해 왜 자

82 장 목차에 나오는 7번째 주제, '다중 구조, 흔적 구조 그리고 서서히 조직화된 구조는 변하기 쉽다'를 설명하는 부분으로 다중 구조를 우선 설명한다.

83 각기 떨어져 있는 수술이 많은 꽃이다. 딸기, 찔레, 해당화 등이 여기에 해당한다.

84 자연의 사다리에서 식물은 맨 아래쪽에 있다. 단지 식물은 하등식물과 고등식물로 구분되었고, 하등식물이 맨 아래, 고등식물이 그 위쪽에 있다. 모든 동물은 고등식물 위쪽에 위치한다.

85 자연사학자들은 반복성을 지닌 자연의 사다리에서 아래쪽에 있는 생물을 '낮다'라고 설명하면서 아래쪽에 있기에 더 변하기 쉽다고 주장하나, 다윈은 '낮다'라는 의미를 체제의 여러 부위들이 특정한 기능으로 덜 분화된 것으로 설명하고 있다. 567~8쪽을 참조하시오.

연선택이 어떤 한 부위가 한 가지 특정한 목적으로만 쓸모가 있을 때보다 형태가 극히 사소하게 변한 편이를 덜 신중하게 보존했는지 또는 거부했는지를 우리는 아마도 알 수 있을 것이다. 같은 방식으로 모든 종류의 사물을 벨 수 있는 칼은 대부분 어떤 형태이든 상관없으나, 어떤 특정한 목적에 적합한 도구는 어떤 특정한 모양을 하는 것이 더 좋을 것이다.[86] 자연선택은 생물 하나하나의 부위 하나하나에 그 자체의 유리한 점 때문에 그리고 유리한 점을 위해서만 작용할 수 있다는 것을 결코 잊어서는 안 된다. (149쪽)

[87]흔적 부위는 굉장히 변하기 쉽다는 주장을 일부 사람들도 했고, 나도 진실이라고 믿는다. 나는 흔적기관과 발육부진기관에 대한 일반적인 내용을 다시 이야기할 것이다.[88] 여기에서는 나는 이런 기관들의 변이성이 이들의 무용성에 기인했다고, 그리고 그에 따라 이 기관들의 변이성은 자연선택이 이들의 구조에서 나타나는 편이들을 억제할 능력이 없다는 것에 기인했다고 덧붙일 뿐이다.[89] 따라서 흔적 부위는 성장과 관련된 다양한 법칙들의 자유로운 작용, 오래 지속된 불용의 결과 그리고 회귀로의 경향성 등의 영역으로 남겨져 있다. (149~150쪽)

[90]*그 어떤 종에서라도 이례적인 정도나 방법으로 발달한 한 부위는, 동류 종의 같은 부위와 비교할 때, 대단히 변하기 쉬운 경향이 있다.* 몇 년 전에 나는 이러한 결과와 거의 같은 워터하우스 씨가 발표한 주장에[91] 엄청난 충격을 받았다. 또한 나는 오

86 생물이 기능적으로 분화하면, 그에 따라 구조적 분화도 수반됨을 칼을 비유로 다윈이 설명한 것이다. 기능이 분화하면 구조가 분화하고, 구조가 분화하면 그에 따라 기능도 분화할 것이다.

87 장 목차에 나오는 7번째 주제 가운데 흔적 구조를 설명한다. 장 목차에는 서서히 조직화된 구조도 포함되어 있으나, 본문에는 설명이 없다.

88 13장 생명체의 상호 친밀성에서 다시 설명하고 있다.

89 자연선택은 유용한 부위에만 작용하는데, 쓸모없는 부위라면 자연선택은 이를 찾아낼 수가 없을 것이다.

90 장 목차에 나오는 8번째 주제, '기이하게 발달한 부위는 아주 변하기 쉽다 : 종특이적 구조가 속특이적 구조보다 변하기 쉽다 : 이차 성적 구조는 변하기 쉽다'에 대한 개괄적인 설명이다.

91 1848년 발간한 『포유류의 자연사학』에서 "그 어떤 종이든 최고로 발달된 특정 부위로 특징지어진다는 일반적인 규칙에 따르면, 이러한 부위는 더 평범한 상태로 변하기보다는 같은 종에 속하는 다른 개체들 사이에서 변이가 나타날 소지가 더 크다"고 주장했다(Costa, 2009).

랑우탄[92]의 팔 길이와 관련된 오웬 교수의 관찰 결과[93]를 언급하고자 하는데, 그도 거의 비슷한 결론에 도달했다. 내가 수집했으나, 여기에서는 소개할 수 없는 수많은 사실들을 나열하지 않고 이러한 주장들에 담겨 있는 진실 어떤 것 하나라도 확인하려는 노력은 절망적이다. 이 문제에 대해서는 가장 일반적인 규칙이라는 점을 내가 확신한다는 말만 할 수 있다. 나는 몇 가지 오류의 원인은 알고 있으나, 이들이 정당하게 고려되었기만을 바란다. 어떤 부위라도 가까운 동류 종의 같은 부위와 비교해서 기이하게 발달한 것이 아니라면, 어떤 부위가 아무리 기이하게 발달했다고 하더라도 이 부위에는 규칙을 결코 적용하지 않았음을 이해해야만 한다. 따라서 박쥐의 날개는 포유류강 내에서 가장 비정상적인 구조이다. 그러나 여기에서는 규칙을 적용하지 않았는데, 박쥐 전체 무리가 날개를 지니고 있기 때문이다. 박쥐 가운데 일부 종이 같은 속에 속하는 다른 종과 비교해서 어느 정도는 주목할 만하게 발달한 날개를 지닌 경우에만 규칙을 적용했다. 이차 성징들이 기이한 방식으로 나타났을 때에는 규칙을 아주 엄격하게 적용했다.[94] 헌터가 사용한 이차 성징이란 용어는 한 가지 성에만 나타나는 형질로, 번식 행위와는 직접적으로 연결되어 있지 않는 경우에 적용된다. 규칙은 암컷과 수컷에게 적용되나, 암컷에서 주목할 만한 이차 성징이 점점 희귀해짐에 따라 규칙을 이들에게는 거의 적용하지 못했다. 이차 성징의 사례에 규칙을 엄격하게 적용한 것은 이들 형질들에서, 어떤 기이한 방식으로 표현되든 되지 않든 상관없이, 엄청난 변이성이 있

92 보르네오섬과 수마트라섬에서만 살아가는 유인원의 한 종류로, 긴 팔과 붉은 털을 지녔다. 남획과 이들이 사는 숲이 벌채됨에 따라 멸종위기에 처해 있다.

93 「오랑우탄의 해부학」이라는 논문에 게재된 내용이다.

94 『종의 기원』 156~158쪽에서 이차 성징을 상세히 설명하고 있다.

기 때문이었는데, 이런 사실은 거의 의심할 여지가 없다고 나는 생각한다. 그러나 우리의 규칙이 암수한몸인 만각류의 경우에는 이차 성징에 한정된 것이 아니라는 점을 명확하게 알려 주어야 한다. 그리고 내가 만각목[95]을 조사할 때 워터하우스의 언급에 특히 주시했음을 여기에서 덧붙이고자 하며, 규칙이 만각류에는 거의 변함없이 유효했다고 나는 전적으로 확신한다. 나는 다음에 쓸 책에서 더 주목할 만한 사례들을 제시할 것이다. 여기에서는 간단하게 한 사례만을 제시할 것인데, 가장 폭넓게 적용된 규칙의 예시이다. 바위따개비[96]와 같은 무병만각류[97]의 덮개판막[98]은, 단어 자체가 주는 의미대로, 아주 중요한 구조이며, 심지어 다른 속에 속하더라도 극단적인 차이는 없다. 그러나 한 속, 즉 피르고마속Pyrgoma[99]에 속하는 몇몇 종들에서 이들 덮개판막들이 엄청나게 다양해졌다. 서로 다른 종들이 지닌 상동성 판막들은 그 모양이 때로 전반적으로 닮지 않았다. 그리고 한 종에 속하는 몇몇 개체들이 보여 주는 변이 정도도 너무 컸는데, 이처럼 중요한 판막의 형질이 뚜렷하게 구분되는 속에 속하는 종들 사이보다 한 종에 속하는 변종들 사이에서 더 크게 나타났다고 해도 과장이 아니다. (150~151쪽)

한 나라 안에 있는 새들이 주목할 만큼 조금 변하기 때문에 나는 특별히 조강[100]에 주목했는데, 규칙은 이 경우에도 확실하게 유효할 것처럼 보였다. 나는 규칙을 식물에게는 적용할 수가 없었는데 이런 점으로 인해 규칙 그 자체에 대한 내 믿음이 사정없이 흔들렸다. 식물에는 높은 변이성이 없어서 비슷한 종류들

95 최근에는 만각하강(Cirripedia)으로 간주하고 있다.

96 *Balanus balanoides*. 영국 해안가에서 자라는 따개비 종류이다.

97 바위에 몸을 지탱하는 자루가 없는 만각류 무리이다.

98 따개비 맨 위에서 몸 전체를 덮고 있는 판처럼 생긴 구조로 움직일 수 있다.

99 산호와 공생하는 만각류에 속하는 속이다. 다윈은 자신이 연구했던 종류들을 변종으로 간주했으나, 오늘날에는 모두 종, 즉 형태적으로 구분되지 않으나 분자생물학적으로 구분되는 은닉종으로 간주하고 있는데(Brickner et al., 2010), 서식하는 산호 종류에 따라 격리가 일어나 형태적 유연성이 나타났기 때문으로 풀이하고 있다(Costa, 2009).

100 조강(Aves)으로 새들을 의미한다. 조강에 속하는 동물들은 허파로 호흡하는 정온동물로, 흔히 날개를 이용해서 하늘을 날아다닌다.

끼리 변이성의 정도를 비교하기가 특히 어려웠다. (151쪽)

[101]어떤 종에서든지 눈에 띌 정도 또는 방식으로 어떤 부위나 기관이 발달한 것을 우리가 본다면, 이처럼 발달한 것이 이 종에게 아주 중요하다고 가정하는 것이 타당하다. 그럼에도 이런 경우 이 부위에서는 변이가 눈에 띄게 나타나기 쉽다. 왜 이런 일이 일어나는가? 종 하나하나가 오늘날 우리가 보는 것처럼 자신의 모든 부위를 지닌 채 독립적으로 창조되었다는 견해에 따르면, 나는 그 어떤 것도 설명할 수가 없다. 그러나 종 무리가 다른 종에서 유래되었고, 자연선택을 통해 변형되었다는 견해에 따르면, 우리는 무언가 실마리를 얻을 수 있을 것으로 나는 생각한다. 만일 어떤 부위 또는 동물 전체를 방치하고 그 어떤 선택도 하지 않았다면, 우리가 사육하는 동물의 어떤 부위 (예를 들어 도킹 닭[102]의 볏) 또는 품종 전체가 거의 균일한 형질을 유지하지 않았을 것이다. 그렇게 되면 품종을 관습에 따라 제멋대로 두었다고 말할 수 있을 것이다. 흔적기관들과 그 어떤 특별한 목적이 있음에도 거의 분화되지 않은 기관들, 그리고 아마도 다형성 무리에서 우리는 대체로 평행관계에 있는 자연에서의 사례를 본다. 이런 경우, 자연선택이 완벽하게 작동하지 않거나 작동할 수가 없기 때문에, 체제는 요동치는 상태에 빠진다. 그러나 우리의 관심을 좀 더 특별하게 끄는 것은, 오늘날에도 지속적인 선택으로 급격하게 변하는 과정을 겪고 있는 우리의 사육 동물들에서 변이가 눈에 띄게 나타나기 쉽다는 점이다. 집비둘기 품종들을 살펴보자. 서로 다른 공중제비비둘기의 부리, 서로 다른 전

101 장 목차에 나오는 8번째 주제 가운데 기이하게 발달한 부위를 생육하는 생물들을 예로 들어 설명하고, 다음 문단에서는 야생 생물을 예로 들어 설명한다.

102 영국 남부에 있는 도킹이라는 지역 이름에서 따온 닭의 품종 이름이다.

서비둘기의 부리와 턱볏, 그리고 공작비둘기의 태도와 꼬리에서 놀라울 정도로 차이가 나타나는데, 최근에는 영국 애호가들이 이런 점들에 많은 관심을 가지고 있다. 심지어 단면공중제비비둘기에 속하는 아품종의 경우에는 완벽하게 번식시키는 것이 어렵다고 악평이 자자하며, 기준[103]과는 너무나도 다른 개체들이 흔히 태어난다. 한쪽에서는 덜 변형된 상태로 회귀하려는 경향성과 모든 종류가 더 많은 변이성을 지니려는 경향성과의, 그리고 또 다른 한쪽에서는 순수 품종이 변하지 않도록 유지하려는 선택이라는 힘과의 사이에서 경쟁이 끊임없이 진행되고 있다고 말해도 틀린 것은 아닐 것이다. 마침내 선택은 성공할 것이며, 우량한 단면공중제비비둘기로부터 흔한 공중제비비둘기처럼 변변찮은 조류를 번식시키지 않는 한, 우리는 실패할 것이라고 기대하지 않는다. 그러나 선택이 재빠르게 진행되므로, 변형 과정에 있는 구조는 상당히 높은 변이성을 지닐 것으로 항상 기대할 수가 있다. 사람의 선택으로 만들어지는 이처럼 변하는 형질들은 때로 우리에게 잘 알려져 있지 않은 요인들로 인해 다른 성보다는 한 성에 더 잘 나타날 수 있음에 주목할 필요가 있는데, 전서비둘기의 턱볏과 파우터비둘기의 비대한 모이주머니처럼 일반적으로 수컷에 더 잘 나타난다. (151~153쪽)

[104]자연으로 눈을 돌려 보자. 어떤 한 종에서 같은 속에 속하는 다른 종들과 비교해서 아주 이례적인 방식으로 한 부위가 발달하면, 같은 속의 공통조상에서 이 종이 갈라져 나온 이래 이 부위에서 이례적으로 변형이 일어났다고 우리는 결론지을 수가

103 품종을 구분하는 기준이 마련되어 있다. 국제비둘기협회에서 마련한 기준은 http://nationalpigeonassociation.org/에서 확인할 수 있다.

104 장 목차에 나오는 8번째 주제 가운데 기이하게 발달한 부위를 야생생물에 적용해서 설명한다.

있다. 갈라진 시기가 때로 극단적으로 오래전이지는 않을 것인데, 종들이 한 지질 시대 이상을 견디며 사는 경우가 거의 없기 때문이다. 변형이 이례적으로 많다는 것은 변이성이 기이하게 크고 오래 지속되어 많아졌다는 의미로, 종의 이익을 위하여 자연선택이 지속적으로 축적한 결과이다. 그러나 이례적으로 발달한 부위나 기관의 변이성이 그렇게 멀지 않은 시기에 많아졌고 오래 지속되었기 때문에, 우리는 일반적인 규칙에 따라 오랫동안 거의 일정한 상태로 유지된 체제의 다른 부위보다 이런 부위에서 더 많은 변이성을 아직도 발견할 것으로 기대할 수가 있다. 그리고 나는 이런 경우가 있다고 확신한다. 한편으로는 자연선택과 변이성 사이에서, 다른 한편으로는 회귀하려는 경향성과 변이성 사이에서 나타나는 경쟁이 시간의 흐름에 따라 중단될 것이라는 점, 그리고 가장 비정상적으로 발달한 기관이 끊임없이 만들어질 것이라는 점을 의심할 그 어떤 이유도 나는 알지 못한다. 그러므로 마치 박쥐의 날개처럼, 어떤 기관이 비록 비정상이더라도 거의 같은 조건에서 많은 변형된 후손들에게 전달되었다면, 내 이론에 따라 이 기관은 거의 같은 상태로 헤아릴 수 없이 오랫동안 반드시 존재해야만 한다. 그리고 이 기관은 다른 구조와 비교할 때 더 이상 변하지 않게 될 것이다. 변형이 비교적 최근에 엄청나게 많이 일어난 사례에서만 우리는 이른바 *생성적 변이성*[105]이 아직도 높게 존재하는 것을 발견할 수 있을 것이다. 이 경우는 필요한 방식이나 정도에 따라 변하는 개체들을 지속적으로 선택하고, 이전의 덜 변형된 조건으로

105 최근에 급속하게 상당한 변형을 겪은 기관이나 생물이 현재에도 변화를 계속하고 있는데, 이렇게 나타나는 변이성을 생성적 변이성이라고 다윈이 불렀다(Costa, 2009).

회귀하려는 경향성을 지닌 개체들을 지속적으로 제거했기 때문에 변이성이 아직도 거의 고정되지 않았다. (153~154쪽)

[106]이런 언급들이 포함된 원리를 확장시킬 수 있다. 종특이적 형질이 속특이적 형질보다 더 잘 변하기 쉽다는 주장은 널리 잘 알려져 있다. 단순한 사례로 이 주장이 무엇을 의미하는지 설명하려고 한다. 큰 속에 속하는 식물의 일부 종들이 파란색 꽃을 피우고 다른 종들이 붉은색 꽃을 피운다면, 색은 유일한 종특이적 형질이 될 것이며, 파란색 꽃을 피운 종이 붉은색 꽃을, 또는 역으로 피운다 해도 그 누구도 놀라지 않을 것이다.[107] 그러나 모든 종들이 파란색 꽃을 피운다면, 색은 속특이적 형질이 되며, 색의 변이는 좀 더 기이한 경우가 될 것이다. 내가 이 사례를 들어 설명한 것은, 자연사학자들 대부분이 종특이적 형질이 속특이적 형질보다 더 잘 변하기 쉽다고 주장하기 때문인데, 이 사례에는 이런 설명을 적용할 수가 없다. 속을 분류할 때 흔히 사용하는 속특이적 형질보다, 종특이적 형질들이 생리학적으로 덜 중요한 부위에서 추출되기 때문이다. 나는 이러한 설명이 부분적으로, 단지 간접적으로만, 사실이라고 믿는다. 그러나 나는 이 주제를 **분류** 장에서 다시 다룰 것이다. 또한 종특이적 형질이 속특이적 형질보다 더 잘 변하기 쉽다는 주장을 지지해 주는 증거를 덧붙이는 것은 거의 불필요하다. 그러나 종 대다수 무리에서 일반적으로 아주 일정한 어떤 *중요한* 기관이나 부위가 아주 가까운 동류 종에서 상당히 *다르다면서* 어떤 학자가 놀라워하며 언급했을 때, 종 일부 무리에 속하는 개체들 사이에서도 이들

106 장 목차에 나오는 8번째 주제 가운데 종과 종을 구분하는 종특이적 구조가 속과 속을 구분하는 속특이적 구조보다 변하기 쉽다는 부분을 설명한다.

107 분류학의 아버지라 칭송되는 린네는 식물에서 꽃색은 종을 구분하는 형질이 아니라 변종들을 구분하는 형질이며, 변종은 재배 중에 만들어지는 것으로 간주했다(Freer, 2003). 따라서 꽃색은 다윈 당시에 종을 구분하는 덜 중요한 형질, 아마도 생리학적으로 덜 중요한 형질로 간주된 것으로 추정된다. 결국 속내에서는 다양한 꽃색이 나타날 수 있을 것이다. 그러나 이런 특징으로 속을 구분한다면 속 구분 자체가 의미없는 일이 될 수가 있다.

이 *변하기 쉽다*는 점을 나는 자연사학 관련 책들에서 반복해서 지적해 왔다.[108] 이 사실은 비록 생리학적 중요성은 같은 상태로 남아 있지만, 일반적으로 속을 구분하는 데 가치가 있던 형질의 가치가 떨어져 종을 구분하는 데에만 사용될 때에는 형질이 때로 변하기 쉬움을 보여 준다. 같은 방식으로 기형을 설명할 수도 있다. 한 기관이 같은 무리에 속하는 다른 종들에서 정상적으로 달라질수록 개체 수준에서 비정상이 더 많아지기 쉽다는 점을 이시도르 생틸레르는 적어도 의심하지 않았다. (154~155쪽)

[109]종 하나하나가 독립적으로 창조되었다는 일반적인 관점에 따르면, 같은 속에 속하며 독립적으로 창조된 서로 다른 종들이 지닌 어떤 구조에서 서로 다르게 나타나는 부위는 몇몇 종들에서 매우 닮은 부위들보다 왜 더 잘 변하기 쉬운가? 나는 어떠한 설명도 할 수 없다. 그러나 종이 단지 뚜렷하게 구분되고 고정된 변종이라는 관점에 따르면, 비교적 최근에 변이가 나타났고, 그에 따라 서로 달라지기 시작한 종들이 자신들의 구조를 이루는 부위에서 아직도 때로 지속적으로 변이가 나타나고 있음을 발견할 수 있을 것으로 우리는 확실히 기대할 수 있다. 다른 방식으로 이 사례를 설명할 수도 있다. 한 속에 속하는 모든 종들을 서로서로 비슷하게 보이게 하고, 다른 속에 속하는 종들을 다르게 만드는 요인을 속특이적 형질이라고 부른다. 그리고 공통적으로 나타나는 형질들은 하나의 공통조상에서 유전된 결과라고 나는 생각하는데, 자연선택이 몇몇 종을 다소 서로 다른 습성에 맞도록 정확하게 같은 방식으로 변형시키는 일은 거의 할 수가

108 형질의 변이 정도는 생리학적으로 중요한 정도와는 아무런 상관이 없으며, 형질이 종 내에서는 일정하지만, 종간에는 다를 수도 있다는 설명이다. 그리고 여러 종들에서 변하기 쉬운 형질은 이들 종들에 속하는 개체들에서도 변하기 쉽다는 주장인데, 이러한 형질은 자연선택에 의해 최근에 만들어진 결과로 해석한 것이다. 최근에 만들어졌기 때문에 형질이 고정되지 못하고, 개체간, 종간 사이에서 변하기 쉽다는 설명이다. 혹은 속보다는 종이 늦게 만들어졌기 때문에, 속의 형질보다는 종의 형질이 더 많이 변할 수가 있다고 설명할 수도 있을 것이다. 다음 문단은 이러한 설명이다.

109 종특이적 형질이 속특이적 형질보다 더 잘 변하기 쉽다는 주장에 대해 다윈이 심사숙고한 결과를 설명하는 부분이다. 모든 종이 창조되었다면 유사성을 설명할 수 없으나, 공통조상에서 유래했다면 유사성을 설명할 수 있을 뿐만 아니라, 종들에서 관찰되는 변이성도 설명할 수 있다고 다윈은 주장하고 있다.

없기 때문이다. 한편으로, 소위 속특이적 형질은 상당히 먼 시기로부터 전해 내려온 것이고 그 시기에 종은 자신의 공통조상에서 처음으로 분기해 나왔다. 속특이적 형질은 오랜 기간에 결과적으로 어느 정도로도 변하지 않았거나 달라지지 않아서, 또는 아주 사소한 정도만 변했기 때문에 이들이 오늘날에도 변할 것 같지는 않다. 다른 한편으로, 종이 같은 속에 속하는 다른 종들과는 다른 요인을 소위 종특이적 형질이라고 부르는데, 이 종특이적 형질은 종들이 공통조상으로부터 분기한 이후부터 서로 달라지기 시작했으므로 이들은 아직도 어느 정도는 변하기 쉬울 것이며, 적어도 아주 오랫동안 일정하게 남아 있던 체제의 다른 부위보다 더 변하기 쉬울 것이다. (155~156쪽)

[110]이 주제와 관련해서, 나는 두 가지만 언급하려고 한다. 나는 상세하게 설명하지 않겠지만 이차 성징은 변하기 아주 쉽다는 점을 받아들일 생각이다. 또한 같은 무리에 속하는 종들의 이차 성징은 체제의 다른 부위들보다 좀 더 큰 차이를 서로서로 보인다는 점도 나는 받아들일 생각이다. 실례를 들어, 꿩 종류의 수컷들 사이에서 발견되는 차이 정도를 암컷들 사이에서 나타나는 차이점과 비교해 보자.[111] 수컷들 사이에서 이차 성징의 차이는 아주 크며, 이런 설명이 진실이라는 점은 당연할 것이다. 이차 성징이 지닌 기발한 변이성의 원인은 분명하지 않다. 그러나 왜 이차 성징이 체제의 다른 부분들과 비교할 때 일정하지도 균일하지도 않은지를 알 수가 있다. 이차 성징은 일반적인 선택보다 작용의 강도가 덜 엄격한 성선택으로 축적되기 때문인데,

110 장 목차에 나오는 8번째 주제 가운데 이차 성적 구조, 즉 이차 성징을 설명한다.

111 꿩(*Phasianus colchicus*)은 암수가 뚜렷하게 구분된다. 수컷은 몸 길이가 80~90cm이며, 깃이 금속 광택이 있는 녹색이다. 또한 암컷은 몸 길이가 50~65cm이며, 깃은 황토색 바탕에 얼룩무늬가 있다. 흔히 수컷을 장끼, 암컷을 까투리라고 부른다.

성선택은 죽음을 수반하지 않고 단지 덜 유리한 수컷들이 더 적은 수의 자손을 낳게 만든다. 이차 성징의 변이를 유발하는 원인이 무엇이든 상관없이 이차 성징이 매우 변하기 쉽기 때문에, 성선택은 광범위하게 작용하며, 같은 무리에 속하는 종들이 자신들 구조의 다른 부위보다 성적 형질에서 더 많은 차이가 나타나도록 만든다. (156~157쪽)

같은 종에 속하는 두 성 사이에서 나타나는 이차 성징의 차이가 체제를 이루는 똑같은 부위에서 일반적으로 드러난다는 사실은 주목할 만한데, 이런 부위는 같은 속에 속하는 다른 종들에서 서로서로 다르다. 이런 사실을 드러내는 두 가지 실례를 보여주고자 하는데, 첫 번째는 내가 만든 목록[112]에 있다. 그리고 이런 실례에서 나타나는 차이는 아주 기이한 속성을 지니기 때문에, 이들의 연관성은 결코 우발적인 결과가 아니다. 발목의 관절 수가 같다는 점은 일반적으로 딱정벌레의 대다수 무리에서 공통적으로 나타나는 형질이나, 웨스트우드가 지적했듯이 버섯벌레과Engidae[113]에서는 그 수가 크게 변하며, 마찬가지로 같은 종에 속하더라도 성에 따라 다르다. 굴을 파며 살아가는 벌[114]의 경우, 날개에 있는 시맥[115]의 분지 양상은 아주 중요한 형질인데, 대부분 무리에서 이 형질이 나타나기 때문이다. 그러나 어떤 무리에서는 종에 따라 시맥의 양상이 다르며, 마찬가지로 같은 종에 속하는 두 성에서도 비슷하게 다르다. 이러한 연관성은 이 주제와 관련된 내 관점에 명확한 의미를 준다. 나는 한 종에 두 성이 있는 것처럼 같은 속에 속하는 모든 종들이 같은 조상에서 확

112 『위대한 책』 335쪽에 곤충, 새 그리고 포유류에서 관찰된 예들이 나열되어 있다. 『종의 기원』에는 이 목록이 없다.

113 썩은 나무에서 자라는 담자균류의 자실체나 나무뿌리의 근균을 먹으면서 살아가는 동물이다. 오늘날에는 곰팡이딱정벌레과(Erotylidae)로 부른다.

114 『위대한 책』에는 굼벵이벌속(*Tiphia*)이라는 속명이 기재되어 있는데, 우리나라에는 굼벵이벌(*T. ovinigris*)과 가시굼벵이벌(*T. stenodentata*)이 서식한다.

115 곤충의 날개에 무늬처럼 갈라져 있는 맥이다. 곤충을 분류할 때 중요한 기준이 된다. 날개맥이라고도 부른다.

실하게 유래했는지를 살펴보았다. 결과적으로, 공통조상 또는 공통조상으로부터 나온 초기 후손들이 갖고 있던 구조의 어떤 부위이든 간에 부위는 변하기 쉽게 되었다. 그리고 이 부위는 자연선택과 성선택에 의해 자연의 경제 내에서 여러 장소에 살고 있는 여러 종들에 적합하도록 변이가 나타났을 가능성이 아주 높다. 그리고 마찬가지로 한 종의 두 성에 서로 적합하도록 또는 수컷과 암컷이 서로 다른 습성에 적합하도록 또는 암컷을 차지하려는 수컷들 사이의 경쟁에 적합하도록 변이가 나타났을 것이다. (157~158쪽)

[116]따라서 마지막으로, 종들이 공통으로 지니고 있는 속특이적 형질의 변이성보다 종과 종을 구분하는 종특이적 형질의 변이성이 훨씬 큰 점, 같은 속에 속하는 생물들의 같은 부위와 비교할 때 이례적인 방법으로 한 종에서 발달한 부위는 그 어떤 것이라도 흔히 극단적인 변이성을 보이는 점, 만일 종에 속하는 모든 무리에서 흔하게 나타난다면 이례적인 방법으로 어떤 부위가 발달했다고 하더라도 변이성이 그렇게 크지 않은 점, 이차 성징의 변이성이 크고 가까운 동류 종들 사이에서 이들 형질이 엄청나게 크게 다른 점, 그리고 이차 성징과 일반적인 종특이적 차이가 체제의 같은 부위에서 일반적으로 드러나는 점 등은 모두 서로 밀접하게 연결된 원리들이라고 나는 결론짓고자 한다. 이 모든 원리들은 공통조상에서 유래한 같은 무리에 속하는, 즉 공통으로 많은 것을 물려받은 종들 때문에, 오래전에 물려받았고 다양하게 변하지 않은 부위들보다 최근에 물려받았고 대체로

116 장 목차에 나오는 8번째 주제에 대해 설명한 내용을 요약하고 있다. 다양하게 나타나는 변이성과 관련된 원리들은 모두 연결되어 있는데, 이러한 연결은 종이 독립적으로 창조되었다고 하면 설명이 불가능하다는 것이 다윈의 주장이다. 종들이 공통조상에서 유래했기 때문에 변이성들이 서로 연결되었다는 설명이다.

다양하게 변할 뿐만 아니라 지금도 계속해서 다양하게 변하는 부위들 때문에, 자연선택이 시간의 흐름에 따라 회귀하고 변이성이 더욱 커지려는 경향성을 다소 완벽하게 압도했기 때문에, 성선택이 일반적인 선택보다 덜 엄격했기 때문에, 그리고 자연선택과 성선택으로 축적된 같은 부위의 변이들과 이 변이들이 계속해서 이차 성적 목적과 일반적인 종의 목적에 적응했기 때문에 나타난 것이다. (158쪽)

[117]*뚜렷하게 구분되는 종들은 대응변이를 보이며, 그리고 한 종의 한 변종이 때로 동류 종들이 지닌 몇 가지 형질을 가지거나 초기 조상이 지녔던 일부 형질을 지니도록 회귀하는 것으로 추정되기도 한다.* 이런 주장들은 우리가 길들인 재래종을 조사하면 가장 쉽게 이해할 수 있을 것이다. 멀리 떨어진 여러 나라에서 사육하는 집비둘기의 가장 뚜렷하게 구분되는 품종들에는 머리에 거꾸로 달린 깃털과 발에 깃털을 지닌 아변종들이 있는데, 이런 형질은 토종 바위비둘기에서는 나타나지 않는다. 따라서 이런 형질들은 둘 또는 그 이상의 뚜렷하게 구분되는 재래종 사이에 나타나는 대응변이이다. 파우터비둘기에서 자주 나타나는 14장 또는 16장으로 이루어진 꽁지깃은, 또 다른 재래종인 공작비둘기에서는 정상적인 구조이나, 변이로 간주된다.[118] 이러한 모든 대응변이는 집비둘기 몇몇 재래종들이 공통조상으로부터 같은 체질과 비슷한 미지의 영향이 작용할 때 변이하려는 경향성을 물려받아 나타났다는 점을 그 누구도 의심하지 않는

117 장 목차에 나오는 9번째 주제, '같은 속에 속하는 종들은 대응하는 방식에 따라 다양하게 변한다'와 10번째 주제인 '오래전에 소실된 형질로 회귀'를 설명하는 부분이다. 이 문단에서는 9번째 주제를 설명하고, 다음 문단에서는 10번째 주제를 설명한다. 대응변이란 공통조상에서 유래한 생물들의 일부에서만 나타나고, 공통조상에서는 나타나지 않는 변이이다.

118 38쪽 주석 130을 참조하시오.

다고 추정한다. 식물계에서도, 루타바가와 스웨덴순무의 뿌리라고 흔히 부르는 비대해진 줄기에서 대응변이 사례를 볼 수 있는데, 이 둘을 몇몇 식물학자들은 공통부모를 재배하면서 만든 변종으로 간주한다. 만일 이 점이 사실이 아니라면, 이 사례는 소위 뚜렷하게 구분되는 두 종에서 나타나는 대응변이의 한 종류를 보여 줄 것이며, 이 두 종에 순무라는 세 번째 종을 덧붙여도 될 것이다.[119] 종 하나하나가 독립적으로 창조되었다는 일상적인 관점에 따르면, 우리는 이 세 식물에서 나타나는 커다란 줄기가 보여 주는 이러한 유사도를 친연관계의 공통성과 그에 따라 서로 비슷한 방법으로 다양하게 변하려는 경향성이라는 *참 원인*[120] 탓이 아니라 세 종류의 독립된 그러나 서로 연관된 창조라는 활동 탓으로 돌려야만 한다. (159쪽)

[121]그러나 집비둘기에서 우리는 또 다른 사례를 볼 수 있다. 즉, 검은색 줄무늬 두 줄, 하얀색 등부분, 꼬리 끝에 줄무늬 한 줄과 위꼬리덮깃 아래에 있는 하얀색 테두리 등이 청회색을 띠는 파란색 집비둘기의 모든 품종에서 때때로 나타난다. 이러한 특징들 모두는 공통부모로 알려진 바위비둘기가 지닌 형질상태로서 이 형질상태들은 회귀를 보여 주는 사례이며, 몇몇 품종들에서 나타나는 대응변이가 아니라는 점을 의심하는 사람은 없다고 추정한다. 우리가 살펴본 것처럼, 이러한 색과 관련된 특징들은 뚜렷하게 다른 색을 지닌 두 종류의 품종을 교배해서 만들어진 자손에서 눈에 띄게 나타날 수 있다는 결론을 내릴 수 있다고 나는 확실하게 생각한다. 그리고 이 경우 몇 가지 특징과 함께

119 1765년에 발간된 『농업에 관한 보고서』에 따르면, 당시에 스웨덴순무라고 불렀던 식물은 오늘날 배추(*Brassica campestris*)를 지칭한다(Dickson, 1765). 루타바가는 1750년경에 처음으로 독일에서 잉글랜드로 들어왔으며, 1790년경부터 잉글랜드 전역으로 퍼져 나간 것으로 알려졌다. 하지만 오늘날에는 스웨덴순무와 루타바가가 한 종류의 식물, *Brassica napobrassica*를 지칭하는 이름으로 사용된다. 단지 다윈은 스웨덴순무와 루타바가를 다른 식물로 간주했던 것으로 보인다. 순무는 *Brassica rapa*이다.

120 자연 현상을 유발하는 진짜 원인이다.

121 장 목차에 나오는 10번째 주제, '오래전에 소실된 형질로 회귀'에서 이 문단은 회귀를 설명한다. 회귀는 조상이 지닌 형질로 돌아간다는 의미인데, 이는 현재 존재하는 생물들의 공통조상을 논의할 수 있게 만들기 때문에 중요한 의미를 지닌다. 회귀를 생물학 용어로 격세유전이라고 부른다. 많은 세대를 거치면서 나타나지 않았던 조상이 지니던 형질이 갑자기 나타나는 현상을 의미한다. 사람의 경우 세 번째 유두 또는 다유두증이라고 부르기도 하는 과잉유두가 격세유전 결과로 설명된다. 정상적인 두 개의 유두 이외에 유방선을 따라 추가적인 유두가 존재하는 상태이다.

청회색을 띠는 파란색이 다시 나타나도록 만든 원인은 교배 작용으로 유전 법칙이 영향을 받은 점 말고는 살아가는 외부 조건과는 아무런 연관이 없다고 결론 내릴 수 있다. (159~160쪽)

많은 세월, 아마도 수백 세대 동안 사라졌던 형질이 다시 나타난다는 사실은 의심할 여지 없이 매우 놀랄 일이다. 그러나 한 품종을 몇몇 다른 품종들과 단 한 번이라도 교배시키면, 자손들은 많은 세대에 걸쳐, 어떤 사람은 12세대 또는 심지어 20세대라고 말하는데, 외래 품종[122]이 지닌 형질로 회귀하려는 경향을 보인다. 흔히 하는 말로, 12세대가 지나면 그 어떤 조상이라도 조상의 혈액 비율은 2,048분의 1에 불과하다.[123] 그럼에도 우리가 살펴본 것처럼, 회귀하려는 경향이 외부 혈액[124]이 이처럼 낮은 비율로 있어도 유지된다는 점을 일반적으로 믿고 있다. 교배한 적이 없었던, 그러나 부모 둘 *다* 자신들의 조상이 지녔던 형질을 잃어버린 품종에서는 잃어버린 형질을 재생하려는 경향성이 강하든 약하든 상관없이 앞에서 살펴본 것처럼 우리가 역으로 생각할 수 있음에도 불구하고 거의 모든 세대에 걸쳐 전달될 수 있을 것이다. 한 품종에서 한 형질이 수많은 세대가 지난 다음 다시 나타날 때, 자손들이 수백 세대 이전에 살았던 조상을 갑자기 흉내낸 것이 아니라 계속된 매 세대마다 문제가 된 형질을 재생하려는 경향성을 지니고 있었는데, 잘 알려지지 않은 도움이 되는 조건에서 마침내 이 형질이 우세해졌다고[125] 설명하는 것이 가장 그럴듯한 가설일 것이다. 예를 들어, 바브비둘기는 매 세대마다 파란색에 검은색 줄무늬가 있는 개체들을 거의 만들지 않는데, 깃

122 외래 품종은 조상을 의미한다.

123 다윈 시대에는 멘델의 유전법칙은 물론 오늘날 말하는 유전자에 대한 개념이 정립되지 않았었다. 그 당시에는 생물이 지닌 형질과 관련된 입자들이 혈액 속에 흘러 다닌다고 믿고 있었다. 또한 한 조상의 혈액은 생물들이 교배할 때마다 자손은 부계로부터 1/2, 모계로부터 1/2를 물려받는 것으로 생각했다. 따라서 자손이 만들어질 때마다 조상의 혈액은 1/2씩 감소하는 것으로 간주했다. 따라서 12세대가 지나면 $(1/2)^{11}$, 즉 1/2048이 된다. 다윈은 이런 점을 고려해서 회귀와 관련된 유전 현상을 혈액으로 설명하려고 한 것이다. 조상의 혈액 비율은 세대를 거듭하면 거듭할수록 자손에게는 줄어들 것이고, 그 영향은 축소될 것이다.

124 조상에게서 물려받은 혈액을 의미한다.

125 형질이 발현되어 다시 나타났다는 의미이다.

털을 파란색처럼 보이도록 하는 경향성이 있다. 이런 관점은 가설이지만 여러 가지 사실들이 뒷받침해 준다. 그리고 내가 끝도 없이 반복된 세대에 걸쳐 유전되는 어떤 형질을 만드는 경향성에서 추상적인 비개연성[126]을 볼 수 없다면, 우리 모두가 잘 알고 있는 것처럼 전혀 쓸모가 없는, 즉 흔적기관들이 유전되는 경향성에서도 비개연성을 볼 수가 없을 것이다. 실제로 유전되는 흔적기관을 만드는 말도 안 되는 경향성을 우리는 때로 관찰할 수가 있다. 예를 들어, 금어초속Antirrhinum 꽃에는 다섯 번째 수술이 흔적으로 너무 자주 나타나서, 이 식물들은 수술을 이렇게 만드는 경향성이 유전되었다고 말해야만 한다.[127] (160~161쪽)

내 이론에 따르면, 같은 속에 속하는 모든 종들이 하나의 공통부모로부터 유래되었으므로, 이들은 때때로 대응하는 방식에 따라 다양하게 변할 수 있을 것으로 기대할 수 있다. 따라서 한 종에 속하는 한 변종은 다른 종과 일부 형질들이 비슷하게 보일 것이다. 내 관점에 따르면 이 다른 종은 뚜렷한 특징을 지닌 영구적인 변종에 불과할 것이다. 그러나 이렇게 얻어진 형질들은 아마도 중요하지 않은 속성을 지녔을 것이다. 중요한 형질 모두는 자연선택에 의해 종들의 다양한 습성에 일치하도록 조절되기 때문이며, 비슷하게 물려받은 체질과 살아가는 조건의 상호작용으로 얻어진 형질들은 남겨지지 않게 되기 때문이다. 같은 속에 속하는 종이 우연히 잃어버린 조상들의 형질로 회귀하는 경우도 기대할 수가 있을 것이다. 그러나 우리는 한 무리의 공통조상이 지닌 형질을 정확하게 결코 알지 못하기 때문에, 우

126 어떤 사건이 일어나면 또 다른 사건이 일어날 확률이 높을 경우, 개연성이 있다고 한다. 배가 고프면 배에서 꼬르륵 소리가 나는데, 배고픔과 꼬르륵 소리는 개연성이 있다고 말한다. 하지만 배가 고픈데 머리가 아플 경우에는 이들 사이에 연관성을 찾을 수가 없고, 이런 경우는 비개연성이라고 한다. 비개연성이라는 성질을 이용한 논증은 복잡한 것들이 우연을 통해서 출현할 수 없음을 설명한다.

127 금어초속(*Antirrhinum*)이라는 이름은 꽃모양이 금붕어와 비슷하다고 해서 붙었다. 현삼과(Scrophulariaceae)에 속하는데, 이 과에 속하는 식물들은 대부분 수술을 4개만 만드나, 때로 1개 또는 2개의 헛수술을 만들기도 한다.

리는 다음의 두 사례를 구분할 수가 없다. 실례를 들어, 만일 바위비둘기의 발에 깃털이 없거나 거꾸로 달린 볏이 없다는 점을 우리가 몰랐다면, 우리가 사육하는 품종들이 지닌 이들 형질들이 회귀의 결과인지 또는 대응변이인지를 말할 수가 없을 것이다. 그러나 파란색을 띠는 특징은 파란 색조와 연관된 수많은 특징들로 볼 때 회귀의 결과로 추론할 수 있는데, 파란색은 단순한 변이들이 모두 모인다고 해서 나타날 것 같지는 않기 때문이다. 다양한 색을 지닌 뚜렷하게 구분되는 품종들을 교배할 때 자주 나타나는 파란색과 관련된 특징들로 볼 때, 우리는 특히 이러한 점을 추론할 수 있을 것이다. 따라서 비록 자연 상태에서는 어떤 사례가 오래전에 존재했던 형질로 회귀한 것인지 대응변이로 새롭게 만들어진 것인지가 의문으로 남겨져 있지만, 내 이론에 따르면, 같은 무리에 속하는 일부 구성원들에서 이미 나타났던 (회귀 결과든 대응변이든) 형질을 지녔던 것으로 추정되는 종의 다양하게 변하는 자손들을 우리는 때로 찾을 수 있을 것 같다. 그리고 자연에는 이런 사례가 의심할 여지 없이 나타나고 있다. (161~162쪽)

우리가 수행한 계통학 연구에서 변하기 쉬운 종을 인식할 때 생기는 어려움의 상당 부분은 마치 조롱하는 것처럼 보이는 변종들, 즉 같은 속에 속하는 다른 일부 종들 때문에 생긴다. 다른 두 유형에 변종이라는 계급을 부여해야 할지 종이라는 계급을 부여해야 할지 애매한 중간형태의 유형들의 기다란 목록을 제시할 수도 있다.[128] 그리고 이 모든 유형들을 독립적으로 창조된

128 『위대한 책』 323~328쪽에 걸쳐 나열되어 있다. 한 가지 사례를 들면 다음과 같다. 부처꽃과(Lythraceae)에 속하는 식물들은 잎이 항상 마주보며 달리거나 서로 엇갈려 달리는데, 즉 한 종이나 한 개체는 항상 마주보며 달리며, 다른 종이나 다른 개체는 항상 엇갈려 달린다. 그러나 부처꽃속(*Lythrum*) 식물들은 한 개체 내에서도 잎이 마주보며 달리거나 엇갈려 달리기 때문에, 잎이 마주보며 달리는 종들과 엇갈려 달리는 종들의 중간형태로 간주할 수 있다.

종으로 간주하지 않는다면, 다양하게 변하는 한 유형이 다른 유형의 형질들 일부를 갖게 되었을 것이고, 그에 따라 중간형태의 유형이 만들어졌음을 이 목록은 보여 준다. 그러나 최고로 좋은 증거는 중요하고 균일한 속성을 지니고 있으면서도 때로 다양하게 변하는 부위나 기관이 제공해 준다. 이런 부위나 기관은 다양하게 변하면서 어느 정도는 동류 종의 같은 부위나 기관이 지닌 형질을 습득한 것이다. 나는 이런 사례를 모아 기다란 목록을 만들었으나, 여기에서는 앞에서와 비슷하게 이들을 보여 줄 수가 없는 엄청난 불편한 상태에 놓여 있다. 이런 사례들이 확실하게 일어나며, 내 관심을 상당히 끌고 있다고 나는 반복할 뿐이다. (162~163쪽)

[129]나는 신기하고 복잡한 한 가지 사례를 보여 줄 것인데, 실질적으로 그 어떠한 중요한 형질에는 영향을 주지 않으나, 같은 속에 속하는 몇몇 종에서 나타나며 자연 상태나 사육 상태에서는 부분적으로 나타난다. 명백하게 회귀와 관련된 사례이다. 얼룩말[130]의 다리에 있는 가로무늬[131]처럼 당나귀[132]의 다리에도 매우 뚜렷한 가로무늬가 드물지 않게 나타난다. 이 무늬가 새끼일 때에 가장 뚜렷한데, 내가 여러 사람에게 물어본 바에 따르면, 이 점은 사실로 믿어진다. 어깨에 있는 줄무늬가 때로 두 줄이라는 주장도 있다. 어깨 줄무늬의 길이와 외형은 확실히 아주 변하기 쉽다. 백색증이 *아닌* 흰 당나귀는 등과 어깨에 줄무늬가 없는 것으로 기재되었는데, 이 줄무늬는 진한 색을 띤 당나귀에서 때로 매우 모호하거나 실제로 완전히 사라지기도 한다. 팔라

129 이 문단에서부터 요약 앞까지는 말과 관련된 회귀 현상을 말 종류, 즉 말, 얼룩말, 당나귀, 노새 등이 보여 주는 무늬를 예로 들어 설명하고 있다.

130 말속(*Equus*)에 속하는 종류들로, 사바나얼룩말(*Equus quagga*)이 가장 흔하게 알려져 있다.

131 다윈은 당나귀나 얼룩말에 있는 검은색 무늬를 두 가지로 표현했다. 다리에 수평으로 새겨져 있는 무늬는 가로무늬로, 몸통에 수직으로 있는 무늬는 줄무늬로 불렀으나, 줄무늬로 통일해서 부르기도 했다.

132 말속(*Equus*)에 속하는 종류들을 지칭한다. 흔히 사육하는 당나귀(*Equus africanus asinus*)를 지칭한다.

스가 기재한 쿨란당나귀[133]는 어깨에 있는 줄무늬가 두 줄로 알려져 있다. 아시아당나귀[134]에는 줄무늬가 없다. 그러나 블라이드 씨를 비롯하여 다른 사람들은 때로 줄무늬 자취가 있다고 말했다. 풀 대령으로부터 내가 받은 정보에 따르면, 이 종이 새끼일 때에는 일반적으로 다리에 줄무늬[135]가 있고, 어깨에는 줄무늬가 다소 희미하다. 콰가말[136]은 몸 전체에 얼룩말처럼 가로무늬[137]가 있는데, 다리에는 가로무늬가 없다. 그러나 그레이 박사는 뒷다리 무릎 근처에 얼룩말처럼 매우 뚜렷한 가로무늬가 있는 표본을 그림으로 그렸다. (163쪽)

말[138]과 관련해서, 나는 잉글랜드에서 가장 뚜렷하게 구분되는 품종들에서 등에 줄무늬가 있는 사례와 이 품종들이 지닌 모든 색을 수집했다. 다리에 있는 가로무늬는 회갈색 말과 암갈색 말에서 드물지 않게 나타났으나, 밤색 말에서는 단 한 번 나타났다. 희미한 어깨 줄무늬가 때로 회갈색 말에서 나타났고, 밤색 말에서 나는 흔적을 보았다. 내 아들은 나를 위해 어깨에 두 줄로 된 줄무늬가 있으며 다리에도 줄무늬가 있는 마차용 회갈색 벨기에말[139]을 조심스레 관찰하고 그림을 그렸다. 내가 절대적으로 신뢰할 수 있는 어떤 한 사람은 나를 위해 양쪽 어깨에 각기 짧은 *세* 줄로 된 줄무늬가 있는 조그만 회갈색 웰시포니[140]를 조사했다. (163~164쪽)

인도 정부를 위해 품종을 조사했던 풀 대령이 나에게 알려 준 바에 따르면, 인도 북서 지방에 있는 말의 카타와르 품종에는 일반적으로 줄무늬가 많아 줄무늬가 없는 말은 순계로 간주되지

133 아시아당나귀(*Equus hemionus*)의 아종(subsp. *kulan*)으로, 투르크멘쿨란 또는 쿨란으로 부른다. 중앙아시아 평원에서 자란다.

134 *Equus hemionus*. 몽고야생당나귀 또는 오나거로 부른다. 중국과 몽골에서 자란다.

135 다윈은 줄무늬로 썼으나, 가로무늬가 맞는 것으로 보인다.

136 *Equus quagga quagga*. 남아프리카 초원에 서식하는 말 종류이다. 1878년 지구상에서 절멸한 것으로 알려져 있다.

137 다윈은 가로무늬로 썼으나, 줄무늬가 맞는 것으로 보인다.

138 말속(*Equus*)에 속하는 사육하는 말(*Equus ferus caballus*)을 지칭한다.

139 벨기에 브라반트 지역에서 육종된 말로, 힘이 센 말 가운데 하나로 알려져 있다.

140 영국 웨일즈 산악 지대의 농부들에 의해 운송 수단과 가축떼를 몰기 위한 목적으로 육종되었다.

않았다. 등에는 항상 줄무늬가 있으며, 다리에도 일반적으로 가로무늬가 있다. 어깨에는 줄무늬가 흔하게 있으며, 때로 두 줄 또는 세 줄이다. 더욱이 얼굴 양쪽 면에도 때로 줄무늬가 있다. 새끼일 때에는 줄무늬가 명확하나, 나이든 말에서는 때로 완전히 사라지기도 한다. 풀 대령은 카타와르 회색 말과 적갈색 말의 새끼에서 줄무늬를 관찰했다. 에드워드 씨가 나에게 전해 준 정보에 따르면, 영국의 경주마의 경우 등에 줄무늬가 다 자랐을 때보다 어릴 때 더 흔히 나타나는데, 이 점을 의심해야 할 이유를 나는 가지고 있다.[140] 여기에서 자세히 설명하지는 않겠는데, 영국에서부터 중국 동쪽까지, 그리고 북쪽으로는 노르웨이에서부터 남쪽으로는 말레이반도에 이르는 많은 나라에서 살아가는 아주 다양한 말 품종들이 지니는 다리와 어깨의 줄무늬 자료들을 내가 수집했다고 말하고자 한다. 전 세계 도처에서 회갈색과 암갈색을 띤 말에서 이 줄무늬가 훨씬 자주 나타났다. 회갈색이라는 용어는 갈색에서 검은색 사이부터 담황색에 거의 가까운 색까지 아주 다양한 색을 포함한다. (164쪽)

이런 주제로 글을 썼던 해밀턴 스미스 대령이 몇몇 말 품종들은 몇 종의 원종에서 유래했는데 이들 중 한 품종은 회갈색 줄무늬가 있으며, 또한 지금까지 설명한 외모는 모두 회갈색의 옛날 무리들을 교배시켜서 만들어졌다고 믿고 있었음을 나는 알고 있다. 그러나 나는 결코 이 이론에 만족할 수가 없으며, 이 이론을 전 세계의 멀리 떨어진 곳에서 살아가며 뚜렷하게 구분되는 품종들, 즉 힘센 마차용 벨기에말, 웰시포니, 콥종말,[141] 빼빼 마

141 영국에서 경주마로 사용하는 말의 피부색은 주로 적갈색(bay), 밤색(chestnut), 검은색(black), 그리고 회색(gray) 등으로 이들에서는 줄무늬가 잘 나타나지 않는다. 그런데 에드워드가 새끼일 때 나타난다고 알려주어 다윈이 이 정보를 의심한 것으로 추정된다.

142 특별한 품종을 지칭하지는 않고 조랑말보다는 크고, 일반적인 말보다는 다리가 짧아 작게 보이는 말을 지칭한다. 승마용이나 마차용으로 사용된다.

른 카타와르 재래종 등에 적용할 생각은 없다. (164~165쪽)

지금부터는 말속에 속하는 몇몇 종들을 교배시켰을 때 나타나는 결과들로 방향을 바꾸어 보자. 당나귀와 말로부터 만들어진 노새[143]는 다리에 가로무늬가 특히 잘 나타난다고 롤랭이 주장했다. 나도 노새를 한 번 본 적이 있는데, 다리에 줄무늬가 너무 많아 처음 한 번 보고 나면 얼룩말 새끼가 만들어졌다고 생각할 것 같았다. 말에 대한 훌륭한 책을 쓴 마틴 씨는 비슷한 노새의 그림을 제공해 주었다. 당나귀와 얼룩말 사이의 잡종을 4가지 색으로 그린 그림을 보면, 나도 본 적이 있는데, 가로무늬가 몸의 다른 부위보다 다리에 더 많고 명확하게 그려져 있다. 이 무늬 가운데 하나는 어깨에 두 줄로 있는 줄무늬였다. 모톤 경의 유명한 잡종은 밤색 암말과 콰가 수말 사이에서 만들어졌는데, 이 잡종과 심지어 밤색 암말과 검은색 아라비아 종마[144] 사이에서 계속 교배해서 태어난 순종 자손도 순종 콰가말과 비교하면 다리에 훨씬 많은 뚜렷한 가로무늬가 있었다. 마지막은 또 다른 놀랄 만한 사례인데, 당나귀와 아시아당나귀 사이에서 만들어진 잡종으로, 그레이 박사가 그림으로 그렸다(그리고 그는 나에게 또 다른 사례가 있다고 알려 주었다). 당나귀는 다리에 줄무늬가 거의 없고, 아시아당나귀는 다리에 줄무늬가 전혀 없고 심지어 어깨에도 없음에도 불구하고 이 잡종의 다리 4개 모두에는 가로무늬가 있고, 갈색 웰시포니와 비슷하게 어깨에는 세 줄로 된 짧은 줄무늬가 있고, 심지어 얼굴 양면에는 얼룩말처럼 줄무늬가 있다. 마지막 사실과 관련해서, 나는 색을 지닌 줄무늬조차도 우연

143 암말과 수당나귀 사이에서 태어난 잡종이다. 수말과 암당나귀 사이에서 태어난 잡종은 버새라고 한다.

144 *Equus ferus caballus*. 중동 지방의 아라비아반도에서 육종된 말 품종이다.

이라고 부르는 그 무엇 때문에 나타난 것은 아니라고 확신했다. 그리고 단지 당나귀와 아시아당나귀 사이에서 만들어진 잡종의 얼굴에 줄무늬가 나타난다는 점만으로 나는 줄무늬로 유명한 카타와르 품종에서도 이처럼 얼굴에 줄무늬가 나타나는지 여부를 풀 대령에게 문의하게 되었고, 우리가 알고 있듯이 대답은 긍정적이었다. (165~166쪽)

이 몇 가지 사실들에 대해 지금 우리는 무엇을 말할 수 있는가? 말속에 속하는 매우 뚜렷하게 구분되는 몇 종에서 단순히 변이에 의해 얼룩말처럼 다리에 줄무늬가 생기고, 당나귀처럼 어깨에 줄무늬가 생기는 것을 우리는 보고 있다. 말에서, 연한 색조는 한 속에 속하는 다른 종들이 지닌 일반적인 색조의 색과 비슷한데, 우리는 회갈색이 연하게 나타날 때마다 이런 경향성을 뚜렷하게 본다. 줄무늬가 나타난다고 해서 유형이 어떻게라도 변하거나, 또는 다른 어떤 형질이 새롭게 만들어지는 일이 동시에 일어나지는 않는다. 가장 뚜렷하게 구분되는 몇몇 종들 사이에서 만들어진 잡종에서 이런 경향성이 줄무늬가 가장 뚜렷하게 나타나도록 하는 것으로 우리는 생각한다. 이제 집비둘기 몇몇 품종의 경우를 살펴보자. 이들은 몸에 푸른빛이 돌며, 분명한 가로무늬와 또 다른 특징들을 지니고 있는 비둘기 한 종(둘 또는 세 아종 또는 지리적 재래종을 포함해서)에서 유래했다.[145] 어떤 품종에 단순한 변이가 일어나면, 푸른빛 색조와 가로무늬, 그리고 다른 특징들이 필연적으로 다시 나타난다. 그러나 유형이나 형질에서는 그 어떤 변화도 없다. 다양한 색을 지닌 가장 오래되고

145 바위비둘기일 것이다.

가장 순계인 품종들을 교배시키면, 엷은 파란색과 가로무늬, 그리고 다른 특징들이 혼종에서 다시 나타나는 경향성을 우리는 뚜렷하게 목격한다. 아주 오래전 형질이 다시 나타나는 것을 설명하는 가장 그럴듯한 가설은 각 세대마다 새끼들이 오래전에 잃어버렸던 형질을 만들어 내는 *경향성*을 지니고 있으며, 이러한 경향성은 원인은 잘 모르지만 때로 널리 퍼져 있는 것이라고 내가 언급했다. 그리고 말속에 속하는 몇몇 종들에서 줄무늬가 나이 든 개체들보다 어린 개체들에서 좀 더 명확하게 또는 좀 더 자주 나타나는 점을 앞에서 설명했다. 집비둘기 품종들을 상기해 보라. 이들 중 일부는 수 세대 동안 순계를 유지해왔는데, 이들을 종이라고 불러보자. 어떻게 하면 말속에 속하는 종들의 품종들과 이들을 정확하게 평행하게 할 수가 있을까![146] 나를 위해 수백만 세대를 거슬러 올라가 보는 모험을 자신있게 감행해서, 얼룩말처럼 줄무늬는 있으나 현저히 다른 구조를 지닌 동물, 즉, 우리가 사육하는 말, 당나귀, 아시아당나귀, 콰가말 그리고 얼룩말의 공통부모를, 하나 또는 그 이상의 야생종으로부터 유래했는지의 여부와 상관없이 볼 것이다. (166~167쪽)

말 종류가 하나하나 독립적으로 창조되었다고 믿는 사람은, 내가 생각하기로는, 종 하나하나가 자연 상태와 생육 상태에서 한 속에 속하는 다른 종들에서 줄무늬가 아주 특이한 방식으로 만들어지는 것처럼 다양하게 변하는 경향성을 지니도록 창조되었다고 주장할 것이다. 또한, 이런 경향성을 강하게 지닌 채 종 하나하나가 창조되었기에, 전 세계 멀리 떨어진 곳에서 살아가

146 다윈이 회귀의 사례로 든 두 종류의 동물, 즉 집비둘기와 말은 사람들이 모두 사육한 동물들이지만, 분류계급은 달리하고 있다. 집비둘기 종류는 모두 재배품종으로 간주하고 있지만, 말들은 거의 모두 종으로 간주하고 있다. 만일 변종이나 종이 같다면, 재배품종을 당시에는 모두 변종으로 간주했기 때문에, 종의 기원에 대한 실마리를 찾을 수도 있다는 의미이다.

는 종들을 교배하면, 줄무늬가 자신의 부모보다는 같은 속에 속하는 다른 종과 비슷하게 보이는 잡종으로 만들어질 것이라고도 주장할 것이다. 이 견해를 받아들이는 것은, 적어도 나에게는, 실재하지 않는, 즉 적어도 잘 모르는 원인을 위해 실재하는 원인을 부인하는 것이다. 이렇게 하는 것은 신이 한 일을 단지 조롱하고 기만하는 것에 불과하다.[147] 나는 상투적이고 무식한 우주생성론자들처럼[148] 화석으로 발견된 조개는 결코 살아 있었던 적이 없고, 오늘날 바닷가에 살아 있는 조개를 흉내내려고 돌로 창조되었다는 주장을 거의 믿을 뻔했다. (167쪽)

요약. 변이의 법칙에 대한 우리의 무지는 심각하다.[149] 백 건 중 단 한 건에도 이 부위 또는 저 부위가 한 부모에서 나온 같은 부위임에도 왜 다소 다른지에 대해 우리는 그 어떠한 이유라도 부여하는 척도 할 수가 없다. 그러나 우리가 비교할 수 있는 방법을 가질 때마다 비슷한 법칙이 나타나서 같은 종에 속하는 변종들 사이에서는 보다 작은 차이를 만들어 내고, 같은 속에 속하는 종들 사이에서는 더 큰 차이를 만들어 내는 데 작용했다. 기후, 먹이 등과 같은 외부의 살아가는 조건은 약간은 사소한 변형을 유도한 것으로 보인다. 체질에 차이를 만드는 습성, 그리고 기관을 강하게 만드는 사용과 기관을 약하게 만들어 사라지게 하는 불용은 자신들의 결과에 보다 강력하게 작용한 것으로 보인다. 상동성 부위는 같은 방식으로 다양하게 변하며, 또한 서로 달라붙으려는 경향을 지닌다. 단단한 부위와 바깥쪽에 있는 부위

147 다윈은 신의 존재를 믿지 않았다. 최근에 경매된 다윈이 젊은 변호사인 프랜시스 맥도모트에게 보낸 1880년 11월 24일자 편지에 따르면, "신탁으로써의 성서를 부인하고, 예수도 하나님의 아들이라고 믿지 않는다고 밝히게 되어 유감"이라고 썼다.(『오마이뉴스』, 2015.12.16) 다윈은 이미 둘째 딸인 앨리자베스 앤이 11살 나이에 죽었을 때 신에 대한 믿음을 포기했던 것으로 알려졌다. 단지 신을 포기함에 따라 발생하는 두려움으로 인하여 『종의 기원』에서 신의 존재를 부정하는 것과 같은 표현은 삼갔던 것으로 보인다.

148 우주가 어떻게 만들어지고 변화했는지를 설명하는 분야를 우주생성론이라 한다. 그런데 오늘날과는 달리, 다윈 시대에는 우주를 비롯한 모든 것이 성경에서 말하는 창조의 6일에 만들어졌다고 생각했고, 이를 믿는 사람들을 우주생성론자라고 불렀다.

149 유전 현상을 정확하게 알지 못했기 때문에 변이의 법칙에 대해 무지하다고 했을 것이다. 변이가 어떻게 만들어지고, 어떻게 유지되고, 어떻게 발현되는지는 다윈에게 가장 어려운 숙제였을 것이다. 이런 점을 다윈이 『종의 기원』 초판을 발간하고 나서도 지속적으로 탐구했지만, 불행히도 멘델의 유전 원리를 알지 못했고, 설령 알았다 하더라도 멘델의 유전 원리에 따르면 유전되는 변이는 만들어질 수가 없었기 때문에 더 난관에 빠졌을 수도 있을 것이다. 다윈이 고민한 부분은 20세기가 시작되면서 집단유전학이 발달하고 나서 조금씩 풀려나갔다.

에서의 변형은 때로 좀 더 부드럽고 좀 더 안쪽에 있는 부위에 영향을 준다. 한 부위가 크게 발달하면, 아마도 이 부위는 인접한 부위에서 양분을 끌어들이려 할 것이다. 하나의 구조를 이루며 개체에 치명적인 해를 입히지 않고 구제될 부위 모두는 구제될 것이다. 초기 단계에서 구조가 변하면 일반적으로 뒤이어 발달하는 부위에 영향을 줄 것이다. 그리고 또 다른 수많은 성장의 상관관계가 있는데, 이 관계의 속성을 우리가 완전히 이해하는 것은 불가능하다. 다중 부위[150]는 그 수나 구조가 변하기 쉬운데, 아마도 어떤 특별한 기능에 엄밀하게 특수화되어 있지 않은 부위에서 이러한 부위가 만들어질 것이며, 이런 변형은 자연선택에 의해 빈틈없이 제거되지 않는다. 자연의 사다리에서 아래쪽에 있는 생명체가 전체 체제가 좀 더 특수화되어 있는 생명체나 자연의 사다리의 위쪽에 있는 생명체보다 더 변하기 쉬운데, 아마도 같은 이유일 것이다. 쓸모가 없이 만들어진 흔적기관은 자연선택에 의해 외면당할 것이므로 아마도 변하기 쉬울 것이다. 같은 속에 속하는 몇몇 종들이 공통부모로부터 분기되어 나온 이후부터 다르게 만들어진 형질인 종특이적 형질은, 오랫동안 물려받았고 같은 기간 내에는 달라지지 않은 형질들인 속특이적 형질들에 비해 좀 더 변하기 쉽다. 이러한 언급에서 우리는 특별한 부위나 기관은 아직도 변하기 쉽다고 말할 수 있는데, 이들은 최근에 다양하게 변함에 따라 다르게 되었기 때문이다. 그러나 우리는 2장에서 같은 원리가 모든 개체에 적용되는 점도 살펴보았다. 어떤 속이라도 많은 종들을 포함하는 구역에서는, 즉 이미

150 다중 부위는 하나의 부위를 이루는 부품의 수가 여러 개란 의미이다. 식물의 경우, 뽕나무의 열매를 흔히 상과라고 부르는데, 열매가 한 개가 아니라 수많은 열매들이 모여서 이루어져 있다. 이를 식물학에서는 다화과로 부른다.

변이와 분화가 상당히 일어났던 구역이거나 새로운 특이한 유형들이 활발하게 만들어지고 있는 구역에서는, 오늘날 평균적으로 가장 많은 변종이나 발단종들을 우리가 찾을 수 있다. 이차 성징은 변하기가 매우 쉬우며, 같은 무리에 속하는 종들에서 상당히 다르다. 체제를 이루는 같은 부위의 변이성은 일반적으로 같은 종의 암수가 이차 성적 차이를 만드는 데 유리하며, 같은 속에 속하는 몇몇 종들이 특이적인 차이를 만드는 데도 유리하다. 이례적인 크기 또는 이례적인 방식으로 발달한 부위나 기관은, 동류 종들에 있는 같은 부위나 기관과 비교해서 속이 만들어진 이후부터 이례적으로 많은 변형을 거쳤음에 틀림없다. 그에 따라 이 부위가 다른 부위와 비교해서 아직도 변하기가 훨씬 더 쉬운지를 우리는 이해할 수 있다. 변이는 오래 지속되고 서서히 일어나는데, 자연선택이 이런 사례들에서 변이성이 더 많아지려는 경향성과 덜 변형된 상태로 회귀하려는 경향성을 극복하는 데 필요한 시간을 확보하지 못했기 때문이다. 그러나 이례적으로 발달한 기관을 가진 종이 많은 변형된 후손들을 거느린 부모가 되면, 내 생각으로는 이런 상황은 아주 서서히 진행될 뿐만 아니라 아주 오랜 시간이 경과해야 할 것인데, 자연선택이 기관에 고정된 형질이 만들어지도록 즉시 성공적으로, 또는 기관이 발달했던 것처럼 이례적인 방식으로 작용했을 것이다. 공통부모로부터 거의 같은 체질을 물려받고 같은 요인에 노출되었던 종들은 자연적으로 대응변이를 보여 줄 것이며, 이러한 종들은 때로 자신들의 오래전 조상들이 지니고 있던 일부 형질로 회귀할 수도 있을 것이다. 비록 현재 중요한 변형이 회귀나 대응변이로 만들어지지 않을 수도 있지만, 이러한 변형들이 자연이 지닌 아름답고 조화로운 다양성에 더해질 것이다. (167~169쪽)

부모와 자손 사이에서 나타나는 사소한 차이 하나하나에는 원인이 무엇이든, 하나하나에 하나의 원인이 반드시 있지만, 이런 차이들이 자연선택을 거치면서 개체에게 유리할 때에는 꾸준히 축적되었다. 그리고 이러한 차이는 구조에 좀 더 중요한 모든 변형들을 가져다주었으며, 지구상에 있는 셀 수 없을 정도로 많은 생명체가 서로서로 맞서 싸우도록 했으며, 가장 잘 적응한 생물이 살아남을 수 있도록 했다. (170쪽)

6장 이론의 어려움

변형을 수반한 친연관계 이론의 어려움—전환—전환 중인 변종의 결핍 또는 희귀성—살아가는 습성의 전환—같은 종에서 나타나는 다양하게 변한 습성—동류 종들이 지닌 습성과는 광범위하게 다른 습성을 지닌 종—극도로 완벽한 기관—전환 방법—어려움을 보여 주는 사례들—자연은 비약하지 않는다—사소하지만 중요한 기관들—모든 사례에서 절대적으로 완벽하지 않은 기관들—자연선택 이론에 포함된 기준형 일치 법칙과 생존의 조건 법칙

[1]**독자**들이 이 책을 여기까지 읽으면서 많은 어려움을 발견했을 것이다. 이 어려움 중 일부는 너무나 심각하여 오늘날까지 나는 마음의 동요 없이 심사숙고할 수가 없었다. 그러나 내가 아무리 궁리해 보아도, 많은 어려움은 표면상으로만 있었고, 내가 생각할 때에는, 실제로 존재하는 것들은 내 이론에 치명적이지 않았다. (171쪽)

이러한 어려움들과 반론들은 다음과 같은 주제들로 정리할

1 장 목차에 나오는 첫 번째 주제, '변형을 수반한 친연관계 이론의 어려움'을 개괄하여 설명하는 부분이다. 어려움은 크게 4 종류인데, ①중간형태의 미확인, ②습성의 변화와 전환, ③본능의 전달, ④잡종성의 문제라고 다윈은 지적했고, 이 장에서는 ①과 ②의 어려움을 설명한다. 그리고 본능은 7장에서, 잡종성은 8장에서 설명한다.

수 있을 것이다. 첫 번째로, 만일 한 종이 다른 종으로부터 감지할 수 없을 만큼 미세하게 단계적으로 유래했다면, 왜 우리는 도처에서 셀 수 없을 만큼 많은 전환 중인 유형을 볼 수가 없을까? 종들이 잘 정의되어 있지 않다면, 우리가 보는 것처럼 왜 자연이 혼란 속에 있는 것만은 아닐까?[2] (171쪽)

두 번째로, 실례를 들어 박쥐와 같은 구조와 습성을 지닌 동물이 이와는 완전히 다른 습성을 지닌 어떤 동물이 변형되어 만들어지는 것이 가능한가? 한편으로는 파리를 쫓는 역할을 하는 기린의 꼬리처럼 거의 중요하지 않은 기관이, 다른 한편으로는 모방할 수 없을 정도의 완벽함을 아직도 완벽하게 이해하지 못하는 눈과 같이 놀라운 기관이 자연선택으로 만들어 질 수 있다는 점을 우리가 믿을 수 있을까?[3] (171~172쪽)

세 번째로, 본능이 자연선택을 통해 획득되고 변형될 수 있단 말인가? 벌집은 뛰어난 수학자들이 발견하기 이전에 이미 실제로 만들어졌는데, 벌들로 하여금 자신의 집을 짓게 만드는 본능처럼 너무나 경이로운 것들에 대해 우리는 무엇을 말할 수 있을까?[4] (172쪽)

네 번째로, 종들을 교배하면 생식불가능이 될 뿐만 아니라 생식불가능한 자손을 낳게 되는 반면에, 변종들을 교배하면 이들의 생식가능성이 손상되지 않은 이유를 어떻게 설명할 수 있을까?[5] (172쪽)

첫 번째와 두 번째 주제는 이 장에서 논의하고, 본능과 잡종성은 다음 장[6]에서 계속해서 논의할 것이다. (172쪽)

2 변형을 수반한 친연관계 즉, 진화이론의 첫 번째 어려움이 전환과 관련된 중간단계 유형의 존재임을 지적하고 있다. 다윈은 『종의 기원』에서 진화라는 용어 대신 "변형을 수반한 친연관계"라는 다소 긴 용어를 사용했다.

3 변형을 수반한 친연관계 이론의 두 번째 어려움이 습성의 변화임을 지적하고 있다. 첫 번째 어려움인 중간형태의 결핍이 구조의 변화라면, 습성은 기능의 변화이다. 습성의 변화에 따라 어떻게 전환이 가능한가라는 문제이다.

4 변형을 수반한 친연관계 이론의 세 번째 어려움인 본능이 어떻게 만들어지고 다음 세대로 전달되는가를 지적하고 있다.

5 변형을 수반한 친연관계 이론의 네 번째 어려움이 잡종의 생식불가능성임을 지적하고 있다.

6 본능은 7장, 잡종성은 8장에서 다룬다.

[7]*전환 중인 변종의 결핍 또는 희귀성*. 자연선택은 그럴듯한 변형만을 보존하려고 작용하기 때문에, 새로운 유형 하나하나는 생물들로 가득차 있는 나라에서는 자신들의 덜 개량된 부모 또는 자신과 경쟁하게 될 덜 유리한 유형들을 대신하게 되고, 마침내 이들을 몰살시킨다. 따라서 절멸과 자연선택은 우리가 앞에서 살펴본 것처럼 함께 가게 될 것이다. 만일 종 하나하나가 알려지지 않은 또 다른 유형에서 유래했다고 우리가 간주한다면, 부모와 이들로부터 유래한 모든 변종들은 새로운 유형이 만들어지고 완벽해지는 과정에서 일반적으로 몰살되었을 것이다. (172쪽)

7 장 목차에 나오는 2번째 주제, '전환'과 3번째 주제, '전환 중인 변종의 결핍 또는 희귀성'을 설명하는 부분이다. '전환'에 대해서는 따로 설명하지 않았는데, 전환은 한 상태에서 다른 상태로 바뀌는 과정이며, 이는 진화 과정에 나타나는 중간단계를 의미한다. 따라서 '전환'을 따로 설명하지 않고 '전환 중인 변종의 결핍 또는 희귀성'에서 같이 설명한 것으로 보인다. 그리고 이 어려움은 지금도 진화론의 어려움으로 간주되는데, 한 종에서 다른 종이 만들어졌다면, 변해가는 단계들이 발견되어야 하는데, 왜 없는가라는 질문이다. 다윈은 이러한 질문에 대한 답을 여기에서 설명한다.

그러나 이 이론[8]에 따르면 전환 중인 유형들은 반드시 존재해야만 하므로, 지각에 수없이 묻혀 있어야 할 이들 유형들을 우리가 왜 발견할 수 없을까? 이 질문에 대한 논의는 **지질학적 기록의 불완전성** 장에서 다루는 것이 더 편할 것이다. 단지 이곳에서는 일반적으로 생각했던 것보다 비교가 안 될 정도로 덜 완벽한 기록들 속에 답이 존재할 것이라고 내가 믿고 있다고만 말하고자 한다. 기록이 불완전한 주요 원인은 바다의 아주 깊은 곳에는 생명체들이 살고 있지 않다는 점,[9] 그리고 이들의 유해들이 파묻혀 미래까지 보존되려면 퇴적물 덩어리가 충분히 두껍고 미래에 있을 엄청난 양의 삭평형작용[10]에도 견딜 수 있을 만큼 방대해야만 가능하다는 점이다. 바다 얕은 곳에 많은 양의 퇴적물이 침적되고 아주 서서히 침강할 때에만 이처럼 화석을 함유한 덩어리가 축적될 수가 있다. 이처럼 우연한 사건은 좀처럼 일어

8 장 목차의 맨 앞에 나오는 '변형을 수반한 친연관계' 이론이다.

9 수심 2,000~3,000m 깊이에서도 살아가는 심해 생물들이 1970년대 이후 지속적으로 발견되고 있다.

10 침식과 풍화 과정으로 지표면의 높이를 낮추는 작용이다.

나지 않으며 또한 엄청나게 오랜 시간을 두고 일어날 것이다. 바다의 바닥이 정지[11]되거나 융기할 동안, 또는 아주 작은 퇴적물이 침적될 동안에는 지질학 역사는 공백으로 남게 될 것이다. 지구의 지각은 엄청나게 큰 박물관이나, 자연이 건네주는 표본들은 거대한 시간 간격을 두고서만 만들어진다.[12] (172~173쪽)

그러나 몇몇 가까운 동류 종들이 같은 세력권에서 살아가면, 우리는 오늘날에도 많은 전환 중인 유형들을 확실하게 발견할 수 있어야만 한다고 강력하게 주장할 수도 있다.[13] 한 가지 단순한 사례를 살펴보자. 대륙을 북쪽에서 남쪽으로 여행하면, 우리는 일반적으로 대륙의 자연의 경제 내에서 거의 같은 장소를 분명하게 채우고 있는 가까운 동류 또는 대표적인 종들을 차례로 간격을 두고 볼 수 있을 것이다. 이 대표적인 종들이 때로 만나 서로 겹쳐지기도 한다. 그러다가 한 종이 점점 희귀해질수록, 즉 한 종이 다른 종으로 대체될 때까지 다른 종은 점점 풍부해진다. 그러나 만일 이들이 서로 섞여 있는 곳에 있는 종들을 우리가 비교한다면, 이들은 일반적으로 구조의 상세한 부분 모두가 마치 하나하나의 종들의 분포 중심지에서 수집한 표본들처럼 서로서로 절대적으로 뚜렷하게 구분된다. 내 이론에 따르면 이들 동류 종들은 하나의 공통부모에서 유래했다. 게다가 변형 과정 중에, 종 하나하나는 자신만의 지역이 지닌 살아가는 조건에 적응하게 되었고, 원래 부모를 비롯하여 과거와 현재 사이에 존재하는 모든 전환 중인 변종들을 대체하고 몰살시켰다. 따라서 비록 전환 중인 변종들이 여기저기에서 반드시 존재해야 하며 화석 상

11 침적이나 융기 작용이 일어나지 않을 때이다.

12 다윈 스스로 자연사학자라고 지칭하면서 전 세계 곳곳에서 많은 생물 표본을 채집했다. 그러나 다윈도 가보지 못한 곳이 많았기에 지구 곳곳에 있는 많은 연구자들에게 도움을 청했었다. 그럼에도 다윈 시대에는 아프리카를 비롯하여 많은 지역에서 자연사 연구가 미흡했을 것이다. 지구를 하나의 박물관으로 간주했으나, 이 거대한 박물관에 소장된 자료 하나하나를 검토하기에는 너무나 많은 시간이 필요함을 설명할 뿐만 아니라, 소장된 자료들이 만들어진 시대 간격도 엄청남을 설명하고 있다. 자연사라는 학문이 지니는 지질학적 시간과 지구 전체라는 공간의 문제가 진화 이론의 어려움이라고 토로하는 것으로 보인다. 그리고 시간 문제는 9장에서 설명하며, 이 장에서는 공간 문제를 집중해서 설명하고 있다.

13 시공간이라는 문제에서 시간 문제를 제외하고, 지구라는 공간에서만 바라보면, 이런 주장을 할 수 있을 것이다. 한 종이 다른 종으로 변해간다면, 오늘날에도 그런 일이 벌어진다면, 지구라는 공간에서 변해가는 과정을 볼 수 있어야만 한다는 주장이다. 어느 곳에서는 변해가는 과정에 있는 생물이 있어야만 한다는 주장일 것이다.

태로 파묻혀 있을 수도 있지만, 우리는 오늘날에도 각 지역에서 수많은 전환 중인 변종들을 만날 것으로 기대해서는 안 된다.[14] 그러나 살아가는 조건이 중간인 중간 지역에서도[15] 우리가 가깝게 연결된 중간형태의 변종들을 왜 지금은 발견할 수 없을까? 이런 어려움이 아주 오랫동안 나를 좌절시켰다. 그러나 나는 이 어려움을 대부분 설명할 수 있다고 생각한다. (173~174쪽)

[16]첫 번째로, 한 지역이 현재는 연결되어 있다고 해서 과거에도 오랫동안 연속적이었을 것이라는 추측은 굉장히 신중해야만 한다. 지질학은 우리로 하여금 거의 모든 대륙이 지난 제3기[17] 후기에 몇 개의 섬으로 나누어져 있었다고 믿게 한다. 그리고 이런 섬들에서는 중간 지대에 중간형태의 변종들이 존재할 가능성 없이 뚜렷하게 구분되는 종들이 따로따로 형성되었을 것이다. 대륙과 기후의 상태가 변함에 따라, 지금은 연결되어 있는 해양 지역이 얼마 전까지는 오늘날보다 훨씬 덜 연속적이고 덜 균일한 상태로 존재했어야 한다.[18] 그러나 나는 이러한 어려움을 회피하는 방식을 무시하려고 하는데, 내가 믿기로는 완벽하게 정의된 많은 종들이 확실하게 연속적인 지역에서 형성되었기 때문이다. 그럼에도 지금은 연결되었지만 이전에는 단절되었던 조건이 새로운 종의 형성에, 특히 자유롭게 교배하고 방랑하는 동물들에게 중요한 역할을 담당했음을 나는 의심하지 않는다. (174쪽)

[19]넓은 지역에 걸쳐 분포하는 종들을 조사하면, 이들이 드넓은 세력권 전반에 걸쳐 수가 꽤 많았으나, 경계부에서는 갑자기

14 이런 이유를 중간 지역과 중간형태라는 개념으로 다음 문단부터 설명하고 있다. 또한 중간 지역에서 두 생물이 만날 때 발생하는 교배의 문제는 잡종성에서 설명한다.

15 중간 지역이 없다면 중간형태도 없을 것이라고 주장하는 것 같다. 예를 들어 커다란 한 대륙의 중앙부가 바다 속으로 들어갔다면, 양쪽 극단을 이어 주던 중간 지역도 사라졌을 것이다. 또는 섬들이 연결되었다면, 섬들에서 독립적으로 살아가던 생물들의 중간형태가 존재할 수 없을 것이다. 이 점을 다음 문단에서부터 설명한다.

16 중간형태를 발견할 수 없는 이유를 첫 번째로 중간 지역의 존재 여부, 두 번째로 살아가는 조건에 따른 좁은 분포범위, 그리고 세 번째로 중간형태의 작은 개체수로 들고 있다. 이 문단에서는 중간 지역의 존재 여부를 설명한다.

17 지구 지질 시대에서 6,500만 년 전부터 200만 년 전까지의 기간이다. 국제층서위원회에서는 이 시기를 인정하지 않고 있으나, 통상적으로 널리 사용하고 있다. 현재는 고제3기와 신제3기로 구분한다. 지구는 오늘날의 대륙과 거의 비슷한 형태이나, 유럽, 아프리카, 인도는 아시아와 서로 떨어져 있었다. 북아메리카와 남아메리카도 서로 떨어져 있었다.

18 http://www.thearmchairexplorer.com/geology/paleogene-period에 있는 지도를 참조하시오.

19 중간형태를 발견할 수 없는 이유의 두 번째로 살아가는 조건에 따른 좁은 분포범위를 설명하는데, 물리적 조건뿐만 아니라 생물적 조건도 중간형태에 불리하다는 점을 설명한다.

점점 희귀해졌다가 결국 사라졌음을 우리는 일반적으로 발견한다. 따라서 두 대표적인 종 사이에 있는 중립 세력권은 한 종 한 종에 적합한 세력권과 비교할 때 일반적으로 좁다. 우리는 산에 오르면서 똑같은 사실을 볼 수 있고, 알퐁스 드 캉돌이 관찰했듯이, 흔하던 고산식물이 갑자기 사라지는 것은 때로 매우 주목할 만한 사건이다.[20] 준설기를 이용해서 바다의 깊이를 측정한 포브스도 똑같은 사실을 기록했다.[21] 분포에 가장 중요한 요소로 기후와 물리적인 살아가는 조건을 제시하는 사람들에게는 이러한 사실들이 충격으로 작용할 것인데, 기후나 높이, 깊이는 인지할 수 없을 정도로 조금씩 변하기 때문이다. 그러나 경쟁하는 다른 종이 없다면, 거의 모든 종들의 개체수가 심지어 자신들의 분포 중심지에서도 몹시 증가한다는 것, 그리고 거의 모든 생물들이 다른 생물을 먹이로 하거나 먹이로 먹힌다는 것, 달리 말해 생물 하나하나가 직접적이든 간접적이든 다른 생물들과 아주 중요한 방식으로 연관되어 있다는 것 등을 우리가 명심해야 한다.[22] 그리고 이러한 점을 고려해서, 그 어떤 나라에서도 정착 생물들의 분포범위는 감지할 수 없을 정도로 변하는 물리적 조건에 의해서만 결코 결정되지 않고, 상당 부분은 다른 종의 존재, 즉 자신이 의존하는 생물이나 자신을 죽이는 생물 또는 자신과 경쟁해야만 하는 생물에 의해 결정됨을 우리는 반드시 알아야만 한다. 그리고 이들 종들은 이미 잘 규정된 (그러나 이들은 잘 규정되도록 만들어졌을 것이다) 대상이며, 감지할 수 없는 점진적 변화로 다른 종들과는 혼합되지 않으므로, 그 어떤 종이라도 한 종

20 알퐁스 드 캉돌은 낙엽수가 살 수 있는 산림대, 침엽수가 우점하는 아고산대, 그리고 교목들이 살 수 없는, 즉 수목한계선의 고산대로 구분했다. 제주도 한라산을 올라가다 보면 어느 순간 키가 큰 교목들이 사라지고 보이지 않는데, 바로 아고산대와 고산대의 경계이다.

21 바다 깊이가 깊어짐에 따라 빛의 투과도가 달라지고 그에 따라 수온이 낮아지므로 살아가는 생물의 종류도 달라진다.

22 산이나 해양에서 중요한 살아가는 조건으로 고도나 깊이를 설명했는데, 이러한 요인들은 살아가는 조건 중 무생물적 요인들이다. 살아가는 조건에는 이것 말고 생물적 요인들도 있는데, 이 부분을 설명하고 있다. 달리 말해 생물과 생물과의 연관성이 생물의 분포에 무생물적 요인보다 더 중요함을 설명하고 있다.

의 분포범위는 다른 종의 분포범위에 따라 결정되겠지만 뚜렷이 규정되는 경향을 보일 것이다. 더욱이, 자신의 분포범위 경계에서는 개체수가 감소한 상태로 존재할 것인데, 이 경계에 있는 종 하나하나는 자신의 적의 수나 먹이 수가 변동하는 동안, 또는 계절이 변동하는 동안에 완전히 몰살될 위험에 엄청 쉽게 처하게 될 것이며, 그에 따라 자신의 지리적 분포범위는 더욱더 뚜렷하게 규정되게 될 것이다.[23] (174~175쪽)

[24]만일 연속된 지역에서 살아가는 동류 또는 대표적인 종 하나하나가 너무나 넓은 분포범위를 지니나 종들 사이의 중립 세력권은 상대적으로 좁아져 여기에서 살아가는 종들이 갑자기 점점 희귀해진다는 점을 내가 믿는 것이 옳다면, 변종은 근본적으로 종과 다르지 않으므로 아마도 둘 모두에게 같은 규칙을 적용할 수 있을 것이다. 그리고 만일 우리가 상상으로 아주 넓은 지역에서 살아갈 수 있도록 다양하게 변할 수 있는 한 종을 적응시킬 수 있다면, 우리는 두 개의 넓은 지역에는 두 변종을, 그리고 좁은 중간 지대에는 세 번째 변종을 적응시킬 수 있을 것이다.[25] 결과적으로 중간형태의 변종은 좁고 좋지 않은 지역에서 살아가기에 그 수도 더 적은 상태로 존재할 것이다.[26] 그리고 실제적으로 내가 이해할 수 있는 한, 이 규칙은 자연 상태에 있는 변종들에게 유효하다. 나는 이런 규칙을 두드러지게 보여 주는 사례를 따개비속Balanus의 뚜렷한 특징을 지닌 변종들 사이에 있는 중간형태의 변종들에서 찾았다. 또한 와슨 씨, 아사 그레이 박사 그리고 월라스톤 씨가 나에게 보내 준 정보에서도 이런 상

23 중간 지역이라는 물리적 조건이 중간형태의 존재에도 중요하지만, 이보다는 생물과 생물 사이의 연관성이 중간형태의 존재에 더 중요할 수 있음을 암시하는 것 같다. 적응력이 떨어진 생물들이 생존을 위해 몸부림치는 동안 살아남을 수 있었을까?

24 중간형태의 분포범위가 좁기 때문에 일찍 사라졌고 그로 인해 발견되지 않는다고 설명하고 있다.

25 한 종에 변종 3종류가 있으며, 이들 변종은 각각 서로 다른 지역에서 살고 있다는 가정이다.

26 『위대한 책』에서 다윈은 "중간형태 변종의 개체수가 희귀하다는 진실성은 우리에게 매우 중요하다"라고 썼다. 그럼에도 이 점은 논란을 제공할 수도 있을 것이다. 이들의 개체수가 적어야만 이들이 발견될 가능성도 낮아질 것이나, 왜 적은지에 대해서는 설명이 없는 것 같다. 단지 아래에서 몇몇 자연사학자들의 관찰 결과를 제시했다.

황이 있었는데, 두 종류의 다른 유형 사이에서 중간형태의 변종이 나타나면, 일반적으로 이 변종들은 서로 연결된 두 유형보다 그 수가 훨씬 더 희귀하다.[27] 이제 만일 우리가 이러한 사실들과 추론들을 신뢰한다면,[28] 서로 다른 두 변종을 하나로 연결하는 변종이 일반적으로 이 변종으로 연결된 두 변종들보다 그 수가 적게 존재한다고 결론을 내릴 수 있다. 또한 우리는 왜 중간형태의 변종들이 오랫동안 견디지 못했는지를, 그리고 왜 일반적인 규칙에 따라 이들이 처음에는 하나로 연결했던 두 변종들에 비해 더 일찍 몰살되어 사라져야만 했는지를 이해할 수 있다고 나는 생각한다. (175~176쪽)

[29]적은 수로 존재하는 유형은 어떤 것이라도, 앞에서 언급한 것처럼, 많은 수로 존재하는 유형에 비해 몰살당할 가능성이 훨씬 더 크다. 그리고 이처럼 특별한 사례에서, 중간유형은 이 유형의 양쪽에 존재하는 가까운 동류 유형에 비해 현저하게 잠식되기 쉽다. 그러나 내가 믿는 훨씬 더 중요한 고려 사항은, 변형이 계속해서 일어나는 과정에서 두 변종이 내 이론에 따라 뚜렷하게 구분되는 두 종으로 완벽하게 변환되고, 더 넓은 지역에서 더 많은 개체로 유지되는 두 종이 좁고 중간 지대에서 더 적은 수로 존재하는 중간형태의 변종보다 훨씬 더 유리한 점을 가진다는 것이다. 많은 수로 존재하는 유형이 적은 수로 존재하는 희귀한 유형들보다 항상 주어진 기간 안에 자연선택에 크게 도움이 되는 변이를 보여 줄 수 있는 더 좋은 기회를 잡기 때문이다. 따라서 살려는 경주에서 더 흔한 유형이 덜 흔한 유형을 물리치

27 『위대한 책』에서 다윈은 와슨 씨가 12종의 거의 중간형태 변종을 영국에서 발견했다고 설명했고, 아사 그레이 박사는 미국에 분포하는 식물들에서 적은 수의 중간형태 변종들을, 그리고 월라스톤 씨는 곤충과 육상 패류에서 변종들을 발견했다고 설명했다. 그러나 중간형태 변종들이 무엇인지는 설명하지 않고, 단지 "이들의 판단에 동의한다"라고만 다윈은 썼다.

28 4장에서 개체수가 많아야 변이가 만들어질 기회가 많아져 생존에 유리하다고 다윈은 주장했다. 반면 개체수가 적다면 변이가 만들어질 기회가 줄어들어 생존에 불리할 것이다.

29 중간형태를 발견할 수 없는 이유의 세 번째로 중간형태의 적은 개체수를 설명하고 있다. 중간형태의 경우 개체수가 적기 때문에 일찍 절멸되어 발견되기가 어렵다고 설명한다.

고 대체하는 경향이 있게 되는데, 덜 흔한 유형이 더 서서히 변형되고 개량되기 때문이다. 2장에서[30] 설명한 것처럼, 각 나라마다 흔한 종이 희귀한 종들보다 평균적으로 잘 규정된 변종들을 더 많이 만든다는 원리와 비슷하다고 나는 믿는다. 나는 내가 주장하는 바를 양의 변종 3종류를 기르고 있다고 가정하고 예시하려고 한다. 첫 번째 변종은 살아가기 힘든 산악 지역에서 적응했고, 두 번째 변종은 상대적으로 좁은 언덕 지역에서 적응했고, 세 번째 변종은 저지대 평야 지역에서 적응했다. 그리고 정착민들은 모두 다 자신들의 가축을 선택하면서 똑같이 꾸준하게 숙달된 기술로 개량하려고 노력한다고 가정하자. 이 예시에서 산악이나 평야 지대에서 많은 개체를 가진 사람들이 중간에 있는 좁은 언덕 지역에서 적은 수를 가진 사람들보다 자신들의 품종을 더 빠르게 개량할 기회를 훨씬 많이 갖게 될 것이다. 그리고 결과적으로 개량된 산악 또는 평야 품종들이 덜 개량된 언덕 품종을 대체할 것이다. 따라서 원래부터 많은 수가 있었던 두 품종이 중간에 해당하는 대체되어 버린 언덕 변종의 간섭 없이 가깝게 연결될 것이다. (176~177쪽)

[31]요약하면, 종은 웬만하게 잘 규정된 대상이 될 것이며, 그 어떤 한 시기라도 다양하게 변하는 중간형태 연결고리로 인해 해결할 수 없는 무질서 상태에 있지는 않다고 나는 믿는다. 첫 번째로, 변이가 아주 서서히 나타나서 새로운 변종들이 아주 서서히 만들어지기 때문에, 도움이 되는 변화가 기회를 가질 때까지, 그리고 한 나라에서 자연의 체계가 정착생물 하나 이상에서

30 2장 "넓은 지역에 분포하며 멀리까지 분산되고 흔하게 나타나는 종이 가장 다양하게 변한다"이다.

31 이 문단에서부터 이어진 3문단은 종이란 잘 규정된 대상임을 설명한다. '종의 기원'을 규명함에 있어 가장 어려운 점은 '종'이란 무엇인가라는 질문에 대한 답일 것이다. 다윈은 『종의 기원』에서 종은 애매하며 변종과 차이가 없다고 설명하고 있는데, 이 부분에서는 종이 명확하다고 주장하고 있다. 아마도 다윈은 중간형태를 발견할 수 없다는 주장이 종이 무엇인지를 모르기 때문에 제기된 것으로 생각하면서, 종과 중간형태의 차이를 설명하고 있다. 이 문단에서부터는 종이 잘 규정된 대상인 네 가지 이유 중 첫 번째 이유를 설명하는데, 변형 중인 종들의 수가 너무 적다고 설명한다.

나타난 변형들로 더 잘 채워질 때까지 자연선택은 어떠한 일도 할 수가 없다. 게다가 새로운 장소[32]는 기후의 완만한 변화나 새로운 정착생물의 우연한 이입, 그리고 아마도 훨씬 더 중요하게는, 옛날부터 살아온 정착생물들 가운데 일부가 서서히 변형되어서 새로운 유형들이 만들어지게 되므로, 이 새로운 유형들과 오래된 유형들이 서로 작용하고 반작용하는 것에 의해 좌우될 것이다. 그래서 어떤 한 지역 또는 어떤 한 시기라도, 우리는 어느 정도는 영구적으로 구조에서 사소하게 변형이 나타난 소수의 종들만을 볼 수 있을 뿐이다. 그리고 우리는 이 점을 확실하게 볼 수 있다. (177~178쪽)

[33]두 번째로, 지금은 연결되어 있는 지역들이 최근의 지질학적 시기에는 때때로 확실히 격리되어 있었을 것이다. 그리고 많은 유형들 중 특히 새끼를 낳기 위해 교접하고 많이 돌아다니는 무리에 속한 경우에는, 이들이 서로가 대표적인 종과 같은 계급을 부여하기에 충분할 만큼 다르게 되었을 것이다. 이 경우에, 수많은 대표적인 종들과 이들의 공통부모에서 태어난 중간형태의 변종들은 반드시 이전에 나누어졌던 지역에 존재했어야만 한다. 그러나 이들 연결고리들은 자연선택 과정을 거치면서 대체되었고 몰살되었으므로, 이들은 더 이상 살아 있는 상태로는 존재하지 않는다. (178쪽)

[34]세 번째로, 둘 또는 그 이상의 변종들이 완벽하게 연속된 지역의 서로 다른 조그만 땅에서 발견되면, 중간형태의 변종들은 아마도 처음에는 중간 지대에서 만들어졌을 것이나, 이들은 일

32 기존에 있던 생물들의 생태적 지위가 아닌 새로운 지위를 의미한다.

33 중간형태가 존재했을 것이나 지질학적 변동과 자연선택으로 살아 있는 상태로는 발견되지 않기 때문에 종이 뚜렷하게 구분된다는 설명이다.

34 종과 종을 연결해 주는 중간형태는 개체수가 적어 빠른 시일에 절멸되었고, 그에 따라 종과 종이 더 뚜렷하게 구분된다는 설명이다.

반적으로 생존 기간이 짧았을 것이다. 중간형태의 변종들은, (가까운 동류 또는 대표적인 종들과 마찬가지로 잘 알려진 변종들로부터 간접적으로 알아내어) 이미 알려진 이유들로 보면, 중간 지대에서 자신들이 연결해 준 변종들보다 더 적은 개체수로 존재했기 때문이다. 이런 이유만으로, 중간형태의 변종들은 우연히 몰살당할 수도 있었을 것이다. 그리고 자연선택을 거치면서 더 한층 변형이 일어나는 과정에서, 이들은 거의 확실히 자신들이 연결해 주었던 유형들에게 패배했으며 대체되었다. 많은 수로 존재하던 유형들에서는 전체적으로 더 많은 변이가 나타났을 것이므로, 이들은 자연선택을 통해 더욱더 개량되었을 것이고, 더 많은 유리한 점을 얻게 되었을 것이다. (178~179쪽)

35마지막으로, 특정한 어느 시기가 아니라 시간 전체를 살펴보자. 만일 내 이론이 진실이라면, 같은 무리에 속하는 가장 가까운 모든 종들을 하나로 연결시켜주는 셀 수 없이 많은 중간형태 변종들이 확실하게 존재했어야만 한다. 그러나 자연선택이라는 대단한 과정은, 때로 언급했다시피, 끊임없이 부모 유형과 중간형태 연결고리를 몰살시키려는 경향성을 보여 주었다. 결과적으로 이전 유형이 존재했다는 증거는 화석 유해들에서만 찾을 수가 있다. 이 흔적들은 극도로 불완전하며 간헐적으로 보존되어 있는데, 우리는 새로운 장에서 이러한 기록들을 살펴볼 것이다. (179쪽)

36*특이한 습성과 구조를 지닌 생물의 기원과 전환*. 내가 생각

35 이론적으로 많은 중간형태가 존재할 것이나, 이들은 대부분 화석으로만 남아 있기 때문에, 현존하는 종과 종은 뚜렷하게 구분된다는 설명이다.

36 장 목차에 나오는 4번째 주제, '살아가는 습성의 전환', 5번째 주제, '같은 종에서 나타나는 다양하게 변한 습성' 그리고 6번째 주제, '동류 종들이 지닌 습성과는 광범위하게 다른 습성을 지닌 종'을 묶어서 설명하는 부분이다. 모두 습성과 관련되어 있다. 이 문단에서는 어떻게 생물의 습성이 변할 수가 있는지 질문을 던지고 있다.

하는 이러한 견해를 반대하는 사람들은 묻는다. 실례를 들어 어떻게 육상 육식동물이 물속에서도 살아갈 수 있도록 변환되었는가? 어떻게 전환 상태에 있는 동물들이 존속할 수 있는가? 이런 답들은 쉽게 보여 줄 수 있다. 같은 무리 안에서 육식동물은 완전히 수중 생활하는 종류와 절대적으로 육상에서만 생활하는 종류 사이에서 나타나는 모든 중간형태의 단계를 지닌 상태로 존재한다. 그리고 단계 하나하나는 모두 살려는 몸부림에 따라 존재하므로, 각 단계는 자연에서 자신의 습성을 자신만의 자연의 장소에 잘 적응시켰음이 명확하다. 북아메리카에서 살아가는 아메리카밍크Mustela vison[37]를 살펴보자. 이 밍크는 물갈퀴가 달린 발과 수달[38]과 비슷해진 모피, 짧은 다리 그리고 꼬리 형태를 지녔다. 이 동물은 여름 동안에는 물고기를 잡아먹으려고 물속으로 뛰어드나, 긴 겨울 동안에는 얼어붙은 물을 떠나, 긴털족제비[39]처럼 생쥐나 다른 육상동물을 먹이로 한다. 만일 다른 사례로, 식충성 사지동물이 어떻게 날아다니는 박쥐로 변환되었는지를 물어볼 수가 있다. 이 질문은 훨씬 어려운데, 나는 아직 답을 찾지 못했다. 그럼에도 나는 이러한 어려움이 거의 중요하지 않다고 생각한다. (179~180쪽)

여기에서, 다른 경우들처럼, 나는 엄청 불편한 점을 감수하려고 하는데, 내가 놀랄 만한 많은 사례들을 수집했으나, 이 가운데 같은 속에 속하는 아주 가까운 동류 종들에서 나타나는 전환 중인 습성과 구조와 관련된, 그리고 같은 종에서 나타나는 계속해서 변함 없이 다양하게 변한 습성과 관련된 한두 가지의 실례

37 *Mustela vison*(≡*Neovison vison*). 북아메리카 원산의 족제비과에 속하는 수생동물이다. 설치류, 어류, 갑각류, 양서류, 조류 등을 먹는 잡식성 동물이며, 사람의 도움으로 유럽과 남아메리카로 퍼져 나갔다.

38 *Lutra lutra*. 족제비과에 속하는 동물이다. 강둑이나 튀어나온 바위 밑에 굴을 파서 살아가는데, 호주와 남극을 제외한 거의 모든 대륙에서 살아간다.

39 *Mustela putorius*. 족제비과에 속하는 동물이다. 영어 이름인 polecat은 한 종류의 동물을 지칭하는 것이 아니라 여러 종류를 지칭하는데, 영국에는 긴털족제비만이 살고 있다.

만을 내가 제시할 수밖에 없기 때문이다. 내가 볼 때에는 이런 사례들의 기다란 목록은 그야말로 박쥐와 같은 특별한 사례에서 볼 수 있는 어려움을 줄여 주는 데 충분할 것 같다. (180쪽)

[40]다람쥐과[41]를 살펴보자. 이 무리에서 우리는 조금은 편평한 꼬리를 지닌 동물에서부터, 리차드슨 경을 비롯하여 몇 사람이 언급했듯이, 몸의 뒷부분이 다소 넓고, 옆구리 피부가 진한 색인, 소위 날다람쥐[42]에 이르는 미세한 단계들을 볼 수 있다. 날다람쥐는 사지는 물론이고 꼬리 기부에도 피부가 넓게 확장되어 달라붙어 있는데, 이 부분은 낙하산처럼 이들이 한 나무에서 다른 나무까지 놀랄 정도로 먼 거리를 공기 중에서 활공할 수 있도록 해 준다. 자신의 영역에서 날다람쥐 종류마다 지닌 구조 하나하나가 자신을 먹이로 하는 새나 짐승으로부터 도망갈 수 있도록 하거나, 자신의 먹이를 좀 더 빨리 모을 수 있도록 하거나, 또는 믿을 만한 여러 이유들이 있지만, 우연히 추락할 경우 발생하는 위험을 감소시킬 때도 사용된다는 점을 우리는 의심할 수가 없다. 그러나 날다람쥐 하나하나가 지닌 구조가 모든 자연 조건에서 상상할 수 있는 최고라는 주장은 논리적이지 않다. 기후와 식생이 변한다고 해 보자. 경쟁자인 다른 설치류나 새로운 육식동물들이 유입되었다고 해 보자. 또는 오래된 생물들이 변형되었다고 해 보자. 여기에 맞추어 날다람쥐의 구조가 변형되거나 개량되지 않았다면, 모든 것을 대응해 보면, 우리는 적어도 날다람쥐 일부의 수가 감소했거나 몰살당했다고 믿게 되었을 것이다. 따라서 특히 살아가는 조건이 변화할 때, 옆구리에 늘어진 비막

40 장 목차에 나오는 6번째 주제, '동류 종들이 지닌 습성과는 광범위하게 다른 습성을 지닌 종'을 설명하는 부분이다. 목차에는 5번째 주제, '같은 종에서 나타나는 다양하게 변한 습성'이 먼저 나왔으나, 이 부분 설명은 다음에 나온다.

41 Sciuridae. 설치류의 한 과로, 다람쥐, 날다람쥐, 마멋, 청설모 등을 포함한다.

42 앞다리와 뒷다리 사이에 있는 막, 즉 비막을 이용해 활공할 수 있는 다람쥐과에 속하는 설치류 무리이다. 흔히 날다람쥐족(Pteromyini)이라는 하나의 무리로 묶는다. 우리나라에는 하늘다람쥐(*Pteromys volans*)가 있다.

이 더욱더 커지는 이러한 변형이 유용했으며, 이런 개체들이 증식해서 자연선택 과정을 거치면서 축적될 때까지 지속적으로 보존되었고, 그 결과 완벽한 소위 날다람쥐가 만들어졌다는 점에 대해서 나는 그 어떤 어려움도 찾을 수가 없다. (180~181쪽)

이제는 피익목Galeopithecus에 속하는 날여우원숭이[43]를 살펴보자. 이 무리는 한때 박쥐 무리에 속하는 것으로 잘못 알려졌다.[44] 이들은 극도로 넓은 비막을 가지고 있는데, 이 비막은 턱 모서리에서부터 사지와 기다란 손가락을 포함해서 꼬리까지 확장된다. 비막에는 폄근[45]도 발달했다. 비록 하늘을 활공하는 데 적합한 구조를 만들어 낸 단계적인 연결고리들은 없지만, 오늘날 피익목은 여우원숭이과Lemuridae[46]와 연결되고 있다. 그러나 과거에는 그러한 연결고리가 존재했을 것인데, 아마도 덜 완벽하게 활공하던 다람쥐 사례에서와 똑같은 단계들을 거쳐 연결고리들이 하나하나 만들어졌다고 가정하는 것에 대해 나는 그 어떤 어려움도 없다. 그리고 그러한 구조의 축적은 개체들에게 유용했을 것이다. 날여우원숭이에서 손가락과 팔뚝을 연결한 비막이 자연선택으로 크게 길어졌다는 점을 믿는 데 극복하기 어려울 정도의 어려움이 전혀 없다고 나는 생각한다. 그리고 비행기관이라는 점만 고려한다면, 이러한 과정은 날여우원숭이를 박쥐로 변환시킬 수도 있을 것이다. 박쥐에서는 비막이 어깨 위에서부터 뒷다리를 포함해서 꼬리까지 확장되었는데, 비행을 위해서라기보다는 활공을 위해서 원래 만들어진 장치들의 자취를 박쥐에서 우리는 아마도 볼 수가 있을 것이다. (181쪽)

43 포유류의 일종으로, 분류학적으로 피익목(Dermoptera≡Galeopithecus), 날여우원숭이과(Cynocephalidae)에 속한다. 동남아시아에만 2종이 산다. 여우원숭이와 날다람쥐를 섞어 놓은 것처럼 생겼다. 원숭이라고는 부르나 영장류는 아니고, 박쥐처럼 야행성이다. 단독 생활을 하고 있어, 이들의 행동은 잘 알려져 있지 않다. 박쥐는 포유류의 일종으로 박쥐목(Chiroptera)에 속한다.

44 한때 날여우원숭이와 박쥐는 아주 가까운 것으로 여겨졌으나, 오늘날에는 상당히 멀리 떨어져 있는 무리들로 구분된다.

45 관절의 각도를 늘려 주는 근육이다. 팔을 굽히면 폄근의 반대쪽에 있는 굽힘근, 즉 이두박근이 수축하고, 팔을 펴면 폄근, 즉 삼두박근이 관절의 각도를 늘려 주어 팔이 펴지게 된다.

46 여우원숭이과는 영장류에 속하는데, 마다가스카르섬과 코모로 제도에만 분포한다. 5속 12종으로 이루어져 있으며, 주로 나무 위에서 풀을 먹으면서 산다. 날여우원숭이와는 달리 비막이 없다.

만일 조류 10여 속이 절멸했거나 잘 알려져 있지 않았다면, 새들이 자신들의 날개를 포클랜드스티머오리[47](이튼이 정리한 오리속Micropterus)[48]처럼 펄럭펄럭거리는 용도로만 사용한다고, 펭귄처럼 물속에서는 지느러미로 육지에서는 앞다리로 사용한다고, 타조[49]처럼 돛으로 사용한다고, 그리고 키위새속Apteryx[50] 새들처럼 기능적으로 아무런 목적 없이 사용한다고 그 누가 감히 추측했겠는가. 그럼에도 이들은 몸부림치면서 살아남았기 때문에, 이들 조류 하나하나가 지닌 구조는 이들이 노출된 살아가는 조건에서 자신들에게 확실하게 유리했다. 그러나 이러한 구조가 가능한 모든 조건들에서 전부 최상일 필요는 없다. 이러한 관찰로부터 여기에서 언급한 날개 구조의 중간단계 그 어떤 것도, 아마도 모두 불용의 결과로 추정되는데, 자신들이 완벽하게 날기 위한 능력을 습득하는 과정에서 나타나는 자연적인 단계를 암시한다고 추론해서는 절대로 안 된다. 적어도 중간단계들은 얼마든지 다양하게 변할 수 있는 전환 수단이 가능하다는 점을 보여 준다.[51] (181~182쪽)

[52]갑각류[53]와 연체동물[54]처럼 물속에서 숨을 쉬는 무리에 속하는 일부 종류들이 육지에서도 살 수 있도록 적응되어 있음을 보라. 또한 날아다니는 새들과 포유동물, 기준형들이 가장 다양하게 변한 날아다니는 곤충들, 그리고 과거에 존재했던 날아다니는 파충류[55]들을 보라. 이들을 보면, 오늘날에도 펄럭이는 지느러미의 도움으로 하늘로 낮게 올라가 방향을 바꾸며 활공하는 날치[56]가 아마도 완벽한 날개를 지닌 동물로 변형될 수 있었

47 *Tachyeres brachypterus*≡*Micropterus brachypterus*. 날지 못하는 조류의 일종이다.

48 이튼이 1838년에 쓴 『오리족의 종속지』를 다윈이 인용한 것이다.

49 타조는 달릴 때 속도를 높이기 위해 날개를 돛처럼 세운다.

50 키위과(Apterygidae)에 속하는 새들로, 뉴질랜드 특산이다. 날개가 퇴화되어 날지 못하며 꽁지도 없다.

51 다윈은 새와 관련된 이 부분에서 자료를 제시하지 않고 독자들의 상상력에 맡겼다(Costa, 2009). 절멸한 속 또는 잘 알려져 있지 않은 속을 상상하도록 하여 다양하게 변한 새들의 날개를 연결시켜 보라고 한 것이다. 이들이 하나하나 창조되었다고 생각하는 것이 타당한지, 아니면 지금은 관찰되지 않은 연결고리를 통해 서로 연결되어 있다고 생각하는 것이 타당한지를 상상하게끔 했다.

52 이 문단도 자료 제시 없이 독자들이 습성의 전환을 상상하도록 유도하고 있다.

53 절지동물의 한 종류로, 게, 새우, 따개비 등처럼 몸이 단단하고 두꺼운 등딱지로 덮여 있다. 대부분 물속에서 살아가지만, 쥐며느리처럼 땅에서 살아가는 종류도 일부 있다.

54 몸은 연하며 석회질의 껍질을 지녔다. 오징어나 문어처럼 대부분 물에서 살아가나, 달팽이처럼 땅에서 사는 종류도 있다.

55 트라이아이스 후기에서부터 백악기가 끝날 때까지 살았던 익룡이 한 가지 사례이다.

56 날치과(Exocoetidae)에 속하는 어류들로, 가슴지느러미가 크게 발달해서 미끄러지듯 하늘을 날 수 있다.

을 것으로 상상할 수도 있다. 만일 이런 일이 나타났다면, 초기 전환 상태에 있을 때 이들이 넓은 바다에서 정착해서 살았을 것이고, 우리가 아는 한 다른 물고기들이 자신을 먹는 것을 피하려고 미발달된 기관을 비행하는 용도로 사용했을 것이라고 그 누가 상상이나 할 수 있을까? (182쪽)

비행하는 데 새의 날개처럼 어떤 특정한 습성에 고도로 완벽하게 맞추어진 구조를 보면, 이 구조의 초기 전환단계를 보여 주는 동물들은 오늘날까지 거의 생존하지 못했을 것이라는 점을 우리는 명심해야만 할 것이다. 자연선택을 거치면서 조금씩 완벽해지려는 과정이 일어나서 이들이 대체되었기 때문이다. 더욱이, 매우 다른 살아가는 습성에 적합한 구조들 사이에서 나타나는 전환단계들이 초기에는 많은 개체수와 여러 종속유형[57]들로 거의 발달하지 않았을 것이라고 우리는 결론지을 수 있다. 따라서 날치의 예시에서 볼 수 있는 상상력을 다시 발휘해 보자. 진짜로 하늘을 날 수 있는 물고기가 많은 종속유형에서 발달했다고 가정하는 것은 그럴듯해 보이지 않는다. 종속유형의 비행기관이 고도로 완벽해져 살려는 전쟁에서 다른 동물들에 비해 종속유형에게 결정적인 우위가 제공될 때까지는 종속유형들이 다양한 방법으로 육지나 물속에서 많은 종류를 먹이로 먹어야 하기 때문이다.[58] 그러므로 화석 조건에서 구조가 전환단계에 있는 종을 발견할 기회는, 이들의 생존했던 개체수도 적었기에, 완전히 발달한 구조를 지닌 종의 사례보다 항상 적을 것이다.[59] (182~183쪽)

57 중간단계 또는 전환단계로 발달하기 전의 형태이다.

58 완벽한 구조가 아닌 상태에서 먹이를 잡는 것은 불리했을 것이다.

59 『종의 기원』 179쪽에서는 이론적으로 많은 중간형태가 존재할 것이나, 이들 대부분은 화석으로만 남아 있기 때문에, 현존하는 종과 종은 뚜렷하게 구분된다고 설명했다. 그런데 이 부분에서는 여기에 덧붙여 중간형태는 완벽한 구조를 지니지 못했기에 경쟁에서 불리했을 것이고 그에 따라 개체수가 적었을 것이므로, 화석으로 발견될 가능성도 적다고 설명하고 있다.

[60]나는 한 종에 속하는 개체들에서 습성이 다양해지고 변화되는 두세 가지 실례를 설명하려고 한다. 어떤 사례든 발생하면 자연선택은 변화된 습성에, 즉 여러 종류의 다른 습성들 중 오직 한 습성에만 적합하도록 구조의 변형을 유도하여 동물들을 쉽게 적응시킨다. 그러나 우리에게는 중요하지 않지만, 일반적으로 습성이 먼저 변하고 구조가 뒤이어 변화하는지를, 또는 구조가 사소하게 변형되어 습성의 변화를 유도하는지를 말하기는 어렵다. 아마도 때로는 둘 다 거의 동시에 변했을 것이다. 습성이 변화된 사례로는 지금은 외래식물들을 먹거나, 또는 인공적인 먹이만을 먹는 많은 영국산 곤충을 언급하는 것만으로도 충분할 것이다. 습성이 다양해진 사례는 수없이 들 수 있다. 나는 남아메리카에서 때때로 노란배딱새Saurophagus sulphuratus[61]를 관찰했었다. 이들은 황조롱이[62]처럼 한 자리 위에서 정지비행[63]을 하다가 다른 자리로 이동하며, 시간에 따라 물 가장자리에서 정지 상태로 서 있다가 물총새[64]처럼 물고기를 향해 돌진한다. 우리나라에서는 박새Parus major[65]가 마치 기는 동물처럼 나뭇가지를 기어오르는 것을 볼 수 있다. 박새는 때로 큰재개구마리[66]처럼 작은 새의 머리를 쳐서 죽이기도 한다. 그리고 동고비[67]처럼 박새가 나뭇가지에서 서양주목[68]의 씨를 쪼는 것을 많이 보았고, 씨를 쫄 때 나는 소리를 들은 적이 많다. 북아메리카에서는 아메리카흑곰[69]이 몇 시간 동안 입을 벌린 채 수영하는 광경을 보았는데, 마치 고래처럼 물속에서 곤충을 잡는 것을 헌[70]이 목격했다. 이처럼 극단적인 사례에서조차, 만일 곤충의 공급이 일정하다면,

60 장 목차에 나오는 5번째 주제, '같은 종에서 나타나는 다양하게 변한 습성'을 설명하는 부분이다. 같은 종에서 습성이 변한다는 의미는 개체 변이가 일어난다는 의미이며, 이는 다윈의 진화 이론에 매우 중요한 부분일 것이다(Costa, 2009).

61 오늘날은 *Pitangus sulphuratus*라는 학명으로 쓰는데, 노란배딱새속(*Pitangus*)의 유일한 종이며, 지역에 따라 10여 아종들이 있다. 배 아래쪽이 노랗다.

62 *Falco tinnunculus*. 공중을 빙빙 돌다가 일시적으로 정지비행하면서 먹이를 찾는다.

63 호버링이라고 하는데, 제자리에서 날개짓을 하는 것이다. 벌새, 황조롱이, 물총새 등이 정지비행을 한다.

64 *Alcedo atthis*. 파랑새목, 물총새과에 속하는 새로, 유라시아와 북아메리카에 분포하며, 10개 미만의 아종을 포함한다. 빠른 속도로 물속에 뛰어들어 작은 물고기를 잡아먹고 산다.

65 참새목, 박새과에 속하는 새로, 유라시아 대륙을 비롯, 아프리카 북부에 분포한다.

66 *Lanius excubitor*. 참새목, 때까치과에 속하는 육식성 새로, 작은 새도 잡아먹는다.

67 *Sitta europaea*. 온대 아시아와 유럽에 분포하는 조그만 새로, 참새목, 동고비과에 속한다.

68 *Taxus baccata*. 유럽에 분포하는 주목속(*Taxus*)의 상록 교목이다.

69 *Ursus americanus*. 북아메리카에 분포하는 곰의 일종으로, 잡식성이며 작은 짐승이나 연어 등을 먹고 산다.

70 캐나다 북부에서부터 북극을 탐험한 최초의 유럽인이다.

그리고 이 나라에 흑곰보다 더 잘 적응한 경쟁자가 이미 존재하지 않는다고 하면, 흑곰의 재래종이 자연선택으로 구조와 습성이 더욱더 수생생활에 적합해졌을 것이며, 고래와 같이 기형적인 창조물이 될 때까지 입이 커졌을 것이라고 나는 큰 어려움 없이 생각할 수 있었다. (183~184쪽)

한 종에 속하는 다른 개체들과는 물론 한 속에 속하는 다른 종에 속하는 개체들과도 습성이 모두 다른 개체들을 우리는 때로 볼 수 있는데, 내 이론에 근거해서 이러한 개체들은 변칙적으로 습성이 다르며 이들의 전형과는 약간 다르거나 상당히 다른 구조를 지닌 새로운 종으로 우연히 발달할 수 있다고 기대할 수가 있다. 그리고 자연에서도 이러한 실례들이 나타난다. 나무를 기어오르며, 나무껍질의 갈라진 틈에 있는 곤충을 움켜쥐는 딱따구리[71]가 보여 주는 적응보다 더 놀랄 만한 실례를 볼 수가 있을까? 북아메리카에도 주로 열매를 먹고 사는 딱따구리와, 길게 발달한 날개로 곤충을 몰아가는 딱따구리가 있다. 교목이 없는 라플라타 평원에서 살아가는 딱따구리[72]도 있는데, 체제를 이루는 기본적인 부위들은 물론 심지어 몸색, 듣기 싫은 소리를 내는 점, 기복 비행[73]을 하는 점 등도 이 딱따구리가 우리나라에서 살아가는 종들과 아주 가까운 혈연관계에 있음이 명백하다고 알려 준다. 그럼에도 이 딱따구리는 결코 나무에 오르지는 않는다![74] (184쪽)

슴새[75]는 바다에서 높은 하늘로 치솟으면서 사는 새 종류이나, 티에라델푸에고섬의 조용한 해협에서 살아가는 포클랜드슴

71 딱따구리과(Picidae)에 속하는 종류들을 총칭해서 딱따구리라고 부르기도 한다. 딱따구리는 호주, 뉴질랜드, 마다가스카르 등을 제외한 전 세계에서 살고 있다. 나무를 쪼아서 그 안에 있는 곤충의 애벌레를 잡아먹는데, 일부 종류들은 사막이나 평원처럼 나무가 없는 곳에서 살기도 한다. 약 30속에 200여 종이 있다. 이 부분에 나오는 딱따구리도 한 종이 아니라 여러 속의 여러 종이다.

72 캄포딱따구리(*Colaptes campestris*)를 지칭한다. 남아메리카에서 살아가는 딱따구리의 일종으로, 영어 이름인 campo flicker를 한글로 읽어 캄포플리커라고 부르기도 한다.

73 높이가 높아졌다 낮아졌다를 반복하는 비행이다.

74 실제로는 캄포딱따구리가 나무 위로 올라가기도 하는데, 『종의 기원』 6판에서는 나무 위로 오르며, 나무줄기에 구멍을 파기도 한다는 설명을 덧붙였다.

75 슴새목에 속하는 바다새 종류를 총칭해서 부르는 이름이다.

새Puffinuria berardi[76]는 일반적인 습성, 놀랄 만한 잠수 능력, 헤엄치는 방법 그리고 부득이 날아야 할 때 날아가는 방법 때문에 바다쇠오리류[77]나 논병아리류[78]의 어떤 종으로 오해받기도 한다. 그럼에도 이 새는 본질적으로 슴새의 일종이지만, 체제의 많은 부위들이 심각하게 변형되어 있다. 이와는 반대로, 흰가슴물까마귀[79]의 죽은 사체를 조사해 본 세심한 관찰자라면 이 새가 지닌 반수생[80] 습성을 의심하지 않을 것이다. 그럼에도 엄밀하게 육생 습성을 지닌 개똥지빠귀류[81]에 속하는 이처럼 변칙적인 새들은 완전히 잠수해서 물속에서 발로 돌을 붙잡고, 날개를 사용하면서 살아간다. (184~185쪽)

오늘날 우리가 알고 있는 것처럼 생물 하나하나가 창조되었다고 믿는 사람이라면, 그는 습성과 구조가 전혀 일치하지 않는 동물을 만나면 이따금씩 크게 놀랄 것이다. 오리와 거위의 물갈퀴가 달린 발이 헤엄치려고 만들어졌다고 설명하는 것보다 더 분명한 것이 무엇이 있을까? 그럼에도 고지대에서 살아가며 물 근처에는 거의 가지 않거나 절대로 가지 않는 거위의 발에도 물갈퀴는 있다. 오듀본을 제외한 그 누구도 발가락 4개 모두에 물갈퀴가 달린 군함조류[82]가 바다 물위로 내려앉는 것을 보지 못했다. 이와는 반대로, 논병아리류와 물닭류[83]는 분명하게 물에서 살아가나 이들의 발가락에는 막으로 된 경계만 만들어져 있다. 섭금류[84]의 기다란 발가락이 늪지와 물에 떠 있는 식물이 있는 곳에서 걷기 위한 것이라고 설명하는 것보다 더 분명한 것이 무엇일까? 그럼에도 흰배뜸부기[85]는 물닭류처럼 거의 수생

76 오늘날 *Pelecanoides urinatrix berard*로 부르며, 남아메리카 포클랜드섬에 분포한다.

77 바다쇠오리과(Alcidae)에 속하는 종들이다. 물속이나 물밖에서 날아다니는 능력이 뛰어난 것으로 알려져 있다.

78 논병아리목(Podicipediformes)에 속하는 종들을 부르는 이름으로, 20여 종이 있다.

79 *Cinclus cinclus*. 유럽, 중동, 중앙아시아 그리고 인도 대륙에 분포하는 조류이다. 가슴 부위가 흰색이다. 아주 빠르게 흐르는 하천변이나 호수에서 살아간다.

80 물에서도 육지에서도 생활할 수 있으나, 주로 물에서 생활하는 특성이다.

81 개똥지빠귀과(Turdidae)에 속하는 조류들로 이 과는 참새목에 속한다.

82 군함조과(Fregatidae)에 속하는 바다새 종류를 지칭한다. 열대와 아열대 지방에 분포하며, 군함조속(*Fregata*)에 속하는 5종으로 이루어져 있다. 다윈은 오듀본의 연구 결과를 인용하면서 군함조류에 물갈퀴가 달려 있으며 바다 물위에 내려앉는다고 설명하고 있다. 그러나 군함조류는 바다새임에도 바다 물위에 내려앉지 않으며 물갈퀴도 상당 부분 사라졌는데, 다윈은 이 문단 마지막 문장에서 "깊이 파헤친 막"으로 설명했다.

83 뜸부기과(Rallidae), 물닭속(*Fulica*)에 속하는 작은 물새들로, 물위에 떠다닌다.

84 다리, 목, 부리가 모두 긴 새들로서 물속에 있는 물고기나 벌레를 잡아먹는다. 두루미, 백로, 해오라기 등이 여기에 속한다.

85 *Amaurornis phoenicurus*. 다리가 긴 뜸부기 종류로, 늪지나 잡풀이 많은 곳에서 천천히 걸어 다닌다.

생활을 하며,[86] 메추라기뜸부기[87]는 메추라기류[88]나 자고새류[89]처럼 거의 육상 생활을 한다. 이러한 사례들을 비롯하여 많은 사례들을 제시할 수 있는데, 습성은 그에 상응하는 구조의 변화가 없어도 바뀐다.[90] 고지대에 분포하는 거위의 발에 달린 물갈퀴는 구조적 흔적이 아니라 기능적 흔적이다. 군함조류의 발가락 사이에 있는 깊이 파헤친 막은 구조가 변화하기 시작했음을 보여 준다. (185쪽)

창조가 셀 수 없을 정도로 개별적인 많은 작용을 했다고 믿는 사람은 이런 사례들을 보면서 창조자가 한 기준형을 지닌 생명체를 다른 기준형으로 대체한[91] 것이라며 기뻐했을 것이라고 말할 것이다.[92] 그러나 이것은 사실을 고상한 언어로 다시 말한 것에 지나지 않는 것처럼 나에게는 보인다. 생존을 위한 몸부림과 자연선택 원리를 믿는 사람은 모든 생명체가 항상 수를 늘리기 위해 노력하고 있다는 점을 인정할 것이다. 또한 만일 습성이나 구조 중 하나라도 아주 사소하게 다양하게 변한 생명체가 하나라도 있다면, 그리고 그에 따라 그들의 영역에서 살고 있는 다른 일부 정착생물보다 유리한 점을 지닌다면, 원래 장소보다는 다르겠지만, 이들 생물들이 살고 있는 장소를 자신의 것으로 만들 것이라는 점도 인정할 것이다. 따라서 물갈퀴가 달린 발을 지닌 거위나 군함조류가 건조한 땅에서 자라거나 물위에 거의 내려앉지 않는다는 사실이 그를 절대로 놀라지 않게 만들 것이다. 또한 늪지가 아니라 초지에서 살아가며 긴 발가락을 지닌 메추라기뜸부기, 나무 한 그루 자라지 않는 곳에서 살아가는 딱따구

86 물닭류들은 물위에 떠다닌다.

87 *Crex crex*. 뜸부기과에 속하는 조류로, 유럽과 아시아에 분포한다. 한때 섭금류에 소속시켰다.

88 메추라기(*Coturnix japonica*) 및 그와 비슷하게 생긴 닭목(Galliformes)의 종을 총칭하는 이름이다.

89 꿩과(Phasianidae), 자고새아과(Perdicinae)에 속하는 조류들이다. 메추라기류보다 큰 편이며 부리와 발이 강하다.

90 습성은 생물의 기능적 측면을 의미한다. 생물에서 기능이 변하면 구조가 변하고, 구조가 변하면 기능이 변할 수 있는데, 다윈은 기능의 변화가 진화에서 더 중요한 것으로 간주한 것 같다.

91 한 기준형에서 다른 기준형으로 대체되었다는 말은 한 종이 다른 종으로 변했다는 설명이다. 기준형은 한 생명체가 지니고 있는 기본 또는 근거가 되는 표준인데, 이것이 변했다면, 생명체의 근거가 변했다는 의미일 것이고, 이는 곧 종이 변했다는 의미일 것이다.

92 다윈은 『종의 기원』 167쪽에서 "말 종류가 하나하나 독립적으로 창조되었다고 믿는 사람은, 내가 생각하기로는, 종 하나하나가 자연 상태에서나 생육 상태에서 한 속에 속하는 서로 다른 종들에서 줄무늬가 아주 특이한 방식으로 만들어지는 것처럼 다양하게 변하는 경향성을 지니도록 창조되었다고 주장할 것이다"라고 했다. 이와 비슷한 주장이다.

리, 잠수하는 개똥지빠귀류, 그리고 바다쇠오리류의 습성을 지닌 습새 등에도 놀라지 않을 것이다. (185~186쪽)

[93]극도로 *완벽하고 복잡한 기관*. 서로 다른 거리의 초점을 맞추고, 서로 다른 양의 빛을 받아들이고, 구면수차[94]와 색수차[95]를 보정해 주는 모방할 수 없는 장치를 모두 지닌 눈이 자연선택으로 만들어졌다고 가정해 보자. 이러한 가정은, 내가 편안하게 고백하지만, 아무리 가능하다고 하더라도 말도 안 되는 것처럼 보인다. 하지만 이성은 내게 말해 준다.[96] 만일 완벽하면서도 복잡한 눈에서부터 매우 불완전하고 단순한 눈까지를 보여 주는 수많은 단계 하나하나는 이를 소유한 생물에게 유리했을 것인데 이런 단계가 존재했음을 보여 줄 수 있다면,[97] 만일 더 나아가 눈이 아주 사소하지만 다양하게 변한 사례들은 확실히 존재하는데 이런 변이가 유전되었다면, 또한 만일 기관에서 형성된 그 어떠한 변이나 변형이 변하는 살아가는 조건에 처해 있는 동물들에게 유리했다면, 완벽하고 복잡한 눈이 자연선택을 통해 만들어졌다고 믿는 것을 어렵게 만드는 것이, 비록 우리의 상상으로는 극복하기 어렵겠지만, 실제로 있다고 생각하는 것도 거의 힘들 것이다. 신경이 어떻게 빛에 민감하게 되었는지는 생명이 처음 유래하게 되었는지에 대한 의문보다[98] 우리에게 훨씬 더 간단한 문제로 다가온다. 그러나 어떤 민감한 신경이 빛에 민감하도록 만들어졌는지, 그리고 이와 마찬가지로 소리를 만들어 내는 아주 미세한 공기의 진동에도 민감하도록 만들어졌는지에

93 장 목차에 나오는 '극도로 완벽한 기관', '전환 방법', '어려움을 보여 주는 사례들' 그리고 '자연은 비약하지 않는다'를 묶어서 설명하고 있다. 이 문단에서는 극도로 완벽한 기관의 사례로 눈을 예시로 들어 설명한다.

94 빛이 투과하는 광로인 광축의 한 점에서 나온 광선들이 렌즈를 거친 후 광축의 한 점에서 만나지 못하여 상이 선명하지 않게 되는 현상이다.

95 빛의 파장에 따라 렌즈와 같은 매질을 지날 때 꺾이는 정도가 다르기 때문에 나타나는 현상이다.

96 다윈은 눈의 기원에 대해 정확하게 설명할 수가 없었다. 만일 눈이 창조되었다고 한다면, 극도로 완벽하고 복잡한 기관 하나하나가 만들어질 때마다 보이지 않는 힘에 의존해야만 한다. 다윈은 보이지 않는 힘을 창조자에 의존한 것이 아니라 스스로 가진 힘, 즉 이성에 의존해서 설명하려고 한 것이다. 맹목적인 의존이 아니라 합리적이고 상식적인 설명을 하고 싶었을 것이다.

97 보여 줄 수가 없을 것이다. 다윈은 이 장에서 자신이 주장한 진화 이론의 어려움의 첫 번째로 중간형태가 결핍되거나 없다는 점을 설명했다. 눈의 진화 단계에 존재했을 중간단계 역시 보여 줄 수 없었을 것이다.

98 다윈 시대에 축적된 지식으로 생명의 기원에 대해 언급할 수가 없었을 것이다. 이 문제는 오늘날에도 해결되지 못하고 있다.

대해 나를 의심하게 하는 여러 가지 사실들을 언급하려고 한다. (186~187쪽)

어떤 종에서든지 한 기관이 완벽해지는 과정에 나타나는 단계들을 조사하려면, 우리는 반드시 직계 조상만을 조사해야 한다. 그러나 이러한 일은 거의 불가능하며, 매 사례마다 어떤 단계가 가능했었는지를 조사하려면 우리는 같은 무리에 속하는 종, 즉 최초의 같은 부모 유형에서 유래된 방계 후손들을 조사할 수밖에 없다. 그리고 변하지 않았거나 또는 거의 변하지 않은 조건에서 어떤 단계가 친연관계의 초기 단계에서부터 전달될 기회를 가졌었는지를 조사해야만 한다. 현존하는 척추동물강[99] 중에서 눈의 구조가 아주 적게 변한 중간단계를 발견할 수 있을 것이나, 화석으로부터는 이러한 주제에 대해 우리는 아무것도 알아낼 수가 없다.[100] 이 위대한 척추동물강에서 완벽한 눈을 지녔던 초기 단계를 우리가 발견하기 위해서는 알려진 가장 아래쪽에 있는 화석 지층보다 훨씬 아래쪽까지 내려가야만 할 것이다.[101] (187쪽)

체절동물문[102]을 대상으로 우리는 단순히 색소로 덮여 있으나 다른 구조는 없는 시신경 계열부터 시작할 수 있다. 또한 이 낮은 단계에서부터 눈 구조의 수많은 단계들이 두 종류의 서로 다른 계통으로 분지해 나와 상당히 높은 수준의 완벽함에 도달할 때까지 존재했음을 보여 줄 수 있을 것이다. 특정 갑각류를 실례로 들면, 각막이 두 겹으로 되어 있다. 안쪽에 있는 것은 여러 각막 단면들로 나누어져 있는데, 각각에는 렌즈 모양의 돌기

99 오늘날에는 척추동물아문(Vertebrata)으로 부르는데, 다윈 이전 퀴비에는 척추동물문으로 부르기도 했다.

100 눈은 화석으로 남아 있기에는 너무나 연약한 구조이다.

101 다윈은 눈의 진화를 추정하는 과정을 설명하고 있다. 즉, 첫 번째로 직계 조상을 조사하고, 두 번째로 방계 후손들을 조사하고, 세 번째로 화석을 조사해야 한다고 설명한 것이다. 이러한 주장은 오늘날 수행되는 생물들의 계통 연구에 그대로 적용되고 있다.

102 Articulata. 동물의 몸에서 앞뒤 축을 따라 반복적으로 나타나는 마디 구조를 체절이라고 한다. 몸이 이러한 체절로 되어 있는 동물을 체절동물이라고 하는데, 오늘날의 환형동물과 절지동물이 포함된다. 오늘날에는 독립된 분류군으로 인정하지 않고 있다. 그러나 다윈은 체절동물 전체를 문이 아닌 강으로 불렀다.

가 있다. 다른 갑각류의 경우 색소로 덮인 투명한 원추세포는 측면에서 오는 광선속[103]을 차단함으로써만 제대로 작동하는데, 이는 위쪽 끝부분이 볼록해서 수렴된 빛으로 작동해야만 한다. 그리고 아래쪽 끝부분은 불완전해 보이는 유리질로 되어 있다. 지금까지 아주 간단하고 불완전하게 설명한 이런 사실들은 현존하는 갑각류의 눈에서 엄청나게 다양한 중간단계들이 있음을 보여 준다는 점과, 절멸한 종 수와 비교할 때 현존하는 갑각류의 수가 현저히 적은 점을 감안하면, 시신경이 색소로만 덮여 있고 투명한 막으로 둘러싸여 있는 단순한 장치를 위대한 체절동물강에 속하는 어떤 동물도 완벽한 상태로 지니고 있는 광학 장치로 자연선택이 변화시켰다고 믿는 것에 (다른 많은 구조의 사례보다 크지는 않겠지만) 엄청나게 큰 어려움이 없을 것으로 나는 생각한다. (187~188쪽)

103 단위면적당 쏟아지는 빛의 다발량이다.

더 찾아보고 싶은 사람은,[104] 만일 그가 이 책에서 다른 방식으로는 설명할 수 없고 친연관계 이론으로만 설명할 수 있는 수많은 사실들을 나열하고 있다는 점을 발견할 수 있다면, 앞으로 더 찾아보는 것을 주저해서는 안 될 것이며, 자연선택으로 만들어진 독수리의 눈[105]처럼, 비록 이 사례에서 그는 그 어떤 전환단계도 알지 못하겠지만, 완벽한 구조를 수용해야만 할 것이다. 비록 나는 너무나 예민해서 자연선택 원리를 이처럼 놀랄 만큼 길게 확장함에 있어 어느 정도는 망설였다는 점에 크게 어려움을 느꼈지만, 사람의 이성은 그의 상상력을 극복할 수 있을 것이다. (188쪽)

104 2011년에 「눈의 진화」라는 논문이 발표되었다(Lamb, 2011). 하지만 눈의 진화 과정은 아직도 수수께끼이다.

105 독수리는 상이 맺히는 부분에 간상세포와 원추세포의 분포 밀도가 사람보다 5배나 높아서 멀리 있는 사물을 훨씬 더 뚜렷하게 볼 수 있는데, 사람 시력 기준으로 약 4.0에서 8.0 정도로 추정된다.

[106]눈과 망원경을 비교하는 것을 피하는 것은 거의 가능하지 가 않다. 이 장치가 고도의 인간 지성이 오랫동안 계속해서 작동한 결과 완벽하게 만들어졌음을 우리는 알고 있다. 또한 눈도 어느 정도는 대응하는 과정을 통해 만들어진 것으로 우리는 자연스럽게 추론한다. 그러나 이러한 추론이 뻔뻔한 것이 아니라고 할 수 있을까? 우리는 창조자[107]가 사람처럼 지적 능력을 발휘했다고 가정하는 것에 그 어떤 정당성이라도 부여할 수 있는가? 만일 우리가 눈과 광학 기구를 반드시 비교해야 한다면, 우리는 상상으로 투명한 조직의 두꺼운 층을 가져와서, 아래쪽에 빛을 감지할 수 있는 신경을 놓아두고, 층의 서로 다른 밀도와 두께를 구분하기 위해 이 층의 모든 부위가 지속적으로 서서히 밀도가 변해서 층마다 서로 다른 거리에 위치하도록 각 층의 표면의 형태가 서서히 변해야 한다고 가정해야만 한다. 더 나아가 투명한 층에서 일어나는 사소한 사건들의 변화 하나하나를 집중해서 항상 쳐다볼 수 있는 능력이 반드시 있다고, 그리고 변화하는 환경 속에서 이러한 변화 하나하나를 주의깊게 선택해서 어떤 방법으로든 어떤 정도로든 좀 더 분명한 상을 만들 수 있다고 우리는 가정해야만 한다. 장치의 새로운 상태 하나하나가 무수하게 변화하여 좀 더 나은 상태가 만들어질 때까지 상태 하나하나가 보존되다가 마침내 오래된 상태는 파괴된다고 우리는 가정해야만 한다. 살아 있는 생물 몸에서 변이는 사소한 교체를 야기하며, 번식은 변이를 거의 무한대로 증가시키며, 자연선택은 실책을 범하지 않고 개량된 하나하나를 정확하게 골라낸다. 이 과정

106 다윈이 생각하는 눈의 진화 과정을 설명하고 있다. 눈이라고 하는 극도로 완벽한 기관도 변이가 만들어진 다음, 개량이 되면서 수많은 시간이 지나면서 자연선택되어 오늘날 우리가 보는 완벽한 눈이 만들어졌다고 다윈은 설명하고 있다.

107 창조자는 신이 아니라 자연을 의미한다.

을 수백만 년 동안 진행시키고, 매년 수많은 종류를 수백만 개체로 만들어지게 해 보자. 살아 있는 광학 장치가 유리로 만든 장치보다, 창조자가 노력하듯이 사람도 노력해서 더 뛰어난 형태로 만들어졌다고 우리가 믿지 않을 수가 있을까? (188~189쪽)

[108]만일 현존하는 어떤 복잡한 기관이 수많은 사소한 변형들이 지속적으로 나타나서 만들어질 수 없음을 증명할 수 있다면, 내 이론은 완전히 붕괴될 것이다. 그러나 나는 이런 사례를 단 하나도 찾을 수가 없었다. 의심할 여지 없이, 우리가 전환단계를 알지 못하는 많은 기관들이 존재하는데, 만일 우리가 특히 상당히 격리된 종으로 시선을 돌리면, 내 이론에 따라, 이 종 주위에는 절멸한 많은 종들이 있다. 또다시, 만일 큰 강에 속하는 많은 구성원들에서 공통으로 나타나는 기관을 우리가 조사하면, 이들 기관은 아주 오래전에 맨 처음 반드시 만들어져야만 되었기 때문에, 이 기관이 만들어진 이후에나 이 큰 강의 구성원 모두가 발달했을 것이다. 그리고 이 기관이 만들어지는 과정에 있던 초기 전환단계를 찾으려면, 우리는 오래전에 절멸한 아주 오래된 조상 유형에 희망을 걸어야만 한다. (189~190쪽)

우리는 한 기관이 어떤 종류의 전환단계로부터 만들어지지 않았다고 결론을 내릴 때 극도로 신중해야만 한다. 한 기관이 동시에 완전히 다른 기능을 수행하는 하등동물에서 수많은 사례를 찾을 수 있다. 즉, 잠자리의 애벌레와 유럽기름종개[109]에 있는 소화관은 호흡, 소화 및 분비 작용을 한다. 히드라속Hydra 동물[110]은 몸 안팎을 뒤집을 수 있는데, 뒤집으면 바깥쪽 표면에서

108 장 목차에 나오는 8번째 주제, '전환 방법'을 설명하고 있다. 습성이 변화해서 어떻게 새로운 구조가 만들어지는가를 설명한다. 이 문단에서는 새로운 구조는 반드시 기존에 있던 구조로부터 만들어진다고 강조하고 있다. 다음 문단에서, 다윈은 새로운 구조를 만들어 낸 구조는 한 가지 기능에만 특화된 것이 아니라, 여러 가지 기능을 수행할 수 있었을 것으로 추정하고 있다.

109 *Cobitis taenia*. 유럽과 아시아의 민물에서 살아가는 어류이다. 소화기관에서 호흡을 하는데, 산소가 부족한 곳에서 살아갈 수가 있다. 물 표면에서 산소를 소화기관이 받아들여 항문으로 배출한다.

110 *Hydra* sp.. 방사대칭동물의 한 부류로, 자포동물에 속한다. 흔히 히드라(*Hydra oligactis*)를 히드라속의 대표적인 생물로 지칭하는데, 북반구 온대 지역에서 넓게 퍼져 살아간다.

소화가 일어나고 위[111]는 호흡을 한다. 이런 사례에서, 만일 어떤 유리한 점을 얻을 수가 있다면, 자연선택은 한 부위 또는 기관을 좀 더 쉽게 특수하게 만들 수 있는데, 두 가지 기능을 담당했던 이 부위나 기관이 한 가지 기능만을 수행하도록 감지할 수 없는 단계를 거치면서 전반적으로 속성이 변화하도록 한다. 일부 개체에서는 두 종류의 서로 다른 기관이 때로 동시에 같은 기능을 수행하기도 한다. 한 가지 실례를 들면, 어류들은 아가미를 이용해서 물속에 녹아 있는 공기로 호흡하는데, 동시에 부레 속에 자유롭게 들어 있는 공기로 호흡하기도 한다.[112] 부레는 공기를 공급하는 공기관[113]을 가지고 있는데, 공기관은 혈관이 풍부한 격벽으로 나누어져 있다. 이 사례들은, 두 기관 중 한 기관이 다른 기관이 변형되는 과정에 도움을 받아 스스로 모든 기능을 수행하도록 쉽게 변형되고 완벽하게 된 것이다.[114] 그리고 이렇게 됨에 따라 다른 기관은 또 다른 목적에 맞게 또는 완전히 다른 목적에 맞게 변형되거나 흔적조차 없이 사라져버렸을 것이다.[115] (190쪽)

어류에 있는 부레는 좋은 예시인데, 한 가지 목적, 즉 처음에는 물에 뜨려고 만들어졌으나, 완전히 전혀 다른 목적, 즉 호흡을 위한 기관으로 변환될 수 있다는 매우 중요한 사실을 우리에게 명확하게 보여 주기 때문이다. 또한 오늘날 어떤 견해를 일반적으로 수용하고 있는지는 나는 모르지만,[116] 부레가 일부 어류에서는 청각기관의 부속체로서 역할을 담당한다는 견해와 청각장치의 한 부위가 부레를 보완한다는 견해도 있다. 모든 생리학

111 소화기관인 위를 의미한다.

112 아가미를 통해서 호흡을 받아들일 때에는 물속에 녹아 있는 산소를 어류가 받아들이나, 부레를 이용해서 호흡을 할 때에는 부레 속에 들어 있는 기체 상태의 산소를 받아들인다.

113 부레와 식도를 연결시키는 관이다.

114 이 과정을 유도상호적응(Co-optation)이라고 하는데 우리말로 확정된 번역어는 없다.

115 일반적인 여러 기능을 수행하던 기관이 한 가지 특수한 기능만을 수행하는 기관으로 전환했고, 또한 한 기관이 다른 기관이 변형되는 과정에 도움을 받아 또 다른 기관으로 전환이 일어났을 것이라고 다윈이 설명하고 있다.

116 다윈은 척추동물의 폐가 좀 더 원시적인 부레로부터 만들어졌다고 생각했으나, 최근에는 부레가 좀 더 원시적인 폐에서 만들어진 것으로 간주하고 있다.

자들은 부레가 고등한[117] 척추동물 허파의 위치와 구조가 상동성 또는 "이상적으로 비슷하다"[118]는 점을 받아들이고 있다. 따라서 내가 보기에는 자연선택이 실제로 부레를 허파로, 달리 말해 호흡에만 사용되는 기관으로 변환시켰다는 것을 믿는 데 엄청난 어려움이 없는 것 같다. (190~191쪽)

진짜 허파를 지니고 있는 모든 척추동물이 물에 뜨는 장치나 부레가 갖추어진 원시적인 원형으로부터, 이 원형을 우리는 전혀 모르는데, 정상적인 번식을 통해 유래되었다는 점을 나는 정말로 거의 의심하지 않는다. 이 부위에 대한 오웬 교수의 흥미로운 설명에서 내가 추론한 것처럼, 우리는 이상한 사실을 이해할 수가 있다. 즉, 우리가 흡수하는 음식물 입자 모두는, 성대를 닫히게 만드는 아름다운 장치가 있음에도 불구하고 허파로 떨어질 위험이 어느 정도는 있지만, 기관의 구멍[119]은 못 본 체한다는 점이다.[120] 고등한 척추동물에서는 아가미가 완전히 사라졌는데, 배 상태에서는 어깨 양쪽에 아가미 틈새와 고리모양의 동맥[121]이 원래 있던 위치에 있다. 그러나 오늘날에는 완전히 사라져버린 아가미가 자연선택에 의해 단계적으로 완전히 다른 목적으로 작동했을 것이라고 생각할 수가 있다. 같은 방식으로, 환형동물문[122]의 아가미와 등비늘[123]이 곤충의 날개와 날개덮개와 상동성이라고 생각하는 일부 자연사학자들의 견해에 따르면, 아주 오래전에는 호흡을 주로 하던 기관이 비행을 담당하는 기관으로 실질적으로 변환되었다는 점도 가능해 보인다. (191쪽)

한 기능이 다른 기능으로 변화될 가능성을 염두에 두는 것이

117 생물 역사에서 나중에 만들어졌다는 의미이다.

118 Costa(2009)는 이상적이라는 말은 플라톤이 말한 이데아에서 따온 것이라고 주장했다. 달리 말해 폐와 부레는 본질적으로 비슷하다는 의미이다.

119 후두 입구를 의미한다. 후두 입구를 지나면 성대가 나오고, 성대를 지나면 기관이 나오며, 허파로 연결된다. 음식물이 허파로 들어가면 안 된다.

120 Costa(2009)는 이 설명을 "이상한 사실"로 간주했다. 아가미와 후두 입구가 연관성이 있는 것처럼 설명하는데, 소화기관과 호흡기관을 같이 논의하는 것이 기관의 진화를 설명하는 데 다소 부적절하다는 지적이다.

121 오늘날에는 대동맥궁이라고 부른다. 아가미로 들어가는 혈관이었다.

122 몸은 가늘고 길며 좌우대칭을 이룬다. 머리와 꼬리 부분이 구분되며, 이를 제외한 몸 전체는 체절로 이루어져 있다. 지렁이, 거머리, 개불 등이 여기에 속한다.

123 갯지렁이 종류에서 나타나는데, 외골격이 없는 몸을 보호한다.

너무나 중요하기 때문에 나는 기관의 전환에 대한 한 가지 실례를 더 제시할 것이다. 유병만각류[124]에는 내가 포란소대라고 부르는 두 개의 미세한 피부주름이 있는데, 이 피부주름은 알이 주머니 안에서 부화할 때까지 점액질을 분비해서 알들을 붙들어 두는 역할을 한다. 이 만각류는 아가미를 지니고 있지 않는데, 조그만 포란소대를 포함하여 몸과 주머니 표면 전체로 호흡한다. 무병만각류, 즉 따개비 무리[125]는 이와는 반대로 포란소대가 없어, 알을 잘 닫힌 껍질 안쪽의 주머니 바닥에 흩어지게 낳는다. 그러나 이들은 커다랗게 접힌 아가미를 지닌다. 그 누구도 이 과에서 나타나는 포란소대가 다른 과에서 나타나는 아가미와 완벽한 상동성이라는 점에[126] 문제를 제기하지 않았다고 나는 생각한다. 실제로 이들은 서로서로 단계적으로 연결된다. 처음에는 포란소대로서 역할을 담당했던 약간 접혀진 피부가 마찬가지로 호흡 작용의 조그만 도움을 받아서 자연선택을 거치면서 크기가 증가해 점액 분비샘이 제거되고 단계적으로 아가미로 변환되었다는 점을[127] 나는 의심하지 않는다. 만일 모든 유병만각류가 절멸했다면, 그리고 이들이 무병만각류보다 절멸의 고통을 이미 훨씬 더 받았다면, 무병만각류에서 나타나는 아가미가 처음에는 알들이 주머니에서 씻겨 나가는 것을 방지하는 기관으로 존재했을 것이라고 그 누가 상상이나 할 수 있을까? (191~192쪽)

[128]비록 그 어떤 기관일지라도 연속된 전환단계를 거치면서 만들어질 수는 없다고 우리가 결론을 내리려면 극도로 조심해

124 자루가 있는 만각류로, 민조개삿갓이 여기에 속한다.

125 자루가 없는 만각류로, 따개비 종류가 여기에 속한다.

126 최근 분류체계에 따르면 무병만각류는 무병만각목(Pedunculata)에 속하며, 유병만각류는 유병만각목(Sessilia)에 속한다. 무병성과 유병성인 만각류는 당연히 서로 다른 과에 속한다.

127 실제로 유병만각류는 좀 더 원시적인 무리이며, 무병만각류는 좀 더 고등한 무리로 알려져 있다. 즉, 무병만각류가 유병만각류보다 더 늦게 지구상에 나타난 것이다. 따라서 다윈이 여기에서 설명한 부분은 타당할 것이다.

128 장 목차에 나오는 9번째 주제, '어려움을 보여 주는 사례들'을 설명하고 있다. 이 주제는 전환과 관련되어 있는데, 사회성 곤충에서 나타나는 중성 곤충과 전기를 만드는 전기기관, 꽃가루받이와 관련된 기묘한 장치 등, 즉 수렴진화의 예를 들어 설명한다.

야 하지만, 그럼에도 의심할 여지 없이 심각하게 어려운 사례들이 있으며, 이들 중 일부는 앞으로 발간될 책에서 논의할 것이다. (192쪽)

가장 심각한 문제 중 하나는 바로 중성 곤충[129]이 보여 주는데, 이들은 수컷이나 생식가능한 암컷과는 전혀 다르게 때로 만들어진다. 그러나 이 사례는 다음 장에서 다룰 것이다. 어류의 전기기관은 특이한 어려움을 주는 또 다른 사례이다. 어떤 단계를 거쳐 이처럼 경이로운 기관이 만들어졌는지를 생각하는 것은 불가능하다. 그러나 오웬과 일부 사람들이 언급했듯이,[130] 이들의 은밀한 구조는 흔히 보이는 근육의 구조와 아주 비슷하게 보인다. 그리고 가오리[131]는 전기 장치와 밀접하게 대응하는 기관을 가지고 있는 것으로 최근 알려졌음에도 불구하고 마테우치가 주장한 것처럼 전기를 방전한 적은 없기 때문에, 어떤 종류의 전환도 가능하지 않다고 주장하기에는 우리가 너무 무지하다는 점을 받아들여야만 한다. (192~193쪽)

전기기관은 심지어 좀 더 심각한 또 다른 어려움을 던져준다. 이들은 10여 종류의 어류에서만 나타나는데, 이들 중 일부는 친밀성이 매우 낮다.[132] 일반적으로 같은 기관이 같은 강에 속하는 몇몇 구성원들, 특히 서로 다른 살아가는 습성을 지닌 구성원들에서 나타나면 우리는 이런 존재를 공통조상에서 물려받은 것으로 생각하며, 나타나지 않은 몇몇 구성원들의 경우에는 불용이나 자연선택으로 잃어버린 것으로 생각한다. 그러나 만일 전기기관이 하나의 원시 조상으로부터 물려받아 지니게 된 것이

129 벌 사회를 이루는 일벌이나 개미 사회를 이루는 일개미 등을 지칭한다. 이들은 모두 암컷들이나 생식불가능하다.

130 오웬은 "어류의 전기기관은 척추동물에서는 알려지지 않은 것으로, 신경의 일부가 이상한 조합으로 만들어진 것으로, 전기적 충격으로 만들어 소통하는 능력을 제공한다"라고 설명했다(Owen, 1844).

131 가오리상목(Batoidea)에 속하는 연골어류를 총칭하여 부르는 이름이다. 전 세계에 6,000여 종이 분포하며, 주로 바다 밑바닥에서 생활한다.

132 계통적으로 관련이 없는 둘 이상의 생물이 유사한 형태로 적응한, 즉 수렴진화의 사례이다.

라면, 우리는 모든 전기 어류가 서로서로 특별히 연관되어 있을 것으로 기대할 수가 있다. 지질학은 이전에 존재하던 대부분의 어류들이 전기기관을 가지고 있다가, 이들의 변형된 후손들 대부분이 전기기관을 잃어버렸다고 믿게 만들도록 결코 하지 않는다.[133] 서로 다른 과와 목에 속하는 일부 곤충들이 지니고 있는 발광기관[134]의 존재는 전기기관과 평행하는 어려움을 던져준다. 또 다른 사례들도 제시할 수 있다. 식물에서 실례를 들자면, 난초속Orchis[135]과 풍선초속Asclepias[136] 식물에는 꽃가루를 덩어리[137]로 만드는 아주 기묘한 장치가 있는데, 이 장치는 끝에 점액질 밀선이 있는 자루에 달린다. 이 두 속은 꽃피는 식물 중에서 아주 멀리 떨어져 있다.[138] 뚜렷하게 구분되는 두 종에서 대응하는 변칙적인 기관이 나타나는 모든 사례를 보면, 비록 이 기관의 외관상 모습과 기능은 같아 보일지라도 일부 근본적인 차이가 일반적으로 존재함을 관찰할 수가 있다. 두 사람이 때로 독립적으로 아주 같은 발명품을 거의 똑같은 방식으로 만들듯이, 생물의 이익과 대응변이의 이점을 활용하는 자연선택도 두 생명체에 있는 두 부위를 거의 같은 방식으로 때로 변형시키는데, 이 두 생명체에는 같은 조상으로부터 물려받은 공통 구조가 거의 없다.[139] (193~194쪽)

[140]비록 많은 사례에서 한 기관이 어떤 전환을 거쳐 오늘날 상태에 도달했는지를 짐작하는 것은 아주 어려운 일일지라도, 현재 살아 있고 알려진 유형들이 절멸하고 알려져 있지 않은 유형들에 비해 비율이 아주 낮다는 점을 고려하면,[141] 나는 전환단

133 다윈은 전기기관은 공통조상에서 물려받은 것이 아니라 수렴진화의 결과라고 주장하고 있다.

134 생물이 화학적 작용을 거쳐 빛을 내기도 하는데, 이런 생물에서 빛이 나는 기관을 의미한다. 이런 기관을 가진 생물을 발광생물이라고 하며, 반딧불이가 대표적인 사례이다.

135 난과(Orchidaceae)에 속하는 속으로 20여 종으로 이루어져 있다. 유럽을 비롯하여 아프리카 북부, 티벳, 몽골, 중국 등지에 분포한다.

136 협죽도과(Apocynaceae)에 속하는 속으로, 140여 종으로 이루어져 있다. 주로 북아메리카에 분포한다.

137 식물학 용어로 화분괴라고 한다.

138 난초속(*Orchis*)이 속하는 난과는 단자엽식물이며, 풍선초속(*Asclepias*)이 속하는 협죽도과는 쌍자엽식물이다. 계통학적으로 이 두 과 사이의 유연관계는 멀다고 평가한다.

139 전기기관, 발광기관, 화분괴 등은 오늘날 모두 수렴진화, 즉 계통적으로 관련이 상당히 없는 둘 이상의 생물이 환경에 적응하여 비슷한 구조를 만든 결과로 풀이하고 있다. 이러한 수렴진화는 다윈이 "생물의 이익과 대응변이의 이점을 활용하는 자연선택"에 따라 적응한 결과로 해석하고 있다.

140 장 목차에 나오는 10번째 주제, '자연은 비약하지 않는다'를 전환과 관련지어 설명하고 있다.

141 지구가 태어나서부터 지구상에 살았던 모든 생물을 100종으로 가정하면, 이 중 99종이 절멸한 것으로 추정하고 있다.

계가 알려지지 않은 기관에 이름이 붙여지는 것이 얼마나 희귀한지에 놀랐다. 이러한 언급의 진실은 "자연은 비약하지 않는다"[142]라는 자연사의 오래된 경구에 잘 드러나 있다. 우리는 경험 많은 자연사학자가 쓴 거의 모든 책에서 이 점을 수용하고 있음을 볼 수 있다. 또 밀네드와르즈는 자연은 변종을 만들 때에는 낭비하나 혁신에는 인색하다고 잘 표현했다. 도대체 **창조** 이론에 따르면 왜 이래야만 한단 말인가? 수많은 독립적인 생명체들이 지닌 모든 부위와 기관들이 자연계 내에서 가장 적절한 장소에서 각자 독립적으로 창조되었다고 가정한다면, 왜 그토록 셀 수 없이 많은 중간단계들로 서로 연결되어 있단 말인가? 왜 **자연**은 한 구조에서 다른 구조로 비약하지 않는가? 자연선택 이론에 따르면, 우리는 왜 자연이 비약하지 않는지를 명확하게 이해할 수가 있다. 자연선택은 오직 사소하고 연속된 변이를 활용해서 작용하기 때문이다. 자연은 결코 비약하지 않으나, 가장 짧고 가장 느린 단계로[143] 나아갈 뿐이다. (194쪽)

[144]*거의 눈에 띄지 않게 중요한 기관들*. 자연선택이 삶과 죽음으로 작용하기 때문에, 즉 도움이 되는 어떤 변이를 지닌 개체들은 보존하고 구조에서 도움이 되지 않는 편이는 그 어떤 것이라도 파괴시키기 때문에 단순한 부위들의 중요성이 계속해서 다양하게 변하려는 개체들을 보존하는 데 충분하지는 않겠지만, 때때로 이 부위들의 기원을 이해하는 데 나는 많은 어려움을 느꼈다. 눈처럼 완벽하고 복잡한 기관의 사례와는 비록 아

142 이 경구는 아리스토텔레스로부터 라이프니츠, 뉴턴, 린네에 이르는 많은 과학자가 자연에 대한 전제로 받아들이는 원리로 알려져 있다(장대익, 2016). 생물학에 처음 사용한 사람은 린네로 알려져 있는데(Costa, 2009), 그는 다윈과는 달리 모든 생물 종들이 창조로 만들어졌기 때문에 자연은 비약하지 않는다고 생각했었다. 그리고 다윈은 린네와는 달리 진화론을 주장하기 위해 이 경구를 사용했다.

143 최근 계통학자들이 계통을 논의할 때 진화는 가장 짧은 단계로 진행되었다고 가정하는데, 이를 절약의 원리라고 부른다. 이 원리의 토대를 다윈이 주장하고 있다.

144 장 목차에 나오는 11번째 주제, '사소하지만 중요한 기관들'과 12번째 주제, '모든 사례에서 절대적으로 완벽하지 않은 기관들'을 묶어 설명한다. 사소하지만 중요하지 않았다면 자연선택되지 않았을 것인데, 이들이 어떻게 현재의 모습을 지니게 되었는가를 ① 우리가 기관의 중요성에 대해 모른다는 점과 ② 생물들에게는 중요하지 않음에도 우리가 중요하게 여긴다는 점을 우리가 잘 모르고 있기 때문이라고 설명하고 있다.

주 다른 종류이지만, 이 문제와 관련해서 큰 어려움을 때로 느꼈다. (194~195쪽)

[145]첫 번째로, 우리는 어떤 한 생명체의 전반적인 경제에 대해서 너무나 모르기 때문에 사소한 변형이 중요한지 아닌지에 대해 말할 수가 없다. 앞 장에서,[146] 나는 열매에 있는 솜털이나 과육의 색깔 같은 가장 사소한 형질들과 관련된 실례를 제시했었는데, 이런 형질들은 곤충의 공격으로 결정되거나 체질의 차이와 연관되어 있으며 확실히 자연선택이 작용한 결과일 것이다. 기린의 꼬리는 사람이 만든 파리채와 비슷하게 보인다. 그리고 처음 보면 연속된 사소한 변형으로 조금씩 개선되어 현재의 목적에 알맞게 되었다는 점을 믿을 수가 없는 것처럼 보인다. 물체가 너무나 사소해서 파리를 쫓아 보낼 수가 없을 것 같아서이다. 그럼에도 우리는 이 사례조차도 지나치게 긍정적으로 생각하는 것을 조심해야만 하는데, 남아메리카에서 소를 비롯한 다른 동물들의 분포와 존재가 곤충의 공격에 저항하려는 동물들의 능력에 의해 결정된다는 점을 우리가 알고 있기 때문이다.[147] 따라서 어떤 방법으로든 자신들의 조그만 적들로부터 자신들을 지킬 수 있는 개체들은 새로운 목초지로 분포범위를 넓혀 나갈 수 있으며, 그에 따라 보다 큰 유리한 점을 얻게 될 것이다. 몸집이 큰 사지동물들이 실제로 파리 때문에 (일부 아주 드문 사례들은 제외하고) 죽지는 않겠지만, 이들이 끊임없이 괴롭힘을 당해 체력이 약화되면 질병에 더 잘 걸리게 될 것이며, 먹이가 부족할 시기가 도래하여도 먹이를 잘 구하지 못할 것이며, 맹수들로부터 잘 피

145 우리는 사소하다고 생각하지만 생물에게는 사소한 특징이 아닐 수 있다는 점을 우리가 모르고 있음을 설명하고 있다. 생물에게 중요하다면 자연선택될 수 있을 것이라는 설명이다.

146 『종의 기원』 85쪽, 이 책 124쪽을 참조하시오.

147 『종의 기원』 72쪽, 이 책 107쪽을 참조하시오.

하지도 못할 것이다. (195쪽)

지금은 그리 중요하지 않은 기관들이 아마도 초기 조상들에게는 아주 중요했던 몇 가지 사례들이 있다. 비록 지금은 이들이 아주 사소한 용도로만 쓰이지만, 이들은 이전 시기에 서서히 완벽해진 다음에 거의 같은 상태로 전달되었다. 게다가 구조에서 실질적으로 해로운 편이는 어떤 것이라도 자연선택에 의해 항상 제거되었을 것이다. 많은 수생동물에서 꼬리가 이동기관으로 얼마나 중요한가를 이해한다면, 그렇게 많은 육상동물에서 꼬리가 일반적으로 존재하며 다양한 목적으로 사용되는 점은 육상동물의 허파, 즉 변형된 부레가 자신들이 물에서 기원했다는 점을 드러내듯이 아마도 이런 방식으로 설명될 수 있을 것이다. 한 수생동물에서 만들어져 잘 발달된 꼬리는, 계속해서 파리를 쫓는 기관, 잡는 기관 또는 개처럼 회전을 돕는 기관 등 온갖 종류의 목적에 사용되었을 것이다. 단지 회전하는 데 도움은 사소했을 것인데, 꼬리가 거의 없는 산토끼가 두 배나 빠르게 충분히 회전할 수 있기 때문이다.[148] (195~196쪽)

두 번째로, 자연선택과는 무관하게 전혀 다른 이차적 원인으로 만들어진 형질들이[149] 실제로는 거의 중요하지 않음에도 우리는 중요하다고 생각한다. 기후, 먹이 등이 체제에 어떤 사소한 영향을 직접 줄 수 있다는 점, 형질이 회귀 법칙에 의해 다시 나타날 수 있다는 점, 성장의 상관관계는 변형 중인 다양한 구조에 가장 중요한 영향을 줄 수 있다는 점, 그리고 마지막으로 성선택을 기억해야만 한다. 성선택은 다른 수컷과 싸울 때 또는 암컷을

148 사소하다고 간주된 기관들이 진화 과정에는 중요한 기관이었을 수도 있었을 것이라고 설명하고 있다. 한때 중요했지만, 지금은 사소한 기관으로 변했을 수도 있다. 달리 말해, 이미 완벽한 기관일 수가 있다는 설명이다.

149 자연선택과는 무관하게 만들어진 형질들을 의미한다. 다윈의 예를 들면, 형질이 회귀되었을 경우, 자연선택과 무관하게 어떤 시기에 이 형질이 나타나게 되는데, 이를 이차적 원인으로 설명한 것으로 보인다.

유혹할 때 유리함을 갖고자 하는 의지를 가진 동물의 수컷이 지닌 외부 형질을 크게 변형시킨다. 더욱이 구조의 변형이 앞에서 언급한 또는 알려지지 않은 원인으로 일차적으로 나타난 경우, 처음에는 이 변형이 종에 유리한 점이 없는 것처럼 보이나, 계속해서 이 종의 자손들에게는 새로운 살아가는 조건과 새롭게 확보한 습성으로 인하여 유리하게 작용할 수도 있다. (196쪽)

마지막 언급을 입증하는 몇 가지 실례를 제시하고자 한다. 만일 유라시아청딱따구리[150]만이 존재하고, 까맣고 얼룩진 많은 종류를 우리가 알지 못한다면, 딱따구리처럼 교목에서 흔히 살아가는 새들이 자신의 적들로부터 자신의 몸을 숨기려고 적응한 아름다운 색이 초록색이라고 우리가 생각할 것이라고 나는 감히 말하고 싶다. 그에 따라, 이 색은 중요한 형질이며, 자연선택을 통해 습득되었다고 나는 말하고자 한다. 그런데 사실상 색은 어느 정도는 아주 뚜렷한 원인, 아마도 성선택으로 만들어진다는 점을 나는 의심하지 않는다. 말레이 제도에서 자라는 덩굴야자나무[151]는 정교하게 만들어져 가지 끝에 모여 있는 갈고리를 이용하여 교목의 가장 높은 곳까지 올라간다. 의심할 여지 없이 이 장치는 식물에 아주 유익하다. 그러나 덩굴성이 아닌 많은 교목에서도 거의 비슷한 갈고리를 우리는 볼 수 있는데, 이 덩굴야자나무의 갈고리는 성장과 관련된 알려지지 않은 법칙에 따라 만들어졌을 것이며, 지속적인 변형 과정을 거치면서 식물에게 유리하게 작용했을 것이므로 이 식물은 덩굴성이 되었을 것이다. 아트라투스독수리[152]의 벗겨진 머리는 부패한 고기에 머

150 영어로 green woodpecker라는 이름은 4종류의 딱따구리를 지칭한다. 이 중 다윈은 유럽과 아시아에 분포하는 유라시아청딱따구리(*Picus viridis*)를 언급한 것으로 보인다. 몸이 청색이다.

151 다윈은 trailing bamboo라고 했는데, 이 식물명은 키가 1m정도 자라는 애기겨이삭(*Agrostis stolonifera*)을 지칭한다. 다윈이 실수한 것으로, 3판에서는 trailing palm, 즉 덩굴야자나무로 수정했다. 이 덩굴야자나무를 흔히 라탄 또는 등반야자나무로 부르는데, 600여 종의 야자나무를 지칭한다.

152 vulture는 흔히 독수리로 번역되나, 여러 종을 지칭한다. 다윈이 어떤 종을 지칭한 것인지 명확하지 않은데, 『위대한 책』에서는 "vulture(*Cathartes atratus*)"로 표기했다.

리를 처박는 것에 직접적으로 적응한 것처럼 일반적으로 보인다. 그럴지도 모르겠지만, 아마도 부패한 물질이 직접 작용한 결과일 수도 있다. 그러나 깨끗하게 먹어치우는 터키콘도르[153] 수컷 머리도 마찬가지로 벗겨져 있다. 어린 포유동물의 두개골에 있는 봉합선은 분만을 도와주고 의심할 여지 없이 촉진시키는, 또는 분만에 없어서는 안 되는 훌륭한 적응으로 개선된 것이다. 그러나 알을 깨고 나와야만 하는 조류와 파충류의 새끼 두개골에도 봉합선이 나타나는데, 이 구조는 성장의 법칙에 따라 만들어졌고, 특히 고등동물의 분만에 유리하게 작용했다고 우리는 추론할 수 있을 것이다. (196~197쪽)

[154]우리는 사소하고 하찮은 변이들이 만들어지는 원인을 해박하게 모르고 있다. 이 변이들이 여러 나라에서, 특히 인위선택이 거의 없었던 비문명화된 나라에서 사육하는 동물들의 품종 차이에 미치는 영향에 대해 우리는 지금 당장 신경을 써야 한다. 조심스러운 관찰자라면 축축한 기후는 털의 성장에 영향을 주며, 뿔은 털과 상관관계가 있다는 점을 납득할 것이다. 산악 지대 품종은 저지대 품종과는 항상 다르다. 산악으로 된 나라에서는 동물들의 뒷다리가 더 많이 움직이게 되었을 것이고, 아마도 골반에도 영향을 주었을 것이다. 그리고 상동변이의 법칙에 따라, 앞다리와 심지어 머리도 영향을 받았을 것이다. 또한 골반의 형태는 자궁 안에 있는 태아의 머리 형태에 압력을 가해 영향을 주었을 것이다. 숨쉬기가 힘든 고산 지역에서는, 우리가 믿는 몇 가지 이유가 있는데, 흉부의 크기가 커지면서 다시 상관관

153 『종의 기원』에서는 "turkey"로 되어 있는데, 이는 칠면조를 지칭하는 이름이다. 그러나 다윈은 "깨끗하게 먹어치우는" 습성을 turkey(6판에서는 Turkey로 표기함)가 지니고 있다고 설명하고 있다. 그런데 칠면조는 초식성 동물이므로, 깨끗하게 먹어치우는, 즉 육식성 동물과는 다르다. 따라서 이 문장에 나오는 터키는 터키콘도르(*Cathartes aura*)로 간주했다.

154 사소하지만 중요한 기관들에 대해 다윈이 자신의 생각을 요약한 부분이다. 이런 기관들 또는 좀 더 정확하게 이런 변이가 만들어지는 원인이 아직까지 알려져 있지 않지만, 그렇다고 하더라도 이들은 자연선택으로 변형되었을 것이라고 다윈은 결론을 내리고 있다.

계가 작동하기 시작했을 것이다. 여러 나라에서 원시인들이 유지하는 동물들은 때로 자신들만의 생존을 위해 몸부림을 쳐야만 하며, 자연선택에도 상당히 노출되어 있다. 그리고 약간은 다른 체질을 지닌 개체들은 다른 기후 조건에서 성공적으로 살아남는데, 체질과 색은 상관관계가 있다고 믿을 만한 이유가 있다. 또한 좋은 관찰자는,[155] 소의 경우에도 일부 식물이 지닌 독성에 잘 중독되는 정도처럼, 파리의 공격에 대한 감수성이 색과 상관관계가 있다고 주장했다. 따라서 색은 자연선택의 작용에 따라 변하기 쉽다. 그러나 우리는 몇 가지 알려진 변이의 법칙과 알려지지 않은 변이의 법칙이 지닌 상대적인 중요성을 추측하는 데 너무나 무지하다. 그리고 만일 우리의 사육 동물들이 지닌 형태 상태의 차이점을 우리가 설명할 수가 없다면, 그럼에도 차이점들이 일상적인 번식을 통해 만들어졌다고 우리가 받아들인다면, 종들 사이에 나타나며 사소하게 대응하는 차이점들의 정확한 원인을 우리가 모른다고 해서 너무나 많은 스트레스를 받으면 안 된다는 점을 보여 주려고 나는 여기에서 이 법칙들을 간단히 언급했을 뿐이다. 같은 목적으로 나는 인종 간의 차이가 아주 뚜렷하다는 점만을 언급하고자 하는데, 주로 특정한 종족들이 성선택을 해서 만들어 낸 차이의 기원을 확실하게 해결할 수 있는 상당수의 실마리를 덧붙일 수가 있었음에도, 여기에서는 자세한 정보를 풍부하게 제시하지 않았는데, 내 논리가 경솔한 것으로 보일 수도 있을 것이다.[156] (197~199쪽)

[157]구조 하나하나의 미세한 모든 부분이 소유자의 이익을 위

155 Costa(2009)는 "좋은 관찰자"가 독일의 자연사학자인 벡스타인이라고 설명하면서, 그가 튀링겐 지방에서는 밝은 색 소가 파리의 공격을 받기 때문에 어두운 색 소에 비해 유리하지 않다고 주장했다고 설명했다.

156 다윈이 『종의 기원』에서 인류의 기원과 관련해서 언급한 유일한 부분일 것이다. 단지 490쪽에서는 "이런 사실들로 볼 때, 자연에서 벌어지는 전쟁과 굶주림 그리고 죽음에 따라 가장 지적인 대상물이 직접 만들어졌는데, 이 대상물은 우리가 생각할 수 있는 보다 고등한 동물이다"라고 언급했다. "우리가 생각할 수 있는 보다 고등한 동물"이 인류라는 언급은 없지만, 인류의 출현으로 추정된다. 그러나 다윈은 6판에서 "같은 목적으로 나는 인종 간의 차이가 아주 뚜렷하다는 점만을 언급하고자 하는데, 주로 특정한 종족들이 성선택을 해서 만들어 낸 차이의 기원을 확실하게 해결할 수 있는 상당수의 실마리를 덧붙일 수가 있었음에도, 여기에서는 자세한 정보를 풍부하게 제시하지 않았는데, 내 논리가 경솔한 것으로 보일 수도 있을 것이다"라는 부분은 삭제되어 있다.

157 장 목차에 나오는 12번째 주제, '모든 사례에서 절대적으로 완벽하지 않은 기관들'을 설명하는 부분인데, 유용성이라는 문제가 눈에 띄지 않으나 중요한 기관 부분에 묶어서 같이 설명하고 있다. 절대적인 완벽함이 있을까라는 다윈의 질문이다. 4판부터 이 부분에 "공리주의 원리는 얼마나 진실한가 : 아름다움은 어떻게 습득되었나"라는 문단 제목이 첨가되었다.

해 만들어졌다는 공리주의[158] 학설에 반대하는 몇몇 자연사학자들의 최근 주장에 대해 내가 몇 마디 하려고 앞에서 설명했다. 그들은 수많은 구조들이 사람의 눈에 아름답게 보이기 위해, 또는 단순히 변종을[159] 위해 창조되었다고 믿는다. 이 학설은, 만일 진실이라면, 내 이론에 결정적인 치명타가 될 것이다.[160] 그럼에도 나는 많은 구조들이 소유자들에게 직접적으로 유용한 것이 아니라는 점을 전적으로 받아들인다. 물리적 조건들이 아마도 구조에 상당히 영향을 주었을 것이며, 그에 따라 얻어질 수 있는 어떤 이익과는 완전히 무관할 것이다. 성장의 상관관계는 의심할 여지 없이 가장 중요한 역할을 수행할 것이며, 한 부위에서 유용한 변형이 일어나면 직접적으로 유용하지 않은 다른 부위에도 다양한 변화가 때로 수반될 것이다. 다시 말하자면, 과거에는 유용했던, 또는 과거에 성장의 상관관계로 인해 만들어졌던, 또는 미지의 원인으로 만들어졌던 형질들이 회귀의 법칙에 따라, 비록 현재에는 직접적인 용도는 없지만 다시 나타날 수가 있다. 암컷을 유혹하는 아름다움으로 표현되는 성선택 결과는 오히려 어쩔 수 없는 의미에서만 유용하다고 할 수 있다. 그러나 가장 중요하게 고려할 사항은 모든 생명체의 체제를 이루는 주요 부위들이 단순히 유전에 의한 것이라는 점이다. 그에 따라, 비록 모든 생명체가 자연계 내의 자신의 장소에 확실하게 적합했지만, 오늘날 많은 구조는 종 하나하나의 살아가는 습성과 직접적인 연관성을 지니지 않게 되었다. 그러므로 고지대 거위나 군함조류의 발에 달린 물갈퀴가 이들에게 특별한 용도가 있

158 19세기 영국에서 발달한 윤리 이론으로, 최고의 행동은 유용성을 최고로 하는 것이며, 이때 유용성은 느낄 수 있는 사물의 행복이다.

159 린네가 변종을 생육종에서만 만들어진다고 한 이후 많은 사람들이 이를 받아들였지만 자연에서 변종으로 판단되는 수많은 개체들이 발견되면서부터 변종도 자연에서 만들어질 수 있다고 간주했다. 왜 변종이 자연에서 만들어질까라는 질문에 대한 답으로 변종 그 자체를 위해 수많은 구조들이 만들어졌다고 생각했다.

160 변이가 유용하게 나타난 것이라고 한다면, 회귀로 갑자기 나타난 변이에 유용성을 부여해야 하는 경우는 불가능할 것이므로, 다윈은 자신의 이론을 접어야만 할 것이다.

어서 달려 있다는 점을 우리는 좀처럼 믿지 못한다. 게다가 원숭이의 팔, 말의 앞다리, 박쥐의 날개 그리고 바다표범의 지느러미발에 있는 똑같은 뼈들이 이들 동물에게 특별한 용도가 있다는 점도 우리는 믿을 수가 없다.[161] 이들 구조는 유전 탓이라고 우리는 조심스럽게 말할 수 있다. 그러나 물갈퀴가 달린 발은 오늘날 존재하는 새들 가운데 물에서 살아가는 새들에게 유용한 것처럼 고지대 거위나 군함조류의 조상들에게도 의심할 여지 없이 유용했을 것이다. 이와 비슷하게, 바다표범의 조상은 지느러미발을 가지고 있지 않았을 것으로 우리는 믿으나, 다섯 개의 발가락으로 된 발은 걷거나 쥐는 데 적합했을 것이다. 그리고 원숭이, 말, 박쥐의 사지를 이루는 몇몇 뼈들은 모두 공통조상에게서 물려받았는데, 과거에는 이들의 조상에게 또는 조상의 조상에게, 아주 다양하게 변해버린 습성을 지닌 오늘날 동물들보다 이들이 좀 더 특별한 용도를 지녔을 것이라고 나는 위험을 무릅쓰고 믿고 싶다. 따라서 지금도 마찬가지이지만 과거에 유전, 회귀, 성장의 상관관계 등의 법칙에 따라 자연선택을 거치면서 이들 몇몇 뼈들이 만들어졌다고 우리는 추론할 수 있다. 그러므로 모든 살아 있는 창조물에 있는 구조의 상세한 모든 부위는 (물리적 조건들의 직접적인 작용으로 상당수가 만들어질 수 있음을 고려하여), 직접 또는 간접적으로 복잡한 성장의 법칙에 따라, 일부 조상 유형들에게 특별한 용도가 있었는지 또는 이들 유형들의 후손들에게 오늘날 특별한 용도가 있는지 두 견해 중 하나일 것이다. (199~200쪽)

161 이들은 모두 상동기관으로 유용성 때문에 그렇게 만들어진 것이 아니라, 공통조상으로부터 물려받은 것들이다. 유용성만 따지면 바다표범의 지느러미발에 골격이 없어도 될 것이다.

비록 자연계 전반에 걸쳐, 한 종이 끊임없이 다른 종의 구조로부터 유리한 점 또는 이익을 얻지만, 자연선택은 다른 종만의 이익을 위해서 그 어떤 종에 어떠한 변형을 만들 수는 없다.[162] 그러나 독사의 송곳니와 다른 곤충의 살아 있는 몸 안에 알을 낳은 맵시벌[163]의 산란관을 보면 알 수 있듯이, 자연선택은 직접적으로 다른 종에 해가 되는 구조를 때로 만들 수 있거나 만든다.[164] 만일 어떤 한 종이라도 구조의 어떤 부위가 다른 종의 이익만을 위해 만들어졌다면, 내 이론은 무효가 될 것인데,[165] 이런 경우가 자연선택을 통해서는 나타날 수가 없기 때문이다. 자연사 연구에서 이러한 결과에 대해 언급한 것을 많이 볼 수 있지만, 어떠한 무게감을 느낄 수 있는 것은 단 하나도 나는 발견할 수 없었다. 방울뱀[166]은 자신을 지키기 위해 그리고 먹이를 죽이기 위해 독을 내는 송곳니를 지니고 있다는 점을 인정해야 함과 동시에 일부 사람들은 이 뱀이 자신이 먹으려는 동물에게 피하라는 경고를 주려고 자신에게 불리한 방울을 지니고 있다고 생각한다. 나는 고양이가 도약하기 전에 피할 수 없는 쥐에게 경고하려고 꼬리 끝을 둘둘 만다는 주장을 거의 믿을 뻔했다. 그러나 나는 이러저러한 사례들을 설명한 공간이 없다. (200~201쪽)

자연선택은 생물 하나하나의 이익을 위해서 그리고 이익에 의해서만 작동하기 때문에 생물 자신에게 해로운 그 어떤 것도 결코 만들지 않을 것이다.[167] 페이리가 언급했듯이[168] 소유자에게 고통을 주거나 해를 주려는 목적으로는 어떤 기관도 만들어지지 않는다. 만일 부위 하나하나가 만들어 내는 이익과 손해 사

162 유용성을 강조하는 공리주의에 대해 다윈의 자연선택에 대한 첫 번째 설명은 '자연선택은 다른 종의 이익을 위해서 어떠한 변형도 만들지 않는다'이다.

163 번식을 위해 다른 곤충에 기생하는 기생벌들로, 맵시벌과(Ichneumonidae) 또는 맵시벌속(*Ichneumon*) 벌들을 총칭해서 맵시벌이라 한다.

164 자연선택은 생물들에게 이익이 되는 선택만을 하나, 이런 선택 중에 다른 생물에게 해로운 일이 일어날 수도 있다는 설명이다.

165 다른 종의 이익을 위한다는 말은, 곧 공리주의적 생각이다.

166 방울뱀속(*Crotalus*)과 애기방울뱀속(*Sistrurus*)에 속하는 맹독을 지닌 뱀 종류들로, 아메리카 대륙에서만 살아간다. 꼬리 끝에 여러 개의 각질 고리가 소리 나는 방울처럼 연결되어 있어, 방울뱀이라 부른다. 들소와 같이 큰 동물을 놀라게 만들어서 자신을 보호하려고 소리를 낸다는 가설이 있다.

167 다윈의 자연선택에 대한 두 번째 설명은 '자연선택은 생물 자신에게 해로운 것은 결코 만들지 않는다'이다.

168 Costa(2009)는 페이리가 1860년에 "우리는 사악한 목적으로 만들어진 발명품들을 찾을 수 없다. 해부학자라면 그 누구도 고통과 죽음을 야기하는 체계를 발견하지 못한다"라고 주장했다고 설명했다. 그러나 1860년은 『종의 기원』 초판이 출판된 이후이다. 『위대학 책』에는 단순히 "페이리가 언급했듯이"라고만 되어 있다.

이의 공평한 균형이 깨진다면, 이들 부위는 대체로 유리할 것이다. 시간이 흘러감에 따라 살아가는 조건이 변하는 상황에서 만일 어떤 부위라도 해가 된다면, 이 부위는 변형될 것이다. 만일 그렇지 않다면, 무수한 생물이 절멸했듯이 이 생명체도 절멸할 것이다. (201쪽)

자연선택은 생명체 하나하나를 완벽하게, 또는 같은 나라에 있는 다른 정착생물들보다 약간 더 완벽하게 만들도록 하는 경향이 있는데,[169] 이 생명체는 생존을 위해 몸부림치게 된다. 그리고 자연에서 완벽한 상태란 바로 이런 것이다.[170] 실례를 들면, 뉴질랜드의 고유한 야생종은 다른 야생종들과 비교할 때 완벽하다. 그러나 이들은 유럽에서 수많은 동식물들이 돌격해옴에 따라 오늘날 급속도로 짜부라지고 있다. 자연선택은 절대적인 완벽함을 만들지 않는데,[171] 우리가 판단할 수 있는 한, 우리도 자연에서 가장 높은 수준을 항상 만나지 못한다. 뛰어난 전문가에 따르면 광수차[172]를 수정하는 것은 가장 완벽한 기관인 눈이라 할지라도 완벽하지 못하다. 만약 우리의 이성이 자연에 있는 엄청나게 모방할 수 없는 장치를 열렬히 경탄하도록 한다면, 비록 우리가 자연은 완벽하거나 전혀 완벽하지 않은 양극단이라고 잘못 생각하기 쉽지만, 바로 그 이성은 우리에게 이들 장치 중 일부는 덜 완벽하다고 생각하도록 한다. 말벌[173]이나 벌[174]들은 많은 동물을 공격하면서 침을 사용하지만, 이 침에는 거꾸로 된 톱니가 있어 회수가 불가능하므로 불가피하게 자신의 내장도 파괴하여 자신도 죽게 한다. 말벌이나 벌이 침 쏘는 것을 우

169 다윈의 자연선택에 대한 세 번째 설명은 '자연선택은 같은 환경에 있는 다른 생물들보다 더 잘 적응하게 한다'이다.

170 생물이 살아가는 환경에 적응한 상태가 바로 완벽한 상태라고 설명하고 있다.

171 다윈의 자연선택에 대한 네 번째 설명은 '자연선택으로 절대적인 완벽함이 만들어지지 않는다'이다. 현재가 완벽한 상태라 하더라도 조건이 변하면 또 다른 상태로 변형되어야만 하기 때문일 것이다.

172 상을 맺을 때 한 점에서 나온 빛이 광학계를 통한 다음, 다시 한 점에 모이지 않고 상에 빛깔이 있어 보이거나 일그러지는 현상을 말한다.

173 벌아목(Apocrita)에 속하는 곤충이나, 특히 말벌과(Vespidae)에 속하는 종류만을 지칭하기도 한다. 말벌 종류는 벌 종류와는 달리 침을 여러 번 사용할 수 있다.

174 벌아목(Apocrita), 꿀벌상과(Apoidea)에 속하는 곤충이다. 벌 종류의 침은 한 번 사용하면 침에 찔린 생물 몸에서 꺼낼 수가 없어 다시는 사용할 수가 없다.

리는 완벽하다고 간주할 수 있을까? (201~202쪽)

만일 우리가 벌의 침을, 커다란 목을 이루는 그렇게 많은 구성원들도 만든 것처럼, 구멍을 뚫고 톱날이 달린 장치로써 아주 오래된 조상들에서 처음 나타난 것으로 간주한다면,[175] 그리고 이 침이, 오늘날 목적에는 완벽하지 않지만, 처음에는 식물에 혹을 만들고 계속해서 크게 만드는 데 적합한 독을 지니도록 변형되었다면, 우리는 침을 사용함으로써 때로 벌 자신이 어떻게 죽게 되는가를 이해할 수가 있을 것이다. 만일 침을 쏘는 능력이 군집에 전체적으로 유용했다면,[176] 일부 구성원들의 죽음이 유발되기는 하지만, 이런 행위는 자연선택의 요구 사항을 충족시켰을 것이다. 만일 우리가 많은 곤충들의 수컷들이 암컷들이 내는 향기로 암컷을 찾고 있는 놀라운 능력을 칭찬한다면, 다른 목적으로는 군집에 전혀 쓸모가 없고 일만 하고 생식불가능한 자매들에 의해 결국에는 학살당하는 수천 마리의 수벌을 이 단 한 가지 목적을[177] 위해 이처럼 만든 것도 칭찬할 수 있을까? 여왕벌은 어린 여왕벌, 즉 자신의 딸이 태어나자마자 즉시 죽여야만 하거나 자신이 스스로 전투에 나가서 죽기도 하는데, 이 여왕벌의 야만적이고 본능적인 증오를 칭찬하기는 어렵지만 우리는 칭찬해야만 한다. 의심할 여지 없이 이런 행위는 군집의 이익을 위한 것이다. 그리고 모성애 또는 모성증오는, 모성증오가 다행스럽게도 아주 드물지만, 모두가 똑같은 피할 수 없는 자연선택의 원리이다.[178] 만일 우리가 난과 식물들을 비롯하여 많은 식물들의 꽃에서 곤충 매개자들이 수정할 때 이용한 몇 가지 교묘한 장

175 침은 벌의 산란관이 변형된 것으로 알려져 있다. 따라서 벌침은 암컷에게만 있고, 수컷에게는 없다. 그럼에도 아리스토텔레스는 어떤 종이라도 암컷에게는 무기가 없기 때문에 침을 쏘는 벌을 수컷이라고 생각한 것으로 알려져 있다(Costa, 2009).

176 다윈은 자연선택이 개체의 이익을 위해서 작용할 뿐이라고 강조했는데, "군집에 전체적으로 유용했다"는 주장은 개체의 이익보다는 군집의 이익을 강조한 것으로 보인다. 이런 언급은 개체의 희생을 통해 개체군에 이익이 되도록 진화했다는 소위 집단선택과 연결되는데(Ruse, 1980), 사회를 이루는 벌과 개미에서는 개체의 희생을 이타주의적 행동으로 보며, 이런 행동으로 같은 친족 내의 다른 개체들에 이익이 된다는 친족선택으로 이어졌다. 또 다른 사례는 7장의 중성 곤충에서 설명한다.

177 수벌은 여왕벌과 교미만 할 뿐, 다른 일은 하지 않는다.

178 장 목차에 나오는 '모든 사례에서 절대적으로 완벽하지 않은 기관들'에 대한 다윈의 생각을 벌을 예로 들어 설명했다. 자연에는 절대적으로 완벽한 기관은 없고, 환경에 적응한 이 상태가 상대적으로 완벽한 기관일 것이다.

치들을 칭찬한다면, 구주소나무가 꽃가루 몇 개를 우연히 불어오는 산들바람에 떠다니다 자신의 밑씨로 전달하려고 구름처럼 빽빽하게 꽃가루를 공들여 만드는 것도 똑같이 완벽한 것으로 칭찬해야 되지 않을까? (202~203쪽)

요약. 이 장에서 우리는 내 이론의 일부 어려운 문제들과 내 이론을 열심히 반대하는 주장들에 대해 논의했다. 이들 중 많은 부분이 아주 심각했다. 그러나 나는 이 논의에서 몇 가지 사실들로부터 실마리를 찾았다고 다급하게 생각하는데, 이 사실들은 창조의 독립적인 작용 이론에 따르면 철저하게 모호해진다. 어떤 한 시기라도 종이 무한정 변하기가 쉽지 않은 것과 수많은 중간형태의 단계들에 의해 서로서로 연결되지 않는 것을 우리는 보았는데, 이는 부분적으로 자연선택 과정이 항상 매우 느리고 특정 시기에 오직 아주 적은 형질에만 작용하기 때문이다. 또한 자연선택이라는 과정 그 자체가 앞선 유형과 중간형태의 단계들을 지속적으로 절멸시키고 대체하는 것을 의미하기 때문이다. 현재 연속된 지역에서 살고 있는 가까운 동류 종들은 이 지역이 연속되지 않았을 때, 그리고 살아가는 조건이 한 쪽과 다른 쪽이 감지할 수 없도록 단계적으로 변하지 않았을 때, 때로 만들어졌음이 틀림없다. 두 변종이 연속된 두 구역에서 만들어질 때에는, 중간 지대에 적합한 중간형태의 한 변종이 때로 만들어질 수도 있다. 그러나 앞에서 설명한 이유에 따라 이 중간형태의 변종은 자신이 연결했던 두 유형의 수보다 보통은 더 적게 존재한

다. 결과적으로, 계속된 변형 과정 동안, 다음에 많은 수로 만들어진 두 변종은 수가 적은 중간형태 변종보다 훨씬 더 유리해질 것이고, 그에 따라 중간형태 변종을 대체하고 몰살시켰을 것이다. (203~204쪽)

우리는 이 장에서 살아가는 습관이 완전히 다른 경우에도 하나하나 단계적으로 만들어지지 않는다는 결론을, 그리고 또 한 가지 실례로 박쥐를 들어, 박쥐가 맨 처음 공중을 활공하던 동물로부터 자연선택에 의해 만들어지지 않았다는 결론을 내릴 때 얼마나 신중해야 하는지를 살펴보았다. (204쪽)

우리는 새로운 살아가는 조건에서 자신들과 가장 비슷한 같은 종들의 습성과는 아주 닮지 않은 어떤 습성으로 자신들의 습성을 바꾼, 또는 습성이 다양하게 변해버린 종들을 살펴보았다. 그에 따라 생명체 하나하나가 자신이 살 수 있는 곳이면 어디에서나 살아가려고 노력한다는 점을 고려한다면, 우리는 물갈퀴가 달린 발을 지닌 고지대 거위, 땅에서 살아가는 딱따구리, 잠수하는 개똥지빠귀류, 바다쇠오리류의 습성을 지닌 슴새 등과 같은 생명체가 어떻게 만들어졌는지를 이해할 수 있을 것이다. (204쪽)

비록 눈처럼 완벽한 기관이 자연선택으로 만들어졌다는 믿음은 어떤 사람이라도 충분히 놀라게 하고도 남겠지만, 만일 어떤 기관이더라도 그 기관을 소유한 생물에게 이익이 되는 기관의 복잡화 과정을 우리가 알 수 있다면, 기관 하나하나가 변하는 살아가는 조건에서 자연선택을 거치면서 상상할 수 있을 정도로 완벽하게 만들어졌다는 것이 논리적으로 불가능하지 않다. 중간형태 또는 전환 상태를 전혀 알지 못하는 사례에서, 우리는 아무것도 존재하지 않았다고 결론을 내릴 때 매우 조심해야만 하는데, 많은 기관과 이들의 중간형태들이 보여 주는 상동성이 기능상의 놀라운 변태가 최소한이라도 가능하다는 것을 보여 주기 때문이다. 실례를 들자면, 부레는 공기를 들이마시는 폐로 변환되었음이 명백하다. 거의 동시에 매우 다른 기능을 수행하는 기관은 그 이후에 한 가지 기능에만 특화될 것이며, 두 종류의 뚜렷하게 구분되는 다른 두 기관이 동시에 같은 기능을 수행하는 경우, 다른 기관의 도움으로 완벽해진 한 기관은 전반적으로 전환이 촉진되었음에 틀림없다. (204~205쪽)

거의 모든 사례를 보면서, 어떤 부위나 기관이 종의 번성에 너무나 하찮아서 자연선택이라는 방법으로 구조의 변형이 서서히 축적되지 않았다라고 주장하기에는 우리가 너무 무지하다. 그러나 전적으로 성장의 법칙에 의해 만들어진 많은 변형들과 처음에는 종에 전혀 유리하지 않았던 변형들이 그 종의 변형된 후손들에서 더욱더 계속해서 유리하게 되었다고 우리는 확실하게 믿어도 된다. 또한 과거에는 매우 중요했던 한 부위가, 비록 이 부위의 중요성이 상당히 작아졌지만, 오늘날에는 자연선택으로 만들어질 수 없었음에도 불구하고, 때때로 (수생동물의 꼬리가 육상동물 후손들도 지니고 있는 것처럼) 유지되기도 한다는 점도 우리는 믿을 수가 있다. 자연선택은 살려는 몸부림에서 적합한 변이들을 보존하는 역할을 혼자서 수행하는 힘이 있다. (205쪽)

자연선택은 다른 종에만 유리하거나 해가 되는 것을 이 종과 다른 종에 결코 만들지 않는다. 비록 자연선택이 다른 종에게 매우 유용한, 또는 심지어 필수적인 또는 매우 해가 되는 부위, 기관, 배설물 등을 잘 만들 수는 있지만, 모든 사례를 보면 이런 것들은 자신들에게도 동시에 유용한 것들이다. 생물이 풍부한 나라에서의 자연선택은 정착생물들이 서로서로 경쟁하도록 하는 작용을 주로 해야만 하며, 결과적으로 그 나라의 기준에 따른 완벽함, 또는 살려는 전쟁에 필요한 강함을 만들어 낼 것이다. 따라서 작은 나라의 정착생물들은 일반적으로 큰 나라에 있는 또 다른 정착생물들에 의해 때로 짜부라질 것인데, 우리는 이렇게 짜부라진 사례를 볼 수가 있다. 큰 나라에서는 보다 많은 개체들과 더 다양하게 변해버린 유형들이 존재할 것이며, 경쟁도 더 심해질 것이며, 그에 따라 완벽함의 기준도 더욱더 높아질 것이기 때문이다. 자연선택은 절대적인 완벽함을 만들 필요는 없다. 또한 우리의 제한된 능력으로 판단하건대, 절대적인 완벽함은 그 어디에서도 발견되지 않는다. (205~206쪽)

자연선택 이론에 따라, 우리는 자연사의 오래된 경구, "자연은 비약하지 않는다"의 완전한 의미를 명확하게 이해할 수 있을 것이다. 만일 우리가 세계 곳곳에서 현재 살아가는 정착생물들만을 조사한다면, 이 경구는 절대적으로 옳지 않다. 그러나 만일 우리가 과거에 있는 생물 모두를 포함시킨다면, 내 이론에 따라 이 경구는 절대적으로 사실임에 틀림없다. (206쪽)

모든 생명체는 위대한 두 법칙, 즉 **기준형 일치** 법칙과 **생존의 조건** 법칙에 근거해서 만들어졌다고 일반적으로 인식하고 있다.[179] 기준형 일치 법칙은 같은 강에 속하는 생명체에서 볼 수 있으며, 자신만의 살아가는 습성과 완전히 독립적인, 구조의 근본적인 일치성을 의미한다. 내 이론에 따르면 기준형 일치는 친연관계의 일치로 설명된다. 생존 조건이라는 표현은, 저명한 퀴비에가 때로 주장했는데, 자연선택 원리에 완전히 포함된다. 자연선택은 생명체 하나하나의 다양하게 변화하는 부위가 생물적, 무생물적 살아가는 조건에 지금도 적응하도록, 또는 오랜 세월 동안 이들을 적응시키도록 작용한다. 적응은 어떤 사례에서는 용불용의 도움을 받으며 외부 살아가는 조건의 직접적인 작용으로 사소하게 영향을 받고, 거의 모든 사례에서 몇 종류의 성장의 법칙에 따른다. 그러므로 사실상 **생존의 조건** 법칙은 예전에 있었던 적응이 유전되는 과정을 통해 **기준형 일치** 법칙을 포함하므로 보다 상위 법칙이다. (206쪽)

179 장 목차에 나오는 13번째 주제, '자연선택 이론에 포함된 기준형 일치 법칙과 생존의 조건 법칙'을 요약에서 결론으로 설명하고 있다. 기준형 일치 법칙과 생존의 조건 법칙은 다윈 시대 이전 퀴비에와 조프루아 생틸레르로 대표되는 두 집단이 주장한 법칙들이다. 퀴비에는 동물들의 구조나 기능은 생존의 조건에 따라 적응한 것이라고 주장한 반면, 생틸레르는 모든 동물들은 같은 기본적인 원형에 따라 창조된 결과이므로 이들은 모두 기준형이 일치하며 따라서 하나의 기다란 사슬로 묶을 수 있다고 주장했다. 한편, 기준형은 특정 유형의 기본 또는 근거가 되는 표준을 말하는데, 기준형 일치 법칙은 어떤 생물들이 같은 친연관계를 유지하면, 이들의 기준형은 일치하는 것으로 간주되기에 같은 계통을 유지하는 것으로 다윈은 풀이했다. 생존의 조건 법칙은 모든 생물들은 자신들이 살아가는 환경 조건에 적응하면서 자연선택되는 과정을 설명하는 것으로 다윈은 풀이했다. 그리고 기준형은 살아가는 조건이 바뀌면 변경될 수밖에 없기 때문에 생존의 조건 법칙이 기준형 일치 법칙보다 상위라고 다윈은 설명한 것이다(Grene, 2001). 『다윈의 실험실』(제임스 코스타, 박선영 역)의 89~92쪽을 참조하시오.

7장 본능

기원은 다르지만 습성과 비교되는 본능—본능의 단계—진딧물과 개미—변하기 쉬운 본능—생육 생물의 본능과 기원—뻐꾸기, 타조, 기생벌의 자연적 본능—노예를 만드는 개미—꿀벌과 벌집방을 만드는 본능—본능에 관한 자연선택 이론의 어려움—중성 또는 생식불가능한 곤충—요약

[1]**본능**에 관한 주제는 앞 장에서 논의할 수도 있었다. 그러나 나는 별도의 장으로 독립하는 것이 더 편할 것이라고 생각했는데, 특히 꿀벌이 자신들만의 벌집방[2]을 만드는 너무나도 놀라운 본능은 아마도 많은 사람들에게 내 모든 이론을 뒤엎을 만큼 충분히 어려운 문제로 다가가기 때문이다. 기본 정신 능력[3]의 기원에 대해서는 내가 할 일이 아무것도 없으며, 그보다 더 생명의 기원 그 자체에 대해서도 마찬가지라는 점을 전제 조건으로 말해야만 한다. 단지 본능의 다양성과 같은 강에 속하는 동물들이 지닌 또 다른 정신적 자질[4]의 다양성에만 우리는 관심을 가질

1 상 목차에 나오는 첫 번째 주제, '기원은 다르지만 습성과 비교되는 본능'을 설명하는 부분이다.

2 육각형으로 된 방 하나하나를 말하며, 소방, 벌방이라고도 부른다. 벌집방은 흔히 두 층으로 배열되어 있는데, 층 하나하나는 벌집층, 두 층은 벌집으로 지칭했다.

3 언어 능력, 수리 능력, 공간 능력, 지각 능력, 기억, 추리력, 언어 유창성 등을 지능의 기본 정신 능력으로 간주한다.

4 다양한 환경 조건들 속에서 연관성을 찾아가는 능력 또는 자기와 세계 사이의 상호작용을 파악하는 능력이다. 사회학적 상상력이라고도 한다.

것이다. (207쪽)

나는 본능을 정의하려고 노력하지는 않을 것이다.[5] 이 용어가 흔히 포함하는 몇 가지 분명한 정신 활동을 보여 주는 것이 쉬울 것이다. 그러나 본능이 뻐꾸기로 하여금 다른 새 둥지로 이동해 가도록 재촉해서 자신의 알을 낳게 만든다고 말할 때면, 본능이 무엇을 의미하는지 누구나 이해할 것이다. 우리 스스로 어떤 일을 수행하는 데 필요한 경험을 만들어 주는 행동을 동물들이, 특히 아주 어린 새끼들이 아무런 경험도 없는 상태에서 할 때, 그리고 자신들이 수행하는 일의 목적이 무엇인지도 모른 상태에서 같은 방식으로 많은 개체들이 행동할 때, 이런 행동을 흔히 본능이라고 부른다.[6] 그러나 나는 본능이 지닌 여러 특성 중 보편적인 것이 없음을 보여 줄 것이다. 피에르 위베르가 표현했듯이, 자연의 사다리에서 아주 낮은 곳에 있는 동물일지라도 극히 낮은 판단 또는 분별[7]의 힘이 때로 작동하기도 한다. (207~208쪽)

[8]프레데릭 퀴비에를 비롯한 몇몇 노련한 형이상학[9]자들은 본능을 습성과 비교했다. 내가 생각하기로는, 이러한 비교는 본능적인 행동들이 행해지는 마음의 상태라는 개념은 놀랄 만큼 정확하게 설명하지만, 본능적 행동의 기원에 대해서는 설명하지 못한다. 우리의 의식적인 의지와는 정반대로 수행되는 경우가 실제로 거의 없지는 않지만, 얼마나 많은 습관적 행동[10]이 무의식적으로 수행되고 있는가? 그럼에도 이런 행동들은 의지나 이성에 의해 변형될 수가 있다. 습성은 특정 시기나 몸의 상태에 따라 다른 습성과 쉽게 제휴된다. 이러한 행동들이 한 번 습득되면,

5 오늘날 본능은 학습이 이루어지지 않은 상태에서도 나타나는 행동, 즉 선천적 행동이다. 이는 동물행동학이 발달한 이후 정의되었다. 다윈 시대에는 본능을 정의하기가 힘들었지만, 다윈은 이 문단에서 본능을 정의했다.

6 동물의 행동은 학습하지 않고 하는 선천적 행동 또는 본능적 행동과 학습한 후에 하는 후천적 행동으로 구분한다.

7 이성으로 번역되는 reason을 분별로 번역했다. 위베르는 "약간의 판단력"으로 썼다 (Costa, 2009).

8 습성과 본능을 비교하고 있다.

9 존재의 근본을 연구하는 학문이다.

10 습성(habit)은 동식물 모두에게 적용되나, 이에 따른 행동은 주로 동물에게서 나타나므로 habitual action은 습관적 행동으로 번역된다. 습관은 어떤 행위를 오랫동안 되풀이하는 과정에서 저절로 익혀진 행동 양식이다. 숲속에 사는 조그만 새는 작은 소리에도 민감하게 반응하겠지만 나뭇잎이 바람에 움직이는 소리에도 반응한다면 이 새는 쉴 수가 없게 되므로 이를 자극으로 받아들이지 않고 무시하게 된다. 이런 행동이 습관이다. 습성은 24쪽 주석 **33**을 참조하시오.

때로 평생에 걸쳐 꾸준하게 유지된다. 본능과 습성 사이의 유사성과 관련된 몇 가지 논의의 핵심을 밝히고자 한다. 잘 알고 있는 노래를 반복해서 부를 수 있는 것처럼, 일종의 리듬을 탄 행동이 다른 행동에 뒤이어 본능적으로 나타나기도 한다. 만일 어떤 한 사람이 노래를 중단하거나 암송으로 무언가를 반복하는 것을 중단하면, 일반적으로 그 사람은 습관적으로 사고하던 맥락을 회복하려고 한다. 피에르 위베르가 아주 복잡한 그물침대집을 만드는 애벌레[11]에서 이런 현상을 발견했다. 소위 6단계까지 자신의 그물침대집을 다 완성한 애벌레를 3단계에 있는 그물침대집에 그가 가져다 두었더니, 애벌레는 그저 4단계, 5단계, 6단계를 다시 수행했다. 그러나 한 가지 실례로, 애벌레를 3단계까지 완성된 그물침대집에서 끄집어내어 6단계까지 완성된 집에 두었더니 자신의 일을 이미 상당히 마침에 따라 생기는 친절한 행위를 느끼기는커녕, 애벌레는 상당히 난처해하다가 그물침대집을 완성하려고 중단되었던 3단계부터 어쩔 수 없이 시작해서 이미 완성한 작업을 끝내려고 노력하는 것처럼 보였다. (208쪽)

만일 우리가 어떤 습관적 행동이 유전되었다고 가정하면, 그리고 이런 일이 때때로 나타나는 것을[12] 보여 줄 수 있을 것으로 나는 생각하는데, 그러면, 습성이었던 행동과 본능이었던 행동 사이에 처음에는 존재하던 유사성이 더욱더 비슷해져서 구분이 불가능하게 된다.[13] 만일 모차르트가 세 살 때 연습을 거의 하지 않은 상태에서 피아노를 연주하는 대신에 역시 연습은 전혀 하지 않고 노래를 불렀다면, 그는 본능적으로 행동했다고 진심으

11 위베르는 1836년에 쓴 논문 121쪽에서 애벌레의 학명을 "T. harrisella", 즉 *Tinea harrisella*라고 표기했다. 그러나 실제로는 복숭아굴나방(*Lyonetia clerkella*)이다(Costa, 2009).

12 동물들이 새로운 환경에 들어가거나 환경이 갑자기 변하게 되면, 습득한 지식과 기술을 가진 동물들이 자연선택에 더 유리했을 것이라고 1896년 볼드윈이 「진화의 새로운 요인」이라는 논문에서 주장했다. 학습 능력이 자연선택을 통해 유전자에 영향을 줄 것이라고 주장한 것인데, 이런 주장이 타당하다면, 다윈이 생각한 것처럼 습관적 행동이 유전된 사례를 보여 줄 수 있을 것이다. 최근 발달하고 있는 후성유전학에서는 환경 요소들에 의해 유전체의 메틸화 변화가 발생하기에, 그에 따라 후천적으로 유전자 발현이 달라지는 현상을 규명하고 있다.

13 습관적 행동은 학습에 따른 결과이고 후천적 행동 양식이다. 후천적 행동 양식이 유전된다면, 이는 바로 선천적 행동 양식, 즉 본능이라 말할 수 있다고 설명하고 있다.

로 말할 수 있을 것이다. 그러나 수많은 본능적 행동이 한 세대에 습성으로 습득되고, 유전으로 다음에 계속된 세대에 전달되었다고 가정하는 것은 엄청 심각한 오류로 보인다. 우리가 인식하고 있는 가장 놀라운 본능은 꿀벌과 수많은 개미들의 본능인데, 아마도 이런 방식으로 습득된 것이 아니라는 점을 분명하게 밝힐 수가 있을 것이다. (209쪽)

[14]현재의 살아가는 조건에서 종 하나하나의 번성에 신체적 구조가 중요하듯이 본능도 중요하다는 점은 널리 받아들여질 것이다. 살아가는 조건이 변하면서, 본능에 사소한 변형이 일어나면 종에 더 이익이 될 가능성이 조금은 있을 것 같다.[15] 그리고 만일 본능이 조금이라도 변하는 것을 보여 줄 수 있다면, 자연선택이 본능에서 나타난 변이들을 이익이 되게 보존하고 지속적으로 축적하는 데 아무런 문제가 없음을 나는 보여 줄 수 있다. 따라서 가장 복잡하고 놀라운 모든 본능이 이렇게 기원했을 것으로 나는 믿는다. 신체 구조에 변형이 일어나고, 사용 또는 습성에 의해 증가되고, 불용으로 희미해지거나 사라지기 때문에, 나는 본능도 이처럼 될 것이라는 점을 전혀 의심하지 않는다. 그러나 뭐라고 불러야 하는지 모르지만, 습성의 결과는 의도하지 않은 본능의 변이를 자연선택한 결과에 비해 아주 부수적으로 중요하다고 나는 믿는데, 본능의 변이가 신체의 사소한 편이를 만들어 낸 알려져 있지 않은 원인으로 만들어지기 때문이다. (209쪽)

사소하면서도 도움이 되는 수많은 변이들이 서서히 단계적으

14 장 목차에 나오는 2번째 주제, '본능의 단계'를 설명하는데, 이 문단에서는 본능도 변할 수 있다고 설명하고 있다.

15 사육 중인 동물들의 새끼들은 야생 생활에 대한 훈련을 하지 않고 야생으로 돌려보내면 대부분 죽는 것으로 알려져 있다. 흔히 야생성을 상실했다고 하는데, 야생성이라는 본능이 사육이라는 환경 속에서 변한 것으로 추정하고 있다. 또한 개는 4만 년 전부터 사람들에 의해 길들여졌는데, 개가 사람에게 보이는 친화성은, 개의 조상으로 알려진 늑대와 비교할 때, 이 친화성에 영향을 주는 유전자에 변화가 있었기 때문으로 알려져 있다.

로 축적되는 경우를 제외하고는 복잡한 어떠한 본능도 자연선택을 통해 만들어지지 않는다. 그러나 신체 구조의 사례처럼, 우리는 습득한 복잡한 본능 하나하나에 의해 나타나는 실질적인 전환단계들이 종 하나하나의 직계 조상에서만 발견되므로, 이 단계들을 자연에서 발견하려고 할 것이 아니라,[16] 이 단계들에 대한 일부 증거를 친연관계의 방계에서 발견해야만 한다.[17] 조금 더 정확하게는 어떤 종류의 단계들이 가능한지를 보여 주려고 우리는 노력을 해야만 한다. 그리고 우리가 할 수 있는 일은 바로 이런 것이다. 동물들의 본능이 유럽과 북아메리카를 제외하고는 거의 발견되지 않은 점과 절멸한 종을 대상으로 알려진 본능이 없는 점을 고려할 때, 가장 복잡한 본능으로 이끌어 가는 아주 일반적인 단계들이 어떻게 발견될 수 있었는지를 찾아보고 나는 놀랐다. "자연은 비약하지 않는다"라는 경구는 본능뿐만 아니라 신체 기관에도 거의 똑같이 적용된다. 본능의 변화가 때때로 같은 종일지라도 삶의 다른 시기 또는 같은 해라도 다른 계절 내지는 다른 환경에 처할 때 다른 본능을 지니게 됨에 따라 촉진될 수도 있다. 어떤 사례에서든 이런 본능 또는 저런 본능 중 하나는 자연선택으로 보존되었을 것이다. 그리고 자연에서는 한 종 내에서 나타나는 본능의 다양성을 드러내는 실례를 찾을 수 있다. (209~210쪽)

[18]신체 구조의 사례로 다시 돌아가서, 내 이론을 따라가자. 우리가 판단하건대, 종 하나하나의 본능은 자신에게 이익이 되나, 다른 종만의 이익을 위해서는 절대로 만들어지지 않는다. 다른

16 본능은 화석으로 발견되지 않을 것이다. 단지 본능과 관련된 구조는 발견될 수 있을 것이다.

17 방계란 한 계통이 두 갈래로 나누어질 때, 새롭게 습득한 형질을 유지하는 무리를 의미한다. 방계가 지닌 구조와 직계가 지닌 구조의 차이점에서 본능의 흔적을 찾아야 한다는 것이 다윈의 주장이다.

18 장 목차에 나오는 3번째 주제, '진딧물과 개미'를 본능과 관련된 구조라는 차원에서 설명하고 있다.

동물의 이익만을 위해 명백하게 행동하는 동물의 가장 강력한 실례 중 하나를 내가 잘 알고 있는데, 바로 진딧물[19]로, 진딧물은 개미에게 자신의 달콤한 분비물을 자발적으로 제공한다. 이들이 이렇게 자발적으로 행동함에 따라 다음의 사실들을 알 수 있었다. 나는 소리쟁이류[20]에서 10여 마리의 진딧물 한 무리에 있는 모든 개미들을 제거하고, 몇 시간 동안 개미들이 다시 달라붙지 않도록 막았다. 시간이 어느 정도 지나자 나는 진딧물이 배설하고 싶을 것으로 확신했다. 나는 돋보기를 이용해서 이들을 일정 시간 관찰했으나, 그 누구도 분비하지 않았다. 개미가 더듬이질 하듯이, 내가 할 수 있는 한, 이들을 간지럽히고 찔러보았으나, 그 누구도 분비하지 않았다. 그래서 나는 개미 한 마리를 진딧물에 다가가도록 했다. 개미는 즉시 이리저리 열심히 돌아다녔는데, 발견할 진딧물 무리를 잘 알고 있었던 것처럼 보였다. 그리고는 더듬이를 이용해서 처음에는 한 마리의 진딧물 복부를 자극하기 시작했고, 이어서 다른 진딧물도 자극했다. 진딧물 하나하나는 더듬이를 느끼자마자, 곧이어 복부를 들어 올려 달콤한 즙을 투명한 방울로 분비했고, 개미는 이 즙을 먹는 데 열중했다. 아주 어린 진딧물조차도 이와 비슷하게 행동했는데, 분비물이 지나치게 끈적끈적해서 진딧물이 분비물을 제거할 필요를 느꼈기 때문에 행한[21] 이런 행동은 본능적이며, 경험의 결과가 아님을 보여 주었다. 따라서 진딧물은 본능적으로 분비한 것이며, 이는 개미만의 이익을 위한 것은 아니다.[22] 이 세상에 있는 어떤 동물도 뚜렷하게 구분되는 또 다른 종만의 이익을 위해 행

19 진딧물상과(Aphidoidea)에 속하는 곤충들로, 농작물에 피해를 주는 전형적인 벌레로 알려져 있다. 대롱처럼 생긴 입으로 식물의 줄기나 잎에서 식물체액을 빨아먹고 배설하는데, 이 배설물을 개미가 찾는다.

20 소리쟁이속(*Rumex*)에 속하는 식물들로 북반구에서 흔히 자라는데, 일부는 잡초처럼 자라며, 영어로 dockweed라고 부른다. 꽃이 약간은 길게 무리지어 자라는데, 마치 짧은 꼬리처럼 보인다.

21 진딧물은 자신의 뱃속에 들어 있는 식물체액을 완전히 소화시킬 수 없으므로 내보내는 것이 필요할 것이다.

22 개미와 진딧물과의 관계는 오래전부터 사람들의 관심을 끈 주제이다. 다윈은 진딧물이 본능적으로 달콤한 즙을 분비하고, 개미는 이 즙을 먹기만 하는 것으로 설명하고 있으나, 최근에는 진딧물이 개미에게 즙을 제공하는 대신, 개미는 진딧물을 다른 곤충들로부터 보호해 주는 것으로 알려졌다. 개미와 진딧물 사이의 상리공생, 즉 서로의 이익을 위해 같이 살아가는 생물과 생물과의 상호작용이다.

동하지 않는다고 나는 믿고 있지만, 그럼에도 종들이 다른 종이 지닌 신체적 구조의 약점을 이용하듯이, 종 하나하나는 다른 종의 본능을 이용하려고 노력한다. 몇 가지 사례들을 다시 살펴보면, 어떤 본능은 절대적으로 완벽하다고 간주될 수가 없다. 그러나 이런 내용과 또 다른 논의의 핵심을 자세하게 논의할 필요는 없으므로 이쯤에서 건너뛰려고 한다. (210~211쪽)

[23]자연 상태에서 본능이 상당히 변화하고, 이러한 변이가 유전되는 것이 자연선택이 작용하는 데 반드시 필요하므로, 여기에서 가능한 많은 실례를 제시해야만 하나,[24] 공간이 부족한 것 같다. 나는 본능이 다양하게 변한다고 확실히 주장하지만, 단지 이동 본능의 범위와 방향, 그리고 완전한 소실만을 실례로 보여 줄 것이다. 그에 따라 새들의 둥지를 살펴보면, 둥지는 부분적으로 둥지로 선택될 때의 상황과 새가 살고 있는 나라의 자연과 기온 등에 의해 결정되나, 때로는 우리가 잘 알지 못하는 원인 등에 의해 결정된다. 오듀본은 미국 북부와 남부에서 살아가는 같은 종의 둥지 차이에 대한 몇 가지 놀랄 만한 사례들을 가지고 있다. 어떤 특정한 적에 대한 공포는 경험에 의해 공고해지며, 또한 다른 동물들이 같은 적에 대해 느끼는 공포감은 보는 것만으로도 더욱 공고해지는데, 어린 새끼들에게서 볼 수 있듯이, 어떤 특정한 적에 대한 공포는 본능적인 성질이다. 그러나 인간에 대한 공포는, 내가 다른 곳에서 보여 주었듯이,[25] 무인도에 정착한 다양한 생물들이 서서히 습득한 것이다. 그리고 우리는 이러한 실례를 잉글랜드에서 살아가는 큰 새들에서 볼 수 있다. 큰

23 장 목차에 나오는 4번째 주제, '변하기 쉬운 본능'을 설명하는 부분이다. 새가 느끼는 공포감이라는 본능을 사례로 설명한다.

24 『위대한 책』 502~506쪽에 걸쳐 사례들이 소개되어 있다.

25 『비글호 항해기』를 의미한다. 1845년에 발간된 이 책의 17장 갈라파고스 제도 부분에 나온다. 398~399쪽을 보면 "나는 새들이 극단적으로 사람을 따른다는 사례들을 보여 주면서 이 제도의 자연사에 대한 결론을 내리고자 한다. (…중략…) 이 제도에서 살아가는 새들은 사람이 거북이나 도마뱀보다 더 무섭다는 점을 배우지 못해, 사람을 무시하는 것처럼 보인다"라고 되어 있다.

새들은 작은 새들보다 심각하게 거칠어졌는데, 이들이 사람들의 박해를 가장 많이 받았기 때문이다. 우리는 큰 새들이 이처럼 거칠어진 것이 사람 탓이라 말할 수 있는데, 사람이 살지 않는 섬들에서는 큰 새들이 작은 새들보다 공포를 덜 느끼기 때문이다. 그리고 잉글랜드에서 경계심이 많은 까치[26]가 노르웨이에서는 이집트의 송장까마귀[27]처럼 길들여져 있다. (211~212쪽)

[28]자연에서 태어난 같은 종에 속하는 개체들의 일반적인 성향[29]이 매우 다양하게 변했다는 점은 많은 사실들로 입증될 수가 있다. 또한 일부 종들에서 나타나는 우연하고도 이상한 습성에 대한 몇 가지 사례들은, 만일 이 습성들이 종에게 유리하다면 자연선택을 통해 완전히 새로운 본능으로 만들어질 수가 있음을 보여 준다. 그러나 상세한 사실도 제시하지 않은 이러한 일반적인 주장이 독자들 마음에 미약한 효과만을 가져온다는 점을 나는 잘 알고 있다. 나는 좋은 증거를 제시하지 않으면서 말하지 않는다고 자신 있게 반복할 뿐이다. (212쪽)

[30]자연 상태에서 본능의 변이들이 유전될 가능성 또는 심지어 개연성은 사육 상태에서 나타나는 몇 가지 사례를 간단하게 살펴보면 견고해질 것이다. 따라서 우리는 부위 하나하나의 습성과 소위 의도하지 않은 변이의 선택이 우리가 사육하는 동물의 정신적 자질이 변형되는 데 역할을 했다는 점을 볼 수 있게 될 것이다. 각양각색의 성향과 취향의 유전과 관련되고, 이와 마찬가지로 특정한 마음가짐이나 특정 시기와 관련된 기묘한 속임수를 볼 수 있는 흥미롭고도 결정적인 수많은 실례들을 제시할

26 까마귀과(Corvidae) 또는 특히 까치속(*Pica*)에 속하는 조류들을 지칭한다. 까치속에는 2~3종이 있으며 까치(*Pica pica*)가 유라시아 전역에 분포한다.

27 *Corvus corone*. 유라시아와 동아시아에 분포하며, 사람들에게 쉽게 길들여진다.

28 개체마다 일반적인 성향이 다르기에 그에 따라 새로운 본능도 만들어질 수 있다고 설명하고 있다.

29 영어는 disposition이다. 영영 사전에는 "사람이나 사물의 자연적 또는 후천적 습관 또는 특성의 경향"으로 설명되어 있는데, 기질 또는 성질 등으로 번역된다.

30 장 목차에 나오는 5번째 주제, '생육 생물의 본능과 기원'을 설명하는 부분이다. 생육 생물의 본능의 기원을 파악해서, 이를 토대로 자연 상태에 있는 생물 본능의 기원을 파악하려고 한다.

수 있다. 먼저 개 종류의 몇 가지 품종들에서 익숙한 사례를 살펴보자. (나 자신이 아주 뚜렷한 실례를 목격했는데)[31] 포인터개 새끼가 때로 자기들이 잡아야 할 사냥감을 맨 처음 본 다음 사냥감이 있는 쪽을 향해 달려갈 자세를 취하기도 하면서 심지어 다른 개들을 뒤에서 후원하기도 한다는 점,[32] 사냥감을 회수하는 일은 리트리버개[33]에게 어느 정도는 유전되었다는 점, 그리고 양치기개가 양 무리로 돌진하지 않고 뱅글뱅글 도는 경향도 어느 정도는 유전되었다는 점은 의심할 여지가 없다. 그러나 경험이 없는 어린 개체들이 마치 한 개체처럼 하는 행동을, 그리고 배추흰나비[34]가 양배추 잎에 자신의 알을 낳아야 하는 이유를 모르는 것처럼 포인터개 새끼가 사냥감을 쳐다보는 것이 주인에게 도움이 된다는 점을 모르는 것과 같이, 어떤 결과가 나타날지 모르는 상태에서 특이한 품종에 속하는 개체 하나하나가 몹시 기뻐하면서 하는 행동을 나는 이해할 수가 없다. 나는 이러한 행동들이 진정한 본능과 근본적으로 다르다고 생각하지 않는다. 만일 새끼일 때 그 어떤 훈련도 받지 않았던 늑대가 먹이의 냄새를 맡자마자 마치 조각상처럼 움직이지 않고 서 있다가 서서히 아주 특이한 걸음걸이를 하면서 앞으로 기어가는 것을 보았다면, 그리고 사슴 무리에 갑자기 덤벼들지 않고 주위를 돌다가 사슴들을 먼 지점까지 몰고 가는 또 다른 늑대 종류를 보았다면, 우리는 이러한 행동을 본능이라고 확신을 가지고 말할 수 있을 것이다. 사람들이 흔히 사육 본능이라고 부르는 것은 자연 본능에 비해 확실하게 고정되지 않았다. 즉, 변하지 않는 것은 아니다.[35] 그러

31 다윈 자신도 사포라는 개를 키우고 있었고, 이 개와 함께 곤충 채집과 사냥을 했다.

32 포인터개는 냄새를 이용해 사냥감의 위치를 알려 주는데, 포인터개 새끼의 경우 사냥감의 냄새를 맡지 못했으면서도 사냥감의 위치를 알고 알려 준다는 의미이다(김관선, 2015).

33 사냥감을 찾아서 가져오는 사냥개 품종이다.

34 *Pieris rapae*. 흰나비과(Pieridae)에 속하는 나비의 일종이다. 세계 각지에서 볼 수 있으며, 배추, 양배추, 무 등을 재배하는 밭에서 흔히 볼 수 있다.

35 다윈은 1장에서 자연 상태보다 생육 상태에서 변이가 더 많이 나타난다고 설명했는데, 본능과 관련된 변이도 역시 생육 상태에서 더 많이 나타날 것으로 예측하고 있다.

나 사육 본능은 훨씬 덜 엄격하게 선택되어 나타나며, 덜 고정된 살아가는 조건에서 비교할 수 없을 정도로 짧은 시간에 전달된다. (212~213쪽)

[36]사육 본능, 습성 그리고 성향 등이 얼마나 견고하게 유전되고, 이들이 얼마나 기묘하게 섞이는지는 개의 서로 다른 품종들을 교배하면 잘 알 수 있다. 불도그와 수 세대에 걸쳐 교배한 결과, 그레이하운드개에게 용맹성과 집요함이 나타난 것은 잘 알려져 있다. 그리고 그레이하운드개와의 교배로 모든 종류의 양치기 개들에게는 산토끼를 사냥하는 경향이 나타났다. 이러한 사육 본능은 교배로 조사해 보면 자연 본능과 비슷하게 보인다. 자연 본능도 비슷하게 기묘하게 서로 혼합되며, 오랜 시간에 걸쳐 자신의 부모가 지녔던 본능의 자취가 나타난다. 르로이는 증조부가 늑대였던 개를 설명했는데, 이 개를 불렀을 때 주인에게 곧바로 오지 않았던 경향은 바로 야생 부모가 지녔던 한 가지 자취를 이 개가 지니고 있음을 보여 주었다. (213~214쪽)

[37]사육 본능은 때로 오래 지속되고 강제된 습성이 단지 유전되면서 나타난 행동이라고 말하기도 하지만, 나는 이런 설명이 진실이 아니라고 생각한다. 비둘기가 공중제비[38] 넘는 것을 단 한 번도 결코 본 적이 없는 공중제비비둘기 새끼들이 공중제비를 넘었는데, 나도 이 광경을 목격했지만 이것으로부터 교육이라는 생각이나 교육을 받은 것이라고 생각할 사람은 십중팔구 없을 것이다. 일부 비둘기가 이처럼 이상한 습성에 조그만 흥미를 보여서 세대가 지속됨에 따라 최고의 개체들을 오랫동안 선

36 본능이 변화되는 과정을 교배를 통해 알 수 있다고 다윈은 설명하고 있다. 수많은 생육 생물들의 경우 사람들이 인위적으로 교배할 수 있기 때문에 본능의 변화를 감지할 수 있다는 것이다.

37 사육 본능이 만들어지는 과정을 설명하고 있다.

38 유전적으로 상염색체상의 유전자 하나가 변하면 이런 행동을 하는 것으로 알려져 있다(Costa, 2009).

택하여 오늘날과 같은 공중제비비둘기가 만들어졌다고 나는 믿고자 한다. 그리고 글래스고[39] 근처에는 집공중제비비둘기[40]가 있는데, 브렌트 씨로부터 들은 바에 따르면, 이 비둘기는 곤두박질치기 전에는 50cm 이상 날 수가 없다고 한다.[41] 어떤 개가 자연스럽게 사냥감을 알려 주는 기미를 보여 주지 않았음에도, 개에게 사냥감이 있는 방향을 알리라는 훈련을 누군가 생각했다고 하는 것은 의심스럽다. 이런 행동이 간혹 목격되는데, 나도 순종 테리어개[42]한테서 한 번 본 적이 있다. 맨 처음 기미가 보일 때, 세대를 거치면서 체계적 선택과 강제적인 훈련으로 유전되도록 하면 품종개량이 완성된다. 움직이지 않고 멈춰 서 있다가 가장 적절히 사냥을 하는 개들을 사람마다 얻으려고 노력함으로써 품종을 개량하려는 의도가 없는 무의식적 선택도 또한 작동된다. 그런데 어떤 사례에서는 습성만으로도 충분했다. 야생 굴토끼 새끼보다 더 길들이기 힘든 동물도 없으며, 길들여진 굴토끼 새끼보다 더 잘 길들여진 동물도 거의 없다. 나는 사육 굴토끼를 길들여지는 성질 때문에 선택했다고는 생각하지 않는다. 그리고 극단적인 야생 상태에서 극단적으로 길들여진 상태로의 유전적 변화 그 모든 것은 단순히 습성과 오랫동안 권양 상태에서 빽빽하게 사육한 탓이라고 나는 추정한다. (214~215쪽)

[43]자연 본능은 사육하는 동안 사라진다. 이와 관련하여 언급할만한 실례를 닭 품종에서 볼 수 있는데, 이 닭들은 거의 또는 결코 "알을 품으려" 하지 않는데, 즉 자신이 낳은 알 위에 절대로 앉으려 하지 않는다. 잘 알고 있다는 이유만으로 우리는 우리

39 영국 스코틀랜드의 최대 도시로, 그레이트브리튼섬의 북쪽 지방이다.

40 극단적인 형태를 지니도록 육종된 공중제비비둘기의 한 종류이다.

41 곤두박질치는 것이 유일하게 날아가는 행동이라는 설명이다.

42 말랐지만 강하고 두려움이 없는 사냥개의 한 품종으로, 땅속이나 땅위에 사는 짐승을 사냥하기 위해 개량되었으나, 지금은 다양한 용도로 개량되었다. 오소리 사냥꾼으로 명성이 높다.

43 본능이 사라지는 경우를 설명하고 있다. 만들어지고 사라지는 과정이 진화에서 필연일 것이다.

가 사육하는 동물들의 마음이 사육을 통해 얼마나 보편적으로 크게 변형되었는지를 보지 못한다. 사람에 대한 애정이 개들에게 본능이 되었다는 점을 의심하는 것은 거의 불가능하다.[44] 늑대, 여우, 자칼, 고양이 종류 모두를 길들여 보면, 이들은 사육하는 새, 양, 돼지를 몹시 공격하고 싶어 한다. 그리고 티에라델푸에고섬과 호주 등지에서 강아지로 데려올 경우, 이런 경향성은 이 개한테서 고칠 수 없는 상태로 발견된다. 이곳에서는 원주민들이 이들을 사육 동물로 사육하지 않기 때문이다. 이와는 반대로, 우리가 기르는 아주 어리더라도 문명화된[45] 개들에게 사육하는 새, 양, 돼지 등을 공격하지 말라는 교육을 얼마나 드물게 한단 말인가! 의심할 여지없이 이들도 때로 공격을 강행하지만 그러고 나면 매를 맞는다. 그리고 만일 고쳐지지 않으면, 이들은 죽게 된다. 따라서 어느 정도는 선택도 기여하지만, 습성이 아마도 유전되면서 우리가 사육하는 개를 문명화시키는 데 함께 작용했을 것이다. 어린 병아리는 전반적으로 습성에 의해 개와 고양이에 대한 두려움을 잃어버렸다. 비록 암탉의 보호 아래 키웠어도, 새끼 꿩들이 너무나 솔직하게 본능적으로 두려움을 느낀 것과 비슷하게, 두려움이 병아리에게는 처음부터 본능이었을 것이다. 하지만 병아리는 모든 두려움이 아닌 개와 고양이에 대한 두려움만 잃어버렸는데, 만일 암탉이 위험 신호를 하면, 병아리는 암탉의 보호로부터 벗어나 (특히 칠면조 새끼들이 빠르게) 도망쳐 주변에 있는 풀밭이나 덤불 속에 몸을 숨긴다. 이런 행동은 분명히 본능에 따라 나타난 것으로, 우리는 야생하는 땅새에서

44 개의 친화성에 영향을 주는 것으로 보고된 6번 염색체의 일부가 사라지면서, 개가 사람과 더 친화적이 되었다는 보고가 있다. 개에게서 사라진 유전자 부위가 사람에서도 사라지는 경우가 있는데, 윌리엄 증후군이라는 유전자 질환이다. 이 유전 질환에 걸린 사람들은 7번 염색체 일부가 결실되어 있는데, 극도의 사회적 친화성, 친절함, 낯선 이를 경계하지 않고 누구와도 친구가 되는 성격을 지닌 것으로 보고되었다(von Holdt et al., 2017).

45 길들여졌다는 의미일 것이다.

볼 수 있는데, 어미 새가 하늘로 날아가도록 해 준다.[46] 그러나 병아리에 유지된 이러한 본능은 사육 상태에서는 쓸모가 없는데, 어미인 암탉이 이미 비행 능력을 사용하지 않음으로써 거의 잃어버렸기 때문이다. (215~216쪽)

[47]따라서 우리는 사육 본능이 습득되었다고, 그리고 자연 본능이 습성에 의해 부분적으로, 그리고 계속된 세대를 거치면서 사람의 특이한 심리적 습성과 행동에 의해 선택되고 축적되면서 부분적으로 사라졌다고 결론을 내릴 수가 있다. 단지 특이한 정신적 습성이나 행동이 처음 나타났을 때 우리는 무엇인지 모르기에 의도하지 않은 행위라고 불러야만 했다. 어떤 사례에서는 강제적 습성만으로 이처럼 유전되는 정신적 변화를 만들기에 충분했다. 또 다른 사례에서는 강제적 습성이 아무런 역할을 하지 않았고,[48] 모든 것이 무의식적이고 체계적인 선택 결과로 나타났다. 그러나 대부분 사례에서는 아마도 습성과 선택이 함께 작용할 것이다. (216쪽)

[49]아마도 자연 상태에서 본능이 선택에 의해 어떻게 변형되는지는 몇 가지 사례를 통해 우리가 가장 잘 이해할 수 있을 것이다. 나는 미래에 출판할 책[50]에서 논의할 몇 가지 사례 중에서 단지 세 사례만 골랐다. 즉, 다른 새 둥지에 자신의 알을 낳는 뻐꾸기의 본능, 일부 개미들이 노예를 만드는 본능, 그리고 꿀벌들이 벌집층[51]을 만드는 능력이다. 자연사학자들은 이 중 뒤에 나오는 두 본능을 알려져 있는 본능 중 가장 놀라운 본능으로 일반적으로 가장 확실하게 간주한다. (216쪽)

46 땅새는 땅에 둥지를 트는 새 종류이다. 어미가 새끼들에게 위험 신호를 보내 새끼들이 숨겨지면, 어미가 하늘로 도망간다는 설명이다.

47 생육 생물의 본능과 기원에 대한 다윈의 결론이다.

48 강제적 습관의 한 가지 사례로 군대와 같은 곳에서, 비교적 강제적인 사회적 압력으로 인해 형성된 습관을 들 수 있을 것이다. 군 생활하면서 강제된 행동은 군이라는 사회에서 벗어나면 하지 않게 된다. 비슷하게 학생들을 강제적으로 공부시키면 학생들이 따라오기는 하지만, 강제가 사라지는 순간 오히려 공부로부터 더 멀어진다.

49 장 목차에 나오는 6번째 주제, '뻐꾸기, 타조, 기생벌의 자연적 본능'을 설명하는 부분이다. 이들 3종류에 노예를 만드는 개미와 벌집방을 만드는 꿀벌을 포함한 5종류의 본능에 대해 설명하고 있는데, 본능도 진화했다고 강조한다.

50 다윈 사후인 1883년 『본능에 대한 단상』이 유고집으로 발간됐다.

51 꿀벌들의 벌집은 두 층으로 되어 있는데, 이 중 한 층만을 지칭한다.

[52]뻐꾸기가 보여 준 본능의 직접적이고 최종적인 원인은 이들이 알을 날마다 낳지 않고 2~3일 간격을 두고 낳기 때문이라고 오늘날 널리 받아들여지고 있다. 만일 뻐꾸기가 자신만의 둥지를 만들어 자신의 알을 낳는다면, 처음 나온 알들을 어느 정도 시간 동안 뻐꾸기가 품지 못하게 되거나, 또는 알과 서로 다른 연령대의 새끼들이 둥지에 같이 있어야 한다. 만일 이러한 경우가 발생하면, 알을 낳고 부화하는 과정이 불편할 정도로 오래 길어지며, 뻐꾸기들이 아주 이른 시기에 이주해야만 할 때에는 특히 더 많이 불편해진다. 그리고 처음 부화해서 나온 새끼들은 아마도 수컷 혼자서 먹이를 주어야만 할 것이다. 그러나 이럴 경우 아메리카뻐꾸기[53]는 곤경에 처하게 되는데, 암컷은 자신만의 둥지를 만들고 알을 낳고 새끼도 계속해서 부화해야 하는 일을 거의 동시에 해야 하기 때문이다. 아메리카뻐꾸기는 때로 자신의 알을 다른 새의 둥지에 낳는다고 알려져 있다. 그러나 최고 권위자인 브루어 박사로부터 내가 들은 바에 따르면, 이는 잘못이다. 그럼에도 나는 다른 새 둥지에 때로 알을 낳는 것으로 알려진 다양한 새들의 몇 가지 실례를 제시할 수 있다. 이제 유럽뻐꾸기[54]의 옛날 조상이 아메리카뻐꾸기의 습성을 가졌지만, 때로 암컷이 다른 새 둥지에 알을 낳았다고 가정해 보자. 만일 노련한 새가 우연히 이런 습성으로 이익을 얻었다면, 또는 암컷이 알을 낳고 서로 다른 연령의 새끼들을 동시에 보살피는 것이 거의 실패함에 따라 뻐꾸기 암컷만의 보호가 양육에 방해가 된 새끼보다 다른 새의 잘못된 모성 본능으로 양육된 새끼가 좀 더 튼튼해졌

52 다른 새 둥지에 알을 낳는, 즉 탁란을 하는 뻐꾸기의 본능을 설명하는 부분이다.

53 아메리카뻐꾸기아과(Coccyzinae)에 속하는 종류들이다. 20종 미만이 있다. 이들은 자신의 둥지를 만들며, 탁란하지 않는다. 단지 검은부리뻐꾸기(*Coccyzus erythropthalmus*)는 탁란을 한다.

54 두견아과(Cuculinae)에 속하는 뻐꾸기 종류로, 이 아과에 속하는 종류들이 여기에서 설명하는 탁란을 한다.

다면, 노련한 새 또는 다른 새가 양육한 새끼는 이익을 얻었을 것이다. 그리고 대응해 보면, 이렇게 양육된 새끼들이 어미에게서 나타난 우연하고도 비전형적인 습성을 물려받아 따랐을 것이고, 다시 이들이 다른 새 둥지에 자신의 알을 낳았을 것이고, 그에 따라 자신의 새끼들을 양육하는 데 성공했을 것이라고 나는 믿게 되었다. 이런 특성이 지속적으로 이어짐에 따라, 우리가 볼 수 있는 뻐꾸기의 이상한 본능이 만들어졌다고 나는 믿는다. 그레이 박사를 비롯하여 몇몇 관찰자들에 따르면, 유럽뻐꾸기가 자손에 대한 모성애와 보살핌을 완전히 잃어버린 것이 아니라는 점을 나는 덧붙이고자 한다. (216~218쪽)

[55]같은 종에 속하든 다른 종에 속하든 자신의 알을 다른 새 둥지에 낳는 새들의 이상한 습성이 순계과Gallinaceae[56]에서 흔하지 않은 것은 아니다. 이러한 점은 아마도 타조의 동류 무리가 보여주는 독특한 본능의 기원을 설명할 수 있을 것이다. 적어도 아메리카 종들[57] 사례에서는 타조 암컷들이 서로 연합하여 한 둥지에 몇 개의 알을 처음 낳고, 다시 다른 둥지에 알을 낳는다. 그리고 이 알들을 수컷들이 부화한다.[58] 이러한 본능은 아마도 암컷들이 뻐꾸기의 사례처럼 2~3일 간격으로 많은 수의 알을 낳는다는 사실을 설명해 주는 것 같다. 그러나 아메리카타조들이 지닌 본능은 아직 완벽하지 않은데, 놀랄 만큼 많은 수의 알을 평지 위에 흩뿌리기 때문이다.[59] 나는 하루 만에 20여 개의 버려져 쓸모가 없어진 알들을 주운 적이 있다. (218쪽)

[60]많은 벌들이 기생성이며, 항상 다른 종류의 벌 둥지에 알을

55 장 목차에 나오는 6번째 주제 가운데 두 번째 동물인 타조를 설명한다.

56 오늘날에는 사용하지 않는 과명이다. 흔히 닭이나 꿩처럼 사육하는 조류들, 즉 가금류를 지칭한다.

57 흔히 타조라 하면 아프리카 일대에서 살아가는 타조(*Struthio camelus*)이며, 아메리카타조라 하면 남아메리카에 분포하는 레아속(*Rhea*)에 속하는 큰레아(*R. americana*)와 다윈레아(*R. pennata*)이다.

58 수컷들이 부화하는 알 수는 10~60개 정도로 알려졌다.

59 암컷 레아는 평균 5~10개 알을 한꺼번에 낳으며, 둥지마다 약 80개의 알을 낳는다.

60 장 목차에 나오는 6번째 주제 가운데 세 번째 동물인 기생벌을 설명한다.

낳는다. 이 사례는 뻐꾸기 사례보다 더 주목할 만한데, 이들 벌의 본능과 구조가 이들의 기생 습성에 맞추어 변형되었기 때문이다. 또한 이들은 꽃가루를 모으는 장치를 가지고 있지 않은데, 이 장치는 만일 이들이 자신들의 새끼들에게 필요한 먹이를 반드시 저장해야 한다면 필요했을 것이다. 일부 종들은, 예를 들어 (말벌처럼 생긴 곤충인) 구멍벌류Sphegidae[61] 도 마찬가지로 다른 종에 기생한다. 파브르 씨는 최근에 비록 검정구멍벌Tachytes nigra[62]이 구멍을 파서 자신의 애벌레가 먹고 자랄 마비된 먹잇감을 저장하지만, 이 곤충은 다른 구멍벌이 만들어 놓은 저장된 구멍을 발견하면 이를 뜻밖의 횡재로 이용하면서 임시로 기생성으로 바뀐다는 점을 믿게 하는 아주 좋은 이유를 보여 주었다. 뻐꾸기의 사례와 마찬가지로, 이 사례에서 만일 이런 행위가 종에 이익이 될 뿐만 아니라 다른 곤충의 둥지와 저장된 먹이를 나쁜 일이지만 착복할 수 있다면, 자연선택이 우연한 습성을 제거하지 않고 영구적인 것으로 만들었다고 하는 데에 나는 아무런 어려움을 찾을 수가 없다. (218~219쪽)

[63]*노예를 만드는 본능.*[64] 이 놀라운 본능은 유럽불개미Formica rufescens[65]에서 피에르 위베르가 처음으로 발견했는데, 그는 유명한 아버지[66]보다 더 뛰어난 관찰자였다. 이 개미는 절대적으로 자신들의 노예에 의존한다. 노예들의 도움이 없다면 이 종은 일 년 안에 확실하게 절멸할 것이다. 수컷과 생식가능한 암컷은 일을 하지 않는다. 일꾼인 생식불가능한 암컷은 비록 노예를 잡는

61 구멍벌과(Sphecidae)에 속하는 곤충으로, 전 세계에 널리 분포한다. 일부 종들은 다른 개체의 애벌레에 알을 낳는 기생성이다. 땅에 구멍을 파서 집을 짓는다. 다윈은 Sphegidae로 표기했으나, 최근에는 Sphecidae로 표기하고 있다.

62 구멍벌과에 속하며, 파브르가 『사냥하는 말벌』에 쓴 내용을 다윈이 인용했다.

63 장 목차에 나오는 7번째 주제, '노예를 만드는 개미'를 설명하는 부분이다. 자연에서 관찰되는 놀라운 본능으로 다윈은 뻐꾸기, 개미, 벌을 들었는데, 두 번째이다. 장 목차에는 '노예를 만드는 개미'로 되어 있으나, 본문에는 '노예를 만드는 본능'으로 되어 있다. 노예를 만드는 개미의 본능을 의미한다.

64 노예공생이라고 부르는 현상으로, 사회적 기생관계이다. 절대적으로 노예가 필요한 경우와 노예가 없어도 살아가는 경우로 구분한다. 노예와 주인 관계는 상호진화하는 과정으로 해석된다. Hebers(2007)는 노예가 주는 의미가 부정적이라 "노예 개미"보다는 "해적 개미"로 쓸 것을 제안했다.

65 유럽 남부와 아시아 일대에 분포하는 불개미속(*Formica*) 개미로, 노예를 만드는 개미 또는 유럽 아마존 개미라고 한다. 몸색은 지역에 따라 다소 다른데, 진한 빨강에서 오렌지빛이 도는 빨강이다. 최근에는 *Polyergus rufescens*라는 학명을 사용한다. 무사개미 또는 사무라이개미라고도 번역되나, 무사개미는 유럽불개미와 같은 속에 속하지만 다른 종인 *Polyergus samurai*의 국명으로, 동북아시아에 분포하며, 노예를 만든다.

66 피에르 위베르의 아버지는 곤충학자 프랑스와 위베르이다.

데 힘이 넘치고 용감하지만 다른 일은 하지 않는다. 이들은 자신들만의 둥지를 만들 수 없으며, 자신들의 애벌레에게 먹을 것을 줄 수도 없다. 오래된 둥지가 불편해지면, 이들은 이사를 해야만 하는데, 이사는 노예들이 결정하며, 실제로 노예들이 주인 개미들을 턱으로 물어서 옮긴다. 따라서 주인 개미들은 철저하게 단념하고 산다. 위베르가 이들 가운데 30마리를 노예 없이 가두었을 때, 단지 이들에게 가장 좋아하는 풍부한 먹이를 제공했으며 이들이 일을 하도록 자극하기 위해 애벌레와 번데기도 같이 넣어 두었지만, 이들은 아무것도 하지 않았다. 이들은 심지어 스스로 먹지도 않아 많은 개체들이 굶어 죽었다. 그러나 위베르가 한 노예 개미(흑개미F. fusca)[67]를 넣어 주었더니, 노예 개미는 즉각 일을 시작해 생존 개체들을 먹이고 구조했으며 몇 개의 방을 만들어 애벌레를 돌보았으며, 모든 것을 원래대로 돌려놓았다. 이처럼 명백하게 확인된 사실보다 더 이례적인 것이 있을 수 있을까?[68] 만일 또 다른 종류의 노예를 만드는 개미를 알지 못했다면, 이처럼 놀라운 본능이 어떻게 완벽하게 되었을까를 추측하는 것을 단념해야만 했을 것이다. (219쪽)

분개미Formica sanguinea[69]도 위베르가 처음 발견했는데, 마찬가지로 노예를 만드는 개미이다. 이 종은 잉글랜드 남부에서 발견되었는데, 이 개미의 습성에 영국박물관의 스미스 씨가 주목했다. 나는 스미스 씨로부터 이 주제를 비롯하여 여러 다른 주제들에 대한 정보를 받아 많은 신세를 졌다. 위베르와 스미스의 주장을 전적으로 신뢰하지만, 나는 회의적인 마음가짐으로 이 주제

67 *Formica fusca*. 북반구 전체와 아시아 남부 및 아프리카에도 분포하는 개미이다. 몸에 검은빛이 돈다.

68 개미의 노예공생은 전적으로 노예에 의존하는 절대기생성과 필요에 따라 노예에 의존하는 조건기생성으로 구분한다. 유럽불개미와 흑개미 관계는 절대기생성이다. 조건기생성 사례는 다음 문단에서 설명한다.

69 우리나라를 포함하여 북반구 일대에 분포한다. 몸에 빨간색과 검은색이 특징적으로 나타난다.

에 접근하려고 하는데, 그 누구라도 노예를 만드는 본능처럼 이례적이고 몹시 불쾌한 진실을 의심하는 것을 용서해 줄 것이기 때문이다. 따라서 나는 내가 관찰했던 내용을 조금은 상세하게 제시하려고 한다. 나는 분개미의 둥지 14개를 열어 보았으며 그 속에서 노예 몇 마리를 찾았다. 노예로 되는 종의 수컷과 생식가능한 암컷은 자신들의 고유한 군집에서만 발견되었고, 분개미의 둥지에서는 결코 발견되지 않았다.[70] 노예들은 검은색을 띠었으며, 붉은색 주인 몸집의 절반을 넘지 않아 외관상 차이가 너무나 뚜렷했다. 둥지를 조금 어지럽혔더니, 노예들이 즉시 와서 마치 주인처럼 상당히 격앙되었고 둥지를 지키기 시작했다. 둥지를 조금 더 어지럽히고 애벌레와 번데기를 노출시켰더니, 노예들은 주인들과 함께 이들을 안전한 장소로 정력적으로 이동시켰다. 따라서 노예들은 자기 집에 있는 것처럼 편안함을 느끼는 것이 명확하다. 나는 계속해서 3년 동안 6월과 7월 중에 많은 시간을 내서 서리주[71]와 수식스주[72]에 있는 둥지를 관찰했으나, 둥지를 떠나거나 들어가는 노예를 단 한 마리도 보지 못했다. 이 몇 달 동안, 노예들의 개체수가 극히 적었으므로, 이들의 개체수가 더 많아지면 다른 행동을 할 것으로 나는 생각했다. 그러나 스미스 씨는 나에게 자신이 서리주와 햄프셔주[73]에서 5월, 6월 그리고 8월의 다양한 시간에 둥지들을 관찰했는데, 8월에는 개체수가 가장 많아짐에도 불구하고 노예들이 둥지를 떠나거나 둥지로 들어가는 것을 전혀 관찰하지 못했다고 알려 주었다. 그래서 그는 이들을 절대적인 가사 전담 노예라고 간주했다. 이와

70 노예로 살아가는 종의 개체들은 자신들만의 둥지에서 태어나나, 다음에 노예로 생활한다는 의미로 보인다.

71 영국 런던 서남부에 있는 지역으로 런던과 인접해 있다.

72 영국 런던 남쪽에 있는 지역으로 영국 해협과 인접해 있다.

73 영국 런던 남서쪽에 있는 지역으로 영국 해협과 인접해 있다.

는 반대로, 주인들은 둥지를 위한 재료들과 온갖 종류의 먹을 것을 끊임없이 날랐다.[74] 그러나 금년에는 7월에, 나는 기이하게도 큰 노예 무리를 우연히 만났는데, 주인과 노예가 서로 섞여서 둥지를 떠나 20m 정도 떨어진 높은 구주소나무까지 같은 길을 행진해서 나무 위로 올라가는 것을 관찰했다. 아마도 진딧물이나 무화과깍지벌레를 찾는 것 같았다. 관찰할 기회가 충분했던 위베르에 따르면, 스위스에서는 노예들이 습관적으로 주인들과 함께 둥지를 만들며, 노예들만이 아침과 저녁에 둥지 문을 열고 닫는다고 한다. 위베르가 강조했듯이, 이들의 주요 업무는 진딧물을 찾는 것이다. 두 나라에서 주인과 노예가 지닌 일상적인 습성의 차이는 아마도 잉글랜드보다 스위스에서 더 많은 노예들이 잡히기[75] 때문으로 보인다. (219~221쪽)

어느 날, 나는 운이 좋게도 한 둥지에서 다른 둥지로 이동하는 것을 우연히 목격했다.[76] 그리고 위베르가 설명한 것처럼 주인들이 자신들의 노예를 턱으로 물고 운반하는 것을[77] 바라보았는데 매우 흥미로운 광경이었다.[78] 또 다른 날에는, 같은 장소에 20여 마리의 노예를 만드는 개미들이 출몰한 것을 보며 나는 큰 충격을 받았는데, 그들은 먹잇감을 찾으려는 것이 아니었다. 그들은 자신과 독립적인 무리를 이룬 노예 종(흑개미F. fusca)에게 다가갔으나 거센 반격에 직면했다. 때로는 3마리 정도의 흑개미들이 노예를 만드는 분개미F. sanguinea의 다리에 달라붙어 있었다. 분개미들은 자신들의 작은 적들을 무자비하게 죽였고, 이들의 죽은 몸뚱이들을 먹잇감으로 약 26m 떨어진 자신들의 둥지로 옮

74 분개미는 흑개미(*Formica fusca*), *Formica cunicularia* 등을 노예로 삼으나, 유럽불개미와는 달리 조건기생성으로 필요에 따라 노예를 활용한다(Mori et al., 2000).

75 다윈은 영국에서 조건기생성 개미를, 위베르는 스위스에서 절대기생성 개미를 관찰했다. 절대기생성 개미들에게는 더 많은 노예 개미가 필요할 것이다.

76 『종의 기원』 2판부터는 "분개미(*Formica sanguinea*)가" 이동하는 것으로 명확하게 되어 있다.

77 『종의 기원』 2판부터는 "유럽불개미(*Formica rufescens*)처럼 노예가 주인을 운반하는 것이 아니라"라는 글귀가 괄호 안에 삽입되어 있다.

78 절대기생성 개미들은 아무런 일도 하지 않으나, 조건기생성 개미들은 상황에 따라 일을 한다.

졌다. 그러나 그들은 노예로 키울 수 있는 그 어떤 번데기도 찾지 못했다. 그래서 나는 또 다른 둥지에 있는 흑개미의 애벌레 무리를 파낸 다음, 이들을 전쟁이 일어난 자리 근처의 노출된 자리에 두었더니, 이들은 폭군들에게 붙잡혀 운반되었으며, 폭군들은 아무튼 마지막 전투에서 승리한 상태였다. (221쪽)

이와 동시에, 나는 같은 장소에 또 다른 종, 황개미F. flava[79]의 조그만 번데기 무리를 놓아두었는데, 이 작은 노란색 개미들은 아직도 둥지 조각에 달라붙어 있었다. 스미스 씨가 설명했던 것처럼 이 종은 비록 드물지만 때로 노예로 되기도 한다. 너무나 작은 개미임에도 불구하고,[80] 아주 용감해서 다른 개미를 맹렬하게 공격하는 것을 나는 본 적이 있다. 한 가지 실례를 들면, 나는 황개미의 독립적인 군집을 보고 몹시 놀란 적이 있는데, 이 군집은 노예를 만드는 분개미 둥지 아래에 있는 돌 아래에 있었다. 그래서 이 두 개미의 둥지를 일부러 교란시켰더니, 작은 개미들이 자신보다 큰 이웃 개미[81]들을 놀라게 할 정도로 용맹스럽게 공격했다. 분개미가 습관적으로 노예가 되는 흑개미의 번데기와 거의 잡히지 않고 아주 작고 격렬한 황개미의 번데기를 구분할 수 있는지 여부가 나에게 매우 흥미로웠는데, 분개미는 이들을 단번에 구분한다고 나는 단호하게 주장한다. 분개미들은 흑개미의 번데기를 찾으려 할 뿐만 아니라 곧바로 붙잡으려고 하는 반면, 황개미의 번데기 옆이나 심지어 둥지가 있는 흙을 지나갈 때 심한 공포감을 느끼며 재빨리 도망치는 것을 내가 보았기 때문이다. 그러나 약 15분 정도가 지나 작은 황개미들이

79 유럽 중앙부에서 흔히 사는 개미로, 진딧물에서 나오는 단물을 먹고 살거나, 진딧물을 잡아먹고 산다. 최근에는 *Lasius flavus*라는 학명을 쓴다.

80 황개미 길이는 여왕이 7~9mm, 수개미가 3~4mm이고 일개미가 2~4mm에 불과하다.

81 분개미의 일개미는 길이가 7mm 정도이다.

우글우글거리다 사라지자, 분개미들은 용기를 내어 번데기를 옮기기 시작했다. (222쪽)

어느 날 저녁, 나는 분개미의 또 다른 군집을 찾았는데, 수많은 개미들이 자신들의 둥지로 들어가면서 죽은 흑개미(흑개미들이 이동하는 것이 아니라) 몸뚱이와 수많은 번데기를 데리고 갔다. 나는 약 40m 떨어진 곳까지 전리품을 들고 오는 개미 행렬을 추적했는데, 이 행렬은 무성한 히스 덤불까지 연결되었고, 이곳에서 분개미 마지막 개체가 번데기를 물고 나오는 것을 보았다. 그러나 무성한 덤불 속에서 황폐화된 둥지는 찾을 수가 없었다. 둥지는 바로 가까이에 있었던 것이 틀림없는데, 흑개미 두세 마리가 굉장히 격앙되어 뛰쳐나왔고, 한 마리는 입에 자신의 번데기를 물고 자신의 파괴된 집 위에 있는 히스 가지 위에서 움직이지 않고 있었다. (222~223쪽)

이상은 모두, 비록 내가 확인할 필요는 없지만, 노예를 만드는 놀라운 본능에 관해서는 사실들이다. 분개미의 본능적 습성과 유럽불개미F. rufescens의 본능적 습성이 어떻게 비교되는지 관찰해 보자.[82] 유럽불개미는 자신만의 둥지를 만들지 않으며, 자신의 이동을 결정하지도 않으며, 자신이나 어린 개체들을 위해 먹잇감을 모으지도 않으며, 심지어 스스로 먹지도 않는다. 이 개미는 절대적으로 수많은 노예 개미들에게 의존한다. 이와는 반대로, 분개미는 상당히 적은 수의 노예를 지니는데, 초여름에는 극히 더 적은 수의 노예를 지닌다. 주인들은 언제 어디에 새로운 둥지를 만들지를, 그리고 언제 이동할지를 결정하며, 주인들이 노예

82 분개미는 조건기생성이나 유럽불개미는 절대기생성이다. 따라서 유럽불개미는 노예에게 모든 것을 의존하나 분개미는 필요에 따라 노예에 의존한다.

들을 데리고 간다. 스위스와 잉글랜드에서는, 노예들이 애벌레를 전적으로 보살피며, 주인만이 노예를 만드는 탐험을 떠난다. 스위스에서는 노예와 주인이 같이 일하며, 둥지에 필요한 재료들을 만들고 가져온다. 그러나 둘 다, 주로 노예들이 하는 경향이 있는데, 소위 우유라고 부르는 단물을 진딧물로부터 빨아먹으며, 그에 따라 둘 다 군집을 위해 먹잇감을 모은다. 잉글랜드에서는 주인만이 둥지를 남겨두고 떠나 둥지를 만드는 데 필요한 재료와 자신과 자신들의 노예 및 애벌레를 위한 먹이를 모은다. 따라서 스위스보다는 잉글랜드에서 주인들이 자신들의 노예로부터 봉사를 훨씬 덜 받는다. (223쪽)

[83]어떤 단계를 거쳐 분개미의 본능이 만들어졌는지, 나는 추정하는 척도 할 수가 없을 것 같다. 그러나 앞으로 내가 살펴보겠지만, 노예를 만들지 않던 개미가 다른 종의 번데기를, 만일 이 번데기가 이들의 둥지 곁에 흩어져 있다면, 날랐기 때문에 처음에는 먹잇감으로 저장되었던 번데기가 노예로 발달했을 가능성도 있다. 따라서 의도하지 않게 키워진 개미들은 자신들의 본래 본능을 따랐을 것이고, 자신들이 해야 할 일을 했을 것이다. 만일 그들의 존재가 그들을 잡아온 종에게 유용하다는 점이 입증된다면, 즉 만일 일개미를 낳는 것보다 잡아오는 것이 이 종에게 유리하다고 가정한다면, 처음에는 먹잇감으로 번데기를 모으던 습성이 노예를 키우는 전혀 다른 목적을 위해 자연선택에 의해 강화되어지고 영구적으로 만들어졌을 것이다. 우리가 이미 보았듯이 본능이 한번 습득되면, 스위스에 있는 분개미보다

83 노예를 만드는 본능이 어떻게 만들어졌는지에 대해 다윈이 요약해서 설명하는 부분이다.

노예가 덜 도와주는 영국의 분개미처럼 일은 훨씬 더 못한다 해도 유럽불개미처럼 노예에 비굴하게 의존하는 개미가 만들어질 때까지 변형 하나하나가 종에 항상 유용하다는 가정을 하면, 자연선택이 본능을 증가시키고 변형시켰다고 말하는 데 나는 그 어떤 어려움을 찾을 수가 없다. (223~224쪽)

[84]*꿀벌이 벌집방을 만드는 본능.* 나는 이 주제에 대해 아주 자세히 다루지는 않을 것이나, 내가 내린 결론들을 추려서 그 개요만을 제시하고자 한다. 원하는 목적에 맞추어 아름답게 만들어진 벌집층의 정교한 구조를 조사하고도 열정적인 찬사를 보내지 않는 사람은 우둔한 사람임에 틀림없다. 수학자들에 따르면, 벌들은 난해한 문제를 실용적으로 해결했는데, 자신들의 벌집방의 모양을 아주 적절하게 만들어서 최대한 많은 양의 꿀을 저장할 수 있게 했으며, 이 모양을 만드는 데에도 귀중한 밀랍[85]을 가능한 한 적게 사용했다고 한다. 적당한 도구와 자를 지닌 노련한 기술자라도 밀랍으로 된 벌집방들의 실물과 같은 형태를 만드는 것이 매우 어렵다는 점은 알려져 있다. 그러나 벌들은 어두운 벌집 속에서 빽빽하게 무리를 지어 완벽하게 만들어 낸다. 당신이 생각하는 본능이 무엇이든 당연하다고 하더라도, 어떻게 벌들이 모든 필요한 각도와 평면을 만들고,[86] 심지어 언제 정확하게 만든지를 어떻게 인지하는지에 대해 처음에는 상상도 할 수가 없는 것처럼 보였다. 그러나 이 문제가 처음 접했을 때 어려워 보이는 것만큼 그렇게 어려운 것은 아니었다. 이 모든 아름

84 장 목차에 나오는 8번째 주제, '꿀벌과 벌집방을 만드는 본능'을 설명하는 부분이다. 자연에서 관찰되는 놀라운 본능으로 다윈은 뻐꾸기, 개미, 벌을 들었는데, 세 번째에 해당한다.

85 벌집방을 만들기 위하여 꿀벌이 분비하는 물질이다. 누런빛이 나고 상온에서는 단단하게 굳어진다. 단순히 밀이라고도 한다.

86 벌들이 처음부터 육각형으로 벌집 구조를 만드는 것은 아니다. 최근 연구에 따르면, 벌들이 처음에는 원형으로 벌집 구멍을 만드나, 체온을 이용해 밀랍을 가열하면 밀랍이 끈적한 상태로 되면서, 표면장력에 의해 육각형 구조로 되는 것으로 파악되었다. 도구나 자가 필요 없다는 주장이나, 그럼에도 벌은 벌집 구멍의 두께를 아주 정확하게 만들고 있어, 벌집 구멍에 대한 수수께끼는 아직도 풀리지 않고 있다.

다운 작품이 아주 간단한 몇 가지 본능에 따라 만들어졌음을 보여 줄 수 있다고 나는 생각한다. (224쪽)

워터하우스 씨는 나로 하여금 이 주제를 연구하게 만들었는데,[87] 그는 벌집방의 형태가 인접한 벌집방들의 존재와 밀접하게 연관되어 있음을 보여 주었다. 그리고 다음의 견해는 아마도 그가 주장한 이론의 변형으로 간주될 수도 있을 것이다. 위대한 중간단계가 만들어지는 원리를 살펴보고, **자연**이 자신의 일하는 방식을 우리에게 드러내지 않는지 찾아보자.[88] 짧은 계열의 한쪽 끝에는 우리가 보는 뒤영벌[89]이 있는데, 이 벌은 자신의 오래된 고치를 꿀을 담아 두는 용도로 쓰며, 때로 밀랍으로 만든 짧은 대롱을 덧붙이기도 하며, 마찬가지로 독립된 다소 불규칙한 원형의 밀랍 구멍들을 만든다. 계열의 다른 쪽 끝에 우리는 꿀벌이 만든 두 층으로 된 벌집방을 들 수 있다. 잘 알려져 있는 것처럼, 각 방은 육각기둥이며, 밑바닥 6개의 모서리는 3개의 마름모가 서로 연결되어 만들어진 피라미드 구조와 연결되기 위해 경사져 있다. 이 마름모들은 특정 각도를 이루고 있어서, 벌집을 구성하는 한 벌집층에 있는 벌집방의 피라미드 구조 밑바닥을 이루는 3개의 마름모들은 다른 벌집층에 있는 3개의 맞대고 있는 벌집방의 밑바닥과 접하게 된다.[90] 꿀벌의 벌집방이 보여 주는 극단적인 완벽함과 뒤영벌의 벌집방에서 보이는 단순함 사이를 연결하는 계열에서, 우리는 멕시코무침벌*Melipona domestica*[91]의 벌집방을 볼 수 있는데, 위베르가 자세하게 설명하고 그림을 그렸다. 멕시코무침벌은 구조적으로 볼 때 꿀벌과 뒤

87 워터하우스는 1857년 4월 다윈에게 곤충학회에서 웨스트우드가 발표한 꿀벌의 벌집에 관한 내용이 다윈의 견해와 비슷했다는 편지를 보냈다(Costa, 2009).

88 벌집을 만드는 벌들의 본능을 벌집이 만들어지는 과정을 조사해 보면 자연이 어떻게 이처럼 놀라운 능력을 벌들에게 부여했는지를 알 수 있을 것이라는 설명이다. 중간단계들이 만드는 계열의 한쪽에는 뒤영벌이 있고, 다른 한쪽에는 꿀벌이 있다.

89 다윈은 영어로 humble-bee라고 표기했으나, 흔히 bumblebee로 표기한다. 뒤영벌속(*Bombus*)에 속하는 종류들이나, 특히 뒤영벌(*B. agronum*≡*B. pascuorum*)만을 지칭한다.

90 벌집방은 6개의 면으로 이루어져 있다. 맨 아래쪽에는 벌집방을 지탱하거나 이 방에 보관된 것들이 떨어지지 않도록 밀봉하는 구조물이 있다. 이 구조물은 3개의 마름모가 겹쳐 있는 육각형 구조이다. 이 구조는 벌집방 안쪽으로 밀려들어가기 때문에 피라미드처럼 된다. 벌집방 아래쪽에 있는 이 구조를 설명하기 위해서 다윈은 피라미드라는 용어를 사용했고, 6판에서 피라미드를 역피라미드로 수정했다. 벌집이 두 층으로 되어 있어, 3개의 마름모가 반대쪽에 있는 벌집층으로 들어가기에 역피라미드로 수정한 것인데, 이 피라미드 구조가 서로 인접하기 위해서는 두 층이 접한 부분은 지그재그로 돌출되는 구조가 된다. (부록 4 참조)

91 학명에 domestica라는 종소명이 있으면 사육종이라는 의미이다. Costa(2009)는 이 종을 라틴아메리카, 특히 멕시코에 분포하는 *Melipona beecheii*로 간주했다. 이 종은 침이 없는 종류로 알려져 있어, 멕시코무침벌로 번역했다.

영벌의 중간형태이나, 뒤영벌에 조금 더 가깝다. 이 벌은 밀랍으로 된 원통형의 벌집방을 거의 규칙적으로 붙여 벌집층을 만드는데, 벌집방 안에서 알들을 부화하며, 조금 더 큰 밀랍 방에는 꿀을 보관한다. 꿀을 보관한 방은 거의 구형으로 같은 크기이며, 불규칙하게 덩어리져 있다. 그러나 주목해야 할 점은 이 방들 하나하나가 아주 가깝게 있어, 만일 구형 방들이 완성되면, 서로서로가 가로지르거나 부서질 수 있다는 것이다. 그러나 이런 일은 절대로 일어나지 않았는데, 벌들은 간섭할 소지가 있는 구들 사이의 밀랍벽을 완벽하게 바싹 접하여 만든다. 그래서 방 하나하나는 바깥쪽의 구형 한 부분과 두세 개 또는 그 이상의 완벽하게 편평한 면 부분으로 이루어진다. 이 편평한 면들은 두세 개 또는 그 이상의 벌집방이 만나는 면이 된다. 이런 경우가 자주 일어나며 또한 이렇게 하는 것이 필요한데, 한 방이 세 개의 다른 방과 접하게 되면, 구형 방들은 거의 같은 크기가 되므로, 접해 있는 세 면은 서로 융합되어 피라미드를 형성한다. 그리고 이 피라미드는, 위베르가 언급했듯이, 꿀벌이 만든 벌집방의 3면으로 된 피라미드 밑바닥을 명백하게 총체적으로 모방한 것이 된다. 따라서 꿀벌의 벌집방처럼, 그 어떤 하나의 방이라도 3면으로 된 표면이 3개의 인접한 방 안쪽으로 들어가는 구조물로 된다. 멕시코무침벌은 이런 방식으로 벌집을 지으면서 밀랍을 절약하는 것이 명백하다. 인접한 방 사이의 접한 면이 이중이 아니라 바깥쪽에 있는 구형 부분과 같은 두께이기 때문이다. 그럼에도 접한 부분이 방 두 개를 구성한다. (225~226쪽)

이 사례를 곰곰이 되새기다가, 만일 멕시코무침벌이 자신의 구형 방을 서로 일정한 간격을 두고 같은 크기로 만들어, 두 층으로 대칭이 되게 배열했다면, 이렇게 만들어진 구조는 꿀벌의 벌집층처럼 아마도 완벽했을 것이라는 생각을 나는 떠올렸다. 그에 따라 나는 케임브리지에 있는 밀러 교수에게 편지를 썼다. 그 기하학[92]자는 친절하게도 다음에 나오는 설명을 검토하고, 그가 갖고 있던 정보로 다시 작성하여 설명을 자세히 해 주었는데, 내가 전적으로 옳다고 말했다. (226쪽)

만일 다수의 같은 크기의 구들이 평행하게 두 층으로 배열되도록 구들의 중심을 맞춘다면, 같은 층에서 한 구와 한 구를 둘러싸는 6개의[93] 구 중심으로부터 각각의 구 중심들 간의 거리를 반지름×$\sqrt{2}$ 또는 반지름×1.41421(또는 이보다 짧아도 된다)이 되게 하고,[94] 인접한 구의 중심에서 다른 평행한 층에 있는 구의 중심까지도 같은 거리가 되게 한다. 그때 만일 두 층 사이에서 구들 간에 교접면이 만들어졌다고 가정하면, 두 층의 육각기둥이 만들어질 것인데,[95] 이 기둥들은 마름모 3개로 이루어진 피라미드 구조 밑바닥을 만들 것이다.[96] 그리고 마름모와 육각기둥의 가장자리가 만드는 6개의 각도는 모두 꿀벌의 벌집방에서 최대로 정확하게 측정된 각도와 같을 것이다. (226~227쪽)

따라서 만일 우리가 멕시코무침벌이 이미 지니고 있던 본능을 조금이라도 변형시킬 수 있다면, 그들에게는 아주 놀랄 만한 일은 아니지만, 이 벌들은 꿀벌처럼 놀라울 정도로 완벽한 구조를 만들어 낼 수 있을 것이라고 결론을 내려도 지장이 없을 것

92 기하학은 공간에 있는 도형이나 대상들의 치수, 모양, 상대적 위치 등을 연구하는 수학의 한 분야이다.

93 크기가 같은 원을 평면에 배열하면, 원 하나를 6개의 원이 빙 둘러싸게 된다.

94 정상적이라면 한 구의 중심에서 다른 구의 중심까지의 거리는 반지름×2가 된다. $\sqrt{2}$는 1.41421이니, 구의 일부가 중첩될 수밖에 없을 것이다. 중첩된 면을 다윈은 교접면이라고 불렀다.

95 원 중심과 원 중심까지의 거리는 반지름×2(아래 그림의 왼쪽)가 되나, 이 거리를 짧게 하면(가운데), 원과 원들이 서로 겹치게 되고, 겹친 부분을 선으로 처리하면, 중앙에 있는 원은 6개의 원과 겹쳐져 육각형이 된다(오른쪽). 구가 겹쳐서 만들어지는 교접면에서 가장 큰 면이 나오는 단면끼리 연결하는 것을 생각해야 한다. 그 경우 교접면은 두 벌집방 층이 만나는 모양이 되며, 구와 구 사이의 거리에 따라 마름모꼴이 육각기둥에서 얼마나 더 뾰족해지느냐가 결정된다(정확한 측정치는 없으나, $\sqrt{2}$ 정도로 결정했을 때 실제와 비슷할 것으로 추정된다).

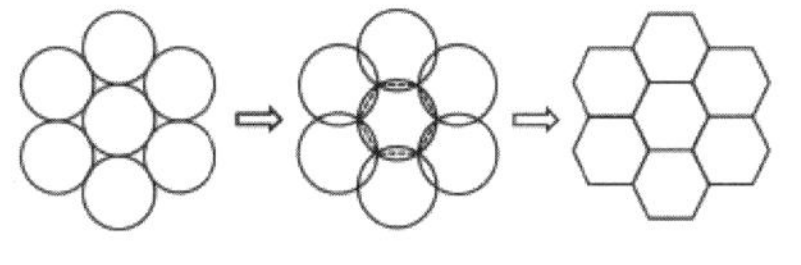

96 육각기둥의 밑바닥은 앞에서 설명한 꿀벌집의 밑바닥과 동일하게 설명할 수 있을 것이다.

이다.[97] 우리는 멕시코무침벌이 자신의 벌집방을 완전한 구형으로, 그리고 같은 크기로 만들 수 있다고 가정해야만 한다. 이것이 그렇게까지 놀라울 일은 아닌데, 이 벌이 이미 어느 정도는 하고 있으며, 또한 많은 곤충들이 나무 안에 한 고정된 지점을 둥글게 돌면서 완벽한 원통형 굴을 만들고 있기 때문이다. 멕시코무침벌이 이미 자신의 벌집방을 원통형으로 만들었기 때문에 우리는 이들이 자신의 벌집방을 층층이 나란히 배열하고 있다고 가정해야만 한다. 그리고 다음 사항이 가장 어려운데, 몇몇 일벌들이 자신의 집을 구형으로 만들고 있을 때, 이들이 다른 일벌들과 어느 정도 거리를 두고 있어야 하는지를 어떻게 해서든지 정확하게 판단할 수 있다고 우리는 또 한번 가정해야만 한다. 그러나 이들은 이미 거리를 판단할 수 있는 능력을 지녔으며, 그에 따라 많은 부분이 서로 교차하도록 자신이 만들 구형의 도형을 항상 그린다. 그런 다음 이들은 교차점들을 유합시켜 완벽하게 평면[98]들로 만든다. 우리는 조금 더 가정해야 하는데, 이는 그렇게 어려운 일은 아니다. 같은 층에서 구들을 연결하는 교접면으로부터 육각기둥이 만들어지면, 벌들은 꿀을 저장하기에 충분할 만큼 육각기둥을 얼마든지 길게 할 수 있는데, 이는 세련되지 않은 뒤영벌이 자신의 오래된 고치 원형 입구에 밀랍을 덧붙여 원통을 연장해 가는 방식과 같다. 벌들 스스로 이처럼 본능을 변형시키는 것은 그렇게 놀라운 일은 아닌데, 새들이 자신의 둥지를 만들도록 유도하는 놀라움 정도 그 이상이 아니므로, 꿀벌이 자연선택을 통해 자신만의 아무도 흉내낼 수 없는 건축술을

97 다윈은 진화가 단계적으로 일어날 것이라 가정했고, 이런 가정이 갖는 문제점을 극복하기 위해 6장에서 자신이 주장한 이론의 어려움들, 특히 중간단계가 지니는 어려움을 설명했었다. 그리고 이런 어려움 중의 하나가 바로 본능이었는데, 이곳에서 본능도 중간단계를 도입하여 설명하려고 하고 있다. 즉, 『종의 기원』 225쪽에서 다윈은 벌집의 한쪽 끝에는 뒤영벌의 벌집이 있고, 다른 한쪽에는 극도로 완벽한 꿀벌의 벌집이 있다고 했는데, 이 둘을 연결시켜 줄 중간형태로써 멕시코무침벌의 벌집을 이론적으로 설명할 수 있다고 생각한 것이다. 다음 문단에서는 실험적으로 가능하다고 설명한다.

98 다윈은 이 면을 앞 문단에서 교접면이라고 불렀다.

습득했다고 나는 믿는다. (227~228쪽)

[99]그러나 이 이론은 실험으로 검증이 가능하다. 테겟마이어의 실험에 따라, 나는 벌집을 두 개의 벌집층으로 분리했고, 그 사이에 기다랗고 두꺼운 사각형 조각의 밀랍을 끼워 넣었다.[100] 벌들은 이 밀랍에서 조그만 원형으로 된 구멍을 끊임없이 파냈다. 그리고 이 조그만 구멍을 깊게 만들었을 뿐만 아니라 조그만 웅덩이처럼 될 때까지 폭도 넓혔는데, 눈으로 볼 때에는 진짜 구 또는 구의 일부처럼 보였고, 지름은 벌집방과 거의 같았다. 나에게 가장 흥미로운 점은 몇 마리의 벌들이 같이 웅덩이를 파기 시작한 곳이면 어디든지 이들이 서로서로 일정한 간격을 두고 자신들의 일을 시작한다는 것이다. 앞에서 설명한 웅덩이의 폭(즉, 일반적인 벌집방의 폭 정도)과 깊이가 자신들이 만든 구형 지름의 1/6 정도가 될 때까지 팠는데, 웅덩이의 가장자리가 가로지르거나 부서지자마자 벌들은 구멍 파는 것을 중단했다. 그리고 웅덩이들 사이의 서로 만난 선에 밀랍으로 된 편평한 교접면을 쌓기 시작했고, 그에 따라 부드러운 줄처럼 되어 있던 웅덩이 가장자리 위로 육각기둥이 하나씩 만들어졌다. 일반적인 벌집방의 경우에는 피라미드 구조의 3개의 면이 직선 형태의 모서리로 되는데 이 경우에는 달랐다. (228쪽)

그런 다음 나는 두꺼운 사각형 밀랍 조각 대신 얇고, 좁고, 가장자리는 날카롭고, 주홍색으로 물들인 사각형 밀랍 조각을 벌집에 넣었다. 앞에서 설명한 것처럼, 벌들은 즉시 양쪽에서 서로 조그만 웅덩이를 파기 시작했다. 만일 앞에서 했던 실험과 같

99 벌들이 집을 만들 때, 벌집층 중간면에 여러 종류의 밀랍을 넣어 벌들의 행동을 관찰했다. 바로 앞 문단에서 이론적으로 설명한 부분을 실험으로 검증하고 있는 것이다.

100 다윈은 테겟마이어와 함께 벌들이 집을 어떻게 만들어가는지를 관찰하고 실험하고 토론했는데, 두 사람은 1855년 비둘기와 관련된 모임에서 처음 만났다. 그리고 테겟마이어는 1858년 7월 5일 곤충학회에서 자신의 실험 결과를 발표했다(Davis, 2004). 이 실험 결과를 다윈이 따라서 했던 것이다.

은 깊이로 파게 했다면 밀랍의 두께가 너무 얇아 웅덩이가 서로 부서졌을 것이다. 그러나 벌들은 이런 일이 나타나지 않도록 적절한 시기에 구멍 파는 것을 중단했다. 그에 따라 웅덩이를 조금 깊게 파내자 편평한 밑바닥으로 되었다. 그리고 주홍색 밀랍으로 된 얇은 조그만 판에서 갉아 내지 않고 남게 된 편평한 밑바닥은, 눈으로 판단하건대, 밀랍의 굴곡 양쪽에 만들어진 웅덩이 사이에 존재하는 가상의 교접면과 정확하게 맞아떨어졌다. 마름모판의 일부는 아주 작게, 일부는 아주 크게 서로 마주보는 웅덩이 사이에 놓이게 되었는데, 부자연스러운 상태로 볼 때, 작업이 깔끔하게 마무리되지는 못한 것 같았다. 주홍색 밀랍판의 굴곡을 마주보면 벌들이 거의 같은 속도로 작업을 했음이 틀림없는데, 이들은 양쪽에서 원형으로 갉아 내었고 또한 깊게 파내려가다가, 웅덩이 사이에 편평한 판을 남겨두기 위하여 중간 경계면 또는 교접면을 따라 작업을 중단한 것이다. (228~229쪽)

얇은 밀랍이 지닌 탄력성을 고려하면, 벌들이 밀랍 층 양쪽에서 작업하면서, 밀랍을 갉아 내서 적당히 얇게 되는 때를 알고 있었고, 그 시간이 되면 작업을 중단했다고 말하는 데 그 어떤 어려움도 찾을 수 없었다. 일반적인 벌집층에서는, 벌들이 양쪽에서 정확하게 같은 속도로 하는 작업을 항상 성공하지 못할 것으로 나에게는 보였다. 나는 방금 만들기 시작한 벌집방의 밑바닥에서 반쯤 완성된 벌집층을 보았는데, 이 방의 한쪽은 벌들이 너무 빨리 파내어 약간 오목한 반면, 반대쪽은, 벌들이 조금 느리게 작업을 해서 볼록한 것을 보았기 때문이다.[101] 알기 쉬운

101 꿀벌은 벌집층을 두 층으로 만든다.

한 가지 실례를 살펴보자. 나는 벌집층을 벌집에 다시 넣어, 벌들이 짧은 시간만 작업하도록 했다. 그리고 벌집방을 조사했더니, 마름모판이 완성되어 있는 것을 보았는데, *완벽하게 편평하게* 만들어져 있었다. 조그만 마름모판이 극도로 얇다는 점에서 볼 때, 이런 상황은 거의 불가능한 것처럼 보이는데, 벌들은 볼록한 쪽을 갉아 내서 이렇게 만든 것이다. 따라서 이런 사례에서는 반대쪽에 있는 벌집방에 있는 벌들이 말랑하고 따뜻한 밀랍을 밀어내고 구부려서 (나도 이런 일을 쉽게 해 보았다) 적당한 중간 평면[102]을 만들고, 이를 편평하게 만들었을 것으로 나는 추측한다. (229~230쪽)

주홍색 굴곡진 밀랍을 이용한 실험에서, 만일 벌들이 자신을 위해서 밀랍으로 된 얇은 벽을 만든다면, 그들은 자기들끼리 적당한 간격을 두고 같은 속도로 파내고 똑같은 구형 구멍으로 만들기 위해 노력하나, 구형이 서로서로 절대로 부서지지 않도록 하면서 적당한 모양으로 만들 것이라는 점을 우리는 분명히 알 수 있다.[103] 이제 벌들은, 커지는 벌집층의 모서리를 조사하면 명확하게 알 수 있는 것처럼, 벌집층 곳곳에서 주위의 벽, 즉 둥그런 가장자리를 만든다. 그리고 가장자리부터 시작해서 반대쪽으로 갉아 내기 시작하는데, 원형을 그리며 벌집방을 파들어 간다. 이들은 어떤 벌집방 하나라도 3면으로 된 피라미드 구조의 밑바닥을 동시에 한꺼번에 만들지는 않는데 극단적으로 큰 단 하나의 마름모판을 만들거나, 경우에 따라 2개의 큰 판을 만들기도 한다. 그리고 벌들은 마름모판의 위쪽에 있는 모서리를

102 벌집층과 벌집층 사이에 존재하는 면이다.

103 다윈은 뒤영벌에서 꿀벌로 이어지는 계열을 상상하고 있다. 그리고 뒤영벌은 고치를 이용해서 꿀을 보관하나, 꿀벌은 완벽한 육각형 구조로 되어 있다고 설명했다. 그리고 이 사이에 멕시코무침벌이 있다고 설명했는데, 이 벌은 원형의 벌집방을 만든다고 설명했었다. 그런데 꿀벌이 처음 벌집방을 만들 때에는 육각형 구조를 구형으로 만들고 있다고 설명한 점에 주목할 필요가 있을 것이다.

육각기둥 벽이 만들어지기 시작하기 전까지는 결코 완성하지 않는다. 이상의 설명 가운데 일부는 저명한 대위베르[104]가 정확하게 설명한 것과는 다르나, 나는 이러한 설명이 옳다고 확신한다. 그리고 만일 나에게 공간이 더 있다면, 나는 위베르의 설명들이 내 이론과 잘 어울림을 보여 줄 수 있을 것이다. (230쪽)

다소 마주보며 배열된 밀랍 벽에서 맨 첫 번째 벌집방의 구멍파기가 진행된다는 위베르의 설명은, 내가 알기로는, 절대적으로 맞지는 않다. 맨 처음은 항상 밀랍의 조그만 덮개자리에서 시작한다. 그러나 나는 여기서 이 점과 관련해서 자세한 설명을 하지 않을 것이다.[105] 우리는 구멍파기가 벌집방을 건축하는 데 부분적으로 얼마나 중요한 역할을 하는지를 알고 있다. 그러나 벌들이 적당한 위치에 단단한 벽을, 즉 두 개의 인접한 구 사이의 교접면을 따라 세울 수 없다고 가정하는 것은 엄청난 잘못이다. 벌들이 이 작업을 할 수 있음을 보여 주는 몇 가지 표본들을 나는 가지고 있다. 커져가는 벌집층 주위에 밀랍으로 된 거친 원형 테두리 또는 벽에서도 굴곡이 때때로 관찰되는데, 이는 미래에 벌집방으로 될 마름모판의 밑바닥을 구성하는 평면의 위치에 해당한다. 그러나 모든 사례에서 밀랍으로 된 다듬어지지 않은 벽은 양쪽에서 대부분 갉아 낸 상태이다. 벌들이 집을 짓는 방법은 흥미롭다. 벌들은 항상 처음에는 다듬어지지 않은 벽을 벌집방이 마지막에 완성되었을 때의 얇은 벽보다 10~20배 두껍게 만든다. 우리는 벌들이 어떻게 일하는지를 석공이 일하는 방식을 가정해 봄으로써 이해할 수 있을 것이다. 시멘트를 산더미로

104 『종의 기원』 219쪽에서는 "유명한 아버지"라고 지칭했다. 『종의 기원』에서 인용하고 있는 곤충학자인 피에르 위베르의 아버지, 프랑스와 위베르이다.

105 다윈의 관심은 벌집방의 구조가 원형에서 육각형 구조로 만들어지는 것이다.

쌓아두고 바닥부터 양쪽으로 덜어 내서 가운데 벽에 얇고 부드러운 시멘트만 남도록 하는데, 석공은 언제나 덜어 낸 시멘트와 새 시멘트를 가장 위에 올린다.[106] 따라서 우리는 얇은 벽을 계속해서 위로 올릴 수가 있으나, 항상 커다란 갓돌[107]을 맨 위에 올린다. 막 시작한 방이나 완성된 방 모두를 보면, 밀랍으로 된 튼튼한 덮개로 덮여 있기 때문에, 벌들은 두께가 약 0.1mm에 불과하여 허약한 육각기둥을 손상시키지 않고서도 벌집층 위에 무리지어 있고 기어 다닐 수가 있다. 피라미드처럼 생긴 밑바닥 층 두께는 두 배 정도 두껍다. 이처럼 독특하게 건축하기에, 밀랍을 최대한 경제적으로 사용하면서도 벌집층 전체에 충분한 강도가 주어진다. (230~231쪽)

처음에는 상당히 많은 벌들이 협력해서 작업한다는 점 때문에 벌들이 어떻게 벌집방을 만드는지를 이해하는 데 어려움만 더해지는 것 같았다. 벌 한 마리가 짧은 시간 동안 한 방에서 일한 다음 다른 방에 들어가는데, 위베르가 설명한 것처럼, 첫 번째 방을 만들기 시작할 때조차도 20여 마리의 벌들이 일을 한다. 나는 이런 사실을 실질적인 방법으로 보여 줄 수가 있는데, 하나의 방을 이루는 육각기둥 모서리, 또는 커져가는 벌집층의 둥그런 테두리의 가장자리를 녹인 주홍색 밀랍의 극도로 얇은 층으로 덮을 수가 있다. 그리고 마치 화가들이 붓으로 그리는 것처럼 색이 벌들에 의해 엄청 섬세하게 퍼져 나가는 것을 나는 변함없이 발견했는데, 색이 있는 밀랍 물질이 처음 놓인 자리에서 커지고 있는 벌집방 모서리 전체로 퍼져 나갔다. 건축 작업이 많

106 벽돌로 벽을 쌓는 과정을 설명한 것으로 풀이된다. 꿀벌이 벌집방을 만들 때 벽을 쌓는 과정과 비교한 것으로 보인다. 단지 설명에 벽돌에 대한 언급이 없는데, 다윈 시대에는 벽을 당연히 벽돌로 쌓았기 때문으로 생각된다. 벽돌 위에 시멘트를 바르고 이 위에 벽돌을 올리면 시멘트 일부가 벽돌 바깥으로 빠져 나오는데, 이렇게 빠져 나온 시멘트를 덜어내서 매끈하고 부드럽게 만든다. 그리고 덜어 낸 시멘트를 새 시멘트와 함께 새로 쌓은 벽돌 위에 발라서 벽을 만든다는 설명인 것 같다.

107 성벽이나 돌담 위에 비를 맞지 아니하도록 지붕처럼 덮어 놓은 돌이다.

은 벌들 사이에 나타나는 일종의 균형처럼 보이는데, 벌들이 본능적으로 서로서로 거의 같은 상대적 거리를 유지하면서 모두가 같은 구를 청소했고, 그리고 이들 구 사이에 짓거나 갉아 내지 않은 상태로 방치해서 교접면을 만들었다. 벌집층 두 조각이 비스듬히 만나면, 벌들이 완전히 뭉개버리고 같은 방을 서로 다른 방식으로 얼마나 자주 만드는지를 기록하는 것은 어려웠지만 진짜로 흥미로웠는데, 때로는 그들이 처음에 불량품으로 가려냈던 모양으로 다시 돌아가기도 했다. (231~232쪽)

벌들이 일을 하는데 자신들만의 적당한 위치에 자리를 잡으면, 실례를 들어, 나무의 가늘고 긴 조각에서는 아래쪽을 향해 커지는 벌집층의 중간에 자리를 잡고 벌집층을 나무 조각 한쪽 면에만 만들 수 있도록 하는데, 이런 경우 벌들은 새로운 육각기둥 한 벽의 기초를 가장 적당한 자리인 이미 완성된 다른 벌집방 위에 돌출하게 만든다. 벌들은 서로서로 간에 그리고 가장 최근에 완성된 방에서 상대적으로 적당한 거리를 두고 자리를 잡을 수 있고, 상상의 구들을 편평하게 하면서 인접한 두 구 사이에 중간 벽을 만들 수 있으면 충분하다. 그러나 내가 아는 한, 벌들은 만들고 있는 방과 인접한 방의 상당 부분이 만들어질 때까지 절대로 갉아 내지 않고, 또한 방의 각도를 완성시키지 않는다. 특정 상황에서 막 짓기 시작한 인접한 두 방 사이의 적절한 위치에 거친 벽을 만드는 벌의 능력은 중요한데, 사실대로 본다면 앞에서 설명한 이론을 완전히 전복시키는 것처럼 보이기도 한다. 달리 말하면, 말벌의 벌집층 제일 가장자리에 있는 벌집방은 때로 정확하게 육각기둥이나 이 점에 대해 여기에서는 더 이상 언급할 공간이 없다.[108] 만일 벌 한 마리가 동시에 만들기 시작한 벌집방 두세 개의 안쪽과 바깥쪽에서 교대로 일을 한다면, 그러면서 방금 새롭게 만들기 시작한 벌집방 부위에서 상대적으로 적당한 거리를 항상 유지하고 있다면, 이 곤충 한 마리가 (지금 살펴본 여왕 말벌처럼) 육각기둥 벌집방을 만들고, 구형이나 원통형을 청소하고 중간 평면을 만드는 데, 그 어떤 커다란 어려움이 있는 것처럼 보이지 않는다. 한 곤충이 벌집방을 만들기 시작할 때는 한 지점을 고정하고 바깥쪽으로 이동하기 때문에, 처음에는 한 지점을 지나고 그리고 나서 다섯 곳의 다른 지점을 지나가는데, 이 위치들은 중심점과 서로서로의 위치에서 적당한 상대적인 거리에 있으며, 교접면에 이르면 마침내 하나의 격리된 육각형을 만들 수 있게 된다고 생각할 수도 있다. 그러나 나는 이와 같은 어떤 사례가 관찰되었는지 잘 알지 못할 뿐만 아니라, 육각형을 한 개씩 만들 때 그 어떤 이익이 있는지도 잘 알지 못하는데, 원통형 하나를 만들 때보다 육각형 하나를 만들 때 더 많은 재료가 필요하기 때문이다. (232~233쪽)

살아가는 조건에서 개체 하나하나가 적합할 경우, 자연선택이 구조나 본능에서 나타난 사소한 변형을 축적할 뿐이기 때문에, 오랫동안 단계적으로 이어져 내려온 변형된 건축 본능 모두는 오늘날 완벽한 건축 설계에 기여했는데, 이 본능이 꿀벌의 조상들에게 어떻게 이익이 되었는가라는 합리적인 질문을 할 수도 있다.[109] 나는 이에 대한 대답이 어렵지 않다고 생각한다. 벌

108 제일 가장자리에 있는 벌집방의 경우 인접한 벌집방이 없기 때문에, 앞에서 설명한, "내가 아는 한, 벌들은 만들고 있는 방과 인접한 방의 상당 부분이 만들어질 때까지 절대로 갉아 내지 않고, 또한 방의 각도를 완성시키지 않는다"라는 내용을 부정하게 만든다. 이 부분은 『위대한 책』에서도 언급되지 않아, 정확하게 어떤 의미인지 파악하기가 힘들다.

109 앞 문단에서 벌집방을 원통형으로 만드는 것보다 육각형으로 만들 때 보다 많은 재료가 필요하기 때문에 이익이 없다고 했다. 그럼에도 육각형으로 만들어진 꿀벌의 벌집방을 다윈은 완벽하다고 설명했는데, 그 이유가 무엇인가라는 질문일 것이다. 이 질문에 대한 답이 육각형으로 벌집방을 만들게 한 진화의 원동력이 될 것이다.

들이 때로 충분한 꽃꿀[110]을 모으기 위해 심한 압박을 받는 것으로 알려져 있다. 꿀벌 집에서 벌들이 밀랍 0.45kg을 분비하려면 건조된 설탕 5.5~6.5kg 정도를 소비해야 한다는 점이 실험적으로 입증되었다고 테겟마이어 씨가 나에게 알려 주었다. 따라서 자신들의 벌집층을 만드는 데 필요한 밀랍을 분비하기 위해서 막대한 양의 액체로 된 꽃꿀을 벌들이 모아야만 하며 동시에 소비해야만 한다. 게다가 분비하는 동안에는 많은 벌들이 많은 날을 빈둥거릴 뿐이다. 겨울 내내 많은 벌들을 부양하려면 엄청나게 많은 꿀을 저장하는 것이 절대적으로 필요하다. 따라서 꿀을 절대적으로 절약함으로써 밀랍을 절약하는 것이 어떤 벌 집단이라도 성공에 있어 가장 중요한 요소가 되어야 한다. 물론 어떤 종의 벌이라도 성공은 자신들에게 있는 기생충이나 다른 적들, 또는 전혀 다른 원인들의 수에 의해 결정되나, 이들 모두는 벌들이 모으는 꿀의 양과는 무관하다. 그러나 아마도 때로는 꿀의 양에 의해 결정되는데, 벌이 모으는 꿀의 양이 어떤 나라에 존재하는 뒤영벌의 수를 결정했다고 가정해 보자. 그리고 벌 군집이 겨울을 보내기 위해서 저장된 꿀이 필요했다고 한 번 더 가정해 보자. 이런 경우, 만일 자신의 본능이 사소하게 한 가지 정도 변형되어 밀랍으로 된 벌집방을 조금이라도 서로서로 겹쳐지도록 만들 수 있다면, 우리의 뒤영벌은 유리한 점을 지니게 되었을 것이다. 심지어 인접한 두 방도 벽을 공유하게 됨에 따라 약간의 밀랍이나마 절약할 수 있기 때문이다. 따라서 만일 뒤영벌이 멕시코무침벌의 벌집방처럼 자신의 방을 점점 규칙적으로 거의

110 꽃에서 수분매개자를 유인하기 위해 분비하는 물질이다. 화밀이라고도 부른다.

붙여서 만들어 하나의 덩어리로 뭉치게 만들었다면, 이런 점은 뒤영벌에게 지속적으로 점점 더 유리하게 작용했을 것이다.[111] 이 경우에 벌집방 하나하나의 경계면 상당 부분은 다른 방의 경계로 이용되었고, 그에 따라 많은 양의 밀랍이 절약될 수 있기 때문이다. 또 다시, 같은 이유로, 만일 멕시코무침벌이 자신의 벌집방을 조금 더 가깝게 만들었다면, 그리고 현재보다 조금 더 모든 면에서 규칙적으로 만들었다면, 이 벌에게도 유리했을 것이다. 그렇게 되면 우리가 알고 있는 것처럼, 원형의 표면은 전반적으로 사라졌을 것이고, 편평한 표면으로 대체되었을 것이다. 그리고 멕시코무침벌은 자신의 벌집층을 꿀벌의 벌집층처럼 완벽하게 만들었을 것이다. 건축의 완벽한 단계를 넘어서는 것까지 자연선택은 유도하지 않는데, 꿀벌의 벌집층은 우리가 알고 있는 한, 밀랍을 경제적으로 사용하는 데[112] 단연코 완벽하기 때문이다. (233~235쪽)

[113]따라서 내가 믿는 것처럼, 꿀벌의 본능처럼 알려진 모든 본능이 지닌 가장 놀라운 점은 자연선택으로 설명될 수 있다는 것으로, 자연선택이 단순한 본능을 수없이 많이 지속적으로 사소하게 변형시켜 이용했다는 것이다. 자연선택은 매우 느리게 조금씩 완벽하게 벌들이 이중층[114]에서 각자에게 주어진 거리만큼 떨어져서 똑같은 구들을 청소하도록, 그리고 교접면을 따라 밀랍을 쌓아올리고 파내도록 유도했다. 그렇다고 해서 벌들이 서로서로 특정한 거리를 두고 떨어져서 자신들의 구를 청소하고 있는 것을 모르고 있는 것처럼 밑바닥의 마름모 판과 육각기

111 육각형으로 된 벌집방을 만들게 된 과정을 뒤영벌이 만드는 원시 형태의 벌집방에서 멕시코무침벌이 만드는 중간단계, 그리고 꿀벌이 만드는 가장 고등한 형태로 설명하는 것으로 보인다.

112 다윈은 『종의 기원』에서 '자연의 경제', 즉 생태학적 관점을 자주 언급했다. 하지만 이 부분은 생태학적 관점이라기보다는 순수한 경제적 관점에서 이야기한 것으로 보인다. 즉 벌은 두 가지 관점에서 꿀을 고려해야 하는데, 하나는 많은 양의 꿀을 보관해야 하는 점이며, 다른 하나는 벌집방을 만들 때 필요한 꿀의 양을 최소화해야 하는 점이다. 최대로 보관하기 위해서는 벌집방을 만들 때 재료가 더 많이 들어가는 육각형 구조를 포기해야만 하나, 벌집방을 만들 때 방을 이루는 경계벽을 공유할 수 있다면 전체적으로 볼 때, 오히려 육각형 구조를 만들 때가 원통형 구조로 만들 때보다 덜 소비할 수 있을 것이다. 실제로 육각형 구조는 같은 면적에서 가장 적은 둘레로 가장 많은 방을 만들 수 있다고 알려져 있다. 가장 많은 방을 만들 수 있다면 꿀을 최대로 저장할 수 있을 것이며, 가장 적은 둘레로 방을 만들 수 있다면 방을 만들 때 꿀을 최소로 소비해도 될 것이다.

113 육각형으로 된 벌집방을 만드는 꿀벌의 본능이 진화적으로 만들어졌음을 요약하고 있다.

114 다윈은 "a double layer"라고 썼는데, 꿀벌의 벌집층이 두 층으로 마주보며 만들어졌기에 이런 표현을 쓴 것 같다.

둥의 몇몇 각도가 얼마인지를 알고 있지는 않다. 자연선택 과정의 원동력은 밀랍을 경제적으로 사용하는 것이다. 즉, 밀랍을 분비하면서 꿀을 헛되이 낭비하지 않는 개체 무리가 가장 성공한 것이며, 새로운 개체들 무리에 새롭게 습득한 경제적인 본능이 전달된 것이므로, 새로운 무리는 다시 계속해서 이어진 생존을 위한 몸부림에서 최적의 기회를 잡게 될 것이다. (235쪽)

[115]다음에 나오는 사례들처럼, 의심할 여지 없이 설명하기 매우 어려운 많은 본능과 관련된 사례들이 자연선택 이론과 대립할 수 있다. 본능이 어떻게 만들어졌는지에 대해 우리가 알 수 없다는 사례, 그 어떤 중간형태 단계라도 존재했다고 알려지지 않은 사례, 본능이 명백하게 그다지 중요하지 않으며 그에 따라 자연선택의 작용을 거의 받지 않는다는 사례, 그리고 자연의 사다리에서 멀리 떨어져 있는 동물들 사이에서 거의 같은 본능이 나타나 우리가 공통부모로부터 본능의 유사성을 물려받았다고 설명할 수가 없으며 그에 따라 자연선택의 독립된 작용으로 본능이 습득되었다고 반드시 믿어야 한다는 사례 등이다. 이들 여러 가지 사례들을 나는 여기에서 설명하지 않을 것이나, 한 가지 특별한 어려움만은 설명할 것이다. 처음에는 이 어려움을 극복하기 힘든 것으로, 그리고 내 이론 전체에 실제로 치명적인 것으로 보였다. 나는 곤충 군집에서 중성 또는 생식불가능한 암컷을 언급하고자 한다.[116] 이들 중성 곤충들은 때로 수컷과 생식가능한 암컷들과는 본능과 구조가 광범위하게 다른데, 이들

115 장 목차에 나오는 9번째 주제, '본능에 관한 자연선택 이론의 어려움'을 설명하는 부분인데, 장 목차에 나오는 10번째 주제, '중성 또는 생식불가능한 곤충'들을 예로 들어 설명하고 있다.

116 생식불가능하다는 말은 자손을 낳지 못한다는 의미이며, 그렇게 되면 생식불가능한 개체들이 지닌 특성은 다음 세대로 전달되지 못할 것이며, 당연히 자연선택과는 무관하게 될 것이다. 자연선택과 무관하게 보인다면, 자연선택 이론에 가장 치명적인 어려움이 될 수도 있을 것이다.

은 생식불가능하여 자신들의 자손을 낳을 수가 없기 때문이다. (235~236쪽)

이 주제는 상당히 길게 논의할 가치가 있으나, 나는 일개미, 즉 생식불가능한 개미 단 한 사례만 알아보려고 한다. 일개미가 어떻게 생식불가능한 상태를 유지하는가는 어려운 문제이지만, 구조의 놀랄 만한 변형에 비하면 그렇게 큰 문제는 아닌데, 자연에서 일부 곤충과 다른 체절동물들이 생식불가능한 상태로 때로 존재하는 것을 보여 줄 수 있기 때문이다. 만일 이들 곤충들이 사회[117]적이라면, 그리고 일부 개체들이 일은 가능하나 생식은 불가능하도록 해마다 태어나도 군집에 이익이 된다면,[118] 나는 자연선택의 결과로 이런 일이 일어났다고 하는 것에 아주 큰 어려움을 찾을 수가 없다. 그러나 나는 앞에서 설명한 이런 어려움을 건너뛰려고 한다.[119] 가장 큰 어려움은 일개미가 수컷과 생식가능한 암컷과의 구조에서 너무 큰 차이가 있다는 것인데, 가슴 부위의 형태와 날개가 없는 점, 때로는 눈도 없는 점이 다르며, 무엇보다 본능에서 차이가 난다. 본능만을 고려하면, 일개미와 완벽한 암컷과의 놀라운 차이는 이런 점에서 꿀벌보다 더 좋은 본보기가 될 것이다. 만일 일개미 또는 다른 중성 곤충이 정상 상태인 동물이라면, 이들이 가진 모든 형질은 자연선택을 거치면서 서서히 습득되었을 것이라고 주저하지 않고 가정할 것이다. 즉, 구조에서 사소하지만 이익이 되는 약간의 변형을 지닌 체 한 개체가 태어나고, 이 변형이 자손에게 유전되고, 다시 다양하게 변하고 다시 선택되는 과정이 반복되었을 것이다. 그러

117 사회란 공통의 목적과 이해관계를 기초로 하는 개인들의 집합으로, 한 개인이 다른 개인과 동등한 관계 또는 동업자 관계를 맺고 살아간다. 개인만의 삶도 중요하지만, 개인이 공통의 목적을 위해 봉사하며 살아가는 조직이다.

118 다윈은 자연선택이 개체의 이익을 위해서 작용할 뿐이라고 강조했는데, "군집에 이익이 된다"는 주장은 개체의 이익보다는 군집의 이익을 강조한 것으로 보인다. 이런 언급은 개체의 희생을 통해 개체군에 이익이 되도록 진화했다는 소위 집단선택과 연결되는데(Ruse, 1980), 사회를 이루는 벌과 개미에서는 개체의 희생을 이타주의적 행동으로 보며, 이런 행동으로 같은 친족 내의 다른 개체들에 이익이 된다는 친족선택으로 이어졌다.

119 다윈은 소위 군집의 이익을 위한 자연선택을 『인간의 친연관계』에서 논의했다.

나 일개미의 경우에는 우리가 그의 부모와는 현저히 다른 곤충으로 간주하는데도 완전히 생식불가능하므로 습득한 구조의 변형이나 본능이 자손에게 결코 전달되지 못한다. 이 사례와 자연선택 이론이 어떻게 조화가 가능할까라는 질문이 충분히 나올 수 있을 것이다. (236~237쪽)

[120]첫 번째로, 우리는 생육하는 재배종과 자연 상태의 야생종 모두가 특정 연령이나 성과 연관된 구조에서 나타나는 온갖 종류의 차이를 보여 주는 셀 수 없을 정도로 많은 실례들을 가지고 있음을 기억하라. 많은 새들에서 나타나는 생식 날개[121] 와 연어 수컷의 갈고리턱[122] 과 같이 한 성에만, 또는 생식체계가 작동 중인 짧은 시기에만 연관되어 나타난 차이를 우리는 알고 있다. 소의 수컷을 사람이 거세하면 품종별로 뿔에서도 사소한 차이가 나타나는 것을 우리는 알고 있다. 어떤 품종의 거세한 황소[123]들은, 같은 품종의 암소나 거세하지 않은 황소의 뿔과 비교할 때, 다른 품종들보다 더 긴 뿔을 만들기 때문이다. 따라서 곤충 군집을 이루는 구성원의 생식불가능한 조건과 연관된 어떠한 형질에서도 실질적인 어려움을 나는 전혀 찾을 수가 없었다. 어려움은 이처럼 연관된 구조의 변형이 자연선택으로 어떻게 서서히 축적되는가를 이해하는 데 있다. (237쪽)

[124]선택이 친족에도 적용될 뿐만 아니라 개체에게도 적용되어[125] 마침내 궁극의 목적을 달성하게 된다는 점을 기억하면, 비록 극복하기 힘든 것처럼 보였지만, 내가 믿기로는 이러한 어려움은 줄어들거나 사라진다. 따라서 향기가 좋은 채소를 요리하

120 일부 곤충들이 생식불가능함에도 이들이 지닌 형질이 다음에 나타날 수 있음을 설명한다. 형질의 상관관계나 상응연령대에 나타나는 형질들은 오늘날 소위 유전자의 지연된 발현으로 설명하고 있다. 다윈 시대에는 유전자에 대한 개념이 전무했고, 다윈 역시 알지 못했기 때문에 이런 부분을 설명하기가 힘들었을 것이다.

121 일부 조류 수컷의 날개가 생식 시기에 보통보다 더 화려하게 변하는데, 이렇게 변한 날개를 의미한다.

122 성숙한 연어 수컷에서 발견된다.

123 큰 수소를 지칭하는 이름이다.

124 앞 문단에서 "첫 번째로"라고 쓰고 두 번째라는 표현은 『종의 기원』에 없다. 이 부분이 두 번째에 해당하는데, 친족을 위해 개체들이 희생될 수 있으며, 이런 본능이 자연선택되었다고 다윈은 설명하고 있다.

125 다윈은 자연선택이 개체의 이익을 위해서만 작동한다고 『종의 기원』 곳곳에서 강조했다. 그런데 이 부분에서는 친족에도 작동할 수 있다고 쓰고 있다.

면 개체는 파괴되나, 원예학자들은 같은 무리의 씨를 뿌리게 되고, 확신을 가지고 거의 같은 변종을 얻게 될 것이라고 기대한다. 소 사육가들은 살과 지방이 함께 잘 조화되기를 바란다. 동물들은 도축되나, 사육가들은 확신을 가지고 같은 종족일 것이라고 동의한다. 나는 이런 선택이 지닌 힘을 신뢰하기 때문에, 거세하지 않은 황소와 암소 개체를 짝짓기해서 가장 긴 뿔을 지닌 황소가 만들어지는 과정을 세심하게 관찰하면 항상 이례적으로 긴 뿔을 만드는 소 품종을 서서히 만들 수 있다는 것에 의심하지 않는다. 그럼에도 거세된 황소는 그 어떤 개체도 자기 자손을 증식시킬 수 없다. 따라서 사회성 곤충에서도 이런 일이 일어난다고 나는 믿는다.[126] 군집의 어떤 구성원들이 생식불가능한 조건과 연관되어 나타난 구조나 본능의 사소한 변형은 군집에 유리해지며, 그에 따라 군집을 이루는 생식가능한 수컷과 암컷들은 번성할 것이고, 같은 변형을 지닌 생식불가능한 구성원들을 만드는 경향성을 자신들의 생식가능한 자손들에게 물려줄 것이다. 그리고 나는 이러한 과정이 같은 종에 속하는 생식가능한 암컷과 생식불가능한 암컷 사이에서 엄청난 양의 차이가 만들어질 때까지 반복되었을 것으로 믿는데, 우리는 많은 사회성 곤충에서 이런 점을 볼 수 있다. (237~238쪽)

[127]그러나 아직까지 우리는 가장 큰 어려움에는 손도 대지 못했다. 즉, 몇몇 개미들의 중성 개체들은 생식가능한 암컷과 수컷뿐만 아니라 중성 개체들끼리도, 때로는 믿을 수 없을 정도로, 서로서로 다르다는 사실과, 그에 따라 이들을 둘 또는 심지어 세

126 생육 상태의 변이와 자연 상태의 변이를 비교하듯이, 다윈은 생육 상태에서 나타난 본능적 행동을 사회적 곤충과 비교한 것이다.

127 일부 곤충들이 생식불가능함에도 이들이 지닌 형질이 다음에 나타날 수 있음을 세 번째로 설명한다. 본능과 구조뿐만 아니라 사회성 곤충에서 나타나는 계급이라는 문제를 설명한다. 이 문단에서는 다양한 생물들에서 계급이 나타남을 예시로 들고 있다.

계급으로 구분하고 있다는 사실이다. 더욱이 이 계급들은 일반적으로 단계적이지 않고 완벽하게 잘 정의되어 있어서 서로서로가 뚜렷하게 구분되는데, 같은 속에 속하는 두 종, 또는 같은 과에 속하는 두 속에 속하는 것처럼 구분된다. 미국방랑개미속Eciton[128]에는 일개미와 중성인 병정개미가 있는데, 턱과 본능이 이례적으로 다르다. 가위개미속Cryptocerus[129]에는 한 계급의 일개미가 있는데, 이들의 머리에는 멋진 종류의 방패가 있으나, 방패의 용도는 정확하게 알려져 있지 않다. 멕시코에 분포하는 꿀단지개미속Myrmecocystus[130]에는 절대로 둥지를 떠나지 않는 한 계급의 일개미가 있다. 또 다른 계급의 일개미들이 이들을 먹여 살리는데, 이 계급의 일개미들에는 거대하게 발달한 복부가 있다. 이 거대한 복부는 유럽에 있는 개미들이 보호하거나 가두어 두며 사육하는 소라고도 부르는 진딧물이 배설하는 꿀과 같은 물질을 분비하는 장소와 같은 역할을 한다. (238~239쪽)

[131]내 이론을 즉시 무효로 만들 수도 있는[132] 이처럼 놀랍고도 확고부동한 사실들을 받아들이지 않게 되면, 내가 자연선택 원리에 대해 지나치게 자신하고 있다고 정말로 생각할 수도 있을 것이다. 중성 곤충의 단순한 사례에서, 한 계급에 속하는 또는 같은 종류에 속하는 모든 중성 곤충이 자연선택에 의해 유지되는 것이 상당히 가능한 것이라고 나는 믿고 있는데, 생식가능한 수컷과 암컷들과는 다르다. 이 사례에서, 사소하지만 유리한 변형 하나하나가 같은 둥지에 있는 모든 중성 개체에게 처음에는 나타나지 않았을 것이나, 몇 개체에는 계속해서 나타났을 것

128 신세계 열대 지방에 주로 분포하는 개미속으로, 흔히 군대개미(*Eciton burchellii*)라고 부르는 종을 포함한다. 멕시코를 거쳐 아르헨티나 북부 지방까지 분포한다.

129 오늘날에는 속명으로 *Cephalotes*를 사용한다. 신세계 열대 지방에 주로 분포한다.

130 미국 서부와 멕시코 등지에 분포한다. 일개미들이 꿀을 가득 저장하는 것으로 유명하다.

131 일부 곤충들이 생식불가능함에도 이들이 지닌 형질이 다음에 나타날 수 있음을 사회성 곤충 계급의 중간형태 단계로 설명하고 있다.

132 앞 문단에서 곤충의 계급과 관련된 형태 등이 "더욱이 이 계급들은 일반적으로 단계적이지 않"다고 설명했다. 다윈은 『종의 기원』에서 종과 종은 '중간형태'로 연결될 것이라고 주장했는데, '단계적이지 않다면' 중간형태가 없다는 의미일 것이다.

이라고, 일반적인 변이들의 대응관계에 근거해서 우리가 결론을 내려도 지장이 없을 것이다. 그리고 적당한 변형을 지닌 대부분의 중성 개체를 낳은 생식가능한 부모들이 오랫동안 지속적으로 선택되면서, 모든 중성 개체들이 원하는 형질을 지니게 되었을 것이다. 이 견해에 따라, 우리는 같은 둥지에서 같은 종에 속하며 구조의 중간단계를 보여 주는 중성 개체들을 때로 찾아야만 한다. 그리고 유럽 바깥에 분포하는 중성 곤충들이 세심하게 조사된 사례가 극히 적다는 점을 고려하면, 우리는 이런 사례를 오히려 자주 찾을 수 있다. 스미스 씨는 영국에 분포하는 몇몇 개미의 중성 개체들이 크기와 때로는 색에서 서로서로 놀라울 정도로 다르다는 점을 보여 주었다. 그리고 같은 둥지에서 꺼낸 개체들로 인해 극단적인 유형들이 때로 완벽하게 연결된다는 점도 보여 주었는데, 나도 스스로 이런 종류의 완벽한 중간단계들을 비교해 보았다. 일개미 중에는 몸집이 크거나 작은 개체들이 가장 많은데, 달리 말해 큰 것과 작은 개체들의 수는 많은 반면, 중간 크기의 개체들은 거의 없는 경우도 때로 발견된다. 황개미Formica flava에는 큰 일개미와 작은 일개미, 그리고 중간 크기인 일개미도 일부 존재한다. 스미스 씨가 관찰한 바에 따르면, 이 종의 큰 일개미들은 작지만 명확하게 구분되는 단안(홑눈)[133]을 지닌 반면, 작은 일개미들은 홑눈이 흔적으로 남아 있다.[134] 이 일개미 몇몇 표본들을 조심스럽게 해부해 보니, 눈의 크기가 단순히 몸집이 작아지는 것에 비례해서 작아지기보다는 작은 일개미일수록 더 많은 흔적으로만 남아 있음을 나는 확인할 수

133 개미들의 눈은 머리 꼭대기에 있는 세 개의 작은 홑눈으로 되어 있다. 그러나 시력이 좋지 못한데, 일부 땅 밑에 사는 종류들은 시력을 거의 상실한 것으로 알려졌다.

134 황개미들은 반지하에 있는 식물 뿌리에 있는 진딧물과 상호작용을 하고 있다. 아마도 땅속에 있으면서 눈이 퇴화한 것으로 보인다(Costa, 2009).

있었다. 그리고 감히 강하게 주장할 수는 없지만, 중간 크기의 일개미들은 정확히 중간 크기라는 조건에 맞게 홑눈이 크다고 나는 전적으로 믿는다. 따라서 우리는 같은 둥지에서 생식불가능한 두 종류의 일개미를 볼 수 있으며, 이 둘은 몸집 크기가 다를 뿐만 아니라 시각기관도 다르지만, 그럼에도 중간 조건에 해당하는 일부 구성원들에 의해 서로 연결되어 있다. 이야기가 약간 벗어나지만 다음 사항을 덧붙이고자 한다. 즉, 만일 작은 일개미들이 군집에 가장 유용하다면, 그리고 이러한 수컷과 암컷들이 지속적으로 선택되어 모든 일개미들이 이런 조건에 맞을 때까지 점점 작은 일개미들이 만들어졌다면, 뿔개미속Myrmica[135]의 일개미 조건과 거의 같은 중성 개미 종을 우리는 볼 수 있을 것이다. 뿔개미속에 속하는 개미들의 수컷과 암컷에는 잘 발달된 홑눈이 있으나, 일개미들에는 심지어 홑눈의 흔적조차도 없기 때문이다. (239~240쪽)

나는 또 다른 사례를 제시하고자 한다. 같은 종에 속하는 서로 다른 계급의 중성 개미들 사이에 나타나는 구조의 중요한 측면에서 중간단계를 발견할 수 있을 것으로 나는 확신을 가지고 기대했었고, 스미스 씨가 제공해 준 서아프리카의 같은 둥지에서 살아가는 장님개미속Anomma[136]의 많은 표본들을 나는 기쁜 마음으로 적절하게 이용했다. 독자들이 이 속에 속하는 일개미들이 보여 주는 엄청난 차이를 알아주면 고마울 것 같은데, 나는 실제 측정값은 보여 주지 않고, 정확하게 예시만 보여 주려고 한다. 만일 한 무리의 노동자들이 집을 짓고 있는데, 노동자들의

135 온대 지역 거의 전체에 퍼져 살아가는 개미들로 이루어진 속으로, 동남아시아에서는 높은 산에서도 살아간다. 많은 종들이 다른 종들과 공생한다.

136 주로 중동 아프리카에 서식하는 군대개미의 일종이다. 대부분 시력이 없으며, 수컷 개미는 생김새가 많이 달라 다른 종으로 취급받기도 했다.

일부는 키가 160cm 정도이며, 다른 일부는 480cm 정도라고 한다면, 키가 큰 노동자들의 머리는 키가 작은 노동자들에 비해 3배가 아니라 4배가, 턱은 거의 5배가 더 크다고 우리가 가정해야만 하는 것과 같은 차이이다. 일개미들의 턱은 크기도 여러 가지이지만, 모양도 상당히 다르며, 이빨 형태와 개수도 아주 다르다. 그러나 우리에게 중요한 사실은, 비록 일개미들이 크기에 따라 계급으로 나누어져 일을 하더라도 이들은 서로서로 알아차리지 못할 정도로 변하지 않으며, 상당히 다른 턱의 구조도 마찬가지라는 점이다. 나는 마지막 논의의 핵심을 확신에 차서 말하는데, 러벅 씨가 나를 위해 내가 해부했던 몇 가지 서로 다른 크기의 일개미들의 턱을 카메라 루시다[137]를 이용해서 그려 주었기 때문이다. (240~241쪽)

내 앞에 있는 이런 사실들로, 자연선택이 생식가능한 부모에게 작용해서 한 종류의 턱을 지닌 몸이 큰 일개미를 만들거나, 또는 다양한 구조를 지닌 턱을 가진 몸이 작은 일개미를 만들었다고 나는 믿는다. 마지막으로, 이 부분이 어려움의 극치를 달리는데, 크기와 구조가 하나로 묶인, 그와 동시에 또 다른 크기와 구조가 하나로 묶인 일개미 등과 같은 중성 개체들을 규칙적으로 생산하는 종이 만들어졌을 것으로 나는 믿는다. 중간단계는 처음에는 만들어졌다가, 장님개미속Anomma 사례에서처럼, 군집에 가장 유용한 극단적인 유형들이 이들을 만들었던 부모들이 자연선택 되면서 점점 더 많은 개체들을 중간단계가 더 이상 만들어지지 않을 때까지 만들어 냈던 것이다.[138] (241쪽)

137 그림을 그릴 때 사용하는 광학 장치의 하나로 두 개의 반사면으로 되어 있다. 반사면 하나는 그리고자 하는 사물을 보게 하고, 다른 하나는 실제 그림을 그리는 화면을 보게 하여, 관찰함과 동시에 그림을 그릴 수 있게 한 장치이다. 현미경에 카메라를 장착할 수 없었던 시대에는 많이 사용했다. 그러나 최근에는 카메라를 이용해서 사진을 찍고 있어, 카메라 루시다는 거의 사라졌다.

138 다윈이 생각하는 진화는 한 유형에서 변이가 만들어지고, 이 변이가 이 유형에 도움이 되어 선택되고, 이러한 과정이 반복되면서 새로운 유형으로 변형되는 것이다. 다윈은 이런 생각으로 오늘날의 일개미 계급이 만들어진 것으로 설명하고 있다.

[139]따라서 같은 둥지 안에 존재하는 두 종류의 명확하게 정의되는 생식불가능한 일개미들이, 이 둘은 서로서로가 광범위하게 다르며 자신의 부모와도 다른데, 만들어졌다는 놀라운 사실을 나는 믿는다. 이렇게 만들어진 것이 곤충의 사회 군집에 어떻게 유용한가는 문명화된 사람에게 분업이 유용하다는 같은 원리에 근거해서 살펴볼 수 있을 것이다. 개미는 물려받은 본능과 물려받은 도구나 무기를 이용해서 일을 할 뿐, 습득한 지식과 대량생산된 도구를 이용하지는 않기 때문에, 완벽한 분업은 일개미들이 생식불가능할 때에만 나타난다. 그런데, 만약 이들이 생식가능하다면, 이들은 이형교배되어서 이들의 본능과 구조가 혼합되었을 것이다. 그리고 내가 믿기로, 자연은 개미 군집에서 감탄할 만한 분업을 자연선택이라는 수단으로 만들었다. 그러나 나는 고백하건대, 자연선택에 대한 내 신념에도 불구하고, 이 중성 곤충들의 사례가 나를 확신시키지 않았다면, 자연선택이 이렇게 놀랄 정도로 효과적일 것이라고는 기대하지 못했을 것이다. 따라서 나는 이 사례를 자연선택의 힘을 보여 주기 위해서, 또한 이 사례가 내 이론이 직면한 가장 심각하면서도 특별한 어려움이기에 약간은 불충분하나마 논의했다. 이 사례는 식물은 물론 동물에서 입증되듯이 매우 흥미로운데, 수없이 사소한 그리고 우연적이라고 부를 수밖에 없는 변이들의 축적으로 인해 구조에 어느 정도 변형이 생길 수 있으며, 이 변이는 훈련이나 습성이 작용하지 않고서도 어떤 방식으로든 유용해진다. 군집 내에서 철저하게 생식불가능한 구성원들의 경우, 훈련의 양,

139 장 목차에 나오는 9번째 주제, '본능에 관한 자연선택 이론의 어려움'에 대한 다윈의 생각이 요약되어 있다.

습성 또는 의지가 생식가능한, 즉 후손을 남길 수 있는 유일한 구성원들의 구조나 본능에 영향을 전혀 주지 못하기 때문이다. 이처럼 중성 곤충의 실증적인 사례가 있음에도 라마르크의 널리 알려진 학설에[140] 그 누구도 반대하지 않았음에 나는 놀라고 있다. (241~242쪽)

요약. 나는 이 장에서 우리들이 사육하는 동물들의 정신 능력이 다양하게 변하며, 변이는 유전된다는 점을 간단하게 보여 주려고 열심히 노력했다. 또한 본능이 자연에서도 사소하지만 다양하게 변한다는 점을 보여 주려고 나는 간단하나마 시도했다. 본능이 동물 하나하나에 가장 중요하다는 점에 대해 그 누구도 반론을 제기하지는 않는다. 그러므로 나는 변화하는 살아가는 조건에서 자연선택이 본능의 사소한 변형을 어느 정도까지는 유용한 방향으로 축적한다고 주장함에 있어 그 어떤 어려움도 찾지 못했다. 어떤 사례에서는 습성이나 용불용이 작동하기 시작한다. 이 장에 나열된 사실들이 내 이론을 상당히 강화했다고는 뻔뻔스럽게 말하고 싶지는 않다. 그러나 어렵다고 생각하던 그 어떤 사례도, 내가 아무리 궁리해 보아도 내 이론을 무효로 만들지는 않는다. 이와는 반대로, 본능이 항상 절대적으로 완벽하지 않고 실수를 하는 경향이 있다는 사실, 즉 본능이 다른 동물에만 이익이 되는 일을 하지 않으나, 다른 동물의 본능을 동물 하나하나가 이용한다는 사실, 그리고 "자연은 비약하지 않는다"라는 경구를 본능뿐만 아니라 육체를 구성하는 구조에도 적용

140 습득형질이 유전된다는 라마르크의 원리를 반박한 것으로 보인다. 다윈은 "어떤 방식으로든, 훈련이나 습성이 작용하지 않고서도, 유용해짐이 입증되기 때문이다"라고 이 문단에서 쓰고 있는데, 라마르크가 주장하는 습득형질은 훈련이나 습성 또는 용불용이 작용해야만 하기 때문이다. 이런 훈련이나 습성이 작용하지 않고서도 새로운 기능을 하는 새로운 유형이 만들어질 수 있다고 다윈은 주장하고 있다.

할 수 있다는 사실은 앞선 견해들로 명백하게 설명이 가능하나, 다른 견해로는 설명할 수가 없는데, 이들 모두는 자연선택 이론을 확실하게 증명해 주는 것 같다. (242~243쪽)

이 이론은 또한 본능과 관련된 몇 가지 사실들로 강화되었는데, 세상의 멀리 떨어진 곳에서, 그리고 상당히 다른 조건에서 살아가는 그럼에도 같은 본능을 때로 대체로 유지하는 가까운 동류이나 뚜렷하게 구분되는 종들에서 이런 사례가 흔하게 나타난다. 실례는 다음과 같다. 남아메리카에서 살아가는 개똥지빠귀류 계통이 영국에서 살아가는 개똥지빠귀류들과 어떻게 같은 방식으로 특이하게 진흙에 둥지를 트는지를, 그리고 북아메리카에서 살아가는 집굴뚝새속Troglodytes141에 속하는 수컷들이 우리들이 키우는 뚜렷하게 구분되는 굴뚝새의 수컷과 비슷하게 잠자리용 "수컷용 둥지"를 어떻게 짓는지를 유전의 원리에 근거하여 우리는 이해할 수가 있다. 굴뚝새가 보이는 이런 습성은 지금까지 알려진 그 어떤 새들과도 전반적으로 닮지 않았다. 마지막으로, 어린 뻐꾸기가 한 둥지에서 부화한 형제들을 밀쳐내는 것, 개미들이 노예를 만드는 것, 맵시벌의 유충이 살아 있는 애벌레의 몸 안에서 먹고 사는 것 등과 같은 본능이 특별히 물려받거나 창조된 것이 아니고, 모든 생명체의 진보를 유도하는, 즉 개체수를 늘리며, 다양하게 변하며, 가장 강한 것을 살아남게 하고 가장 약한 것을 죽이는 한 가지 일반적인 법칙의 작은 결과들이라고 간주하는 것이142 논리적인 추론은 아니나, 내 생각으로는 더 납득이 가는 것 같다. (243~244쪽)

141 집굴뚝새에 대한 언급이 이 요약에서만 나온다. 『위대한 책』에서 굴뚝새(*Troglodytes troglodytes*≡*Troglodytes vulgaris*)는 주위의 환경과 잘 맞아떨어지도록 둥지를 짓는데, 이러한 행동이 본능이라고 설명되어 있으며, 여러 곳에서 집굴뚝새속(*Troglodytes*) 조류들을 소개하고 있다. 북아메리카에서 살아가는 집굴뚝새속의 새는 *T. aedon*이다.

142 이런 생각은 스펜서가 1864년 『생물학 원리』에서 사용한 최적자생존(the survival of the fittest)이라는 용어의 의미와 일치하는 것처럼 보이는데, 그는 다윈이 말한 자연선택이라는 용어보다는 최적자생존이 더 좋을 것이라고 주장했다. 그리고 다윈은 『종의 기원』 5판에서 스펜서가 만든 최적자생존이라는 용어가 좀 더 정확하고 편하다고 설명했다. 그런데 다윈은 유리한 변이를 지닌 개체는 살아남고, 불리한 변이를 지닌 개체는 죽는 과정을 자연선택이라고 부른 반면, 스펜서는 가장 열악한 개체는 죽고, 가장 최고인 개체가 살아남는다고 설명하고 있어 차이를 보인다. 하지만 이 부분은 스펜서가 주장한 최적자생존과 의미가 같은 것으로 보이는데, 다윈은 가장 강한 유형이 살아남는 것이 일반적인 법칙의 작은 결과라고 설명하는 것이 논리적인 추론은 아니라고 지적하고 있어, 다윈이 생각하는 자연선택과 스펜서가 생각한 최적자생존을 동일시하는 것은 검토가 필요할 것이다.

8장 잡종성

1차 교배의 생식불가능성과 잡종의 생식불가능성을 구별—생육하면서 제거되고, 근친교배에 의해 나타나는, 보편적이지는 않지만, 다양하게 변하는 생식불가능성—잡종의 생식불가능성을 지배하는 법칙들—특별한 재능이 아니라 서로 다른 차이들에 근거하여 우발적으로 나타난 생식불가능성—1차 교배와 잡종에서 나타나는 생식불가능성의 원인들—변화한 살아가는 조건과 교배로 나타난 결과들 사이의 평행관계—교배할 때 나타나는 변종들의 생식가능성과 보편적이지는 않지만 이들의 혼종 자손에서 나타나는 생식가능성—생식가능성과 관계없이 비교한 잡종과 혼종—요약

[1]**자연**사학자들이 일반적으로 마음속에 품고 있는 견해는, 모든 생명체 유형들을 구별하지 못하게 되는 것을 방지하려고 종들이 이형교배되면 생식불가능성이 나타나는 성질을 종들에게 특별히 부여했다는 것이다. 이런 견해는 얼핏 보면 확실히 그럴듯해 보이는데, 만일 한 나라에 있는 종들이 자유롭게 교배할 수

1 장 목차에 나오는 첫 번째 주제, '1차 교배의 생식불가능성과 잡종의 생식불가능성을 구별'을 설명하는 부분이다.

있었다면, 종들이 뚜렷하게 구분된 상태로 거의 유지되지 않았을 것이기 때문이다.[2] 잡종이 일반적으로 생식불가능하다는 사실이 지닌 중요성은, 내가 생각하기엔 일부 작고한 학자들에 의해 엄청 과소평가되어 왔었다. 자연선택 이론에 따르면, 이런 사례는 특히 중요한데, 잡종의 생식불가능성이 아마도 잡종들에게 그 어떤 유리한 점도 없으며, 그에 따라 생식불가능성이 세대를 거듭하면서 이익이 될 정도로 지속적으로 보존되어 습득되지 않았을 것이다.[3] 그러나 생식불가능성은 특별히 습득된 자질도 부여받은 자질도 아니기에 다른 습득된 차이처럼 우연한 것임을 보여 줄 수 있기를 나는 희망한다. (245쪽)

이 주제를 다루면, 근본적으로 상당히 다른 두 가지 사실, 즉 두 종을 1차 교배했을 때 나타나는 생식불가능성과 이런 교배를 통해 만들어진 잡종의 생식불가능성이라는 사실에 일반적으로 동시에 직면하게 된다.[4] (245~246쪽)

순수한 종들은 당연히 자신들의 번식 기관을 완벽한 조건으로 지니고 있음에도 이들이 이형교배하면 극히 소수의 자손이 만들어지거나 전혀 만들어지지 않는다. 이와는 반대로 동식물의 수컷 요소의 상태에서 명확하게 볼 수 있는 것처럼, 잡종의 번식 기관은 기능적으로 번식을 전혀 할 수 없는 상태에 있다.[5] 그렇지만 번식 기관 자체를 현미경으로 관찰하면 구조적으로는 완벽하다. 첫 번째 사례는, 배를 만드는 두 생식 요소가 완벽한 상태이고, 두 번째 사례는 이들이 전혀 발달하지 않거나 또는 불완전하게 발달한 상태이다. 흔히 이 두 가지 사례에서 공통으로

2 다윈 시대에는 혼합유전을 믿고 있었다. 따라서 두 종을 교배해서 잡종이 만들어지면, 이 잡종은 두 종의 속성을 모두 지니게 될 것이다. 그런데 이런 식으로 종들이 생식가능한 잡종을 만들어내면, 종과 종을 명확하게 구분할 수 없을 것이다.

3 개체의 이익을 위해서만 자연선택이 작용한다고 다윈은 주장했었다. 그런데 잡종에서 나타나는 생식불가능성이 개체에 이익이 되는가라는 질문을 다윈이 던지고 있다. 잡종이 생식불가능하다면 잡종은 자손을 만들 수가 없을 것이고, 결국 생식불가능성은 잡종의 번식에 매우 불리한 상황이 될 것이다.

4 고양이와 개는 교배시켜도 자손이 만들어지지 않으므로 1차 교배는 생식불가능이다. 그러나 말과 당나귀는 노새를 만들기 때문에 1차 교배는 생식가능하나 이렇게 만들어진 잡종, 즉 노새는 생식불가능하다. 이 차이를 구분해야 한다는 설명이다. 오늘날에는 1차 교배의 생식불가능성을 수정전 격리라 하고, 잡종의 생식불가능성을 수정후 격리라 한다.

5 수정후 격리에 해당하는데, 자손을 만들지 못하는 경우는 배우체 사망, 접합체 사망 등으로 나타나며, 잡종 자손이 만들어져도 번식을 할 수 없는 경우는 잡종 불임과 같은 격리로 나타난다. 노새는 잡종 불임의 경우이다. 말은 염색체수가 64개, 당나귀는 62개이므로 생식세포분열이 정상적으로 일어나지 않는다. 일반적으로 교배하는 암수의 염색체수가 같아야 한다.

나타나는 생식불가능성의 원인을 논의할 때, 이 구별은 중요하다. 이 두 가지 사례에서 나타나는 생식불가능성을 특별히 부여받은 것으로 간주하는 것은, 이성의 판단 영역에서 벗어나서 이러한 구별을 아마도 대충 얼버무리는 것이다. (246쪽)

내 이론에 따르면, 공통부모를 이형교배해서 만들어진 것으로 알려진 또는 믿고 있는 유형, 즉 변종의 생식가능성과 이들의 혼종 자손의 생식가능성은 종의 생식불가능성과 마찬가지로 똑같이 중요하다. 종의 생식불가능성은 변종과 종을 더욱더 뚜렷하게 구분하도록 해 주는 것처럼 보이기 때문이다.[6] (246쪽)

[7]먼저, 교배했을 때 나타나는 종의 생식불가능성과 이렇게 만들어진 잡종의 생식불가능성을 살펴보자. 양심적이며 존경하는 두 사람의 관찰자, 즉 쾰로이터와 게르트너에게 생식불가능성이 어느 정도는 아주 일반적이라는 점에 깊은 감명을 받았다고 말하지 않고서는 이들의 몇몇 연구 논문집과 저서들에서 주장한 내용을 연구하는 것이 불가능하다. 이 두 사람은 이 주제에 평생을 바쳤다. 쾰로이터는 일반적인 법칙을 만들었으나, 매듭을 잘라 버렸다.[8] 그는 자신이 발견한 열 가지 사례 중 많은 학자들이 뚜렷하게 구분되는 종으로 간주했고, 또한 명확하게 생식가능한 두 유형을 주저하지 않고 변종으로 간주해 버렸다.[9] 게르트너 역시 똑같이 일반적인 규칙을 만들었으나, 쾰로이터의 열 가지 사례에서 나타나는 전반적인 생식가능성에 반론을 제기했다. 그러나 이들 사례와 다른 많은 사례에서, 게르트너는 생식불가능성이 어느 정도 있음을 보여 주려고 부득이 종자를 조

6 『종의 기원』 172쪽에서 다윈은 "종들을 교배하면 생식불가능이 될 뿐만 아니라 생식불가능한 자손을 낳게 되는 반면에, 변종들을 교배하면 이들의 생식가능성이 손상되지 않은 이유를 어떻게 설명할 수 있을까?"라는 질문을 던졌다. 그리고 이 장에서 답을 찾고 있다. 변종을 교배해서 만든 자손을 혼종이라고 한다.

7 장 목차에 나오는 2번째 주제, '생육하면서 제거되고, 근친교배에 의해 나타나는, 보편적이지는 않지만, 다양하게 변하는 생식불가능성'을 설명하는 부분이다. 먼저 식물을 대상으로 연구한 쾰로이터, 게르트너, 허버트의 결과를 설명하고, 뒤이어 동물을 대상으로 실험한 결과를 설명한다.

8 풀기 쉽든 어렵든 매듭은 하나하나 풀어야 하나, 매듭을 풀기 어렵다고 잘라버렸다는 것은 거두절미하고 단호하게 행동하는 것을 의미한다.

9 다윈은 『위대한 책』 391쪽에 쾰로이터 실험 결과에 대해 평가를 했다. "실험 결과는 어느 정도 생식불가능성이 나타났으나, 10종 중 2종에서 상당한 생식가능성이 나타났다. 다른 사례는 무시하고 이 2종이 변종이라고 단호하게 가정했으며, 그가 어떤 식물을 가지고 실험을 했는지는 알지 못하나, 10종 중 상당수는 많은 학자들이 변종으로 간주했다"라고 썼다. 종보다는 변종으로 간주하면 생식가능성은 높아질 것이다. 실제로 멘델도 종으로 간주하고 실험했던 재료들이 지금은 모두 완두콩의 변종들로 확인되었다 (Fairbanks · Rytting, 2001).

심스럽게 헤아려야만 했다. 그는 두 종을 교배했을 때, 그리고 이렇게 만들어진 잡종 후손들을 교배했을 때 만들어진 종자의 최대 수와 자연 상태에 있는 이 두 종의 순수한 부모종들이 만들어 낸 평균 수를 항상 비교했다. 그러나 내가 볼 때에 이 실험에는 심각한 실수들이 있었는데 그 원인들을 소개하려고 한다. 잡종 실험에 쓸 식물들은 반드시 제웅되어야만[10] 하며, 때로 무엇보다도 더 중요한 점은 다른 식물들의 꽃가루를 곤충들이 운반하지 못하도록 격리시켜야만 한다.[11] 게르트너가 실험에 사용한 거의 모든 식물들은 화분에 심어져 자신의 집에 있는 방에 두었음에 틀림없다. 이러한 과정이 식물의 생식가능성에 때로 해로운 영향을 줄 것이라는 점은 의심할 여지가 없다. 게르트너는 자신이 만든 표에 직접 제웅하고 같은 꽃에 있는 꽃가루로 인공 수정시킨 20여 종의 식물들을 제시했는데(콩과 식물 사례는 모두 제외했는데, 이 식물들은 조작하는 데 어려운 것으로 알려져 있다), 이들 20여 종 중 절반에서 생식가능성이 어느 정도 손상되었다. 더욱이, 우리가 변종으로 믿어야 할 만큼 좋은 이유가 있는 영국앵초[12]와 카우슬립앵초[13]를 게르트너가 몇 년에 걸쳐 반복해서 교배했는데, 그는 이 두 종으로부터 겨우 1~2번만 생식가능한 종자를 얻는 데 성공했다. 또한 그는 최고의 식물학자들이 변종으로 간주하는 뚜껑별꽃Anagallis arvensis과 파란뚜껑별꽃A. coerulea을 교배했을 때에도[14] 결과가 모두 생식불가능임을 발견했다.[15] 그리고 몇몇 대응한 다른 사례에서도 같은 결론에 도달했다. 게르트너가 믿듯이, 다른 많은 종들을 이형교배시키면 실제로도 이렇게 생식

10 식물 잡종 실험에서 제웅이란 한 꽃 내에서 수분이 일어나지 않도록 꽃에서 수술을 제거하는 것이다.

11 흔히 제웅된 꽃을 봉투와 같은 것으로 완전히 감싼다.

12 *Primula vulgaris*. 76쪽 주석 **45**를 참조하시오.

13 *Primula veris*. 76쪽 주석 **45**를 참조하시오.

14 오늘날에는 파란뚜껑별꽃(*A. coerulea*)은 뚜껑별꽃(*A. arvensis*)의 변종, 즉 *Anagallis arvensis* var. *coerulea*로 간주한다.

15 『종의 기원』 172쪽에서 변종들을 교배하면 생식가능성이 손상되지 않는다고 주장했다. 그런데 변종들로 간주했던 식물들을 교배했더니 생식가능해야 함에도 불구하고 정도의 차이는 있지만 생식불가능성이 나타났다는 의미이다.

불가능성이 나타나는지를 우리가 의심해야 할 것처럼 나에게는 보인다. (246~247쪽)

이와는 반대로 다양한 종들을 교배하면 이들의 생식불가능성 정도는 너무나 달랐고 인지할 수 없을 정도로 상당히 단계적이었다.[16] 그리고 또 이와는 반대로, 순수한 종들의 생식가능성이 다양하게 변하는 환경에 너무나 쉽게 영향을 받아서, 사실상 어디에서부터 생식가능성이 완벽하게 종료되며, 어디에서부터 생식불가능성이 시작되는지를 말하는 것을 가장 어렵게 만들었다.[17] 나는 이 점을 입증하는 데 아직까지 생존한 가장 실험적인 관찰자 두 사람, 즉 쾰로이터와 게르트너보다 더 좋은 증거는 없다고 생각하는데, 이들은 정확하게 같은 종을 대상으로 전혀 반대인 결론에 도달했다. 내가 상세하게 논의할 공간이 여기에는 없지만, 확실히 애매한 유형들에게 종 또는 변종의 계급을 부여할지 말지에 대해 우리 시대에서 잘나가는 식물학자들이 발견한 증거들과 각각 다른 연도에 진행된 실험으로부터 다양한 잡종연구가들 또는 일부 학자들이 제시한 생식가능성에 대한 증거들을 비교하는 것은 아주 유익할 것이다. 이런 사실들로 볼 때, 생식불가능성과 생식가능성이 종과 변종을 어떤 방식으로도 명확하게 구별할 수 없음을 보여 줄 수가 있다.[18] 그러나 이런 과정을 통해 얻어진 증거들은 조금씩 변화할 것인데, 체질이나 구조의 또 다른 차이에서 추출한 증거들과 비슷하게 이들이 애매하다는 점을 보여 줄 수가 있을 것이다. (248쪽)

[19]세대가 계속되는 동안 나타나는 잡종의 생식불가능성에 대

16 『종의 기원』 172쪽에서 종들을 교배하면 생식불가능이 된다고 설명했다. 그런데 종들을 교배해도 완벽하게 생식불가능한 것이 아니라 생식불가능성이 정도의 차이, 즉 단계적으로 나타났다는 설명이다.

17 "종들을 교배하면 생식불가능이 될 뿐만 아니라 생식불가능한 자손을 낳게 되는 반면에, 변종들을 교배하면 이들의 생식가능성이 손상되지 않은 이유를 어떻게 설명할 수 있을까?"라는 질문에 대한 답을 찾으려는 연구를 했는데, 결론을 내리기가 어렵다는 다윈의 설명이다.

18 종과 변종을 생식가능성으로 구분할 수는 없다는 다윈의 결론이다.

19 식물을 대상으로 자가수분과 타가수분한 결과를 이용하여 잡종의 생식불가능성을 설명한다.

하여 살펴보자. 게르트너는 잡종이 순수한 부모 중 하나와 교배하지[20] 못하도록 조심스럽게 감시하면서 6세대 또는 7세대 동안, 그리고 한 사례는 10세대 동안 일부 잡종을 키워낼 수가 있었지만, 그럼에도 그는 잡종들의 생식가능성은 결코 증가하지 않고 오히려 엄청 감소했다고 강하게 주장했다. 이런 상황이 보통의 경우이며, 생식가능성은 처음 몇 세대에서 때로 급격하게 감소한다는 점을 나는 의심하지 않는다. 그럼에도 불구하고, 이 모든 실험에서 생식가능성은 독립적인 원인, 즉 근친교배 때문에 줄어들었다고 나는 믿는다. 근친교배가 생식가능성을 감소시킨다는[21] 점과, 이와는 반대로 뚜렷하게 구분되는 개체나 변종들끼리의 우연한 교배가 생식가능성을 증가시킨다는[22] 점을 보여 주는 너무나 많은 사실들을 수집했으므로, 사육가들이 널리 받아들이고 있는 가장 보편적인 믿음[23]이 정확하다는 점을 나는 의심할 수가 없었다. 실험자들도 잡종을 많은 수로 개량하면서 생육할 수는 거의 없다. 부모종 또는 다른 동류 잡종들이 같은 정원에서 일반적으로 성장하기 때문에, 꽃이 피는 시기에는 곤충이 방문하는 것을 조심스럽게 반드시 막아야만 한다. 이렇게 하면 잡종은 세대마다 자신이 만든 꽃가루로 일반적으로는 수정할 수가 있을 것이다.[24] 나는 이렇게 수정이 되면 잡종이 만들어지면서 이미 감소된 자신의 생식가능성이 더 감소한다고 확신한다. 게르트너가 주목할 만한 주장을 반복함으로써 나는 내 확신을 더욱 견고하게 만들었다. 그는 만일 생식가능성이 떨어진 잡종을 같은 종류의 잡종 꽃가루로 인공적으로 수정시

20 잡종이 부모의 한 종과 교배하게 되면 부모의 생식가능성이 잡종에게 전달될 수 있을 것이다.

21 이를 근친교배 억압 또는 근교약세라고 하는데, 열성유전자들이 발현될 가능성이 높아지면서 생식가능성이 감소하는 것으로 알려져 있다. 바로 다음에 나오는 자신이 만든 꽃가루로 수정되는 것도 근친교배라고 말할 수 있을 것이다. 사람에게 나타나는 혈우병이 근친결혼에 따른 피해로 알려져 있다. 다윈과 다윈의 자손들도 근친교배에 따른 피해를 입은 것으로 알려져 있다.

22 이를 외교배 또는 이계교배 또는 타식 등으로 부르는데, 이런 교배를 통해 유전다양성이 증가하며, 생식가능성이 증가하는 것으로 알려져 있다.

23 이형교배하면 생식가능성이 증가한다는 믿음이다.

24 식물에서 꽃가루받이는 3가지 방식으로 일어난다. 첫 번째는 한 꽃 내에서 일어나는데 한 꽃에 있는 수술의 꽃가루가 같은 꽃의 암술로 운반되는 것으로 동일화수분이라고 한다. 두 번째는 한 개체 내에서 일어나는데 한 개체에 있는 한 꽃의 꽃가루가 같은 개체에 있는 다른 꽃의 암술로 운반되는 것으로 동일개체수분이라고 한다. 세 번째는 두 개체 사이에서 일어나는데 한 개체에 있는 꽃의 꽃가루가 다른 개체에 있는 꽃의 암술로 운반되는데 타가수분이라고 한다. 첫 번째와 두 번째를 합쳐서 자가수분이라고 부른다. 이 부분은 동일화수분을 의미하며, 근친교배와 비슷하다.

키면,[25] 흔히 조작에 따른 나쁜 결과가 만들어진다고 할지라도 이들의 생식가능성은 때로 단연코 증가하고 계속해서 증가한다고 주장했다. 그래서 수정될 꽃에서 만들어진 꽃밥에서 꽃가루를 취하듯, 인공 수정을 위해 꽃가루를 때로 다른 꽃에 있는 꽃밥에서 우연하게 (내가 한 실험 결과로 알았는데) 취한다면, 비록 한 식물에 있지만, 두 꽃 사이에서 교배가 이루어질 수 있다.[26] 더욱이 복잡한 실험이 진행될 때마다, 게르트너처럼 아주 신중한 관찰자가 되어 자신의 잡종에서 꽃가루를 제거하듯이, 이렇게 함으로써 세대마다 뚜렷하게 구분되는 같은 개체의 다른 꽃의 꽃가루 또는 같은 잡종 성질을 지닌 또 다른 식물 개체의 꽃가루로 확실하게 교배할 수 있다. 그리고 *인공 수정*된 잡종을 계속해서 번식시킬 때 생식가능성이 증가하는 이상한 사실은 근친교배를 피했기 때문에 설명될 수 있다고 나는 믿는다. (248~249쪽)

이제부터는 경험이 풍부한 세 번째 잡종연구가이자 신부인 허버트의 결과를 살펴보자. 쾰로이터와 게르트너가 뚜렷하게 구분되는 종들 사이에서는 어느 정도 생식불가능하다는 점이 보편적인 자연의 법칙이라고 주장했던 것처럼, 허버트는 자신이 내린 결론을, 즉 일부 잡종은 마치 순수한 부모종이 생식가능한 것처럼 완벽하게 생식가능하다고 강력히 주장했다.[27] 그는 쾰로이터가 사용했던 종들과 정확하게 같은 종들에서 일부를 골라 실험했다. 이 실험 결과에서 나타난 차이는 허버트의 뛰어난 원예학적 기술로 부분적으로는 설명될 수 있으며, 부분적으로는 자기 마음대로 할 수 있는 온실을 가지고 있었기[28] 때문에

25 타가수분을 의미하는데, 이형교배와 비슷하다.

26 동일개체수분을 의미한다.

27 쾰로이터와 게르트너가 종과 종 사이에는 생식불가능성이 나타나는 것이 보편적인 법칙이라는 주장한 것과 반대로, 허버트는 종과 변종 사이에는 자연적인 차이가 없다고 주장했다(Costa, 2009). 따라서 허버트는 잡종도 부모종들처럼 완벽하게 생식가능하다고 주장했다. 종을 교배하면 생식불가능하나, 변종을 교배하면 생식가능하며, 변종은 사람들이 생육하는 생물들에서만 만들어진다는 점을 상기하면 좋을 것 같다.

28 게르트너는 화분을 방에 두고 실험을 했기에 조건을 조절하는 데 힘이 들었을 것이나, 허버트는 온실이라는 일정한 조건에서 실험을 했을 것이라는 설명이다.

나타난 것이라고 나는 생각한다. 그의 몇 가지 중요한 주장 중에서, 나는 본보기로 "화분에 심어진 분홍문주란Crinum capense[29]의 모든 밑씨를 분홍줄무늬문주란C. revolutum[30]으로 수정시키면 식물체가 만들어지는데,[31] (그가 말하기를) 자연 상태에서는 이렇게 만들어진 사례를 나는 결코 보지 못했다"라는 단 한 사례만을 제시하려고 한다. 따라서 뚜렷하게 구분되는 두 종을 1차 교배해도 완벽한, 심지어 보통보다 더 완벽한 생식가능성이 나타나는 사례를 우리는 가지게 되었다. (249~250쪽)

문주란속Crinum 식물에서 볼 수 있는 이러한 사례는 나로 하여금 숫잔대속Lobelia에 속하는 일부 종들과 아마릴리스속Hippeastrum[32]에 속하는 모든 종들의 식물처럼 자신의 꽃가루보다는 뚜렷하게 구분되는 다른 종의 꽃가루로 보다 더 쉽게 수정되는 식물들이 존재한다는 아주 독특한 사실을 말하도록 만들었다.[33] 이들 식물들에서는, 비록 자신의 꽃가루로는 전혀 생식이 불가능하지만,[34] 뚜렷하게 구분되는 종의 꽃가루를 이용해서 종자를 만드는 것이 발견되었다.[35] 아무튼 뚜렷하게 구분되는 종들을 수정시킬 때에는 이들의 꽃가루도 완벽하게 좋은 것으로 발견되었다. 그러므로 어떤 종들의 어떤 개체 또는 모든 개체들이 자가수정할 때보다 더 쉽게 실제적으로 잡종을 만들 수 있었다! 실례를 들면, 궁전백합Hippeastrum aulicum[36]의 인경[37]에서 꽃이 4송이 피어나는데, 허버트는 이 중 3송이는 같은 꽃의 꽃가루로 수정시키고, 이어서 4번째 송이는 뚜렷하게 구분되는 3종류의 종에서 얻은 혼합된 꽃가루로 수정시켰다.[38] 이 결과는 "첫

29 수선화과(Amaryllidaceae), 문주란속(*Crinum*)에 속하며, 오늘날에는 *Crinum bulbispermum*과 같은 식물로 간주한다. 남아프리카와 그 인근 지역에서 자란다. 보기 좋은 꽃 때문에 흔히 심는 원예 식물 가운데 하나이다.

30 오늘날에는 *Crinum lineare*라는 학명으로 표기한다. 남아프리카 고유종이다.

31 종과 종을 교배해도 생식가능성이 나타났다는 실험 결과이다.

32 수선화과(Amaryllidaceae)에 속하는 속 이름이다. 영어로 'amaryllis'는 두 종류의 식물, 즉 아마릴리스속(*Hippeastrum*) 식물과 이와는 다른 벨라도나릴리속(*Amaryllis*) 식물을 지칭한다. 이처럼 부르면 혼란스러워, 이를 해소하려고 벨라도나릴리속을 진정아마릴리스(true amaryllis)라고도 부른다.

33 종과 종을 교배해서 잡종이 쉽게 만들어진다는 설명이다.

34 아마릴리스속(*Hippeastrum*)은 꽃가루가 암술이 성숙하고 만 이틀 뒤에 완전히 만들어지므로 자신의 꽃가루로 자가수정이 되지 않는다.

35 아마릴리스속(*Hippeastrum*)은 난초과 식물들처럼 속간 교배를 해도 생식가능하다.

36 이 식물의 영어 이름 Lily of the Palace를 우리말로 번역한 것으로 남아메리카에서 주로 자란다.

37 짧으나 곧추선 땅속줄기로, 수분이 많은 잎들로 덮여 있다. 사람들이 흔히 먹는 양파의 땅속줄기가 바로 인경이다.

38 3종류의 꽃가루를 혼합해서 수정시켰다는 의미이다.

번째로 수정시킨 꽃 3송이는 성장을 바로 멈추었고, 며칠이 지나서 완전히 시든 반면, 혼합된 꽃가루가 들어가서 만들어진 꼬투리는 왕성하게 자라 재빨리 성숙해서 좋은 씨를 꼬투리 안에 담고 있었고, 씨들도 자유롭게 생장했다"라고 기록되었다. 허버트 씨가 1839년 나에게 보낸 편지에, 자신은 그 당시에 5년간 실험하려고 했고, 계속해서 뒤이어 몇 년에 걸쳐 해마다 실험했는데, 결과는 항상 같게 나왔다고 썼다. 이런 결과는 아마릴리스속Hippeastrum의 다른 아속을 비롯하여, 숫잔대속Lobelia, 시계꽃속Passiflora[39] 그리고 우단담배풀속Verbascum[40] 등과 같은 일부 속에서도 다른 관찰자들이 확인했다. 비록 이들 실험에 사용된 식물들이 완벽하게 건강했고 또한 같은 꽃에 있는 밑씨와 꽃가루 모두는 다른 종과 비교해서 완벽하게 좋았지만, 그럼에도 이 식물들끼리의 상호 자가작용은[41] 기능적으로 불완전했기 때문에, 우리는 식물들이 비자연적인 상태에 있다고 추론했다. 따라서 이러한 사실들은 같은 종을 자가수정할 때와 비교해서 종을 교배할 때 사소하지만 신비로운 원인에 의해 때로 생식가능성의 감소나 증가가 결정됨을 보여 준다.[42] (250~251쪽)

비록 과학적으로 정확하게 실험이 진행되지는 않았지만, 원예학자들의 실제적인 실험은 주목할 만한 가치가 있다. 펠라르고늄속Pelargonium,[43] 수령초속Fuchsia,[44] 주머니꽃속Calceolaria,[45] 피튜니아속Petunia[46] 그리고 진달래속Rhododendron[47] 등과 같은 속들의 종들이 얼마나 복잡한 방법으로 교배하는지는 악명이 높은데, 그럼에도 이들의 많은 잡종들은 자유롭게 씨를 만든다. 실례를

39 꽃모양이 시계처럼 생겼다고 해서 붙은 이름이며 주로 열대지방에 분포한다. 우리나라는 온실에서만 자란다.

40 우리나라에는 자생하지 않으나, 최근 우단담배풀(*V. thapsus*)이 귀화식물로 자라고 있다.

41 자가수정을 의미한다.

42 생식가능성으로 종과 변종을 구분하는 것은 불가능하다고 설명하는 듯하다.

43 이질풀과(Gerniaceae)에 속하는 식물들로 많은 원예종들을 포함한다. 속명을 우리말로 제라늄속이라고 하는데, 학명이 *Geranium*인 속과는 다른 속이다.

44 바늘꽃과(Onagraceae)에 속하는 식물들이다. 후크시아 또는 푸크시아(*F. hybrida*)는 남아메리카 원산이나 전 세계 곳곳의 온실에서 널리 재배되는 원예 식물이다.

45 현삼과(Scrophulariaceae)에 속하는 식물로, 꽃잎의 일부가 주머니처럼 생겼다. 남아메리카 원산이다.

46 가지과(Solanaceae)에 속하는 식물로, 원예 식물 피튜니아(*Petunia hybrida*)가 널리 알려져 있다.

47 진달래, 철쭉, 산철쭉 등을 포함하는 속이다.

들면, 일반적인 습성이 광범위하게 다른 노랑주머니꽃Calceolaria integrifolia[48]과 난쟁이노랑주머니꽃C. plantaginea[49]의 잡종은 "칠레의 산맥 지역에서 마치 자연적인 종처럼 완벽하게 스스로 번식한다"라고 허버트 씨가 주장했다. 나는 진달래속Rhododendron의 일부 복잡한 교배에 따른 생식가능성 정도를 규명하는 데 약간 어려움을 겪었으나, 이들 중 상당수는 완벽하게 생식가능함을 확인했다. 실례를 들면, 노블 씨는 폰틱만병초Rhododendron ponticum[50]와 카타바만병초R. catawbiense[51] 사이의 잡종을 접목시켜서 많은 개체로 만들었는데, 이 잡종들은 "상상하는 것처럼 자유롭게 종자를 만들었다"고 나에게 알려 주었다. 잡종이 제대로 관리되었을 경우에도 세대가 반복되면서 생식가능성이 꾸준히 감소했다면, 게르트너도 그랬을 것이라 생각했는데, 이 사실은 묘목업자들에게 악명이 높았을 것이다. 원예학자들은 같은 잡종들을 넓은 묘상[52]에서 키우는데, 이렇게 하는 것이 제대로 관리하는 것이며, 같은 잡종에 속하는 몇몇 개체들이 곤충매개자의 도움으로 서로서로 자유롭게 교배하도록 하면, 근친교배에 따른 악영향을 피할 수가 있기 때문이다. 꽃가루를 전혀 만들지 않는 잡종 진달래속 식물의 생식불가능한 종류들의 꽃을 조사하면 그 누구라도 곤충 매개자의 효율성을 스스로 금방 확인할 수 있는데, 이 잡종들의 암술머리에서 다른 꽃으로부터 운반된 수많은 꽃가루를 발견할 수 있기 때문이다.[53] (251~252쪽)

[54]동물을 대상으로 실험을 주의깊게 한 사례는 식물과 비교할 때 너무나 적다. 만일 우리의 계통학적 분류체계를 믿을 수

48 꽃이 노랗게 피는 주머니꽃속 식물로, 남아메리카의 저지대에서 높이 1.8m까지 자란다.

49 꽃이 노랗게 피는 주머니꽃속 식물로, 남아메리카의 2,800m 이상 되는 고산에서 높이 10~45cm 정도로 자란다. 최근에는 *C. biflora*라는 학명을 쓴다.

50 유럽 남부와 서남아시아에 분포하는 상록성 진달래속 식물이다. 우리나라에는 상록성 만병초가 자란다.

51 미국 동부에서만 자라는 상록성 진달래속 식물이다.

52 꽃, 나무, 채소 따위의 모종을 키우는 자리인데, 옮겨 심으려고 가꾼 온갖 종류의 어린 식물이 모종이다. 이때 벼는 제외한다.

53 식물은 잡종을 통해 새로운 종이 많이 만들어진다. 잡종은 단순히 동물과 비교할 수가 없다. 영국에는 약 2,500종류의 식물이 있는데, 이 중 700여 종류는 서로 다른 두 종이 교배해서 만들어진 잡종들로 알려져 있다(Stace, 1980). 잡종들이 자연에서 하나의 종처럼 살고 있다.

54 지금까지는 식물을 대상으로 한 잡종 연구 결과를 설명했는데, 이제부터는 동물의 잡종 연구 결과를 설명한다. 식물은 꽃가루받이를 스스로는 거의 할 수가 없어 외부 힘을 빌려야 하고 암술머리에 여러 종의 꽃가루가 운반될 수 있어서 잡종이 쉽게 만들어질 수 있다. 그러나 동물은 종마다 특이한 생식구조를 가지고 있기 때문에, 이 구조가 다르면 잡종이 만들어질 수 없다. 대신 어류는 체외수정을 하기 때문에 생식가능성이 상대적으로 쉽게 나타날 수 있다.

있다면, 즉 만일 식물의 속들처럼 동물의 속들도 서로서로 너무나 뚜렷하게 구분된다면, 자연의 사다리에 폭넓게 펴져 있는 동물들을 식물의 사례보다 더 쉽게 교배할 수 있을 것이라고 우리는 추론할 수 있다. 그러나 동물의 잡종들은 그 자체로 더 생식불가능하다고 나는 생각한다. 철저하게 잘 검증할 수 있는, 완벽하게 생식가능한 동물들의 그 어떤 사례가 있을까라고 나는 의심한다. 그러나 극소수의 동물들이 권양 상태에서 자유롭게 번식하기 때문에, 극소수의 실험만이 제대로 시도되었다는 점을 염두에 두어야만 한다.[55] 실례를 들면, 카나리아새[56]를 9종류의 핀치새[57]와 교배했으나, 이들 9종 중 단 한 종도 권양 상태에서 자유롭게 번식하지 않았기 때문에, 핀치새와 카나리아새를 1차 교배하거나, 또는 이들의 잡종을 교배해서 완벽하게 생식가능할 것으로 우리는 기대해서는 안 될 것이다. 다시 말해, 좀 더 생식가능한 잡종 동물의 세대를 거듭하면서 나타나는 생식가능성과 관련하여, 근친교배의 악영향을 피하기 위해 같은 잡종에 속하는 두 가계를 서로 다른 부모로부터 동시에 양육한 실례를 나는 거의 알지 못한다. 이와는 반대로, 모든 사육가들이 꾸준하게 반복하는 충고와는 달리 형제와 자매는 흔히 매 세대마다 교배시켜 왔다.[58] 그리고 이런 사례에서, 잡종에서 나타나는 물려받은 생식불가능성이 계속해서 증가하는 점은 결코 놀랄 일이 아니다.[59] 만일 우리가 이처럼 할 수 있다면, 즉 어떤 이유로든지 생식불가능성이 조금이라도 나타나는 경향이 있는 어떤 순수한 동물의 사례에서 형제와 자매가 쌍을 이루도록 한다면, 몇 세대

55 수컷 호랑이와 암컷 사자의 잡종을 타이곤, 수컷 사자와 암컷 호랑이의 잡종을 라이거라고 하는데, 이들 역시 권양 상태에서 인공적으로 만들어졌을 뿐이다. 자연 상태에서는 만들어지지 않을 것이다. 그리고 암컷 라이거와 수컷 사자와의 잡종인 릴리거가 권양 상태에서 태어나기도 했다.

56 사육하는 카나리아(*Serinus canaria forma domestica*)이다. 작은 노래하는 새로 흔히 알려져 있는데, 카나리아 제도가 원산지이다. 핀치새를 포함하는 되새과(Fringillidae)에 속한다.

57 37쪽 주석 **119**를 참조하시오.

58 형제와 자매를 교배시키는 것을 형매교배라 하는데, 이 역시 근친교배이다.

59 근친교배를 지속하면 생식불가능성이 계속해서 증가한다고 앞에서 설명했다.

안에 번식을 지속적으로 확실히 못하게 될 것이다. (252~253쪽)

비록 나는 완벽하게 생식가능한 잡종 동물의 철저하게 잘 검증된 그 어떤 사례도 알지 못하지만, 인도문착Cervulus vaginalis[60]과 중국문착C. reevesii[61]의 잡종, 그리고 일반 꿩Phasianus colchicus[62]의 중국꿩P. torquatus[63]과의 잡종 그리고 일본꿩Phasianus versicolor[64]과의 잡종은 완벽하게 생식가능하다는 점을 믿어야 할 몇 가지 이유를 가지고 있다. 회색기러기[65]와 개리A. cygnoides[66]는 너무나 달라 일반적으로 뚜렷하게 구분되는 속으로 처리되기도 하는데, 우리나라에서는 이들의 잡종을 순수한 부모종 한쪽과 때로 번식시키기도 하며 *그들끼리*만 번식시킨 단 한 가지 실례도 있다. 이튼 씨가 이런 실험을 했는데, 그는 같은 부모에서 만들어진 두 종류의 잡종을 키웠으나, 이들을 서로 다르게 부화시켰다. 그는 자신이 키운 새 두 마리로부터 한 둥지에서 잡종(순수 거위의 손주 거위) 여덟 마리나 얻었다. 더구나 인도에서는 이와 같은 교배로 번식된 거위들이 훨씬 더 생식가능했음이 틀림없을 것 같은데, 두 사람의 저명한 감식가, 즉 블라이드 씨와 후톤 대위가 준 정보에 따라 나는 확신할 수 있었다. 그들은 이렇게 교배한 거위 무리들을 인도 곳곳에서 길렀고, 순수한 부모종들이 존재하지 않는 곳에서 자신들의 이익을 위해 길렀기 때문에, 이들의 생식가능성은 확실히 높아야만 했다. (253쪽)

팔라스가 주장한 학설을 오늘날의 자연사학자들이 널리 받아들이고 있는데, 그는 우리가 생육하는 동물 대부분은 둘 또는 그 이상의 토종에서 유래했으나, 이형교배로 혼합된 것들이라

60 흔히 문착(muntjak) 또는 붉은문착이라고도 부르는데, 동남아시아에 서식한다. 포식자의 위험을 짖는 듯한 울음 소리로 내기에, 짖는 사슴으로 알려졌다. 오늘날에는 *Muntiacus muntjak*이라는 학명을 사용한다.

61 레베스문착(Reevee's muntjak) 또는 아기사슴이라고도 부르며, 오늘날에는 *Muntiacus reevesi*라는 학명을 사용한다. 중국 남동부와 대만에 분포한다.

62 꿩(*Phasianus colchicus*)은 분포 지역에 따라 여러 아종으로 이루어져 있다. 다윈이 이를 표기하지 않았으므로, 단순히 꿩으로 간주했다.

63 꿩의 한 종으로 중국 동부와 베트남 지역에 분포한다.

64 꿩의 한 종으로 일본에 서식한다.

65 *Anser anser*. 오리과에 속하는 조류로, 유럽과 아시아 북부 지역에 서식한다. 가축화된 거위의 조상으로 알려져 있다.

66 오리과에 속하는 조류로, 중국 북부와 러시아 남동부 등지에 서식한다. 중국에서 사육하는 거위의 야생종이다. 다윈은 『종의 기원』에서 학명을 "A. cygnoides"라고만 표기했으나, "A."는 "*Anser*"를 줄인 것이다.

고 주장했다. 이 견해에 따르면 토종이 처음에는 반드시 전적으로 생식가능한 잡종을 만들었거나, 또는 잡종들이 사육 상태에서 계속된 세대를 거치면서 전적으로 생식가능한 상태로 되었을 것이다. 두 번째 대안이 나에게는 그럴듯한 것으로 보이는데, 비록 직접적인 증거는 전혀 없지만, 두 번째 대안의 진실성을 믿고 싶다.[67] 실례를 들면, 우리들이 키우는 개들은 몇몇 야생 무리에서 유래했다고 나는 믿는다. 그럼에도 확실하게 남아메리카에서만 토착하여 사육된 개들이 존재하는 예외도 있는데, 이들 모두를 같이 살게하면 전적으로 생식가능하다. 대응관계로 파악해보면 몇몇 토종 종들이 처음부터 자유롭게 함께 번식해서 전적으로 생식가능한 잡종을 만들었는지 여부를 엄청나게 의심하게 만든다.[68] 그리고 비슷한 사례로, 유럽소와 인도혹소가 같이 살면 생식가능하다는 점을 믿어야 할 이유들이 있는데, 블라이드 씨가 나에게 알려 준 사실들에 따르면 이들은 서로 뚜렷하게 구분되는 종이라고[69] 나는 생각한다. 우리가 사육하는 많은 동물들의 기원에 대한 이러한 견해에 따르면, 뚜렷하게 구분되는 동물 종들을 교배하면, 거의 보편적으로 생식불가능하다는 믿음을 반드시 포기하거나, 또는 생식불가능성을 제거할 수 없는 형질상태가 아니라 사육을 통해 제거될 수 있는 형질상태라고 우리는 간주해야만 한다. (253~254쪽)

마지막으로, 동식물의 이형교배와 관련하여 확인된 모든 사실들로 눈을 돌리면, 생식불가능성 정도는 1차 교배나 잡종에서 모두 극히 일반적인 결과를 만든다는 결론을 내릴 수가 있다. 그

67 야생에 있는 동물 두 종이 교배해서 생식가능한 잡종 자손을 만들 것 같지 않다. 동물은 대부분 생육 상태 또는 권양 상태에서 인공적으로 잡종을 만들기 때문이다. 이렇게 만들어진 잡종 역시 생식불가능할 것이나, 이 잡종도 인공적으로 또 다른 종, 특히 부모종과의 교배로 잡종 후손을 만들 것이다. 앞에서 설명한 역교배 과정을 인공적으로 거치면 잡종 자체는 생식불가능하더라도 자손을 만들 수가 있다. 호랑이와 사자를 예로 들면, 잡종 1세대인 라이거와 타이곤이 만들어졌고, 잡종 2세대인 릴리거가 암컷 라이거와 수컷 사자 사이에서, 즉 역교배로 만들어졌기 때문에, 지속적으로 잡종 자손들이 만들어질 수 있는 가능성은 있다고 봐야 할 것이다.

68 야생 상태에서 야생동물들의 잡종은 거의 불가능할 것이다.

69 오늘날 유럽소는 *Bos taurus*로, 인도혹소는 *Bos indicus*로 구분한다. 33쪽 주석 **93~95**를 참조하시오.

러나 현재 우리가 알고 있는 지식으로는 정말로 보편적인 것으로는 간주할 수 없을 것이다.[70] (254쪽)

[71] *1차 교배와 잡종의 생식불가능성을 지배하는 법칙들*. 이제부터 우리는 1차 교배와 잡종의 생식불가능성을 지배하는 환경과 규칙들을 조금 더 상세하게 살펴볼 것이다. 심한 혼란을 유발하는 교배와 혼합을 예방하려고,[72] 종들이 생식불가능성이란 성질을 선천적으로 특별히 부여받았음을 암시하는 규칙들의 존재 여부를 살펴보는 것이 우리의 주요 목표이다. 다음에 나오는 규칙과 결론들은 게르트너의 감탄할 만한 식물 잡종 연구에서 대부분 따온 것이다. 이런 규칙들이 동물에게는 어디까지 적용할 수 있는지를 확인하면서, 그리고 잡종 동물에 관한 지식이 얼마나 부족한지를 고려하면서 나는 너무나 힘들었으며, 같은 규칙을 두 계[73]에 일반적으로 적용할 수 있는 방법을 찾아내면서도 나는 엄청 놀랐다. (254~255쪽)

생식가능성 정도는 1차 교배와 잡종 둘 다 완벽하게 생식가능한 상태부터 0[74]인 상태까지 단계적으로 변한다는 점을 이미 설명했었다. 이러한 단계를 설명하는 방법들이 얼마나 많은지를 보여 주는 일은 놀랍지만, 여기에서는 사실들의 개요만 가장 단순하게 설명하려고 한다. 한 과에 속하는 식물의 꽃가루를 뚜렷하게 구분되는 다른 과에 속하는 식물의 암술머리로 옮겨 주면, 무생명체인 먼지가 주는 영향조차도 나타나지 않는데,[75] 이처럼 생식가능성이 완전히 0인 상태를 보여준다. 그러나 같은

70 종과 변종의 문제는 생식가능성으로 해결될 수 없다는 설명으로 보인다. 실제로 멘델이 서로 다른 종으로 인식했던 실험 재료들은 오늘날 모두 한 종으로 확인되었다. 만일 한 종으로 멘델이 실험했다면 논문 제목을 '식물의 잡종에 관한 실험'이라고 표현하지 않았을 것이다.

71 장 목차의 3번째 주제, '잡종의 생식불가능성을 지배하는 법칙들'을 설명하는 부분이다.

72 교배나 혼합이 일어나면 종마다 지니고 있는 특성이 사라지게 되어 종을 구분할 때 혼란이 생길 것이라는 의미이다. 다윈은 소위 『위대한 책』에 "자연 상태에서 종이 섞이는 것을 예방하기 위해"라고 썼다.

73 식물계와 동물계를 지칭한다.

74 0은 완전히 생식불가능한 상태를 의미한다.

75 먼지가 암술머리에 묻은 것과 같은 결과, 즉 아무런 결과도 나타나지 않았다는 의미이다.

속에 속하는 다른 종들의 꽃가루를 어떤 한 종의 암술머리로 옮겨 주면, 거의 완벽한 생식가능성부터 완전히 완벽한 생식가능성까지를 보여 주는데, 완벽하게 단계적으로 수많은 씨들이 만들어진다. 그런데 우리가 보았듯이, 일부 비정상적인 사례에서는 식물 자신의 꽃가루가 만들어 낼 수 있는 한계를 넘어 과도한 생식가능성이 나타나기도 한다.[76] 게다가 어떤 경우에는 잡종 그 자체가 순수한 부모의 꽃가루로도 단 하나의 생식가능한 씨를 결코 만들지 않았고, 앞으로도 만들 가능성이 없었다. 하지만 이러한 사례들 중 일부에서는 초기의 생식가능성 기미가 발견되는데, 순종인 부모종들 중 한 종의 꽃가루가 잡종의 꽃을 원래보다 더 빨리 시들게 했다. 꽃이 보다 빨리 시들어지는 현상은 수정 이후에 맨 처음 나타나는 징후로 널리 알려져 있다. 이처럼 극단적으로 생식불가능한 상태로부터 우리는 거의 완벽하게 생식가능한 씨를 점점 더 많이 생산하는 자가수정하는 잡종들을 얻고 있다. (255~256쪽)

교배하기가 아주 힘들고, 자손을 거의 만들지 않는 두 종 사이의 잡종은 일반적으로 정말로 생식불가능하다. 그러나 일반적으로 곤혹스럽게도 같이 나타나는 두 가지 사실들, 즉 1차 교배할 때의 어려움과 이렇게 만들어진 잡종의 생식불가능성 사이에 드러나는 평행관계는 결코 엄격하지 않다. 순수한 두 종이 기이하게 수월하게 교접[77]하는 많은 사례에서 수많은 잡종 자손이 만들어지기는 하나, 이들 잡종들은 눈에 띄게 생식불가능하다. 이와는 반대로, 매우 드물게 또는 극히 어렵게 교배하는 종들이

76 『위대한 책』 409쪽에는 "허버트에 따르면, 자연스러운 정도를 넘어서"라는 표현이 나온다. 또한 『종의 기원』 249쪽에서 다윈이 허버트의 연구 결과를 언급했는데, 자신의 종자를 만들 뿐만 아니라 다른 종의 종자 형성에 기여했다는 의미이다.

77 정자와 난자가 서로 만나는 것처럼, 서로 닿아서 접촉하는 현상을 말한다. 반면 교배는 인위적으로 수정 또는 꽃가루받이를 시켜 다음 세대를 만드는 과정을 의미한다.

있으나, 잡종이 어떻게 해서든지 만들어지면 이 잡종은 정말로 생식가능하다. 실례를 들면, 같은 속이라는 한계를 벗어나지 않더라도 패랭이꽃속Dianthus[78]에서는 이처럼 두 종류의 상반되는 결과가[79] 나타난다.[80] (256쪽)

[81]1차 교배와 잡종 모두의 생식가능성은 순수한 종들의 생식가능성보다는 불리한 조건에 의해 좀 더 쉽게 영향을 받는다. 그러나 생식가능성 정도도 마찬가지로 선천적으로 변하기 쉬운 것이다. 같은 두 종을 같은 환경에서 교배하더라도 항상 같은 결과가 나오는 것이 아니라, 부분적으로는 실험에 사용한 개체들에서 우발적으로 나타날 수 있는 개체들의 체질에 따라 결과가 결정되기 때문이다. 따라서 잡종의 경우에도 마찬가지인데, 이들의 생식가능성은 때로 같은 열매에서 만들어진 씨를 정확하게 같은 조건에 노출시켜 키운 개체들 사이에서도 상당히 다르게 나타난다. (256쪽)

[82]계통학적 친밀성이라는 용어는 종들 사이에서 나타나는 구조와 체질의 유사성을 의미하는데, 좀 더 특별하게는 생리학적으로 매우 중요하며, 동류 종들에서 거의 다르지 않는 부위를 지닌 구조에서 나타나는 유사성이다. 종들 사이의 1차 교배와 이렇게 만들어진 잡종의 생식가능성은 이들의 계통학적 친밀성에 의해 대체로 지배된다. 이 점은 계통학자들이 뚜렷하게 구분되는 과에 소속시켰던 종들 사이에서는 잡종이 결코 만들어질 수 없음을 보여 주거나, 이와는 반대로 아주 가까운 동류 종들이 일반적으로 간단하게 교접함을 보여 주면 명확해진다. 그러나 계

78 원예종으로, 널리 사용하는 카네이션을 포함하는 속이다.

79 다윈은 『위대한 책』 384쪽에서 *D. barbatus*를 자신의 꽃가루와 교배시키면 씨가 100% 만들어지나, *D. superbus*의 꽃가루와 교배시키면 81%, *D. japonicus*와는 67%이나 *D. carthusianum*과는 11%, *D. virgineus*와는 1%에 불과했다고 썼다. 앞 문단에서 두 종을 교배하면 생식가능성은 완벽한 상태부터 0인 상태까지 나타난다고 설명했다.

80 생식불가능성을 지배하는 법칙은 없다는 것이 다윈의 생각으로 보인다. 그 이유는 다음 문단에서부터 설명한다.

81 장 목차에 나오는 4번째 주제, '특별한 재능이 아니라 서로 다른 차이들에 근거하여 우발적으로 나타난 생식불가능성'을 설명하는 부분이다. 이 문단에서는 살아가는 조건이 생식불가능성과는 무관하다고 간단히 설명했다.

82 장 목차에 나오는 4번째 주제는 계통학적 친밀성과도 무관하다고 설명하고 있다.

통학적 친밀성과 교배의 수월성이 결코 절대적으로 일치하는 것은 아니다. 많은 사례에서 아주 가까운 동류 종들이 교접하지 않거나 또는 극히 어렵게 교접하는 것을 볼 수 있다. 이와는 반대로 매우 뚜렷하게 구분되는 종들이 엄청 쉽게 교접하기도 한다. 한 과 내에서는 패랭이꽃속Dianthus 식물들처럼 아주 쉽게 교배하는 속도 있고, 끈끈이장구채속Silene[83] 식물들처럼 극히 가까운 종들 사이에서 단 하나의 잡종을 만들기 위해 꾸준히 노력해도 실패하는 속도 있다. 같은 속이라는 범위 내에서도, 우리는 이와 같은 차이를 만날 수 있다. 실례를 들면, 담배속Nicotiana[84]에 속하는 많은 종들은 다른 속들에 속하는 종들에 비해 대체로 교배를 잘한다. 그러나 특별히 뚜렷하게 구분되는 종도 아닌 다화담배N. acuminata[85]는 담배속 8종류와도 막무가내로 수정하지 않거나 또는 수정되지도 않음을 게르트너가 발견했다. 수많은 대등한 사실들을 제시할 수도 있다. (256~257쪽)

[86]인식할 수 있는 어떤 종류의 형질이 또는 이 형질에서 얼마 정도의 차이가 나야 두 종이 교배하는 것을 막는 데 충분한지를 밝힐 수 있었던 사람은 아무도 없었다. 습성과 일반적인 겉모습이 아주 다른 식물들, 즉 꽃의 모든 부위들, 심지어 꽃가루, 열매 그리고 떡잎에서도 상당히 뚜렷한 차이를 보이는 식물들도 교배할 수 있음을 보여 줄 수가 있다. 일년생과 다년생 식물, 낙엽성과 상록성 교목, 서로 다른 정착지에서 살아가는 식물들, 그리고 극단적으로 다른 기후에서 살아가는 식물들도 때로 쉽게 교배할 수가 있다. (257쪽)

83 패랭이꽃속(*Dianthus*)과 같은 석죽과(Carophyllaceae)에 속하는 속으로, 장구채, 끈끈이장구채 등이 이 속에 포함된다.

84 사람들이 피우는 담배는 담배속(*Nicotiana*)에 속하는 담배(*N. tabacum*) 식물들의 잎을 말려 만든 것이다.

85 영어 이름은 manyflower tabacco인데, 남아메리카의 아르헨티나와 칠레 등지가 원산지인 야생 담배 종류이다.

86 장 목차에 나오는 4번째 주제는 생물의 외부 형태적 특징이나 습성 등으로도 파악할 수가 없다고 설명한다.

[87]두 종 사이의 상반교배[88]를 실례로 든다면, 처음에는 수컷 말과 암컷 당나귀를 교배하고, 다음에는 수컷 당나귀와 암컷 말[89]을 교배하는 것이라고 나는 생각하는데, 이렇게 할 때에만 두 종을 상반교배했다고 말할 수 있다. 상반교배할 때 나타나는 수월성에는 다양한 그럴듯한 차이들이 있다. 이런 사례는 매우 중요한데, 교배하는 어떤 두 종이라도 이들이 지닌 능력이 때로 이들의 계통학적 친밀성이나 전반적인 체제를 인식할 수 있는 차이와는 전적으로 독립되어 있기 때문이다.[90] 이와는 반대로, 또 다른 사례들은 교배하는 능력이 우리가 인지할 수 없는 체질의 차이와 연결되어 있고, 생식체계에 국한되어 있다는 점을 명확하게 보여 준다. 같은 두 종 사이의 상반교배 결과에서 나타나는 이런 차이를 오래전에 쾰로이터가 관찰했다. 한 가지 실례를 살펴보자. 분꽃*Mirabilis jalappa*[91]은 사탕분꽃*M. longiflora*[92]의 꽃가루로 쉽게 수정되며, 잡종도 역시 충분히 생식가능하다. 그러나 쾰로이터는 8년간 계속해서 200번 이상을 상반교배하려고 시도했으나, 분꽃의 꽃가루로 사탕분꽃을 교배시키는 것은 완전히 실패했다.[93] 비슷하게 놀랄 만한 몇몇 다른 사례를 제시하고자 한다. 투레는 해조류인 말속*Fucus*[94] 일부 종들에서 같은 사실들을 발견했다. 또한 게르트너는 상반교배시킬 때 나타나는 수월성의 차이가 조금은 흔하게 나타남을 발견했다. 그는 비단향나무꽃*Matti-ola annua*과 민비단향나무꽃*M. glabra*[95]처럼 너무나 가깝게 연관되어 있는 종들에서도 이런 점을 발견했는데, 많은 식물학자들은 이 종들을 변종으로만 간주하고 있다. 아주 비슷한 두 종을 혼합해

87 장 목차에 나오는 4번째 주제를 상반교배로 설명하는 부분이다. 상반교배는 앞에서 설명한 여러 요인 중 특히 계통학적 친밀성이 생식불가능성과 거의 무관함을 보여 준다.

88 유전에서 부모 양성의 역할을 검증하기 위한 교배 방법이다. 한 번은 어떤 형질을 나타내는 수컷과 그런 형질이 없는 암컷과 교배시키고, 다른 한 번은 역으로 어떤 형질을 지닌 암컷과 그렇지 않은 수컷을 교배시킨다.

89 『종의 기원』 원문에는 수말이 stallion, 암말이 mare로 되어 있는데, stallion은 거세되지 않은 성숙한 수말이며, mare는 성숙한 암말이다.

90 오늘날에는 두 가지 요인으로 이러한 차이를 설명하는데, 하나는 성염색체와 관련된 유전 현상으로, 다른 하나는 부모기원효과에 따른 유전자 각인으로 설명한다. 유전자 각인은 345쪽의 주석 **97**을 참조하시오.

91 남아메리카 원산이며 관상용으로 널리 심는 원예종이다. 오후 4시가 되면서 꽃이 벌어지기 시작하므로 흔히 4시꽃(four o'clock flower)이라고 부른다.

92 미국 남서부와 멕시코 북부 지방에서 자라는 식물로, sweet four o'clock이 영어이름이다.

93 상반교배가 불가능했다는 설명이다.

94 바위로 된 해안가의 조간대에 분포하는 해조류이다.

95 십자화과에 속하는 식물이며, 영어로는 스토크(stock)라고 부른다. 다윈은 비단향나무꽃과 민비단향나무꽃을 다른 종으로 간주했으나, 최근에는 같은 종으로 처리하고 있다. 학명도 다윈은 *M. annua*로 쓰고 있으나, 최근에는 *M. incana*로 쓴다.

서, 즉 한 종을 처음에는 부계로 하고 다음에는 모계로 하는 상반교배로 만들어진 변종들의 생식가능성이 일반적으로 다르다는 사실도 역시 놀랄 만한데, 때로는 생식가능성이 낮지만 우연히 아주 높은 경우도 있다. (258쪽)

[96]게르트너는 몇 가지 또 다른 유례없는 규칙을 찾아냈다. 예를 들면, 어떤 종들은 다른 종들과 교배하는 놀랄 만한 능력을 지니고 있으며, 또한 같은 속에 속하는 또 다른 종들은 자신의 잡종 자손들이 자신과 닮은 점을 가지도록 하는 놀랄 만한 능력을 지니고 있는데, 이 두 종류의 능력이 동시에 나타날 필요는 전혀 없다는 점이다. 두 부모 사이에서 중간형태 형질을 갖는 대신에 이렇게 되는 것이 보통인데, 항상 두 부모 중 하나와 더 많이 비슷하게 보이는 잡종들도 일부 있다. 그리고 이런 잡종들은, 비록 겉모습은 순수한 부모종의 한쪽과 거의 비슷하나,[97] 극히 일부 예외를 제외하고는 거의 완전히 생식불가능하다. 또한 보통은 부모가 지닌 구조의 중간형태를 지닌 잡종들 중에서 예외적으로 비정상적인 개체들이 때때로 나오기도 하는데, 이들은 순수한 부모의 한쪽과 비슷하게 보인다. 그리고 이들 잡종들은 거의 항상 완벽하게 생식불가능하며, 심지어 한 열매 안에 있는 씨에서 키운 잡종들도 생식가능성에 있어서 상당한 차이를 보인다. 이러한 사실들은 잡종에서 나타나는 생식가능성이 자신의 부모가 지닌 겉모습의 유사성과 얼마나 독립적인가를 보여준다. (258~259쪽)

[98]1차 교배와 이들 잡종에서 나타나는 생식가능성을 지배하

96 장 목차에 나오는 4번째 주제를 설명하는데, 잡종의 생식가능성이 부모와의 형태적 유사성과도 관련이 없다고 다윈은 설명하고 있다.

97 정자와 난자가 만나 수정을 하여 접합자가 되면, 이 접합자가 지닌 유전 정보의 절반은 정자로부터, 절반은 난자로부터 받게 된다. 그런데 어떤 유전 정보는 정자와 난자 모두가 전달해 줌에 따라, 유전자가 중복되는 문제가 나타날 수 있다. 유전자 각인이란 부모에게서 받은 두 유전 정보, 즉 대립유전자 중 어느 한 대립유전자만 발현되고, 다른 대립유전자는 발현되지 않는 것이다. 그리고 어떤 대립유전자가 발현되는가에 영향을 주는 요인이 동물에서는 어린 배가 발생할 수 있도록 보호하며 배에게 양분을 공급하는 막인 배외막으로, 식물에서는 씨가 만들어질 때 같이 만들어진 배젖으로 알려져 있다. 수컷 사자와 암컷 호랑이를 교배해서 만들어진 라이거는 호랑이의 특징이 사자 특징보다 더 많이 나타나며, 반대로 만들어진 타이곤은 호랑이보다 사자의 특징이 더 많이 나타난다.

98 1차 교배와 잡종의 생식불가능성을 지배하는 법칙들을 파악하기 위해 살아가는 조건, 계통학적 친밀성, 외부 형태나 습성 그리고 잡종과 부모와의 형태적 유사성 등을 연구했지만, 이들로는 생식불가능성을 설명할 수가 없고, 결국 생식불가능성을 지배하는 법칙은 없는 것으로 다윈은 설명하고 있다.

는 지금까지 알려진 몇 가지 규칙을 고려하면서, 우리가 좋은 종, 즉 뚜렷하게 구분되는 종이라고 반드시 간주해야만 하는 유형들을 교접시키면, 이들의 생식가능성은 0에서부터 완벽한 생식가능성까지 단계적으로 나타나거나, 또는 어떤 조건에서는 생식가능성이 과도하게 나타나기도 한다. 이들의 생식가능성은, 도움이 되는 조건과 도움이 되지 않는 조건에서 눈에 띄게 변한다는 점을 제외하고는, 선천적으로 변하기 쉽다. 1차 교배와 1차 교배로 만들어진 잡종들이 항상 같은 정도의 생식가능성을 지니는 것은 결코 아니다. 잡종의 생식가능성은 자신의 부모 어느 한쪽의 겉모양과 비슷하게 보이는 정도와도 연관되어 있지 않다. 그리고 마지막으로, 그 어떠한 종들이더라도 두 종 사이에서 1차 교배가 일어날 수월성은 이들의 계통학적 친밀성 또는 서로서로의 유사성에 의해 항상 지배되는 것이 아니다. 마지막 주장은 같은 두 종 사이의 상반교배로 명확하게 입증되는데, 한 종 또는 다른 종이 부계 또는 모계로 사용되기 때문에, 교접이 일어나는 수월성에 일반적으로 약간의 차이가 있지만, 우연히 가장 큰 차이가 나타날 수도 있다. 그러나 상반교배로 만들어진 잡종들끼리도 때로 생식가능성이 다르다.[99] (259~260쪽)

[100]이처럼 복잡하고 특이한 규칙들은 종들이 자연 상태에서 혼합되는 것을 방해하려고 단순히 생식불가능성을 부여받았음을 암시하는 것일까? 나는 그렇지 않다고 생각한다. 다양한 종들을 교배할 때 극히 서로 다른 생식불가능성 정도가 나타나는데, 왜 이 모든 것들이 종끼리 서로 섞이지 않도록 하는 것과 마

99 수당나귀와 암말의 잡종인 노새의 경우, 암노새는 아주 드물게 말이나 당나귀와 교접하여 새끼를 낳기도 하지만, 수노새는 암노새, 암말, 암당나귀와도 새끼를 낳지 못한다. 반면 수말과 암당나귀의 잡종인 버새의 경우, 암버새는 암노새와는 달리 새끼를 낳지 못한다. 1527년 이후 암노새가 새끼를 낳았다는 60건 이상의 사례가 보고되었으나, 암버새가 새끼를 낳았다는 보고는 단 한 건만 있었다.

100 1차 교배와 잡종의 생식불가능성을 지배하는 법칙이 없다면, 어떤 요인에 의해 어떻게 1차 교배와 잡종의 생식불가능성이 결정되는지를 다윈이 설명하려고 한다. 이 문단에서는 "왜 잡종이 만들어지는 것을 허용하였는가?"와 "생식불가능성을 다양하게 만들어 잡종이 지속적으로 번식하는 것을 왜 막았을까"라는 질문을 던지고 있다.

찬가지로 중요하다고 생각해야만 하는가? 왜 같은 종에 속하는 개체들에서도 생식불가능성이 선천적으로 변하기 쉬운가? 왜 일부 종들은 쉽게 교배함에도 불구하고 아주 생식불가능한 잡종이 만들어지며, 어떤 종들은 극히 어렵게 교배함에도 불구하고 온전히 생식가능한 잡종이 만들어지는가? 왜 같은 두 종을 대상으로 상반교배를 했을 때 결과에 상당한 차이가 때로 나타나는가? 심지어 다음과 같은 질문도 할 수가 있는데, 왜 잡종이 만들어지는 것을 허용하였는가? 잡종을 만드는 특별한 능력을 종에게 부여하고 나서, 부모 사이의 첫 번째 교접의 수월성과는 엄밀하게 연관되어 있지 않은 생식불가능성을 다양하게 만들어 잡종이 지속적으로 번식하는 것을 왜 막았을까, 참으로 이상한 타협처럼 보인다. (260쪽)

앞에서 살펴본 규칙과 사실들은, 이와는 반대로, 1차 교배의 생식불가능성과 1차 교배로 만들어진 잡종에서 나타나는 생식불가능성이 단순히 우발적이거나 또는 교배할 종들이 지닌 알려져 있지 않는, 주로 생식체계에 있는, 차이들에 의존하고 있음을 암시하는 것으로 나에게는 보인다.[101] 차이들은 매우 독특하고 제한적인 특성을 지니는데, 두 종 사이의 상반교배에서 한 종의 수컷 생식 요소는 때로 자유롭게 다른 종의 암컷 생식 요소에 작용하나, 역방향으로는 그렇게 되지 않는다. 내가 생식불가능성을 특별히 부여받은 성질이 아니라 다른 차이에 근거한 우발적인 것이라고 설명한 이유를 예를 들어가며 조금은 상세하게 설명하는 것이 현명할 것으로 보인다. 다른 식물에 접목[102]되

101 앞 문단에서 던진 질문에 대한 답을 우발적인 사건과 그에 따른 생식체계의 차이로 설명하고 있다.

102 식물의 한 부분을 다른 식물에 끼워 넣어, 끼워 넣은 부위를 자라게 해 한 식물체처럼 자라게 하는 것이다.

거나 눈접[103]될 수 있는 한 식물의 능력은 자연 상태에서 식물들이 번성하는 것에는 전적으로 사소하지만, 이런 능력이 *특별히* 부여받은 성질이라고 그 누구도 생각하지는 않을 것으로 나는 추정한다. 그러나 두 식물의 성장 법칙에는 우발적인 차이가 있다는 점을 나는 받아들일 것이다. 우리는 한 나무가 다른 나무를 왜 받아들이지 못하는지를 성장 비율, 목재의 단단한 정도, 번성할 시기나 식물체액[104]의 속성과 같은 차이로부터 때로 찾을 수 있다. 그렇지만 우리는 수많은 사례에 대한 원인으로 무엇이든지 할당할 수가 없다. 크기를 비롯하여 목본성과 초본성, 상록성과 낙엽성, 그리고 광범위하게 서로 다른 기후에 대한 적응 등과 같이 두 식물이 보여 주는 엄청난 다양성이 접목하려는 두 식물 개체가 하나로 되는 것을 항상 방해하지는 않는다. 잡종으로 되는 과정에서 접목도 마찬가지인데,[105] 이 능력[106]은 계통학적 친밀성 때문에 제한되지만, 아주 뚜렷하게 구분되는 과에 속하는 나무들을 하나로 접목시킬 수 있는 사람은 전혀 없다. 이와는 반대로, 가까운 동류 종들이나 같은 종에 속하는 변종들은 언제나는 아니지만 일반적으로 자주 쉽게 접목된다. 그러나 잡종으로 되는 과정에서도 이 능력은 계통학적 친밀성에 의해 결코 절대적으로 지배받지 않는다. 비록 같은 과에 속하는 많은 뚜렷하게 구분되는 속들을 같이 접목시키지만, 같은 속에 속하는 또 다른 사례에서는 서로 주고받기가 안 될 수도 있다. 배나무는 같은 속에 속하는 구성원인 사과나무[107]보다는 전혀 다른 속으로 간주되는 유럽모과[108]와 더 쉽게 접목된다. 심지어 배나무의 서로 다

103 나뭇가지의 중간 부위에 있는 눈을 떼어 다른 나뭇가지에 붙여서 자라게 하는 방법이다.

104 sap을 흔히 수액으로 번역하는데, 수액의 수는 나무를 지칭한다. 하지만 sap은 초본에서도 나타나므로 식물체액으로 번역했다.

105 다윈은 접목이나 눈접과 같은 체세포 결합을 잡종화와 같은 생식세포의 결합과 비슷한 것으로 간주한 듯하다.

106 접목될 수 있는 능력이다.

107 재배하는 사과를 한때 배나무속(*Pyrus*)에 속하는 종, 즉 *Pyrus malus*로 간주하기도 했다. 최근에는 사과를 사과속(*Malus*)에 속하는 재배품종(*M. domestica*)으로 분류한다.

108 *Cydonia oblonga*. 중앙아시아 원산으로 배와 같은 장미과(Rosaceae)에 속한다. 흔히 퀸스(quince)라고 부르며, 열매가 모과와 사과 모두를 닮았다.

른 변종들은 유럽모과와는 차이가 나지만 쉽게 주고받는다. 비슷하게 살구와 복숭아의 여러 변종들도 자두의 특정 변종과는 접목이 잘 된다.[109] (260~262쪽)

교배에 사용되는 같은 두 종에 속하는 서로 다른 *개체*들에서 서로 다른 선천적 차이가 때로 나타남을 게르트너가 발견했고, 사즈레도 접목에 사용될 같은 두 종에 속하는 서로 다른 개체들에서도 이런 경우가 나타난다고 믿었다. 상반교배에서는 교접에 영향을 주는 수월성이 때로는 동등하다는[110] 점과는 거리가 먼데, 접목에서도 마찬가지이다. 실례를 들면, 구스베리[111]는 쿠란트[112]에 접목되지 않으나, 쿠란트는 어려움은 있지만 구스베리에 접목된다. (262쪽)

생식기관이 불완전한 상태인 잡종의 생식불가능성은 생식기관이 완벽한 상태인 순수한 두 종이 교접할 때 생기는 어려움과는 아주 다른 경우임을 우리는 알고 있다. 그럼에도 뚜렷하게 구분되는 이 두 사례는 어느 정도는 서로 평행관계이다. 접목할 때에도 대등한 무언가가 나타난다. 투앵은 아까시나무속Robinia[113]의 3종이 모두 자신만의 씨를 자유롭게 만들었고, 다른 종들과 아무런 어려움 없이 접목이 되나, 접목을 하고 나면 열매를 맺지 못하는 점을 발견했다. 이와는 반대로 마가목속Sorbus[114]의 일부 종들은 다른 종들과 접목을 시키면, 자신이 만든 열매의 2배를 만들었다. 마가목속 사례는 우리에게 아마릴리스속Hippeastrum, 숫잔대속Lobelia 등에서도 볼 수 있는 아주 이례적인 사례를 상기시키는데,[115] 이 식물들은 뚜렷하게 구분되는 종들의 꽃가루로 수

109 살구, 복숭아, 자두는 모두 벚나무속(*Prunus*) 식물이다.

110 A란 종의 암컷과 B란 종의 수컷을 수월하게 교배시키면, 역으로 A란 종의 수컷과 B란 종의 암컷도 반드시 수월하게 교배시킬 수 있다는 의미이다.

111 *Ribes uva-crispa*. 까치밥나무속(*Ribes*)에 속하며, 유럽 원산으로 열매를 식용한다.

112 까치밥나무속(*Ribes*)에 속하는 블랙쿠란트(*R. nigrum*), 레드쿠란트(*R. rubrum*) 등을 총칭해서 부르는 이름이다.

113 콩과(Fabaceae)에 속하는 속이다. 이 중 아까시나무(*R. pseudoacacia*)는 미국 남동부가 원산지이지만, 전 세계에 퍼져 자라며, 우리나라에도 널리 심어져 있다.

114 장미과(Rosaceae)에 속하는 관목 또는 교목들로 이루어진 속이다.

115 『종의 기원』 250~251쪽에서 설명했다.

정시켜 자유롭게 씨를 만들게 하면, 자신의 꽃가루로 자가수정 해서 만들 때보다 더 많은 씨를 만들었다.[116] (262쪽)

접목의 대목에 단순히 붙였을 때와 생식 과정에서 수컷 요소와 암컷 요소를 교접시켰을 때는 명확하고 근본적인 차이가 있지만,[117] 그럼에도 접목의 결과와 뚜렷하게 구분되는 종들을 교배시킨 결과와는 대강일지라도 서로 평행관계에 있음을 우리는 볼 수 있다. 교목들을 서로서로 접목시킬 수 있는 수월성을 지배하는 이상하면서도 복잡한 법칙을 식물들의 영양 체계에 있는 알려져 있지 않은 차이에 따른 우발적인 일로 우리가 간주하는 것처럼, 1차 교배의 수월성을 지배하는 좀 더 복잡한 법칙들도 주로 생식체계의 알려져 있지 않은 차이에 따른 우발적인 일이라고 나는 믿는다.[118] 이 두 사례에서 예측할 수 있는 것처럼 이러한 차이들 모두가 어느 정도는 계통학적 친밀성을 따르는데, 이 친밀성으로 생명체들 사이에 나타나는 모든 종류의 유사성과 비유사도를 설명하려 시도했다. 이러한 사실들은 다양한 종들을 접목하거나 교배할 때 나타나는 어려움이 정도의 차이는 있지만 특별히 타고난 자질 탓임을 암시하는 것이 결코 아닌 것처럼 나에게는 보인다. 그러나 교배할 때의 어려움은 특정한 유형들의 지속성과 안정성에 중요하지만, 접목할 때의 어려움은 그들의 번성에 중요하지 않다. (262~263쪽)

[119]*1차 교배와 잡종에서 나타나는 생식불가능성의 원인들.* 이제부터는 1차 교배와 잡종에서 나타나는 생식불가능성의 원

116 우발적인 접목으로 생식체계가 변형되었을 것이라는 설명으로 보인다. 1차 교배와 잡종의 생식불가능성을 지배하는 법칙은 없지만, 우발적인 사건과 생식체계의 차이로 설명할 수 있을 것이라고 앞에서 설명했다. 『종의 기원』 250~251쪽을 참조하시오.

117 접목은 성체끼리, 즉 염색체수로 보면 배수체와 배수체의 결합이나, 생식 요소는 반수체이므로 수컷 요소와 암컷 요소를 교접시키면 반수체와 반수체의 결합이기 때문에 당연히 명확하고 근본적인 차이가 있다.

118 다윈은 지금까지 1차 교배와 1차 교배로 만들어진 잡종의 생식불가능성을 지배하는 법칙들을 파악하기 위해 살아가는 조건, 계통학적 친밀성, 외부 형태나 습성 그리고 잡종과 부모와의 형태적 유사성 등을 연구했다. 하지만, 이들로는 생식불가능성을 설명할 수가 없고, 결국 생식불가능성을 지배하는 법칙은 없는 것으로 다윈이 설명했으며, 마지막으로 생식불가능은 생식체계의 우발적인 일이라고 결론을 내린다.

119 장 목차에 나오는 5번째 주제 '1차 교배와 잡종에서 나타나는 생식불가능성의 원인들'을 설명하는 부분이다. 오늘날 생식적 격리라고 부르는 현상들을 설명하고 있다.

인들에 대해 좀 더 자세히 살펴보려고 한다. 이 두 가지 사례는 근본적으로 다른데, 방금 전에 설명했던 것처럼, 순수한 두 종은 교접시킬 때 수컷과 암컷 요소가 완벽하지만, 잡종은 불완전하기 때문이다.[120] 1차 교배라 할지라도, 교접을 할 때 정도의 차이가 있는 어려움이 몇 가지 뚜렷하게 구분되는 원인들에 의해 명백하게 나타난다.[121] 때로는 수컷 요소가 난세포에 도달하지 못하도록 하는 물리적 장벽이 반드시 있는데, 꽃가루관이 씨방에 도달하기에는 암술이 너무 긴 식물이 이를 보여 주는 사례가 될 것이다.[122] 또한 한 종의 꽃가루를 멀리 떨어진 동류 종의 암술머리에 놓아두면, 비록 꽃가루관은 길게 뻗어 나오지만, 꽃가루관이 암술머리를 뚫고 들어가지 못하는 경우도 관찰된다. 게다가 수컷 요소가 암컷 요소에 도달하더라도, 배를 발달시키게 할 수 없는데,[123] 투레가 말속Fucus 해조류를 대상으로 실험한 사례에서 볼 수 있을 것이다. 왜 어떤 교목들이 다른 교목과 접목이 되지 않는지 설명할 수 없는 것처럼 이러한 사실들에 대해 그 어떤 설명도 할 수 없다. 마지막으로, 배가 발달하기는 하나, 초기 단계에 곧바로 죽어 버린다.[124] 마지막 과정은 충분히 보여 줄 수가 없다.[125] 그러나 닭 종류의 잡종과 관련된 위대한 실험을 수행한 휴잇 씨가 알려 준 정보에 따르면, 내가 믿는 것처럼, 배가 초기에 죽는 것은 1차 교배에서 흔히 나타나는 생식불가능성 때문이다. 처음에는 이러한 견해를 믿기까지 마음이 내키지 않았는데, 잡종이 한번 태어나면 일반적으로 건강하고 오래 살기 때문이었고, 또한 우리는 노새에서 이렇게 오래 사는 사례

120 말과 당나귀를 교배할 때, 이 둘이 만들어내는 정자와 난자는 완벽하지만, 이 둘이 만나서 만들어진 노새와 버새는 생식불가능하다.

121 이러한 현상을 생식적 격리라고 하는데, 여기서는 수정후 격리만을 설명하고 있다. 단지 '수정후'라는 의미는 동물에서는 교미가 일어난 다음을, 식물에서는 수분이 일어난 다음을 의미한다. 따라서 교미가 일어나거나 수분이 일어난 다음 정자와 난자가 수정할 때까지 과정도 '수정후'에 해당한다.

122 이런 현상을 배우체 사망이라고 부른다. 정자와 난자가 만나기 전에 암컷이 수컷의 정자를 파괴하는 경우도 있다.

123 수정이 되어 접합자가 만들어지더라도 접합자가 곧 죽어 버리는 현상을 접합자 사망이라고 한다.

124 이런 현상을 접합자 생존 불능이라고 부른다.

125 개구리를 교배시키면, 경우에 따라 수정이 되어 배발생이 전혀 일어나지 않거나, 배발생이 초기 단계까지는 진행되나, 후기 단계는 진행되지 않는다(김창배 외, 2004).

를 보았기 때문이었다. 그러나 잡종들은 태어나기 전과 태어난 이후에 다른 상황에 처하는데, 이들은 부모 양쪽이 살아 있는 나라에서 태어났다가 살아갈 때에는 일반적으로 적절한 살아가는 조건에 놓이게 된다. 하지만 잡종은 어미의 속성과 체질을 반만 지니고 있기 때문에, 태어나기 전에 어미의 자궁이나 알 또는 씨 안에서 어미에 의해 가능한 한 오래 영양을 공급받아야 한다. 이때 잡종은 어느 정도는 부적당한 조건에 노출될 것이며, 그에 따라 초기 단계에 쉽게 죽을 수가 있다.[126] 특히 아주 어린 개체들 모두는 생명에 해롭거나 비자연적인 살아가는 조건에 두드러지게 예민하기 때문이다. (263~264쪽)

생식 요소가 불완전하게 발달한 잡종의 생식불가능성은 아주 다른 사례이다.[127] 내가 수집한 수많은 사실들을 한 번 이상 언급한 바에 따르면, 동식물들을 자신들의 자연 조건에서 살지 못하게 할 때, 이들의 생식체계가 심각한 영향을 극히 쉽게 받는 것으로 나타났다. 실제로 이런 점은 동물을 사육할 때 엄청난 장애물이다. 이렇게 만들어진 생식불가능성과 잡종의 생식불가능성 사이에는 논의의 핵심들이 많이 비슷하다. 두 사례 모두, 생식불가능성은 일반적인 건강 상태와 무관하며, 때로는 과도하게 큰 몸집이 만들어지거나[128] 자손이 많이 만들어지는 현상이 수반된다. 또한 두 사례 모두, 생식불가능성은 다양하게 변한 상태로 나타나며, 수컷 요소가 영향을 더 쉽게 받으나, 때로는 암컷 요소가 수컷 요소보다 영향을 더 받는다.[129] 그리고 이러한 경향은 계통학적 친밀성에 어느 정도는 따른다 해

126 이런 현상을 잡종 개체의 낮은 생존력이라고 부른다.

127 이런 사례들은 수정후 격리의 하나인 잡종 불임과 관련된 것들이다.

128 사자 수컷과 호랑이 암컷의 잡종인 라이거의 체격은 사자와 호랑이보다 크다. 사자 수컷의 체중은 약 100kg, 호랑이 암컷은 65~170kg으로 추정하나, 라이거 체중은 300kg이 넘는다. 또한 미국 사우스캐롤라이나주의 머틀비치 사파리 공원에서 사육 중인 헤라클레스라는 이름의 라이거의 체중은 419kg으로 보고되었다.

129 346쪽에 있는 주석 **99**를 참조하시오. 암컷 또는 수컷 요소에 영향을 받은 결과는 잡종이 어떻게 번식하는지를 살펴보면 유추할 수 있을 것이다.

도 동식물 모든 무리에서 비슷한 비자연적인 조건에 의해 생식할 수 없는 상태로 되게 한다. 그래서 종의 모든 무리에서 생식불가능한 잡종을 낳는 경향이 나타난다. 이와는 반대로, 때로는 어떤 무리에 속하는 어떤 종은 손상되지 않는 생식가능성이 유지되도록 하는 조건이 크게 변하는 것에 저항하기도 한다. 그리고 한 무리에 속하는 일부 종들은 기이하게 생식가능한 잡종을 만들기도 한다. 그 누구라도 자신이 노력하기 전까지는 어떤 특정한 동물이 권양 상태에서 번식할지 말지를, 또는 어떤 식물이 재배 중에 자유롭게 씨를 만들지 말지를 말할 수가 없다. 마찬가지로 자신이 노력하기 전까지는 한 속에 속하는 두 종이 다소 생식불가능한 잡종을 만들지 말지에 대해서도 말할 수가 없다. 마지막으로 생명체들을 비자연적인 조건에 몇 세대 동안 방치하게 되면, 이들이 다양하게 변하는 것이 극도로 쉬워지는데, 내가 믿기로는 생식불가능성이 나타날 정도는 아니지만 생식체계가 특별하게 영향을 받기 때문이다.[130] 잡종의 경우에도 마찬가지인데, 세대를 거듭하면서 이들도 다양하게 변하는 것이 눈에 띄었으며, 이는 많은 실험에서 관찰되었다. (264~265쪽)

[131]따라서 새로운 비자연적인 조건에 생명체들을 놓아두거나 두 종을 비자연적으로 교배해서 잡종을 만들면, 일반적인 건강 상태와는 무관하게 생식체계가 아주 비슷한 방식으로 생식불가능성이라는 영향을 받는 것을 우리는 볼 수 있다. 한 사례는 살아가는 조건이 우리 눈에 띄지 않을 정도로 사소하게 교란된 경우이다. 그리고 다른 사례는 잡종의 경우로, 외부 조건이 같은

130 1차 교배와 잡종에서 나타나는 생식불가능성의 원인으로 다윈은 생식체계의 변형을 꼽고 있다.

131 장 목차에 나오는 6번째 주제, '변화한 살아가는 조건과 교배로 나타난 결과들 사이의 평행관계'를 설명하는 부분이다. 1차 교배와 잡종의 생식불가능성은 살아가는 조건과 교배에 따른 생식체계의 교란으로 나타나는 것으로 추정된다고 설명한다.

상태로 유지되었음에도 서로 다른 두 구조와 체질이 하나로 혼합되면서 체제가 교란되었다. 발달 과정에 또는 주기적으로 또는 서로 다른 부위와 기관들 사이의 상호연관성에 또는 살아가는 조건에 어떤 교란이 나타나지 않고서도 두 체제가 하나의 혼합물로 될 가능성은 거의 없기 때문이다. 잡종들이 *그들끼리만* 번식할 때, 잡종들은 세대를 거듭하면서 혼합물로 만들어진 동일한 체제를 자손들에게 전달할 것이므로 우리는 이들의 생식불가능성이 어느 정도는 변하기 쉽지만 거의 사라지지 않을 것이라는 점[132]에 놀랄 필요가 없다. (265~266쪽)

그러나 모호한 가설을 제외하고, 잡종의 생식불가능성과 관련된 몇 가지 사실들을 이해할 수 없다고 우리는 고백해야만 한다. 실례를 들면, 상반교배로 만들어진 잡종들이 불균등한 생식가능성을 보여 주는 점, 또는 우연히 그리고 예외적으로 순수한 부모 중 하나와 비슷하게 보이는 잡종에서 생식불가능성이 증가하는 점 등이다.[133] 나는 앞에서 한 언급을 문제의 본질까지 끌고 가려고 하지 않을 것이다.[134] 왜 생물을 비자연적인 조건에 놓아두면 생식불가능한 상태가 되는지에 대한 설명은 제안된 바가 없다. 그렇지만 두 가지 사례, 즉 하나는 살아가는 조건이 교란된 경우이고 다른 하나는 두 체제가 하나로 혼합되면서 체제가 교란된 경우에서 내가 보여 주려고 한 모든 것은 어떤 점에서 동류이지만 생식불가능성이 흔한 결과라는 점이다. (266쪽)

비현실적으로 보일 수도 있지만, 비슷한 평행관계를 비슷하면서도 아주 다른 종류의 사실들에도 확장할 수 있을 것으로 나

132 동물의 경우 암수가 만나서 교배를 해야 하므로 잡종이 생식불가능하면 "그들끼리만"은 자손을 만들 수가 없을 것이다. 그러나 식물의 경우 무성생식 등으로 한 개체만 있어도 자손을 만들 수가 있으므로, 잡종이 만들어지고, 이 잡종이 생식불가능하다고 해서 "그들끼리" 자손을 만들지 못한다고 말할 수는 없다. 식물의 경우, 이런 식으로 만들어진 종들이 상당히 많은 것으로 알려져 있는데, 이런 종들을 미세종이라고 부른다. 다윈도 『종의 기원』 484쪽에서 브램블산딸기를 예로 들어 설명했다.

133 다윈은 유전 현상의 본질을 정확하게 알지 못하고 있었다. 오늘날에도 유전 현상을 정확하게 파악하고 있지는 못하지만, 이런 현상들은 소위 유전자 각인과 부모기원효과, 후성유전학으로 일정 부분 설명하려고 시도하고 있다. 다윈 시대에 이런 점을 설명할 수는 없었을 것이다.

134 원인보다는 결과를 어떻게 해석할 수 있는가라는 질문으로 보인다. 살아가는 조건이 교란되거나, 잡종으로 생식체계가 교란되었기에 1차 교배와 잡종의 생식불가능성이 나타난다고 설명하고 있다.

는 추정한다. 내가 생각하기로는 상당한 증거들로부터 발견되어 오래전부터 널리 받아들이는 믿음이 있는데, 살아가는 조건이 사소하게 변하면 살아 있는 모든 생물들에게 유리하다는 것이다.[135] 씨나 괴경[136] 등을 한 토양에서 다른 토양으로 또는 한 기후에서 다른 기후로, 그리고 다시 원래로 돌아가면서 살아가는 조건을 자주 교환하는 농부와 원예가들에게서 이런 믿음이 작용하고 있는 것을 우리는 볼 수 있다. 살아가는 습성에서 나타나는 변화 거의 대부분은 동물들이 건강성을 회복하는 데 엄청나게 유리하다는 것을 우리는 분명히 보고 있다. 다시 동식물로 가보자. 같은 종에 속하는 아주 뚜렷하게 구분되는 개체들을 교배하면, 즉 다른 품종계열이나 아품종들을 교배하면 자손들에게 생명력과 생식가능성이 나타나는 엄청나게 많은 증거들이 있다. 4장에서 언급한 사실들로부터 암수한몸인 생물일지라도 어느 정도는 교배가 불가피하다는 점을, 그리고 특히 살아가는 조건이 같게 유지된 가까운 친척 사이에서 수 세대 동안 근친교배가 지속되면 항상 자손들에게 허약함과 생식불가능성이 유도된다는[137] 점을 정말로 나는 믿는다. (266~267쪽)

따라서 살아가는 조건에 사소한 변화가 나타나면 모든 생명체에게 이익이 되며, 다른 한편으로는 다양하게 변하며 그에 따라 사소한 차이가 있는 같은 종의 수컷과 암컷 사이의 교배가 자손들에게 생명력과 생식가능성을 제공하는 것으로 보인다. 이와는 반대로, 엄청난 변화 또는 특별한 속성의 변화는 때로 생명체들을 어느 정도 생식불가능한 상태로 만든다. 그리고 매우 또

135 생물은 항상 주변의 환경이 주는 자극에 대해 반응하면서 살아간다. 적절한 자극, 즉 환경의 작용은 생물에게 또 다른 살아가는 반응, 즉 작용에 대한 반작용일 것이다.

136 땅속에서 덩어리를 이루고 있는 줄기로, 우리가 먹는 감자가 여기에 해당한다. 덩이줄기라고도 한다.

137 근친교배를 하면 열성인자들이 나타날 확률이 높아져 개체 또는 개체군 전체에 치명적인 해가 나타난다. 사람들에게서 나타나는 혈우병이 근친교배에 따른 악영향, 즉 근교약세 또는 내교배억압의 대표적인 현상이다.

는 특이하게 다른 암컷과 수컷 사이의 교배와 같이 주목할 만한 교배는 일반적으로 어느 정도 생식불가능한 잡종을 만든다. 이러한 평행관계가 우연한 것인지 또는 환상인지 내 스스로 납득할 수는 없다. 이 두 종류의 사실들은 근본적으로 살아가는 원리와 연관되어 일부 흔하게 나타나지만 알려지지 않은 연결고리로 함께 연결되어 있는 것처럼 보인다.[138] (267쪽)

[139]*교배할 때 나타나는 변종들의 생식가능성과 변종들의 혼종 자손에서 나타나는 생식가능성*. 가장 우격다짐한 논쟁의 하나는 종과 변종 사이에는 어떤 근본적인 뚜렷한 차이가 반드시 있고, 변종들의 겉모습이 서로서로 상당히 다르지만, 아주 쉽게 교배하고 완벽하게 생식가능한 자손을 낳기 때문에, 앞에서 말한 언급들에 일부 잘못이 있다는 주장일 것이다.[140] 이런 주장이 거의 불가피한 사례라는 점을 나는 전적으로 받아들인다. 그러나 만일 자연에서 만들어진 변종들을 조사하면, 우리는 희망이 없는 어려움에 즉시 빠져든다. 만일 지금까지 변종으로 알려진 두 변종이 모두 어느 정도 생식불가능하다면, 이들에게 자연사학자 대다수는 곧바로 종이라는 계급을 부여했을 것이기 때문이다. 실례를 들면, 가장 뛰어난 식물학자 대부분이 변종으로 간주하는 파란뚜껑별꽃과 뚜껑별꽃을, 그리고 영국앵초와 카우슬립앵초를[141] 교배하면 이들은 모두 완벽하게 생식가능하지 않다고 게르트너가 말했는데, 그는 이들을 의심할 여지가 없는 종으로 간주했다. 따라서 만일 우리가 순환논법[142]으로 이야기한

138 많은 관찰을 했지만, 유전 원리를 정확하게 알지 못했고, 종과 변종의 애매한 구분으로 인해, 관찰 결과를 정확하게 해석하지 못한 부분으로 평가된다(Reznick, 2010). "사소한 차이가 있는 같은 종의 수컷과 암컷 사이의 교배가 자손들에게 생명력과 생식가능성을 제공하는 것으로 보"이지만, "특이하게 다른 암컷과 수컷 사이의 교배와 같이 주목할 만한 교배는 일반적으로 어느 정도 생식불가능한 잡종을 만든다"라고 설명하고 있으나, 어디까지가 사소하고, 어디에서부터 특이하게 다른지 애매하다. 그러나 장 목차의 6번째 주제의 결론은 살아가는 조건과 생식체계의 교란이 잡종들의 생식가능성에 영향을 줄 것이라는 점이다.

139 장 목차에 나오는 7번째 주제, '교배할 때 나타나는 변종들의 생식가능성과 보편적이지는 않지만 이들의 혼종 자손에서 나타나는 생식가능성'을 설명하는 부분이다.

140 "종의 생식불가능성은 변종과 종을 더욱더 뚜렷하게 구분하도록 해 주는 것처럼 보이기 때문이다"라고 『종의 기원』 246쪽에 썼으나, 종과 변종이 생식불가능성으로 구분되지 않은 많은 사례들을 다윈은 제시했다.

141 『종의 기원』 247쪽을 참조하시오.

142 논리적으로 증명해야 할 명제를 논증의 근거로 하는 잘못된 논증이다. 종과 변종을 구분하는 기준이 생식가능성인데, 종끼리 또는 변종끼리 교배해도 자손들이 생식불가능하다면, 종과 변종을 생식가능성으로는 구분할 수가 없다. 또한 변종끼리 교배해서 생식가능하다고 전제하면, 자연계에 있는 모든 변종들은 교배하면 당연히 생식가능하다.

다면, 자연 상태에서 나타나는 모든 변종의 생식가능성은 당연한 것으로 간주될 것이다. (267~268쪽)

우리는 생육 상태에서 만들어졌거나 만들어졌을 것으로 추정된 변종[143]으로 화제를 돌린다고 해도 계속해서 의심에 빠져 있을 것이다. 실례를 들면, 독일스피츠개[144]는 다른 개들보다 여우와 더 쉽게 교접하며, 일부 남아메리카에서만 토착하여 사육된 개들은 유럽 개들하고는 쉽게 교배하지 않는다고 말할 때, 누구나 할 수 있고 아마도 진실인 것처럼 보이는 설명은 이들 개들이 몇몇 뚜렷하게 구분되는 토종들에서 유래했다고 하는 것이다.[145] 우리들이 생육하는 집비둘기나 양배추처럼 겉모양이 서로서로 너무나 다른 수많은 변종들이 보여 주는 완벽한 생식가능성은 주목할 만한 사실이다.[146] 특히 서로서로가 아주 비슷하게 보임에도 불구하고 이형교배를 하면 철저하게 생식불가능이 되는 종들이 얼마나 많은지를 곰곰이 생각하면 더욱더 주목할 만하다.[147] 그러나 몇 가지 고려 사항들은 사육 변종들의 생식가능성에 이들이 처음 생각했던 것보다 그렇게 놀랄 일은 아니다. 첫 번째로, 두 종에서 나타나는 단순한 겉모습의 차이가 이들을 교배할 때 나타나는 생식불가능성의 정도를 어느 정도 결정하지 않는다는 점을 명확하게 보여 줄 수 있다.[148] 또한 우리는 동일한 규칙을 생육 변종들에게도 적용할 수가 있을 것이다. 두 번째로, 오랜 기간에 걸친 생육 과정을 거치면서, 처음에는 사소하게 생식불가능했던 잡종들의 생식불가능성이 세대가 반복되면서 제거되는 경향이 있다고 몇몇 탁월한 자연사학자들은 믿는

143 린네는 변종이 생육 상태에서만 만들어지고, 자연 상태에서는 변종이 없다고 주장했다.

144 쫑긋 선 귀, 꼴랑 말려 올라간 꼬리, 브이(V)처럼 생긴 얼굴 등을 지닌 개품종으로 독일에서 육종되었다. 독일어 spitze는 최고 또는 정상을 뜻하며, 개 품종 중 가장 우수한 것으로 알려졌다.

145 다윈은 『종의 기원』 18쪽에서 개는 여러 무리에서 기원했을 것이라고 설명했다.

146 형태가 너무 달라서 다른 종으로 보임에도 자손을 만들기 때문에 같은 종으로 간주한다는 의미이다.

147 형태적으로는 유사하나 생식적으로 격리되어 있는, 소위 자매종이라는 의미이다. 다윈은 자매종들을 독립된 종으로 간주하지 않은 것으로 보인다.

148 『종의 기원』 257쪽에서 겉모습과 생식가능성은 무관하다고 설명했다. 『종의 기원』 6판에서는 겉모습이 생식가능성을 보여 주는 지표는 아니라고 수정되었다.

다.[149] 그리고 만일 이런 일이 일어난다면, 우리는 거의 같은 살아가는 조건에서 생식불가능성이 나타나고 사라지는 것을 발견할 수 있을 것이라고 기대하면 절대로 안 될 것이다.[150] 마지막으로, 나에게는 틀림없이 가장 중요한 고려사항으로 보이는데, 새로운 동식물 재래종이 생육 상태에서 사람에 의해, 사람만의 용도나 즐거움을 위해, 체계적으로 그리고 무의식적으로 선택되면서 만들어졌다는 점이다. 사람은 생식체계의 사소한 차이 또는 생식체계와 상관관계에 있는 체질의 차이를 선택할 수 있을 것이라고 기대해서는 안 되고 선택할 수도 없다.[151] 그는 자신의 몇몇 변종들에게 같은 먹이를 제공하면서 거의 같은 방식으로 변종들을 관리하지만 변종들의 일반적인 살아가는 습성을 변화시키려고 바라지는 않는다. 자연은 창조물 하나하나만의 이익을 위해서는 그 어떤 방식으로든 이들의 전반적인 체제에 엄청나게 오랜 시간 동안 균일하게 서서히 작용한다. 따라서 자연은 직접적이든 또는 아마도 더 간접적으로든 상관관계를 통해 어떤 한 종에서 유래한 몇몇 후손들의 생식체계를 변형시킬 수가 있다. 사람이 행하든 자연이 행하든 선택 과정에서 나타나는 이러한 차이를 이해한다면 결과에서 나타나는 약간의 차이에 놀랄 필요는 없다.[152] (268~269쪽)

같은 종에 속하는 변종들을 이형교배하면 변함없이 생식가능한 것처럼[153] 지금까지 나는 말했다. 그러나 다음과 같은 몇 사례에서 볼 수 있듯이, 이형교배해도 일정 정도의 생식불가능성이 존재한다는 증거를 거부하는 것이 나에게는 불가능한 것처

149 『종의 기원』 26쪽에서도 다윈은 "어떤 사람들은 장기간에 걸친 생육으로 인해 생식불가능이 되는 뚜렷한 경향성이 사라졌다고 믿는다"고 썼다. 종끼리 교배하면 생식불가능하다고 했는데, 만일 교배를 통해 생식불가능성이 사라진다면 새로운 종이 만들어질 수 있는 가능성이 있다고 해도 될 것이다. 다윈은 『종의 기원』에서 선택을 강조하는데, 이런 생각은 다윈의 생각과는 어긋난다.

150 『종의 기원』 256쪽에서 살아가는 조건과 생식불가능성은 무관하다고 설명했다.

151 생육 생물의 생식체계로 선택하는 것이 아니라 오로지 자연만이 생식체계를 변화시킬 수 있다는 설명이다. 결국 생육하는 변종들의 생식가능성은 생식불가능이라는 문제를 해결하는 데 도움이 되지 않을 것이라는 다윈의 생각이다.

152 다윈이 주장한 3가지 고려 사항 중 첫 번째 내용만 6판에 있을 뿐, 두 번째와 "가장 중요한 고려사항"이라고 했던 세 번째는 모두 삭제되었다. 생육 생물은 지금도 변형되며, 생식불가능한 것처럼 보이는 새로운 잡종을 만들며, 이들 잡종에서 또 다시 생식가능하도록 자손을 만들고 있기 때문에, 이 문단에서 다윈이 주장한 내용을 지지할 수 없다는 주장도 있다(Costa, 2009).

153 다윈은 혼종이라는 용어를 변종들끼리 교배해서 만들어진 자손을 의미하는 것으로 사용했다. 이 문단이 '교배할 때 나타나는 변종들의 생식가능성과 보편적이지는 않지만 이들의 혼종 자손에서 나타나는 생식가능성'을 설명하는 부분임을 감안하면, 문장 서두에 "변종들을 이형교배하면"이라고 쓴 것은 혼종을 만들었다는 의미이며, 변종들이 생식가능하다면, 혼종들도 당연히 생식가능할 것이다. 그러나 그렇지가 않음을 보여 준다.

럼 보이는데, 이들 사례를 간단히 설명하려고 한다. 이 증거들은 많은 종들에서 나타나는 생식불가능성을 우리가 믿도록 만드는 증거들과 사실상 거의 같은 것이다. 또한 이 증거들은 적대적인 목격자들이[154] 도출한 것으로, 그들은 모든 사례에서 생식가능성과 생식불가능성을 종을 구분하는 안전한 기준으로 간주했다. 게르트너는 몇 년 동안 노란색 씨를 만드는 키가 작은 옥수수와 붉은색 씨를 만드는 키가 큰 옥수수를 보관했으며, 자신의 정원에 이들을 서로 가까운 곳에서 자라게 했다. 비록 이들 식물들에는 성이 구분되어 있었지만,[155] 이들은 자연적으로 결코 교배하지 않았다.[156] 따라서 그는 다른 꽃에 있는 꽃가루로 한 식물에 있는 다른 13개의 꽃을 수정시켰다.[157] 그러나 단 하나의 이삭[158]에서만 어떤 형태의 씨라도 맺혔고, 이 이삭에서 5개의 알갱이만 만들어졌다.[159] 이 사례에서는 식물의 성이 구분되어 있기 때문에 조작으로 식물에 해가 되는 일은 없었다. 옥수수 변종이 뚜렷하게 구분되는 종이라고 추정하는 사람은, 내가 믿기로는, 아무도 없을 것이다. 그리고 이렇게 재배된 잡종 식물은 그 자체로 *완벽하게* 수정가능하다는 점에 주목하는 것이 중요하다. 그에 따라 게르트너 조차도 두 변종을 특별하게 구분되는 것으로는 감히 간주하지 않았다. (269~270쪽)

지루 드 뷔자랭은 박 종류[160]의 3변종을 교배했는데, 이들도 옥수수처럼 성이 구분되어 있어서 자신이 수행한 상호 수정[161]은 차이가 큰 만큼[162] 훨씬 더 쉽지 않다고 주장했다. 나는 이 실험이 얼마큼 신뢰할 수 있는지를 알지 못한다. 그러나 사즈레의

154 다윈도 인용한 쾰로이터와 게르트너를 의미한다. 이들은 종인지 아닌지는 교배 결과 나타나는 생식가능성 또는 생식불가능성으로 알 수 있다고 주장했다(Costa, 2009).

155 옥수수는 한 개체 내에서 위쪽에는 수꽃이, 아래쪽에는 암꽃이 핀다.

156 옥수수는 풍매화로, 수꽃이 먼저 성숙하고 2~3일 뒤 암꽃이 성숙하기 때문에, 동일화수분 또는 동일개체수분은 거의 하지 않고, 다른 개체의 꽃가루로 열매를 만든다.

157 동일개체수분을 시켰다는 의미로, 333쪽 주석 **24**를 참조하시오.

158 옥수수는 암꽃과 수꽃이 따로 피는데, 암꽃이 무리지어 핀 화서를 수상화서(spike)라 한다. 다윈은 옥수수의 꽃차례를 수상화서, 즉 spike가 아니라 국화과 식물에서 볼 수 있는 "두상화서(head)"라고 썼다.

159 옥수수는 동일개체수분을 하지 않는다는 점을 보여 준다.

160 박과(Cucurbitaceae)에 속하며 호박속(*Cucurbita*)과 박속(*Lagenaria*)에 속하는 종류들을 총칭해서 부르는 이름이다.

161 상반교배로 추정된다.

162 변종들 차이가 크다는 의미이다.

분류체계에 따르면, 실험에 사용한 유형들은 생식불가능성 검사 결과를 토대로 변종들로 간주되었다.[163] (270쪽)

다음에 나오는 사례는 이보다 더 주목할 만한데, 처음에는 진짜로 믿을 수 없는 것처럼 보였으나, 적대적인 목격자인 만큼이나 좋은 관찰자인 게르트너가 수년간 우단담배풀속Verbascum의 9종을 대상으로 엄청나게 실험한 결과이다. 즉, 우단담배풀속의 같은 종에 속하는 노란색 변종과 하얀색 변종을 이형교배하면, 자신의 색을 띤 꽃가루로 수정시켰을 때보다, 즉 같은 색을 띤 변종끼리 교배할 때보다 씨가 덜 만들어졌다. 또한 한 종에 속하는 노란색과 하얀색 변종을 *뚜렷하게 구분되는* 다른 종의 노란색과 하얀색 변종들과 교배하면, 같은 꽃색끼리 교배할 때가 다른 색끼리 교배할 때보다 씨가 더 많이 만들어졌다고 그는 주장했다.[164] 그럼에도 우단담배풀속에 속하는 이들 변종들은 꽃색 말고는 그 어떤 차이도 보이지 않았다. 단지 다른 변종의 씨에서 이와는 다른 변종이 때로 만들어질 수가 있다. (270~271쪽)

내가 관찰한 접시꽃류[165]의 일부 변종들에 근거해서, 나는 이들도 대등한 사실을 보여 준다고 추정하고자 한다. (271쪽)

쾰로이터는, 후대의 모든 관찰자들이 그의 관찰 결과를 정확하다고 인정했는데, 주목할 만한 사실을 입증했다. 즉 담배[166] 한 변종을 매우 뚜렷하게 구분되는 종과 교배했을 때가 다른 변종들과 교배했을 때보다 더 생식가능함을 그가 관찰한 것이다. 그는 변종으로 흔히 인정되는 다섯 유형[167]을 가지고 실험했는데, 몇 종류의 아주 엄격한 실험, 즉 상반교배로 변종을 검증해

163 변종일지라도 교배가 쉽지 않다는 의미이다. 교배가 쉽지 않다는 말은 변종들끼리 교배해도 생식불가능일 가능성이 높다는 의미이다.

164 다윈은 『위대한 책』 406쪽에서 이 부분을 학명과 함께 정리했다. 요약하면 다음과 같다. *Verbascum lychnitis*와 *V. blattaria* 두 종을 가지고 실험을 했다. 이 두 종 모두 하얀색 꽃이 피는 변종과 노란색 꽃이 피는 변종이 있다. ①*V. lychnitis*의 하얀색 변종과 같은 종의 하얀색 변종을 교배했고, ②*V. lychnitis*의 하얀색 변종과 같은 종의 노란색 변종을 교배했고, ③*V. lychnitis*의 하얀색 변종과 *V. blattaria*의 하얀색 변종을 교배했으며, ④*V. lychnitis*의 하얀색 변종과 *V. blattaria*의 노란색 변종을 교배했다. 그리고 각각의 교배에서 만들어진 종자의 비율을 계산했더니, 1000 : 908 : 622 : 438이 나왔다. 이 실험의 결과는 같은 변종들끼리 교배(변종내교배)할 때가 다른 변종들끼리 교배(변종간교배)할 때보다 종자를 더 많이 만들었는데, 변종들끼리 교배하면, 즉 혼종에서도 일정 정도 생식불가능성이 나타남을 보여 준다.

165 아욱과(Malvaceae)에 속하며 접시꽃속(*Alcea*)에 속하는 식물들이다. 아시아와 유럽에 퍼져 자라는데, 원예종이다.

166 다윈은 『위대한 책』 407쪽에서 *Nicotianan major*라는 학명으로 사용했는데, 담배(*N. tabacum*)와 같은 식물로 추정된다.

167 다윈은 『위대한 책』 406쪽에서 *N. major*에 속하는 다섯 변종들, var. *vulgaria*, var. *perennis*, var. *transylvanica*, var. *latifolia*와 한 아종을 사용했다고 기록했다. 그런데 이들은 식물의 학명을 정리한 "The Plant List"에서 검색되지 않는 것으로 보아, 쾰로이터가 사용한 유형들은 모두 원예 품종들로 추정된다.

서 이들의 혼종 자손들이 완벽하게 생식가능함을 찾아냈다. 그러나 다섯 변종 중 한 변종을 부계 또는 모계로 사용해서 글루티노사담배Nicotiana glutinosa[168]와 교배해서 만들어진 잡종의 생식불가능성은 다른 네 변종과 글루티노사담배N. glutinosa와 교배해서 만들어진 잡종들이 보여 주는 생식불가능성만큼보다는 항상 낮았다. 그러므로 이 한 변종의 생식체계는 어떤 방식으로든 어느 정도가 변형되었음이 틀림없다. (271쪽)

어느 정도는 생식불가능일 것으로 추정된 변종에 일반적으로 종이라는 계급을 부여하기 때문에 자연 상태에서 변종들의 생식불가능성을 확인하는 것이 엄청나게 어렵다는 사실, 그리고 사람은 가장 뚜렷하게 구분되는 변종들의 재배종을 만들려고 외부 형질만을 선택하기 때문에 생식체계에 숨겨진 기능적인 차이를 만들려고 하지도 않고 할 수도 없다는 사실 등과 같은 몇 가지 고려 사항들과 사실들에 따라, 변종들에서 일반적으로 나타나는 생식가능성이 대체로 보편적인 현상이라는 점을, 달리 말해 생식가능성이 종과 변종의 근본적인 차이점을 입증할 수 있을 것이라고 나는 생각하지 않는다. 변종이 일반적으로 생식가능하다는 점은 1차 교배와 1차 교배로 만들어진 잡종들의 생식불가능성이 아주 일반적이지만 불변이 아니라는 점을 고려하면[169] 내가 생각한 견해를 뒤집어엎기에 충분한 것으로 보이지 않는다. 나는 생식불가능성이 특별히 부여된 것이 아니라, 우발적으로 서서히 습득된, 좀 더 특별히 교배할 유형들의 생식체계의 변형이라고 생각한다. (271~272쪽)

168 볼리비아, 에콰도르, 페루 등지에서 자생하며, 담배모자이크바이러스를 연구하는 모델 생물로서 많은 실험 재료로 사용되고 있다.

169 이 장 첫 문장에서 다윈은 "자연사학자들이 일반적으로 마음속에 품고 있는 견해는, 모든 생명체 유형들을 구별하지 못하게 되는 것을 방지하려고 종들이 이형교배될 때 생식불가능성이라는 성질을 종들에게 특별히 부여했다"라고 썼다. 1차 교배와 잡종들의 생식불가능성이 아주 일반적이라고 한다면, 그리고 특별히 부여받은 것이라면 다윈은 생물의 진화를 설명할 수가 없을 것이다. 특별히 부여받은 성질을 분석하고 검증할 수는 없을 것이다. 따라서 당연히 이를 부정해야만 하며, 이를 부정하게 만드는 많은 사례들을 다윈은 제시했다.

[170] *생식가능성과 관계없이 비교한 잡종과 혼종.* 생식가능성이라는 문제와 관계없이, 종들끼리 교배하고 변종들끼리 교배해서 만들어진 자손들을 몇 가지 측면에서 비교할 수가 있다. 종과 변종을 구분하는 뚜렷한 기준을 만들려는 강한 욕망을 지녔던 게르트너는 차이를 거의 찾을 수가 없었고, 내가 보기에 소위 종들의 잡종 자손과 소위 변종들의 혼종 자손 사이에서 그렇게 중요하지 않은 몇 가지 차이를 발견했다. 반면에, 바로 그 몇 가지 차이들은 많은 중요한 측면들에서 아주 비슷했다. (272쪽)

나는 이 주제를 여기에서는 아주 간략하게 논의할 것이다. 가장 중요한 차이점은 제1세대에서 혼종이 잡종보다 더 변하기 쉽다는 것이다.[171] 그러나 게르트너는 오랫동안 재배해 왔던 종들의 잡종들이 제1세대에서 때로 변하기 쉽다는 점을 인정했고, 나도 이런 사실을 보여 주는 인상적인 실례들을 실제로 보았다. 게르트너는 매우 가까운 동류 종들 사이의 잡종이 매우 뚜렷하게 구분되는 종들 사이의 잡종보다 더 변하기 쉽다는 점도 인정했는데, 이런 점은 변이성 정도의 차이가 점진적임을 보여 준다. 혼종과 조금은 생식가능성이 높은 잡종을 몇 세대에 걸쳐 증식시키면, 이들 자손들에서 나타나는 변이성 정도는 극단적으로 차이가 나는 것으로 악명이 자자하다. 그러나 잡종과 혼종 모두의 꽤 많은 사례들에서 형질의 균일성은 오랫동안 유지되어 왔다. 그러나 혼종이 계속해서 세대를 이어가도록 하면, 이들이 보여 주는 변이성은 아마도 잡종보다 더 클 것이다. (272~273쪽)

잡종의 변이성보다 혼종의 변이성이 더 크다는 점이 나에게는

170 장 목차에 나오는 8번째 주제, '생식가능성과 관계없이 비교한 잡종과 혼종'을 설명하는 부분이다. 종들끼리 교배해서 만들어진 잡종과 변종들끼리 교배해서 만들어진 혼종은 차이가 없다는 설명이다.

171 앞 문단에서 설명한 몇 가지 차이 중 첫 번째이다. 여기서 제1세대란 부모로부터 만들어진 자손들을 의미한다. 제2세대는 자손들이 만들어 낸 자손, 즉 부모 입장에서 보면 손주 세대이다. 종과 종을 1차 교배해서 만들어진 잡종은 제1세대가 된다. 363쪽 주석 **172**를 참조하시오.

결코 놀랄 일은 아닌 것처럼 보인다. 혼종의 부모가 변종, 특히 대부분이 생육하는 변종인데, (자연 상태에 있는 변종을 대상으로는 실험이 거의 수행되지 않았다) 이런 점은 대부분 사례에서 최근에 변이성이 나타났음을 의미한다. 따라서 이러한 변이성은 때로 지속될 것이며, 단순히 교배만 하더라도 지극히 많은 변이가 추가될 수 있을 것이다. 1차 교배 또는 잡종 제1세대에서 나타나는 변이성의 사소한 정도는 계속된 세대에서 나타나는 극히 높은 변이성과 비교하면 흥미로운 사실이고 주목할 만하다.[172] 이 점이 내가 이야기해 온 일반적인 변이성에 대한 관점을 견고하게 입증해 준다. 말하자면, 살아가는 조건에서 나타나는 그 어떤 변화에 의해서도 모든 변이성이 나타나기 때문이며, 이에 따라 생식기능이 전혀 작동하지 않거나, 또는 적어도 부모형과 똑같은 자손을 낳는 기능이 적절하게 작동하지 못하게 되는 것이다. 잡종 제1세대는 종에서 (오랫동안 재배한 종들은 제외하고) 유래했는데, 이 종들은 어떤 방식으로든 생식체계에 영향을 받지 않았고, 그에 따라 변하기 쉬운 것도 아니다. 그러나 잡종들은 그 자체로 생식체계가 심각하게 영향을 받아서 이들의 후손들은 아주 변하기가 쉽다. (273쪽)

혼종과 잡종의 비교로 다시 가보자. 게르트너는 혼종이 잡종보다 자신의 부모 유형으로 회귀하기가 더 쉽다고 분명히 말했다.[173] 만일 이 주장이 사실이라고 하더라도, 확실히 정도의 차이만 있을 뿐이다. 더군다나 게르트너는 그 어떤 두 종을, 비록 이들이 서로서로 매우 가까운 동류 종이라고 할지라도, 세 번째

172 다윈이 말하는 잡종은 오늘날 유전학에서 말하는 잡종 1세대이므로 우열의 법칙이 작용하여 변이성이 적을 것이다. 그러나 다윈이 말하는 잡종과 잡종이 교배되어 만들어진 혼종은 잡종 2세대일 것이며, 이 세대에서는 분리의 원리가 작용하기 때문에 잡종 1세대보다는 많은 변이성이 있을 것이다(Costa, 2009).

173 전전 문단에서 설명한 몇 가지 차이 중 두 번째이다.

종과 교배하면 잡종은 서로서로 더욱더 달라진 반면, 만일 한 종에 속하는 뚜렷하게 구분되는 두 변종을 또 다른 종과 교배하면 잡종은 이보다는 더 크게 다르지 않다고 주장했다. 그러나 내가 이해하는 한, 이러한 결론은 단 한 번의 실험에 근거한 것이며, 쾰로이터의 몇 번에 걸친 실험 결과와는 정반대인 것처럼 보인다. (273~274쪽)

이것들은 단지 게르트너가 지적할 수 있었던 식물의 잡종과 혼종 사이의 중요하지 않은 차이들이다. 이와는 반대로 혼종과 부모, 잡종과 부모와의 유사성은, 특히 비슷하게 연관되어 있는 종들에서 만들어진 잡종들의 유사성은 게르트너에 따르면 같은 법칙을 따른다. 두 종을 교배하면, 한 종은 잡종과 더 비슷하게 만드는 지배적 영향력을 때로 지니고 있는데,[174] 나는 식물들의 변종에서 이런 일이 일어난다고 믿는다. 동물에서도 한 변종이 다른 변종에 비해 지배적 영향력을 확실히 때로 가진다. 상반교배로 만들어진 잡종 식물은 일반적으로 서로서로 매우 비슷하게 보이며, 상반교배로 만들어진 혼종에서도 마찬가지이다. 잡종과 혼종 모두 부모 한쪽과 세대를 거듭하면서 반복해서 교배하면 자신들의 순수한 부모 중 한 유형으로 되돌아갈 것이다.[175] (274쪽)

몇 가지 언급들은 동물에게도 명백하게 적용할 수가 있다. 그러나 이 주제는 너무나 복잡한데, 부분적으로는 이차 성징 때문에 나타나기도 한다. 하지만 조금 더 특별하게는 한 종을 다른 종과 교배하고, 한 변종을 다른 변종과 교배하는 두 경우 모두에

174 유전에 관한 멘델 법칙에 따르면 우열의 원리라고 말할 수 있다.

175 이러한 교배를 역교배라고 한다. 역교배를 반복하면 부모의 형질이 자손에게 전달되는 결과를 초래하는데, 이를 유전자침투라고 부른다. 아래 그림에서 종A와 종B를 교배시키면, 종B의 성질을 50%정도 가진 잡종이 만들어질 것이다. 이 잡종을 다시 종A와 교배, 즉 역교배하면 종B의 성질을 25%정도 가진 잡종이 만들어질 것이며, 이를 지속적으로 반복하면 종B에 있던 형질이 종A에 들어가게 될 것이다.

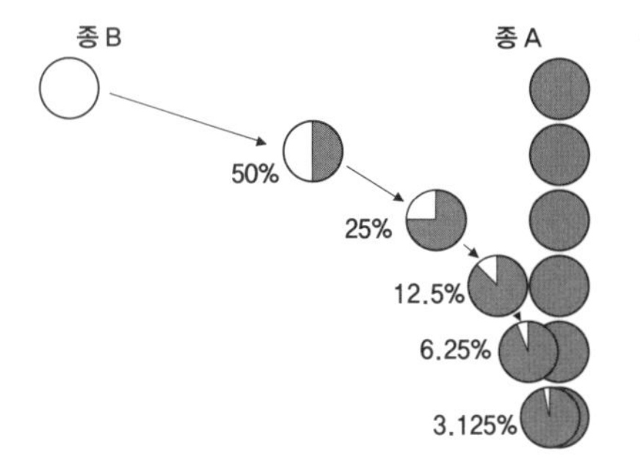

서, 한 성이 다른 성보다 더 강하게 비슷함을 전달하려는 지배적 영향력을 지니고 있기 때문에 나타나기도 한다.[176] 실례를 들면, 당나귀는 말에 대해 지배적 영향력을 지니고 있다고 주장하는 사람들이 옳다고 나는 생각하는데 이에 따르면 노새와 버새 둘 다 말보다는 당나귀와 좀 더 비슷하게 보인다. 그러나 지배적 영향력은 암탕나귀보다는 수탕나귀에서 더 강하게 나타난다. 따라서 수탕나귀와 암말의 자손인 노새는 암탕나귀와 수말의 자손인 버새보다 당나귀를 더 많이 닮았다. (274~275쪽)

혼종 동물만이 부모 한쪽과 아주 비슷하게 태어날 뿐이라는 추정된 사실들을 일부 사람들이 너무 강조하고 있다. 하지만 이런 일이 잡종에서도 때로 나타남을 보여 줄 수 있으나, 그럼에도 혼종보다는 잡종에서 덜 흔하게 나타난다는 점은 나도 인정한다.[177] 부모 한쪽과 거의 비슷하게 보이는, 교배로 만든, 동물들 가운데 내가 수집한 사례를 보면, 유사성은 자연 상태에서는 거의 기형적인 형질에 주로 국한되어 있었다. 예를 들어 백색증, 흑색증,[178] 꼬리나 뿔의 결핍증 또는 손가락이나 발가락의 다지증[179] 등처럼 이들 형질이 갑자기 나타난다. 그리고 이들 형질은 선택으로 서서히 습득한 형질들과는 연관되어 있지 않다. 결과적으로 부모 중 한쪽이 지닌 완벽한 형질로의 갑작스런 회귀는 종들에서 유래해서 서서히 자연적으로 만들어진 잡종에서보다는 변종들에서 유래해서 갑작스럽게 만들어진 반쯤 기형적인 형질을 지닌 혼종에서 나타나기가 더 쉽다. 나는 전적으로 프로스퍼 루카스 박사에 동의하는데, 그는 동물과 관련된 엄청나게

176 성염색체를 비롯하여 유전자 각인 등과 부모기원효과 때문에 이런 현상이 나타난다.

177 오늘날 유전학 원리로 보면, 잡종은 잡종 1세대이며, 혼종은 잡종 2세대이다. 혼종이 만들어질 때에는 분리의 원리가 작용하기에 혼종들 중 1/4은 부계와 1/4은 모계와 같아진다. 따라서 "혼종 동물들은 부모 한쪽과 아주 비슷하게 태어날" 것이다. 그러나 잡종 1세대에서는 우열의 원리가 작용하나 그렇지 않은 경우도 있기 때문에, 잡종이 부모 한쪽과 비슷한 경우는 "혼종보다는 잡종에서 덜 흔하게 나타난다"고 말할 수가 있을 것이다.

178 melanism. 피부 또는 피부와 관련된 기관의 색이 검정 계열의 어두운 색으로 되는 현상이다. 이와는 반대로 하얗게 되는 현상은 백색증(albinism)이라고 한다.

179 손가락이나 발가락이 비정상적으로 더 생겨서 6개 또는 그 이상이 되는 증상이다.

많은 사실들을 정리한 다음, 새끼와 부모 사이에 나타나는 유사성 법칙은 두 부모가 서로서로 많이 다르건 거의 다르지 않건 상관없이, 즉 같은 변종에 속하는 개체들, 또는 다른 변종에 속하는 개체들, 또는 다른 종에 속하는 개체들의 교접일지라도. 같을 것이라고 결론을 내렸다. (275쪽)

생식가능이냐 생식불가능이냐라는 질문을 잠시 접어두면, 모든 측면에서 교배한 종들의 자손과 교배한 변종들의 자손은 일반적으로 매우 비슷한 것 같다. 만일 우리가 종들이 특별하게 창조되었다고 간주한다면, 그리고 변종들이 이차 법칙으로[180] 만들어졌다고 간주한다면, 이러한 유사성도 아주 놀라운 사실이다. 그러나 이 사실은 종과 변종 사이에 어떠한 근본적인 차이가 없다는 견해와 완벽하게 들어맞는다.[181] (275~276쪽)

장의 요약. 종이란 계급을 부여할 만큼 충분히 뚜렷하게 구분되는 유형들 사이의 1차 교배와 1차 교배로 만들어진 잡종은 아주 일반적으로, 보편적으로는 아니지만, 생식불가능하다. 생식불가능성은 그 정도가 다양하며, 때로는 아주 사소해서 지금까지 생존한 가장 세심한 두 실험연구자들이 자신들이 사용한 유형들의 계급을 정확하게 정반대로 부여했다. 생식불가능성은 같은 종에 속하는 개체들에서 선천적으로 변하기 쉬운 것이며, 도움이 되든 되지 않든 상관없이 조건에 따라 명백하게 영향을 쉽게 받는다. 생식불가능성의 정도는 계통학적 친밀성을 엄밀하게 따르지 않은 대신, 몇 가지 기묘하고 복잡한 법칙의 지배를

180 다윈은 일차 법칙은 신이 만든 것이며, 이차 법칙 또는 이차 원인을 자연선택으로 간주했는데 이차 법칙이 제일 중요한 것으로 생각했다.

181 이 장의 결론으로 보인다. 종과 변종은 어떠한 근본적인 차이가 없다는 설명은 변종이 만들어질 수 있다면, 종도 만들어질 수 있을 것이라는 주장으로 연결될 것이다.

받는다. 또한 같은 두 종을 상반교배할 경우 생식불가능성 정도는 일반적으로 다르나, 때로는 상당히 다를 수도 있다. 1차 교배와 이렇게 교배해서 만들어진 잡종 자손들에서 생식가능성 정도도 항상 같지 않다. (276쪽)

접목과 같은 방식으로, 한 종 또는 한 변종이 다른 종이나 변종에 붙을 수 있는 능력은 영양체계의 일반적으로 알려지지 않은 차이에 근거한 우발적인 일이다. 그리고 교배할 때, 한 종이 다른 종과 교접하는 수월성은 어느 정도는 생식체계의 알려지지 않은 차이에 근거한 우발적인 일이다. 교목들이 우리의 숲에서 배접하는[182] 것을 방지하려고 하나로 접목되는 다양하면서도 다소 대등한 정도의 어려움을 부여받았다고 생각할 필요가 없는 것처럼 종들도 자연 상태에서 교배하고 혼합되는 것을 방지하려고 다양한 정도로 생식불가능성을 특별히 부여받았다고 생각할 이유는 없다. (276쪽)

생식체계가 완벽한 순수한 종들 사이의 1차 교배에서 나타나는 생식불가능성은 몇 가지 조건들에 의해 결정되는데, 어떤 사례에는 주로 배의 초기 죽음에 의해 결정된다. 생식체계가 불완전한 잡종, 그리고 뚜렷하게 구분되는 두 종의 혼합으로 인해 생식체계와 전반적인 체제가 교란된 잡종에서 나타나는 생식불가능성은, 자연스런 살아가는 조건들이 교란되었을 때 순수한 종에 자주 영향을 주던 생식불가능성과 아주 비슷한 것으로 보인다. 이런 견해는 다른 종류의 평행관계가 지지해 주는데, 아주 사소하게 다른 유형들을 교배하면 이들 자손들의 생명력과 생식가

182 나뭇가지들이 서로 달라붙는 것이다.

능성에 도움이 되며, 살아가는 조건이 사소하게 변화해도 모든 생명체의 생명력과 생식가능성에 명백하게 도움이 된다는 것이다. 비록 원인은 서로 다르지만 두 종을 교접할 때의 어려움 정도와 이들의 잡종 자손들의 생식불가능성 정도는 일반적으로 일치하는데, 이는 놀랄 일이 아니다. 이 두 경우는 교배하는 종들 사이에 어떤 종류의 차이가 얼마나 있는가에 의해 결정되기 때문이다. 1차 교배에 영향을 주는 수월성, 만들어진 잡종 자손의 생식가능성, 그리고 같이 접목할 수 있는 능력 등은, 비록 마지막 능력은 아주 다른 조건으로 결정되지만, 모두 실험에 사용한 유형의 계통학적 친밀성과 어느 정도는 평행관계에 있다는 점도 놀랄 일이 아니다. 계통학적 친밀성이라는 개념은 모든 종들 사이의 모든 종류의 유사성을 표현하기 때문이다. (276~277쪽)

변종으로 알려진 유형들 또는 변종으로 간주할 만큼 충분히 닮은 유형들 사이의 1차 교배와 이들의 혼종들은 아주 보편적이지는 않지만 일반적으로 생식가능하다. 우리가 자연 상태의 변종들에 대해 순환논법에 빠지기 쉽다는 점을 기억하면, 그리고 수많은 변종들이 생육 상태에서 생식체계의 차이가 아닌 단순히 겉모습만 선택되어 만들어졌음을 기억하면, 이처럼 일반적으로 완벽한 생식가능성에 놀랄 필요도 없다. 생식가능성을 제외한 모든 측면에서 잡종과 혼종 사이에는 아주 일반적인 유사성이 있다. 마지막으로, 이 장에서 간단히 설명한 사실들은 종과 변종 사이에 근본적인 차이가 없다는 견해를 반대하는 것이 아니라 오히려 지지하는 것처럼 나에게는 보인다. (277~278쪽)

9장 지질학적 기록의 불완전성

현 시점에서 중간형태 변종들의 결핍에 대하여—절멸한 중간형태 변종들의 속성들과 그들의 수에 대하여—퇴적과 삭박 비율로 추론한 광대한 시간 경과에 대하여—우리가 수집한 고생물학적 자료의 빈약함에 대하여—지질학적 누층[1]의 간헐성에 대하여—어떤 누층에서라도 결핍된 중간형태 변종에 대하여—종 무리의 돌발적인 출현에 대하여—가장 아래쪽에 있는 것으로 알려진 화석층에서의 돌발적인 출현에 대하여

[2]**나는** 이 책에서 주장하는 견해에 대해 정당하게 제기된 주요한 반대 이론들을 6장에서 열거했었다. 이들 대부분은 이제까지 논의되었다. 그중 하나, 즉 특별한 유형들이 뚜렷하게 구분되어, 이 유형들이 수많은 전환 중인 연결고리들과 함께 혼합되지 않았다는 반대 이론은 아주 유난히도 어렵다.[3] 이러한 연결고리들이 존재하기에 분명히 가장 좋은 상황, 즉 물리적 조건들이 단계적이며 광범위하고 연속된 지역이 있음에도 왜 오늘날에는 이

1 퇴적암체를 구성지층 또는 암석의 특징으로 층서적으로 분류할 때 사용하는 기본 단위이다. 누층 단위부터 장산층, 면산층 등과 같이 각 층마다 고유한 이름이 붙는다. 다음 쪽에 나오는 그림을 참조하시오.

2 장 목차에 나오는 첫 번째 주제, '현 시점에서 중간형태 변종들의 결핍에 대하여'에 대한 개괄적인 설명이다.

3 다윈은 진화가 단계적으로 진행된다고 『종의 기원』에서 강조하고 있다. 그리고 진화가 다윈의 설명처럼 단계적이라면 단계 하나하나를 지구 역사에서 발견할 수 있어야만 한다고 사람들은 생각할 것이다. 이 장에서 설명하려는 내용을 축약한 것이다.

들이 흔히 나타나지 않는지 그 이유[4]들에 대한 과제를 나는 부여받았다. 종 하나하나의 일생이 기후보다는 이미 잘 규정된 생명 유형들의 존재에 의해 더 중요한 방식으로 결정되며,[5] 그에 따라 실제로 지배적인 살아가는 조건들이 열이나 습기처럼 전혀 눈에 보이지 않게 단계적으로 변하지 않는다는 점을 보여 주려고 나는 노력했다. 또한, 중간형태 변종들이, 자신들이 연결한 유형들보다 적은 수로 존재해서, 일반적으로 계속된 변형과 개량 과정에서 패배하여 몰살당했다는 점을 보여 주려고도 나는 노력했다. 그러나 비록 새로운 변종들이 계속해서 자신들의 부모 유형을 대체하고 몰살시켜 왔지만, 셀 수 없이 많은 중간단계 연결고리들이 현재 자연계 도처에서 나타나지 않는 주된 원인은 다름 아닌 자연선택이라는 과정에 달려 있다. 바로 이처럼 몰살당하는 과정이 엄청난 규모로 일어난다는 점과 적당하게 균형을 맞추려면, 지구상에 과거에 존재했었던 수많은 중간단계 변종들도 진짜로 엄청나게 많아야만 한다. 그렇다면 왜 모든 지질학적 누층과 모든 지층[6]에 이러한 중간단계 연결고리들로 꽉 차 있지 않을까? 지질학은 이처럼 세세한 단계적인 생물들의 사슬을 드러내지 않는데, 아마도 이런 점이 내 이론에 반대하는 주장이 지니는 가장 명확하면서도 중요한 사항일 것이다. 이에 대한 설명은 지질학적 기록이 극히 불완전하다는 점에 파묻혀 있다고 나는 믿고 있다. (279~280쪽)

[7]무엇보다 먼저, 내 이론에 따라, 어떤 종류의 중간형태 유형이 과거에 존재했던가를 항상 염두에 두어야만 한다. 어떤 두 종

4 이 장의 목표가 이러한 이유를 설명하는 것이다.

5 종들의 상호작용을 의미하는데, 다윈은 종 하나하나의 생존을 위한 몸부림에서 가장 중요한 요인 중의 하나라고 설명하고 있다.

6 지층은 지질학 특히 층서학에서 사용하는 용어로, 진흙, 모래, 자갈 등의 퇴적물, 퇴적암 또는 토양에서 성질이 일정한 층을 말한다. 지층은 크기에 따라 단위층, 층원, 누층, 층군 그리고 누층군으로 세분된다.

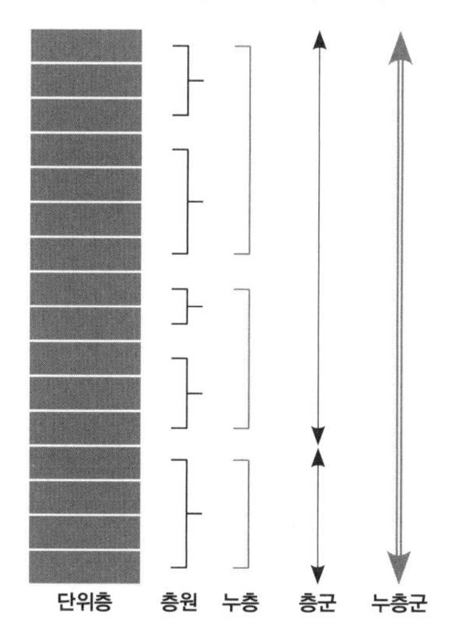

7 장 목차에 나오는 2번째 주제, '절멸한 중간형태 변종들의 속성들과 그들의 수에 대하여'를 설명하는 부분이다. 이 문단에서는 생육 상태에서의 중간형태를 설명한다.

을 조사하면서, 이들을 *직접적으로* 연결하는 중간형태 유형들을 상상할 수밖에 없다는 점을 나는 발견했다. 그러나 이 점은 전반적으로 잘못된 견해이다.[8] 우리는 종 하나하나와 알려지지 않은 공통조상과의 중간형태 유형을 항상 찾아야만 한다. 이 조상은 자신들의 모든 변형된 후손들과는 어떤 측면에서는 일반적으로 다를 것이다. 단순한 예시 한 가지를 제시하려고 한다. 공작비둘기와 파우터비둘기는 둘 다 바위비둘기에서 유래했다. 만일 이전에 존재했을 것으로 보이는 중간형태 변종들 모두를 우리가 가지고 있다면, 우리는 이 두 비둘기와 바위비둘기 사이에 있는 극도로 완벽한 계열을 갖게 될 것이다. 그러나 우리는 공작비둘기와 파우터비둘기 사이를 직접적으로 연결하는 중간형태 변종을 하나도 가지고 있지 않다. 실례로, 이 두 품종이 지닌 독특한 형질상태인 어느 정도 확장된 모이주머니[9]와 어느 정도 신장된 꼬리[10]를 동시에 가진 것은 하나도 없다. 더욱이 두 품종이 너무나 변형되었으므로, 만일 우리가 이들의 기원과 관련된 역사적 또는 간접적인 증거를 하나도 가지고 있지 않다면, 바위비둘기와 이들의 구조를 단순히 비교해서 이 두 품종이 바위비둘기 또는 분홍가슴비둘기C. oenas[11]와 같은 동류인 종에서 유래했는지 여부를 결정할 수 있을 것 같지는 않다. (280~281쪽)

[12]자연에 있는 종들도 비슷하다. 만일 우리가 아주 뚜렷하게 구분되는 유형을 조사한다면, 실례로 말과 맥[13]을 들 수 있는데, 이 두 종류와 이들의 알려져 있지 않은 공통부모와의 중간단계를 제외하고는 이 두 종류를 연결해 주는 직접적인 중간형태가

8 현재 존재하는 종들은 현재 존재하는 다른 종들의 중간유형이 될 수는 없기 때문에 새로운 중간유형을 상상해야 하는데, 이런 상상이 어렵다고 다윈이 설명하는 것으로 보인다. 현재 존재하는 종들은 또 다른 조상들의 후손일 뿐이기에, 이들을 대상으로 중간형태 유형은 찾을 수가 없을 것이다. 그러나 생물들이 조상-후손 관계, 즉 계통을 이루고 있으므로, 이러한 계통을 추적하면 중간유형을 상상할 수 있을 것이라고 다윈은 설명하고 있다.

9 파우터비둘기의 특징이다.

10 공작비둘기의 특징이다.

11 *Columba oenas*. 다윈은 『종의 기원』에서 속명을 제시하지 않고 "C. oenas"라고만 표기했다. 유럽과 동아시아 지역에 분포하는 비둘기 종류로, 바위비둘기의 근연종이다.

12 장 목차에 나오는 2번째 주제를 설명하는 부분으로, 자연 상태에서의 중간형태를 설명한다.

13 맥은 말목(Perissodactyla), 맥과(Tapiridae), 맥속(*Tapir*)에 속하는 4종류의 포유류를 총칭하는 이름으로, 동남아시아, 남아메리카 등지에 분포한다. 말은 말목(Perissodactyla), 말과(Equidae), 말속(*Equus*) 동물들이다. 말 종류는 주로 초원에서 살며 달리기에 적합하도록 발가락이 한 개인 반면, 맥 종류는 물가에서 살며 몸을 진흙 등에서 끌어당기기에 적합하도록 발가락이 4개이다.

존재했었다고 가정할 이유를 우리는 가지고 있지 않다.[14] 맥과 말의 체제가 공통부모의 전반적인 체제와 일반적으로 상당히 비슷할 것이나, 구조의 일정 부분은 이 둘과는 상당히 다르거나 심지어 맥과 말 서로서로가 다른 것보다 더 많은 차이가 있을 것이다. 그러므로 모든 사례에서 부모로부터 변형되어 만들어진 후손들의 구조와 부모의 구조를 세밀하게 비교할 수 있다고 하더라도 중간형태 연결고리의 사슬을 거의 완벽하게 나열하기 전까지는 어떤 둘 또는 그 이상의 종으로 된 부모 유형을 우리는 인지할 수 없을 것이다. (281쪽)

내 이론에 따르면, 살아 있는 두 유형 중 하나가 다른 유형에서 유래되었을 수 있다는 점도 틀림없이 가능하다. 말과 맥을 실례로 들면, 이 사례에는 *직접적인* 중간형태 연결고리가 이 둘 사이에 존재했을 것이다. 그러나 이와 같은 사례는 한 유형이 아주 오랫동안 변하지 않은 상태로 유지된 반면, 후손들이 엄청난 변화를 겪었음을 의미한다. 생물과 생물, 그리고 어린 개체와 부모 사이의 경쟁 원리는 이런 일을 아주 희귀한 사건으로 만들 것인데, 모든 사례에서 새롭게 개량된 유형들이 오래되고 개량되지 않은 유형들을 대체할 경향이 있기 때문이다.[15] (281쪽)

[16]자연선택 이론에 따르면, 살아 있는 모든 종들은 속 하나하나에 있는 부모종들과 연결되어 있는데,[17] 그 차이는 오늘날 같은 종에 속하는 변종들 사이에서 나타나는 차이보다 더 크지는 않을 것이다. 그리고 이들의 부모종들은, 현재는 일반적으로 절멸했지만, 좀 더 원시적인 종들과 아주 비슷한 방식으로 연결되

14 공통조상에서 말과 맥으로 진화하는 과정에 있는 중간형태, 즉 공통조상에서 말, 공통조상에서 맥으로 진화과정에 나타나는 중간형태는 존재할 수 있지만, 말에서 맥 또는 맥에서 말로 진화한 것이 아니기 때문에 이 둘을 연결하는 중간형태는 존재할 수가 없다는 설명이다.

15 현존하는 한 종이 현존하는 다른 종의 조상이 될 수가 없다는 설명이다. 현존하는 한 종이 다른 종의 조상이라면, 조상이 되는 종은 오랫동안 변하지 않고 생존했어야 하는데, 일반적으로 이런 생물들은 새롭게 만들어진 생물들에 비해 경쟁력이 떨어져서 이미 절멸했을 것이라는 설명이다. 『종의 기원』 4장에 있는 모식도와 설명을 참조하시오.

16 장 목차에 나오는 2번째 주제, '절멸한 중간형태 변종들의 속성들과 그들의 수에 대하여'를 요약하고 있다. 중간형태들이 지구상에 엄청나게 많은 수로 존재했을 것이라는 결론이다.

17 166~167쪽에 있는 모식도를 참조하시오.

어 있다. 이런 식으로 과거로 거슬러 올라가 보면, 항상 커다란 강 하나하나에 속하는 공통조상으로 수렴할 것이다. 따라서 모든 살아 있는 종과 절멸한 종들 사이의 중간형태와 전환 연결고리들의 숫자는 상상할 수 없을 정도로 엄청나게 많아야만 한다. 그러나 이 이론이 사실이라면, 이토록 많은 생물들이 지구상에서 확실하게 살았을 것이다. (281~282쪽)

[18] *시간 경과에 대하여*. 이처럼 무한정 많은 연결고리들의 화석 유해들을 찾는 것과는 별개로, 만약 시간이 생물들의 변화를 이처럼 크게 만들기에는 충분하지 않다면, 아주 천천히 일어나는 자연선택 결과로 모든 변화가 일어날 수 없다고 반대할 수도 있다. 실제로 지질학자가 아닌 독자들에게 시간의 경과를 이해할 수 있는 마음을 갖도록 해 주는 사실들을 상기시키는 것조차도 나에게는 거의 불가능할 것 같다. 찰스 라이엘 경의 위대한 책 『지질학 원리』[19]를 읽을 수 있는 미래 역사가들은 자연과학에서 혁명을 유발한 책으로 인식할 것인데, 그럼에도 과거에 흘러간 기간이 이해할 수 없을 정도로 얼마나 방대한지를 받아들이지 못하는 사람은 이 책을 보자마자 덮어 버릴 것이다. 『지질학 원리』를 공부하는 것이나 독립된 누층을 관찰한 다른 사람이 쓴 특별한 논문을 읽는 것만으로는 충분하지 않다. 또한 연구자 한 사람 한 사람이 누층 하나하나 심지어 지층 하나하나의 형성 기간을 기록하게 해서 부적절한 의견이 어떻게 제시되었는지에 주목하는 것만으로도 충분하지 않다. 사람은 자신의 시간 경과

18 장 목차에 나오는 3번째 주제, '퇴적과 삭박 비율로 추론한 광대한 시간 경과에 대하여'를 설명하는 부분이다. 앞 문단에서 엄청나게 많은 수의 중간형태 유형들이 지구에 살았을 것이라고 주장했다. 이런 점이 사실이기 위해서는 지구 역사가 당시 생각했던 약 6,000년보다 훨씬 더 길어야만 하는데, 이 점에 대하여 설명하고 있다.

19 『지질학 원리』에서 라이엘은 지구 역사가 당시 사람들이 생각했던 6,000년보다 훨씬 오래되어 적어도 수백만 년은 되었을 것으로 추정했다.

와 관련된, 즉 우리 주변에서 볼 수 있는 기념물과 같은 무엇인가를 이해하기 전에, 겹겹이 포개진 엄청난 지층 더미를 스스로 조사하고, 오래된 바위를 갈아 뭉개 새로운 퇴적물을 만드는 일을 하는 바다를 수년에 걸쳐 바라봐야만 한다. (282쪽)

어느 정도 단단한 바위로 되어 있는 바닷가 길을 따라 배회하며, 삭평형작용[20] 과정을 표시하는 것은 좋은 일이다. 많은 사례에서 조수가 하루에 두 번 짧은 시간 동안에만 절벽에 도달하며, 파도에 모래와 조약돌이 있을 경우에는 파도가 절벽을 파고들어가는데, 순수한 물은 바위를 거의 또는 전혀 닳아 없어지게 하지 않는다고 믿을 만한 이유가 있기 때문이다. 이렇게 절벽 아래쪽이 파이게 되고, 엄청난 조각들이 떨어져서 고정된 채로 있다가 파도에 의해 굴러다닐 수 있는 크기가 될 때까지 조금씩 조금씩 닳아 없어지고, 마침내 조약돌로 닳아졌다가 모래나 진흙으로 된다.[21] 그러나 파도가 물러날 때 절벽 아래쪽을 따라 둥그런 호박돌[22]을 우리가 얼마나 자주 볼 수 있는가! 이 호박돌 모두를 해양생물들이 두껍게 덮고 있어, 이들은 거의 마모되지 않았을 뿐만 아니라 거의 굴러다니지도 않았음을 알 수 있다. 더욱이 만일 삭평형작용 과정에 있는 바위로 된 절벽에 나 있는 어떤 길을 몇 킬로미터 따라간다면, 우리는 아주 짧은 거리든 둥그런 곶 근처든 간에 여기저기에서 절벽들이 지금도 수난을 당하고 있는 것을 볼 수 있다.[23] 절벽 아래쪽 표면의 겉모습과 식생은 바닷물이 어느 곳이나 깨끗하게 한 지 오랜 시간이 지났음을 암시해 준다. (282~283쪽)

20 침식과 풍화 과정으로 지표면의 높이를 낮추는 결과를 초래한다.

21 조약돌은 크기가 0.4cm에서 6.4cm까지의 돌을 의미하며, 학술용어로는 소력 또는 왕자갈이라고 부른다. 모래는 0.0625mm에서 2mm까지, 진흙은 이보다 작은 것이다.

22 크기가 25.6cm 이상인 돌을 의미하는데, 학술용어로는 거력 또는 표력이라고 부른다.

23 과거에도 수난을 당했다고 설명하는 것 같다. 현재 진행되고 있는 지각의 변화가 과거에도 일어났다고 설명하는 것으로, 『지질학 원리』를 쓴 라이엘의 주장이다.

바닷가 근처에서 바다의 작용을 보다 자세히 연구한 사람은 암석으로 된 연안이 마모되는 과정이 서서히 진행되는 점에 강한 인상을 가질 것이라고 나는 믿는다. 이런 주제로 휴 밀러 씨와 조단 힐[24]에 있는 스미스 씨라는 뛰어난 관찰자가 관찰한 결과들은 아주 인상적이다. 이런 감동을 가지고, 다른 퇴적층보다는 아주 빨리 형성되었을 것이고 형성된 이후부터 마모되어 둥그런 조약돌을 만들어 낸 두께가 수 킬로미터에 달하는 역암층[25]을 누군가에게 조사하게 해 보자. 시간이라는 낙인이 찍혀 있는 퇴적층 하나하나는 이 덩어리가 얼마나 서서히 축적되었는지를 아주 잘 보여 준다. 이렇게 형성된 누층 두께와 범위는 지표 어느 곳이든 수난을 당하는 삭평형작용 결과이자 이를 보여 주는 척도라는 라이엘의 심오한 주장을 상기시키자. 그리고 많은 나라에 있는 퇴적층의 삭평형작용 정도는 무엇을 암시할까? 램지 교수는 그레이트브리튼섬의 여러 지역에 있는 누층 하나하나를 실제로 측정한 많은 사례와 추정한 몇몇 사례들로부터 파악한 최대 두께를 나에게 제공했다. 그 결과는 다음과 같다.

	단위(km)
고생대층(화성암층은 제외)	약 17.4
제2기층[26]	약 4.0
제3기층[27]	약 0.7

이 층들을 모두 합하면 22.1km가 되는데, 이는 브리티시 마

24 스코틀랜드의 글래스고 인근 지역이다.

25 크기가 2mm 이상인 둥근 자갈 사이에 모래나 진흙 등이 채워져 굳은 암석이다.

26 오늘날의 중생대와 비슷하나 정확하게 일치하지는 않는다.

27 오늘날의 신생대와 비슷하나 정확하게 일치하지는 않는다.

일[28]로 환산하면 거의 13.75 마일이 된다. 잉글랜드에서는 아주 얇은 단위층으로 되어 있는 누층 중 일부가 대륙에서는 두께가 수 킬로미터에 달하기도 한다. 더욱이 지질학자 대부분의 견해에 따르면, 연속되어 있는 누층 하나하나 사이에는 엄청나게 긴 시간 공백이 있는 것으로 알려졌다. 따라서 영국에서 높이 솟아 있는 퇴적암들이 얼마나 많은 시간이 경과해서 축적되었는지는 잘못 알려져 있다. 그럼에도 이 과정에 얼마나 많은 시간이 걸렸겠는가! 유능한 관찰자들은 거대한 미시시피강[29]에서 10만 년 동안 약 180m 정도의 퇴적물이 침전한 것으로 추산한다. 이 추정치에 상당한 오류가 있을 수도 있지만, 그럼에도 아주 가는 퇴적물이 해류에 의해 넓은 유역으로 이동하는 것을 감안하면, 어떤 지역에서라도 축적 과정은 극도로 서서히 일어남이 틀림없을 것이다. (283~284쪽)

그러나 많은 지역에 있는 단층들에게 가해지는 삭박[30] 정도는, 떨어져 나온 물질이 축적되는 비율과는 독립적으로, 아마도 시간 경과에 대한 가장 좋은 증거를 제공할 것이다. 나는 삭박의 증거들을 보고 놀란 기억이 있는데, 화산섬들을 뱅 둘러 파도의 작용으로 깎이고 벗겨져, 섬들이 전체적으로 높이가 300~600m 정도로 만들어진 수직 절벽들로 둘러싸여 있었다. 식기 전에는 액체 상태였을 용암류가 완만한 기울기로 흘렀을 것으로 보이기 때문에, 이는 한눈에 봐도 딱딱한 암석으로 이루어진 단위층이 먼 바다를 향해 얼마나 멀리 뻗쳐 나갔을지를 보여 주었다. 다시 말하자면 한쪽이 수 킬로미터 정도 위로 올라가

28 브리티시 마일은 오늘날 미국에서 사용하는 마일로 1마일은 약 1.6km이다. 그런데 영국에서는 브리티시 마일 이외에 웨일즈 마일, 스콧츠 마일, 아이리시 마일 등과 같은 단위도 사용되었다. 웨일즈 마일로 1마일은 6.17km, 스콧츠 마일로 1마일은 1.81km, 아이리시 마일로 1마일은 2.048km이다.

29 미국에서 두 번째로 긴 강이며, 미국 북부의 오대호 인근에서 발원하여 남쪽으로 흐른다. 길이가 약 3,700km이며, 유역 면적은 약 3,000,000km^2이다. 한반도 면적은 220,210km^2이다.

30 삭박은 바람, 물, 빙하 등에 의해 지표의 상부를 덮고 있는 물질이 제거되어, 지표 아래쪽에 있는 암석이 노출되는 현상이다. 현재 나타나는 현상으로, 과거에 지표면의 높이가 낮아진 현상은 삭평형작용이라고 구분하기도 한다.

거나 다른 한쪽이 이 정도 깊이로 아래로 내려가면서 생기는 엄청난 균열과 같은 단층[31]으로 더 쉽게 설명할 수 있다. 지각에 균열이 생기고 나면, 대륙의 표면은 바다의 작용으로 거의 편평하게 만들어지기 때문에, 이런 엄청난 단층이 만들어졌던 위치에 대한 자취를 겉으로는 확인하기가 힘들 것이다. (284~285쪽)

실례를 들면, 크레븐 단층[32]의 길이는 48km가 훨씬 넘는데, 단층선을 따라 지층이 수직으로 200~900m를 이동했다.[33] 램지 교수는 앵글시[34]에서 지층이 700m나 아래로 내려갔다고 추정한 논문을 발표했다. 그리고 그는 메리오네스셔[35]에는 3.7km나 아래로 떨어진 지층이 있는 것으로 자신은 확실하게 믿고 있다고 나에게 알려 주었다. 그럼에도 이들 사례들에서 표면이 이처럼 거대하게 움직였음은 알려 주지 않았다. 한쪽 또는 다른 한쪽으로 솟구쳐 올라왔던 바위들은 부드럽게 마모되었다. 이러한 사실들을 접하면서 나에게는 영원이라는 개념을 파악하는 것이 쓸데없는 노력처럼 허황된 인상으로 깊게 남겨졌다. (285쪽)

나는 또 다른 사례를 제시하려고 하는데, 널리 알려진 윌드[36]의 삭박이다. 윌드의 삭박은 우리나라에서 고생대 지층이 대규모로 제거된 점과 비교하면 아주 단순하다는 점을 받아들여야 하는데, 램지 교수가 이 주제로 발표한 뛰어난 회상록[37]에 따르면, 고생대 지층은 두께가 부분적으로 3km에 달한다. 그렇지만 노스다운에 서서 멀리 떨어진 사우스다운을 바라보는 것은 좋은 공부가 된다. 서쪽에서 멀리 떨어지지 않은 곳에서 북쪽 급경사면과 남쪽 급경사면이 만나서 합쳐지는 곳을 기억하기 때문

31 지각 변동으로 지층이 갈라져 어긋나 있는 지형을 의미하며, 영어로 fault, 한자로 斷層이다.

32 그레이트브리튼섬을 북서쪽과 북동쪽으로 구분하는 페나인산맥에 있는 단층(斷層)이다.

33 단층면이 수직인 단층은 수직 단층인데, 크레븐 단층은 수직 단층이다.

34 영국 웨일즈에 있는 섬으로, 램지 교수는 이곳의 지질을 연구해서, 『북부 웨일즈의 지질학』을 발간했다. 영문 표기가 『종의 기원』에는 "Anglesea"로 되어 있는데, 최근에는 'Anglesey'로 표기한다.

35 영국 웨일즈에 있는 지역이다.

36 영국 남동부 해안가의 돌출된 부분에 하얀색 단층 절벽이 있다. 이 지역의 중앙부에는 사암으로 된 하이윌드 지역이 있고, 이 지역 둘레를 점토층인 로우윌드가 감싸며, 다시 북쪽으로는 노스다운이, 남쪽으로는 사우스다운이 둘러싸는데, 서쪽에서 사우스다운과 노스다운이 만난다. 사우스다운 해안 단층 절벽은 석회암으로 이루어져 하얀색으로 보인다. (그림 출처 British Geology Survey)

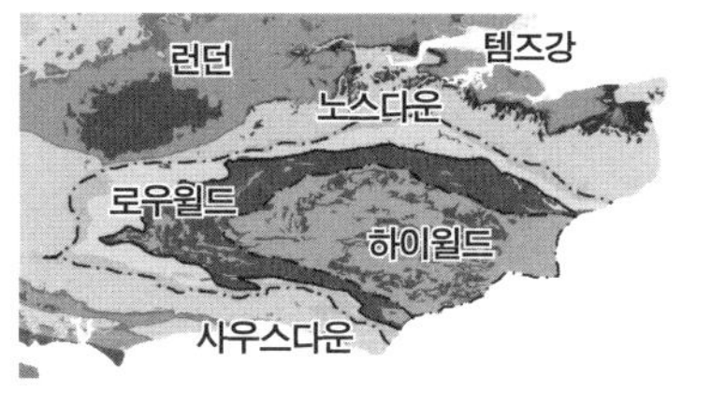

37 램지 교수는 1846년에 『지질학 조사 회상록』을 출판했다.

에, 누군가는 바위로 된 거대한 반구형 지붕을 어렵지 않게 떠올릴 수 있을 것인데, 이 지붕은 백악[38] 형성 후기의 아주 짧은 기간 동안 월드 점토층으로 반드시 덮였어야 한다. 노스다운에서 사우스다운까지의 거리는 약 35km이며, 몇몇 누층의 두께는 평균 약 300m라고 램지 교수가 나에게 알려 주었다. 그러나 일부 지질학자들이 가정하듯이, 만일 오래된 바위 산맥들이 월드 아래쪽에 있다면, 측면의 일부는 월드를 덮고 있는 퇴적층이 다른 곳보다는 더 얇을 수도 있으나, 이러한 추정은 잘못이다. 하지만 이렇게 의심한다고 해서 이 구역의 서쪽 끝에 적용할 수 있는 추정치에 큰 영향을 주지는 않았을 것이다. 그렇다면 만일 우리가 어떤 주어진 높이의 절벽 경계까지 바다가 깎아 내는 일반적인 속도를 안다면, 우리는 월드를 삭박하는 데 필요한 기간을 측정할 수 있을 것이다. 물론 이런 일을 할 수는 없다. 그러나 이 주제와 관련된 정교하지는 않지만 어떤 의견이라도 만들어 내려면, 바다가 100년에 약 2.5cm 비율로 150m 절벽을 파고 들어간다고 가정할 수 있다. 이 수치가 처음에는 받아들이기 너무 작은 것처럼 보일 것이다. 그러나 이러한 비율은 해안선 전체를 따라 거의 22년마다 약 90cm 비율로 절벽이 파인다고 우리가 가정하는 것과 같다. 높은 절벽에서 삭평형작용이 일어나면 조각들이 떨어져 부서지기 때문에 더 빠를 것이라는 점을 의심하지는 않지만, 백악처럼 부드러운 어떤 바위라도 가장 노출이 심한 해안선을 제외하고 이런 비율로 일어날지 나는 의심스럽다. 반면에 길이가 16~32km에 이르는 해안선 어디라도 들쭉날쭉한 해

38 백악기 지층에서 나오는 부드러운 석회질 암석, 즉 석회암을 의미한다.

안선을 따라 동시에 삭평형작용의 수난을 받는다고 나는 믿지 않는다. 그리고 거의 모든 지층이 단단한 층, 즉 단괴[39]를 지니고 있는데, 이들은 기부에서부터 오랫동안 마찰에 저항하는 방파제 역할을 한다는 점을 기억해야 한다. 따라서 일반적인 상황이라면, 높이 150m인 절벽이 100년에 2.5cm씩 전체적으로 삭박된다면 충분하다고 나는 결론을 내린다. 이런 자료로 추정한 비율로 보면, 윌드의 삭박에는 306,662,400년, 즉 3억 년[40]의 시간이 필요했을 것이다.[41] (285~287쪽)

완만하게 경사진 윌든[42] 구역이 융기되면, 이 지역에 미치는 민물의 영향이 엄청나게 크지는 않으나 앞에서 추정한 값을 어느 정도 낮춰줄 것이다. 이와는 반대로 수위가 변동한다면, 이 지역이 과거 이런 변동을 겪었는데, 표면이 수백만 년 동안 육지로 존재해 있어서 바다의 작용을 피할 수 있었을 것이다. 아마도 같은 기간 깊숙이 잠기게 된다면, 마찬가지로 연안 파도의 작용을 피할 것이다. 따라서 모든 가능성을 고려해 보면, 3억 년 이상이 제2기[43] 말기 이후에 지나갔을 것이다. (287쪽)

시간의 경과에 대해 불완전하지만 우리에게 매우 중요한 일부 개념을 얻으려고 몇 가지 언급했다.[44] 시간이 흘러가는 해마다 전 세계적으로 육지역과 수역은 살아 있는 수많은 유형들로 가득 채워졌다. 도대체 얼마나 많은 세대가 오랜 세월에 걸쳐서 해를 거듭하면서 지속되어 와서 우리의 정신력으로 알아차릴 수가 없단 말인가! 이제는 가장 풍부한 지질학 박물관으로 눈을 돌려, 우리가 가진 것이 얼마나 하찮은 것인지 살펴보자! (287쪽)

39 퇴적암 속에서 어떤 특정 성분이 농축되거나 응집되어 주위보다 더 단단해진 덩어리이다.

40 『종의 기원』 2판에는, 1.5억 또는 1억으로 수정되었다가, 3판부터는 삭제되었다. 1862년 톰슨이 지구 나이를 3,000만년으로 추정했기 때문으로 보인다

41 최근에는 백만 년에 20.4m 정도, 즉 100년에 0.2cm씩 삭박이 일어나는 것으로 보고되었다(Costa, 2009).

42 잉글랜드 이스트서식스주에 위치한 도시로, 사우스다운의 동쪽 끝에 있다.

43 이탈리아 지질학자인 조반니 아르뒤노가 1759년에 구분한 지질 시대의 한 시기이다. 오늘날의 중생대와 거의 비슷한 시기이나, 최근에는 사용하지 않는다.

44 다윈 이전에 지구 나이를 푸리에는 1억 년, 대주교 어셔는 6,000이라고 주장했다. 다윈은 자신의 이론을 전개하기 위해서는 적어도 이보다는 지구 역사가 오래되었음을 보여 주기 위해 몇 가지를 언급했다. 하지만 『종의 기원』 이후 1862년 톰슨은 2,000만 년에서 4억 년 사이, 1867년 캘빈은 2,000만 년으로 추산해서, 지구 역사가 다윈이 생각하는 진화가 일어나기에는 너무나 짧았다. 그러나 20세기에 들어 방사성 동위원소를 이용해서, 다윈이 생각할 때 충분한, 45억 년으로 추정되었다.

[45]*우리가 수집한 고생물학적 자료의 빈약함에 대하여*. 우리가 수집한 고생물학적 자료가 불완전하다는 점은 모든 사람들이 받아들인다. 작고했지만 존경받는 고생물학자인 에드워드 포브스의 언급을 잊어서는 안 된다. 그는 화석으로 남은 종 수는 표본 하나와 부서진 일부, 또는 한 현장에서 수집된 몇 점의 표본만이 알려져서 이름이 붙여졌다고 말했다. 유럽에서 해마다 추가되는 중요한 발견물이 이를 증명하듯이, 지구 표면의 극히 좁은 부분에서만 지질학적 조사가 충분히 조심하지 않은 상태에서 수행되었다. 몸이 전반적으로 부드러운 생물은 그 어떤 것도 보존될 수가 없다. 조개껍질과 뼈들은 퇴적물이 축적되지 않는 바다 밑에 있을 때에는 분해되어 사라질 것이다. 우리가 바다의 거의 모든 바닥에서 퇴적물이 화석 유해들을 재빠르게 감싸고 보존할 수 있도록 빠른 속도로 퇴적될 것이라고 암묵적으로 받아들이게 되면, 우리는 가장 심각한 잘못을 지속적으로 받아들일 수밖에 없게 된다고 나는 믿는다. 해양의 거의 모든 곳에서 물은 밝은 파란빛이 도는데 이는 물의 순수성을 나타낸다. 아래에 있는 층에 그 어떠한 마모나 찢어짐 없이 한 층이 만들어진 다음 엄청나게 많은 시간 간격을 두고 또 다른 층이 만들어져 아래에 있는 층을 순서대로 덮었던 기록을 보여 주는 많은 사례들이 있다. 이 사례들은 바다 밑바닥이 드물지 않게 변하지 않은 상태에서 오랜 기간 있었다는 견해에 의해서만 설명이 될 수 있다. 만일 모래나 자갈들이 유해를 감싸고 있다가 바닥이 융기하면, 빗물이 침투하여 일반적으로 유해가 녹아 버릴 것이다. 바닷

45 장 목차에 있는 4번째 주제, '우리가 수집한 고생물학적 자료의 빈약함에 대하여'를 설명하는 부분이다. 생물들이 화석들로 만들어질 때의 어려움부터 설명하고 있다. 화석들로 쉽게 만들어져야 많은 화석들을 전 세계적으로 발견할 수 있으나, 생물이 지닌 속성을 비롯한 몇 가지 이유로 그렇지 못하다고 설명하고 있다.

가의 밀물과 썰물 사이 지역에서[46] 살아가던 수많은 동물들 중 극히 일부만이 보존될 것으로 나는 추정한다. 실례를 들면, 조무래기따개비아과Chthamalinæ(무병성 따개비류의 아과)[47]의 몇몇 종들은 전 세계적으로 많은 개체들로 바위를 덮어 버리는데, 이들은 모두 연안 지역에서만 살아간다. 예외적으로 지중해에서 살아가는 단 한 종이 있는데, 이 종은 깊은 바다에서 살며 시칠리아 섬[48]에서 화석으로 발견되었다. 이곳의 제3기 누층에서는 이를 제외한 그 어떤 종도 지금까지 발견된 적이 없다. 그럼에도 조무래기따개비속Chthamalus이 백악기에 존재했던 것으로 알려져 있다.[49] 연체동물로 다판류[50]에 속하는 키톤속Chiton도 부분적으로는 대응하는 사례이다. (287~288쪽)

제2기와 고생대에 살았던 육상생물들과 관련해서, 화석 유해들로부터 얻은 우리들의 증거가 극도로 조각난 것이라고 말하는 것은 무의미하다. 실례를 들면, 북아메리카 석탄기층에서 라이엘 경이 발견한 한 가지를 제외하면 이 엄청난 시기[51]에 속하는 육상 패류는 단 하나도 없다. 포유동물 유해에 관해서, 라이엘 경이 쓴 『기초 지질학 편람 부록』[52]에 있는 역사적 자료를 한 번 얼핏 보는 것이, 이들의 보존이 얼마나 우연하면서도 희귀한지에 대한 진실을 파악하는데, 상세한 자료보다 훨씬 좋을 것이다. 제3기 포유류의 뼈들이 동굴이나 호성 퇴적층[53]에서 상당히 많이 발견된다는 점을 우리가 기억하면, 이들이 희귀한 점은 놀랄 일도 아니다. 그리고 동굴이나 호수 바닥은 모두 제2기 또는 고생대 누층에 속하지 않는 것으로 알려져 있다.[54] (288~289쪽)

46 흔히 이 지역을 조간대라고 부른다.

47 만각류(Cirripedia)에 속하는 갑각류의 한 아과로, 몸을 기질에 고정하는 자루가 없는 무리들이다.

48 이탈리아반도의 남서쪽에 위치해 있다.

49 백악기는 9,900~6,600만 년 전이며, 제3기는 그 이후부터이다. 조무래기따개비속이 많이 살았으나, 제3기에 화석으로 퇴적되지 않았다는 설명이다.

50 다판강(Polyplacophora)에 속하는 연체동물의 총칭이다. 껍데기가 8개로 서로 겹쳐 있다. 군부(*Acanthopleura japonica*)가 다판류에 속한다.

51 석탄기는 3억 5,890만 년 전에 시작하여 2억 9,900만 년 전에 끝났는데, 그 기간은 약 6,000만 년이다.

52 1858년 40쪽 분량의 단행본으로 출판된 책이다. 포유류 화석은 13~22쪽에 있다.

53 호성층이라 하는데, 호수 바닥에 퇴적물이 퇴적되어 만들어진 것이다.

54 포유류는 약 3억 년 전인 고생대 말 석탄기에 처음 출현해 약 2억 년 전인 쥐라기에 현대적 의미의 포유류가 출현했다. 중생대 말 공룡의 절멸로, 포유류가 공룡 자리를 차지하며 빠르게 퍼져 나갔으므로 고생대에는 포유류가 없었다. 1990년대 중반까지 중생대의 포유동물 화석은 매우 드물게 발견되었으나, 이후 중국에서 많은 화석들이 발견되었다.

[55]이런 지질학적 기록의 불완전성은 앞에서 설명한 원인보다도 더 중요한 다른 원인, 즉 몇몇 누층들이 서로서로 상당한 시간 간격으로 구분되고 있다는 점 때문에 주로 나타난다. 우리가 지금까지 발표된 책들의 자료를 표로 만든 누층들을 본다거나, 또는 자연에서 추적해 보면, 이들이 매우 일정한 순서대로 연속되어 있다고 믿는 것을 피하기는 어렵다. 그러나 실례를 들면, 머치슨 경이 자신이 쓴 러시아에 대한 위대한 책[56]에서, 러시아에 층층이 포개져 있는 누층 사이에 상당한 시간 간격이 있다고 주장했음을 우리는 알고 있다. 이런 점은 북아메리카뿐만 아니라 전 세계 많은 곳에서 발견된다. 가장 솜씨가 좋은 지질학자는, 만일 자신의 관심을 이 넓은 대륙으로만 한정한다면, 자신의 나라에서는 텅 빈 불모의 시기 동안, 새롭고도 특이한 생명 유형들이 들어 있는 엄청난 양의 퇴적물이 다른 곳에 축적되어 있었다는 점을 결코 추측하지 못할 것이다. 그리고 만일 격리된 영토 하나하나에서 일정한 순서대로 간격 없이 연속된 누층들 사이에 경과된 시간 길이에 대한 그 어떤 개념을 얻을 수 없다면, 그 어디에서도 이 시간을 확인할 수는 없을 것이라고 우리는 추론할 수가 있다. 이처럼 연속된 누층들에서 광물학적 조성이 흔히 크게 변하는 것은, 일반적으로 주변에 있는 육지의 지형이 엄청나게 변했음을 의미하며, 퇴적물이 만들어지고 나서부터 나타난 이런 변화는 누층 하나하나 사이에 엄청난 시간 간격이 있었다는 믿음과 일치한다. (289~290쪽)

그러나 내가 생각하기로는, 지역 하나하나에 있는 지질학적

55 장 목차에 있는 5번째 주제, '지질학적 누층의 간헐성에 대하여'를 고생물학적 자료의 빈약함에 연관하여 설명하는 부분이다. 4번째 주제에서는 생물들이 화석으로 만들어지기가 어렵다고 설명했는데, 이 주제에서는 설령 화석으로 만들어지더라도 지각변동 등으로 화석층의 순서를 파악하기가 힘들며, 또한 화석도 삭박 등으로 사라져버려, 생물의 변화 과정을 파악하기가 힘들 것이라고 다윈이 설명하고 있다.

56 1845년에 발간된 『유럽의 러시아와 우랄산맥의 지질학』을 말한다.

누층들이 거의 변함없이 간헐적인, 즉 서로서로 이어져 연결되지 않은 이유를 우리는 알 수 있다. 최근에 수십 미터가 융기한 남아메리카 해안가 수 킬로미터를 조사했을 때,[57] 아무리 짧은 지질학적 시기 동안이라도 계속해서 남아 있을 만큼 아주 충분할 정도로 최근에 만들어진 그 어떤 퇴적물이 없다는 점보다[58] 더 큰 충격을 나에게 준 사실들은 거의 없다. 특이한 해양성 동물들이 정착하고 있는 서쪽 해안 전체를 따라 제3기층이 거의 발달하지 않아서, 몇몇 연속적인 특이한 해양성 동물들에 대한 기록이 오랫동안 보존될 것 같지 않았다. 아주 조금만 심사숙고하면 융기한 남아메리카 서쪽 해안을 따라 오랫동안 해안가에 있는 암석이 엄청나게 마모되었고, 또한 바다로 들어오는 진흙을 함유한 강물로 인해 퇴적물의 공급은 엄청 많았을 것임에도 불구하고, 최근 또는 제3기 유해들을 포함한 광범위한 누층이 어디에서도 발견되지 않는 이유를 설명할 수 있을 것이다. 이에 대한 설명은, 의심할 여지 없이, 바닷가에 치는 파도가 깎아 내는 작용 속에서도 육지가 서서히 단계적으로 상승되었으나 상승하자마자 연안대와 아연안대[59]의 퇴적물이 지속적으로 닳아 없어졌다는 것이다. (290쪽)

내가 생각하기로는, 퇴적물이 처음 융기하고 계속된 수위 변동 기간에 끊임없는 파도의 작용에 버텨 내려면 퇴적물은 극히 두껍고 단단한 엄청난 덩어리로 축적되어야만 한다고 우리가 결론을 내려도 지장이 없을 것이다. 퇴적물이 이처럼 두껍고 광범위하게 축적되는 방식은 두 가지가 있을 것이다. 하나는, 바다

57 다윈이 비글호 여행을 하면서 조사한 결과를 설명하는데, 상세한 내용은 『비글호 여행기』 16장 '칠레 북부와 페루'에 설명되어 있다.

58 파도나 바람 등에 의해 파괴되고도 남을 정도의 침전물이 없다는 의미이다.

59 바다에서는 조간대에서 수심 50m까지, 호소에서는 수심 20m까지의 수역을 연안대라 하며, 햇빛이 투과하여 녹조류가 성장 가능한 곳이다. 그리고 바다에서 수심 200m까지의 해저를 아연안대라고 부른다.

아주 깊숙한 곳에서 일어났을 것인데, 포브스의 연구 결과에 따르면,[60] 바다 밑바닥에 극히 소수의 동물들이 정착했고 그 밑바닥 덩어리가 융기했기 때문에, 당시에 존재했던 생명 유형들의 가장 불완전한 기록을 보여 주었을 것이라고 우리는 결론 내릴 수가 있을 것이다. 다른 하나는, 만일 침전물이 서서히 계속해서 가라앉는다면, 얕은 밑바닥에서 어느 정도 두께와 범위로 축적되었을 것이다. 두 번째 방식은, 퇴적물의 침강과 공급 비율이 서로서로 거의 균형을 이루는 한, 바다는 얕게 유지되어 생물에 유리했을 것인데, 이렇게 되어야만 화석을 포함하는 누층이 충분히 두꺼워질 정도로, 즉 융기해도 삭평형작용에 침범당하지 않을 정도로 만들어졌을 것이다. (290~291쪽)

우리가 알고 있는 화석을 많이 포함한 오래된 누층들은 침전하는 동안에 만들어졌다고 나는 확신한다. 이 주제와 관련해서 1845년 내 견해를 담은 책을 출판한 이후,[61] 나는 지질학의 진보를 목격했다. 그리고 저자마다 이러저러한 엄청난 누층에 대해 논의하면서, 누층이 침전하는 동안에도 축적된 것이라는 결론에 도달한 점에 나는 깜짝 놀랐다. 남아메리카 서쪽 해안가에서 만들어진 유일한 고대 제3기층은 아직 겪지 않은 이러한 삭평형작용을 견딜 만큼 거대하지만 먼 미래의 지질학적 시대까지는 지속될 여지가 거의 없는데, 변동하던 수위가 내려가는 동안 확실하게 침전되었고, 그에 따라 상당한 두께로 만들어졌다고 나는 덧붙이고자 한다. (291쪽)

지역마다 수많은 수위 변동을 겪었고, 이러한 수위 변동이 넓

60 1843년에 포브스가 해양생물의 풍부도와 다양성은 바다의 깊이가 깊어짐에 따라 감소한다고 주장한 가설로, 흔히 무생대 가설(Azoic hypothesis)이라고 부른다. 그는 비콘호(HMB Beacon)를 타고 에게해의 해저 토양을 채집해서 조사했는데, 수심 550m가 넘어가면 생물이 없을 것으로 가정했다. 이 가설은 1860년대에 해저 550m보다 더 깊은 곳에서 생물을 채집하면서 오류로 결정된다. 『종의 기원』 6판에서는 "포브스의 연구 결과에 따르면"이라는 부분이 삭제되어 있다.

61 1845년에 발간된 『비글호 여행기』이다. 『비글호 여행기』는 1839년 처음 출간된 이후, 1845년에 개정판이 출간되었다.

은 공간에 영향을 주었음을 모든 지질학적 사실들이 나에게 명확하게 말해 준다. 이러한 이유로 화석이 풍부하며 계속된 삭평형작용에 버틸 수 있도록 충분히 두껍고 방대한 누층들은 침강하는 동안에 넓은 지역에 걸쳐서 형성되었을 것이나, 퇴적물의 공급이 충분한 곳에서만 바다를 얕게 유지하고, 생물들이 분해되기 전에 이들의 유해를 가두어 보존할 수 있었을 것이다. 이와는 반대로, 바다 바닥층이 변동이 없는 한, 생물에게 가장 유리한[62] 얕은 곳에서는 *두꺼운* 퇴적층이 축적될 수가 없었을 것이다. 상승하는 시기가 오더라도 이런 과정은 계속 되었을 것이다. 좀 더 정확하게 말하면, 융기하면서 바닷가의 파도 작용을 받는 범위 내로 들어가기 때문에 축적되었던 바닥층은 파괴되었을 것이다. (291~292쪽)

[63]따라서 지질학적 기록은 거의 불가피하게 간헐적인 상태를 유지할 것이다. 나는 이런 견해가 진실하다고 확실하게 신뢰하는데, 라이엘 경이 심어 준 일반적인 원리와 절대적으로 일치하기 때문이며, 또한 포브스도 독립적으로 비슷한 결론에 도달했기 때문이다. (292쪽)

이 기회에 언급할 가치가 있는 문득 떠오른 생각이 한 가지 있다. 융기하는 시기에 육지 지역과 바다와 인접한 모래톱 지역은 증가할 것이며, 그에 따라 새로운 정착지들이[64] 때로 만들어질 것이다. 따라서 앞에서 설명한 것처럼 모든 환경들이 새로운 변종이나 종의 형성에 크게 도움이 되었을 것이지만, 이 시기에는 지질학적 기록이 일반적으로 공백 상태가 될 것이다.[65] 이와

62 햇빛이 바다 속으로 들어가야 이 빛을 이용해서 광합성을 하는 생물들이 살아갈 수 있고, 이들이 살아야만 이들을 먹고 살아가는 동물들이 살 수가 있을 것이다. 따라서 햇빛이 들어갈 수 없는 깊은 바다 밑바닥은 생물들이 살아가기에 유리한 곳이 아니다.

63 이 문단은 『종의 기원』 6판에서는 완전하게 대체되었고, 포브스 이름도 빠져 있다. 대신 암석의 변성과 삭박으로 화석이 발견되지 않을 수 있음을 설명했다.

64 19세기에는 정착지(station)가 서식지를 의미한다(Costa, 2009).

65 바다 밑바닥이 융기하면 화석을 만들어 낼 퇴적물이 쌓이지 않기 때문일 것이다.

는 반대로, 침강 시기에는 생물들의 정착 지역과 수많은 정착생물들이 감소할 것이고 (대륙이 여러 섬으로 처음 분리되었을 때, 대륙의 해안가에 살던 생물들은 제외하고),[66] 그에 따라 엄청나게 많은 생물들이 절멸할 것이나, 새로운 변종들이나 종들도 아주 적지만 형성될 것이다. 그리고 침강이 일어나고 있는 바로 그 시기에는 우리가 볼 수 있는 화석이 풍부한 엄청난 퇴적층이 축적되었을 것이다. 자연은 자신이 만든 전환 중인, 즉 연결고리 유형들이 흔히 발견되는 것을 막아 왔다고까지 말할 수가 있다.[67] (292쪽)

[68]앞에서 설명한 고려 사항에 따르면, 전반적으로 볼 때, 지질학적 기록은 극히 불완전하다는 점을 의심할 수가 없다. 그러나 만일 우리의 관심을 어떤 한 누층으로만 제한한다면, 그 누층이 만들어지기 시작해서 끝날 때까지 살았던 동류 종들 사이에 있는 매우 비슷한 단계적 변종들을 우리가 이 누층에서 왜 발견할 수 없는지를 이해하는 것이 더욱더 어려워진다. 어떤 사례에서는 같은 누층의 위아래 부위에서 같은 종에 속하는 뚜렷하게 구분되는 변종들에 대한 기록을 볼 수 있으나, 이런 사례는 매우 드물기 때문에 못 본 체하려고 한다. 누층 하나하나가 퇴적되어 만들어지려면 논의할 여지 없이 엄청나게 많은 시간이 필요함에도 불구하고, 누층 하나하나에 그 당시 살았던 종들의 단계적인 연결고리들이 포함되지 않았는지에 대한 몇 가지 원인을 나는 들 수가 있다. 그러나 다음에 설명할 고려 사항들의 중요성을 균형 있게 논의하는 척은 결코 하지 않을 것이다. (292~293쪽)

[69]누층 하나하나가 오랜 세월의 시간 경과를 표시한다고 하

66 육지의 침강이나 융기와 무관하게 해안가는 계속 유지되기 때문일 것이다.

67 생물이 단계적으로 진화했음에도 불구하고, 왜 중간단계가 없느냐에 대한 다윈의 마음으로 풀이된다. 자연이 만들지 않았는데, 왜 찾으려 하는가라는 반문으로 보인다.

68 장 목차에 있는 6번째 주제, '어떤 누층에서라도 결핍된 중간형태 변종에 대하여'를 지질학적 누층의 간헐성과 관련하여 고생물학적 자료의 빈약함에 이어 설명하는 부분이다. 중간형태가 결핍된 이유로 ①누층의 생성시기와 생물 종의 생존 시기 차이, ②생물들의 이동과 지층의 융기, ③퇴적물 공급과 침강의 불균형, ④누층의 간헐적인 형성, ⑤중간형태의 분류학적 계급, ⑥변종의 국소적인 분포, ⑦화석 표본의 부족, ⑧지질학 연구 부족 그리고 ⑨만들어졌던 화석의 파괴 등을 꼽았다.

69 중간형태가 결핍된 첫 번째 이유다. 누층의 생성 기간보다 종의 생존 기간이 더 길 것으로 추정되나, 이에 대한 검토가 필요하다고 설명하고 있다.

더라도, 누층 하나하나는 한 종을 다른 종으로 변화시키는 데 필수적인 기간과 비교할 때는 아마도 짧을 것이다. 나는 두 사람의 고생물학자를 알고 있는데, 그들의 의견은 높이 존경할 만하다. 즉 브론과 우드워드는 누층 하나하나가 만들어지는 평균 기간이 특별한 유형의 평균 생존 기간보다 2~3배가 더 길다는 결론을 내렸다.[71] 이 주제와 관련해서 우리가 그 어떠한 정당한 결론을 내리기에는 극복하기 힘든 어려움이 있는 것처럼 나에게는 보인다. 어떤 누층이라도 층의 중간에서 처음 나타난 종을 우리가 보게 되면, 이 종은 과거 어디에서도 존재하지 않았던 것으로 매우 성급하게 단정하려고 한다. 또한, 우리가 최상층이 침전되기 전에 한 종이 사라진 것을 발견하게 되면, 똑같이 이 종이 완전히 사라졌다고 성급하게 단정하려고 한다. 유럽이 전 세계 나머지 지역과 비교할 때 얼마나 좁은지를 망각하고 있다. 그리고 유럽 곳곳에서 같은 누층의 몇 단계가 얼마나 정확하게 서로 연관되어 있는지도 모른다.[72] (293쪽)

[72]하지만 엄청나게 많은 모든 종류의 해양성 동물들이 기후가 변하거나 다른 것들이 변하는 시기에 이동했다고 우리가 추론해도 지장이 없을 것이다. 그리고 그 어떤 누층에서라도 종을 처음 본다면, 이 종은 이 지역으로 단지 처음 이동해 왔을 가능성이 있다는 것이다. 실례를 들면, 몇몇 종이 북아메리카의 고생대층에서 유럽의 고생대층보다 더 빨리 나타났던 사실은 널리 알려져 있다. 아메리카 바다에서 유럽 바다로 이동하려면 확실히 시간이 필요했을 것이다.[73] 전 세계 다양한 지역에서 가장

70 이들은 한 누층의 맨 아래와 맨 위에는 화석들이 나타나지 않은 것을 관찰하고, 이러한 관찰을 근거로, 누층의 형성보다 종의 수명이 더 짧을 것이라고 결론을 내린 것으로 알려졌다(Reznick, 2010),

71 같은 연대의 지층을 비교해야 하는데, 유럽뿐만 아니라 전 세계에 있는 많은 지층과의 비교 연구가 부족하다는 설명이다.

72 두 번째 이유이다. 생물들이 이동하고 지층이 융기하게 되면 누층의 중간에 특정 생물이 나타날 수도 있다. 또는 화석이 처음에는 나타났다가 나중에는 나타나지 않을 수도 있다는 설명이다.

73 고생대에는 유럽과 아메리카의 구분이 없는 상태, 즉 초대륙 판게아로 유럽과 아메리카가 하나의 대륙으로 존재했었다. 따라서 아메리카 바다와 유럽의 바다 역시 존재하지 않았을 것이다. 다윈이 이 사실을 알지 못하고 있었던 것으로 보인다(Costa, 2009).

최근의 퇴적층을 조사해 보면, 어느 곳에서나 퇴적층 내에는 아직도 현존하는 일부 종들이 흔하게 나타나나, 바로 인접한 바다에서는 절멸한 것을 볼 수 있다. 또한 역으로 인접한 바다에서는 지금도 풍부하게 존재하는 종들이 특별한 침전물 속에서는 드물거나 아예 없는 경우도 있다. 빙하기에 유럽의 정착생물들이 이동한 생물 수를 고려하는 것은 좋은 공부가 되는데, 빙하기는 지구 전체 지질학적 기간에서 보면 단지 한 시기일 뿐이다. 그리고 마찬가지로 엄청난 수위 변화, 기후의 과도하게 큰 변화, 시간의 막대한 경과 등과 같은 빙하기에 일어났던 모든 것들을 고려하는 것도 좋은 공부가 될 것이다. 그럼에도 세계 어디에서나 *화석 유해를 포함한* 퇴적층이 이 시기 전체에 걸쳐 동일한 지역 내에서 축적되었는지 여부는 의심스럽다. 실례를 들면, 미시시피강 어귀 근처에 있는 해양성 동물이 번성하는 깊이에서 빙하기 전체에 걸쳐 퇴적물이 퇴적되었을 것으로 보이지는 않는다. 이 시기 동안, 아메리카의 다른 곳에서는 엄청나게 큰 지리적 변화가 일어났음을 우리가 알고 있기 때문이다. 빙하기의 어떤 시기에 미시시피강 어귀 근처에 있는 얕은 물에서 퇴적되어 만들어진 이러한 지층이 융기되었다면, 종들이 이동하고 지리적 변화가 일어났기 때문에 생물들의 유해가 높이에 따라 처음에는 나타났다가 다른 높이에서는 사라졌을 것이다. 그리고 가까운 미래에 지질학자가 이 층을 조사하면 화석생물들의 평균 생존 기간은 실제로 빙하기부터 오늘날까지 쭉 살아 있었다고 주장하기보다는 빙하기보다 더 짧을 것이라고 결

론을 내릴 수도 있을 것이다. (293~295쪽)

[74]같은 누층의 위아래에 있는 두 유형을 연결하는 완벽한 중간단계를 얻으려면, 축적이 아주 오랫동안 지속되어 퇴적층이 만들어져야만 하는데, 이러한 축적이 일어나기 위해서는 변이가 서서히 일어나는 과정이라는 점에 비추어 볼 때 충분한 시간이 있어야만 한다. 그러므로 퇴적은 일반적으로 아주 두꺼운 한 층으로 되어야만 한다. 그리고 변형을 겪는 종들은 이 시간 전체에 걸쳐 같은 지역에서 살아야만 한다. 그러나 우리는 화석을 포함하는 두꺼운 누층의 축적이 오직 침강하는 동안에만 가능하다는 것을 보았다. 그리고 깊이를 거의 같도록 유지하기 위해서, 이는 같은 종이 같은 공간에 살기 위해 필수적인데, 퇴적물의 공급은 침강하는 정도를 상호 보완해 주었음이 틀림없다. 그러나 이와 동시에 침강 운동이 때로 퇴적물이 유출된 지역을 가라앉게 하려는 경향이 있는데, 이 지역이 아래로 지속적으로 내려감에 따라 이 지역으로의 퇴적물 공급은 줄어들게 된다. 실제로, 퇴적물이 공급되고 침강이 일어나는 두 과정 사이에서 균형이 대체로 정확하게 유지된다는 것은 거의 우연한 사건의 결과일 것이다. 많은 고생물학자들이 매우 두꺼운 퇴적층에서 맨 위 또는 맨 아래를 제외하고는 통상 생물들의 유해가 없음을 관찰했기 때문이다. (295쪽)

[75]어떤 나라에서든지 누층 전체 더미가 간헐적으로 만들어진 것처럼, 하나하나 분리된 누층도 일반적으로 간헐적으로 축적되어 만들어졌다. 때로 나타나는 사례처럼, 여러 종류의 광물

74 세 번째 이유이다. 화석이 만들어지는 데 필요한 퇴적물 공급과 침강이 일치하지 않기 때문이라고 설명한다.

75 네 번째 이유이다. 한 누층이 연속적으로 만들어지지 않고, 누층이 형성되는 기간에 간헐적으로 방해를 받은 결과이다.

학적 조성으로 되어 있는 단위층들의 누층을 우리가 관찰해 보면, 퇴적 과정이 자주 방해를 받았다고 우리는 합리적으로 추정하게 되는데, 바다에서 해류의 변화와 서로 다른 속성을 지닌 퇴적물의 공급 등이 오랜 시간에 걸쳐 나타나는 지리적 변화에 따라서 같이 변하기 때문이다. 누층을 아무리 정밀하게 조사한다고 해도 퇴적이 될 때까지 소요된 시간에 대해서는 그 어떤 개념조차 찾지 못할 것이다. 많은 실례들의 단위층들이 단지 수 미터에 불과하나, 누층을 이루는 다른 곳에서는 수백 미터가 되는데, 이 정도가 되려면 이들이 축적되는 데 엄청나게 긴 시간이 반드시 필요했을 것이다. 그럼에도 이 사실을 모르는 사람은 그 누구나 더 얇은 누층의 형성이 어마어마한 시간이 흘렀음을 의미한다는 것을 의심할 것이다.[76] 많은 사례들은 누층의 아래층이 융기되었다가 침강되면서 다시 물에 잠겨 같은 누층의 위층이 다시 새롭게 만들어졌음을 보여 준다. 이런 사실은 쉽게 간과할 수도 있지만 누층의 축적에 굉장한 시간 간격이 있었음을 보여 준다. 또 다른 사례로, 우리는 엄청나게 큰 화석화된 교목[77]이라는 아주 명백한 증거를 가지고 있는데, 이 나무들은 그들이 자라던 것처럼 아직도 곧추서 있으며, 퇴적 과정에서 나타난 오랜 시간 간격과 그때 일어난 변화들을 보여 준다. 이 교목들이 보존될 기회가 없었다면, 그 누구도 이러한 시간 간격과 변화를 결코 추정할 수가 없었을 것이다. 라이엘과 도슨 두 사람이 노바스코샤주에서 아주 오래전의 뿌리를 포함하고 있는 400m에 달하는 단위층을 석탄기층에서 발견했는데,[78] 적어도 68개의 줄무늬가

76 누층의 두께가 얇다고 해서 짧은 시간에 만들어진 것이 아니라는 설명이다.

77 이런 나무를 흔히 규화목이라 한다.

78 도슨이 쓴 『아카디안 지질학』 내용을 인용한 부분이다. 아카디안은 북아메리카 북동부 지방의 옛 프랑스 식민지를 부르던 이름이다. 오늘날 캐나다 퀘벡주를 비롯하여 노바스코샤주, 뉴브러너즈윅주, 그리고 미국의 뉴잉글랜드 지역이다.

있었다.[79] 이처럼 같은 종들이 누층의 아래, 중간 그리고 위에 나타난다면, 축적되는 전 과정에 이들이 같은 자리에서 살았다기보다는 같은 지질학적 시기에 수없이 반복해서 사라졌다가 다시 나타났을 가능성이 크다. 그러므로 만일 이러한 종들이 어떤 지질학적 한 시기에 상당한 양의 변형을 겪게 된다면, 단면에는[80] 미세하게 차이가 나는 중간단계 모두를 포함하지 않을 것이며, 이들 중간형태 단계들은 내 이론에 따르면 이 시기에 반드시 존재해야만 하나, 아마도 아주 사소하겠지만 갑작스럽게 반드시 변해야만 했을 것이다. (295~296쪽)

[81]자연사학자들이 종과 변종을 구분하는 그 어떤 황금률[82]을 가지고 있지 않다는 점을 기억하는 것이 가장 중요하다. 그들은 종 하나하나가 상당한 변이성이 있다는 점을 인정하지만 두 유형 사이에서 어느 정도 상당한 차이가 나타나면, 그들은 비슷한 중간형태로 이 유형들을 연결할 수 없을 경우에만 이 두 유형 모두에 종이라는 계급을 부여한다. 방금 앞에서 논의한 이유들로 보면, 우리가 어떤 하나의 지질 단면에서 어떠한 것도 얻을 수 있을 것이라고 기대하기는 어려울 것이다.[83] B와 C를 두 개의 종으로, 그리고 세 번째 A를 아래쪽에 있는 층에서 찾았다고 가정하자.[84] 만일 A가 B와 C의 정확하게 중간단계라고 하더라도, 같은 시대에 이 둘이 서로서로 또는 한 종이라도 중간형태 변종에 의해 가장 가깝게 연결되지 않는 한,[85] A는 세 번째의 뚜렷하게 구분되는 종이라는 계급을 부여받을 수 있을 것이다. 앞에서 설명했듯이, A가 실제로 B와 C의 실질적인 조상일 수도 있다는

79 퇴적된 시기가 서로 다르다는 의미이다. 적어도 68회에 걸쳐 단계적으로 퇴적되었을 것이다.

80 단위층의 단면을 의미한다.

81 다섯 번째 이유이다. 누층의 아래쪽에서 나타나는 중간형태로 추정되는 유형을 종으로 간주할 수도 있는데, 이럴 경우 중간형태는 확인할 수 없다.

82 모든 사람은 공정한 대접을 받을 권리가 있음과 동시에 다른 사람도 공정히 대접해 주어야 한다는 일종의 도덕이다. 여기에서는 종과 변종을 구분하는 명백한 기준을 의미한다.

83 중간형태를 발견하면 중간형태로 연결된 화석들은 변종으로, 발견하지 못하면 모두 종으로 인정해야 한다는 설명이다.

84 B와 C는 같은 시대에 살았지만, A는 이들보다 먼저 만들어져 B와 C가 살던 시대에는 살지 않았음을 의미한다. 그렇다고 해서 A가 절멸했음은 아닐 것이다. 다른 곳으로 이주했을 가능성도 있을 것이다.

85 같은 시대에 살지 않았다면, A의 조상과 B, C의 조상이 다를 수도 있을 것이다. 만일 조상이 다르다면 A, B, C의 계통적 유연관계는 파악할 수 없을 것이다. 따라서 이들은 각기 다른 종으로 간주해야만 할 것이다.

점을 잊어서는 안 될 것이다. 그럼에도 구조의 모든 측면에서 A가 이 둘 사이의 정확한 중간형태가 반드시 될 필요는 없을 것이다. 만약 한 누층의 위아래층에서 부모종들과 이 부모종으로부터 유래된 몇 종류의 변형된 자손들을 얻을 수는 있지만, 우리가 수많은 전환 중인 중간형태들을 얻을 수 없다면, 우리는 이들의 관계를 인식할 수 없을 것이고, 그에 따라 이들 모두에게 뚜렷하게 구분되는 종이라는 계급을 어쩔 수 없이 부여할 수밖에 없을 것이다. (296~297쪽)

많은 고생물학자들이 너무나 사소한 차이에 근거해서 자신들만의 종을 인식하고 있다는 소문이 널리 자자하다. 그리고 같은 누층의 다른 아조층[86]에서 표본들을 발견하면 그들은 즉각 이런 일을 수행한다. 경험이 많은 일부 패류학자들은 도르비니가 아주 미세한 차이에 근거하여 종으로 간주한 많은 종들에 대해 변종 계급을 부여한 것으로 알고 있다. 그리고 이러한 견해에 따르면, 내 이론에 따라 찾아야만 하는 변화의 증거 같은 것들을 우리는 발견할 수 있을 것이다.[87] 더욱이 만일 우리가 더 넓은 시간 간격에서 찾는다면, 즉 거대한 누층을 뚜렷하게 구분되는 연속된 조층으로 세분한다면, 비록 특별하게 다르지만 보편적으로 종이라는 계급이 부여될 정도인 이 누층에 포함된 화석들이 좀 더 멀리 떨어져 있는 누층에서 발견된 종들보다는 서로서로 좀 더 가까운 동류 종들임을 우리는 발견할 것이다.[88] 그러나 이 주제에 대해서는 다음 장에서 설명할 것이다. (297~298쪽)

[89]한 가지 또 다른 고려 사항은 언급할 가치가 있다. 아주 빨

86 substage. 지층의 분포, 산출 상태, 암질, 순서나 상호관계 등을 종합적으로 연구하는 층서학에서 바위층을 구분하는 단위이다. 한 지층을 다시 여러 개의 세부 층으로 구분할 때, 하나의 세부 층을 조(stage) 또는 조층이라고 부르며, 이 조를 다시 세분해서 아조 또는 아조층이라고 부른다. 다른 아조층이라고 하면, 지질학적으로 다른 시기를 의미한다.

87 종이 아니라 변종이라면, 그리고 변종을 종과 종을 연결하는 중간단계로 간주할 수 있다면, 이들 변종들은 변화의 증거가 될 것이다.

88 동류 종이란 같은 속에 속하는 종들을 의미하므로, 한 누층에 포함된 화석들이 동류 종이라는 말은 이들이 공통조상에서 유래되었음을 의미한다.

89 여섯 번째 이유이다. 변종이 좁은 지역에만, 즉 극소적으로만 분포하기 때문이다.

리 증식하나 빨리 이동하지 않는 동식물의 경우, 우리가 앞에서 도 살펴보았듯이, 이들의 변종들은 일반적으로 처음에는 국소적으로 존재한다고 추정할 만한 이유가 있다. 그리고 이러한 국소적 변종들은 이들이 일정 부분 상당한 정도로 변형되고 완벽해지기 전까지는 널리 퍼져 나가지도 못할 것이고, 자신들의 부모 유형들을 대신하지도 못할 것이다.[90] 이 견해에 따르면, 어떤 나라에서든 한 누층에서 두 유형 사이의 전환단계에 있는 초기단계 모두를 발견할 수 있는 기회는 적은데, 연속된 변화가 국소적, 즉 어떤 한 장소에만 국한되었다고 가정해야 하기 때문이다. 해양성 동물 대부분은 분포범위가 넓다. 식물들도 넓은 분포범위를 지녀 때로 변종들이 존재하는 것을 우리는 본다. 게다가 아마도 가장 넓은 분포범위를 지녀 유럽에서 지금까지 알려진 지질학적 누층의 범위를 벗어나는 패류와 기타 해양성 동물들도 때로 처음에는 국소적 변종을 만들어 내고, 궁극적으로 새로운 종을 만들어 냈을 것이다. 결국 이런 점은 우리가 어떤 한 지질학적 누층에서 전환단계를 다시 추적할 수 있는 기회를 엄청나게 감소시켰을 것이다. (298쪽)

[91]오늘날에도 조사를 위한 완벽한 표본들이 있지만 두 유형이 중간형태 변종들로 연결되는 경우는 거의 없으며, 그에 따라 더 많은 표본들이 더 많은 장소에서 채집되지 않는 한 같은 종으로 거의 입증되지 않는다는 점을 잊어서는 안 된다. 그리고 화석 종들의 사례에서 고생물학자들에 의해서는 이런 일이 거의 일어나지 않는다. 실례를 들어, 미래 지질학자들이 소, 양, 말, 개

90 맨 처음 만들어진 종, 다윈의 표현에 의하면 발단종이 때로는 국소적으로 한 개체군에서 만들어질 수가 있다는 주장이다. 이처럼 국소적으로 만들어진 종이 화석으로 남을 가능성은 매우 낮았을 것이라는 다윈의 설명이다.

91 일곱 번째 이유이다. 화석 표본이 너무나 부족하다.

등의 서로 다른 품종들이 단 하나의 원종 또는 몇 종류의 토종에서 유래했는지를 증명할 수 있을지 여부를, 또다시, 일부 연체동물학자들은 유럽을 대표하는 뚜렷하게 구분되는 종으로 간주하나 다른 일부 연체동물학자들은 단지 변종으로만 간주하는 북아메리카 해안가에 정착한 어떤 해양성 패류가 진짜로 변종인지, 아니면 소위 특별히 뚜렷하게 구분되는 종인지 여부를 자신들에게 질문을 던져 보면, 아주 미세하게 다른 수많은 중간단계인 화석 연결고리들로 종들이 연결될 가능성이 없다는 점을 우리는 아마도 가장 잘 인지하게 될 것이다. 미래 지질학자들이 화석 상태의 수많은 중간단계를 발견해야만 이에 대한 답을 찾을 수 있으며,[92] 성공적인 답을 찾는다는 것은, 내가 볼 때에는, 거의 불가능할 것으로 보인다. (298~299쪽)

[93]지질학 연구는, 비록 수많은 종들을 현존하거나 절멸한 속들에게 추가하고, 몇몇 무리 사이의 시간 간격을 실제 간격보다 더 짧게 부여하지만, 그럼에도 종들을 수많은 미세한 중간형태 변종들로 연결하여 종들 사이에 나타나는 뚜렷함을 파괴하는 그 어떤 일은 거의 하지 않는다. 그리고 이런 일은 일어나지도 않지만, 아마도 내 견해를 강력하게 반대하는 수많은 모든 결점들 가운데 가장 심각하고 명백한 경우일 것이다. 그러므로 앞에서 언급한 내용들을 가상적인 예시로 요약할 가치가 있을 것이다. 말레이 제도[94]는 노스케이프[95]에서 지중해에 이르는, 그리고 영국에서 러시아에 이르는 유럽 크기와 거의 같다.[96] 따라서 미국의 누층을 제외하고,[97] 정확하게 조사한다면 모든 지질학적

92 지질학의 시작은 기원전에 발표된 『돌에 대하여』까지 올라가지만, 근대적 학문의 시작은 18세기이다. 다윈 시대에는 많은 지질학적 연구, 특히 화석과 관련된 연구가 부족했다. 이런 점에서 다윈이 "미래 지질학자"들의 더 많은 연구로, 당시 부족했던 화석 기록들을 보완할 것으로 기대하고 있다. 다윈은 지질학을 『종의 기원』 487쪽에서 "귀족 학문"이라고 했다. 귀족들만의 연구로는 부족한 화석 기록을 보완할 수 없었을 것이다.

93 여덟 번째 이유이다. 지질학 연구가 미진하다.

94 아시아 남동부와 호주 사이의 섬들로, 인도네시아, 필리핀, 브루나이, 말레이시아, 동티모르, 싱가포르 등이 해당한다.

95 노르웨이 북부에 있는 커다란 노던사미섬의 최북단 곳으로, 유럽의 가장 북쪽을 의미한다.

96 유럽의 크기를 대략적으로 가늠해 보면, 동서로 포르투갈 리스본에서 러시아 모스크바까지는 약 4,000km, 남북으로 노르웨이 노스케이프부터 이탈리아 로마까지 약 3,300km이다. 반면, 말레이 제도는 동서로 인도네시아 반다아체에서 파푸아뉴기니까지 약 5,900km, 남북으로 필리핀 바기오에서 인도네시아 쿠팡까지 약 3,000km이다.

97 미국은 동서로 캘리포니아주 샌프란시스코에서 메인주 포틀랜드까지 약 4,400km, 남북으로 미네소타주 미니애폴리스에서 플로리다주 마이애미까지 2,400km이다. 미국 한 나라가 유럽 전체와 비슷하다.

누층이 엇비슷할 것이다. 나는 고드윈오스턴 씨의 주장에 전적으로 동의하는데,[98] 그는 폭은 넓고 수심은 얕은 바다로 나누어져 있는 수많은 큰 섬들로 이루어진 말레이 제도의 현재 상태는 아마도 유럽의 누층들이 축적되었던 유럽의 초기 상태를 나타낼 것이라고 주장했다. 말레이 제도는 전 세계에서 생물들이 가장 풍부한 지역 가운데 하나이나, 이곳에서 살았던 모든 생물들을 채집할 수 있다고 하더라도 세계의 자연사를 보여 주기에는 아직도 불완전하다![99] (299~300쪽)

[100]그러나 이 제도의 육상생물들은 그곳에서 축적되었을 것으로 추정되는 누층에 과도하게 불완전한 상태로 보존되어 있었다고 믿을 만한 모든 이유를 우리는 가지고 있다.[101] 엄밀하게 연안대나 물속에 잠겼다 노출되기를 반복하는 바위에서 살아가는 많은 동물들이 매몰된 것은 아니라고, 그리고 자갈이나 모래에 매몰된 생물들은 지질학적으로 긴 시간을 버티지 못했을 것이라고 나는 추정한다. 바다 바닥층에 퇴적물이 축적되지 않은 곳, 또는 생물들을 분해로부터 보호할 수 있을 정도로 충분히 빨리 축적되지 않은 곳[102] 어디에서나 보존된 유해들은 전혀 없다. (300쪽)

[103]우리의 제도에서,[104] 과거에 만들어져 쌓여 있는 제2기 누층들이 먼 미래까지 버티는 것처럼, 화석을 포함한 누층들은 침강이 일어나는 한 시기 동안 버틸 만큼 충분히 두껍게 만들어졌을 것이라고 나는 믿는다. 이 침강 시기는 서로서로 수많은 시간 간격으로 구분되는데, 이 시기에 이 지역은 안정되어 있거나 융

98 고드윈오스턴이 쓴 『유럽 바다의 자연사』에 있는 내용일 것이다.

99 말레이 제도에 많은 생물들이 살고 있으나 이들의 화석은 많지 않은데, 이런 지역들이 아직도 많이 남아 있을 것이라는 뜻이다.

100 이 문단부터 4문단은 말레이 제도에서 화석 기록이 부족한 이유를 설명하고 있다.

101 생물상이 풍부한 지역임에도 불구하고, 중간형태 변종들이 화석으로 남아 있지 않은데, 그 이유를 설명하려고 한다.

102 말레이 제도는 지구상에서 화산 활동과 지각의 융기가 가장 활발하게 일어나는 곳 중의 하나이다. 생물들이 화석으로 매몰되기에 적절한 환경은 아니었을 것으로 추정된다.

103 아홉 번째 이유이다. 만들어졌던 화석이 파괴되었다.

104 『종의 기원』 2판부터는 "우리의 제도에서"가 삭제되었다. 말레이 제도로 추정된다.

기했을 것이다. 융기하는 동안, 남아메리카 해안에서 우리가 볼 수 있는 것처럼, 화석층 하나하나는 아마도 축적되자마자 끊임없이 치는 바닷가의 파도 때문에 파괴되었을 것이다. 침강 기간에는 아마도 많은 생물들이 절멸했을 것이다. 그리고 융기 기간에는 많은 변이들이 만들어졌으나, 지질학적 기록은 적어도 불완전했을 것이다.[105] (300쪽)

이 제도[106] 전체 또는 일부분이 침강하는 엄청난 시기에 퇴적물이 동시에 축적되기도 했는데, 이 시기가 특별한 똑같은 유형들의 평균 생존 기간을 *초과하는지* 여부는 의심스럽다.[107] 이러한 우연한 사건들이 어떤 둘 또는 그 이상의 종들 사이에 나타나는 모든 전환 중인 중간단계들을 보존하는 데 없어서는 안 될 것이다. 만일 이러한 중간단계들이 완벽하게 보존되지 않았다면, 전환 중인 변종들은 단순히 뚜렷하게 구분되는 많은 종들로 나타났을 것이다. 또한 침강하는 엄청난 시기 하나하나는 수위의 변동으로 인해 방해받았을 것이며, 사소한 기후 변화라도 이처럼 오랜 기간에 개입했을 것이다. 그리고 이런 사례들에서 제도의 정착생물들은 이동해야 했을 것이며, 그에 따라 그 어떤 한 누층일지라도 이들의 변형을 면밀하게 보여 줄 연속된 기록은 보존될 수가 없었을 것이다. (300~301쪽)

제도[108]에서 살아가는 아주 많은 해양성 정착생물들은 오늘날 자신들의 경계에서 수천 킬로미터까지 벗어나 살고 있다. 그리고 대응관계로 볼 때, 이처럼 자신들의 분포범위를 아주 멀리까지 벗어난 종들이 주로 새로운 변종들을 때로 만들었을 것이

105 화석이 만들어졌다고 하더라도 지각 변동 등으로 파괴되었을 것이라는 설명이다.

106 말레이 제도로 추정된다.

107 유형들의 생존 기간을 초과하지 않았다면, 한 누층에서 유형들의 변화 과정을, 달리 말해 전환 중인 중간단계들을 다 포함할 수 없었을 것이라는 설명이다.

108 말레이 제도로 추정된다.

라고 나는 믿었다. 그리고 변종들은 처음에는 국소적 또는 한 장소에만 고립되었을 것이나, 만일 결정적인 유리한 점을 변종들이 지녔다거나 더 변형되고 개량되었다면, 이들은 서서히 퍼져 나가서 자신들의 부모 유형들을 대체하게 되었을 것이다. 이러한 변종들이 다시 옛날에 살았던 거의 변하지 않은 터전으로 되돌아오면, 비록 이들이 이전 상태와 차이가 극히 사소할지라도, 이들은 많은 고생물학자들이 따르는 원리에[109] 의해 새로운 뚜렷하게 구분되는 종이라는 계급을 얻게 될 것이다.[110] (301쪽)

만약 이러한 언급들이[111] 어느 정도 진실이라면, 지질학적 누층들에서 무수히 많은 미세한 전환단계 유형들을 발견할 것으로 기대해서는 안 될 것이다. 이 유형들은 내 이론에 따라 같은 무리에 속하는 과거와 현재에 있는 모든 종들을 하나의 기다랗게 가지를 친 생명의 사슬로 확실히 연결시켜 주기 때문이다. 우리는 단지 몇몇 연결고리만을 찾을 수 있을 것인데, 일부는 서로서로 더 가깝고, 일부는 더 멀리 떨어져 있을 것이다. 그리고 이들 연결고리들을 심지어 가깝게 위치시킨다 하더라도 이들이 만일 같은 누층의 서로 다른 조층에서 발견된다면, 고생물학자들 대부분은 뚜렷하게 구분되는 종이라는 계급을 부여할 것이다. 그러나 나는 생명체들에서 나타나는 돌연변이[112]의 기록이 얼마나 허술한지 의심하는 척은 전혀 하지 않으려고 한다. 누층 하나하나가 만들어지고 사라지는 과정에서 나타나는 종들 사이의 셀 수 없이 많은 전환단계의 연결고리들을 발견했더라면, 발견된 것들 중 가장 잘 보존된 지질학적 단면은 내 이론에 압력을

109 『종의 기원』 297쪽에서 다윈은 "많은 고생물학자들이 너무나 사소한 차이에 근거해서 자신들만의 종을 인식하고 있다"라고 표현했다.

110 다윈은 『종의 기원』 296쪽에서 자연사학자들이 "비슷한 중간형태로 이 유형들을 연결할 수 없을 경우에만 이 두 유형 모두에 종이라는 계급을 부여한다"고 설명했다. 다른 곳으로 이동했다가 원래 살던 곳으로 다시 이동해 왔다면 이동 전후의 형태를 연결해 주는 중간형태가 이 지역에는 없을 것이다. 그래서 종이라는 계급을 얻게 될 것이라는 뜻이다.

111 387쪽에서 시작된 첫 번째 이유부터 395쪽에 설명된 아홉 번째 이유이다.

112 다윈은 돌연변이라는 용어를 진화에 필요한 변이로 생각했다(Kumar, 2018).

거의 가하지 않았을 것이다. (301~302쪽)

[113]*동류 종 무리 전체가 돌발적으로 출현하는 현상에 대하여.* 일부 누층에서 종 무리 전체가 돌발적으로 출현하는 급격한 방식은 종이 변천[114]한다는 믿음에 치명적인 결점이라고 몇몇 고생물학자들이, 실례를 들면, 아가시, 픽테, 세지윅 교수 등이 세게 몰아쳤다.[115] 특히 세지윅 교수보다 더 강하게 반대한 사람은 없을 것이다. 만일 같은 속이나 과에 속하는 수많은 종들이 생물계로 한꺼번에 동시에 들어왔다면, 이 사실은 자연선택으로 친연관계가 서서히 변형되었다는 이론[116]에 치명적일 것이다. 유형들이 한 무리로 발달하기 위해서는, 한 조상에서 유래한 유형들 모두가 매우 느린 과정을 거쳐야만 하며, 조상들은 자신들의 변형된 자손들이 나올 때까지 오랜 세월을 살아야만 한다. 그러나 우리는 지질학적 기록의 완벽함을 지속적으로 과대평가하고 있어서 일부 속들이나 과들이 일부 조층 아래에서 발견되지 않은 점을 이 조층 이전에는 이들이 존재하지 않았다고 잘못 추론하고 있다. 우리는 지속적으로 이 세상이 우리가 세심하게 조사했던 지질학적 누층이 차지한 면적과 비교할 때 얼마나 큰가를 망각하고 있다.[117] 우리는 종 무리가 유럽과 미국의 오래된 섬들로 쳐들어가기 전부터 어디에서나 오랫동안 생존해 왔으며 서서히 증식되었다는 점을 망각하고 있다. 더욱이 우리는 순서대로 간격 없이 연속된 누층들 사이의 시간 간격이 엄청났을 것으로 인정하지 않는데, 아마도 누층 하나하나가 축적되는 데 필요한 시간보다 훨씬

113 장 목차에 나오는 7번째 주제, '종 무리의 돌발적인 출현에 대하여'에서 돌발적인 출현이라 했지만, 사실은 그렇지 않다는 점을 4가지로 구분해서 설명하고 있다.

114 이 단어는 『종의 기원』에 단 한 번 나오는데, transmutation을 번역한 것이다. 다윈 이전에 '진화'를 의미하는 단어로 사용된 것으로 보이는데, 한 종이 다른 종으로 변함을 의미한다.

115 이들은 모두 대격변설을 주장하면서 다윈의 진화 이론을 반대했다. 종이 갑자기 만들어졌다는 의미는 종이 서서히 진화한다는 것이 아니라 창조된 결과라고 주장한 것인데, 대격변설은 현재의 지층과 화석, 즉 지각은 과거에 일어난 전 지구적 규모의 대홍수와 지층의 융기나 침강 같은 대격변에 의해 단기간에 형성되었다는 이론이다. 따라서 생물들도 단기간에 창조의 결과라고 설명할 수밖에 없을 것이다.

116 친연관계가 서서히 변형되었다는 이론을 다윈은 『종의 기원』 6판에서 "진화(evolution)"라는 단어로 변경했다. 『종의 기원』 1판에서 "변형을 수반한 친연관계"라는 구절은 18회 나오나, 이 부분만은 6판에서 "진화"로 변경했다. 6판에서는 "진화"가 10회 나오나, 이 부분을 제외한 나머지 9번은 새롭게 추가된 부분에서 나온다. 다윈은 친연관계가 세대를 거듭하면서 변형되는 과정을 진화로 간주한 것인데, 왜 이 부분에서만 수정했는지 추후 연구할 필요가 있을 것이다.

오래 걸린 사례들도 있기 때문일 것이다. 이 시간 간격들은 어떤 한 부모 유형 또는 몇몇 부모 유형들로부터 종이 증가하는 데 필요한 시간을 제공했을 것이며, 다음 누층에서는 이런 종들이 마치 돌발적으로 창조된 것처럼 나타났을 것이다. (302~303쪽)

나는 이쯤에서 앞에서 언급한 내용을 다시 불러오려고 하는데, 한 생물이 어떤 새롭고 특이한 삶의 방향에, 실례를 들어 하늘로 날기 위해서는, 적응하려면 오랜 세월을 연속해서 살아가야 한다는 점이다. 그러나 이런 일이 일어난다면, 몇몇 종들은 다른 생물들보다 엄청나게 유리한 점을 획득했을 것이고, 수많은 분기한 유형들을 만드는 데 필요한 시간도 비교적 짧았을 것이므로, 이렇게 만들어진 유형들은 전 세계 곳곳에 재빨리 퍼져 나갈 수 있었을 것이다.[118] (303쪽)

이제 나는 이러한 언급을 설명하는 예시를 제시할 것이다. 또한 나는 종 전체 무리가 돌발적으로 만들어졌다고 가정하는 오류에 어떻게 쉽게 빠지는지를 보여 줄 것이다. 나는 그렇게 오래전에 발간된 것이 아닌 지질학 문헌들에 있는 널리 알려진 사실, 즉 포유류라는 큰 강이 제3기에 갑자기 나타나기 시작했다는 주장을 다시 상기시킬 것이다. 오늘날 포유류 화석이 가장 풍부하게 축적된 것으로 알려진 층 중의 하나는 제2기 중간층이다. 진정한 포유류 한 종류[119]가 제2기 중간층이 거의 시작할 무렵에 축적된 새로운 적색 사암층에서 발견되었다. 더구나 퀴비에는 제3기층에서 그 어떤 원숭이도 나타나지 않았다고 자주 강력하게 주장했었다. 그러나 오늘날에는 인도, 남아메리카, 유럽 등지

117 다윈 시대에는 초기 속씨식물인 고등식물 화석들이 백악기 중반부터 말기 사이 지층에서 폭발적으로 발견된 반면, 이들이 처음으로 만들어졌을 것으로 추정되는 백악기 초기 지층에서는 사실상 거의 발견되지 않았다. 따라서 속씨식물의 기원을 설명할 수 없었고, 이 점을 빗대어 다윈은 지독한 수수께끼(abominable mystery)라고 불렀다. 그러나 화석이 발견되지 않은 점은 초기 속씨식물로 기원지로 추정되는 질랜디아 대륙이 최근 바닷물 속에 발견되었기 때문으로 풀이하고 있다. 지금까지 세심하게 조사했던 지역이 얼마나 좁은지를 이해해야만 한다. 『다윈의 식물들』(신현철, 2023)을 참조하시오.

118 다윈이 종 무리가 돌발적으로 출현하는 것은 사실이라기보다는 잘못이라고 주장하면서, 그 사례를 다음 문단에서 설명하고 있다. 화석 표본 채취에 오류가 있었기 때문이라고 풀이되기도 한다(Costa, 2009).

119 Costa(2009)는 아마도 독일 남부에서 발견된 원시코뿔소(*Chilotherium*)일 것이라고 설명했다. 그 당시 고생물학자들이 이 화석생물에 대해 많이 논의했기 때문인데, 오늘날에는 원시코뿔소를 포유류가 아닌 공룡의 일종으로 간주하고 있다.

의 에오세[120] 조층 이전 지층에서도 절멸한 종들이 발견되고 있다.[121] 하지만 가장 놀랄 만한 사례는 고래과[122]이다. 이 동물들은 엄청 큰 골격을 지니며 바다에서 살아가며 전 세계에 걸쳐 분포함에도, 고래의 뼈 단 하나도 그 어떤 제2기 누층에서 발견되지 않았다는 사실은 이 엄청나게 크고 뚜렷하게 구분되는 목이 제2기 말기와 제3기 초기 사이에 돌발적으로 출현했다는 믿음을 충분히 정당화시켜준다. 그러나 이제 우리는 라이엘이 1858년에 출판한 편람을 읽으면 좋을 것 같은데, 이 편람의 부록에는 제2기 말기 직전인 해록적 사암[123] 상층부에서 고래가 존재했다는 명백한 증거가 있다.[124] (303~304쪽)

나는 또 다른 실례를 제시하고자 하는데, 이 실례는 내 눈으로 직접 관찰해서 무척이나 놀랐다. 화석 무병만각류를 다룬 논문[125]에 설명된 제3기에 존재했던 그리고 절멸한 종들의 수, 북극에서 적도에 걸쳐 그리고 만조선[126]에서 수심 약 90m까지 다양한 수심에 걸쳐 정착한 전 세계 곳곳에서 발견되는 이례적으로 풍부한 여러 종들, 가장 오래된 제3기 지층에 완벽하게 보존된 표본들, 그리고 조개껍질 한 조각이라도 쉽게 인식할 수 있는 점과 같은 이 모든 정황들로부터 나는 무병만각류가 제2기 동안에도 존재했다면 그것들은 분명히 보존되어 발견되었을 것이라고 추론했으나, 이 시기의 지층에서 그 어떠한 종도 발견되지 않아, 나는 이 거대한 무리가 제3기 시작과 함께 돌발적으로 발달했을 것이라고 결론지었다. 종의 큰 무리가 돌발적으로 출현한 실례를 또 하나 소개하는 것이 나에게는 괴로운 곤란거리라고 나는

120 지금으로부터 약 3,300만 년 전이다. 이 시기에 현생 포유류의 과들이 지구상에 나타났다. 제3기층의 하나이다.

121 지구상에서 가장 오래된 원숭이 화석이 중국 후베이성 징저우시 인근에서 발견되었는데, 연대는 약 5,500만 년 전, 즉 제3기 초인 팔레오세로 추정되고 있다.

122 고래과(whale family)라고 다윈은 『종의 기원』에서 썼으나, 오늘날에는 고래목(Cetacea)으로 간주한다.

123 초록색을 띠는 둥그런 알갱이, 즉 해록석을 포함하는 사암이다. 산소가 부족한 깊은 바다에서 만들어지며, 석탄기층과 비슷하게 많은 화석을 포함한다.

124 19세기에 제2기는 오늘날 중생대와, 제3기는 신생대와 비슷하다. 오늘날에는 신생대의 에오세에서 원시적인 고래류가 출현한 것으로 간주하고 있는데, 다윈은 『종의 기원』 2판부터 고래 사례를 삭제했다.

125 다윈은 화석 만각류에 대해 두 편의 논문을 발표했다. 한 편은 1851년에 「대영제국의 화석 조개삿갓과, 즉 유병성 만각류의 종속지」이며, 다른 한 편은 1854년 발표한 「대영제국의 화석 따개비과와 베루카과의 종속지」이다. 이 중 이 부분은 1854년에 발표된 논문 내용이다.

126 해안에서 해수면이 가장 높아졌을 때의 해수와 육지의 경계선이다.

생각했다. 그러나 숙련된 고생물학자 보스케 씨가 자신이 벨기에에 있는 백악기층[127]에서 발굴해서 틀릴 여지가 없는 무병만각류의 완벽한 표본 그림을 나에게 보내 주었을 때, 나는 내 작업이 거의 끝났었다.[128] 그리고 마치 나를 놀라게 할 것처럼, 이 무병만각류는 조무래기따개비속Chthamalus에 속했는데, 이 속은 아주 흔한 많은 종들을 포함하며 도처에서 발견되나, 지금까지는 그 어떤 제3기층에서 단 하나의 표본도 발견되지 않았다. 따라서 무병만각류가 제2기 동안 생존했다고 할 수 있으며, 이들 만각류가 제3기와 현존하는 많은 종들의 조상일 것이라고 우리는 긍정적으로 볼 수 있을 것이다. (304~305쪽)

종 전체 무리가 돌발적으로 출현했다는 고생물학자들의 주장에 가장 자주 인용되는 사례는 백악기층 아래쪽에서 발견된 진골어류[129]이다. 이 무리는 현존하는 대부분 종들을 포함한다. 최근 픽테 교수가[130] 이들의 존재를 좀 더 과거의 아조층으로 끌고 갔다.[131] 그리고 일부 고생물학자들은 이보다 더 오래된 많은 일부 어류들을, 이들과의 친밀성은 아직 완벽하게 알지 못하는데, 진정한 진골어류라고 믿었다. 그러나 아가시가 믿었듯이 이들 전체가 백악기 누층이 만들어지기 시작할 때 나타났다고 가정하는 것은, 확실히 매우 주목할 만한 사실이다.[132] 하지만 마찬가지로 세계 곳곳에서 동시에 돌발적으로 이들 종 무리가 출현했다고 알려지기 전까지는, 내 이론이 이 문제를 극복하기 어렵다고 나는 볼 수가 없다. 적도 남쪽에서 그 어떤 어류 화석도 알려지지 않았다고 말하는 것은 거의 의미가 없으며, 픽테의 고생물학[133]

127 백악기층은 중생대 말, 즉 제2기 말이다. 다윈은 제3기에 무병만각류가 번성했을 것으로 생각했으나, 보스케의 표본이 제2기 말에 출토되었다.

128 보스케는 다윈이 1854년에 발표한, 하지만 이미 원고 작성은 끝난 논문에 사용된, 베루카속(*Verruca*)에 속하는 동물의 그림을 1853년 4월 7일 다윈에게 보냈다. 1854년 논문에서 다윈은 보스케가 보낸 그림을 관찰했다고 서술했다.

129 빗살이 있는 지느러미를 지니고 있는 조기어강(Actinopterygii)에 속하며 꼬리지느러미를 지니고 있는 진골어하강(Teleostei)에 속하는 어류로, 현존하는 어류 대부분이 여기에 속한다. 중생대가 시작되는 트라이아스기에 출현했다.

130 『종의 기원』 6판에는 "픽테 교수" 대신에 "한 저명한 권위자"로 수정되어 있다.

131 지구상에 더 일찍 출현했다는 의미인데, 『종의 기원』 6판에는 고생대 유형으로 간주된 것으로 설명되어 있다.

132 백악기는 중생대가 끝나는 시점인데, 오늘날에는 진골어류가 중생대가 시작하는 시점인 트라이아스기에 출현한 것으로 간주되고 있다. 진짜로 진골어류가 아가시의 주장대로 중생대가 끝나는 시점인 백악기에 출현했다면 놀라운 사실일 것이다.

133 픽테 교수가 쓴 『고생물학 기초』를 말한다.

을 자세히 읽어 보면 유럽의 몇몇 누층에서도 극소수 종들만 알려졌음을 알 수 있다. 어류의 꽤 많은 과들이 오늘날 고립된 분포범위 내에서만 살고 있다. 진골어류도 전에는 비슷하게 고립된 분포범위를 지녔을 것이고, 어떤 한 바다에서 크게 번성하여 넓게 퍼져 나갔을 것이다. 세계에 있는 바다들이 항상 오늘날처럼 남쪽에서 북쪽으로 자유롭게 탁 트여 있었다고 가정해서는 안 될 것이다.[134] 오늘날에도 만일 말레이 제도가 육지로 변했다면, 인도양의 열대 지역은 커다랗게 완벽하게 둘러싸인 내해[135]였을 것이며, 이 안에서 많은 해양성 동물들이 증식했을 것이다. 그리고 이곳의 서늘한 기후에 적응할 때까지 이들은 고립된 상태로 있다가, 아프리카나 호주 남쪽 곳으로 돌아가서 멀리 떨어진 다른 바다까지 갈 수 있었을 것이다. (305~306쪽)

이상의 설명과 이와 비슷한 점들을 고려한다고 하지만, 유럽과 미국의 경계를 넘어 다른 나라의 지질에 대해서는 무엇보다 우리들이 무지하다는 점과, 지난 10년간의 발견들이 상당한 영향을 주어 많은 분야에서 우리들의 고생물학적 생각들이 혁신을 이루었다는 점을 고려하면, 전 세계 곳곳에서 일어난 생물들의 연속성을 독단적으로 주장하는 것은, 한 자연사학자가 호주의 어떤 한 황무지에 5분간 상륙했다가 이곳의 생물의 수와 분포범위를 논의하는 것처럼, 우리가 신중하지 못한 것으로 나에게는 보인다.[136] (306쪽)

[137] *가장 아래쪽에 있는 것으로 알려진 화석층에 있는 동류 종*

134 진골어류가 출현한 시기인 트라이아스기의 지구는 오늘날의 지구와 많이 달랐다. 남아메리카, 아프리카, 남극, 호주, 북아메리카 그리고 유럽 등이 모두 육지로 연결되어 있었다.

135 바다나 호수가 육지 안으로 완전히 들어간 지역이다. 카스피해가 완전히 육지로 둘러싸인 내해였을 것이다.

136 장 목차에 나오는 7번째 주제에 대한 다윈의 생각을 요약했다. 다윈이 살았던 당시까지 알려진 지질학적 지식을 호주의 황무지를 5분간 조사해서 파악한 지식과 동일한 것으로 다윈이 생각한 것으로 보인다. 앞으로 훨씬 더 많은 고생물학적 정보가 조사되어야, 이 정보가 진화를 입증하는 증거로 제시될 수 있을 것이라는 의미이다.

137 장 목차에 나오는 마지막 주제, '가장 아래쪽에 있는 것으로 알려진 화석층에서의 돌발적인 출현에 대하여'를 설명하고 있다.

무리의 돌발적인 출현에 대하여. 또 다른 비슷한 어려움이 있는데, 조금 더 심각하다.[138] 같은 무리에 있는 많은 종들이 가장 아래쪽에 있는 것으로 알려진 화석층에서 돌발적으로 나타난 방식을 설명하고자 한다. 같은 무리에 있는 현존하는 모든 종들이 한 조상에서 유래했음을 믿도록 나를 설득시키는 논증 대부분은 맨 처음 알려진 종들에게도 거의 똑같이 적용된다. 실례를 들면, 실루리아기[139]에 살았던 모든 삼엽충[140]은 어떤 한 종류의 갑각류에서 유래했다는 점을 나는 의심할 수가 없는데, 이 갑각류는 실루리아기전까지 오랫동안 살았고, 알려진 그 어떤 동물보다 아마도 엄청나게 달랐음이 틀림없다. 앵무조개속Nautilis[141]과 개맛속Lingula[142] 동물 등과 같은 고대 실루리아기 동물 대부분은 현재 살아 있는 종들과 크게 다르지 않다. 그리고 내 이론에 따르면 이처럼 오래된 종들이 자신들이 속하는 목에 포함되는 모든 종들의 조상일 것이라고 가정해서는 안 되는데, 이 동물들이 자신과 조상 사이의 그 어떤 중간형태가 지녔던 형질을 가지고 있지 않기 때문이다. 더욱이 만일 이들이 자신들이 포함된 목들의 조상이라면, 이들은 자신들의 수많은 개량된 후손들로 이미 오래전에 대체되었고 몰살되었을 것이다. (306~307쪽)

이런 이유로, 만일 내 이론이 진실이라면, 가장 아래쪽에 있는 실루리아기층[143]이 퇴적되기 전에 실루리아기부터 오늘날에 이르는 시간만큼이나 오랜 시간이 경과했거나 이보다 더 오랜 시간이 경과했다는 점에 대해서는 논의의 여지가 없을 것이다. 그리고 이 엄청난 시기 동안에 전혀 알려지지 않았지만, 이 세상은

138 공통부모로부터 많은 후손 종들이 만들어졌다고 다윈은 설명했다. 이 설명이 올바르다면 화석을 포함한 맨 아래 지층에서는 동류 종이라 부를 수 있는 종들의 수가 적어야만 한다. 그럼에도 이 지층에서 동류 종들이 돌발적으로 출현했다고 주장하는 것은 다윈에게 심각한 문제였다. 이러한 주장은 특수 창조를 주장하는 고생물학자들이 제기한 것으로, 주요 동물문에 속하는 종들이 돌발적으로 출현한 것은 이들이 동시에 창조된 결과라는 것이다.

139 고생대에 속하는 시대로, 4억 4천만 년 전부터 4억 1천만 년 전까지의 시기이다. 『종의 기원』 6판에는 "캄브리아기와 실루리아기"로 수정되어 있다.

140 절멸한 해양성 절지동물 종류이다. 지구상에 가장 먼저 나타난 절지동물로, 캄브리아기에 출현해서 고생대에 번성하다가 중생대가 시작하면서 절멸했다.

141 앵무조개과(Nautilidae)에 속하는 연체동물을 흔히 앵무조개라고 부르며, 과거 절멸한 암모나이트와 가까운 종류들이다.

142 갯벌에서 살아가는 완족동물로, 두 장의 석회질 껍데기에 싸여 있다.

143 지구는 지금으로부터 약 46억 년 전에 만들어졌고, 실루리아기는 4억 4천만 년 전에 시작되었다. 『종의 기원』 6판에는 실루리아기가 지금으로부터 5억 1천만 년 전에 시작해서 현재 생물을 이루는 문의 절반 이상이 출현한, 흔히 캄브리아 대폭발로 부르는 사건이 일어난, 캄브리아기로 수정되었다.

살아 있는 창조물[144]들로 가득 차 있었을 것이다. (307쪽)

왜 우리는 이처럼 방대한 최초 시기와 관련된 기록을 찾지 못하는가라는 질문에 대해 나는 그 어떤 만족할 만한 답을 줄 수가 없다. 머치슨 경을 대표로 하는 가장 뛰어난 지질학자 몇몇은, 맨 아래쪽의 실루리아기층에 있는 생물들의 유해에서 지구상에 출현한 생물들의 여명을 볼 수 있을 것이라고 확신했다. 라이엘과 작고한 포브스 등은 이런 결론에 대해 반론을 제기했다. 세계의 아주 작은 부분만 정확하게 알려져 있다는 점을 우리는 잊어서는 안 된다. 바랑드 씨는 최근에 실루리아기 아래에 또 다른 조층을 추가했는데, 이 조층에는 새롭고도 특이한 종들이 포함되어 있었다. 생명의 흔적은 바랑드가 말한 소위 원시대[145] 아래에 있는 롱민드층[146]에서 발견되었다. 가장 아래쪽에 있는 무생대[147] 암석 일부에서 인산염 단괴와 역청탄[148]이 발견되었다는 것은 아마도 이 시기에 생명의 이전 형태가 존재했음을 나타낸다.[149] 그러나 내 이론에 따르면 실루리아기 이전에 어디에선가는 의심할 여지 없이 아주 많이 축적되었어야 하며, 엄청난 양의 화석층이 존재하지 않는다는 점은 이해하기가 어렵다. 만일 많은 오래된 층이 삭박으로 완전히 닳아 없어졌다면 또는 변성작용[150]으로 거의 완전히 사라졌다면, 연대순으로 다음에 이어진 누층에서 아주 조그만 잔해들만 찾을 수 있을 것이며, 잔해들은 아주 일반적으로 변성 상태에 있을 것이다. 그러나 러시아와 북아메리카의 광대한 지역에서 실루리아기의 퇴적을 오늘날 우리가 찾았다는 설명은 누층이 오래되면 오래될수록 삭박과 변

144 신이 만든 것이 아니라 자연이 만든 창조물이라는 의미이다.

145 바랑드가 1846년 보헤미아 지방을 조사한 다음 설정한 시기로, 오늘날 캄브리아기에 해당한다.

146 영국 중서부에 있는 슈롭셔주의 히스지대에 있는 지층으로 캄브리아기 이전인 선캄브리아시대에 형성된 것이다.

147 생물이 발견되지 않은 층으로, 흔히 선캄브리아기로 부른다. 오늘날은 선캄브리아기를 3개의 시대로 구분한다. 45억~38억 년 전까지의 명왕누대, 38억~25억 년 전까지의 시생누대, 그리고 25억~5억 4,200만 년 전까지의 원생누대이다.

148 검고 광택이 나는 일반적인 석탄이다.

149 생물과 무생물 사이에서 가장 크게 차이가 나는 물질 성분이 탄소이다. 생물은 주로 탄소가 포함된 물질로 되어 있어, 영어로 생물을 organic being이라고 부르는데, 이를 유기체로 번역하기도 한다. 유기체란 유기물, 즉 탄소화합물로 이루어진 물체라는 의미이다. 또한 생물에는 화학에너지인 ATP가 포함되어 있는데, 이 ATP에는 인산물질이 들어 있다. 따라서 탄소와 인산이 암석에 존재했다는 의미는 과거 생물이 살다가 암석으로 전환되었음을 의미한다.

150 지각 내부에서 암석 조직과 광물 조성이 그 장소에서의 물리적, 화학적 조건에 적합하도록 재구성되는 작용이다. 화석을 포함한 퇴적층이 변성작용을 받으면 퇴적암 속의 화석들이 손상될 수도 있다.

성작용[151]을 극도로 많이 받았을 것이라는 견해를 지지하지 않는다. (307~308쪽)

현재 이 사례는 설명할 수가 없는 상태로 남아 있으며,[152] 여기에서 제공하는 견해들을 정당하게 반대하는 진정한 논증으로 밀고 나갈 수도 있을 것이다. 앞으로는 설명할 수 있다는 것을 보여 주기 위해, 나는 다음과 같은 가설을 제시하려고 한다. 유럽과 미국에 있는 몇몇 누층의 아주 깊은 곳에서 정착했던 것으로는 보이지 않는 생물 유해들이 지닌 속성과 누층을 만들어 낸 퇴적물 정도가 두께만도 수 킬로미터가 되는 점으로 볼 때, 퇴적물의 출처가 되는 큰 섬들이나 넓은 부지가 처음부터 끝까지 이전부터 존재하던 유럽과 북아메리카 근처에 있었다고 추론할 수가 있다. 그러나 우리는 연속된 누층들 사이의 시간 간격의 상황, 즉 유럽과 미국이 이 기간에 건조한 대지로 존재했는지 또는 육지 근처에 있는 바닷물에 잠겨 퇴적물이 퇴적될 수 없었는지 또는 깊이를 잴 수 없는 개방된 바다의 지층이었는지에 대해서는 알지 못한다. (308쪽)

육지보다 3배나 넓은 현재의 바다를 보자. 우리는 바다에 많은 섬들이 산재해 있는 것을 본다. 그러나 단 하나의 해양섬도 고생대나 제2기 누층, 심지어 이 지층의 그 어떤 잔해조차 보여 주지 않는 것으로 알려져 있다.[153] 따라서 고생대와 제2기 동안, 대륙과 대륙섬[154]들은 모두 오늘날 바다로 넓어지려는 곳에 있지 않았다고 추론할 수가 있는데, 만약 대륙과 대륙섬들이 바다로 넓어지려는 곳에 있었다면, 고생대와 제2기 누층들은 대륙

151 삭박과 변성작용, 이 두 가지가 화석을 파괴했던 가장 큰 요인이었을 것이다.

152 오늘날에 호주에서 발견된 스트로마톨라이트는 35억 년 이전에 만들어진 것으로 알려져 있다. 하지만 다윈 시대에는 이런 미생물 화석에 대한 정보가 거의 없었을 것이고, 다윈에게는 "가장 아래쪽에 있는 것으로 알려진 화석층에 있는 동류 종 무리의 갑작스런 출현"이 "설명할 수 없는 상태"로 남아 있을 수 밖에 없었을 것이다.

153 해양섬 대부분은 화산 폭발로 만들어졌기에 퇴적암으로 이루어진 누층의 흔적이 없을 것이다.

154 대륙섬은 얕은 바다로 둘러싸인 커다란 육지를 의미한다. 이들 섬은 빙하기가 끝나면서 해수면이 상승해 대륙과 분리되어 만들어지는데, 영국을 이루는 그레이트브리튼섬이 대표적인 사례이다.

과 대륙섬들에서 마모되어 나온 퇴적물로 아마도 축적되었어야만 하기 때문이다. 그리고 누층들은 수위 변동에 따라 부분적으로 융기되었을 것인데, 수위 변동이 엄청나게 오랜 시간 동안 반드시 나타났을 것이라고 우리는 합당하게 결론을 내릴 수 있을 것이다. 만일 이러한 사실들로 무엇인가를 추론할 수 있다면, 오늘날 바다로 넓어지려는 곳에서 우리가 기록으로 가지고 있는 가장 먼 시기부터 바다가 넓어졌다는 점일 것이다. 이와는 반대로, 대륙이 현재 존재하는 곳에서 엄청나게 큰 대륙 덩어리가 실루리아기 초기[155] 이래 의심할 여지 없이 엄청난 수위 변동을 받으면서 존재했다고 추론할 수도 있다. 산호초에 대한 내 책[156]의 부록에 첨부된 컬러 지도는 나로 하여금 큰 해양은 아직까지 많은 지역에서 침강하며, 큰 제도들은 아직도 곳곳에서 수위 변동을 겪고 있으며, 대륙 곳곳은 융기하고 있다고 결론을 내리도록 했다. 그러나 이런 상황이 영원히 유지될 것이라고 우리가 가정할 수 있을까? 우리의 대륙은 수많은 수위 변동 기간에 상승하려는 힘이 우세해서 만들어진 것처럼 보인다. 그러나 이 지역에서의 힘의 우위가 시간이 경과하면서 바뀌지는 않을까? 실루리아기 이전의 많은 기간에, 대륙은 현재 바다가 펼쳐져 있는 곳에서 존재할 수도 있었을 것이다. 그리고 투명하고 개방된 해양은 현재 대륙이 있는 곳에서 존재했을 수도 있다.[157] 우리가 정상적으로 가정할 수 없는 것도 있는데, 실례를 들어, 만일 태평양이 있는 층이 오늘날 대륙으로 바뀐다면, 우리는 과거에 퇴적되었다고 가정할 수 있는 실루리아기층보다 오래된 누층을 찾을 수

155 『종의 기원』 6판에는 이 문단에 나오는 실루리아기가 모두 캄브리아기로 수정되어 있다. 캄브리아기가 시작되기 전, 지구 육지는 로디니아라는 하나의 대륙으로 뭉쳐져 남극 근처에 존재했던 대륙이 나누어지기 시작했을 것으로 추정하고 있다. 실루리아기에는 대규모 조산 운동이 일어난 것으로 알려져 있다.

156 1842년에 발간된 『산호초의 구조와 분포』이며, 이 책 앞부분에 컬러 지도가 있다.

157 볼리비아 우유니 소금 사막과 중국의 차카 염호 등은 옛날에 바다였던 지역이 융기하여 오늘날 대륙의 일부가 될 수 있음을 보여 주는 사례일 것이다.

있어야만 한다. 이 단층이 지구 중심 가까이까지 수 킬로미터 가라앉았다고 하면, 엄청난 양의 물이 위에서 가하는 힘에 의해 눌렸을 것이며, 또한 항상 수면 근처에 남아 있는 지층보다 더 심한 변성작용을 겪었을 것이기 때문이다. 엄청난 압력을 받으면서 열을 받았을 변성암이 노출되어 있는 세계 일부 지역에 있는 광대한 면적은, 실례를 들어 남아메리카처럼, 항상 나에게 무언가 특별한 설명을 요구하는 것처럼 보인다. 그리고 이 넓은 지역에서 실루리아기 훨씬 이전에 완전하게 변성 조건에서 만들어진 많은 누층을 발견할 수 있을 것이라고 우리는 믿어도 될 것이다.[158] (308~310쪽)

[159]지금까지 논의한 몇 가지 어려운 점들은, 즉 현재 존재하거나 존재했던 수많은 종들 사이에 있을 무한히 많은 전환 중인 연결고리들을 연속된 누층들에서 발견할 수 없는 이유, 유럽 누층에서 종 전체 무리가 돌발적으로 나타나는 방식, 실루리아기층 아래에는 지금까지 알려진 바에 따라 화석 누층이 거의 전혀 없다는 점은 의심할 여지 없이 가장 심각한 속성들이다. 가장 뛰어난 고생물학자들, 즉 퀴비에, 오웬, 아가시, 바랑드, 팔코너, 포브스 등과 우리가 알고 있는 위대한 지질학자들, 즉 라이엘, 머치슨, 세지윅 등이 만장일치로 때로는 격렬하게 종의 불변성을 유지하고 있다는 사실에서 우리는 이러한 점들을 가장 명백하게 볼 수 있다. 그러나 나는 위대한 한 사람, 찰스 라이엘 경이 이 주제와 관련해서 심각하게 의심을 품고 계속해서 심사숙고하고

158 "가장 아래쪽에 있는 것으로 알려진 화석층에 있는 동류 종 무리의 돌발적인 출현"이 『종의 기원』 308쪽에서 "설명할 수가 없는 상태"로 남아 있다고 설명했는데, 그 이유가 바로 압력과 열 때문에 나타난 변성작용으로 화석이 파괴되었기 때문이라는 설명이다.

159 지질학적 기록의 불완전성을 요약하는 부분이다. 장의 요약은 10장 생명체의 지질학적 연속성에서 다시 나온다. 이 부분에서는 다윈이 많은 사람들이 불완전한 지질학적 기록을 잘못 해석하고 있다고 지적하고 있다. 불완전한 기록을 완전하게 해석하기 위해서는 종이 변하지 않은 것이라고 믿는 것보다는 종이 변화할 수 있을 것이라는 발상의 전환이 필요하다는 의미로 보인다.

있다고 믿을 이유를 가지고 있다. 우리가 가진 지식 모두를 이처럼 위대한 사람들을 비롯하여 다른 사람들로부터 얻었는데, 우리가 이들과 달리 생각한다는 것이 얼마나 경솔한지도 나는 느낀다. 자연의 지질학적 기록이 어느 정도 완벽하다고 생각하는 사람들과 이 책에서 제시한 다른 종류의 사실들과 논증들에 그 어떤 중요성도 인정하지 않는 사람들은 즉시 의심할 여지 없이 내 이론을 반대할 것이다. 내 입장에서는, 라이엘의 은유에 따라, 자연은 지질학적 기록을 불완전하게 기록한 역사이며, 변하는 방언으로 쓰인 역사[160]라고 나는 생각한다. 우리는 단지 둘 또는 세 나라의 역사를 기록한 마지막 책 단 한 권만을 가지고 있을 뿐이다. 이 책에서도, 짧은 장만 여기저기 있을 뿐이며, 페이지에도 여기저기 몇 줄만 있을 뿐이다. 역사가 글로 쓰인다고 가정하면, 서서히 변하는 언어의 단어 하나하나는 쭉 이어지지 못한 장들에서 다소 다르게 나타날 것인데, 우리의 연속된 그러나 광범위하게 분리된 누층들에 매몰된 생명 유형들이 갑자기 뚜렷하게 변하는 것을 대변할 수도 있다. 이런 견해에 따르면, 앞에서 논의한 어려움들은 상당 부분 해소되었거나 심지어 사라졌을 것이다. (310~311쪽)

160 라이엘은 『지질학 원리』 3권 3장에서 이탈리아 베수비우스 화산 근처에 매몰된 두 도시를 예시로 들었다. 아래쪽에는 그리스 시대 도시, 위쪽에는 이탈리아 시대 도시라고 할 때, 고고학자들은 이 두 도시 사이에 급격한 전환이 있었다고 성급하게 결론 내릴 것이다. 그러다가 맨 아래에 그리스 시대, 중간에 로마 시대, 그리고 맨 위쪽에 이탈리아 시대가 매몰된 3번째 도시가 발굴되면, 고고학자들이 그리스 시대에서 바로 이탈리아 시대로 급격하게 전환되었다는 과거의 주장은 오류가 된다고 라이엘이 예시를 든 것이다. 이 지역에 살던 사람들의 방언은 연속적이지만, 학자들은 불완전한 기록으로 단계적으로만 보게 된다는 것이다.

10장

생명체의 지질학적 연속성

새로운 종이 느리고 연속적으로 출현하는 것에 대하여—변화 속도의 차이에 대하여—한번 사라진 종은 다시 나타나지 않는다—종 무리의 출현과 소멸은 한 종에서 일어난 것과 같은 일반적 법칙에 따른다—절멸에 대하여—전 세계 곳곳에서 동시에 일어나는 생명 유형의 변화에 대하여—절멸한 종들 사이의, 그리고 이들과 현존한 종들 사이의 친밀성에 대하여—옛날 유형의 발달 상태에 대하여—같은 지역 내에 있는 같은 기준형의 연속성에 대하여—앞 장과 이 장의 요약

이제부터 생명체의 지질학적 연속성[1]과 관련된 몇 가지 사실들과 규칙들이 종의 불변성[2]이라는 일반적인 견해와 더 잘 일치하는지 아니면 친연관계와 자연선택에 따른 느리고 단계적인 변형이라는 견해와 더 잘 일치하는지 여부를 살펴보도록 하자. (312쪽)

[3]새로운 종은 아주 서서히, 하나씩 하나씩, 육지와 물에서 나

1 서로 다른 동식물은 지질학적 시대에 생존 기간이 상이하고, 절멸 이후 다시 나타나지 않기 때문에, 만일 같은 화석군을 포함한 암석들이라면 같은 시대에 퇴적된 것으로 간주할 수 있다. 따라서 지질 시대에 종들이 연속해서 한 종 한 종 순서대로 나타나게 되는데, 이를 연속성이라 한다(Wyhe, 2016).

2 종이 창조되었기에 변하지 않는다는 창조론적 사고를 의미한다.

3 장 목차에 나오는 첫 번째 주제, '새로운 종이 느리고 연속적으로 출현하는 것에 대하여'를 설명하는 부분이다. 지질학적 연속성을 설명하려고 다윈은 맨 처음 종들이 서서히 만들어졌다고 가정하고 있다.

타났다. 라이엘은 논의되고 있는 제3기의 여러 조층들에서 발견된 증거들을 반박하기 어려웠다는 점을, 그리고 발견된 증거들은 매년 조층들 사이의 시간 간격을 채우고,[4] 사라진 유형과 새로운 유형들의 퍼센트 체계를 더 단계적으로 만드는 경향이 있다는 것을 보여 주었다.[5] 가장 최근에 만들어진 층 일부에서는, 비록 연도를 측정하면 의심할 여지 없이 아주 오래되었지만, 단지 한 종 또는 두 종만이 사라진 유형이며, 한 종 또는 두 종만이 새로운 유형인데, 이들은 이 층에서 국소적으로 또는 우리가 아는 한, 지구의 표면에서, 최초로 출현한 것들이다. 만일 우리가 시칠리아섬에서 이루어진 필리피의 관찰 결과를 신뢰한다면, 이 섬에서 살아가는 해양 정착생물들의 연속적인 변화는 많았고 대단히 단계적이었다. 제2기 누층은 대부분 단절되어 있었으나, 브론이 언급한 것처럼, 오늘날에는 절멸하고 없는 많은 종들이 각기 분리된 누층에서 동시에 출현하지도 소멸되지도 않았다. (312~313쪽)

[6]다른 속이나 다른 강에 속하는 종들은 같은 속도로 또는 같은 정도로 변하지 않는다. 가장 오래된 제3기층에서 발견되는 엄청나게 많은 절멸한 유형들 사이에서 아직도 살아 있는 패류들이 발견된다. 팔코너는 이와 비슷한 사실, 즉 현존하는 크로커다일악어[7]가 아히말라야 침전층[8]에서 이상하게 생긴 소멸된 많은 포유류와 파충류들과 논리적으로 연결된다는 사실을 보여 주는 놀랄 만한 실례를 제시했다. 실루리아기의 개맛속Lingula[9] 화석은 같은 속에 속하며 현재에도 살아 있는 종들과 거의 다르지 않

4 지층에서 발견된 새로운 증거들로 인해 기존의 지층 사이에 아주 큰 시간 간격이 있었다면, 그 사이에 존재했을 생물들을 많이 발견했다는 의미이다.

5 라이엘은 『지질학 원리』에서 신생대의 지질 연대를 구분하기 위하여 연체동물 중 화석으로 발견되는 종 수와 현존하는 종 수를 비교한 다음, 화석으로도 발견되고 현재에도 존재하는 종들의 퍼센트를 구했다. 발견된 화석의 3.5% 이하가 현존하는 경우에는 에오세로, 17% 정도일 경우에는 마이오세로, 33~50% 정도일 경우에는 플리오세, 그리고 90% 이상일 경우에는 플라이스토세로 구분했다(Donald, 2006). 오래된 층에 있는 생물들이 더 많이 절멸했고, 그 대신 새로운 종들이 최근에 많이 출현했음을 알 수 있다.

6 장 목차에 나오는 2번째 주제, '변화 속도의 차이에 대하여'를 설명하는 부분이다. 왜 종들이 서로 다른 속도로 서로 다른 정도로 변할까라는 질문이다. 이 문단에서도 서로 다르게 변한 사례들을 소개하고 있다.

7 크로커다일아과(Crocodylinae)에 속하는 악어 종류로, 열대 지방에서 살며 추위에 민감하다.

8 히말라야 조산대는 크게 4개의 지질구조로 이루어져 있는데, 이 중 하나이다. 추리아힐 또는 시와리크라고 부른다. 마이오세에서 플라이스토세 사이에, 즉 다윈의 표현에 따르면 제3기에, 만들어진 것으로 추정되며, 주로 히말라야산맥의 아래쪽에 있다.

9 개맛속(*Lingula*)은 실루리아기가 아니라 이보다 훨씬 오래전인 캄브리아기에 출현한 것으로 알려져 있다.

는데, 다른 실루리아기의 연체동물 대부분과 모든 갑각류는 엄청나게 변했다.[10] 육상생물들이 해양생물들에 비해 훨씬 빨리 변하는 것 같은데, 이를 보여 주는 놀랄 만한 실례를 최근 스위스에서 볼 수 있었다. 자연의 사다리에서 위쪽에 있는 것으로 간주되는 생물들이 아래쪽에 있는 생물들보다 더 빨리 변할 수 있다고 믿게 만드는 몇 가지 이유들이 있는데, 이 규칙에 예외들이 있다. 생물들이 변화하는 정도는, 픽테가 언급했듯이, 우리가 알고 있는 지질학적 누층들의 연속성과 엄밀하게 상응하지 않는다. 그에 따라 끊기지 않고 이어진 두 누층 사이에서 생명 유형들이 정확하게 거의 같은 정도로 변하지는 않는다. 그럼에도 만일 우리가 가장 비슷하게 연관된 어떤 누층들을 비교한다면, 모든 종들이 약간의 변화를 겪은 상태로 발견될 것이다. 한 종이 지구 표면에서 한 번 사라지면, 똑같은 유형이 결코 다시 나타나지 않는다고 믿어야 할 이유를 우리는 가지고 있다.[11] 이 마지막 규칙의 가장 명백한 예외는 바랑드의 소위 "출아층", 즉 오래된 누층의 한복판이 어떤 시기에 관입되어 이전에 존재하던 동물상이 이 층에 다시 나타난 경우이다. 그러나 이 사례는 전혀 다른 지리적 구역으로부터 생물들이 일시적으로 이동한 것이라는 라이엘의 설명이 나에게는 더 만족스러운 것 같다. (313쪽)

내 이론과 잘 맞아떨어지는 몇 가지 사실들이 있다. 한 나라에 정착한 모든 생물들이 갑자기 또는 동시에 또는 같은 정도로 변하도록 유도하는 발달과 관련된 고정된 법칙은[12] 없다고 나는 믿는다. 변형 과정은 극도로 서서히 진행되었음이 틀림없다.

10 개맛속 생물들이 다르지 않다면 변형이 거의 일어나지 않았다는 의미일 것이다. 비슷한 시기에 살았던 다른 연체동물과 갑각류들은 엄청나게 빨리 변했지만, 개맛속 생물들은 변하지 않았다는 의미일 것이다.

11 3번째 주제에서 설명하고 있다.

12 다윈 이전 퀴비에는 단층별로 뚜렷하게 구분되는 화석생물들이 발견되는 것은, 즉 아래쪽 단층에 있는 생물들이 바로 위쪽에 있는 단층에서 모두 사라지고 그 대신 이들과는 전혀 다른 새로운 종들이 출현하는 것은, 지질학적으로 연속된 "큰 변혁"이라고 불렀다. 그리고 위쪽 단층에서 보이지 않는 종들은 모두 절멸한 것으로 간주했다. 그리고 새로운 종들이 출현한 현상은 원래부터 있던 4종류의 주요 분기로 설명했다. 퀴비에는 종이 창조되었고 그에 따라 불변할 것으로 믿고 있었기 때문에, 동물들의 변종을 기재할 때 사용될 수 있는 형태적으로 안정된 단위로써 기준형이라는 개념을 정립했다. 그리고 동물들은 기능에 따라 공통적인 계획에 따라 분기별로 다양한 수의 종이 만들어지고 변종들도 만들어질 것으로 생각했었다. 그러면서 4종류의 분기로 척추동물, 연체동물, 체절동물, 방사동물을 들었다(Kitson, 2008). 다윈이 이러한 퀴비에의 생각, 즉 공통적인 신의 계획에 따라 생물들이 죽고 출현한다는 생각을 고정된 법칙으로 설명하고 있는 것으로 보인다.

종 하나하나가 지닌 변이성은 다른 모든 종들과 매우 독립적이다. 이러한 변이성이 자연선택으로 유리하게 작용할 것인지, 그리고 변이들이 크게 또는 작게 축적됨에 따라 다양하게 변하는 종들을 크게 또는 작게 변형시킬 것인지는 많은 복잡하면서도 우연한 사건들에 달려 있는데, 이러한 사건들로는 변이성이 지닌 유리한 정도, 이형교배의 영향력, 번식 속도, 한 나라에서 서서히 변하는 물리적 조건, 그리고 이 중에서도 특히 다양하게 변하는 종들을 경쟁으로 내몰아가는 또 다른 정착생물들의 속성 등이 있다. 따라서 한 종이 다른 종들보다 똑같은 유형을 더 오래 유지한다는 점이나 만일 변한다 하더라도 변하는 정도가 작다는 점은 결코 놀랄 일이 아니다. 우리는 지리적 분포에서도 같은 사실들을 볼 수 있다. 실례를 들면, 마데이라 제도에 있는 육상 패류와 딱정벌레류는 유럽 대륙에 있는 이들과 거의 가까운 동류 종들과는 상당히 달라졌으나, 해양성 패류와 조류는 변하지 않은 상태로 남아 있다.[13] 해양생물이나 체제가 낮은 정도로 분화된 생물들과 육상생물이나 체제가 좀 더 고도로 분화된 생물들을 비교하면, 앞 장에서 설명한 것처럼, 좀 더 고등한 생명체들이 자신들을 둘러싼 생물적, 무생물적 살아가는 조건들과 더 복잡한 연관성을 맺고 있기 때문에 변화가 명백하게 더 빨리 일어날 수 있다는 점을 우리는 아마도 이해할 수 있을 것이다.[14] 한 나라에서 많은 정착생물들이 변형되고 개량될 때, 경쟁의 원리와 생물과 생물 사이의 모든 중요한 수많은 연관성의 원리에 따라 어느 정도라도 변형되고 개량되지 않은 유형은 어떤

13 『종의 기원』 136쪽을 참조하시오.

14 다윈은 변이성이 자연선택으로 유불리하게 되는 경우, 특히 다른 정착생물들과의 연관성이 중요하다고 했다. 따라서 복잡한 연관성을 지닌 고도로 분화된 생물들이 더 빨리 변할 것으로 다윈이 추정한 것으로 보인다.

것이라도 쉽게 몰살당할 수 있다는 점을 우리는 이해할 수 있을 것이다. 따라서 만일 우리가 충분한 시간 간격을 두고 조사한다면, 왜 같은 지역에 있는 모든 종들이 결국에는 변형되는지를 우리는 알 수 있을 것인데, 변화하지 않은 종들은 몰살당할 수밖에 없기 때문이다.[15] (314~315쪽)

같은 강에 속하는 구성원들 내에서 변화한 평균 정도는 오랜 같은 시간 동안에는 거의 같다. 그러나 오랜 세월에 걸쳐 이루어진 화석을 포함한 누층의 축적은 침강할 때 가라앉은 지역에 있는 퇴적물 양에 의해 결정되기 때문에, 누층들은 광범위하면서도 불규칙하게 간헐적 간격으로 거의 필연적으로 축적되었다. 이런 이유로 끊기지 않고 이어진 누층에 매몰된 화석이 보여 주는 생물들의 변화 정도는 같지가 않다.[16] 이 견해에 따르면 누층 하나하나는 새롭고도 완벽한 창조의 작용을 표시하는 것이 아니라 서서히 바꾸어지는 드라마에서 거의 아무렇게나 골라낸 것과 같은 우연한 장면을 표시할 뿐이다.[17] (315쪽)

[18]한 종이 한번 사라지고 나면, 심지어 같은 생물적, 무생물적 살아가는 조건이 다시 나타난다고 해도, 다시는 결코 나타나지 않는 이유를 우리는 명확하게 이해할 수 있다. 한 종의 자손이 자연의 경제 내에서 다른 종이 차지한 장소와 정확하게 같은 장소에 적응하고(그리고 셀 수 없을 정도로 많은 실례에서 이런 일이 의심할 여지 없이 일어나지만), 그에 따라 이들을 대체하더라도, 한 종의 오래된 유형과 새로운 유형인 두 유형들이 똑같지는 않은데, 이 둘은 서로 뚜렷하게 구분되는 조상들로부터 다른 형질들을

15 "변화하지 않은 종들은 몰살당할 수 밖에 없"다라는 표현은 다윈이 진화를 바라보았던 가장 기본적인 생각으로 추정된다. 생물적, 무생물적 조건이 변하면 그에 따라 다른 생물들이 변하기 때문에, 변하지 않은 생물은 살아갈 수가 없다고 생각한 것이다.

16 종마다 변하는 정도가 다른데, 여기에 덧붙여 화석을 포함한 누층의 축적되는 정도도 지역마다 다를 수밖에 없다는 설명이다.

17 생물이 변하는 연속된 장면을 보지 못하고, 이미 변해버린 결과만을 보고서, 생물이 갑자기 창조되었다고 주장하는 것은 잘못이라는 지적으로 보인다.

18 장 목차에 나오는 3번째 주제, '한번 사라진 종은 다시 나타나지 않는다'를 설명하는 부분이다. 종이 창조되었다면 그리고 자신의 생태적 지위를 가지고 있다면 한번 사라지더라도 다시 나타날 수가 있을 것이다. 그러나 그렇지가 않다면, 이는 무엇을 의미하는가라는 지적이다(Reznick, 2010).

거의 확실하게 물려받았기 때문이다. 실례를 들면, 만일 공작비둘기가 모두 죽어 버렸다면, 같은 대상을 얻기 위해 오랜 세월에 걸쳐 노력해 온 애호가들이 오늘날의 공작비둘기와 거의 구분이 되지 않는 새로운 품종을 만들었다고 하는 것은 가능할 것이다. 그러나 만일 부모종인 바위비둘기가 모두 죽어 버렸다면, 그리고 부모 유형들이 일반적으로 이들의 개량된 자손으로 대체되었고, 이들 자손으로 인해 부모 유형들이 몰살당했다고 믿을 만한 모든 이유를 사실상 우리가 가지고 있다면, 이전에 존재하던 품종과 동일한 공작비둘기를 비둘기류의 다른 종 또는 심지어 사육 비둘기의 잘 확립된 재래종으로부터 육성했다고 하는 것은 정말로 신뢰할 수가 없는데, 새롭게 만들어진 공작비둘기는 새로운 조상으로부터 약간 다른 형질상태를 물려받았음이 거의 확실하기 때문이다. (315~316쪽)

[19]종 무리가, 즉 속들이나 과들이 출현하고 소멸하는 일반적 규칙은 한 종에 적용되는 규칙과 같은데, 그 속도는 빠르거나 느리며, 그 정도는 크거나 작다. 종 무리도 한 번 소멸되면 다시 출현하지 않으나, 종 무리가 지속된다면 이 종 무리의 생존은 연속적일 것이다. 나는 이 규칙에 일부 명백한 예외가 있음을 잘 알고 있으나 예외들이 너무 극소수여서 놀랄 정도인데, 포브스, 픽테 그리고 우드워드 (이들 모두는 내가 주장하는 이러한 견해를 강하게 반대한다)도 이 규칙의 진실은 받아들인다.[20] 그리고 규칙은 엄밀하게 말해 내 이론과 잘 맞아떨어진다. 같은 무리에 속하는 모든 종들은 어떤 한 종으로부터 유래했기 때문에, 종 무리에 속하는

19 장 목차에 나오는 4번째 주제, '종 무리의 출현과 소멸은 한 종에서 일어난 것과 같은 일반적 법칙에 따른다'를 설명하는 부분이다.

20 종 무리가 한 종에서 나타난 것과 같은 법칙을 따른다면, 즉 속과 과 또는 그 이상도 지구상에서 사라질 수가 있을 것이다. 실제로 박쥐나 말 등이 포함된 로라시아상목(Laurasiatheria)에는 육치목(Credonta), 공각목(Dinocerata) 등과 같이 절멸한 목들도 포함되어 있다.

어떤 종이라도 오래 지속된 시간에 나타난다면, 새롭거나 변형된 유형 또는 오래되고 변형되지 않은 유형 중 하나를 만들기 위해서 이들의 구성원은 지속적으로 반드시 존재해야만 한다. 실례를 들면, 개맛속Lingula의 종들은 세대가 연속되면서 단절되지 않고 가장 아래쪽에 있는 실루리아기층 시기부터 오늘날까지 지속적으로 틀림없이 존재했다. (316쪽)

앞 장에서 한 무리의 종들이 갑자기 나타날 수 있는 것처럼 때로 잘못 보일 수도 있음을 우리는 살펴보았다.[21] 그리고 나는 이러한 사실을 설명하려고 시도했는데, 만일 이 점이 사실이라면 내 견해에 치명적일 것이다. 그러나 이러한 사례들은 확실히 예외이다. 일반적인 규칙은 무리가 최대에 이를 때까지 수가 조금씩 증가하다가 언젠가는 조금씩 감소한다. 만일 한 속에 속하는 종들의 수 또는 한 과에 속하는 속들의 수를 종들이 발견된 연속적인 지질학적 누층을 가로질러, 다양한 두께의 수직선으로 나타낼 수 있다면,[22] 선은 때로 아래쪽 끝에서 뾰족한 점 상태가 아니라 돌연히 나타난 상태로 시작한 것처럼 잘못 표시될 수도 있을 것이다.[23] 단계적으로 위로 올라갈수록 두꺼워질 것이고, 때로는 같은 두께로 잠시 동안 유지될 것이며, 궁극적으로 위쪽 지층으로 갈수록 가늘어질 것인데, 종의 수가 감소해서 최종적으로 절멸한 것으로 나타날 것이다. 무리에 속하는 종의 수가 이처럼 조금씩 증가하는 것은 내 이론과 정확하게 일치한다.[24] 같은 속에 속하는 종들이나 같은 과에 속하는 속들은 서서히 조금씩 증가할 수가 있다. 변형 과정과 많은 동류 유형들을

21 9장의 '종 무리의 돌발적인 출현에 대하여' 항목이다.

22 선의 두께는 종의 수 또는 속의 수를 의미하며, 수직선은 166~167쪽에 있는 모식도에서 점선을 의미한다. 종 수가 많다면 선의 두께는 두꺼워질 것이다.

23 뾰족한 점은 아마도 종들을 만들어 낸 공통조상일 것이다. 그리고 갑자기 나타났다는 의미는 창조되었다는 의미로 보인다. 그러나 이는 갑자기 나타난 것이 아니라 공통조상과 갑자기 나타난 종들 사이에 지질학적 간극이 있기 때문일 것이다.

24 166~167쪽에 있는 모식도를 보면, 무리에 속하는 종들이 조금씩 증가하는 것을 볼 수가 있다.

만드는 과정은 틀림없이 서서히 단계적으로 진행되기 때문인데, 한 종이 처음에는 둘 또는 세 변종을 만들며, 이렇게 만들어진 변종들이 종으로 전환되며, 이들이 다시 같은 과정을 거쳐 다른 종들을 만들게 되는 과정이, 마치 엄청나게 큰 교목의 하나의 줄기에서 가지가 만들어지듯이, 무리가 커질 때까지 반복될 것이다. (316~317쪽)

[25]*절멸에 대하여*. 우리는 지금까지 종과 종 무리가 우연히 소멸하는 것에 대해서만 말했다. 자연선택 이론에 따르면, 오래된 유형의 절멸과 새롭게 개량된 유형의 생성은 긴밀히 연결되어 있다. 대참사로 계속된 지질 시대에 지구상에 있는 모든 정착 생물들이 휩쓸려 버렸다는 오래된 신념[26]을 엘르 드 보몽, 머치슨, 바랑드와 같은 지질학자들조차 일반적으로 포기했는데, 이들은 일반적 견해에 따라 아주 자연스럽게 이런 결론에 도달했다. 이와는 반대로, 제3기 누층에 대한 연구 결과로 종과 종 무리가 단계적으로 처음에는 한 자리에서, 다음에는 또 다른 자리에서 하나씩 하나씩 사라지다가, 마지막에는 전 세계에서 사라졌다고 믿을 이유들을 우리가 가지게 되었다. 한 종과 종 무리는 둘 다 확실히 서로 다른 기간에 지속되었다. 우리가 보았듯이 일부 무리는 생명이 시작한 초기부터 오늘날까지 버티고 있으며, 일부는 고생대가 끝나기도 전에 사라져 버렸다.[27] 어떤 한 종 또는 어떤 한 속이 지속해서 살아가는 시간 길이를 결정하는 어떠한 법칙은 없는 것 같다.[28] 종 무리의 완전한 절멸은 일반적으로

25 장 목차에 나오는 5번째 주제, '절멸에 대하여'를 설명하는 부분이다. 이 문단에서는 절멸에 관한 일반적인 내용을 설명하고 있다. 다윈 시대에는 종이 사라지는 것, 즉 절멸을 설명할 수 없는 하나의 수수께끼로 간주했다.

26 앞 장에서 설명한 대격변설이다. 대격변설은 현재의 지층과 화석, 즉 지각은 과거에 일어난 전 지구적 규모의 대홍수와 지층의 융기나 침강 같은 대격변에 의해 단기간에 형성되었다는 이론이다.

27 개맛속(*Lingula*)은 캄브리아기에 출현하여 지금까지 생존한 반면, 삼엽충은 캄브리아기 초기에 나타나 고생대말인 페름기 대멸종 시기에 절멸했다.

28 고정된 법칙이 없다고 『종의 기원』 314쪽에서 설명했다. 다윈이 살던 당시에는 종도 마치 하나의 개체처럼 정해진 수명이 있다고 생각했다(Reznick, 2010). 따라서 정해진 시간이 되면 종들이 사라지는 것으로 생각했는데, 이를 법칙으로 다윈이 간주했던 것으로 보인다.

이들이 만들어지는 것보다 더 서서히 진행된다고 믿게 만드는 이유가 있다. 앞에서와 같이, 만일 종 무리의 출현과 소멸을 다양한 두께의 수직선으로 나타낸다면, 선은 아래쪽보다 위쪽으로 갈수록 끝이 점점 가늘어질 것인데, 아래쪽은 종들이 처음 출현하고 종의 수가 증가하는 것을 나타낸 반면에, 위쪽은 몰살당하는 과정을 나타낸다. 그러나 일부 사례에서는 제2기의 끝에서 발견되는 암모나이트[29]처럼 생명체 전체 무리가 놀랄 만큼 갑자기 몰살당하기도 했다.[30] (317~318쪽)

종 절멸과 관련된 모든 주제에는 이유를 알 수 없는 수수께끼가 포함되어 있다. 심지어 일부 학자들은 개체들이 정해진 수명이 있는 것처럼 종들도 정해진 생존 기간이 있다고 가정하기도 한다. 종의 절멸에 대해 내가 감탄했던 것 이상으로 놀란 사람은 내 생각에는 없다.[31] 라플라타 평원에서 나는 마스토돈Mastodon,[32] 메가테리움Megatherium,[33] 톡소돈Toxodon[34] 등을 비롯하여 또 다른 절멸한 괴물들의 유해가 매몰된 곳에서 말의 이빨을 발견했는데, 이들 유해들은 모두 지질학적으로 가장 최근에 존재했고 지금도 살아 있는 패류와 공존했다. 이들을 발견했을 때, 나는 놀라움으로 가득차 있었다.[35] 스페인 사람들이 남아메리카에 말을 전파한 이래, 말들이 남아메리카에 있는 모든 나라에서 야생 상태로 뛰어다녔으며 전대미문의 속도로 개체수가 증가했던 것을 내가 보면서, 이 지역의 살아가는 조건이 이들에게 유리했음이 명백한데도 최근에 무엇이 이전에 있던 말들을 몰살시켰을까라고 내 스스로에게 질문을 던져 보았다. 그러나 내 놀라움에

29 백악기가 끝나고 제3기가 시작할 때 일어났던 대량절멸 시기에 절멸한 연체동물로, 고생대 데본기에 출현하여 중생대 백악기에 절멸했다. 제2기는 중생대와 거의 같은 시기를 지칭하나, 최근에는 사용하지 않는다.

30 앞에서는 종들이 단계적으로 죽는다고 설명했는데, 일부 사례에서는 대량절멸했다고 설명하고 있다. 이는 단계적 소멸의 예외가 될 것이다.

31 다윈은 종의 절멸을 진화의 한 과정으로 설명하고 있다. 한 종이 번성하면 다른 종은 쇠퇴하거나 절멸하는 것이 당연한 것으로 받아들인 것이다.

32 절멸한 마무트속(*Mammut*)에 속하는 화석동물들로, 코끼리와 비슷하다. *Mastodon*이라는 속명은 퀴비에가 제안했으나, 퀴비에 이전에 발표된 *Mammut*와 같은 속으로 처리되었다.

33 절멸한 땅늘보속(*Megatherium*)에 속하는 화석동물들로, 나무늘보와 비슷하다.

34 절멸한 톡소돈속(*Toxodon*)에 속하는 화석동물들로, 소, 돼지, 기린 등의 유제류에 속한다.

35 없었다고 생각했던 말 종류가 남아메리카에 생존했었고, 그리고 남아메리카라는 조건이 말의 생존에 유리했었을 것임에도 불구하고, 말이 절멸했다는 점에 다윈이 의문을 가진 것으로 생각된다. 어떻게, 그리고 왜?

는 아무런 근거가 없었다! 오웬 교수는 곧 바로 현존하는 말의 이빨과 비슷한 것처럼 보이는 이빨이 절멸한 종의 이빨임을 알아차렸다. 그러나 어느 정도는 희귀하겠지만, 만일 이 말이 아직도 살아 있다면, 이들이 희귀하다는 점에 조금이라도 놀랄 자연사학자는 아무도 없을 것인데, 희귀하다는 것은 모든 나라에서 모든 강에 속하는 엄청나게 많은 종들이 지닌 속성이기 때문이다. 만일 이 종 또는 저 종이 희귀한가라고 우리 자신에게 질문을 던진다면, 우리는 이들의 살아가는 조건이 이들에게 무언가 도움이 되지 않았기 때문이라고 대답한다. 그러나 이 무언가가 무엇인가에 대해서 우리는 거의 아무것도 말할 수가 없다.[36] 화석 말이 희귀종으로 현재에도 존재할 것이라는 우리의 가정에 대해, 심지어 느리게 번식하는 코끼리도 포함하여 다른 모든 포유동물들과의 대응관계로 보면, 그리고 남아메리카에서 사육하는 말의 귀화 역사를 살펴보면, 더 도움이 되는 조건에서는 희귀종이 수년 이전에는 대륙 전체에 큰 무리를 형성했을 것이라고 우리는 확실하게 느낄 수 있을 것이다. 그러나 도움이 되지 않는 어떤 조건들이 이들의 증가를 억제했는지, 이들에게 심각하게 작용하는 우발적 사건이 무엇이고 이것이 하나인지 아니면 여러 종류인지, 그리고 말 생애의 어떤 시기에 작용하고 어느 정도로 작용했는지에 대해 우리는 말할 수가 없다. 만일 조건들이 그대로이지만 서서히 계속해서 점점 도움이 되지 않도록 변했다면, 그때부터는 화석 말이 확실히 점점 희귀해졌을 것이고 마지막에는 절멸하게 되었다는 사실을 우리가 확실하게 인지하지

36 희귀하게 된 원인, 달리 말해 절멸의 원인에 대해 다윈은 『종의 기원』 314쪽(이 책 412쪽)에 이형교배, 번식 속도, 변하는 물리적 조건, 경쟁으로 몰아가는 연관성을 지닌 생물 등과 같은 "복잡하면서도 우연한 사건들"을 열거했다. 단지 이 중 어떤 것이 직접적인 원인으로 작용했는지는 알 수 없다는 설명이다.

못할 것인데, 이들의 장소를 이들보다 더 성공적인 어떤 경쟁자들이 차지했기 때문일 것이다. (318~319쪽)

살아 있는 모든 생물들이 계속해서 인지할 수 없는 해로운 요인들로 인해 억제되고 있다는 점과, 그리고 이와 똑같은 요인들이 희귀성을 야기하고 결국에는 절멸로 이끌기에 아주 충분하다는 점을 항상 기억하는 것이 가장 어렵다.[37] 보다 최근에 만들어진 제3기 누층에 있는 많은 사례들에서 희귀성이 절멸에 앞선다는 점을[38] 우리는 보게 된다. 그리고 사람이라는 요인이 국소적으로 또는 전 세계적으로 동물들을 몰살시키는 사건들을 유발하고 있다는 것을 우리는 알고 있다.[39] 나는 1845년에 출판했던 책[40]의 내용을, 즉 종은 일반적으로 절멸하기 전에 희귀해진다는 점을 받아들였음을 반복하려고 한다. 한 종의 희귀성에는 그 어떤 놀라움도 느끼지 않았으나, 그럼에도 한 종이 생존하는 것이 중단되었을 때에는 엄청나게 놀랐으며,[41] 개체들이 죽음의 전조로 아프다는 점을 받아들일 때에도 비슷하게 놀랐다. 그리고 아픔에는 그 어떤 놀라움을 느끼지 않았으나, 아픈 사람이 죽었을 때에는 그가 알려지지 않은 어떤 종류의 격한 행위로 인해 죽었을 것임에 놀라면서 과연 그렇게 죽었는지를 추정하는 것 같다. (319~320쪽)

자연선택 이론은 자신과 경쟁하게 될 다른 종류들에 비해 유리한 점을 지니게 됨으로써 새로운 변종 하나하나가, 그리고 궁극적으로 새로운 종 하나하나가 만들어져서 유지되며, 그에 따라 덜 유리한 유형들의 절멸이 거의 불가피하게 따라온다는 믿

37 생물의 일반적인 절멸 과정이다. 단지 희귀하다는 점이 반드시 절멸로 이어지는 것은 아니나, 절멸로 이어질 가능성이 높은 것은 사실이다. 단지 당시 사람들은 종의 절멸을 종의 수명이 다한 것으로 생각하고 있었기 때문에, 종의 절멸로 이끌고 가는 "인지할 수 없는 해로운 요인들"을 유추해내는 것이 어려웠을 것이다.

38 화석에서 발견되는 개체수가 적음을 의미한다.

39 『종의 기원』이 발간되기 이전에 아프리카 마다가스카르섬 동쪽에 있던 조그만 모이셔스섬에서 살아가던 도도새(*Raphus cucullatus*)가 1662년 이후 발견되지 않아 절멸한 것으로 알려져 있다. 도도새의 절멸은 다윈이 언급한 국소적인 몰살의 대표적인 사례인데, 도도새가 선원들의 먹이로 잡히다가 완전히 사라진 것으로 추정하고 있다.

40 『비글호 항해기』 2판이다. 첫판은 1839년에, 2판은 1845년에 출판되었다.

41 종들이 수명을 다해 죽는 것이 아니라 희귀해지다가 죽었다는 생각에서 놀랐을 것이다.

음에 근거하고 있다.[42] 우리가 생육하는 재배종들도 비슷하다. 약간 개량된 새로운 변종이 만들어지면, 이 변종이 처음에는 같이 살던 생물들 가운데 덜 개량된 변종들을 대체하게 된다. 많이 개량된 변종이 만들어지면, 뿔이 짧은 소처럼 이 변종은 여기저기로 퍼져 나가 다른 나라에 있던 다른 품종들을 대신하게 된다.[43] 따라서 새로운 유형이 출현하고 오래된 유형이 소멸하는 것은 자연 상태에서든 인위적인 상태에서든 같이 묶여서 나타난다. 번성하는 어떤 특정한 무리에서는, 어떤 시간대에 만들어진 특별한 새로운 유형의 수가 아마도 몰살당한 오래된 유형의 수보다 훨씬 많을 것이다. 그러나 적어도 최근의 지질학적 시대 동안에는 종의 수가 무한히 증가하지 않았다는 점을 알고 있는데, 나중에 보면 새로운 유형이 만들어지는 것이 같은 수의 오래된 유형을 절멸시킨 원인이 되었다고 우리는 믿을 수도 있을 것이다. (320쪽)

앞에서 예시로 들어 설명한 것처럼, 모든 측면에서 서로서로 비슷한 유형들 사이의 경쟁이 일반적으로 가장 극심하다. 그래서 개량되고 변형된 종의 후손들은 일반적으로 자신들의 부모 유형을 몰살시키는 원인이 된다. 만일 많은 새로운 유형이 어떤 한 종에서 유래했다면, 이 종과 거의 가까운 동류 종, 즉 같은 속에 속하는 종들이 가장 쉽게 몰살당할 것이다. 따라서, 내가 믿듯이, 한 종에서 유래한 많은 새로운 종들이 새로운 속을 형성할 것인데, 이들은 같은 과에 속하는 오래된 속을 대체하게 될 것이다. 이와 같이 어떤 한 무리에 속하는 새로운 종이 뚜렷하게 구

42 절멸은 더 이상 수수께끼가 아니라 자연선택에 따른 필연적인 결과라고 다윈은 설명하고 있다.

43 『종의 기원』 111쪽을 참조하시오.

분되는 무리에 속하는 종이 점유하던 장소를 장악하는 일이 때로는 반드시 일어나야만 하며,[44] 결국 몰살로 이어질 것이다. 그리고 만일 성공적인 불청객으로부터 많은 동류 유형들이 발달한다면, 많은 생물들이 이들에게 자신들의 장소를 넘겨주게 될 것이며, 일반적으로 열등한 특징을 같이 물려받은 동류 유형들이 고통을 받게 될 것이다. 그러나 자신들의 장소를 변형되고 개량된 종에게 넘겨주는 종이, 같은 강에 속하든 뚜렷하게 구분되는 강에 속하든, 피해를 받는 종의 일부는 어떤 특별한 살아가는 여정에 적응함으로써 또는 어느 정도 멀리 떨어져 격리되어 심각한 경쟁에서 벗어날 수 있는 정착지에 정착함으로써 때로 오랫동안 보존될 것이다.[45] 실례로, 제2기 누층에서 발견되는 큰 속인 세모조개속Trigonia[46]의 경우, 단 한 종만이 호주 바다에서 생존하고 있다.[47] 그리고 엄청나게 큰 속이었으나 거의 절멸한 경린어류Ganoid[48]의 극히 일부는 아직도 민물에서 생존하고 있다. 따라서 우리가 살펴본 것처럼, 한 무리의 완전한 절멸은 일반적으로 생성 과정보다는 더 느리게 일어난다. (320~321쪽)

고생대 말기의 삼엽충과 제2기 말기의 암모나이트처럼 과 전체 또는 목 전체가 명백하게 갑작스럽게 몰살한 것과 관련해서, 끊기지 않고 이어진 누층들 사이의 광범위하게 그럴듯한 시간 간격에 대해 어떻게 이야기했는지를 우리는 반드시 기억해야만 한다.[49] 그리고 이러한 시간 간격들 동안 서서히 진행된 많은 몰살 과정이 나타났을 것이다. 더욱이 갑작스런 이주나 기이하게 급하게 발달하여 만들어진 새로운 무리의 많은 종들이 새로운

44 종이 점유하던 장소란 생태적 지위를 의미하고, 이 지위를 장악한다는 것은 생태적 지위를 위한 경쟁에서 이겼다는 뜻이다.

45 경쟁에서 진 생물들이 생존하기 위한 두 가지 방법은 새로운 방식으로 살아가는 데 적응하거나 새로운 장소에서 경쟁을 피하고 살아가는 것이다.

46 고생대에서 신생대에 걸쳐 살았으나, 지금은 화석으로만 발견되는 해양 이매패류 연체동물이다. 모양이 삼각형처럼 생겨 삼각패류라고도 부른다.

47 프랑수와 페롱이 1802년 태즈메이니아섬에서 처음 발견했고, 라마르크가 1804년 *Trigonia margaritacea*라는 이름으로 처음 기재했다. 이 종은 세모조개과(Trigoniidae)에 속하는 종류 중 오늘날까지 유일하게 생존하고 있어, 살아 있는 화석으로 불린다. 최근에는 *Neotrigonia margaritacea*라는 학명을 쓰고 있다.

48 물고기의 피부를 덮고 있는 비늘을 어린이라고 하는데, 경린어류는 딱딱한 비늘로 된 경린을 지닌 무리이다. 철갑상어류와 동갈치 등이 경린어류에 속한다. 철갑상어류 중 일부는 민물에서만 살아가는 것으로 알려져 있다.

49 9장 지질학적 기록의 불완전성에서 돌발적으로 출현하는 것처럼 보이는 현상을 자세히 살펴보면 사실은 그렇지 않다고 설명했다. 지구 역사를 보면 5번에 걸친 대량 절멸이 발생했는데, 이는 지각 변동과 운석과의 충돌과 같은 대변이에 의해서다.

지역을 점유하게 되면, 이들은 비슷하게 빠른 방식으로 오래된 정착생물들을 몰살시켰을 것이다. 그리고 자신의 장소를 넘겨준 유형들은 흔히 동류일 것인데, 이들은 열등한 형질을 공유하고 있었기 때문일 것이다.[50] (321~322쪽)

따라서 한 종과 종 무리 전체가 절멸한 방식은 자연선택 이론과 잘 일치하는 것처럼 나에게는 보인다. 우리는 절멸에 대해 놀랄 필요가 없다.[51] 만일 우리가 놀라야 한다면, 말하자면 종 하나하나의 생존이 걸려 있는 복잡한 많은 우연한 사건들을[52] 이해했다고 잠시 상상할 때인 것 같다.[53] 만일 우리가 종 하나하나가 과도하게 증가하려고 한다는 점을, 그리고 우리는 거의 인식하지 못하는 일부 억제 작용이 항상 작동 중이라는 점을 잠시 동안 잊고 있다면, 자연의 경제 전체를 완전히 이해하지 못하게 될 것이다.[54] 이 종이 저 종보다 개체들이 더 많은 이유를, 그리고 어떤 나라에서 이 종은 귀화할 수 있으나 저 종은 하지 못하는 이유를 정확하게 말할 수 있을 때가 되면, 그때까지 우리가 왜 이 특별한 종 또는 종 무리가 절멸했는지를 설명할 수 없었는지에 당연히 놀랄 것이다. (322쪽)

[55]*전 세계 곳곳에서 동시에 변화하는 생명 유형에 대하여.* 전 세계 곳곳에서 생명 유형이 거의 동시에[56] 변한다는 사실보다 더 이목을 끄는 그 어떠한 고생물학적 발견은 아마도 거의 없을 것이다. 따라서 유럽에 있는 백악기 누층은 전 세계에서 멀리 떨어져 있고 아주 다른 기후에 처하며 백악[57] 조각조차 발견되지

50 대량절멸도 종의 절멸처럼 자연선택의 결과라고 설명하고 있다.

51 절멸은 수수께끼도 아니고 정해진 수명이 있는 것도 아닌 자연스러운 진화 과정이므로 놀랄 필요가 없다는 뜻이다.

52 다윈이 생각한 절멸의 원인인데, 418쪽 주석 **36**을 참조하시오.

53 절멸의 원인을 모른다고 해서 절멸에 대해 놀랄 필요가 없다는 의미이다.

54 자연의 경제는 자연 생태계를 의미한다. 자연 생태계는 평형상태를 유지하고 있기 때문에, 겉으로 아무 변화가 없어 보이나 실제로는 역동적인 변화가 계속해서 일어나고 있다. 하지만 생태계 내에서 일어나는 일들을 인식하지 못한다면, 생태계는 이해할 수 없는 상태가 될 것이다.

55 장 목차에 나오는 6번째 주제, '전 세계 곳곳에서 동시에 일어나는 생명 유형의 변화에 대하여'를 설명하는 부분이다. 다윈은 자연선택으로 동시에 나타나게 되었는데, 그 결과 평행관계가 만들어졌다고 설명하고 있다.

56 서로 다른 지역에 있는 지층에 같은 생물이 나타나는 현상을 의미한다(Reznick, 2010).

57 가루가 되기 쉬운 석회암이다.

도 않는 많은 지점에서도, 즉 북아메리카, 남아메리카 적도 지역, 남아메리카의 티에라델푸에고, 아프리카 희망봉 그리고 인도반도 등지에서도 인지될 수가 있다.[58] 이처럼 멀리 떨어진 지점이지만, 특정 단위층에 있는 생물 유해들은 백악기의 생물 유해들과 틀릴 여지가 없을 정도로 유사성을 지닌다. 같은 종들이 서로 만난 것도 아닌데,[59] 어떤 사례에서는 한 종도 정확하게 같지 않지만, 유해들이 같은 과, 속, 속의 절에 속하기도 하고 때로는 단순히 겉으로만 알 수 있는 조각물처럼 아주 사소한 형질만 비슷하기도 하기 때문이다. 더욱이 유럽의 백악기 층에서는 발견되지 않으나 누층의 위 또는 아래에서 나타나기도 하는 유형들이 세계의 멀리 떨어진 지점에서도 이처럼 비슷하게 결핍되기도 한다. 러시아, 서유럽 그리고 북아메리카에 있는 연속된 고생대 누층 몇몇 곳에서 생명 유형의 비슷한 평행관계가[60] 몇몇 학자들에 의해 관찰되었다. 라이엘에 따르면 유럽과 북아메리카의 제3기 퇴적물 몇몇 곳에서도 이러한 현상이 나타난다. 구세계와 신세계에서 공통으로 발견되는 극소수의 화석들을 논외로 친다고 하더라도, 광범위하게 퍼져 있는 고생대와 제3기의 조층에서 발견되는 생명의 연속적인 유형들이 보이는 일반적인 평행관계는 지금도 분명하게 나타나며, 몇몇 누층들은 쉽게 서로 연관시킬 수 있다. (322~323쪽)

그러나 이러한 관찰들은 세계의 먼 곳에 있는 해양성 정착생물과 관련되어 있다. 육지와 민물의 생물들이 같은 방식으로 평행하게 멀리 떨어진 지점에서 변화하는지 여부를 판단할 자료

58 백악기 이전 고생대에는 지구가 판게아라는 초대륙으로 존재했으나, 백악기 시대에 이 대륙이 분리되어 오늘날과 비슷한 형태를 지니게 되었다. 그리고 이 시기에 조개나 산호류에서 만들어진 탄산칼슘이 퇴적하여 백악이 형성되었다. 따라서 백악기층, 즉 백악은 전 세계 곳곳에서 발견된다.

59 같은 종들이 발견되지 않는다는 의미이다(송철용, 2013).

60 같은 시기의 여러 지역의 누층들에 비슷한 생물 화석이 발견되는 것이다.

를 우리는 충분히 가지고 있지 않다. 하지만 우리는 이들의 변화 여부가 어떤지는 의심할 수가 있다. 만일 메가테리움Megatherium, 밀로돈Mylodon,[61] 마크라우케니아Macrauchenia,[62] 톡소돈Toxodon 등이 라플라타 평원를 거쳐 자신들의 지질학적 위치에 관한 그 어떠한 정보도 없이 유럽으로 들어왔다면,[63] 이들이 현재에도 살아 있는 해양성 패류와 공존했다는 점을 그 누구도 알아채지 못했을 것이다. 그러나 이 변칙적인 기형들이 마스토돈Mastodon과 말과 공존했기 때문에, 이들이 제3기 후반기 한 시기에 살았었다고 적어도 추론할 수는 있다. (323~324쪽)

해양성 생명 유형들이 전 세계 곳곳에서 동시에 변했다고 말할 때, 이런 표현이 수천 년 또는 수십만 년과 같은 시간이나 심지어 매우 엄밀한 의미의 지질학적 규모와 연결되어 있다고 가정해서는 안 된다.[64] 만일 오늘날에도 유럽에서 살고 있는 모든 해양성 생물들과 (빙하 시대 전 기간을 포함하여 연수로 계산하기에는 엄청나게 먼 시간인)[65] 플라이스토세에 유럽에서 살았던 모든 생물들을 오늘날 남아메리카나 호주에서 살고 있는 생물들과 비교한다면, 가장 숙련된 자연사학자일지라도 유럽에서 현존하는 또는 플라이스토세에 살았던 정착생물들이 남반구의 정착생물들과 아주 비슷하게 보이는지 여부에 대해 말을 거의 할 수가 없기 때문이다. 다시 말하건대, 미국에서 살아남은 생물들이 오늘날 유럽에서 살고 있는 생물들보다 지난 제3기에 유럽에서 살았던 생물들과 더 밀접하게 연관되어 있다고 몇몇 뛰어난 능력 있는 관찰자들은 믿고 있다. 만일 그러하다면, 오늘날 북아메리카

61 절멸한 밀로돈속(*Mylodon*)에 속하는 유일한 종으로, 남아메리카에서 화석으로 발견되는데, 나무늘보와 유사한 종류들이다.

62 절멸한 마크라우케니아속(*Macrauchenia*)에 속하는 유일한 종으로, 남아메리카에서 화석으로 발견되는데, 라마와 유사한 종류이다.

63 화석에 대한 정보가 전혀 없이 유럽에 소개될 수도 있었다는 의미이다.

64 시간이라는 개념을 사람들이 생각하는 개념과 지질학에서 사용하는 개념으로 구분해야 한다는 의미로 추정된다. 사람에게 수천 년 또는 수십만 년은 너무나 긴 시간이지만, 지질학에서는 매우 짧은 시간일 것이다.

65 일 년 일 년 세어 나가기에는 너무 오래되었다는 의미이다. 현재를 포함하는 신생대는 고제3기, 신제3기 그리고 제4기로 구분되며, 제4기는 다시 플라이스토세와 홀로세로 구분된다. 플라이스토세는 180만 년 전부터 11,000년 전까지로, 약 180만 년간 지속되었다. 이 기간은 수천 년 또는 수십만 년과 비교하면 엄청나게 긴 시간이다.

해안가에 퇴적되어 있는 화석층이 향후에는 오래된 유럽 지층과 어느 정도는 비슷한 것으로 분류될 수 있을 것이다. 그럼에도 불구하고, 조금 먼 미래를 바라보면서 내가 생각하기로는, 유럽, 남북 아메리카 그리고 호주 등지에서 좀 더 최근에, 즉 플리오세 후기와 플라이스토세와 엄밀하게 현세에 만들어진 모든 *해양성* 누층들은 어느 정도는 동류의 화석 유해들을 포함하나, 오래된 퇴적층에서만 발견되는 유해들을 포함하지는 않을 것인데, 지질학 차원에서는 동시대 지층으로 간주하는 것이 옳을 것이다.[66] (324쪽)

앞에서 설명한 것처럼 넓은 의미로 세계 곳곳의 멀리 떨어진 곳에서 생명 유형들이 동시에 변한다는 사실은 베르누이와 다르시아크와 같은 존경받는 관찰자들을 매우 놀라게 만들었다. 이들은 유럽 곳곳에서 고생대 생명 유형들 사이에서 나타나는 평행관계를 언급한 다음, 다음과 같이 부연 설명했다.[67] "만일 이처럼 이상한 순서로 인해 우리가 충격을 받아 우리의 관심을 북아메리카로 돌리고, 그곳에서 대등한 현상들이 연쇄적으로 일어났음을 발견한다면, 종들의 모든 변형과 절멸, 그리고 새로운 종의 도입 등을 우리는 해류의 단순한 변화나 다소 국지적이고 일시적인 다른 요인들 탓으로 돌릴 수가 없으며, 동물계 전체를 지배하는 일반적인 법칙에 따라 일어난 것으로 확실하게 밝혀질 것이다." 바랑드 씨도 정확하게 똑같다고 강한 어조로 한마디 했다. 실제로 해류, 기후 또는 기타 물리적 조건들의 변화를 전 세계 곳곳의 서로 다른 기후 조건에서 생명 유형들에게 일어

66 오늘날에는 신생대를 6천 6백만 년 전부터 현재까지로 간주한다. 그리고 이 시기는 고제 3기, 신제 3기, 그리고 제4기로 구분하며, 신제 3기는 다시 2천 3백만 년 전에 시작된 마이오세와 5백만 년 전에 시작된 플리오세, 그리고 2백 5십만 년 전에 시작한 플라이스토세로 구분한다. 그런데 중생대의 경우 백악기가 8천만 년 동안이며, 쥐라기는 5천 5백만 년 동안이다. 이들과 비교하면 플리오세 후기부터 현세까지 기간은 너무 짧기 때문에, 후일에는 이 모두가 한 시기로 간주될 수도 있을 것이라는 이야기이다.

67 베르누이와 다르시아크는 둘 다 프랑스의 지질학자이자 고생물학자로, 공동 연구를 수행했다. 그리고 이 문단에서 다윈이 인용한 부분은 이들이 1842년에 공동으로 발표한 논문 「라인 지역의 오래된 퇴적층의 화석」에 있는 내용이다.

난 이러한 엄청난 돌연변이의 원인으로 조사하는 것은 아무 쓸모가 없다. 바랑드 씨가 언급했듯이, 우리는 어떤 특별한 법칙을 조사해야만 한다.[68] 생명체가 보여 주는 현 상태의 분포를 생각하고, 여러 나라의 물리적 조건들 사이의 연관성이 얼마나 사소한지를, 그리고 나라별 정착생물들의 속성을 발견하게 되면, 우리는 이 점을 좀 더 명확하게 볼 수 있을 것이다. (324~325쪽)

전 세계에 걸쳐 생명 유형들이 평행관계를 이루며 연속적이었다는 이 엄청난 사실은 자연선택 이론으로 설명이 가능하다.[69] 오래된 유형들보다 조금은 유리한 점을 지닌 새로운 변종들이 나타나면서 새로운 종이 만들어진다.[70] 그리고 이미 우세했던, 또는 자신만의 영역에서 다른 유형들에 비해 유리했던 유형들은 자연적으로 때로 새로운 변종이나 발단종을 유발할 것인데, 이들은 자신을 보존하고 생존하기 위해 계속해서 상당한 승리를 반드시 거두어야만 했기 때문이다. 이 주제와 관련하여 우세한, 즉 자신들의 터전에서 가장 흔하며, 가장 넓게 퍼져 자라고, 새로운 변종들을 엄청나게 많이 만들어 내는 식물들이 보여 주는 아주 뚜렷한 증거를 우리는 가지고 있다. 우세하고, 다양하게 변하고, 넓게 퍼지는 종은 이미 다른 종의 세력권의 일부 분포범위 안으로 침범했을 것인데, 이 종이 계속해서 분포범위를 넓히고, 새로운 영역에서 새로운 변종이나 종을 출현시킬 가장 좋은 기회를 가진 생물일 것이라는 점도 또한 당연하다. 확산 과정은 때로 아주 느릴 수 있으며, 이 과정은 기후와 지리적 변화, 또는 낯선 사건 등에 의해 결정될 수 있지만, 궁극적으로는 우세한 유

68 베르누이와 다르시아크가 언급한 일반적인 법칙, 즉 자연 법칙을 찾아야만 했을 것이다. 다윈은 이 자연 법칙이 다음 문단에서 자연선택이라고 설명하고 있다.

69 생물들의 평행관계를 자연선택이라는 진화로 설명하려고 시도하고 있다. 이 문단에서는, 평행관계가 나타나기 위해서는 3가지 요인이 필요하다고 다윈을 설명하고 있다. 첫 번째는 생물, 특히 우세한 생물들의 이동이며, 두 번째는 대륙간 이동에 따른 격리이며, 세 번째는 격리된 생물의 적응이다. 이 문단에서는 첫 번째 요인을 설명한다.

70 종과 변종을 구분할 수 없다고 하면서도, 다윈은 변종이 변해서 종으로 된다고 설명하고 있다. 아마도 종의 전단계로 변종을 생각한 것으로 보인다.

형들이 넓게 퍼져 나가는 데 일반적으로 성공할 것이다. 아마도 연속된 바다에서 살아가는 해양성 정착생물들보다 서로 떨어져 있는 대륙에서 살아가는 육상 정착생물들이 더 서서히 확산될 것이다. 그러므로 우리가 실제로도 명백하게 발견하고 있듯이, 해양생물들보다는 육상생물들에서 덜 엄격한 평행관계의 연속성을 발견할 것으로[71] 우리는 기대해도 될 것이다. (325~326쪽)

어떤 지역으로든 퍼져 나가는 우세한 종이 여전히 더 우세한 종을 만나게 될 것이며, 그렇게 됨으로써 이들의 의기양양했던 과정 또는 심지어 이들의 존재는 중단될 것이다. 새로운 우세한 종의 증식에 가장 도움이 되었던 모든 조건들이 무엇인지를 우리는 정확하게 결코 알지 못한다. 그러나 내가 생각하기로는, 도움이 되는 변이들이 나타날 더 좋은 기회를 제공받은 개체들이 많다는 점과 이미 존재하던 많은 유형들과의 경쟁이 심각하다는 점이 매우 도움이 되었을 것인데, 이런 점들이 새로운 세력권으로 퍼져 나가는 힘으로 작용할 수 있기 때문이다. 시간 간격에 따라 반복적으로 나타나는 어느 정도의 격리도 아마 앞에서 설명한 것처럼 또한 도움이 되었을 것이다.[72] 세계의 1/4 정도는 새로운 우세한 종이 육지에서 만들어지는 데 큰 도움이 되었을 것이며, 바닷물이 있는 또 다른 장소도 도움이 되었을 것이다. 만일 두 광대한 지역이 아주 오랫동안 같은 정도로 도움이 되는 환경에 있었다면, 여기에서 살아가는 정착생물들이 만날 때마다 벌어지는 전투는 장기화되고 심각했을 것이다. 그래서 일부는 자신의 출생지에서, 일부는 또 다른 장소에서 승리했을 것이

71 해양생물들은 이동 전후의 살아가는 조건이 비슷하기에 거의 동시에 변화할 것이나, 육상생물들은 이동 전후의 조건이 달라졌을 것이고 그에 따라 생물들이 다소라도 변형되었을 것이기에, 다윈이 『종의 기원』 322쪽, 이 책 423쪽에서 "어떤 사례에서는 한 종도 정확하게 같지 않지만, 유해들이 같은 과, 속, 속의 절에 속하기도 하고 때로는 단순히 겉으로만 알 수 있는 조각물처럼 아주 사소한 형질만 비슷하기도 하기 때문이다"라고 쓴 것으로 보인다.

72 평행관계가 나타나기 위해서는 두 번째로, 다윈은 이동해간 생물들이 대륙 이동과 같은 사건으로 격리될 것으로 생각했다. 격리가 되어 새로운 환경에 생물이 조금씩 다르게 적응했다는 설명이다.

다. 그러나 시간이 흐름에 따라 가장 우세한 유형들이 어디에서 만들어지든 상관없이 모든 곳으로 퍼져 나갔을 것이다.[73] 이들이 퍼져 나감에 따라, 이들은 다른 열등한 유형들을 절멸시켰을 것이다. 그리고 이들 열등한 유형들은 유전에 의해 무리 전체가 동류이기 때문에, 비록 여기저기에서 단 하나의 구성원으로 오랫동안 생존해 있을 수도 있겠지만,[74] 무리 전체는 서서히 소멸해 갈 것이다. (326~327쪽)

따라서, 내가 보기에는, 넓은 의미에서 볼 때 세계 곳곳에서 같은 생명 유형들이 동시에 평행관계를 이루면서 연속성을 보이는 것은 우세한 종으로부터 만들어진 새로운 종이 넓게 퍼지고 또한 다양하게 변한다는 원리와 잘 맞아떨어진다. 새로운 종은 스스로 유전에 의해, 그리고 자신들의 부모 또는 다른 종들에 비해 일부 유리한 점들을 지녀 우세하게 될 것이다. 이렇게 퍼져 나가고 다양하게 변하는 유형들이 다시 새로운 종을 만들어 낼 것이다. 패배로 인해 자신의 장소를 승리한 새로운 유형에게 넘겨준 유형들은 어떤 열등한 성질을 공통으로 물려받은 일반적으로 동류 무리이다. 그에 따라 새롭고 개량된 무리들이 전 세계 곳곳으로 퍼져 나갈 것이고, 오래된 무리들은 전 세계에서 소멸될 것이다. 유형들의 연속성은 이 두 가지 방식으로 어디에서나 상응할 것이다. (327쪽)

이 주제와 관련해서 언급할 가치가 있는 또 하나가 있다. 우리가 가진 엄청난 모든 화석층들은 침강할 때 퇴적되었다는 점을 믿게 만드는 나만의 이유를 나는 제시했었다. 그리고 바다 바닥

73 양쪽으로 퍼져 나간 종들이 각자의 환경에서 각기 다른 생물들과의 전투에서 살아남았을 것인데, 양쪽으로 퍼져 나간 종들은 원래 우세한 종들이었기 때문에, 다른 생물들과의 전쟁에서 이겼을 것이다. 따라서 비록 다른 지역에서 벌어진 전쟁에서 승리했지만, 이들은 동류 유형들이었기 때문에, 멀리 떨어진 곳에서 평행관계를 만들었을 것이라는 설명으로 보인다. 『종의 기원』 6판에서는 이 문단 전체가 삭제되었다.

74 약 3억 7천 5백만 년 전에 지구상에 출현하여 지금까지 살고 있는, 한때 절멸한 것으로 알려졌던 실러캔스(*Coelacanth*)와 고생대 데본기에 출현해서 지금까지 살고 있는, 부레로 숨을 쉬는 폐어 등이 대표적인 사례일 것이다(Reznick, 2010).

층이 정지해 있거나 또는 융기할 때, 마찬가지로 퇴적물이 생명체 유해를 감싸서 보존하기에 충분할 만큼 빠른 속도로 퇴적되지 못할 때에는 광대한 생존 기간이 공백으로 나타나는 이유도 제시했었다. 이처럼 긴 공백 기간에, 지역 하나하나에서 살아가는 정착생물들은 상당한 정도의 변형과 절멸을 겪었을 것으로, 또한 세계의 다른 곳으로부터 상당한 이주가 있었을 것으로 나는 추측한다. 넓은 지역이 같은 지각이동으로 영향을 받는다는 점을 믿어야 할 이유를 우리는 갖고 있기 때문에 엄밀하게 동시대에 만들어진 누층들이 전 세계 곳곳의 같은 지역에서 아주 넓은 공간에 때로 축적되었을 수 있다. 그러나 변함없이 이런 일이 일어났으며, 넓은 지역이 변함없이 같은 지각이동의 영향을 받았다고 우리가 결론짓기에는 너무나 어려울 것이다. 그렇게 정확하게 같지는 않은 거의 같은 시기에 두 지역에 두 누층이 퇴적되었다면, 앞 문단에서 설명한 원인들 때문에 우리는 이 두 누층에서 생명 유형이 보여 주는 똑같은 일반적인 연속성을 발견해야만 한다. 그러나 종들이 정확하게 상응하지 않는데, 한 지역이 다른 지역보다 변형, 절멸, 이주 등에 조금은 더 많은 시간을 거쳤기 때문일 것이다.[75] (327~328쪽)

이런 자연의 사례가 유럽에서도 일어났을 것으로 나는 추정한다. 잉글랜드와 프랑스의 에오세 퇴적층에 대한 뛰어난 논문을 쓴 프레스트위치 씨는 두 나라에 있는 연속적인 조층들 사이에서 거의 일반적인 평행관계를 비교할 수 있었다. 그러나 그는 잉글랜드의 어떤 조층을 프랑스의 조층들과 비교하면서 두 누

75 평행관계가 나타나기 위해서는 세 번째로, 다윈은 서로 다른 지역에서 서로 다른 조건에 이동해서 격리된 생물들이 적응했을 것이라고 설명한다. 원래는 같은 유형이었으나, 이동하고 격리되어 서로서로 교배하지 못하고 서로 다른 환경에 처하게 되어 조금씩 다른 유형으로 변형되었을 것이다. 또한 이러는 과정에 많은 시간이 흘러갔을 것이나, 이 시간 동안 지각 변동들로 인해 화석이 만들어지지 않을 수도 있었을 것이다.

층에서 같은 속에 속하는 종의 수가 흥미롭게 일치하는 것을 발견했지만, 이 두 지역이 아주 가깝다는 점을 고려했을 때, 두 바다를 구분하는 지협[76]에 뚜렷하게 구분되는 동시대의 동물상이 존재했다고 가정하지 않는 한, 종들 자체는 설명하기가 힘들 정도로 서로 달랐다.[77] 라이엘도 제3기 후기 누층 일부에서 비슷한 관찰을 했다. 바랑드 역시 보헤미아[78]와 스칸디나비아의 실루리아기의 연속적인 퇴적층에서 현저한 일반적인 평행관계를 보여주었음에도 불구하고 그는 종들에서 깜짝 놀랄 정도의 차이를 발견했다. 만일 이들 지역의 몇몇 누층들이 정확하게 같은 시기에 퇴적되지 않았다면, 즉 어떤 지역의 한 누층이 때로 다른 지역에서는 공백으로 되어 있었다면, 그리고 만일 이 두 지역에서 종들이 몇몇 누층들이 축적될 동안과 누층들 사이에 나타난 오랜 공백 간격 동안 아주 서서히 변했다고 가정한다면, 이런 사례에서, 두 지역에 있는 몇몇 누층들은 생명 유형들의 일반적인 연속성과 일치하게 같은 순서로 엄밀한 평행관계에 있는 것처럼 잘못 보일 수가 있다. 그렇지만 종들은 두 지역에 있는 뚜렷하게 일치하는 조층들에서 모두 같지가 않을 것이다. (328~329쪽)

[79]*절멸한 종들 사이의, 그리고 이들과 현존한 종들 사이의 친밀성에 대하여*. 이제는 절멸한 종과 현존한 종 사이의 상호 친밀성을 살펴보자. 이들은 모두 완전한 자연분류체계[80]로 분류되며, 이런 사실은 곧바로 친연관계 원리로 설명된다. 어떤 유형이 오래되면 오래될수록, 일반적 규칙에 따라, 이들은 현존하는 유

76 영국과 프랑스를 하나의 육지로 이어주면서 대서양과 북해를 분리했던 육지였다. 그러나 영국해협이 만들어지면서 이 지협은 바닷물 속에 잠겼고, 영국과 프랑스는 분리되었다. 영국해협은 1만 년 전 빙하기가 끝나고 해수면이 높아지면서 영국과 프랑스가 분리되면서 만들어졌다. 에오세에는 영국과 프랑스가 분리되지 않고 하나의 대륙으로 존재했었다.

77 평행관계가 첫 번째로 해협이 만들어지면서 생물들이 양쪽으로 이동했고, 두 번째로 영국 해협으로 인해 이동했던 생물들이 완전히 격리되었고, 마지막으로 영국과 프랑스라는 서로 다른 환경에서 진화하면서 종 자체가 달라졌다는 설명이다.

78 오늘날 체코의 서부와 중부 지역이다.

79 장 목차에 나오는 7번째 주제, '절멸한 종들 사이의, 그리고 이들과 현존한 종들 사이의 친밀성에 대하여'를 설명하는 부분이다.

80 자연분류체계에 대해서는 13장에서 다윈이 자세히 설명했다. 린네가 식물을 분류할 때 한두 가지 특징만을 사용했는데, 이러한 분류체계를 인위분류체계라 한다. 그에 비해 자연분류체계는 보다 많은 형질을 사용하기 때문에, 생물들의 자연적인 속성을 반영할 수 있다. 다윈은 이보다는 친연관계, 즉 조상과 후손을 하나로 묶는 분류체계라는 의미로 자연분류라는 용어를 썼으며, 오늘날 다윈의 생각을 계통분류라고 부른다.

형들과 더 많이 다르다. 그러나 버클랜드가 오래전에 언급했듯이, 모든 화석은 아직까지 현존하는 무리들로 분류되거나 이들 무리들 사이에 있는 것으로 분류된다.[81] 절멸한 생명 유형들은 현존하는 속들, 과들 그리고 목들 사이에 있는 넓은 공간을 채우는 데 도움을 준다는 점에 대해서는 반박을 할 수가 없다. 우리가 살아 있거나 절멸한 것 하나에만 관심을 가질 경우는, 살아 있거나 절멸한 것들을 모두 하나의 일반적인 체계로 통합할 경우보다 계열이 훨씬 덜 완벽하기 때문이다.[82] 척추동물아문에 대해서는, 우리의 위대한 고생물학자인 오웬이 보여 준 눈에 확 들어오는 예시들로 모든 쪽을 채울 수가 있는데, 그는 절멸한 동물들이 현존하는 무리 사이에 어떻게 분류되는가를 보여 주었다.[83] 퀴비에는 반추동물[84]과 후피동물[85]을 포유류에서 가장 뚜렷하게 구분되는 목으로 간주했다. 그러나 오웬은 많은 화석들을 발견하고, 이 두 목의 전반적인 분류체계를 수정했는데, 일부 후피동물을 반추동물과 같은 아목으로 간주했으며 돼지와 낙타 사이에 나타나는 큰 차이를 미묘한 단계들로 해결했다. 무척추동물에 대해서는 바랑드와 이름을 알 수 없는 유명한 어떤 한 학자의 주장을 소개하고자 한다. 비록 고생대 동물들은 오늘날에도 존재하는 같은 목, 과 또는 속에 속하지만, 그 시대 초기에는 이들을 오늘날처럼 뚜렷하게 구분되는 무리들로 한정시킬 수가 없었을 것이라고 그는 매일매일 가르친다고 했다. (329~330쪽)

어떤 절멸한 종 또는 이들의 종 무리를 현재 살아 있는 종이나 종 무리의 중간형태로 간주하는 것을 일부 사람들은 반대한

81 화석생물들은 완전히 절멸했으나, 아직도 현존하는 생물들과 절멸한 무리를 구분하지 않고 모두 계통을 연구할 때 연구 대상으로 간주하고 있다는 설명이다.

82 화석종과 현생종을 모두 분류체계에서 같이 논의해야 한다는 주장이다.

83 오웬은 1837년에 쓴 논문에서, 다윈이 발견한 톡소돈속(*Toxodon*)은 설치류(Rodentia)에서 시작해서 후피동물(Pachydermata)을 거쳐 고래목(Cetacea)으로 발달하는 과정에 나타난 것이며, 특히 설치류에서 만들어지기 시작한 카피바라(*Hydrochoerus hydrochaeris*)와 같은 시기에 톡소돈속(*Toxodon*)이 만들어지기 시작한 것으로 추정했다(Costa, 2009).

84 되새김위를 가지고 있어, 한번 삼킨 먹이를 다시 게워 내어 씹는 특징을 가진 동물로, 기린, 사슴, 소, 양 그리고 낙타 등이 여기에 속한다.

85 가죽이 두꺼운 동물들이다. 퀴비에 시대에는 코끼리, 코뿔소, 하마 그리고 돼지 등을 포함하는 포유동물 목 이름이었으나, 오늘날에는 이 무리를 여러 개의 목으로 구분했다. 코끼리는 장비목(Proboscidea), 코뿔소는 말목(Perissodactyla) 그리고 하마는 소목(Artiodactyla)에 소속시키고 있다.

다. 만일 이들의 주장이 절멸한 유형의 모든 형질들이 살아 있는 두 유형의 완전한 중간형태라는 것을 의미한다면, 이들의 반대는 아마도 타당할 것이다. 그러나 완벽한 자연분류체계에서 많은 화석 종들은 살아 있는 종들 사이에 위치하며, 일부 절멸한 속들은 살아 있는 속들 사이에, 심지어는 뚜렷하게 구분되는 과에 속하는 속들 사이에 위치한다는 것을 나는 조금은 이해할 수 있다. 가장 흔한 사례는, 특히 어류와 파충류처럼 아주 뚜렷하게 구분되는 무리들이다. 오늘날에 10여 개 형질들이 이들을 서로서로 구분한다고 가정하면, 이 두 무리에 속하는 오래된 구성원들은 어느 정도는 이 수보다 적은 형질로 구분되었을 것이다. 그에 따라 이 두 무리가 원래는 명확하게 뚜렷이 구분되었을지라도 어떤 시기에는 구분되는 형질의 수가 적어 서로서로 가까운 것처럼 보였을 것이다.[86] (330쪽)

한 유형이 오래되면 오래될수록 지금은 서로서로 멀리 떨어져 있는 무리들을 이 유형이 지닌 일부 형질들로 그만큼 더 가깝게 연결시킨다는 일반적인 믿음이 있다. 의심의 여지가 없는 이 언급은 지질학적 시간을 거치면서 많은 변화를 겪은 무리에만 한정해야 한다. 그리고 이 주장의 진실성을 증명하기는 어려운데, 남아메리카폐어속Lepidosiren[87]처럼 때때로 살아 있는 동물이 아주 뚜렷하게 구분되는 무리와 직접적인 친밀성을 지니고 있는 것이 발견되기 때문이다.[88] 그럼에도 만일 우리가 오래된 파충류와 진양서류,[89] 오래된 어류, 오래된 두족류,[90] 그리고 에오세의 포유류 등을 같은 강에 속하는 좀 더 최근 구성원들과 비교

86 절멸한 중간형태는 현재 존재하는 두 유형 사이의 완전한 중간형태가 될 수가 없다는 설명이다. 처음에는 절멸한 중간형태를 구분할 수 있는 형질들의 수가 적어, 달리 말해 두 유형의 중간이 아니라 어느 한쪽과 더 가까울 수도 있다는 설명이다. 이어서 이 점을 계속 설명한다.

87 남아메리카폐어(*Lepidosiren paradoxa*)는 1속 1종 생물로 남아메리카의 아마존 분지와 파라과이 강의 습지 등에서 발견되는데 부레로 숨을 쉰다.

88 폐어(lungfish)의 조상과 바다를 떠나 육지로 올라와 허파로 호흡하는 육상동물의 조상과 같은 것으로 추정된다. 즉, 폐어와 육상동물은 공통조상에서 유래한 무리이다.

89 Batrachian. 1800년 프랑스 동물학자 라트레유가 처음 사용한 용어로, 개구리 종류를 지칭했다. 하지만 오늘날 개구리와 도롱뇽 무리를 지칭하는 용어로 변경되었다.

90 연체동물의 한 종류로 낙지나 문어처럼 몸은 좌우대칭이며, 머리가 몸통 위쪽에, 다리는 머리 밑에 달리는 특징을 지닌다.

한다면, 우리는 이러한 언급에 어떤 진실성이 있다고 받아들여야만 한다. (330~331쪽)

이러한 몇 가지 사실들과 추론들이 변형을 수반한 친연관계 이론과 얼마나 일치하는지를 살펴보자. 주제가 어느 정도는 복잡하기 때문에, 나는 독자들에게 4장에 있는 모식도[91]를 참고하라고 권해야만 한다. 숫자가 붙어 있는 글자는 속을 나타내며, 점선은 속 하나하나에서 분기한 종들을 나타낸다고 우리는 가정할 수 있다.[92] 모식도는 너무나 단순해서 극히 적은 수의 속과 종들만 제시했으나, 이는 우리에게 중요한 문제는 아니다. 가로선은 연속적인 지질학적 누층을 나타내며, 맨 위에 있는 선 아래에 있는 모든 유형들은 모두 절멸한 것으로 간주한다. 현존하는 세 속, 즉 a^{14}, q^{14}, p^{14}는 조그만 과를 형성하며, b^{14}와 f^{14}는 이와 가까운 동류인 과 또는 아과를 형성하며, 그리고 o^{14}, e^{14}, m^{14}는 세 번째 과를 형성할 것이다. 이들 세 과는, 부모 유형 A에서 분기한 친연관계에 있는 몇몇 계통에 포함된 많은 절멸한 속들과 함께, 하나의 목을 형성할 것인데, 이들 모두는 자신들의 옛날 공통조상으로부터 무언가를 공통으로 물려받았기 때문이다. 형질분기가 지속적으로 일어난다는 원리에 따라, 이 원리는 모식도를 예시로 들어 앞에서 설명했는데, 어떤 유형이라도 좀 더 최근에 만들어지면 만들어질수록 이 유형은 일반적으로 자신들의 옛 조상들과는 더 많이 달라진다. 그에 따라 우리는 가장 오래된 화석이 현존하는 유형과 가장 많이 다르다는 규칙을 이해할 수 있게 될 것이다. 그러나 형질분기가 반드시 필요한 우발적 사건

91 166~167쪽에 있는 모식도이다.

92 a^1, a^2, a^3 등은 모두 속이며, a^1에서 나오는 점선 5개는 5종류의 종을 의미한다. 이 5개의 종 가운데 4개 종은 절멸했고, 한 종은 계속해서 진화해서 a^2라는 속으로 되었다.

이라고 가정해서는 안 된다. 형질분기는 오로지, 자연의 경제에 있는 서로 다른 수많은 장소를 점유할 수 있는, 한 종의 후손들에 의해서만 결정된다. 실루리아기 일부 유형들 사례에서 우리가 보았듯이, 한 종을 둘러싼 살아가는 조건이 사소하게 바뀜에 따라 이 종이 사소하게 변형될 수 있으나, 그럼에도 이 종은 엄청난 시간을 거치면서 같은 일반적인 형질상태를 유지할 것이라는 점은 아주 그럴듯하다. 이 점은 모식도에서 F^{14} 종이 보여준다.[93] (331~332쪽)

앞에서 설명한 것처럼 절멸했든 최근에 만들어졌든 종 A로부터 유래했던 많은 유형들 모두는 하나의 목을 만든다. 이 목은 지속적인 절멸과 형질분기 결과로 몇 개의 아과와 과로 구분되었고, 이들 중 일부는 서로 다른 시기에 소멸되었을 것으로 추정되며, 일부는 오늘날까지 버티고 살아남았을 것으로 추정된다.[94] (332쪽)

[95]모식도를 살펴보자. 우리가 만일 절멸한 많은 종들이 연속된 누층에 매몰되었다고 가정하면, 그리고 이들이 계열의 아래쪽 몇몇 지점에서 발견되었다면, 가장 위쪽에 있는 현존하는 3개의 과는 서로서로 뚜렷하게 구분되지 않을 것이다.[96] 실례를 들어, 만일 $a^1, a^5, a^{10}, f^8, m^3, m^6, m^9$와 같은 속들이 발굴된다면, 이들 세 과는 서로 아주 가깝게 연결되어 있어서 아마도 하나의 커다란 과로 융합될 수도 있으며,[97] 거의 같은 방식이 반추동물과 후피동물에서도 나타날 수가 있을 것이다. 그럼에도 이 세 과에 속하는 살아 있는 속들을 연결시켜주는 절멸한 속들의 특징이

93 F는 시간이 흘러감에도 불구하고 다양한 변형이 나타나지 않고 종 또는 속 F^{14}만을 만들었다.

94 이 결과를 오늘날의 분류체계로 나타내면 다음과 같을 것이다.

목 1
과 1
속 1 $\boldsymbol{a}^{14}$
속 2 $\boldsymbol{q}^{14}$
속 3 $\boldsymbol{p}^{14}$
과 2
속 1 $\boldsymbol{b}^{14}$
속 2 $\boldsymbol{f}^{14}$
과 3
속 1 $\boldsymbol{o}^{14}$
속 2 $\boldsymbol{e}^{14}$
속 3 $\boldsymbol{m}^{14}$

95 중간형태의 실체와 의미를 설명한다.

96 모식도의 맨 위만 확인된다면 (a^{14}, q^{14}, p^{14}), (b^{14}, f^{14}), (o^{14}, e^{14}, m^{14})는 뚜렷하게 구분되는데, 화석 기록을 확인할 수 없다면 이들 사이의 친밀성은 없을 것처럼 보일 것이라는 설명이다.

97 a^5는, 위의 주석 **94**의 분류체계에 있는, **과 1**과 **과 2**의 연결고리이며, 나머지는 모두 중간형태에 해당하기 때문이다.

중간형태라는 점을 반대하는 사람들의 의혹은, 이 속들이 직접적인 중간형태가 아니라 상당히 다른 수많은 유형들이 오랜 시간에 걸친 우회 과정을 통해 만들어진 중간형태라면, 풀릴 것이다.[98] 만일 많은 절멸한 유형들이 중간에 있는 가로선, 즉 지질학적 누층 중 한 곳의 위쪽에서는 발견되나, 실례를 들어 가로선 6번(VI), 이 가로선 아래에서는 발견되지 않는다면,[99] 논의의 대상이 되는 과는 단지 2개이며(즉, a^{14} 무리와 b^{14} 무리)[100] 이들은 하나의 과로 병합할 수 있을 것이다.[101] 그리고 다른 2개의 과(즉, 5개의 속으로 된 a^{14}에서 f^{14}까지의 1개 과, 그리고 o^{14}에서 m^{14}까지의 1개 과)는 여전히 뚜렷하게 구분되는 상태로 남아 있을 것이다. 그러나 이들 두 과는 화석들이 발견되고 나면 서로서로 덜 뚜렷하게 구분될 것이다. 실례를 들어, 만일 이들 두 과에 속하는 현존하는 속들이 10여 개의 형질에서 서로서로 다르다고 가정하면, 이런 경우 속들은 6번(VI)으로 표시된 초기 단계에서 서로 다른 형질 수가 더 적을 것인데, 다음에 분기한 정도에 비교해서 친연관계의 초기 단계에서는 이 목을 이루는 공통조상에서 형질분기가 일어나지 않았기 때문이다. 따라서 오래되고 절멸한 속들은 때로 자신들의 변형된 후손들, 또는 자신들의 방계[102] 후손들 사이에서 어느 정도는 중간형태 특징을 띠게 된다. (332~333쪽)

자연에서는 모식도에서 보여 준 것보다 사례들이 훨씬 더 복잡한데, 무리들의 수가 더 많으며, 이들이 극히 불균등하게 생존했을 것이며, 그리고 다양하게 변형되었을 것이기 때문이다. 우리는 지질학적 기록의 제일 마지막만을[103] 가지고 있기 때문에,

98 앞에서 말한 a^1, a^5, a^{10}, f^8, m^3, m^6, m^9 말고도 a^2, a^3, a^9 등도 있을 것이라는 설명이다.

99 모식도에서 예를 들면 a^{14}무리와 b^{14}무리는 A라는 공통조상에서 유래했는데, 6번 가로선 아래에 있는 유형들이 발견되지 않았다는 의미는 a^{14}무리와 b^{14}무리는 A라는 공통조상에서 유래한 것이 아닐 수도 있다는 의미이다.

100 a^{14}무리는 a^{14}, q^{14}, p^{14}를, 그리고 b^{14}무리는 b^{14}와 f^{14}를 포함하는 의미이다.

101 모식도에서 가까이 있다면 비슷하다는 의미이다. 따라서 a^{14}무리와 b^{14}무리는 비슷하므로 이들을 하나의 과로 묶을 수 있을 것이다.

102 모식도에서 d^4와 d^5, k^5에서 k^8까지를 방계라 한다.

103 현재 존재하는 생물들을 의미한다.

그리고 그마저도 파편으로 가지고 있기 때문에, 아주 드문 사례는 제외하고, 우리는 자연분류체계의 커다란 공백을 채울 것으로 기대할 수가 없으며, 또한 뚜렷하게 구분되는 과나 목을 병합하는[104] 것도 기대할 수가 없다. 우리가 기대할 수 있는 모든 것은 잘 알려진 지질 시대에 많은 변형을 겪은 무리들이 오래된 누층에서 어느 정도는 서로서로 비슷하다고 간주하는 것이다.[105] 그에 따라 오래된 구성원들은 같은 무리에 속하는 현존하는 구성원들이 다른 정도와 비교할 때 자신들이 지닌 일부 형질에서 서로서로가 덜 다르다고 간주될 뿐이다. 그리고 우리 시대 최고의 고생물학자들 모두가 동시에 흔히 제시하는 증거들이 바로 이런 사례들인 것 같다. (333쪽)

그러므로 변형을 수반한 친연관계 이론에 따라, 절멸한 유형들 서로서로의 상호 친밀성과 절멸한 유형들과 현존하는 유형들 사이의 상호 친밀성에 관한 주요한 사실들이 만족하게 설명될 수 있을 것으로 보인다. 그리고 이런 사실들은 다른 견해로는 전반적으로 해석될 수가 없다.[106] (333쪽)

같은 이론에 따라, 지구 역사의 어떤 위대한 시기에 출현한 동물들의 일반 형질들은 이들보다 앞선 동물들과 이들보다 뒤에 나타난 동물들 사이의 중간형태를 지녔음은 명백하다. 따라서 모식도의 친연관계에서 엄청난 6번째 단계에 살았던 종들은 5번째 단계의 변형된 자손들이며, 조금 더 변형된 7번째 단계의 부모들이다. 그러므로 이들의 형질은 위아래 유형들과 특징이 거의 중간형태를 띠지 않을 수가 없었을 것이다. 그러나 연속된

104 서로 다른 연구자들이 서로 다른 종으로 간주한 종들을 제3의 연구자가 검토해 보니, 다른 종이 아니라 같은 종으로 간주될 때 하는 분류학적 처리이다. 이러한 종들을 구분하려고 사용했던 형질들을 좀 더 자세히 연구해 보니 종들 사이에 차이가 없다고 판단될 때 병합한다.

105 모식도에서 오래된 누층에 있는 a^1과 m^1은 많은 변형을 겪은 a^{10}과 m^{10}보다는 더 비슷할 것이다.

106 절멸한 종과 현존한 종들 사이에서 나타나는 유사성은 종이 독립적으로 창조되었다는 이론으로 설명하기가 힘이 드나, 변형을 수반한 친연관계 이론으로는 이들이 공통조상에서 유래했으나 하나는 절멸했고, 하나는 현존하고 있기에, 이 둘 사이에 유사성이 있다고 설명할 수가 있을 것이다.

누층 사이의 오랜 공백기 동안 앞선 유형 일부의 완전한 절멸과 이주를 통한 완전히 새로운 유형의 출현, 그리고 상당한 정도의 변형 등이 일어났다고 우리는 인정해야만 한다.[107] 이렇게 인정한다면, 지질학적 시대 하나하나가 지닌 동물상의 특징은 의심할 여지 없이 앞선 동물상과 뒤에 이어진 동물상의 중간형태가 된다. 나는 한 가지 사례만을 보여 줄 것인데, 데본기 화석들은, 이 지층이 처음 발견되었을 때에는 고생물학자들에 의해 곧바로 위에 있는 석탄기와 아래에 있는 실루리아기의 중간형태의 특징을 지녔다고 간주되었다.[108] 그러나 동물상 하나하나는 정확하게 중간형태일 필요는 없는데, 연속된 누층 사이의 시간 간격이 같지 않을 수도 있기 때문이다. (333~334쪽)

지질 시대마다 동물상의 특징이 전반적으로 앞선 시대와 뒤이은 시대 사이의 거의 중간형태라는, 일부 속들은 이 규칙의 예외이겠지만, 언급의 진실성에 대한 실질적인 반대는 없다. 실례로 마스토돈[109]과 코끼리를 들 수 있는데, 이들은 팔코너 박사가 두 계열로 배열했다. 첫 번째는 이들의 상호 친밀성에 근거해서, 그 다음에는 이들의 생존 기간에 근거해서 배열했는데, 두 계열은 배열 상태가 일치하지 않았다. 극단적인 특징을 지닌 종들은 가장 오래되지도 않았고, 가장 최근에 출현하지도 않았으며, 이들의 특징은 중간형태도 아니었고, 연령도 중간형태가 아니었다. 그러나 이 사례와 다른 사례들에서 종이 맨 처음 나타나고 사라지는 기록이 완벽했다고 잠시 상상해 보면, 지속적으로 만들어진 유형들이 상응하는 시간 동안에 반드시 견뎌냈다고 우

107 앞 장에서 상세히 설명했다.

108 데본기는 고생대에 속하며, 실루리아기와 석탄기 사이이다. 육상에 양서류가 나타났으며, 겉씨식물이 널리 퍼져 나간 시대로 알려졌는데, 삼엽충, 암모나이트 등도 이 시대에는 생존하고 있었던 것으로 알려졌다. 그러나 이 시기가 끝날 무렵, 그 당시 생존하던 과의 19%, 속의 50%, 그리고 종의 70%가 절멸하는, 지구 역사로 볼 때 2번째의, 대량절멸이 찾아왔다. 화석들의 특징이 실루리아기와 석탄기와는 뚜렷한 차이를 보였기에, 독특한 화석층으로 구분했을 것이다.

109 제3기 마이오세에서 플라이스토세에 걸쳐 번성했던 동물로 화석으로만 발견된다. 코끼리에 비해 키와 몸이 작았지만, 양턱에 코끼리 상아처럼 엄니가 발달했었다.

리가 믿을 이유가 없다. 특히 격리된 구역에서 서식하는 육상생물의 사례처럼, 아주 오래된 유형이 그 뒤에 다른 곳에서 만들어진 것보다 어쩌면 더 오래 지속되기도 한다. 크고 작은 것을 비교해 보라. 만일 사육 집비둘기의 생존하는 주요 재래종과 절멸한 재래종들을 계열의 친밀성에 따라 일렬로 배열하면, 이 배열은 이 종들이 만들어진 시기의 순서와 긴밀하게 일치하지 않으며, 또한 사라진 순서와도 더더욱 일치하지 않는데, 이들의 부모인 바위비둘기가 지금도 생존하고 있기 때문이다. 그리고 바위비둘기와 전서비둘기 사이에 있던 많은 변종들이 절멸했다. 부리의 길이와 같은 중요한 형질로 볼 때, 부리의 길이가 극단적으로 긴 전서비둘기가 계열의 정반대 끝에 위치한 부리가 짧은 공중제비비둘기보다 더 빨리 출현했을 것이다.[110] (334~335쪽)

중간 누층에 있는 생물 유해들의 특징은 어느 정도 중간형태라는 언급은, 모든 고생물학자들이 주장하는 사실과 밀접하게 연결되어 있는데, 두 개의 연속된 누층에서 발견된 화석들이 서로 멀리 떨어진 두 누층에서 발견된 화석들보다 더 가까운 연관성을 지니고 있다는 주장이다. 픽테는 백악기 누층의 몇 조층에서 발견된 생물 유해들의 일반적인 유사성을, 비록 조층별로 종들은 뚜렷하게 구분되었지만, 널리 알려진 사례처럼 이야기했다. 픽테 교수는 종의 불변성을 확고하게 믿고 있었는데, 이 사실이 일반적이지만 이 사실 한 가지만으로도 픽테 교수가 흔들렸던 것으로 보인다.[111] 전 지구에 걸쳐 현존하는 종들의 분포를 잘 알고 있는 사람은 가까이 연속된 누층들에 있는 뚜렷하게 구

110 절멸한 종과 현존한 종 사이에 존재해야 할 중간형태의 생존 기간이 명확하게 정해지지 않았다는 설명이다.

111 종이 불변하는 것으로 믿으면, 종과 종 사이에 나타나는 연관성을 설명하기가 힘이 들 것이며, 더욱이 시간의 흐름에 따라 나타나는 과거에 살았던 종과 현재 살고 있는 종과의 연관성을 설명하는 것은 더욱더 힘들 것이다.

분되는 종들의 비슷한 유사성을 오래된 지역의 물리적 조건들이 거의 같은 상태로 유지되었기 때문으로 설명하려고 시도하지 않을 것이다. 생명 유형들이, 적어도 바다에 정착했던 유형들은 상당히 다른 기후와 조건들에 노출되었음에도 전 세계 곳곳에서 거의 동시에 변화했다는 점을 기억해 보라. 전 지구가 빙하기였던 시기를 포함하는 플라이스토세 동안의 엄청난 기후 변화를 고려하면서, 바다에서 살던 정착생물의 특별한 유형들이 얼마나 적은 영향을 받았는지에 주목하라. (335~336쪽)

친연관계 이론에 따르면, 가깝게 연속된 누층에서 발견된 화석 유해들에 포함된 사실이 지닌 모든 의미가 명백한데, 비록 이들이 뚜렷하게 구분되는 종으로 간주됨에도 밀접한 연관성이 있다는 점이다. 누층 하나하나의 축적이 때로 방해를 받지만, 그리고 연속된 누층 사이에 긴 세월의 공백이 삽입되었지만, 내가 앞 장에서 설명한 것처럼, 어떤 한 누층 또는 두 누층에서 누층의 시작과 끝 시점에 출현한 종들 사이의 모든 중간형태 변종들을 발견할 것이라고 우리가 기대해서는 안 된다.[112] 그러나 연수로 계산하면 아주 길겠지만, 지질학적으로 단지 그렇게 긴 시간은 아닌 간격들을 따라 가까운 동류 유형들, 또는 일부 학자들이 부르는 것처럼 대표적인 종들을 발견할 수 있을 것이다. 그리고 이런 대표적인 종들은 우리가 확실히 발견하고 있다. 간단히 말해, 우리는 특별한 유형들이 서서히 거의 감지되지 않게 돌연변이하는 증거들을, 우리가 발견할 것으로 예상하는 바로 그대로, 발견하고 있다. (336쪽)

112 시간 간격이 너무 클 수도 있는데, 매우 큰 간격이 있으면 한 종이 완전히 절멸하고 새로운 종이 출현한 다음일 수도 있기 때문이다. 이 간격에 중간형태도 이미 사라졌을 것이다.

[113]*옛날 유형의 발달 상태에 대하여*. 최근 유형이 옛날 유형보다 더 고도로 발달했는가 여부에 대한 많은 논의가 있었다. 나는 이 주제에 대해 들어가고 싶지 않은데,[114] 아직까지도 자연사학자들이 고등 유형과 하등 유형이 무엇을 의미하는지에 대해 서로서로를 만족시키도록 정의하지 못하고 있기 때문이다. 그러나 내 이론에 근거하면, 더 최근에 만들어진 유형이 오래전에 만들어진 유형보다 더 고등하다는 특별한 의미도 있는데, 새로운 종 하나하나가 종 형성 이전과 이후 유형들에 비해 살려고 몸부림치는 과정에서 어떤 유리한 점을 지닌 상태로 만들어졌기 때문이다.[115] 만일 기후가 거의 비슷한 상태였다면, 지구 곳곳에서 에오세[116]의 정착생물들이 같은 곳 또는 다른 곳에서 현존하는 정착생물들과 경쟁을 했을 것인데, 제2기 동물들이 에오세 동물들에, 그리고 고생대 동물들이 제2기 동물들에 밀린 것처럼, 에오세의 동물들이나 식물들도 확실히 졌을 것이고 몰살당했을 것이다. 옛날에 만들어져 패배한 유형들과 비교할 때 최근에 만들어져 승리한 생명 유형들의 체제에 뚜렷하면서도 감지할 수 있는 방식으로 개량 과정이 영향을 주었다는 점을 나는 의심하지 않는다. 그러나 나는 이런 종류의 과정을 검증할 수 있는 그 어떤 방법도 알지 못한다. 실례를 들면, 갑각류는 이들이 포함된 강에서는 가장 고등하지는 않으면서 가장 고등하다는 연체동물을 패배시킬 수 있다. 유럽의 생물들이 최근에 뉴질랜드로 이례적인 방법으로 퍼져 나가서 이전에 다른 생물들이 살고 있던 장소를 점유하게 되었는데, 만일 그레이트브리튼섬의 모든 동식

113 장 목차에 나오는 8번째 주제, '옛날 유형의 발달 상태에 대하여'를 설명하는 부분이다. 흔히 사람들이 구조가 복잡한 생물이 고등하다고 주장하거나 사람이 만물의 영장이라고 주장하지만, 이런 주장에는 근거가 없다고 설명한다. 이런 점에서 볼 때 옛날 유형이 하등하다고 주장할 수도 없다고 설명한다.

114 다윈 이전 라마르크는 한 종이 계속해서 변해 다른 종으로 변할 것이라고 주장했다. 이런 주장을 오늘날에는 향상진화라고 한다. 이런 주장에 따르면 옛날 유형은 원시적이며, 새로운 유형은 고등하다고 할 수가 있을 것이다. 그러나 다윈은 자연선택에 의한 진화를 설명하고 있고, 환경에 적응하면 생존한 것이고 그렇지 않으면 절멸한 것이라고 간주하고 있기 때문에, 또한 다윈은 향상진화보다는 한 종에서 여러 종이 만들어지는 분기진화를 진화 양상으로 설명하고 있어, 생물에 고등 또는 하등이라고 등급을 부여하는 것이 부적절하다고 생각한 것이다. 실제로 다윈은 고등 또는 하등이라는 용어 사용을 싫어했던 것으로 알려져 있다.

115 오늘날 진화생물학자들은 고등인가 하등인가라는 개념을 주로 형질 또는 형질상태에 적용하며, 이 둘을 정의하는 근거는 여럿 있다. 그러나 다윈은 단지 시기적으로 지구상에 나중에 출현한 유형을 고등한 것으로 간주하고 있다.

116 지금부터 5,580만 년 전부터 3,390만 년 전까지의 시대이다. 고대 포유류가 번성했었고, 현존하는 포유류가 나타나기 시작한 시기이다.

물을 뉴질랜드에 자유롭게 풀어놓는다면, 많은 영국 유형들이 시간이 흐름에 따라 그곳에서 귀화할 것이며, 많은 자생생물들을 몰살시킬 것이라는 점을 우리는 믿을 수 있다. 이와는 반대로, 뉴질랜드에서 현재 발생한 것들을 보면서 그리고 남반구의 정착생물 한 종이 유럽의 어떤 지역에서도 야생으로 자라기가 거의 힘들다는 점을 보면서, 만일 뉴질랜드의 정착생물 모두를 그레이트브리튼섬에 풀어놓는다면, 얼마나 많은 수가 우리들의 자생 동식물들이 자라던 장소를 점유할 수 있을까라는 질문을 우리는 던질 수도 있다.[117] 이런 관점에 따르면, 그레이트브리튼섬의 생물들은 뉴질랜드의 생물들보다 더 고등하다고 말할 수도 있을 것이다. 그럼에도 두 나라에 있는 종들을 조사해 본 가장 뛰어난 자연사학자라도 이 결과를 예견할 수는 없을 것이다. (336~338쪽)

옛날 동물들이 같은 강에 속하는 최근 동물의 배와 어느 정도는 비슷하게 보이거나, 또는 절멸한 유형의 지질학적 연속성이 최근 유형의 배발생 과정과 어느 정도는 평행하다고 아가시는 주장한다.[118] 이러한 주장이 지닌 진실성이 입증되기가 매우 어렵다고 생각하는 픽테와 헉슬리의 생각을 나는 따라야만 한다. 그럼에도 앞으로는 이 점이 적어도 종속된 무리에서는 확인될 것으로 진심으로 기대하는데, 종속된 무리란 상대적으로 최근에 서로서로 나누어진 무리들이다. 이러한 아가시의 주장이 자연선택 이론과 잘 맞아떨어지기 때문이다. 앞으로 나올 장[119]에서 나는 성체의 초기에는 나타나지 않으나 상응연령대에 유전

117 뉴질랜드의 생물이 영국으로 귀화한 사례로 뉴질랜드돌나물(*Crassula helmsii*)을 들 수가 있다. 이 식물은 호주와 뉴질랜드의 습지에서 자생한다. 연못에 산소를 공급하는 식물로 알려져 1911년 영국에 도입되었고, 이후 1970년대까지 특히 영국 동남부 지역으로 퍼져 나갔다. 제거가 힘든 식물로 알려져 있다(www.nonnativespecies.org).

118 다윈 시대에는 폰베어가 주장한 소위 '폰베어 법칙'이 널리 퍼져 있었다. 즉 발생 과정에 처음에는 널리 공통적인 형태가 나타나고 점차 특별한 형태가 나타나며, 발생 초기에는 서로 다른 동물이라도 비슷한 형태를 가지며, 고등동물도 하등동물의 배와 유사한 형태가 나타난다. 그럼에도 아가시는 공통적인 형태는 공통조상에서 물려받은 것이 아니라 공통의 신체계획에 따라 나타나며, 이는 창조의 결과라고 설명한 것이다(Costa, 2009).

119 13장의 발생학 부분에서 논의했다.

되는 변이로 인해 성체가 자신의 배 상태와 다르다는 것을 보여 줄 것이다. 생물들이 배를 거의 변화시키지는 않지만, 이런 과정이 세대를 거듭함에 따라, 성체에 점점 더 많은 차이점이 지속적으로 추가된다. (338쪽)

따라서 배는 동물 하나하나의 오래되고 덜 변형된 상태의 사진과 같은 속성으로 보존된다.[120] 이러한 견해가 사실이나, 그럼에도 완벽하게 증명되는 것은 결코 가능하지 않을 것이다. 실례로, 엄밀하게 자신들의 강에 속하는 포유류, 파충류, 어류 무리에서 가장 오래된 것으로 알려진 생물들을 보라. 비록 이처럼 오래된 유형 가운데 일부는 오늘날에도 존재하는 같은 무리에 속하는 특징적인 구성원들보다 약간은 서로서로가 덜 뚜렷하게 구분되지만, 가장 아래쪽에 있는 실루리아기보다 아래 지층이 발견되기 전까지, 아마도 이럴 기회는 아주 적을 것인데, 척추동물에서 공통적으로 나타나는 배발생 특징을 지닌 동물을 찾는 것은[121] 헛수고가 될 것이다.[122] (338쪽)

[123] *제3기 후기동안 같은 지역 내에 있는 같은 기준형의 연속성에 대하여.* 몇 년 전에 클리프트 씨는 호주 동굴에서 발견된 화석 포유류가 이 대륙에서 지금도 살아가는 유대류[124]와 아주 가까운 동류임을 보여 주었다. 남아메리카에서도 교육을 받지 않은 사람이라도 알 수 있는 비슷한 연관성이 나타나는데, 라플라타 평원 몇몇 장소에서 발견되는 아르마딜로[125]와 같은 동물 갑옷의 거대한 조각들에서 볼 수 있다. 오웬은 엄청나게 파묻

120 한 시기 한 시기를 정확하게 보여 준다는 의미이다.

121 최초의 척삭동물로 알려진 피카이아속(*Pikaia*)이 1911년 캄브리아기 지층에서 발견되었으나, 이후 2003년 중국 윈난성에서 5억 4천만 년 전 화석인 하이쿠이크티스속(*Haikouichthys*)이 발견되어, 척삭동물의 출현 시기가 조금 더 앞당겨졌다.

122 배발생 과정이 화석 기록으로 남기는 힘들 것이다.

123 장 목차에 나오는 9번째 주제, '같은 지역 내에 있는 같은 기준형의 연속성에 대하여'를 설명하는 부분이다. 지질학적으로 과거가 아닌 현재에도 같은 지역에서 같은 유형이 연속적으로 발견되는 현상에 대해 설명하고 있다.

124 태반이 없거나 불완전한 포유류로, 새끼가 미성숙한 상태로 태어나, 암컷 배 부분에 있는 육아낭에서 성숙한다. 캥거루, 코알라 등이 대표적인 동물이다.

125 포유류의 피갑목(Cingulata)에 속하는 동물들을 지칭하는 이름으로, 거북의 등딱지와 비슷한 띠모양의 딱지 또는 갑옷이 몸 등쪽의 거의 전부를 덮고 있다.

혀 있는 화석 포유류 대부분이 남아메리카 기준형과 연관되어 있음을 아주 놀라운 방법으로 보여 주었다. 이러한 연관성을 룬드 씨와 클라우센 씨는 브라질 동굴에서 발견된 놀라운 화석 골격 수집품으로 명확하게 보여 주었다. 나는 이런 사실들에 깊이 감명을 받았고, 1839년과 1845년에 "기준형의 연속성 법칙", 즉 "같은 대륙에서 절멸한 생물과 현존하는 생물 사이의 놀라운 연관성"을 강하게 주장했다.[126] 오웬 교수도 이어서 이러한 일반화를 구세계 포유류까지 확장했다. 뉴질랜드의 절멸한 거대한 조류를 오웬 교수가 복원한 그림에서[127] 같은 법칙을 우리는 볼 수 있다. 우리는 이런 법칙을 브라질의 동굴에서 발견한 조류들에서도 볼 수 있다. 우드워드 씨는 같은 법칙이 해양 패류에도 잘 적용되는 것을 보여 주었으나, 연체동물 대부분의 속들은 분포 범위가 넓어서 잘 적용되지 않았다. 다른 사례들을 추가할 수 있는데, 마데이라 제도의 절멸한 육상 패류와 현존하는 패류 사이의 연관성, 아랄로카스피해[128]의 절멸한 기수역[129] 패류와 현존하는 패류 사이의 연관성 등도 있다. (338~339쪽)

그렇다면 같은 지역 내에서 같은 기준형이 연속되어 나타난다는 이 놀라운 법칙이 의미하는 것은 무엇일까? 현재의 호주 기후를 같은 위도에 있는 남아메리카 일부 지역의 기후와 비교한 다음, 한편으로 이 두 대륙에서 정착생물이 다르게 살아가는 것이 이들이 서로 다른 물리적 조건들에 처했기 때문이라거나, 다른 한편으로 지난 제3기 동안 대륙마다 같은 기준형이 균일하게 유지되도록 조건이 비슷했기 때문이라고 다른 관점으로 설명하

126 『비글호 여행기』를 인용한 것인데, 1839년에는 초판이, 1845년에는 재판이 발행되었다. "기준형의 연속성 법칙"은 초판 210쪽에, "같은 대륙에서 절멸한 생물과 현존하는 생물 사이의 놀라운 연관성"은 재판 173쪽에 있는 표현들이다. 다윈은 호주의 한 동굴에서 발견된 몸집이 크고 절멸한 캥거루와 유대류 화석 사이의 놀라운 연관성을 1839년에는 "기준형의 연속성 법칙"으로 설명했으나, 1845년에는 "같은 대륙에서 절멸한 생물과 현존하는 생물 사이의 놀라운 연관성"이라고 설명했다.

127 화석으로 발견된 모아새는 뉴질랜드 고유종으로 키가 3m에 달하나 날지 못하는 조류이다. 모아새는 두 종 *Dinornis robustus*와 *D. novaezelandiae*의 화석이며, 1843년 오웬이 이 두 종을 포함하는 모아과(Dinornithidae)를 처음 기재했다.

128 쥐라기 후기에 테티스해가 분리되면서 파라테티스해가 형성되었고, 이후 올리고세와 마이오세에 파라테티스해가 나누어져 오늘날의 지중해, 인도양, 흑해, 카스피해, 아랄해 등이 만들어졌다. 아랄로카스피해는 카스피해와 아랄해 지역을 지칭하는 이름으로, 오늘날 이 두 바다 사이에는 저지대가 발달해 있다. 아랄해는 카자흐스탄 남부와 우즈베키스탄 북부 사이에 있으며, 카스피해는 아시아 북서부와 유럽 사이에 있는데, 세계에서 가장 큰 호수로 알려져 있다.

129 바닷물과 민물이 섞이는 곳이다.

려는 사람은 기발한 성격을 지녔을 것이다.[130] 유대류가 호주에서만 주로 또는 유일하게 만들어졌다는 것, 또는 빈치목[131]을 비롯하여 아메리카 기준형이 남아메리카에서만 유일하게 만들어졌다는 것이 불변의 법칙인 것처럼 속일 수는 없을 것이다. 먼 옛날에 유럽에도 많은 유대류가 서식하고 있었다는 것을 우리가 알기 때문에 내가 앞에서 언급한 출판물에서 아메리카에서의 육상 포유동물의 분포 법칙이 오늘날과 과거가 다르다는 점을 보여 주었다. 이전에는 북아메리카가 지구의 남쪽 절반이 지닌 현재의 특징을 강하게 지녔고, 남쪽 절반은 뭉쳐 있었는데 현재보다 과거에 북쪽 절반과 더 가깝게 연결되어 있었다.[132] 이와 비슷하게, 팔코너와 코틀리의 발견으로부터[133] 인도 북부의 포유류가 현재 존재하는 포유류보다는 아프리카의 포유류와 더 가깝게 연관되어 있음을 우리는 알 수 있다. 대응하는 사실들은 해양동물의 분포가 보여 주는 연관성에서도 찾을 수 있다. (339~340쪽)

변형을 수반한 친연관계 이론에 따라, 같은 지역 내에 있는 같은 기준형의, 오래 지속되지만 불변하는 것은 아닌, 연속성이라는 위대한 법칙은 즉각 설명될 수 있다. 전 세계 곳곳의 정착생물들은 다음 시기에는 아주 비슷하지만 어느 정도는 변형된 상태의 후손들을 자신들이 살던 곳에 명백하게 남겨두기 때문이다. 만일 한 대륙의 정착생물들이 다른 대륙의 정착생물들과 이전에는 상당히 달랐다면, 이들의 변형된 후손들도 계속해서 거의 비슷한 방식으로 거의 비슷한 정도로 다를 것이다. 그러나 아주 오랜 시간 간격을 두고, 엄청난 지리적 변화로 인해 지역간에

130 단순한 기후 조건 때문이 아니라 이보다는 지리적 분포와 그에 따른 생물 간의 상호작용이 더 중요하다는 의미이다. 한때 같이 살다가 대륙 이동 등으로 격리된 상태로 생존했기 때문이라는 설명이다.

131 포유류에 속하는 동물들로, 이가 없거나 불완전한 이를 가진다. 대신 다리에 날카롭고 튼튼한 발톱을 지니고 있는데, 개미핥기, 나무늘보, 아르마딜로 등이 여기에 속한다.

132 과거의 지구 대륙은 현재 상태와 달랐을 것이다. 지금은 북반구에 위치한 대륙들이 과거에는 남반구 쪽에 위치하여, 오늘날 남반구 기후의 특성을 지녔을 것이고, 남반구 대륙은 북반구 대륙들과 오늘날보다 더 가깝게 연결되어 있었을 것이라는 설명이다.

133 이 두 사람이 공동으로 인도 북부 지방의 고생물을 다룬 『시발 지역의 고동물상』을 출판했다.

생물들의 이동이 가능해졌다면, 좀 더 허약한 유형은 좀 더 우세한 유형에게 자리를 물려 줄 것이며, 과거와 현재의 분포 법칙에 변하지 않은 것은 아무것도 없을 것이다. (340쪽)

메가테리움을 비롯하여 거대한 동류 종들이 나무늘보, 아르마딜로 그리고 개미핥기 등을 자신들의 퇴화한 자손들로[134] 남아메리카에 남겨두었는지 여부를 조롱하면서 물어볼 수가 있다.[135] 이런 질문은 받아들일 수 없는 실례이다. 이처럼 거대한 동물들은[136] 전반적으로 절멸했고, 자손은 하나도 남기지 않았다. 그러나 브라질 동굴에서는, 몸집이나 다른 특징으로 볼 때 아직도 남아메리카에서 살아가는 종들과 가까운 동류 종으로 보이는 많은 절멸 종들이 있다. 이러한 화석 중 일부는 실제로 살아 있는 종들의 조상일 수도 있다. 내 이론에 따라 한 속에 속하는 모든 종들은 어떤 한 종에서 유래했다는 점을 잊어서는 절대로 안 된다. 따라서 만일 속마다 8개의 종을 포함하는 6개의 속이 한 지질학적 누층에서 발견되고, 그 다음 연속된 누층에서는 이와는 다른 동류인 6개의 속 또는 대표적인 속들이 같은 수의 종들을 포함한 상태로 발견된다면, 6개의 오래된 속들 하나하나가 단지 한 종만을 변형된 후손으로 남겨 새로운 6개의 속을 이루었다고 우리는 결론지을 수가 있을 것이다. 오래된 속들마다 다른 7개의 종들은 모두 죽어 버렸고, 이들은 자손을 하나도 남기지 않았다. 또한 6개의 오래된 속들 가운데 단지 둘 또는 세 속에 속하는 둘 또는 세 종만이 새로운 6개 속의 부모가 되는 것이 더 흔한 사례일 수도 있다. 다른 오래된 종들과 다른 모든

134 "퇴화한 자손"이라는 표현은 18세기 자연사학자 뷔퐁이 제안한 것이다. 뷔퐁은 대부분 동물들이 유럽 등지의 구세계 고위도 지역에서 기원한 것으로 간주했고, 이렇게 만들어진 동물들이 북아메리카와 남아메리카와 같은 신세계로 이동했고, 이들이 자손들로 나무늘보, 아르마딜로 등과 같은 퇴화한 자손을 만들었다고 설명했다(Costa, 2009).

135 다윈은 절멸한 종과 현존하는 종은 공통조상에서 유래한 것이라고 주장하고 있다. 다음 문장에 "내 이론에 따라 같은 속에 속하는 모든 종들은 어떤 한 종에서 유래했다는 점을 잊어서는 절대로 안 된다"라고 썼다. 달리 말해 원숭이는 결코 인류의 조상이 아니며, 원숭이와 인류는 "어떤 한 종", 즉 공통조상에서 유래했다고 주장하는 것으로 보인다. 원숭이가 사람의 조상이냐고 물어보는 것과 같다는 의미이다.

136 메가테리움은 최대 길이가 6~8m이고, 체중은 3톤 정도이다.

속들은 철저하게 절멸했을 것이다. 남아메리카의 빈치목 사례에서 볼 수 있듯이, 속과 종들의 수가 감소함에 따라 쇠퇴해가는 목에서는 현저히 적은 수의 속들과 종들이 변형된 혈통의 자손을 남길 것이다. (341쪽)

앞 장과 이 장의 요약. 나는 다음과 같은 점들을 보여 주려고 노력했다. 지질학적 기록들은 극도로 불완전하다. 지구 전체적으로 보면 극히 일부 지역만이 지질학적 조사가 이루어졌다. 단지 일부 강에 속하는 생명체들만이 대규모로 화석 상태로 보존되었다. 우리들의 박물관에 보관된 표본과 종들의 수는 한 누층이 형성될 때까지 셀 수 없을 정도로 지나간 많은 세대 수와 비교할 때 거의 아무것도 아니다. 미래에 있을 삭평형작용에 지탱할 정도로 화석 퇴적물의 축적이 충분히 두꺼워야 하는데 이를 위해서는 침강이 필요하며, 연속적인 누층 사이에는 엄청난 시간이 간격을 두고 경과해야만 한다. 침강 기간 동안에는 더 많은 절멸이 일어날 것이며, 융기하는 동안에는 더 많은 변이가 만들어졌을 것이고, 융기 기간과 관련된 기록은 전혀 완벽하지 않았을 것이다. 누층 하나하나는 연속해서 퇴적되지 않았다. 누층마다 지속 기간은 아마도 특별한 유형의 평균 지속 기간과 비교해서 짧을 것이다. 이주는 어떤 지역이나 어떤 누층에서든지 새로운 유형이 맨 처음 출현하는 데 중요한 역할을 수행했다. 넓게 분포하는 종들이 가장 다양하게 변하는 종들이며, 가장 자주 새로운 종들을 만들어 낸다. 마지막으로 변종들은 처음에는 때로

국소적이다. 이 모든 원인들을 결합해 보면, 지질학적 기록은 극도로 불완전하게 될 수밖에 없으며, 가장 미세한 단계 단계들로 만들어져 절멸한 유형과 현존하는 유형 모두를 하나로 연결해 주는 끝도 없이 계속되어 온 변종들을 우리가 찾지 못하는 이유 상당 부분이 설명될 것이다. (341~342쪽)

지질학적 기록이 이런 속성을 지녔다는 견해를 거부하는 사람은 내 이론 전체도 당연히 거부할 것이다. 어디에 셀 수 없이 많은 전환 중인 연결고리들이 있을까라는 아무런 의미가 없는 질문을 그가 할 것이기 때문이다. 연결고리들은 이전에 가까운 동류 종 또는 대표적인 종들을 연결해야만 하며, 같은 커다란 누층의 몇몇 조층에서 발견되어야만 한다. 그는 우리가 관찰하는 연속적인 누층 사이에 경과한 엄청난 시간 간격을 믿지 않을 것이다. 그는 유럽과 같은 엄청나게 넓은 한 지역의 누층만을 고려하면서 이주가 얼마나 중요한 역할을 수행했는지를 간과했을 것이다. 그는 종 무리 전체가 명백하게, 때로는 마치 거짓임이 명백한 것처럼 보이지만, 갑자기 출현했다고 주장할 것이다. 그는 실루리아기 첫 번째 지층이 퇴적되기 이전부터 아주 오랫동안 생존했던 무한히 많은 생물들의 유해들이 어디에 있는가라고 질문을 할 수도 있다. 나는 마지막 질문에 대해서는 가설로만 대답할 수 있는데, 우리가 아는 한, 우리의 해양이 현재까지 엄청나게 오랜 기간에 걸쳐 확장되었고, 변동하는 대륙은 실루리아기 이래로 계속 유지되어 어떻게 현재 상태에 이르게 되었는지에 대해 말하고자 한다. 그러나 그 시기 이전에 오랫동안 세계는 전혀 다른 모습을 보여 주었고, 우리가 알고 있는 것보다 더 오래전에 만들어진 오래된 대륙이 오늘날에는 모두가 변성된 상태이거나 또는 해양 아래쪽에 묻혀 있다고 말하고자 한다. (342~343쪽)

이러한 어려움을 하나하나 살펴보면, 고생물학에서 발굴한 위대한 발견들 모두는 자연선택을 통한 변형을 수반한 친연관계라는 이론을 아주 잘 따르는 것처럼 나에게는 보인다. 따라서 어떻게 새로운 종이 서서히 연속적으로 나타나며, 어떻게 다른 강에 속하는 종들이 모두 함께, 또는 같은 속도로 또는 같은 정도로 변화할 필요가 없는지를 우리는 이해할 수가 있다. 그럼에도 최종적으로는 이들 모두가 어느 정도는 변형을 겪는다는 점을 우리는 이해할 수가 있다. 오래된 유형의 절멸은 새로운 유형이 만들어짐에 따라 수반되는 거의 피할 수 없는 결과이다. 우리는 한번 종이 사라지고 나면 결코 다시는 나타나지 않는 이유를 이해할 수가 있다. 종 무리의 수는 서서히 증가하며, 서로 다른 시간 동안을 버티고 살아가는데, 변형 과정이 반드시 서서히 일어나고 많은 복잡한 우연한 사건들에 의해 결정되기 때문이다. 우세한 큰 무리에 속하는 우세한 종은 많은 변형된 후손들을 남기는 경향이 있으며, 그에 따라 새로운 아무리와 무리가 만들어진다. 이들이 만들어짐에 따라, 공통조상으로부터 열등함을 물려받아 생명력이 떨어지는 무리의 종들은 함께 절멸하는 경향이 있으며, 지표면에 변형된 자손을 전혀 남기지 못한다. 그러나 종 무리 전반에 걸친 철저한 절멸은 때로 아주 서서히 일어나는데, 일부 후손들이 보호되고 격리된 장소에 남아 있어 생존하기 때문이다. 한 무리가 전반적으로 한번 사라지면 다시 나타나지 않는데, 세대를 이어 주는 연결고리가 부러졌기 때문이다. (343~344쪽)

가장 다양하게 변하는 우세한 생명 유형이 어떻게 퍼져 나가는지를 이해할 수가 있는데, 이 유형은 마침내 전 세계를 자신들과 동류이지만 변형된 후손들로 점유하게 될 것이다. 그리고 이들은 일반적으로 생존을 위한 몸부림에서 열등한 종 무리가 차지했던 장소를 지속적으로 대신해서 차지하게 될 것이다. 그에 따라 오랜 시간이 경과하면, 전 세계에서 만들어진 생물들은 동시에 변화한 것처럼 보일 것이다. (344쪽)

우리는 모든 생명 유형들이, 오래되었든 최근에 만들어졌든, 모두 함께 하나의 거대한 분류체계를 어떻게 만드는지를 이해할 수가 있는데, 이들이 모두 번식 과정으로 연결되어 있기 때문이다. 우리는 형질분기가 지속되려는 경향성으로부터 한 유형이 좀 더 오래되면 오래될수록 현재 살아 있는 유형들과 왜 일반적으로 더욱더 다른지를 이해할 수가 있다. 오래되고 절멸한 유형들이 현존하는 유형들 사이의 빈 공간을 채우려 했기 때문에 때로 혼합이 일어나 뚜렷하게 구분된 것으로 간주되었던 두 무리는 한 무리로 분류된다. 그러나 이들이 아주 조금 서로서로 비슷하다고 간주할 때가 더 흔하다. 한 유형이 오래되면 오래될수록 오늘날에는 뚜렷하게 구분되는 무리들 사이에서 어느 정도는 명백히 더 자주 중간형태의 형질을 보인다. 한 유형이 오래되면 오래될수록 광범위하게 분기하게 되므로 이 유형은 무리의 공통조상과 더 많이 연관되어 있을 것인데, 결과적으로 조상과 더 비슷하게 보이기 때문이다. 절멸한 유형들은 현존한 유형들의 직접적인 중간형태는 거의 아니나, 절멸한 그리고 아주 다른 많은 유형들을 거치는 오랜 시간에 걸쳐 일어난 우회 과정을 통해서는 중간형태가 된다. 우리는 가까운 곳에 있는 연속적인 누층에 남아 있는 생물 유해들이 멀리 떨어져 있는 누층에 있는 유해들에 비해 서로서로가 가까운 동류인 이유를 명확하게 알 수가 있는데, 유형들이 번식을 통해 서로서로 비슷하게 하나로 연결되어 있기 때문이다. 우리는 누층의 중간에 있는 유해들의 특징이 왜 중간형태인지도 명확하게 알 수 있다. (344~345쪽)

세계의 역사가 진행되는 동안 연속된 시기 하나하나에 살았던 정착생물들은 살려는 경주에서 자신들의 조상들을 물리쳤고, 지금까지 자연의 사다리 위쪽으로 올라왔다.[137] 그리고 이런 점은 많은 고생물학자들이 가지고 있는 모호한, 그럼에도 잘 정의되지 못한 감정, 즉 체제는 전반적으로 진보한다는 생각을 설명해 준다. 만일 오래된 동물이 어느 정도까지 같은 강에 속하는 좀 더 최근에 만들어진 동물의 배와 비슷하게 보인다는 점이 입증될 수 있다면, 이런 사실은 잘 이해가 될 것이다. 지질학적 시기로 볼 때, 최근에 같은 지역에서 구조가 같은 기준형의 연속성은 수수께끼에 종지부를 찍게 될 것이며, 유전으로 단순히 설명될 것이다.[138] (345쪽)

만일 지질학적 기록이 내가 믿는 것처럼 불완전하고, 기록이

137 아리스토텔레스가 자연의 사다리 개념을 생각하면서, 사다리 아래쪽에 있는 생물은 변화는 일어나나 위쪽으로는 올라갈 수 없다고 주장했다. 다윈은 이를 부정하고, 아래쪽에 있는 생물이 변형을 수반한 친연관계, 즉 진화를 통해 위쪽으로 올라갈 수 있다고 설명하고 있다.

138 이 점은 오늘날 유전현상으로 모두 설명하고 있으나, 다윈 시대에는 오늘날 유전학이 아닌 오류로 파악된 혼합유전을 믿고 있었다. 이러한 유전학적 지식으로는 같은 구조가 왜 지속적으로 자손들에게서 나타나는지를 설명하기가 힘들었을 것이다.

좀 더 완벽하도록 입증하는 것이 불가능하다고 적어도 단언할 수 있다면, 자연선택에 대한 주요 반대는 엄청 줄어들거나 사라질 것이다. 이와는 반대로, 내가 볼 때에 고생물학의 모든 주요 법칙들은 종들이 일상적인 번식을 통해 만들어졌다고 단호하게 주장할 수 있을 것이다. 오래된 유형들은 새롭고 개량된 생명 유형으로 대체될 것인데, 이 유형들은 지금까지 우리 주변에서 작용하고 있는 변이의 법칙으로 만들어졌고, **자연선택**으로 보존된 것들이다. (345쪽)

11장 지리적 분포

오늘날 분포는 물리적 조건의 차이로 설명할 수가 없다—장벽의 중요성—같은 대륙에 있는 생물들의 친밀성—창조의 중심지—기후 변화와 대륙의 수위 변동, 그리고 우연한 방법 등과 같은 산포[1] 수단들—빙하기 동안 세계의 확장에 따른 산포

[2]**지구** 표면을 덮고 있는 생물들의 분포를 고려할 때, 우리를 가장 놀라게 하는 첫 번째 놀라운 사실은[3] 다양한 지역에서 정착한 생물들의 유사도 또는 비유사도를 이들이 살고 있는 지역의 기후를 비롯하여 기타 물리적 조건들로 설명할 수 없다는 점이다. 최근에 이 주제를 연구한 거의 모든 학자들이 이런 결론에 도달했다. 아메리카의 사례 하나만으로도 이 결론의 진실성을 보여 주기에 충분할 것인데, 만일 우리가 극지역의 거의 연결된 북부 지역을 제외한다면, 모든 학자들이 신세계와 구세계 사이의 지리적 분포에는 하나의 가장 큰 근본적인 불일치가 있음에 동의한다. 그럼에도 만일 우리가 미국의 중앙부에서 거의 남단

1 한 생물이 자신이 태어난 곳에서 번식을 위해 다른 곳으로 이동하는 것을 말한다.

2 장 목차에 나오는 첫 번째 주제, '오늘날 분포는 물리적 조건의 차이로 설명할 수가 없다'를 설명하는 부분이다.

3 다윈은 오늘날 생물들의 분포에서 볼 수 있는 놀라운 사실 3가지를 들고 있는데, 첫 번째는 생물들의 분포가 기후와 같은 물리적 조건과는 무관하다는 점이다. 두 번째는 생물들의 연속적인 분포를 가로막는 장벽이 존재한다는 점이며(이 장의 두 번째 주제이다), 세 번째는 같은 대륙에 있는 생물들이 친밀성을 보여준다는 점이다(이 장의 세 번째 주제이다).

아래까지 방대한 아메리카 대륙 도처를 여행한다면, 우리는 다양하게 만들어진 조건들, 즉 곳곳마다 기온이 다른 상태로 있음을 알 수 있는데, 가장 습기가 많은 곳, 사막, 고산, 초원 평야, 삼림, 습지, 호수 그리고 커다란 강 등을 만날 것이다. 적어도 같은 종들이 일반적으로 요구하는 신세계의 기후와 조건에 평행하지 않는 구세계의 기후와 조건은 거의 없다. 아주 사소하지만 특이한 조건을 지닌 아주 좁은 자리에서 고립되어 살아가는 생물 무리를 발견한 사례는 거의 드물기 때문이다. 실례를 들자면, 구세계에 있는 어떤 지역을 지적하더라도 신세계 어떤 지역보다 더 더운데, 그럼에도 이들 지역에서만 특이하게 나타나는 동물이나 식물은 없다. 구세계와 신세계의 조건이 이처럼 평행관계임에도 불구하고, 각 지역에서 살아가는 생물들이 어떻게 크게 다를 수가 있단 말인가![4] (346~347쪽)

남반구에서, 만일 우리가 남위 25도에서 35도 사이에 있는 호주, 남아프리카 그리고 남아메리카 서부의 넓은 지역을 비교하면, 우리는 이 지역의 모든 조건들이 극히 비슷함을 발견할 것인데도, 세 곳의 동물상과 식물상이 이보다 더 다른 지역을 지적한다는 것은 가능하지 않다.[5] 다시 우리는 남아메리카의 남위 35도와 이보다 북쪽인 남위 25도의 상당히 다른 기후에서 서식하고 있는 생물들을 비교할 수가 있는데, 이들은 거의 같은 기후 지역에 있는 호주나 아프리카의 생물들보다 비교할 수 없을 정도로 서로서로 더 가깝게 연관되어 있음을 발견할 수 있다. 대등한 사실들을 해양의 정착생물들로부터도 얻을 수 있다.[6] (347쪽)

4 만일 종이 창조되었다면, 같은 조건에는 같은 생물들이 살게 되었을 것인데, 그렇지 않고 같은 조건임에도 서로 다른 생물들이 살고 있다는 사실은 종이 창조되지 않았음을 보여 준다고 다윈이 설명하는 것으로 보인다.

5 생물이 살아가는 조건이 비슷해도 세 곳의 동물상과 식물상이 거의 완전히 다르다는 주장이다.

6 앞 문단에서는 남북으로 이동하면서 나타나는 다양한 조건과 그에 따라 다른 생물들이 살고 있다고 지적했다. 이 문단에서는 같은 위도에 있으면 조건이 비슷할 것임에도 불구하고 지역에 따라 다른 생물들이 살고 있는 반면, 같은 위도에서 다른 조건으로 살아가는 생물들이 이들과 같은 조건의 다른 지역에 살고 있는 생물들과 연관되어 있음을 지적하고 있다.

[7]일반적인 견해[8]를 지닌 우리에게 충격을 준 두 번째 놀라운 사실은,[9] 어떤 종류의 장벽, 즉 자유로운 이동을 방해하는 장애물이 다양하게 만들어진 지역에서 살아가는 생물들 사이에서 나타난 차이점들과 밀접하면서도 중요하게 연관되어 있다는 점이다. 신세계와 구세계의 거의 모든 육상생물들이 보여주는 엄청난 차이에서 이런 점을 볼 수가 있다. 북쪽 지역들은 예외인데, 육지로 거의 연결되어 있으며, 기후 차이도 아주 사소하며, 북반구 온대 유형들이 자유롭게 이동할 수 있으며, 오늘날에는 엄밀하게 북극에서 살아가는 생물들을 위한 지역이기 때문이다. 우리는 같은 사실을 같은 위도에 놓여 있는 호주, 아프리카, 그리고 남아메리카에 정착한 생물들이 크게 다른 점에서 볼 수가 있는데, 이들 나라들은 거의 완벽하게 엄청나게 격리되어 있기 때문이다. 또한 각 대륙 내에서도 우리는 같은 사실을 볼 수가 있는데, 고지대에서 연속되어 있는 산맥 지역, 엄청나게 넓은 사막, 때로는 큰 강의 반대편에서 서로 다른 생물들을 우리가 발견하기 때문이다. 그렇지만 산맥 지역, 사막 등이 건너갈 수 없는 곳이 아니고, 대륙을 떼어 놓은 해양처럼 오랫동안 지속된 곳이 아니기 때문에, 대륙 내에서의 차이는 뚜렷하게 구분되는 대륙마다 지닌 형질상태 정도보다는 아주 작다.[10] (347~348쪽)

바다로 눈을 돌려 같은 법칙을 찾아보자. 라틴아메리카의 동쪽 해안과 서쪽 해안에서 공통으로 나타나는 어류나 패류 또는 게류 등과 같은 해양동물들이 보여 주는 차이보다 더 뚜렷하게 구분이 되는 두 종류의 해양 동물상은 없다. 그럼에도 이 두

7 장 목차에 나오는 2번째 주제, '장벽의 중요성'을 설명하는 부분이다.

8 일반적인 견해는 생물들의 분포가 기후 등과 같은 물리적 조건 등에 의해서 결정된다고 생각하는 것이다. 달리 말해, 장벽으로 가로막혀 있더라도 같은 조건에 처해 있다면, 같거나 비슷한 생물들이 나타날 것이라는 생각이다.

9 오늘날 생물들의 분포에서 볼 수 있는 놀라운 사실 3가지 가운데 두 번째이다. 대륙간 또는 대륙내에 있는 장벽이 생물들의 분포에 영향을 주어, 지역별로 분포하는 생물들의 구성에 차이가 있다는 점이다.

10 산맥이나 사막 양쪽에 있는 생물들이 다르기는 하나, 해양을 경계로 양쪽에 있는 생물들이 보여 주는 차이보다는 훨씬 작다는 설명이다.

거대한 동물상은 단지 폭이 좁은, 그러나 건너갈 수 없는 파나마 지협[11]으로 격리되어 있다. 아메리카 해안에서 서쪽으로 가면, 확 트인 넓은 해양이 뻗어 있는데, 이동하는 생물들이 쉬어 갈 수 있는 섬조차 없다. 이런 해양은 우리가 볼 수 있는 또 다른 장벽인데, 이런 지역을 통과하면 곧바로 우리는 태평양의 동쪽에 있는 섬들을 만나게 되며, 이곳에는 또 완전히 전혀 다른 동물상이 있다. 따라서 이곳에는 3종류의 해양 동물상들이[12] 서로 평행하는 기후 조건에서 북쪽과 남쪽으로 그리 멀지 않은 곳에서 줄을 지어 뻗어 있다. 그러나 육지 또는 넓게 트인 바다라는 장벽으로 분리되어 있기 때문에, 서로서로 건너갈 수 없는 이들은 전체적으로 뚜렷하게 구분된다. 이와는 반대로, 태평양 적도 지역에 있는 동쪽 섬들에서 서쪽으로 계속해서 가면, 남반구를 지나 아프리카 연안에 도착할 때까지[13] 우리는 건너갈 수 없는 그 어떤 장벽도 만나지 않으며, 잠시 쉬어 갈 수 있는 수많은 섬들을 만난다. 그리고 이 광대한 공간을 넘어서는 동안, 우리는 잘 규정되지도 않고 뚜렷하게 구분되지도 않는 해양 동물상을 만난다. 앞에서 언급한 3곳의, 즉 아메리카 동부와 서부, 그리고 태평양 동쪽에 있는 섬들의 동물상에서 공통적으로 나타나는 패류, 게류 또는 어류는 한 종도 없지만, 그럼에도 많은 어류들이 태평양에서 인도양까지 분포한다. 게다가 많은 패류가 태평양 동쪽 섬들과 아프리카 동쪽 연안에 공통적으로 분포하는데, 이 두 지역은 같은 위도에서 거의 정확하게 자오선의 정반대에 위치한다. (348~349쪽)

11 두 개의 육지를 연결하는 좁고 잘록한 땅이다. 아시아와 아프리카를 연결하는 수에즈, 남아메리카와 북아메리카를 연결하는 파나마 지협 등이 있다. 오늘날에는 이 두 지역에 수에즈 운하와 파나마 운하가 건설되어 있다.

12 어류, 패류, 게류 동물상이다.

13 남태평양의 동쪽에서 서쪽으로 이동하는 것을 의미하는 것으로 보인다. 그리고 동쪽 섬은 갈라파고스 제도를 지칭하는 것으로 보인다. 다윈은 비글호 항해를 하면서 갈라파고스 제도를 거쳐 타히티섬, 뉴질랜드와 호주를 지났고, 아프리카 희망봉까지 갔다.

[14]세 번째 놀라운 사실은,[15] 부분적으로 앞에서 언급했는데, 같은 대륙이나 바다에서 살아가는 생물 종들이 다른 지점과 정착지에서 서로 뚜렷하게 구분되더라도 친밀성을 보인다는 점이다. 이는 가장 널리 받아들여지는 일반적 법칙이며, 대륙마다 셀 수 없을 정도로 많은 실례들이 있다. 그럼에도 불구하고 실례를 들자면, 북쪽에서 남쪽으로 여행하는 자연사학자는 뚜렷하게 구분되지만 아직도 비슷하게 연관되어 있는 생물들의 연속된 무리들이 서로서로를 대체하고 있는 방식에 충격을 받지 않을 수가 없다. 그는 가까운 동류임에도 뚜렷하게 구분되는 새 종류들의 울음소리를 듣고 비슷하다고 기록하며, 거의 같은 방식으로 색칠된 알들이 있는, 아주 닮지는 않지만 비슷하게 지어진 새들의 둥지들을 보게 된다. 마젤란 해협[16] 근처 평원에는 레아속Rhea에 속하는 한종(아메리카레아)[17]이 정착해서 살고 있고, 이보다 북쪽으로 라플라타 평원에는 이 속에 속하는 또 다른 종이 있다.[18] 이들은 아프리카와 호주의 같은 위도에서 발견되는 타조나 에뮤는 아니다.[19] 같은 라플라타 평원에서 우리는 산토끼와 굴토끼[20] 그리고 설치목에 속하는 동물들과 거의 비슷한 습성을 지닌 아구티류[21]와 비스카차류[22]를 볼 수 있는데, 이들은 아메리카형 구조를 뚜렷하게 보여 준다.[23] 우리가 산계[24]의 높은 정상에 오르면 비스카차류 중 고산에서 사는 종을 찾을 수 있다.[25] 우리가 물가를 조사하더라도 비버[26] 또는 사향쥐[27]는 발견할 수 없으나, 아메리카형 설치류인 뉴트리아[28]와 카피바라[29]는 발견한다. 이밖에도 수많은 실례를 제시할 수 있다. 만일 우리가 아

14 장 목차에 나오는 3번째 주제, '같은 대륙에 있는 생물들의 친밀성'을 설명한다.

15 오늘날 생물들의 분포에서 볼 수 있는 놀라운 사실 3가지 가운데 3번째이다.

16 남아메리카 남쪽 끝에 있는 해협으로, 태평양과 대서양을 연결한다. 탐험가 마젤란이 처음으로 이 해협을 건넜다.

17 타조와 비슷하게 날 수 없는 새들로 이루어진 레아속(*Rhea*)에 속하는 아메리카레아(*R. americana*)로 남아메리카에 분포한다.

18 다윈레아(*Rhea darwinii*)로 오늘날에는 *Rhea pennata*(≡*Pterocnemia pennata*)이다.

19 타조는 아프리카에서, 에뮤는 호주에만 분포하는데, 둘 다 날지 못한다.

20 굴토끼는 굴을 파고 집단생활을 하나, 산토끼는 굴을 파지 않고 독립생활을 한다. 토끼는 이 둘을 포함하는 이름이며, 흔히 rabbit은 굴토끼로 번역한다.

21 아구티과(Dasyproctidae), 아구티속(*Dasyprocta*)에 속하는 설치류 동물들이다. 라틴아메리카에서 자생한다.

22 *Lagidium*과 *Lagostomus* 두 속에 속하는 설치류를 지칭하는 이름이다. 생김새가 토끼류와 비슷하다.

23 토끼류는 토끼목(Lagomorpha)에 속하며, 토끼목은 남아메리카 남부와 호주 북부 일대를 제외한 전 세계에 분포한다. 그러나 아구티와 비스카차는 설치류에 속하며 라틴아메리카 일대에만 분포하는데, 일부 특징이 토끼류와 비슷하다. 다윈이 남아메리카에만 분포하는 설치류를 아메리카형 구조라고 표현한 것으로 보인다.

24 대륙적 규모에서 발달하는 대규모의 산지계통으로, 대개 둘 이상의 산맥이 서로 빌접한 관계를 가지고 한 계통을 이룬다.

메리카 연안 근처에 있으나 지질학적 구조는 많이 다를 수도 있는 섬들을 조사한다면, 섬의 정착생물들은 모두가 특이한 종들인데, 근본적으로는 아메리카형이다. 앞 장에서 설명한 것처럼, 우리가 과거로 되돌아갈 수 있다면, 우리는 아메리카 대륙과 아메리카 바다에서 널리 분포했던 아메리카형을 발견할 것이다. 우리는 이러한 사실들로부터 시공간을 초월한, 같은 대륙과 수역을 넘어서는, 그리고 생물들의 물리적 조건과는 무관한 생명체들의 깊은 유대를 볼 수 있다. 이러한 유대가 무엇인지를 조사하려고 하지 않는 자연사학자는 호기심이 거의 없다고 해야 할 것이다. (349~350쪽)

[30]내 이론에 따르면 이러한 유대는 단순한 유전 현상으로, 우리가 확실히 알고 있듯이, 유전이라는 유일한 원인이 생물들을 거의 비슷하게 만들거나, 우리가 보듯이 변종들을 서로서로 거의 비슷하게 만든다. 서로 다른 지역에서 살아가는 정착생물들 사이에서 나타나는 차이점은 자연선택을 통한 변형 탓으로 돌릴 수 있으며, 서로 다른 물리적 조건의 직접적인 작용은 아주 부수적일 뿐이다. 차이 정도는 좀 더 우세한 생명 유형이 한 지역에서 다른 지역으로 이주하는 것에 의해서도 결정되는데, 이주는 훨씬 이전에 다소 쉽게 영향을 주었을 것이다.[31] 또한 이전의 이주생물들의 속성과 수에 의해, 그리고 서로서로 살려는 몸부림에서 나타나는 생물들 사이의 작용과 반작용에 의해서도 결정될 것이다. 그리고 생물과 생물 사이의 연관성은, 내가 이미 때때로 언급했듯이, 모든 연관성에서 가장 중요하다. 장벽이

25 남부비스카차(*Lagidium viscacia*)는 안데스산맥 2,500~5,100m인 곳에서 산다.

26 북아메리카와 유럽의 하천과 늪에서 살아가는 포유동물로, 댐을 만드는 동물로 유명하다.

27 북아메리카와 유럽의 습지에서 살아가는 설치류 종류이다.

28 남아메리카 원산으로 호수, 늪 또는 강둑을 따라 생활하며, 코이푸라고도 부른다.

29 남아메리카 원산의 설치류로, 물 근처 초지나 삼림에서 산다.

30 앞에서 설명한 3가지의 놀라운 사실들의 의미를 종합적으로 설명한다.

31 오늘날 한 개체군의 유전자 빈도는 이론적인 개체군에서 변화하지 않는 것으로 알려져 있다. 만일 이러한 변화가 일어나지 않는다면 진화도 일어나지 않을 것이다. 그러나 유전자 빈도도 몇 가지 원인에 의해 항상 변하는데, 그중의 하나가 다른 지역에서 한 지역으로 새로운 생물이 이주해 오는 것이다. 한 가지 사례로, 유럽에는 혈액형의 B형 대립유전자가 없었던 것으로 추정하고 있는 반면 동양에서는 높은 빈도로 나타났다. 이 유전자는 1,500년부터 약 500년 사이에 진행된 몽골족과 타타르족의 침입으로 유럽에 전해진 것으로 알려져 있다. 119쪽에서 새로운 생물의 이주에 의해 생물간의 연관성이 변하고, 그에 따라 자연선택이 일어난다고 설명했다.

지닌 고도의 중요성은 이동을 억제하는 역할을 담당하기 때문에 나타나는데, 시간이 자연선택을 통한 변형이 느리게 일어나게 만드는 것과 마찬가지이다. 개체수가 풍부하며 널리 분포하는 종들은, 이미 크게 확장된 자신만의 터전에서 많은 경쟁자들에게 승리를 거두었는데, 새로운 영역으로 퍼져 들어가게 되면, 새로운 장소를 차지할 최고의 기회를 갖게 될 것이다. 이들은 자신들의 새로운 터전에서 새로운 조건에 노출될 것이고, 더 많은 변형과 개량을 더 빈번히 겪게 될 것이다. 그렇게 됨으로써, 이들은 계속해서 승리할 것이고, 변형된 후손들 무리를 만들게 될 것이다. 변형을 수반한 유전 원리에 따라, 우리는 속들의 절들과 모든 속들, 그리고 심지어 과들이 어떻게 같은 지역에 고립될 수 있는지를 이해할 수 있을 것이며, 아주 흔하고 널리 알려진 사례들이 있다.[32] (350~351쪽)

[33]앞 장에서 설명했듯이, 나는 발달과 관련된 필연적인 법칙은 아무것도 없다고 믿는다. 종 하나하나가 지닌 변이성은 독립된 특성이며, 자연선택에 유리하게 작용하기 때문에, 변이성이 복합적인 살려는 몸부림에 복잡하게 처한 개체에 도움이 되는 한, 서로 다른 종들에서 일어나는 변형의 정도는 균일하지 않게 될 것이다. 만일, 실례를 들자면, 서로서로 직접적인 경쟁 상태에 처한 수많은 종들이 한 무리로 나중에 격리될 새로운 영역으로 이동한다면, 이들은 거의 변형될 것 같지가 않은데, 이동이나 격리가 그 자체로는 아무런 역할을 하지 못하기 때문이다. 이 원리들은 생물들끼리 서로서로 새로운 연관성이 만들어지고, 주

32 다윈은 오늘날 생물들의 분포에서 볼 수 있는 놀라운 사실 3가지, ① 생물들의 분포가 기후와 같은 물리적 조건과는 무관하다는 점, ② 생물들의 연속적인 분포를 가로막는 장벽이 존재한다는 점, ③ 같은 대륙에 있는 생물들의 친밀성을 설명했다. 그리고 이 놀라운 사실이 무엇을 의미하는가를 다음 문단에서 논의하고 있다.

33 장 목차에 나오는 4번째 주제, '창조의 중심지'를 설명하는 부분이다. 종이 만들어진 장소가 한 장소인가 또는 여러 장소인가라는 질문에 대한 답을 설명하고 있는 부분이다. 종들이 여러 곳에서 창조되었다면, 다윈은 이 장 앞에서 설명한 "놀라운 사실 3가지"에 대한 의미 부여를 하지 못할 것이다. 여러 곳에서 각각 지역적 특성에 맞게 창조되었다고 하면 모든 것이 설명되기 때문이다.

위의 물리적 조건들과 약한 연관성이 만들어질 때에만 작동한다.[34] 앞 장에서 설명한 것처럼, 일부 유형은 엄청나게 먼 지질학적 시기에서부터 거의 같은 형질을 유지하고 있었으며, 그에 따라 이들 종들은 방대한 공간을 이동했음에도 크게 변형되지 않았을 것이다. (351쪽)

이러한 견해에 따르면, 같은 속에 속하는 몇몇 종들은, 비록 세계에서 가장 멀리 떨어진 곳에서 살아갈지라도, 같은 조상으로부터 유래했기 때문에, 반드시 같은 시작점에서 처음 출발해야만 한다. 지질학적 시간 동안 변형이 거의 일어나지 않은 종들의 사례에서는, 이들이 같은 지역에서 이동해 왔을 것이라고 믿는 데 큰 어려움이 없다. 옛날부터 시작되었던 방대한 지리적 변화와 기후 변화가 일어나는 동안, 그 어떤 곳까지라도 이주가 가능했었기 때문이다. 그러나 한 속에 속하는 종들이 비교적 최근에 만들어졌다고 믿어야 할 이유를 우리가 가지고 있는데, 다른 많은 사례에서는 이 문제에 엄청난 어려움이 있다.[35] 같은 종에 속하는 개체들이, 현재는 멀리 떨어져 있고 격리된 자리에서 살아가지만, 이들의 부모도 처음 출현했던 같은 자리에서 출발했음도 명백하다. 앞 장에서 설명했듯이, 명확하게 구분되는 부모로부터 완전히 똑같은 개체들이 자연선택으로 만들어졌다고 하는 것은 믿을 수가 없기 때문이다. (351~352쪽)

그에 따라 우리는 자연사학자들이 널리 논의하는 질문, 즉 종들이 지구 표면의 한 지점 또는 여러 지점에서 창조되었는가라는 질문을 다시 던지고자 한다. 의심할 여지 없이, 같은 종이 어

34 이동과 그에 따른 격리만으로 새로운 종이 만들어질 수가 없고, 이동과 격리로 인해 생물과 생물 사이의 새로운 연관성이 만들어지고, 새로운 조건에 적응하기 위한 변이가 만들어지고, 변이가 선택됨으로써 새로운 종이 만들어질 수 있다는 설명이다.

35 최근이라면 종들이 진화하기에는 시간이 너무 부족해서 이들을 설명하는 데 어려움이 있을 수도 있으며, 또한 만일 시간이 정말로 부족했다면 결국 이들 종들은 진화가 아니라 여러 지점에서 독립적으로 창조되었다고 설명해야만 하는 어려움이 있기 때문일 것이다. 다음 문단에서 어려움에 대한 해결 방안을 설명한다.

떤 한 지점에서 멀리 떨어지고 격리된 지점까지 어떻게 이동할 수 있는가, 그리고 오늘날에는 어디에서 발견되는가를 이해하는 데에는 극도로 어려운 점들이 아주 많이 있다.[36] 그럼에도 불구하고 종 하나하나가 한 지역에서 처음 만들어졌다는 간단한 견해를 떨쳐 버릴 수가 없다. 이 견해를 거부하는 사람은 지속적으로 이동하면서 일어난 일반적인 번식이라는 *참원인*도 거부할 뿐만 아니라 기적이라는 중개자를 불러낸다. 대부분 사례에서 한 종이 살고 있는 지역이 연속적이라는 점은 일반적으로 받아들인다. 그리고 한 식물이나 동물이 서로서로 멀리 떨어진, 또는 어떤 속성이 서로 떨어져 있는 두 지점에서 정착하고 있어 이동으로 이 공간을 쉽게 통과할 수 없을 때, 이런 사실은 무언가 주목할 만하고 예외적으로 간주된다. 바다를 건너 이동할 수 있는 능력은 다른 어떤 생명체들보다 육상 포유동물들에게 더 뚜렷하게 제한되어 있다. 그에 따라, 같은 포유동물이 세계에서 멀리 떨어진 지점에 정착한 사례들 중 설명할 수 없는 사례를 우리는 하나도 찾지 못한다. 그레이트브리튼섬이 전에는 유럽과 연결되어 있었고,[37] 그에 따라 이 지역들에서 같은 사지동물들이 살았다는 사례에서는 그 어떤 지질학자라도 아무런 어려움을 느끼지 못한다. 그러나 만일 같은 종이 분리된 두 지점에서 만들어졌다면,[38] 왜 우리는 유럽과 호주, 또는 남아메리카에서 같이 살아가는 포유동물을 단 하나도 발견할 수 없을까? 살아가는 조건이 거의 같아서 유럽의 많은 동식물들이 아메리카와 호주에서 귀화해서 살아왔다. 그리고 북반구와 남반구의 멀리 떨어진 지

36 이 장의 5번째 주제, '기후 변화와 대륙의 수위 변동, 그리고 우연한 방법 등과 같은 산포 수단들'과 6번째 주제, '빙하기 동안 세계의 확장에 따른 산포'의 내용이다.

37 영국과 유럽은 빙하기 시대까지 지협으로 서로 연결되어 있었다가, 1만 년 전 빙하기가 끝나면서 해수면이 올라가 서로 분리되었다.

38 여러 곳에서 종이 창조되었다는 의미일 것이다.

점에서 살아가는 토종 식물은 얼마나 똑같을까?[39] 내가 믿기로, 대답은 일부 식물은 다양한 산포 수단으로 방대하고 부서져버린 공간을 건너뛰어 이동할 수 있음에도, 포유동물은 이동할 수가 없다는 것이다.[40] 모든 종류의 장벽이 분포에 미친 커다랗고도 놀랄 만한 영향은 거의 대부분 종들이 단지 한 곳에서만 만들어졌고, 다른 곳으로 이동할 수 없었다는 견해에 따를 때에만 인지할 수 있을 것이다. 일부 소수의 과와 많은 아과, 아주 많은 속들, 그리고 더욱더 많은 속들의 절들은 단 한 지역에만 고립되어 있다.[41] 그리고 대부분 자연적인 속들 또는 서로서로 가장 가깝게 연관되어 있는 종들로 이루어진 속들은 일반적으로 국지적으로, 즉 단 한 지역에만 고립되어 분포하고 있음을 몇몇 자연사학자들이 관찰했다. 만일 이 순서에서 한 단계 아래로 내려가 같은 종에 속하는 개체들에게 널리 알려진 규칙과 정반대되는 규칙을 적용한다면, 얼마나 이상한 변칙인가! 그리고 종들이 국지적이 아니라, 둘 또는 그 이상의 뚜렷하게 구분되는 장소에서 만들어졌다고 해야만 한단 말인가![42] (352~353쪽)

그러므로 다른 많은 자연사학자들이 생각하는 것처럼, 종 하나하나가 단지 한 지역에서만 만들어졌고, 계속해서 과거와 현재 조건이 허락하는 한 이동 능력과 생존 능력에 따라 다른 지역으로 이동했다는 견해가 나에게는 가장 그럴듯하게 보인다. 의심할 여지 없이, 어떻게 같은 종이 한 지점에서 다른 지점까지 이동해 갔는지를 우리가 설명할 수 없는 많은 사례들이 있다. 그러나 지리적 변화와 기후 변화가, 이 변화는 최근 지질학적 시기에

39 앞에서 설명한 놀라운 사실 첫 번째이다.

40 앞에서 설명한 놀라운 사실 두 번째이다.

41 앞에서 설명한 놀라운 사실 세 번째이다.

42 창조론자들의 주장에 따라 종들이 여러 장소에서 만들어졌다고 가정해야 하는 것을 비판한 것으로 보인다.

도 확실히 일어났는데, 많은 종들이 이전에 연속해서 분포하던 것을 방해하거나 불연속인 상태로 만들었음이 틀림없다. 따라서 분포범위가 연속되었다는 점에 대해 예외가 너무 많고, 그 속성도 너무나 심각하기 때문에, 개연성 있는 일반적인 고려 사항들에 근거해서 만들어졌던, 종 하나하나가 한 지역에서 출현했고 그때부터 이들이 갈 수 있는 곳이면 가능한 한 멀리까지 이동했다는 믿음을 포기해야만 하는지 여부를 우리는 고려하게 되었다.[43] 현재 멀리 떨어져 분리된 지점에서 살고 있는 같은 종에서 나타나는 모든 예외적인 사례들을 논의하는 것은 아무런 희망이 없는 지루한 일이다. 또한 이와 같은 많은 사례에 대한 설명을 하는 체하려는 마음도 나에게는 없다. 그러나 몇 가지를 미리 언급한 다음, 가장 놀라운 사실들 일부를 논의하려고 한다. 첫 번째로 멀리 떨어진 산맥의 정상들에, 그리고 북극과 남극의 멀리 떨어진 지점들에 같은 종들이 존재하는 점, 두 번째로 (다음 장에서 논의할 것임) 민물생물들이 넓게 분포하는 점, 세 번째로 확 드인 바다로 인해 수백 킬로미터 정도 떨어진 섬과 육지에 같은 육상 종들이 나타나는 점이다. 많은 실례들에서처럼 만일 지구 표면에서 멀리 떨어져 있을 뿐만 아니라 격리된 곳에 같은 종이 존재하는 상황을 한 곳의 출생지로부터 종 하나하나가 이주했다는 견해로 설명할 수 있다면, 이전에 있었던 지리적 변화와 기후 변화 그리고 다양하면서 우연한 이동 수단을 우리가 알고 있지 못한다는 점을 고려할 때, 보편적인 법칙처럼 간주되었던 믿음은 비교가 안 될 정도로 안전한 것처럼 나에게는 보인다.[44] (353~354쪽)

43 많은 사례를 보면 "종 하나하나가 한 지역에서 출현했고 그때부터 이들이 갈 수 있는 곳이면 가능한 한 멀리까지 이동했다"고 믿게 만들지만, 그럼에도 예외들이 너무나 많아 믿기가 힘들다는 설명이다. 그러나 다윈은 가장 큰 예외들을 설명한다면 사소한 예외들은 넘어갈 수 있을 것으로 생각하고, 큰 예외들을 먼저 설명하고 있다.

44 한 종이 한 곳에서 만들어져 널리 퍼져 나가 여기저기에 분포한다는 설명은 종이 만들어지는 과정과 종이 퍼져 나가는 과정에 대한 설명만을 요구한다. 그러나 종이 여러 곳에서 만들어졌다는 설명은 여러 곳에서 어떻게 종이 만들어졌는가에 대한 다양한 설명이 요구된다. 다윈은 생물의 진화는 가장 단순한 과정을 거친 것으로 생각했는데, 이를 "비교가 안 될 정도로 안전"하다고 설명한 것을 보인다(Costa, 2009).

이 주제를 논의하면서, 우리는 우리에게 똑같이 중요한 한 가지 논의의 핵심을 동시에 고려할 수 있도록 해야만 한다. 즉, 한 속에 속하는 뚜렷하게 구분되는 몇몇 종들이, 내 이론에 따르면 이들은 하나의 공통조상에서 모두 유래했는데, 자신들의 조상이 정착한 지역에서 (이동과 관련된 어떤 부위에서 변형이 나타나면서) 이동할 수 있었는지 여부이다. 만일 어떤 지역에 있는 정착생물들 대부분이 두 번째 지역에 있는 종들과 밀접하게 연관되어 있는 경우, 즉 같은 속에 속하는 경우, 이 지역이 다른 지역으로부터 이주생물들을 과거 어떤 시기에 받아들이는 것이 거의 불가피했음을 보여 줄 수 있다면, 내 이론은 더욱더 힘을 받게 될 것이다. 변형 원리에[45] 따라 한 지역의 정착생물들이 자신들이 뿌리내렸던 지역의 정착생물들과 어떻게 연관되어 있는지를 우리가 명확하게 이해할 수 있기 때문이다. 실례로, 대륙에서 수백 킬로미터 떨어진 곳에서 융기되어 형성된 화산섬은 시간이 경과하면서 몇몇 침입생물들을 받아들였을 것이다. 그리고 이들의 후손은 변형되었을 것이나, 유전 결과로 대륙의 정착생물들과 명백하게 연관성을 유지했을 것이다. 자연이 보여 준 이런 사례는 흔한데, 앞으로 좀 더 자세히 살펴보겠지만, 독립된 창조 이론으로는 설명할 수가 없다. 한 지역의 종들이 다른 지역의 종들과 연관되어 있다는 이러한 견해는 최근에 발표한 월리스 씨의 독창적인 논문의 내용과 많이 (종을 변종으로 대체하면) 다르지 않다.[46] 그는 이 논문에서 "모든 종은 기존에 존재하던 가까운 동류 종들과 같은 시공간에 동시에 존재한다"라고 결론을

45 변형을 수반한 친연관계 원리이다.

46 다윈이 소위 종의 기원에 관한 『위대한 책』을 집필하고 있을 때인 1855년 월리스가 발표한 논문이다. 이 논문은 월리스가 말레이 제도를 탐사하다가 사라와크에서 쓴 것으로, 제목은 「새로운 종의 도입을 조절하는 법칙에 대하여」이다. 다윈이 이 논문을 읽고 나서 처음에는 "아주 새로운 사실은 없다"라고 논문에 메모를 남겼다.

내렸다. 그리고 나는 편지를 여러 번 교환하면서 그가 언급한 동시성이 변형을 수반한 번식[47] 때문에 나타남을 알게 되었다. (354~355쪽)

앞에서 언급한 "창조의 단일 중심과 다중 중심"은 이와 비슷한, 즉 같은 종에 속하는 모든 개체들이 단 하나의 짝이나 하나의 암수한몸에서 유래했는지 여부, 또는 일부 학자들이 가정하듯이 동시에 많은 개체들이 창조되었는지 여부 등과 같은 질문들과는 직접적인 관계는 없다. 결코 이형교배하지 않는 생명체들의 경우(만일 이러한 생명체가 존재한다면), 내 이론에 따르면, 종들은 반드시 개량된 변종의 연속된 계열에서 유래해야만 하는데, 이들 변종들은 다른 개체나 변종들과 결코 혼합되지 않을 것이며, 서로서로 대체할 것이다. 따라서 변형과 개량의 연속된 단계 단계마다 변종 하나하나에 속하는 개체들은 단 하나의 부모로부터 유래했을 것이다. 그러나 출생을 위해 습관적으로 교접하는, 또는 때로 이형교배하는 생물들과 관련된 대부분 사례들에서, 나는 서서히 진행되는 변형 과정 동안 종에 속하는 개체들이 이형교배를 하면서 거의 균일하게 유지될 것이라고 믿는다.[48] 그에 따라 많은 개체들이 동시에 변화할 것이며,[49] 변형의 전반적인 정도는 각 단계에서 단 하나의 부모에서 시작한 친연관계와는 무관할 것이다. 내가 말하고자 하는 것을 예시로 보여주고자 한다. 우리가 사육하는 영국의 경주마는 다른 모든 품종들과는 약간은 다르나, 이들이 지닌 차이나 우수성은 그 어떤 단 하나의 부모로부터 유래한 친연관계 닷이 아니라 많은 세대를

47 『종의 기원』 5판부터는 '변형을 수반한 친연관계'로 수정되었다.

48 다윈은 "이형교배"를 서로 다른 형태를 지닌 유형의 교배라는 의미로 사용했다. 따라서 여기에서 말하는 이형교배로 개체들이 균일하게 유지되었다고 설명하는 부분은 한 종에 속하나 형태가 조금은 다른 개체들끼리 교배가 일어났다는 의미이다. 다른 종과의 교배가 일어났다면 개체들이 균일하게 유지되었다고 설명할 수가 없을 것이다. 또는 근친교배가 아닌 교배를 이형교배로 다윈이 간주했던 것으로 추정된다.

49 "많은 개체들이 동시에 변화할 것이며"와 위 문장에 있는 "변종 하나하나에 속하는 개체들은 단 하나의 부모로부터 유래했을 것"이라는 표현은 다윈이 진화의 단위가 개체가 아니라 개체들의 모임, 즉 개체군으로 인지하고 있음을 암시하는 것으로 보인다.

거치면서 수많은 개체들을 선택하고 훈련시키면서 지속적으로 보살핀 결과이다. (355~356쪽)

"창조의 단일 중심" 이론이 지닌 엄청난 어려움 정도를 보여주려고 내가 고른 세 종류의 놀라운 사실들을[50] 논의하기 전에 나는 산포 수단에 대해 몇 가지를 말해야만 한다. (356쪽)

[51]*산포 수단*. 라이엘 경을 비롯한 여러 학자들이 이 주제를 능숙하게 다루었다.[52] 나는 여기에서 조금 더 중요한 사실들을 간단하게 축약해서 제시할 뿐이다. 기후 변화는 이주에 막강한 영향을 주었음이 틀림없다. 기후가 달라지기 전에는 어떤 한 지역이 이동하는 데 순탄한 길이었을 수도 있으나, 현재에는 통과할 수 없는 지역일 수도 있다. 그러나 지금 나는 이 주제와 관련된 몇 종류의 소주제들을 조금은 상세하게 논의하려고 한다. 육지의 수위 변동도 커다란 영향을 주었음이 틀림없다. 폭이 좁은 지협도 오늘날에는 해양 동물상을 둘로 갈라놓았다. 침수되거나, 또는 이전에 침수된 상태로 있게 되면, 오늘날 이 두 동물상은 혼합되거나 과거에 혼합되었을 것이다. 바다가 넓어지는 곳에서는 육지가 과거에 섬들이나 심지어 대륙들을 연결시켰을 것이며, 그에 따라 육상생물들이 한 지역에서 다른 지역으로 옮겨갈 수가 있었을 것이다. 어떤 지질학자도 현존하는 생물들이 출현한 시기 이후에 나타난 수위의 급격한 변동에 의심을 제기하지 않았다. 에드워드 포브스는 유럽이 아메리카 대륙과 연결되어 있었던 것과 마찬가지로 대서양에 있는 모든 섬들이 얼마 전

50 462쪽에 설명된 3가지 놀라운 사실들이다.

51 장 목차에 나오는 5번째 주제, '기후 변화와 대륙의 수위 변동, 그리고 우연한 방법 등과 같은 산포 수단들'을 설명하는 부분이다. 앞서 말한 분포와 관련된 "놀라운 사실"들이 설명되기 위해서는, 생물들이 한 지역에서 다른 지역으로 이동할 수 있음을 보여주어야 하며, 또한 이동 가능한 수단 역시 제시해야만 한다. 그러나 다윈 시대에는 이러한 수단에 대해 잘 알려져 있지 않았기 때문에, 다윈은 제일 먼저 생물들의 다양한 이동수단, 즉 산포 수단으로 해류와 조류 그리고 빙산을 설명하고 있다.

52 라이엘은 『지질학 원리』 2판 5장에서부터 7장에 걸쳐 장거리 산포에 대해 설명했다(Costa, 2009).

까지 유럽이나 아프리카와 연결되어 있었음이 틀림없다고 주장했다.[53] 다른 학자들은 모든 해양을 연결하는 가상적인 다리를 만들고, 거의 모든 섬들과 일부 대륙을 연결시켰다. 만일 포브스가 사용한 논증을 실제로 신뢰할 수 있다면, 얼마 전까지 어떤 대륙과도 연결되지 않은 섬은 단 하나도 절대로 없다고 받아들여야만 한다. 이런 견해는 아주 멀리 떨어진 지점까지 같은 종이 산포한다는 고르디우스의 매듭을 잘라버릴 뿐만 아니라 어려움도 제거한다. 그러나 내가 아무리 궁리해봐도 현존하는 종들이 살아 있는 동안에 이처럼 엄청난 지리적 변화가 일어났음을 수용할 권한을 우리는 지니고 있지 않다. 우리는 우리가 살고 있는 대륙이 엄청난 변동을 겪었다는 풍부한 증거를 가지고 있다고 나는 생각한다. 그러나 대륙들의 위치와 확장에 있어 방대한 변화가 일어나 최근에 대륙들을 서로서로 연결하고, 대륙들 사이에 끼어 있던 해양섬들을 연결했다는 증거는 없다. 지금은 바다 아래에 매몰되었지만 동식물이 이동하면서 잠시 쉬던 장소 역할을 담당했던 많은 섬들이 이전에 존재했었음을 나는 편안하게 받아들인다. 내가 믿기로는 산호초를 만드는 바다에서 이렇게 가라앉은 내륙들은 오늘날 대륙 위에서 동그랗게 자란 산호, 즉 환초로 표시된다. 내가 믿기로 언젠가는 그렇게 되겠지만, 종 하나하나가 한 출생지에서 출발했다는 점이 충분히 받아들여질 때에는, 그리고 시간이 흘러 우리가 분포와 관련된 수단에 대해 정확한 무언가를 알게 될 때에는, 과거에 일어났던 대륙의 확장을 보다 인심하고 추측할 수 있을 것이다.[54] 그러나 현재 확실하

53 다윈의 『종의 기원』이 출판되기 이전인, 1846년 포브스는 대륙들이 과거에는 육지로 된 다리, 즉 연륙교로 연결되었다는 주장을 했었고, 라이엘을 비롯하여 다윈을 지지했던 사람들도 이를 받아들였다(Reznick, 2010). 이런 연륙교설을 수용하면 아주 먼 곳까지 육지를 통해 모든 생물들이 이동할 수가 있었을 것인데, 다윈이 생각하는 산포와는 상당한 차이가 있었고, 다윈은 『종의 기원』에서 이를 부정하고 있다.

54 대륙의 확장설도 포브스가 주장한 것으로, 대서양에 있는 아소르스 제도와 아일랜드섬이 대륙으로 연결되어 있었다고 설명했다(Costa, 2009).

게 떨어져 있는 대륙과 현존하는 많은 해양섬들이 서로서로 연결되어 연속적 또는 거의 연속적이었다는 점이 가까운 시기 내에 입증될 것이라고는 나는 믿지 않는다. 분포에 관한 몇 가지 사실들, 즉 거의 모든 대륙에서 반대쪽에 있는 해양 동물상이 엄청나게 다른 점, 몇몇 육지 또는 심지어 바다에서 살았던 제3기 정착생물과 현재의 정착생물 사이에 나타나는 밀접한 연관성, (앞으로 살펴볼) 포유동물의 분포와 바다 깊이 사이에서 나타나는 일정 정도의 연관성 등을 비롯하여 또 다른 이러한 사실들은, 포브스가 제안하고 많은 추종자들이 인정한 견해와 맞아떨어짐에도 불구하고, 최근에 거대한 지리적 변혁이 일어났다는 점과는 상충되는 것으로 나에게는 보인다. 해양섬에 있는 정착생물들이 지닌 속성과 상대적인 비율[55]도 마찬가지로 이전에 대륙이 연속되어 있었다는 믿음을 반대하는 것으로 나에게는 보인다. 거의 보편적으로 나타나는 화산 성분[56]도 해양섬들이 가라앉은 대륙들의 잔해라는 점을 받아들이지 못하게 한다. 만일 이들 섬들이 육지에 있는 산맥의 정상들처럼 처음부터 존재했다면, 적어도 일부 섬들은 다른 산맥의 정상들처럼 단순히 화산 성분들이 층으로 이루어진 대신 화강암,[57] 편암[58] 그리고 오래된 화석을 포함한 이런 암석들로 만들어졌을 것이다.[59] (356~358쪽)

이제는 우연한 수단이라고 부르는 것에 대해 몇 마디 하고자 하나, 좀 더 정확하게는 분포와 관련된 우연한 수단이라고 불러야 할 것이다. 이 점에 대해 나는 식물에만 한정할 것이다. 식물학 연구 결과에서, 이 식물 또는 저 식물이 광범위한 씨퍼뜨리기

55 해양섬에 살아가는 정착생물 무리나 종들의 상대적인 개체수이다.

56 화산이 폭발하면서 만들어진 잔해물을 의미한다.

57 대륙 지각의 깊고 압력이 높은 곳에서 만들어지는 암석으로, 흔히 발견되는 암석 중 하나이다.

58 판상 또는 방향성이 뚜렷한 광물이 배열되어 잘 쪼개지는 판상 엽리(이를 편리라고 함)가 잘 발달된 암석으로, 변성암의 일종이다. 변성암은 이전에 있었던 암석, 즉 모암이 열이나 압력을 받아 물리적 또는 화학적 변화를 겪은 암석을 말한다.

59 육지의 산맥에 있는 정상들만 남아 섬으로 되었다면, 섬을 이루는 암석들은 육지에서 흔히 나타나는 화강암이나 편암들로 구성되었을 것이고, 섬들에 있는 생물들은 이주의 결과가 아니라 오랫동안 살아남은 흔적들일 것이다. 그렇지 않고, 섬에 화산 성분들이 층을 이루고 있다면, 이는 섬이 화산 폭발로 새롭게 만들어진 것이고, 여기에서 살아가는 생물들은 흔적들이 아니고 다른 곳에서 이주해 왔다는 의미일 것이다. 섬이 처음 만들어졌을 때에는 뜨거운 화산 성분으로 그 어떤 생물도 살아갈 수가 없었을 것이다.

에 부적절한 적응을 했다고도 말한다.[60] 그러나 바다를 건너기 위한 운반 수단에 대해서는 크든 작든 전반적으로 거의 알려져 있지 않다. 버클리 씨의 도움으로 내가 몇 번의 실험을 할 때까지는 씨가 바닷물의 해로운 작용에 얼마나 저항하는지에 대해 전혀 알려져 있지 않았다. 28일간 바닷물 속에 둔 87종류 중에서 64종류가 발아했고, 극소수는 137일을 바닷물 속에 두었음에도 살아남은 놀라운 사실을 나는 발견했다. 실험을 편하게 하려고, 나는 통이나 열매가 없는[61] 작은 씨를 주로 사용하려고 노력했다. 그리고 이들이 모두 며칠 만에 가라앉았기 때문에, 이들이 바닷물에 의해 상처를 입었는지 여부와 상관없이 이들은 바다라는 드넓은 공간을 떠서 건너갈 수는 없었을 것으로 보였다. 그 다음에 나는 조금 더 큰 열매와 삭과 등을 사용했는데, 이들 중 일부는 오랫동안 떠 있었다. 생 목재[62]와 건조한 목재가 부력에서 어떤 차이가 있는지는 잘 알려져 있다. 홍수로 인해 나무나 나뭇가지들이 휩쓸려갈 수가 있고, 이들이 강둑에서 건조되고, 다시 강의 수위가 높아져 이들을 바다로 쓸고 내려가는 것처럼 나에게는 보인다. 그러므로 나는 성숙한 열매가 달려 있는 식물 94종류의 마른 줄기와 가지들을 바닷물에 놓아두었다. 대부분은 곧바로 가라앉았으나, 일부는 생나무 상태일 때에는 아주 짧은 시간이었지만 떠 있었고, 마른나무는 더 오랫동안 떠 있었다. 실례를 들면, 성숙한 개암나무류[63] 열매는 즉시 가라앉았으나, 이 열매를 말리면 90일 동안 떠 있었고, 그 후 땅에 씨를 뿌렸더니 씨에서 싹이 나왔다. 성숙한 장과[64]가 달려 있는 아스파

60 씨나 열매를 무작위로 산포하는 것을 의미한다.

61 원문에는 "without capsule or fruit"으로 되어 있다. Capsule은 흔히 삭과로 번역되나 여기에서는 단순히 씨를 감싸고 있는 조직의 의미인 '통'으로 번역했다. 식물의 씨는 성숙하면 두 종류의 상태에 처하게 되는데, 하나는 익으면 스스로 터지는 삭과처럼 씨를 감싸고 있는 주머니 같은 조직(이 부위가 '통'이다) 내에 자유롭게 있는 경우이며, 다른 하나는 씨가 열매 안에 파묻혀 있는 경우이다. 전자의 사례는 흔히 고추나 냉이 등에서 볼 수 있고, 후자는 사과나 토마토 등에서 볼 수가 있다. 다윈이 "통이나 열매가 없는" 씨, 즉 열매 부위가 없거나 열매와 씨가 완전히 분리되는 씨를 실험에 사용했다는 의미이다.

62 말리지 않아 물기를 포함하는 목재를 의미한다.

63 개암나무속(*Corylus*)에 속하는 식물들로, 이들은 도토리처럼 단단한 껍데기가 씨를 보호하는 열매를 만든다. 이 열매를 개암이라고 부르는데, 먹을 수가 있다.

64 과육과 과즙이 많은 다육성 열매로, 물열매라고도 부른다. 블루베리, 산딸기 등의 열매가 여기에 속한다.

라거스는 23일 동안 떠 있었고, 말리면 85일 동안 떠 있었고, 그 후에도 씨에서 싹이 나왔다. 헬로스키아디움속Helosciadium[65]의 성숙한 씨들은 이틀 만에 가라앉았으나, 말린 씨들은 약 90일 떠 있었으며, 그 후 씨에서 싹이 나왔다. 건조한 식물 98종류에서 18종류는 28일 이상 떠 있었으며, 18종류 중 일부는 이보다 오랫동안 떠 있었다. 그리고 28일 이상 잠겨 있던 87개의 씨에서 64개가 발아했고, 성숙한 열매를 (앞에서 한 실험과 모두가 같은 종은 아니다) 지닌 94개체를 건조시킨 후 물 위에 띄웠더니 이 가운데 18개체는 28일 이상 떠 있었다. 이처럼 다소 불충분한 사실들로 우리가 추론할 수 있는 것은, 어떤 나라에서든 100개체 중 14개체의 씨들은 해류를 따라 28일 정도는 떠다닐 수가 있으며, 발아력도 유지할 수 있다고 결론을 내릴 수 있다는 점이다. 존스톤이 쓴 『자연 현상의 자연지리학 지도』에 따르면, 대서양에 흐르는 몇몇 해류의 평균 속도는 하루에 53km인데 (어떤 해류는 하루에 96km이다), 이 평균값으로 보면, 한 나라에 있는 100개체 중 14개체는 다른 나라까지 약 1,500km 거리를 바다에 떠서 건너갈 수 있었을 것이며, 만일 물가에서 오도 가도 못하게 되었을 경우에는 육지로 부는 강풍이 불면 적당한 자리로 날아가 발아할 수 있었을 것이다. (358~360쪽)

내 실험에 이어서, 마르텡[66]도 비슷한 실험을 시도했는데, 방법이 많이 향상되었다.[67] 그는 상자 안에 씨를 넣어 놓고 실제 바다에 상자를 띄워, 사실상 떠 있는 식물들처럼 번갈아가며 물에 젖게 하고 공기 중에도 노출되도록 했다. 그는 98개의 씨를

65 미나리과(Apiaceae)에 속하는 속으로 국내에는 분포하지 않는다. 셀러리(*Apium graveolens*)를 포함하는 셀러리속(*Apium*)과 비슷하다.

66 마르텡이 1857년 『프랑스 식물학 회보』 4권 324~337쪽에 발표한 「바다 표면에 떠 있는 종자의 지속성에 대한 실험」이라는 논문의 내용이다. 다윈은 『종의 기원』에서 "Martens"이라고 표기했으나, 이는 "Martins"을 잘못 표기한 것으로 보인다. Satuffer(1975)는 『위대한 책』의 편집자 주에서 『종의 기원』에는 'Martens'와 'Martins' 등이 서로 잘못 표기되기도 하여, 내용에 따라 판단해야 한다고 설명했다.

67 다윈은 1855년 「바다물이 종자를 죽일까?」라는 글을 두 번에 걸쳐 『정원사 신문』에 게재했고, 1857년에는 「씨의 발아에 미치는 바닷물 작용에 대하여」라는 논문을 『린네학회지(식물학편)』에 발표했었다. 마르텡은 자신의 논문에서 다윈이 쓴 기사를 인용했다.

사용했는데, 대부분은 내가 실험한 종류와 달랐다. 그러나 그는 큰 열매와 바다 근처에서 살아가는 식물의 씨도 또한 선택했다. 그리고 이런 실험은 씨들이 떠 있는 평균 기간을 늘리고, 염분이 많은 물의 해로운 작용에 더 오래 저항하도록 했다. 한편, 그는 열매가 달린 나무나 가지들을 미리 말리지 않았는데, 말렸더라면, 우리가 알 수 있듯이, 이들 나무나 가지 중 일부가 더 오랫동안 떠 있을 수 있게 되었을 것이다. 그가 사용한 98개의 씨 가운데 18개는 42일 동안 떠 있었고, 발아도 가능했다. 그러나 파도에 노출된 식물들은 우리가 한 실험에서처럼 거친 파도로부터 보호받은 식물들보다는 더 짧은 시간 떠 있었을 것이라는 점을 나는 의심하지 않는다. 그러므로 한 식물상의 씨가 건조된 다음에는 10% 정도가 물 위에 떠서 폭이 약 1,500km 되는 드넓은 바다를 건너갈 수 있으며, 또한 발아도 할 수 있을 것이라고 가정해도 지장이 없을 것이다. 큰 열매가 때로 작은 열매보다 더 오래 떠 있다는 사실은 흥미롭다. 큰 씨 또는 큰 열매를 만드는 식물들은 그 어떤 수단으로도 거의 운반되지 않기 때문인데, 알퐁스 드 캉돌은 이러한 식물들의 분포범위가 제한적임을 보여주었다. (360쪽)

그러나 씨들은 우연히 또 다른 수단으로 운반될 수가 있다. 표류하는 목재는 많은 섬들로, 심지어 드넓은 해양의 한가운데 있는 섬까지도 흘러갈 수가 있다. 그리고 태평양의 산호섬에서 사는 원주민들은 자신들의 도구를 만드는 데 필요한 돌을 표류한 나무들의 뿌리에서만 구하는데, 이 돌들은 왕에게 세금으로 낼 수 있을 만큼 귀중한 것으로 간주된다. 나는 나무뿌리에 매달려 있는 불규칙한 모양의 돌들을 조사한 다음, 조그만 흙더미가 돌들 사이의 빈틈에 박혀 있고 숨겨져 있는 것을 발견했는데, 이들이 너무나 *완벽하게* 박혀 있어서 단 한 조각도 오랜 운반 동안에도 씻겨 나가지 않았다. 그에 따라 아주 조그만 양의 흙이 약 50년 된 참나무 목재에 완벽하게 숨겨져 있었고, 이 흙에서 3종류의 쌍자엽식물이 발아했다. 나는 이 관찰이 정확하다고 확신한다. 게다가 나는 때로는 즉시 잡아먹히지 않아서 바다 위에 떠 있는 새들의 사체와 이들 새의 모이주머니 안에 들어 있는 많은 종류의 씨들이 오랫동안 생명력을 유지했다[68]는 것을 보여 줄 수가 있다. 완두콩과 나비나물류[69]의 경우를 예로 들면, 씨가 바닷물 속에 며칠만 잠겨 있어도 발아력을 상실한다. 그러나 30일 동안 인공적으로 만든 소금물에 띄워 놓은 집비둘기의 모이주머니에서 꺼낸 씨 일부에서는 놀라울 정도로 거의 완벽하게 싹이 나왔다. (360~361쪽)

살아 있는 새들은 씨를 운반해 주는 가장 효율적인 매개자 자격에서 낙제할 일은 거의 없다.[70] 어떻게 많은 종류의 새들이 강풍에 바다 건너 아주 먼 곳까지 날아가는지를 보여 주는 많은 사례들을 제시할 수가 있다. 이런 상황에서 새들이 날아가는 속도는 때로 시간당 56km라고 우리는 조심스럽게 가정할 수 있다고 나는 생각하는데, 일부 학자들은 이보다 더 빠른 값을 제시했었다. 영양분이 풍부한 씨가 새들의 창자를 통과하는 사례를 나는 결코 본 적이 없으나, 열매 속에 있는 딱딱한 씨는 칠면조

68 겨우살이와 같은 일부 식물의 씨는 새가 먹어야만 씨에서 싹이 나올 수가 있다. 따라서 이런 종류의 씨들은 새의 모이주머니나 위장 내에서도 생존할 수 있을 것이다.

69 나비나물속(*Vicia*)에 속하는 식물들을 영어로 vetch라고 부르는데, 이 속에는 140여 종이 있다. 이 중 살갈퀴(*Vicia sativa*)를 영어로 common vetch라 부른다.

70 먼 곳으로 이동하는 철새들이 식물의 종자를 장거리 산포에 많은 도움을 주는 것으로 보고되고 있다(Viana et al., 2016). 우리나라 울릉도에서만 자라는 너도밤나무(*Fagus multinervis*)의 경우에도 너도밤나무의 조상이 되는 식물의 씨를 새들이 울릉도로 운반해 준 것으로 알려져 있다(오상훈, 2015).

의 소화기관을 지나가면서도 손상되지 않았다. 두 달 동안, 나는 내 정원에 있는 조그만 새들의 배설물에서 12종류의 씨를 골라냈고, 이들은 완벽하게 발아할 것처럼 보였는데, 이들 중 일부를 내가 심었더니 씨에서 싹이 났다. 그러나 다음 사실이 더 중요하다. 내가 실험을 해서 알고 있는 것처럼, 새의 모이주머니는 위액을 분비하지 않으며 씨가 발아하는 데 아무런 해를 입히지 않는다. 새 한 마리가 많은 양의 먹이를 발견하고 게걸스럽게 먹었다고 하면, 모든 먹이 알갱이는 12시간 또는 심지어 18시간 이내에는 모래주머니를 통과하지 않는 것으로 확실하게 알려져 있다. 이 사이에 새는 800km 떨어진 곳까지 쉽게 날아갈 수 있다. 수리류[71]는 지친 새들을 지켜보는 것으로 알려져 있는데, 잡힌 새들의 모이주머니가 찢겨지면 그 속에 들어 있던 내용물은 즉시 퍼져 나갈 수가 있다. 브렌트 씨가 나에게 알려 준 바에 따르면, 그의 친구가 전서비둘기를 프랑스에서 잉글랜드로 날려 보내는 것을 포기했는데, 영국 연안에 있는 수리류들이 전서비둘기가 도착하자마자 너무나 많이 죽였기 때문이다. 일부 수리류와 올빼미류[72]는 자신들의 먹이를 급히 삼키는데, 내가 동물원에서 한 실험을 통해 파악한 바에 따르면, 12~18시간이 지난 다음에 게워 낸 내용물에는 발아가 가능한 씨들이 포함되어 있었다. 귀리, 밀, 기장, 갈풀,[73] 대마,[74] 클로버[75] 그리고 비트[76] 등과 같은 일부 씨들은 다양한 맹금류들의 위에서 12~21시간이 지난 다음에도 발아했으며, 비트 씨 두 개는 2일 하고도 14시간이나 지난 다음에도 발아했다. 내가 발견한 바에 따르면, 민물고

71 수리과(Accipitridae)에 속하는 새들을 지칭하는 이름으로, 독수리, 말똥가리, 솔개, 참수리 등이 포함된다.

72 올빼미목(Strigiformes)에 속하는 새들을 지칭하는 이름으로, 올빼미, 수리부엉이, 원숭이올빼미 등이 포함된다.

73 *Phalaris canariensis*. 벼과(Poaceae)에 속하는 다년생 식물로, 씨는 새들의 먹이로 사용된다.

74 *Cannabis sativa*. 삼과(Cannabaceae)에 속하는 일년생 식물로, 씨에서 대마기름을 얻으며, 줄기에서는 섬유를 얻는다. 씨를 새들이 먹이로 이용하기도 한다.

75 토끼풀속(*Trifolium*)에 속하는 식물들을 부르는 이름이다. 토끼풀(*T. repens*)이 여기에 속한다.

76 *Beta vulgaris*. 십자화과(Brassicaceae)에 속하는 경제적으로 중요한 작물이다.

기들은 많은 육상식물과 수생식물의 씨를 먹는다. 어류들은 흔히 새들에게 통째로 먹히기 때문에 씨들이 한 장소에서 다른 장소로 운반될 수가 있다. 나는 많은 종류의 씨들을 죽은 물고기 위 속에 집어넣은 다음 이 물고기들을 참수리류,[77] 황새류[78] 그리고 사다새류[79]에게 제공했다. 이 조류들은 많은 시간이 지난 다음, 씨들을 게워 내거나 배설물로 배출했는데, 이 씨들 가운데 몇몇은 발아할 수 있는 능력을 유지했다. 그러나 어떤 씨들은 이러한 과정을 거치면서 죽었다. (361~362쪽)

새들의 부리와 발은 일반적으로 아주 깨끗하지만, 나는 이들에게 붙어 있는 흙을 때로 볼 수 있었다. 한 가지 실례를 들면, 나는 자고새류[80]의 발 하나에서 22그레인[81]의 건조한 점토를 제거했는데, 이 흙 속에는 나비나물류의 씨 크기[82]와 거의 같은 조약돌 한 개도 들어 있었다. 따라서 씨들은 우연히 먼 곳까지 운반되었을 것인데, 곳곳에 있는 토양에 씨들이 들어 있음을 많은 사실들이 보여 주기 때문이다. 커먼퀘일[83] 수백만 마리가 지중해를 건너 매년 이동하는 점을 감안해 보라. 우리가 이들의 발에 달라붙은 흙에 조그만 씨들이 때로 들어 있다는 점을 의심할 수 있을까? 그러나 이 주제는 다음에 다시 살펴볼 것이다.[84] (362~363쪽)

빙산에는 때로 흙과 돌들이 포함되어 있으며, 잔가지, 뼈 그리고 육지에서 살아가는 새들의 둥지 등도 빙산이 운반하기 때문에, 라이엘도 암시했듯이 나는 빙산도 씨를 북극과 남극 지역의 한 곳에서 다른 곳으로 우연히 운반했음을 거의 의심하지 않는

77 참수리속(*Haliaeetus*)과 *Ichthyophaga*에 속하는 조류를 지칭하는 이름이다.

78 황새과(Ciconiidae)에 속하는 조류를 지칭하는 이름이다. 목, 다리, 부리가 길며, 울음소리 대신 위아래 부리를 부딪혀 소리를 내는 특징이 있다.

79 사다새속(*Pelecanus*)에 속하는 조류를 지칭하는 이름이다. 부리 아래에 큰 주머니가 달려 있다. 영어로 펠리컨이라 부른다.

80 꿩과(Phasianidae)의 자고새아과(Perdicinae)에 속하는 조류들을 총칭하는 이름이다.

81 1그레인(grain)은 0.0648g이다. 따라서 22그레인은 1.43g 정도이다.

82 나비나물류에 속하는 살갈퀴 씨의 길이는 2~6mm 정도이다.

83 꿩과에 속하며 땅에 둥지를 트는 수렵조류이다. 영어 이름 quail은 닭목(Galliformes)에 속하는 조류를 부르는 이름이며, common quail은 커먼퀘일(*Coturnix coturnix*)을 지칭한다.

84 『종의 기원』 385쪽에서 담수 패류의 분포에서 새들에 의한 이동을 설명하고 있다.

다. 그리고 빙하기에는 지금의 온대 지역의 한 곳에서 다른 곳으로 운반했을 것이다. 아소르스 제도[85]에는 유럽에서 자라는 식물들과 공통으로 자라는 식물들이 많은데, 유럽 대륙과 가까운 다른 화산섬들의 식물들과도 비교해 보면서 (와슨 씨가 언급했듯이) 같은 위도의 식물상이 어느 정도는 북방계 특징을 지닌 점으로[86] 판단할 때, 이들 섬에 빙하기 동안 빙하에 있던 씨들이 일부 남아 있었을 것이라고 나는 추측한다. 나는 라이엘 경한테 하퉁에게 편지를 써서 그가 이 섬들에서 불규칙한 표석[87]들을 발견했었는지를 문의해 달라고 부탁했었다. 그는 이 제도에서는 나타나지 않은 매우 큰 화강암을 비롯한 다른 암석들을 발견했다고 대답했다.[88] 따라서 빙하가 이전에 자신들이 품고 있던 바위들을 대서양 한복판에 있는 섬들의 바닷가에 내려놓았을 수도 있다고, 또한 빙하가 북방계 식물들의 씨들을 그쪽에서 가지고 왔을 가능성이 조금이라도 있다고 우리가 추론해도 지장이 없을 것이다. (363쪽)

앞에서 살펴본 몇 가지 운반 수단과 의심할 여지 없이 앞으로 발견될 몇 가지 수단들이 해를 반복하면서 수백, 수천 년 동안 작용했다는 점을 고려할 때, 많은 식물들이 그에 따라 넓게 운반되지 않았다고 가정하는 것은, 내가 생각할 때에는, 불가사의한 사실일 것이다. 이런 운반 수단들을 때로 의도하지 않은 것이라고 부르나, 엄밀히 말해 옳지 않다. 해류는 의도하지 않은 것이며, 만연한 강풍의 방향도 의도하지 않은 것이다. 그 어떤 운반 수단도 씨를 그렇게 먼 곳까지 거의 데리고 가지 않는다는 점

85 대서양에 위치한 화산도로, 포르투갈에서 약 1,500km 떨어져 있다.

86 빙하기 시대에 추운 곳에서 자라던 식물이 남쪽으로 이동했다가, 빙하기가 끝나면서 북쪽으로 이동하지 않고 남쪽에서 계속해서 살아가는 식물들을 지칭한다. 한라산 정상에 있는 암매(*Diapensia lapponica*)가 대표적인 북방계 식물인데, 우리나라에서는 한라산 정상에서만 자라지만, 북쪽 지방으로 가면 흔히 관찰된다.

87 빙하의 작용으로 운반되었다가 빙하가 녹은 뒤에 남게 된 바위이다.

88 아소르스 제도는 화산이 폭발해서 만들어진 섬이기에, 대륙 지각이 깊고 압력이 높은 곳에서 형성된 화강암은 거의 없을 것이다. 따라서 섬에 화강암이 있다는 것은 다른 곳에서 이 제도로 화강암이 이동해 왔음을 의미한다.

을 알아채야만 하는데, 바닷물의 작용에 오랜 시간 노출된 씨들은 자신의 생명력을 유지하지 못하며, 새의 모이주머니나 창자 속에서 오랜 시간 버틸 수 없기 때문이다. 그러나 이런 수단들은 폭이 수백 킬로미터가 넘는 바다를 건너가도록, 또는 한 섬에서 다른 섬으로, 또는 한 대륙에서 인접한 대륙으로 우연히 운반하기에는 충분하지만, 뚜렷하게 구분된 대륙에서 또 다른 대륙으로 운반하기에는 충분하지 않다. 멀리 떨어진 대륙의 식물상들이 이런 수단으로는 서로 섞이지 않는다.[89] 그러나 지금부터 우리가 살펴보듯이 이들 식물상들은 뚜렷하게 구분된 상태로 남아 있을 것이다. 해류는, 그 경로로 볼 때, 씨를 북아메리카에서 영국으로 결코 데리고 가지 않을 것이나, 만일 바닷물에 오랫동안 잠겨 있어 죽지만 않는다면, 서인도 제도[90]에서 영국 서해안까지는 데리고 갈 수 있고 실제로 데리고 갔으나,[91] 바닷물에 오랫동안 잠겨 있어 죽지 않았다고 해도, 이들은 영국의 기후를 버티지 못했다.[92] 거의 해마다 한두 마리의 육상 조류가 바람을 타고 대서양을 횡단하여 북아메리카에서 아일랜드나 잉글랜드의 서해안에 도착하지만, 이들 방랑자들이 운반한 씨는 단 한 가지 수단, 즉 발에 달라붙은 더러운 흙이지만, 그 자체도 정말로 의도하지 않은 것이다. 심지어 이런 사례에서도, 씨가 적당한 토양에 떨어져서 성숙할 기회가 얼마나 적단 말인가! 그러나 그레이트브리튼섬처럼 야생생물들이 잘 발달된 섬은, 지금까지 알려진 바에 따르면 (그리고 이 점을 입증하는 것은 매우 어렵지만) 지난 몇 세기 동안 의도하지 않은 운반 수단으로 유럽 또는 또 다른 대

89 우리나라와 아프리카의 식물상은 전혀 다르다. 그러나 우리나라와 미국 동부의 식물상은 비슷한 점이 많은 것으로 알려져 있다. 대륙을 뛰어넘어 생물상이 비슷한 점에 대해서는 현재에도 많은 연구가 진행 중인데, 두 가지 가능성을 검토하고 있다. 하나는 대륙 이동에 따른 생물들의 격리이며, 다른 하나는 다윈이 생각하는 장거리 산포의 결과이다. 아마도 이 두 가지 모두가 대륙을 뛰어넘은 생물상의 유사점을 설명할 수 있을 것이다.

90 미국 플로리다 남부에서 베네수엘라 북서부 연안에 있는 7,000여 개의 섬들이다. 인도와는 아무런 상관이 없으나, 콜럼버스가 처음 발견했을 때 인도로 오인하면서 붙은 이름이다.

91 서인도 제도가 위치한 대서양의 따뜻한 표층 해류는 영국쪽으로 북상하나, 미국 북부의 해안은 그린랜드쪽의 찬 표층 해류가 남하하는 곳이다. 따라서 북아메리카에서 영국 방향으로 씨가 해류를 타고 이동할 수는 없으나, 서인도 제도에서는 영국 방향으로 씨가 이동할 수 있을 것이다.

92 서인도 제도는 북위 10도에서 20도 사이에 있어 거의 열대나 아열대 기후 지역이나, 영국은 서인도 제도보다 훨씬 북쪽인 북위 50도 이북에 위치하는데, 겨울에는 영하 10도까지 떨어지며, 안개가 많고 습기도 많은 기후이다.

륙에서 이동해 온 이주생물들을 받아들이지 않았다고 해서, 본토에서 좀 더 멀리 떨어졌지만, 생물들이 잘 발달하지 않은 섬도 비슷한 수단으로 이동해 온 침입생물들을 받아들이지 않았다고 주장하는 것은 엄청난 잘못일 것이다. 심지어 그레이트브리튼 섬보다 생물들이 많지 않은 섬으로 운반된 20종류의 씨나 동물들 가운데 거의 하나 정도만이 새로운 터전에 잘 적응해서 귀화할 것이라는 점을 나는 의심하지 않는다. 그러나 나에게 이렇게 보인다고 하더라도, 섬이 융기해서 만들어지는 오랜 지질학적 시간 동안과 섬에 정착생물들로 가득 차기 전에, 우연한 운반 수단이 어떤 결과를 만들었는지에 대한 타당한 논의는 없다. 씨를 먹어치우는 곤충이나 새들이 거의 또는 전혀 없는 불모지에서는 도달할 기회가 있는 거의 모든 씨가 발아해서 생존할 가능성이 있었을 것이다. (363~365쪽)

[93] *빙하기 동안 산포.* 고산종[94]들이 생존할 수가 없는 지역인 저지대로 인해 수백 킬로미터 떨어져 있는 산 정상들에 분포하여 서로서로 왕래할 가능성이 거의 없어 보이는 많은 동식물들이 보여 주는 동일성, 즉 같은 종들이 이처럼 멀리 떨어진 지점에서 살아가는 것은 가장 놀라운 사례 가운데 하나이다.[95] 알프스산맥이나 피레네산맥[96]의 눈 덮인 지역과 유럽의 고위도 지방에서 살아가는 같은 식물들이 너무나 많다는 점은 진짜로 주목할 만한 사실이다. 그러나 더욱더 주목할 만한 점은 미국의 화이트산맥[97]에서 살아가는 식물들이 래브라도[98]에서 살아가는 식

93 장 목차에 나오는 마지막 주제, '빙하기 동안 세계의 확장에 따른 산포'를 설명하는 부분이다. 『종의 기원』 356쪽에서 언급한 "창조의 단일 중심"이론으로는 설명할 수 없는 첫 번째 어려움이다. 지구의 기후 변화에 따른 생물의 산포를 설명하고 있다.

94 흔히 교목들이 살아갈 수 있는 경계인 수목한계선 또는 교목한계선 이상의 높이의 산에서 살아가는 종들을 의미한다.

95 우리나라에서 암매는 남쪽에서는 한라산 정상에만 분포하나, 북쪽에서는 백두산 정상에 분포한다. 그 사이에 암매의 분포 여부는 확인되지 않고 있는데, 백두산과 한라산 사이의 거리는 약 900km이다.

96 프랑스와 스페인 사이에 있는 산맥이다. 최고봉은 아네토산으로 3,404m이다.

97 미국 동부 뉴햄프셔주에 있는 산맥으로 최고봉은 마운트워싱톤으로 1,917m이다. 북위 44도 근처이다.

98 캐나다 동부의 대서양과 접해 있는 지역이다. 북위 52도 근처이다.

물들과 모두 같으며,[99] 아사 그레이로부터 들은 바에 따르면, 유럽의 가장 높은 산에서 살아가는 식물들과도 모두가 거의 같다. 오래전인 1747년 그멜린이 이러한 사실들에 근거해서 같은 종이 뚜렷하게 구분되는 몇몇 지점에서 독립적으로 창조되었다고 결론을 내렸었다. 그리고 아가시를 비롯하여 일부 학자들처럼, 우리가 곧 살펴보겠지만 이러한 사실들을 간단히 설명해 줄 수 있는 빙하기에 생생하게 주목하지 않았다면, 우리도 같은 믿음을 지니게 되었을 것이다. 가장 최근의 지질학적 시기에 유럽 중앙부와 북아메리카가 북극 지방 기후에 놓여 있었음을 보여 주는 상상할 수 있는 많은 종류의 생물적, 무생물적 증거들을 우리는 가지고 있다. 불에 탄 집의 흔적들은 스코틀랜드와 웨일즈의 산보다 우리에게 더 뚜렷하게 말해 주는 것이 없는데, 이들 지역에 있는 산에는 측면에 줄무늬가 있고 표면이 매끄러우며 높은 곳에 자리를 잡은 표석들이 있으며, 계곡에는 최근까지 얼음으로 덮여 있던 하천들이 있다. 이처럼 유럽의 기후가 크게 변해서, 이탈리아 북부에는 오래된 빙하가 남긴 빙퇴석[100]이 있는데, 지금은 포도와 옥수수가 이들 지역을 덮고 있다. 미국 전역에도 떠다니던 빙하와 해안빙[101]에 의해 운반된 표이성[102] 표석들과 줄무늬가 있는 암석들이 있는데, 과거에 있었던 빙하기를 뚜렷하게 보여 준다. (365~366쪽)

유럽의 정착생물 분포에 빙하기 기후가 미친 과거 영향의 요점은, 에드워드 포브스가 놀랄 만큼 명확하게 설명했듯이,[103] 다음과 같다. 그러나 새로운 빙하기가 서서히 왔다가 서서히 지나

99 제주도의 위도가 북위 33도 근처이며, 백두산은 42도 근처이다. 약 10도 차이가 나는데, 그에 따라 제주도와 백두산의 식물상은 엄청 다르다. 제주도에는 주로 난대성 식물이 살아가나, 백두산에는 한대성 식물들이 살아간다. 물론 한라산 정상 부근에는 고산성 식물들이 자라고 있어 백두산 정상 부근의 식물과 비슷하다고 평가할 수도 있다. 화이트산맥과 래브라도도 위도만 놓고 보면 살아가는 식물들이 엄청 달라야 함에도 정상부 식물들이 비슷하다고 한 것이다.

100 빙하에 운반되어 온 돌 조각과 암석들이 빙하가 녹아 그 지역에 남은 것이다.

101 해안 가까이에 붙어 있거나 떠 있는 얼음이다.

102 빙하와 함께 돌이 이동하는 것이다.

103 포브스는 1846년에 발표한 「브리티시 제도의 현존하는 동물상과 식물상의 분포와 이 지역에 영향을 미친 지질학적 변화, 특히 북방 지역의 이동 시기에 일어난, 지질학적 변화와의 관련성」이라는 논문을 썼는데, 다윈이 이 논문을 인용하고 있다(Costa, 2009).

가 버렸다고 가정하면, 우리는 과거에 일어났던 변화를 좀 더 쉽게 추적할 수 있을 것이다. 추위가 다가옴에 따라, 좀 더 남쪽에 있는 지역이 북극 생물들에게 더 적합해지고, 온대 지역의 정착생물들에게는 점점 더 나빠지면, 온대 생물들은 대체되고 북극 생물들이 그 자리를 차지하게 될 것이다. 이와 동시에, 좀 더 따뜻한 지역에서 살던 정착생물들은 장벽이 이들의 이동을 막기 전까지는 남쪽으로 여행을 할 것인데, 장벽 때문에 이들이 사라질 수도 있다.[104] 산맥은 곧 눈과 얼음으로 뒤덮일 것이고, 이전에 높은 산에서 살던 정착생물들은 평야 지대로 내려갈 것이다. 추위가 최고조까지 올라가면, 우리는 균일한 북극 동물상과 식물상을 보게 될 것인데, 이들이 유럽 중앙부를 덮을 것이며, 알프스산맥과 피레네산맥의 남쪽까지, 심지어 스페인까지 확장될 것이다. 현재 미국의 온대 지역도 이와 마찬가지로 북극 동물과 식물로 뒤덮일 것인데, 이들은 유럽과 거의 같은 종일 것이다. 현재 극지방에서 살고 있는 정착생물들이 남쪽 도처로 이동했을 것으로 우리는 가정하는데, 이들이 세계 도처에서 놀랄 만큼 균일하게 살아가기 때문이다. 빙하기가 유럽보다 북아메리카에서 조금 더 일찍 또는 더 늦게 온다고 우리가 가정하면, 남쪽으로의 이동이 조금 빠르거나 조금 늦을 것이나, 최종 결과는 아무런 차이가 없을 것이다. (366~367쪽)

따뜻한 시기가 다시 돌아옴에 따라, 곧 이어 더 따뜻한 지역의 생물들에 의해 북극 유형들은 북쪽으로 물러날 것이다. 그리고 산맥 아래쪽에서부터 눈이 녹기 시작함에 따라, 북극 유형들은

104 장벽을 건너가지 못하면 생물들은 죽을 수밖에 없을 것이다.

깨끗하게 해빙된 땅을 점유할 수밖에 없고, 점점 더 따뜻해짐에 따라 이들의 동족들은 북쪽으로의 여행을 강요받으며 더욱더 높은 곳으로 올라갈 것이다.[105] 따라서 완전히 온대 기후로 되돌아가면, 구세계나 신세계 저지대에서 최근까지 같이 살아가던 일부 북극 종들은 서로 격리될 뿐만 아니라 멀리 떨어진 산 정상과 (이보다 낮은 곳에서 살던 생물들은 모두 다 몰살당하고) 북반구와 남반구 모두에서 극 지역에만 남겨지게 되었을 것이다. (367쪽)

따라서 우리는 미국과 유럽의 산악 지대처럼 엄청나게 멀리 떨어진 지점에서 살아가는 많은 종들의 동일성을 이해할 수 있다. 또한 산맥마다에 있는 고산식물들이 특히 북극 또는 거의 북극에 가까운 곳에서 살아가는 북극 유형들과 더 연관되어 있다는 점도 이해할 수가 있는데, 추위가 다가옴에 따라 그리고 따뜻함이 다시 옴에 따라 북극 유형들이 북쪽과 남쪽으로 이동했기 때문일 것이다. 예를 들어, 와슨 씨가 언급한 스코틀랜드의 고산식물과 라몽이 언급한 피레네산맥의 고산식물은 특히 스칸디나비아 북부 지방의 식물과 더 가까운 동류이다. 또한 미국에서부터 캐나다 래브라도에 있는 식물들 그리고 시베리아와 같은 나라의 북극 지역의 식물들 역시 동류이다. 완벽하도록 확실하게 규명된 이전 빙하기에 근거하고 있는 이 견해가 나에게는 유럽과 아메리카의 고산 생물과 북극 생물들이 현재 분포하는 방식을 만족할 수 있게 설명하는 것으로 보인다. 다른 지역에서도 멀리 떨어진 산 정상에서 같은 종들을 우리가 발견할 때면, 다른 증거가 없어도 추웠던 기후가 이들 종들을 과거의 저지대에 있

105 현재 고산이나 북방 지역에 분포하는 생물들은 잔존종이라고 부르며, 이들이 현재 살아가는 지역은 흔히 이들의 피난처라고 부른다. 우리나라에는 이런 잔존종이 많지가 않은데, 휴전선 이남에 분포하는 식물로는 앞에서 언급한 암매나 월귤(*Vaccinium vitis-ideae*) 정도가(공우석 · 임종환, 2008) 이런 종으로 간주될 수 있을 것이다.

던 통로를 이용해 이동할 수 있도록 했으나, 이 저지대가 너무 따뜻해져서 그 이후로는 이들 종들이 생존할 수가 없었을 것이라고 우리는 결론을 내릴 수가 있을 것이다. (367~368쪽)

만일 빙하기 이후 기후가 현재보다 어느 정도 더 따뜻했다면 (이 사례는 미국의 일부 지질학자들이 화석으로만 발견되는 그나토돈속Gnathodon[106]의 분포에 근거한 주장이다), 북극과 온대 생물들은 아주 최근에 좀 더 북쪽으로 행진했을 것이며, 그 이후에 현재의 터전까지 물러났을 것이다. 그러나 빙하기 이후 약간 더 따뜻했던 시간이 끼어 있었다는 관점과 관련해서는 만족스러운 증거를 나는 만나지 못했다. (368쪽)

북극 유형들이 남쪽으로 이동했다가 다시 북쪽으로 이동하는 오랜 기간 동안에 이들은 거의 같은 기후 조건에 노출되었을 것이고, 특별히 주목해야 할 점은 이들이 한 무리로 유지되었다는 것이다. 결과적으로 이들 사이의 상호연관성은 방해받지 않았을 것이고, 이 책에서 되풀이하여 주장하는 원리에 따라,[107] 이들에게 많은 변형이 일어날 여지가 없었을 것이다. 그러나 따뜻해짐에 따라 격리된 상태로, 처음에는 산맥의 아래쪽에, 최종적으로 산 정상에 남겨진 우리가 알고 있는 고산생물들의 사례는 조금 다르다. 같은 북극 종들 모두가 서로서로 떨어진 산맥에 남겨졌고, 그 이후로 모두가 산맥에서 생존했을 것 같지가 않기 때문이다. 또한 이들은 모든 가능성을 놓고 볼 때, 빙하기가 시작하기 전부터 산맥에 생존했었을 오래된 고산성 종들과 섞였을 것이며, 가장 추운 시기에 이들은 일시적으로 평야 지대로 내려

106 미국 걸프 만 해안의 기수역에서 널리 분포하던 이매패류에 속하는 연체동물이다.

107 생물과 생물과의 연관성으로 인해 변이가 자연선택되고 생물들이 변형될 것으로 다윈은 설명하고 있다.

왔을 것으로 보인다. 따라서 이들은 어느 정도 다른 기후의 영향에 노출되었을 것이다. 이들의 상호연관성은 어느 정도 교란되었을 것이며, 결과적으로 이들은 변형될 여지가 있었을 것이다. 그리고 우리는 이런 사례를 찾을 수 있는데,[108] 만일 우리가 몇몇 유럽의 높은 산맥에서 현재 살아가는 고산성 동식물을 비교한다면, 비록 아주 많은 종들이 같겠지만, 일부는 오늘날에는 변종으로 인정되고, 일부는 애매한 유형으로 간주되고, 극히 일부는 뚜렷하게 구분되는 그러나 아직은 매우 가까운 동류, 즉 대표적인 종으로 간주될 것이다. (368~369쪽)

내가 믿는 바에 따라, 빙하기에 어떤 일이 실제로 발생했는지를 예시하려고 나는 빙하기가 시작할 때 북극 생물들은 오늘날처럼 극 지역을 빙 둘러 균일하게 분포했었다고 가정했다. 그러나 분포에 관한 이런 언급은 엄밀한 북극 유형에 적용될 뿐만 아니라 많은 아북극에서 살아가는 유형들과 일부 북반구 온대 유형에도 적용되는데, 이들 중 일부가 북아메리카와 유럽에 있는 산지의 낮은 곳과 평야 지대에서 똑같이 분포하고 있기 때문이다. 그리고 빙하기가 시작할 때 세계 곳곳에 있는 아북극과 북반구 온대 유형이 보여 주는 필연적인 균일성 정도를 내가 어떻게 설명할 수 있는가라는 질문을 합리적으로 던질 수도 있다. 오늘날, 구세계와 신세계의 아북극과 북반구 온대 지역에 살아가는 생물들은 서로서로 대서양과 태평양의 최북단 지역에서는 격리되어 있다.[109] 빙하기 기간에, 구세계와 신세계의 정착생물들이 현재보다 더 남쪽까지 내려와서 살았을 때에도, 이들은 여전히

108 다윈은 『위대한 책』에서 용담속(*Gentiana*)을 예로 들었다. 우리나라의 예로는 비로용담(*G. jamesii*)을 들 수 있는데, 비로용담은 휴전선 이남에서는 강원도 대암산 용늪에서만 자라고 있으나, 북쪽 지역에서는 높은 산지에서 널리 자라는 것으로 알려져 있다.

109 태평양 북단에 위치한 러시아 축치반도와 미국의 알래스카 경계는 폭 85km의 베링 해협이다. 이 해협의 가운데에는 다이오메드 제도가 있다. 러시아는 구세계이며 미국은 신세계로 연결된 것처럼 보이지만 서로 떨어져 있다. 북대서양은 캐나다와 그린란드, 아이슬란드, 그리고 영국 등지를 완전히 바다가 격리시키고 있다.

해양이라는 넓은 공간으로 완벽하게 격리되어 있었음이 틀림없다. 앞에서 말한 어려운 질문은[110] 반대되는 속성을 지닌 기후의 이전 변화를 조사하면 극복할 수 있을 것으로 나는 믿는다. 빙하기가 시작되기 이전인 보다 최근의 플리오세 동안에, 그리고 세계의 정착생물 대부분이 특히 오늘날과 같을 때, 기후는 오늘날보다 더 따뜻했다고 믿을 만한 좋은 이유를 우리는 가지고 있다. 따라서 오늘날 위도 60도 아래에서 살고 있는 생물들은 플리오세 동안에 위도 66~67도의 극권[111] 근처까지 훨씬 더 북쪽에서 살았을 것이며, 또한 당시에는 엄밀한 북극 생물만 극지방 근처의 나누어진 땅에서[112] 살았을 것이라고 우리는 가정할 수가 있다. 이제는 지구 전체를 바라보자. 우리는 극권 아래에 있는 유럽 서부에서부터 시베리아를 거쳐 미국 동부까지 모든 대륙이 거의 연결되어 있음을 볼 수 있다. 그리고 극지방이 이처럼 연결되어 있어서 좀 더 유리한 기후일 때[113] 생물들이 자유롭게 상호 이주가 가능했기 때문에, 빙하기 이전 시기에는 구세계와 신세계의 아북극과 북반구 온대 생물들이 당연하게 균일성을 유지했었다고 나는 생각한다. (369~370쪽)

앞에서 넌지시 말한 이유들로 우리의 대륙들은 비록 큰 규모였을지라도 부분적인 수위 변동이 있었지만, 거의 같은 위치에서 오랫동안 머물러 있었다고 믿으면서 나는 앞의 견해를 확장시키고 싶다. 또한, 플리오세 후기처럼 처음부터 지금까지도 유지되는 따뜻한 시기 동안, 많은 수의 같은 종류의 동식물들이 대부분 연결된 극지방에 정착했다고 단호하게 추론하고 싶은 마

110 482쪽에 나오는 필연적인 균일성이다.

111 위도 66도 33분보다 높은 고위도 지역이다. 이 지역은 위도로 볼 때 한대에 속하며, 육지와 바다는 얼음으로 뒤덮여 있다. 그리고 극지방은 남극과 북극을 중심으로 한 주변 지역으로, 흔히 교목한계선으로 결정한다. 북반구에서는 가장 더운 날의 평균기온이 10℃와 거의 일치한다.

112 북극은 북극해뿐만 아니라 러시아, 미국의 알래스카, 캐나다, 그린란드, 아이슬란드, 스칸디나비아반도 지역을 포함한다. 그러나 이들 지역은 현재 서로 연결되어 있지 않고, 나누어져 있다.

113 빙하가 최대로 발달했을 때이다. 바다 수위가 이때 100m까지 내려간 것으로 추정하는데, 수위가 내려감에 따라 생물들이 이동했을 것이다.

음이다. 그리고 구세계와 신세계 모두에 있는 이들 동식물들이 빙하기가 시작하기 훨씬 전에 기후가 점점 덜 따뜻해짐에 따라 남쪽으로 서서히 이동하기 시작했다고 추론하고 싶다. 내가 믿듯이, 이제 우리는 대부분 변형된 상태에 있는 이들의 자손들을 유럽과 미국의 중앙부에서 보고 있다. 이 견해에 따라, 우리는 북아메리카와 유럽의 생물들 사이에서, 동일성[114]은 아주 약하지만, 연관성은 이해할 수 있는데, 이 연관성은 이 두 지역의 거리와 대서양에 의해 격리되어 있는 점을 고려하면 엄청나게 주목할 만하다. 우리는 또한 몇몇 관찰자들이 주목했던 한 가지 사실도 이해할 수가 있는데, 이 사실은 지난 제3기 동안 유럽과 아메리카의 생물들이 현재의 생물들보다 서로서로 조금 더 가까운 연관성을 맺고 있었다는 점이다. 이처럼 따뜻한 기간에, 추위로 통행이 불가능했었던 구세계와 신세계의 북부 지역이 각각의 정착생물들이 상호이주가 가능하도록 마치 하나의 다리처럼 대륙으로 거의 연결되어 있었기 때문이다.[115] (370~371쪽)

플리오세 기간에 서서히 따뜻함이 감소하는 동안, 신세계와 구세계에 공통으로 정착했던 종들이 극권 남쪽으로 이주하자마자, 이들은 반드시 서로서로 완전하게 단절되어야만 했다. 좀 더 따뜻한 지역의 생물들만을 고려했을 때에는 이러한 격리가 이보다 훨씬 이전에 일어났다. 그리고 동식물들이 남쪽으로 이동했기 때문에, 이들은 아메리카의 자생생물들과 어떤 넓은 지역에서 섞이게 되었을 것이고, 이 자생생물들과 경쟁해야만 했다. 그리고 또 다른 넓은 지역에서는 구세계의 자생생물들과 경쟁

114 같은 종들이 멀리 떨어져 있는 장소에 분포하는 현상이다. 479쪽을 참조하시오.

115 유럽과 아메리카의 생물들이 이동하기 위해서는 빙상 위로 또는 수위가 낮아짐에 따라 생긴 통로로 이동해야만 할 것이다. 그러기 위해서는 빙하기에만 가능할 것인데, 다윈은 다소 역으로 설명하고 있다. 추위로 통행이 불가능한 것이 아니라, 추위로 인해 유럽과 아메리카 사이의 해양이 얼게 되었고, 그에 따라 생물이 이동했을 것이다. 따뜻해지면서 바다가 다시 형성되었을 것이고, 그에 따라 이동했던 생물이 서로서로 격리되었을 것이다. 다윈이 답은 찾았지만 풀이 과정이 잘못되었다는 평가이다(Costa, 2009).

해야만 했다. 결과적으로 우리는 상당한 변형이 일어나기에 유리한 모든 것을 알게 될 것인데, 특히 최근까지 상당 기간 몇몇 산맥과 두 세계의 극 대륙에 격리된 채로 남아 있는 고산생물들보다 더 많은 변형이 일어나기에 이 모든 것들이 유리했을 것이다. 따라서 신세계와 구세계의 온대 지역에서 현재 살아가는 생물들을 비교하면 명확해지는데, (최근에 비록 아사 그레이가 과거에 생각했던 것보다는 많은 동일한 식물들이 있음을 보여 주었지만) 우리는 거의 동일한 종을 찾을 수는 없지만,[116] 커다란 강 모두에서 일부 자연사학자들이 지리적인 군종으로 간주하는, 그리고 또 다른 자연사학자들이 뚜렷하게 구분되는 종으로 간주하는 많은 유형들을 발견한다. 또한 우리는 모든 자연사학자들이 특히 뚜렷하게 구분되는 종으로 간주하는 가까운 동류 유형, 즉 대표적인 많은 유형들도 발견한다. (371~372쪽)

육상에서처럼 플리오세 동안에, 바다의 물속에서도 극권의 연속된 해안가를 따라 거의 균일하게 일어난 해양동물들의 남쪽으로의 느린 이동은, 변형 이론에 따라, 현재 바다에서 완벽하게 분리된 상태로 살아가는 가까운 동류 유형들을 설명해 준다. 따라서 북아메리카 온대 지방의 동해안과 서해안에 제3기를 대표하며 현존하는 많은 유형들이 출현하는 것을 우리는 이해할 수 있을 것으로 나는 생각한다. 그리고 더욱더 놀라운 사례가 있는데, 지중해와 일본의 태평양 연안해에,[117] 이 지역은 현재 대륙과 적도에 위치한 해양으로 격리되어 있음에도 불구하고, (대나의 뛰어난 연구 결과에 따르면) 많은 가까운 동류인 갑각류와 일부

116 아사 그레이는 1846년 「일본과 미국 식물상의 유사성」이라는 논문에서 일본의 식물과 미국의 식물이 비슷하다고 주장했었다(Costa, 2009). 그리고 오늘날 우리나라를 포함한 중국과 일본 등지의 동북아시아의 식물상과 미국, 특히 동부의 식물상이 유사하기에 많은 연구가 수행되었다. 동북아시아 식물들이 미국으로 이동하고, 역으로 미국의 식물들이 동북아시아로 이동한 결과로 추정하고 있다. 이동 경로에 대해서는 베링해를 통했다는 주장과 유럽을 거쳐 미국 동부로 이동했다는 주장들이 있다.

117 다윈은 『종의 기원』에서 "Sea of Japan"으로 표기했는데, 이 지역이 오늘날 일본이 "동해" 표기에 문제를 제기하면서 사용하는 "Sea of Japan"하고는 다르다. 다윈은 대나의 연구 결과를 토대로 일본해와 지중해에 동류 종이 분포한다고 했는데, 대나의 연구 결과에 나오는 일본에서 채집된 갑각류들의 채집 장소는 대부분 태평양 인근 지역들로, 우리나라와 일본 사이에 있는 동해와는 다른 지역이다. 다윈이 "Sea of Japan"이라고 지칭한 해역은 오늘날 일본의 태평양 연안이기에 '태평양 연안해'라고 번역했다.

어류 그리고 해양동물들이 출현한다는 점이다. (372쪽)

동일성은 없지만 오늘날 분리된 바다에서 살아가는 정착생물들의 이러한 연관성과 마찬가지로, 북아메리카와 유럽의 온대 지역에서 과거와 오늘날의 정착생물들이 보여 주는 연관성은 창조 이론으로는 설명할 수가 없다. 지역의 거의 비슷한 물리적 조건들에 따라 이들이 닮게 창조되었다고 우리는 말할 수가 없을 것인데, 실례를 들어, 만일 우리가 남아메리카의 어떤 지역과 구세계의 남쪽 대륙을 비교한다면, 물리적 조건들이 거의 상응하는 나라들은 볼 수가 있으나, 이들 나라에서 살아가는 정착생물들은 완전히 다르기 때문이다.[118] (372쪽)

그러나 우리는 더 시급한 주제, 즉 빙하기로 들어가야만 한다. 나는 포브스의 견해가 전반적으로 확장되어야 한다고 확신한다. 우리는 유럽에서 영국 서부 해안에서부터 우랄산맥,[119] 그리고 남쪽으로 피레네산맥에 이르는 지역의 추운 시기에 대한 명백한 증거를 가지고 있다. 꽁꽁 얼어 버린 포유동물과 산맥에 분포하는 식생이 지닌 속성으로부터 시베리아도 비슷한 영향을 받았을 것으로 추론할 수 있다. 히말라야산맥을 따라, 이곳에서 약 1,500km 떨어진 지점의 빙하는 자신들이 과거 낮은 곳까지 내려갔음을 보여 주는 자국을 남겨 두었는데, 후커 박사는 시킴[120]에서 옥수수가 거대한 옛날 빙퇴석에서 자라는 것을 보았다.[121] 적도 남쪽에 있는 뉴질랜드에서도 우리는 과거에 있었던 빙하작용의 직접적인 증거를 볼 수가 있다. 즉, 이 섬의 멀리 떨어진 산맥들[122]에서는 같은 식물들이 자라는데, 이러한 점은 똑같은

118 남아메리카에서는 레아가 살고 있으나, 아프리카에는 타조가, 호주에서는 에뮤가 살고 있다. 이들은 모두 날지 못하는 조류이다.

119 카자흐스탄 북부에서 북극해에 이르는 산맥으로 러시아를 남북으로 종단하는데, 아시아와 유럽을 구분하는 경계로 사용되기도 한다. 길이는 약 2,500km이며, 최고봉은 1,875m이다.

120 인도 북부, 히말라야산맥의 남쪽에 위치한 지역으로, 네팔과 부탄 사이에 위치하며 북쪽으로는 중국과 접해 있는 요지이다. 남쪽으로는 방글라데시와 인접해 있다.

121 시킴, 뉴질랜드, 태즈메이니아섬에 분포하는 식물에 대한 연구 결과는 모두 후커 박사가 조사한 것이다.

122 뉴질랜드는 쿡 해협으로 격리된 남섬과 북섬으로 이루어져 있으며, 북섬은 구릉지이나, 남섬은 고산 지역이 발달해 있다.

이야기를 우리에게 말해 준다. 만일 누군가 출판한 것을 신뢰할 수 있다고 설명해 준다면, 우리는 호주의 남동부 구석[123]에서도 빙하 작용의 직접적인 증거를 볼 수 있을 것이다. (372~373쪽)

아메리카를 살펴보자. 북반부에서 빙하로부터 만들어진 암석들이 동쪽 연안에서는 남쪽으로 훨씬 더 내려가 위도 36~37도인 지역에서 관찰되며, 현재는 기후가 전혀 다른 태평양 연안에서는 위도 46도인 지역에서도 관찰된다. 표이성 표석들도 로키산맥에서 언급되었다. 남아메리카 적도 지역에 있는 산계[124]에서도 빙하는 한때 현재 고도보다 훨씬 아래까지 내려갔다. 나는 칠레 중앙의 안데스 산계를 관통하는 계곡에서 높이가 약 250m 정도에 달하는 엄청난 암설[125] 더미에 놀란 적이 있는데, 지금 생각해 보니 현존하는 빙하 아래쪽에 남겨진 엄청난 크기의 빙퇴석일 것이라고 확신한다. 남아메리카 대륙의 양쪽에서 좀 더 남쪽으로 내려가면, 즉 위도 41도에서 남극 쪽으로 내려가면, 우리는 이전에 일어났던 빙하 작용의 가장 명확한 증거를 모암에서 떨어져 나와 이곳까지 옮겨진 거대한 표석들에서 볼 수 있다. (373쪽)

빙하기가 세계 반대편의 먼 곳 몇몇 지점에서 엄밀하게 동시에 진행되었는지를 우리는 알지 못한다. 그러나 모든 사례로부터 이 시기가 가장 최근의 지질학적 기간에 포함된다는 좋은 증거들을 우리는 갖고 있다.[126] 또한 이 기간을 연수로 측정하면 모든 지점에서 엄청나게 오랜 시간이었음을 보여 주는 훌륭한 증거도 우리는 갖고 있다. 추위가 지구의 다른 지점보다는 어느

123 태즈메이니아섬이다. 『위대한 책』에서 다윈은 태즈메이니아섬을 언급했으나, 구체적인 실례나 사례는 제시하지 않았다.

124 남아메리카 서쪽에는 안데스 산계가 있는데, 길이가 남북으로 7,000km에 달한다. 해발고도가 4,000~5,000m 정도로 고산기후가 발달해 있다. 안데스 산계의 적도 근처에는 에콰도르가 위치한다.

125 풍화작용으로 파괴되어 생긴 바위 부스러기이다. 돌 부스러기라고도 한다.

126 마지막 빙하기는 10,000년 전에 끝난 것으로 알려져 있다.

한 지점에서 먼저 찾아왔거나 먼저 사라졌지만, 각각의 지점이 오랜 기간을 유지해 왔고 지질학적으로 동시대로 간주된다면, 이 기간의 적어도 한 시기에는 전 세계가 실질적으로 동시에 빙하기였던 것으로 나에게는 보인다. 반대되는 몇몇 뚜렷한 증거들이 없다면, 빙하 작용이 북아메리카의 동부와 서부, 적도 아래와 온대 지역에 위치한 산계들, 그리고 대륙의 극남단의 양쪽 해안가에서 동시에 일어났다는 점을 우리는 적어도 그럴듯하다고 수용할 수가 있을 것이다. 만일 이러한 점들을 받아들인다면, 지구 전체의 기온이 이 시기에 동시에 추웠을 것이라고 믿는 것을 회피하기는 힘들 것이다. 그렇지만 만일 기온이 동일한 위도에 위치하여 띠를 이루는 지역에서 동시에 낮아졌다면,[127] 내가 의도하는 바를 만족시킨다. (373~374쪽)

전 세계가 또는 적어도 동일한 위도에 위치하여 띠를 이루는 지역 도처에서 동시에 더 추워졌다는 견해에 따르면, 현재의 동일한 종과 동류 종들의 분포를 설명해 줄 많은 실마리를 얻을 수 있다. 아메리카에서는 후커 박사가 티에라델푸에고섬에서 살아가는 40~50종의 꽃피는 식물을 발견했는데, 이 숫자는 빈약한 식물상이라는 관점에서 바라보면 대수롭지 않은 숫자는 아니지만,[128] 이들은 유럽에서도 공통적으로 자란다. 이 두 지점은 엄청나게 멀리 떨어져 있는데도[129] 많은 종들이 가까운 동류 종들이었다. 그리고 아메리카 적도 지역의 고산에는 유럽에서도 나타나는 속에 속하는 특이한 종들이 많다. 브라질의 높은 산에서 소수의 유럽 속들이 가드너에 의해 발견되었는데, 이들은 이 두 지

127 오늘날에는 다윈의 생각처럼 지구 전체가 거의 동시에 빙기에 처해 있었던 것으로 간주하고 있다(Costa, 2009).

128 티에라델푸에고섬에는 558종의 식물이 분포하며 이 중 23%는 유럽에서 도입된 외래종이다(Moore · Goodall, 1977). 따라서 40~50종은 티에라델푸에고섬에 분포하는 식물의 7~9%에 해당한다.

129 티에라델푸에고섬에서 영국 런던까지는 약 13,300km 떨어져 있다.

역 사이에 있는 더운 나라에서는 존재하지 않는다. 카라카스의 실라[130]에서도 비슷한데, 저명한 홈볼트는 오래전에 산계의 형질상태를 특징적으로 지닌 속들에 속하는 종들을 발견했다. 아비시니아[131]의 산들에는 몇몇 유럽 유형들과 희망봉에서 특이하게 나타나는 식물상을 대표하는 소수의 종들이 나타났다. 희망봉에는 사람이 도입한 것으로는 믿겨지지 않는 극소수의 유럽 종들이 있으며, 산들에는 몇몇 대표적인 유럽 유형들이 발견되는데, 이들은 아프리카의 남북 양회귀선[132] 사이에 있는 지역에서는 발견되지 않았다. 히말라야와 인도반도의 격리된 산맥, 실론[133]의 높은 곳, 그리고 자바섬[134]의 화구구 등에는 서로서로 완전히 같거나 하나하나를 대표하는 많은 식물들이 자라는데, 동시에 이들이 유럽에서도 자라지만, 중간에 있는 더운 저지대에서는 나타나지 않는다. 자바섬의 높은 산 정상에서 채집된 속들의 목록을 보면 유럽의 산지에서 채집한 생물들의 사진을 찍어 놓은 것 같다! 아직도 놀랄 만한 사실이 더 있는데, 호주 남부에 있는 유형들은 명확하게 보르네오섬[135]에 있는 산맥의 정상에서 자라는 식물들을 보여 준다.[136] 후커 박사가 나에게 알려준 바에 따르면, 일부 호주 유형들은 말레이반도[137]의 높은 산을 따라 뻗어 있고, 아주 조금씩 드문드문 인도에 분포하며, 북쪽으로 일본까지도 분포한다. (374~375쪽)

호주 남부 산맥에서, 뮐러 박사는 몇몇 유럽 종들을 발견했는데, 이 중 일부는 사람이 도입한 것이 아니었고 저지대에서 자랐다. 그리고 후커 박사는 호주에서 발견되는 유럽 속들의 긴 목

130 베네수엘라의 북쪽 해안가 카라카스 인근에 있는 산 정상부로, 오늘날에는 엘아빌라 국립공원이 있으며, 최고봉은 2,765m이다.

131 오늘날에는 에티오피아라고 부른다. 아프리카 중동부에 있으며 인도양과 접하고 있는 소말리아와 지부티에 인접해 있는 나라이다.

132 적도에서 남북으로 25도 사이의 지역이다.

133 인도 남단 동쪽에 있는 섬이다. 1948년 영연방에서 독립하면서 국명을 스리랑카로 변경했다.

134 인도네시아어로는 자와섬이라고 부른다. 인도네시아 수도인 자카르타가 이 섬에 있다. 화구구는 원뿔형 화산이라고도 부르는데, 화산 폭발로 분출된 재가 주변에 쌓여 만들어진 산을 의미한다.

135 동남아시아 말레이 제도의 한 가운데 있는 섬으로, 세계에서 3번째로 큰 섬이다. 이 섬은 브루나이, 인도네시아, 말레이시아 세 나라의 영토로 구분된다.

136 이 두 지역은 약 5,000km 떨어져 있다.

137 동남아시아에서 남북으로 길게 뻗어 있는 반도이다. 대부분은 말레이시아 영토이나, 북서부는 미얀마, 북동부는 태국이며, 반도의 남쪽 끝에는 싱가포르가 위치한다.

록을 나에게 알려 주었는데, 이들은 중간에 있는 작열하는 곳에서는 발견되지 않았다. 후커 박사가 쓴 뛰어난 『뉴질랜드 식물상 소개』에는 이 큰 섬에서 자라는 식물들에 관한 너무나도 놀랄 만한 대응하는 사실들이 제시되어 있다. 따라서 우리는 세계 곳곳에 있는 좀 더 높은 곳에서 살아가는 식물들과 북반구와 남반구의 온대 저지대에서 살아가는 식물들이 때때로 완전히 같은 것으로 볼 수 있다. 그러나 이들이 엄청 놀랄 정도로 서로서로 연관성을 지니고 있음에도 불구하고 때로 뚜렷하게 구분되는 경우도 상당히 많다. (375~376쪽)

이상 식물에 대해서만 간단하게 소개했다. 전적으로 대응하는 일부 사실들을 육상동물의 분포에서 제시할 것이다. 해양생물에서도 비슷한 사례들이 있다. 한 가지 예시로, 나는 뛰어난 권위자인 대나 교수의 언급을 인용하고자 한다. 즉, "뉴질랜드의 갑각류는 세계의 그 어떤 곳에서 살아가는 갑각류보다는 정반대 지역인 그레이트브리튼섬의 갑각류와 유사성이 높다"[138]라고 했다. 또한 리차드슨 경도 뉴질랜드와 태즈메이니아섬의 연안에 북반구 유형의 어류들이 다시 출현한다고 말했다.[139] 후커 박사가 나에게 알려 준 바에 따르면, 25종의 해조류가 뉴질랜드와 유럽에서 공통으로 나타나지만 중간 지역인 열대 해양에서는 발견되지 않는다.[140] (376쪽)

남반구의 남부 지역과 남북 양회귀선 지역에 있는 산맥에서 발견되는 북반구 종과 유형들이 북극 지방에 속하는 종이 아니라 북반구 온대 지역에 속한다는 점에 주목해야만 한다. 와슨 씨

138 대나 교수의 『갑각류의 분류와 지리적 분포』에서 인용했다(Costa, 2009).

139 리차드슨 경이 출판한 『아메리카 북극 지방의 동물상』에서 인용했다(Costa, 2009).

140 후커 박사는 해조류를 전문적으로 연구한 것은 아니나 상당한 양의 해조류를 채집하고 분류한 것으로 알려져 있다(Costa, 2009).

가 "극 지역에서 적도 쪽으로 감에 따라, 고산 또는 산맥의 식물상은 실제적으로 점점 극 지방의 성질과 멀어진다"라고 언급했다.[141] 남반구 동쪽과 온대 지역 산맥에서 살아가는 많은 유형들은 애매한 상황인데, 어떤 자연사학자들은 특히 뚜렷하게 구분되는 종의 계급을 부여하나, 다른 자연사학자들은 변종이라고 간주한다. 그러나 이들 중 일부는 확실하게 같은 종이며, 많은 유형들은, 비록 북반구 유형들과 비슷하게 연관되어 있지만, 뚜렷하게 구분되는 종으로 간주해야만 한다. (376쪽)

이제 많은 지질학적 증거들이 뒷받침하는 믿음에 근거하여, 앞에서 말한 사실들, 즉 지구 전체 또는 대부분 지역이 빙하기에 현재보다 거의 동시에 더 추웠다는 사실들을 풀어 나갈 실마리를 찾아보도록 하자. 빙하기를 몇 년 단위로 측정할 때에는 아주 오랜 기간임에 틀림없다.[142] 그리고 우리가 몇 세기도 안 되는 동안에 얼마나 광활한 공간으로 동식물들이 퍼져 나가 귀화했는지를 기억한다면, 이 기간은 엄청나게 많은 이동이 충분히 가능했을 것이다. 추위가 서서히 내려옴에 따라, 모든 열대 식물들을 비롯하여 다른 생물들이 양쪽에서[143] 적도 쪽으로 물러났을 것이며, 이어 온대 생물들이 뒤를 따랐을 것이고, 마지막에는 북극 생물들도 뒤를 이어 내려왔을 것이다. 그러나 북극 생물들은 우리의 고려 사항이 아니다. 열대 식물들은 아마도 절멸이라는 극심한 고통을 당했을 것인데, 고통의 정도에 대해서는 그 누구도 말할 수가 없다. 아마도 이전에 열대 지역은, 오늘날 희망봉과 호주 온대 지방이 빽빽하게 무리지어 살고 있는 많은 종들

141 와슨이 출판한 『키벨레 브리타니카 – 영국의 식물과 이들의 지리적 분포』를 인용했다(Costa, 2009).

142 마지막 빙하기는 11만 년 전인 플라이스토세에서 시작되어 1만 2천 년 전에 끝나, 약 10만 년 동안 지속되었다.

143 북반구와 남반구 양쪽에서 모두 적도 쪽으로 생물들이 이동했을 것이다.

에 의해 지탱되는 것처럼, 많은 종들로 지탱되었을 것이다. 많은 열대 동식물들이 어느 정도의 추위는 견뎌 낼 수 있다는 점을 우리가 알고 있는데, 많은 생물들이 기온이 상당히 떨어지는 동안 몰살당하지 않으려고 피난을, 좀 더 자세히 말하면 가장 따뜻한 곳으로 피난을 갔을 것이다. 그러나 우리가 기억해야만 하는 엄청난 사실은 모든 열대 생물들이 어느 정도는 큰 고통을 받았다는 점이다. 이와는 반대로, 온대 생물들은, 보다 더 적도 쪽으로 이동한 다음 어느 정도는 새로운 조건에 정착했겠지만, 고통을 조금은 덜 받았을 것이다. 그리고 많은 온대 식물들은, 만일 경쟁자의 습격으로부터 피할 수 있었다면, 원래 자라던 환경보다 더 따뜻한 곳에서 견뎌 냈을 것이다. 따라서 열대 생물들이 고통을 받는 상태에 처하게 되었고, 불청객들 앞에서 단호함을 보여주지 못했다는 점을 감안하면, 일부 많은 수의 보다 생명력이 있고 우세한 온대 유형들이 자생 무리를 뚫고 나와 적도에 도착했거나 지나간[144] 것이 가능했을 것으로 나에게는 보인다. 물론 고지대와 건조한 지대로 침입하는 것이 훨씬 유리했을 것인데, 열대 지역의 열을 간직한 습기가 온대 기후의 다년생 식물들에게 너무나 치명적이었을 것이라고 팔코너 박사가 나에게 알려 주었다. 이와는 반대로, 가장 습하고 가장 뜨거운 구역은 열대 자생종들에게 피난처로 제공되었을 것이다. 히말라야의 북서쪽으로 뻗은 산맥들과 남아메리카에서 길게 뻗은 산계들에는 두 종류의 엄청난 침입이 가능했을 것이다. 그리고 한 가지 놀라운 사실은, 최근에 후커 박사가 나에게 알려 주었는데, 티에라델푸에

144 북반구 생물들이 적도를 지나 남반구까지 이동하거나 역으로 남반구 생물들이 적도를 지나 북반구까지 이동했을 것이라는 의미이다.

고섬과 유럽에서 공통으로 분포하는 모든 꽃피는 식물들이 숫자로는 46종이지만, 행진 중인 경로에 있는 북아메리카에 아직도 분포한다는 점이다. 그러나 일부 온대 생물들이 추위가 점점 심해지는 시기에 열대 지역의 *저지대*까지 들어가 통과했을 것이라는 점을 나는 의심하지 않는다. 그 시기는 북극 유형들이 자신들의 나라에서 위도로 약 25도 정도 이동했으며 피레네산맥의 아래쪽 대지를 덮었던 때였다. 극도로 추워졌을 때에는, 적도 해수면의 기후가 오늘날 1,800~2,100m 정도의 높이에서 느낄 수 있는 기후와 거의 비슷했을 것이다.[145] 이처럼 가장 추운 시기에 열대 저지대의 대부분의 공간은, 후커 박사가 그림으로 보여 주었는데,[146] 오늘날 히말라야의 아래쪽에 기이하게 식물들이 무성한 것처럼 열대와 온대 식생이 섞여서 덮여 있었을 것이다. (376~378쪽)

따라서, 내가 믿고 있듯이, 상당수의 식물들과 소수의 육상동물들, 그리고 일부 해양생물들이 빙하기 동안 북쪽과 남쪽 온대 지역에서 남북 양회귀선 지역으로 이동했을 것이고, 이들 중 일부는 적도를 통과했을 것이다. 다시 따뜻해지면서, 이들 온대 유형들은 자연스럽게 높은 산으로 올라갔을 것이고, 저지대에서는 몰살당했을 것이다. 적도에 도착하지 못한 유형들은 자신의 이전 터전을 향해 북쪽으로 또는 남쪽으로 다시 이동했을 것이다. 그러나 주로 북반구에서 내려와 적도를 통과한 유형들은 지금까지도 자신들의 터전에서 반대쪽에 있는 온대 위도로 여행하고 있다. 북극 패류 전체가 남쪽으로, 그리고 다시 북쪽으로

145 제주도 한라산의 높이가 1,947m이다. 일반적으로 100m가 높아질 때마다 기온이 0.6도씩 떨어지는 경향이 있기 때문에, 한라산 정상은 평지에 있는 제주시보다 12도 정도가 차이가 난다. 또한 정상 부근에는 바람이 많이 불기 때문에 바람이 부는 날에 체감하는 기온은 더 떨어질 것이다. 또한 기압도 낮아지며, 그에 따라 산소 농도가 제주시에 비해 낮은 편이다.

146 후커가 1854년부터 1855년에 걸쳐 쓴 『히말라야 잡지』에 있는 그림들을 다윈이 설명하고 있다.

이동하는 오랜 기간에 거의 어떠한 변형도 일어나지 않고 이동했다는 지질학적 증거를 믿어야 할 이유를 가지고 있다고는 하지만, 이 사례는 남북 양회귀선 지역의 산악이나 남반구에 정착했던 침입자 유형들과는 전혀 다르다. 낯선 생물들에게 둘러싸여 있던 생명체들은 수많은 새로운 생명 유형들과 경쟁해야만 할 것이며, 구조, 체질 그리고 습성 등이 선택되어 나타난 변형은 이들에게 아마도 유리했을 것이다. 따라서 이와 같은 많은 방랑자들이, 비록 아직은 자신의 북반구 또는 남반구 형제들과 유전에 의해 명백하게 연관되어 있지만, 이제는 자신들의 새로운 터전에서 명확하게 규정된 변종 또는 뚜렷하게 구분되는 종으로 존재하고 있을 것이다.[147] (378~379쪽)

아메리카에 대해서는 후커가, 호주에 대해서는 알퐁스 드 캉돌이 강하게 주장했던 놀라운 사실이 있는데, 더 많은 동일한 식물과 이들의 동류 유형들이 북쪽에서 남쪽으로, 이 반대 방향보다는, 명확하게 이동했다는 점이다. 그러나 우리는 일부 보르네오섬과 아비시니아의 산맥들에서 남반구에서 유래한 식물 유형을 본다. 북반구에서 남반구로의 압도적인 이동은 북반구에 보다 큰 대륙이 있었고, 북반구의 자기 터전에서 살아가던 북반구 유형들의 수가 많았던 탓이며, 그에 따라 자연선택과 경쟁을 통해 남반구 유형들보다 더 완벽하고 고등한 상태 또는 지배력을 지니도록 발전할 수 있었을 것으로 나는 추정한다. 따라서 이들이 빙하기 동안 뒤섞였을 때, 북반구 유형들이 지배력이 다소 떨어지는 남반구 유형들을 물리칠 수 있었을 것이다. 오늘날에도

147 자신을 둘러싼 새로운 생물적 조건들, 즉 다른 생물과의 상호작용을 거치면서 구조, 습성, 체질 등에서 나타난 변이가 자연선택되었을 것이고, 이러한 과정을 거치면서 새로운 종이 만들어졌을 것으로 다윈은 설명하고 있다. 그리고 이렇게 만들어진 새로운 종들은 자신의 조상들과는 유전적으로 연관되어 있으므로 다른 지역에서 살던 조상의 또 다른 후손들과도 유전적으로 연관되어 있다는 설명이다. 지금까지 설명한 지리적 분포와 관련된 내용을 요약하고 있는 것처럼 보인다.

똑같은 방식을 우리가 볼 수 있는데, 즉 많은 유럽 생물들이 라플라타 땅을 덮고 있으며, 호주에서도 정도는 약하지만 호주의 땅을 덮으면서, 자생생물을 어느 정도는 물리치고 있다. 이런 반면에, 가죽이나 양모를 비롯하여 씨를 운반할 수 있는 물체 등에 의해 많은 수가 라플라타로부터 지난 2~3백 년 동안, 그리고 호주로부터 지난 30~40년 동안 유럽으로 들어왔으나, 극히 소수의 남반구 유형들만이 유럽 곳곳에서 귀화해서 살고 있다. 이와 비슷한 일이 남북 양회귀선 지역의 산악에서도 일어났음이 틀림없다. 빙하기 이전에 이 지역에는 많은 고산성의 고유한 유형들이 무리지어 살았음은 의심할 여지가 없다. 그러나 이들은 거의 대부분 지역에서 더 우세한 유형들에게 대다수가 굴복했는데, 이 우세한 유형들은 이 지역보다 더 넓고 더 효율적인 실습장인 북반구에서 출현한 것들이었다. 많은 섬들에서, 자생생물들은 귀화생물들에 비해 수가 거의 똑같거나 심지어 더 적다. 그리고 만일 자생생물들이 실질적으로 아직까지 몰살당하지 않았다면, 이들의 수는 엄청나게 축소될 것이며, 이런 상황은 절멸로 가는 첫 번째 단계가 될 것이다. 하나의 산도 육지에 있는 하나의 섬이다.[148] 그리고 남북 양회귀선에 있는 산들도 빙하기 이전에는 완벽하게 격리되어 있었음이 틀림없다. 그리고 이들 육지의 섬에서 살아가던 생물들도, 마치 사람이 운반해서 귀화한 대륙 유형에 의해 진짜 섬에 있던 생물들이 도처에서 최근에 굴복했듯이, 북반구라는 더 넓은 지역에서 출현한 생물들에 의해 굴복했다고 나는 믿는다. (379~380쪽)

148 다윈은 『종의 기원』 105~106쪽에서 섬에 있는 생물들은 살 수 있는 공간, 즉 면적이 적고, 그에 따라 개체수도 적으며, 변이성도 낮고, 또한 다른 생물들과 경쟁력이 낮다고 설명했다. 따라서 "하나의 산도 육지에 있는 하나의 섬"이란 말은 이들 산 정상에서 살아가는, 주로 고위도에서 살던 생물들의 잔존종일 것인데, 생물들도 섬에서 살아가는 생물들처럼 다른 생물들과의 경쟁력이 떨어져서 쉽게 죽을 수 있음을 설명하는 의미일 것이다.

북반구와 남반구 온대 지역과 남북 양회귀선 지역의 산악에서 살아가는 동류 종들의 분포범위와 친밀성에 관하여 여기에서 제시한 견해가 지니는 모든 어려움이 해소되었다고 내가 가정하는 것은 결코 아니다. 아직도 많은 어려움이 해결되지 않고 남아 있다. 왜 어떤 종은 이동하고 어떤 종은 이동하지 않았는지, 그리고 왜 어떤 종은 변형되어 새로운 유형들 무리를 만들어 낸 반면, 어떤 종은 변하지 않은 상태로 남아 있었는지 등 이동의 정확한 경로와 수단에 대해 주의를 돌릴 생각을 나는 하지 않았다. 왜 어떤 종은 사람의 도움으로 다른 곳에서 귀화하고 다른 종은 귀화하지 못하는지, 그리고 왜 한 종의 분포범위가 같은 터전에서 살아가는 다른 종에 비해 두세 배까지 넓고 두세 배까지 흔하게 나타나는지에 대해 우리가 말할 수 있을 때까지는 이러한 사실들을 설명할 수 있을 것이라고 나는 기대하지 않는다. (380~381쪽)

나는 아직도 많은 어려움들이 해결되지 않고 남아 있다고 말했었다. 가장 두드러진 어려움 중 일부는 남극 지역에 대한 식물학 책을 쓴 존경하는 후커 박사가 명확하게 말했었다.[149] 이 점을 여기서 논의할 수는 없다. 단지 케르겔렌 제도,[150] 뉴질랜드 그리고 티에라델푸에고섬과 같이 너무나 멀리 떨어진 지점[151]에서도 같은 종이 나타나는 점에 대해서만 말하고자 하는데, 빙하기가 끝나갈 무렵, 라이엘이 제안했듯이, 빙하가 이들의 산포에 주로 관여했던 것으로 나는 믿는다. 그러나 일부 뚜렷하게 구분되는 종들도 존재하는데, 이들은 남반구에만 국한되어 분포

149 후커는 1839년부터 1843년까지 남극 일대를 조사했고, 1844년부터 1859년까지 3권으로 된 『남극 식물상』을 발간했다. 1844년에는 일반적인 내용을, 1853년에는 뉴질랜드의 식물을, 1859년에는 태즈메이니아섬의 식물을 설명했다.

150 Kerguelen Islands. 프랑스어로는 Iles Kergulen으로 부른다. 남인도양에 있는 섬들로, 프랑스령이며 지구상에서 가장 격리된 지역으로 알려져 있다. 이 제도와 가장 가까운 섬은 남쪽 450km에 있는 무인도 허드맥도널드 제도이며, 서북쪽으로 3,300km에 마다가스카르섬이 있다.

151 이들은 거의 같은 위도에 위치하는데, 케르겔렌 제도의 뽀흐오프형쎄에서 뉴질랜드의 웰링턴까지의 거리는 약 7,500km, 티에라델푸에고섬의 우수아이아까지는 약 7,800km, 웰링턴에서 우수아이아까지는 약 7,700km이다. 이들 섬은 남극을 중심으로 삼각형을 이루고 있다.

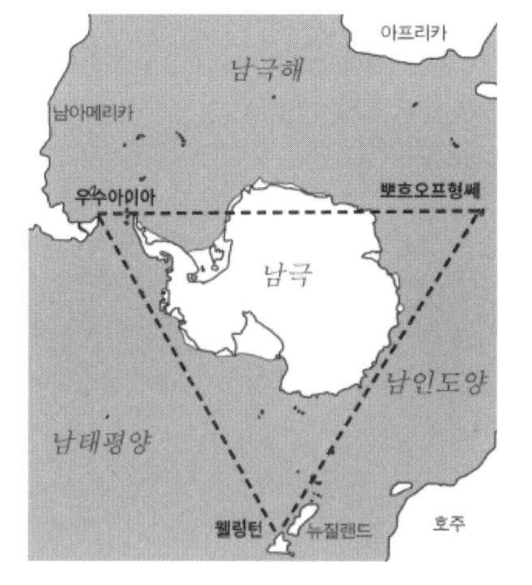

하는 종들로 남반구 이곳저곳에 퍼져 있으며, 변형을 수반한 친연관계라는 내 이론에 따르면, 이러한 종들의 존재는 더욱더 두드러지게 어려운 사례이다. 이들 종들 중 일부는 너무나 뚜렷하게 구분되어, 빙하기가 시작하면서 생물들의 이동에 필요한 시간이 있었고, 또한 이들이 필요한 정도로 계속해서 변형될 시간이 있었다고 우리가 가정할 수가 없기 때문이다. 이러한 사실들은 어떤 공통의 중심에서 방사상으로 아주 뚜렷하게 구분되는 종들이 이동했음을 나타내는 것처럼 나에게는 보인다. 그리고 빙하기가 시작하기 이전의 따뜻한 시기에 남반구와 북반구를 조사하고 싶다는 유혹에 빠졌는데, 현재는 눈으로 덮여 있는 남극 대륙이 빙하기 이전에는 아주 특이하고 격리된 식물상을 지탱하고 있었을 것이다. 이 식물상이 빙하기로 인해 몰살당하기 전에는 일부 유형들이 남반구 여러 지점으로 우연한 운반 수단을 이용해서 현재는 물속으로 가라앉아버린 섬들을[152] 중간 휴게소처럼 이용하면서 광범위하게 퍼져 나갔을 것으로, 또는 아마도 빙하기가 시작되면서 빙하를 타고 이동했을 것으로 나는 추정한다. 내가 믿는 것처럼, 이런 수단들로 인해 아메리카, 호주, 뉴질랜드의 남반구 해안가에는 같은 식물들의 특이한 유형들이 약간은 티를 내면서 나타난다. (381~382쪽)

라이엘 경은 내 생각과 거의 같은 내용을 이목을 끄는 문장[153]으로 지리적 분포에 미치는 기후의 엄청난 변화에 대해 추측했다. 세계가 최근에 엄청난 변화 주기의 한 단계로 떨어졌다는 견해는, 자연선택을 통한 변형과 접목하면, 같은 유형들과 동류 유

152 2017년 오늘날의 호주, 뉴질랜드, 뉴칼레도니아를 연결하는 대륙, 즉 질랜디아가 바닷속에 존재함이 확인되었다.

153 라이엘이 쓴 『지질학 원리』 제8판 697쪽에 나오는데, 다음과 같다. "기후의 엄청난 주기"와 관련된 내용이다. "지구의 기후가 앞에서 언급한 엄청난 연도의 여름과 겨울처럼 극단적으로 더워졌다가 극단적으로 추워지는 것이 흔하게 나타나기 때문에, 주기적인 이동이 항상 극지방에서 적도 지역을 향하게 될 것이다. 그리고 이러한 이유로 북반구나 남반구에서 위도에 평행하게 정착해서 살아가는 종들이 상당히 달라질 것이다. 앞에서 설명한 내용에 근거해서 종 하나하나의 원래 무리가 지구의 한 장소에만 소개되었다고 나는 가정했으며, 그에 따라 결과적으로 북극권과 남극권에는 토착종이 단 하나도 없었을 것이다. 그러나 이와는 반대로 지구의 물리적, 지리적 특성이 연속적으로 변화하거나, 또는 또 다른 그럴듯한 원인, 즉 일반적인 기후의 상승과 같은 우연한 일이 나타나거나, 또는 기후의 엄청난 주기에 따라 겨울에서 봄 또는 여름으로 변화한다면, 주기적인 이동 방향은 역전될 것이다. 서로 다른 동식물 종들이 적도에서 극쪽 방향으로 이동할 것이며, 북반구와 남반구에는 아마도 특히 제한된 동일한 종들만이 살아가게 될 것이다."

형들 모두의 현재 분포에서 볼 수 있는 수많은 사실들은 설명될 수 있을 것이라고 나는 믿는다. 생명의 조류가 어떤 시기에는 북쪽과 남쪽에서 흐르기 시작해서 적도를 지나쳤다고 말할 수 있지만, 북쪽에서 내려오는 흐름이 더 세서 남쪽을 자유롭게 침수시켰다. 이 조류가 수평면에 표류물을 남겨둠에 따라, 비록 표류물이 조류가 가장 높은 연안에서는 더 높게 올라갔겠지만, 생명의 조류는 살아 있는 표류물들을 북극의 저지대로부터 아주 천천히 일렬로 적도 아래 아주 높은 곳, 산맥의 정상부에 남겨두었다. 그에 따라, 오도 가도 못하고 남겨진 다양한 생명체들은, 거의 모든 육지에서 산지의 안전한 도피처로 몰려가서 생존한 인류의 원시종족들과 비교될 수 있는데, 주위에 있는 저지대에서 살던 이전의 정착생물들에 대한, 우리에게 완전히 흥미로운, 기록물 역할을 한다. (382쪽)

12장 지리적 분포 : 계속

민물생물의 분포—해양섬에 있는 정착생물에 대하여—진양서류와 육상 포유류의 결핍—섬에 있는 정착생물과 이 섬과 가장 가까운 육지에서 살아가는 정착생물과의 연관성에 대하여—제일 가까운 발생지로부터 침입과 계속된 변형—지난 장과 이 장의 요약

[1]**호수**들과 하천 수계들이 육지라는 장벽으로 서로서로 격리되어 있어서 민물생물들은 같은 나라에서 분포범위가 그렇게 넓지 않았을 것으로 간주되어 왔으며, 바다도 가만히 있는 명백하게 통과할 수 없는 장벽이므로,[2] 민물생물들은 멀리 떨어진 나라까지 결코 뻗어 나갈 수가 없었을 것이다.[3] 그러나 사례들은 정확하게 이와는 반대이다. 아주 다른 강에 속하는 많은 민물생물 종들의 분포범위가 아주 넓을 뿐만 아니라 동류 종들이 세계 곳곳에 놀랄 방식으로 널리 퍼져 있다. 브라질 민물에서 민물생물들을 처음 채집한 후 이들을 영국의 생물들과 비교했을 때, 민물에서 살아가는 곤충, 패류 등에서는 유사성이 나타나지만,

1 장 목차에 나오는 첫 번째 주제, '민물생물의 분포'를 설명하는 부분이다.

2 염분이 적은 민물에서 살아가는 생물들은 일반적으로 염분이 많은 바닷물에서는 살아가지 못한다. 따라서 바다는 이들이 통과할 수 없는 장벽이 된다.

3 이러한 점이 『종의 기원』 356쪽에서 언급한 "창조의 단일 중심 이론"으로는 설명할 수 없는 두 번째 어려움이다.

민물을 둘러싼 육상생물에서는 비유사성이 나타나는 점에 크게 놀란 적이 있음을 나는 잘 기억한다. (383쪽)

민물생물이 널리 퍼질 수 있는 능력은, 비록 그럴 것이라고 기대하지는 않았는데, 대부분 사례에서 내가 생각하기로는 한 연못에서 다른 연못으로 또는 한 하천에서 다른 하천으로 짧은 거리를 자주 이동하는 데 매우 유용하게 자신들을 적응시킨 결과로 설명될 수가 있다. 그리고 이런 능력으로 인해 거의 필수불가결하게 널리 산포하는 경향도 부수적으로 나타났다. 우리는 여기에서 몇 가지 사례[4]만 다룰 것이다. 어류의 경우, 같은 종이 멀리 떨어진 나라의 민물에서는 결코 나타나지 않는다고 나는 믿고 있다. 그러나 같은 대륙에서는 종들이 때로 광범위하게 분포하나 매우 변덕스러워 두 강 수계에서 일부 어류들은 공통으로 나타나지만, 일부는 서로 다르게 나타난다. 일부 사실들은 의도하지 않은 수단들로 인해, 즉 인도에서는 살아 있는 어류가 회오리바람에 의해 드물지 않게 떨어지며,[5] 물 밖으로 어류를 끄집어냈을 때에도 알들이 생명력을 지니고 있어, 우연히 운반될 가능성을 설명하는 데 도움이 되는 것처럼 보인다. 그러나 민물 어류의 산포는 주로 최근에 있었던 육지 수위가 사소하게 변화하여 나타난 결과로 돌리고 싶은데, 이런 변화로 강들이 서로서로 연결되었기 때문이다. 또한 홍수기에는 수위 변화가 없어도 이런 일이 일어날 수 있음을 보여 주는 실례도 있다. 우리가 볼 수 있는 라인강[6]의 황토[7]는 가장 최근의 지질학적 시기에 육지의 수위에 상당한 변화가 일어났음을 보여 주는 증거인데, 지표에

4 첫 번째로 민물 어류, 두 번째로 민물 패류, 그리고 세 번째로 식물을 사례로 들었다.

5 회오리바람으로는 장거리 산포가 불가능했을 것이나, 짧은 거리는 운반되었을 것이다.

6 유럽 스위스 중부의 알프스산맥에서 시작해 프랑스와 독일의 경계를 따라 흐르는데, 하류는 대부분 독일을 지나며, 마지막으로 북해로 유입되는 강으로 길이는 1,230km이다.

7 대륙의 내부에서 풍화로 부서진 암석의 미세한 알갱이들이 바람에 날려 쌓인 흙으로 누런색 또는 누런 갈색을 띤다. 지구 표면의 약 10%를 차지한다.

는 당시 존재하던 육상 패류와 민물 패류가 빽빽이 살고 있었다. 처음부터 강 수계를 분리해서 서로 만나는 것을 완벽하게 방해했던 연속된 산맥의 서로 반대쪽에 있는 어류들이 보여 주는 많은 차이는[8] 이러한 결론을 유도하는 것처럼 보인다. 지구상에서 아주 멀리 떨어진 지점들에서 나타나는 동류인 민물 어류와 관련해서 현재는 설명할 수 없는 많은 사례들이 있음은 의심할 여지가 없다. 그러나 일부 민물 어류들은 아주 원시적인 유형에 속하는데, 이런 사례에서는 엄청난 지리적 변화가 일어날 수 있도록 충분한 시간이 있었고, 그에 따라 이처럼 먼 거리를 이동하는 데 필요한 시간과 수단이 있었을 것이다. 다음으로, 해양 어류는 민물에 살기 위해 조심스럽게 서서히 익숙해졌을 것이다. 발랑시앵에 따르면, 오로지 민물에만 국한되어 살아가는 어류는 한 무리도 없다. 따라서 우리는 민물 어류 무리 가운데 해양에서도 살 수 있는 한 무리가 바다 연안을 따라 먼 거리를 여행했을 것이고, 결과적으로 멀리 떨어진 육지의 민물에 적응하고 변형되었을 것이라고[9] 상상할 수 있을 것이다. (383~385쪽)

민물 패류의 일부 종들은 아주 넓은 분포범위를 지니고 있는데, 내 이론에 따르면, 동류 종들은 공통부모로부터 유래했을 것이고, 단 하나의 발생지에서 생겨나 전 세계 곳곳으로 널리 퍼져 나갔음이 틀림없다. 이들의 분포가 처음에는 나를 헷갈리게 했는데, 이들의 알들이 새들에 의해 운반되었을 것 같지가 않았고, 알들이 성체가 되었다 하더라도 바닷물 때문에 즉각 죽었을 것이기 때문이다. 심지어 나는 어떻게 귀화종들이 같은 나라 곳곳

8 우리나라를 예로 들면 둑중개(*Cottus koreanus*)는 태백산맥을 경계로 서해안으로 흐르는 수계에 분포하나, 한둑중개(*Cottus hangiongensis*)는 중북부 동해안으로 흐르는 하천에만 분포하며, 바다로 갔다가 다시 하천으로 되돌아온다(Baik et al., 2018).

9 둑중개과(Cottidae)에 속하는 종들은 민물과 짠물 모두에서 분포하는데, 특히 둑중개속(*Cottus*) 어류들은 대부분 민물에만 분포하고 있다. 이 중 *Cottus klamenthis*는 북아메리카의 서쪽 해안의 수계에만, *Cottus poecilopus*는 유럽에만 서로 격리되어 분포하는 것으로 알려져 있다(Reznick, 2010). 다윈이 설명한 것처럼 한 대륙의 민물 어류의 일부가 바다를 거쳐 다른 대륙으로 이동한 후 다시 민물로 돌아간 사례가 될 수 있을 것이다.

에 재빨리 퍼져 나갔는지를 이해할 수가 없었다. 그러나 내가 관찰한 두 가지 사실은, 관찰될 수 있는 다른 사실들도 의심할 여지가 없이 남아 있는데, 이 주제에 대한 실마리를 던져주었다. 개구리밥류[10]가 수면을 덮고 있는 연못에서 오리가 갑자기 날아오를 때, 나는 이 작은 식물들이 오리 등에 달라붙어 있는 것을 두 번 보았다. 그리고 나에게 일어났던 일인데, 나는 정말로 의도하지 않았지만 한 수족관에 있던 조그만 개구리밥류를 다른 곳에 들여놓을 때, 이 민물 패류도 한 수족관에서 다른 수족관으로 옮겨지게 되었다. 그러나 또 다른 매개자들이 아마도 더 효과적일 것이다. 자연 연못에서 잠자는 조류를 대표할 수 있는 오리의 발을 내가 수많은 민물 패류의 알들이 부화하는 장소였던 수족관에 매달아 담가 놓았더니, 방금 부화한 극히 작은 수많은 패류가 발에서 기어다니고 있었으며, 너무나 딱 달라붙어 있어서 이들을 물 밖으로 꺼내도 떨어지지 않았는데, 이들이 조금 더 자라자 스스로 떨어져 나오는 것을 나는 발견했다. 이들처럼 막 부화한 연체동물들은, 본성이 물에서 살게 되어 있지만, 축축한 공기 속에 있는 오리의 발에 달라붙어 12~20시간까지는 생존할 수가 있었다. 그리고 이 시간 동안에 오리 또는 왜가리류[11]는 적어도 900~1,100km 정도를 날아갈 수 있는데, 날아간 다음에는 어떤 연못이나 개울 등에 내렸을 것이다. 만일 바다를 건너가게 되면 해양섬이나 또 다른 아주 멀리 떨어진 지점에 내렸을 것이다. 라이엘 경도 물방개붙이속*Dyticus*[12]을 잡은 적이 있는데, 여기에 달라붙어 있는 삿갓조개[13]처럼 생긴 민물 패류인 민물삿갓조

10 개구리밥아과(Lemnoideae)에 속하는 부유성 수생식물들로, 개구리밥, 좀개구리밥, 분개구리밥 등이 있다.

11 왜가리, 백로, 해오라기 등과 같은 왜가리과(Ardeidae)에 속하는 동물들을 총칭하여 부르는 이름이다. 긴 다리를 지니고 있으며, 민물이나 연안에서 살아간다.

12 물방개과(Dytiscidae)에 속하며, 주로 습지나 연못에서 살아간다. 정확한 학명은 *Dytiscus*이다.

13 다윈은 『종의 기원』에서 단순히 "limpet"이라 썼는데, 이는 껍데기를 가진 해산과 민물산 수생 달팽이를 총칭하는 이름이다. 우리말로는 삿갓조개로 부르고 있다.

개속Ancylus[14] 패류도 함께 잡혔다고 나에게 알려 주었다. 그리고 같은 물방개과[15]의 컬름베테스속Colymbetes[16]에 속하는 물방개류 한 마리가 '비글호'에 날아온 적이 있었는데, 이때 비글호는 가장 가까운 육지에서 70km 남짓 떨어져 있었다. 이들이 자신들에게 도움이 되는 강풍을 타고 얼마나 먼 곳까지 날아갈 수 있는지에 대해 말해 줄 사람은 그 누구도 없다. (385~386쪽)

식물과 관련해서는, 많은 종류의 민물 및 초습지[17]성 식물이 대륙을 통과해서 대륙 너머와 가장 멀리 떨어진 해양섬까지 뻗쳐서 얼마나 넓게 분포하는지는 오래전부터 알려져 왔다. 알퐁스 드 캉돌이 언급했듯이, 이처럼 놀라운 점을 극소수의 수생식물을 포함하는 많은 무리의 육상식물이 보여주는데, 수생식물은 마치 당연하게 곧바로 넓은 분포범위를 습득한 것처럼 나에게는 보인다. 나는 이런 사실을 설명하는 데 도움이 되는 산포수단을 생각해 보았다. 나는 앞에서 비록 아주 드물지만 흙이 우연히 새의 발과 부리에 어느 정도는 달라붙을 수 있다고 말한 바 있다.[18] 연못의 진흙으로 된 가장자리에서 흔한 섭금류[19]가 만일 갑자기 날아오르게 되면 이들의 발 대부분에는 진흙이 묻을 수 있을 것이다. 내가 본 조류 중에 이 목에[20] 속하는 조류는 뛰어난 방랑자들로, 멀리 떨어진 광활한 해양에 있는 척박한 섬에서도 때로 발견된다. 이들이 바다 표면에는 내릴 것 같지가 않으므로 이들의 발에 묻어 있는 먼지는 씻겨나가지 않았을 것이고, 이들이 땅에 내릴 때에는 확실하게 자신들의 천성에 따라 민물이 있는 소굴로 날아갈 것이다. 식물학자들이 연못의 진흙에 이

14 삿갓조개류 중에서 민물에 살아가는 종류들로 이루어진 속이다. 또아리물달팽이과(Planorbidae)에 속한다.

15 Dytiscidae. 물방개붙이속(*Dytiscus*)과 컬름베테스속(*Colymbetes*) 등이 포함된다.

16 유럽, 중동 그리고 북아프리카에 분포하는 물방개 종류들로 이루어진 속이다.

17 습지의 한 유형으로 나무보다는 풀들이 많이 자라는데, 주로 벼과나 사초과 식물들이 우점한다. 호수나 하천 가장자리에 형성되며, 늪원이라고도 부른다. 나무가 우점하는 습지는 목습지 또는 소택지라고 부른다.

18 『종의 기원』 362쪽(이 책 474쪽)에서 자고새류의 발 하나에 22그레인의 흙이 달라붙어 있다고 설명했었다.

19 긴 다리를 지니고 있어 바닥이 모래나 진흙으로 된 습지에서 왔다갔다하면서 먹이를 구하는 새들이다. 황새나 왜가리 등이 이에 속한다.

20 섭금류는 도요목(Charadriiformes)에 속하며, 연안가나 진흙으로 된 습지에서 살아간다. 도요, 갈매기 등이 이 목에 속한다.

렇게 많은 씨들이 있다는 점을 알고 있으리라고는 나는 믿지 않는다.[21] 나는 몇 가지 실험을 했으나, 여기에서는 가장 놀라운 사례만을 제시하려고 한다. 나는 2월에 조그만 연못의 가장자리 서로 다른 지점 3곳에서 테이블스푼[22] 3개 정도의 진흙을 물 밑에서 떴다. 이 흙을 말렸더니 무게가 약 190g이었고,[23] 이 흙을 내 연구 장소에 6개월 동안 은폐해 둔 다음, 식물이 나올 때마다 뽑아내고 그 수를 측정했다.[24] 많은 종류의 식물이 나왔는데, 모두 합해서 537개체였다. 그럼에도 점액질의 진흙은 아침 찻잔 하나 분량에 불과했다![25] 이러한 사실들을 고려해서, 만일 섭금류가 민물에서 살아가는 식물을 아주 멀리 떨어진 장소까지 운반해 주지 않았다면, 그 결과 이들 식물들의 분포범위가 그렇게 넓어지지 않았다면, 이런 점을 설명하기가 불가능한 상황이라고 나는 생각한다. 같은 매개자들이 일부 조그만 민물동물의 알들도 옮겨 주었을 것이다. (386~387쪽)

또 다른 미지의 매개자들도 이런 역할을 부분적으로 했을 것이다. 민물 어류들은 많은 종류의 씨를 입에 삼킨 다음 다시 내뱉지만, 그렇지 않고 삼키는 민물 어류가 있다고 나는 말을 했었다. 심지어 조그만 어류가 노란개연꽃[26]이나 가래속Potamogeton[27] 식물의 중간 정도 되는 씨를 삼키기도 한다. 왜가리류를 비롯한 일부 새들은, 수백 년 동안, 날마다 어류를 집어삼켰고, 물위를 날아 여기저기 다녔으며, 바람을 따라 바다를 건넜다. 그리고 씨들이 알갱이 상태로든 대변 상태로든 몇 시간이 지나도 발아력을 유지하고 있음을 우리는 살펴보았다. 멋진 연꽃Nelumbium[28]의

21 오늘날 이를 '습지종자은행'이라고 부른다. 발아하지 않은 종자들이 앞으로 발아해서 그 지역에서 자라는 식물들을 대신할 가능성이 있는 곳이다.

22 테이블스푼(table spoon)은 영어로 말하는 지역에서 사용하는 수저이나, 흔히 무게나 부피를 나타내는 용어로 사용한다.

23 『종의 기원』 원문에는 "6$\frac{3}{4}$ ounces"로 되어 있다. 1온스(ounce)는 48grain이며, 1grain은 0.0648g이므로, 6.75온스는 20.9952g, 약 20g이다. 그러나 1온스를 28.349g으로 환산하기도 하는데, 이럴 경우에는 약 190g이 될 수도 있다. 약이나 귀금속의 경우에는 1온스를 48grain으로 간주하나, 그렇지 않을 경우에는 28.349g으로 환산하기 때문에, 이 경우에는 190g으로 환산해야 할 것으로 보인다.

24 다윈은 1857년 2월에 진흙을 채집해서 실험을 했다. 실험 결과는 그가 정리한 「실험공책」 20~21쪽에 있다.

25 아침 찻잔(breakfast cup)은 무게나 부피 단위로 약 10온스로 280g 정도이다. 진흙을 말리면 물이 증발하면서 무게는 가벼워져야만 하는데, 본문에 따르면 190g에서 280g으로 오히려 증가했다. 이는 3곳에서 테이블스푼 3개씩 채취해서 이를 모두 합한 것이기 때문일 것이다(Levine, 2011). 그리고 아침 찻잔 하나 분량의 적은 토양에서도 엄청나게 많은 식물들이 자라 나왔다는 의미로 보인다.

26 *Nuphar lutea*. 수련과(Nymphaeaceae)에 속하는 수생식물로, 유럽과 아프리카 북부 등지에 분포하며, 씨는 길이가 4mm, 폭이 2.5mm이다.

27 가래과(Potamogetonaceae)에 속하는 수생식물들로 이루어졌고 대부분 물속에 잠겨 살아간다. 열매 길이는 2~4.5mm 정도이다.

엄청난 크기의 씨를 보고, 이 식물에 대해 알퐁스 드 캉돌이 언급한 것을 기억할 때, 나는 이 식물의 분포는 절대로 설명이 불가능한 상태로 남을 것이라고 생각했다. 그러나 오듀본은 자신이 엄청나게 큰 연꽃의 (아마도 후커 박사에 따르면 미국황련Nelumbium luteum[29]일 것이다) 씨를 왜가리류의 위 속에서 발견했다고 언급했다. 나는 이 사실을 알지 못함에도 불구하고, 대응관계로 볼 때 다른 연못으로 날아가서 그곳의 어류를 먹이로 먹은 왜가리류가 소화되지 않은 미국황련의 씨를 알갱이 상태로 내뱉었을 것으로 나는 믿게 되었다. 또는 새들이 새끼들에게 먹이를 줄 때 떨어졌다고도 생각할 수 있는데, 때때로 이런 방식으로 어류가 떨어지기도 한다. (387쪽)

산포와 관련된 이러한 몇 가지 수단들을 고려하면, 실례를 들어, 연못이나 하천이 솟아오르는 섬에서 먼저 만들어졌을 때에는 이런 곳을 어떤 생물도 점유하지 않았을 것인데, 단 하나의 씨 또는 알이라도 성공할 좋은 기회를 얻었을 것이라고 유념해야 한다. 같은 종에 속하는 개체들 사이에서는 살려는 몸부림은 항상 있을 텐데, 아주 작은 수로 이미 연못을 점령한 경우에는 육지에 있는 연못에 비해 종류 수가 적기 때문에 육상 종들 사이보다는 수생 종들 사이의 경쟁이 덜 심각할 것이다. 결과적으로 다른 나라의 물에서 살던 불청객은 육상의 침입생물들 사례보다 한 장소를 차지할 수 있는 더 좋은 기회를 잡았을 것이다. 또한 일부 또는 아마도 많은 민물생물들은 자연의 사다리에서 낮은 단계에 있고, 이처럼 낮은 생물들은 높은 곳에 있는 생물들에

28 *Nelumbo nucifera*. 다윈은 『종의 기원』에서 "Nelumbium"이라는 학명을 사용했는데, 이는 '*Nelumbo*'와 같은 이름으로 간주된다. 연꽃 씨는 길이 1.2~1.8cm, 직경이 0.8~1.4mm이며, 무게는 1.1~1.4g이다.

29 오늘날에는 *Nelumbo lutea*로 쓴다. 미국 북부에서 자생한다.

비해 덜 빨리 변화하거나 변형된다는 것을 믿을 이유를 가지고 있다고 우리는 유념해야 한다.[30] 그리고 이런 점이 같은 수생 종들이 이동하는 데 필요한 평균 시간보다 더 오랜 시간을 걸리게 했을 것이다.[31] 민물생물들이 거대한 지역에 걸쳐 분포했던 것처럼 많은 종들이 이전에는 연속적으로 분포했으며, 중간 지역에서는 그 후에 절멸했을 가능성을 우리가 잊어서는 안 된다. 그러나 넓은 지역에 분포한 민물식물들과 하등동물들이, 똑같은 유형이든 어느 정도 변형된 유형이든 상관없이, 이들의 씨나 알이 동물에 의해, 특히 엄청난 비행 능력을 지닌 민물 조류에 의해 넓은 지역으로 산포되었기 때문이라고, 그리고 자연스럽게 한 곳에서 다른 곳으로, 때로는 멀리 있는 작은 호수에까지 여행했기 때문이라고 나는 믿는다. 따라서 아주 세심한 정원사처럼, 자연도 자신의 씨를 특별한 자연의 화단에서 수확해서 이들이 살아가기에 똑같이 적합한 또 다른 곳에 떨어뜨리고 있다.[32]

(387~388쪽)

[33]*해양섬에 있는 정착생물에 대하여*. 우리는 마침내 사실들의 세 무리 가운데 마지막에 도착했다.[34] 이러한 사실들은 같은 종이나 동류 종에 속하는 모든 개체들이 하나의 부모로부터 유래했고, 그에 따라 이들 모두가 공통의 출생지에서 시작했고, 그럼에도 불구하고 시간이 흘러감에 따라 이들이 지구상에서 멀리 떨어진 지점에 정착하게 되었다는 견해가 지닌 가장 어려운 점들을 보여 주고자 선택했던 것들이다. 나는 포브스의 대륙 확

30 좀 더 고등한, 달리 말해 자연의 사다리의 위쪽에 있는 생물들이 아래쪽에 있는 생물들보다 더 많은 생물들과 연관성을 맺기 때문에 더 빨리 변형된다고 다윈은 『종의 기원』 곳곳에서 설명하고 있다.

31 이동하면서 변형되지 않았다는 의미이다. 이동하면서 변형되었다면 이동 전후, 즉 이동하기 전 지역과 이동한 다음 지역에서 살아가는 종들이 달라야만 할 것이다.

32 민물에서 살아가는 생물들이 새들에 의해 운반된다면, 새들이 운반하는 생물 종류들이 한정되어 있기 때문에, 새들이 이동하는 중간 또는 마지막에 있는 민물마다 비슷한 생물들이 살게 되었다는 의미일 것이다.

33 장 목차에 나오는 2번째 주제, '해양섬에 있는 정착생물에 대하여'를 설명하는 부분이다. 장 목차에 나오는 3번째 주제, '양서류와 육상 포유류의 결핍', 4번째 주제, '섬에 있는 정착생물과 이 섬과 가장 가까운 육지에서 살아가는 정착생물과의 연관성에 대하여' 그리고 마지막 주제, '제일 가까운 출처로부터 이주와 계속된 변형'도 모두 해양섬과 관련된 것으로 이 부분에서 이어서 설명하고 있다.

34 『종의 기원』 356쪽에서 언급한 "창조의 단일 중심 이론"으로는 설명할 수가 없는 세 번째 어려움이다.

장 견해를 수용할 수 없다고 솔직하게 이미 말했었는데,[35] 만약 이 견해가 타당한 것으로 받아들이면, 최근에 현재 존재하는 모든 섬들은 거의 또는 완전히 어떤 대륙과 연결되어 있었다는 믿음으로 이어질 것이다. 이러한 견해가 많은 어려움을 제거해 주기는 하나, 내가 생각하기로는 섬의 생물들이 보여 주는 모든 사실들을 설명할 수가 없다.[36] 이어진 설명에서, 나는 내 스스로 산포라는 질문에만 얽매이지 않았음을 보여 주려고 한다. 그러나 독립된 창조 이론과 변형을 수반하는 친연관계 이론, 이 두 이론의 진실을 떠받치고 있는 또 다른 사실들을 검토할 것이다. (388~389쪽)

해양섬에 살아가는 모든 종류의 종 수는 같은 면적의 대륙의 종 수와 비교할 때 매우 적다. 알퐁스 드 캉돌은 식물에서, 월라스톤은 곤충에서 이런 점을 인정했다. 만일 우리가 남북으로 1,200km 정도로 뻗어 있는 뉴질랜드의 다양하게 넓은 정착지에서 꽃피는 식물을 조사하면 그 수는 750종에 불과한데, 내가 생각하기로 같은 면적의 희망봉[37]이나 호주와 비교한다면, 우리는 물리적 조건의 그 어떤 차이와는 거의 무관한 무언가가 종 수에 엄청난 차이를 만들어 냈다고 받아들여야만 한다. 심지어 케임브리지[38]의 균일한 한 카운티에서만 847종류의 식물이 분포했는데, 조그만 섬인 앵글시섬[39]에는 764종의 식물이 있으나, 이 수에는 약간의 양치식물들과 도입식물들이 포함되어 있어 어떤 측면에서 보면 비교가 아주 공정하지는 않다.[40] 황무지 같은 어센션섬[41]에는 토종인 꽃피는 식물이 6종 정도가 있었는데, 뉴질

35 『종의 기원』 357쪽에서 포브스의 견해를 신뢰할 수 없다고 주장했다.

36 같은 종들이 멀리 떨어진 해양섬에 분포한다는 점은 설명이 가능하나, 해양섬에서 나타나는 고유종에 대한 설명에는 부족할 것이다.

37 희망봉은 아프리카 케이프반도의 최남단이다. 케이프반도는 길이가 약 50km이나, 이곳에는 2,200여 종의 꽃피는 식물이 자라고 있다.

38 영국의 수도인 런던에서 북쪽으로 약 80km 떨어진 곳에 위치해 있다. 다윈이 다녔던 케임브리지 대학교가 이곳에 있는데, 거의 평지이다.

39 영국 웨일즈의 북서부 연안에 위치한 섬으로, 면적은 700km^{2}이다. 우리나라 진도 면적의 약 두 배 정도이다.

40 와슨이 1835년에 발표한 『영국 식물의 지리적 분포에 대한 개관』의 41쪽에 있는 표에 "Cambridg 847"로 되어 있다. 그런데 이 책에서는 꽃피는 식물, 즉 쌍자엽식물과 단자엽식물만을 분석했다. 다윈이 이 자료를 참고한 것으로 추정된다. 따라서 비교를 위해서는 양치식물과 도입식물도 모두 고려해야 한다. 그러나 케임브리지의 식물 수 847에는 이들이 누락되어 있어 비교가 공정하지 않다고 한 것이다.

41 남대서양 적도 근처에 위치한 화산섬으로, 아프리카 해안에서 약 1,600km, 남아메리카에서 2,250km 떨어져 있다. 면적은 약 90km^{2}로 우리나라 완도보다 조금 넓다.

랜드를 비롯하여 이름을 댈 수 있는 다른 모든 해양섬에도 귀화 식물이 자라고 있듯이, 이 섬에도 많은 식물들이 귀화했다는 증거를 우리는 가지고 있다. 세인트헬레나섬[42]에서는 귀화 동식물이 많은 자생생물들을 거의 또는 완전히 몰살시켰다고 믿을 수 있는 이유가 있다. 개별적인 종 하나하나가 창조되었다는 주장을 인정하는 사람은 잘 적응된 동식물들이 해양섬에서 창조되지 않았다는 점도 충분히 인정해야만 할 것인데, 사람이 의도하지는 않았지만 다양한 발생지에서 자연이 했던 것보다 더 많이 더 완벽하게 생물들을 섬들에 들여놓았기 때문이다.[43] (389~390쪽)

해양섬에는 정착생물의 종류 수가 매우 적지만, (전 세계 다른 곳에서는 발견할 수 없는) 고유종의 비율은 때로 극히 높다. 실례를 들어, 만일 마데이라 제도의 고유한 육상 패류 또는 갈라파고스 제도의 고유한 조류를 어떤 대륙이라도 대륙의 고유종 수와 비교해 보고, 또한 대륙의 면적과 섬의 면적을 비교해 보면, 이런 점이 사실이라는 것을 알게 될 것이다.[44] 이러한 사실들은 앞에서 이미 설명했듯이 내 이론에서 예측할 수가 있는데, 때로 오랜 시간 간격을 두고 새로운 격리된 구역에 도착한 다음, 새로운 동종생물[45]들과 경쟁한 종들이 눈에 띄게 변형될 가능성이 있고, 때로 변형된 자손들 무리를 만들기 때문이다. 그러나 한 섬 내에서는 한 강에 속하는 거의 모든 종들이 특이하다고 해서, 다른 강 또는 같은 강에 속하며 다른 절에 속하는 종들도 특이할 것이라고 생각해서는 절대로 안 된다.[46] 그리고 이러한 차이는 변형되지 않은 종들이 어렵지 않게 무리로 이동했는지에 따라 결

42 남대서양에 위치한 화산섬으로, 남아메리카 리우데자네이루에서 동쪽으로 약 4,000km, 아프리카 남서부에서 약 2,000km 떨어져 있다.

43 생물이 환경에 적합하도록 창조되었다면, 왜 다른 곳에서 들어온 생물들에게 몰살당할 수 있을까라는 질문으로 보인다. 오히려 해양섬에 적응한 생물들이 다른 곳에서 창조되었다고 설명해야 하는데, 그것이 가능할까라는 반문으로 보인다.

44 Walden(1983, 1984)은 마데이라 제도의 연체동물 74%가 고유종이며, Hansen(1969)은 식물의 11~11.6%가 고유종이라고 주장했다(Cook, 1984에서 재인용).

45 격리된 지역에서 살아가는 같은 종의 생물이다.

46 한 강에 속하는 거의 모든 종들이 특이하다는 점은 이들이 거의 모두 한 종에서 유래된 후손들이라는 생각이다. 어떤 한 종이 섬에 도착해서 다양한 후손들을 만들어 냈다는 의미일 것이다. 그렇다고 해서 다른 강 또는 같은 강에 속하며 다른 절에 속하는 종들은 특이하지 않을 수가 있는데, 다른 강에 속하는 종들은 단순히 섬으로 이주해 온 결과일 수가 있기 때문이다.

정되는데, 이렇게 이동했기 때문에 이들의 상호연관성도 크게 손상되지 않았을 것이다. 따라서 갈라파고스 제도에서 거의 모든 육상 조류는 특이하나, 해양성 조류는 11종 중 단지 2종만이 특이한데, 해양성 조류가 이들 섬에 육상 조류보다 더 쉽게 도착했음이 명백하다. 이와는 반대로, 갈라파고스 제도가 남아메리카에서 떨어진 것과 거의 같은 거리만큼, 북아메리카에서 떨어져 있는 버뮤다 제도에는 아주 특이한 토양이 나타나는데,[47] 고유한 육상 조류는 단 한 종도 없다. 그리고 버뮤다에 있는 조류의 수를 측정한 존스가 알려 준 놀라운 결과를 우리는 알고 있는데, 엄청나게 많은 북아메리카산 조류들이 연중 이동 시기에 주기적으로 또는 우연히 이 섬을 방문한다. 하코트 씨는 마데이라 제도에도 특이한 조류는 단 한 종도 없으나, 많은 유럽산과 아프리카산 조류가 거의 매년 이곳으로 날아온다고 나에게 알려 주었다. 버뮤다와 마데이라 두 제도에는 많은 새들이 날아오는데, 이들은 오랫동안 자신들의 이전 터전에서 함께 몸부림치면서 서로서로에게 상호 적응했을 것이기 때문에, 이들이 새로운 터전에서 정착했을 때, 이들 종 하나하나는 자신들이 고유한 장소와 습성을 유지했을 것이며, 결과적으로 변형은 거의 일어나지 않았을 것이다. 한편, 마데이라 제도에는 특이한 육상 패류들이 놀랄 만큼 많이 살고 있는데, 이 제도 연안에서만 국한해서 살아가는 해산 패류는 단 한 종도 없다. 오늘날에는, 어떻게 해산 패류들이 산포되었는지 우리는 모르지만, 그럼에도 바닷말이나 부유한 목재 또는 섭금류의 발에 붙어 있는 이들의 알이나

47 대서양에 있는 섬으로, 미국 노스캐롤라이주에서 동남쪽으로 약 1,100km, 쿠바 북쪽으로 약 1,700km 떨어져 있다. 섬 면적은 53km²로, 충남 안면도의 절반 크기이다. 화산섬들임에도 불구하고 150여 개의 조그만 섬들은 석회암들로 이루어져 있다.

애벌레가 육상 패류보다 훨씬 더 쉽게 500~600km나 되는 드넓은 바다를 거쳐 운반되는 것을 우리는 볼 수가 있다. 마데이라 제도에 있는 서로 다른 목에 속하는 곤충들도 이와 대등한 사실들을 보여 준다. (390~391쪽)

[48]해양섬은 때로 특정 강에 속하는 생물들이 결핍되기도 하며, 이들의 장소는 다른 정착생물들이 명백하게 점유하고 있다. 갈라파고스 제도에서는 파충류가, 뉴질랜드에서는 날개가 없는 거대한 조류들이 포유류의 장소[49]를 차지하고 있다. 갈라파고스 제도의 식물들에 대해 후커 박사는 서로 다른 목[50] 수의 비율이 다른 지역의 비율과는 아주 다름을 보여 주었다.[51] 이런 사례들은 일반적으로 섬의 물리적 조건에 의해 설명되나, 이러한 설명이 나에게는 아주 의심스럽게 보인다. 이주의 수월성이, 내가 믿기로는, 적어도 자연 조건만큼이나 중요하다. (391~392쪽)

멀리 떨어져 있는 섬들의 정착생물들에 대하여 주목할 만한 많은 사소한 사실들을 제시할 수가 있다.[52] 실례를 들어, 포유류가 점유하지 않은 어떤 섬들에서 살아가는 고유식물 일부는 아름다운 갈고리가 달린 씨를 만든다. 하지만 갈고리가 달린 씨는 사지동물의 털이나 모피로 운반되는 데 적응된 결과라는 점보다 더 놀라운 연관성은 거의 없다. 이 사례는 내 견해에 그 어떤 어려움도 던지지 않는데, 갈고리가 달린 씨가 다른 어떤 수단으로 섬으로 운반되었을 수가 있기 때문이다. 그런 다음 사소하게 변형은 되었으나, 아직도 갈고리가 달린 씨를 유지했을 식물은 고유종으로 되었을 것인데, 아무런 용도가 없는 부속물을 흔적

48 장 목차에 나오는 3번째 주제, '진양서류와 육상 포유류의 결핍'을 설명하는 부분이다. 해양섬에 특히 양서류와 포유류가 많이 없는데, 그 이유를 설명하고 있다.

49 포유류의 장소라는 의미는 포유류가 생태계 내에서 차지하는 지위로서 여기에서는 아마도 최상위 포식자를 의미할 것이다.

50 종-속-과-목-강-문-계-역으로 이어지는 분류계급의 하나이다.

51 특정 목의 조상 생물이 이주했고, 이들로부터 다양한 자손 종들이 만들어졌음을 의미한다.

52 주목할 만한 사소한 사실이란 개체 수준에서는 큰 의미를 부여할 수 없지만, 개체 무리, 즉 개체군 수준에서는 의미를 부여할 수 있는 사실들을 의미한다. 개체 수준에서는 창조의 결과로 해석될 수 있지만, 개체군 수준에서는 창조의 결과로 해석할 수 없다는 의미이다(Costa, 2009). 계속해서 설명하는 갈고리가 달린 씨는 개체 수준에서는 의미가 없을 수 있으나, 개체군 수준에서는 흔적기관일 것이며, 이는 종이 변형되었음을 보여 주는 증거가 된다.

기관으로 지니게 되었을 것이다.[53] 많은 섬에서 살아가는 딱정벌레의 딱딱한 겉날개 아래에 있는 주름이 잡힌 속날개가 달려 있는 사례와 비슷할 것이다. 다른 사례를 보면 때로 어떤 섬에 분포하는 어떤 목들에는 초본 종들로만 있는 반면, 다른 섬들에서는 이 목들에 속하는 교목이나 관목들이 포함되기도 한다. 오늘날 알퐁스 드 캉돌이 보여 주었듯이, 교목들은 일반적으로 원인이 무엇이든 분포범위가 한정되어 있다. 따라서 교목들은 멀리 떨어진 해양섬에 도달할 것 같지가 않다.[54] 그리고 초본은, 완전하게 발달한 교목들과의 키 크기 경쟁 상태에서 성공할 기회는 거의 없지만, 한 섬에 정착해서 다른 초본들과만 경쟁하게 된다면, 점점 키가 커져 다른 식물들을 뒤덮을 수 있는 유리한 점을 즉시 지닐 수도 있을 것이다. 만일 자연선택이 초본 식물들이 섬에서 자랄 때 키가 커지는 속성을 때로 부여한다면, 어떤 목에 속하든지 상관없이, 이들은 처음에는 관목으로 전환되었다가 궁극적으로는 교목으로 전환되었을 것이다.[55] (392쪽)

해양섬에서 목 전체가 결핍된 점에 대해서, 보리 생 벵상은 오래전에 (개구리류, 두꺼비류, 영원류[56] 등의) 진양서류가 커다란 해양에 산재되어 있는 많은 섬들 그 어디에서도 결코 발견되지 않았다고 언급했었다. 나는 이 주장을 확인하는 데 많이 힘들었지만, 이 주장이 엄밀하게 말해 진실임도 발견했다. 그러나 개구리가 뉴질랜드의 큰 섬에 있는 산에서 생존하고 있음을 나는 확인했는데, 이 예외를 빙하라는 매개자로 (만일 정보가 정확하다면) 설명할 수 있을 것으로 추정했다. 개구리류, 두꺼비류, 영원류 등

53 흔적기관을 지니고 있다는 의미는 조상이 지닌 형태를 지니고 있으며 원시적인 유형으로 간주할 수 있을 것이다. 울릉도 고유식물로 산딸기(*Rubus crataegifolius*)와 비슷한 섬나무딸기(*R. takesimensis*)가 있다. 산딸기에는 가시가 많이 달려 있으나, 섬나무딸기에는 가시가 거의 없다. 울릉도에 포유동물이 없어 섬나무딸기는 자신을 보호하는 가시를 거의 만들지 않은 것으로 보인다.

54 식물의 번식 수단을 비교해 보자. 예를 들어 민들레 열매와 참나무 열매인 도토리를 비교하면, 민들레 열매가 훨씬 더 멀리 이동할 수 있을 것이다(Costa, 2009).

55 하와이 제도에 분포하는 개숫잔대속(*Trematolobelia*) 식물들은 초본임에도 불구하고 겉모습은 목본처럼 보인다. 또한 하와이 제도의 고유종인 하와이제비꽃(*Viola lanaiensis*)은 제비꽃속 식물 대부분이 초본인데 비해 아관목으로 자란다(Costa, 2009).

56 도룡뇽목(Urodela)에 속하는 영원과(Salamandridae), 영원아과(Pleurodelinae)에 속하는 양서류로, 특이하게 반수생 생활을 하나 일년 내내 물속에서 생활하기도 한다. 북반구 유럽, 아시아, 아프리카 북부 그리고 북아메리카에서 서식한다.

이 많은 해양섬에서 일반적으로 결핍되어 있다는 점은 이 섬들의 물리적 조건으로 설명할 수가 없다. 실제로 섬들은 이들 동물에게 아주 특이하게 적합한 것처럼 보이는데, 개구리는 마데이라 제도, 아소르스 제도 그리고 모리셔스섬 등에 도입되었고, 엄청나게 번식해서 골칫거리가 되었기 때문이다.[57] 그러나 이들 동물과 이들의 알들은 바닷물과 만나면 곧바로 죽기 때문에, 내 견해에 근거해서 이들이 바다를 건너 운반되는 데 엄청난 어려움이 있었을 것이다.[58] 따라서 왜 이들이 그 어떤 해양섬에도 존재하지 않는지를 우리는 알 수가 있다. 그러나 창조 이론에 따르면, 왜 이들이 이런 섬들에서는 창조되지 않았는지를 설명하기가 매우 힘들다. (392~393쪽)

포유동물은 또 다른 비슷한 사례를 제공한다. 나는 조심스럽게 오래된 여행기들을[59] 조사했는데, 아직 내 연구를 끝내지 못했다. 육상 포유동물 한 종이라도 (원주민들이 데리고 있는 사육 동물은 제외하고) 대륙 또는 대륙섬[60]에서 약 500km 떨어진 섬 또는 매우 큰 섬에서 정착한 의심할 여지가 없는 실례를 단 하나도 찾지 못했다. 그리고 이들보다 덜 떨어진 곳에 있는 많은 섬들에서도 똑같이 포유동물은 없었다. 늑대 같은 여우[61]가 살고 있는 포클랜드 제도[62]가 예외에 거의 근접했지만, 이 제도는 대륙과 해저퇴[63]로 연결되어 있기 때문에 해양섬으로 간주되지 않는다.[64] 더욱이 이전에 빙하가 서쪽 해안으로 표석들을 운반했고, 그에 따라 여우들이 따라왔을 것인데, 지금도 북극 지역에서 이들은 자주 나타난다. 그럼에도 작은 섬들이 작은 포유동물을 부양하

57 푸에르토리코 원산인 코코이개구리(*Eleutherodactylus coqui*)가 1980년대에 하와이에 의도하지 않은 수단으로 도입되었다. 그 이후 개체수가 50,000마리까지 증가해 여러 가지 생태학적 문제를 유발했으며(Sin et al., 2008), 최근에는 개구리 울음소리가 주민들에게 소음으로 작용하고 있다.

58 양서류는 건조와 염분에 특히 취약한데, 일부 섬에는 양서류가 다양한 방법으로 이동해서 생존하고 있다(Costa, 2009).

59 마젤란과 콜럼버스 이후 많은 사람들이 신대륙을 향해 탐사를 떠났고, 탐사 결과를 다윈이 쓴 『비글호 여행기』처럼 여행기 형태로 남겼다. 『종의 기원』에서 많이 나오는 후커도 『남극 여행기』 등을 비롯하여 많은 여행기를 남겼다.

60 405쪽 주석 **148**을 참조하시오.

61 *Dusicyon australis*(≡*Canis antarcticus*). 포클랜드 고유종으로, 포클랜드늑대 또는 와라로 불렸으나, 1876년 이 섬에 들어온 영국인들에 의해 절멸된 것으로 알려졌다. 다윈이 이 섬에 도착해서 이들을 보았을 때 개체수가 급감하고 있어 곧 절멸할 것으로 예측했다고 한다.

62 남대서양에 있는 섬들로, 스페인 언어권에서는 말비나스 제도라 부른다. 티에라델푸에고섬에서 북동쪽으로 400km 정도 떨어져 있다.

63 대륙붕에서 언덕 모양으로 높게 솟아오른 부분이다.

64 포클랜드 제도는 대륙의 일부가 떨어져나와 형성된 것으로 보고 있다. 『종의 기원』에서 언급하고 있는 해양섬은 주로 화산이 폭발해서 만들어진 화산섬을 의미한다.

지 못한다고 말할 수는 없는데, 작은 포유동물들이 세계 곳곳에 있는 아주 작은 섬들이어도 대륙에 가까운 섬들에서는 나타나기 때문이다. 그리고 조그만 사지동물이 귀화하지 않거나 엄청나게 번식하지 않은 섬들의 이름은 거의 부를 수가 없을 정도이다.[65] 창조라는 일반적인 견해에 따르면, 포유동물이 창조되는 데 필요한 시간이 없었다고 말할 수도 없다. 많은 화산섬들은 충분히 오래되었는데, 이는 지금까지 놀랄 만큼 삭평형작용이 진행된 점과 제3기 지층으로 알 수 있다. 또한 서로 다른 강에 속하는 고유종들이 만들어지는 데도 필요한 시간이 있었을 것이며, 대륙에서는 포유동물이 다른 하등동물들보다 더 빠른 속도로 출현하고 사라졌을 것이다. 땅에서 살아가는 포유동물이 해양섬에서는 나타나지 않지만, 하늘을 나는 포유동물은 거의 모든 섬에서 나타난다. 뉴질랜드에는 전 세계 그 어디에서도 발견되지 않는 두 종류의 박쥐가 있으며, 노퍽섬,[66] 비티 제도,[67] 보닌 제도,[68] 캐롤라인 제도[69]와 마리아나 제도,[70] 모리셔스섬[71] 등의 섬에도 섬 특이적인 박쥐들이 모두 있다. 왜 이렇게 멀리 떨어진 섬들에 가상의 창조적 힘이 박쥐를 제외한 다른 포유동물은 만들지 않았는가라는 질문을 던질 수도 있을 것이다. 내 견해에 따르면 이 질문에 대해 쉽게 답할 수가 있는데, 땅에서 살아가는 포유동물은 드넓은 바다를 건너갈 수 없으나, 박쥐는 날아서 건너갈 수가 있기 때문이다. 박쥐는 낮에 대서양을 넘나들며 돌아다니며, 북아메리카에 있는 두 종은 규칙적으로 또는 우연히 본토에서 약 1,000km 떨어진 버뮤다섬까지 날아가기도

65 쥐 종류는 사람들과 함께 이동하며, 많은 섬에서 빠른 속도로 번식하고 있다. 호주에 도입된 토끼는 캥거루와 코알라 같은 초식동물이 먹어야 할 풀들을 먹어 치워 심각한 생태 문제를 유발하고 있다.

66 태평양에 있는 조그만 섬으로, 호주 동쪽, 뉴칼레도니아의 남쪽 그리고 뉴질랜드의 북서쪽에 있다.

67 피지공화국에서 가장 큰 섬으로, 뉴질랜드 북쪽에 있다.

68 오가사와라 제도라 부르며, 일본 도쿄에서 남쪽으로 약 1,000km 떨어져 있다.

69 서태평양에 위치한 섬들로, 500여 개의 섬들이 널리 흩어져 있다. 뉴기니섬 북쪽과 필리핀의 동쪽에 위치한다.

70 태평양 북서부 미크로네시아에 위치한 15개 정도의 화산섬들이다. 미국령인 괌과 자치령인 북마리마나 제도로 나눠져 있다.

71 아프리카 마다가스카르섬 동쪽으로 약 900km 떨어져 있으며, 절멸한 도도새로 널리 알려진 섬이다.

한다. 박쥐를 연구한 톰스 씨가 나에게 전해 준 바에 따르면, 같은 종에 속하는 많은 개체들이 엄청나게 넓은 지역으로 뻗어나가며, 대륙과 이 대륙에서 아주 멀리 떨어진 섬에서도 발견된다고 한다. 따라서 이처럼 방황하는 종들은 자신들의 새로운 처지와 관련된 새로운 터전에서 자연선택을 통해 변형되었을 것이라고 우리는 가정해야만 하며, 섬에 박쥐의 고유종이 존재하는 상황은 땅에서 살아가는 모든 포유동물이 결핍되어 있는 것과 관련지어 이해할 수가 있을 것이다. (393~395쪽)

[72]대륙에서 섬이 떨어진 정도와 연관되어 땅에서 살아가는 포유동물이 결핍된 것 말고도, 어느 정도는 거리와 무관하지만, 이웃한 본토와 섬들을 구분하는 바다의 깊이, 그리고 다소 변형된 조건에 처해 있는 두 지역에 분포하는 같은 포유동물 종 또는 동류 종들 사이에도 연관성이 있다.[73] 윈저 얼 씨는 거대한 말레이 제도와 관련된 이 주제를 조사하고 놀랄 만한 관찰 결과를 발표했는데, 말레이 제도를 이루는 술라웨시해[74] 근처는 깊은 바다가 관통하고 있다.[75] 그리고 이 공간은 뚜렷하게 구분되는 두 종류의 포유동물상으로 나누어진다.[76] 양쪽으로 섬들이 상당히 깊은 해저퇴 위에 위치하며, 이들 섬들에는 아주 가까운 동류 종 또는 같은 사지동물들이 정착해서 살고 있다. 이 거대한 제도에서 몇몇 변칙들이 나타나는 것은 의심할 여지가 없으나, 사람이 매개해서 일부 포유동물이 그럴듯하게 귀화해서 살아가는 사례들을 판단하는 데에는 많은 어려움이 있다. 그러나 우리는 이 제도의 자연사를 월리스의 놀라운 열정과 연구로 인해 실마리를 곧

72 장 목차에 나오는 4번째 주제, '섬에 있는 정착생물과 이 섬과 가장 가까운 육지에서 살아가는 정착생물과의 연관성에 대하여'를 설명하는 부분이다.

73 해남 땅끝마을에서 제주시까지의 거리는 84km, 경상북도 울진군 죽변에서 울릉도까지의 거리는 130km이다. 하지만 동해의 최대 수심은 3,700m인 반면, 남해안은 약 200m로 알려져 있다. 그에 따라 제주도는 빙하기에 한반도에 연결된 적이 있으나, 울릉도는 연결된 적이 없다. 울릉도와 제주도 생물상은 거리보다는 수심에 의해 더 큰 영향을 받은 것으로 알려져 있다.

74 술라웨시해를 영어로 셀레베스해라고 쓴다. 보르네오섬과 필리핀 그리고 인도네시아 술라웨시섬 사이에 있는 바다로, 최대 수심은 6,200m이다. 이 바다를 경계로 북서쪽, 즉 필리핀과 보르네오섬의 포유동물상과 술라웨시섬의 포유동물상이 다르다.

75 이 지역을 마카사르 해협이라고 한다.

76 오늘날에는 월리스선이라고 부르는데, 선의 서쪽에는 아시아에 분포하는 동물들이 서식하나, 선의 동쪽에는 오세아니아에 분포하는 동물들이 서식한다. 선을 경계로 뚜렷하게 대비되는 동물들이 분포한다.

찾게 될 것이다.[77] 나는 이 주제에 대해 세계 곳곳을 대상으로 계속해서 연구할 시간을 갖지 못했지만, 내가 가 본 곳에서는 일반적으로 이런 연관성이 잘 맞아떨어졌다. 그레이트브리튼섬은 유럽과 아주 얕은 해협[78]으로 분리되어 있으며, 포유동물은 양쪽에서 동일하다. 우리는 호주에서 비슷한 해협[79]으로 분리된 많은 섬들에서 이와 대등한 사실들을 만날 수 있다. 서인도 제도[80]는 깊은 해저퇴 위에 있는데, 이 지역의 수심은 거의 1,800m에 달한다. 이 지역에서 우리는 아메리카 유형을 발견할 수 있는데, 종 또는 심지어 속까지 뚜렷하게 구분된다. 모든 사례에서, 변형의 정도는 어느 정도 시간 경과에 따라 결정되며, 수위가 변동하는 동안에는 얕은 해협으로 분리된 섬들이 깊은 해협으로 분리된 섬들보다 가까운 미래에 본토와 연속적으로 더 쉽게 연결될 수 있을 것이므로, 인접한 대륙에 정착한 포유동물들과 섬들에 정착한 포유동물들 사이의 친밀성 정도와 바다의 수심과의 사이에서 흔히 나타나는 연관성을 우리는 이해할 수 있을 것이다. 그런데 독립된 창조 작용이라는 견해에 따르면 이러한 연관성은 설명할 수가 없을 것이다. (395~396쪽)

종류 수가 적은 점, 특정 강이나 강의 절[81]에 속하는 고유한 유형이 많은 점, 하늘을 나는 박쥐를 제외한 땅에서 살아가는 포유동물과 진양서류와 같은 무리 전체가 결핍되어 있는 점, 식물이 특정 목에 집중되어 있는 점, 그리고 초본에서 목본으로 발달한 점과 같은 해양섬의 정착생물들에 대한 앞에서 말한 모든 언급들은 모든 해양섬들이 이전에 가장 가까운 대륙과 연속적으

77 월리스가 1869년 『말레이 제도』를 출판했는데, 이를 언급한 것으로 보인다.

78 영국해협을 말하는데, 이 해협의 평균 수심은 120m이나, 해협 가운데 폭이 가장 좁은 도버 해협의 경우에는 수심이 45m에 불과하다.

79 배스 해협과 토레스 해협을 말하는 것 같다. 배스 해협은 호주 대륙과 태즈메이니아섬 사이에 있다. 평균 수심은 60m 정도이다. 토레스 해협은 호주 북쪽에 있는 파푸아뉴기니 사이이다.

80 카리브해, 즉 미국 플로리다 남쪽에서부터 남아메리카 북부 해안 사이에 있는 섬들이다.

81 분류계급의 하나로 동물분류학에서는 목과 과 사이의 계급이다.

로 연결되어 있었다는 견해보다는[82] 오랜 시간에 걸쳐 우연한 운반 수단이 훨씬 효율적이었을 것이라는 견해와 더 잘 맞아떨어지는 것처럼 나에게는 보인다. 해양섬이 대륙과 연결되어 있었다는 견해에 따른다면, 이동이 아마도 좀 더 완벽했을 것이다. 그리고 만일 변형이 일어났다고 인정한다면, 모든 생명 유형들이 생물과 생물 사이의 가장 중요한 연관성에 따라 좀 더 똑같이 변형되었을 것이다.[83] (396쪽)

좀 더 멀리 떨어진 섬의 정착생물들이, 이들이 이 섬에 도착한 이후 지금까지 특정한 유형을 유지했든 변형되었든 상관없이, 어떻게 현재의 터전에 도착했는가를 이해하는 데에는 많은 심각한 어려움이 있다는 점을 나는 부정하지는 않는다. 그러나 현재 잔해로도 남아 있지는 않지만,[84] 중간 휴식지로서 많은 섬들이 존재했을 가능성을 간과해서는 절대로 안 된다. 나는 여기에서 여러 어려움 가운데 한 가지 사례에 대한 단 하나의 실례만을 제시하고자 한다.[85] 거의 모든 해양섬들에는, 아무리 심하게 격리되어 있고 작다고 하더라도, 육상 패류들이 정착하고 있는데, 일반적으로 고유종이나, 때로는 다른 곳에서 살아가는 종들도 있다. 아우구스투스 굴드가 태평양에 있는 섬들에서 살아가는 육상 패류의 몇 가지 흥미로운 사례를 제시했다. 지금은 육상 패류가 소금에 의해 아주 쉽게 죽는 것으로 널리 알려져 있다. 어쨌든 나도 시도는 해 보았는데, 이들의 알들을 바닷물에 담그면 죽었다. 그럼에도 내가 생각할 때에는, 이들에게는 알려지지 않은 고도의 효율적인 운반 수단이 있었음이 틀림없는 것 같았

82 『종의 기원』 388쪽에서 해양섬들이 대륙과 연결되어 있었다는 주장을 펼쳤던 포브스의 견해를 다윈은 반대한다고 썼다.

83 다윈은 섬들이 서로 연결되었다면, 그리고 섬으로 이주해 온 생물들이 변형되었다면 이들은 같은 조건에서 변형되어야만 했기에 서로서로가 비슷하게 변형되었을 것이라 추론한 것으로 보인다. 그렇다면 고유종의 수도 훨씬 적어져야 할 것인데, 그렇지 않기에 다윈은 섬들이 연결되어 있다는 점을 부정하고 있다. 『종의 기원』 6판에는 이 부분이 "후자의 견해에 따르면, 다양한 강들이 조금 더 균일하게 이동해 왔을 것이며, 무리로 이동한 종들의 상호연관성이 거의 교란되지 않았기에, 결과적으로 종들은 거의 변형되지 않았거나 모든 종들이 거의 같은 정도로 변형되었을 것이다"로 수정되어 있다.

84 독도는 약 460~250만 년 전에 형성된 해양섬이나 오랜 세월 침식되어 면적이 점점 줄어들고 있는데, 현재 면적도 약 $18km^2$로, 서울 여의도의 2배 정도이다. 하지만 수심 100m 아래에는 반경 10km에 달하는 평탄한 평원이 있어 과거에는 상당한 면적을 지녔던 섬으로 추정하고 있다. 아마 더 많은 시간이 흐르면 잔해로도 남아 있지 않을 수도 있을 것이다.

85 사례라는 용어는 다윈이 다른 연구자들이 수행한 결과를 인용할 때 사용했고, 자신의 조사 결과는 실례라는 용어를 썼다. 따라서 다른 사람이 조사한 결과를 다윈이 검증한 한 가지만 설명하겠다는 의미이다.

다. 방금 막 부화한 어린 개체들이 기어다니다가 땅에서 자고 있는 새들의 발에 달라붙어서 운반되었을까?[86] 육상 패류가 겨울잠을 자면서 패각의 입구를 격막으로 덮을 때, 물에 떠다니는 목재의 갈라진 틈에 표류해서 상당히 넓은 바다를 건너갈 수 있었을 것 같은 생각이 들었다. 그리고 몇몇 종들이 이런 상태로 7일 동안 바닷물 속에 잠겨 다치지 않고 버티는 것을 나는 발견했다. 이 중 한 종이 로마달팽이Helix pomatia[87]였는데, 나는 이 달팽이를 다시 겨울잠을 자도록 한 다음, 20일간 바닷물에 담가두었는데, 완벽하게 다시 깨어났다. 이 종에는 두꺼운 석회질의 덮개가 있었는데, 내가 이 덮개를 제거하자, 달팽이는 다시 새로운 덮개를 만들었으며, 바닷물 속에 14일간 담가두었어도 다시 깨어나 기어갔다. 그러나 이 주제와 관련된 좀 더 많은 실험은 하지 못했다. (396~397쪽)

섬의 정착생물들과 관련하여 우리에게 가장 큰 충격을 준 중요한 사실은 이들과 이들이 살아가는 섬으로부터 제일 가까운 본토에서 살아가는 정착생물들 사이의, 실질적으로 같은 종은 아니지만, 친밀성이다. 이런 사실을 보여 주는 수많은 실례들을 제시할 수가 있다. 나는 단지 하나의 실례만 제시할 것인데, 바로 적도 근처에 있는 갈라파고스 제도로, 이 섬들은 남아메리카 해안에서 900~1,000km 떨어져 있다. 지금까지 육지와 물에서 살아가는 거의 모든 생물들은 아메리카 대륙산이라는 잘못 찍힌 직인을 참고 견뎌 왔다.[88] 이곳에는 26종의 육지새[89]가 있으며, 이들 중 25종에 대해서 굴드 씨는[90] 이곳에서 창조된 뚜렷하

86 『종의 기원』 385쪽 설명을 참조하시오.

87 프랑스에서 식용으로 먹는 달팽이 종류로, 에스카르고라고 부르기도 한다. 유럽 일대에 분포한다.

88 아메리카 대륙에서 살고 있는 생물들과 같은 종으로 인식되어 왔다는 뜻이다.

89 육지에서 살아가는 조류를 의미한다. 갈라파고스 제도가 해양에 있음에도 불구하고 바다새가 아니라 육지새가 더 많다. 오늘날에는 갈라파고스 제도에 29종의 흉내지빠귀가 살고 있으며, 이 중 22종이 고유종으로 알려졌다(Costa, 2009).

90 굴드가 다윈에게 갈라파고스 제도의 조류들과 남아메리카 조류들의 유사성을 이야기해 주었으며, 또한 섬마다 특이한 종들, 즉 고유종들이 살고 있다고 알려 주었다.

게 구분되는 종으로 간주했다. 그럼에도 모든 형질과 습성, 몸동작, 그리고 목소리의 음색에서 이들 종 대부분과 아메리카 종들은 아주 가까운 친밀성을 분명하게 보여 주었다. 다른 동물도 비슷했고, 이 제도의 식물지에 대한 기념비적 논문을 쓴 후커 박사에 따르면[91] 거의 모든 식물도 비슷했다. 대륙에서 1,000km 이상 떨어진 태평양에 있는 화산섬의 정착생물들을 조사한 자연사학자들은 자신들이 마치 아메리카 대륙에 서 있는 것과 같은 느낌을 받는다고 했다. 왜 이런 일이 일어났을까? 갈라파고스 제도에서 창조되어 다른 곳에는 없다고 추정되는 종들에게 아메리카에서 창조된 생물들과의 친밀성이라는 직인을 뚜렷하게 찍을 수 있는 이유는 무엇일까? 살아가는 조건이나 섬의 지질학적 속성, 높이나 기후 또는 몇몇 강에 속하는 생물들이 같이 연결되어 나타나는 비율 등이 남아메리카 해안가의 조건들과 거의 비슷하게 보이는 것은 전혀 없다. 사실상, 이 모든 측면에서 상당한 불일치가 있다. 한편으로, 토양에서 나타나는 화산이라는 속성, 기후, 섬의 높이와 크기 등으로 볼 때 갈라파고스 제도는 카보베르데 제도[92]와 상당한 유사성이 있으나, 이곳의 정착생물들은 완전하게 절대적으로 다르다! 갈라파고스 제도의 생물들이 아메리카와 연관되어 있는 것처럼, 카보베르데 제도의 정착생물들은 아프리카와 연관되어 있다. 독립적으로 창조되었다는 일반적인 견해에 따르면, 이런 엄청난 사실에 그 어떤 종류의 설명도 부여할 수 없을 것으로 나는 믿는다. 그 대신 이 책에서 유지하고 있는 견해에 따르면, 갈라파고스 제도는 우연한 운

91 다윈이 채집한 표본들을 후커가 정리해서 1846년 「갈라파고스의 식물 목록과 신종 식물」이라는 논문으로 발표했다.

92 아프리카 서쪽 해안에서 약 570km 떨어진 곳에 있는 화산섬들이다. 다윈은 비글호 여행을 하면서 영국에서 갈 때 한 번, 영국으로 올 때 한 번씩 이 섬에 상륙해서 조사했다.

반 수단이든 원래 연결되어 있던 대륙이든 아메리카 대륙으로부터 침입생물들을 받아들였을 것이고, 카보베르데 제도는 아프리카로부터 받아들였을 것이다. 이렇게 들어온 침입생물들은 변형되었을 것이며, 유전의 원리에 따라 원래 출생지가 아직까지 무심코 드러나고 있는 것이다. (397~399쪽)

많은 대등한 사실들을 제시할 수 있다. 실제로 섬의 고유생물들은 섬에서 가장 가까운 대륙이나 근처의 다른 섬들의 생물들과 연관되어 있다는 점은 거의 보편적인 규칙이다. 예외는 거의 없으나, 이들 대부분은 설명될 수 있다. 예를 들어 케르겔렌 제도는 아메리카보다는 아프리카에 더 가깝게 있지만, 후커의 연구 결과로부터[93] 우리가 알고 있듯이, 이 제도의 식물들은 아메리카의 식물들과 더 연관되어 있고, 더 비슷하다. 그러나 이 섬들에는 해류에 떠다니던 빙하 속에 토양과 돌에 함께 들어 있던 씨들이 자라서 된 식물들이 많다는 견해에 따르면, 이러한 변칙은 사라진다. 뉴질랜드의 고유식물들은 그 어떤 지역보다 가장 가까운 대륙인 호주의 식물들과 상당히 더 비슷하며, 이런 점은 어느 정도 예상했던 것이다. 그러나 뉴질랜드의 식물들이 남아메리카의 식물들과도 명백하게 연관되어 있지만, 이 대륙은 뉴질랜드에서 두 번째로 가까운 대륙임에도 엄청나게 멀리 떨어져 있어서 이런 사실은 하나의 변칙이 된다. 이런 경우의 어려움은 뉴질랜드와 남아메리카가 또 다른 남반구에 있는 대륙과 오래전에 멀리 떨어져 있는 지점, 즉 남극 제도로부터 거의 중간에 있는 지점에서 이들 지점의 식물이 만들어졌다는 견해에 따르

93 『종의 기원』 381쪽 설명을 참조하시오.

면 거의 해소되는데, 빙하기가 시작하기 전에는 이들 지점에 같은 식생이 덮고 있었을 것이다. 또 다른 놀라운 사례로서, 비록 희박함에도, 후커는 진실이라고 나를 확신시켰지만, 호주 남서부와 희망봉의 식물상 사이의 친밀성은 현재로서는 설명할 수가 없다.[94] 그러나 이 친밀성은 식물에 한정된 것이며, 언젠가는 설명될 수 있을 것이라는 점을 나는 의심하지 않는다. (399쪽)

[95]한 제도의 정착생물들이 뚜렷하게 구분됨에도 이들을 가장 가까운 대륙의 생물들과 아주 가까운 동류 종으로 만드는 법칙이 같은 제도 안이라는 조그만 규모에서도 드러나는 것을[96] 우리가 때로 보는데, 가장 흥미로운 것 중 하나이다. 내가 다른 곳에서 본 바에 따르면, 갈라파고스 제도의 몇몇 섬에는 아주 경이로운 방식으로 아주 비슷하게 연관된 종들이 점유하고 있다. 달리 말해 각각 격리된 섬의 정착생물들은, 비록 아주 뚜렷하게 구분되지만, 전 세계의 다른 지역에서 살고 있는 정착생물들보다는 서로서로가 비교가 안 될 정도로 밀접하게 연관되어 있다.[97] 이 점은 내 견해에 근거해서 바로 예측할 수 있는데, 섬들이 서로서로 가깝게 위치하고 있어, 같은 발생지로부터 이주생물을 받았거나 서로서로가 발생지가 되었음이 거의 확실하다. 그러나 섬마다의 고유한 정착생물들 사이의 비유사도는 내 견해에 반대하는 논증의 근거로 사용될 수도 있다. 같은 지질학적 속성, 같은 높이 그리고 같은 기후 등을 지니며, 서로서로가 눈으로 보일 정도로 가까운 곳에 위치한 몇몇 섬들에서 많은 이주생물들이 비록 소규모이기는 하지만 서로 다르게 변형되는 일이 어떻

94 최근에는 대륙이동설로 설명하고 있다. 한때 이들 지역이 서로 연결되어 있었다가 지금은 떨어져 있다. 연결된 적이 있었다면 같은 식물이 나타날 수가 있을 것이다 (Costa, 2009).

95 장 목차에 나오는 5번째 주제, '제일 가까운 발생지로부터 침입과 계속된 변형'을 설명하는 부분이다.

96 제도를 이루는 섬과 섬 사이에서도 나타난다는 의미이다.

97 다윈은 1839년에 출판한 『비글호 여행기』 초판 465쪽에 "갈라파고스 제도의 서로 다른 섬에서 살아가는 거북들이 형태가 조금씩 다른 것으로 확실하게 알려져 왔다. 그리고 어떤 섬에 있는 거북은 다른 섬들의 거북보다 평균적으로 더 컸다. 로슨 씨는 어떤 섬에서 거북을 가져왔는지를 금방 알 수 있다고 주장했었다"라고 썼다. 그리고 3판 393~394쪽에는 "나는 아직까지 이 제도가 지닌 자연사에서 가장 주목할 만한 특징에 주목하지 않았다. 즉, 크기가 상당히 다른 섬마다 생물들이 서로 다른 조합을 이루며 정착해서 살아간다는 점이다. 내가 처음으로 이 사실에 관심을 보이게 된 것은, 부총독인 로슨 씨가 거북이 섬마다 서로 달라서, 자신은 거북이 어느 섬에서 왔는지 확실하게 말할 수 있다고 주장한 다음이었다. 나는 처음에는 이 말에 충분히 관심을 기울이지 않았다"라고 썼다.

게 일어날 수가 있는가라고 질문할 수도 있기 때문이다. 이 문제는 나에게 오랫동안 엄청난 어려움으로 보였다. 그러나 이 어려움은 주로 한 나라의 물리적 조건이 정착생물들에게 가장 중요한 것으로 간주하는 뿌리 깊은 오해에서 비롯된 것이었다. 다른 정착생물들과 서로서로 경쟁해야만 하는 정착생물들의 속성이 적어도 이들의 성공에 물리적 조건만큼이나 중요하고, 일반적으로는 더 중요한 요소라는 점을 반박할 수 없을 것이라고 나는 생각한다.[98] 이제 만일 이 세상 다른 곳에서도 발견되는 갈라파고스 제도의 정착생물을 조사한다면 (지금 여기에서는 생물들이 섬에 도착한 이후 어떻게 변형되었는가를 고찰하고 있기 때문에 이런 고찰에 적절하게 포함시킬 수 없는 고유종은 잠시 옆에 제쳐두고),[99] 우리는 몇몇 섬들에서 상당한 차이를 발견할 것이다. 실례로 한 식물의 씨가 한 섬으로 운반되고, 또 다른 섬에는 또 다른 식물의 씨가 운반되었듯이, 섬들에 우연한 수단으로 운반된 생물들이 자랐다는 견해에 따르면 이 차이는 실제로 예측할 수 있을 것이다.[100] 그러므로 이전에 한 이주생물이 한 곳 또는 그 이상의 섬에 정착했으면, 또는 이 생물이 계속해서 한 섬에서 다른 섬으로 퍼져나갔으면, 의심할 여지 없이 서로 다른 섬에서 서로 다른 살아가는 조건들에 이들이 노출되었을 것이므로 이들은 서로 다르게 조합된 생물들과 경쟁해야만 했을 것이다. 실례로 어떤 식물이 다른 섬에서보다 한 섬에서 이미 뚜렷하게 구분되는 식물들이 점유하던 땅에 아주 잘 적합하다면, 이는 어느 정도는 다른 적들의 공격에 노출되었을 것이다. 그리고 만약 이들이 다양하게 변

98 물리적 조건보다는 생물과의 연관성이 더 중요하다고 다윈은 『종의 기원』 곳곳에서 반복해서 설명했다.

99 갈라파고스 제도에는 9,000여 종의 생물들이 살아가고 있으며, 이 중 상당수가 고유종이다. 조류의 80%, 파충류와 포유류의 97%, 식물의 30% 그리고 해양생물의 20%가 고유종이다. 다윈은 이러한 고유종들 가운데 갈라파고스가마우지(*Phalaerocorax harrisi*)처럼 한두 섬에만 분포하는 종은 논의하지 않고, 흉내지빠귀처럼 갈라파고스 제도의 섬마다 고유종으로 진화한 생물들을 대상으로 진화 과정을 설명하겠다고 한 것이다.

100 다윈이 방문했던 갈라파고스 제도와 다윈은 방문하지 않았던 하와이 제도 등에서 이런 진화를 볼 수 있다. 이런 점에서 볼 때 하나로 된 해양섬 보다는 여러 섬들로 이루어진 섬들이 진화 연구에 더 중요하게 다루어진다.

한다면, 자연선택은 아마도 서로 다른 섬에서 서로 다른 변종들에게 도움이 되었을 것이다. 그러나 한 대륙에서 일부 종들이 넓게 퍼져 나갔음에도 같은 형질을 유지했던 것처럼, 일부 종들은 퍼져 나가면서도 무리 전체에서 나타나는 같은 형질을 여전히 유지했을 것이다. (399~401쪽)

갈라파고스 제도의 사례와 일부 대응한 실례에서 정도는 덜하지만, 진짜로 놀랄 사실은 격리된 섬들에서 만들어진 새로운 종들이 다른 섬으로 아주 빠르게 퍼지지 않는다는 점이다. 그러나 섬들이 비록 눈에 보일 정도로 가까울지라도 영국 해협보다 더 넓은 바다의 깊은 만으로 대부분 격리되어 있어서, 이들 섬들이 과거에 연속적으로 연결되어 있었다고 가정할 만한 그 어떤 이유도 없다.[101] 바닷물이 빠르게 흘러 제도 사이를 쓸어버리나, 강한 바람은 이상하게도 드물다.[102] 그에 따라 섬들은 지도 상에서 나타난 것보다 서로서로 더 효율적으로 격리되어 있다. 그럼에도 불구하고, 많은 좋은 종들이, 즉 전 세계 곳곳에서 그리고 제도에서만 나타나는 종 모두가 몇몇 섬에서는 흔하게 나타나는데, 우리는 일부 사실들로부터 이들이 어떤 한 섬에서 다른 섬으로 퍼져 나갔을 것이라고 추론할 수가 있다. 그러나 가까운 동류 종들이 자유롭게 상호교류 하도록 방치한다면, 이들이 서로서로의 영역에 침입했을 가능성이 있다는 잘못된 견해를 우리가 때로 받아들인다고 나는 생각한다. 의심할 여지 없이, 만일 한 종이 다른 종에 대해 무엇이든 유리한 점을 지녔다고 가정하면, 짧은 시간 내에 이 종은 전반적으로 또는 부분적으로 다른 종을

101 갈라파고스 제도를 이루는 섬들은 모두 화산섬으로 서로 격리된 상태로 형성되었다. 빙하기에도 섬들 사이의 수심이 깊어 이들이 서로 연결되지는 않았던 것으로 알려져 있다(Ali · Aitchison, 2014).

102 새들이 바람에 의해 한 섬에서 다른 섬으로 이동하기가 힘들지 않았을 것이라는 의미이다.

대체할 것이다. 그러나 만일 두 종이 모두 자연에서 자신들만의 장소에 똑같이 잘 적합하다면, 두 종은 아마도 모두 자신만의 장소를 유지할 것이며, 거의 모든 시간 동안 격리된 상태로 있게 될 것이다.[103] 많은 종들이, 비록 사람이 매개해서 귀화했지만, 깜짝 놀랄 정도로 빠르게 새로운 영역에서 퍼져 나갔다는 사실을 잘 알고 있다면, 우리는 대부분 종들이 이처럼 퍼져 나갈 것이라고 추론하기 쉽다. 그러나 새로운 영역에서 귀화한 유형들은 일반적으로 토종 정착생물들과 가까운 동류 유형이 아니고, 알퐁스 드 캉돌이 보여 주었듯이, 대부분 사례에서, 뚜렷하게 구분되는 속에 속하는 아주 뚜렷하게 구분되는 종이라는 점을 우리는 반드시 기억해야만 한다.[104] 갈라파고스 제도에는 이 섬에서 저 섬으로 날아다니는 데 잘 적응된 많은 조류들이 있음에도 불구하고 각 섬에서는 뚜렷하게 구분된다. 따라서 자신의 섬에서 고립되어 살아가는 각기 다른 세 종류의 가까운 동류 종인 흉내지빠귀[105]가 있다. 이제 차탐섬의 흉내지빠귀가 찰스섬으로, 물론 이 섬만의 흉내지빠귀가 있는데, 날아갔다고 가정해 보자. 왜 이 새가 날아간 섬에서 정착하는 데 성공해야만 하는가? 찰스섬에는 이 섬만의 종이 정착해서 살고 있다고 우리는 조심스럽게 추론할 수 있는데, 해마다 키울 수 있는 수보다 더 많은 알을 낳기 때문이다. 그리고 차탐섬에 특이한 종이 자신의 터전에서 잘 적응했듯이 찰스섬의 특이한 흉내지빠귀도 자신의 터전에서 잘 적응했다고 우리는 추론할 수가 있을 것이다. 라이엘 경과 월라스톤 씨는 이 주제와 관련된 놀라운 사실을 나에게 알려

103 자연의 장소, 즉 생태적 지위를 달리함으로써 서로 경쟁을 피하고 같은 지역에 공존할 수 있다는 설명이다.

104 외래생물이 같은 속에 속하면, 즉 가까운 동류 종일 경우, 이들은 토착생물과 극심한 경쟁을 해야만 하기 때문이다.

105 갈라파고스 제도 고유속으로 알려진 네소지빠귀속(*Nesomimus*)이 최근에 흉내지빠귀속(*Mimus*)과 통합되었다. 입내새라고도 부른다. 핀손섬을 제외한 모든 갈라파고스 제도의 섬들에서 분포하는 갈라파고스흉내지빠귀(*Mimus parvulus*), 플로레아나섬(찰스섬이라고도 부름) 근처에 있는 참미온섬과 가드너섬에 분포하는 찰스흉내지빠귀(*Mimus trifasciatus*), 에스파뇰라섬(후드섬이라고도 부름)에만 분포하는 후드흉내지빠귀(*Mimus macdonaldi*), 산크리스토발섬(차탐섬이라고도 부름)에만 분포하는 차탐흉내지빠귀(*Mimus melanotis*) 등이 있다.

주었다. 즉, 마데이라섬과 이 섬 가까이 있는 포르투산투섬[106]에는 뚜렷하게 구분되는 대표적인 육상 패류들이 많이 분포하는데, 이들 중 일부는 돌 틈에서 살아간다. 그리고 해마다 많은 양의 돌들이 포르투산투섬에서 마데이라섬으로 운반되지만, 아직도 마데이라섬에는 포르투산투섬의 패류들이 침입하지 못했다. 그럼에도 불구하고, 이 두 섬에는 일부 유럽산 육상 패류들이 침입했는데, 이들이 토착종에 비해 무언가 유리한 점을 지니고 있음은 의심할 여지가 없다. 이런 점들을 고려해서, 갈라파고스 제도의 몇몇 섬의 고유할 뿐만 아니라 대표적인, 즉 이 섬에서 저 섬으로 보편적으로 퍼져 나가지 않은 종들에 대해 우리가 크게 경탄할 필요는 없다고 나는 생각한다. 다른 많은 실례들을 같은 대륙에 속하는 몇몇 구역에서 볼 수 있는데, 선점한다는 것은 아마도 같은 살아가는 조건에서 종들이 뒤섞여 살아가는 것을 조절하는 데 중요한 역할을 할 것이다. 따라서 호주의 남동쪽과 남서쪽 구석진 곳은 거의 같은 물리적 조건을 지니고 있고, 대륙이 연속되어 있지만,[107] 그럼에도 뚜렷하게 구분되는 방대한 수의 포유동물, 조류 그리고 식물들이 분포한다. (401~403쪽)

[108]해양섬에 분포하는 동식물상의 일반적인 특성을 결정하는 원리를 말하자면, 섬들의 정착생물들이 완전히 동일한 것은 아니어도, 침입생물들이 가장 손쉽게 유래할 수 있는 곳의 정착생물들과는 완전히 연관되어 있으며, 침입생물들은 결과적으로 변형되어 새로운 터전에 보다 더 잘 적응한다는 것인데, 이는 자연계 전반에서 가장 일반적인 적용 사례이다. 우리는 이 원리를

106 마데이라섬에서 북동쪽으로 43km에 있는 섬이다. 마데이라섬과 포르투산투섬은 모두 마데이라 제도에 있다.

107 호주 서쪽은 모래 평탄지에 드문드문 교목이 자라는 초지로 이루어진 수림 지대인 반면, 동부는 유칼리나무가 우점하는 삼림 지대이다.

108 이 장의 2번째 주제인 해양섬의 정착생물들에 대한 내용을 요약하는 부분이다.

모든 산과 모든 호수와 초습지에서 볼 수가 있다. 최근의 빙하기에 전 세계 곳곳으로 퍼져 나간 고산종들이 주위의 저지대 생물들과 연관성을 맺고 있기 때문에, 주로 식물과 같은 유형은 제외하고, 우리는 남아메리카에서 엄밀한 아메리카 유형인 넓적꼬리벌새,[109] 고산 설치류,[110] 고산식물들을 볼 수 있었으며, 산이 서서히 융기되면서 산 주위에 있던 저지대에서 자연스럽게 침입한 생물들이 살게 되었음이 명백하다. 따라서 운반 수단이 아주 쉬워 같은 유형이 전 세계 곳곳으로 퍼져 나간 경우를 예외로 하면, 호수와 초습지의 정착생물들도 마찬가지이다. 아메리카와 유럽의 동굴에 정착한 장님동물[111]에서도 같은 원리를 우리는 볼 수 있다. 대응한 다른 사실들도 제시할 수 있다. 그리고 두 지역이 어디든 상관없이, 심지어 아주 멀리 떨어져 있다고 해도, 많은 가까운 동류 종이나 대표적인 종들이 나타나는 지역에서는 일부 같은 종들이 마찬가지로 발견되어, 앞에서 설명한 견해와 일치하게, 과거 어떤 시기에 두 지역 사이에서 상호교류 또는 이동이 있었음을 보여 주는데, 이런 현상이 보편적으로 발견되는 것이 진실이라고 나는 믿는다. 그리고 많은 가까운 동류 종들이 나타나는 곳이면 어디에서든지,[112] 일부 자연사학자들이 뚜렷하게 구분되는 종으로 간주할 만한 많은 유형들과 변종으로 간주할 만한 많은 유형들을 발견할 수 있을 것이다. 이들 애매한 유형들은 변형 과정에서 나타나는 단계임을[113] 우리에게 보여 주고 있다. (403~404쪽)

한 종이 지닌 이동 능력 정도와, 현재 또는 다른 물리적 조건

109 *Selasphorus platycercus*. 남아메리카와 북아메리카를 오가는 철새이다.

110 앞 장에서 다윈은 고산성 설치류로 비스카차를 언급했다.

111 5장 변이의 법칙 193쪽에서 장님동물들에 대해 설명했다.

112 다윈은 동류 종을 공통부모로부터 유래된 한 속에 속하는 종들이라고 정의했다. 따라서 "동류 종들이 나타나는 곳"은 공통부모로부터 새로운 종들이 만들어진 곳이라는 의미가 되며, 그에 따라 이 지역에서는 애매한 유형들, 아마도 진화 과정에서 나타나는 중간형태들이 발견될 것이라는 설명이다.

113 다윈은 6장 이론의 어려움에서, 첫 번째 어려움이 바로 중간형태를 확인할 수 없다고 했는데, 이 부분에서 이에 대한 답을 다시 제시하고 있다.

에 있던 과거의 어떤 시기이든, 멀리 떨어진 지점에서 존재하는 이 종과 동류 종들 사이의 연관성에는 좀 더 다른 일반적인 방식이 있음을 보여 준다.[114] 굴드 씨는 아주 오래전에 전 세계에 걸쳐 분포하는 조류의 속에 속하는 많은 종들이 아주 넓게 분포함을 나에게 알려 주었다. 이 규칙이, 비록 증명하기는 힘들겠지만, 일반적으로 진실이라는 점을 나는 거의 의심할 수가 없었다. 포유동물 중에서도, 우리는 박쥐에서 현저하게 나타나는 것을 볼 수 있으며, 고양이과[115]와 개과[116]에서는 어느 정도 볼 수 있다. 만일 나비와 딱정벌레의 분포를 비교한다면, 역시 우리는 볼 수 있다. 대부분의 민물생물도 마찬가지인데, 많은 속들이 전 세계에 걸쳐 분포하며, 많은 종들의 개체들이 엄청나게 넓게 분포한다. 하지만 전 세계적으로 분포하는 속에 속하는 모든 종들이 넓게 분포한다는 것을 의미하지는 않으며, 심지어 이들이 *평균적으로* 넓게 분포한다는 의미도 아니다. 일부 종들만이 아주 넓게 분포한다는 의미인데, 다양하게 변하며 새로운 유형을 만들어 내는 재능을 지닌 넓게 분포하는 종들이 평균적인 분포범위를 결정하기 때문이다. 남아메리카와 유럽에서 살아가는 같은 종에 속하는 두 변종을 실례로 들 수 있는데, 이 종은 엄청나게 넓은 지역에서 자란다. 그러나 만일 변이가 조금 더 커져 이 두 변종을 뚜렷하게 구분되는 종으로 간주한다면, 이들이 같이 분포하는 지역은 엄청나게 축소될 것이다. 강력한 날개를 지닌 새의 사례처럼, 장벽을 뛰어넘어 넓게 분포할 수 있는 능력을 명백하게 지닌 종이 필연적으로 넓게 분포한다는 점을 의미하는 것

114 멀리 떨어진 곳에 동류 종이 있다는 사실은 이 종들 조상의 분포범위가 넓었음을 의미할 것이다. 그에 따라 이 조상이 다양한 살아가는 조건에서 다양하게 변형되었을 것임을 의미한다.

115 Felidae. 가장 육식성이 강한 동물들의 과로, 호랑이, 표범, 고양이 등이 여기에 속한다.

116 Canidae. 육식성 또는 잡식성 동물들로, 모두 발가락으로 걷는다. 개, 늑대, 여우 등이 여기에 속한다.

도 아니다. 넓게 분포한다는 것이 장벽을 뛰어넘는 능력뿐만 아니라 멀리 떨어진 영역에서 살아가는 외래 동종생물들과의 생존을 위해 맞서 싸워 이길 수 있는 가장 중요한 능력을 의미한다는 점을 우리가 결코 잊어서는 안 되기 때문이다. 그러나 한 속에 속하는 모든 종들이 단 하나의 부모로부터 유래되었다는 견해에 따르면, 비록 현재에는 전 세계 곳곳의 가장 먼 지점들에 떨어져 분포하지만, 적어도 일부 종들은 아주 넓게 분포하고 있다는 점을 우리는 발견할 수 있어야 하는데, 나는 일반적 규칙에 따라 우리가 발견할 수 있을 것으로 믿고 있다. 변형되지 않았던 부모가 퍼져 나가면서 변형되었을 것이기 때문에 분포범위가 넓어졌을 것이며, 또한 자손들의 전환에 유리한 다양한 조건을 지닌 장소를 점유해서 우선적으로 새로운 변종들과 궁극적으로 새로운 종들을 만들어야 했기 때문이다. (404~405쪽)

넓게 분포하는 어떤 속들을 고려해 보면, 일부 속들은 극히 원시적이며,[117] 아주 오래전에 공통부모에서 분기했다는 것을 우리는 명심해야 한다. 따라서 이런 사례에서는 엄청난 기후 변화와 지리적 변화, 그리고 의도하지 않은 운반이 일어날 시간이 충분했을 것이다. 게다가 종의 일부가 전 세계 곳곳으로 이동하는 것도 결과적으로 가능했을 것인데, 이동한 곳에서 이들은 자신들이 처한 새로운 조건에 따라 사소하게 변형되었을 것이다. 또한, 지질학적 증거에 근거해서, 커다란 강 하나하나에서 자연의 사다리의 아래쪽에 있는 생물들은 위쪽에 있는 유형들보다 일반적으로 느리게 변화가 일어났을 것이며, 결과적으로 아래쪽

117 보다 먼저 만들어졌다는 의미이다.

에 있는 유형들이 넓게 분포할 수 있는 좋은 기회를 가졌을 것이고, 같은 특별한 형질을 아직도 유지할 수 있다는 점을 믿어야 할 몇 가지 이유가 있다.[118] 이러한 사실은, 아래쪽에 있는 많은 유형들의 씨나 알들이 아주 작고 먼 곳까지 운반되기에 더 적합하다는 점과 함께, 생물의 보다 아래쪽에 있는 무리가 좀 더 넓게 분포할 수 있다는 법칙을 아마도 설명해 줄 것인데, 이 법칙은 관찰될 수가 있을 것이며, 알퐁스 드 캉돌이 식물에 관해서 최근에 훌륭하게 논의했다. (405~406쪽)

방금 언급한 연관성들, 즉 아래쪽에 있고 서서히 변하는 생물들이 높은 곳에 있는 생물들보다 더 넓게 분포하는 점, 넓게 분포하는 속에 속하는 종들이 넓게 분포하는 점, 비록 정착지는 서로 다르지만 고산성, 호수성 그리고 초습지성 생물들이(앞에서 언급한 일부 예외는 있지만) 주위의 저지대와 건조한 지역에서 살아가는 생물들과 연관되어 있는 점, 같은 제도에 있는 조그만 섬들에서 살아가는 뚜렷하게 구분되는 종들 사이에서 나타나는 아주 비슷한 연관성, 그리고 특히 제도 전체나 섬에 분포하는 정착 생물들과 가장 가까운 본토 생물들 사이에서 나타나는 놀랄 만한 연관성 등은,[119] 내가 생각할 때에는, 종 하나하나가 독립적으로 창조되었다는 일반적인 견해에 따르면 설명할 수가 없으나, 즉시 날아올 수 있는 가장 가까운 발생지에 있던 생물들의 침입과 새로운 터전에서 침입생물들이 계속해서 변형되고 더 잘 적응했다는 견해에 따르면 설명이 가능하다. (406쪽)

118 예를 들면 고생대 후기부터 중생대에 걸쳐 곤드와나 대륙에 생존했었던 화석식물 *Glossopteris*를 들 수가 있다. 이 식물은 오늘날 양치식물로 간주되는데, 자연의 사다리라는 관점에서 보면 꽃피는 식물보다는 아래쪽에 있을 것이다. 오늘날 전 세계 곳곳에서 발견되는데, 이들이 살았던 곤드와나 대륙이 분리되면서 나타난 결과로 풀이하고 있다.

119 11장과 12장, 즉 지리적 분포에서 설명한 사실들이다.

[120] *앞 장과 이 장의 요약.* 두 장에 걸쳐, 만일 최근의 지질 시기에 확실히 일어났던 기후와 육지 수위의 변화, 그리고 같은 시기에 나타났던 또 다른 비슷한 변화 모두에 따른 전반적인 영향을 우리가 모르고 있다고 인정한다면, 만일 우연한 운반이 가능하도록 한 많은 이상한 수단들에 대해, 우리는 이 주제를 적절하게 실험할 수가 거의 없는데, 우리가 크게 모르고 있다는 점을 유념한다면, 만일 한 종이 얼마나 자주 넓은 지역에 걸쳐 연속적으로 분포하고, 중간 지대에서 얼마나 자주 절멸하게 되었는지를 우리가 명심한다면, 내가 생각할 때, 같은 종에 속하는 모든 개체들이, 어디에서 살아가든, 같은 부모에서 유래되었다는 점을 믿을 때 생기는 어려움은 극복하기 힘든 것이 아니라는 점을 보여 주려고 나는 노력했다. 그리고 장벽의 중요성과 아속, 속 그리고 과의 유사한 분포로부터 추출된 몇 가지 일반적인 사항들을 고려해서 우리는 이러한 결론에 도달했는데, 많은 자연사학자들도 창조의 단일 중심지라는 이름으로 이 결론에 도달했었다.[121] (406~407쪽)

120 11장과 12장을 요약한 부분이다.

121 같은 부모로부터 유래된 종들이 곳곳으로 멀리까지 퍼져 나가 현재의 생물들이 만들어졌다는 의미이다.

같은 속에 속하는 뚜렷하게 구분되는 종들에 대하여, 내 이론에 따르면 이들은 한 동일 조상으로부터 퍼져 나왔음이 틀림없다. 만일 우리의 무지를 앞에서와 같이 인정한다면, 그리고 생명 유형의 일부가 가장 서서히 변형되었다는 점을 기억한다면, 엄청나게 긴 시간은 이들 유형들이 이동하는 것을 가능하도록 해 주었을 것이며, 비록 이 사례와 같은 종에 속하는 개체들에서 나타나는 사례에서 심각한 어려움이 때로 나타나지만, 어려움이

극복하기 힘든 것이라고 나는 생각하지 않는다. (407쪽)

분포에 미치는 기후 변화의 경향을 본보기로 보기 위해, 나는 최근에 진행되었던 빙하기의 영향이 얼마나 중요한가를 보여 주려고 노력했다. 빙하기는 전 세계에 걸쳐, 또는 적어도 자오선 지대[122]에서는 동시에 영향을 주었다고 나는 전적으로 확신한다. 우연한 운반 수단이 얼마나 다양하게 변했는지를 보여 주기 위하여 나는 민물생물의 산포 수단을 다소 길게 논의했다. (407쪽)

만일 오랜 시간에 걸쳐 같은 종에 속하는 개체들이, 동류 종들과 마찬가지로, 어떤 한 발생지에서 출발했다는 점이 받아들이기 어려운 문제가 아니라면, 지리적 분포와 관련된 가장 중요한 모든 사실들은 이동 후 계속된 새로운 유형의 변형과 증식 이론과 함께 (일반적으로 우세한 생명 유형이 더 많이 이동하는) 이동 이론으로 설명이 가능할 것으로 나는 생각한다. 따라서 우리는 동물구계와 식물 구계[123]를 격리시키는 장벽이 지니는 엄청난 중요성을 육지든 물이든 상관없이 이해할 수 있을 것이다. 우리는 아속, 속 그리고 과의 국지성[124]을 이해할 수 있으며, 서로 다른 위도에서, 실례를 들어 남아메리카에서, 평원과 산악, 삼림, 초습지 그리고 사막의 정착생물들이 어떻게 친밀성에 의해 신비한 방식으로 연결되어 있는지를 이해할 수 있으며, 마찬가지로 같은 대륙에서 과거에 분포했던 절멸한 생물들과 어떻게 연결되는지를 이해할 수가 있다. 생물과 생물 사이의 상호연관성이 가장 중요하다는 점을 명심하면, 우리는 거의 같은 물리적 조건들을 지닌 두 지역에 왜 서로 다른 생명 유형들이 때로 정착했는지를 알

122 북극에서 남극까지의 반원을 의미하는데, 모든 자오선은 적도 및 모든 위도와 수직으로 교차한다. 남북 방향 모두에 영향을 주었다는 의미이다.

123 생물의 지리적 분포와 생태적 특성에 따라 구분된 지역이다.

124 생물이 일정한 지역에 한정되어 분포하는 현상이다.

수가 있다. 한 지역으로 새로운 정착생물들이 들어온 이후 경과된 시간의 길이에 따라, 수가 많든 적든 간에 어떤 유형은 들어갈 수 있고 다른 유형들은 들어갈 수가 없다는 운반 수단의 속성에 따라, 들어간 유형들이 다른 유형이나 토종 유형들과 다소 직접적인 경쟁에 처하는지 그렇지 않은지에 따라, 그리고 이주생물들이 다소 빠르게 다양하게 변할 수 있는 능력에 따라, 물리적 조건들과는 독립적으로, 서로 다른 지역에서 살아가는 조건들이 무한정 다양하게 변하는 결과가 나타나기 때문이다. 즉, 생물들 사이의 작용과 반작용은 거의 끝도 없이 일어난다는 의미이다. 그리고 우리가 찾으려고 한다면, 생명체 일부 무리는 엄청나게, 일부는 단지 사소하게 변형되었음을 우리는 발견할 수가 있는데, 세계의 엄청나게 서로 다른 지리적 구계 내에서 일부 유형은 엄청난 힘을 지닌 상태로 발달했고, 일부는 개체수가 거의 없는 상태로 존재했다. (408~409쪽)

같은 원리로, 우리는 해양섬에서 정착생물의 수는 적으나 고유종 또는 특이한 종의 수가 왜 많은지를 이해할 수가 있는데, 나는 이를 보여 주기 위해 노력했다. 또한 이동 수단과 관련해서 생명체 한 무리는, 심지어 같은 강에 속하더라도, 모두 특별한 고유종들로 이루어지며, 다른 무리는 세계 곳곳에 공통으로 분포하는 종들로만 이루어져 있는 것을 우리는 이해할 수가 있다. 진양서류와 육상 포유동물처럼 생물 무리 전부가 해양섬에서 결핍되어 있는 이유와 가장 격리되어 있는 섬들에 섬특이적으로 하늘을 나는 포유동물, 즉 박쥐가 분포하는 이유도 우리는 이해할 수가 있다. 다소 변형된 조건에서 분포하는 포유동물들과 섬과 본토 사이에 있는 바다 깊이가 왜 연관성이 있는지를 우리는 이해할 수가 있다. 한 제도에서 살아가는 모든 정착생물들이, 비록 몇 개의 조그만 섬에서는 이들이 섬마다 특이하게 뚜렷하게 구분되지만, 왜 서로서로 가깝게 연관되어 있고, 이와 비슷하게 이들이 가장 가까운 대륙이나 이주생물들이 출발했을 것으로 보이는 또 다른 발생지에서 살아가는 생물들과, 이보다는 덜하지만 서로 가깝게 연관되어 있는지를 이해할 수가 있다. 서로서로 멀리 떨어져 있는 두 지역에서 똑같은 종, 변종, 애매한 종 그리고 뚜렷하게 구분되는 대표적인 종들이 존재하는 상관관계가 왜 나타나는지를 우리는 이해할 수가 있다. (409쪽)

작고한 에드워드 포브스가 가끔 주장했듯이,[125] 시공간을 초월한 생명의 법칙에는 놀랄 만한 평행관계가 있는데, 과거에 있었던 유형의 연속성을 지배하는 법칙은 오늘날 지역에 따라 다르게 나타나도록 지배하는 법칙과 거의 같다. 우리는 많은 사실들에서 이런 점을 본다. 종 하나하나와 종들의 무리가 지속되는 것은 시간이라는 관점에서 연속적이다. 규칙에 대한 예외들은 거의 없기 때문에, 이 예외들은 중간형태 퇴적물에 결핍되어 있지만 그 위아래에서 나타나는 유형들을 우리가 중간형태 퇴적물에서 아직 발견하지 못한 탓으로 충분히 돌릴 수가 있다. 공간이라는 관점에서도 마찬가지인데, 단 한 종만이 또는 한 종 무리만이 살고 있는 지역은 연속적이라는 일반적인 규칙이 있다. 내가 보여 주려고 했던 것처럼 드물지 않은 예외는 다른 조건에

125 포브스가 1846년과 1854년에 쓴 두 논문을 지칭하는데(Costa, 2009), 1846년의 논문은 「브리티시 제도에 현존하는 동물상과 식물상 분포 사이의 관련성에 대하여」이며, 1854년의 논문은 「시간에 따른 생명체 분포에서 나타나는 극성의 징후에 대하여」이다.

처한 과거 어떤 시기의 이동이나 우연한 운반 수단, 그리고 중간 지대에서의 종들의 절멸로 설명될 수 있다. 시공간을 동시에 바라보면, 종과 종들의 무리는 최대로 발달한 상태에 있다. 특정 시간대에 속하거나 특정 지역에 분포하던 종 무리는 때로 표면 구조나 색깔처럼 사소한 형질을 공유하는 것으로 규정되기도 한다. 세계 곳곳에 있는 멀리 떨어진 구계들을 오늘날 조사하는 것처럼, 시간이 계속해서 이어진 과정을 조사하면, 어떤 생물들은 거의 다르지 않는 반면, 다른 강 또는 다른 목, 심지어 같은 목의 다른 과에 속하는 어떤 생물들은 엄청나게 다름을 우리는 알 수 있다. 시공간을 동시에 바라보면, 강 하나하나에 속하는 하등한 구성원들은 고등한 것들보다 덜 변했으나, 두 경우 모두에서 규칙에 명백하게 예외가 되는 경우가 있다. 내 이론에 따르면, 시공간을 초월해서 나타나는 몇 가지 연관성을 이해할 수 있다.[126] 세계 곳곳의 같은 지역에서 계속해서 이어진 시기 동안 변화한 생명 유형들을 조사하든, 또는 멀리 떨어진 곳으로 이동해 온 다음 변화한 생명 유형들을 조사하든, 두 사례 모두에서 강 하나하나에 속하는 유형들이 일반적인 번식을 통해 하나로 연결되어 있기 때문이다. 그리고 그 어떤 유형이라도 혈연으로 더 가까이 연관되어 있다면, 이들은 일반적으로 시공간에서 각자의 자리에 있게 될 것이다. 두 사례에서 변이의 법칙은 같았고, 변형은 자연선택이라는 같은 힘에 의해 축적되었다.
(409~410쪽)

126 다윈은 『종의 기원』 첫 문장을 "자연사학자로서 영국 군함 '비글호'를 타고 조사하던 중, 나는 남아메리카 대륙에서 살아가는 정착생물들의 분포와 이 대륙에서 살아가는 정착생물들의 과거와 현재 사이에서 나타나는 지질학적 연관성으로부터 발견한 어떤 사실들로 커다란 충격을 받았다"라고 썼다. 연관성에 대한 답을 다윈이 찾은 것이다.

13장 — 생명체의 상호 친밀성 : 형태학 : 발생학 : 흔적기관들

분류, 무리에 종속되는 무리—자연분류체계—변형을 수반한 친연관계 이론으로 설명되는 분류의 규칙과 어려움—변종의 분류—분류에 항상 사용되는 친연관계—상사적, 즉 적응적 형질—일반적이면서도 복잡하고 방사적인 친밀성—절멸은 무리를 격리시키고 규정한다—같은 강에 속하는 구성원들 사이의 그리고 같은 개체의 서로 다른 부위들 사이의 형태학—초기 단계에서 드러나지 않는 변이로 설명되며 상응연령대에 나타나는 발생학—흔적기관 : 기원에 대한 설명—요약

[1]**생명**이 처음 시작했을 때부터, 모든 생명체는 친연관계의 정도에 따라 서로서로 비슷하게 보이는 것들이 발견되었고, 그에 따라 이들을 여러 무리에 종속되는 무리들로 분류했다.[2] 이러한 분류는 별들을 별자리로 무리짓기하는 것처럼 임의적으로 해서는 절대로 안 된다.[3] 만일 한 무리가 육지에만 정착하기에 적합하다면, 그리고 또 다른 무리는 물에만 적합하다면, 무리의 존재

1 장 목차에 나오는 첫 번째 주제, '분류, 무리에 종속되는 무리'를 설명하는 부분이다. 이 장은 3개의 큰 주제, 즉 분류, 형태 그리고 발생으로 구성된다. 분류는 첫 번째 주제 이외에 2번째 주제인 '자연분류체계', 3번째 주제인 '변형을 수반한 친연관계 이론으로 설명되는 분류의 규칙과 어려움', 4번째 주제인 '변종의 분류', 5번째 주제인 '분류에 항상 사용되는 친연관계', 6번째 주제인 '상사적, 즉 적응적 형질', 7번째 주제인 '일반적이면서도 복잡하고 방사적인 친밀성' 그리고 8번째 주제인 '절멸은 무리를 격리시키고 규정한다'로 이루어졌다.

2 종이라는 무리는 속에 포함되며, 속은 과에 포함되는 분류체계를 말한다. 식물은 초본과 목본으로 구분하고, 다시 목본을 교목과 관목으로, 초본은 일년생, 이년생 그리고 다년생으로 구분했다는 의미이다.

3 별자리는 사람이 상상으로 만든 것으로 자연적으로 만들어진 것이 아니다. 생물의 분류는 사람의 상상으로 하는 것이 아니라, 생물의 진화 결과에 따라 해야 한다는 의미이다.

는 단순한 의미에 불과할 것인데, 어떤 사람은 고기를 먹고, 또 다른 사람은 야채만 먹는 것과 비슷하게 된다.[4] 그러나 자연에서 나타나는 사례는 이와는 너무나 다르다. 같은 아무리[5]에 속하는 일반적인 구성원들도 얼마나 서로 다른 습성을 가지고 있는지는 악명이 높기 때문이다. 2장과 4장에서, 즉 '자연에서 나타나는 변이'와 '자연선택'에서 가장 넓게 분포하며 가장 널리 퍼져 있고 가장 흔한 종이 큰 속에 속하는 우세종이며 가장 다양하게 변하는 종이라는 점을 보여 주려고 나는 시도했었다. 따라서 변종들, 즉 발단종들이 궁극적으로 새로운 뚜렷하게 구분되는 종으로 변환될 것으로 나는 믿는다. 그리고 이들은 유전의 원리에 따라, 또 다른 새롭고 우세한 종을 만들어 낼 것이다. 결과적으로 이렇게 커졌으며 많은 우세한 종들을 포함하는 무리는 크기가 무한정 더 커지려고 할 것이다. 종 하나하나에 속하며 다양하게 변하는 후손들이 자연의 경제 내에서 가능한 많으면서도 서로 다른 장소들을 점유하려고 노력하는데,[6] 이들 후손들이 지닌 형질들은 분기하려는 경향을 지속적으로 드러내고 있음을 보여 주려고 나는 시도했었다. 이러한 결론은 생명 유형의 엄청난 다양성과 귀화와 관련된 일부 사실들을 조사하면 확인되는데, 생명 유형은 아무리 작은 지역이라도 치열한 경쟁에 빠져 있다. (411~412쪽)

또한 수가 증가하며 형질이 분기하는 유형들은 덜 분기하고 덜 개량된 앞선 시대에 살던 유형들을 대체하고 몰살시키는 경향을 지속적으로 지니고 있음도 보여 주려고 나는 노력했다. 나

4 분류를 통해 또 다른 정보를 전혀 알 수가 없다는 의미이다. 분류체계에는 많은 정보가 담겨 있는데, 이런 식으로 분류하게 되면 이것과 저것이 다르다만 알 수 있을 뿐이라는 점을 지적하고 있다. 왜 한 무리는 육지에만 정착했고, 또 다른 무리는 물에만 정착했는지, 이 둘 사이의 관련성이 무엇인지, 그리고 왜 고기를 먹고, 야채만 먹는지에 대해서는 알 수가 없다는 의미이다.

5 한 무리에 속하는 세부 무리이다.

6 많은 서로 다른 장소를 점유한다는 의미는 형질이 분기되어 새로운 종으로 된다는 의미일 것이다.

는 독자들에게 앞에서 설명했던 이러한 몇 가지 원리가 작동하는 예시를 보여 준 모식도를[7] 참고하라고 부탁한다. 그리고 한 조상에서 만들어져 변형된 후손들이 한 무리에 종속되는 여러 무리들로 불가피하게 나누어지는 결과로 이어진다는 점을 독자들은 알게 될 것이다.[8] 모식도에서, 맨 위에 있는 선 위의 글자 하나하나는 몇 종을 포함하는 속을 나타낸다고 할 수 있으며, 같은 선들에 있는 모든 속들이 모여 하나의 강을 이루는데, 이 모두는 하나의 오래되었지만 볼 수가 없는 부모로부터 유래됐고, 결과적으로 공통적인 무언가를 물려받았다는 것이다. 그러나 왼쪽에 있는 3개의 속들[9]은 같은 원리에 따라 더 많은 것을 공유하며 하나의 아과[10]를 이루는데, 오른쪽으로 그 다음에 나오는 친연관계의 5번째 단계[11]에 있는 공통부모로부터 유래한 2개의 속을 포함하는 무리[12]와는 뚜렷하게 구분된다. 또한 이들 5개 속들은 정도는 덜 하지만 공통으로 많은 부분을 가진다.[13] 그리고 이들은 초기에 분기해서 이들의 오른쪽에 위치한 3개의 속들을 포함하는 무리[14]와는 뚜렷하게 구분되는 하나의 과를 이룬다.[15] 그리고 종 (A)로부터 유래한 이들 속 모두는 종 (I)로부터 유래한 속들[16]과는 뚜렷하게 구분되는 목을 구성한다. 따라서 우리는 한 종의 조상으로부터 유래한 많은 종들을 속으로 무리짓기를 할 수 있으며, 속들은 다시 아과에 종속되며, 계속해서 과, 목 그리고 하나의 강으로 묶을 수가 있을 것이다. 그에 따라 하나의 무리가 또 다른 무리에 종속된다는 자연사에서 널리 알려져 있는 위대한 진실은 우리를 항상 충분히 놀라게 만들지는 않으나, 내

7 166~167쪽에 있는 모식도이다.

8 A라는 무리를 B와 C라는 무리로 세분한다면, B와 C는 A에 종속되는 무리이다.

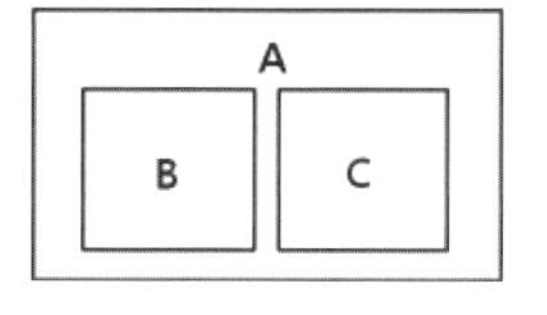

9 모식도에서 a^{14}, q^{14}, p^{14}이다.

10 과를 이루는 세부 무리이다. 몇 개의 아과가 모여서 하나의 과를 이룬다.

11 모식도 오른쪽의 로마숫자 V이다.

12 모식도에서 b^{14}와 f^{14}이다.

13 이 5개의 속은 모두 공통조상 a^5에서 유래한 것들이다.

14 모식도에서 o^{14}, e^{14}, m^{14}이다.

15 이들은 모두 종 (A)로부터 유래했다.

16 모식도에서 오른쪽에 있는 $n^{14}, r^{14}, w^{14}, y^{14}, v^{14}, z^{14}$이다.

판단으로는 충분히 설명이 된다. (412~413쪽)

[17]자연사학자들은 소위 **자연분류체계**라고 부르는 체계에 근거해서 종, 속, 과 등을 강 하나하나에 배치하려고 한다. 그런데 이 체계는 무엇을 의미하는가? 일부 학자들은 이 체계를 단순히 생물들을 가장 닮은 것끼리 묶고, 닮지 않은 것들을 구분하는 실행 계획으로 간주하거나, 소통하기 위한 인위적 수단으로[18] 가능한 간단히 표현된 일반적인 진술로 간주한다.[19] 실례를 들면 모든 포유동물이 공통으로 지닌 형질들을 한 문장으로 제시하거나,[20] 모든 육식동물이 공통으로 지닌 또 다른 형질들을 제시한다.[21] 그리고 개들이 소속되는 속에 공통으로 나타나는 형질들을 제시하고,[22] 문장 하나하나를 덧붙여 개 종류 하나하나에 완벽한 기재문을 제시하는[23] 것으로 진술한다. 이 체계가 지니는 교묘함과 유용성은 부정할 수가 없다. 그러나 많은 자연사학자들은 **자연분류체계**가 의미하는 것에 무언가가 더 있을 것으로 생각한다. 이들은 이 체계가 **창조자**의 계획을 반영하는 것으로 믿는다. 그러나 이 체계가 시공간의 질서 또는 **창조자**의 계획이 무엇인지를 특정하지 않는다면, 이 체계는 우리의 지식에 덧붙일 것이 아무것도 없는 것처럼 나에게는 보인다.[24] 다소 숨겨져 있던 유형을[25] 우리가 때로 만날 때 쓰는 린네의 경구 중 유명한 말, 즉 형질은 속을 만들지 않고, 속이 형질을 구성한다는[26] 경구는 우리가 하는 분류에 단순한 유사성 이외의 무언가 다른 것이 있음을 의미하는 것처럼 보인다. 나는 무언가가 더 포함되어 있다고 믿는다. 친연관계에 따른 가까움이라는, 즉 생명체의 유사도를 만

17 장 목차에 나오는 2번째 주제, '자연분류체계'를 설명하는 부분이다.

18 예를 들어 '십자화과에 속하는 식물들은 모두 꽃잎 4장이 십(十)자 모양으로 달리며, 수술은 6개인데, 이 중 2개는 짧고 4개는 긴 특징을 지니고 있다'라고 설명한다.

19 이러한 표현을 분류학에서는 흔히 표징형질, 표징 또는 기상이라고 부른다.

20 포유동물은 '젖샘이 있어 새끼에게 젖을 제공한다'라고 정의할 수 있다.

21 육식동물은 '다른 동물을 먹이로 섭취하는 동물'이라고 정의할 수 있다.

22 개속(*Canis*)은 '머리와 몸 길이에 비해 사지가 길며, 길쭉한 주둥이, 잘 발달된 송곳니를 지니며, 발가락을 이용해서 이동하며, 비수축성 발톱을 지닌 생물들'로 정의할 수 있다.

23 종 기재문이라 하는데, 동식물 도감에 나오는 종 하나하나에 대한 설명문이다. 삽살개는 다음과 같이 쓸 수 있다. 온몸은 긴 털로 덮여 있으며, 눈은 털로 가려져 보이지 않는다. 귀는 누웠고, 머리가 커서 수사자 비슷하게 보인다. 키는 50cm 정도이며, 체중은 20kg 정도인데, 수컷이 조금 더 크다.

24 단순히 같고 다르다는 점만을 알려 줄 뿐, 조상-후손 관계를 살펴볼 수가 없다는 의미이다.

25 지금까지 알려져 있지 않은 유형이다.

26 1751년 린네가 『식물 철학』에 쓴 "형질은 속을 만들지 않고, 속이 형질을 구성한다. 형질은 속으로부터 나오나, 속이 형질로부터 나오지 않는다. 따라서 속이 있기 위해 형질이 존재하지 않으나, 속은 적절하게 인식되어야만 한다"의 일부이다.

들어 낸 지금까지 알려진 유일한 원인인 유대 관계에 다양하게 변하는 변형 정도가 숨겨져 있는데, 우리가 사용한 분류에 이 유대 관계가 부분적으로 드러나 있다는 점이다. (413~414쪽)

[27]이제는 분류에 적용되는 규칙들과 어려움을 살펴볼 것인데, 어려움은 분류가 어떤 미지의 창조 계획을 제공하거나, 일반적인 진술을 공표하고 가장 비슷한 것들끼리 하나로 묶어 가는 단순한 실행 계획이라는 견해[28]와 충돌할 때 나타난다. 살아가는 습성을 결정하는 구조의 부위들과 자연의 경제에서 생물 하나하나의 일반적인 장소가 분류에 매우 중요하다고 평가되어 왔다(그리고 한때 그렇게 평가했었다). 이보다 더 잘못된 것은 아무것도 없을 것이다. 생쥐와 뒤쥐,[29] 듀공[30]과 고래, 고래와 어류에서 관찰되는 외부 유사성에 그 어떤 중요성을 부여하는 사람은 없었다. 이러한 유사성은 너무나 익숙해서 생물 전체를 연결할 수도 있으므로 단순히 "적응적, 즉 상사적 형질"[31]로 간주하기도 하는데, 이러한 유사성을 우리는 앞으로 다시 언급할 것이다.[32] 체제의 어떤 부위가 특별한 습성과 덜 연결되어 있으면 있을수록, 분류에는 더욱더 중요하게 간주된다는 점을 일반적 규칙으로 제시할 수도 있을 것 같다.[33] 한 가지 실례를 들 수 있는데, 오웬은 듀공에 대해서 "생식기관은 한 동물의 습성과 먹이와 연관성이 가장 없는데, 나는 이 기관을 진정한 친밀성을 나타내는 아주 명백한 증거로 항상 간주해 왔다. 우리는 이런 기관들의 변형들에서 단순한 적응 형질을 본질적인 형질이라고 잘못 판단할 것 같지는 거의 않다"라고 말했다. 식물도 마찬가지인데, 식물

27 장 목차에 나오는 3번째 주제, '변형을 수반한 친연관계 이론으로 설명되는 분류의 규칙과 어려움'을 설명하는 부분이다.

28 린네의 사고방식, 종이 창조되었다는 견해로, 다윈 시대 학자들이 이 견해를 수용했다.

29 뒤쥐는 땃쥐과(Soricidae)에 속하며 주로 식충성이나 때에 따라 채식성인 반면, 생쥐는 쥐과(Muridae)에 속하며 주로 채식성이나 때에 따라 식충성 습성을 지닌다. 뒤쥐는 혼자 살아가는 것을 선호하나 생쥐는 사회성 동물인 점이 다르다.

30 *Dugong dugon*. 바다소목(Sirenia), 듀공과(Dugongidae)에 속하는 해양 포유동물이다. 고래는 고래목(Cetacea)에 속하는 포유류의 총칭이다. 듀공은 주로 해초류를 먹는 반면, 수염고래 종류는 크릴새우와 플랑크톤을 먹고, 이빨을 가진 고래류는 물고기와 오징어류를 먹는다.

31 **➜ 용어 설명 '상사적'**

32 단순한 유사성으로 생물들을 분류하는 것이 아니라 계통에 근거한 유사성, 즉 친밀성으로 분류해야 한다는 다윈의 주장이다.

33 어떤 부위가 특별한 습성과 연관되어 있다면 다양한 변형이 쉽게 일어나지 않았을 것이므로, 강, 목 수준에서는 생물들을 더 쉽게 분류할 수 있을 것이나, 종 수준에서는 분류할 수 없을 것이다.

자신의 일생이 걸려 있는 영양기관[34]으로 식물이 첫 번째로 주요한 무리로 구분되는 점을[35] 제외하고는 이 형질은 거의 중요하게 간주되지 않은 반면, 씨를 만드는 생식기관은 최고로 중요하게 간주되는 것이 얼마나 놀라운 일이란 말인가! (414쪽)

그러므로 우리는 분류할 때 생물 체제를 이루는 부위들의 유사성을 신뢰할 필요는 없으나, 이 부위들이 생물들의 바깥 세상과 관련되어 자신들의 번성에는 중요할 수가 있다. 부분적으로 이런 이유 때문에, 거의 모든 자연사학자들이 생명 유지에 아주 필요한 또는 생리학적으로 중요한 기관의 유사성을 엄청나게 강조한다.[36] 중요한 기관이 분류학적으로 중요하다는 견해가 일반적이라는 점은 의심할 여지는 없으나, 그렇다고 해서 항상 진실은 아니다.[37] 그러나 분류학적 중요성은 종들의 큰 무리 전체에 걸쳐 나타나는 주목할 만한 항상성에 따라 결정된다고 나는 믿는다. 그리고 이러한 항상성은 자신을 둘러싸고 있는 살아가는 조건에 종들이 적응하면서 일반적으로 덜 변화하는 기관들에 의해 결정된다. 한 기관의 단순한 생리학적 중요성이 분류학적 가치를 결정하지 않는다는 점은 한 가지 사실로도 충분히 보여 줄 수가 있다. 즉, 동류 무리에서, 우리가 그럴 것이라고 가정하는 이유를 알고 있는데, 거의 같은 생리학적 가치를 지니는 같은 기관들의 분류학적 가치가 광범위하게 다르다는 점이다. 어떤 무리라도 연구할 때 이런 사실로 충격을 받지 않은 자연사학자는 없다. 그리고 거의 모든 저자들이 자신들의 책에서 충분히 인정하고 있다. 최고의 권위자인 로버트 브라운을 언급하는 것

34 식물의 영양기관은 잎, 뿌리, 줄기로 이들은 직접적으로 자손을 만드는 데 관여하지 않는다. 반면 생식기관은 꽃, 씨, 열매와 홀씨인데, 꽃은 자손을 만드는 기관이며, 씨와 열매는 자손이다.

35 꽃피는 식물인 쌍자엽식물과 단자엽식물을 구분할 때 떡잎의 특성을 사용했다는 의미이다. 『종의 기원』 418~419쪽에 식물의 분류에 대한 설명이 나온다.

36 생명 유지에 아주 중요한 기관으로 동물에서는 심장을 들 수 있다. 동물을 분류할 때, 심장의 특징은 분류학적으로 아주 중요하다. 어류는 1심방 1심실을 지니나, 양서류는 2심방 1심실을 지니며, 파충류는 2심방과 불완전한 2심실을 지닌 반면, 포유류는 2심방 2심실 구조로 되어 있어, 뚜렷하게 구분된다.

37 일반적으로 어류는 호흡기관으로 아가미를 지니나, 어류에 속하는 폐어류는 부레로 숨을 쉰다.

으로 충분할 것인데, 그는 프로테아과Proteaceae[38]의 일부 기관이 이 과에 속하는 속들에 적용되는 중요성에 대해 "다른 모든 부위들처럼, 그러나 내가 파악한 바에 따르면, 모든 자연에 있는 과들에서 이 부위는 매우 같지 않으며, 어떤 사례에서는 완전히 없어졌다!"라고 말했다. 그는 콘나루스과Connaraceae[39]의 속들에 대해 다른 책에서 "한 개 또는 그 이상의 씨방을 가진 점, 배젖의 존재 유무, 그리고 복와상[40] 또는 섭합상[41] 배열이 다르다. 이러한 형질들 가운데 한 가지가 단독으로 속을 구분하는 데 중요하게 흔히 사용되나, 모두를 하나로 묶어도 콘나루스속Connarus과 크네스티스속Cnestis을 구분할 때에는 만족스럽지 않은 것처럼 보인다"[42]라고 말했다. 곤충의 본보기는 다음과 같다. 웨스트우드가 언급했듯이 벌목Hymenoptera[43]에 속하는 하나의 큰 무리에서는 더듬이 구조가 가장 일정하다. 그리고 또 다른 무리에서는 더듬이 구조가 상당히 다른데, 이러한 차이는 분류에서 아주 부수적인 가치를 지닌다. 그럼에도 그 누구도 아마도 같은 목에 속하는 이 두 무리에 있는 더듬이가 생리학적으로 같지 않은 중요성을 지녔다고 말하지는 않을 것이다. 같은 무리에 속하는 생물을 분류할 때 같은 중요성을 지닌 기관들을 다양하게 처리하는 수많은 실례들을 제시할 수가 있다. (414~416쪽)

다시 말해, 그 누구도 흔적기관 또는 퇴화기관이 생리학적으로 생명 유지에 매우 필요한 기관이라고 말하지는 않는다. 그럼에도 의심할 여지 없이, 이러한 조건에 있는 기관들이 때로 분류에 있어 높은 가치를 지닌다. 어린 반추동물[44]의 위턱에 흔적으

38 아프리카 남부와 호주 등지에 분포하는 꽃피는 식물의 한 과로, 80여 속에 1,700여 종이 있다. 적응 방산이 일어나 변이가 엄청 심한 과로, 과의 식별형질에 대한 진술이 거의 불가능한 것으로 알려져 있다.

39 열대 우림과 사바나 지역에 분포하는 꽃피는 식물의 한 과이다. 19속에 180여 종으로 이루어져 있다.

40 꽃잎 등의 화피 요소의 가장자리가 서로 기와처럼 겹쳐져 있는 상태이다.

41 꽃잎 등의 화피 요소의 가장자리가 서로 붙어 있으나 겹쳐지지 않은 상태이다.

42 로버트 브라운이 1818년에 발표한 『콩고 인근에서 스미스 교수가 채집한 표본의 관찰과 표본에 근거한 계통학적, 지리학적 고찰』에서 인용한 것이다. 로버트 브라운은 이 책에서 콘나루스속(*Connarus*)은 씨방 1개, 배젖은 없고, 복와상 배열을 하는 반면, 크네스티스속(*Cnestis*)은 씨방 5개, 배젖이 있으며, 섭합상 배열을 한다고 썼다. 달리 말해 이 세 가지 형질 중 한 가지만 있어도 이들을 구분할 수 있는데, 이 세 가지 형질을 모두 묶어서 두 속을 구분하나 한 가지 형질만으로 구분하나 마찬가지라는 주장이다.

43 절지동물의 곤충강(Insecta)에 속하는 동물들 무리로, 벌과 개미가 여기에 포함된다. 약 13만 종 이상이 이 목에 포함된다.

44 되새김위를 가진 동물들이다. 431쪽 주석 **84**를 참조하시오.

로 남아 있는 이빨과 다리에 있는 일부 흔적 뼈 등은 반추동물과 후피동물[45] 사이의 가까운 친밀성을 보여 주는 데 꽤 쓸모가 있다. 로버트 브라운은 사실에 근거해서 흔적으로 남은 낱꽃[46]들이 벼과 식물을 분류할 때 아주 중요하다고 강조했다. (416쪽)

생리학적으로 아주 소소하게 중요한 것으로 간주된 부위에서 파생한 형질이 보편적으로 무리 전체를 정의할 때 아주 쓸모가 있는 것으로 받아들여지는 수많은 실례를 제시할 수가 있다. 실례로, 콧구멍에서 입까지 비어 있는 통로의 유무는, 오웬에 따르면, 이 특징만으로 어류와 파충류를 명확하게 구분할 수가 있으며,[47] 유대류에서 나타나는 턱의 만곡 정도,[48] 곤충의 날개가 접히는 방식, 일부 해조류의 색,[49] 벼과 식물의 꽃 부위에 나타나는 까락, 척추동물의 피부를 덮고 있는 털이나 깃털의 속성 등도 마찬가지로 쓸모가 있다. 만일 오리너구리속Ornithorhynchus[50] 동물이 털 대신 깃털로 덮여 있었다면, 이처럼 겉으로 보이는 사소한 형질은 어떤 한 내부의 중요한 기관에서 구조를 통해 파악하는 것만큼이나 이 이상한 피조물을 조류와 파충류의 친밀성 정도를 결정하는 데 도움을 주는 중요한 것으로 자연사학자들이 간주했을 것으로 나는 생각한다. (416~417쪽)

분류할 때 사소한 형질들이 지닌 중요성은 다소 중요한 다른 여러 형질들과의 연관성에 의해 주로 결정된다. 실제로 형질들의 집합이 지니는 가치는 자연사에서 아주 명백하다. 이런 이유로 때로 언급되었던 것처럼, 한 종이 자신의 동류들과 생리학적으로 매우 중요하면서도 거의 보편적으로 나타나는 여러 형질

45 가죽이 두꺼운 동물이다. 431쪽 주석 85를 참조하시오.

46 벼과 식물의 화서는 벼과형 소수화서를 이룬다. 화서의 아래쪽에는 포영이라는 조각들이 있으며, 그 위쪽으로 낱꽃이라는 꽃들이 순서대로 달리며, 맨 끝에는 생식불가능한 낱꽃이 달리기도 한다. 낱꽃에는 통상적으로 관찰되는 꽃잎과 꽃받침잎은 관찰되지 않은 대신 2장의 호영이라는 조각으로 되어 있다. 벼과 식물의 분류에 낱꽃과 소수화서의 특징이 매우 중요하다.

47 콧구멍과 입을 연결하는 통로를 인두강이라고 하는데, 어류는 아가미 호흡을 하기 때문에 인두강이 발달하지 않은 것으로 알려져 있다. 단지 공기 호흡을 하는 폐어와 같은 무리에서는 인두강이 발달하기도 한다.

48 유대류의 아래턱은 활처럼 동그랗게 굽어져 있다.

49 해조류는 녹색을 띠는 녹조류, 갈색을 띠는 갈조류, 홍색을 띠는 홍조류 등으로 크게 구분하기도 한다.

50 호주와 태즈메이니아섬에서만 살아가는 원시적인 포유류이다. 알로 번식하며 주둥이가 오리와 비슷하여 오리너구리라고 부른다. 조류로 혼동되기도 하나, 파충류와 더 유사하다. 하지만 알에서 태어난 새끼들이 엄마의 젖을 먹는 포유류이다.

들에서 달라질 수 있는데, 그럼에도 우리가 어떤 계급을 부여해야 하는지에 대해서는 의심의 여지를 남기지 않는다. 따라서 그 어떤 단 하나의 형질에 근거한 분류는,[51] 이 형질이 아무리 중요하다고 하더라도, 항상 실패했는데, 체제의 그 어떤 부위도 보편적으로 일정하지가 않기 때문이다.[52] 형질들의 집합이 지니는 중요성은, 형질들 각각이 중요하지 않더라도, 그 자체로 형질은 속을 만들지 않고 속이 형질을 구성한다는 린네의 주장을 설명한다고 나는 생각한다. 이 주장은 정의하기 어려울 정도로 너무나 보잘것없고 사소한 많은 유사점들의 진가를 안 것에 근거하고 있는 것처럼 보이기 때문이다. 말피기과Malpighiaceae[53]에 속하는 일부 식물들은 완전화와 불완전화를 동시에 가지는데,[54] 불완전화를 놓고 앙투안 로랑 드 쥬시외는 "종, 속, 과 그리고 강에 적합한 수많은 형질들이 사라졌고, 그에 따라 우리의 분류를 보고 사람들이 비웃는다"라고 언급했다. 아스피카르파속Aspicarpa[55] 식물들이 지난 몇 년 동안 프랑스에서는 불완전화만을 만들었는데, 말피기목[56]의 전형적인 유형이 지닌[57] 구조와는 가장 중요한 점들이 너무나도 크게 달랐다. 그럼에도 리샤르는 현명하게, 쥬시외가 관찰한 것처럼, 이 속은 계속해서 말피기과에 속한다고 말했다. 이 사례가 나에게는 우리의 분류가 때로 반드시 근거해야 할 정신적 태도를 잘 예시해 주는 것 같다.[58] (417쪽)

실제로 자연사학자들이 연구를 수행할 때, 그들은 무리를 규정하거나 특정 종을 할당하면서 사용한 형질의 생리학적 가치에는 신경을 쓰지 않는다. 만일 그들이 거의 균일하면서도 많은

51 린네의 분류체계를 의미한다. 린네는 식물의 분류체계를 만들면서 수술과 암술의 수를 중요시했다. 그는 식물 전체를 24부류로 구분했다. 첫 번째 무리는 수술이 1개인 종류들, 두 번째 무리는 수술이 2개인 종류들, 세 번째 무리는 수술이 3개인 종류들로 분류했다. 또한 수술이 1개인 무리는 다시 암술의 수에 따라 분류했다. 단 하나의 형질로 식물을 분류한 것이다.

52 한 종류의 식물에서 수술의 수가 변하기도 한다. 별꽃(*Stellaria media*)의 수술 수가 『영문 중국식물지』에 "3~5"개로 되어 있다.

53 열대와 아열대 지역에서 자라는 꽃피는 식물들로 이루어진 과로, 75여 속에 1,300종이 포함되어 있다.

54 완전화는 한 꽃에 꽃받침잎, 꽃잎, 수술, 암술이 모두 있는 경우이며, 불완전화는 4개 요소 중 하나 또는 그 이상이 없는 경우이다.

55 말피기과(Malpighiaceae)에 속하는 속이다.

56 Malpighiales. 시계꽃, 제비꽃, 버드나무 등이 이 목에 속하는 식물들이다.

57 전형적인 말피기목에 속하는 식물들은 암수한몸, 즉 완전화를 만든다.

58 한 가지만 보고 판단하지 말고 종합적으로, 즉 형질들의 집합으로 판단해야 한다고 설명하고 있다. 종이 고정되어 있다고 생각하면 한 가지만 보고 판단할 수 있을 것이나, 종이 변한다고 생각한다면 변이를 고민해야 할 것이다.

수의 유형들에서는 공통으로 나타나지만 다른 유형들에서는 공통으로 나타나지 않는 한 형질을 찾는다면, 그들은 이 형질을 매우 가치가 높은 것으로 간주하고 사용한다. 만일 소수의 유형에서만 공통으로 나타난다면, 그들은 종속적인 가치를 지닌 것으로 사용할 것이다.[59] 이 원리를 일부 자연사학자들이 진실이라고 대체로 인정했는데, 뛰어난 식물학자인 오귀스트 생틸레르보다 명확하게 말한 사람은 없다.[60] 만일 어떤 형질들이 다른 형질들과 항상 상관관계에 있다면, 비록 이들 사이에 명백한 유대가 발견되지 않아도, 이들에게는 특별한 가치를 부여한다. 많은 동물 무리에서, 혈액을 순환시키는 기관이나 혈액에 공기를 주입하는 기관, 또는 재래종을 번식시키는 기관처럼 중요한 기관들은 거의 균일하게 발견되기 때문에, 이들은 분류에 매우 쓸모가 있는 것으로 간주된다. 그러나 일부 동물 무리에서는, 이 모든 기관들, 즉 가장 중요한 생명 유지에 필요한 기관들이 아주 종속적인 가치를 지닌 형질을 제공하기도 한다. (417~418쪽)

우리는 배에서 유래한 형질들이 성체에서 유래한 형질들과 왜 똑같이 중요한지를 알 수가 있는데, 우리의 분류는 종 하나하나의 모든 연령대를 당연히 포함하기 때문이다.[61] 그러나 일반적인 견해에 따르면 왜 배의 구조가 자연의 경제 내에서 홀로 완벽한 역할을 수행하는 성체의 구조보다 이러한 목적에 더 중요한지는 결코 뚜렷하지가 않다. 그럼에도 밀네드와르즈와 아가시 같은 위대한 자연사학자들은 배발생 형질이 동물 분류에 있어 그 어떤 것보다 가장 중요하다고 강하게 주장했다. 그리고 이런 주장

59 한 무리를 여러 개의 무리로 세분할 때 사용한다는 의미이다. 예를 들어 종을 구분할 때에는 사용할 수 없으나, 이 종을 여러 개의 변종 또는 아종으로 구분할 때 사용된다.

60 생틸레르가 1841년에 쓴 『식물형태학을 포함한 식물 강의』의 내용을 다윈이 언급한 것이다.

61 동물의 경우 배발생 과정에 따라 무배엽성, 이배엽성, 삼배엽성 등으로 구분한다. 이런 특징은 배 상태에서만 발견된다. 단지 이런 형질들이 다른 형질들과 상관관계를 갖고 있어 성체에서도 확인이 가능하다.

은 매우 보편적인 진실로 받아들여졌다. 비슷한 사실이 꽃피는 식물에도 잘 들어맞는데, 이 식물 무리는 배발생 중인 잎, 즉 떡잎의 수와 위치, 그리고 유축[62]과 유근[63]의 발달 방식에 따라 두 무리로 구분된다.[64] 발생학과 관련된 논의에서, 우리는 친연관계라는 생각을 암묵적으로 포함하고 있는 분류라는 관점에서 왜 이러한 형질들이 가치가 있는지를 보게 될 것이다. (418~419쪽)

우리가 하는 분류는 때로 친밀성이라는 굴레의 영향을 받고 있음이 명백하다. 모든 조류에서 공통으로 나타나는 수많은 형질들을 정의하는 것보다 더 쉬운 일은 없을 것이다. 그러나 갑각류 사례에서는 이러한 정의가 지금까지 알려진 바에 따르면 불가능한 것으로 밝혀졌다.[65] 갑각류 계열의 양쪽 끝에는 공통으로 가진 형질이 거의 없는 갑각류들이 있다. 그럼에도 양쪽 끝에 있는 종들은 서로 명백하게 동류로 묶이는 인접한 종들과 묶이며, 또 이들도 다시 인접한 종들과 동류로 묶이는 식으로 계속해서 묶여, 체절동물문Articulata의 또 다른 한 강에 속하지 않고 명확하게 갑각류에 소속되는 것처럼 인식된다.[66] (419쪽)

지리적 분포 역시 비록 완벽하게 논리적이지는 않지만 분류에 사용되는데, 특히 가까운 동류 유형들이 이루는 커다란 무리에 적용된다. 테밍크는 조류 일부 무리에 이를 적용하는 것이 유용하거나 심지어 반드시 필요하다고 주장했고, 몇몇 곤충학자들과 식물학자들도 그의 주장에 동의했다. (419쪽)

마지막으로, 종들이 이루는 다양한 무리의, 예를 들어, 목, 아목, 과, 아과 그리고 속의 상대적 가치는 적어도 현재까지는 거

62 씨에서 지속적으로 발달해서 줄기로 자랄 부위로, 어린줄기이다.

63 뿌리로 자랄 부위로 어린뿌리이다.

64 꽃피는 식물은 떡잎이 1장인 단자엽식물과 2장인 쌍자엽식물로 전통적으로 구분해 왔다. 최근에는 쌍자엽식물을 여러 개의 무리로 구분하고 있으나, 다윈 시대에는 두 무리로 구분하는 것이 대세였다. 한편, 쌍자엽식물의 유근은 지속적으로 성장해서 원뿌리로 자라나, 단자엽식물의 유근은 금방 죽어 버리기에 줄기에서 2차로 만들어져 크게 자라지 못하는 수염뿌리가 발달한다.

65 최근에는 갑각류가 하나의 조상이 아닌 여러 조상에서 유래한 것으로 간주되어서 갑각류가 지닌 형질을 명확하게 정의하기가 매우 힘든 실정이다. 단지 갑각류는 노플리스라고 부르는 유생에서 발달하는 특징을 공유하는 것으로 알려져 있다.

66 동물의 몸에서 앞뒤 축을 따라 반복적으로 나타나는 마디 구조를 체절이라고 하며, 몸이 이런 체절로 되어 있는 동물을 체절동물이라 부른다. 다윈 이전 퀴비에가 오늘날의 환형동물과 절지동물, 그리고 갑각류 등을 체절동물에 소속시켰으나, 오늘날에는 독립된 분류군으로 인정하지 않고 있다.

의 제멋대로이다.[67] 벤담을 비롯한 몇몇 뛰어난 식물학자들도 가치가 제멋대로라고 강하게 주장했다. 식물과 곤충에서 유형들의 무리로 실례를 보여 줄 수 있는데, 처음에는 경험이 많은 자연사학자들이 단지 속이라는 계급을 부여했지만, 뒤이어 아과나 과로 계급을 승격하기도 했다. 그리고 이런 변동이 생긴 이유는 처음에는 간과했던 중요한 구조적 차이가 계속된 연구로 발견했기 때문이 아니라, 사소한 차이를 지닌 많은 동류 종들이 계속해서 발견되었기 때문이다.[68] (419쪽)

만일 내가 나 자신을 속이지 않았다면, 분류와 관련해서 앞에서 말한 모든 규칙들과 자료들, 그리고 어려움들은 자연분류체계가 변형을 수반한 친연관계에 근거한다는 견해에 따르면 설명된다. 자연사학자들이 둘 또는 그 이상의 종들 사이에서 나타나는 진정한 친밀성을 보여 주는 것으로 간주한 형질들은 공통부모로부터 물려받은 것이며, 그에 따라 모든 진정한 분류는 계보이다. 친연관계의 공통성은 자연사학자들이 무의식적으로 찾으려고 하는 숨겨진 연결 고리일 뿐, 미지의 어떤 창조의 계획이나 일반적인 주장을 선언하는 것이 아니다. 또한 다소 닮은 사물을 단순히 같이 묶거나 구분하는 것도 아니다.[69] (420쪽)

그러나 나는 좀 더 자세히 내가 의도하는 바를 설명해야만 한다. 다른 무리와의 연관성과 종속성에 따라 강 하나하나의 무리를 *배열할*[70] 때 자연적으로 만들려면 반드시 엄밀한 계보에 근거해야만 한다고 나는 믿는다.[71] 그러나 몇몇 분지나 무리들에서 발견되는 차이의 *정도*는, 비록 이 무리들이 공통조상에서 시

67 오늘날에는 다윈의 진화에 따라 종 이상의 분류학적 계급들에 친연관계라는 의미를 부여할 수 있지만, 당시에는 단순히 비슷한 것들끼리 묶어서 종 이상의 분류학적 계급을 만들었기 때문에, 비슷하다는 의미 말고는 그 어떤 의미를 이들 계급에 부여할 수 없었을 것이다. 따라서 학자들마다 서로 다르게 생각했을 것이다.

68 사소한 차이를 지닌 종들이 계속해서 발견되었다는 의미는 뚜렷하게 구분되던 종들을 연결시켜 주는 중간단계가 발견되었다는 것이며, 그에 따라 다른 것으로 간주되었던 무리들의 계급이 변경되었을 것이다.

69 다윈 이전의 자연체계는 단순히 비슷한 것들끼리 무리로 묶었다. 그러나 다윈은 비슷함의 근원을 찾아야 한다고 주장하면서, 이 근원을 친연관계의 공통성이라고 주장하고 있다. 친연관계에 따라 생물들을 분류하면 당연히 조상-후손 관계, 즉 계보 형식으로 생물들을 분류할 수 있을 것이다. 따라서 다윈은 종들 사이의 친밀성도 계보라고 주장하고 있다.

70 분류체계에 따라 나열하는 것이다.

71 다윈은 자신의 분류 방식을 자연배열이라고 쓰고 있으나, 오늘날 다윈 이전의 분류 방식을 자연분류라고 부르며, 다윈의 영향, 즉 생물이 진화라는 영향을 받은 이후의 분류 방식을 계통분류 또는 진화분류라고 부르고 있다.

작한 혈통[72]에서 같은 수준으로 묶인 동류일지라도, 이들이 겪은 변형의 서로 다른 정도에 따라 크게 달라질 수가 있다. 그리고 이러한 점은 서로 다른 속, 과, 절[73] 또는 목이라는 계급에 유형이 소속되는 것으로 표현된다. 만일 독자가 4장에 있는 모식도를 번거롭지만 참고한다면,[74] 독자는 무엇을 의미하는지를 이해하게 될 것이다. 우리는 글자 A에서 L까지가 동류인 속들을 나타낸다고 가정할 것인데, 이들은 실루리아기에 생존했고, 정확하게는 모르나 이전 시기에 존재했던 한 종으로부터 유래했다. 이들 중 3개 속(A, F 그리고 I)에 포함된 종들은 오늘날까지 맨 위의 가로선에 있는 15개 속들(a^{14}에서 z^{14}까지)로 표시되는 변형된 자손들을 남겼다. 이제 단 한 종에서 유래한 이 모든 변형된 후손들은 같은 정도의 혈통이나 친연관계로 연관되었음을 나타낼 수가 있는데, 은유적으로 말하면, 이들은 모두 백만 분의 일 정도가 비슷한 사촌들임에도 불구하고 전체적으로도 다르며 서로서로도 다르다. A로부터 유래한 유형들은 현재 둘 또는 세 개의 과로 흩어져 있지만,[75] I로부터 유래한, 이 또한 두 개의 과로 나누어져 있는데, 무리와는 뚜렷하게 구분되는 하나의 목을 이룬다. A로부터 유래해서 현존한 종들은 부모인 A와 같은 속으로 소속될 수는 없고, 마찬가지로 I로부터 유래한 종들도 부모 I와 같은 무리에 소속될 수가 없다.[76] 그러나 현존하는 속 F^{14}는 약간 변형되었을 것으로 추정되기에 부모가 속한 속 F에 같이 묶일 것이며,[77] 이는 마치 실루리아기부터 살아온 속에 속하는 생물들이 현재에도 생존하고 있는 것과 같다. 따라서 혈통에서 같은

72 혈통이라는 용어는 동물에게 적용되나, 여기에서는 조상-후손 관계를 의미한다.

73 절(section)은 분류계급 중의 하나이다. 동물분류학에서는 과(family)와 목(order) 사이에 위치하지만, 식물분류학에서는 종(species)과 속(genus) 사이에 위치한다. 『종의 기원』에서는 동물분류학의 분류계급을 의미한다.

74 166~167쪽에 있는 모식도를 보면서, 다음에 나오는 설명을 읽어야 할 것이다.

75 A로부터 유래한 유형들 중 모식도 VIII 단계에서 분기한 무리들을 과로 간주한다면, a^{14}, q^{14}, p^{14}로 묶이는 한 과, b^{14}와 f^{14}로 묶이는 한 과, 그리고 o^{14}, e^{14}, m^{14}로 묶이는 한 과인 3개 과로 분류될 수 있다. 그러나 I단계에서 분기한 무리들을 과로 간주한다면, a^{14}부터 f^{14}까지 한 과, o^{14}부터 m^{14}까지 한 과인 2개 과로 분류될 수 있다.

76 시간이 흐름에 따라 변형이 일어나 부모와는 달라졌기 때문일 것이다.

77 F에서는 형질분기가 일어나지 않아 변형된 자손이 없다. 형질분기가 일어났다면 A와 I의 경우처럼 여러 개의 자손 무리들이 만들어졌을 것이다.

정도로 연관되어 있는 생명체 사이의 차이 정도나 가치는 광범위하게 다르게 된다. 그럼에도 불구하고, 이들의 계보적 *배열*은 현재뿐만 아니라 계속된 친연관계 하나하나에서 절대적인 진실로 남아 있다. A로부터 유래되어 변형된 모든 자손들은 자신들의 공통부모로부터 공통으로 물려받은 무언가를 가지고 있을 것이며, I로부터 유래한 모든 자손들에서도 이러한 무언가를 볼 수가 있다. 따라서 매 시기마다 나타난 후손들에게 종속되는 분기 하나하나에도 마찬가지일 것이다. 그러나 만일 A 또는 I 후손 중 어느 것이라도 너무나 많이 변형되어 자신들의 부모관계와 관련된 자취를 다소 완벽하게 잃어버렸다고 가정하는 쪽을 우리가 선택한다면, 이럴 경우 자연분류체계에서 이들의 위치는 다소 완벽하게 사라질 것인데, 현존하는 생물들에서도 이런 사례가 나타난 것처럼 보인다. 속 F의 모든 후손들은 친연관계의 전반적인 계통에 따라 거의 변형되지 않았다고 가정되므로 이들은 하나의 독립된 속을 이룰 것이다. 그러나 이 속은, 상당히 격리되어 있지만 적당한 중간 위치를 점유하게 될 것인데, 원래 F가 지닌 형질로 볼 때 A와 I의 중간이었고, 이 두 속으로부터 유래한 몇몇 속들이 어느 정도 두 속의 형질을 물려받았기 때문이다. 이러한 자연배열[78]을 종이 위에 모식도로 보여 주려고 했지만, 너무나 단순한 방식이었다. 만일 분기하는 모식도를 사용하지 않고, 무리들의 이름만 선 위에 순서대로 썼다면, 자연배열을 보여 줄 수 있는 가능성은 조금 더 줄어들었을 것이다.[79] 자연에서 우리가 발견한 한 무리에 속하는 생명체들 사이의 친밀성을

78 다윈이 생각했던 진화적 분류체계이다.

79 다윈이 자신의 노트북에 메모한 모식도와 관련된 그림이다. 이 그림을 좀 더 세밀하게 그린 것이 『종의 기원』에 나온 모식도이다. 선은 갈라져 있고, 선 끝에 종을 의미하는 글자들이 있다.

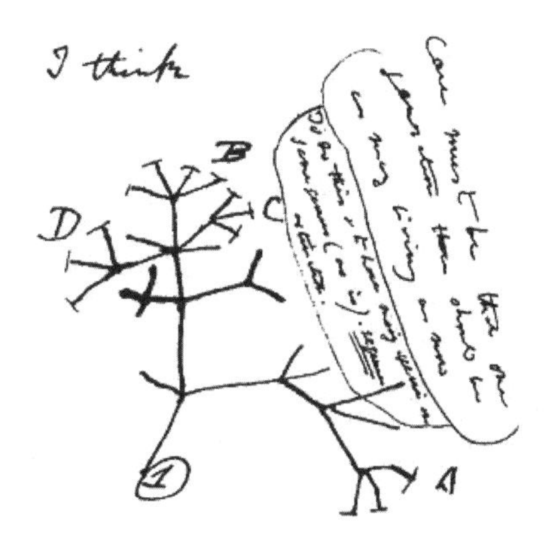

한 평면에 연속해서 표현하는 것이 가능하지 않다는 점은 악명이 높다. 따라서 내가 생각하는 견해에 따라, 자연분류체계는 배열이 마치 하나의 족보처럼 계보여야 한다. 그러나 서로 다른 무리들이 겪었던 변형 정도는 속, 아속, 과, 절 그리고 강이라고 부르는 다른 무리에 소속되도록 표현되어야만 한다. (420~422쪽)

분류에 대한 이런 견해를 언어의 사례로 예시하는 것도 의미가 있을 것 같다. 만일 우리가 인류의 완벽한 족보를 가지고 있다면, 인종들의 계보적 배열에 따라 세계 곳곳에서 현재 사용하고 있는 다양하게 변한 언어들을 가장 잘 분류할 수 있을 것이다. 그리고 만일 사라져 버린 모든 언어들과 중간단계의 서서히 변하는 모든 사투리를 포함할 수 있다면, 이러한 배열이 유일하게 그럴듯한 배열일 것이다.[80] 그럼에도 일부 아주 오래된 언어는 조금은 변했을 것이고, 이들로부터 새로운 언어도 파생되어 나왔을 것이며, 이러는 동안 다른 (한 종족에서 유래한 몇몇 인종들이 퍼져 나가고 그에 따라 격리되었고 또한 인종마다의 문명화 상태에 따라 달라진) 언어들은 더 많이 변했을 것이고, 또한 새로운 많은 언어와 사투리를 파생시켰을 것이다. 같은 무리에서 파생되어 나오는 언어에서 나타나는 차이가 다양하게 변한 정도는 어떤 무리와 이 무리에 속하는 또 다른 무리에 의해 나타날 것이나, 적당한 또는 심지어 유일한 그럴듯한 배열은 그래도 계보적일 것이다. 그리고 이렇게 하는 것이 엄밀히 말해 자연적인데, 사라졌든 현재 사용하든 모든 언어를 가까운 친밀성으로 연결할 수가 있을 것이며, 특정 인종의 언어가 파생되고 기원했음을 보여 줄 수

80 오늘날 계통학자들이 특정 분류군을 연구할 때 전 세계에 있는 이 분류군에 포함되는 종들을 수집하려고 노력한다. 그래야만 "유일하게 그럴듯한 배열"을 만들 수가 있고 이렇게 만들어진 배열만이 계통학자들에게는 의미가 있는 것으로 받아들여진다. 오늘날 이처럼 전 세계에 있는 특정 분류군 모두를 단계통이라고 부른다.

가 있을 것이다. (422~423쪽)

[81]이 견해를 확인하기 위해 한 종에서 유래한 것으로 알려지거나 믿어진 변종들의 분류를 한 번 살펴보자. 이 변종들이 모두 종으로 간주되면, 아변종들은 변종으로 간주된다. 우리들이 생육하는 재배종들은 집비둘기에서 볼 수 있는 것처럼 몇 단계의 다른 등급이 필요하다. 무리에 종속되는 무리들의 존재에 대한 기원은 종에 종속되는 변종의 기원과 같은데, 즉 다양하게 변한 변형의 정도에 따른 친연관계의 밀착도와 비슷하다. 변종을 분류할 때에는 종에 적용된 거의 같은 법칙에 따른다. 학자들은 변종을 분류할 때 인위적 체계 대신 자연적 체계로 할 필요가 있다고 주장했다. 실례를 들어, 파인애플의 두 변종을, 열매가 비록 중요한 부위이기는 하지만 이 열매가 거의 같다고 해서, 하나로 분류하지 않도록 조심해야 한다. 스웨덴순무와 순무는 모두 먹을 수 있으며 줄기가 두꺼운 점이 너무 비슷하지만, 이 둘을 그 누구도 같이 묶지는 않는다.[82] 가장 일정한 것으로 확인된 부위는 무엇이든 변종을 분류하는 데 사용된다. 따라서 소의 뿔이 이런 목적으로 아주 유용한데, 이들은 몸색이나 체형 등에 비하여 거의 변하지 않기 때문이라고 위대한 농학자 마셜이 말했다. 반면, 양의 뿔은 일정하지 않기 때문에 쓸모가 덜하다. 변종들을 분류할 때, 만일 우리가 진짜 족보를 가지고 있다면, 계보적 분류가 보편적으로 도움이 될 것이라고 나는 직관적으로 이해한다. 그리고 몇몇 학자들이 시도했었다. 우리가 확신할 수 있는 것은, 다소 변형이 있었는지 여부와는 상관없이, 유전의 원리가

81 장 목차에 나오는 4번째 주제, '변종의 분류'를 설명하는 부분이다.

82 스웨덴순무는 지중해 원산으로 북유럽에서 널리 재배하는데, 뿌리가 둥글게 커진다. 스웨덴순무는 *Brassica napobrassica* 또는 *Brassica napus* var. *napobrassica*이다. 순무는 *Brassica rapa* var. *rapa*이다. 218쪽 주석 **118**을 참조하시오.

수많은 측면에서 동류로 묶인 유형들을 하나로 유지할 수 있기 때문이다. 공중제비비둘기에서 나타나는 기다란 부리라는 중요한 형질이 일부 아변종들에서는 서로서로 다르지만, 그럼에도 이들 모두는 공중제비를 하는 습성을 공통적으로 지니고 있어 하나로 묶인다. 그러나 단면공중제비비둘기 품종들은 거의 또는 완전히 이런 습성을 잃어버렸다. 그럼에도 불구하고 이 주제와 관련해서 어떤 이성적 사고나 생각도 없이, 이들 공중제비비둘기들은 혈통으로 묶였고, 다른 일부 측면이 닮았다는 이유로 같은 무리로 묶여 있다. 만일 코이코이족[83]이 흑인종에서 유래했음이 입증된다면, 이 민족을 흑인종 아래에 둘 수 있다고 나는 생각하나, 이 민족은 몸색을 비롯하여 다른 중요한 특징들이 흑인종들과는 많이 다르다.[84] (423~424쪽)

[85]자연에 있는 종들을 분류할 때 모든 자연사학자들은 사실상 친연관계를 도입한다. 그들은 자신들의 분류 맨 아래쪽, 즉 종에 두 종류의 성을 포함시키는데,[86] 때로 가장 중요한 형질로 알려진 형질들이 암수컷 사이에서 어떻게 큰 차이가 나는지를 알고 있기 때문이다. 일부 만각류에서는 성체가 되었을 때 수컷과 암수한몸의 공통성을 예측할 수 있는 단 하나의 사실도 거의 없지만, 그 누구도 이 둘을 구분하려는 생각은 전혀 하지 않는다. 자연사학자들은 같은 개체가 보여 주는 여러 단계의 애벌레들을 한 종으로 간주하나, 이들은 성체와는 물론 단계별로도 많이 다르다.[87] 스틴스트럽이 말하는 소위 세대교번[88] 개체들의 경우도 마찬가지인데, 이 개체들은 기술적으로 같은 개체로 간

83 아프리카 남부에서 살아가는 민족으로, 들이쉬는 숨에 의하여 발음되는 소리인 흡기음이 많은 나마어를 사용한다. 머리카락은 바싹 말려 있으며 눈에 속쌍꺼풀이 있어 눈이 기울어져 보이는 특징을 지닌다. 다윈은 호텐토트족이라고 표현했는데, 나마어의 흡기음을 모방한 단어로서 차별적, 모멸적 의미를 지니고 있기에 최근에는 코이코이족이라고 부르고 있다. 코이코이는 이 민족 말로 사람을 의미한다.

84 『종의 기원』 5판부터는 코이코이족과 관련된 내용이 삭제되었다.

85 장 목차에 나오는 5번째 주제, '분류에 항상 사용되는 친연관계'를 설명한다.

86 두 성은 암컷과 수컷이며 두 성을 포함시킨다는 말은 암컷과 수컷 사이의 번식을 의미한다. 이는 조상과 후손 사이의 관계, 즉 친연관계를 의미하는 것으로 생각된다.

87 예를 들어, 누에나방(*Bombyx mori*)은 애벌레일 때에는 몸이 길고 나뭇잎 위를 기어다니나, 성체일 때에는 날개로 날아다닌다. 두 형태는 너무나 다르다.

88 핵상이 2배체인 포자체 세대와 1배체인 배우자체 세대가 교대로 진행되는 생활사 유형이다. 하등한 동식물에서는 포자체 세대와 배우자체 세대가 완전히 독립된 개체로 나타나기도 하는데, 이 두 개체의 형태가 비슷한 경우도 있고 완전히 다른 경우도 있다.

주한다.[89] 자연사학자들은 기형도 포함하고, 변종도 포함하는데, 변종들이 부모 유형과 아주 비슷하게 보여서가 아니라 이들이 부모 유형으로부터 유래하기 때문이다. 카우슬립앵초가 영국앵초[90]에서 유래했다고 또는 역으로 유래했다고 믿는 사람은 이 둘을 하나의 종으로 간주하면서 단 하나의 간단한 설명만 제시한다. 모나칸투스속Monachanthus,[91] 미안투스속Myanthus 그리고 카타세툼속Catasetum[92] 난초 유형들은 한때 세 종류의 뚜렷하게 구분되는 속으로 간주되었으나, 같은 수상 꽃차례를 만드는 것으로 알려지면서 곧바로 하나의 종으로 간주되었다.[93] 그러나 만일 캥거루 한 종이 곰으로부터 아주 긴 변형 과정을 통해 만들어졌다고 입증된다면, 우리는 무엇을 할 수 있는가라는 질문을 던질 수도 있다. 곰에 종이라는 계급을 부여해야만 한다면, 다른 종들에 대해서 우리는 무엇을 해야만 한단 말인가? 물론 이러한 가정은 터무니없다. 그리고 나는 *대인논증*[94]으로 대답할 수 있는데, 만일 완벽한 캥거루가 곰 자궁에서 나오는 것을 본 적이 있다면 우리가 해야 할 일은 무엇인가라는 질문을 던질 수도 있다. 모든 대응관계를 보면, 캥거루에게 곰과 같은 계급을 부여할 수 있으나, 캥거루과에 속하는 모든 종들은 곰속[95]으로 분류되어야만 할 것이다. 이 모든 사례는 터무니없는데, 가까운 친연관계를 공통으로 지닌다면 확실히 가까운 유사성 또는 친밀성이 있기 때문이다. (424~425쪽)

비록 수컷과 암컷, 그리고 애벌레가 때로 극단적으로 다르지만, 같은 종에 속하는 개체들을 하나로 분류할 때 친연관계가 보

89 엄밀하게 말하면 다른 개체이나, 한 개체가 성장하는 과정에서 다른 형태를 띠기 때문에 같은 개체로 간주한다는 의미이다. 예를 들어, 우리가 흔히 먹는 해조류의 일종인 김은 배우자체 세대에서는 몸이 넓은 잎처럼 생겼으나, 포자체 세대에서는 가느다란 실처럼 생겼다.

90 76쪽 주석 45를 참조하시오.

91 Monachanthus를 잘못 표기한 것으로 보인다.

92 멕시코와 아르헨티나에 주로 분포하는 착생식물들로 구성되며 원예 가치가 높다.

93 *Myanthus cristatus*, *Monachanthus cristatus*, *Catasetum cristatus* 모두 한 종 *C. cristatum*으로 병합했다는 의미이다.

94 논증 그 자체가 아니라 논증을 제시하는 사람에 대한 논증으로, 논증에 참가한 사람의 인격, 경력, 사상, 직업 따위를 지적함으로써 자기의 주장이 참됨을 주장하는 오류적 논법이다. 예를 들어 '그는 교육자이므로 그의 주장은 바르다' 또는 '그는 허풍쟁이이므로 그의 말은 믿을 수가 없다' 등이다. 그러나 교육자라도 틀린 주장을 할 수 있고, 허풍쟁이라도 진실을 말할 수 있다.

95 흔히 곰이라고 부르는 생물은 곰과(Ursidae)에 속하는 동물들을 지칭하는데, 여기에서는 이 중 불곰속(*Ursus*)을 지칭한 것으로 보인다.

편적으로 사용되었다. 그리고 비록 변형 정도가 다소 크고 완성되는 데 더 많은 시간이 걸렸더라도 때로 상당한 정도로 변형된 변종들을 분류할 때에도 확실히 친연관계가 사용되었다. 친연관계와 같은 요인이 속에 속하는 종들을 무리로 나누고, 속보다 높은 계급에 있는 속들을 무리로 나누는 데 무의식적으로 사용되지 않을 수가 있었을까? 친연관계가 무의식적으로 사용되었다고 나는 믿는다. 그리고 이 점을 따를 때에만 우리 시대 최고의 계통학자들이 따라가는 몇 가지 규칙과 지침들을[96] 나는 이해할 수가 있다. 우리는 글로 쓰인 족보는 가지고 있지 않다. 우리는 어떤 종류라도 친연관계의 공통성을 이들이 지닌 유사성으로 이해할 수가 있다. 그에 따라, 우리가 판단할 수 있는 범위 내에서, 하나하나 종들이 최근에 노출되었던 살아가는 조건과의 연관성에서 최소한으로 변형되었을 것 같은 형질들을 우리는 선택한다. 이런 견해에 따르면 흔적기관은 체제를 이루는 다른 부위만큼이나 좋거나, 심지어 더 좋을 수도 있다.[97] 턱의 각도가 단순히 굽어 있는 상태, 곤충의 날개가 접히는 방식, 피부가 털 또는 깃털로 덮여 있는 것과 같은 우리가 신경쓰지도 않는 사소한 형질들은, 만일 이 형질들이 많은 서로 다른 종들에, 특히 매우 다른 살아가는 습성을 지닌 종들에 퍼져 있다면, 가치가 매우 높을 것으로 추정된다. 우리가 서로 다른 습성을 지닌 많은 유형들에서 나타나는 이런 형질의 존재를 공통부모로부터 물려받은 것 말고는 설명할 수가 없기 때문이다. 우리는 구조가 지닌 단 한 가지 측면만 바라보면 잘못을 범할 수가 있으나, 여러 가

96 가장 중요한 원리가 유사도일 것이다. 비슷하게 생긴 생물들을 한 무리로 묶어내는 것이 19세기에 널리 유행한 자연분류체계의 근간이었다. 이를 위해 가능한 많은 형질들을 조사해서 비교해야만 했을 것이다.

97 흔적기관은 현재 사용하지 않으므로 자연선택으로 인해 변형되지 않았을 것이며, 조상의 상태를 그대로 유지하고 있을 것이다. 그러므로 친연관계 파악에 큰 도움이 될 것이다.

지 형질들이, 비록 이 형질들이 너무나 사소하더라도, 서로 다른 습성을 지닌 큰 무리 전체에서 같이 나타난다면,[98] 우리는 친연관계 이론에 따라 이들 형질들은 공통부모로부터 물려받은 것이라고 거의 확신할 수 있을 것 같다. 그리고 이처럼 상관관계를 맺고 있는 또는 한데 모아진 형질들은 분류에 있어 특별한 가치를 지니는 것으로 우리는 알고 있다. (425~426쪽)

몇 가지 가장 중요한 형질상태로 볼 때, 한 종 또는 한 종 무리가 자신의 동류 종과는 멀어짐에도 불구하고 이들을 같이 분류해도 지장이 없는 이유를 우리는 이해할 수가 있다. 가능한 많은 형질들이, 그렇게 중요하지 않다고 하더라도, 친연관계의 공통성이라는 보이지 않는 유대 관계를 드러낸다면, 이런 분류는 순조롭게 될 것이며, 때로 되고 있다. 두 유형이 단 하나의 형질도 공유하지 않는다고 하자. 그럼에도 만일 중간단계 무리들이 계속해서 발견되어 이처럼 극히 다른 유형들이 하나로 연결된다면, 우리는 즉시 친연관계의 공통성을 유추할 수 있으며, 이들은 모두 같은 강에 소속시킬 수 있을 것이다.[99] 생리학적으로 매우 중요한, 즉 다양한 생존의 조건들에서 생명을 보존하는 데 쓸모가 있는 기관들이 일반적으로 가장 변하지 않는 것으로 우리가 발견하기 때문에, 우리는 이런 기관에 특별한 가치를 부여한다. 그러나 만일 같은 기관들이 다른 무리나 무리의 일부에서 다른 점을 많이 보여준다면, 우리는 분류할 때 즉시 그 가치를 줄인다. 나는 발생학적 형질이 분류에서 보다 중요하다고 생각하는데, 우리는 앞으로 이 점을 살펴볼 것이다. 지리적 분포도 때로 크고

98 독립된 한두 가지 형질로만 생물을 분류하지 말고, 서로 상관된 여러 형질들로 생물을 분류해야 한다는 다윈의 주장이다. 식물을 예로 들면, 린네는 독립된 한두 가지 형질, 즉 수술과 암술의 수만 가지고 식물을 분류했었다.

99 『종의 기원』 419쪽에 나오는 갑각류 설명을 참조하시오.

널리 분포하는 속들의 분류에 유용하게 사용되는데, 뚜렷하게 구분되고 격리된 어떤 지역에서 살아가더라도 같은 속에 속하는 모든 종들은 십중팔구 같은 부모로부터 유래되었기 때문이다. (426~427쪽)

[100]이런 견해에 따르면, 실질적인 친밀성과 상사적, 즉 적응적 유사성 사이에 있는 아주 중요한 차이점을 우리는 이해할 수가 있다.[101] 라마르크가 처음으로 이러한 차이점에 관심을 가졌고,[102] 맥클레이를 비롯한 일부 학자들이 확신하면서 라마르크의 뒤를 이었다.[103] 후피동물에 속하는 듀공과 고래,[104] 그리고 이 두 종이 속하는 포유동물과 어류 사이에서 나타나는 신체의 생김새와 지느러미처럼 생긴 앞다리에서 보이는 유사성은 상사적이다. 곤충들 사이에서는 셀 수 없을 만큼 많은 실례들이 있다. 따라서 린네는, 외부 생김새 때문에 틀리게 인지했는데, 매미목[105]에 속하는 곤충들을 놀랍게도 나방으로 분류했었다.[106] 심지어 우리가 생육하는 변종들에서도 이런 종류의 사례를 볼 수 있는데, 순무와 스웨덴순무의 두꺼운 줄기에서 볼 수 있다. 그레이하운드개와 경주마의 유사성은[107] 매우 뚜렷하게 구분되는 동물 사이에서 일부 학자들이 찾아낸 대응관계라기보다는 거의 상상에 더 가깝다. 분류할 때 진정한 친연관계를 드러내는 형질이 진짜로 중요한 형질이라는 내 견해에 따르면, 상사적, 즉 적응적 형질이 생물의 번성에 최고로 중요하다고 하더라도 계통학자들에게는 거의 가치가 없음을 우리는 명확하게 이해할 수가 있다. 친연관계에서 뚜렷하게 구분되는 두 계통에 속

100 장 목차에 나오는 6번째 주제, '상사적, 즉 적응적 형질'을 설명하는 부분이다.

101 실질적인 친밀성은 공통조상에서 물려받은 형질들의 유사성, 즉 상동성인 반면, 상사적, 즉 적응적 유사성은 생물이 환경에 적응하면서 습득한 것으로 공통조상과는 무관하다. 상사성은 계통적으로 관련이 없는 둘 이상의 생물이 비슷한 환경에 적응한 결과, 서로 비슷한 형태를 지니게 되는 수렴 진화의 한 종류로 설명한다.

102 상동성이라는 개념은 라마르크 이전 프랑스 동물학자 벨롱이 1555년 조류와 사람의 골격을 비교하면서 처음 사용했었다. 라마르크는 상동성이나 상사성이라는 용어를 사용하지 않고 단지 개념만 암시했다.

103 맥클레이는 진화론자가 아니나, 친밀도라는 이름으로 상동성을, 평형진화라는 이름으로 상사성을 설명했다. 상동성과 상사성에 대한 정의는 1843년 오웬이 내린 것으로 알려져 있다. 오웬은 상동성을 형태와 기능이 다른 서로 다른 동물에서 나타나는 비슷한 기관으로, 상사성을 서로 다른 동물의 서로 다른 부위나 기관이 같은 기능을 수행하는 것으로 정의했다(Costa, 2009).

104 고래는 후피동물이 아니다. 고래도 두꺼운 피부, 즉 후피를 지녔지만, 후피동물이라는 용어를 만든 퀴비에는 고래를 후피동물에 소속시키지 않았다.

105 Homoptera. 이 무리에 여러 종류의 기원이 다른 곤충들이 포함되어 있는 것으로 간주되면서, 진딧물아목(Sternorrhyncha), 매미아목(Auchenorrhyncha) 그리고 노린재아목(Coleorrhyncha)으로 세분했다.

106 나방은 나비목(Lepidoptera)에 속한다.

하는 동물은 비슷한 조건에 쉽게 적응할 수 있고, 그에 따라 거의 비슷한 외부 형태적 유사성을 가질 것으로 추정되지만, 이러한 유사성을 드러내지 않고 오히려 자신들의 혈연적 관계를 적절한 직계에 숨기는 경향이 있다. 우리는 또한 명백한 모순도 이해할 수가 있는데, 한 강 또는 한 목을 다른 것들과 비교하면 아주 비슷한 형질이더라도 상사적이나, 같은 강이나 목의 구성원들을 서로서로 비교하면 진정한 친밀성이 나타나기도 한다. 따라서 고래와 어류를 비교하면 몸의 생김새와 지느러미 같은 앞다리는 둘 다 물속에서 수영에 적합하게 된 상사성에 불과하다. 그러나 고래과 전 구성원들 사이에서 몸의 생김새와 지느러미 같은 앞다리는 진정한 친밀성을 나타낸다. 이들 고래류[108]는 크든 작든 너무나 많은 형질들이 일치해서 공통조상으로부터 몸의 일반적인 생김새와 앞다리 구조를 물려받았다는 점을 우리는 의심할 수가 없다. 어류의 경우도 마찬가지이다. (427~428쪽)

[109]뚜렷하게 구분되는 강의 구성원들이 연속적으로 사소하게 변형을 해서 거의 비슷한 속성을 지닌 환경에서, 즉 실례를 들면 육지, 공중 그리고 물이라는 세 지역에서 살아갈 수 있도록 때로 적응했으므로, 이렇게 뚜렷하게 구분되는 강에 속하는 아무리들 사이에서 때로 관찰되는 수리적 평행관계[110]가 무엇인지를 우리는 아마도 이해할 수 있을 것이다. 어떤 하나의 강에서 나타나는 자연의 평행관계에 충격을 받은 자연사학자는, 다른 강의 무리가 지닌 가치를 제멋대로 높이거나 낮추면서(그리고 우리의 모든 경험은 이러한 가치 평가가 지금까지는 제멋대로였음을 보여 준다),

107 그레이하운드개는 개 종류이며, 경주마는 말 종류이다. 이들은 모두 빨리 달리는 특징을 공유하나, 이 특징의 어느 정도는 사람이 길들인 훈련의 결과일 것이다.

108 고래목(Cetacea)에 속하는 포유류의 총칭으로, 유선형 몸체에 수평 꼬리지느러미가 발달해 있으며, 앞다리는 지느러미로 진화했다.

109 장 목차에 나오는 7번째 주제, '일반적이면서도 복잡하고 방사적인 친밀성'을 설명하는 부분이나, 이 문단은 『종의 기원』 6판에서는 삭제되었다.

110 생물들을 분류할 때 자연에 있는 질서를 발견하고 그 질서에 따라야 한다는 19세기 일부 학자들의 주장으로, 새로운 체계를 개발하는 것은 자연의 질서에 어긋난다는 것이다. 즉, 숫자 7, 5, 4, 3 등이 사례들인데, 자연계에 있는 생물들은 이런 숫자의 배수로 배열한다고 생각했다. 7은 에드워드 뉴먼이, 5는 맥클레이가 고안한 체계이다. 즉, 5 체계는 모든 생물을 5개의 무리로 구분할 수 있으며, 이들 무리는 다시 5개의 아무리로 구분할 수 있으며, 아무리 역시 5개의 세부 무리로 구분할 수 있다는 주장이다. 그리고 이렇게 구분된 아무리의 수가 5보다 작으면, 아직까지 아무리에 속하는 생물들이 발견되지 않은 것으로 간주한다(Novick, 2016).

평행관계를 더 넓은 범위로 쉽게 확장할 수가 있었다. 그에 따라 숫자 7, 5, 4, 3을 기준으로 하는 분류체계가 아마도 만들어졌을 것이다. (428쪽)

[111]보다 큰 속에 속하는 지배적인 종의 변형된 후손들은 부모들을 지배적으로 만들고 자신이 속하는 무리를 크게 만들었던 유리한 점을 물려받을 경향이 있기 때문에, 이 후손들은 이 유리한 점으로 거의 확실히 널리 퍼져 나갔을 것이고, 자연의 경제 내에서 더 많은 장소를 점유하게 될 것이다. 점점 더 커지고 점점 더 지배적으로 된 무리는 그 크기가 더 커질 것이고, 그에 따라 결과적으로 더 작고 더 약한 많은 무리를 대체하게 될 것이다. 따라서 우리는 현존하든 절멸했든 모든 생물들이 몇 개의 커다란 목이나 더 작은 강에, 그리고 모두가 하나의 커다란 자연체계에 소속된다는 사실을 설명할 수가 있다. 고등한 무리가 어떻게 그 수가 얼마 안 되었는지, 그리고 이들이 어떻게 전 세계 곳곳으로 퍼져 나갔는지를 살펴보면, 호주가 발견되었을 때 새로운 목에 속하는 단 하나의 곤충도 추가되지 않았다는 사실은 놀라운 일이다.[112] 그리고 내가 후커 박사로부터 들은 바에 따르면, 식물계에서는 단지 크기가 작은 둘 또는 세 목만이 추가되었을 뿐이다.[113] (428~429쪽)

지질학적 연속성을 설명한 장에서,[114] 오래 지속된 변형 과정 동안에 무리 하나하나에서 일반적으로 많은 형질들이 분기되었다는 원리에 따라, 좀 더 원시적인 생명 유형들이 때로 현존하는 무리들 사이에서 나타나는 어느 정도의 중간형태를 띤 현재의

111 장 목차에 나오는 7번째 주제, '일반적이면서도 복잡하고 방사적인 친밀성'을 설명하는 부분이나, 『종의 기원』 6판에서는 '생명체들을 연결하는 친밀성의 속성에 대하여'라는 주제명이 붙어 있다. '방사적 친밀성'은 생물계를 일정한 숫자, 즉 5 또는 7로 분류하게 되면 필연적으로 방사상으로 배열할 수밖에 없게 되는데, 이를 설명하기 위해 붙여진 주제명으로 생각된다. 그러나 6판에서는 앞 문단이 사라지면서 단순히 생물들 사이의 친밀성을 설명하고 있다.

112 호주에서 새롭게 발견된 곤충들이 모두 기존에 있던 목에 속한다는 의미이다.

113 오늘날에는 단자엽식물에 속하는 다시포곤목(Dasypogonales) 1목만이 호주의 고유목으로 알려져 있다. 우리나라, 즉 한반도의 식물 중에는 고유목은 물론이고 고유과도 없다. 단지 제주고사리삼속(*Mankyua*), 개느삼속(*Echinosophora*), 미선나무속(*Abeliophyllum*), 금강인가목속(*Pentactina*), 금강초롱속(*Hanabusaya*), 부전바디속(*Homopteryx*) 그리고 모데미풀속(*Megaleranthis*)의 7개 고유속만이 분포하고 있다.

114 10장 생명체의 지질학적 연속성이다.

형질을 어떻게 지니게 되었는가를 설명하려고 시도했다. 오늘날까지 거의 변형이 일어나지 않은 후손을 우연히 전달한 극소수의 오래되고 중간형태를 띠는 부모 유형들이 우리에게 중간 무리 또는 흔히 말하는 비전형적인 무리를 제공했을 것이다. 비전형적인 어떤 유형들이[115] 많아지면 많아질수록, 내 이론에 따라 몰살당해 완전히 사라져 버린 유형들을 연결해 주는 유형들의 수도 더 많았음이 틀림없다. 그리고 절멸이라는 고통을 극심하게 받은 비전형적인 유형들에 대한 일부 증거를 가지고 있는데, 이들은 일반적으로 극히 적은 수의 종으로 대표된다. 그리고 이렇게 절멸한 종들은 일반적으로 서로서로 아주 뚜렷하게 구분되는 유형으로 나타나므로, 이 또한 절멸을 암시한다. 예를 들어 오리너구리속Ornithorhynchus과 남아메리카폐어속Lepidosiren이 있는데, 이들 속 하나하나가 단 하나의 종이 아니라 10여 종들로 대표되었다면 그다지 비전형적이지도 않을 것이다.[116] 그러나 내가 다른 조사를 통해 알아냈는데, 이러한 종의 풍부도가 일반적으로 많은 종류의 비전형적인 속들에서는 나타나지 않았다. 이러한 사실은 단지 비전형적인 유형들이 좀 더 성공한 경쟁자들에게 정복당해 자신들에게 도움이 되는 조건에서 기이한 우연의 일치로 소수의 개체들만이 보존된 실패한 무리라고 우리가 설명할 수 있을 것으로 나는 생각한다. (429쪽)

워터하우스 씨는 동물의 어떤 무리에 속하는 한 구성원이 완전히 뚜렷하게 구분되는 무리와 친밀성을 보일 때, 이러한 친밀성이 대부분 사례에서 일반적일 뿐 특별한 것은 아니라고 언급

115 다윈이 비정상적인 유형의 사례로 오리너구리와 남아메리카폐어를 들고 있는 점으로 보아, 비정상적인 유형은 기형이 아니라 원시적인 형질, 즉 진화 초기에 나타난 형질을 지니고 있는 생물들로 추정된다.

116 이 두 속에는 각기 한 종, 오리너구리(*Ornithorhynchus anatinus*)와 남아메리카폐어(*Lepidosiren paradoxa*)만이 존재한다. 따라서 이들을 비정상적인 유형이라고 부를 수가 있을 것이다. 이들과 친밀성이 있는 종들은 거의 절멸했다.

했다. 따라서 그에 따르면, 설치목Rodentis[117]에 속하는 모든 종들 가운데 비스카차류가 유대류와 가장 밀접한 연관관계를 지니지만, 비스카차류가 유대목Marsuipials[118]과 몇 가지 형질이 비슷하다는 점에서 본다면, 이들의 연관성은 일반적일 뿐 유대류의 특정한 한 종과 더 밀접한 연관성을 지녔다는 것은 아니다.[119] 비스카차류와 유대류 사이의 친밀성이라는 중요한 점이 단순한 적응이 아니고 실제로 있다고 믿는다면, 이들이 지닌 공통점은 내 이론에 따라 유전 원리로 설명할 수 있어야 한다. 그러므로 비스카차류를 포함한 모든 설치류가 아주 원시적인 유대류 일부에서 분기해 나왔고, 이 유대류는 현존하는 모든 유대류와 비교할 때 어느 정도 중간형태의 형질을 지녔을 것이라고, 또는 설치류와 유대류가 공통조상에서 분기해 나왔고, 이 두 무리는 갈라져 나온 방향에 따라 많은 변형을 거쳤을 것이라고, 우리는 가정해야만 한다. 어느 쪽이든, 비스카차류가 유전에 의해 원시적인 조상의 형질을 다른 설치류보다 더 많이 보유하게 되었고, 그에 따라 비스카차류가 현존하는 유대류 그 어떤 종하고도 특별하게 연관되지는 않았으나, 공통조상이나 무리의 초기 구성원의 형질을 부분적으로 보유하게 됨에 따라 간접적으로 거의 모든 유대류와 연관되었을 것이라고 우리는 가정해야만 한다. 이와는 반대로, 워터하우스 씨가 언급한 것처럼 모든 유대류 중에서 웜뱃류[120]는 설치류와 가장 거의 비슷하게 보이나, 단 한 종과 비슷한 것이 아니라 설치류에 속하는 일반적인 목의 특성과 비슷하다.[121] 그러나 이 사례에서, 유사성은 단지 상사적일 뿐이므로, 웜뱃류가

117 다윈은 『종의 기원』에서 "Rodentis"라고 표기했는데, 이는 설치목(Rodentia)에 속하는 동물들을 지칭한다.

118 다윈은 『종의 기원』에서 유대목(Marsuipials)으로 표기했는데, 이는 퀴비에의 분류 방식을 따른 것이다. 최근에는 유대류를 두 개의 목, 미주유대목(Ameridelphia)과 호주유대목(Australidelphia)으로 구분하고, 이들 전체는 유대하강(Marsupialia)으로 분류하고 있다.

119 설치류는 완전한 태반을 가지며 독립적으로 살아가는 새끼를 낳는 태반하강(Placentalia)에 속하나, 유대류는 태반이 없거나 불완전하여 어미의 배에 있는 육아낭에서 살아가는 새끼를 낳는 유대하강(Marsupialia)에 속한다. 계통학적으로 상당히 멀리 떨어져 있는 생물들임에도 불구하고 다윈이 비교한 것은, 이 두 종류가 앞에서 설명한 상사적 유사성을 공유함을 보여 주기 위한 것으로 보인다. 단지 이 두 무리는 알이 아닌 새끼를 낳는 수아강(Theria)에 속하는 동물들이므로 공통조상에서 유래했다고 설명할 수가 있을 것이다. 이 둘을 비교하는 것이 잘못이라는 지적도 있다(Costa, 2009).

120 호주에서만 살아가는 웜뱃과(Vombatidae)에 속하는 유대류를 부르는 이름이다. 초식동물로 풀이나 뿌리를 먹는데, 3종만이 현존하고 있다. 다윈은 『종의 기원』에서 "phascolomys"로 표기했는데(6판에서는 속명으로 "*Phascolomys*"라고 표기했다), 이 이름은 웜뱃속(*Vombatus*)의 같은 이름으로 간주되어 최근에는 사용하지 않는다.

121 두개골과 이빨, 턱 주변의 뼈와 근육 등이 설치류, 특히 북아메리카에서 살아가는 비버류와 매우 비슷한 것으로 알려졌다.

설치류가 지닌 습성에 적응한 결과라고 추정해야만 한다. 최고 연장자 드 캉돌도 식물의 뚜렷하게 구분되는 목들[122] 사이에서 나타나는 친밀성의 일반적인 속성이 거의 비슷함을 관찰했다. (429~430쪽)

[123]유전으로 일부 형질이 공통으로 유지되는 동안, 공통부모에서 유래한 한 종이 증식되고 형질이 단계적으로 분기된다는 원리에 근거해서 같은 과나 고등한 무리에 속하는 모든 구성원들을 하나로 연결하는, 너무나도 복잡하게 방사상으로 뻗어 나온, 친밀성을 이해할 수가 있다.[124] 절멸로 인하여 현재는 뚜렷하게 구분되는 무리나 아무리로 나누어진 종들의 모임인 과 전체의 공통부모는 자신들만의 다양한 방법과 다양한 정도로 변형된 형질들 일부를 구성원 모두에게 전달했을 것이다. 그리고 몇몇 종들은 결과적으로 다양한 길이[125]로 된 친밀성의 선들로 우회적으로 서로서로 연관될 것인데(때때로 참고했던 모식도에서 볼 수 있듯이), 이는 여러 세대 조상들[126]까지 이어질 것이다. 유서 깊은 명문 집안의 수많은 혈연관계를 설명한다는 것은 심지어 계보의 도움이 있다고 해도 어렵고, 계보의 도움이 없다면 거의 불가능하다. 모식도의 도움 없이 다양하게 변하는 친밀성을 설명하는 것이 어렵다는 것을 경험한 자연사학자들의 이례적인 고충을 우리는 이해할 수 있는데, 이러한 친밀성을 자연사학자들은 하나의 엄청나게 큰 강에 속하는 현재 살아 있고 이미 절멸한 구성원들 사이에서 인식했을 것이다. (430~431쪽)

4장에서 살펴보았듯이, 절멸은 강 하나하나에 속하는 몇몇

122 석죽목(Caryophyllales)의 선인장과(Cactaceae)에 속하는 선인장 종류들의 잎은 대부분 가시로 되어 있다. 말피기목(Malphigialeas)에 속하는 대극과(Euphorbiaceae)의 대극속(*Euphorbia*) 일부 식물들도 가시를 가지고 있다. 모두 건조한 사막과 같은 환경에 적응하기 위해 잎을 가시로 변형시킨 것으로 알려져 있다. 이들은 모두 진정쌍자엽식물에 속한다.

123 장 목차에 나오는 8번째 주제, '절멸은 무리를 격리시키고 규정한다'를 설명하는 부분이다.

124 166~167쪽에 있는 모식도의 한 점에서 손가락처럼 뻗어 나온 여러 점선들을 의미한다.

125 모식도에 있는 점선들의 길이이다.

126 모식도 중간에 있는 생물들을 의미한다. 일부는 절멸했고, 일부는 후손을 남겼다.

무리들 사이에 나타나는 간극을 정의하고 넓히는 데 중요한 역할을 담당한다. 따라서 강 전체를 하나하나 뚜렷하게 구분되는 것으로 설명할 수 있는데, 실례를 들면, 초기 조류의 조상들과 다른 척추동물 강에 속하는 초기 조상들을 연결해 주었던 원시적인 많은 유형들이 철저하게 잃어버렸다고 믿는다면,[127] 조류를 다른 척추동물과 뚜렷하게 구분할 수 있을 것이다. 어류와 진양서류를 한때 연결해 주었던 생명 유형들은 완전히 절멸하지는 않았다.[128] 갑각류에 속하는 강들처럼 일부 다른 강들은 여전히 절멸하지 않았는데, 이 무리에서는 가장 놀랄 만큼 다양한 유형들이 친밀성이라는 기다란, 그러나 중간에 끊어진, 사슬로 아직도 연결되어 있다. 절멸은 단지 무리들을 격리시킬 뿐이지, 무리를 결코 만들지는 못한다. 만일 지구상에 한 번이라도 살았던 모든 유형들이 갑자기 다시 나타난다면, 비록 무리 하나하나가 다른 무리와 구분되어 있다고 정의하기가 불가능하겠지만, 모든 무리들이 가장 미세하게 다른 현존하는 변종들 사이에서 나타나는 미세한 차이 정도로 인해 하나로 묶일 것이고, 그럼으로써 자연분류는, 즉 적어도 자연적으로 배열하는 분류가 가능해지기 때문이다.[129] 우리는 다시 모식도로 돌아가서 이를 살펴볼 것이다. 글자 A부터 L까지는 실루리아기에 존재했던 11개의 속들을 의미한다고 하고, 이들 중 일부는 변형된 후손들을 포함한 많은 무리를 만들었다고 하자.[130] 이들 11개 속과 이들을 만든 최초의 조상들을 연결하는 모든 중간단계와 11개 속에 속하는 후손들의 분지 하나하나와 아분지 하나하나를 연결하는 모

127 1861년 조류의 초기 조상으로 간주되었던 시조새(*Archaeopteryx lithographica*)가 발견되었고, 최근 2017년에는 미얀마에서 가장 완벽에 가까운 조류 화석이 발견되었다. 다윈 시대에는 조류의 초기 조상으로 간주될 만한 화석들이 많이 발굴되지 않았다. 오늘날 시조새는 파충류와 조류의 직접적인 연결고리로는 간주하지 않고 있으나, 단지 다윈식 표현대로 하면 방계에 해당할 것이라는 주장도 있다(Costa, 2009).

128 어류와 양서류의 중간단계로 추정되는 실러캔스는 1836년에 발견되었다.

129 절멸한 무리들이 다시 출현한다면, 이들 무리는 아마도 현존하는 무리들의 중간단계일 것이다. 중간단계가 현존하는 무리와 같이 있다면, 중간단계로 인해 무리와 무리의 차이가 모호해질 것이며, 그에 따라 무리를 구분하는 것은 거의 불가능할 것이다. 그러나 반대로 중간단계들이 현존하는 무리들을 연결시켜 주기 때문에, 현존하는 무리들을 자연적으로 배열, 즉 자연분류가 가능할 것이라는 이야기이다. 모식도에 있는 a^{14}에서부터 z^{14}까지를 현존하는 독립된 무리라고 가정한다면, 이들은 서로 뚜렷하게 구분될 것이다. 그러나 이들을 자연적으로 배열하기 위해서는 이들의 중간단계, 즉 모식도의 I부터 X까지에 있는 절멸한 종의 존재를 가정해야만 할 것이다. 하지만 이들은 현존하지 않기 때문에, 현존하는 무리들의 자연분류는 불가능해진다. 이를 가능하게 하려면 절멸한 무리들을 불러내야만 한다.

130 B, C, D, G, H, K, L은 변형된 후손을 남기지 못했고, E와 F는 한 종류의 변형된 후손만을 남겼다. 이에 비해 A와 I는 변형된 후손들 무리를 8개와 6개로 남겼다.

든 중간단계들이 아직도 살아 있다고 가정할 수 있을 것이다. 그리고 연결고리들은 가장 미세한 변종들에서처럼 아주 미세하게 다르다. 이럴 경우에는 몇 무리에 속하는 몇몇 구성원들을 이들의 중간단계 부모들과의 차이점을, 또는 이들 전체의 오래된 미지의 조상과[131] 이들의 부모와의 차이점을 정확하게 규정짓는 것은 거의 불가능할 것이다. 그럼에도 모식도에서의 자연배열은 아직은 유효할 것인데, 유전의 원리에 따라 A 또는 I로부터 유래한 모든 유형들은 무언가를 공통으로 지니고 있을 것이다. 한 나무에서, 비록 실제로 두 개의 가지가 하나로 유합될 수도 있지만, 우리는 이 가지 저 가지를 특정할 수 있을 것이다. 내가 말했듯이, 우리는 몇몇 무리들을 정의할 수는 없으나, 무리가 크든 작든 상관없이 무리 하나하나가 가지고 있는 형질 대부분이 지닌 기준형 또는 유형은 끄집어 낼 수 있을 것이며, 그에 따라 무리들 사이에서 나타나는 차이가 지니는 의미에 대한 일반적인 생각들을 제시할 수 있을 것이다. 이런 점이 우리가 모든 시공간을 초월해서 살았던 그 어떤 강에 속하는 모든 유형들을 수집하는 데 성공할 수 있을 것이라고 우리를 몰아붙이고 있는 것이다. 우리가 이처럼 완벽하게 수집하는 것을 결코 확실하게 성공할 수 없을 것이다. 그럼에도 우리는 어떤 강에서는 이런 방향으로 가는 중이다. 그리고 밀네드와르즈는 최근에 저명한 논문에서, 우리가 기준형이 포함되는 무리들을 구분하고 정의내릴 수 있든 없든 상관없이 기준형에 유의하는 것이 중요하다고 주장했다.[132] (431~433쪽)

131 A부터 L을 파생시킨 공통조상은 모식도에서 누락되었다.

132 여기에서 말하는 기준형은 다음 주제인 형태학에서 설명하는 설계도로 받아들여야 할 것이다. 기준형은 흔히 종이 불변하기 때문에 종의 원형 또는 전형을 지니는 대표적인 유형으로 간주되는데, 다윈은 이런 개념으로 사용한 것은 아닌 것 같다.

[133]마지막으로, 생존을 위한 몸부림에서 비롯되며, 지배적인 한 부모종으로부터 유래한 많은 후손들의 절멸과 이들이 지닌 형질의 분기를 피할 수 없게 유발하는 자연선택이 모든 생명체들 사이에서 나타나는, 즉 한 무리에 다른 무리를 종속시키는 친밀성이 지닌 위대하면서도 보편적인 특성을 설명하는 것을 우리는 보았다. 우리는 한 종에 속하나 공통으로 가진 형질이 극히 적은 암수의 개체와 모든 연령대의 개체들을 분류할 때 친연관계라는 요인을 사용하며, 자신들의 부모와는 다른 것으로 인식되는 변종들을 분류할 때에도 친연관계를 사용한다. 그리고 나는 이 친연관계라는 요소가 자연사학자들이 **자연분류체계**라는 이름으로 찾고자 하는 관련성의 보이지 않는 연줄이라고 믿는다. 자연분류체계가 완벽해져 왔다는 생각에 따르면, 공통부모로부터 유래한 후손들 사이에서 나타나는 차이 정도를 속, 과, 목 등으로 배열하는 상태가 계보적이라는 생각에 근거해서 우리는 분류할 때 반드시 따라야만 하는 규칙들을 이해할 수가 있다. 우리가 왜 다른 많은 유사성들보다 특정한 유사성에 더 비중을 두는지를 이해할 수가 있으며, 왜 흔적기관과 쓸모없는 기관, 또는 생리학적 중요성이 사소한 또 다른 기관들의 사용을 허락하는지도 이해할 수가 있다. 또한 한 무리를 뚜렷하게 구분되는 또 다른 무리와 비교할 때 우리가 왜 상사적, 즉 적응적 형질을 그 자리에서 거부하는지, 그럼에도 같은 무리라는 범위 내에서는 이 형질을 사용하는지를 우리는 이해할 수가 있다.[134] 살아 있거나 절멸한 모든 유형들을 하나의 위대한 체계 내에서 무리

133 분류 항목에 대해 요약하면서 결론을 내리는 부분이다. 친연관계를 이용해서 분류해야 한다는 주장이다. 이러한 분류 방식을 오늘날 진화론적 또는 계통적 분류체계라고 부르고 있다.

134 『종의 기원』 428쪽에 나오는 고래와 어류를 비교한 부분을 참조하시오.

하나로 어떻게 만들었는지를 우리는 이해할 수가 있다. 그리고 강 하나하나에 속하는 몇몇 구성원들이 친밀성이라는 가장 복잡하고 방사적인 직계로 어떻게 하나로 묶이는지도 우리는 이해할 수 있다. 어떤 하나의 강이라도 구성원 사이에 나타나는 친밀성의 빼곡한 그물망의 얽힘을 우리는 결코 풀 수는 없을 것이나, 우리가 분명한 목표를 가까운 장래에 가질 때, 그리고 어떤 미지의 창조의 설계도[135]를 쳐다보지 않을 때, 우리는 확실한 그러나 서서히 진행되는 진보를 만들어 낼 수 있다고 희망할 수 있을 것이다. (433~434쪽)

[136]*형태학*. 같은 강에 속하는 구성원들의 체제를 이루는 일반적인 설계도[137]가 살아가는 습성과는 독립적으로 서로서로 비슷하게 보인다는 점을 우리는 보았다. 이러한 유사성은 흔히 "기준형 일치"[138]라는 용어로 표현되는데, 한 강에 속하는 서로 다른 종들의 몇몇 부위나 기관들이 상동성[139]이라는 의미이다. 이와 관련된 전반적인 내용은 **형태학**[140]이라는 일반적인 이름으로 설명된다. 이 분야는 자연사에서 가장 흥미 있는 분과이며, 자연사의 정수 그 자체라고 불린다. 잡으려고 만들어진 사람의 손, 파려고 만들어진 두더지의 손, 말의 다리, 돌고래의 지느러미발, 박쥐의 날개가 모두[141] 상대적으로 같은 위치에서 같은 뼈로 같은 양상으로 만들어졌다는 점보다 더 신기한 것이 있겠는가? 조프루아 생틸레르는 상동기관의 상대적인 관련성이 지니는 중요성을 아주 강하게 주장했다.[142] 부위들은 형태와 크기가 거의 어

135 생물들을 신이 창조했다면 신이 창조할 때 설계도가 있었을 것이고, 생물들을 신의 의도대로 분류하고자 한다면, 이 설계도를 봐야만 할 것이다. 그러나 생물들이 자연선택과 변형을 수반한 친연관계로 만들어졌다면, 신의 설계도를 볼 필요가 없을 것이다. 설계도는 다음 문단에서 설명하고 있다.

136 장 목차에 나오는 9번째 주제, '같은 강에 속하는 구성원들 사이의 그리고 같은 개체의 서로 다른 부위들 사이의 형태학'을 설명하는 부분이다.

137 생물 무리에서 흔히 공통적으로 나타나는 생물 체제, 특히 형태학적 특징을 의미한다.

138 『종의 기원』 206쪽의 기준형 일치 법칙을 참조하시오. 모든 동물들이 같은 기본적인 원형에 따라 창조된 결과이므로 이들은 모두 기준형이 일치함에 따라 하나의 기다란 사슬로 묶을 수 있다는 주장이다.

139 오늘날에는 구조의 생김새와 기능은 달라도 기원이 같다는 의미로 사용하나, 이 부분에서는 기준형이 일치하는 것이 상동성이라는 생틸레르의 주장을 소개하고 있다.

140 생물이 지닌 구조의 해부학적 특성을 파악하는 학문으로, 주로 생물과 생물을 비교하여 구조의 특성을 이해한다. 형태학이라는 학문 용어는 독일의 시인으로 널리 알려진 괴테가 처음으로 사용한 것으로(Opiz, 2004), 그는 1790년 『식물의 형태발생』을 출간했다.

141 이들 모두를 상동기관이라고 한다.

142 조프루아 생틸레르는 기준형이 일치하는 것이 상동성이라고 주장했다.

느 정도까지는 변할 수가 있으나, 그럼에도 이들은 항상 같은 순서로 하나로 연결되어 있다. 실례를 들면, 우리는 팔과 팔뚝에서, 또는 허벅지와 다리에서 뒤바뀐 뼈들을 결코 찾을 수가 없다. 따라서 굉장히 다른 동물일지라도 같은 이름이 상동성 뼈에 붙기도 한다. 우리는 곤충 입의 구조에서도 같은 위대한 법칙을 본다. 박각시류[143]의 매우 긴 나선형 주둥이, 벌이나 노린재류[144]의 기이하게 접혀 있는 주둥이, 딱정벌레류의 엄청나게 큰 턱보다 더 다른 것들이 있을까? 그럼에도 서로 다른 목적에 쓸모가 있는 이들 기관 모두는 윗입술, 위턱 그리고 두 쌍의 아래턱 등이 무한정 헤아릴 수 없이 변형되어 만들어졌다. 대응하는 법칙들이 갑각류의 주둥이와 다리의 구조도 지배한다. 식물들의 꽃에도 마찬가지로 적용된다. (434~435쪽)

같은 강에 속하는 구성원들에서 나타나는 구조적 양상이 지닌 이러한 유사도를 유용성 또는 목적인[145]으로 설명하려고 노력하는 것보다 더 절망적인 일은 아무것도 없다. 이러한 노력이 지니는 절망감을 오웬도 자신이 쓴 가장 흥미로운 책 『사지의 속성』에서 드러냈다. 생명체 하나하나가 독립적으로 창조되었다는 일반적 견해에 따르면, 우리는 단지 그것이 현재 이렇다고만 말할 수 있을 것이다. 달리 말해 **창조자**가 동식물 하나하나를 만들어서 너무나 기쁜 일인 것이다. (435쪽)

연속적으로 만들어진 사소한 변형들이 자연선택된다는 이론에 따르면 설명은 더 분명해진다. 즉, 변형 하나하나는 어떤 방식으로든 변형된 유형에 적합할 것이나, 때로 체제를 이루는 다

143 박각시과(Sphingidae)에 속하는 나방 종류들의 이름이다.

144 노린재목(Hemiptera)에 속하는 종류들을 영어로 "true bug"라고 부른다. 다윈은 단순히 "bug"라고 썼다.

145 아리스토텔레스가 주장한 운동의 네 가지 원인 중 하나이다. 목적이 있으므로, 이 목적을 실현하기 위해 운동이 일어난다는 것이다. 달리 말하면, 사물이 존재하는 이유이기도 하는데, 새에게 날개가 있는 것은 새가 날기 위해서라고 설명한다. 따라서 목적인으로 생물들의 유사도를 설명할 수가 없을 것인데, 다윈은 이를 절망적인 일이라고 표현한 것이다.

른 부위에 성장의 상관관계[146]에 따라 영향을 줄 것이다. 이렇게 속성이 변화하는 과정에서, 원래의 구조적 양상이 변형되거나 부위가 뒤바뀌는 경향성은 거의 없어지거나 또는 전혀 나타나지 않을 것이다. 사지를 이루는 뼈를 단계적으로 두꺼운 막으로 덮어 어느 정도는 짧아지거나 넓어지게 할 수가 있는데, 마치 지느러미처럼 쓸 수도 있을 것이다. 또한 오리발은 모든 뼈를 또는 일부 뼈를 어느 정도 길게, 그리고 이 뼈들을 막으로 연결해서 어느 정도는 크게 만들어 마치 날개처럼 쓸 수도 있을 것이다. 그럼에도 이러한 엄청난 모든 변형으로 뼈의 골격 또는 몇몇 부위의 상대적인 관련성이 변화하는 경향성은 나타나지 않을 것이다. 만일 우리가 모든 포유류의 소위 근원형이라고 부를 수 있는 원시적인 조상이 현존하는 생물들이 지닌 일반적인 구조적 양상을 띤 사지를 가지고 있다고 가정하면, 이들이 어떤 목적으로 사용되었든지 상관없이, 이 강 전체에 걸쳐 만들어진 사지의 상동성 구조가 지닌 명백한 의미를 우리는 인식할 수 있을 것이다. 곤충의 입도 비슷할 것인데, 이들의 공통조상들이 윗입술, 위턱 그리고 두 쌍의 아래턱을 갖고 있었고, 이들 부위는 아마도 아주 단순했을 것이라고 우리는 단지 가정만 할 수 있을 것이다. 그리고 자연선택이 곤충들의 입에서 나타나는 무한히 다양한 구조와 기능을 설명해 줄 것이다. 그럼에도 불구하고, 한 기관의 구조적 양상이 너무 모호해서 위축되거나 일부 부위가 완전한 발육부진으로 다른 부위와 궁극적으로 하나로 밀착되어서 다른 부위가 두 배가 되거나, 또는 더 많아짐에 따라 결국 사라지는

146 5장 변이의 법칙에서 다루어진 한 주제이다. 『종의 기원』 143쪽을 참조하시오.

것도 우리는 상상할 수가 있으며, 또한 이런 변이들이 가능한 범위 안에 있는 것으로 우리는 알고 있다. 절멸한 거대한 바다도마뱀[147]의 지느러미발과 일부 흡입 작용을 하는 갑각류[148]의 입이 보여 주는 일반적인 구조적 양상은 어느 정도 숨겨진 것으로 보인다. (435~436쪽)

이 주제에서 또 다른 똑같이 궁금한 세부 분야가 있다. 즉, 한 강을 이루는 서로 다른 구성원들에서 나타나는 같은 부위를 비교하는 것이 아니라, 한 개체를 이루는 서로 다른 부위나 기관을 비교하는 것이다.[149] 두개골을 이루는 뼈들은 그 수와 연결되는 생김새로 볼 때,[150] 척추골의 일부 기본 부위와 상동성이라는 점을 많은 생리학자들은 믿고 있다.[151] 척추동물과 체절동물의 구성원 하나하나가 지닌 앞다리와 뒷다리는 분명히 상동성이다. 갑각류의 놀랍고도 복잡한 턱과 다리를 비교하면 우리는 같은 법칙을 볼 수 있다. 한 꽃에서 꽃받침잎, 꽃잎, 수술, 암술은 모두 완전하게 다른 모습으로 변화된 잎들이며,[152] 이들이 나선형으로 배열되어 있다는 견해에 따르면, 이들의 상대적인 위치와 미성숙 구조들을 잘 이해할 수 있음을 거의 모든 사람이 잘 알고 있다. 기형적인 식물들에서 한 기관을 다른 기관으로 변모시켰을 가능성에 대한 직접적인 증거를 우리는 때로 얻는다. 게다가 발생 중인 갑각류와 다른 많은 동물, 그리고 꽃에서 성숙하나 극도로 달라지는 기관들이 성장 초기에는 정확하게 닮았다는 점을 우리는 실제로 볼 수 있다. (436~437쪽)

창조라는 일반적인 견해에 따른다면 이러한 사실들을 어떻게

147 절멸한 거대한 바다도마뱀 종류로는 어룡(*Ichthyosauria*), 모사사우르(*Mosasaur*)가 있다. 이들의 몸길이는 1m를 상회한다.

148 Costa(2009)는 기생성 갑각류를 의미한다고 주장했다. 어류를 비롯하여 갑각류를 포함한 해양동물에 기생한다.

149 연속상동성을 설명한다. 한 생물을 이루는 부분들이 반복해서 나타나는 유사성을 연속상동성이라고 한다(Mindell · Meyer, 2001). 척추동물의 여러 척추골, 새들의 깃털, 절지동물의 마디 등에서 이러한 유사성을 볼 수가 있는데, 같은 유전자가 복제됨에 따라 이런 상동성이 나타나는 것으로 추정하고 있다(김창배 등, 2004).

150 다윈은 『종의 기원』 438쪽에서 "두개골이 변태한 척추골들로 만들어진 것"이라고 설명했다.

151 연속상동성은 오웬이 맨 처음 설명한 것으로 알려져 있다(Camardi, 2001).

152 꽃에서 만들어진 꽃받침잎, 꽃잎, 수술, 암술은 오늘날 ABC 모형으로 설명한다. 이 모형에 따르면 꽃받침잎, 꽃잎, 수술, 암술은 모두 변형된 잎으로 간주되며, 유전자의 발현에 따라 각기 다른 부위가 만들어진다.

설명할 수 있단 말인가! 왜 뇌는 정확하게 같은 수와 특별한 모양을 한 뼈 조각들로 만들어진 상자[153]로 감싸여 있을까? 포유류가 새끼를 낳을 때 두개골이 여러 개의 조각으로 된 것이 유리하다는 오웬의 언급은[154] 조류에서도 같은 두개골 구조가 나타나는 점을 결코 설명할 수가 없을 것이다.[155] 박쥐는 날개와 다리를 전혀 다른 목적으로 사용하는데, 이들의 날개와 다리를 만들 때 왜 비슷한 뼈로 창조했을까? 많은 부위로 되어 있어 극도로 복잡한 입 구조를 지닌 갑각류는 이러한 이유로 항상 다리의 수가 적고, 역으로, 많은 다리를 가진 갑각류는 왜 입이 단순할까? 한 개체에서 피는 꽃들은 꽃받침잎, 꽃잎, 수술 그리고 암술 모두가 서로 다른 목적에 적합함에도 불구하고, 왜 같은 양상으로 만들어졌을까? (437쪽)

자연선택 이론에 따르면 우리는 이러한 질문들에 대해 흡족하게 대답할 수가 있다. 척추동물에서 우리는 몸 안에 있는 기다란 척추[156]에 특정 돌기와 가지들이[157] 달려 있는 것을 볼 수 있다. 체절동물에서는 몸의 체절들이 연속적으로 배열되어 있으며 이 체절에 몸 바깥으로 돌기가 나 있는 것을 볼 수 있고, 꽃피는 식물에서는 잎들이 나선형의 소용돌이 모양처럼 연속적으로 배열되어 있는 것을[158] 우리는 볼 수 있다. 같은 부위나 같은 기관이 무한히 반복되어 있는 것은 하등하거나 또는 거의 변형이 일어나지 않은 모든 유형들에서 (오웬이 관찰했듯이) 공통적으로 나타나는 형질상태이다. 그러므로 척추동물의 미지의 조상은 많은 척추골을, 체절동물의 미지의 조상은 많은 체절을, 그리고

153 두개골, 즉 머리뼈를 의미한다.

154 오웬이 1848년에 쓴 『척추동물 골격의 원형과 상동성』이라는 책의 73쪽에 있는 내용이다(Costa, 2009).

155 조류는 새끼를 낳지 않고 알을 낳는다. 포유류의 새끼들이 출산할 때 머리의 구조를 약간 변형시키는 것이 출산에 도움이 되기에 이런 도움을 받기 위해 두개골이 여러 개의 조각으로 되어 있다고 설명을 한다. 하지만 이런 설명으로는 새끼로 나오지 않고 알 상태로 나오는 조류에서도 포유류와 비슷한 두개골 구조가 나타나는 점은 설명이 되지 않는다는 의미이다.

156 척추는 척추골이 서로 연결되어 기둥처럼 이어진 전체를 일컫는 용어이다. 최근에는 척주라고 부르기도 한다.

157 사람의 경우 척추를 이루는 뼈, 즉 척추골 하나에는 횡돌기, 극돌기, 후관절돌기 등이 달려 있다.

158 목련의 꽃을 보면 꽃받침잎과 꽃잎, 수술과 암술이 용수철처럼 배열되어 있다.

꽃피는 식물의 미지의 조상은 나선형의 소용돌이 모양처럼 배열된 많은 잎을 가졌을 것이라고 우리는 기꺼이 믿어도 될 것이다.[159] 이미 여러 번 반복되어 있는 부위는 그 수나 구조가 눈에 띄게 변하기 쉽다는 것을 우리는 살펴보았다. 이런 이유로, 오래 지속된 변형 과정에서 자연선택은 초기 상태의 비슷한 요소의 특정한 수를 움켜잡았고, 이런 일이 여러 번 반복되면서, 아주 다양한 목적에 요소들을 적응시켰다고 하는 것이 매우 그럴듯하게 보인다. 그리고 전반적인 변형 정도는 사소하게 연속적으로 일어난 변형에 의해 영향을 받기 때문에, 유전의 원리에 따라 강력하게 유지되어 온 부위나 기관에서 근본적인 유사성이 어느 정도 나타난다고 해서 우리가 놀랄 필요는 없다. (437~438쪽)

커다란 강인 연체동물에서,[160] 비록 한 종의 부위들과 뚜렷하게 구분되는 또 다른 종의 부위들 사이에서 상동성을 우리가 찾을 수는 있지만, 우리는 극소수의 연속상동성만을 지적할 수 있다.[161] 즉, 우리는 한 개체 내에서도 한 부분이나 기관이 다른 부분이나 기관과 상동적이라고 주장하기는 어렵다. 그리고 우리는 이런 사실을 이해할 수가 있는데, 연체동물에서는, 심지어 이 강에 속하는 가장 하등한 구성원일지라도, 동식물계의 다른 큰 강에서 우리가 찾을 수 있는 어떤 한 부위가 무한히 많이 반복된 경우를 거의 찾기가 어렵기 때문이다.[162] (438쪽)

자연사학자들은 두개골이 변태한 척추골들로 만들어진 것이며, 게의 집게발[163]은 변태한 다리이며, 꽃의 수술과 암술은 변태한 잎이라고 자주 말한다.[164] 그러나 이들 사례에서는, 헉슬리

159 식물분류학에서는 한때, 기다란 화탁에 많은 수의 화피편이 나선형의 소용돌이 모양으로 달리고, 밑씨도 많고, 꽃밥도 잎처럼 생긴 식물을 피자식물의 조상으로 간주했었다(Takhtajan, 1981).

160 약 85,000종이 연체동물에 포함된다. 화석도 100,000종 정도로 추정하고 있다.

161 『종의 기원』 6판에서 다판류(Chiton)의 각판을 예로 들었는데, 이 무리의 껍데기는 서로 겹치는 8개의 각판으로 되어 있다. 군부, 줄군부 등이 이에 해당하는 동물이다. 오웬은 연속상동성을 "한 개체에서 나타나는 여러 조각들 사이의 대표적인 또는 반복적인 연관성"이라고 정의했다. 예를 들어, 사람의 팔과 다리, 쥐나 개의 앞다리와 뒷다리 사이의 연관성을 연속상동성이라고 한다.

162 연체동물을 이루는 이매패강 무리는 몸 전체가 두 개의 단단한 껍데기로 감싸여 있는 반면, 두족류에는 몸에 단단한 껍데기가 없다. 이들 사이에서 연속상동성을 발견하는 것은 어려운 일이다.

163 『종의 기원』에는 "jaw", 즉 턱으로 되어 있는데, 집게발을 의미한다. 이하 집게발로 번역했다.

164 변태(metamarphosis)는 동물의 성체와는 형태학적, 생리학적, 생태학적 특성이 다른 어린 개체가 성체로 변하는 과정을 의미한다. 즉 한 개체에서 나타나는 변화를 의미한다. 따라서 이런 개념으로 "두개골은 변태한 척추골들로 만들어"졌다고 주장하는 것은 설명하기가 매우 곤란하다. 따라서 여기에서 변태는 단순히 형태가 바뀐 것이라는 의미로 판단된다.

교수가 언급했듯이, 두개골과 척추골, 집게발과 다리, 이 두 경우는 한 부위가 다른 부위로 변태한 것이 아니라, 이들이 같은 공통 요소에서 변태한 것이라고 말하는 것이 좀 더 정확할 것이다.[165] 그러나 자연사학자들은 이런 말을 은유적 느낌으로만 사용하므로, 그들은 친연관계가 오랜 세월 유지되는 동안, 어떤 종류의 초기 기관이, 한 사례에서는 척추골이고 다른 사례에서는 다리인데, 두개골이나 집게발로 사실상 변형되었다는 의미로는 결코 말하지 않는다. 그럼에도 이처럼 속성이 변형된 사례가 너무나 강하게 나타나기 때문에, 자연사학자들은 명백한 의미를 지닌 언어를 사용하지 않고는 피하기가 힘들 것이다. 내 견해에 따르면, 이러한 용어들은 글자 그대로 사용할 수도 있다. 그리고 실례로, 유전을 통해 아마도 유지하게 되었을 많은 형질들을 지닌 게의 집게발이 보여 주는 놀라운 사실은, 만일 진짜 다리나 어떤 단순한 부속지가 오랜 세월 친연관계가 유지되면서 실제로 변태해서 이런 형질들이 만들어졌다고 한다면, 설명이 된다. (438~439쪽)

165 헉슬리는 변태를 공통 요소가 각기 다르게 발달하는 과정으로 이해한 것으로 추정된다.

[166]*발생학*. 성숙하면 크게 달라지고 서로 다른 목적에 사용되는 한 개체에 있는 특정 기관들이 배 상태에서는 정확하게 닮았다는 점은 이미 이따금씩 언급되었다. 같은 강에 속하는 뚜렷하게 구분되는 동물의 배도 때로는 놀라울 정도로 비슷하다. 이 점과 관련해서 아가시가 언급했던 증거들보다 더 좋은 증거들을 제시할 수가 없는데, 그는 일부 척추동물의 배가 고유한 인식표

166 장 목차에 나오는 10번째 주제, '초기 단계에서 드러나지 않는 변이로 설명되며 상응연령대에 나타나는 발생학'을 설명하는 부분이다.

를 잃어버리면, 이 배가 포유류, 조류 또는 파충류 중 어떤 종류의 배인지를 말해 줄 수가 없다고 주장했다.[167] 나방, 파리, 딱정벌레 등의 가늘고 긴 애벌레들끼리는 다 자란 곤충들이 비슷하게 보이는 것보다 더 비슷하게 보인다. 그러나 애벌레의 사례에서도 배는 활동적이고, 삶의 특정한 방향에 적응되어 있다. 배가 유사성을 지니고 있다는 법칙을 따라가면, 때때로 나이가 들어도 유사성이 지속되는 것을 알 수 있다. 따라서 우리가 개똥지빠귀류의 반점이 있는 깃털에서 볼 수 있는 것처럼, 같은 속에 속하는 조류들과 가까운 동류인 속에 속하는 조류들은 첫 번째 깃털과 두 번째 깃털이 날 때까지 때로 서로서로 비슷하게 보인다. 고양이 무리에서는, 대부분 종들에 줄무늬가 있거나 반점들이 줄을 지어 나 있는데, 이런 줄무늬는 사자 새끼에서도 뚜렷하게 나 있다.[168] 게다가 우리는 아주 드물지만 우연히 식물에서도 이와 비슷한 경우들을 본다. 가시금작화[169]의 배 상태[170]에 있는 잎들과 위엽[171]을 만드는 아카시아의 첫 번째 잎들은 콩과 식물의 정상적인 잎들처럼 우상[172]으로 갈라져 있다. (439쪽)

같은 강에 속하는 동물들이 서로 많이 다르지만 배가 서로서로 비슷하게 보이는 경우, 이들이 지닌 구조에 대한 논의의 핵심은 이 구조들이 생존 조건과는 직접적인 연관성이 때로 거의 없다는 점이다.[173] 실례를 들면, 척추동물의 배에 나타나는 아가미 틈새 근처 동맥의 특이한 고리 모양의 경로가 어미의 자궁에서 양육된 어린 포유동물과 둥지에서 부화된 조류의 알 그리고 물속에서 살아가는 개구리의 알에서 나타나는데, 이들이 모

167 『종의 기원』 3판부터는 "아가시가 언급했던 증거들보다"가 "폰 베어가 언급한"으로 수정되어 있다. 다윈이 실수한 것으로 알려졌다. 실제로 폰 베어는 1828년에 발간한 『동물 발달의 역사』에서 유명한 '폰 베어 법칙'을 발표했다. 즉, 개체는 발생 과정에서 특징적인 형질 이전에 종이 지닌 대표적인 형질을 먼저 발현한다고 주장했고, 분류학적으로 상위에 있는 동물의 초기 배아는 하위 동물의 성체보다는 초기 배아와 유사하다고 주장했다.

168 사자와 고양이는 모두 고양이과(Felidae)에 속하는 동물이다.

169 콩과(Fabaceae)에 속하는 가시금작화속(*Ulex*) 식물들이다. 이 속은 20여 종으로 이루어져 있으며 유럽 서부와 아프리카 북서부에서 자생하지만, 대부분은 스페인과 포르투갈이 위치한 이베리아반도에서 자생한다.

170 겨울눈 안에 들어 있는 잎을 말한다. 식물의 배엽 또는 자엽은 씨 안에 들어 있다.

171 잎자루가 잎처럼 넓게 된 잎이다. 콩과(Fabaceae)에 속하는 아카시아속(*Acacia*) 식물들에서 흔히 볼 수 있다.

172 잎이 한 장의 잎몸으로 되어 있지 않고 여러 장의 잔잎으로 된 잎을 복엽이라고 하는데, 이 복엽 중 잔잎들이 깃털처럼 달리는 잎을 우상복엽이라고 한다.

173 배는 살아가는 조건에 노출되지 않았기 때문일 것이다. 또한 다른 생물들과의 연관성도 없었기 때문일 것이다. 그러나 오늘날 관점에서 보면 배도 살아가는 조건에 노출되어 있다고 생각할 수 있지만, 다윈 시대에는 정자와 난자, 접합자에 대해 정확하게 알지 못했을 것이다.

두 비슷한 조건에 노출되었기 때문에 만들어졌다고 우리는 가정할 수가 없다.[174] 우리가 이러한 연관성을 믿지 못하는 것처럼 사람의 손, 박쥐의 날개, 돌고래의 지느러미에 같은 뼈가 비슷한 살아가는 조건들과 연관되어 있다고 우리가 믿어서도 안 된다. 사자 새끼들에게 있는 줄무늬나 어린 대륙검은지빠귀[175]의 반점이 동물들에게 어떤 쓸모가 있는지, 또는 이들이 노출된 조건과 어떤 연관성이 있는지를 그 누구도 추정하지 못할 것이다. (439~440쪽)

그러나 배발생의 어떤 시기에 있는[176] 동물이 활동적이며 스스로 자립해야만 할 때에는 상황이 다르다.[177] 이 활동 시기가 일생의 초기 또는 후기에 나타날 수 있는데, 언제 나타나든지 애벌레가 살아가는 조건에 적응하는 것은 성체가 적응하는 것처럼 완벽하고 아름답다. 이와 같은 특별한 적응으로 인해 동류 동물의 애벌레들 또는 활동적인 배들에서 나타나는 유사도가 때로 상당히 모호해진다. 그리고 두 종의 애벌레 또는 한 종에 속하는 두 무리의 애벌레가 상당히 서로 나른, 또는 심지어 이들의 성체인 부모들이 다른 것보다 더 많이 다른 사례들을 제시할 수가 있다. 그러나 대부분의 사례에서 보듯, 애벌레는 비록 활동적일지라도 공통적인 배발생 유사성 법칙을 다소 엄밀하게 따른다. 만각류는 이런 점을 보여 주는 좋은 실례이다. 저명한 퀴비에조차도 따개비가 확실하게 갑각류라는 사실을 인지하지 못했다.[178] 그러나 애벌레는 얼핏 보더라도 틀릴 여지가 없는 사례임을 알 수 있다. 다시 만각류의 두 주요 무리, 즉 유병성과 무병성

174 포유동물은 대부분 땅에서, 조류는 공중에서, 그리고 양서류는 물에서 서식하는 등, 서로 다른 살아가는 조건에 처해 있음에도 불구하고, 배 상태에서는 모두 고리 모양의 경로가 나타난다고 설명하고 있다.

175 *Turdus merula*. 개똥지빠귀과(Turdidae)에 속하는 조류로 눈과 부리를 제외한 몸 전체가 검은색이다.

176 다윈은 『종의 기원』에서 "embryonic"이라고 표현했는데, 미성숙한 어린 상태를 의미한다(Costa, 2009).

177 독립된 개체로 살아가는 성체를 의미한다. 성체는 살아가는 조건에 노출되었고, 또한 다른 생물과의 연관성 속에서 살아가야만 할 것이기 때문에 배 상태와는 전혀 다른 상황에 처했다고 설명한 것이다.

178 퀴비에는 만각류를 연체동물의 한 강으로 분류했다(Costa, 2009). 갑각류는 절지동물이다.

무리가 외부 형태는 굉장히 다른데도 애벌레는 이들이 보내는 모든 단계에서 거의 구분할 수가 없다. (440쪽)

배는 발달하면서 일반적으로 체제가 커진다. 체제가 고등 또는 하등으로 된다는 점이 무엇을 의미하는지 정확하게 정의하는 것은 거의 불가능하다는 점을 내가 잘 알고 있지만, 이 표현을 사용하고자 한다.[179] 아마도 나비가 애벌레보다 고등하다는 점에 대해 그 누구도 반박하지 않을 것이다. 그러나 어떤 사례에서는 성숙한 동물이 일반적인 크기로 볼 때 애벌레보다 하등한 것으로 간주되기도 하는데, 일부 기생성 갑각류에서 볼 수 있다. 다시 만각류[180]를 예로 들어 보자. 제1기 애벌레는 3쌍의 다리와 아주 단순한 단안, 그리고 길게 돌출된 입을 지니는데, 이 입으로 많이 먹어 자신의 몸집을 크게 만든다. 제2기에는, 나비의 경우 번데기 단계에 해당하는데, 6쌍의 아름답게 만들어진 헤엄치기에 적합한 다리, 한 쌍의 멋진 복안, 그리고 극도로 복잡한 더듬이를 가진다. 그러나 이들의 입은 닫혀 있고 불완전해서 먹을 수는 없다. 이 단계에서 이들이 하는 일은 잘 발달된 감각기관을 이용해서 적당한 장소를 찾고, 활발하게 헤엄쳐서 적당한 장소에 도착하는 것으로, 이 장소에 달라붙어 마지막 변태를 한다. 이 일이 완성되면, 이들은 일생동안 고정된 상태로 살아간다. 이들의 다리는 감싸기에 적합한 기관으로 전환되며, 잘 발달된 입을 다시 만드나 더듬이는 사라지며, 두 눈은 조그만 아주 단순한 하나의 안점으로 다시 전환된다. 이 마지막 단계로 최종적으로 완성된 만각류를 애벌레 시절보다 좀 더 고등하게 또는

179 다윈이 고등 또는 하등이라는 표현을 사용하는 것을 싫어한 것으로 알려졌다. 단지 체제가 복잡하면 고등으로, 단순하면 하등으로 간주하려고 했다(Costa, 2009). 다윈은 『종의 기원』 336~337쪽에서 고등의 의미를 "더 최근에 만들어진 유형이 오래전에 만들어진 유형보다 더 고등하다"라고 풀이했다.

180 껍데기가 몸과 발 등을 완전히 덮어 주머니 모양의 외투를 만들어 살아가는 소악강(Maxillopoda), 만각하강(Cirripedia)에 속하는 갑각류를 총칭하는 이름이다. 따개비, 거북손 등이 이에 해당한다. 다윈도 이 무리를 연구했다.

좀 더 하등하게 조직화되었다고 말할 수가 있을 것이다.[181] 그러나 일부 속들에서는 애벌레가 일반적인 구조를 지닌 암수한몸으로 또는 내가 불렀던 보충웅체로 발달한다. 보충웅체는 발달이 역행하는데, 수컷은 단지 수명이 짧은 주머니에 불과하고 생식에 필요한 기관을 제외한 입, 위 또는 기타 중요한 기관도 결핍되어 있기 때문이다. (441쪽)

[182]우리는 배와 성체 사이의 구조적 차이를 보는 것에 아주 익숙해져 있고, 마찬가지로 같은 강에 속하는 굉장히 다른 동물들의 배가 높은 유사도를 보인다는 점에도 아주 익숙해져 있기 때문에, 우리는 이러한 사실들을 성장하면서 같은 방식으로 필연적으로 일어날 것 같은 사건으로 바라보게 된다. 그러나 실례를 들어, 박쥐의 날개나 돌고래의 지느러미발은, 배 상태에서 구조가 눈에 띄자마자, 모든 부위를 적절한 비율로 간단하게 설명하지 못할 명백한 이유는 없다. 그리고 동물의 한 무리 전체 중 일부와 다른 무리의 일부 구성원들에서, 배는 그 어떤 시기라도 성체와 크게 다르지 않다. 그에 따라 오웬은 갑오징어류[183]에 대해 "변태가 일어나지 않는데, 두족류의 형질[184]은 배의 여러 부위가 완성되기 전에 분명하게 나타난다"라고 언급했으며, 거미에 대해서는 "변태라고 부를 정도로 의미가 있는 것은 아무것도 없다"라고 언급했다. 곤충의 애벌레는, 가장 다양하게 활동적인 습성을 지니도록 적응하든, 매우 비활동적인 습성을 지녀 부모가 이들을 먹여 주거나 적절한 먹이 속에서 살아가든 상관없이, 어떤 경우에라도 발이 없이 꿈틀꿈틀 움직이는 벌레와 같은 발

181 구조가 완전한 성체가 되면서 더 단순해졌기 때문이다.

182 일반적으로 배가 자라 성체로 되면서 배와 성체의 형태가 다르게 된다. 그러나 일부 동물에서는 배와 성체가 비슷한 경우가 있는데, 이런 경우가 종들이 특별히 창조된 증거로 간주되었으나(Costa, 2009), 다윈은 이 역시 변형을 수반한 친연관계로 설명할 수 있음을 보여 주려고 하고 있다.

183 두족강(Cephalopoda), 갑오징어목(Sepiida), 갑오징어과(Sepiidae)에 속하는 연체동물 종류이다. 갑옷 같은 뼈가 있어 이런 이름이 붙었으나, 실제로 뼈는 아니다.

184 몸이 좌우대칭이며 머리가 몸통의 위쪽에 있으며, 다리는 몸통의 아래에 존재하는 공통의 특징을 지닌다. 약 1,000종에서 1,200종이 지구상에 분포한다.

달 단계를 거의 모두 거쳐간다. 그러나 진딧물속Aphis 곤충과 같은 아주 드문 사례에서, 만일 우리가 이 곤충의 발달 과정을 그린 헉슬리 교수의 놀라운 그림을 보게 된다면, 우리는 벌레 같은 단계의 자취를 볼 수 없을 것이다.[185] (442쪽)

[186]그렇다면 배와 성체 사이에서 나타나는 구조의 매우 일반적이지만 보편적인 차이가 아닌 몇 가지 사실들, 즉 한 개체를 이루는 배의 부위들이 궁극적으로 매우 닮지 않아서 다양한 목적으로 사용됨에도 성장의 초기에는 닮았다는 점, 같은 강에 속하는 서로 다른 종의 배들이 보편적이지는 않지만 서로서로 비슷하게 보이는 점, 배가 어떤 살아가는 시기에 활동적이 되며 스스로 먹고 살아야 할 때를 제외하고는 배의 구조가 생존 조건과 밀접하게 연관되어 있지 않다는 점, 그리고 배가 때로 자신이 발달해서 만들어진 성숙한 동물보다 더 고등한 체제를 뚜렷하게 지니고 있다는 점들을 우리는 발생학적으로 어떻게 설명할 수 있을까? 이러한 모든 사실들은 변형을 수반한 친연관계라는 견해에 따르면 설명이 가능하다고 나는 믿는다. (442~443쪽)

배발생 아주 이른 초기에 때로 영향을 받아 기형[187]이 나타나는 것처럼, 사소한 변이들이 이처럼 이른 시기에 필연적으로 나타난다고 흔히들 생각하고 있다. 그러나 우리는 이 주제와 관련해서 증거가 거의 없으며, 실제로 증거는 다른 방향을 지시하고 있는데, 소, 말을 비롯한 기타 다양한 애완동물들을 사육하는 사람들은 동물들이 태어나서 일정 시간이 지나기 전까지는 태어난 새끼의 장점과 형태가 궁극적으로 어떻게 나타날지에 대해

185 진딧물은 주로 무성번식을 한다. 모개체가 성체와 비슷하나 조그맣게 축소된 새끼를 낳으며, 이 새끼가 자라 성체로 자라기 때문에 애벌레 단계가 없다. 때로 유성생식을 하기도 하지만, 애벌레 단계를 거치지 않는 것으로 알려져 있다.

186 다윈은 발달 단계에 따라 다양하게 나타나는 현상도 변형을 수반한 친연관계 이론으로 설명할 수 있음을 보여 주려고 한다. 이 문단에서는 다양한 사례들을 나열했고, 다음 문단에서부터 생육 동물들을 대상으로 다양한 현상들을 설명하고 있다. 송철용(2013)은 이 부분의 소제목으로 '변화를 수반한 유래설과 발생학'을 붙였는데, '변화를 수반한 유래설'은 이 책에서 '변형을 수반한 친연관계'를 의미한다.

187 다윈은 기형을 『종의 기원』 44쪽에서 "구조의 한 부위가 상당히 달라진 변이체"로 정의했다.

적극적으로 말하지 않는다는 점은 널리 알려져 있다. 우리는 이런 점을 우리의 아이들에게서 명확하게 보는데, 우리는 항상 아이의 키가 클지 작을지 또는 정확하게 어떤 얼굴일지에 대해 말할 수가 없다. 문제는 살아가는 어떤 시기에 어떤 변이가 만들어졌는가가 아니라 어떤 시기에 변이가 완전히 드러나는가이다. 어떤 원인이 심지어 배가 형성되기 전에도 작동할 수가 있는데, 나는 일반적으로 작동할 것으로 믿는다. 그리고 변이가 수컷과 암컷의 생식 요소 탓에 나타날 수도 있는데, 이 요소들은 부모 중 하나 또는 조상들이 노출되었던 조건에 의해 영향을 받았을 것이다. 그럼에도 불구하고 아주 이른 시기에, 심지어 배가 형성되기 전의 원인으로 나타난 결과가 살아가는 시기 후기에 다시 나타날 수도 있는데, 나이가 들어 나타난 유전 질환은 부모 한쪽의 생식 요소에서 자손에게 전달된 것이다. 교배로 번식된 사육소의 뿔이 부모 한쪽의 뿔 생김새의 영향을 받은 것과 마찬가지이다.[188] 아주 어린 동물의 번성을 위해, 이 동물이 모체의 자궁이나 알 속에 오래 있는 한, 또는 부모가 양육하고 보호해 주는 한, 이 동물이 자신의 형질들을 살아가는 시기 초기에 완전히 습득하는지 후기에 완전히 습득하는지는 큰 의미가 없는 것이 틀림없다. 다른 실례로, 기다란 부리를 지니고 있어 제일 좋은 먹이를 확보할 수 있는 새 한 마리가 이런 일을 하는 데 적절한 길이의 부리를 가졌는지 가지지 않았는지는 부모가 이들에게 먹이를 제공하는 한 중요하지가 않다. 이런 결과로부터, 수많은 연속된 변형들 하나하나가, 이 과정을 통해 종 하나하나가 현재 지

188 다윈은 『종의 기원』 14쪽에서 "뿔이 짧은 암소와 뿔이 긴 수소를 교배시켜 태어난 송아지의 경우도 마찬가지로, 비록 성장 후기에 뿔이 훨씬 커지지만 이는 명백하게 수컷 요소의 탓이다"라고 설명했다.

니고 있는 구조를 습득했을 것이고, 살아가는 시기의 초기가 아닌 시기에 나타날 가능성이 아주 높다고 나는 결론을 내린다. 그리고 사육 동물에서 얻은 직접적인 증거들은 이런 견해를 뒷받침한다. 그러나 다른 사례에서는 연속된 변형 하나하나 또는 변형들 대부분이 극단적으로 이른 시기에 나타날 가능성도 높아 보인다.[189] (443~444쪽)

나는 1장에서 나이와 상관없이 어떤 변이가 부모에게서 처음 나타나면, 이 변이는 자손의 상응연령대에 다시 나타나는 경향성이 있음을 보여 주는 어떤 증거들이 있다고 말했었다.[190] 상응연령대에만 나타나는 어떤 변이들은, 실례를 들면, 누에나방[191]의 애벌레, 고치 또는 이마고[192] 상태, 또는 거의 다 자란 소의 뿔에서 특이하게 나타난다. 그러나 이보다 더 나아가서, 우리가 볼 수 있는 모든 변이들은 살아가는 시기의 초기나 후기에 나타났을 것인데, 이런 변이는 자손과 부모에게 있어 상응연령대에 나타나는 경향이 있다. 이런 일이 불변하는 사례는 아니라는 점을 나는 말하고자 한다. 부모보다 어린 시절에 드러나는 변이들의 (변이라는 말을 넓은 의미로 사용해서) 좋은 사례들을 많이 제시할 수도 있을 것이다. (444쪽)

이 두 가지 원리는,[193] 만일 이 원리들이 진실이라고 받아들인다면, 나는 믿지만, 발생학과 관련된 앞에서 언급한 모든 특이한 사실들을 설명할 수 있을 것이다. 우선 사육 변종들에 대응하는 몇몇 사례들을 살펴보자. 개에 관해서 책을 쓴 일부 학자들은 그레이하운드와 불도그가 겉모습은 엄청 다르지만, 가장 가까운

189 변형이 배발생의 특정 시기에 나타난다고 설명하지 않고, 이런 시기에도 저런 시기에도 나타날 수 있다고 다윈은 설명하고 있다. 이렇게 쓴 이유는 ①이전의 막연한 발달 법칙으로는 몰랐던 공통조상과 관련된 역사를 배가 보여 줄 수 있음을 설명하고, ② 이렇게 함으로써 자신이 이해한 배-조상의 상관관계와 자신의 이론의 다른 요인들, 즉 변이, 선택 그리고 유전 등을 연결시킬 필요가 있었고, ③같은 용어로 배가 보여 주는 생명체의 조상성과 배 상태에서는 볼 수 없는 부분에 대한 설명을 찾을 수 있을 것이라고 생각했기 때문이다(Ruse · Richards, 2009).

190 『종의 기원』 13~14쪽에서 설명했다.

191 *Bombyx mori*. 비단을 만들기 위해 사육하는 누에나방과(Bombycidae)의 나방 종류이다. 누에나방의 애벌레를 누에라고 하는데, 주로 뽕나무 잎을 먹고 자란다.

192 누에나방의 변태 과정 마지막 단계에 나타나는 유형이다. 이마고가 변태하면 날아다니는 누에나방으로 된다.

193 다윈은 『종의 기원』 5판부터 "두 가지 원리, 즉 사소한 변이들이 일반적으로 살아가는 시기의 아주 이른 시기에는 나타나지 않으며, 그리고 사소한 변이들이 이른 시기에 상응되지 않도록 유전된다"라고 보충해서 설명했다. 아주 이른 시기에는 자궁이나 알 속에서 보호받기 때문에 사소한 변이들이 나타나지 않을 것이며, 또한 이른 시기에 나타나면 선택과 무관할 수 있기 때문일 것이다.

동류인 변종이며, 아마도 같은 야생 원종에서 유래했을 것이라고 주장하고 있다. 그래서 나는 이들의 강아지들이 서로서로 얼마나 다른지를 관심을 가지고 살펴보았다. 사육가들은 부모들이 다른 것처럼 강아지들도 다르다고 나에게 알려 주었는데, 눈으로 판단할 때는 거의 그런 것처럼 보였다. 그러나 나이 든 개와 이들의 6일 된 강아지를 실제로 측정하고 나서, 나는 강아지들로부터 완전한 비례적 차이를 거의 얻지 못했다.[194] 또다시 나는 짐수레용 말과 경주용 말의 망아지들이 다 자란 성체들만큼이나 다르다는 말을 들었고, 이런 말에 나는 엄청나게 놀랐는데, 내가 생각하기로는 이 두 품종 사이의 차이는 사육하는 동안에 선택에 의해 전반적으로 나타났을 것이다. 그러나 경주용 말과 짐수레용 말의 어미와 3일 된 수망아지를 조심스레 비교했더니, 나는 수망아지들이 완전한 비례적 차이를 결코 지니고 있지 않음을 발견했다. (444~445쪽)

집비둘기의 몇몇 사육 품종들이 하나의 야생종에서 유래했다는 증거가 나에게는 결정적이었기에, 나는 다양하게 변한 품종들의 어린, 즉 부화해서 12시간이 지나지 않은 개체들을 비교했다. 나는 조심스럽게 부리, 입의 폭, 콧구멍과 눈꺼풀의 길이, 다리의 크기와 발의 길이 등의 비율을 야생 원종과 파우터비둘기, 공작비둘기, 런트비둘기, 바브비둘기, 드래군비둘기,[195] 전서비둘기 그리고 공중제비비둘기에서 측정했다(이 책에 자세한 결과는 제시하지 않을 것이다). 이들 비둘기 중 일부는 다 자라면 부리의 길이와 형태가 아주 이상하게 달라지는데, 만일 이들이 자연 야생

194 개 품종별로 성체에서 나타나는 차이를 강아지에게서는 발견하지 못했다는 의미이다. 변이들이 이른 시기에 상응되지 않도록 유전되기 때문에, 강아지들에게서는 품종별로 나타나는 차이를 발견할 수 없었을 것이다.

195 다윈 시대에 널리 사육하던 품종의 하나이다. 다윈 시대에는 "dragon"으로 표기했으나, 이후 "dragoon"으로 표기했다. 다윈이 교배 실험과 해부 실험에 사용한 재료로 알려져 있다.

종이었다면, 이들을 뚜렷하게 구분된 속에 소속시켰다고 해도 나는 의심할 수가 없었다. 그러나 이들 몇몇 품종의 새끼들을 일렬로 배열했더니, 비록 이들 대부분은 서로서로 구분은 되었지만, 앞에서 설명한 몇몇 특징들에서 이들이 보여 주는 비율에 따른 차이는 다 자란 새들보다는 비교가 안 될 정도로 작았다. 일부 차이를 보이는 형질상태는, 실례를 들면 입 폭의 차이는 어릴 때에는 찾아내기가 거의 힘들었다. 그러나 이 규칙에 한 가지 주목할 만한 예외가 있었는데, 단면공중제비비둘기의 새끼들은 야생 바위비둘기와 다른 품종들의 새끼들과 성체 상태에서 모든 비율이 거의 정확하게 달랐다. (445~446쪽)

앞에서 설명한 두 가지 원리는,[196] 내가 볼 때, 우리가 사육하는 변종들의 후기 배발생 단계와 관련된 사실들을 설명해 준다. 애호가들은 자신들의 말, 개 그리고 비둘기가 거의 다 자라고 나면 번식을 위해 선택한다. 만일 다 자란 동물들이 자신들이 원하는 정상적인 구조적 특징들을 가지고 있다면, 사육가들은 이런 특징들이 살아가는 초기에 또는 후기에 습득되었는지에 대해서는 무관심하다. 방금 설명한 사례들은, 특히 집비둘기와 관련된 사례들은, 품종 하나하나에 가치를 부여하는, 그리고 사람의 손으로 축적된 형질상태의 차이가 일반적으로 살아가는 초기 단계에서는 나타나지 않으며, 초기 단계가 아닌 상응연령대에 나타나도록 자손에게 물려 준 것이라고 설명할 수 있을 것으로 보인다. 그러나 단면공중제비비둘기는 부화한 지 12시간 만에 자신의 적절한 비율을 습득해서, 이런 점이 보편적인 규칙이 아니

196 『종의 기원』 444쪽에서 언급한 두 가지 원리이다.

라는 점을 입증해 주는데, 형질상태의 차이가 보통보다 이른 시기에 나타났다면 또는 만일 그렇지 않다면, 차이들이 상응연령대가 아닌 초기 단계에 나타나도록 유전되었음이 틀림없을 것이다. (446쪽)

이제부터는 이러한 사실들과 앞에서 설명한 두 가지 원리를 자연 상태에 있는 종들에게 적용해 볼 것인데, 두 가지 원리는 진실이라고 입증되지는 않았지만 어느 정도 그럴듯하다고 설명할 수가 있을 것이다. 내 이론에 따라 어떤 한 부모종에서 유래한 조류의 한 속을 살펴보면, 이 속에 속하는 몇몇 새로운 종들은 자신들의 다양한 습성에 맞추어 자연선택으로 변형되었을 것이다. 그러면, 다소 늦은 시기에 드러나서, 상응연령대에 나타나도록 유전되어 연속적으로 사소하게 나타난 수많은 변형들로 인해, 우리가 상상한 속에 속하는 새로운 종의 새끼는 성체보다는 자기들끼리 서로서로 더 비슷하게 보이는 경향을 분명하게 보일 것인데,[197] 우리가 살펴본 집비둘기 사례와 거의 비슷할 것이다. 우리는 이러한 견해를 과 전체 또는 심지어 강까지도 확장시킬 수가 있을 것이다. 실례를 들어, 부모종은 다리로 사용했던 앞다리가 오랜 변형 과정을 거치면서 어떤 후손에서는 손으로, 또 다른 후손에서는 지느러미발로, 그리고 또 다른 후손에서는 날개로 적응되었을 것이다.[198] 그리고 앞에서 설명한 두 가지, 즉 연속된 변형 하나하나는 다소 늦은 시기에 드러나며, 늦은 상응연령대에 나타나도록 유전되었다는 원리에 따르면, 부모종의 몇몇 후손들의 배에 있는 앞다리는 아직도 서로서로 비슷하게

197 『종의 기원』 439쪽에서 다윈은 "우리가 개똥지빠귀류의 반점이 있는 깃털에서 볼 수 있는 것처럼, 같은 속에 속하는 조류들과 가까운 동류인 속에 속하는 조류들은 첫 번째 깃털과 두 번째 깃털이 날 때까지 때로 서로서로 비슷하게 보인다. 고양이 무리에서는, 대부분 종들에 줄무늬가 있거나 반점들이 줄을 지어 나 있는데, 이런 줄무늬는 사자 새끼에서도 뚜렷하게 나 있다"라고 설명했는데, 이는 본문에서 설명한 사례가 될 것이다.

198 앞다리가 손으로 변형된 경우는 사람, 지느러미발로 변형된 경우는 고래, 날개로 변형된 경우는 조류일 것이다.

보일 것인데, 배들이 변형되지 않았기 때문일 것이다. 그러나 새로운 종의 개체 하나하나에서, 배발생 단계에 있는 앞다리는 성숙한 동물의 앞다리와는 상당히 다른데, 성숙한 동물의 앞다리는 살아가는 시기에서 조금 늦게 많은 변형을 겪은 결과이며, 그에 따라 손, 지느러미발 또는 날개로 전환되었을 것이다. 한 손을 오래 지속해서 훈련시키거나 사용하고, 다른 손은 사용하지 않도록 영향을 준 것이 무엇이든 간에 기관의 변형에 관여했을 것인데, 이러한 영향은 성숙한 동물에게서 주로 나타났을 것이며, 성숙한 동물은 이때 최대의 생명력을 지니게 되었을 것이고, 자신의 일생을 살았을 것이다. 그리고 그에 따라 나타난 결과들은 성숙한 상응연령대에 나타나도록 유전되었을 것이다. 그에 반하여, 어린 개체들은 변형되지 않고 유지되거나, 용불용의 효과로 인해 다소 변형되어 유지될 것이다. (446~447쪽)

어떤 사례에서는, 변이의 연속적인 단계들이 우리가 전반적으로 알지 못하는 원인들로 인해 살아가는 시기의 아주 이른 시기에 나타나거나, 또는 중간단계 하나하나가 맨 처음 출현했을 때보다 더 이른 시기에 나타나도록 유전된 것처럼 보였다. 어떤 사례이든 (단면공중제비비둘기처럼) 어린 개체나 배는 성숙한 부모 유형과 아주 비슷하게 보인다. 이런 점이 갑오징어류와 거미류 같은 일부 무리 전체 또는 진딧물속Aphis과 같은 엄청나게 큰 동물 무리의 몇몇 구성원들에서 나타나는 발달의 법칙이라고 우리는 간주한다.[199] 새끼들이 그 어떤 변태 과정도 거치지 않는 사례나 어렸을 때 자신의 부모와 아주 비슷하게 보이는 사례에

199 갑오징어류와 진딧물은 변태하지 않는다고 『종의 기원』 442쪽에서 설명했다.

서 궁극적인 원인은 다음에 설명하는 두 가지 우발적 결과로 나타난다고 우리는 간주할 수가 있다. 첫 번째는 많은 세대를 거치면서 변형이 나타나는 동안, 어린 개체는 발달 초기 단계부터 자신에게 필요한 것을 스스로 찾아야만 했다는 점이며,[200] 두 번째는 이들이 부모의 살아가는 습성을 그대로 쫓아갔다는 점이다. 이 사례에서, 새끼는 부모가 자신들이 처한 비슷한 습성에 맞추어 변형되었듯이 아주 이른 시기에 변형되어야만 하는 것이 종의 생존에 반드시 필요했기 때문일 것이다. 그러나 배가 어떠한 변태도 겪지 않는다는 점에 대해서는 추후 설명이 필요할 것으로 보인다.[201] 이와는 반대로, 만일 어린 개체들이 자신들의 부모가 지닌 살아가는 습성과 어느 정도 다른 습성에 따르는 것이 이익이 된다면, 그리고 그런 이유로 조금은 다른 방식으로 만들어졌다면, 상응연령대에 유전한다는 원리에 따라 활동적인 새끼나 애벌레는 자신들의 부모에서 상상할 수 있을 정도로 다르게 자연선택에 의해 쉽게 변한 상태로 나타날 것이다. 또한 이러한 차이는 발달 과정에서 지속적으로 나타나는 중간단계와 연관될 것이며, 그에 따라 만각류 사례에서 우리가 보았듯이,[202] 첫 번째 단계 애벌레는 두 번째 단계 애벌레와 많이 다르게 될 것이다. 성체는 이동기관 또는 감각기관 등이 쓸모없게 될 장소나 습성에 적합해질 것이다. 그리고 이런 사례에서 마지막 변태 과정은 퇴화했다고 말할 수 있을 것이다.[203] (447~448쪽)

절멸했든 현존하든 지구에서 살았던 모든 생명체는 하나의 무리로 묶을 수가 있기 때문에,[204] 그리고 이들 모두는 아주 미

200 일반적으로 어린 개체들은 부모가 보호한다. 따라서 어린 개체들에서는 변형이 잘 일어나지 않는다.

201 『종의 기원』 4판에서부터 이 문장은 삭제되었다.

202 『종의 기원』 441쪽의 설명이다.

203 퇴화한 기관에 대해서는 이 장의 마지막 주제인 '흔적기관 : 기원에 대한 설명'에서 설명한다.

204 다윈이 하나의 공통조상에서 모든 생물이 출현했다고 생각했기 때문일 것이다.

세한 중간단계들로 연결되기 때문에, 만일 우리가 거의 완벽하게 수집할 수 있다면, 최고 또는 실제로 최고인, 유일하게 가능한 배열은 계보적일 것이다. 내 이론에 따르면 친연관계는 관련성이라는 숨겨진 연줄로,[205] 자연사학자들이 자연분류체계라는 이름으로 찾아야만 하는 것이다. 이 견해에 따르면 자연사학자들 대부분이 배의 구조가 성체의 구조보다 분류에서 어떻게 더 중요하게 간주했는지를 우리는 이해할 수가 있을 것이다. 배는 덜 변형된 상태의 동물이며, 또한 지금까지도 조상이 지녔던 구조를 드러내고 있기 때문이다. 그러나 오늘날 구조와 습성에서 서로서로 많은 차이를 보이는 동물 두 무리가, 만일 이 둘이 같은 또는 비슷한 배발생 단계를 거쳤다면, 우리는 이들이 둘 다 같은 또는 거의 비슷한 부모로부터 유래되었고, 그에 따라 어느 정도는 밀접하게 연관되었다고 확실하게 느낄 수 있을 것이다. 따라서 배발생 단계에서 나타나는 공통성[206]은 친연관계의 공통성을 드러낸다. 배발생 구조의 공통성이 친연관계의 공통성을 드러내겠지만, 성체가 지닌 구조의 상당 부분은 변형되었고 모호할 것이다. 실례로, 만각류의 애벌레만 보면 커다란 갑각류의 한 강에 속한다고 즉시 인지할 수 있음을 우리는 알고 있다.[207] 종 하나하나와 종 무리의 배발생 단계는 우리에게 덜 변형된 원시적인 조상의 구조를 부분적으로 보여 주기 때문에, 우리는 원시적이고 절멸한 생명 유형들이 자신들 후손, 즉 현존하는 종들의 배와 왜 비슷하게 보이는지를 명확하게 볼 수가 있다. 아가시는 이런 점이 자연의 법칙이라고 믿고 있다.[208] 그러나 나

205 다윈은 『종의 기원』 첫 문장에서 "지질학적 연관성(geological relations)"을 보여 주는 사실들에 놀랐다고 쓰면서, 그 연관성을 해결하려고 이 책을 썼다고 설명했다. 이 부분에서는 이러한 연관성을 설명하는 요인으로 '친연관계'를 들었고, 이 관계의 옛모습을 발생학에서 볼 수 있었다고 하면서, 발생학이 보여 주는 친연관계를 "관련성(connexion)이라는 숨겨진 연줄"로 설명하고 있다.

206 배발생 단계에서 나타나는 공통성은 다윈 이전 폰 베어가 발견한 것이다. 단지 폰 베어는 배발생 단계가 이미 만들어진 원형이 드러나는 과정으로 보았으나, 다윈은 이를 친연관계라는 관점에서 재해석하였다.

207 만각류는 갑각류, 즉 갑각아문(Crustacea)에 속하는 소악강(Maxillopoda)의 만각하강(Cirripedia) 무리로 분류되고 있다. 그러나 다윈 이전에 퀴비에는 만각류를 연체동물로 간주했다.

208 1844년 아가시는 화석 어류를 연구하고 나서, "발달 과정에 있는 어류의 배, 수많은 과들로 이루어진 현존하는 어류 강, 그리고 지구 역사에 나타난 모든 어류 기준형들은 모든 측면에서 유사한 측면을 거쳐간다"라고 주장했었다(Ospovat, 1976).

는 이 법칙이 앞으로 진실로 증명되기를 바라고만 있다고 고백해야만 한다. 지금도 많은 배에서 나타나는 것으로 생각되는 원시적인 상태가, 아주 초기 단계에 부수적으로 일어난 변형의 오랜 과정에서 나타나는 연속적인 변이에 의해서, 또는 처음 나타났을 때보다 더 빨리 나타나도록 유전된 변이에 의해서 완전히 제거되지 않았을 경우에만 이들 사례가 진실임이 입증될 것이다. 또한 원시적인 생명 유형과 최근 유형의 배발생 단계에 대해 추정한 유사성 법칙은 아마도 진실이겠지만, 그럼에도 시간적으로 과거로 충분히 확장할 수 없는 지질학적 기록 때문에[209] 이 법칙은 오랫동안 또는 영원히 증명할 수 없는 상태로 남아 있을 것이라는 점을 염두에 두어야만 한다. (448~450쪽)

따라서 발생학에서 유도된 사실들은, 자연사에서 그 다음으로 중요한데,[210] 비록 변형이 아마도 가장 이른 시기에 나타나도록 되어 있고, 초기가 아니라 상응연령대에 나타나도록 유전되었다고 하더라도, 어떤 하나의 원시적인 조상에서 유래된 많은 후손들에서는 사소한 변형이 생물들 하나하나의 아주 이른 시기에 나타나지 않는다는 원리에 근거해서 설명이 된다. 우리가 동물의 커다란 강 하나하나의 공통부모 유형을 다소 희미하게 찍힌 사진에 있는 배로 살펴보면 발생학에 대한 흥미는 급격하게 커질 것이다.[211] (450쪽)

[212]*흔적기관, 위축기관 또는 발육부진기관*들. 이처럼 이상한 상태의 기관이나 부위들은, 아무런 이익이 없다는 낙인이 찍혀

209 배발생 과정이 화석으로 보존되지는 않았을 것이다. 배발생 과정에 있는 생물들은 자신을 보호할 수 있는 단단한 골격이 아직 발달하지 못했을 것이고, 그에 따라 화석으로 발견될 확률이 매우 낮을 것이다.

210 다윈은 『종의 기원』 434쪽에서 형태학을 설명하면서 "이 분야는 자연사에서 가장 흥미 있는 분과이며, 자연사의 정수 그 자체라고 불린다"라고 썼다. 아마도 형태학이 제일 중요하고, 그 다음으로 발생학이 중요하다고 다윈이 생각한 것으로 보인다.

211 오늘날에는 진화발생생물학 또는 이보디보라는 학문 영역이 발달하고 있는데, 동식물의 발생 과정을 비교하는 공통 조사에서 진화한 생물들의 공통 요소와 변이를 특히 유전자 차원에서 규명하려고 노력하고 있다.

212 이 장의 마지막 주제, '흔적기관 : 기원에 대한 설명'을 설명하는 부분이다.

있지만, 자연에서는 아주 흔하다.[213] 실례를 들면, 흔적만 남은 젖무덤은 포유동물의 수컷에서 아주 일반적이다. 조류의 "작은 날개"[214]는 흔적 상태로 존재하는데 발가락으로 간주해도 지장이 없으며, 아주 많은 뱀에서는 한쪽 폐가 흔적으로만 남아 있으며, 또 다른 뱀에서는 골반과 뒷다리가 흔적으로 되어 있다고 나는 추정한다. 흔적기관의 일부 사례들은 매우 신기하다. 실례를 들면, 고래 태아에는 이빨이 있는데, 성장하면 머리 부위에 이빨이 없다. 그리고 아직 태어나지 않은 송아지의 위턱에는 이빨이 있지만, 결코 잇몸을 뚫고 나오지는 않는다. 이빨의 흔적은 배발생 과정에 있는 일부 조류 부리에서도 발견된다고 훌륭한 학자들이 주장하기도 했다. 날개가 날기 위해 만들어졌다는 것만큼이나 더 명백한 것은 없으나, 그럼에도 얼마나 많은 곤충들의 날개가 너무나 축소되어서 거의 날기가 불가능하고, 때로 딱지날개[215] 밑에 딱 붙어 있는지 보라! (450~451쪽)

흔적기관의 의미는 때로 오해할 소지가 거의 없다.[216] 실례를 들면, 같은 속에 속하는 (그리고 심지어 같은 종에 속하는) 딱정벌레들이 거의 모든 측면에서 서로서로 비슷하게 보이는데, 이들 중 한 개체는 완전히 성장한 날개를 지니나, 다른 개체는 막의 흔적만을 지닌다. 그리고 이 흔적이 날개라는 점을 의심하는 것은 불가능하다. 흔적기관도 때로는 자신의 잠재력을 유지하나, 단지 발달하지 않았을 뿐이다. 이런 사례는 포유동물 수컷의 젖무덤에서 볼 수 있는데, 완전히 성장한 수컷의 잘 발달한 이 기관에서 젖을 분비했다는 많은 사례들을 기록에서 찾을 수 있기 때문

213 아무런 이익이 없음에도 불구하고 왜 만들어졌는가라는 질문을 던지고 있다. 창조이론으로 어떻게 설명할 수 있을까라는 질문이기도 하다.

214 조류 날개의 제1가지에 나는 3~6개의 다소 단단한 작은 깃털이다. 어깨깃이라고도 부른다.

215 딱정벌레, 물방개 등에서 나타나는 날개로, 단단하여 안에 들어 있는 속날개와 배를 보호하는 역할을 한다. 겉날개라고도 부른다.

216 "오해할 소지가 거의 없다"라는 말은 흔적기관들이 실제로는 기능을 발휘하는 기관에서 만들어졌다는 의미이다(Costa, 2009).

이다. 다른 사례로, 소속Bos에 속하는 동물들은 4개는 발달하고 2개는 흔적으로 남은 젖꼭지를 일반적으로 가지나, 사육 소들에서는 이 2개가 때로 발달하여 젖을 분비하기도 한다. 같은 종에 속하는 식물 개체들의 경우 꽃잎이 때로 단순히 흔적으로만 나타나기도 하나, 때로는 잘 발달된 상태로 나타난다. 성이 분리된 식물의 수꽃에서는 암술이 때로 흔적으로만 나타난다. 쾰로이터는 이러한 수꽃 식물을 암수한몸인 종과 교배시켜서 잡종 자손에서 암술의 흔적이 상당히 커짐을 발견했다.[217] 그리고 이러한 점은 흔적으로 남은 암술과 완벽한 암술이 근본적으로 닮은 속성을 지니고 있음을 보여 준다. (451쪽)

두 가지 목적으로 활용되는 기관은 한 가지 목적, 심지어 더 중요한 목적을 위하여 흔적 상태로 남게 되거나 완벽하게 발육이 부진하게 될 수가 있으며, 또한 다른 목적을 위하여 완벽하게 효과적인 상태로 남아 있을 수도 있다. 이런 사실들로 볼 때, 식물에서 암술의 임무는 아래쪽에 있으며 씨방이 보호하는 밑씨까지 꽃가루관이 도달하도록 도와주는 것이다. 암술은 암술대가 지탱해 주는 암술머리를 지니고 있으나, 일부 국화과 식물의 꽃에서는 씨를 만들지 못하는 수꽃들이 흔적 상태로 되어 있는 암술을 가지기도 하는데,[218] 이 암술의 암술머리는 왕관처럼 되어 있지 않다. 그러나 암술대는 잘 발달된 상태로 남아 있고, 다른 국화과 식물처럼 주변에 있는 꽃밥에서 꽃가루를 털어 내는 역할을 하는 털로 덮여 있다. 또한 한 기관은 자신에게 적절한 목적에 맞도록 흔적으로 되기도 하고, 다른 목적으로 사용되기

217 암꽃에서는 수술이 퇴화하여 헛수술로 존재한다.

218 흔히 볼 수 있는 해바라기의 경우, 꽃들이 두상화서에 무리지어 피는데, 화서의 맨 가장자리에는 꽃잎처럼 보이는 설상화가 피고, 그 안쪽으로 통처럼 생긴 통상화가 핀다. 그리고 설상화는 대부분 열매를 만들지 못하는데, 수술대 흔적만 있는 퇴화된 수술과 씨방이 없는 커다란 암술로 되어 있다 (Fambrini et al., 2007).

도 한다. 일부 어류에서는 수영에 적합한 부레가 부력을 제공하는 본래의 목적에는 흔적으로 되어 있으나, 호흡 기관, 즉 허파의 초기 형태로 전환되었다.[219] 다른 비슷한 실례들을 제시할 수도 있다. (451~452쪽)

같은 종에 속하는 개체들에서 나타나는 흔적기관은 발달 정도와 또 다른 측면에서 다양하게 변하기 쉽다. 더욱이 가까운 동류 종에서, 같은 기관이 흔적으로 유지되는 정도는 때에 따라 상당히 다르다. 마지막 사실은 일부 무리의 암컷 나방에서 나타나는 날개 상태로 잘 설명된다. 흔적기관이 완벽하게 발육부진일 수도 있다. 이는 유사성으로 인해 우리로 하여금 찾게 하는 기관의 자취를 동식물에서 발견하지 못한다는 것을 암시하는데, 때때로 종 내에서 기형적인 개체들에서는 이 흔적기관이 발견되기도 한다. 따라서 금어초속Antirrhinum에서 우리는 흔적으로 남은 5번째 수술을 일반적으로는 발견하지 못하나 때때로 볼 수도 있다.[220] 한 강에 속하는 서로 다른 구성원들이 지닌 같은 부위의 상동성을 추적하다 보면, 흔적기관이 사용된 경우와 이러한 흔적기관을 발견하는 것보다 더 흔하고 더 중요한 것은 아무것도 없다. 이런 점은 말, 황소 그리고 코뿔소의 다리뼈를 그린 오웬의 그림에서 잘 보인다. (452쪽)

[221] 고래나 반추동물의 위턱에 있는 이빨과 같은 흔적기관들이 배에서 때로 발견될 수 있으나, 나중에는 완전히 사라진다는 사실은 중요하다. 또한 내가 믿기로는, 흔적 부위나 흔적기관들이 성체일 때보다 배 상태에서 인접한 부위와 비교할 때 상대적

219 오늘날에는 역으로 원시적인 허파에서 부레가 만들어진 것으로 간주하고 있다. 어류의 계통을 살펴보면, 허파를 가진 생물들이 먼저 분지하고, 이어서 부레를 가진 생물들이 파생해서 나오는 것으로 되어 있다(Chiu et al., 2004).

220 금어초속(*Antirrhinum*)은 현삼과(Scrophulariaceae)에 속했으나, 최근 DNA 연구 결과 질경이과(Plantaginaceae)로 변경되었다. 금어초속(*Antirrhinum*)의 식물의 꽃은 5장의 꽃잎과 5개의 수술이 있는데, 이 가운데 한 개는 헛수술로 발달한다(Luo, 1999).

221 흔적기관의 발달과 관련된 두 가지 특징이 있다. 하나는 배 상태에서는 흔적기관이 발달되나 후에 사라지며, 다른 하나는 배 상태에서는 인접 부위보다 큼에도 불구하고 성장하면서 축소된다는 점이다. 첫 번째 사례는 고래나 소 등에서 보이는 흔적 이빨이며, 두 번째 사례는 말의 2번째와 4번째 발가락에서 볼 수 있다(Reznick, 2010). 다윈은 이 중 첫 번째 사례를 소개했다.

으로 더 크다는 규칙이 보편적이다. 그래서 초기 단계에서는 기관이 흔적기관으로 보이지 않거나, 심지어 흔적기관이라고 말할 수가 없을 정도이다. 따라서 성체에서의 흔적기관은 때로 배 발생 단계 상태를 유지한다. (452~453쪽)

지금까지 흔적기관과 관련된 대표적인 사실들을 제시했다. 이들을 되돌아보면, 한 사람 한 사람 그 누구나 놀라움으로 충격을 받았음이 틀림없다. 대부분의 부위와 기관들이 특별한 목적에 정교하게 적응되어 있다는 점을 우리에게 알려 주는 이성의 힘이 이들 흔적기관이나 위축된 기관들이 불완전하고 쓸모가 없다는 점을 똑같이 명백하게 알려 주고 있기 때문이다.[222] 자연사 관련 책에서, 흔적기관은 일반적으로 "대칭성을 위하여" 또는 "자연의 설계를 완성하기 위하여" 창조된 것으로 알려져 있으나, 이 점은 사실을 다시 언급하는 것 말고는 그 어떤 것도 설명하지 못하는 것으로 나에게는 보인다. 행성이 타원형으로 태양 주위를 돌기 때문에, 대칭성을 위하여 그리고 자연의 설계를 완성하기 위하여 위성들도 행성 주위를 같은 경로로 돌고 있다고 말하는 것만으로 충분하다고 생각하는 것일까? 흔적기관들이 체계에 과도하거나 해가 되는 물질을 분비하는 역할을 수행한다고 가정하면 흔적기관의 존재를 설명할 수 있다고 뛰어난 생리학자가 말했다. 그러나 수꽃에 있는 암술에 때로 나타나는 단순히 세포들로 이루어진 조직에 불과한 조그만 돌기들이 도대체 어떤 일을 한다고 우리가 가정할 수 있을까? 흔적으로 남아 있기는 하지만 계속해서 발육부진이 되는 이빨이 만들어지는 것

222 다윈은 흔적기관이 "불완전하고 쓸모가 없다"고 주장하고 있으나, 최근에는 일부 흔적기관은 아직도 자신만의 기능을, 아마도 우리가 알고 있는 기능 말고 자신에게 필요한 어떤 기능을 수행하고 있는 것으로 알려져 있다. 예를 들면, 막창꼬리라고 부르는 사람의 충수는 소화기능 역할을 하지 않으나, 이곳에 세포벽의 주성분인 섬유소를 분해하는 미생물들이 머물러서 섬유소를 분해하는 장소로 활용되고 있다. 타조는 날개로 날지는 못하나, 달릴 때 몸의 균형을 잡는 새로운 역할을 하는 것으로 알려져 있다.

이 빠르게 성장하는 배발생 과정에 있는 소에게 귀중한 인산석회를 분비하는 것이 어떤 쓸모가 있다고 우리가 생각할 수 있을까? 사람의 손가락이 절단되었을 때, 불완전한 손톱이 때로 남은 부분에서 나온다. 이러한 손톱의 흔적이 나타나는 것은 성장의 미지의 법칙에 의해서 각질 물질을 분비하기 위해서라고 나는 믿는데, 매너티[223]의 지느러미에 달리는 흔적 손톱도 이런 목적으로 만들어진 것으로 보인다. (453~454쪽)

내가 생각하는 변형을 수반한 친연관계라는 견해에 따르면, 흔적기관의 기원은 단순하다. 우리가 생육하는 재배종들에서 흔적기관과 관련된 풍부한 사례들을 가지고 있는데, 꼬리가 없는 품종들에 있는 꼬리 자국, 귀가 없는 품종들에서 귀의 흔적, 소의 뿔이 없는 품종들에서, 유아트에 따르면, 좀 더 특별히 어린 송아지에서 조그맣게 매달려 있는 것처럼 다시 나타난 뿔, 콜리플라워[224]에 피는 모든 꽃들의 상태 등이 있다. 우리는 때로 기형 생물의 다양하게 변한 부위에서도 흔적들을 본다. 그러나 이런 사례들 중 그 어떤 것도 자연 상태에서 흔적기관이 만들어졌다는 점만을 보여 줄 뿐, 이들의 기원에 대한 실마리를 제공하는지에 대해서 나는 의심한다. 자연 상태에서 종들이 급격한 변화를 겪는지 여부를 나는 의심하기 때문이다.[225] 나는 불용이 주요 매개자였을 것이라고 믿는다.[226] 연속해서 세대가 반복되면서 어두운 동굴에서 살아가는 동물의 눈이나 해양섬에서 살아가는 새들의 날개처럼 불용이 다양하게 변하는 기관들을 흔적기관으로 될 때까지 단계적으로 축소시켰을 것이다. 그리고 해

223 *Trichechus manatus*. 매너티과(Trichechidae)에 속하는 포유동물로, 열대와 아열대의 산호초가 있는 연안에서 생활하며 바닷말을 주식으로 먹으면서 살아간다. 영어로 "sea cow"라고 부르며, 바다소 또는 해우로 번역되기도 한다.

224 십자화과(Brassicaceae)에 속하는 배추속(*Brassica*)에 속하는 야생양배추(*Brassica oleracea*)의 한 품종으로, 꽃이 공처럼 무리지어 피는데, 이 부분을 먹기 위해 재배한다. 실제로는 꽃이 피기 전에 분열조직 상태에 있을 때 먹기 때문에 다윈이 이 상태를 흔적기관으로 간주한 것으로 보인다.

225 『종의 기원』 6판에는 "종들은 자연 상태에서 커다란 급격한 변화를 겪지 않음을 보여 준다"라고 수정되어 있다.

226 라마르크의 견해에 따라서 다윈이 흔적기관이 불용에 따른 결과라고 설명하는 것처럼 보인다. 하지만 다윈은 용불용보다 더 중요한 것이 자연선택이라고 누누이 강조해 왔다. 그리고 이 문장을 『종의 기원』 6판에서는 "아마도 불용이 기관을 흔적으로 만드는 주요 매개자인 것처럼 보인다"라고 수정해서, 불용이 중요하지만 또 다른 요인도 중요할 수 있는 것처럼 설명했다. 이는 다음 문단을 자연선택으로 시작한 점에서도 드러난다.

양섬의 새들은 이륙할 기회가 거의 없었을 것이며, 그에 따라 궁극적으로 비행 능력을 상실했을 것이다. 다시 설명하면, 작고 노출된 섬에서 살아가는 딱정벌레의 날개에서 볼 수 있는 것처럼, 어떤 조건에서는 유용했던 기관이 다른 조건에서는 유해했을 수도 있다. 그리고 이런 사례에서 자연선택은 지속적으로 이 기관을 서서히, 아무런 해가 없는 흔적으로 축소시켰을 것이다. (454쪽)

감지할 수 없을 정도로 조금씩 나타난 기능의 어떠한 변화라도 자연선택의 영향력 내에 놓여 있다. 따라서 살아가는 습성이 변하는 동안 어떤 목적에 쓸모가 없이 해롭게 작용하며 유지되던 기관은 또 다른 목적을 위해 변형되고 사용될 수가 있을 것이다. 또한 한 기관이 이전에 가졌던 기능 중 하나만 유지할 수도 있을 것이다. 쓸모가 없어진 기관은 다양하게 변할 수가 있는데, 이 기관의 변이는 자연선택에 의해 억제되지 않기 때문이다. 살아가는 시기 중 어떤 시기에서든 불용 또는 선택은 기관을 축소시키며, 이런 경향은 일반적으로 생명체가 성숙해서 자신의 완전한 생명력을 가질 때 나타나는데, 상응연령대에 나타나는 유전 원리에 따라 같은 시기에 축소된 상태로 기관을 다시 만들며, 이런 이유로 배에 있는 기관에는 거의 영향을 주지 않거나 축소시키지 않는다. 따라서 우리는 배에서 상대적으로 흔적기관이 크고, 성체에서는 상대적으로 작은 이유를 이해할 수 있을 것이다. 그러나 만일 축소되는 과정의 단계 하나하나가 상응연령대가 아니라 살아가는 시기에서 극단적으로 이른 시기에 나타나도록 유전된다면 (우리는 그럴 수도 있다고 믿어도 될 좋은 이유를 가지고 있는데), 흔적 부위는 완전히 사라질 경향이 있으며, 우리는 완벽한 발육부진 사례를 갖게 될 것이다. 또한 만일 소유자에게 유용하지 않다면, 어떤 구조나 부위를 만들 때 사용되는 재료를 가능한 절약하는 방식으로 작용하는, 앞 장에서 설명했던, 경제의 원리가 때로 작동하기 시작할 것이다.[227] 그리고 이렇게 됨으로써 흔적기관은 완전히 사라지게 되는 경향에 빠질 것이다. (454~455쪽)

따라서 흔적기관의 존재가 오랫동안 유전되면서 지속되었던 체제의 모든 부위에서 나타나는 경향성이 있기 때문에, 분류가 계보적이라는 견해에 따라 계통학자들이 흔적 부위들이 생리학적으로 매우 중요한 부위만큼이나 유용한 것임을 또는 때로는 더 유용한 것임을 어떻게 발견했는지를 우리는 이해할 수가 있다. 흔적기관은 글자로 비교하면 아직도 철자가 유지되고 있는 단어로 비교할 수 있으나, 발음은 없고, 단지 기원을 찾는 증거로 활용되는 것이라 할 수 있을 뿐이다.[228] 변형을 수반한 친연관계라는 견해에 따르면, 흔적 상태이고 불완전한 상태이며 쓸모없는 상태 내지는 완전히 발육부진인 기관들의 존재는 사람이 기존의 창조주의에 근거해서 확실하다고 설명할 때 나타나는 기묘한 어려움으로부터 벗어나 심지어 예측될 수도 있고, 유전의 법칙에 따라 설명될 수도 있을 것이라고 우리는 결론을 지을 수가 있다. (455~456쪽)

227 흔적기관이 만들어지는 원인으로 다윈은 앞 문단에서는 불용을 주요한 매개자로 설명했었는데, 이 문단에서는 경제적 이유를 추가했다. 자원의 효율적 사용을 위해서 불필요한 기관을 완벽하게 발달시키지 않았다는 설명이다. 5장의 5번째 주제, '성장의 보상과 경제' 항목을 참조하시오.

228 한 가지 사례로 Costa(2009)는 표범, 영어로 leopard를 들고 있다. 영어 leopard라는 단어는 퓨마 수컷을 의미하는 pard와 사자 암컷을 의미하는 lioness가 결합되어 만들어진 것으로, lioness에서 사자라는 의미를 지닌 라틴어 leo를 따와 pard를 붙인 것이다. 그런데 leopard의 가운데 있는 철자 'o'는 발음이 되지 않는다. 'leopard'를 발음대로 표기하면 '레오퍼드'가 아니라 '레퍼드'가 된다. 철자 'o'는 발음을 위해 존재하는 것이 아니라 'leo'와 'pard'가 연결되었음을 보여 주는 증거라는 설명이다.

요약. 이 장에서는 모든 시간대에 존재했던 모든 생물들의 무리 내의 무리로 종속된다는 점, 현존하거나 절멸한 모든 생명체가 복잡하고 방사적이며 흥미로운 친밀성을 지닌 계통에 의해 하나의 거대한 체계로 만들어 주는 관계라는 속성, 자연사학자들이 분류체계를 만들 때 직면하는 어려움과 따라야만 하는 규칙들, 만일 형질이 일정하고 널리 퍼져 있다면 대단히 중요하든 별로 중요하지 않든 또는 흔적기관처럼 전혀 중요하지 않은 형질들에 부여된 가치들, 상사적, 즉 적응적 형질과 진정한 친밀성을 지닌 형질들 사이의 가치를 평가함에 있어서 나타나는 반목들, 그리고 기타 규칙들을 보여 주려고 나는 노력했다. 이 모든 규칙은 자연사학자들이 동류로 묶는 유형들이 공통부모를 지닌다는 견해와 함께 의도하지 않은 절멸과 형질분기를 포함하는 자연선택으로 변형이 나타난다는 견해에 따르면 자연스러운 것들이다. 분류라는 견해를 고려하면, 친연관계를 이루는 요소가 성, 연령 그리고 같은 종에 속하는 것으로 인식되지만 구조에서 차이가 날 수도 있는 변종들 모두에 계급을 부여하는 데 보편적으로 사용되고 있다는 점을 명심해야 한다. 만일 생명체가 유사도를 지니도록 하는 유일하게 확실히 알려진 원인인 친연관계라는 원리의 사용을 확대하고자 한다면, 자연분류체계가 무엇을 의미하는지를 우리는 이해하게 될 것이다. 자연분류체계는 변종, 종, 속, 과, 목 그리고 강이라는 용어로 표시되는 습득된 차이를 등급으로 배열하고자 하는 시도로 계보적이다. (456쪽)

변형을 수반한 친연관계라는 같은 견해에 따르면, **형태학**에서 발견된 엄청난 사실들, 즉 같은 구조적 양상이 한 강에 속하는 서로 다른 종들이 지니는 상동기관에서 어떤 목적이든 적용되어 드러나는지, 또는 상동부위가 동식물 하나하나에서 같은 구조적 양상으로 만들어지는지를 모두 이해할 수가 있다. (456~457쪽)

연속적으로 사소한 변이가 만들어진다는 원리, 즉 변이가 반드시 또는 일반적으로 살아가는 시기의 아주 이른 시기에 부수적으로 일어나지 않아도 되는 것과 상응하는 시기에 나타나도록 유전되는 원리에 따르면, 우리는 **발생학**에서 발견된 엄청나게 선도적인 사실들을 이해할 수가 있다. 이런 사실들로는, 상동 부위가 한 개체에서는 성숙하면 구조와 기능이 완전히 달라지지만 배에서는 비슷하게 보인다는 점과, 또 한 강에 속하는 서로 다른 종일 경우, 성체에서는 전혀 다른 목적에 적합하도록 가능한 달라졌지만, 상동 부위나 기관이 비슷하게 보인다는 점이 있다. 애벌레는 활동적인 배와 같은데, 상응연령대에 나타나도록 유전되는 변형의 원리에 따라, 이들은 자신들의 살아가는 습성과 관련지어 특별히 변형되어 왔다. 같은 원리에 따라, 기관들이 불용이나 선택에 의해 크기가 축소될 때는 일반적으로 생명체가 자기가 원하는 것을 스스로 공급할 때라는 점이며, 유전의 원리가 강하게 작용하고 있음을 명심한다면, 우리가 흔적기관이 출현하고, 궁극적으로 이 기관이 발육부진에 처하게 된다는 점을 설명할 수 없는 것이 아니다. 이와는 반대로 이들의 출현도 심지어 예측할 수가 있다. 분류에 있어 발생학적 형질과 흔적기

관의 중요성은, 배열이 계보적일 때에만 자연적이라는 견해에 따르면, 잘 이해가 된다. (457쪽)

마지막으로, 이 장에서 고려한 여러 종류의 사실들은 지구상에서 살고 있는 생명체의 수많은 종, 속 그리고 과들이, 이들은 자신만의 강 또는 무리에 소속되는데, 모두 공통부모에서 유래했다는 점과, 그리고 다른 사실들이나 논증으로 지지되지 않는다고 하더라도 내가 주저하지 않고 수용하는 견해, 즉 친연관계가 유지되는 과정에서 이들이 모두 변형되었다는 점이 명백하다고 선언하는 것처럼 보인다. (457~458쪽)

14장 요약과 결론

자연선택 이론이 지닌 어려움에 대한 개요—자연선택에 도움이 되는 일반적 그리고 특별한 환경들에 대한 개요—종의 불변성을 일반적으로 믿는 원인들—어디까지 자연선택 이론을 확장할 수 있을까—자연사 연구에 자연선택 이론을 적용한 결과들—결론

이 한 권의 책은 하나의 오래된 논증[1]으로, 독자를 위해 가장 중요한 사실들과 추론들을 간단히 요약하는 것이 좋을 것 같다. (459쪽)

[2]자연선택으로 끝나는 변형을 수반한 친연관계 이론에 대해 많은 심각한 반대들이 제기될 수도 있다는 점을 나는 부정하지는 않았다.[3] 나는 이 반대들을 아주 정당한 것으로 간주하려고 노력했었다. 처음에는, 더욱더 복잡한 기관과 본능이 비록 인간의 이성에 대응할 수는 있으나 이보다 더 뛰어난 수단에 의해 완벽해진 것이 아니라, 변이를 소유한 개체들을 유리하게 만들어 준 수많은 변이들이 축적되어 완벽해졌다는 점을 믿는 것보다

1 『종의 기원』 요약본의 내용이 풍부함을 의미할 수도 있고, 종의 기원을 밝히기 위한 다윈의 오랜 여정이자, 기나긴 지식의 역사를 의미할 수도 있다.

2 장 목차에 나오는 첫 번째 주제, '자연선택 이론이 지닌 어려움에 대한 개요'를 설명하는 부분이다. 이 내용은 『종의 기원』 6장의 중간단계의 결핍과 전환의 어려움, 7장의 본능, 8장의 잡종, 9장과 10장의 지질학적 자료의 부족, 그리고 11장과 12장의 지리적 분포의 해석과 관련된 내용들이다.

3 실제로 많은 사람들이 자연선택 이론을 반대했었다. 다윈의 불도그라던 헉슬리조차도 자연선택을 선뜻 수용하지 못했다.

더 어려운 것은 없는 것처럼 보였다. 그럼에도 불구하고, 만일 우리가 다음과 같은 주장을 수용한다면, 이 어려움은, 비록 우리의 상상력으로 극복하기 어려운 것처럼 보이지만, 실재하는 것으로 간주될 수는 없다. 즉, 그 어떤 기관이나 본능이 완벽함으로 가는 중간단계, 우리는 이 중간단계들이 현재 존재한다거나 존재했었다고 간주하는데, 하나하나가 자신이 포함된 종류들에게 유리했다는 주장, 모든 기관과 본능들은 아주 사소하더라도 변하기 쉽다는 주장, 그리고 마지막으로 구조나 본능에 적합한 편이 하나하나를 보존하도록 유도하는 생존을 위한 몸부림이 있었다는 주장이다. 이러한 주장의 진실성에 대해 논쟁할 수는 없다고 나는 생각한다. (459쪽)

4 자연선택 이론이 지닌 어려움 중 첫 번째로 전환이라는 문제가 던지는 심각성을 요약했다.

[4]수많은 구조들이, 특히 연결이 끊겨 좀 더 쇠퇴한 생명체들 사이에서, 어떤 중간단계를 거쳐 완벽해졌는지를 추측하는 것이 극히 어려운 문제라는 점은 의심의 여지가 없다. 그러나 "자연은 비약하지 않는다"라는 말이 주장하듯이, 우리는 자연에서 아주 많은 이상한 중간단계를 보기 때문에, 어떤 기관이나 본능, 또는 어떤 생명체 그 자체가 많은 단계적 과정을 거쳤어도 자신의 오늘날 상태에 도달할 수 없었다고 말할 때에는 극도로 조심해야만 한다. 자연선택 이론에는 특별한 어려움을 지닌 사례들이 있음을 반드시 받아들여야만 한다. 그리고 이런 사례 가운데 가장 이상한 한 가지는 한 개미 군집 내에 둘 또는 세 종류의 명확하게 규정된 일개미 또는 생식불가능한 암컷들이 존재한다는 점이다. 그러나 나는 이러한 어려움이 어떻게 극복될 수 있는지

보여 주려고 시도했다. (460쪽)

[5]변종들을 교배하면 거의 보편적으로 생식가능하지만 종들을 1차 교배하면 거의 보편적으로 생식불가능으로 되는 엄청난 대비에 대해서,[6] 나는 8장 말미에서 제시한 사실들의 요약을 독자들이 참고하라고 언급해야만 하는데, 이 부분은 나에게 생식불가능성에 대한 결론을 보여 주는 것 같았다. 즉, 생식불가능성은 두 교목이 하나로 접붙여지는 능력을 지니고 있지 않은 것처럼 특별히 부여된 것도 아니며, 이형교배한 종들이 지닌 생식체계의 체질적 차이에 따라 흔히 나타나는 것이다. 우리는 이런 결론의 진실성을 같은 두 종을 상반교배한 결과에서 나오는 엄청난 차이에서 찾을 수가 있는데, 상반교배는 한 종을 처음에는 부계로, 다음에는 모계로 사용하는 것이다. (460쪽)

이형교배된 변종들의 생식가능성과 이들의 혼종 자손들에서 나타나는 생식가능성은 보편적인 것으로 간주될 수가 없다. 또한 변종들의 체질이나 생식체계가 완전하게 변형되지 않았을 것이라는 점을 우리가 기억한다면, 이들이 보여 주는 아주 일반적인 생식가능성은 놀랄 일이 아니다. 더욱이 실험에 사용된 변종들 대부분은 생육 과정에서 생산된 것들이며, 생육 과정이 생식불가능성을 제거하는 경향을 뚜렷하게 보여 주기 때문에,[7] 생육 과정이 생식불가능성을 만들 것이라고 우리가 예측해서도 안 될 것이다. (460~461쪽)

잡종의 생식불가능성은 1차 교배의 생식불가능성과는 전혀 다른 사례인데,[8] 잡종들의 생식기관은 다소 기능적으로 생식불

5 자연선택 이론이 지닌 어려움 중 두 번째로 잡종성에 관한 어려움을 요약했다.

6 한 종에 속하는 두 변종끼리 교배하면 엄밀한 의미에서 종내교배가 되므로, 종간 교배보다는 생식가능성이 높을 것이다. 그런데 A란 종에 속하는 a라는 변종과 B란 종에 속하는 b라는 변종과의 교배는 변종들끼리의 교배가 아니라 A와 B라는 종간교배로 간주해야 할 것이다.

7 다윈 시대에는 변종이 생육 과정에서 만들어진다고 믿고 있었다. 그리고 생육 과정에 생식불가능성이 나타나면 자손을 얻을 수가 없었을 것이다. 따라서 생육하면서 나타나는 생식불가능성은 제거되어야만 했을 것이다.

8 말과 당나귀를 교배하면, 즉 1차 교배하면 생식가능해서 노새를 만든다. 그러나 이렇게 만들어진 잡종 노새는 생식불가능하여, 노새끼리 교배시켜도 자손을 만들 수가 없다. 따라서 잡종의 생식불가능성, 즉 노새의 생식불가능성은 말과 당나귀의 교배, 즉 1차 교배의 생식가능성과 전혀 다른 사례가 될 것이다.

능 상태이기 때문이다. 그에 비해 1차 교배에서는 양쪽 모두의 기관들이 완벽한 상태이다. 살아가는 조건이 사소하게 변해 새로운 상태가 되면 모든 종류의 생물들의 체질이 교란되며, 그에 따라 이들은 어느 정도의 생식불가능성을 유지하고 있음을 우리가 지속적으로 보고 있기에, 잡종이 어느 정도 생식불가능성을 지니고 있는 것에 우리는 놀라움을 느낄 필요는 없다. 두 종류의 뚜렷하게 구분되는 체제가 혼합되면서 잡종의 체질이 거의 확실하게 간섭 받았기 때문이다. 이러한 평행관계는 또 다른 평행관계에 있지만 직접적으로 반대인 사실들로부터 뒷받침된다. 즉, 모든 생명체의 생명력과 생식가능성은 살아가는 조건이 사소하게 변함에 따라 증가하고, 약간 변형된 유형이나 변종들 자손들은 교배되면서 증가된 생장력과 생식가능성을 습득할 수가 있다는 것이다. 그러므로 살아가는 조건이 상당히 변해서 엄청나게 변형된 유형들을 교배하면 생식가능성이 감소되며, 이와는 반대로, 살아가는 조건이 사소하게 변해서 덜 변형된 유형들을 교배하면 생식가능성은 증가한다. (461쪽)

9 자연선택 이론이 지닌 어려움이라기보다는 자연선택을 지지해 주는, 달리 말해 진화의 증거로써 지리적 분포를 11장과 12장에 걸쳐 다윈은 설명했었다.

[9]지리적 분포와 관련해서, 변형을 수반한 친연관계 이론이 직면한 어려움은 대단히 중요하다. 같은 종에 속하는 모든 개체들과 같은 속에 속하는 모든 종들, 또는 심지어 이보다 상위 무리들은 공통부모로부터 유래되었음이 틀림없다. 따라서 전 세계의 아주 멀리 떨어져 격리된 곳에서 살아가는 종들이 발견되더라도, 이들은 세대를 계속하면서 어떤 한 곳에서 다른 곳으로 이동해 갔음이 틀림없다. 우리는 이런 과정으로 어떤 결과가 만들

어졌는지를 때로는 전반적으로 추정할 수가 없다. 그럼에도 일부 종들이 아주 오랜, 일 년이나 이 년과 같은 연수로 따지면 어마어마한, 시간 동안 특별하게 같은 유형을 유지해 왔다는 것을 믿게 만드는 이유를 우리는 가지고 있다. 따라서 같은 종이 때로 멀리 퍼져 나간 것을 너무 강조해서는 안 될 것인데, 아주 오랜 시간 동안 많은 수단으로 널리 퍼져 나갔을 좋은 기회가 항상 있었기 때문일 것이다. 분포범위가 쪼개지거나 중간에서 끊기는 현상은 중간 지역에 있는 종들의 절멸로 때로 설명할 수가 있다. 최근의 지질 시대에 지구에 영향을 주었던 다양한 기후 변화와 지리적 변화의 전반적인 정도를 우리가 아직 정확하게 알지 못한다는 점을 부정해서는 안 된다. 그리고 이러한 변화는 명백하게 엄청난 이동을 촉진시켰을 것이다. 한 가지 본보기로, 전 세계 곳곳에서 같은 종과 대표적인 종, 둘 모두의 분포에 빙하기의 영향이 얼마나 강력했는가를 보여 주려고 나는 시도했다. 그럼에도 아직까지 우리는 많은 종류의 우연한 운반 수단에 대해 깊게 알지 못하고 있다. 아주 멀리 떨어져 서로 격리된 지역에 정착한 같은 속에 속하는 뚜렷하게 구분되는 종들과 관련해서 변형 과정은 틀림없이 서서히 진행되었기 때문에, 모든 이동 수단이 오랜 시간 동안 작동했을 것이다. 그리고 이런 이유로 같은 속에 속하며 널리 퍼져 분포하는 종들에 대한 어려움은 어느 정도 감소되었다. (461~462쪽)

[10]자연선택 이론에 따르면, 오늘날 변종들처럼 세분화된 단계들로 무리 하나하나에 속하는 모든 종들을 서로 연결해 주는

10 자연선택 이론이 지닌 어려움 중 세 번째로 중간단계의 결핍에 대해 요약했다.

중간형태 유형들이 무한정 많아야 하는데, 다음과 같은 의문을 품을 수 있다. 왜 우리는 우리 주변에서 이러한 연결고리 유형들을 볼 수 없는가? 왜 모든 생명체가 빠져나올 수 없는 혼란 상태로 함께 섞여 있지는 않은가?[11] 현존하는 유형들에 대해서 말하자면, 현존하는 유형들을 *직접* 이어 주는 연결고리가 아니라(아주 드문 경우를 제외하고), 유형 하나하나와 일부 절멸해서 대체된 유형들 사이의 연결고리만을 우리는 발견할 수 있을 것으로 기대할 수 있다는 점을 기억해야만 한다. 지난 오랜 시간 동안 연결되어 유지되었던 한 종이 점유하던 지역에서 이 종과 매우 가까운 동류 종들이 차지하고 있는 지역으로 이동할 때, 기후와 살아가는 조건의 변화를 감지할 수 없을 정도로 매우 넓은 구역일지라도 우리는 중간 지대에서 중간형태의 변종들을 때로 발견할 수 있을 것으로 기대해서도 안 된다. 특정한 한 시기에 변화를 겪을 수 있는 종의 수가 적다는 점을, 그리고 모든 변화가 서서히 결과들을 만들어 냈다는 점을 믿어야 할 이유를 우리가 갖고 있기 때문이다. 처음에는 중간 지대에 존재했었을 중간형태 변종들은 어느 쪽이든 동류 유형들에 의해 대체되는 경향을 보였을 것이다. 그리고 엄청나게 많은 수로 존재하는 동류 유형들은 일반적으로 수가 적은 중간형태 변종들보다 더 빨리 변형되고 개량되어, 마침내 중간형태 변종들을 대체하고 몰살시켰을 것이다. (462~463쪽)

[12]지구상에서 현존하는 정착생물들과 절멸한 정착생물들 사이를 이어 주는, 그리고 연속된 지질 시대 하나하나에서 절멸한

11 중간형태 연결고리들이 실제로 존재한다면 모든 생명체들은 하나로 연결될 것이고 아무런 문제가 없을 것이다. 그럼에도 왜 종들이 하나로 연결되지 않고 하나하나가 구분되어 있는가라는 질문으로 풀이된다.

12 중간단계가 결핍되었다는 주장을 지질학적 기록으로 반박하는 내용을 요약했다.

종과 아직도 오래된 종들 사이를 이어 주는 수많은 연결고리들이 몰살되었다는 이론에 따르면, 왜 모든 지질학적 누층에서 이러한 연결고리들이 충전되어 있지 않을까? 왜 수집된 모든 화석들이 생명 유형의 중간단계와 돌연변이를 보여 주는 명백한 증거가 되지 못할까? 우리는 이런 증거들을 만날 수 없으며, 그리고 바로 이런 점이 내 이론을 심하게 다그치며 반대하는 가장 뚜렷하면서도 강력한 부분이다. 비록 동류 종들 전체 무리가 때로 갑자기 나타난 것처럼 오해하게 하지만, 왜 몇몇 지질학적 조층에서 갑자기 나타난 것처럼 출현했는가? 왜 우리는 실루리아기 아래에 있는, 즉 실루리아기 화석 무리들의 조상들 흔적이 저장된 엄청난 지층 무리를 발견하지 못할까? 내 이론에 따르면, 확실히 이러한 지층은 세계의 역사를 통해 오래되었지만 철저하게 우리가 모르고 있는 지질 시대의 어떤 지역에서는 틀림없이 축적되었을 것이다. (463~464쪽)

나는 이런 질문들과 중요한 반대들에 대해 많은 지질학자들이 믿고 있는 것보다 지질학적 기록들이 더 불완전하다고 가정할 때에만 대답할 수가 있다. 생명체에 그 어떤 변화가 일어날 정도로 충분한 시간이 없었다고 반대할 수는 없는데, 지나간 시간이 너무나 방대해서 인간의 지성으로는 완전히 감지할 수가 없기 때문이다. 우리의 박물관에 소장된 많은 수의 표본들은 셀 수 없는 세대를 거치면서 확실히 생존했을 것으로 간주되는 무한한 종과 비교하면 절대적으로 아무것도 아니다. 만일 우리가 어떤 한 종 또는 그 이상의 종들을 아주 자세히 조사하더라도,

우리가 이들의 과거 또는 부모 상태와 현재 상태 사이를 연결해 주는 수많은 중간형태의 연결고리를 확보할 수가 없다면, 우리는 이 한 종을 그 어떤 한 종이나 여러 종들의 부모라고 인식할 수가 없을 것이다. 그리고 이러한 많은 연결고리들을 우리는 발견할 것으로 기대할 수가 없는데, 지질학적 기록이 불완전하기 때문이다. 현존하는 수많은 애매한 유형들은 아마도 변종이라는 이름을 붙일 수 있을 것이나, 가까운 미래에 화석으로 된 많은 연결고리가 발견될 수 있어 자연사학자들이 일반적인 견해에 따라 애매한 유형들이 변종인지 아닌지를 결정할 수 있을 것이라고 그 누가 감히 말할 수가 있을까? 그 어떤 두 종이라도 이 둘 사이를 이어 주는 연결고리 대부분이 알려져 있지 않은데, 만일 그 어떤 연결고리나 중간형태의 변종이 하나라도 발견된다면, 중간형태 변종도 단순히 또 다른 뚜렷하게 구분되는 종으로 분류될 것이다. 전 세계의 아주 좁은 지역만이 지질학적으로 조사되었다. 특정 강에 속하는 생명체들만이 엄청나게 많은 수의 화석으로 보전될 수 있었다. 넓게 분포하는 종들이 가장 다양하게 변하며, 변종들은 때로 처음에는 국소적인데, 이 두 가지 이유가 중간형태 연결고리의 발견을 어렵게 한다. 국소적 변종들은 상당히 변형되고 개량되기 전까지는 또 다른 멀리 떨어진 지역으로 퍼져 나가지 않았을 것이다. 그리고 이들이 퍼져 나갈 때에는, 만일 이들이 지질학적 누층에서 발견된다면, 이들이 퍼져 나간 곳에서 창조된 것처럼 갑자기 출현할 것이며, 단순히 새로운 종으로 분류될 것이다. 대부분의 누층이 축적되는 과정은 간헐적이다. 그리고 축적되는 과정은 특별한 유형의 평균 생존 기간보다 짧다고 나는 믿고 싶다. 연속적인 누층은 서로서로 긴 시간 공백으로 구분되며, 화석이 포함된 누층이 되기 위해서는 미래에 있을 삭평형작용에 저항할 수 있을 정도로 두껍게 축적되어야 하는데, 많은 양의 침전물이 바다의 밑바닥에 가라앉아 침적될 때에만 가능하기 때문이다. 수위의 상승과 정지 시기가 교대로 나타나는 동안, 기록은 공백으로 된다. 수위가 정지된 기간에는 생명 유형들에서 더 높은 변이성이 생길 것이며, 침강하는 시기에는 좀 더 절멸하게 될 것이다. (464~465쪽)

맨 아래에 있는 실루리아기 지층 아래에 화석을 포함한 누층이 없다는 점에 대해서 나는 9장에서 설명한 가설을 다시 언급하고자 한다. 지질학적 기록이 불완전하다는 점을 모두가 받아들이나, 내가 생각하는 정도로 불완전하다고 받아들이려는 사람은 거의 없다. 만일 충분한 시간 간격을 조사한다면, 지질학은 모든 종이 변했다고 분명히 선언할 것이다. 그리고 모든 종들은 내 이론이 요구하는 방식으로 변했을 것인데, 이들은 서서히 단계적으로 변했다. 우리는 이런 점을 연속적으로 만들어진 누층에 남아 있는 화석들에서 명확하게 보고 있는데, 이 누층에 있는 화석들은 시간적으로 아주 오래된 누층들에 있는 화석들보다 언제나 서로서로 좀 더 가까운 근연관계이다. (465쪽)

[13]이상의 내용들이 내 이론을 정당하게 반대하는 몇 가지 주요한 반론들과 어려움이다. 그리고 나는 지금까지 이런 내용들에 대해 내가 제시할 수 있는 답과 설명을 간단하게 요약했다.

13 다윈은 6장에서 8장까지 자연선택 이론의 어려움으로 ①중간단계, ②전환, ③본능, ④잡종성을 설명했다. 하지만 요약에서는 본능을 제외하고, 대신 지리적 증거와 지질학적 증거들의 불충분을 이론의 어려움으로 설명하고 있다.

나는 지난 수년 동안 이런 내용들이 지닌 무게감을 의심하는 것이 너무나 어렵다고 느꼈다.[14] 그러나 더 중요한 반대는 우리가 의심할 여지 없이 무지한가라는 질문과 연관되어 있는데, 우리가 얼마나 모르고 있는가를 우리가 알지 못하고 있다는 점을 특히 지적할 필요가 있다. 가장 단순한 기관과 가장 완벽한 기관 사이에 존재하는 모든 가능한 전환단계들을 알지 못한다. 우리는 많은 시간이 흘러가는 동안 **분포**와 관련된 다양하게 변한 모든 수단을 알고 있다거나, **지질학적 기록**들이 얼마나 완벽한지를 알고 있다고 감히 말을 할 수가 없다. 내 판단으로는 이러한 몇 가지 어려움이 중요하지만, 이들이 변형을 수반한 친연관계라는 이론을 뒤집지는 못할 것이다. (465~466쪽)

[15]이제부터는 논증의 다른 측면으로 가보자. 생육 상태에서 우리는 상당한 변이성을 본다. 이런 점은 아마도 살아가는 조건의 변화에 눈에 띄게 영향을 받는 생식체계 탓으로 보인다. 그래서 생식불능 상태로 유지되지 않아도 이 생식체계가 부모 유형과 정확하게 닮은 자손을 만드는 데 실패한다. 변이성은 성장의 상관관계, 용불용 그리고 물리적인 살아가는 조건의 직접적 작용 등과 같이 많은 복잡한 법칙의 지배를 받는다. 얼마나 많은 변형이 우리가 생육하는 재배종들에게 나타나는지를 확인하는 데에는 상당한 어려움이 있다. 그러나 우리는 변형 정도가 크며, 변형이 오랫동안 유전될 수 있다고 추론해도 지장은 없을 것이다. 살아가는 조건이 같은 상태로 유지되는 한, 많은 세대에 걸

14 다윈은 비글호 여행이 끝난 후부터 『종의 기원』을 발간할 때까지 20여 년 동안 이러한 무게감을 의심했고, 이 무게감에 대한 답을 찾았던 것이다.

15 장 목차에 나오는 2번째 주제, '자연선택에 도움이 되는 일반적 그리고 특별한 환경들에 대한 개요'를 설명하는 부분이다.

쳐 이미 유전되어 내려온 변형은 거의 무한한 세대에 걸쳐 계속 해서 유전되어 내려갈 것이라는 점을 믿어야 할 이유를 가지고 있다. 이와는 반대로, 한때 작동했던 변이성이 전반적으로 중단되지 않음을 보여 주는 증거도 가지고 있는데, 우리가 생육하는 많은 오래된 재배종들에서 새로운 변종들이 아직도 우연히 만들어지고 있기 때문이다. (466쪽)

사람은 변이성을 실질적으로 만들 수는 없다. 사람은 단지 생명체들을 새로운 살아가는 조건에 무의식적으로 노출시키기만 할 뿐이며, 그러고 나면 자연은 체제에 작동하고 변이성을 만든다. 그러나 사람은 자연이 만들어 자신에게 제공한 변이들을 선택할 수 있고 실제로 선택하며, 그에 따라 자신이 원하는 어떤 방향으로든 변이들을 축적시킬 수는 있다. 따라서 사람은 동식물을 자신의 이익 또는 즐거움을 위해 적응시킨다. 사람은 체계적으로 이런 일을 하든가 또는 어떤 시기에 자신에게 유용한 개체들을 보존함으로써 무의식적으로, 즉 품종을 변경시키겠다는 그 어떤 생각도 하지 않고서 이런 일을 한다. 사람은 세대를 계속해서 너무나 사소하여 훈련을 받지 않은 눈으로는 잘 감지할 수 없는 개체차이를 선택함으로써 품종이 지닌 형질에 많은 영향을 줄 수 있다. 이러한 선택 과정은 가장 뚜렷하게 구분되면서도 유용한 생육 품종을 만드는 위대한 매개체였다. 사람이 만든 많은 품종들이 자연에서 나타나는 종들이 지닌 형질의 상당부분을 지니고 있다는 것은 이러한 품종들 상당수를 변종으로 간주할 것인지 또는 토종으로 간주할 것인지가 풀리지 않는 난제

라는 것으로부터 알 수 있다. (466~467쪽)

생육 상태에서는 효과적으로 잘 작동하는 원리가 왜 자연 상태에서는 작동하지 않은지에 대한 분명한 이유는 없다. 계속해서 반복되는 **생존을 위해 몸부림**치는 동안, 도움이 되는 개체나 재래종을 보존함에 있어 우리는 선택이라는 가장 강력하며 지금까지도 작동하는 수단을 알고 있다. 생존을 위한 몸부림은 모든 생명체에서 공통으로 나타나는 높은 기하학적 증가에 불가피하게 뒤따라온 것이다. 이처럼 높은 증가율은 수리적으로, 특이한 계절이 연속된 영향으로, 그리고 3장에서 설명했던 것처럼 생물들의 귀화 결과로 입증된다. 생존 가능한 개체들보다 더 많은 개체들이 태어난다. 천칭[16]에 있는 그레인[17]은 어떤 개체가 살아남을 것인지 죽을 것인지를 결정하며, 또한 어떤 변종이나 종의 수가 증가할 것인지 감소할 것인지, 또는 결국에는 절멸에 이르게 되는지를 결정한다. 같은 종에 속하는 개체들이 모든 측면에서 서로서로 극심한 경쟁에 내몰리게 되며, 일반적으로 이들 사이에서 가장 심하게 몸부림치는 일이 나타날 것이며, 같은 종에 속하는 변종들 사이에서도 그 다음으로 같은 속에 속하는 종들 사이에서도 심해질 것이다. 자연의 사다리에서 가장 멀리 떨어진 생명체들 사이에서도 때로 아주 심해지기도 한다. 한 생명체가 어떤 시기에 또는 어떤 계절 동안에 자신과 경쟁하게 될 다른 생명체들보다 더 유리한 점을 지니게 되면 또는 주변의 물리적 조건에 사소하지만 더 잘 적응하게 되면, 이 생명체는 균형을 바꾸게 될 것이다. (467~468쪽)

16 천평칭 또는 양팔저울이라고도 부른다. 저울의 하나로 가운데에 줏대를 세우고 가로장을 걸쳐 양쪽 끝에 저울판이 달려 있다. 한쪽에는 무게를 달 물건을 올리고, 다른 한쪽에는 무게를 알고 있는 추를 놓아 양쪽이 수평이 되도록 만들어 물건의 무게를 측정한다.

17 무게 단위이다. 『종의 기원』 362쪽 설명을 참조하시오. 아주 적은 양이라도 저울을 기울게 하여 종의 운명이 결정된다는 의미이다.

성이 분리된 동물들에서는 많은 경우 암컷을 열정적으로 제어하기 위해 수컷들은 심하게 몸부림쳐야 한다. 가장 생명력이 좋은 개체들이나 살아가는 조건에서 가장 성공적으로 몸부림친 개체들이 일반적으로 많은 자손을 낳을 것이다. 그러나 성공은 때로 특별한 무기나 방어수단, 또는 수컷만이 지닌 매력 등에 의해 결정되기도 한다. 가장 사소하지만 유리한 점이 승리로 이끌 것이다. (468쪽)

지질학이 대륙 하나하나가 엄청난 물리적 변화를 겪었다고 분명히 주장한 것처럼, 생육이라는 변화된 조건에서 생명체들이 일반적으로 다양하게 변했던 것과 마찬가지로 생명체가 자연 상태에서 다양하게 변했을 것이라고 우리는 예측할 수가 있다. 그리고 만일 자연에서 어떤 변이성이 있었지만, 자연선택이 작동하지 않는다면, 이 변이성은 설명할 수가 없는 사실이 될 것이다. 자연에서 변이 정도는 엄밀하게 제한되었다고 흔히 주장하지만, 이 주장을 정확하게 증명할 수는 없다. 외부 형질에만 관심을 가지는 변덕스러운 사람은 짧은 시간 안에 자신이 생육하는 재배종에 단순한 개체차이를 덧붙이면서 엄청난 결과를 만들어 낼 수 있다. 그리고 모든 사람은 자연에 있는 종들이 적어도 개체차이가 있다는 점을 받아들인다. 그러나 이러한 차이 말고도, 모든 자연사학자들은 변종의 존재를 받아들이는데, 그들은 변종이 계통학 책에 기록할 만큼 충분히 뚜렷하게 구분된다고 생각한다. 개체차이와 사소한 차이가 나는 변종, 또는 좀 더 명확한 특징을 지닌 변종과 아종, 그리고 종들 사이를 구분할 수 있는 그 어떤 뚜렷한 차이점을 그 누구도 명시하지는 못한다. 자연사학자들이 유럽과 북아메리카의 많은 대표적인 유형들에게 서로 다른 계급을 어떻게 부여했는지를 관찰해 보라. (468~469쪽)

만일 자연 상태에서 변이성이 나타나고 항상 작동하고 선택할 준비가 되어 있는 강력한 매개체를 우리가 가지고 있다면, 과도하게 복잡한 생명의 연관성에서 생명체에게 그 어떤 방식으로든 유용한 변이들이 보존되고 축적되고 유전되었다는 점을 우리가 왜 의심해야 할까? 만일 사람이 인내심을 가지고 자신에게 가장 유용한 변이를 선택할 수 있었다면, 왜 자연은 변하는 살아가는 조건에 처해 있는 야생생물들이 지닌 유용한 변이를 선택하는 데 실패했다고 할 수 있을까? 오랜 세월 작동하고, 창조물 하나하나의 전반적인 체질, 구조 그리고 습성 등을 엄격하게 조사해서 좋은 것은 선택하고 나쁜 것은 배제할 수 있는 능력에 어떤 한계를 부여할 수 있을까? 나는 가장 복잡한 생명의 연관성에 유형 하나하나를 서서히 아름답게 적응시키는 이 능력에 그 어떤 제한이 없다고 본다. 자연선택 이론은, 우리가 이 이론보다 뛰어난 것을 찾지 못했다고 하더라도, 나에게는 그 자체로 그럴듯하게 보인다. 나는 어려움과 반론들에 내가 할 수 있는 한 명확하게 이미 요약했고, 이제부터는 이 이론을 뒷받침하는 특별한 사실들과 논증들을 살펴볼 것이다. (469쪽)

18 종들은 뚜렷한 특징을 지닌 영구적인 변종에 불과하며 종 하나하나가 처음에는 변종으로 존재했다는 견해에 따르면, 종

18 장 목차에 나오는 3번째 주제, '종의 불변성을 일반적으로 믿는 원인들'을 설명하는 부분이다.

들 사이에 그려진 경계선이 존재하지 않은 이유를 우리는 알 수 있게 되는데, 흔히 종들은 창조의 특별한 작용으로 만들어졌고 변종들은 이차 법칙으로 만들어졌다고 가정하고 있다.[19] 같은 견해에 따라 우리는 한 속에 속하는 종들이 많이 만들어졌고, 이 종들이 오늘날 번성하고 있는 지역에서 같은 종들이 어떻게 많은 변종들을 지니고 있는지를 이해할 수가 있는데, 종 공장이 일반적인 규칙에 따라 작동했었던 지역에서는 아직도 작동하고 있는 공장을 발견할 수가 있기 때문이다. 그리고 만일 변종이 발단종이라면 바로 이러한 사례에 해당할 것이다. 더군다나 많은 변종들이나 발단종들이 만들어질 여유가 있는 큰 속에 속하는 종들은 어느 정도는 변종의 형질을 유지하고 있는데, 이들은 서로서로 작은 속에 속하는 종들 사이에서 나타나는 차이점보다 더 작은 차이로 구분되기 때문이다. 큰 속에 속하는 가까운 동류 종들도 역시 제한된 분포범위를 지니며, 이들은 조그만 무리를 지어 다른 종들 주위에 모여 있는데, 어떤 점에서는 이들이 변종들과 비슷하게 보인다. 이러한 연관성은 종 하나하나가 독립적으로 창조되었다는 견해에 따르면 이상해지나, 모든 종들이 처음에는 변종으로 존재했다고 가정하면 잘 이해가 된다. (469~470쪽)

종 하나하나가 번식을 통해 기하급수적으로 과도하게 많은 수로 증가하는 경향을 지니고 있고, 종 하나하나의 변형된 후손들은 습성과 구조가 더 다양하게 변하게 됨으로써 그 수가 더 많이 증가할 수 있고, 그에 따라 자연의 경제 내에서 더 많을 뿐만

19 다윈 이전에 린네는 모든 생물 종들은 신의 창조로 만들어졌고, 변종은 재배품종에서 만들어졌다고 주장했다. 따라서 다윈 시대에는 이런 생각들이 널리 퍼져 있었는데, 다윈은 이러한 생각을 일차 법칙은 신이 만든 것으로, 이차 법칙은 자연이 만든 것으로 정리한 것으로 보인다.

아니라 널리 다양한 장소를 점유할 수 있기 때문에, 자연선택은 그 어떤 종이라도 가장 다양하게 분기한 자손들을 보존하는 경향성을 꾸준하게 보여 준다. 이런 결과로, 오래 지속된 변형 과정에서 같은 종에 속하는 변종에서 나타나는 사소한 형질상태의 차이들은 같은 속에 속하는 종들의 형질상태 차이처럼 점점 크게 증강되는 경향을 보인다. 새롭게 개량된 변종들은 오래되고 덜 개량된 중간형태의 변종들을 불가피하게 대체하고 몰살할 것이며, 그에 따라 종들은 매우 잘 규정되고 뚜렷하게 구분되는 대상으로 될 것이다. 큰 속에 속하는 우세한 종은 새롭고도 지배적인 유형을 만들어 내는 경향이 있으므로, 큰 무리 하나하나는 점점 더 커질 것이며, 이와 동시에 형질들은 더 분기할 것이다. 그러나 모든 무리가 크기를 증가하는 데 성공할 수가 없다. 세계가 이 모든 것을 부양할 수 없기 때문에 더 지배적인 무리가 덜 지배적인 무리를 물리친다. 크기가 계속해서 증가하고 형질도 계속해서 분기하는 큰 무리가 지닌 이런 경향성은, 대량절멸이라는 거의 피할 수 없는 우연성과 함께, 모든 생명 유형들을 무리 속에 무리로 종속시켜 배열하는 것처럼 오늘날 우리 주변 도처에서 볼 수 있으며, 모든 시간에 걸쳐 널리 퍼져 있는 몇몇 커다란 강에 이들 모두를 배열할 수 있는 것을 설명해준다. 모든 생명체를 무리짓기할 수 있다는 엄청난 사실이 나에게는 창조 이론에 따르면 전혀 설명할 수 없는 것처럼 보인다. (470~471쪽)

[20]자연선택은 사소하면서 연속적이고 도움이 되는 변이를 오

20 장 목차에 나오는 4번째 주제, '어디까지 자연선택 이론을 확장할 수 있을까'를 설명하는 부분이다.

로지 축적하도록 작동하기 때문에, 커다랗거나 갑작스런 변형을 만들지 못한다. 단지 아주 서서히 짧은 단계로 작동할 뿐이다. 그런 결과로 우리의 지식에 새롭게 추가되는 모든 것은 좀 더 전적으로 올바르게 만들어진다는 의미를 지닌 "자연은 비약하지 않는다"라는 경구가 이 이론에 따라 단순하게 설명된다. 왜 자연이 혁신에는 인색하지만 변종에는 무작정 낭비하는지를 우리는 뚜렷하게 알 수 있다. 그러나 만일 종 하나하나가 독립적으로 창조되었다면 왜 이런 점이 자연의 법칙이 되었는지를 그 누구도 설명할 수가 없을 것이다. (471쪽)

이 이론에 따르면, 나는 많은 사실들을 설명할 수가 있을 것이라고 생각한다. 딱따구리와 같은 형태를 지닌 새가 땅에서 곤충을 잡아먹도록 창조되었다고, 헤엄치기를 결코 또는 거의 하지 않는 고지대에서 살아가는 거위가 물갈퀴가 달린 발을 지닌 상태로 창조되었다고, 개똥지빠귀류가 물속으로 잠수하고 반수생 생활을 하는 곤충을 잡아먹도록 창조되었다고, 그리고 슴새의 습성과 구조가 바다쇠오리류나 논병아리류의 생활 방식에 적합하도록 창조되었다고 간주하면 얼마나 이상한가! 이 밖에도 끝도 없이 많은 사례가 있다. 그러나 종 하나하나가 지속적으로 수를 늘리려고 노력하고 있다는 견해와, 자연선택은 자연에서 그 누구도 차지하지 않은 장소 또는 잘못 차지하고 있는 장소에 서서히 다양하게 변하는 후손들을 적응시킬 준비를 항상 하고 있다는 견해에 따르면, 이러한 사실들은 이상한 것이 아니고 그럴 수도 있을 것이라고 간주되기를 기다리고 있었을 것이다. (471~472쪽)

자연선택은 경쟁에 의해 작동하기 때문에, 각 나라에 있는 정착생물들을 자신들의 동종생물들이 지닌 완벽함의 정도와 관련지어서만 적응시킨다. 그에 따라 우리는 어떤 나라라 하더라도 다른 대륙에서 온 귀화 야생종들에게 패배하고 대체되어 버린 정착생물들에, 비록 정착생물들이 일반적인 견해에 따르면 그 나라에서 특별히 창조되었고 적응되었다고 가정되지만, 놀랄 필요는 없다. 또 자연에 있는 모든 고안품들이 우리가 판단하는 한 절대적으로 완벽하지 않다고 해서, 그리고 이들 중 일부가 적합도라는 우리의 생각에서 동떨어졌다고 해서 우리가 경탄해서도 안 된다. 자신을 죽음으로 몰아가는 벌의 침에, 단 한 가지 일을 위해서 그처럼 많은 수로 만들어졌다가 생식불가능한 자매들에 의해 학살되는 수벌들에, 구주소나무가 만들어 내는 엄청 놀라울 정도로 많은 꽃가루에, 자신의 생식가능한 딸들에게 느끼는 여왕벌의 본능적 증오에, 애벌레의 살아 있는 몸 안에서 먹고 살아가는 맵시벌류에, 그리고 또 다른 사례들에 대해 우리는 경탄할 필요가 없다. 자연선택 이론에 따르면, 절대적인 완벽함을 추구하는 더 많은 사례들이 진짜로 관찰되지 않았다는 점이 경이롭다. (472쪽)

우리가 볼 수 있는 한, 변이를 지배하는 복잡하고 극히 조금 알려진 법칙들은 소위 특별한 유형이라고 부르는 생물들의 생성을 지배하는 법칙들과 같다. 이 두 경우 모두, 물리적인 조건들은 직접적인 결과를 거의 만들지 않음에도 변종들이 어떤 지역으로 들어가면, 이들은 이 지역에 적합한 종들의 형질 일부를 우연히 가졌을 것으로 추정된다. 변종들과 종들 모두에서 용불용은 어떤 결과를 만들어 내는 것으로 보인다. 실례를 들어, 포클랜드스티머오리를 조사하면 이 오리는 사육하는 집오리와 거의 같은 상태이나 날 수 없는 날개를 가지고 있으며, 땅을 파며 살아가는 투코투코류를 조사하면 이들은 우연히 장님이며, 두더지를 조사하면 이들은 습관적으로 장님이며, 아메리카나 유럽의 어두운 동굴에 장님동물들이 정착한 것을 조사하면 눈은 피부로 덮여 있는데, 이러한 결론에 우리가 반대하는 것은 어렵다. 변종들과 종들 모두에서 성장의 상관관계는 가장 중요한 역할을 수행하게 되므로 한 부위가 변형되면 다른 부위도 필연적으로 변형된다. 변종들과 종들 모두에서 오랫동안 잃어버렸던 형질로의 회귀가 나타난다. 창조 이론에 따르면 말속에 속하는 몇몇 종과 이들의 잡종들 어깨와 다리에서 때로 나타나는 줄무늬를 어떻게 해서든 설명할 수가 없다! 만일 이들 종들이 줄무늬가 있는 조상에서 유래했다고 우리가 믿는다면 이 사실이 얼마나 단순하게 설명된단 말인가! 같은 방식으로 집비둘기의 몇몇 사육 품종도 파랗고 가로무늬가 있는 바위비둘기에서 유래했다고 설명하면 단순할 것이다! (472~473쪽)

21종 하나하나가 독립적으로 창조되었다는 일반적인 견해에 따른다면, 종특이적 형질들이, 즉 같은 속에 속하는 종들을 서로 서로 다르게 만드는 형질들이 이들 종 모두를 포함하는 속특이적 형질들보다 왜 더 변하기 쉬워야만 할까? 실례를 들어, 한 속에 속하는 어떤 한 종 내에서의 꽃색이, 같은 속에 속하는 모든

21 장 목차에 나오는 5번째 주제, '자연사 연구에 자연선택 이론을 적용한 결과들'을 설명하는 부분이다.

종들이 같은 꽃색을 지녔다고 가정할 때보다 독립적으로 창조된 것으로 간주되는 같은 속에 속하는 다른 종들이 다양한 꽃색을 지녔다고 가정할 때가, 왜 더 쉽게 다양해지는 것일까?[22] 만일 종들이 뚜렷한 특징을 지닌 변종이고 이들의 형질이 고도로 영구적으로 되었다면, 우리는 이 사실을 이해할 수가 있다. 변종들을 서로서로 특히 뚜렷하게 구분되도록 만드는 어떤 형질들이[23] 공통조상으로부터 분기해 나온 이래 이 변종들이 이미 다양하게 변했기 때문이다. 그에 따라 이러한 형질들이 오랜 기간 변하지 않고 유전되어 내려온 속특이적 형질들보다 훨씬 더 다양하게 변했을 것이다. 우리가 자연스럽게 추론하듯이, 한 속에 속하는 어떤 한 종에서 아주 기이하게 한 부위가 왜 발달했고, 그 종에 상당히 중요한 부위가 눈에 띄게 왜 변하기 쉬웠는가를 창조 이론에 따르면 설명할 수가 없다. 그러나 내 견해에 따르면 이 부위는 공통조상으로부터 몇몇 종들이 분기해 나온 이래 기이하게 많은 정도의 변이성과 변형을 보였고, 그에 따라 우리는 이 부위가 일반적으로 아직도 변하기 쉽다고 예측할 수가 있을 것이다. 그러나, 만일 박쥐의 날개처럼 가장 기이한 방식으로 발달한 한 부위가 많은 부수적인 유형들 사이에서 흔하게 나타났다면, 즉 아주 오랫동안 유전되어 내려왔다면, 그 부위는 어떤 다른 구조보다 더 변하기 쉬운 것은 아니었을 것이다. 이 사례는 오래 지속된 자연선택으로 인해 같은 상태로 유지될 것이기 때문이다. (473~474쪽)

본능을 대충 훑어보면, 일부는 경이로운데, 연속적으로 나타

22 만일 종이 창조되었다면, 그리고 린네가 주장한 것처럼 속이 형질을 만든다면, 속에 속하는 종들의 특징은 모두 같아야만 한다. 그럼에도 속에 속하는 종들의 특징이 어떻게 다를 수가 있는가라고 다윈이 반문하는 것처럼 보인다. 『종의 기원』 6판에는 "독립적으로 창조된 것으로 간주되는"이라는 부분은 삭제되어 있다.

23 이런 특징을 종특이적 형질이라고 부른다.

나는 사소하나 적합한 변형들에 자연선택이 작용한다는 이론에 따르면, 신체적 구조보다 본능이 더 큰 어려움을 주지는 않는다. 왜 자연은 같은 강에 속하는 서로 다른 동물들에게 몇 가지 본능을 단계적으로 부여했는지를 우리는 이해할 수가 있다. 단계적 원리가 꿀벌의 놀라운 집짓는 능력에 어떻게 많은 실마리를 던져주는지를 살펴보려고 나는 시도했다. 습성은 의심할 여지 없이 본능을 변형시키는 역할을 때로 수행하나, 우리가 살펴보았듯이, 중성 곤충 사례에서는 절대적으로 확실히 필요한 것이 아닌데, 이 곤충들은 오래 지속된 습성의 결과를 물려받을 자손을 만들지 않는다. 같은 속에 속하는 모든 종들이 공통부모로부터 유래되었고, 많은 것들을 공통으로 물려받았다는 견해에 따르면, 동류 종들을 상당히 다른 살아가는 조건에 놓아둠에도 불구하고 어떻게 거의 같은 본능에 따르는지를 우리는 이해할 수가 있다. 실례를 들어, 왜 남아메리카의 개똥지빠귀류가 영국 종들과 비슷하게 진흙으로 둥지의 윤곽을 만드는지를 우리는 이해할 수가 있다. 본능이 자연선택을 통해 서서히 습득되었다는 견해에 따르면, 우리는 완벽하지 않으면서 쉽게 실수를 범하는 어떤 본능에 대해 그리고 다른 동물들에게 고통을 주는 많은 본능들에 대해 경탄하지 않아도 된다. (474~475쪽)

만일 종이 단지 뚜렷한 특징을 지닌 영구적인 변종이라면, 왜 이들이 교배해서 만들어진 자손들이 이들의 부모가 보여 준, 계속된 교배를 통해 부모들에게 흡수되어 있는, 유사성의 종류와 정도에서 나타나는 같은 복잡한 법칙을, 변종으로 인정된 생물들을 교배해서 만들어진 자손들도 따르듯이, 따라야 하는지를 우리는 즉시 알 수가 있다. 이와는 반대로, 만일 종들이 독립적으로 창조되었고, 변종들이 이차 법칙으로 만들어졌다면 이런 점들은 이상한 사실이 될 것이다. (475쪽)

만일 우리가 지질학적 기록이 극도로 불완전하다고 받아들인다면, 이들 기록이 제공하는 사실들은 변형을 수반한 친연관계 이론을 지지해 준다. 새로운 종은 서서히 그리고 연속적으로 간격을 두고 무대에 오르게 되며, 같은 시간 간격이 지난 다음에 이들의 변화 정도는 무리마다 현저하게 다르게 된다. 생물들의 역사에서 눈에 띄게 한 부분을 담당했던 종과 종 무리 전체의 절멸은 자연선택 이론에 따르면 거의 피할 수가 없게 된다. 오래된 유형은 새롭고 개량된 유형들로 대체될 것이기 때문이다. 일반적으로 세대의 사슬이 한번 끊기게 되면, 한 종 또는 종 무리는 다시는 나타나지 않는다. 우세한 유형의 단계적 확산은, 자손들이 서서히 변형되는 과정을 수반하며, 생명 유형들이 세계 곳곳에서 오래 시간 간격으로 동시에 변한 것처럼 나타나게 만든다. 누층 하나하나에 남아 있는 화석과 이 누층의 위아래 누층에 들어 있는 화석들 사이에서는 형질이 어느 정도 중간형태를 지닌다는 사실은 친연관계의 사슬에서 이들이 중간 위치에 있었기 때문이라고 간단히 설명된다. 절멸한 모든 생명체들과 최근의 생명체가 같은 무리 또는 중간단계 무리 둘 중 하나에 해당하는 같은 분류체계에 속한다는 위대한 사실은 현존한 생명체와 절멸한 생명체 모두가 공통부모의 자손이기 때문에 나타난 것이다. 오래된 조상에서 유래한 무리는 일반적으로 형질들이 분기하기 때문에, 초기 후손들의 조상은 때로 후기 후손들과 비교할 때 형질이 중간형태를 띤다. 그에 따라 화석이 오래되면 오래될수록 현존하는 동류 무리들 사이에서 어느 정도는 중간 위치에 좀 더 자주 있게 되는 이유를 우리는 알 수 있게 된다. 최근 유형들은 일반적으로, 조금은 애매한 표현이지만, 오래되고 절멸한 유형들보다 고등한 것으로 간주된다. 그리고 다음에 더 개량된 유형들이 오래되고 덜 개량된 생명체들을 살려는 몸부림 과정에서 정복하기 때문에, 최근 유형들이 더 고등한 것이다. 마지막으로, 호주의 유대류와 아메리카의 빈치류를 비롯하여 몇몇 사례에서 볼 수 있는 것처럼, 같은 대륙에서 동류 유형들이 오래 지속한다는 법칙에 대한 설명이 가능한데, 고립된 영역 안에서는 최근에 만들어진 종과 절멸한 종이 자연적으로 친연관계에 의해 동류이기 때문이다. (475~476쪽)

지리적 분포를 살펴보자. 만일 오랜 시간 동안 과거에 일어났던 기후 변화와 지리적 변화 그리고 많은 우연한 미지의 산포 수단으로 지구의 한 장소에서 다른 장소로 많은 생물들이 이동했다는 점을 우리가 받아들이면, 우리는 변형을 수반한 친연관계 이론에 근거해서 **분포**와 관련된 엄청나게 선도적인 사실들 대부분을 이해할 수 있게 된다. 생명체의 분포에서 공간을 뛰어넘고 시간적으로 지질학적 연속성을 뛰어넘는 놀라운 평행관계가 왜 발견되는지를 우리는 알 수가 있는데, 이 두 사례에서 생명체들은 정상적인 번식이라는 연줄로 연결되어 있으며, 변형 수단도 같기 때문이다. 우리는 모든 여행자를 놀라게 할 멋진 사실의 완벽한 의미를 알 수가 있다. 이 사실은 같은 대륙에 있는 가장 다양한 조건들 아래에서, 즉 매우 덥거나 추운 지역에서, 산악 지대와 저지대에서, 사막과 초습지에서 살아가는 하나의 커다란 강 하나하나에 속하는 정착생물들 대부분이 명백하게 연관되어 있다는 점인데, 이들이 일반적으로 같은 조상의 후손들이며 초기 침입생물들이었기 때문이다. 과거에 이동했다는 이와 같은 원리와 변형이 수반된 많은 사례들을 결합해 보면, **빙하기**의 도움으로 가장 멀리 떨어진 산지들의 가장 다른 기후 조건에서 살아가는 일부 소수 식물의 동일성과 다른 종류와의 가까운 동류성을 우리는 이해할 수가 있다. 그리고 마찬가지로 남북 양 회귀선 사이 지역으로 격리되어 있는 북반구와 남반구 온대 지역의 바다에서 살아가는 정착생물들 중 일부가 보여 주는 가까운 동류성도 우리는 이해할 수가 있다. 비록 두 지역이 같은 물리적인 살아가는 조건을 지니고 있지만, 만일 아주 오랫동안 이 지역이 서로서로 완벽하게 격리되어 있었다면, 우리는 이곳의 정착생물들이 광범위하게 다르다는 점에 놀라움을 느낄 필요는 없다. 생물과 생물의 연관성은 모든 연관성 중에서 가장 중요하므로, 이 두 지역은 제3의 발생지에서 또는 서로서로로부터 침입생물들을 다양한 시기에 다른 비율로 받아들였을 것이고, 그에 따라 이 두 지역에서 일어난 변형 과정이 틀림없이 달랐기 때문이다. (476~477쪽)

이동과 그에 따라 변형이 이어졌다는 견해로부터 왜 해양섬에 소수의 종들만이 정착했는지, 그리고 이들 중 일부는 왜 특이한지[24] 그 이유를 우리는 알 수가 있다. 바다라는 드넓은 공간을 건너가지 못하는 개구리와 육상 포유동물들이 해양섬에 정착하지 못한 이유를 우리는 명확하게 알 수가 있다. 이와는 반대로, 박쥐에 속하는 새롭고도 특이한 종들은 바다를 건너갈 수가 있는데, 어떤 대륙에서라도 멀리 떨어진 섬에서 왜 그렇게 자주 발견되는지를 우리는 알 수가 있다. 해양섬에 박쥐의 특이한 종들이 존재하고, 다른 모든 포유동물들이 결핍되어 있다는 사실은 창조의 독립적인 작용이라는 이론으로는 완전히 설명할 수가 없다. (477~478쪽)

24 고유종이라는 의미이다.

가까운 동류 종 또는 대표적인 종들이 어떤 두 지역에 존재한다는 것은, 변형을 수반한 친연관계 이론에 따르면, 같은 부모가 이전에 이 두 지역에 정착했다는 것을 의미한다. 그리고 많은 가까운 동류 종들이 두 지역에서 살고 있는 곳이면 어디에서나 이 두 지역에서 공통으로 나타나는 몇 종류의 똑같은 종들이 아직도 존재하고 있다는 것을 우리는 거의 변함없이 발견한다. 가까운 동류이지만 뚜렷하게 구분되는 많은 종들이 나타나는 지역이면 어디에서든지 같은 종에 속하는 많은 애매한 유형들과 변종들이 마찬가지로 나타난다. 지역 하나하나에서 살아가는 정착생물들이 이주생물들이 유래했을 가장 가까운 곳의 정착생물들과 연관되어 있다는 것은 아주 일반적인 규칙이다. 갈라파고스 제도, 후안페르난데스 제도 그리고 다른 아메리카 지역의 섬들에서 살아가는 거의 모든 동식물들이 인접한 아메리카 대륙의 동식물들과 매우 놀라운 방식으로 연관되어 있는 점에서 우리는 이런 연관성을 볼 수 있다. 또한 카보베르데 제도를 비롯하여 아프리카 지역에 있는 다른 섬들에서 살아가는 동식물들이 아프리카 대륙의 동식물들과 연관되어 있다. 이러한 사실들은 창조 이론에 따르면 그 어떤 설명도 할 수 없다는 점을 반드시 수용해야만 한다. (478쪽)

우리가 살펴보았듯이, 과거에 생존했고 오늘날에도 생존하는 모든 생명체가 하나의 거대한 무리의 하위 무리에 속하며, 절멸한 무리가 현존하는 무리들 사이에 위치하는 자연분류체계를 이룬다는 사실은 의도하지 않은 절멸과 형질분기가 수반되는 자연선택 이론에 따르면 설명이 가능하다. 같은 원리에 따라 한 강에 속하는 속들과 종들 사이의 상호 친밀성이 얼마나 복잡하고 에둘리는지를 우리는 알 수가 있다. 왜 어떤 형질들이 다른 형질들보다 분류에서 더 유용성이 높은지를, 왜 생명체에게는 최고로 중요한 적응 형질들이 분류에서는 그 어떤 중요성도 거의 부여받지 못하는지를, 왜 생명체에게는 거의 쓸모가 없는 흔적기관들의 형질들이 때로 분류학적 가치가 높다고 하는지를, 그리고 왜 발생학적 형질들이 모든 형질 중에서 가장 가치 있는 것으로 간주되는지를 우리는 알 수가 있다. 모든 생명체가 보여주는 진정한 친밀성은 친연관계를 공유하거나 물려받은 탓이다. 자연분류체계는 계보적 배열이며, 이러한 배열에서 우리는 생명체에 기여하는 근본적인 중요성은 떨어지지만 가장 영구적인 형질들로부터 볼 수 있는 친연관계의 직계를 발견해야만 한

다. (478~479쪽)

사람의 손, 박쥐의 날개, 돌고래의 지느러미발, 말의 다리는 같은 골격으로 되어 있고, 기린의 목과 코끼리의 목은 같은 수의 척추뼈로 되어 있다. 또한 셀 수 없을 정도로 많은 또 다른 사실들은 서서히 그리고 사소하게 연속적으로 일어난 변형을 수반한 친연관계 이론에 따르면 명확히 설명된다. 비록 서로 다른 목적으로 사용되지만, 박쥐의 날개와 말의 다리, 게의 턱과 다리, 그리고 꽃의 꽃잎과 수술, 그리고 암술에서 볼 수 있는 구조적 양상의 유사도는 부위나 기관의 단계적 변형이라는 견해로 보면 이해할 수가 있을 것인데, 이들은 모두 강 하나하나의 초기 조상과 닮았다. 지속적으로 나타나는 변이가 초기에는 항상 드러나지 않고, 살아가는 초기가 아닌 상응연령대에 드러나도록 유전된다는 견해에 따르면, 왜 포유동물, 조류, 파충류 그리고 어류의 배가 너무나 닮게 생겼는지를, 그리고 왜 성체는 전혀 다르게 생겼는지를 우리는 명확하게 알 수가 있다. 공기 중에서 호흡하는 포유동물이나 새들의 경우, 배 상태에서는 잘 발달된 아가미의 도움으로 물속에 녹아 있는 공기로 호흡하는 어류가 가지고 있는 구조와 비슷하게 아가미 틈새와 고리 모양의 동맥이 나타난다는 점에 대해서 우리는 더 이상 경탄하지 않아도 된다. (479쪽)

때때로 자연선택의 도움을 받은 불용은 간혹 변화된 살아가는 조건에서 또는 변화된 습성으로 쓸모가 없어진 기관을 축소시키는 경향을 보인다. 이 견해에 따라 우리는 흔적기관의 의미를 명확하게 이해할 수 있을 것이다. 그러나 불용과 자연선택은 창조물 하나하나가 성숙해서 생존을 위한 몸부림에서 완전한 역할을 하게 될 때 이들에게 작용할 것이며, 그에 따라 살아가는 초기 단계에서는 하나의 기관에 작용하는 영향력은 거의 없을 것이다. 이런 결과, 기관이 초기 단계에서는 그렇게 축소되거나 흔적 상태로 되지는 않을 것이다. 실례를 들어, 송아지는 위턱의 잇몸을 결코 뚫고 나오지 못하는 이빨을 잘 발달된 이빨을 지닌 초기 조상으로부터 물려받았다. 오랜 기간 동안 세대를 반복하면서 사용하지 않음으로써 또는 자연선택에 의해 이빨의 도움이 없어도 먹기에 적합하도록 혀와 입천장을 갖게 됨으로써 성숙한 동물에서는 이 이빨이 축소되었다고 우리는 믿으려고 한다. 그 반면 송아지의 경우에는 이빨이 선택이나 불용의 영향을 받지 않은 상태로 남아 있다가 상응연령대에 유전된다는 원리에 따라 한참 먼 시기에서부터 오늘날까지 유전되어 내려왔을 것이다. 생명체 하나하나와 서로 떨어져 있는 기관 하나하나가 특별히 창조되었다는 견해에 따른다면, 배발생 중인 송아지의 이빨이나 일부 딱정벌레에서 밀착된 날개껍질 아래에 있는 주름진 날개와 같은 부위들에 아무런 쓸모가 없음을 보여 주는 낙인이 뚜렷하게 흔히 찍혀 있는 점을 어떻게 완전히 설명할 수 있을까! 자연은 흔적기관과 상동기관을 자신의 변형 계획으로 드러내면서 고통을 수반한다고 말할 수 있을 것이나, 자연의 변형 계획을 우리는 의도적으로 이해하지 않으려고 했던 것처럼 보인다. (479~480쪽)

[25]지금까지 종은 지속적으로 사소하지만 도움이 되는 변이들을 보존하고 축적하면서 변하며, 지금도 서서히 변하고 있다는 점을 확신할 수 있게 해 주는 주요 사실들과 고려 사항들을 나는 요약했다. 아마도 다음과 같은 질문을 던질 수도 있다. 가장 뛰어나면서도 생존하고 있는 자연사학자들과 지질학자들 모두가 왜 종의 가변성이라는 견해를 반대했을까? 자연에 있는 생명체에서는 어떠한 변이도 만들어지지 않는다고 확언할 수는 없다. 오랜 세월에 걸쳐 나타난 변이의 정도가 제한되었다는 점도 입증될 수는 없다. 종과 뚜렷한 특징을 지닌 변종 사이에 선을 그을 수 있는 명백한 차이점도 없다. 이형교배된 종은 변함없이 생식불가능하며, 이형교배된 변종은 변함없이 생식가능하다고 해서 생식불가능성을 특별히 부여된 창조의 징후라고 주장해서도 안 된다. 세계의 역사가 아주 짧다고 간주하는 한, 종이 불변의 생물이라는 믿음은 거의 불가피했다. 오늘날에는 시간 경과에 대해 어떤 생각들을 얻게 되었기에, 비록 증거는 없지만, 지질학적 기록이 너무나 완벽해서, 이 기록들이 우리에게 종들에서 나타난 돌연변이에 대한 증거를, 만일 실제로 돌연변이가 일어났다면, 명확하게 제공해 줄 것이라고 쉽게 가정하는 경향이 있다. (480~481쪽)

그러나 한 종이 또 다른 뚜렷하게 구분되는 종을 출현시킨다는 점을 받아들이는 것에 자연스럽게 마음이 내키지 않는 주요 원인은 우리가 보지 못했던 중간형태 단계라는 어떤 커다란 변화를 항상 서서히 받아들여야 한다는 점이다. 연안의 파도에 의해 내륙에 있는 절벽들의 긴 윤곽들이 서서히 만들어졌고 거대

25 장 목차에 나오는 마지막 주제, '결론'을 설명하는 부분이다. 아마도 『종의 기원』의 결론일 것이다.

한 협곡들이 서서히 파였다고 라이엘이 처음 주장할 때 많은 지질학자들이 느꼈던 어려움과 같은 것이다. 사람의 사고는 아마도 수억 년이라는 시간이 지나는 의미를 완전히 파악할 수는 없을 것이며, 또한 거의 셀 수 없을 정도로 많은 세대가 지나가는 동안 축적된 많은 사소한 변이들의 영향을 완벽하게 인식하고 검토할 수도 없을 것이다. (481쪽)

나는 이 책에서 요약본 형태로 설명한 견해가 지닌 진실성을 충분히 확신하지만, 경험 많은 자연사학자들을 확신시킬 수 있을 것이라고는 결코 기대하지 않는데, 이들의 사고는 오랜 세월에 걸쳐 내 견해와는 정반대 견해로 바라본 수많은 사실들로 꽉 차 있을 것이다. "창조의 계획", "설계의 균일성" 등과 같은 표현으로 우리의 무지를 숨기는 것은 아주 쉽다. 그리고 우리는 그저 사실을 다르게 말하는 것으로 설명을 했다고 생각한다. 많은 사실들에 대한 설명보다 설명할 수 없는 어려움을 더 중시하는 성향을 가진 사람이라면 그 누구라도 내 이론을 확실히 반대할 것이다. 사고가 많이 유연하고 종의 불변성을 이미 의심하기 시작한 자연사학자들은 이 책의 영향을 받을 것이다. 그러나 나는 젊고 떠오르는 자연사학자들에게서 확신을 가지고 미래를 예견하는데, 이들은 문제의 양면성을 공평무사하게 바라볼 것이다. 종이 변할 수 있다고 믿는 사람이라면 누구나 자신의 확신을 양심적으로 표현하는 것만으로도 훌륭한 일을 하게 될 것인데, 단지 이렇게만 해도 이 주제를 압도했던 편견이 주는 부담이 제거되기 때문이다.[26] (481~482쪽)

26 다윈 당시에는 신을 부정하는 일은 종교 재판의 대상이 되었다. 신을 믿고 안 믿고는 한 개인의 양심에 관한 것이지 종교 재판의 대상이 돼서는 안 된다는 주장으로 보인다. 한때 미국 일부 주에서 진화론을 학교에서 교육하면 안 된다는 법률을 만들었고, 일부 교사가 이에 반발하여 진화론을 교육하다 재판을 받게 되어 큰 반향을 일으켰는데, 이 재판을 소위 "원숭이 재판"이라고 부른다. 종교적 신념이나 자유와 개개인이 지닌 사고의 자유를, 다윈은 이를 양심이라고 표현했는데, 구분해야 한다고 다윈이 주장한 것으로 보인다.

몇몇 뛰어난 자연사학자들이 최근에 속 하나하나에 속하며 평판이 좋은 수많은 종들이 진정한 종이 아니며, 독립적으로 창조된 종이 진정한 종이라는 자신들의 믿음을 발표했다. 이 발표가 아주 이상한 결론에 도달한 것처럼 나에게는 보인다. 그들은 수많은 유형들을 최근까지 자신들의 특별한 창조물로 생각했다고 인정했는데, 대부분의 자연사학자들 또한 마찬가지 관점으로 보아 왔으며, 이 유형들이 진짜 종이 지닌 외부 형질상태 모두를 지니고 있는 것으로 받아들였다. 그리고 그들은 이 유형들이 변이로 만들어졌다는 점을 받아들였으나, 같은 견해를 또 다른 아주 사소한 차이를 보이는 유형들까지로 확장하는 것은 거부했다. 그럼에도 불구하고, 그들은 자신들이 어떤 것은 창조된 생명 유형으로, 어떤 것은 이차 법칙으로 만들어졌다고 정의내리거나, 심지어 추측할 수 있다고는 하지 않았다. 그들은 변이를 어떤 사례에서는 *참원인*으로 받아들이고, 또 다른 사례에서는 거부하면서 두 사례에 그 어떤 차이점도 지적하지 않았다. 이런 상황이 맹목적인 선입견을 흥미롭게 보여 주는 예시로 제시할 날이 언젠가는 올 것이다. 그들은 일반적인 출생만큼이나 창조라는 기적과 같은 작용에 대해서도 깜짝 놀라는 것 같다. 그러나 지구 역사라는 셀 수 없이 오랜 기간에 일부 원소의 원자들이 살아 있는 조직 상태로 갑자기 변하라는 명령을 받았다고 하면 그들이 진짜로 믿을까? 창조라는 추정된 작용이 일어날 때마다 한 개체 또는 많은 개체들이 만들어졌다고 하면 그들이 믿을까? 무한히 많은 동식물 종류들 모두가 알 또는 씨 형태로, 또는 성체

상태로 창조되었을까? 그리고 포유동물의 사례에서 보듯, 이들이 어미의 자궁에서 양분을 공급받았던 잘못된 흔적을 지닌 상태로 창조되었을까?[27] 비록 종의 가변성을 믿는 사람들이 느끼는 모든 어려움을 완벽하게 설명하라는 요구를 자연사학자들이 아주 당연히 받고 있지만, 그들은 자신들이 경건한 침묵[28]으로 간주하는 종의 최초 출현이라는 주제를 그들끼리는 전반적으로 모르는 체하고 있다. (482~483쪽)

종이 변형된다는 학설을 내가 어디까지 확장하려고 하는가라는 질문도 던질 수가 있다. 이 질문에 대해 답을 하는 것은 어려운데, 더 뚜렷하게 구분되는 유형들을 우리가 고려할수록 논증이 더 이상 효과적으로 지지되지 않기 때문이다. 그러나 엄청나게 비중이 있는 일부 논증은 훨씬 더 나아갈 수 있다. 강 전체를 이루는 모든 구성원들은 친밀성이라는 사슬 하나로 연결되어 있으며, 이 모두를 같은 원리로 한 무리에 종속되는 무리로 분류할 수가 있다. 화석 유해들은 때로 현존하는 목들 사이에 나타나는 아주 넓은 간격을 메워주기도 한다. 흔적 상태로 있는 기관들은 초기 조상들이 완벽하게 발달된 상태의 기관을 가지고 있었다는 것을 뚜렷하게 보여 주며, 어떤 경우에는 흔적기관이 후손들에게서 엄청나게 많은 변형이 일어났다는 것을 암시한다. 강 전체에 걸쳐 다양하게 변한 구조들이 같은 양상으로 만들어지고, 배발생 시기에는 종들이 서로서로 아주 비슷하게 보인다. 따라서 변형을 수반한 친연관계 이론이 같은 강에 속하는 모든 구성원들을 포용한다는 점을 의심할 수가 없다. 동물은 기껏해야

27 포유동물 한 개체가 창조되었다면, 맨 처음 창조된 포유동물에도 어미의 자궁에서 영양분을 공급받던 탯줄 또는 배꼽 등의 흔적이 있을까? 또는 있다면 왜 있을까라는 질문으로 풀이된다.

28 의문이 생기면 질문을 하고 답을 찾아야 할 것이다. 그럼에도 최초의 생물에 대한 답을 찾기가 힘이 들기 때문에, 질문 자체를 회피하고 침묵으로 일관한다는 의미이다. 또한 종이 창조되었다면 최초의 생물에 대한 답도 나올 것이나, 단지 어떻게라는 또 다른 질문에 대해서도 침묵하고 있다는 의미이다.

4~5 종류의 조상에서 유래했으며, 식물 역시 거의 같거나 이보다 적은 수의 조상에서 유래했다고 나는 믿는다. (483~484쪽)

대응관계에 근거하여 나는 모든 동식물들이 어떤 하나의 원형에서 유래했다는 믿음으로 한 단계 더 앞으로 나갈 수 있었다.[29] 그러나 대응관계는 기만적인 안내자일 것이다. 그럼에도 불구하고 살아 있는 생물 모두는 자신들의 화학적 조성, 난핵포,[30] 세포로 이루어진 구조 그리고 성장과 번식의 법칙 등에서 많은 것들을 공유한다. 같은 독이 때로 동식물에 비슷한 영향을 초래하는 것과 같이 아주 사소한 상황, 즉 혹벌레가[31] 분비하는 독으로 야생 장미나 참나무 종류가 기형적으로 자라는 것에서 우리는 이런 점을 볼 수 있다. 따라서 지구상에 한 번이라도 생존했던 모든 생명체들은 어떤 하나의 최초의 유형에서 유래했고, 이 유형이 처음으로 숨을 쉰 생물로 바뀌었을 것이라는 점을 대응관계로부터 나는 추론할 수가 있다. (484쪽)

[32]이 책에서 설명한 종의 기원에 대한 견해를 생각해 볼 때 또는 대응하는 견해를 일반적으로 받아들이게 될 때, 우리는 자연사에서 상당한 혁명이 나타날 것으로 어렴풋이 예견할 수가 있다. 계통학자들은 오늘날처럼 자신들의 일을 끈질기게 할 수 있을 것이나, 그들은 이 유형 또는 저 유형이 본질적으로 종일까 아닐까라는 그림자를 드리우는 의심에 끊임없이 괴로워하지 않을 것이다. 내가 경험한 후에 말하면서 확실하다고 느끼지만, 이런 점이 사소한 위로도 되지 않을 것이다. 50여 종의 영국산 브

29 다윈은 동물과 식물의 공통조상을 찾기 위해 끈끈이주걱과 같은 식충동물도 연구했다. 식충식물이 곤충을 소화한다면, 동물과 비슷할 것이라는 생각을 했다.

30 첫 번째 감수분열기의 전기 상태에 있는 난세포의 핵을 의미한다.

31 식물에 혹을 만드는 혹파리와 혹벌 등을 통틀어 부르는 이름이다.

32 진화, 즉 변형을 수반한 친연관계 이론이 널리 받아들여질 때 어떤 상황이 올 것인가를 다윈이 예측한 부분이다. 다윈은 "자연사에서 상당한 혁명이 나타날 것으로" 예견했다. 혁명 결과는 "진화라는 실마리를 통하지 않고서는 생물학에서 의미 있는 것은 아무것도 없다"라고 표현된다(Dobzhansky, 1973). 다윈의 이러한 예견은 현실로 다가왔으며, 『종의 기원』은 다윈 이전과 이후의 사람들 생각에 커다란 전환점이 되었다. 다윈은 자연사에 혁명이 일어날 것으로 예측했지만, 사회에서도 혁명이 일어났다. 거의 모든 학문 영역에서 진화라는 개념을 도입해 학문 영역별로 고유한 것으로 간주된 사고를 새롭게 해석하고 있다(최재천 등, 2009).

램블산딸기[33]가 진짜로 종인지 아닌지에 대한 끝도 없는 논쟁이 중단될 것이다. 계통학자들은 어떤 유형을 정의할 수 있도록 충분히 일정하고 다른 유형과 뚜렷하게 구분되는지를 단지 결정만 (이 결정이 쉬운 것은 아니겠지만) 할 뿐이다. 만일 정의할 수 있다면 차이점들이 종이라는 이름을 부여받을 수 있도록 충분히 중요한지 아닌지를 결정하면 될 것이다. 두 번째 논의의 핵심은 오늘날보다 훨씬 더 근본적인 고려 사항이 될 것이다. 어떤 두 유형 사이의 차이점들이 사소할지라도 그 차이점들이 만일 중간형태 단계들로 혼합되지 않았다면, 많은 자연사학자들은 두 유형에 종의 계급을 부여할 수 있을 정도로 충분한 것으로 간주할 것이다. 앞으로는 종과 뚜렷한 특징을 지닌 변종 사이의 유일한 차이점으로, 변종은 중간형태 단계들로 오늘날에 연결되어 있을 것으로 알려지거나 믿어지는 반면, 종들은 이전에 연결되었다는 것으로 우리가 인정하게 될 것이다. 이런 결과로, 어떤 두 유형 사이에 중간형태 단계들이 오늘날에도 존재하는지에 대한 고려를 완전히 거부하지 않고서도, 우리는 이 둘 사이의 실질적인 차이 정도에 더 많은 비중을 조심스럽게 두게 될 것이고, 또한 더 높은 가치를 부여하게 될 것이다. 오늘날 단순히 변종으로 일반적으로 인정되는 유형들은, 카우슬립앵초와 영국앵초에서[33] 볼 수 있듯이, 앞으로 종에 해당하는 이름을 부여받을 가치가 있는 것으로 생각할 수도 있다. 그리고 이 사례에서 학명과 지방명은 일치하게 될 것이다. 간단히 말해서, 우리는 종을 자연사학자들이 속을 처리하는 방식과 같은 방식으로 처리해야

33 흔히 브램블산딸기 종집단(Rubus fruticosus aggregate)은 좁은 의미로는 290여 종의 미세종을 포함하고, 넓은 의미로는 50여 종의 미세종을 포함한다. 미세종이란 식물에서 이형교배하여 만들어진 잡종이 무성생식으로 번식하면서 부모종들과는 생식적으로 격리되어 종으로 간주되는 경우이다. 이렇게 잡종으로 종이 만들어지면 부모 2종과 잡종 1종 등 3종이 한 지역에서 분포하게 된다. 그리고 이 잡종은 다시 부모 2종과 각각 이형교배하여 다시 무성번식하는 새로운 잡종 2종을 만들어 낸다. 이런 식으로 잡종들이 만들어지고, 이렇게 만들어진 잡종이 무성번식하여 새로운 종으로 되는데, 미세종이 만들어진 사례는 전 세계 곳곳에서 볼 수 있다. 브램블산딸기 종집단도 이렇게 만들어졌을 것이다.

34 76쪽 주석 **45**를 참조하시오.

만 할 것인데, 자연사학자들은 속을 편의적으로 만들어진 단순한 인위적인 조합으로 받아들인다. 이런 측면은 즐거운 전망은 아닐 수 있으나, 우리는 적어도 종이라는 용어가 지닌 발견되지 않았고 발견되지도 않을 본질[35]을 쓸데없이 찾는 일로부터 자유로워지게 될 것이다. (484~485쪽)

자연사에서 또 다른 더 중요한 분과에 대한 흥미도 굉장히 증가할 것이다. 자연사학자들이 사용하는 친밀성, 연관성, 기준형의 공유, 부계,[35] 형태학, 적응 형질, 흔적기관과 발육부진기관 등과 같은 용어들도 은유적으로 사용되는 것이 중단될 것이고, 명백한 의미를 지니게 될 것이다. 야만인이 함선을 자신의 이해를 넘어서는 무언가로 바라보는 것처럼[36] 우리가 한 생명체를 이렇게 바라보지 않을 때, 우리가 자연에 있는 야생종 모두를 자신의 역사를 지닌 하나의 대상으로 간주할 때, 우리가 어떤 커다란 기계 발명품을 노동, 경험, 사유, 심지어 수많은 일꾼들의 실수의 총합으로 간주하듯이, 모든 복잡한 구조와 본능을 소유자 하나하나가 유용한 많은 고안품들의 총합으로 심사숙고할 때, 그리고 우리가 생명체 하나하나를 이런 식으로 볼 때, 자연사 연구는 내 경험으로 말하자면 어떻게든 지금보다 더 흥미로운 일이 될 수 있을 것이다! (485~486쪽)

변이의 원인과 법칙, 성장의 상관관계, 용불용의 결과, 외부 조건의 직접적인 작용 등과 관련된 거대하면서 거의 밝혀지지 않은 연구 분야가 열릴 것이다. 생육하는 재배종들에 대한 연구 가치는 굉장히 높아질 것이다. 사람이 육종한 새로운 변종은 이

35 아리스토텔레스 이후 종은 본질, 즉 이데아를 공유하는 생물들로 간주했다. 단지 본질을 공유하되 본질을 둘러싸는 물질, 즉 질료는 변할 수가 있으므로, 같은 종이라고 하더라도 조금씩 생김새가 다를 수 있는 것으로 생각했다. 이런 생각을 본질주의적 사고방식이라고 한다. 따라서 아리스토텔레스 이후 종을 구분하기 위해서는 종의 본질을 찾아야만 했는데, 다윈은 종이란 그렇게 정의되는 것이 아니고 조상-후손간의 관계로 정의되므로 더 이상 종의 본질을 찾을 필요가 없다고 설명한 것이다. → **용어설명 '본질'**

36 아버지 쪽의 혈연 계통 또는 수컷의 계통이다.

37 다윈이 비글호를 타고 조사하면서 만났던 남아메리카 원주민들의 생각을 표현한 것으로 보인다. 함선과 같은 큰 배를 본 적이 없는 사람들이 함선이 무엇인지를 정확하게 이해할 수는 없었을 것이다.

미 기록된 수많은 종들에 한 종을 추가하는 것 이상으로 중요하고 흥미로운 연구 주제가 될 것이다. 우리의 분류체계는 우리가 할 수 있는 한 계보가 될 것이며, 창조의 계획이라고 부르는 것에 진실을 제공할 것이다.[38] 분류의 규칙은 의심할 여지 없이 우리가 가까운 장래에 대상을 명확하게 정의할 때 보다 더 단순해질 것이다.[39] 우리는 그 어떤 족보나 문장[40]을 가지고 있지 않다. 그리고 우리는 자연 계보에서 친연관계가 분기된 많은 계통을 오랫동안 물려받은 어떤 종류의 형질이라도 발견하고 추적해야만 한다. 흔적기관은 오래 지속된 구조들의 속성에 대해서 전혀 오류 없이 말해 줄 것이다. 비전형적이라고 부르는, 그리고 상상으로 살아 있는 화석이라고 부르는 종과 종 무리는 오래된 생명 유형의 사진을 만드는 데 우리에게 도움을 줄 것이다. 발생학은 어느 정도는 모호했으나 커다란 강 하나하나의 원형을 보여 주는 구조를 드러내 줄 것이다. (486쪽)

같은 종에 속하는 모든 개체들과 많은 속에 속하는 모든 가까운 동류 종들이 그렇게 멀지 않은 시기에 한 부모로부터 유래했으며, 어떤 한 출생지에서 이동했다는 것이 확실하다고 우리가 느낄 때, 그리고 우리가 많은 이동 수단을 더 잘 알 때가 되면, 지질학이 이전의 기후 변화와 대륙의 수위에 대해 오늘날 던져주는, 앞으로도 계속해서 던져줄 실마리를 이용해 우리는 전 세계에 있는 정착생물들이 과거에 이동했던 놀라운 방식의 자취를 확실하게 추적할 수 있게 될 것이다. 심지어 오늘날에도, 대륙의 양쪽 바다에 있는 정착생물들의 차이와 대륙마다 다양하게 변

38 생각을 달리 하면 다른 것을 볼 수 있다고 다윈이 주장한 것으로 보인다. 신이 모든 것을 만들었다고 생각하는 창조의 계획을 버리면, 새로운 생각으로 창조의 계획을 설명할 수 있을 것이라는 생각으로 보인다.

39 Duzdevich(2014)는 명확한 대상을 명확한 구조로 해석했다. 구조 하나하나를 명확하게 이해하게 되면 분류 규칙이 단순해질 것이라는 의미이다. 아마도 상사성 구조와 상동성 구조를 분리해서 이해하면 계보를 작성하는 데 큰 도움이 될 것이다. 오늘날에는 이 둘을 명확하게 구분해서 분류체계를 작성하고 있다.

40 국가나 단체 또는 집안 따위를 나타내기 위해서 사용하는 상징적인 표식이다. 흔히 도안된 그림이나 문자로 되어 있다.

한 정착생물들의 속성을 이들이 지니고 있는 뚜렷한 이동 수단과 연관하여 비교하면, 고대 지리학에 대한 일부 실마리를 찾을 수 있을 것이다. (486~487쪽)

품위 있는 지질학은 극단적인 지질학적 불완전성으로 인해 영광을 잃어 가고 있다. 흔적들을 포함하고 있는 지구 표면을 두둑하게 채워진 박물관으로 바라봐서는 절대로 안 되고, 운에 따라 드물게 채집된 빈약한 수집품으로 바라봐야만 한다. 엄청나게 많은 화석을 포함한 누층 하나하나의 축적은 기이하게 동시에 발생한 상황에 의해 결정된 것으로 인식하게 될 것이며, 연속된 조층 사이의 공백 기간은 방대한 기간으로 인식하게 될 것이다. 그러나 일부를 보완하여 앞선 생명 유형과 뒤에 나오는 생명 유형을 비교함으로써 우리는 이 공백 기간을 측정할 수 있게 될 것이다. 극소수의 동일한 종들을 포함하는 동시대의 두 누층을 이들 누층에 포함된 생명 유형의 일반적인 연속성을 이용하여 엄밀하게 서로 관련시키려고 노력할 때 우리는 반드시 조심해야 한다. 창조의 기적과 같은 작용과 대이변 때문이 아니라 서서히 작용하는 아직도 현존하는 원인들에 의해 종들이 만들어지고 몰살당하기 때문에, 그리고 생명체의 변화를 유발하는 모든 원인 중에서 가장 중요한 원인이 변경된, 아마도 갑자기 변경된 물리적 조건과는 거의 독립적이기 때문에, 생물과 생물 사이의 상호연관성으로 인해 한 생물이 개량되면 또 다른 생물의 개량 또는 몰살이 수반된다. 따라서 연속되어 있는 누층에 포함된 화석생물의 변화 정도는 아마도 실제 시간의 경과를 정확하게 측정하는 데 쓸모가 있을 것이다. 그러나 수많은 종들은 아주 오랫동안 변화하지 않은 상태로 무더기로 남아 있는 반면, 같은 시기에 이들 종 가운데 일부는 새로운 영역으로 이동해서 외래 동종 생물들과 경쟁하면서 변형되었을 것이다. 그에 따라 우리는 시간을 측정하는 수단으로 생물들이 변화한 정확성을 과대평가해서는 안 된다. 지구 역사의 초기 시기 동안, 즉 생명 유형이 아마도 보다 더 적었고 단순했을 때에는 변화 속도도 보다 느렸을 것이다. 그리고 생명의 첫새벽이 밝아올 때, 즉 가장 단순한 구조로 된 유형들이 아주 적은 수가 존재했을 때에도 변화 속도가 극히 느렸을 것이다. 오늘날 알려진 것처럼 세계의 전반적인 역사는 셀 수 없이 많은 절멸한 그리고 현존한 후손들의 조상인 최초의 창조물이 창조된 이래 경과한 시간과 비교하면 우리가 이해할 수 없을 정도로 매우 오래되었겠지만, 이제부터는 단순한 시간 조각 정도로 인식될 수 있을 것이다. (487~488쪽)

가까운 미래에 나는 좀 더 중요한 연구를 위한 분야가 열릴 것으로 본다. 심리학은 [41] 새로운 토대, 즉 정신적 힘이나 능력이 단계적으로 필연적으로 습득되었다는 토대에 기반을 둘 것이다. 인간의 기원과 역사에 새로운 실마리가 던져질 것이다.[42] (488쪽)

최고로 저명한 학자들이 종 하나하나가 독립적으로 창조되었다는 견해에 충분히 만족하고 있는 것처럼 보인다. 내 생각으로는, 개체의 출생과 사망을 결정하는 원인과 비슷하게, 세계에서 과거와 현재에 만들어진 그리고 절멸한 정착생물들이 이차

41 『종의 기원』 6판에는 "하버트 스펜서 씨가 이미 잘 구축한"이라는 표현이 추가되어 있다.

42 동물행동학, 심리학 그리고 진화학이 융합하여 진화심리학이라는 새로운 학문 영역이 탄생했다(박완신, 2006).

원인[43] 탓이라고 하는 것은 창조자가 만든 물질에 새겨져 있는 법칙 탓이라고 말하는 것보다 더 잘 일치하는 것 같다. 내가 모든 생명체를 특별한 창조의 결과가 아니라 실루리아기의 맨 처음 지층이 퇴적되기 오래전에 만들어진 일부 극소수의 생명체의 직계 후손으로 바라볼 때, 생물들이 나에게는 더 고귀한 것처럼 보인다. 과거로부터 판단하건대, 먼 미래까지 자신과의 비슷함을 변경하지 않고 전달하는 살아 있는 생물은 단 하나도 없다고 우리가 추론해도 지장이 없을 것이다. 그리고 현재 살아 있는 종 가운데 극히 소수만이 먼 미래까지 어떤 형태라도 자손을 남길 것인데, 모든 생명체를 무리짓는 방식을 보면, 한 속에 속하는 엄청난 수의 종들과 많은 속에 속하는 모든 종들이 후손을 전혀 남기지 않고 철저하게 절멸한 것을 알고 있기 때문이다. 우리는 지금까지 미래를 예언적 시선으로 바라보면서, 보다 크고 우세한 무리에 속하며, 흔하고 널리 분포하는 종이 궁극적으로 널리 퍼져 나가고 새롭고도 우세한 종을 낳을 것이라고 예견했다. 살아 있는 생명 유형 모두는 실루리아기 이전에 오랫동안 살았던 유형들의 직계 후손들이기 때문에, 세대를 반복하는 정상적인 연속성은 결코 한 번이라도 단절되지 않았다는 것을, 그리고 대홍수가 전 세계를 파괴하지도 않았다는 것을 우리는 확실하게 느낄 수 있다. 이런 결과로, 우리는 확신을 가지고 감지할 수 없을 정도로 오랫동안 이어질 안정된 상태의 미래를 기다릴 수 있을 것이다. 또한 자연선택은 생명체 하나하나의 이익에 의해 그리고 이익을 위해서만 작동하기 때문에, 타고난 모든

43 『종의 기원』 469쪽을 참조하시오.

육체적, 정신적 재능은 완벽해지는 방향으로 진보하는 경향을 보일 것이다. (488~489쪽)

온갖 종류의 많은 식물들로 덮여 있으며, 덤불 사이에서 새가 노래를 부르며, 다양한 곤충들이 휙휙 돌아다니며, 축축한 땅 표면을 기어다니는 벌레들로 복잡한 강둑을 바라보는 것은 흥미로우며,[44] 또한 서로서로 너무나 다르며, 아주 복잡한 방식으로 서로서로 의존하고 있는 정교하게 만들어진 유형들 모두가 우리 주변에서 작동하는 법칙으로 만들어졌다는 것을 곰곰이 생각하는 것도 흥미롭다. 이러한 법칙들로는 크게 보면 **성장**과 **번식**, 번식의 상당한 부분을 함축하고 있는 **유전**, 외부 살아가는 조건의 직간접적인 작용과 유형의 용불용에 따른 **변이성**, **살려는 몸부림**을 유도하는 너무나 빠른 속도의 **증가율**과 그 결과로 나타나는 **자연선택**, 그리고 자연선택이 필요로 하는 **형질분기**와 덜 개량된 유형의 **절멸** 등이 있다. 이런 사실들로 볼 때, 자연에서 벌어지는 전쟁과 굶주림 그리고 죽음에 따라 가장 지적인 대상물이 직접 만들어졌는데, 이 대상물은 우리가 생각할 수 있는 보다 고등한 동물이다.[45] 처음에는 소수였던 유형이거나 단 하나였던 유형에 몇몇 능력들과 함께 생명의 기운이 불어넣어졌다는 견해에는 장엄함이 있다. 그리고 이 행성이 고정된 중력 법칙에 따라 자신만의 회전을 하고 있는 동안,[46] 너무나 단순한 유형에서 시작한 가장 아름답고도 훌륭한 유형들이 끝도 없이 과거에도 물론이지만 현재에도 발달[47]하고 있다. (489~490쪽)

44 다윈이 어렸을 때 살았던 마운트하우스의 풍경을 설명하는 듯하다.

45 인류의 출현을 설명하는 것으로 보인다. 인류의 기원에 대해 다윈은 『종의 기원』 199쪽에서 언급했으나, 이후 6판에서는 이러한 언급을 삭제했다. 이 부분에서도 명확하게 인류라고 명시하지는 않았다. 인류의 기원에 대해서 다윈은 1871년 『인류의 친연관계』에서 따로 다루었다.

46 지구가 움직이지 않고 있다는 전근대적인 사상이 코페르니쿠스의 지구가 돈다는 과학혁명으로 무너졌음을 빗대고 있는 것으로 보인다. 생물학에서도 종이 창조된 것이 아니라 진화의 결과이며, 진화는 계속되고 있다는 의미로 보인다.

47 "evoled"를 번역한 것이다. 흔히 이 단어를 현대적 의미의 진화로 간주하기도 하나, 당시에는 기초적인 상태에서 성숙 또는 완전한 상태로 발달해 가는 과정이라는 의미로 사용했다(굴드, 2009).

부록

부록 1_ 참고문헌

공우석 · 임종환, 「극지, 고산식물 월귤의 격리 분포와 기온요인」, 『대한지리학회지』 43, 대한지리학회, 2008.

M.G.Simpson, 김영동 · 신현철 역, 『식물계통학』 제2판, 월드사이언스, 2011.

만쿠스 · 비올라, 양병찬 역, 『매혹하는 식물의 뇌 – 식물의 지능과 감각의 비밀을 풀다』, 행성B, 2017.

먼로스트릭버거, 김창배 외역, 『진화학』, 월드사이언스, 2004.

박성관, 『종의 기원, 생명의 다양성과 인간 소멸의 자연학』, 그린비, 2014.

신현철, 『진화론은 어떻게 진화했는가』, 컬처룩, 2016.

신현철, 『다윈의 식물들』, 지오북, 2023.

스티븐 제이 굴드, 홍욱희 · 홍동선 역, 『다윈 이후』, 사이언스북스, 2009.

앨런 밀러 · 가나자와사토시, 박완신 역, 『진화심리학』, 웅진지식하우스, 2006.

에른스트 마이어, 신현철 역, 『진화론 논쟁』, 사이언스북스, 1998.

에른스트 마이어, 최재천 · 고인석 · 김은수 · 박은진 · 이영돈 · 황수영 · 황희숙 역, 『이것이 생물학이다』, 바다출판사, 2016.

오상훈, 「엽록체 염기서열을 통한 너도밤나무(너도밤나무과)의 기원 추론」, 『한국식물분류학회지』 45, 한국식물분류학회, 2015.

장대익, 『다윈의 식탁』, 바다출판사, 2016.

제임스 코스타, 박선영 역, 『다윈의 실험실』, 와이즈베리, 2019.

주승재, 「明代韓中本草發展的比較硏究」, 중국중의연구원 박사논문, 1995.

찰스 다윈, 김관선 역, 『종의 기원』, 한길사, 2015.

________, 송철용 역, 『종의 기원』, 동서문화사, 2013.

________, 장순근 역, 『찰스 다윈의 비글호 항해기』, 리젬, 2013.

최재천 외 18인, 『21세기 다윈 혁명』, 사이언스북스, 2009.

Ali, J.R. · J.C.Aitchison, "Exploring the combined role of eustasy and oceanic island thermal subsidence in shaping biodiversity on the Galapagos", *Journal of Biogeography* 41, 2014.

Arsic, B., *Bird Relics : Grief and Vitalism in Thoreau*, Harvard University Press, 2006.

Baik, S.Y · J.H.Kang · S.H.Jo · J.E.Jang · S.Y.Byeon · J.-H.Wang · H.-G.Lee · J.-K.Choi · H.J.Lee, "Contrasting life histories contribute to divergent patterns of genetic diversity and population connectivity in freshwater sculpin fishes", *BMC Evolutionary Biology* 18, 2018. (https://doi.org/10.1186/s12862-018-1171-8)

Baldwin, M.J.A., "New Factor in Evolution", *The American Naturalist* 30, 1896.

Brickner, I., N.Simon-Blecher · Y.Achituv, "Darwin's Pygroma (Cirripedia) Revisited : Revision of the Savignium group, Molecular analysis and description of new species", *Journal of Crustacean Biology 30*, 2000.

Bridgett M. vonHoldt · E. Shuldiner · I. J. Koch · R. Y. Kartzinel · A. Hogan · L. Brubaker · S. Wanser · D. Stahler · C. D. L. Wynne · E. A. Ostrander · J. S. Sinsheimer · M. A. R. Udell, "Structural variants in genes associated with human Williams-Beuren syndrome underlie stereotypical hypersociability in domestic dogs", *Science Advances 3-7*, 2017.

Buckman, J., "Report on the Experimental Plots in the Botanical Garden of the Royal Agricultural College at Cirencester", *Report of the British Association for the Advancement of Science, 27th. Meeting, Dublin, 1857*, 1858.

Camardi, G., "Richard Owen, Morphology and Evolution", *Journal of History of Biology 34*, 2001.

Cariveau, D. P. · G. K. Nayak · I. Bartomeus · J. Zientek · J. S. Ascher · J. Gibbs · R. Winfree, "The Allometry of Bee Proboscis Length and Its Uses in Ecology", PLoS ONE 11(3) : e0151482. doi : 10.1371/journal.pone.0151482, 2016.

Chiu, C.-H. · K. Dewar · G. P. Wagner · K. Takahashi · F. Ruddle · C. Ledje · P. Bartsch · J.-L. Scemama · E. Stellwang · C. Fried · S. J. Prohaska · P. F. Stadler · C. T. Amemiya, "Bichir HoxA cluster Sequence reveals surprising trends in Ray-finned fish genomic evolution", *Genome Research 14*, 2004.

Cook, L. M., Solem, A. · A. C. Van Bruggen eds., "The distribution of land snails in eastern Maderia and the Desertas", *World-wide snails, Biogeographical studies on non-marine Mollusca*, Leiden : E. J. Brill/W. Backhuys, 1984.

Costa, J. T., *The annotated origin*, Harvard University Press, 2009.

Dana, J. D., *Classification and Geographical Distribution of Crustacea : From the report on Crustacea of the United States Exploring Expedition, under Captain Charles Wikes, U. S. N., during the years 1838-1842*, 1853.

Darwin, C., *On the Origin of species*, John Murray, 1859.

Davis, S, "Darwin, Tegetmeier and the bees", *Studies in History and Philosophy of Biological and Biomedical Sciences 35*, 2004.

Dickson, A., *A treatise of Agriculture, the second edition*, Edinburgh, 1765.

Dobzhansky, D., "Nothing in Biology makes sense except in the light of Evolution", *The American Biology Teacher 35*, 1973.

Duzdevich, D., *Darwin's on the Origin of Species*, Indiana University Press, 2014.

Fairbanks, D. J. · B. Rytting, "Mendelian controversies : A botanical and historical review", *American Journal of Botany 88*, 2001.

Fambini, M. · V. Michelotii · C. Pugliesi, "The unstable tubular ray flower allele of sunflower : inheritance of the reversion to wild-type", *Plant Breeding 126*, 2007.

Freer, S., *Linnaeus' Philosophica Botanica*, Oxford University Press, 2003.

Grene, M., "Darwin, Curvier and Geoffroy : Comments and Questions", *History and Philosophy of the Life Sciences 23*, 2001.

Herbers, J. M., "Watch your Language! Racially loaded metaphors in Scientific Research", *Scientific American 57*, 2007.

Huber, P., "A l'Historie de la Chenille du Hamac", *Memoires de la Société de physique et d'histoire naturelle de Genève 7*, 1836.

Humphries, C., "Pigeon DNA proves Darwin right", *Nature*, 2013, 1.31., doi : 10.1038/nature.2013.12334, 2013.

Ietswaart, J. H. · A. E. Feij, "A multivariate analysis of introgression between Quercus robur and Q. petraea in the Netherlands", *Acta Botanica Neerllandica 38*, 1989.

Kinahan, G. H., "On the remarkable destruction caused among birds in Kerry by the winter of 1854-55", *Proceedings of the Natural History Society of Dublin (for the sessions 1856-1859) 2*, 1859.

Kinik · Heusinger, "Ueber die verschiedenartige Wirkung gewisser ausserer Einflusse auf verschieden gefarbte Thiere", *Wochenschrift für die gesamte Heilkunde*, 1846.

Kitson, P. J., *Romaintic Literature, Race, and Colonial Encouter(Nineteenth-Century Major Lives and Letters)*, Palgrave Macmillan, 2008.

Kumar, D., *Darwin's Pngenesis and its Rediscovery Part B*, Volume 102, Academic Press, 2018.

Lamb, T. D., "Evolution of the eye", *Scientific America*, 2011.

Levine, G., *Darwin the writer*, Oxford University Press, 2011.

Luo, D., "Control of organ asymmetry in flowers of Antirrhinum", *Cell 99*, 1999.

Magner, L. N., *A History of the Life Sciences*, CRC Press, 2002.

Marchesan, M., "Operational sex ratio and breeding strategies in the Feral Pigeon Columba livia", *Ardea 90-2*, 2002.

Mindell, D. P. · A. Meyer, "Homology evolving", *Trends in Ecology and Evolution 16*, 2001.

Moore, D. M · R. N. Goodall, "La Flora adventicia de Tierra Del Fuego", *Anales del Instituto de la Patagonia 8*, 1977.

Mori, A · D. A. Grasso . F. L. Moli, "Raiding and Foraging Behavior of the Blood-Red Ant, Formica sanguinea Latr.(Hymenoptera, Formicidae)", *Journal of Insect Behavior 13*, 2000.

Novick, A., "On the Origins of the Quinarian System of Classification", *Journal of the History of Biology 49*, 2016.

Opiz, J. M., "Goethe's Bone and the Beginning of Morphology", *American Journal of Medical Genetics 126A*, 2004.

Ospovat, D., "The influence of Karl Ernst von Baer's Embryology, 1828-1859 : A Reappraisal in Light of Richard Owen's and William B. Carpenter's "Palaeontological Application of 'Von Baer's Law'"", *Journal of the History of Biology 9*, 1976.

Owen, R., *Lectures on the comparative anatomy and physiology of the vertebrate animals : delivered at the Royal College of Surgeons of England, in 1844 and 1846. Part 1 Fishes*, 1846.

Pearce, T., ""A Great Complication of Circumstances" : Darwin and the Economy of Nature", *Journal of History of Biology 43*, 2010.

Peckham, M.(eds.), *The Origin of Species, A Variorum Text*, University of Pennsylvania Press, 1959.

Podani, J. · A. Kun · A. Szilagyi, "How fast does Darwin's Elephant population grow", *Journal of the History of Biology 51*, 2018.

Prothero, D. R., *After the Dinosaurs : The age of Mammals*, Bloomington : Indiana University Press, 2006.

Reznick, D. N., *The Origin then and now. An interpretive guide to the Origin of Species*, Princeton University Press, 2010.

Roberts, H. F., "Darwin's Contribution to the Knowledge of Hybridization", *American Naturalist 53*, 1919.

Roth, T · U. Kutschera, "Darwin's Hypotheses on the Origin of Domestic Animals and the History of German Shepherd Dogs", *Annals of the History and Philosophy of Biology 13*, 2008.

Ruse, M., "Charles Darwin and Group Selection", *Annals of Science 37*, 1980.

Ruse, M. · R. J. Richards, *The Cambridge Companion to the Origin of Species*, Cambridge University Press, 2009.

Sin, H. · K. H. Beard · W. C. Pitt, "An invasive frog, Eleutherodactylus coqui, increase new leaf production and leaf litter decomposition rates through nutrient cycling in Hawaii", *Biological Invasions 20*, 2008.

Sokal, R. R. · T. J. Crovello, "The Biological Species Concept : A critical evaluation", *American Naturalist 104*, 1970.

Stace, C.A., *Plant Systematics and Biosystematics*, Edward Arnold, 1980.

Stauffer, R. C.(ed.), *Charles Darwin's Natural Selection, Being the second part of his Big Species Book written from 1856 to 1858*, Cambridge University Press, 1975.(이 책에서는 『위대한 책』으로 인용되어 있다)

Takhtajan, A., Jeffery, C. trans., *Flowering Plants. Origin and Dispersal*, Otto Koeltz Science Publishers, 1981.

Viana, D.S. · L. Gangoso · W. Bouten · J. Figuerola, "Overseas seed dispersal by migratory birds", *Proceedings Royal Society B* 283. 20152406. http://dx.doi.org/10.1098/rspb.2015.2406, 2016.

von holdt, B. M. et al., "Structural variants in genes associated with human Williams-Beuren syndrome underline stereotypical hypersociability in domestic dogs", *Science Advances* 3 : e1700398, 2017.

Wayne, R.K. · E.A. Ostrander, "Origin, genetic diversity, and genomic structure of the domestic dogs", *Bio Essays 21*, 1999.

Williams, T.M. · S.B. Caroll, "Genetic and molecular insights into the development and evolution of sexual dimorphism", *Nature Reviews Genetics 10*, 2009.

Wyhe, J. van, "The impact of A. R. Wallace's Sarawak Law Paper reassessed", *Studies in History and Philosophy of Biological and Biomedical Sciences 40*, 2016.

Wynne, J., "On the effects of severe frost on plants in the neighbourhood of Sligo", *Proceedings of the Natural History Society of Dublin (for the sessions 1849-1855) 1*, 1855.

부록 2_ 용어설명

1차 교배(first cross)

일반적으로 서로 다른 두 종을 교배하는 것으로, 다윈은 『종의 기원』에서 "뚜렷하게 구분되는 두 종을"(250쪽) 교배한다고 설명했으나, "순수 품종들을 1차 교배해서 만"(20쪽)들거나 "충분히 닮은 유형들"(277쪽)을 교배하는 경우도 1차 교배라고 불렀다. 인위적으로 서로 다른 두 종 또는 두 유형이나 품종을 처음으로 교배하는 것을 다윈은 1차 교배라고 불렀던 것으로 보인다. 그리고 1차 교배로 만들어진 잡종은 오늘날 자손1세대 또는 F_1세대이며, 잡종을 교배해서 만들어진 혼종은 오늘날 자손2세대 또는 F_2세대로 추정된다.

→ 생식적 격리, 잡종, 혼종

가까운 근연관계(closely related)

다윈은 『종의 기원』에서 "같은 속에 속하는"(55쪽) 것으로 설명했고, 가까운 근연관계의 사례로 "비단향나무꽃Mattiola annua과 민비단향나무꽃M. glabra"(258쪽)을 들었다. 가까운 근연관계는 '같은 속에 속하는 종들'을 의미한다. → 가까운 동류

가까운 동류(closely allied)

다윈은 『종의 기원』에서 "가장 가까운 동류most closely allied에 속하는 유형들"을 "같은 종에 속하는 변종들, 같은 속에 속하는 종들, 비슷한 속들에 속하는 종들"(110쪽)이라고 설명했다. 동류 유형들이 공통적으로 지닌 속성들이 다른 동류 유형들에 비해 더 많은 경우를 의미한다. → 가까운 근연관계, 대표적인 종

가소성(plasticity)

어떤 구조가 외부 힘을 받아 변형된 뒤, 힘을 제거해도 원래 형태로 되돌아가지 않는 성질이다. 이에 반해 탄력성elasticity은 외부 힘을 제거하면 원래 형태로 되돌아가는 성질이다. 식물의 가지를 손으로 잡으면 딸려 오나 손을 놓게 되면 가지가 원상태로 되돌아가는데, 이를 탄력성이라 한다. 그러나 분재를 만들 때 나무를 철사 등으로 감아 오래 놓아두었다가 철사를 풀면 나무는 원래 형태로 되돌아가지 않는데, 이를 가소성이라 한다. 가소성을 생물이 지니고 있다는 의미는 생물이

환경에 따라 또는 시간의 흐름에 따라 원래 형태로부터 다른 형태로 변할 수 있음을 보여 준다.

개체차이(individual difference)

다윈은 『종의 기원』에서 "같은 부모의 자손들에서 흔히 나타나는 (…중략…) 수많은 사소한 차이들"(45쪽)이라고 정의했다. 같은 부모라 할지라도 형제, 자매들이 서로서로 다른데, 이러한 차이들을 개체차이라고 정의한 것이다.

계통상(lineal)

생물들의 조상과 후손 사이의 관계를 의미하는데, 계통상 후손the lineal descendant 또는 계통상 조상the lineal ancestor 등으로 다윈은 사용했다.

고유종(endemic species)

특정 지역에서만 살아가는 생물들로, 대륙에서 지리적으로 격리되어 있는 섬에서 많이 발견된다. 예를 들어 울릉도에는 한반도를 비롯하여 전 세계 어디에서도 살아가지 않는 생물들이 있는데, 이를 고유종이라고 한다. 울릉도 고유식물로는 섬시호, 섬현삼 등 20여 종이 있다.

군종(race)

특정 지역에 국한되어 나타나며, 다른 지역 개체들과는 형태적으로 사소한 차이를 보이는 개체들이다. 생육하는 생물들은 재래종이라고 부른다. → 재래종

귀화(naturalised)

→ 야생화

귀화생물(naturalised organism)

자연적 또는 인위적으로 본래 살던 지역을 벗어나 다른 지역에서 살아가는 외래생물들로, 새로운 지역에서 경쟁력을 가지고 적응하여 스스로 번식하면서 살아가는 생물을 지칭한다. → 외래생물, 이주생물, 도입생물, 침입생물

근친교배(close interbreeding)

이종교배interbreed는 일반적으로 서로 다른 종을 교배하는 것을 지칭한다. 그러나 다윈은 『종의 기원』에서 'interbreed'는 'close interbreed'로만 10회 사용했다. 그리고 'close interbreeding'은 "특히 살아가는 조건이 같게 유지된 가까운 친척 사이에서 수 세대 동안 close interbreeding가 지속되면 항상 자손들에게 허약함과 생식불가능성이 유도된다는 점을 정말로 나는 믿는다"(267쪽)라고 설명했고, "자주 일어나는 이형교배의 좋은 결과와 close interbreeding의 나쁜 결과가 이러한 사례에서 아마도 나타났을 것이라는 점을 나는 추가해야만 한다"(70~71쪽)라고 설명했다. 즉, close interbreeding은 '가까운 친척 사이의 교배'임과 동시에 '나쁜 결과'가 만들어지는 교배이기에, 근친교배로 번역했다. → 이형교배

기준형(type)

특정 유형의 기본 또는 근거가 되는 표준 또는 근거가 되는 대표적인 유형을 의미한다. 그러나 다윈은 『종의 기원』에서 기준형에 대해 따로 설명을 하지 않았다. 단지 "내 이론에 따르면 기준형 일치는 친연관계의 일치로 설명된다"(206쪽)라고 했으며, 또한 생물들의 "체제를 이루는 일반적인 설계도"(434쪽)라고도 했다. → 원형, 전형

누층(formation)

여러 개의 단층으로 이루어진 지층을 의미한다.

다형성(polymorphic)

다윈은 『종의 기원』에서 "과도하게 많은 변이를 지닌 종들로 이루어진 속을 "다변적" 또는 "다형성" 속이라고"(46쪽) 불렀다.

단층(fault)

지각 변동으로 지층이 갈라져 어긋나 있는 시형이다. 지층의 단위가 되는 단층stratum과 비교하기 위해 한자로 斷層으로 표기한다. → 단층

단층(stratum)

지층의 최소 단위로 암질 두께가 균일한 부위로 지층의 단위가 되는 층이다. 지층이 갈라져 어긋나 있는 지형을 지칭하는 단층fault, 斷層과 구분하기 위해 한자로 單層으로 표기한다. 지층으로 흔히 번역된다. → 단층

대응관계(analogy)

주어진 어떤 두 대상을 서로 짝으로 만들어 주는 관계이다. 다윈은 대응관계를 두 가지 관점에서 설명했는데, 하나는 조상과 후손이라는 관계이며, 다른 하나는 하나가 변하면 다른 하나도 변한다는 관계이다. 조상과 후손과의 관계는 "큰 속에 속하는 종들은 변종들과 매우 뚜렷한 대응관계를 보인다"(59쪽)라고 설명하면서, "대응관계에 근거하여 나는 모든 동식물들이 어떤 하나의 원형에서 유래했다는 믿음으로 한 단계 더 앞으로 나갈 수 있었다"(484쪽)라고도 설명했다. 공통조상에서 유래한 생물들이기에 한 생물이 어떤 특성을 지니고 있다면 다른 생물들에게서도 이 특성이 나타날 수 있을 것이라는 설명인데, 공통조상이라는 속성이 이들로부터 유래한 두 종이 비슷할 것이라고 주장한 것이다. 또한 하나가 변하면 다른 하나도 변한다는 관계에 대해서는 생물들을 사례로 들어 설명했다. 실례로, 날다람쥐의 경쟁자인 다른 설치류나 새로운 육식동물이 날다람쥐의 터전에 유입되면, 날다람쥐는 여기에 맞추어 구조가 변형되거나 개량되지 않으면, 날다람쥐 일부의 수가 감소하거나 몰살당할 것이라고 설명했는데(180쪽), 날다람쥐와 설치류 관계에서 설치류가 날다람쥐보다 유리한 구조를 가지고 있다면, 날다람쥐가 살아남기 위해서는 설치류의 구조에 대응하는 새로운 구조를 만들어야만 한다는 설명이다. 유추로 번역해도 될 것이나, 둘의 관계는 대응관계로, 이보다 많은 수의 관계는 평행관계라고 다윈은 『종의 기원』에서 표현했기 때문에, 대응관계로 번역했다. → 대응변이, 상동성, 평행관계

대응변이(analogous variation)

다윈은 『종의 기원』에서 집비둘기 품종에 대해 설명하면서, 사육하는 집비둘기 품종들에는 나타나지만, "이런 형질은 토종 바위비둘기에서는 나타나지 않는다. 따라서 이런 형질들은 둘 또는 그 이상의 뚜렷하게 구분되는 재래종 사이에 나타나는"(159쪽) 변이를 대응변이라고 했고, "뚜렷하게 구분되는 종들은 대응변이를 보이며"(159쪽)라고 설명했다. 이러한 변이는 "공통조상으로부터 같은 체질과 비슷한 미지의 영향이 작용할 때"(159쪽) 나타난다. 공통조상에서 같은 체질을 물려받은 것에 비슷한 영향까지 작용하여 만들어진 변이로, 공통조상에서는 나타나지 않는 변

이를 의미한다. 오늘날 파생형질apomorphy이라고 부른다. → 대응관계, 상사적, 상동 변이

대표적인 종(representative species)

다윈은 『종의 기원』에서 "가까운 동류 종"(173쪽) 또는 "가까운 동류 유형들"(47쪽)로 설명했을 뿐, 다른 설명은 없다. 단지, "다양한 크기의 떨어진 가지들은 현재는 살아 있는 대표적인 종들이 없는 목, 과 그리고 속 전체를 나타내는데, 대표적인 종들은 화석 상태로만 발견되어"(129~130쪽)라고 '대표적인 종'을 사용하고 있어, 동류인 무리를 지칭하는 것으로 풀이된다. → 가까운 동류

도입생물(introduced organism)

인위적으로 본래 살던 지역을 벗어나 다른 지역에서 살아가는 외래생물들로, 원예나 재배 등 특정한 목적을 위해 도입된다. → 외래생물, 귀화생물, 침입생물

동류(ally)

같은 종류나 부류를 지칭한다. 예를 들어 고래와 호랑이는 같은 포유류로 동류이지만, 호랑이와 사자는 이보다 더 가까운 동류이다. 흔히 육상식물 중 양치식물을 총칭해서 'fern and allies'라고 하는데, 양치식물과 그 동류로 번역될 수 있다. 그런데 다윈은 『종의 기원』에서 동류를 "하나의 공통부모에서 유래"(173쪽)하며, "거의 같은 구조, 체질 그리고 습성을 공유"(110쪽)하며, "아주 오랫동안 그들이 살아왔던 곳에서 자신들의 형질들을 항구적으로 유지해 왔다"(47쪽)는 의미로 정의했다. 다윈은 일반적으로 사용하는 동류라는 표현을 다소 축소해서 유형이나 변종 또는 종 수준에서 사용한 것으로 보인다. → 가까운 동류

동일성(identity)

같은 종들이 서로 멀리 떨어진 지점에서 살아가는 현상으로, 이런 종들을 동종생물이라고 부른다. 휴전선 이남에서는 한라산 정상에서만 자라는 암매*Diapensia lapponica*가 백두산 근처에 가면 흔히 관찰되는데, 이런 생물을 동종생물이라고 부르며, 이러한 분포 양상을 동일성이라고 한다. → 동종생물

동종생물(associate)

멀리 떨어진 지점에서 살아가는 같은 종을 의미한다. 이들이 한 곳에서 다른 곳으로 이동했을 때, 이동한 생물을 외래 동종생물이라고 부른다. → 동일성

마데이라 제도(Madeira Archipelago)

아프리카 모로코에서 서쪽으로 500km 정도 떨어져 있는 포르투갈령의 화산섬이다. 마데이라섬, 포르투산투섬, 데제르타스 제도 그리고 셀바겐스섬 등으로 이루어져 있다. 가장 큰 섬은 마데이라섬으로, 면적은 740km^2이다. 다른 섬들은 50km^2 미만으로 작다. 이 중 데제르타스 제도는 무인도로 식물이 자라지 않는 불모지이지만, 16종의 조류가 서식하고 있다.

발단종(incipient species)

새로운 종으로 만들어지기 시작한 변종을 의미한다. 다윈은 『종의 기원』에서 "뚜렷한 특징을 지닌 변종들"(52쪽)로서, "필연적으로 종이라는 계급에 도달해야 한다고 생각할 필요는 없"(52쪽)으나, "궁극적으로 뚜렷하게 구분되는 좋은 종으

로"(61쪽) 변환될 수도 있다고 설명했다. 초기종으로 번역하기도 한다.

방계(the collateral line of descent)

한 계통이 두 갈래로 나누어질 때, 새롭게 습득한 형질을 유지하는 무리를 지칭한다. 이때, 다른 한 무리는 직계라고 한다. → 분계, 직계

변이성(variability)

변이variation와는 다른 개념이다. 변이성은 변화하는 상태나 특성 또는 변화하는 정도를 의미하며, 변이는 변화한 사물의 한 가지 형태를 의미한다. 예를 들어 사람의 혈액형은 A형, B형, O형 그리고 AB형으로 구분하는데, A형, B형과 같이 하나하나의 사례는 변이라고 하고, 이들 전체를 아우르는 혈액형 모두는 변이성이라고 한다. 다윈은 『종의 기원』에서 변이성과 변이를 구분해서 표현했다.

변종(variety)

한 종에 속하는 개체들이 공통적으로 지니는 속성과는 어느 정도 다르게 변한 속성을 지닌 개체들을 의미한다. 다윈 시대 이전에 린네는 식물에서 재배하는 동안에 변종이 나타난다고 주장했으며, 아사 그레이는 환경요인이 작용하거나 재래종들을 교배할 때 변종이 나타난다고 주장했다. 그러나 종과 변종 사이를 구분할 수 있는 차이 정도는 명확하지 않은데, 다윈은 『종의 기원』에서 "변종들 사이의 차이 정도는, 두 변종끼리만 또는 변종과 부모종 사이만을 비교했을 때, 같은 속에 속하는 종들 사이의 차이보다 훨씬 작다"(57쪽)고 주장했다. 또한 "변종들 사이에서 나타나는 보다 작은 차이가 종들 사이에서 어떻게 엄청 증가하"(58쪽)여 변종이 언제, 어떻게 종이 되는지도 모른다고 설명했다. → 종

변천(transmutation)

→ 변형을 수반한 친연관계

변형(modification)

다윈은 변형modification이라는 용어를 『종의 기원』에서 100회 이상 사용했는데, 변형이라는 말 그 자체는 '형태나 모양이 달라지는 것'을 의미한다. 다윈 시대에는 생물은 신이 창조했기에 완벽했으므로 이러한 변형이 생물에게 나타나지 않는다고 믿고 있었다. 이는 "변형"이라는 말 자체가 진화가 일어났음을 의미하는데, 『종의 기원』 서론 마지막 문장을 "나는 자연선택이 변형을 유발하는 유일한 방법은 아니지만 핵심적인 방법이라고 확신한다"라고 썼다. 이는 다양한 변이를 지닌 생물들이 자연선택됨으로써 원래의 형태와는 다른 생물로의 변형, 즉 진화함을 의미한다.

→ 변형을 수반한 친연관계

변형을 수반한 친연관계(descent with modification)

생물에게 변형이 나타났다는 의미는, 곧 한 생물이 다른 생물로 변화, 즉 진화가 일어났음을 의미하게 된다. 보통 진화를 evolution이라고 하는데, 다윈은 『종의 기원』에서 'evolution'이라는 단어를 한 번도 사용하지 않았고, 그 대신 "변형을 수반한 친연관계" 또는 "변천"이라는 표현을 사용했다. 그러나 대부분은 "변형을 수반한 친연관계"라고 풀어서 사용했고, "변천"은 『종의 기원』 302쪽에서 단 한 번 사용했다. 단지 6판에서는 진화evolution

라는 단어를 사용했다.

변환(convert)

다윈은 『종의 기원』에서 "변종들이 새롭고 뚜렷하게 구분되는 종으로 변환되는 경향"(59쪽)이나, "변종들이 궁극적으로 뚜렷하게 구분되는 좋은 종으로"(61쪽) 되는 과정, "아품종은 제대로 된 두 개의 분명한 품종으로 변환"(112쪽)되며, "세 유형이 뚜렷한 특징을 지닌 종으로 변환되었다"(120쪽) 등으로 쓰고 있다. 영어 convert는 '달라져서 바뀜 또는 다르게 하여 바꿈'이기에 바뀐 결과를 강조하는 변환으로 번역했다. → 전환

본질(essence)

어떤 사물의 변하지 않는 속성으로, 이 사물을 다른 사물과 구별시켜 주는 속성을 의미한다. 삼각형은 세 개의 꼭지점과 세 개의 변으로 이루어진 다각형으로 규정되는데, 아마도 '삼각형은 세 꼭지점과 세 변으로 이루어진 속성을 띠는 것이 본질적이다'라고 말할 수가 있다. 생물의 한 종에 속하는 모든 개체들에서 공통적으로 나타나는 속성이라고 본질을 정의할 수 있으나, 실제적으로 이러한 본질은 정의할 수가 없을 것이다. 따라서 생물의 경우에는 본질보다는 기준형이라는 용어로 본질이 지닌 개념을 대신하고 있다. → 기준형

분계(divergent branch)

계통이 두 갈래로 나누어질 때, 나누어진 두 갈래를 의미한다. 한 갈래는 직계로, 다른 한 갈래는 방계라고 불렀다. → 직계, 방계

분기(divergence)

다윈은 『종의 기원』에서 분기를 차이를 만들어내는 과정으로 설명했는데, "가장 다른, 즉 가장 많이 분기된"(117쪽)으로 표현했다.

사례(case)

다윈은 『종의 기원』에서 다른 사람의 연구 결과나 조사 자료를 인용할 때에는 이를 사례라고 표현했고, 자신이 직접 관찰하거나 연구한 결과를 설명할 때에는 실례라고 표현했다. → 실례

살려는 몸부림(struggle for life)

다윈이 설명한 생존을 위한 몸부림 가운데 두 번째, 즉 "개체들의 일생"(62쪽)을 영위하기 위한 노력을 의미한다. 주로 개체들이 보다 나은 살아가는 조건을 확보하려는 노력이다. → 생존을 위한 몸부림

살아가는 조건(condition of life)

다윈은 "기후나 먹이 등과 같은 외부 조건"(3쪽)과 "물리적인 살아가는 조건"(4쪽)으로 설명했다. 오늘날 생물은 자신을 둘러싸고 있는 외부 조건, 즉 생물적 환경 요인과 무생물적 환경 요인 속에서 살아간다고 설명하는데, 생물적 환경 요인은 한 생물을 둘러싸고 있는 여러 생물들을 의미하며, 무생물적 환경 요인은 물, 공기, 기후, 토양과 같은 요인들을 지칭한다. 아마도 다윈이 말하는 '살아가는 조건'은 "기후나 먹이 등과 같은 외부 조건"으로 설명하고 있기 때문에, 오늘날 생물을 둘러싸고 있는 환경 요인으로 추정되며, 먹이는 생물적인 살아가는 조건, 즉 생물적 환경 요인일 것이며, 기후는 '물리적인 살아가는 조건'으로 무생물적 환경 요인일 것이다.

상동 변이(homologous variation)

상동성에 기인한 변이이다. 포유류, 양서류, 조류

의 앞다리에서 볼 수 있는 다양한 구조들이 대표적인 사례이다. → 상동적

상동성(homology)

→ 상동적

상동적(homologous)

다윈은 『종의 기원』에서 "서로 닮은"(143쪽) 또는 "이상적으로 비슷하다"(191쪽)라든가 "꽃부리를 이루는 꽃잎들이 꽃통으로 유합된 것처럼"(144쪽) "서로 달라붙으려는 경향"(143쪽)으로 "같은 방식으로 다양하게 변하며"(168쪽), 어류의 "부레가 고등한 척추동물 허파의 위치와 구조가 상동성 또는 이상적으로 비슷하다"(191쪽) 등으로 설명하고 있다. 또한 "같은 강에 속하는 구성원들의 체제를 이루는 일반적인 설계도가 살아가는 습성과는 독립적으로 서로서로 비슷하게 보인다는 점"(434쪽)으로 흔히 "기준형 일치"(434쪽)로 표현된다고 설명했다. 오늘날에는 기원이 같음에도 서로 다른 환경에 적응하면서 서로 다른 구조나 형태로 된 경우를 상동성이라고 한다. 상동이라는 개념은 공통조상을 공유하는 무리나 종들에게 적용될 뿐만 아니라, 동일한 개체 내의 유사한 구조에 대해서 적용하기도 한다(김영동 · 신현철, 2011). 다윈은 『종의 기원』에서 이 표현을 동일 개체에 주로 적용했다. → 상사적

상반교배(reciprocal cross)

유전에서 부모 양성의 역할을 검증하기 위한 실험이다. 한 번은 어떤 형질을 나타내는 수컷과 그런 형질이 없는 암컷과 교배시키고, 다른 한 번은 역으로 어떤 형질을 지닌 암컷과 그렇지 않은 수컷을 교배시킨다.

상사변이(analogical variation)

공통조상을 공유하지 않은 생물들에서 나타나는 비슷한 변이를 말한다. → 상사적

상사적(analogical)

기원은 다르나 환경에 적응하면서 비슷한 구조나 형태를 지니게 되었음을 의미한다. 'analogical'이라는 단어는 'analogy'에서 파생한 것으로 '유추에 근거한'이라는 의미를 지닌다. 이를 다윈은 『종의 기원』에서 적용한 것으로 보이는데, "고래와 어류를 비교하면 몸의 생김새와 지느러미 같은 앞다리는 둘 다 물속에서 수영에 적합하게 된 상사성에 불과하다"(428쪽)라고 설명했다. 즉, 어류의 지느러미가 수영에 적합한 형태로 되어 있는데, 고래의 앞다리는 비록 지느러미는 아니지만 수영에 적합한 지느러미처럼 비슷하게 보이기에, 고래의 앞다리 역시 수영에 적합한 것으로 유추할 수 있을 것이며, 이러한 점을 '상사성'으로 설명한 것이다. 그리고 이런 점을 반영해서 다윈은 『종의 기원』에서 "상사적, 즉 적응적 유사성analogical, or adaptive resemblance"이라고 정의했다. 반면, 'analogy'에서 유래한 'analogous'는 '서로 대응관계에 있다'라는 의미로 다윈은 사용했다. 단지 다윈은 『종의 기원』에서 "대응변이analogous variations"라는 표현도 사용했는데, "이러한 모든 대응변이들은 집비둘기 몇몇 재래종들이 공통조상으로부터 같은 체질과 비슷한 미지의 영향이 작용할 때 변이하려는 경향성을 물려받아 나타났다"(159쪽)고 설명했다. → 상동적, 대응변이

상응연령대(corresponding age)

어떤 일이 어떤 시기에 일어났고, 그 일이 비슷한 시기에 다음에 또 일어날 경우, 앞과 뒤의 시기가 일치하는데, 이를 상응연령대라고 한다. 사람의 사춘기는 사람마다 다르지만 거의 일정한 연령에 도달하면 시작한다. 변태하는 동물들의 경우 애벌레일 때에는 애벌레의 특성이 나타나지만, 번데기일 때에는 번데기의 특성만 나타난다. 유전자 발현이 단계적으로 진행되기에 이런 현상이 나타나는 것으로 풀이하고 있다.

생명체(organic being)

다윈은 생물을 지칭하는 용어로 세 가지를 사용했다. 첫 번째로 '생명체organic being 또는 being', 두 번째로 '생물organism', 세 번째로 다양하게 번역되는 'life'이다. 인류human being라는 단어는 '지구상의 사람'을 총칭하는 의미로 사용되나, 사람 또는 인간human은 '어떤 지역이나 시기에 태어나거나 살고 있거나 살았던 자', 즉 인류를 구성하는 개개인을 의미하는 것처럼, 'organic being 또는 being'은 '생명이 있는 물체', 즉 '생명체'로 번역했고, 'organism'은 '생명체를 이루는 생물 하나하나any individual entity', 즉 '생물'로 번역했다. 이 밖에 'life'는 문맥의 의미에 따라 '생명, 생물, 일생, 삶' 등으로 번역했다. 그러나 생명체를 생물로 간주해도 『종의 기원』을 읽는 데 큰 차이는 없을 것으로 보여, 주석에서는 대부분 '생물'로 표기했다.

생물(organism)

→ 생명체

생식적 격리(reproductive isolation)

오늘날에는 종들의 생식불가능성을 생식적 격리로 설명하는데, 수정전 격리와 수정후 격리로 구분한다. 『종의 기원』에서 언급한 1차 교배의 생식불가능성은 수정전 격리이며, 잡종의 생식불가능성은 수정후 격리이다. 수정전 격리에는 번식을 담당할 개체들의 성숙 시기가 달라 나타나는 계절적 격리, 살아가는 곳이 격리되어 있어 나타나는 서식지 격리, 동물의 경우 구애 행동이 서로 달라 자손을 만들지 못하는 행동적 또는 성적 격리, 그리고 암컷과 수컷의 생식기 구조에 커다란 차이가 나서 수정이 일어나지 못하는 기계적인 격리 등이 있다. 난자와 정자가 수정을 하더라도 또는 교미를 하더라도 번식이 정상적으로 진행되지 못하는 경우를 수정후 격리라고 한다. 수정 직전에 정자나 난자가 죽어 버려 정상적인 수정이 일어나지 않는 배우체 사망, 수정이 되더라도 접합체가 죽어 버리는 접합체 사망, 정상적으로 자손이 만들어짐에도 불구하고 생존력이 현저히 떨어져 일찍 죽어 버리는 잡종 조기 사망, 그리고 잡종 자손이 생식불가능한 잡종 불임 등과 같은 수정후 격리가 있다. → 1차 교배

생육(domestication)

다윈은 『종의 기원』 서론에서 "사육하는 동물과 재배하는 식물domesticated animals and of cultivated plants"(4쪽)이라고 쓰면서 동물은 사육domestication하고, 식물은 재배cultivation한다고 용어를 구분해서 썼다. 그러나 1장 제목으로는 동물의 경우에 해당하는 'domestication'만을 사용했다. 그런데 'domestication'은 '인간이 특정한 목적으로 행하는 동물과 식물의 상호작용'으로 정의되기도 한다. 따라서 『종의 기원』에서는 이 두 가지를 모두 고려해서 단순히 'domestication'만을 사용한 것으로 보인다. 그런데 우리말 사전에는 '동식물을 보살펴 자라게 하다'라는 의미로 '기르다' 또는 '키우다'를, '사람이 생물을 기르거나 키움'이라는 의미로 '생육生育'이라는 단어가 설명되어 있다. 따라서 'domestication'을 '생육'으로 번역했다. 그러나 동물에만 적용했을 경우에는 '어린 가축이나 짐승이 자라도록 먹이어 기르다'라는 '사육飼育'으로 번역했다. 그리고 'cultivation'을 동물과 식물 모두에게 적용했을 경우에는 '동식물을 보살펴 자라게 하다'라는 '기르기'로, 식물에만 적용했을 때에는 '식물을 심어 가꾸거나 기르다'라는 '재배栽培'로 번역했다.

생존경쟁

→ 생존을 위한 몸부림

생존을 위한 몸부림(struggle for existence)

다윈은 『종의 기원』에서 "생존을 위한 몸부림이라는 용어를 한 생명체가 다른 생명체에 의존하는 관계와 (이보다는 더 중요하게) 개체들의 일생뿐만 아니라 자손들을 성공적으로 남기는 것을 포함하는 넓은 의미로 은유적으로 사용하고 있다고 말해야만 한다"(62쪽)고 했다. 우리나라에서는 이 용어를 흔히 생존경쟁으로 번역하고 있으나, 경쟁은 다윈이 말한 한 생물이 다른 생물에 의존하는 관계 중의 하나일 뿐이다. 생물과 생물 사이의 관계에는 경쟁 이외에 상리공생mutualism, 중립neutralism, 편리공생commensalism, 기생parasitism 등도 있다. 물론 개체로서의 일생과 자손 낳기도 경쟁의 일부가 될 수 있으나, 다윈은 개체로서의 일생을 설명하면서 사막 가장자리에서 살아가는 식물이 물을 확보하려는 노력도 "생존을 위한 몸부림"이라고 했다. 또한 'struggle'이라는 단어도 '열심히 노력하다'라는 의미이며, 『종의 기원』에는 "competition", 즉 경쟁이라는 용어도 따로 나오므로, 'struggle for existence'를 '생존경쟁'이 아닌 '생존을 위한 몸부림'으로 번역했다. → 살려는 몸부림

생태적 지위(ecological niche)

생태학에서 생태계 내 종의 지위를 의미하는데, 지위란 어떤 생태계에서 어떤 생물이 어떻게 살아가는가를 의미한다. 예를 들어, 살아가는 공간, 먹이 종류, 먹이 사슬에서 위치한 자리, 또는 기후 조건 등에 따라 각기 다른 지위를 가진다고 설명한다. 다윈은 『종의 기원』에서 "장소"로 썼다.

성장의 상관관계(correlation of growth)

다윈은 『종의 기원』에서 "생물의 전반적인 체제가 성장과 발달 과정에서 하나로 연결되기 때문에, 한 부위에서 사소한 변이가 나타나고, 자연선택을 거치면서 축적되면, 다른 부위도 변형된다는 의미"(143쪽)로 사용한다고 설명했다.

속특이적 형질(generic character)

다윈은 『종의 기원』에서 "한 속에 속하는 모든 종들은 서로서로 비슷하게 보이고, 다른 속에 속하는 종들을 다르게 만드는 요인"(155쪽)이라고 규정했고, "종들이 공통으로 지니고 있"(158쪽)으며, "오랫동안 물려받았고 같은 기간 내에는 달라지

지 않은 형질"(168쪽)이라고 설명했다.

순수한 부모종(pure parental species)

다른 종들과는 교배하지 않은 종으로, 순종을 의미한다.

순종(pure species)

순수한 종이라는 뜻이다. → 순수한 부모종

습성(habit)

습성은 '생물의 동일 종 내에서 공통되는 선천적 행동 양식이나 존재 양식'을 의미한다. 주로 동물에 적용되는 용어이다. 식물학에서는 '생육형'으로 번역하는데, '식물의 전반적인 생김새에 관한 것으로, 줄기의 지속 기간, 가지가 갈라지는 양상, 또는 목재의 재질 등과 같은 특성'을 의미한다.

식물체액(sap)

식물의 관다발, 즉 물관과 체관을 흐르는 액체이다. 흔히 수액樹液으로 번역되나, 수액은 '땅속에서 나무의 줄기를 통하여 잎으로 올라가는 액체'로 정의되어, 체관부와 초본의 경우에는 적용할 수가 없다.

실례(instance)

다윈이 직접 관찰하거나 연구한 결과를 설명할 때 사용한 표현이다. → 사례

아변종(subvariety)

→ 종

아품종(sub-breed)

한 품종 내에서 다시 미세한 변이를 지닌 품종을 의미한다. 이차품종이라고도 부른다.

애매한 종(doubtful species)

종이냐 변종이냐를 판단하기 어려운 종들로, 아주 뚜렷하게 구분되는 좋은 종과는 반대되는 종이다. 다윈은 『종의 기원』에서 "한 종이 지닌 형질을 상당히 많이 가졌거나, 다른 어떤 유형과 아주 비슷하게 생겼거나, 또는 중간형태 단계들에 의해 서로 연결되었던 유형들"(47쪽)을 애매한 종으로 간주했다.

야생화, 귀화(naturalised)

흔히 귀화로 번역된다. 귀화는 '원산지가 아닌 지역으로 옮겨진 생물이 그곳의 기후나 땅의 조건에 적응하여 번식'하는 것을 의미하나, 『종의 기원』에서는 생육 중인 생물이 야생으로 되돌아가는 것, 즉 야생화와 귀화를 모두 포함하여 사용했다. 즉, "대륙의 야생종들은 섬들 어디에서나 널리 귀화하여 살아갈 수 있을 것이다."(106쪽)에서는 귀화의 의미로 사용했으나, "이들은 자연에서 자라는 식물들과 경쟁할 수 없을 뿐만 아니라 야생동물들에 의한 죽음에도 저항할 수가 없기 때문에 결코 자연으로 돌아가서 살 수가 없다."(69쪽)에서는 야생화의 의미로 사용했다. 번역도 귀화와 야생화를 혼용했으나, 혼동을 피하기 위해 야생화는 '자연으로 돌아가서 사는 것'으로 풀어서 번역하기도 했다.

외래생물(foreigner, foreign organism)

자연적 또는 인위적으로 본래 살던 지역을 벗어나 다른 지역에서 살아가는 생물들을 총칭한다.
→ 귀화생물, 도입생물, 이주생물, 침입생물

우세종(dominant species)

다윈은 『종의 기원』에서 "전 세계에 걸쳐 두루두루 분포하는 종"(54쪽)으로 "가장 번성한"(53쪽) 종이라고 생각했다. 또한 "자신들의 터전에서 가장 흔하며, 가장 넓게 퍼져 자라고, 새로운 변종들을 엄청나게 많이 만들어 내는"(325쪽) 속성을 지닌 것으로 설명했다.

원종(original stock)

어떤 품종이 지닌 본래의 성질을 가진 생물로, 이런 성질을 지닌 상태로 처음 만들어진 생물이다. → 토종

원형(prototype)

원래 종이 지니고 있는 특징이다. 다윈은 『종의 기원』에서 원형에 대해 설명을 하지 않았는데, 단지 "야생 원형"(19쪽)과 "가상의 원형이자 미래에는 뚜렷한 특징을 지닐 종들의 부모들인 변종들로부터는 사소하면서도 불명확한 차이점을 우리는 추정해야만 한다"(111쪽)에서 원형을 사용했다. 원래 기준형으로 번역되는데, '여러 종류의 동식물 가운데 현존하는 생물의 근원으로 생각되는 모델'이라는 의미를 원형이 가지고 있어, 단순히 원형으로 번역했다. → 기준형, 전형

위대한 책(Big Book)

다윈은 종의 기원을 규명하기 위하여 비글호 여행이 끝나고 소위 '위대한 책Big Book'을 구상했으며 실제로 원고를 써 내려갔다. 처음에는 총 11개 장으로 쓸 계획이었고, 1858년 월리스의 편지를 받을 때까지 9개 장을 썼다. 그러나 편지를 받고 나서, '위대한 책'의 집필 작업을 중단했고, 서둘러 '위대한 책'의 '요약본'인 『종의 기원』을 발간했다. 그때까지 썼던 '위대한 책'의 원고는 『찰스 다윈의 자연선택, 1856년부터 1858년까지 쓴 위대한 종에 관한 책의 두 번째 부분』이라는 제목으로 1975년 Stauffer가 후일 발간했다.

유형(form)

다윈은 『종의 기원』에서 "어떤 유형을 종으로 설정할 것인지 아니면 변종으로 설정할 것인지를 결정함에 있어, 현명한 판단을 하며 많은 경험을 지닌 자연사학자들의 의견은 따를 만한 유일한 지침"(47쪽)이라고 하면서, "변종과 종 사이에는 가장 중요한 핵심적 차이가 있다"(57쪽)고 했다. 그러면서 종이나 변종으로 부르는 대신 "애매한 유형doubtful form"이라고 표현했으며, 이탈리안 그레이하운드, 블러드하운드, 불도그 등을 "극단적인 유형extreme form"(19~20쪽)이라고 불렀다. 다윈이 『종의 기원』에서 유형form이 무엇인지를 정의하지는 않았지만, 특정한 형태를 지닌 생물, 즉 같은 종 또는 같은 변종에 속하지만 어떤 특징으로든 다른 종 또는 변종과는 구분되는 것 또는 개체군을 유형이라고 한 것으로 추정된다.

육수(wattle)

칠면조나 닭과 같은 동물의 수컷에서 부리가 시작되는 부위에서 목의 배쪽으로 늘어진 부드러운 피부를 말한다. 턱볏이라고도 부른다.

이주생물(immigrant)

기후나 생태적 특성에 따라 자연적으로 한 장소에서 다른 장소로 스스로 옮겨가거나 다양한 산포 수단으로 옮겨진 생물들이다. → 귀화생물, 외래생물

이형교배(intercross)

다윈은 이형교배를 "종끼리 이형교배하면 생식불가능이 되나, 변종끼리 이형교배하면 생식가능이 되"(5쪽)는 것으로 설명하면서, "같은 종에 속하는 서로 다른 개체들 사이에서 일어나는 이형교배"(99쪽), 그리고 "서로 다른 개체 사이의 우연한 이형교배"(101쪽), "이형교배가 어떻게 해서든 주로 일어났다면 새롭게 만들어진 변종에 속하는 개체들 사이에서 일어났을 것이다"(103쪽)라고도 설명했다. 즉, 이형교배는 종들 사이, 변종들 사이 그리고 개체들 사이에서 일어나는 교배 방식으로 설명한 것이다. 그리고 모든 개체들이 자유롭게 이형교배한 결과, 특정한 변이가 축적되지 못하기 때문에, "변하지 않는 조건에서 (…중략…) 구조에서 나타나는 사소한 변이들을 억제"(15쪽)하여, "자연 상태에서 같은 종이나 같은 변종에 속하는 개체들이 지닌 형질이 순계로 균일하게 유지되는 데 아주 중요한 역할을 하"(103쪽)며, 그에 따라 "자연선택을 지연시키는"(103쪽) 역할을 하게 된다고 다윈은 설명했다. 한편, 다윈은 『생육 중인 동식물』 1권에서 "넓게 분포하는 조류들 사이에서 자유로운 이형교배가 방해받고 또한 변화하지 않는 조건에 처하게 되면 차이가 나타난다"(294쪽)고 설명했다. → 근친교배

인위선택(man's selection)

사람이 생육하는 생물들을 선택해서 개량하는 것을 의미한다. 다윈은 『종의 기원』 1장 "생육할 때 나타나는 변이"에서 인위선택에 대해 많은 설명을 했지만, 인위선택이 무엇이라고 정의를 내린 바는 없다. 그리고 표현도 "사람이 행한 선택selection by man"(38쪽), "선택을 하는 사람의 힘man's power of selection"(40쪽), "사람이 선택을 통해man by selection"(61쪽) 등과 같이 써 왔다. 그러다가 4장에서 처음으로 "사람의 선택man's selection"(153쪽), 즉 인위선택이라고 썼다. 자연선택과 보다 뚜렷하게 대비하기 위해 인위선택이라는 용어를 사용한 것으로 보이는데, 『종의 기원』 전체에서 이런 표현은 2회에 불과하며, '사람에 의한 선택'은 본문에는 나오지 않고 난외 표제running head에서 7회 나올 뿐이다.

자생생물(native)

특정한 지역에서 살아가는 생물이다. 울릉도 자생생물, 한반도 자생생물 등과 같이 정치적 또는 지리적인 특정 지역의 생물들을 지칭한다. → 정착생물, 토착생물

자연사(Natural history)

다윈 시대에는 생물학이라는 용어보다는 자연사Natural history라는 용어가 더 많이 사용되었다. 현재의 생명과학, 물리학, 화학을 포함하는 자연과학을 의미하는 자연철학Natural philosophy이 자연 현상을 숫자를 이용해서 정량적으로 설명하는 것과는 달리, 자연사는 자연에 있는 사물, 즉 동물, 식물 그리고 광물 등의 정성적 특징을 설명하는 영역이었다. 특히 자연사는 동식물과 광물을 채집해서 그 형태를 비교하는 연구를 주로 수행했는데, 다윈은 대학을 다닐 때부터 동식물과 광물을 채집하면서 공부했기에, 자신을 자연사학자라고 불렀다. 박물학으로 번역되기도 한다.

자연의 경제(economy of nature)

다윈 시대에는 생태학이라는 용어가 없었다. 생태학ecology 또는 oikos라는 단어는 집 또는 환경을 의미하는 그리스어 oikos로부터 왔는데, 곧 자연의 경제economy of nature를 의미한다. 『종의 기원』에는 "자연의 경제"가 17번 나오는데, "economy of nature"로 14회, "natural economy"로 2회, 그리고 단순히 "economy"로 1회 나온다. 생태학 또는 생태학적 견해를 의미하는 것으로 풀이된다. ➜ 생태적 지위, 자연의 체계

자연의 경제 내의 장소(the place in the economy of nature)

➜ 생태적 지위

자연의 사다리(the scale of nature)

아리스토텔레스가 설정한 생물의 위계 질서로, 불완전한 하등한 생물에서 완전한 고등한 생물로 향해 가는 단계이다. 마치 사다리의 계단처럼 아리스토텔레스가 설명하고 있어 자연의 단계라고도 부른다. 식물은 이 단계에서 무생물 바로 위쪽에 있으며, 동물은 모두 식물 위쪽에 위치한다. 아리스토텔레스는 각 단계 내에서의 변화는 가능하지만, 아래 단계에 있는 생물이 윗 단계로의 변화는 불가능하다고 주장했다.

자연의 체계(the polity of nature)

원래는 도시의 정치 체계를 의미한다. 다윈은 자연의 경제, 즉 생태학과 같은 의미로 사용했으나, 이보다는 생태계라는 의미로 사용한 것으로 보인다. ➜ 자연의 경제

잡종(hybrid)

명확하게 다르게 인식되는 두 종 또는 두 순수한 부모종의 교배로 만들어진 개체들을 지칭한다. 다윈은 『종의 기원』에서 1차 교배로 만들어진 자손을 잡종이라고도 불렀다. ➜ 순종, 혼종

잡종성(hybridism)

지금까지는 단순히 '잡종' 또는 '잡종형성'으로 번역되었으나, 잡종은 'hybrid', 잡종형성은 'hybridization'의 번역어이다. 다윈은 『종의 기원』에서 "종끼리 이형교배하면 생식불가능이 되나 변종끼리 이형교배하면 생식가능이 되는 잡종성"(5쪽)으로 규정했을 뿐, 또 다른 설명은 하지 않았다. 아마도 잡종성은 잡종이 만들어지는 조건이나 특성, 그리고 만들어진 잡종의 생식가능성까지를 포함하는 의미로 사용한 것으로 보인다. 다윈이 『종의 기원』을 쓰기 전에 자신의 생각을 기록했던 노트북에는 'hybridity'라고 썼을 뿐, 'hybridism'이라는 용어는 쓰지 않았다. 『종의 기원』에서 다윈이 처음 사용한 것으로 추정된다.

장소(place)

다윈은 『종의 기원』에서 이 단어를 두 가지 의미로 사용했다. 하나는 생물들이 살아가는 지역이라는 의미로 사용했고, 다른 하나는 생태적 지위를 지칭하는 의미로 사용했다. 특히 후자로 사용했을 경우에는 "한 종의 쥐가 다른 종의 쥐가 점유한 장소를 취했다는"(76쪽), "자연의 경제에서 거의 같은 장소"(76쪽), "한 나라에서 자연의 체계가 정착생물 하나 이상에서 나타난 변형들로 더 잘 채워질 때까지 자연선택은 어떠한 일도 할 수가 없다. 게다가 새로운 장소는 기후의 완만한 변화나 새로운 정착생물의 우연한 이입, 그리고 아

마도 훨씬 더 중요하게는, 옛날부터 살아온 정착 생물들 가운데 일부가 서서히 변형되어서 새로운 유형들이 만들어지게 되므로, 이 새로운 유형들과 오래된 유형들이 서로 작용하고 반작용하는 것에 의해 좌우될 것이다"(177~178쪽) 등과 같이 자연의 경제 또는 자연의 체계라는 용어와 함께 많이 사용했다.

재래종(race)

예전부터 전해 내려오는 농작물이나 가축의 개체들로, 다른 지역의 개체들과 교배되지 않고, 특정 지역에서만 오랫동안 생육되어 그곳의 풍토에 적응된 생물을 의미한다. 재래종은 순도가 고정되어 있지 않아 똑같은 조건에서 생육을 하더라도 생산품의 정성적, 정량적 특성이 일정하지 않다. 반면 품종은 인간이 인위적으로 형태적, 유전적 특징을 일정하게 유지하도록 만든 개체들의 집단이기 때문에 안정적으로 생산품이 만들어진다. 품종은 우수성, 균일성, 영속성 등의 기준으로 선정하는데, 재래종은 이러한 현대적 의미의 품종 기준이 설정되기 전부터 사람들이 생육해 왔던 개체들이다. 영어로 landrace라고도 한다.

→ 군종, 품종, 토종

재배종(production)

인공적으로 교배하여 생육하는 동식물로 재래종이나 품종 등을 포함한다. 다윈은 『종의 기원』에서 "production"이라는 용어를 자연에서도 만들어지는 것으로 설명했는데, 이 경우에는 야생종 또는 생물로 번역했다. 예를 들어 『종의 기원』 84쪽에는 "자연이 만든 생산물들이 사람이 만든 생산물들보다"라고 되어 있는데, 사람이 만든 생산물이 바로 재배종이다.

전형(proper type)

어떤 유형이 지닌 대표적인 특징이다. 그러나 다윈은 『종의 기원』에서 전형에 대해 설명을 하지 않았는데, 단지 "말피기목의 전형적인 유형이 지닌 구조와는 가장 중요한 점들이 너무나도 크게 달랐다"(417쪽)라고 전형을 사용했다. 보통 전형적인 기준형으로 번역되는데, '같은 부류의 특징을 가장 잘 나타내고 있는 본보기'라는 의미를 전형이 가지고 있어, 단순히 전형으로 번역했다.

→ 기준형, 원형

전환(transition)

다윈은 『종의 기원』에서 전환을 "전환 중인 유형"(171쪽), "전환 중인 변종"(172쪽), "전환 상태"(179쪽), "전환 중인 습성"(180쪽), "전환단계"(182쪽), "전환 중인 연결고리"(279쪽) 등처럼 과정을 의미하는 단어로 사용했고, 특히 "어떤 나라에서든 한 누층에서 두 유형 사이의 전환단계"(298쪽)라고 쓰고 있어, 영어 transition을 '다른 방향이나 상태로 바뀌거나 바꿈', 즉 바뀌는 과정을 강조하는 전환으로 번역했다. → 변환

정착생물(inhabitant)

일정한 곳에 자리를 잡고 붙박이처럼 대대로 살아온 생물들로, 다른 곳에서 유입된 생물이 아니라는 의미이다. → 고유생물, 자생생물, 토착생물, 외래생물

정착지(station)

19세기에는 오늘날 생태학에서 사용하는 서식지habitat란 용어를 사용하지 않았다. 그 대신에 station이라는 용어를 사용한 것으로 보인다. 서식지가 생물이 일정하게 자리를 잡고 사는 곳이라는 의미를 지니고 있으므로, '자리를 잡고 살 만한 장소'라는 의미를 지닌 정착지로 번역했다.

종(species)

다윈은 종을 자연사학자들이 형태적으로 "매우 비슷하게 보이는 개체들의 집합"(52쪽)으로 간주해 왔다고 설명하면서도 『종의 기원』에서는 "종이라는 용어에 관한 정의는 논의하지 않을 것이다"(44쪽)라고 했다. 그런데 다윈은 자신이 쓴 노트북에서는 종을 "매우 비슷한 구조를 지닌 생물들과 함께 일정한 형질을 전체적으로 유지하는 생물"(노트북 B, 213쪽)로 정의했다. 그리고 이러한 종은 다른 종들과 교배하지 않음으로써 자신의 정체성을 유지하는데, 비교하려는 종들이 "공통부모로부터 유래했는지 여부와 같이 놔두었을 때 교배하는지 여부"(노트북 B, 122쪽)에 따라 종의 타당성을 검증할 수 있을 것이라고 설명했다. 단지 "형태적 차이가 어느 정도 나타나야만 교배가 불가능한지는 알지 못한다"(노트북 B, 241쪽)고 설명했다.

종 무리(group of species)

다윈은 『종의 기원』에서 "종 무리가, 즉 속들이나 과들이"(316쪽)라고 설명했다. 비슷한 속성을 공유하는 종들의 무리라는 의미로 보인다.

종속되는(subordinate)

한 개의 무리가 몇 개의 세부 무리로 세분될 때, 이 세부 무리는 한 무리에 종속된다고 한다. 분류계급의 하나인 목은 몇 개의 과로 세분되고, 이 과는 다시 몇 개의 속으로 세분되는데, 이런 관계를 종속 관계라고 한다. 따라서 과는 목에 종속되는 무리이며, 속은 과에 종속되는 무리이다.

종특이적 형질(specific character)

다윈은 『종의 기원』에서 "같은 속에 속하는 몇몇 종들이 공통부모로부터 분기되어 나온 이후부터 다르게 만들어진 형질"(168쪽)이라고 규정했고, 사례로 "큰 속에 속하는 식물의 일부 종들이 파란색 꽃을 피우고 다른 종들이 붉은색 꽃을 피운다면, 색은 유일한 종특이적 형질이 될 것"(154쪽)이라고 들었다.

중간형태(intermediate)

두 생물이 지닌 형질을 모두 또는 일부를 지니고 있어, 두 생물의 중간에 위치한 상태 또는 두 생물이 마치 하나의 생물인 것처럼 연결해 주는 상태를 의미한다. 다윈은 『종의 기원』에서 "지구 역사의 어떤 위대한 시기에 출현한 동물들의 일반 형질들은 이들보다 앞선 동물들과 이들보다 뒤에 나타난 동물들 사이의 중간형태를 지녔음은 명백하다"(333쪽)라고 설명했다. 다윈은 『종의 기원』에서 "중간형태 단계intermediate gradation" 또는 "중간형태 연결고리intermediate link", "중간형태 변종intermediate variety"이라고도 썼다.

직계(the line of descent)

한 계통이 두 갈래로 나누어질 때, 원래 무리가 지녔던 형질을 그대로 유지하는 무리를 지칭한다. → 분계, 방계

진화(evolution)

→ 변형을 수반한 친연관계, 변천

체절동물(Articulate)

동물의 몸에서 앞뒤 축을 따라 반복적으로 나타나는 마디 구조를 체절이라고 한다. 몸이 이러한 체절로 되어 있는 동물을 체절동물이라고 하는데, 오늘날의 환형동물과 절지동물이 포함된다. 오늘날에는 독립된 분류군으로 인정하지 않고 있다.

체제(organization)

생명체 구조의 기본 형식으로, 몸체 각 부분들의 분화 상태와 부분들의 상호 관계이다.

체질(constitution)

날 때부터 지니고 있는 생물의 생리적 성질이나 특징을 의미한다. 다윈은 "구조와 체질"이라는 표현을 자주 사용했는데, 구조는 형태적 특성을, 체질은 정성적 특성을 나타내기 위한 것으로, 즉 생물의 구조와 기능을 총체적으로 살펴보기 위해 사용한 것으로 보인다. 다윈은 『종의 기원』에서 "서로 다른 선천적 체질을 지닌 변종을 자연선택함으로써 종이 어느 정도 순화되는지"(141쪽) 그리고 "중요한 형질 모두는 자연선택에 의해 종들의 다양한 습성에 일치하도록 조절되기 때문이며, 비슷하게 물려받은 체질과 살아가는 조건의 상호작용으로 얻어진 형질들은 남겨지지 않게 되기 때문이다"(161쪽)라고 쓰면서, 체질을 선천적으로 물려받은 특성으로 설명했다.

친밀성(affinity)

다윈은 『종의 기원』에서 "자연사학자들이 둘 또는 그 이상의 종들 사이에서 나타나는 진정한 친밀성을 보여 주는 것으로 간주한 형질들은 공통부모로부터 물려받은 것"(420쪽)이며, 또한 "계통학적 친밀성이라는 용어는 종들 사이에서 나타나는 구조와 체질의 유사성을 의미하는데, 좀 더 특별하게는 생리학적으로 매우 중요하며, 동류 종들에서 거의 다르지 않는 부위를 지닌 구조에서 나타나는 유사성"(256쪽)으로 정의했다. 따라서 친밀성이란 공통부모로부터 물려받은 형질, 특히 구조와 체질에 나타나는 형질의 유사성을 의미한다.

친연관계(descent)

다윈은 'descent'를 '종을 하나의 유형으로 유지하려는 (그러나 변형은 일어나면서) 경향이 있는 진정한 연관성true relationship, tends to keep the species to one form(but is modified)'이라고 자신이 틈틈이 기록했던 노트북 C(Notebook C)에 60번째(no.60)로 썼다. 이 단어는 유래, 후손, 대물림, 계통, 기원, 출계 등 다양하게 번역되었다. 그러나 이런 번역보다는 계속해서 자손을 낳아 한 집안을 조상-후손으로 유지하는 관계로 해석하여, 친연관계, 즉 친척으로 맺어진 관계로, 조상과 후손, 후손과 후손들 사이에서 나타나는 관계로 번역된다. → 계통상

침입생물(colonist)

한 장소에 있는 정착생물이 인접한 다른 장소로 옮겨가서 정착에 성공한 생물들로, 이들은 옮겨간 지역에서 살고 있던 정착생물과 거의 같은, 즉 동류 생물이다. 다윈은 갈라파고스 제도에 있는 흉내지빠귀새들의 고유성을 설명하면서 침입생물이라는 용어를 사용했는데, 다른 곳으로 이주해서 정착한 귀화생물은 이주한 지역의 정착생물과 계통적으로 멀리 떨어졌다고 간주했다. 반

면에 침입생물은 거의 동일한 생물이 이주한 경우로, 귀화생물과 구분된다. → 귀화생물, 이주생물

탄력성(elasticity)

→ 가소성

토종(aboriginal stock)

본디부터 특정한 장소에서 살던 생물이다. 순계로 장기간 특정 장소의 풍토에 적응된 지방 특이적인 생물로, 역사적으로 또는 과학적으로 처음 기록된 생물이다. 자생종과 재래종을 포함하는 의미로 사용된다. → 원종, 재래종

토착생물(indigene, indigenous species)

다소 좁은 특정 지역에서 원래부터 살아가는 생물들을 지칭한다. 이때 지역이라는 범위는 자생생물의 분포범위의 일부이다. 예를 들어, 한라산의 자생생물 가운데 백록담의 토착생물로 표현할 수가 있다. → 정착생물, 자생생물

티에라델푸에고(Tierra del Fuego)

남아메리카 대륙의 남쪽 끝에 있는 섬들이다. 남아메리카 대륙과는 마젤란 해협을 사이에 두고 떨어져 있는데, 스페인어로 불의 섬이라는 뜻이다. 이 섬은 매우 추운 곳이지만 10,000년 전에 사람들이 살기 시작했고, 원주민들은 반나체로 생활했던 것으로 알려져 있다. 다윈은 비글호를 타고 1832년 12월 이 섬을 방문해서 원주민들의 생활상을 목격했다.

편이(deviation)

다윈은 "완벽함이라는 기순에서 벗어난"(39쪽) 상태를 편이라고 설명했다. 흔히 deviation을 편차로 번역하나, 편차는 수치, 위치, 방향 따위가 일정한 기준에서 벗어난 정도나 크기로 정의되어, '기준에서 벗어나 한쪽으로 치우친 것'이라는 의미로 편이라고 번역했다. 우리말 번역어로 확정된 것은 아니다. 이에 비해 변이는 단순히 다양하게 변한 것을 의미한다. 사람의 키는 정해진 표준 또는 기준이 없이 다양한데, 이럴 경우에는 변이라고 하며, 손가락 수는 일반적으로 5개이나 때로 6개로 나타나는데, 이럴 경우에는 편이라고 한다.

평행관계(parallel)

평행선은 두 개의 선이 나란히 이어지면서도 결코 서로 만나지 않는 속성을 지닌다. 이런 속성에 따라 다윈은 "1차 교배할 때의 어려움과 이렇게 만들어진 잡종의 생식불가능성 사이에 드러나는"(256쪽) 관계를 평행관계라고 설명했다. 달리 말해 두 종을 교배하기 어렵다는 것은 자손이 거의 만들어지지 않는다는 것을 의미하며, 그에 따라 1차 교배의 어려움과 이렇게 만들어진 자손의 생식불가능성은 비교할 수가 없을 것이다.

품종(breed)

형태적 또는 생리적 특징들이 자손에게 유전되어 동일 단위로 취급되는 무리를 말한다. 주로 가축의 교배를 통해 만들어진 동물 품종을 영어로 breed라고 한다. 식물의 재배 품종은 영어로 cultivar라고 부른다. → 재래종

품종계통(strain)

흔히 계통, 균주 등으로 번역되는데, 품종들의 계통이라는 의미로 품종계통으로 번역했다. 품종계통은 품종 또는 변종 중에서 육종학적 특징을 유지하는 무리를 말한다. 흔히 경제적으로 우수

하거나 외모 또는 능력 발현 특징을 유전적으로 고정하기 위하여 혈통을 유지해가는 집단이다.

해양섬(oceanic island)

바다 밑바닥에서 용암이 분출하여 만들어진 섬들을 말한다. 다윈이 방문했던 갈라파고스 제도 역시 해양섬이며, 하와이 제도도 해양섬이다. 우리나라에는 제주도를 비롯하여 울릉도, 독도 등이 있다. 이들 섬의 경우, 처음 화산이 분출해서 만들어졌을 때에는 생물들이 살아가지 못했을 것이나, 지금은 많은 생물들, 특히 그 섬에서만 사는 생물들이 많아 진화를 연구하는 학자들에게 좋은 야외 실험실이 되고 있다. 대양섬이라고도 부른다.

형질(character)

➜ 형질상태

형질상태(characteristic)

형질character은 생물들이 지니고 있는 여러 가지 특징이며, 형질상태는 이러한 형질의 상태를 의미한다. 예를 들어, 식물들이 피우는 꽃은 다양한 색을 지니는데, 이때 꽃색은 형질을 의미하며, 보라색, 흰색, 노란색, 빨간색 등은 다양한 꽃색을 나타내는데, 이들 모두를 형질상태라고 한다.

혼종(mongrel)

어떻게 만들어졌는지 기원을 알지 못하거나, 둘 또는 그 이상의 품종이나 잡종의 교배, 즉 품종끼리 또는 변종끼리 교배해서 만들어진 개체들을 의미한다. 다윈은 『종의 기원』에서 1차 교배로 만들어진 자손, 즉 F1세대를 교배해서 만들어진 자손을 혼종으로 부르기도 했다. ➜ 잡종

회귀(reversion)

다윈은 재배 품종을 야생에서 살게 하면, 야생에서 살면서 지녔던 원래 특성을 재배 품종이 다시 드러낼 것으로 생각하면서, 이를 회귀라고 설명했다. 따라서 '제자리로 돌아온다'라는 의미를 지닌 회귀일 것이다. 흔히 'reverse evolution, reversal'을 역진화로 번역하나, 역진화는 한 종에서 다른 종으로 진화한 경우이다. 예를 들어 물위에 떠다니는 좀개구리밥은 꽃잎이나 꽃받침이 없다. 피자식물이 처음 진화하면서 꽃잎이나 꽃받침이 만들어졌으나, 좀개구리밥에서는 이들이 없어지는 역진화가 일어나, 꽃잎이나 꽃받침이 사라진 것이다. 회귀는 부모의 형질이 혼합되어 나타난다고 믿는다. 이 유전 원리에 따르면 자손에서 새로운 변이가 나타날 수는 있지만, 시간이 흐르면서 순계를 유지하지 않는 한, 새로운 변이는 곧 사라지게 된다. 예를 들어 하얀색 꽃과 빨간색 꽃을 교배하면 처음에는 하얀색과 빨간색의 중간인 분홍색 꽃이 만들어지나, 분홍색 꽃을 하얀색 또는 빨간색 꽃과 교배하면 할수록, 즉 교차교배하면, 분홍색은 점차 하얀색으로 되거나 빨간색으로 되어 사라지게 된다. 따라서 역진화와 회귀는 다른 의미일 것이다.

히스(heath)

20cm에서 2m까지 자라는 키가 아주 작은 관목으로만 이루어진 숲으로, 물이 잘 빠져 메마르며, 토양은 산성을 띤다. 일반적으로 춥고 건조한 지역에서 발달하는데, 진달래과Ericaceae 식물들이 많이 자란다. 이 중 에리카속*Erica* 식물들을 특히 히

스heath라고 하며, 칼루나*Calluna vulgaris*를 히더heather라고 부른다.

부록 3_ 인명사전

가드너(George Gardner)(1812~1849)

영국의 식물학자로, 1836년부터 1841년까지 여행한 결과를 『브라질 내륙 여행기Travels in the Interior of Brazil』로 발표했다. → 488

게르트너(Karl Friedrich von Gaertner)(1772~1850)

독일의 식물학자로, 많은 식물들을 교배해서 잡종을 만드는 연구를 했다. 1849년 『식물계에서 교잡에 관한 실험과 관찰Versuche und Beobachtungen über die Bastarderzeugung im Pflanzenreiche』이라는 책을 출판했는데, 다윈은 이 책에 있는 내용을 『종의 기원』에서 설명했다. 이 책은 다윈뿐만 아니라 유전학의 원리를 파악한 멘델에게도 많은 영향을 주었다. → 76, 140, 329, 330, 331, 332, 333, 336, 340, 343, 344, 345, 349, 356, 359, 360, 362, 363, 364

고드윈오스틴(Robert Alfred Godwin-Austen)(1808~1884)

영국의 지질학자로, 포브스가 쓰다가 죽으면서 중단한 『유럽 바다의 자연사Natural history of European Seas』를 완성했다. → 395

괴테(Johann Wolfgang von Goethe)(1749~1832)

독일의 작가이자 정치가로, 식물형태에도 많은 관심을 두고 연구했는데, 『식물의 형태발생』이란 책도 발표하여 식물형태학의 아버지로 지칭되기도 한다. → 203, 564

굴드(Augustus Addison Gould)(1805~1866)

미국의 의사이자 연체동물학자이다. 1838년부터 1842년까지 수행한 미국에서의 조사 결과를 1852년 『연체동물과 패류Mollusca and Shells』라는 책으로 발간했다. 본문 중에는 아우구스투스 굴드로 인용되었다. → 516

굴드(John Gould)(1804~1881)

영국의 조류학자이다. 다윈이 비글호 항해를 하면서 수집한 많은 조류, 특히 갈라파고스 제도에 분포하는 조류들을 동정했다. 다윈은 갈라파고스 제도에서 핀치새를 채집할 때에는 핀치새 종류들을 동정하지 못하였으나, 굴드의 도움으로 이들이 학계에 보고되지 않은 새로운 종임을 알게 되었다. → 75, 185, 517, 526

그레이(Asa Gray)(1810~1888)

미국의 식물학자이다. 1848년에 미국의 식물상을 다룬 『미국 북부 지방 식물상 편람A Manual of the Botany of the Northern United States』을 출판했다. 『종의 기원』에는 "아사 그레이"로 표기되어 있다. → 143, 162, 239, 478, 485

그레이(John Edward Gray)(1800~1875)

영국의 동물학자로, 영국 자연사박물관 관장을 역임했다. → 223, 225, 293

그멜린(Johann Georg Gmelin)(1709~1755)
독일의 자연사학자이자 식물학자, 지리학자이다. 1733년부터 1743년까지 캄차카 원정대로 선발되어 시베리아 일대 식물을 조사했고, 1747년부터 1769년까지 4권으로 된 『시베리아 식물상Flora Sibirica sive Historia plantarum Sibiriae』을 발간했다(3, 4권은 사후에 출판됨). → 478

나이트(Thomas Andrew Knight)(1759~1838)
영국의 원예학자이자 식물학자이다. 1797년 「사과와 배의 재배에 대한 논문Treatise on the Culture of the Apple and Pear」과 1799년 「채소의 수정에 관한 일부 실험의 중요성An Account of some Experiments on the Fecundation of Veegetables」이라는 논문을 발표했다. 꽃의 일부를 제거하여 수분과 타가수정을 조절함으로써 채소의 품종을 개선할 수 있음을 증명했다. → 20, 137, 138

노블(Charles Noble)(1817~1898)
영국의 묘목업자이다. → 336

뉴먼(Henry Wenman Newman)(1788~1865)
영국의 군인이자 지주로, 원예와 화훼 관련 일을 하면서, 벌에 관심을 가지고 조사했다. → 109

다르시아크(Adolphe d'Archiac)(1802~1868)
프랑스의 지질학자이자 고생물학자로, 고생대 지층을 연구했다. → 425

다우닝(Andrew Jackson Downing)(1815~1852)
미국의 원예학자이자 작가로, 1845년 『아메리카의 과일과 과실수Fruit and Fruit Trees of America』라는 책을 썼는데, 다윈은 이 책을 읽었다. → 124

대나(James Dwight Dana)(1813~1895)
미국의 광물학자겸 지질학자이자 동물학자이다. 산호에 의해 형성된 암석을 연구했으며, 대륙과 해양의 기원에 대해 연구했다. 또한 갑각류의 전세계적인 분포를 조사했다. → 193, 485, 490

도르비니(Alcide d'Orbigny)(1802~1857)
프랑스의 자연사학자이자 고생물학자이다. 특히 연체동물을 연구했으며, 지층을 세분해서 조층stage이라는 단위를 만들었다. → 392

도슨(Sir John William Dawson)(1820~1899)
캐나다 지질학자이다. 1855년 『아카디안 지질학Acadian geology』을 썼는데, 다윈이 『종의 기원』에서 인용한 규화목을 발견했다. → 390

드 캉돌, 알퐁스 피라무스(Alphonse Pyramus de Candolle)(1806~1893)
프랑스 출신의 식물학자로, 제네바 대학을 졸업하고 스위스에서 식물분류학 연구를 수행했다. 식물학자인 오귀스탱 피라무스 드 캉돌Augustin Pyramus de Candolle의 아들이다. 1855년 식물의 지리적 분포를 다룬 두 권으로 된 『식물지리학Géographie botanique raisonnée』을 발표했다. → 81, 162, 202, 238, 471, 494, 503, 505, 507, 511, 523, 528

드 캉돌, 오귀스탱 피라무스(Augustin Pyramus de Candolle)(1778~1841)
스위스의 식물학자로, 『프랑스 식물지Flore françois-eou』를 출판했고, 아들 알퐁스 드 캉돌, 손자 안 카지밀 피람 드 캉돌과 함께 식물의 자연분류체계를 논의했다. 『종의 기원』에는 "최고 연장자 드 캉돌"로 표기되어 있다. → 84, 94, 201, 202, 560

라마르크(Jean-Baptiste Lamarck)(1744~1829)

프랑스의 생물학자로, 진화론을 체계적인 학문으로 설명했고, 생물학이라는 용어를 처음 만들었다. 1809년 『동물철학』을 출간하면서, 모든 동물이 어떤 기관을 빈번하게 계속해서 사용하면 이 기관은 점점 강화되고 발달되나, 사용하지 않으면 서서히 약해진다는 용불용설과, 부모가 살아가면서 획득한 형질은 자손에게도 나타난다는 획득형질의 유전을 주장했다. 이 책에서는 습득형질로 번역되어 있다. ➜ 14, 23, 24, 324, 421, 440, 555, 589

라몽(Louis François Élisabeth Ramond)(1755~1827)

프랑스의 식물학자이자 지질학자이다. 피레네산맥을 처음으로 조사한 사람으로 유명하다. ➜ 480

라이엘(Charles Lyell, 1st Baronet)(1797~1875)

영국의 지질학자이다. 1830년 『지질학 원리Principles of Geology』를 발간했는데, 지질학의 아버지로 칭송된다. 다윈은 이 책을 비글호 항해 기간에 읽었는데, 지구의 역사가 자신이 생각했던 것보다 훨씬 오래되었음을 깨달았다. 결과적으로 이 책이 『종의 기원』 발간에 큰 영향을 주었다. 『종의 기원』에서 '라이엘'이라는 이름이 27번 나올 정도이다. ➜ 12, 94, 137, 155, 373, 374, 375, 381, 385, 390, 400, 404, 407, 408, 410, 411, 423, 430, 466, 467, 474, 475, 496, 497, 502, 523, 624

램지(Sir Andrew Crombie Ramsay)(1814~1891)

영국의 지질학자로 브리튼 제도의 지질학과 관련된 정보를 다윈에게 제공했다. 브리튼 제도는 그레이트브리튼섬과 아일랜드섬을 비롯한 인근의 많은 작은 섬들을 지칭한다. ➜ 375, 377, 378

러벅(Sir John Lubbock, 1st Baron Avebury)(1834~1913)

영국의 정치가이자 은행가였으며, 생물학, 특히 곤충의 감각기관에 대한 연구를 했다. 1900년 남작 작위를 받았다. 하지만 『종의 기원』이 발간된 당시에는 작위가 없었고, 다윈은 그냥 "씨(Mr.)"라고 지칭했다. 어려서 다윈의 집 근처에 살면서 그의 어린 친구가 되었으며, 1858년 6월 10일 무화과깍지벌레의 신경계에 대한 조사 결과를 다윈에게 편지로 보냈다. 이후 이 자료는 10월 4일 런던왕립학회에 투고되어, 1859년 『런던왕립학회 회보Proceedings of the Royal Society of London』 9권, 480~486쪽에 게재되었다. ➜ 71, 72, 322

렙시우스(Karl Richard Lepsius)(1810~1884)

프러시아의 이집트학자이자 언어학자로, 고고학의 개척자이다. ➜ 45

렝거(Johann Rudolf Rengger)(1785~1832)

스위스의 의사이자 과학자로, 1830년 『파라과이 동물의 자연사Naturgeschichte der Säugethiere von Paraguay』를 썼다. ➜ 108

롤랭(François Désiré Roulin)(1796~1874)

프랑스의 자연사학자로, 1822년에 남아메리카 콜럼비아를 방문해서 1828년까지 머물렀다. 이곳을 여행하면서 많은 동물 그림을 그렸다. 『종의 기원』에는 이름이 'Rollin'으로 표기되어 있다. ➜ 225

루카스(Prosper Lucas)(1808~1885)

프랑스의 의학박사로, 유전 현상을 연구했다. 1847년과 1850년, 두 번에 걸쳐 『자연적인 유전에 대한 철학적 생리학적 연구Traité philosophique et

physiologique de l'hérédité naturelle』라는 책을 출판했다.
→26, 365

룬드(Peter Wilhelm Lund)(1801~1880)
덴마크의 고생물학자이자 동물학자이다. 삶의 대부분을 브라질에서 보냈다. 클라우센을 만나 같이 채집 활동을 했다. →443

르로이(Charles-Georges Le Roy)(1723~1789)
프랑스의 자연사학자이자 문인으로, 인간 행동에 관한 책을 썼다. →288

리빙스턴(David Livingstone)(1813~1873)
영국의 교회주의자이자 선교사이다. 1840년부터 유럽 사람으로서는 처음으로 아프리카에서 탐험 및 선교 활동을 했고, 1857년 『남아프리카 선교 여행과 탐험Missionary Travels and Researches in South Africa』이라는 책을 썼다. →54

리샤르(Louis Claude Marie Richard)(1754~1821)
프랑스의 식물학자이다. 1781년부터 1789년까지 라틴아메리카와 서인도 제도의 식물을 채집했다. →543

리차드슨(Sir John Richardson)(1787~1865)
영국의 자연사학자로 북극 지방을 탐험했다. 『아메리카 북극 지방의 동물상Fauna Boreali-Americana』을 썼다. →245, 490

마르텡(Charles Frederic Martins)(1806~1889)
프랑스의 식물학자이자 지질학자이다. 아소르스 제도, 스페인, 아일랜드의 식물들을 연구했다. Costa(2009)는 벨기에의 식물학자인 Martin Charles Martens(1797~1863)이라고 설명하고 있으나, 다윈이 인용한 것으로 보이는 1857년에 발표된 「바다 표면에 떠 있는 종자의 지속성에 대한 실험Expériences Sur La Persistance De La Vitalité Des Graines Flottant A La Surface De La Mer」이라는 논문의 저자는 'M. Ch. Martins'으로 되어 있다. 맨 앞의 'M.'은 이름이 아니라 'Mr.' 또는 프랑스어의 'Monsieur'으로 보이기 때문에, 이름은 'Ch. Martins'이며, 이는 Costa(2009)가 설명하는 'Martens'가 아닌 것으로 보인다. 단지 다윈은 'Martens'라고 표기했다. →470

마셜(William Marshall)(1745~1818)
영국의 농학자이자 언어학자로, 1788년 『요크셔 지방의 농업 경제The rural economy of Yorkshire』라는 책을 썼고, 다윈은 『종의 기원』에서 이 책에 있는 내용을 언급했다. →63, 550

마테우치(Carlo Matteucci)(1811~1868)
이탈리아의 물리학자이자 신경생리학자로, 생물 전기를 연구한 개척자이다. →261

마틴(William Charles Linnaeus Martin)(1798–1864)
영국의 자연사학자로, 1845년 출간된 『말의 역사The History of the Horse』를 비롯하여 많은 책과 논문을 발표했다. →225

맥클레이(William Sharp Macleay)(1792~1865)
영국의 사회봉사자이자 곤충학자이다. 대학 졸업 후 파리에 있는 대사관에 갔는데, 이곳에서 자연사학에 관심을 가졌다. 그리고 다윈과 곤충에 대해 편지 교환을 했다. →555, 556

맬서스(Thomas Robert Malthus)(1766~1834)
영국의 인구통계학자이자 정치경제학자이다. 1798년 『인구의 원리가 미래의 사회 발전에 미치는 영향에 대한 소론 — 고드윈, 콩도르세, 그리고 그 외 작가들에 대한 고찰을 포함하여An Essay on the Principle of Population as It Affects the Future Improvement of Society, with Remarks on the Speculations of M.Godwin, M.Condorcet, and Other Writers』, 줄여서 흔히 『인구론』이라고 부르는 책을 출판했다. → 16, 96

머레이(Charles Augustus Murray)(1806~1895)
영국의 저술가이자 외교관이다. 1854년에 페르시아에서 근무했다. 다윈은 1855년 12월 24일 라이엘의 권유로 머레이에게 '종의 기원'을 규명하는 데 필요한 사육 조류와 네발짐승 박제를 구해 달라고 편지했다. 머레이는 전서비둘기 두 마리와 공중제비비둘기 한 쌍을 보냈다. → 36

머치슨(Sir Roderick Murchison)(1792~1871)
영국의 지질학자로, 실루리아기에 대한 연구를 처음으로 수행하여 이 시기의 지질학적 층서를 확립했다. 1845년 『유럽의 러시아와 우랄산맥의 지질학Geology of Russia in Europe and the Ural Mountains』을 썼다. → 382, 404, 407, 416

모캉-탕동(Alfred Moquin-Tandon)(1804~1864)
프랑스의 자연사학자이자 의사이다. 처음에는 동물을 연구했으나 후일 식물학을 연구했다. → 185

모톤(Lord Morton = George Douglas, 16th Earl of Morton)(1761~1827)
영국의 자연사학자로, 1821년 「자연사학에서 한 가지 사실 보고A communication of a singular fact in natural history」라는 논문을 발표했는데, 암말과 수콰가말을 교배한 결과가 포함되어 있다. 『종의 기원』에는 이름이 "Moreton"으로 표기되어 있다. → 225

뮐러(Ferdinand von Müller)(1825~1896)
독일의 식물학자로, 1847년 호주로 이민을 갔고, 1853년부터 정부에 소속된 식물학자로 호주 식물을 연구했다. → 489

뮐러(Johannes Peter Müller)(1801~1858)
독일의 생리학자이자 비교해부학자이다. 본대학교와 베를린 훔볼트대학교 교수를 지냈다. 1833년부터 1840년에 걸쳐 『생리학 기초Handbuch der Physiologie』를 출간했다. → 23

밀네드와르즈(Henri Milne-Edwards)(1800~1885)
프랑스의 동물학자이자 생리학자이다. 생리적 분업이라는 생각을 처음으로 제안했다.
→ 163, 263, 544, 562

밀러(Hugh Miller)(1802~1856)
영국의 석공이자 지질학자로, 지질학을 독학했다. 『종의 기원』에는 "휴 밀러"로 표기되었다. → 375

밀러(William Hallowes Miller)(1801~1880)
영국의 지질학자이다. 케임브리지대학교 세인트 존스대학을 졸업했고, 케임브리지대학교 트리니티대학 교수를 역임했다. → 304

바랑드(Joachim Barrande)(1799~1883)
프랑스의 지질학자이자 고생물학자로, 퀴비에의 대격변설을 지지했다. 보헤미아 지방의 고생대 화석을 연구했는데, 1852년부터 이 지역 화석과 관련된 12권의 책을 발간했다. → 404, 407, 411, 416, 425, 426, 430, 431

바로우(George Henry Borrow)(1803~1881)
영국의 작가이자 여행가로, 자신이 유럽을 여행하면서 경험한 내용에 근거해서 소설을 썼다. → 56

바빙턴(Charles Cardale Babington)(1808~1895)
영국의 식물학자이자 고생물학자, 곤충학자이

다. 1851년 『영국 식물상 편람Manual of British Botany containing Flowering Plants and Ferns arranged according to the Natural Orders』이라는 책을 출판했는데, 다윈은 이 책을 참고했다. → 74, 77, 83, 84

반 몬스(Jean-Baptiste Van Mons)(1765~1842)
벨기에의 화학자이자 식물학자, 원예학자이다. 종자 번식 방법으로 배의 품종을 개량했는데, 60여 년에 걸쳐 40품종을 만들었다. → 47

발랑시앵(Achille Valenciennes)(1794~1865)
프랑스의 동물학자로 어류와 양서류를 연구했다. 기생충학의 선구자이다. → 501

버제스(Joseph Burgess)(1780's~1800's)
영국의 양 사육가로 새로운 레스터양을 널리 보급했다. → 57

버치(Samuel Birch)(1813~1885)
영국의 이집트학자이자 골동품 애호가이다. → 45

버클랜드(William Buckland)(1784~1856)
영국의 지질학자이자 고생물학자이다. 1836년 『지질학과 광물학Geology and Mineralogy』이라는 책을 썼고, 다윈은 이 책을 읽었다. → 431

버클리(John Buckley)(1770's~1780's)
영국의 양 사육가로, 베이크웰이 개량한 새로운 레스터양을 널리 보급했다. → 57

버클리(Miles Joseph Berkeley)(1803~1889)
영국의 식물학자로 주로 균학을 연구했다. 1850년대에 씨를 바닷물에 담갔다 발아시키는 실험을 했고, 실험 결과를 다윈에게 알려 주었다. → 469

벅먼(James Buckman)(1814~1884)
영국의 화학자이자 식물학자, 지질학자이다. 그는 정원에 구획을 나누어 비슷한 종들의 씨를 파종한 후, 이들이 성장하는 과정을 관찰했다. 관찰 결과, 다른 종으로 간주되었던 일부 종들은 같은 종들로 확인되었고, 일부 종은 한 종에 속함에도 불구하고 생육지 조건에 따라 서로 다른 형태를 나타낸 것으로 조사되었다. 환경에 따라 식물들이 변화함을 입증했다. → 23

베르누이(Philippe Édouard Poulletier de Verneuil)(1805~1873)
프랑스의 고생물학자로, 고생대를 연구했다. → 425, 426

베이크웰(Robert Bakewell)(1725~1795)
영국의 농업전문가로, 양, 소, 말 등의 가축을 체계적 선택을 하면서 개량했는데, 이 방법을 다윈이 『종의 기원』에서 인위선택으로 설명했다. → 55, 57

벤담(George Bentham)(1800~1884)
영국의 식물학자로, 1858년 『영국 제도의 식물상 소책자Handbook of the British flora』를 출판했다. → 74, 546

보몽(Jean-Baptiste Élie de Beaumont)(1798~1874)
프랑스의 지질학자이다. 산맥이 지구가 서서히 식어 가면서 수축될 때 일어나는 대참사와 같은 융기로 만들어졌다고 주장했다. → 416

보스케(Joseph Augustin Hubert de Bosquet)(1814~1880)
벨기에의 고생물학자로, 갑각류를 연구했다. → 401

뷔자랭(Charles Girou de Buzareingues)(1773~1856)
프랑스의 농학자이자 식물생리학자이다. → 359

브라운(Robert Brown)(1773~1858)

영국의 식물학자이자 고식물학자이다. 1801년부터 1805년까지 남아프리카 희망봉을 거쳐 호주로 가는 조사선에 승선해서 식물을 채집하고 조사했다. 특히 호주에서 오랜 시간을 머물렀는데, 그때까지 학계에 보고되지 않은 약 2,000종의 식물을 발견했다.➔540, 541, 542

브렌트(Bernard Peirce Brent)(1822~1867)

영국의 선박제조자이자 비둘기 사육가이다. 비둘기 번식과 관련해서 다윈과 편지를 주고받았다. ➔289, 473

브론(Heinrich Georg Bronn)(1800~1862)

독일의 지질학자이자 고생물학자로, 『종의 기원』을 독일어로 번역했다.➔387, 410

브루어(Thomas Mayo Brewer)(1814~ 1880)

미국의 자연사학자로, 특히 조류학을 연구했다. 다윈에게 아메리카뻐꾸기의 탁란에 대한 정보를 제공했다.➔292

블라이드(Edward Blyth)(1810~1873)

영국의 동물학자로, 인도에서 많은 시간을 보냈고, 사육 동물의 변이에 관한 논문을 썼다. 다윈은 사육 동물의 변이에 대한 정보를 얻기 위해서 블라이드에게 편지를 보냈고, 그의 업적을 『종의 기원』에서 5회 인용했다.➔33, 34, 223, 338, 339

사즈레(Augustin Sageret)(1763~1851)

프랑스의 식물학자로, 멜론의 잡종에 대해 연구했고, 1830년 『과수 생리학Pomologie physiologique』을 발간했다. 다윈은 『종의 기원』에서 "Sagaret"로 표기했으나, 4판부터는 수정되었다.➔349, 359

생 벵상(Jean Baptiste Bory de Saint-Vincent)(1778~1846)

프랑스의 자연사학자이다. 호주를 조사하러 가다가 인도양의 여러 섬을 조사한 후 귀국했다. 그 후 섬들에 대한 조사 보고서를 발간했다.➔511

생틸레르(Auguste de Saint-Hilaire)(1779~1853)

프랑스의 식물학자이자 여행가이다. 1816년부터 1822년에 걸쳐 남아메리카를 여행했다. 1841년 『식물형태학을 포함한 식물 강의Leçons de botanique comprenant principalement la morphologie végétale』를 발표했다. 다윈이 이 책의 내용을 언급하고 있다. 『종의 기원』에 "오귀스트 생틸레르"로 표기되어 있다.➔544

생틸레르(Etienne Geoffroy Saint-Hilaire)(1772~1844)

프랑스의 자연사학자로, 라마르크의 진화 이론을 발전시켰다. 환경의 변화로 새로운 종이 갑자기 만들어질 수 있다고 생각했다. 『종의 기원』에 "조프루아 생틸레르" 또는 "대조프루아"로 표기되어 있다. 이시도르 생틸레르의 아버지이다.
➔20, 70, 203, 278, 564, 565

생틸레르(Isidore Geoffroy Saint-Hilaire)(1805~1861)

프랑스의 동물학자로, 기형학teratology이라는 용어를 만들었다. 1832년부터 1837년까지 『인간과 동물들의 조직의 기형들의 일반적이고 특별한 역사Histoire générale et particulière des anomalies de l'organisation chez l'homme et les animaux』를 편찬했다. 그는 기형을 변종, 구조적 결함, 이형배열heterotaxy, 괴물 등으로 구분했는데, 이들은 모두 상대적으로 안정된 특별한 유형을 지닌 한 개체에서 유래한 다소 복잡한 변이체들로 간주되었다. 『종의 기원』에는 "이시도르 생틸레르"로 표기되어 있다.➔25, 199, 203,

205, 213

서머빌(John Southey Somerville)(1765~1819)

15번째 서머빌 경이다. 영국의 농업전문가로, 양품종 개량에 노력했다. → 50

세브라이트(Sir John Sebright)(1767~1846)

영국의 정치가이자 농업 분야 혁명가이다. 1809년 『사육 동물의 품종 개선에 관한 기술The Art of Improving the Breeds of Domestic Animals』이라는 책을 출판했다. 다윈은 이 책을 참고했다. → 35, 50

세인트 존(Charles George William Saint John)(1809~1856)

영국의 자연사학자이자 운동가이다. 1846년 『스코틀랜드 산악 지대의 야외 운동과 자연사에 관한 단견Wild Sports and Natural History of the Highlands of Scotland』을 썼고, 다윈은 이 책의 내용을 인용했다. → 131

세지윅(Adam Sedgwick)(1785~1873)

영국의 신학자이자 지질학자이다. 다윈에게 지질학을 소개해 준 사람이나, 자연선택으로 생물이 진화한다는 이론을 반대했다. → 398, 407

쉬외테(Jørgen Matthias Christian Schiødte)(1815~1884)

덴마크의 곤충학자로, 동굴에서 살아가는 동물에 관심이 많았다. → 192

슈프렝겔(Christian Konrad Sprengel)(1750~1816)

독일의 자연사학자이자 교사이다. 식물의 성을 연구했는데, 꽃의 기능이 곤충을 유인하고, 자연은 타가수정을 선호함을 밝혔다. → 141, 201

슐레겔(Hermann Schlegel)(1804~1884)

독일의 조류학자이자 파충류학자이다. 테밍크와 함께 『일본 동물상』을 출간했다. → 199

스미스(Charles Hamilton Smith)(1776~1859)

영국 군인이자 동물학자로, 말과 군복의 색을 연구했다. → 224

스미스(Frederick Smith)(1805~1879)

영국의 곤충학자로, 개미와 벌을 연구했다. 1854년 영국에 분포하는 개미에 대한 글을 썼는데, 다윈이 여기에 있는 내용을 『종의 기원』에서 설명했다. → 295, 296, 298, 320, 321

스미스(James Smith)(1782~1867)

영국의 상인이자 지질학자이고 문인이다. → 375

스웨이츠(George Henry Kendrick Thwaites)(1812~1882)

영국의 식물학자이자 곤충학자이다. 스리랑카 일대 식물을 조사했다. → 195

스트릭랜드(Hugh Edwin Strickland)(1811~1853)

영국의 지질학자이자 조류학자이다. 인도 북부에 있는 히말라야산맥의 저지대에서 분포하는 인도바위비둘기*Columba intermedia* Strickland를 1844년 신종으로 발표했다. 오늘날에는 바위비둘기*C. livia*의 아종으로 간주된다. → 41

스틴스트럽(Japetus Steenstrup)(1813~1897)

덴마크의 동물학자로, 다윈이 따개비를 연구할 때 많은 도움을 주었다. 1842년 세대교번과 관련된 원리를 발견했다. → 551

스펜서(John Charles Spencer)(1782~1845)

3대 스펜서 백작이라고도 불리며, 영국의 정치가이자 왕립농업협회의 회장을 역임했다. → 56

실리만(Benjamin Silliman Jr.)(1816~1885)

미국의 화학자이다. → 191

아가시(Jean Louis Rodolphe Agassiz)(1807~1873)

스위스 출생의 미국의 생물학자이자 지질학자로, 어류 화석을 연구했다. 다윈이 주장한 변형을 수반한 친연관계 이론을 죽는 날까지 받아들이지 않은 것으로 알려져 있다. ➜ 193, 398, 401, 407, 441, 478, 544, 570, 571, 584

아자라(Felix Manuel de Azara)(1746~1821)

스페인의 군인이자 자연사학자이다. 1801년에는 『파라과이의 사지동물의 자연역사 소론Essai sur l'histoire naturelle des quadrupèdes du Paraguay』, 1809년에는 『남아메리카 여행Voyage dans l'Amerique meridionale depuis 1781 jusqu'en 1801』을 썼다. ➜ 108

악바르, 아불 파스 잘랄 웃딘 무함마드(Abu'l-Fath Jalal-ud-din Muhammad Akbar)(1542~1605)

인도 무굴 제국을 통치한 제3대 황제이다. ➜ 46

얼, 윈저(George Windsor Earl)(1813 - 1865)

영국의 항해사이다. 인도네시아 주변의 수로를 측량했는데, 이 조사 결과를 다윈과 월리스가 참고했다. ➜ 514

에드워드(Edwards, W. W.)(완전한 이름과 연대는 미상)

다윈의 친구로, 다윈을 위해 경주마 새끼들을 관찰했다. ➜ 224

엘리엇(Walter Elliot)(1803~1887)

영국의 자연사학자이자 조류학자이다. 1820년부터 인도에서 연구했다. 다윈이 1856년 1월 23일 엘리엇에게 집비둘기의 사육 품종 박제를 구해 달라고 편지를 하자, 엘리엇은 많은 양의 박제를 보냈다. ➜ 36

오듀본(John James Audubon)(1785~1851)

미국의 조류학자이자 자연사학자이자 화가이다. 미국에서 살아가는 새들을 기록하고 그림으로 그렸다. ➜ 251, 285, 505

오웬(Sir Richard Owen)(1804~1892)

영국의 생물학자이자 고생물학자이다. 다윈이 비글호 항해에서 가져온 생물들을 연구하면서 다윈의 친구가 되었으나, 후일 다윈이 주장한 진화론을 반대했다. 「오랑우탄의 해부학On the anatomy of the Ourang-outang」이라는 논문을 썼다. ➜ 187, 205, 207, 259, 261, 407, 418, 431, 442, 443, 539, 542, 555, 565, 567, 568, 569, 574, 587

와슨(Hewett Cottrell Watson)(1804~1881)

영국의 골상학자이자 식물학자로 다윈이 쓴 『종의 기원』 초고를 검토했는데, 다윈에게 "나"라는 단어가 너무 많다고 지적했고, 『영국 식물 중 런던 목록The London Catalogue of British Plants』을 편집했고, 『키벨레 브리타니카 — 영국의 식물과 이들의 지리적 분포Cybele Britannica : or British Plants and their geographical relations』를 출간했다. ➜ 74, 81, 87, 195, 239, 240, 475, 480, 491

우드워드(Samuel Pickworth Woodward)(1821~1865)

영국의 지질학자이자 연체동물학자이다. Costa(2009)는 영국의 지질학자이자 고생물학자로 화석 갑각류와 절지동물을 연구한 Henry Bolingbroke Woodward(1832~1921)라고 했으나, 그는 1858년에 영국박물관 지질분야 조교 생활을 시작했다. 다윈의 편지 기록을 보면 1856년 S. P. Woodward에게 보낸 편지가 있으며, 『위대한 책』

에도 그의 이름이 나온다. → 387, 414, 443

워터하우스(George Robert Waterhouse)(1810~1888)

영국의 자연사학자로, 다윈이 비글호 항해를 하면서 수집한 포유류를 연구했다. 1848년 『포유류의 자연사학A Natural History of the Mammalia』을 출간했다. → 163, 206, 208, 302, 558, 559

월라스톤(Thomas Vernon Wollaston)(1822~1878)

영국의 곤충학자이자 연체동물학자이다. 1854년에는 『마데이라 곤충Insecta Maderensia』, 1856년에는 『종의 변이에 대하여, 특히 곤충 관점에서On the Variation of Species, with Especial Reference to the Insecta』라는 책을 출간했다. → 75, 80, 185, 189, 190, 239, 240, 507, 523

월리스(Alfred Russel Wallace)(1823~1913)

영국 출신의 자연사학자로서 남아메리카와 말레이 제도에서 생물을 채집하며 종의 기원을 고민했다. 동남아시아와 오세아니아에서 살아가는 생물들의 종류는 서로 다른데, 이러한 현상을 보고한 대표적인 사람이다. 생물지리학의 아버지로 불린다. 말레이 제도에서 연구한 결과를 1869년 『말레이 제도Malay Archipelago』로 발표했다. 1858년 다윈에게 종의 기원에 관한 자신의 생각을 담은 논문을 검토해 달라고 보냈고, 다윈이 이 편지를 보고 서둘러 『종의 기원』을 집필한 것으로 알려져 있다. 1889년 다윈의 생각을 보완하는 『다윈주의Darwinism』라는 책을 썼다. 월리스에 관한 자료는 http://people.wku.edu/charles.smith/index1.htm에서 볼 수 있다. → 12, 28, 76, 464, 514, 515

웨스트우드(John Obadiah Westwood)(1805~1893)

영국의 곤충학자이자 고고학자로, 많은 곤충들을 그림으로 그렸다. 라마르크의 진화 이론을 믿었으나, 다윈의 자연선택 이론에는 동의하지 않았다. → 85, 215, 302, 541

위베르(Huber, François Huber)(1750~1831)

스위스의 자연사학자이다. 벌을 연구했고, 『종의 기원』에서 많이 인용된 피에르 위베르의 아버지이다. 1806년 『벌들의 새로운 관찰New Observations on the Natural History Of Bees』이라는 책을 썼다. → 294, 302, 303, 309, 310

위베르(Pierre Huber)(1777~1840)

스위스의 곤충학자로 개미, 벌 등의 본능에 대해 연구했다. 개미에서 나타나는 노예공생 현상을 발견했고, 1810년 『개미의 자연사The Natural History of Ants』를 불어로 발간했다. 다윈은 1820년에 영어로 번역된 책을 읽었다. → 280, 281, 294, 295, 297

유아트(William Youatt)(1776~1848)

영국의 수의사로, 1834년 『소와 이들의 품종, 관리 그리고 질병Cattle, their Breeds, Management, and Diseases』, 1837년에는 양에 관한 책 『양Sheep, their breeds, management, and diseases, to which is added the Mountain Shepherd's Manual』, 1845년에는 개에 대한 책 『개The Dog』, 1831년에는 말에 관한 책 『말The Horse』을 썼다. 다윈이 『말』을 읽고, 이 책 가장자리에 '자연선택'이라는 용어를 처음으로 쓴 것으로 알려져 있다. → 50, 56, 57, 589

이튼(Thomas Campbell Eyton)(1809~1880)

영국의 자연사학자로, 어류와 조류 등을 연구했

다. 1838년에 『오리족의 종속지A monograph on the Anatidae, or Duck Tribe』라는 책을 출판했는데, 다윈이 이 책을 인용했다.→247, 338

존스(John Matthew Jones)(1828~1888)

캐나다의 동물학자이자 군인으로, 버뮤다의 자연에 대해 연구했다.→509

존스톤(Alexander Keith Johnston)(1804~1871)

영국의 지리학자이자 지도제작자이다. 1835년 전 세계 지도를 그렸고, 1850년 『자연 현상의 자연지리학 지도The Physical Atlas of natural phenomena』를 발간했다.→470

쥬시외(Antoine Laurent de Jussieu)(1748~1836)

프랑스의 식물학자로, 꽃피는 식물의 자연분류 체계를 처음으로 확립한 사람이다.→543

카시니(Alexandre Henri Gabriel de Cassini)(1781~1832)

프랑스의 식물학자이자 자연사학자이다. 특히 북아메리카의 국화과 식물을 연구했다.→200

커비(William Kirby)(1759~1850)

영국의 곤충학자로, 린네학회 설립에 관여했다. →188

코틀리(Proby Thomas Cautley)(1802~1871)

영국의 자연사학자로, 17세에 인도로 이주했다. 군인으로 근무하면서 인도의 고생물학과 지질에 관심을 두고 조사했다.→444

콜링(Charles Colling)(1751~1836)

영국의 사육가로, 뿔이 짧은 소를 가장 성공적으로 개량한 사람이다. 『종의 기원』에는 "Collins"로 표기되어 있는데, 윌리엄 마셜(→마셜)이 『요크셔 지방의 농업 경제』라는 책에서 "Mr. Collins"로 잘못 표기된 것을 다윈이 그대로 쓴 것이다(Costa, 2009).→55

쾰로이터(Joseph Gottlieb Kölreuter)(1733~1806)

독일의 식물학자로, 식물의 수정을 연구한 개척자이다. 그는 1788년 벌이 수술을 튀어 오르게 하는 현상을 발견했고, 곤충이 꽃가루받이에 미치는 영향을 연구하는 분야인 곤충수분생물학의 창시자로 알려졌다.→53, 140, 329, 331, 333, 344, 359, 360, 364, 586

퀴비에(Baron Georges Cuvier)(1769~1832)

프랑스의 자연사학자로, 비교해부학과 고생물학을 연구했다. 생물의 구조와 기능을 설명하기 위해 부위의 상관관계 이론을 제시했고, 동물계를 크게 4무리로 구분했다. 라마르크의 진화 이론을 부정하고, 대격변설을 주장했다.→163, 254, 278, 399, 407, 411, 417, 431, 545, 555, 559, 572, 583

퀴비에(Frederick Cuvier)(1773~1838)

프랑스의 동물학자이자 고생물학자이다. 자연사학자이자 동물학자로 널리 알려진 조르주 퀴비에Georges Cuvier의 동생이다. 『종의 기원』에는 "프레데릭 퀴비에"로 표기되어 있다.→280

클라우센(Peter Clausen)(1801?~1855)

덴마크의 채집자이다. 특히 화석 표본을 채집했다. 1833년부터 1835년까지 브라질에서 채집할 때, 1834년 룬드를 만나 같이 채집하면서 석회동굴에서 많은 화석들을 발견했다.→443

클리프트(William Clift)(1775~1849)

영국의 삽화가이다. 화석 유해들의 그림을 그렸고, 특히 화석 뼈들에 대해 해박한 지식을 지녔

다. → 442

타우슈(Ignaz Friedrich Tausch)(1793~1848)

체코의 식물학자이다. 1835년에 『산형과의 분류Classification of Umbellifera』를 썼다. → 201

테겟마이어(William Bernhardt Tegetmeier)(1816~1912)

영국의 자연사학자로, 비둘기 애호가였다. 그는 비둘기 증식과 벌집방을 연구하면서 다윈과 편지 교환을 했다. → 306, 313

테밍크(Coenraad Jacob Temminck)(1778~1830)

네덜란드의 동물학자로, 새들을 연구했다. 다윈이 테밍크가 비둘기에 대해 연구한 결과에 관심을 가졌다. → 545

톰스(Robert Fisher Tomes)(1823~1904)

영국의 동물학자로, 조류를 연구하다가 박쥐로 관심 대상을 변경했다. → 514

투레(Gustave Adolphe Thuret)(1817~1875)

프랑스의 식물학자이다. 해조류, 특히 갈조류에 대한 연구를 했다. → 344, 351

투앵(André Thouin)(1746~1824)

프랑스의 식물학자이자 농학자이다. 접목 기술을 개량시키는 연구를 수행했다. → 349

파브르(Jean-Henri Casimir Fabre)(1823~1915)

프랑스의 자연사학자이자 곤충학자이다. 『파브르 곤충기Souvenirs entomologiques』로 유명하다. → 294

팔라스(Peter Simon Pallas)(1741~1811)

독일의 동물학자이자 식물학자이다. 주로 러시아에서 연구했다. → 223, 338

팔코너(Hugh Falconer)(1808~1865)

영국의 지질학자이자 식물학자, 고생물학자로, 인도, 아샘, 미얀마 등지에서 동식물과 지질을 연구했다. → 97, 407, 410, 437, 444, 492

페이리(William Paley)(1743~1805)

영국의 성공회 신부이자 공리주의 철학자이다. 1802년 시계공 이야기를 다룬 『자연신학Natural Theology or Evidences of the Existence and Attributes of the Deity』을 발표했다. 시계처럼 우주는 저절로 만들어진 것이 아니라 누군가 지적인 존재가 창조했다고 주장했다. → 271

포브스(Edward Forbes)(1815~1853)

영국의 자연사학자로, 해양생물을 주로 연구했다. 영국과 유럽, 아프리카가 한때 연결되었다는 '아틀란트스설'을 주장했다. → 108, 185, 238, 380, 384, 385, 404, 407, 414, 466, 467, 468, 478, 486, 506, 507, 516, 532

풀(Skeffington Poole)(년대 미상)

영국의 군인으로 인도에서 근무하면서 다윈에게 인도의 말에 대한 정보를 제공했다. 『종의 기원』에는 "풀 대령"으로 표기되어 있다. → 223, 224, 226

프레스트위치(Sir Joseph Prestwich)(1812~1896)

영국의 지질학자이자 사업가로, 제3기 시대 지질을 연구했다. → 429

프리스(Elias Magnus Fries)(1794~1878)

스웨덴의 균학자이자 식물학자이다. 1850년에 「조밥나물속의 종속지A monograph of the Hieracia」라는 논문을 『식물학 신문Botanical Gazette』에 발표했는데, 다윈이 이 논문을 인용했다. → 85, 86

플리니우스(Gaius Plinius Secundus)(23~79)

로마의 작가이자 자연사학자, 자연철학자로, 백

과사전처럼 많은 지식을 지녔다. 『자연사학Naturalis Historia』을 썼다. → 45, 54, 58

피어스(James Pierce)(연대 미상)

미국의 지질학자이자 자연사학자로, 1823년 『캐츠킬산맥의 기행Memoir on the Catskill Mountains』을 썼다. 다윈은 이 책의 내용을 인용했다. → 132

픽테(François Jules Pictet-De la Rive)(1809~1872)

스위스의 동물학자이자 고생물학자이다. 다윈의 진화론을 부정하고 생물이 한 번에 창조된 것이 아니라 연속해서 창조되었다고 주장했다. 4권으로 된 『고생물학 기초Traité élémentaire de paléontologie』를 썼다. → 398, 401, 402, 411, 414, 438, 441

필리피(Rodolfo Amando Philippi)(1808~1904)

독일 출신의 고생물학자이자 동물학자로, 지중해 인근에서 연구하다가 1851년 칠레로 이주했다. → 410

하코트(Edward William Vernon Harcourt)(1825~1891)

영국의 자연사학자이자 정치가이다. 1851년 『마데이라 소개A Sketch of Madeira』를 출판했다. → 509

하퉁(Georg Hartung)(1822~1891)

독일의 지질학자이다. 아소르스 제도와 카나리 제도를 연구했다. → 475

허버트(William Herbert)(1778~1847)

영국의 식물학자이자 시인, 성직자이다. 수선화과 식물을 연구했는데, 1846년 원예학회지에 「식물의 국소적 서식지와 결핍Local Habitation and Wants of Plants」(Journal of the Horticultural Society, 1 : 44~49)이라는 논문에서 식물도 서로 경쟁한다고 썼다. → 94, 329, 333, 334, 335, 336, 341

허셜(John Herschel)(1792~1871)

영국의 천문학자이자 수학자이다. 다윈의 친구이자 지질학자인 라이엘이 『지질학 원리』라는 책을 출간하자 이를 축하하기 위해 허셜이 1836년 2월 20일 편지를 보냈는데, 이 편지에 '수수께끼 중의 수수께끼'라는 표현을 사용했다. 그는 절멸한 종이 다른 종으로 대체되는 과정을 수수께끼 중의 수수께끼라고 불렀다. 그 당시 사회에서는 신만이 종을 창조한 것으로만 알고 있었기에, 생물들이 사라지기만 할 뿐 종이 새롭게 만들어지지 않는다면 지구에는 다양한 생물들이 존재하지 않을 것이나, 다양한 생물들이 존재하고 있는데, 이처럼 다양한 생물들이 존재하는 이유를 모르겠기에 수수께끼 중의 수수께끼라고 지칭한 것으로 보인다. 다윈은 비글호를 타고 영국으로 귀국하는 도중인 1836년 6월 3일 남아프리카 케이프 타운에서 그를 만났다. → 11

헉슬리(Thomas Henry Huxley)(1825~1895)

영국의 생물학자로, 주로 비교해부학을 연구했다. 20살에 래틀스네이크호H. M. S. Rattlesnake를 타고 해양생물을 연구하기 시작했다. 『종의 기원』이 출판된 다음해인 1860년에 열린 진화 관련 토론에서 다윈의 이론을 열렬히 지지했고, 이후 '다윈의 불도그Darwin's Bulldog'로 불렸다. → 18, 144, 441, 570, 575, 595

헌(Samuel Hearne)(1745~1792)

영국의 탐험가이자 자연사학자이다. 캐나다 북부에서부터 북극을 탐험한 최초의 유럽인으로 알려져 있다. → 249

헌터(John Hunter)(1728~1793)

영국의 의사이자 해부학자이다. 1786년에 『동물을 절개할 때 특정 부분의 관찰Observations on certain parts of the Animal Oeconomy』이라는 책을 썼다. → 207

헤론(Sir Robert Heron)(1765~1854)

영국의 정치가이나, 동물 육종에 관심이 많은 농부였다. → 129

헤어(Oswald Heer)(1809~1883)

스위스의 고식물학자로, 유럽에 있는 제3기 화석을 연구했는데, 다윈은 헤르를 화석식물의 권위자로 인정하면서 편지를 교환했다. → 151

호너(Leonard Horner)(1785~1864)

스코틀랜드의 지질학자로, 말년에 이집트의 충적토 지역을 연구했다. 딸인 Mary Horner Lyell은 『지질학 원리』를 쓴 라이엘과 결혼했다. → 33

호이징거(Karl Friedrich von Heusinger)(1792~1883)

독일의 병리학자이다. 1846년에 「일부 외부 영향에 의해 서로 다른 색깔을 지닌 동물에서 나타나는 다양한 효과On the diverse effect of certain external influence on different colored animals」라는 논문을 썼는데, 다윈은 이 논문의 내용을 인용했다. → 25

후커(Joseph Dalton Hooker)(1817~1911)

영국의 식물학자로, 다윈보다 8살 어리지만, 다윈의 가장 좋은 친구이자 후원자였다. 1839년부터 4년간 영국 군함 에버레스호에 승선해서 여러 지역의 식물을 조사했다. 특히 남극을 비롯하여, 히말라야 시킴, 뉴질랜드, 인도 등지의 식물과 이들의 분포를 조사했는데, 다윈은 후커가 조사한 결과를 많이 참고했다. → 12, 13, 77, 81, 101, 143, 194, 200, 486, 488, 489, 490, 493, 494, 496, 505, 510, 512, 518, 519, 520, 557

후톤(Thomas Hutton)(1807(추정)~1874)

인도 벵갈 지역에 주둔했던 영국 군인이다. 자연사학과 관련된 논문 몇 편을 발표했으며, 블라이드의 소개로 다윈에게 거위와 비둘기에 대한 정보를 제공했다. → 338

훔볼트(Friedrich Wilhelm Heinrich Alexander von Humboldt)(1769~1859)

독일의 지리학자이자 자연사학자, 탐험가이다. 1799년부터 1800년까지 베네수엘라를 탐험하면서 조사했고, 『개인적인 이야기Personal Narrative』를 발간했다. → 489

휴잇(Edward Hewitt)(연대 미상)

영국의 가금류 애호가로, 가금류를 대상으로 잡종 실험을 했다. → 351

부록 4_ 벌집의 구조

벌집의 구조를 이해하기 위한 그림들이다. 〈그림 1〉부터 〈그림 3〉까지는 벌집을 이루는 벌집방 한 개의 모습이며, 〈그림 4〉와 〈그림 5〉는 벌집방 3개가 연결된 모습, 그리고 〈그림 6〉과 〈그림 7〉은 두 층으로 된 벌집 모습이다. 단지 벌집방을 그림으로 그려 보면 벌집방과 벌집방이 서로 구분될 수밖에 없다. 따라서 〈그림 5〉와 〈그림 7〉에서는 벌집방끼리 연결된 벽이 두 겹으로 표시되어 있으나, 실제 벌집방은 밀랍을 절약하기 위해 벽이 공유되기 때문에 한 겹으로 이루어져 있다.

〈그림 1〉

벌집방 옆모습이다. 한 쪽은 끝이 뾰쪽하고, 다른 한 쪽은 편평하고 구멍이 뚫려 있다.

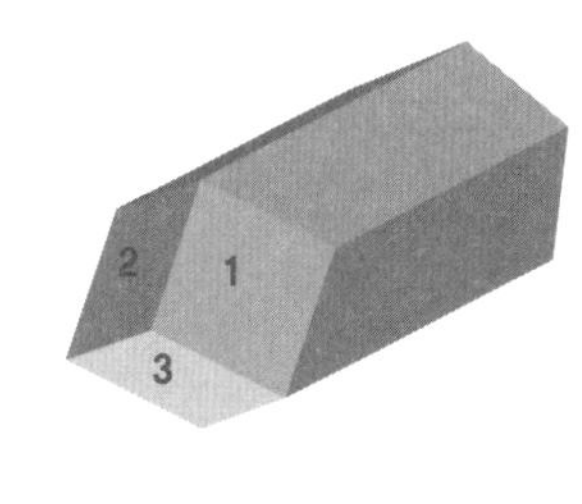

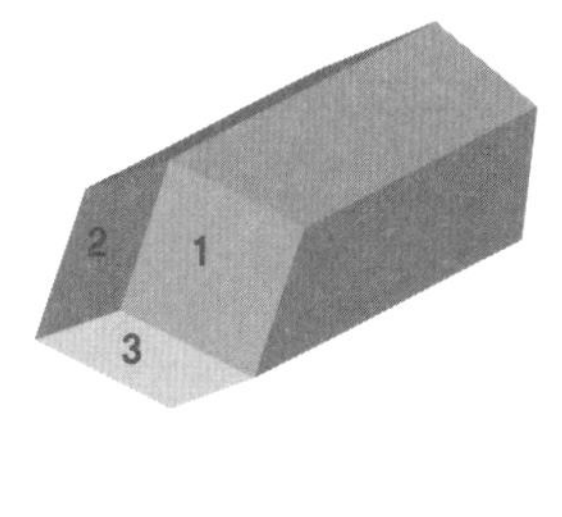

〈그림 2〉

벌집방 밑바닥 부분이다. 본문에서 설명된 것처럼 3개의 마름모가 연결되어 피라미드 구조를 이루고 있다. 마름모에는 구분을 위해 숫자 1, 3, 2(시계방향)로 표기했다.

〈그림 3〉

벌들이 벌집방을 드나드는 쪽(〈그림 1〉의 편평한 쪽)에서 바라본 모습이다. 벌집방이 육각기둥 모양으로 되어 있고, 밑바닥이 마름모 3개로 연결되어 있는 모습이 보인다.

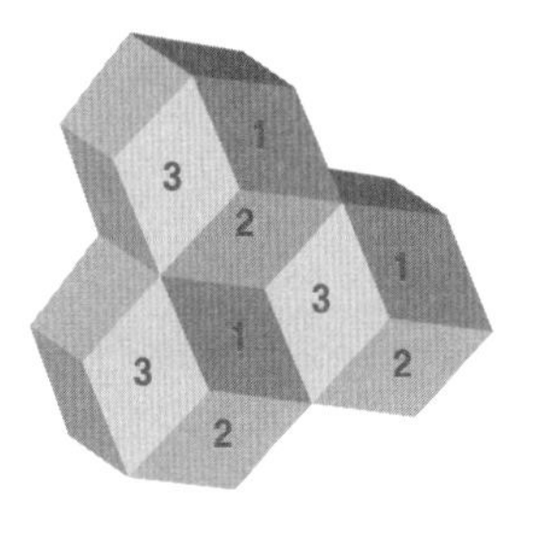

〈그림 4〉

벌집방 3개가 모여 하나의 층을 이루고 있는 모습이다. 피라미드 구조인 벌집방 3개(시계방향으로 각각 숫자 1, 2, 3으로 표기된 부분)가 모여 벌집의 한 층을 이룰 때 가운데에 있는 3개의 마름모, 즉 숫자로 2, 3, 1 부분은 실제로는 오목한 곳으로 다른 층의 벌집방 밑바닥과 접하게 되는 곳이다.

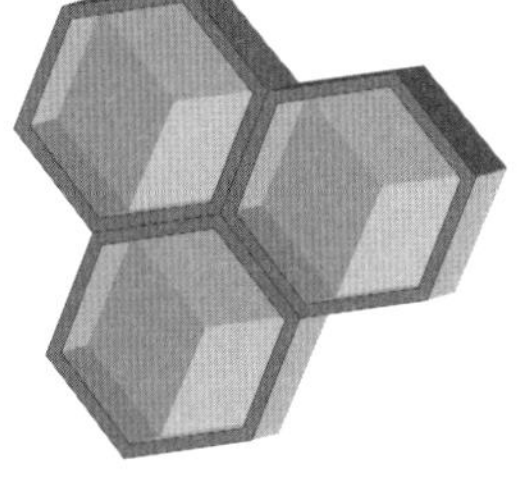
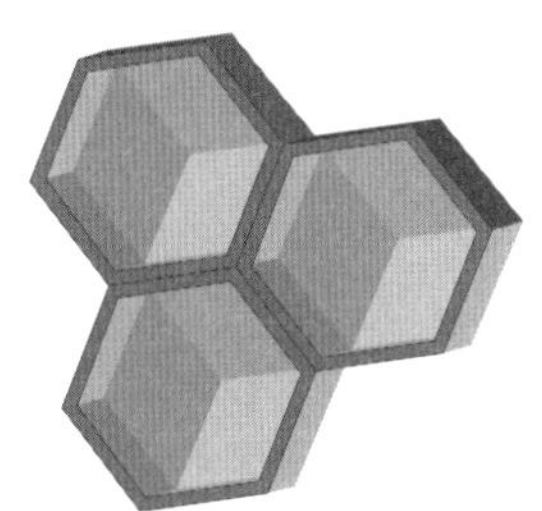

〈그림 5〉

〈그림 4〉를 반대쪽에서 본 것으로, 〈그림 3〉에 있는 벌집방 3개를 연결한 모습이다. 3개의 육각형 구조는 3개의 벌집방이며, 벌집방 밑바닥에 마름모 3개가 연결된 모습이 나타나 있다.

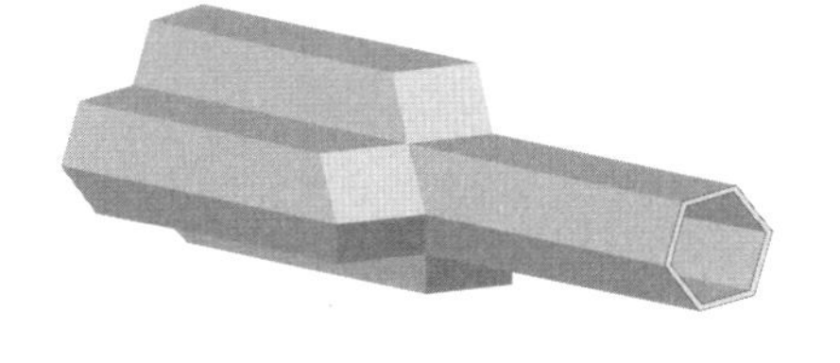

〈그림 6〉

두 층으로 된 벌집의 일부만을 그린 것이다. 왼쪽에는 벌집방이 3개, 오른쪽에는 벌집방이 1개가 있다. 〈그림 4〉의 가운데 부분, 즉 숫자로 2, 3, 1 부분과 〈그림 2〉의 벌집방이 연결되는데, 같은 숫자끼리 연결되어 접하게 된다.

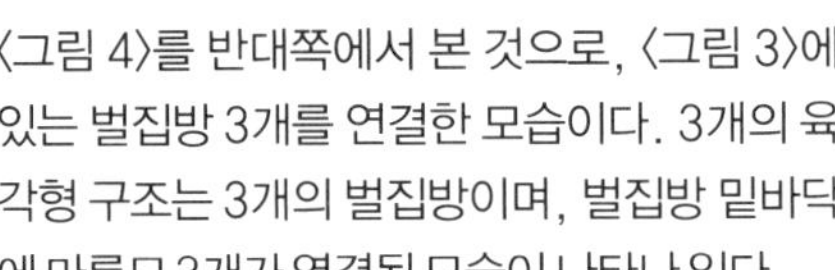

〈그림 7〉

두 층으로 된 벌집의 단면이다. 〈그림 6〉을 여러 개 연결해서 잘라보면, 벌집의 단면은 그림처럼 지그재그 모양을 하게 된다.

1장_생육할 때 나타나는 변화

변이성의 원인

- 살아가는 조건이 생식체계에 영향
- 권양 상태가 본능과 생식체계에 영향
- 같은 조건에서는 같은 성장을 항상 하지 않음
- 다른 조건에서도 같은 성장을 하기도 함

➜ 살아가는 조건은 변이성에 간접 영향

습성의 결과

- 습성의 변화가 용불용 유도 ➜ 변이 발생 가능

성장의 상관관계

- 배나 유충 단계의 변화가 성체 변화 유도
- 한 부위 변화가 다른 부위 변화 유도
- 체제의 가소성은 변이를 고정시킴

➜ 변이를 조절하는 법칙

유전 : 변이를 다음 세대에 전달

- 유전되는 형질이 중요, 유전되지 않는 형질은 기형임
- 유전 법칙 : 회귀, 성선택, 상응연령대 발현

생육하는 변종들의 형질 | 변종과 종 구분의 어려움

- 생육 재래종은 순종보다 형질 균일성이 낮음

➜ 생육 재래종에 변이가 많음
➜ 생육 재래종과 변종을 구분하기 어려움

한 종 또는 여러 종으로부터 만들어져 생육하는 변종의 기원

- 다양한 지역에서 생육종을 개량했다는 다기원설

➜ 그러나 중간형태가 없다 : 다기원설을 부정하는 근거
➜ 한 종에서 유래했을 것임

사육하는 집비둘기의 기원과 차이점

- 집비둘기는 바위비둘기 한 종에서 유래

➜ 바위비둘기는 몇 종류의 지리적 아종으로 구성됨
➜ 집비둘기에서 바위비둘기 몸색이 회귀됨
➜ 혼종들끼리 생식가능함

옛날부터 전해 내려온 선택의 원리와 결과

- 생육 시 인간에 유리한 개체들을 선택 ➜ 품종 개량

체계적 선택과 무의식적 선택

- 체계적 선택 ➜ 정해진 목표에 맞추어 선택
- 무의식적 선택 ➜ 오랜 기간에 걸쳐 유용한 개체 선택

생육하는 재배종의 알려지지 않은 기원

- 기원 알기 어려움

인간의 선택에 도움이 되는 조건들

① 높은 변이성 ② 단순한 개체차이 ③ 많은 개체수
④ 전문성 ⑤ 생식적 격리 ⑥ 유용성 ⑦ 세심한 주의

2장_자연에서 나타나는 변이

변이성

- 자연 상태에서도 변이가 나타나며 유전됨
➔ 종과 변종의 구분을 어렵게 함

개체차이

- 개체차이는 자연선택이 축적할 원재료임
➔ 선택 가능성이 증가함

애매한 종

- 과도하게 많은 변이를 지닌 종들
➔ 다형성 또는 다변적
➔ 애매한 종으로 간주
- 지리적 분포, 상사 변이, 잡종성 등
➔ 종과 변종의 구분을 어렵게 함
➔ 종과 변종은 차이의 정도이나 명확한 구분 불가

넓은 지역에 분포하며 멀리까지 분산되고 흔하게 나타나는 종이 가장 다양하게 변한다

- 개체수가 많고 면적이 넓은 곳의 종
➔ 무생물적, 생물적 요인들이 다양함
➔ 새로운 종으로 발전할 수 있는 변종인 발단종이 많음

더 큰 속에 속한 많은 종들은 아주 가까운 근연관계에 있으나 서로서로가 같은 정도로 연관되어 있지는 않은 점과 제한된 분포범위를 가지는 점에서 변종들과 비슷하게 보인다

- 큰 속의 종이 작은 속의 종보다 더 많은 변종 포함함
➔ 민물식물과 염생식물은 분포범위와 종 수가 무관함
- 많은 변종을 포함하는 종이 우세종
- 같은 속 내 종간 차이가 같은 종의 변종간 차이보다 큼
➔ 형질분기로 설명 가능
- 제한된 분포범위로는 종과 변종 구분 불가

3장_생존을 위한 몸부림

자연선택의 탄생

- 변이와 자연선택 ➜ 살려는 몸부림

넓은 의미로 사용된 용어

➜ 생존을 위한 몸부림
① 다른 생물과의 관계
② 개체로서의 일생
③ 성공적인 자손 낳기

기하급수적 증가의 힘

- 생물들의 기하급수적 증가 경향
- 식량 자원의 공급이 증가하면 기하급수적 증가 가능

야생화된 동식물의 급격한 증가

- 살아가는 조건 맞을 시 동식물은 증가함

증가를 억제하는 속성

- 기하급수적증가는식량부족과생물죽음으로억제됨

보편적인 경쟁

- 개체수 증가에 따라 먹이와 피식자 사이의 경쟁 발생

➜ 종의 개체수가 평균적으로 결정됨

기후의 결과

- 기후와 경쟁 생물과의 관계가 중요

➜ 간접적으로 생물 개체수 증가 억제

개체들을 보호

- 종 보존을 위해 일정 개체수가 필요

자연에 있는 동식물의 복잡한 연관성

- 한 종의 생존은 다른 생물과의 연관성으로 결정됨

➜ 먹고 먹히는 관계, 전쟁 중의 전쟁
➜ 가장 중요한 관계

같은 종에 속하는 개체들과 변종들 사이에서 벌어지는 가장 심각한 살려는 몸부림, 같은 속에 속하는 종들 사이에서 때때로 벌어지는 심각한 몸부림

- 같은 종에 속하는 개체들과 변종들

➜ 공통조상에서 유래되어 같은 구역과 먹이에 대해 경쟁 심각

모든 연관성 중에서 가장 중요한 생명체와 생명체 사이의 연관성

- 모든생명체가연관되었기에생존을위한몸부림발생

4장_자연선택

자연선택

- 유리한 변이는 보존, 유해한 변이는 제거 : 자연선택 정의임
- 중립적인 변이는 자연선택 대상 아님 : 다형성종 형성

➜ 기후 변화나 새로운 생물 유입 : 유리한 변이가 선택

인위선택과 비교할 때 자연선택이 지닌 힘

➜ 인위선택은 짧은 기간에 외부 형질에 치중
➜ 자연선택은 오랜 세월 생물에게 유리한 형질을 선택

사소한 형질에 미치는 자연선택의 힘

- 인간관점에서사소한형질이자연에서는중요한형질

모든 연령대와 두 가지 성에 미치는 자연선택의 힘

- 부모와 자손과 연관된 형질은 모두 선택 대상

성선택

- 수컷들만의 경쟁과 구애를 위한 경쟁

같은 종에 속하는 개체들 사이에서 일어나는 이형교배의 보편성

- 동식물 모두 이형교배를 선호하며 그에 따른 선택이 유발됨

이형교배, 격리, 개체수 등과 관련된 자연선택에 도움이 되거나 되지 않는 환경 상황들

- 많은 개체수는 개체 수준의 낮은 변이성 상쇄
- 조건이 변할 때 이형교배는 변이성 증가
- 격리 : 보다 잘 적응한 개체들의 유입을 억제
- 넓은 면적에서 다양한 생물간 관계가 만들어짐

➜ 자연선택에 도움이 됨

서서히 진행되는 작용

- 자연선택은 오랜 시간에 걸쳐 서서히 진행됨

자연선택이 유발한 절멸

- 자연의 체계에 있는 장소는 유한

➜ 적응하지 못한 종은 절멸함

좁은 지역에 서식하는 정착생물의 다양성과, 그리고 귀화와 관련된 형질분기

- 좁은 지역에서 극심한 경쟁으로 변이가 증가하고 선택
- 귀화 : 기존에 없던 유리한 특성➜새로운 곳에서 번성
- 형질분기 : 새로운 변이의 축적으로 새로운 종 형성

형질분기와 절멸로 공통부모에서 유래한 자손들에게 작용하는 자연선택

- 모식도로 형질분기와 자연선택, 절멸 과정 이해

모든 생명체의 무리짓기에 대한 설명

- 무리짓기는 변형을 수반한 친연관계에 근거해야 함

5장_변이의 법칙

외부 조건에 따른 결과

- 살아가는 조건은 간접적으로 변이를 유발함

자연선택과 결합된 용불용 : 비행기관과 시각기관

- 사용하는 것이 유리하며 발달함
- 사용하지 않으면 자연선택으로 퇴화함

➔ 두더지의 눈 : 불용의 결과

순화

- 습성은 적응해서 변이로 이어질 수 있음
- 순화만으로는 변이로 이어지지 않음

성장의 상관관계

- 상관관계의 원인 : 상동성
- 알려지지 않은 법칙이 있을 것인데, 성장과 연관됨

성장의 보상과 경제

- 보상관계 : 한 부위는 성장, 다른 부위는 희생
- 생육종은 가능 : 인위적인 보상이 가능하기 때문
- 야생종은 불가능 : 자연선택이 작용함

거짓 상관관계

- 한 개체 내에서 나타나는 보상과 경제
- 보상 때문 아니며, 종 존속에 유리한 방향으로 변형됨

다중 구조, 흔적 구조 그리고 서서히 조직화된 구조는 변하기 쉽다

- 다중 구조는 특정한 목적에 덜 분화됨
- 흔적 구조는 불용 또는 회귀의 결과임

기이하게 발달한 부위는 아주 변하기 쉽다 : 종특이적 구조가 속특이적 구조보다 변하기 쉽다 : 이차 성적 구조는 변하기 쉽다

- 종특이적 형질이 속특이적 형질보다 변하기 쉬움
- 이례적인 형질은 변이 가능성이 높음
- 이차성징은 변이 가능성이 높음

같은 속에 속하는 종들은 대응하는 방식에 따라 다양하게 변한다

- 대응변이 : 공통조상에서 유래했으나, 자손 일부에서만 나타나며, 공통조상에는 없는 특징

오래전에 소실된 형질로 회귀

- 조상 종, 동류 종 형질로 회귀 : 말 줄무늬로 파악

6장_이론의 어려움

변형을 수반한 친연관계 이론의 어려움 : 4종류

- 중간형태를 확인할 수가 없음
- 습성의 변화와 전환의 가능성
- 본능이 어떻게 만들어지는가와 본능의 전달
- 종과 변종을 교배할 때 발생하는 잡종성의 문제

전환 | 전환 중인 변종의 결핍 또는 희귀성

- 전환 : 변형을 수반한 친연관계에서 중간단계 의미
- 자연선택이 절멸을 초래해 전환 중인 개체 발견 힘듦
- 지층도 완벽하지 않고, 조사도 완벽하지 않음
- 전환 중인 변종이 살았을 중간 지대가 존재하지 않음
- 중간 지대의 존재에도 중간단계 개체수는 너무 적음

살아가는 습성의 전환 | 같은 종에서 나타나는 다양하게 변한 습성 | 동류 종들이 지닌 습성과는 광범위하게 다른 습성을 지닌 종

- 종속 유형은 완벽하지 않고, 개체수도 적음

➜ 화석으로 발견될 가능성 낮음

- 습성 변화는 개체에서 변이가 나타남을 의미함

➜ 구조와 기능이 변화할 수 있음

- 동류 종들이 비슷한 습성을 보임

➜ 공통조상으로부터 물려받은 특징임

극도로 완벽한 기관 | 전환 방법 | 어려움을 보여주는 사례들 | 자연은 비약하지 않는다

- 눈 : 극도로 완벽한 기관이지만 중간단계로 설명 가능

➜ 어느 한 기관이나 구조에서 전환 가능

➜ 중성 곤충, 전기기관 : 생물에 이익이며 자연선택됨

- 전환은 연속적임 : 자연은 비약하지 않음

사소하지만 중요한 기관들 | 모든 사례에서 절대적으로 완벽하지 않은 기관들

- 사람 기준이 아닌 생물 기준으로 중요성을 판단
- 완벽한 기관임에도 사람이 중요성을 인지하지 못함

자연선택 이론에 포함된 기준형 일치 법칙과 생존의 조건 법칙

- 습성과 구조가 일치 : 기준형 일치 법칙으로 설명

➜ 생물들의 친연관계를 설명함

- 생존의 조건 법칙: 생물이 환경 요인에 적응

➜ 기준형 일치 법칙을 포함함

7장_본능

기원은 다르지만 습성과 비교되는 본능

- 본능 : 경험이 없는 상태에서 하는 행동 양식

➜ 습관적 행동이 유전되면서 본능으로 나타남

본능의 단계

- 본능도 구조처럼 생물에 이익이 되면 자연선택됨
- 방계로부터 확인 가능

진딧물과 개미

- 진딧물이 경험이 없는 상태에서 분비물을 분비

➜ 본능적 행동이며 자신에게 이익이 되는 행동임

변하기 쉬운 본능

- 새가 느끼는 공포감은 본능이나 학습에 의해 변함

생육 생물의 본능과 기원

- 자연 상태 본능은 생물의 본능으로 유추 가능
- 생육 본능은 선택 가능함
- 자연 본능은 생육하면서 사라지기도 함

➜ 본능도 습성과 선택이 작용하여 나타남

뻐꾸기, 타조, 기생벌의 자연적 본능

- 다른 생물에 기생하는 습성을 지님

➜ 본능으로 변화됨

노예를 만드는 개미

- 본능적으로 다른 종류의 개미를 노예로 만듦
- 우연한 기회에 노예를 만드는 본능으로 변함

꿀벌과 벌집방을 만드는 본능

- 뒤영벌, 멕시코무침벌, 꿀벌로 이어지는 본능의 계열
- 자연선택에 따라 본능의 완성도 증가함
- 벌집을 만드는 경제성이 자연선택의 원동력으로 추정

본능에 관한 자연선택 이론의 어려움 | 중성 또는 생식불가능한 곤충

- 개체 생식불가능하나 종 전체 이익이 되는 경우

➜ 생식불가능한 개체가 나타날 수 있음

➜ 종 전체를 위한 자연선택이 가능함

8장_잡종성

1차 교배의 생식불가능성과 잡종의 생식불가능성을 구별

- 종을 교배하면 생식불가능, 잡종을 교배하면 생식가능

➔ 종을 교배해도 생식가능, 잡종을 교배해도 생식불가능

➔ 검토가 필요

생육하면서 제거되고, 근친교배에 의해 나타나는, 보편적이지는 않지만, 다양하게 변하는 생식불가능성

- 식물과 동물에서 교배에 따른 생식가능성 또는 생식불가능성에 일정한 경향성이 없음

잡종의 생식불가능성을 지배하는 법칙들

- 혼동을 피하기 위해 종들에게 생식불가능성 부여

➔ 생식가능성은 완벽하게 생식가능한 상태에서 0인 상태까지 다양하게 나타남

- 잡종의 생식불가능성도 엄격하지 않음

특별한 재능이 아니라 서로 다른 차이들에 근거하여 우발적으로 나타난 생식불가능성

- 살아가는 조건, 계통학적 친밀성, 형태와 습성의 차이, 부모 겉모습 등은 모두 잡종의 생식불가능성과 무관함

➔ 생식체계의 차이와 우발적인 사건이 잡종의 생식불가능성을 유발함

1차 교배와 잡종에서 나타나는 생식불가능성의 원인들

- 생식적 격리에 의해 생식불가능성이 나타남

➔ 생식체계가 변형되어 생식적 격리가 나타남

변화한 살아가는 조건과 교배로 나타난 결과들 사이의 평행관계

- 살아가는 조건의 변화에 따른 생식체계의 교란 발생
- 두 체제가 교배로 혼합되어 생식체계의 교란 발생

교배할 때 나타나는 변종들의 생식가능성과 보편적이지는 않지만 이들의 혼종 자손에서 나타나는 생식가능성

- 변종들을 생식체계가 아닌 겉모습을 선택함
- 혼종에서 생식체계의 교란이 없을 것임
- 오랜 시간 인위적 사육으로 생식불가능성이 낮아짐

➔ 생식가능성이나 생식불가능성으로 종과 변종의 구분 어려움

생식가능성과 관계없이 비교한 잡종과 혼종

- 잡종과 혼종은 생식가능성으로 볼 때 차이가 없음

➔ 종과 변종 사이에 근본적인 차이가 없음

9장_지질학적 기록의 불완전성

현 시점에서 중간형태 변종들의 결핍에 대해서

- 많은 생물들이 지구상에 존재했다면 중간형태들도 많이 존재해야 함

➜ 왜 지질학적 기록이 극히 불완전한가?

절멸한 중간형태 변종들의 속성들과 그들의 수에 대하여

- 많은 수의 중간형태가 존재했을 것임

➜ 자연선택으로 절멸

퇴적과 삭박 비율로 추론한 광대한 시간 경과에 대하여

- 많은 생물들이 지구상에 출현하는 데 필요한 시간

➜ 당시 생각보다 지구는 오래되었음

우리가 수집한 고생물학적 자료의 빈약함에 대하여

- 많은 생물들이 존재했으나 화석으로 거의 남지 않음
- 생물학적 특성 때문에 화석으로 남기가 힘듦

지질학적 누층의 간헐성에 대하여

- 지각 변동으로 화석이 포함된 누층 순서 파악 어려움
- 삭박이나 변성 등으로 화석 유해가 사라짐

➜ 지질학적 기록은 간헐적일 수밖에 없음

어떤 누층에서라도 결핍된 중간형태 변종에 대하여

- 단층 하나의 형성 기간이 종의 변화 시간보다 짧음
- 퇴적 속도보다 침식 속도가 빨라 화석이 유실
- 융기와 침강의 지각 변동으로 생물이 절멸하고 유실됨
- 침강시기, 퇴적 시간이 종 평균 지속 기간보다 짧음
- 국소적으로 변이가 시작되기에 추적이 어려움

종 무리의 돌발적인 출현에 대하여

- 돌발적인 출현이라는 현상은 없음
- 이전 세대 지층에서는 발견됨

➜ 일부 지역의 지층만을 연구한 결과로 풀이됨

가장 아래쪽에 있는 것으로 알려진 화석층에서의 돌발적인 출현에 대하여

- 변성 등으로 화석이 발견되지 않음
- 추후 발견될 가능성이 있음

10장_생명체의 지질학적 연속성

새로운 종이 느리고 연속적으로 출현하는 것에 대하여

- 지층의증거는새로운종이서서히만들어짐을보여줌

변화 속도의 차이에 대하여

- 변화 속도는 육상생물이 해양생물보다 빠름
- 변이 속도 차이는 누층 축적 속도가 다른 점에 기여

한번 사라진 종은 다시 나타나지 않는다

- 조상형과 중간형태가 모두 죽음
- 다른 유형들로부터 다른 형질 물려받음 : 대체됨

종 무리의 출현과 소멸은 한 종에서 일어난 것과 같은 일반적 법칙에 따른다

- 모식도로 설명 가능
- 변이가 단계적이기 때문에 종 무리 역시 종과 비슷함

절멸에 대하여

- 종의 절멸 속도는 생성 속도보다 느림

➜ 지구 상에 많은 종들이 분포

- 희귀하면 동류와의 경쟁에서 밀려 절멸 위험 증가

전 세계 곳곳에서 동시에 일어나는 생명 유형의 변화에 대하여

- 변이가 자연선택되면서 널리 퍼져 나감

➜ 기존 정착생물은 경쟁에서 패배하고 절멸됨

- 해양생물은 해양이라는 공통적 환경으로 더 빨리 퍼짐
- 지각 이동으로 새로운 종의 이동과 격리가 가능해짐

절멸한 종들 사이의, 그리고 이들과 현존한 종들 사이의 친밀성에 대하여

- 절멸종은 현존 생물의 후손 또는 방계 후손임
- 가까운 누층에 포함된 생물들은 관련성이 높음

옛날 유형의 발달 상태에 대하여

- 하등과 고등이라는 표현은 의미가 없음
- 지질학적으로 최근에 만들어진 종이 경쟁에 유리함
- 배는 옛날 유형의 특성 잘 보존하나 발견되지 않음

같은 지역 내에 있는 같은 기준형의 연속성에 대하여

- 변이를 지닌 유형이 부모 유형을 대체함

➜ 그럼에도 부모의 기준형은 자손에게 전달됨

11장 · 12장_지리적 분포

오늘날 분포는 물리적 조건의 차이로 설명할 수가 없다

- 같은 기후를 보이는 다른 지역에 서로 다른 생물 분포
- 다른 기후를 보이는 다른 지역에 같은 생물이 분포

➜ 기후로는 이러한 생물 분포를 설명할 수 없음

장벽의 중요성

- 산맥, 사막에 의한 차이가 대륙에 의한 차이보다 작음
- 아주 좁은 간격이 큰 차이를 만들어 낼 수 있음
- 해양에 섬 유무에 따라 생물들 차이가 다름

같은 대륙에 있는 생물들의 친밀성

- 환경에 따라 다르지만 생물 사이의 유대 발견 가능

창조의 중심지

- 격리 자체로는 불가능하며 변이가 자연선택되어야 함
- 한 지역에서 종이 만들어져 이동한 결과임

① 멀리 떨어진 산맥의 정상&북극, 남극에 같은 종 존재
② 민물생물의 넓은 분포
③ 멀리 떨어진 섬과 육지에 같은 육상 종 존재

기후 변화와 대륙의 수위 변동, 그리고 우연한 방법 등과 같은 산포 수단들

- 기후 변화와 수위 변동으로 생물들이 이동하고 변형
- 우연한 산포 수단들이 생물들을 이동시킴

➜ 바닷물에 의한 씨 이동, 새와 빙산 이동 수단들

빙하기 동안 세계의 확장에 따른 산포

- 빙하기 시작으로 다양성 높은 북반구 생물이 극 지역으로 이동
- 빙하기가 사라지면서 북반구 생물이 저지대에서 절멸

➜ 북반구 생물들이 현 상태로 격리됨

민물생물의 분포

- 산포 수단의 오랜 시간 이동에 따라 같이 이동

➜ 조류에 붙거나, 먹이 등으로 이동했을 것임
➜ 이동 후 민물에서의 경쟁은 약해 번성이 가능했음

해양섬에 있는 정착생물에 대하여

- 종 수는 작으나, 고유종 비율은 높음
- 격리에 따른 경쟁 심화로 변형이 생겼을 것임

양서류와 육상 포유류의 결핍

- 양서류와 육상 포유류는 바다를 건널 수 없음

섬에 있는 정착생물과 이 섬과 가장 가까운 육지에서 살아가는 정착생물과의 연관성에 대하여

- 환경이 달라도 유사도 보임

➜ 한 때 연속되었거나, 이동의 결과로 추정됨

제일 가까운 발생지로부터 침입과 계속된 변형

- 이주 후 변이가 나타나 자연선택되어 개체수 증가

13장_생명체의 상호 친밀성 : 형태학 : 발생학 : 흔적기관들

분류, 무리에 종속되는 무리

- 변종, 즉 발단종에서 종이 만들어짐
- 이 종이 번성하게 또 다른 무리를 만들어 냄

➜ 따라서 한 무리가 다른 무리에 종속되게 함

자연분류체계

- 지금까지 창조자의 계획을 드러낸 결과로 간주함
- 이를 위해 단순한 유사성으로 분류체계를 만듦

➜ 유사성을 다른 차원에서 이해해야만 함

변형을 수반한 친연관계 이론으로 설명되는 분류의 규칙과 어려움

- 흔적, 퇴화기관은 생리학적, 생명 유지에 필요

➜ 이들을 유사성으로 분류하는 것은 제멋대로임

- 유사성으로는 형질과 지리적 분포를 설명하기 힘듦

➜ 반드시 계보적이어야 함

변종의 분류

- 종과 같음

분류에 항상 사용되는 친연관계

- 유사성보다는 친밀성에 근거해야 함
- 친밀성은 변형을 수반한 친연관계로 이해가 됨

상사적, 즉 적응적 형질

- 외부 유사성과 친밀성을 구분해야 함
- 상사적, 즉 적응적 형질은 단순한 외부 유사성임

➜ 계통을 파악하는 데 사용할 수 없음

일반적이면서도 복잡하고 방사적인 친밀성

- 수리적 대응관계는 잘못된 분류체계를 유도했음

절멸은 무리를 격리시키고 규정한다

- 중간형태의 절멸로 현존하는 유형들은 명확히 구분됨

같은 강에 속하는 구성원들 사이의 그리고 같은 개체의 서로 다른 부위들 사이의 형태학

- 상동기관의 상대적 관련성과 개체의 부위 연관성이 중요

➜ 같은 조상에서 변형된 것으로 자연선택 결과임

초기 단계에서 수반되지 않는 변이로 설명되고 상응연령대에 유전되는 발생학

- 같은 부모라는 의미는 배발생 단계의 공통성을 공유
- 성체에서 나타나는 변이는 자연선택됨

➜ 차이가 나타남

흔적기관 : 기원에 대한 설명

- 불용과 자연선택으로 흔적기관 발생

➜ 생물들의 기원을 찾는 증거

부록 6_ 다윈은 『종의 기원』에서 무엇을 말하려 했을까?

한 사람이 한 권의 책을 쓰기 위해 무려 20여 년을 지속적으로 준비한 사례가 있을까? 아니 그렇게 해서 출판된 책이 있을까? 아마도 없을 것 같다. 그럼에도 다윈은 한 권의 책, 『종의 기원』이 출판되기까지 비글호 항해를 끝내고 나서부터 20여 년에 걸쳐 온갖 자료와 조사 및 실험 결과를 수집하면서 준비했다. 도대체 무엇을 말하고 싶어서 그렇게 오랜 시간이 필요했을까? 그 무엇을 알려면 우리는 『종의 기원』을 읽어야만 할 것이다. 그러나 『종의 기원』은 사람들이 읽기에 굉장히 난해한 책으로 알려져 있다. 우리나라에서는 흔히 번역의 문제를 어려움의 원인으로 꼽기도 한다. 하지만, 1843년부터 다윈이 죽은 해인 1882년까지 1,400여 통의 편지를 주고받아 그 누구보다도 다윈의 생각을 잘 알고 있었던 다윈의 후배이자 절친인 후커조차도 여러 주에 걸쳐 읽어야만 했을 정도로 난해한 책이라고 한다. 그럼에도 다윈의 생각을 들여다보고 싶다면 『종의 기원』을 읽으면서 내용 하나하나를 되새겨 봐야 하지 않을까? 부족하지만 번역하면서 느꼈던 『종의 기원』에서 다윈이 주장하고자 했던 몇 가지 생각들을 정리해보면 다음과 같을 것이다.

1. 다윈은 모든 생물이 다르기에 서로서로 변화해야만 한다고 주장했다

다윈은 『종의 기원』 45쪽이 책 71쪽에서 "같은 부모의 자손들에서 흔히 나타나는 것으로 알려진 개체차이라고 불리는, 또는 같은 고립된 지역에서 살아가는 종에 속하는 개체들에서 흔하게 관찰됨에 따라 나타난 것으로 추정되는, 수많은 사소한 차이들을 우리는 알고 있다. 그 누구도 같은 종에 속하는 개체들이 같은 틀에서 찍어내듯이 만들어졌다고는 생각하지 않는다"라고 했다. 외관상 모든 개체들이 창조되어 같다면, 이들이 살아가는 방식도 비슷할 것이다. 그렇다면 그 결과는 어떻게 될 것인가라는 질문을 하고 있는 것으로 보인다. 다윈은 모든 개체들이 다름을 영국에서 관찰한 결과와 비글호 여행을 하면서 남아메리카 일대에서 관찰한 결과를 토대로 알아차렸을 것이다. 그리고는 질문을 던졌을 것이다. 왜 다를까? 다윈은 이처럼 서로 다른 개체들을 변이가 있는 개체라고 불렀다. 우리가 기르는 생물에서도 변이가 나타나므로 다르고, 자연에서 살아가는 생물에서도 변이가 나타나는 개체차이가 있음을 다윈은 인식한 것이다.

다윈 시대에는 유전학 지식이 부족했던 시기였다. 따라서 다윈은 왜 다를까라는 질문에 대해서는 정확한 답을 하지 못했다. 단지 한 개체를 둘러싼 환경, 즉 다른 생물과 비생물적 요인들과의 상호 작용으로 다르게 되었다고만 설명했다. 문제는 서로 다른 개체들이 어떻게 살아가느냐였다. 생물들은 일반적으로 기하급수적으로 증가하는데, 이 지구는 이렇게 증가한 모든 생물들을 부양할 수가 없을 것이다. 결국 개체 하나하나는 다른 생물들과 변하는 비생물적 요인 속에서 살아남으려고 온갖 힘을 써야만 할 것이다. 그러다 환경에 적응한 개체들은 살아남고, 적응하지 못한 개체들은 죽을 것이라고 다윈은 예측했다. 그리고 "이처럼 도움이 되는 변이는 보존되고, 유해한 변이는 제거되는 것을 나는 자연선택이라고 부를 것이다"라고 다윈은 『종의 기원』 81쪽이 책 118쪽에서 설명했다.

또한 다윈은 『종의 기원』 83쪽이 책 121쪽에서 "자연은 자신이 돌보는 모든 생명체들의 이익을 위해서 선택한다"고 설명했다. 즉, 유리한 변이를 지닌 생물들이 선택되고, 이들이 온갖 힘을 쓰면서 자신들만의 생태적 지위를 찾게 되는데, 이러한 과정에서 이들은 새로운 생물학적 특성을 지니게 될 것으로 다윈은 예측했다. 그는 이 과정을 형질분기라고 불렀다. 이렇게 생물들 사이에서 형질분기가 일어남으로써 진화라는 현상이 나타나고, 그 결과, 보다 다양한 생물들이 지구상에서 살아가게 되었다고 다윈은 설명하고 있다.

『종의 기원』 112쪽이 책 159쪽에서 "어떤 나라에서 살아가든 개체수가 오래전에 이미 평균적으로 최대치에 도달한 육식성 사지동물을 사례로 들어보자. 만일 이 동물이 자연적으로 증가하도록 허락한다면, 현재는 다른 동물이 점유한 장소를 이들의 다양한 후손들이 점유할 때에만 증가할 수 있을 것이다. 예를 들어, 이들 중 일부는 죽어 있든 살아 있든 간에 새로운 종류의 먹이를 먹을 수 있을 것이며, 다른 일부는 새로운 정착지에서 살아가거나, 나무를 기어오르거나, 물을 자주 찾게 될 것이며, 아마도 또 다른 일부는 육식성 습성을 줄여 나갈 것이다. 육식동물 후손들의 습성이나 구조가 다양하게 변하면 변할수록, 이들은 더 많은 장소를 점유하게 될 것이"라고 다윈은 설명하고 있다. 한 종의 생물들이 다양한 습성을 가지게 될 것이라는 설명인데, 바로 형질분기를 의미한다. 결국 한 종이 새로운 종류의 먹이를 먹는 종류, 새로운 정착지로 이동한 종류, 나무에 기어오르는 종류, 물을 찾는 종류, 육식성 습성을 줄이는 종류 등으로 분화할 것이라는 설명이다.

형질분기가 결국 진화로 이어지게 된다는 설명인데, 다윈은 진화라는 단어를 사용하지 않고 변형을 수반한 친연관계라는 다소 긴 표현을 사용했다. 친연관계란 자손과 후손과의 관계를 의미하므로, 변형을 수반한 친연관계라는 표현은 자손이 만들어질 때 형질에서 변형이 일어나서 새로운 종으로 만들어진다는 의미일 것이다.

2. 다윈은 생물들이 생존을 위해 경쟁보다는 몸부림쳐야 한다고 주장했다

흔히 사람들은 다윈이 생물들이 생존을 위해서 경쟁을 해야만 했다고 주장한 것으로 알고 있으며, 그에 따라 인간의 삶 역시 경쟁의 반복이기에 경쟁에서 승리한 자가 살아남음으로 인해 모든 것을 독식해도 된다는 생각으로 이어졌다. 이와 같은 생각은 다윈이 사용한 "the struggle for existence"를 생존경쟁 또는 생존투쟁으로 번역하게 한다.

그러나 다윈은 "the struggle for existence"를 『종의 기원』 62쪽이 책 94쪽에서 "한 생명체가 다른 생명체에 의존하는 관계와 (이보다는 더 중요하게) 개체들의 일생뿐만 아니라 자손들을 성공적으로 남기는 것을 포함하는 넓은 의미로 은유적으로 사용"한다고 설명했다. 이를 오늘날 용어로 풀어 설명해보자. 첫 번째로 한 생명체가 다른 생명체에 의존하는 관계라는 것은 생물과 생물 사이에 상호관계가 있다는 것이다. 이러한 상호관계에는 협동, 공생 등을 비롯하여 경쟁도 포함된다. 생물은 상황에 따라 협동하거나 공생할 수 있는 다른 생물을 찾아야만 하는데, 오늘날 이런 관계를 맺는 두 생물에게서는 모두 긍정적인 효과가 있는 것으로 평가한다. 반면에 두 생물이 경쟁을 하게 되면 두 생물 모두에게 부정적인 효과가 있는 것으로 평가하고 있다. 따라서 생물은 다른 생물과 긍정적인 효과가 나타날 수 있는 상호관계를 맺는 것이 생존을 위해서 필요하다는 것이 다윈의 주장이다.

두 번째는 개체들의 일생이란 표현이다. 개체 하나하나의 삶이 그 무엇보다도 중요하다는 의미이다. 개체들이 자손을 낳기 전에 죽어버린다면, 진화와 관련해서 그 어떤 역할도 할 수 없기 때문이다. 세 번째로 자손을 성공적으로 남기는 일이란 표현이다. 자손을 남기고, 또 자손을 남기는 세대의 연속이 진화에 있어 결정적 역할을 할 것이다. 다윈은 이 3가지 모두가 생물이 생존하고 진화하는 데 필요하다고 설명한 것이다.

한편 "struggle"이라는 단어는 다윈이 『종의 기원』을 발간한 이후인 1886년에 편찬된 웹스터 사전 1,310쪽<그림 1>에 어떤 종류의 어려움이나 고난 속에서도 노력한다는 의미로 설명되어 있다. 같은 목적에 대하여 이기거나 앞서려고 서로 겨루는 의미의 경쟁이나, 어떤 대상을 이기거나 극복하기 위한 싸움을 의미하는 투쟁과 같은 의미가 이 단어에는 없다. 오히려 있는 힘을 다하여 싸우거나 노력한다는 분투 또는 있는 힘을 다하거나 감정이 격할 때에 온몸을 흔들고 부딪친다는 몸부림이

Strŭg′gle (strŭg′gl), *v. i.* [*imp.* & *p. p.* STRUGGLED; *p. pr.* & *vb. n.* STRUGGLING.] [Cf. Prov. Ger. *strucheln*, *straucheln*, to scold, quarrel, O. Sw. *strug*, a quarrel, Icel. *strīŭgr*, a hostile disposition.]
1. To strive, or to make efforts with a twisting, or with contortions of the body.
2. To use great efforts; to labor hard; to strive; to contend; as, to *struggle* to save life; to *struggle* with the waves; to *struggle* with adversity.
3. To labor in pain or anguish; to be in agony; to labor in any kind of difficulty or distress.
'Tis wisdom to beware,
And better shun the bait than *struggle* in the snare. *Dryden.*
Syn. — To strive; contend; labor; endeavor.
Strŭg′gle, *n.* **1.** Great labor; forcible effort to obtain an object, or to avoid an evil; properly, a violent effort with contortions of the body.
2. Contest; contention; strife.
An honest man might look upon the *struggle* with indifference. *Addison.*
3. Contortions of extreme distress; agony.
Syn. — Endeavor; effort; contest; labor; difficulty.
See ENDEAVOR.

〈그림 1〉 1886년에 발간된 웹스터 사전 1,310쪽.

라는 의미가 영어 사전에서 설명하는 "struggle"의 의미와 비슷해 보인다.

따라서 다윈이 사용한 "the struggle for existence"를 굳이 한자로 표현해 본다면 생존분투가 적절해 보이나, 이보다는 우리말로 생존을 위한 몸부림 정도가 더 좋아 보인다. 우리나라에서는 구한말 통감부 시절인 1907년 서울의 광학서포廣學書舖에서 간행한 일본어 회화 독본 가운데 하나인 정운복의 『독습 일어정칙獨習日語正則』에 "今ハ生存競爭ノ時代デスカラ何ノ事業デモ一ツ見事二遺ツテ見マセウ지금은 생존경쟁하는 시대이오니 무슨 사업이든지 한번 보암즉이하여보옵시다" 제5장 '인륜과 인사', 60~61쪽라는 대역 문장에서 생존경쟁이 나온다. 국어 쪽의 생존경쟁은 일본어 문장에 나타나는 한자어를 그대로 옮겨놓은 결과여서, 이 복합어가 일본어에서 유래했음을 암시해준다.[1] 하지만 1920년에 발행된 『조선어 사전』에는 이 용어가 없는 점으로 미루어 보아, 우리나라에서는 생존경쟁이라는 용어를 널리 사용하지 않았던 것으로 판단된다.

그런데 최근에는 경쟁competition이라는 단어가 『종의 기원』 곳곳에 나오므로, struggle을 투쟁으로 번역하고 있는 경향이 있다. 특히 최근에 번역된 『종의 기원』에서는 "Struggle for existence를 생존경쟁이 아닌 생존투쟁으로 번역한 이유는 다음과 같다. 다윈은 3장에서 유기체들 간의 생존을 위한 경쟁competition뿐만 아니라 번식 성공을 위한 경쟁 및 기후 조건을 포함한 외부 환경을 극복하기 위한 투쟁을 모두 포괄하는 방식으로 이 용어를 사용하고 있다. 게다가 투쟁은 경쟁보다 더 치열한 느낌을 주는데, 이런 느낌도 이 용어의 의미와 더 가깝다"[2]로 설명되어 있다. 경쟁을 넘어 더 치열한 느낌을 주는 투쟁이라는 단어까지 등장한 것이다.

그러나 struggle을 경쟁이나 투쟁보다는 몸부림 또는 분투로 번역하는 것이 원래의 의미와 더 가까울 것이다. 단지 다윈은 "the struggle for existence"라는 용어를 은유적으로 사용했다고 『종의 기원』에서 밝혔을 뿐이다. 은유는 '그대의 눈은 샛별이다'라고 표현하는 방식으

---

1 송민, 「생존경쟁의 주변」, 『새국어생활』 10권, 121쪽. 2000.
2 장대익. 『종의 기원』, 사이언스북스, 2019, 24쪽.

로, 은근한 직유보다 더 인상적인 표현을 할 수 있어, 새로운 용어를 만들 때 널리 사용된다. 예를 들어, 도로 폭이 갑자기 좁아진 곳에서 차들이 정체되어 있을 때를 흔히 병목 현상이라고 하는데, 병의 넓은 부분이 아가리 쪽으로 가면서 갑자기 가늘어진 상태를 빗대어 병목이라고 한다. 따라서 "the struggle for existence"는 번역하는 사람의 마음에 달려있다고 해도 틀린 말이 아니겠지만, 그 뜻이 정확하게 전달되는 것이 중요할 것이다.

다윈은 1869년 3월 39일에 영국 출신으로 독일에서 연구하고 있던 생리학자 프레이어에게 편지를 보냈는데, 이 편지에서 "the struggle for existence"에 대한 자신의 생각을 밝혔다. 편지에는 "제가 생각하기에 "the struggle for existence"라는 용어는 동시성concurrency이 무엇을 의미하는지를 정확히 표현합니다. 먹을 것이 없을 때 같은 먹잇감을 사냥할 수 있는 두 남자가 the struggle for existence하고 있다고 영어로 말하는 것이 옳습니다. 그리고 이와 비슷하게 한 사람이 먹잇감을 사냥할 때도 마찬가지입니다. 또는 한 사람이 바다에서 조난당했을 때 바다의 파도에 맞서 the struggle for existence하고 있다고 말할 수 있습니다"라고 쓰여 있다. 단어 struggle에 대한 다윈의 생각일 것인데, 이 편지의 설명으로 보면 경쟁이나 투쟁으로 번역하기에는 어려움이 있을 것 같다.

3. 다윈은 진보보다는 변화와 적응이 중요하다고 주장했다

오늘날 많은 사람들이 진화를 곧 진보로 받아들이며, 발전이나 변화보다 더 강한 의미를 지닌 용어로 사용하고 있는데, 이러한 의미의 시작으로 다윈이 발표한 『종의 기원』을 들고 있다. 그러나 다윈은 『종의 기원』 초판에서부터 5판에 이르기까지 진화evolution라는 단어를 단 한 번도 사용하지 않았다. 단지 『종의 기원』 6판에서 새롭게 추가된 7장, 즉 자연선택 이론에 대한 사소한 반대라는 장에서 5번 사용했고, 6장 이론의 어려움과 14장 요약과 결론의 추가된 부분에서 4번 사용했다. 또한 9장 지질학적 기록의 불완전성에서 1번 사용했는데, 초판 282쪽이 책 302쪽에 나오는 "자연선택으로 친연관계가 서서히 변형되었다는 이론"으로 되어 있는 부분이 6판 282쪽에는 "자연선택을 통한 진화 이론"으로 수정되었다.

왜 다윈은 진화라는 단어를 사용하지 않았을까? 당시에 진화evolution라는 단어는 오늘날과는 다른 두 가지 의미로 사용되고 있었다.[3] 하나는 소위 전성설에 따라 동물의 경우 난자 또는 정자 안에 미리 성체의 형태가 조그맣게 만들어져 있는데, 이것이 자라면서 완전한 성체로 크게 될 때를 지칭해서 진화라고 부른 것이다. 물론 이런 주장은 다윈이 『종의 기원』을 발표했던 1859년에 잘못된 것으로 밝혀졌지만, 다윈은 진화라는 단어를 사용할 수 없었을 것이다. 왜냐하면 미리 만들어져 크게 되는 과정을 진화라고 부른다면, 진화라는 과정은 생물다양성과 관련해서 하는 일이 하나도 없기 때문이다. 다른 하나는 진화를 기초적인 상태에서 성숙 또는 완전한 상태로 발달해 가는 과정으로 간주한 것이다. 단순한 것에서 복잡한 것으로 질서 있게 전개된다는, 즉 점진적 발달이라는 개념 또는 진보라는 개념을 포함하고 있는 것이다. 달리 말해, 다윈은 진화라는 단어가 지니고 있는 전문적인 의미가 자신의 신념과는 대조적이었을 뿐만 아니라, 일상적인 의미에 내재해 있는 필연적인 진보라는 관념에 불편함을 느꼈을 것이며, 그에 따라 진화라는 단어를 『종의 기원』에서 사용하지 않은 것으로 추정된다.

실제로 다윈은 진보라는 개념에서 필연적으로 수반되는 고등과 하등이라는 단어를 사용할 때 매우 신중했다. 『종의 기원』 339쪽이 책 440쪽에서 "최근 유형이 옛날 유형보다 더 고도로 발달했는가 여부에 대한 많은 논의가 있었다. 나는 이 주제에 들어가고 싶지 않은데, 아직까지도 자연사학자들이 고등 유형과 하등 유형이 무엇을 의미하는지에 대해 서로서로를

---

3 스티븐 제이 굴드, 홍욱희·홍동선 역, 『다윈이후』, 사이언스북스, 2009, 42~46쪽. 이 문단의 내용은 이 책의 내용을 요약한 것이다.

만족시키도록 정의하지 못하고 있기 때문"이라며 다윈은 생물이 진보한다는 생각에 의구심을 표현했다. 그러면서도 그는 같은 쪽에서 "내 이론에 근거하면, 더 최근에 만들어진 유형이 오래전에 만들어진 유형보다 더 고등하다는 특별한 의미도 있는데, 새로운 종 하나하나가 종 형성 이전과 이후 유형들에 비해 살려고 몸부림치는 과정에서 어떤 유리한 점을 지닌 상태로 만들어졌기 때문"이라고 설명했다. 다윈은 생물이나 기관이 더 일찍 나타나면 하등이고, 더 늦게 나타나면 고등일 뿐이라는 진보라는 개념과는 관련이 없다는 생각을 피력한 것이다.

또 다른 의미를 지니게 된 것에는 다른 이유가 있다. 당시 사회에 영향력이 있던 사회학자 스펜서가 1852년에 발표한 글에서는 진화와 발달 또는 종의 변천을 같은 의미로 사용했다.[4] 스펜서는 "최근에 있었던 발달 가설에 대한 토론에 대해 한 친구가 나에게 이야기해 준 바에 따르면, 토론을 벌이던 한 사람이 우리의 모든 경험에 비추어 볼 때, 종의 변천transmutation과 같은 현상을 결코 알지 못하기 때문에, 종의 변천이 일어났다고 가정하는 것은 비철학적이라고 주장했다"고 언급하면서, "진화 이론이 사실에 의해 적절하게 뒷받침되지 않는다고 거침없이 거부하는 사람들은 자신들의 이론이 사실에 의해 전혀 뒷받침되지 않는다는 사실을 잊고 있는 것처럼 보인다. 어떤 믿음을 가지고 태어난 많은 사람들처럼, 이들은 자신들에게 부정적인 믿음에 대해서는 가장 엄격한 증거를 요구하지만, 자신의 믿음에 대해서는 아무것도 필요하지 않다고 가정한다"고 주장했다. 이와 같은 주장은 진화라는 단어에 새로운 의미를 부여한 것이다. 그리하여 진화가 원래 뜻을 잃어버리고 새로운 의미를 지니게 된 것이다.

따라서 다윈은 『종의 기원』 6판을 출판하기 전까지 진보라는 개념을 내포한 진화라는 단

---

4 Spencer, Herbert, *A Theory of Population, deduced from the General Law of Animal Fertility. The Westminster Review*, 1852, pp.57 · 468~501.

어를 사용하지 않고, 대신에 "변형을 수반한 친연관계the descent with modification"라는 다소 복잡한 표현을 사용한 것이다. 다윈은 진보라는 개념보다는 모든 생물들이 서로 다른 변이를 지니고 있어, 이들이 지닌 변이 가운데 생존에 유리한 것은 다음 세대에 물려지고, 그렇지 않은 변이는 당대에서 사라질 것으로 생각한 것이다. 그래서 생존에 유리하여 다음 세대에 변이를 물려준 것을 다윈은 적응이라고 불렀다. 따라서 다윈은 생물이 진보하기보다는 변화하고 환경에 적응하는 것이 그 무엇보다도 중요하다고 주장했다고 판단하는 것이다.

4. 다윈은 자연선택의 다른 이름으로 최적자생존을 주장했다

다윈이 적자생존을, 영어로는 "the survival of the fittest"이므로, 엄밀히 번역하면 최적자생존이 맞겠지만, 주장한 것으로 널리 알려져 있다. 이 용어는 환경에 제일 적합한 강한 자가 살아남고, 부적합한 약한 자는 죽어 사라진다는 의미를 지니고 있다. 그래서 혹자는 다윈이 약육강식을 강조했고, 그에 따라 19세기 말의 자본주의와 제국주의를 옹호하는 이론적 근거를 제공했다고 평가하기도 한다.

그러나 최적자생존은 다윈이 만든 용어가 아니다. 이 용어는 영국의 사회학자인 스펜서가 다윈이 쓴 『종의 기원』을 읽고 만든 것이다. 스펜서는 1864년에 출판된 『생물학 원리』 444쪽에서 "이 책에서 기계적인 용어로 표현하려고 찾은 최적자생존은 다윈 씨가 자연선택 또는 삶을 위한 몸부림 과정에서 유리한 군종의 보전이라고 불렀던 것"이라고 했다. 그러면서 "생물계 전반에 걸쳐 이런 종류의 과정이 진행되고 있다는 것을, 다윈 씨는 위대한 책 『종의 기원』에서 거의 모든 자연사학자들이 납득할 수 있도록 보여주었다. 실제로 그의 가설이 지닌 진실성은, 일단 밝혀지면, 증명할 필요가 거의 없을 정도로 명백하다. 자연선택 때문에 발생한 모든 것을 자연선택으로 설명할 수 있음을 보여줄 증거가 필요하겠지만, 그럼에도 자연선택은 항상 작동했으며, 현재도 작동하고 있고, 계속해서 작동되어야만 한다는 점을 보여주는 증거가 필요하지는 않다"고 덧붙였다. 스펜서는 자연선택으로 생물들의 진화를 설명할 수 있다고 하면서도, 자연선택이라는 용어 대신에 최적자생존이라는 용어를 만든 것이다.

또한 다윈과 자연선택 이론의 공동 창시자로 널리 알려진 월리스가 1866년 7월 2일 다윈에게 편지를 보내면서, "이제 저는 이러한 오해가 선생님께서 거의 전적으로 사용하신 자연선택이라는 용어를 이용해 자연선택의 결과를 인위선택의 결과와 꾸준하게 비교하고, 덧붙여 자연이 선택하거나 선호하며, 종의 이익만을 추구한다고 자연을 의인화해서 발생한 것으로 생각합니다. 일부 사람들에게는 이런 설명이 한 줄기 햇살처럼 명확하고 멋지게 보이겠지만, 많은 사람들에게는 분명히 걸림돌입니다. 따라서 저는 선생님께 (물론 지금 너무 늦지 않았다면) 앞으로 수정되어 발간될 위대한 책, 『종의 기원』에 이처럼 오해의 소지가 있는 표현을 전적으로 피하는 것이 어떠하실지 제안하고 싶습니다. 그리고 스펜서가 만든 용어, 즉 "최적자생존"을 채택하면 어려움이 없을 것 같고 매우 효과적일 것으로 저는 생각합니다 (그는 이 용어를 일반적으로 자연선택이라는 용어보다 더 많이 사용합니다)"라고 자신의 생각을 밝혔다. 자연이 의인화되어 사람들에게 불필요한 오해를 만들고 있는데, 이를 피하려면 최적자생존이라는 용어를 자연선택 대신 사용하는 것이 필요하다고 월리스가 다윈에게 권유한 것이다.

그런데 다윈은 월리스에게 1866년 7월 5일 답장을 보내면서, "최적자생존이라는 스펜서의 탁월한 표현이 가지는 장점에 대하여 선생님께서 주장하는 모든 것에 전적으로 동의합니다. 선생님의 편지를 읽기 전까지 저는 이런 생각을 할 수가 없었습니다. 그러나 이 용어는 동사를 수반하는 명사로 사용할 수 없기[5] 때문에 크게 반대합니다. 이 점이 제가 스펜서

---

5 "최적자생존이 우리가 플라밍고라고 부르는 목이 긴 분홍색 새를 만들었다"라는 표현보다는 "자연선

가 자연선택이라는 용어를 지속적으로 사용한 내용으로부터 추론한 실질적인 반대 논리입니다"라고 약간은 거부하는 의사를 내비쳤다. 그럼에도 다윈은 월리스의 이 편지를 받고 난 후인 1869년에 발간된 『종의 기원』 5판에서는 4장의 제목을 이전까지의 "자연선택"에서 "자연선택, 즉 최적자생존"으로 변경했다. 또한 본문 72쪽에서도 "나는 사람의 선택 능력과 연관지어 각각의 작은 변이들이, 만일 유용한다면, 보존된다는 원리를 자연선택이라고 불렀다. 그러나 허버트 스펜서 씨가 고안하여 때로 사용되는 최적자생존이라는 용어가 좀더 정확하고 때로는 똑같이 편리하다"고 설명했다. 다윈이 최적자생존이라는 용어를 자연선택과 같은 의미로 사용한 것이다.

그러나 다윈은 1868년에 발간한 『생육 중인 동식물에서 나타나는 변이』 6쪽에서 "삶을 위한 전쟁을 치루는 동안, 구조, 체질 또는 본능 등에서 어떤 유리한 점을 지닌 변종들의 보존을 나는 자연선택이라고 불렀다. 그리고 허버트 스펜서 씨는 최적자생존이라는 용어로 같은 생각을 잘 표현했다. "자연선택"이라는 용어는 어떤 측면에서는 나쁜데, 의식적인 선택을 의미하기 때문이다. 그러나 조금만 친숙해지면 무시할 수 있을 것이다. 화학자들이 "선택적 친화력elective affinity[6]"이라고 말하는 것에는 그 어떤 반대가 없다. 그리고 삶의 조건이 새로운 유형을 선택하든지 보존하든지를 결정하는 것처럼, 확실히 산acid은 염기와 결합하는 데 선택의 여지가 없다. 이 용어는 아직까지는 좋은 것인데, 사람의 힘으로 선택하여 생육 재래종을 만든 것과 자연 상태에서 종과 변종을 자연적으로 보존하는 것과 연결되기

택이 우리가 플라밍고라고 부르는 목이 긴 분홍색 새를 만들었다"라는 표현이 더 적절하다는 의미로 보인다. 다윈이 최적자생존은 결과이고, 자연선택은 과정을 의미하는 용어로 받아들였던 것으로 추정된다. 아마도 "최적자생존 결과, 우리가 플라밍고라고 부르는 목이 긴 분홍색 새가 만들어졌다."와 "자연선택이라는 과정을 통해 우리가 플라밍고라고 부르는 목이 긴 분홍색 새가 만들어졌다"라고 표현하는 것이 더 적절할 것이라는 다윈의 생각으로 풀이된다.

6 18세기에 화학자 윌리암 쿨렌이 먼저 사용하고, 이후 화학자 베르크만이 널리 사용한 용어이다. 두 가지 물질을 섞어 놓으면 그 물질들을 구성하는 특정한 원소들끼리 서로 이끌려 달라붙는 현상이다. 오늘날에는 화학친화도(chemical affinity)라고 부르고 있다.

때문이다. 그리고 간결함을 위해 나는 자연선택이 하나의 지능적인 힘이라고, 천문학자가 중력을 행성의 움직임을 지배하는 것이라고, 또는 농학자들이 인간의 선택 능력으로 생육 재배종을 만들었다고 말하는 것과 같은 방식이다"라고 자신의 생각을 드러냈다. 또한 다윈이 1876년 2월 22일 영국 출신의 의사인 로슨 테이트에게 보낸 편지에서는 "허버트 스펜서는 "최적자생존"이라는 용어를 처음 사용한 사람입니다. 저도 때로 이 용어를 사용했고, 좀 더 자주 사용하려고 했습니다만, "자연선택"이라는 명사가 훨씬 더 편리하다는 것을 발견했습니다"라고 썼다. 최적자생존보다는 자연선택이라는 용어가 더 좋다는 의미일 것이다.

자연선택이라는 용어가 최적자생존이라는 용어보다 더 좋다고 생각했음에도 불구하고, 다윈은 자연선택과 최적자생존이라는 용어를 『종의 기원』 5판과 6판에서 같이 사용했다. 그리고 이러한 사용으로 인하여 다윈은 약육강식을 강조한 사람으로 널리 인식되게 되었다. 그러나 다윈은 최적자생존이라는 용어를 강한 자가 최적자이기에 경쟁에서 승리한 자라는 의미로 사용하지 않았음을 밝혀두는 것이 좋을 것 같다.

5. 다윈은 신이 생물을 창조한 것이 아니라고 주장했다

다윈 시대에는 모든 생물들을 신이 창조한 것으로 간주했다. 그렇기에 생물이 왜 다를까라는 질문에 대한 답을 너무나 쉽게 찾을 수 있었을 것이다. 이성의 힘을 벗어나는 전지전능한 창조자를 불러오면 되었다. 그러나 다윈은 그렇지 않았다. 신이 모든 생물들을 창조했다면, 적어도 종 수준에서는 틀에서 찍어내듯이 똑같아야만 했을 것이라고 생각했다. 물론 사람들은 생물들이 살아가면서 환경의 영향을 받아 조금씩 서로서로 다르게 되었을 것이라고 생각했을 것이다. 다윈은 『종의 기원』 7쪽이 책 19~20쪽에서 "이처럼 주목할 만한 변이성은 우리가 생육하는 재배종이 자신의 부모종이 자연 상태에서 노출되었던 살아가는 조건과 어느 정도는 다르고, 균일하지 않았던 살아가는 조건에서 키워진 탓이라고 결론짓지 않을 수가 없다"라고 설명하면서 11쪽이 책 24쪽에서 "나는 살아가는 조건이 직접 작용해서 일부 사소한 변화가 나타날 수 있다고 생각"은 하지만, 10쪽이 책 23쪽에서는 "번식의 법칙, 성장의 법칙, 그리고 유전의 법칙에 따른 영향과 비교할 때 살아가는 조건이 미치는 직접적인 영향이 중요하지 않다"고 주장했다. 또 다른 무언가가 생물에 영향을 주었을 것이라는 암시로 보인다.

다윈은 『종의 기원』을 시작하면서3쪽, 이 책 13쪽 "모든 종이 독립적으로 창조된 것이 아니라"고 결론을 먼저 내리고, 종의 기원에 대한 자신의 생각을 설명해 나갔다. 그러면서 자신도 "한 때 품었던 견해, 즉 모든 종이 독립적으로 창조되었다는 생각이 잘못이었음을 나는 결코 의심하지" 않았다고, 『종의 기원』을 쓰기 전과 비교해서 자신의 생각에 변화가 있었음을 고백했다. 또한 그는 "만일 자연선택이 진실한 원리라면, 자연선택은 새로운 생명체들을 지속적으로 창조했거나 이들의 구조를 엄청나게 크게 느닷없이 변형시켰다는 믿음을 추방할 것"이라고 주장했다. 지구상에서 살아가는 생물들을 신이 어느 날 갑자기 만들었다는 그 당시의 믿음은 버려야만 한다고 주장한 것이다.

실제로 다윈은 종이 창조로 만들어질 수 없음을 보여주는 사례도 제시했다. 그는 『종의 기원』 133쪽이 책 186쪽에서 "종 하나하나가 창조되었다고 믿는 사람은 사례를 들자면 서로 다른 조개들이 더 따뜻한 바닷물에서부터 더 얕은 바닷물에까지 넓게 퍼져 살면서 나타난 변이에 의해 밝은색을 띠게 된 것이 아니라, 이 조개가 따뜻한 바닷물에서 밝은색으로 창조되었다고 말해야만 할 것"이라고 주장했다. 이렇게 창조되었다면 엄청나게 다양한 색을 지니고 있는 조개들을 하나하나 창조해야만 할 것이라는 설명인데, 이런 일이 가능할까라는 질문이기도 하다. 게다가 "나는 상투적이고 무식한 우주생성론자들처럼 화석으로 발견된 조개는 결코 살아 있었던 적이 없고, 오늘날 바닷가에서 살아 있는 조개를 흉내내려고 돌로 창조되었다는 주장을 거의 믿을 뻔 했다"고 자신의 경험담을 토로하기도 했다. 왜 화석으로 발견되는 조개가 오늘날 조개와 다를까라는 질문에 대한 답을 오늘날 조개를 흉내내려고 돌로 만들었다는 우스갯소리로 들린다. 더불어 "독립적으로 창조되었다는 일반적인 견해에 따르면, 이런 엄청난 사실에 그 어떤 종류의 설명도 부여할 수 없을 것"이라고 다윈은 결론을 내린다.

다윈은 자신이 살던 시대에 널리 유포된 모든 생물들은 신이 만들었다는 창조론을 무참히 부정하고 있다. 그는 『종의 기원』 435쪽이 책 565쪽에서 "생명체 하나하나가 독립적으로 창조되었다는 일반적 견해에 따르면, 우리는 단지 그것이 현재 이렇다고만 말할 수 있을 것이다. 달리 말해 창조자가 동식물 하나하나를 만들어서 너무나 기쁜 일"이라고 일갈하고 있다. 더 이상 말도 안 되는 주장을 펼치지 말라는 이야기이다. 아마도 이런 점 때문에 다윈을 혁명가라고도 부른다. 기존의 주장을 하나하나 반박해서 조금씩 수정하도록 하는 것이 아니라 주장 그 자체를 뒤집어엎어 버렸기 때문일 것이다. 실제로 신이 생물을 창조했다면, 우리는 생물을 바라보면서 그 어떤 질문도 던질 수가 없을 것이다. 단지 신이 만들었다라는 대답만이 존재하기 때문이다. 하지만 오늘날 우리는 다양한 생물들을 바라보면서, 이 생물과 저 생물이 어떤 상호작용을 할까라는 궁금증을 갖게 된다. 다윈이 우리에게 꽉 막혀있던 눈과 귀를 트라고 한 것이다.

6. 다윈은 이성의 힘으로 어려움을 해결하자고 주장했다

다윈은 수수께끼 중의 수수께끼, 즉 종의 기원을 풀어내려고 『종의 기원』을 집필했고, 그 답을 찾았다. 이 과정에서 다윈은 그때까지의 맹목적인 믿음, 즉 신이 모든 생물들을 창조했다는 믿음을 거부하고, 인간의 이성이 지닌 힘에 기댔다. 다윈은 『종의 기원』 459쪽이 책 595쪽에서 "자연선택으로 끝나는 변형을 수반한 친연관계 이론에 대해 많은 심각한 반대들이 제기될 수 있다는 점을 나는 부정하지는 않는다. 나는 이 반대들을 아주 정당한 것으로 간주하려고 노력했다. 처음에는, 더욱더 복잡한 기관과 본능이 비록 인간의 이성에 대응할 수는 있으나 이보다 더 뛰어난 수단에 의해 완벽해진 것이 아니라, 변이를 소유한 개체들을 유리하게 만들어 준 수많은 변이들이 축적되어 완벽해졌다는 점을 믿는 것보다 더 어려운 것은 없는 것처럼 보였다"고 자신이 "종의 기원"을 규명하면서, 또한 『종의 기원』을 집필하면서 어려웠던 점을 토로했는데, 이 모든 어려움을 인간의 이성을 뛰어넘는 수단에 의존하지 않았다고 밝히고 있다. 게다가 188쪽이 책 255쪽에서는 "비록 나는 너무나 예민해서 자연선택 원리를 이처럼 놀랄 만큼 길게 확장함에 있어 어느 정도는 망설였다는 점에 크게 어려움을 느꼈지만, 사람의 이성은 그의 상상력을 극복할 수 있을 것이다"라고 하면서, 사람의 이성으로 상상력을 발휘하면 수수께끼 중의 수수께끼를 풀 수 있을 것이라고 자신의 생각을 드러냈다.

다윈은 종의 기원이라는 수수께끼를 풀려고 성경을 신의 계시라 믿지 않았을 뿐만 아니라 예수 그리스도를 하나님의 아들이라고 믿지 않았다. 특히 1851년 4월 23일 다윈은 사랑하던 큰딸 애니의 죽음에 직면하면서 부활이라는 의미와 기독교의 믿음이 부질없다고 느꼈던 것으로 알려졌다. 그 대신 종의 기원을 해결하기 위한 수많은 질문을 던지고 조사와 실험을 병행했다. 또한 전 세계에 있는 수많은 사람들과 종의 기원과 관련된 의견을 구하거나 재료를 부탁했는데, 다윈의 편지를 모아서 정리한 다윈편지프로젝트Darwin Correspondence Project에 따르면 약 2,000명과 15,000통 이상의 편지를 주고받았다.

다윈은 비글호 여행을 마치고 나서부터 종의 기원을 풀어내려고 여러 가지 질문과 질문에 대한 답을 찾을 수 있는 실험을 구상하기도 했다. 그는 1939년 중반부터 1844년까지 자신의 공책에 질문과 실험에 대한 내용을 기록했다. 한해살이 식물을 눈접하면 개체의 수명이 연장될까? 모든 종류의 씨앗들을 소금을 넣은 인공 바닷물에 여러 주 동안 담가보자. 개구리밥이 자라는 연못에서 집오리, 물닭, 쇠물닭을 잡아보자. 수영장이나 강에서 수영하는 개를 조사하자. 모든 종류의 씨앗들이 반드시 있을 것이다. 씨앗이 있는 연못의 거품을 조사하자 등등의 다소 황당하지만 나름대로 의미를 지닌 실험들이 나열되어 있다.[7] 실제로 『종의 기원』에도 이런 실험 결과가 소개되어 있다. 『종의 기원』 358쪽이 책 469쪽에는 "버클리 씨의 도움으로 내가 몇 번의 실험을 할 때까지 씨가 바닷물의 해로운 작용에 얼마나 저항하는지에 대해 전혀 알려져 있지 않았다. 28일간 바닷물 속에 둔 87종류 중에서 64종류가 발아했고, 극소수는 137일을 바닷물 속에 두었음에도 살아남은 놀라운 사실을 나는 발견했다"고 다윈은 설명했다.

다윈은 모든 어려움에 직면해서 포기하지 말고, 이성의 힘으로 조사와 실험 그리고 의견교환을 통해 해결하라고 오늘날의 우리에게 이야기하고 있다. 오늘날에도 완전히 파악되지 않고 있는 사람의 눈과 같이 복잡한 기관의 기원 역시 이성의 힘으로 해결하라고 말하고 있다. 그는 『종의 기원』 186쪽이 책 253쪽에서 "서로 다른 거리의 초점을 맞추고 서로 다른 양의 빛을 받아들이고, 구면수차와 색수차를 보정해 주는 모방할 수 없는 장치를 모두 지닌 눈이 자연선택으로 만들어졌다고 가정해보자. 이러한 가정은, 내가 편안하게 고백하지만, 아무리 가능하다고 하더라도 말도 안 되는 것처럼 보인다. 하지만 이성은 내게 말해준다"라고 썼다. 혼자서는 해결하지 못하지만, 많은 사람들과 의견을 나누면서 이성의 힘으로 분석하면, 종의 기원과 수수께끼 중의 수수께끼도 풀어낼 수 있다고 다윈은 주장하고 있다. 실제로 그는 이 수수께끼 중의 수수께끼는 풀어냈다.

『종의 기원』은 읽기에 매우 어려운 책이다. 그래도 다윈은 우리에게 권한다. 이성의 힘으로 한 번 읽어보라고. 그리고 자신이 이 책에서 어떤 내용을 주장했는지 파악하라고 권한다. 어렵다고 포기하지 말고 한 줄 한 줄 읽어보고, 위대한 혁명가의 사상을 경쟁만이 살 길처럼 외치고 있는 오늘날에 다시금 음미해야만 하겠다.

---

7 제임스 코스타의 『다윈의 실험실』(박선영 역, 와이즈베리, 2019)와 신현철의 『다윈의 식물들』(지오북, 2023)을 참조하시오.

찾아보기

이 찾아보기는 다윈이 『종의 기원』 초판본을 발간하면서 만든 색인을 번역한 것이다. 여기에 독일 출신 미국의 진화생물학자인 마이어가 1964년에 『종의 기원』 영인본을 발간하면서 추가한 항목을 덧붙였고, 『종의 기원』을 번역하면서 새로운 항목들을 추가한 것이다. 다윈이 만든 찾아보기에는 아무런 표시를 하지 않았고, 마이어가 추가한 항목에는 '*'를, 이번에 새롭게 추가된 항목에는 '**'를 첨가했다.

ㄱ

ㄴ

ㄷ

ㄹ

ㅁ

ㅂ

ㅅ

ㅇ

ㅈ

ㅊ

ㅋ

ㅌ

ㅍ

ㅎ